国土资源科技领军人才开发与培养计划（首批）和国家自然科学基金项目资助研究成果

区域地下水演化与评价理论方法

张光辉　费宇红　聂振龙　严明疆等　著

科 学 出 版 社

北 京

内 容 简 介

本书从非饱和水运移与水势理论、区域地下水演化与水循环理论和地下水异变机制与可持续性评价理论三个方面，凝练与集成张光辉科研团队在 1983～2013 年期间，历经 30 年应用基础研究的成果，包括包气带水分运移、重金属在包气带行为、降水-地表水-土壤水-地下水"四水"转化、土壤盐分分布特征与地下水关系、区域地下水循环演化及其环境异变规律、层圈间水循环过程与地下水演变周期性、大厚度包气带条件下潜水入渗补给量形成、深层地下水补给与释水、西北地区流域尺度水循环演化与调控阈、人工地下调蓄与外域调水对地下水修复潜力、地下水异变机制及其持续性评价理论以及不同时期对 21 世纪中国水问题与方略的看法。

本书适用于水资源与环境、气象、水文、国土资源与农田水利的科研、教学、规划、管理人员和地球科学相关学科研究生等。

图书在版编目（CIP）数据

区域地下水演化与评价理论方法/张光辉等著. —北京：科学出版社，2014.5

ISBN 978-7-03-040653-8

Ⅰ.①区… Ⅱ.①张… Ⅲ.①地下水水文学-文集②地下水资源-资源评价-文集 Ⅳ.①P641.1-53②P641.8-53

中国版本图书馆 CIP 数据核字（2014）第 101012 号

责任编辑：韦 沁/责任校对：郑金红 刘亚琦
责任印制：钱玉芬/封面设计：耕者设计工作室

科 学 出 版 社 出版
北京东黄城根北街 16 号
邮政编码：100717
http://www.sciencep.com
中国科学院印刷厂 印刷
科学出版社发行 各地新华书店经销
*

2014 年 5 月第 一 版 开本：787×1092 1/16
2014 年 5 月第一次印刷 印张：40 1/4
字数：954 000

定价：239.00 元
（如有印装质量问题，我社负责调换）

作者名单

张光辉　费宇红　聂振龙　严明疆　申建梅　王金哲
李慧娣　郝明亮　杨丽芝　刘春华　刘中培　连英立
周在明　冯慧敏　王电龙　田言亮　刘克岩

资助项目

国土资源部"国土资源科技领军人才开发与培养计划"（首批，2013～2017）

国家自然科学基金项目"降水变驱动地下水变幅与灌溉用水强度互动阈识别"（2012～2015）、
"干旱区地下水循环变异影响阈识别"（2005～2007）

国家 973 项目"海河流域二元水循环模式与水资源演变机理"（2006～2011）

国家科技支撑计划项目"华北平原农作物布局结构与区域水资源适应性研究"（2007～2010）、
"环渤海平原水土盐动态与地下咸水资源可利用承载力评估"（2009～2012）

国土资源大调查项目科技专题"中国北方地下水功能评价与区划综合研究"（2004～2006）

国土资源部科技重点基础项目"西北典型内流盆地水循环规律与地下水形成演化模式"（2002～2006）

国家科技部公益类科技项目"太行山山前平原南水北调地下调蓄潜力与效益"（2000～2003）

原地质矿产部科技重点基础项目"区域地下水演化过程及其与相邻层圈相互作用"（1996～2000）

序　言

地下水是赋存于地壳表层中可被人类利用的自然资源和维系生态环境不可缺少的因子，水循环是地下水补给与更新的源泉，包括区域或流域水循环、降水-土壤水-地表水-地下水的"四水"转化过程以及浅层地下水与深层承压地下水系统的层间越流过程，存在不同时空尺度上水的数量、质量和水位动态的周期变化规律及差异性，尤其是区域地下水演变。这些规律和差异性，与气候变化和人类活动影响的周期性和不确定性密切相关。未来区域地下水演化与过去和现在的规律或特征之间存在趋势相同或相似性，也存在不可完全重复性的特点。由此，区域地下水评价理论方法的境界，应是恰到好处地提供满足所需尺度下研究成果，既不是更高的精度，也不是泛论的结果，而是能确保相应时空尺度下区域地下水可持续利用，其间某些时段或局域可能出现暂时性的超采或缺水，但是，从全区或整个规划周期来看，区域地下水开发利用是均衡的。

在我国北方地区，地下水资源已成为生活用水、经济社会发展的基础资源和综合国力的有机组成部分，目前，我国国民经济高速发展，人口不断增长和城市化率不断提高，以及区域水资源短缺和地下水超采日益加剧，唯有合理可持续地利用和有效保护地下水资源及其环境，才能保证经济社会可持续发展。全国地下水天然资源量为 9235 亿 m^3/a，只有 26.86% 分布于平原区；孔隙水、岩溶水和裂隙水的地下淡水可开采资源量分别占全国淡水可开采资源总量的 47.79%、24.71% 和 27.50%。占全国总面积 60% 的北方地区，地下水资源量仅占全国地下水资源总量的 36.41%。但是北方地区孔隙水资源量占全国孔隙水资源总量的 80.07%，主要分布在大型拗陷盆地和断陷盆地的平原区。近几年来我国地下水年均开采量 1110 亿 m^3，北方地区的地下水开采量占全国总开采量的 88.45%，其中华北地区（海河流域）占 21.13%，松花江流域占 18.12%，淮河流域占 16.08%，黄河流域占 11.63%。90% 的北方大中城市、乡镇的生活饮用水和工业用水，以地下水作为主要供水水源。

在华北地区，河北省地下水开采量占全国总开采量的 13.97%，河南省和山东省分别占 11.84%、8.05%。华北平原的地下水开采量已占当地总供用水量的 60% 以上，其中河北平原达 80% 以上。在过去 30 年中，由于过度开采地下水，许多地区地下水位不断下降，第 I 含水层组已被大范围地超采疏干，地面沉降和生态环境退化问题日趋严重。因此，自 20 世纪 80 年代以来，区域地下水演变及其相关研究备受关注，学者们先后开展了众多的国家和省部级重大、重点科技项目研究，取得了丰硕成果，促进了我国地下水资源合理开发利用，有力地支撑了区域经济社会高速发展。

值此本书的首席作者——张光辉博士从事水文地质学 30 周年之际，依托国土资源部"科技领军人才开发与培养计划（首批，2013 年入选）"和国家自然科学基金项目（编号 41172214，2012~2015），凝练和深化作者耕耘 30 年的基础研究创新成果，撰著

《区域地下水演化与评价理论方法》一书，作为承先启后的标志和纪念。张光辉博士于1983 年 7 月毕业于长春地质学院水文地质专业之后，一直在中国地质科学院水文地质环境地质研究所（简称"水环所"，隶属国土资源部，原名为"地质矿产部水文地质工程地质研究所"）工作至今。1991 年破格晋升副研究员，1993 年和 2000 年开始分别为中国地质科学院硕士生导师及博士生导师。1996～2005 年，主持国土资源部环境地质重点实验室工作（正处级）。现为水文地质专业理学博士，水环所二级研究员、所学术委员会副主任和副总工程师，兼任中国地质科学院科技委员会委员和河北省政府专家献策团成员，享受国务院政府特殊津贴。2013 年入选国土资源部"国土资源科技领军人才开发与培养计划"。

在过去 30 年中，作者及其团队先后负责完成原地质矿产部科技重点基础项目"区域地下水演化过程及其与相邻层圈相互作用"（1996～2000），国家科技部公益类科技项目"太行山山前平原南水北调地下调蓄潜力与效益"（2000～2003），国土资源部科技重点基础项目"西北典型内流盆地水循环规律与地下水形成演化模式"（2002～2006），国土资源大调查项目科技专题"中国北方地下水功能评价与区划综合研究"（2004～2006），国家 973 项目"海河流域二元水循环模式与水资源演变机理"（2006～2011），国家科技支撑计划项目"华北平原农作物布局结构与区域水资源适应性研究"（2007～2010）、"环渤海平原水土盐动态与地下咸水资源可利用承载力评估"（2009～2012）以及国家自然科学基金项目"干旱区地下水循环变异影响阈识别"（2005～2007）、"降水变化驱动地下水变幅与灌溉用水强度互动阈识别"（2012～2015）等 30 余项科研项目，已发表学术论文 200 多篇，获得国家、省部级科学技术奖的成果 20 余项，包括省（部）级科学技术奖一等奖 4 项和二等奖 3 项，培养博士研究生 20 余人，参加国家和省部重点、重大或自然科学基金项目，以及国家、省部科技奖评审千余项。

本书从非饱和水运移与水势理论、区域地下水演化与水循环理论和地下水异变机制与可持续性评价理论三个方面，重点阐述中国地下水演化研究起源与理论、非饱和水运移与土壤水势、全新世以来华北平原地下水演化规律、"四水"转化机理与测算方法、区域地下水超采因缘与效应、地下水脆弱性与华北平原特征、区域地下水变化与灌溉农业关系、环渤海平原土壤盐化与地下水关系、重金属在包气带行为及其对地下水影响、西北地区黑河流域尺度水循环演化与调控阈、华北平原地下调蓄特征与效应、区域地下水功能及可持续利用性评价理论方法和 21 世纪中国水问题与方略，包括 1998 年作者的初始认识和 2013 年作者的进一步认识，较系统地介绍了有关"区域地下水演化与评价理论方法"的研究成果。

在本书编著中，张光辉负责全书纲要拟定，撰写序言、第一至第三章、第五至第七章、第九至第十二章、第四篇和全书统编与审定。费宇红参加撰写第四章、第八章和第九章主要内容。聂振龙协作全书统编、审定和参加撰写第六、七章及第十章。严明疆负责全书中插图编绘和参加撰写第四章、第十章部分内容。申建梅负责全书图表编审和参加撰写第七章。王金哲参加第四章、第七章和第十一章部分内容撰写。李慧娣、郝明亮参加第一、二章和第四章部分内容撰写。杨丽芝、刘春华参加第四章和第九章撰写。刘中培、连英立参加第四章、第七章和第十一章部分内容撰写。周在明参加第四章部分内容撰写。冯慧敏、王电龙参加第八章部分内容撰写。田言亮等参加书中部分图件编绘和有关章节撰写。刘克岩参加第九章部分内容撰写。

　　在本研究开展过程中，得到中国地质科学院水文地质环境地质研究所大力支持和帮助，得到多位院士和数十位知名专家指导，确保了本研究成果的高质量完成，得到国土、气象、水文、农业、土壤、环境与水文地质学等众多单位相助，学科间彼此交融、互补和支撑，使得我们的研究成果得到了广泛认可和赞誉，取得重大经济与社会效益。

　　值此书发行之际，对支持和帮助本研究的专家、单位和同仁表示衷心的感谢；本书出版过程中得到科学出版社鼎力相助，在此一并致以诚挚的感谢。

著者

2013 年 10 月 2 日

目　录

第二篇　区域地下水演化与水循环理论

第三篇　地下水异变机制与可持续性评价理论

第四篇　21 世纪中国水问题与方略

第一篇　非饱和水运移与水势理论

　　本篇共计四章，分别为非饱和水运移与土壤水势、水文地质学与"四水"转化研究、重金属在包气带中行为特征与控制和环渤海平原土壤盐化与地下水关系，重点阐述潜水面以上的包气带水分、溶质和盐分时空变化规律和非饱和水动力学特征、土壤水动力状态标示特征、降水-地表水-包气带水-地下水"四水"转化规律、大厚度包气带中监测入渗补给量方法和应用零通量面（zero flux plane，ZFP）法计算浅层地下水补给量问题，深入剖析毒性金属在包气带中行为特征及其与土壤水分非饱和程度关系。最后，针对华北平原中、东部微咸地下水合理利用面临的问题，给出土壤盐分与盐渍化程度空间格局、土壤盐分不同聚型及其水动力学特征和它们与地下水之间关系。

第一章 非饱和水运移与土壤水势

第一节 零通量面理论与应用

零通量面方法自 1982 年引入我国以来，促进了我国土壤水分运移规律和降水与灌溉水入渗补给地下水机理的深入研究。自 21 世纪以来，水势理论被引入地下水数值模拟中，促进了解决水盐运移数值模拟和入渗模型有关水文地质参数难题。

一、ZFP 法原理与 20 世纪 80 年代应用特征

水势理念由国际土壤学会于 1963 年提出（Taylor，1983a，1983b）。20 世纪 70 年代，英国水文学者 Cooper（1980）在绘制林地土壤总水势分布剖面时发现，总水势梯度（I_{usa}）存在比较稳定的零拐点，且具有区域一致性分布特点。包气带剖面中，水势能梯度为零值的点称为零通量点。由同一区域、不同剖面的零通量点组成的面，称为零通量面。根据零通量面位置及其上、下土壤层水势梯度指向，能够确定土壤水分变化量的去向，进而提高研判包气带水盐运移去向和降水入渗补给地下水状况。

ZFP 方法（zero flux plane，ZFP）是建立于能量守恒和质量守恒理论基础上的，由"达西定律"和"水流连续性方程"联立构建式（1-1），有

$$q = K(\theta)\frac{\partial \varphi}{\partial Z} = 0 \quad (当 \ I_{usa} = \frac{\partial \varphi}{\partial Z} = 0 \ 时) \tag{1-1}$$

式中，q 为非饱和状态下单位面积的水分通量，m/d；$K(\theta)$ 为土壤非饱和渗透系数，其大小与包气带含水量状况相关，m/d；$\frac{\partial \varphi}{\partial Z}$ 或 I_{usa} 为总水势梯度，cmH_2O/cm[①] 或 mmHg/cm。

I_{usa} 和 q 分别由负压计（又称张力计）和中子水分仪或其他仪器实测的土壤水势、含水量资料计算获得，无需求取不易准确获得的 $K(\theta)$ 参数，所以，应降低因 $K(\theta)$ 取值不确定带来的问题。

在获得土壤水势和土壤含水量资料基础上，利用式（1-1）原理，可以分别确定某时段 ZFP 之上或之下的土壤水分变化量去向。当 I_{usa} 指向地表，表明土壤水分变化量运移向地表，进入大气中；当 I_{usa} 指向地下水面，表明土壤水分变化量运移向地下水，或已补给进入地下水中。

当根据某时段土壤水势和土壤含水量监测资料确定 ZFP 位置和土壤剖面含水变化量之后，就可以确定土壤水分蒸发量、地下水入渗补给量或潜水蒸发量。如果 ZFP 为

---

① 非饱和带水势能的单位。

发散型，即 ZFP 之上土壤总水势梯度指向地表，ZFP 之下土壤总水势梯度指向地下水面，则 ZFP 之上的土壤剖面水分变化量为该时段的土壤水蒸发量，ZFP 之下的土壤剖面水分变化量为该时段包气带水入渗对地下水补给量。

ZFP 方法适用于岩土颗粒较细（中粗砂以下）第四纪松散沉积地层、潜水位埋深大于蒸发影响极限深度的地区。一般难以应用基岩山区和以卵砾石为主的松散地层分布区，这些地区 ZFP 存在条件欠缺，或虽 ZFP 存在，但监测十分困难。在适用 ZFP 方法的地区，ZFP 也不是永续存在或稳定不变的，其存在与降水（或灌溉）入渗和蒸发条件密切相关。较充分灌溉或较大降水，都会导致 ZFP 消失。在我国北方地区，除了较大降水或充分供水灌溉期间，大部分时段 ZFP 是存在的。一般是取用年内最深的 ZFP 作为确定入渗补给量和蒸发量的分界线，然后应用土壤水势理论计算降水或灌溉入渗补给地下水量和土壤水蒸发消耗量，或根据土壤剖面某段的水势和含水量变化监测资料求算非饱和条件下 K 参数，这期间与 ZFP 存在与否没有关系，只需确定被研究的土壤剖面段的总水势梯度方向是一致的，即土壤水完全向上运移，或完全向下运移。

20 世纪 80 年代初，如何克服水文地质参数不确定性，进一步认识大气降水、土壤水、地表水和地下水"四水"转化过程，以及提高地下水补给量评价精度问题受到重视。此时，ZFP 方法被引入，基于国家"六五"科技攻关项目第 38 项子课题"华北地区地下水补给量及其时空变化规律研究"，先后在河北省石家庄、南宫县和南皮县建立了实验研究基地和野外原位试验场，对 ZFP 方法开展了系统性应用研究。随后，河南郑州、商丘，山东禹城，辽宁沈阳，陕西西安，甘肃张掖，新疆昌吉和四川成都等地陆续建立了与 ZFP 方法有关的地下水均衡试验场（站），全面展开了 ZFP 的应用实验研究，为后来的我国地下水循环演化和新一轮地下水资源调查评价奠定了坚实基础。

本书作者于 1988 年在《水文地质工程地质》上发表的"试论在我国北方应用零通量面方法计算地下水补给量问题"，比较全面地阐述了当时 ZFP 方法应用的局限性和弥补方法，并于 1992 年在《水利学报》上阐述了"零通量面方法的改进"，促进了 ZFP 方法在我国"四水"转化研究中更好的应用。同期，原地质矿产部水文地质工程地质研究所研发的 WM 型负压计，及时地提供了 ZFP 方法应用的关键技术支撑。清华大学的谢森传等（1988）在零通量面方法研究基础上，提出定位能量法。这一时期，ZFP 方法主要应用于包气带水分入渗补给量与蒸发量确定研究。

二、20 世纪 90 年代水势理论应用特征

在 ZFP 方法不断深入应用中，张光辉等（1991a，1991b）发现在降水或灌溉入渗过程中，总水势梯度具有如下特征：当被监测土层含水量处于增加状态（土壤吸水阶段），随着土壤含水量不断增大，总水势梯度大于 $1.0\text{cmH}_2\text{O/cm}$，且逐渐降低。当充分供水入渗、被监测土层含水量趋近于饱和状态时，即流入、流出被监测土层的水量相等（土壤过水阶段），总水势梯度趋近于 $1.0\text{cmH}_2\text{O/cm}$ 或等于 $1.0\text{cmH}_2\text{O/cm}$。当被监测土层含水量处于减少状态（土壤脱水阶段），总水势梯度小于 $1.0\text{cmH}_2\text{O/cm}$。

20 世纪 90 年代，我国北方干旱气候频发，农业灌溉节水问题受到高度重视，80 年

代的许多 ZFP 方法研究成果被推广到指导农业灌溉节水关键技术研究中。因为式(1-1)中 I_{usa} 表征土壤水动力状态，它的变化与入渗供水量（或灌溉水量）和土壤含水量状况密切相关，所以，利用 I_{usa} 监测结果可以了解农田水分亏缺程度和是否需要灌溉，以及掌控已灌溉的程度。即当土壤层的上部含水量远低于其下部含水量时，上部水势的绝对值（或观测值）必然远大于下部水势的绝对值（或观测值），由此呈现 $I_{usa} \ll 0 cmH_2O/cm$ 情况，它表明自地表至土壤层下部土壤中，水分因蒸发蒸腾作用而大量损失，距离地表越近，损失水量越大，水势的绝对值越大（水势越小），土壤水分亏缺程度越来越严重。这时，可结合土壤水分张力计的具体观测值，适时灌溉。当 I_{usa} 值越趋近 $1.0 cmH_2O/cm$ 时，表明土壤含水量临近饱和，需注意调控灌溉水量或限控灌溉时间，避免较多无效灌溉水量的发生，应及时结束该次灌溉。

20 世纪 90 年代初，荆恩春等（1994）总结了过去近 10 年来有关土壤水分通量法实验研究成果，提出了定位通量法、纠偏通量法和瞬时剖面通量法，给出了应用检验结果。靳孟贵和方连育（2006）基于土壤水势理论，在河北王瞳地区开展了实地验证研究，确定了王瞳地区土壤水理论无效库容、土壤水最大次调节量、土壤水可利用量和土壤水储存量，推动了土壤水资源化研究。

三、21 世纪以来水势理论应用特征

进入 21 世纪以来，随着地下水数值模拟对水文地质参数要求的不断提高，ZFP 法又受到关注。曾亦键等（2008）在土壤水分特征参数的计算和聂卫波等（2009）在建立沟灌土壤水分运动数值模拟与入渗模型中，都较好地应用 ZFP 法解决了参数方面难题。王鹏等（2009）通过太行山区典型植被对土壤水势动态影响研究，发现刺槐林地土壤对降水入渗的反应时间最快，侧柏林地土壤在雨后的持水性最好。汪丙国等（2010）应用土壤水分通量法和包气带水均衡的原理，阐明巨厚包气带条件下覆盖秸秆麦田的地下水入渗补给量小于不盖秸秆，对于解答华北平原地下水水位不断下降和农业活动对入渗补给影响难题具有促进作用。宋献方等（2011）利用土壤水势和地下水观测数据研究了沧州、衡水地下水浅埋区不同年份土壤水分动态规律，结果表明，平水年或丰水年后的土壤水分从表层到深层为增长型趋势，枯水年为增长-减小-增长趋势，土壤水分具有补给和消耗的季节性变化特征。

刘贯群、宋涛（2008）提出，漫灌条件下，经过 2 次灌溉过后土壤含水量不断升高。徐学选等（2010）研究黄土丘陵区降水-土壤水-地下水转化，实验结果表明，降水补给地下水存在一定的滞后时间，与包气带厚度和岩性有关。王政友（2011）认为，降水入渗补给地下水滞后时间与地下水埋深之间为乘幂关系。郝芳华、欧阳威（2008）认为在灌区的灌溉（降雨）-下渗-潜水蒸发类型环境中，降水影响较小。聂振龙、连英立（2011）利用包气带环境示踪剂研究张掖盆地降水入渗速率，表明在张掖盆地地下水位埋深 $>5m$ 的地带仍存在降水入渗补给，在沙丘覆盖区地下水水位埋深 6.3m 时，降水入渗补给速率为 $13.3 \sim 14.4 mm/a$，在裸地区地下水水位埋深 8.6m 时，降水入渗补给速率为 $16.8 \sim 18.4 mm/a$。李雪转、樊贵盛（2012）通过非充分供水土壤水分入渗规律研究，提出非充分供水土壤水分入渗过程是自然界降雨水分和灌溉水进入土壤的重要过

程之一，小强度降水或喷洒条件下的水分入渗属于非充分供水入渗。孙晓旭、陈建生（2012）研究土壤水蒸发与降水入渗非饱和带过程中不同水体的氢氧同位素的变化规律发现，对于砂土的土壤水蒸发过程中剩余水体的氢氧同位素分馏遵从瑞利模式，而黄土的剩余土壤水的氢氧同位素值越来越远离瑞利分馏关系线。

傅斌等（2008）提出入渗率随降雨历时增加而减小，累积入渗量可以用降雨历时的线性函数来表示。吴继强等（2009）发现，不同有效面孔隙度条件下累积入渗量符合 Kostiakov 模型，但其参数是有效面孔隙度的函数，大孔隙的连通性在一定条件下对土壤水分的优先入渗起主导作用。付湘等（2010）认为，土壤空间变异下，田间降雨、入渗和径流之间滞后的非均一特征需加以重视，其明显影响数值模拟结果。束龙仓等（2008）提出，合理考虑水文地质参数不确定性，可以提高地下水补给量可靠度。谭秀翠、杨金忠（2012）提出，石津灌区净入渗水量及潜在补给系数具有明显的时空变异性，其主要取决于根区层土壤的水量均衡过程。

另外，ZFP 法在环渤海平原区土壤水盐运移研究应用中发现，表聚型、中聚型和底聚型等不同土壤盐分聚集类型都各有其独特水势动力学剖面特征。其中，表聚型土壤盐分剖面形成的水动力学特征是总水势梯度指向地表，其绝对值远大于 $1.0 cmH_2O/cm$，表征土壤水盐向上运移。在这种土壤水动力学剖面背景下，蒸发将促使浅埋的地下水通过包气带毛细输导至地表，水分气化进入大气，盐分残留在表层土壤中，进而加剧土壤盐渍化。中聚型土壤盐分剖面形成的水动力学特征是包气带上部的水势梯度指向地下水面，总水势梯度大于 $1.0 cmH_2O/cm$，水盐向下运移。在入渗水量有限条件下，往往入渗水流湿润峰尚未到达包气带下部时，该场入渗已结束，剖面下部的水势梯度仍然指向地表，水盐向上运移，形成剖面中水盐含量凸现特征。只有当入渗水量足够充分，剖面中部所聚的盐分才能够充分向下运移，直至进入地下水中。否则，在蒸发作用下，剖面中部的水盐向上运移至地表层，由中聚型转化为表聚型。底聚型土壤盐分剖面形成的水动力学特征是入渗水分自上而下贯穿整个土壤剖面，水势梯度指向地下水面，总水势梯度大于 $1.0 cmH_2O/cm$，水盐向下运移，包括进入地下水中。

四、水势理论应用未来趋势

从过去 30 年水势理论和 ZFP 方法应用特征来看，水势理论及其技术方法的未来应用趋势应包括如下四个方面：①拓展包气带非饱和参数研究，包括 $K(\theta)$、$D(\theta)$、$C(\theta)$ 及 S（根系吸水率），减少计算的不确定性，提高地下水数值模拟研究可靠性；②深化土壤水盐运移和聚集模式认识，通过科学调控潜水水位埋深改变零通量面位置，实现控制土壤水盐（养分或污染物）运移的研究；③通过区域性零通量面分布及其埋深变化规律研究，提高 ZFP 方法确定降水入渗对地下水的潜在补给量的区域代表性；④土壤水资源合理利用研究，促进农业节水灌溉的监测与预警技术方法研究。

第二节　　"三水"转化水势标示特征

大气降水或灌溉水进入包气带，转变为土壤水；再经过入渗，转化为地下水，或地下水蒸发进入包气带，转变为土壤水；然后，蒸发转化为大气水。这是陆壳表层的一种主要水分循环运动方式，在包气带水势场制约下不断变化。土壤含水量增加或减少，是"三水"转化过程中水分运移的结果。在能量方面，土壤水势梯度表现出相应特征性变化。通过对"三水"转化过程中水势梯度特征及其变化规律的进一步认识，不仅可以正确地认识"三水"之间转化关系，而且，对于加深认识降水或灌溉入渗补给地下水机制，以及潜水蒸发过程和相关水文地质问题也具有重要意义。

一、基本理念与试验条件

（一）基本理念

本书中的"三水"是指降水或灌溉水、包气带水（或称土壤水）和地下水。

包气带是指从地表到潜水位之间的非饱和带，位于地球表面以下、潜水面以上的地质介质，也常被称为非饱和带（unsaturated zone），但一般不包括潜水面之上的毛细上升区（capillary fringe）。包气带中空隙未被水充满，而包含相当数量的气体。

包气带是大气水、地表水与地下水之间发生水力联系和进行水分交换的地带，是岩土颗粒、水、空气三者同时存在的一个复杂系统，其中植物根系活动层与外界有强烈的水分交换。包气带中岩土（以下，统称土壤）具有吸收水分、保持水分和传递水分的能力。按水分分布特征，包气带可被划分为 3 个带：①包气带的表部，近地面处为毛细管悬着水带或称土壤水带，它同外界水分交换强烈。降雨入渗、日照辐射形成的蒸散发是导致这个带土壤水分增加或减少的直接因素，其水分垂向分布随时间不同或降水或灌溉情势不同而变化。②毛细管支持水带或称毛细管水活动带，是在潜水面之上由毛细管上升水形成的，其水分分布特征是土壤含水量自下而上逐渐减小，它的位置随地下水位的升降而变动。③中间过渡带或含水量相对稳定带，介于上述两个带之间。当地下水位埋深较大时，中间稳定带厚度较大，在多数情况下其含水量变化较小，沿深度分布较均匀。当地下水埋藏较浅时，则由于毛细管支持水带与毛细管悬着水带的相互衔接，中间稳定带消失，此时的包气带一般比较湿润。

包气带水（以下统称土壤水）是指埋藏于包气带中的地下水，一般呈非饱和状态，由吸着水、薄膜水和重力水组成。一般情况下，包气带中重力水较少。在降水或灌溉水入渗期间，包气带中重力水明显增多。在自然条件下，包气带中重力水的多少与气候变化密切相关，季节性明显，变化大。雨季包气带中重力水水量多，旱季水量少，甚至干涸。包气带中水运动以垂直方向上运动为主，尤其是重力水在重力势梯度作用下自上向下运动。毛细水在基质势梯度主导下由水源处朝总水势指向方向运动。

土壤层是包气带的组成部分，分布在包气带的表部，一般是指地球上能够生长植物的松散表层，一般在距地表 1.0m 范围内。土壤主要由岩石风化而成的矿物质，以及动植物、微生物残体腐解产生的有机质、水分和空气组成，为植物和农作物提供必需的养分条件。农学通常将土壤划分为三层，即表土层、心土层和底土层。

土壤水势（soil moisture potential）又称为总水势，是指土壤水受岩土颗粒的吸附力、重力和溶质渗透力作用而产生的势能总和。作用于土壤水的力主要有重力、土壤颗粒的吸力和土壤水所含溶质的渗透力，所以，土壤水势主要由基质势、重力势、溶质势和温度势组成。水势概念是从热力学的基本规律中推导出来的，它由自由能、化学势引申而来。水势是驱动水分移动的能量。包气带中水分总是由高水势处自发流向低水势处，直到两处水势相等为止。纯水的水势被规定：在 1 个大气压下、与体系同温度时（标准状况）为零。这里说的纯水是指不以任何方式（物理或化学）与其他物质结合的纯自由水。当纯水中溶有任何物质时，由于溶质（分子或离子）与水分子相互作用，消耗了部分自由能，所以，任何溶液的水势比纯水低。

土壤水势一般表示为负的压力，也称为土壤水分张力。当土壤饱和时，土壤水势的绝对值小；当土壤含水量很低时，土壤水势的绝对值大。因此，土壤水势绝对值的大小反映了包气带水分亏缺程度。土壤水势中的重力势由与某一参照面的相对高度而定，通常把参照面设在地表面，以使重力势为零值。在包气带的非饱和水环境中，重力势与测点的深度有关。测点埋深越大，重力势值越大。基质势由岩土基膜对水的吸附力和颗粒间形成的毛管作用共同决定。在非饱和土壤中，除毛管作用外，岩土粒表面吸附着水膜。溶质势也称渗透势，即由于土壤水中存在溶质而具有化学势能。温度势是指包气带中存在温差而导致水分具有运动趋势的能量。溶质势和温度势在总水势中所占比例极小，一般忽略不计。

水势、基质势、重力势、溶质势和温度势的度量单位为帕，曾用巴（bar）、大气压（atm）、水柱高（cmH_2O）和汞柱高（mmHg）等表示，其换算系数见表 1-1。

表 1-1　土壤水势单位换算关系

换算指标	帕〔斯卡〕(Pa)	毫巴 (mbar)	标准大气压 (atm)	厘米水柱 (cmH_2O)	毫米汞柱 (mmHg)
帕〔斯卡〕(Pa)	1	0.01	9.87×10^{-6}	1.02×10^{-2}	7.5×10^{-3}
毫巴(mbar)	100	1	9.87×10^{-4}	1.02	0.75
标准大气压(atm)	101325	1013.25	1	1033.6	760
厘米水柱(cmH_2O)	98.07	0.98	9.68×10^{-4}	1	0.74
毫米汞柱(mmHg)	133.32	1.33	1.32×10^{-3}	1.36	1

水势梯度是指两点之间水势差与其之间距离比值，即单位距离的水势差大小。土壤吸水过程又称"吸湿过程"，是指被研究土层的含水量增加过程。土壤过水过程是指流入和流出被研究土层的水量相等，土层含水量不变的入渗过程。土壤脱水过程又称"脱湿过程"，是指被研究土层的含水量减少过程。

（二）试验条件

1. 试验区与监测条件

野外原位试验场区位于华北平原黑龙港平原，地处河北省南宫市地下水库试验区内，海拔 28.4m，地形平坦，地貌形态为微波状岗地。区内包气带以亚砂土为主，局部夹薄层亚黏土层或透镜体，包气带厚度 4～5m，岩土颗粒组成见表 1-2。多年平均降水量为 478.5mm，70% 以上集中在每年的 6～8 月；多年平均水面蒸发量为 1261mm，属于干旱半干旱季风气候区。

表 1-2　试验区地层岩性组成

粒级	2～0.5mm	0.5～0.25mm	0.25～0.1mm	0.1～0.05mm	0.05～0.01mm	0.01～0.005mm	0.005～0.002mm	<0.002mm
试验区亚砂土组成/%			11.2	66.8	19.0	1.0	2.0	
室内试验土组成/%		8.0	15.0	34.0	37.0	1.0	2.0	

试验区分为农作物试验区和裸地对比试验区。各试验分区分别设有水传感、气传感水银式负压计和表式负压计以及中子水分监测仪 3 组观测孔（每组 2 眼、每次平行观测），它们的监测（土壤水势和含水量）深度 6.8m，剖面中监测点间距 0.10～0.20m。在试验区内，还设有 0～3.2m 的不同深度地表及地中温度观测、地面与 70cm 高度的雨量、水面蒸发监测以及风向、风速和空气湿度等气象要素观测。

2. 试验与测试精度

先后进行了 20～80mm 不同水量的人工降水灌溉入渗试验，有关数据监测情况如下。

（1）利用英国进口的中子水分仪监测土壤含水量变化、湿润峰位置和降水入渗速率。该仪器的水中标定读数为 880counts/s（counts 为 "计数"，是中子仪观测读数的基本单位），测点位置误差<0.5cm，每次观测平行读数 3 次，误差为≤4counts/s。

（2）利用 WM 型负压计监测降水入渗前后的土壤水势和水势梯度变化、水分运移方向和土壤中空气对入渗水流作用程度。水银式负压计读数误差<0.3mmHg，水柱式负压计读数误差<0.5mmH$_2$O。

（3）人工降水、供水量的测量，平均单位面积的误差为 0.01～0.08mm。

（4）观测时间的间隔：降水或灌溉期间（48 小时或者 72 小时之内）为 15min、30min 及 60min，试验后期为 6 小时或 12 小时。

二、"三水" 转化过程中水势梯度特征

平原地区的包气带是大气降水或灌溉水与地下水之间转化的一个中间带，土壤水是大气水与地下水之间水力联系的媒质，它的活动场所是包气带，一般处于非饱和状态。所以，来自地表及其以上空间的饱和水补给地下水，都须通过包气带中的水分量和水势梯度变化完成。土壤水分运动同其他物质一样，也遵循热力学第二定律，水分从势能高（水势绝对值小）处自发地向能量低（绝对值大）处运动。这种非饱和土壤水分运动，

水势梯度（$I_{usa} = \dfrac{\partial \varphi}{\partial Z}$）是驱动力，主要由基质势梯度和重力势梯度构成。重力势梯度等于 $1.0 \mathrm{cmH_2O/cm}$，指向潜水面（规定：水势梯度指向潜水面为正）。基质势梯度与包气带含水量大小相关，是决定土壤水分运动方向和水分通量（q）大小的主要因素之一。作为垂向一维流水分运移，其表现为

$$q = K(\theta)\frac{\partial \varphi_m}{\partial Z} + \frac{\partial \varphi_g}{\partial Z} \quad \left(\frac{\partial \varphi_g}{\partial Z} = 1 \right) \tag{1-2}$$

式中，$\partial \varphi_m$ 为被研究土层基质势差，$\mathrm{cmH_2O}$ 或 mmHg；∂Z 为被研究土层顶底板垂直距离，cm；$\dfrac{\partial \varphi_m}{\partial Z}$ 为水势梯度或称为基质势梯度，$\mathrm{cmH_2O/cm}$ 或 $\mathrm{mmHg/cm}$；$\dfrac{\partial \varphi_g}{\partial Z}$ 为重力势梯度，单位同 $\dfrac{\partial \varphi_m}{\partial Z}$，其他符号的意义和单位同式（1-1）。

在自然条件下，"三水"转化关系如图 1-1 所示，常见五种情景。

情景①：大气降水或灌溉水、土壤水和地下水之间"三水"水量转化处于平衡状态，来自地面以上和地下水的水分进入或流出包气带水量相等，土壤含水量和总水势梯度为常量包气带非饱和水动力场特征如图 1-2 所示。在自然条件下，这种情况少见，在实体模型试验中居多。

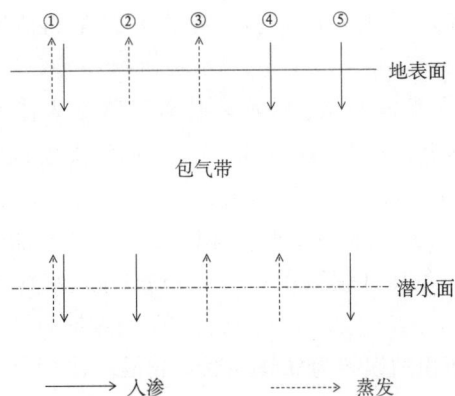

图 1-1　"三水"转化关系示意图　　　　　图 1-2　"三水"转化情景①水动力场特征

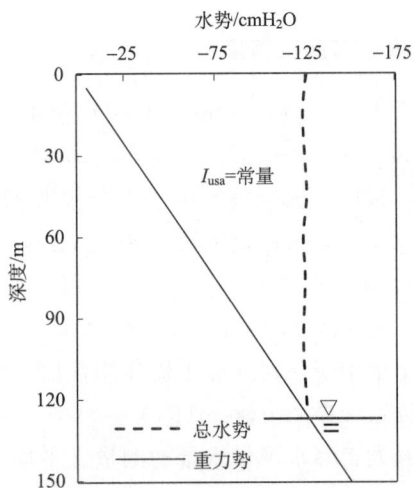

情景②：包气带中水分的一部分通过蒸散进入大气中，转化为大气水；另一部分通过入渗进入潜水中，转化为地下水。该情景"三水"转化的水动力场特征如图 1-3 所示。在包气带上部，总水势梯度小于零，指向地表，土壤水通过蒸散转化为大气水，该段土壤含水量减少；在中部，总水势梯度等于零，该段土壤水分通量为常量；在下部，总水势梯度大于零，指向潜水面，土壤水通过入渗转化为地下水，该段土壤含水量减少。在自然条件下，这是降水或灌溉后最常见的一种情景，尤其在半干旱、半湿润地区。

情景③：地下水通过蒸发进入包气带，然后，在蒸散作用下进入大气中，转化为大气水。其中来自地下水的、随着水分进入包气带中的盐分残留在表部蒸发面处。该情景"三水"转化的水动力场特征如图 1-4 所示。在潜水面以上的包气带全剖面中，总水势梯度小于零，指向地表，包气带含水量减少，盐分含量增多，甚至可能存在潜水位下降情况。这种情景往往发生在地下水水位埋深较浅的地区，在华北平原的东部滨海平原区和西北各流域的下游区常见。

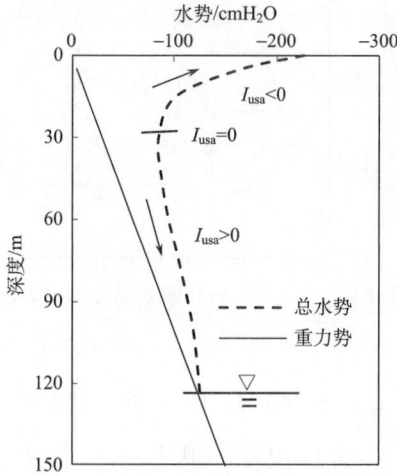

图 1-3　"三水"转化情景②水动力场特征　　　　图 1-4　"三水"转化情景③水动力场特征

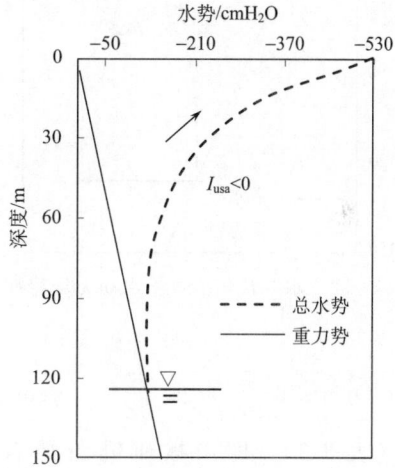

在情景②下，当遭遇持续较长时间的干旱天气，易形成情景③。这种情景也是易发生土壤盐渍化的情景。

情景④：有限降水或灌溉水入渗和地下水通过蒸发分别进入包气带，同时补给包气带，转化为土壤水，其水动力场特征如图 1-5 所示。在包气带的上部，受有限量的降水或灌溉水入渗影响，总水势梯度大于零，指向潜水面，该段土壤含水量增加；在包气带的下部，因地下水蒸发补给包气带，总水势梯度小于零，指向地表，该段土壤含水量也呈增加状态；在包气带的中部，存在总水势梯度等于零的区段，该段土壤水分通量为常量。

在情景③下，当遭遇有限量降水或灌溉水入渗时，易形成该情景。但是，该情景存在时间较短，很快演变成情景⑤。

情景⑤：充分降水或大水量漫灌水通过入渗进入包气带水，转化为土壤水；然后，包气带下部的水分在入渗水递推动力传递作用下转化为地下水。该情景"三水"转化的水动力场特征，如图 1-6 所示。在潜水面以上的包气带全剖面中，总水势梯度大于零，指向地下水，包气带含水量增加，盐分含量减少，甚至可能潜水位明显上升情况。这种情景一般多发生在地下水位埋深较浅、包气带渗透性较强的地区，是比较常见的一种情景。

在降水入渗过程中，当土壤剖面各处含水量相等，即 $q \neq 0$ 时，出现了 $\frac{\partial \varphi_m}{\partial Z} =$

$0\mathrm{cmH_2O/cm}$（$\frac{\partial \varphi_m}{\partial Z}$ 为基质势梯度）、$\frac{\partial \varphi}{\partial Z} = \frac{\partial \varphi_g}{\partial Z} = 1.0\mathrm{cmH_2O/cm}$ 的现象，于是有 $\frac{\partial \varphi_m}{\partial Z} <$

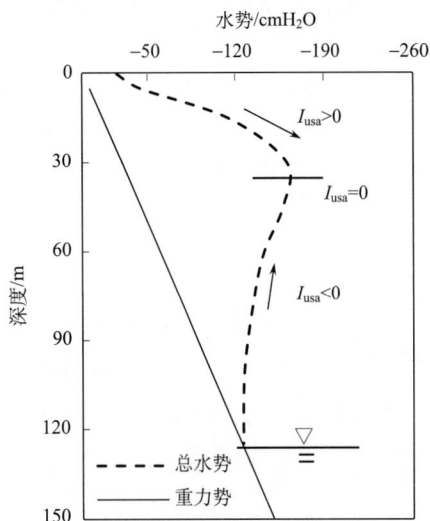

图 1-5　"三水"转化情景④水动力场特征

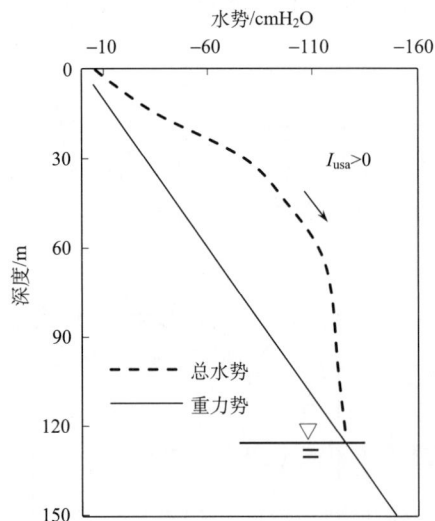

图 1-6　"三水"转化情景⑤水动力场特征

$0cmH_2O/cm$ 和 $\dfrac{\partial \varphi_m}{\partial Z} > 0$、$\dfrac{\partial \varphi}{\partial Z} < 1.0cmH_2O/cm$ 和 $\dfrac{\partial \varphi}{\partial Z} > 1.0cmH_2O/cm$ 的水势梯度变化过程（表 1-3）。即当被研究土层含水量处于增加过程中，其总水势梯度大于 $1.0cmH_2O/cm$，且逐渐变小；被研究土层含水量处于减少过程中，其总水势梯度小于 $1.0cmH_2O/cm$，且也逐渐变小。每一场降水入渗过程中的总水势梯度最大值和单位时间最大变化量的大小，不仅与入渗前土壤含水量密切相关，而且还与当次累计降水量和雨强的大小有关。如果地表积水深度较大，在包气带表层会形成正向水势（即压力势，非吸力势）。被研究土层的初始含水量越低，降水量越大，或地表积水越深，则该次降水入渗过程中的总水势梯度最大值和单位时间最大变化量越大；反之，水势梯度最大值和单位时间最大变化量较小。

表 1-3　降水入渗过程中总水势梯度和土壤含水量变化特征

累计时间/小时	1.5	2.5	3.5	4.5	6.5	8.5	11.5	15.5	27.5	28.5	29.5	32.5	35.5	40.5	87.5	111.5	147.5
$\dfrac{\partial \varphi}{\partial Z}$ /(cmH₂O/cm)	6.6	3.1	2.6	2.2	2.1	2.0	1.7	1.03	1.02	0.47	0.51	0.47	0.42	0.42	0.32	0.15	0.05
土层水分变化量/mm	45.3	20.2	7.8	3.9	0.6	0.1	0.7	0.1	0.1	−1.4	−3.6	−1.9	−2.1	−2.5	−1.6	−2.8	−0.5
状　态	土　壤　吸　水							过　水		土　壤　脱　水							

注：该试验次降水量为 280mm，监测层位为 25~45cm 深度。表中水分变化量正负值表示单位面积被监测土层的含水量增减数量。

　　当降水结束后，土壤很快由吸水状态（含水量增加）或过水状态（含水量不变，但 $q \neq 0$）转变为脱水状态（土壤含水量逐渐减少）。在被监测土层脱水过程中，其总水势

梯度变化呈现如下变化模式，即

$$\frac{\partial \varphi}{\partial Z} = a\,\mathrm{e}^{-bt} \tag{1-3}$$

式中，$\frac{\partial \varphi}{\partial Z}$ 为总水势梯度，cmH_2O/cm；t 为时间，小时；a、b 为系数，与土壤岩性、初始含水量和降水情势和有关。

在被监测土层含水量增加过程中，总水势梯度表现为 $\frac{\partial \varphi}{\partial Z} > 1.0cmH_2O/cm$，其含水量增加幅度变化过程见表 1-4。入渗前的初始含水量越高，水势梯度变化幅度及其最大值越小；初始含水量越低，水势梯度变化幅度及其最大值越大，入渗过程的前 2.5 小时内土层累计水分增量较大。例如，在土层初始含水量小于 11.6% 的降水入渗试验中，试验 2.5 小时的土层累计水分增量达 98.2mm，土层上部的含水量从 10.2% 增至 28.5%，土层下部的含水量从 11.6% 增至 12.1%，$\frac{\partial \varphi}{\partial Z}$ 的变化率为 $-3.52cmH_2O/(cm \cdot h)$，总水势梯度从 0.18cmH_2O/cm 增大为 3.09cmH_2O/cm，期间最大值达 6.63cmH_2O/cm。2.5 小时至 3.5 小时，土层水分增量 1.8mm，土层上部的含水量从 28.5% 增至 34.3%，土层下部的含水量从 12.1% 增至 29.6%，$\frac{\partial \varphi}{\partial Z}$ 的变化率减小至 $-0.53cmH_2O/(cm \cdot h)$，总水势梯度从 3.09cmH_2O/cm 降为 2.56cmH_2O/cm。试验至 7.5 小时，被监测土层含水量达到 34% 以上，土层水分量又增加 8.0mm，$\frac{\partial \varphi}{\partial Z}$ 的变化率减小至 0.0cmH_2O/(cm·h)，总水势梯度从 2.56cmH_2O/cm 降为 2.05cmH_2O/cm。相同试验条件，当初始含水量较高时，降水入渗 2.5 小时的土层累计水分增量仅为 58.3mm，相对初始含水量较低条件下土层水分增量少 39.9mm，土层上部的含水量从 21.4% 增至 37.3%，土层下部的含水量从 23.7% 增至 25.0%，$\frac{\partial \varphi}{\partial Z}$ 的变化率为 $-1.22cmH_2O/(cm \cdot h)$，总水势梯度从 2.57cmH_2O/cm 增大为 2.70cmH_2O/cm，期间最大值达 3.92cmH_2O/cm。2.5 小时至 3.5 小时，土层水分增量 0.4mm，土层下部的含水量从 25.0% 增至 27.7%，$\frac{\partial \varphi}{\partial Z}$ 的变化率减小至 $-0.60cmH_2O/(cm \cdot h)$，总水势梯度从 2.70cmH_2O/cm 降为 2.10cmH_2O/cm。试验至 7.5 小时，被监测土层上部含水量从 37.3% 下降为 34.4%，土层水分量减少 1.7mm，$\frac{\partial \varphi}{\partial Z}$ 的变化率减小至 $-0.13cmH_2O/(cm \cdot h)$，总水势梯度从 2.10cmH_2O/cm 降为 0.98cmH_2O/cm。

在天然降水条件（南宫试验场区）下，同样出现上述规律（表 1-5）。随着包气带含水量增加，总水势梯度也大于 1.0cmH_2O/cm，并随着含水量的增加而降低。当土层的上部含水量从不足 10% 增至 12.7%，下部含水量增至 13.9% 时，土层水分量增加 16.1mm，$\frac{\partial \varphi}{\partial Z}$ 的变化率为 $+1.03cmH_2O/(cm \cdot h)$，总水势梯度为 2.67cmH_2O/cm。当

表 1-4　降水入渗中吸水过程的包气带水量和水势梯度变化特征

	吸水时间/小时	0.5	1.5	2.5	3.5	4.5	5.5	6.5	7.5
低初始含水量入渗试验	土壤含水量/%	10.2~11.6	26.9~11.6	28.5~12.1	34.3~29.6	34.8~32.2	34.7~33.2	35.2~33.5	34.2~34.0
	$\dfrac{\partial\varphi}{\partial Z}$/(cmH$_2$O/cm)	0.18	6.63	3.09	2.56	2.23	2.19	2.05	2.05
	$\left(\Delta\dfrac{\partial\varphi}{\partial Z}/\Delta t\right)$ /[cmH$_2$O/(cm·h)]	—	+6.45	−3.52	−0.53	−0.33	−0.04	−0.14	−0.00
	土层水分变化量/mm	+32.7	+45.3	+20.2	+1.8	+3.9	+3.2	+0.6	+0.3
高初始含水量入渗试验	土壤含水量/%	21.4~23.7	26.2~23.8	37.3~25.0	36.7~27.7	35.7~28.2	34.4~29.0	34.4~28.2	34.4~28.0
	$\dfrac{\partial\varphi}{\partial Z}$/(cmH$_2$O/cm)	2.57	3.92	2.70	2.10	1.64	1.26	1.11	0.98
	$\left(\Delta\dfrac{\partial\varphi}{\partial Z}/\Delta t\right)$ /[cmH$_2$O/(cm·h)]	—	+1.35	−1.22	−0.60	−0.46	−0.38	−0.15	−0.13
	土层水分变化量/mm	+33.7	+21.7	+2.9	+0.4	+0.3	+0.1	+.2	−2.3

注：研究层位 15~45cm；$\Delta\dfrac{\partial\varphi}{\partial Z}/\Delta t$ 为水势梯度的变化率；"+"表示增加，"−"表示减少。

土层的上部含水量从 12.7% 增至 18.3%，下部含水量从 13.9% 增至 14.1% 时，土层水分量增加 8.9mm，$\dfrac{\partial\varphi}{\partial Z}$ 的变化率为 −0.49cmH$_2$O/(cm·h)，总水势梯度 1.69cmH$_2$O/cm。降水入渗至第 10 天时，土层的下部含水量从 14.1% 增至 19.9%，土层水分量累计增加 29.4mm，$\dfrac{\partial\varphi}{\partial Z}$ 的变化率下降为 −0.03cmH$_2$O/(cm·h)，总水势梯度变为 1.09cmH$_2$O/cm。相同试验环境，土层初始含水量不小于 20% 的条件下，当土层的上部含水量增至 23.5%，下部含水量增至 24.7% 时，土层水分量增加 23.4mm，$\dfrac{\partial\varphi}{\partial Z}$ 的变化率为 +0.38cmH$_2$O/(cm·h)，总水势梯度为 1.26cmH$_2$O/cm。当土层的上部含水量从 23.5% 增至 25.8%，土层水分量增加 29.9mm 时，$\dfrac{\partial\varphi}{\partial Z}$ 的变化率为 +0.01cmH$_2$O/(cm·h)，总水势梯度 1.28cmH$_2$O/cm。当土层的下部含水量从 24.6% 增至 25.8%，土层水分量增加 37.5mm 时，$\dfrac{\partial\varphi}{\partial Z}$ 的变化率为 −0.11cmH$_2$O/(cm·h)，总水势梯度 1.07cmH$_2$O/cm。当土层含水量减少 16.5mm 时，$\dfrac{\partial\varphi}{\partial Z}$ 的变化率下降为 −0.02cmH$_2$O/(cm·h)，总水势梯度变介于 0.87~0.89cmH$_2$O/cm。

表 1-5　自然降水入渗中吸水过程的包气带水量和水势梯度变化特征

	吸水时间/天	2	4	5	8	10~11
初始含水量试验 A	土壤含水量/%	12.7~13.9	18.3~14.1	16.9~15.8	15.7~17.4	15.2~19.9
	$\dfrac{\partial \varphi}{\partial Z}$/(cmH$_2$O/cm)	2.67	1.69	1.29	1.16	1.09
	$\left(\Delta \dfrac{\partial \varphi}{\partial Z}/\Delta t\right)$ /[cmH$_2$O/(cm·d)]	+1.03	−0.49	−0.20	−0.07	−0.03
	土层水分变化量/mm	+16.1	+8.9	+3.4	+2.9	+1.1
初始含水量试验 B	土壤含水量/%	23.5~24.7	25.8~24.6	22.7~25.8	18.9~25.7	17.7~29.6
	$\dfrac{\partial \varphi}{\partial Z}$/(cmH$_2$O/cm)	1.26	1.28	1.07	1.02	0.87~0.89
	$\left(\Delta \dfrac{\partial \varphi}{\partial Z}/\Delta t\right)$ /[cmH$_2$O/(cm·d)]	+0.38	+0.01	−0.11	−0.03	−0.06~−0.02
	土层水分变化量/mm	+23.4	+29.9	+37.5	+3.7	−16.5

注：研究层位，A 为 80~140cm，B 为 100~330cm。"+"表示增加，"−"表示减少。

在降水入渗过程中，当被监测土层含水量处于减少状态时，总水势梯度总是表现为 $\dfrac{\partial \varphi}{\partial Z}<1.0cmH_2$O/cm，且随着土层含水量减少，$\dfrac{\partial \varphi}{\partial Z}$ 值逐渐减低（表 1-6 和表 1-7）。当土层脱水前的初始含水量较低（19.5%~20.5%），脱水 3.0 小时，土层累计水分减量 0.1mm，土层上部的含水量从 19.9% 减少至 18.8%，$\dfrac{\partial \varphi}{\partial Z}$ 的变化率为 −0.05cmH$_2$O/(cm·h)，总水势梯度从 1.08cmH$_2$O/cm 降为 0.94cmH$_2$O/cm。脱水至 60.0 小时，土层累计水分减量 3.1mm，土层上部的含水量从 18.8% 减少至 16.2%，土层下部的含水量从 20.9% 减少至 20.0%，$\dfrac{\partial \varphi}{\partial Z}$ 的变化率为 −0.004cmH$_2$O/(cm·h)，总水势梯度从 0.94cmH$_2$O/cm 降为 0.23cmH$_2$O/cm。脱水至 120 小时，土层上部的含水量从 16.2% 减少至 15.0%，土层下部的含水量从 20.0% 减少至 19.0%，$\dfrac{\partial \varphi}{\partial Z}$ 的变化率为 −0.004cmH$_2$O/(cm·h)，总水势梯度从 0.23cmH$_2$O/cm 降为 0.06cmH$_2$O/cm。当土层脱水前的初始含水量较高（36.3%~33.2%），脱水 3.0 小时，土层累计水分减量 3.6mm，土层上部的含水量从 36.3% 减少至 32.8%，$\dfrac{\partial \varphi}{\partial Z}$ 的变化率为 −0.18cmH$_2$O/(cm·h)，总水势梯度从 1.02cmH$_2$O/cm 降为 0.54cmH$_2$O/cm。脱水至 60.0 小时，土层累计水分减量 11.6mm，土层上部的含水量从 32.8% 减少至 18.0%，土层下部的含水量从 34.0% 减少至 24.7%，$\dfrac{\partial \varphi}{\partial Z}$ 的变化率为 −0.008cmH$_2$O/(cm·h)，总水势梯度从 0.54cmH$_2$O/cm 降为 0.32cmH$_2$O/cm。脱水至 120 小时，土层上部的含水量从 18.0% 减少至 15.0%，土层下部的含水量从 24.7% 减少至 19.4%，$\dfrac{\partial \varphi}{\partial Z}$ 的变化率为 −0.004cmH$_2$O/(cm·h)，总水势梯度从 0.32cmH$_2$O/cm 降为 0.05cmH$_2$O/cm（表 1-7）。

表 1-6　降水入渗过程中水势梯度及水分变化量

降水量/mm		数据																	
280	入渗时间/小时	0.3	1.5	2.5	3.5	4.5	6.5	8.5	11.5	15.5	27.5	28.5	29.5	32.5	35.5	40.5	87.5	111.5	147.5
	$\partial\varphi/\partial Z$ /(cmH$_2$O/cm)	0.18	6.6	3.1	2.6	2.2	2.1	2.0	1.7	1.03	1.02	0.47	0.51	0.47	0.42	0.42	0.32	0.15	0.05
	水分量变化/mm		45.3	20.2	7.8	3.9	0.6	0.1	0.7	0.1	0.1	−1.4	−3.6	−1.9	−2.1	−2.5	−1.6	−2.8	−0.5
	状态	土壤吸水				过水						土壤脱水								
80	入渗时间/小时	0.5	1.5	2.5	3.5	5.5	7.5	8.5	9.5	15.5	25.5	27.5	29.5	37.0	75.0	101.0	112.0	137.0	221.0
	$\partial\varphi/\partial Z$ /(cmH$_2$O/cm)	0.33	3.25	3.78	2.84	1.03	0.60	0.53	0.47	0.40	0.37	0.37	0.37	0.33	0.27	0.20	0.17	0.12	0.03
	水分量变化/mm	1.3	16.7	12.4	3.4	0.1	−2.3	−1.4	−1.5	−1.2	−0.7	−1.9	−0.7	−0.17	−0.5	−0.1	−0.6	−0.6	−0.9
	状态	土壤吸水			过水						土壤脱水								
60	入渗时间/小时	0.5	1.5	2.5	3.5	5.5	7.5	8.5	9.5	15.5	25.5	27.5	29.5	37.0	75.0	101.0	112.0	137.0	221.0
	$\partial\varphi/\partial Z$ /(cmH$_2$O/cm)	2.77	4.22	2.27	1.77	1.08	0.95	0.86	0.81	0.59	0.59	0.55	0.54	0.45	0.36	0.23	0.23	0.18	0.09
	水分量变化/mm	15.1	20.0	2.9	2.5	0.1	−2.3	−0.5	−1.2	−1.6	−1.1	−0.7	−1.6	−1.0	−0.5	−0.3	−0.6	−0.6	−0.8
	状态	土壤吸水								土壤脱水									
20	入渗时间/小时	0.5	1.2	2.5	3.5	5.5	7.5	8.5	9.5	14.0	25.5	27.5	29.5	37.0	75.0	101.0	112.0	137.0	221.0
	$\partial\varphi/\partial Z$ /(cmH$_2$O/cm)	2.27	—	2.27	—	2.09	—	1.45	—	0.91	0.73	0.68	0.63	0.45	0.27	0.09	0.09	0.09	0
	水分量变化/mm	5.9	1.0	—	1.5	0.6	—	0.5	—	−0.3	−0.3	−0.4	−1.3	−0.8	−1.1	−1.2	−0.7	−0.6	−0.1
	状态	土壤吸水								土壤脱水									

注：监测深度 10cm 深度至潜水面；表中数据的监测层位 25～45cm 深度。

表 1-7　降水入渗中脱水过程的包气带水量和水势梯度变化特征

	吸水时间/小时	0	3	6	9	12	18	36	60	84	96	120
低初始含水量	土壤含水量/%	19.9~20.5	18.8~20.9	18.6~20.9	18.5~20.9	17.6~20.9	16.8~20.3	16.2~20.1	16.2~20.0	15.6~19.4	15.0~19.5	15.0~19.0
	$\frac{\partial \varphi}{\partial Z}$/(cmH$_2$O/cm)	1.08	0.94	0.84	0.70	0.61	0.47	0.33	0.23	0.14	0.09	0.06
	$\left(\Delta\frac{\partial\varphi/\partial Z}{\Delta t}\right)$/[cmH$_2$O/(cm·h)]	—	-0.05	-0.03	-0.05	-0.03	-0.02	-0.008	-0.004	-0.04	-0.004	-0.004
	土层水分变化量/mm	+0.5	-0.1	-0.3	-1.5	-0.6	-0.4	-0.1	-0.2	-1.1	-1.2	-0.6
高初始含水量	土壤含水量/%	36.3~33.2	32.8~34.0	32.0~33.5	30.1~33.6	27.3~32.1	26.4~31.5	24.5~30.3	18.0~24.7	17.1~22.2	16.0~20.9	15.0~19.4
	$\frac{\partial \varphi}{\partial Z}$/(cmH$_2$O/cm)	1.02	0.54	0.47	0.42	0.42	0.42	0.52	0.32	0.15	0.06	0.05
	$\left(\Delta\frac{\partial\varphi/\partial Z}{\Delta t}\right)$/[cmH$_2$O/(cm·h)]	—	-0.18	-0.02	-0.02	0	0	+0.004	-0.008	-0.008	-0.008	-0.004
	土层水分变化量/mm	+0.1	-3.6	-1.9	-3.2	-0.2	-2.5	-2.2	-1.6	-2.8	-0.1	-0.5

注：研究层位 15~45cm；$\Delta\frac{\partial\varphi/\partial Z}{\Delta t}$ 为水势梯度的变化率；"+"表示增加，"—"表示减少。

由此可见，在降水入渗的脱水过程中，土层初始含水量越高，水势梯度变化的幅度越小；土层初始含水量越低，水势梯度变化的幅度越大。这是因为土壤含水量越低，其孔隙中空气越多，克服土壤吸持水分阻力而脱出水分的难度越大，所消耗的能量越多。在蒸散条件下的土壤脱水过程更能反映这一现象。

当被监测土层从入渗脱水转变为通过蒸散消耗包气带水分量时，$\frac{\partial \varphi}{\partial Z}$ 呈现小于 $0\text{cmH}_2\text{O/cm}$ 状态。在太阳辐射热作用下，在包气带的上部，温度势梯度产生作用，强制土壤水进入大气中，$\frac{\partial \varphi}{\partial Z}$ 从等于 $-1.0\text{cmH}_2\text{O/cm}$ 状态逐渐变为小于 $-1.0\text{cmH}_2\text{O/cm}$（绝对值大 1.0）见表 1-8。在天然条件下，从 8 月 16 日至 8 月 24 日进行了连续观测，监测层位的深度为 $10\sim40\text{cm}$，初始含水量（顶板至底板）为 $14.4\%\sim14.9\%$，蒸散导致土层含水量减少为 $5.5\%\sim10.2\%$，期间于 8 月 18 日天然降水 4.9mm 和 8 月 20 日人工喷灌 22.3mm 水量，结果仍没有改变 $\frac{\partial \varphi}{\partial Z}<0\text{cmH}_2\text{O/cm}$，且势值不断增大的趋势，$\frac{\partial \varphi}{\partial Z}$ 由 $-0.29\text{cmH}_2\text{O/cm}$ 演变为 $-8.42\text{cmH}_2\text{O/cm}$，水势梯度的平均变化率达到 $-1.02\text{cmH}_2\text{O/(cm·d)}$。从水势梯度与土层含水量之间关系来看，当土层含水量为 $11.0\%\sim21.2\%$ 时，$\frac{\partial \varphi}{\partial Z}$ 为 $+0.20\text{cmH}_2\text{O/cm}$；当土层含水量减少为 $14.2\%\sim14.9\%$ 时，水势梯度指向发生转变，由指向潜水面转为指向地表面，$\frac{\partial \varphi}{\partial Z}$ 为 $-0.99\sim-0.29\text{cmH}_2\text{O/cm}$。当土层含水量进一步减少，临近凋萎含水量，即为 $7.8\%\sim10.2\%$ 时，水势梯度值急剧增大，水势能急剧变小，$\frac{\partial \varphi}{\partial Z}$ 值由 $0.99\text{cmH}_2\text{O/cm}$ 增至 $8.42\text{cmH}_2\text{O/cm}$，期间有限量的降水和灌溉都没能改变 $\frac{\partial \varphi}{\partial Z}$ 的急剧变化趋势（表 1-8）。

表 1-8　天然蒸发条件下包气带水势梯度和含水量变化特征（据冯金平等，2002）

监测日期	8月15日	8月16日	8月17日	8月18日	8月19日	8月20日	8月22日	8月24日
含水量/%	11.0~21.2	14.4~14.9		5.5~12.6			6.5~11.7	7.8~10.2
水势梯度 /(cmH$_2$O/cm)	+0.20	−0.29	−0.99	−2.16	−3.93	−5.01	−6.59	−8.42
水分变化量/mm	—	−11.3		−6.8			−21.0	−0.3

注：研究层位 10~40cm；"＋"表示土层增加水量，"－"表示土层减少水量。

三、水势梯度特性变化机理

从式（1-1）知，包气带水分运动的驱动力主要由 $\frac{\partial \varphi_m}{\partial Z}$ 和 $\frac{\partial \varphi_g}{\partial Z}$ 构成，且 $\frac{\partial \varphi_g}{\partial Z}=$

$1.0 cmH_2O/cm$。$\dfrac{\partial \varphi_g}{\partial Z}$ 指向始终为潜水面，驱使包气带中水分向下运动。$\dfrac{\partial \varphi_m}{\partial Z}$ 指向与被研究土层水分饱和状态及其分布状况密切相关，在降水或灌溉补给条件下 $\dfrac{\partial \varphi_m}{\partial Z}$ 指向潜水面，在蒸发条件下 $\dfrac{\partial \varphi_m}{\partial Z}$ 指向地表。换言之，当被监测土层的上部含水量大于下部时，$\dfrac{\partial \varphi_m}{\partial Z}$ 指向潜水面；当被监测土层的上部含水量小于下部时，$\dfrac{\partial \varphi_m}{\partial Z}$ 指向地表面。

在地下水通过包气带转化为大气水过程中，$\dfrac{\partial \varphi}{\partial Z}<0$。使包气带中水分向上运动是 $\dfrac{\partial \varphi_m}{\partial Z}$ 作用的结果，且 $\dfrac{\partial \varphi_m}{\partial Z}$ 能力远大于 $\dfrac{\partial \varphi_g}{\partial Z}$。因为 $\dfrac{\partial \varphi_m}{\partial Z}$ 和 $\dfrac{\partial \varphi_g}{\partial Z}$ 的指向相反，只有 $\left|\dfrac{\partial \varphi_m}{\partial Z}\right|$ 值 $>$ $\left|\dfrac{\partial \varphi_g}{\partial Z}\right|$ 值，且不小于 $1.0 cmH_2O/cm$ 时，才能出现 $\dfrac{\partial \varphi}{\partial Z}<0$ 的情景，控制包气带中水分向上运动。当长期不降水，在太阳辐射热能作用下，可改变包气带能态，同时，蒸散作用促使包气带含水量自地表而下依次减少，潜水面至地表区间土壤水分亏缺程度逐渐加重。由于包气带中水分量的减少，含水量不断降低，土壤基质势值不断增大

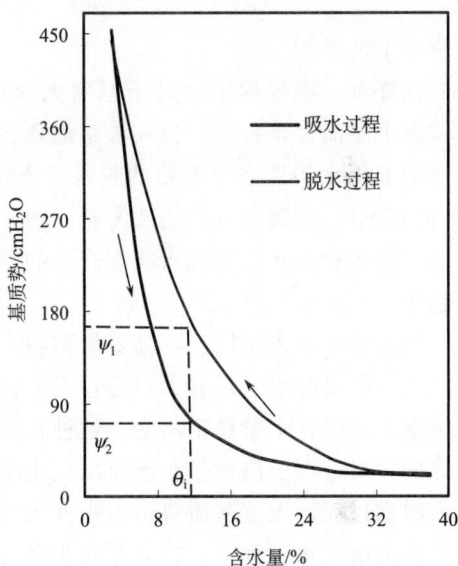

图 1-7　土壤水分运动特征曲线

（图 1-7），$\dfrac{\partial \varphi_m}{\partial Z}$ 值不断增大。从图 1-7 可见，在较低含水量下，即使微量改变土壤水分量，也会导致基质势较大幅度变化。因此，在包气带水分蒸散消耗过程中，$\dfrac{\partial \varphi_m}{\partial Z}$ 往往是较大的。在自然条件下，曾在南宫地下水均衡试验场监测到 $\left|\dfrac{\partial \varphi_m}{\partial Z}\right|>30 cmH_2O/cm$。

在降水入渗过程中，入渗水流是自地表向潜水含水层方向依次通过包气带各土层，由上而下地入渗移动，期间 $\dfrac{\partial \varphi_m}{\partial Z}$ 会存在三种情景：

（1）$\dfrac{\partial \varphi_m}{\partial Z}>0$，与 $\dfrac{\partial \varphi_g}{\partial Z}$ 指向相同，于是，有 $\dfrac{\partial \varphi}{\partial Z}>1.0 cmH_2O/cm$ 情景；

（2）$\dfrac{\partial \varphi_m}{\partial Z}=0$，$\dfrac{\partial \varphi}{\partial Z}=\dfrac{\partial \varphi_g}{\partial Z}$，于是，有 $\dfrac{\partial \varphi}{\partial Z}=1.0 cmH_2O/cm$ 情景；

（3）$\dfrac{\partial \varphi_m}{\partial Z} < 0$，与 $\dfrac{\partial \varphi_g}{\partial Z}$ 指向相反，但 $\left| \dfrac{\partial \varphi_m}{\partial Z} \right|$ 值 $<$ $\left| \dfrac{\partial \varphi_g}{\partial Z} \right|$ 值，于是，有 $0 < \dfrac{\partial \varphi}{\partial Z} <$ $1.0 \mathrm{cmH_2O/cm}$ 情景。

情景①是 $\dfrac{\partial \varphi_m}{\partial Z}$ 和 $\dfrac{\partial \varphi_g}{\partial Z}$ 共同控制包气带中水分运动方向，驱使土壤水分向下运动。情景②、③是 $\dfrac{\partial \varphi_g}{\partial Z}$ 控制包气带中水分运动方向，其中情景②中 $\dfrac{\partial \varphi_g}{\partial Z}$ 完全作用于土壤水向下运动，而情景③中 $\dfrac{\partial \varphi_g}{\partial Z}$ 需要克服 $\dfrac{\partial \varphi_m}{\partial Z}$ 反向作用，在相同地质环境中，土壤水分向运动的速率弱于情景②。

在降水入渗过程中，对于厚度无穷小（顶、底板埋深分别为 Z_0 和 Z，厚度 ΔZ）被监测土层而言，首先，当入渗水流到达被监测土层的顶板，但尚未进入该土层时，该土层的表部水势能态由初始的脱水状态转变为吸水状态，土层基质势由 Ψ_1 增至为 Ψ_2（势值变小），土壤含水量仍然为 θ_i（图 1-7）。从图 1-7 可见，被监测土层的初始含水量越低，脱水状态转变为吸水状态产生的基质势差值（$\Delta \Psi = \Psi_2 - \Psi_1$）越大；反之，$\Delta \Psi$ 值越小。

当入渗水进入土层后，随着被监测土层含水量增加，基质势值越来越小，水势能越来越大。如果降水量足够大，经过充分吸水过程，就会出现进入和流出该土层水量相等的情景，土层含水量稳定不变。这种状态改变和水量变化而引起土层内部势能变化量是相等的。当进入土层水量小于流出该土层水量时，土层含水量表现为减少状态，这表明进入脱水过程，土壤基质势值由小变大（图 1-7）。

在土壤脱水过程中，首先是被监测土层的顶板处水势能态发生改变，基质势能降低、势值增大。随着被监测土层含水量减少，自土层顶板向下依次递推地土壤基质势值逐渐增大。图 1-7 和表 1-9 都表明，在相同含水量（θ_i）下同一监测点、不同状态（吸水与脱水），其基质势值之间存在明显势差，含水量（θ_i）的吸水状态下基质势值（Ψ_2）小于同是含水量（θ_i）的脱水状态下基质势值（Ψ_1），实测结果是 $\Delta \Psi > 20 \mathrm{cmH_2O}$。

表 1-9 土壤处于吸水或脱水状态下基质势值差异特征

含水量 /%	吸水状态下基质势 /cmH$_2$O	脱水状态下基质势 /cmH$_2$O	同含水量下吸脱水势差 /cmH$_2$O
7.10	-802.0	-827.3	25.3
16.12	-133.0	-162.3	29.3
22.65	-102.4	-125.0	22.6
30.01	-75.8	-97.1	21.3

产生 $\dfrac{\partial \varphi_m}{\partial Z} > 0$、生 $\dfrac{\partial \varphi_m}{\partial Z} = 0$ 和生 $\dfrac{\partial \varphi_m}{\partial Z} < 0 \mathrm{cmH_2O/cm}$ 的机理如下。

初始条件：入渗前被监测土层内各处含水量及基质势相等，分别为 θ_0 和 φ_m^0；土层水分变化量$\Delta\theta=0$，$q=0$（图 1-8）。

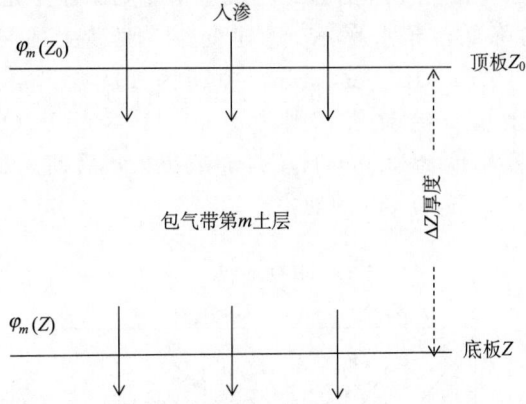

図中标注：
入渗
$\varphi_m(Z_0)$　　　　　　　　　　　顶板Z_0
ΔZ厚度
包气带第m土层
$\varphi_m(Z)$　　　　　　　　　　　　底板Z

图 1-8　入渗水通过厚度无穷小土层示意图

于是，有

（1）入渗初期，在被监测土层含水量增加（$\Delta\theta>0$）过程中，$\varphi_m(Z_0)$ 为 $\varphi_m^0+\Delta\Psi+\Delta\varphi_m^1$（$\varphi_m'$ 是土壤含水量改变产生的基质势变化量），$\varphi_m(Z)$ 为 φ_m^0，或 $\varphi_m^0+\Delta\Psi$，或 $\varphi_m^0+\Delta\Psi+\varphi_m^2$。由于降水入渗水分是自上向下进行的，所以，入渗水分首先要满足 Z_0 处土壤持水分的需要，最后补给 Z 处土层土壤持水需求，由此，$\Delta\varphi_m^1$ 值$>\Delta\varphi_m^2$ 值。于是，有$\dfrac{\partial\varphi_m}{\partial Z}>0$，$\dfrac{\partial\varphi}{\partial Z}>1.0$ cmH$_2$O/cm 的情景。

（2）经过一段时间入渗后，被监测土层含水量处于稳定状态，其变化量（$\Delta\theta$）趋近零，但是，$q\neq0$。这时，$\varphi_m(Z_0)=\varphi_m(Z)$，为 $\varphi_m^0+\Delta\Psi+\Delta\varphi_m$。由于土层经过了充分吸水，入渗水分已满足土层内各处持水的需要，以至各处 $\Delta\varphi_m$ 基本相等。相等。于是，有$\dfrac{\partial\varphi_m}{\partial Z}=0$，$\dfrac{\partial\varphi}{\partial Z}=1.0$ cmH$_2$O/cm 的情景。

（3）在入渗后期，从被监测土层顶板流入的水量开始明显小于从该土层底板流出的水量，土层含水量减少（$\Delta\theta<0$）。这期间，$\varphi_m(Z_0)$ 为 $\varphi_m^0-\Delta\Psi-\Delta\varphi_m^1$，$\varphi_m(Z)$ 为 $\varphi_m^0-\Delta\Psi$，或 $\varphi_m^0-\Delta\Psi-\varphi_m^2$。由于 Z_0 处减少水分量务必通过 Z 处土层，所以，一般情况下，$\Delta\varphi_m^1$ 值$<\Delta\varphi_m^2$ 值。于是，有$\dfrac{\partial\varphi_m}{\partial Z}<0$，$\dfrac{\partial\varphi}{\partial Z}<1.0cmH_2$O/cm 的情景。

四、"三水"转化水势梯度特征标识意义

综上所述不难看出，无论降水或灌溉入渗过程，还是蒸发过程，包气带的水势梯度与土壤水量变化密切关系。从图 1-9 可见，土壤含水量增加或减少，$\dfrac{\partial\varphi}{\partial Z}$ 逐渐降低。初始含水量越小，相同导水率条件下的 $\dfrac{\partial\varphi}{\partial Z}$ 值越大；相反，$\dfrac{\partial\varphi}{\partial Z}$ 值越小。$\dfrac{\partial\varphi}{\partial Z}$ 变化的幅度随着初始含水量较小而增大。

　　由于包气带的土壤导水率和水势梯度都因土壤含水量改变而发生规律性变化，所以，蒸发或降水入渗的水通量或速度也随之发生相应规律性变化。其中，在蒸发过程中，随着含水量 θ_i 的降低，导水率 K_i 迅速变小。亚砂土的导水率一般为 $10^{-2} \sim 10^{-8}$ cm/min，初期为 $10^{-2} \sim 10^{-3}$ cm/min，中期为 $10^{-3} \sim 10^{-6}$ cm/min，后期小于 10^{-7} cm/min。水势梯度值（绝对值）则为 $0.0 \sim +\infty$ cmH$_2$O/cm，初期为 $0.0 \sim 0.99$ cmH$_2$O/cm，中期为 $1.0 \sim 3.0$ cmH$_2$O/cm 或更大，后期大于 3.0 cmH$_2$O/cm。实际监测资料中有大于 30 cmH$_2$O/cm 的现象。

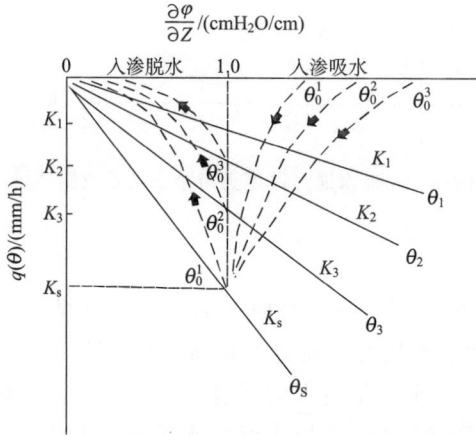

不同初始含水率：$\theta_0^1 > \theta_0^2 > \theta_0^3$；含水率：$\theta_1 < \theta_2 < \theta_3 < \theta_s$；
非饱和渗透系数：$K_1 < K_2 < K_3 < K_s$；➡ 吸水或脱水进行方向

图 1-9　土壤水动力场状态与要素之间关系

　　受土壤导水率与水势梯度之间变化方向互逆的影响，在蒸散发作用下，包气带脱水初期，进入大气中水分通量 $q(\theta)$ 的大小取决于土壤导水率和水势梯度这两个因素，$q(\theta)$ 值小于相应含水量下的导水率；在后期，导水率为影响 $q(\theta)$ 的主导因素，$q(\theta)$ 明显减小，但其值大于相应含水量下的导水率。

　　在降水入渗过程中，当土壤处于吸水状态，包气带含水量增加，导水率逐渐增大，水势梯度大于 1.0 cmH$_2$O/cm，并逐渐变小，入渗速率大小取决于导水率和水势梯度的变化，总的趋势呈减小变化特征，但其值大于相应含水量下的导水率。当土壤处于脱水状态，包气带含水量减少，导水率变小，$\dfrac{\partial \varphi}{\partial Z}$ 也逐渐变小，所以，入渗速率随之逐渐降低，且小于相应含水量下的导水率值。由此可见，在测定土壤导水率或给水度过程中，结合水势梯度值大小及其变化规律，确定测定这些水文地质参数时土壤吸水或脱水状态及程度，不仅可以提高水文地质参数的测定精度，还可以在应用"定位通量法"计算降水入渗补给量中识别入渗水补给地下水的时段。当 $\dfrac{\partial \varphi}{\partial Z} > 0$ cmH$_2$O 时，其值大小反映了被监测土层水分平衡状态，根据该值大小 可以研判包气带中水分补给地下水的潜力。$\dfrac{\partial \varphi}{\partial Z}$ 值越大，包气带中水分补给地下水潜力越大；反之，包气带中水分补给地下水潜在能力越小。

　　另外，根据以上"三水"转化过程中土壤水势梯度特征和水势梯度值的正负与大小，还可以研判包气带水分运动方向、运动速率大小、状态（指岩土吸水、过水和脱水）、水分亏缺程度和"三水"之间转化关系。当 $\dfrac{\partial \varphi}{\partial Z}<0\mathrm{cmH_2O}$ 时，表明被监测土层处于水分亏缺状态，与农作物需水要求建立联系，可以指导农田灌溉，使农业有效地利用水资源。

第三节　包气带性状对入渗性影响

　　包气带性状是指其岩性、颗粒组成、结构、密度、空隙性和厚度状况。包气带渗透性是地下水资源评价中最为重要的水文地质参数，它的强弱除了与入渗水量、强度和入渗前初始含水量状况有关之外，主要受控于包气带的岩性、颗粒级配、孔隙比、矿物成分、微观结构（密度和容重）、地层结构和厚度因素。

一、岩性组成影响

（一）岩性影响

　　岩性影响主要是指土壤颗粒的粗细组成和有机质含量不同而产生的效应。土壤颗粒的粗细组成不同，对土壤颗粒的表面能和孔隙尺度有一定影响，进而影响土壤水分运动能力和水力传导度的大小。降水入渗水分进入包气带后，在无闭气的匀质土中，土壤颗粒组成越细，其孔隙率和导水率越小，入渗水移动越慢。因为土壤颗粒组成不同，其大孔隙和毛管孔隙的数量不同。一方面，颗粒组成越细，大孔隙数量减少，毛管孔隙数量增多，从而降低土壤水力传导度和入渗能力。另一方面，土壤颗粒组成越细，黏粒含量越高，整体比表面积越大，土壤吸持水分能力越强，由此土壤导水能力越弱，入渗性越差。

　　不同岩性包气带，影响入渗性的主要因素是不同的。对于砂性土来讲，影响渗透性的主要因素是土壤的颗粒大小、形状、级配和密度，而对于黏性土渗透性的主要影响因素是土壤中矿物成分、形状和结构（孔隙大小和分布），尤其是土壤矿物成分形成的团粒直径的影响。大多数黏性土是由多种黏土矿物颗粒混合组成，常呈絮状结构，由此，黏土矿物表面活性作用和原状结构土的孔隙比大小共同影响黏土的渗透系数。渗透性的毛管模型表明，渗透流速与孔隙直径平方成正比，而单位流量与孔隙直径的四次方成正比。层状黏土水平方向的渗透性往往远大于垂直方向。而黄土和黄土状土，由于垂直大孔隙发育，其中垂向的渗透性大于水平方向。在裂缝发育的黏土中，由于存在裂缝网络，所以，渗透系数接近于粗砂，且具有方向性。

　　包气带中有机质对入渗影响主要表现为 3 个方面：首先，有机质是土壤中重要的胶结物质，有机质中多糖、腐殖物质在土壤团粒形成过程起着重要的作用，它能增加土壤的黏结力，促进团粒结构的形成。土壤团聚体的大小和数量，又决定了土壤孔隙状况，良好的孔隙度和孔隙性会有利于入渗。其次，有机质中的腐殖质具有巨大的表面积和亲水基团，吸水能力远高于黏土矿物，使土壤具有更高的吸持能力。再次，在入渗过程中，由于孔隙稳定性随着有机质含量的提高而增大，入渗水流的实际过水面积也增大，因此，在入渗过程中通过的水量也随着增大。在初始含水量相同情况下，有机质含量多的土壤基质吸力大，入渗过程中渗吸的水量较多，而且，土壤有机质疏松多孔，本身也能提高土壤的透水性。

（二）孔隙性状影响

砂性土的渗透性主要取决于孔隙通道的截面积和连通性。包气带中任一砂性土层的孔隙平均直径与其颗粒大小直径成正比，所以，砂性土的渗透性是随颗粒大小的特征值（有效粒径）而变化的。土壤颗粒越细，渗透性越低；级配良好，因细颗粒充填大颗粒的孔隙，减小孔隙尺寸，从而降低渗透性。土壤的密度增加，孔隙减小，渗透性随之降低。渗透流体的影响主要是黏滞度，而黏滞度又受温度影响。温度越高，黏滞度越低，渗流速度越大。土样中所有孔隙空间体积之和与该土样体积的比值被称为该土的孔隙度，以百分数表示。

总孔隙度越大，表明该土层的孔隙空间越大。但是，只有那些互相连通的孔隙才具有渗透性，这与有效孔隙度密切相关。有效孔隙度是指那些互相连通的，在一般压力条件下可以通过流体的孔隙体积之和与该土样总体积的比值，以百分数表示。同一土层的有效孔隙度小于其总孔隙度，一般情况下，有效孔隙度比总孔隙度小 5%～10%。

二、包气带结构影响

（一）岩性结构影响

岩性结构是由土壤组成结构体的种类、数量（尤其是团粒结构的数量）和结构体内外的孔隙状况产生的综合性质。土壤结构通过土壤孔隙状况影响包气带水力传导度和土壤水势梯度，进而影响包气带入渗能力。不同结构的土壤，其板结程度、密实度和孔隙状况都存在不同。疏松的土层，单位体积密度小、孔隙率大、连通性好，对其中入渗水分迁移的阻力小；反之，结构性差的土壤，孔隙小、单位体积密度大、孔隙严重弯曲或变形，连通性差，对其中入渗水分迁移的阻力较大。随着土壤结构由疏松变密实，入渗能力递减。团粒结构少的土层，非毛管孔隙多，所以，具有较高的渗透能力。土壤的稳定入渗速率与团聚体的含量之间具有相关性。

土壤密度是指单位容积固体土粒质量，它反映包气带中土层的紧实度与孔隙状况，主要取决于土壤矿物质组成。密度不仅影响面源入渗速率，其对点源入渗也有显著影响。在入渗过程中，大孔隙是水分流动的主要通道。这是因为土层密度与大孔隙的数量相关。一般采用容重表达土壤的密度。结构良好的、疏松的土层容重较小，密实板结的砂性质土层容重较大。相同岩性土层，表层土容重比底层土容重小；容重较大的土层渗透性较弱，容重较小的土层渗透性较强。土层的孔隙度随密度增大递减，所以，土层密度越大，其渗透性越弱。

（二）地层结构影响

由于水文、气象和地质过程的作用，包气带的土壤剖面是非均质的，多由不同岩性呈层状结构土层组成，如细砂层夹粉质黏土层。对于含夹层的包气带来讲，无论夹层的岩性颗粒比表层土的颗粒是粗还是细，它对水分入渗都具有一定的影响。因为在含夹层之上是相对均质入渗过程，当湿润峰到达夹层顶板界面后，即刻转变为非均质渗透。当夹层为砂性土层时，由于砂层的非毛管孔隙较多，在相同含水量情况下，其进水吸力较上层颗粒较细土层对入渗吸持力小，进而延缓入渗水分下渗速率。但是，这种影响是暂时的，随入渗过程的进行，当砂性土夹层的导水率等于其上的细颗粒土层导水率时，这种阻碍影响会随之消失。包气带中砂性土夹层对入渗水分的阻碍影响仅表现在水分的数量和入渗速率上，对入渗深度影响不明显，甚至有促进作用。包气带砂性土夹层的厚度越大，其对水分入渗的阻碍影响越明显。黏性土夹层对入渗水分影响与砂性土夹层截然不同，虽然它同砂性土夹层一样，对入渗水分具有阻碍入渗影响，但是因其质地细密、孔隙度小和水分输移能力弱，在一定程度上成为隔水或弱透水层。从非饱和水分能势的角度来讲，黏性土层的吸持水能力远大于其下伏岩性颗粒较粗的土层，只有当黏土层含水量达到一定程度，其水势相当或大于下层水势时，入渗水分才能继续下渗。

（三）采矿塌陷裂隙影响

研究区位于陕西省神木县西北 52.5km 的大柳塔矿区内，地处陕北高原北侧与毛乌素沙漠东南缘的结合部位，海拔 1334m，以风沙堆积地貌为主，沙丘、沙垄、沙滩地交错分布，地形切割强烈，沟壑纵横。综合研究区内包括采矿塌陷区、非塌陷区和非矿区，包气带地层主要为第四纪全新世冲积物、风积砂和第四系下更新统三门组地层组成，岩性主要为粉细砂、含砾细砂、砂砾石和含砾粗砂，它们的吸持水分能力差异较大（表 1-10）。

表 1-10　采矿塌陷区不同岩性土在不同水势下吸持水分量的差异特征

包气带岩性	地层埋深 /m	饱和含水量 /%	不同基质势下含水量/%			
			50cmH$_2$O	100cmH$_2$O	300cmH$_2$O	700cmH$_2$O
粉细砂层	0～160	35.7	19.5	6.1	4.0	3.6
含砾细砂层	160～210	33.3	9.5	6.6	5.2	4.7
含黏砂砾层	210～280	29.6	13.8	10.1	5.9	3.8
含砾粗砂层	300～360	31.5	9.6	6.1	4.9	4.5

1. 塌陷影响的一般特征

采矿塌陷导致包气带垂向裂缝发育，对包气带渗透性产生了显著影响。调查表明，

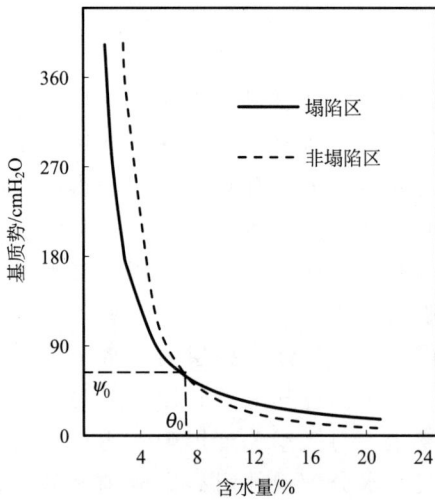

图 1-10　不同区相同含水量
下土壤基质势差异特征

塌陷区面积约为 140m×80m，区内发育两组裂隙群，将包气带的地层切割为菱形地块，一般的地裂缝宽度介于 1.0～50mm，局部地裂缝宽度达 200mm 以上。在塌陷区内，可见到条带状下陷带，沉陷深度为 13～100cm，塌陷区中部呈现塌陷漏斗形态。

在塌陷前，包气带空隙以孔隙为主，降水入渗呈现活塞流式的入渗特征。在塌陷后，塌陷造成的裂隙贯通包气带顶底板，降水入渗由自然条件下活塞流式入渗转变为集中裂缝快捷式入渗，潜水含水层获得的入渗补给量较塌陷前明显增大，同时，入渗过程也明显缩短。在包气带的上部，降水通过裂隙入渗的水量占主导，在包气带下部以孔隙入渗为主。

在采矿塌陷前，从地表到矿产开采层之间，松散地层呈水平层理分布，介质层序较清晰，潜水赋存于风积砂组成的含水层中，厚度 5～20m，渗透系数为 5～8m/d。调查表明，塌陷后，在 140m×80m 范围内，仅 NNE 走向的裂缝 70 余条，裂缝长短、形态、宽度和可见深度不一，有的贯通整个样方区域，有的在中间分叉，多数裂缝的宽度 5～20cm，裂隙之间间距为 0.5～2.0m。现场实测结果，无塌陷裂缝区土壤含水量为 5.3%～10.9%，裂隙较发育区土壤含水量为 2.3%～6.5%。裂缝越密集、裂隙率越高区，土壤含水量越低。另外，受剧烈的塌陷作用影响，塌陷区土壤容重明显大于非塌陷区，采样测定结果分别为：非塌陷区土壤容重介于 1.52～1.58g/cm³，塌陷区土壤容重介于 1.48～1.51g/cm³。

2. 塌陷对包气带渗透性影响特征

从图 1-10 可见，塌陷区与非塌陷区的土壤水分特征曲线明显不同。当土壤含水量小于 7% 时，相同含水量条件下，非塌陷区的土壤基质势值大于塌陷区的土壤基质势值；当土壤含水量大于 7% 时，相同含水量条件下，非塌陷区的土壤基质势值小于塌陷区的土壤基质势值。这表明相同岩性土壤、不同结构状态下，它们吸持水分的能力是不同的，交点（θ_0，Ψ_0）为转折点。

由于采矿塌陷后，塌陷区包气带内土壤裂隙比较发育，土质疏松，空隙较大，所以，塌陷区土壤吸持水分能力小于非塌陷区。当塌陷区吸持水分量达到 7% 以上时，土壤湿陷性促使其结构从不完整、疏松状态转向堆积压密，重建土壤结构，而非塌陷区土壤仍保持原结构的完整性，这样，当土壤含水量超过 7% 之后，塌陷区土壤的吸持水分能力大于非塌陷区土壤，在相同含水量条件下，其基质势值较大。

从非饱和渗透系数 $K(\theta)$ 变化特征来看，当含水量小于 7% 时，塌陷区土壤的

$K(\theta)$值较大；当含水量大于 7% 时，塌陷区土壤的 $K(\theta)$ 值较小（图 1-11）。这印证了图 1-10 表明的塌陷作用对包气带的土壤结构影响规律。

从野外塌陷区原位监测结果表明，虽然在旱季塌陷区的包气带基质势与非塌陷区相差不大，为 $250\sim363\mathrm{cmH_2O}$，但是，最大值明显偏小，仅为 $602\mathrm{cmH_2O}$，相对非塌陷区基质势值约小 $180\mathrm{cmH_2O}$；在雨季，塌陷区的包气带基质势为 $130\sim210\mathrm{cmH_2O}$，最小值偏大，为 $90\mathrm{cmH_2O}$。由此可见，塌陷造成其包气带出现透气性增强，吸持水分能力减弱，渗透性增大。当遭遇 81.3mm 次降水时，非塌陷区包气带水势值迅速变小，雨后第 1 天内即达到最低值；而塌陷区包气带

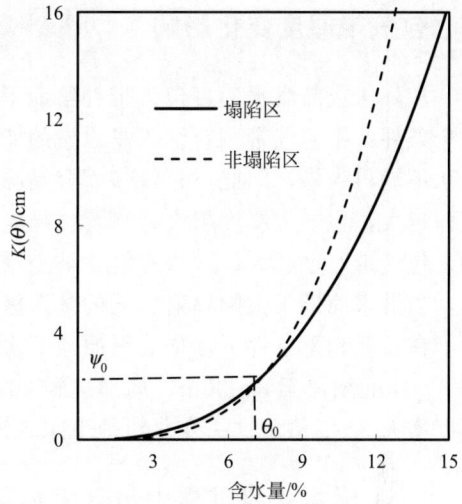

图 1-11　不同区相同含水量下土壤 $K(\theta)$ 差异特征

水势值变化缓慢，雨后第 2 天基质势值才达到最低值。在入渗脱水过程中，情况发生了根本性变化，非塌陷区包气带水势值变化缓慢，塌陷区包气带水势值变化较快。非塌陷区包气带水势值在雨后第 10 天才恢复到雨前状态，而塌陷区包气带水势值在雨后第 7 天就恢复到了雨前状态，而且雨后塌陷区水势变差值小于非塌陷区。由此表明，塌陷作用造成了包气带结构发生较大变化，导致其渗透性也随之发生较大改变。

在相同降水量下，当降水量较大时，塌陷区入渗深度明显大于非塌陷区；当降水量较小时，塌陷区入渗深度小于非塌陷区（表 1-11）。在 8 月 8～10 日的降水 81.3mm 过程中，塌陷区 1m 以内土层中水分增量明显小于非塌陷区，塌陷区含水量在雨后第 13 日恢复到雨前状态，而非塌陷区是在雨后第 16 天仍然存在该降水形成的水分增量 13.5mm。

在降水入渗的速率上，塌陷区与非塌陷区之间也存在明显的不用。在塌陷区，雨后第 1 天的入渗深度为 50cm，第 2 天达 230cm，第 3 天超过 260cm（因超过监测范围，具体深度不详）；在非塌陷区，雨后第 1 天的入渗深度为 40cm，第 2 天达 110cm，第 3 天为 200cm。另外，在非塌陷区出现了"水团"特征的降水入渗过程，而在塌陷区没有出现。这再次表明，非塌陷区以活塞式入渗为主，塌陷区以捷径式入渗为主。

表 1-11　相同降水量下塌陷区与非塌陷区入渗深度差异特征

时间	降水量/mm	不同区降水入渗深度/cm	
		非塌陷区	塌陷区
6 月 18 日	11.3	38	30
7 月 9 日	15.0	73	35
7 月 13～14 日	15.1	75	50
8 月 8～10 日	81.3	215	>275

三、包气带厚度变化影响

从降水或灌溉水通过包气带补给地下水过程中，入渗补给量的大小取决于包气带的两个条件：①包气带可容纳入渗水量的库容。当入渗水量充满包气带中空隙后，地表以上水不能再入渗，因此，包气带库容是降水或灌溉水入渗补给量的一个极限值。潜水位埋深越大，包气带厚度越大，库容也越大。②包气带中土壤持水能力。土壤持续能力越强，包气带厚度越大，入渗水沿途被土壤吸持的水量越多，补给地下水的水量越少。但是，当潜水面低于太阳辐射影响的蒸发极限深度后，这种影响明显减弱或消失。

在长期超采条件下，华北平原地下水位不断下降，包气带厚度已从 20 世纪 70 年代的 $2\sim15\mathrm{m}$ 增厚至 $8\sim30\mathrm{m}$，局部达到 $30\sim56\mathrm{m}$，特别是在太行山山前平原区，包气带厚度增大 $3\sim5$ 倍。这一变化对地下水入渗补给量影响的程度如何，已备受关注。

（一）降水入渗过程中包气带水动力场变化特征

经过 11 月至翌年 4 月的雨间期后，包气带处于水分亏缺状态，水势值远离饱和水势线（φ_g，重力势），土壤吸水能力增强、给水能力减弱，降水入渗补给地下水的条件最为困难。在这种条件下，充分降水入渗过程中包气带的含水量和水势（从 $t_0 \rightarrow t$ 状态）变化剖面，是自地表至潜水面形成饱水区、过渡区、传导区和湿润区。当次降水量有限时（不充分降水入渗），在入渗初期也能出现上述特征，如图 1-12 中①线所示。经过一定时间的入渗之后，在入渗剖面上出现"水团"和"能量团"，并缓慢地下移。随着入渗水流下移深度的增大，"水团"和"能量团"水平轴距变短，垂向轴距变长（图 1-12 中②至⑦线）。

（二）降水入渗速率与深度之间关系

在次降水入渗过程中，由于沿途土壤不断吸持入渗"水团"中水分，"水团"垂向的轴距不断拉长［图 1-13(a)］，同时随着入渗途径的延长，土壤中空气排出的能力减弱。在水、土壤和气三者的相互作用下，入渗深度增加，入渗速率变小，尤其是在包气带上部表现更为明显（图 1-13）。在潜水蒸发极限深度（或最深零通量面）之下，土壤的含水量处于田间持水量水平，不亏缺水分，水势梯度方向指向地下水面［图 1-13(b)］，所以入渗速率变化幅度较小。换言之，在最深零通量面以下，入渗水流下移速率趋于稳定值［图 1-13(b)］。

（三）包气带增厚对降水入渗补给地下水影响

从前面分析可知，包气带厚度增大导致入渗速率变小，入渗时间延长。当包气带原来厚度较大（大于潜水蒸发极限深度）时，其厚度增大对入渗速率影响较弱，但是对入渗时间和有限时间内补给量影响较大。包气带厚度越大，入渗路径越长，通过零通量面的水分全部入渗补给地下水所需的时间越长，有限时间内地下水获取的入渗补给量越小（图 1-14）。

含水量/%

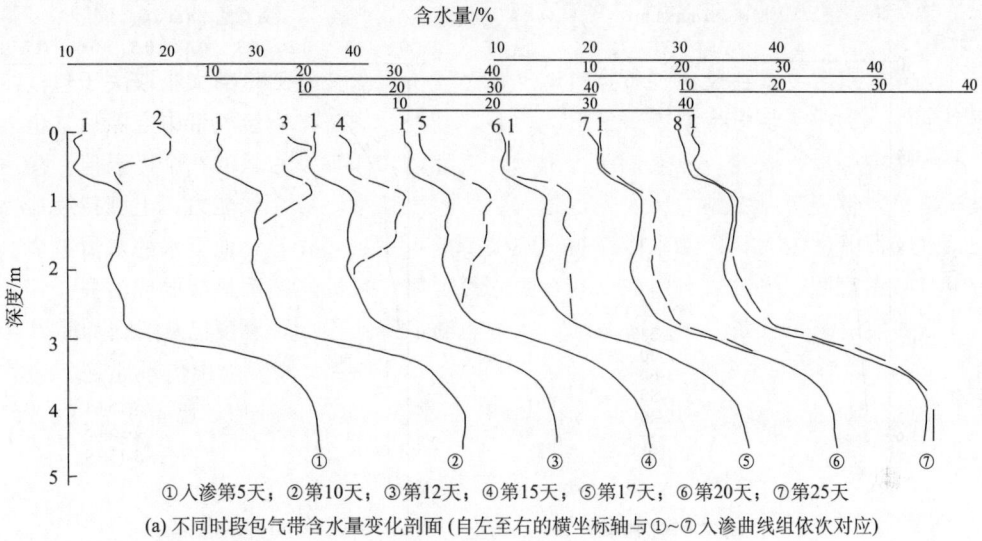

①入渗第5天；②第10天；③第12天；④第15天；⑤第17天；⑥第20天；⑦第25天

(a) 不同时段包气带含水量变化剖面 (自左至右的横坐标轴与①~⑦入渗曲线组依次对应)

水势/cmH₂O

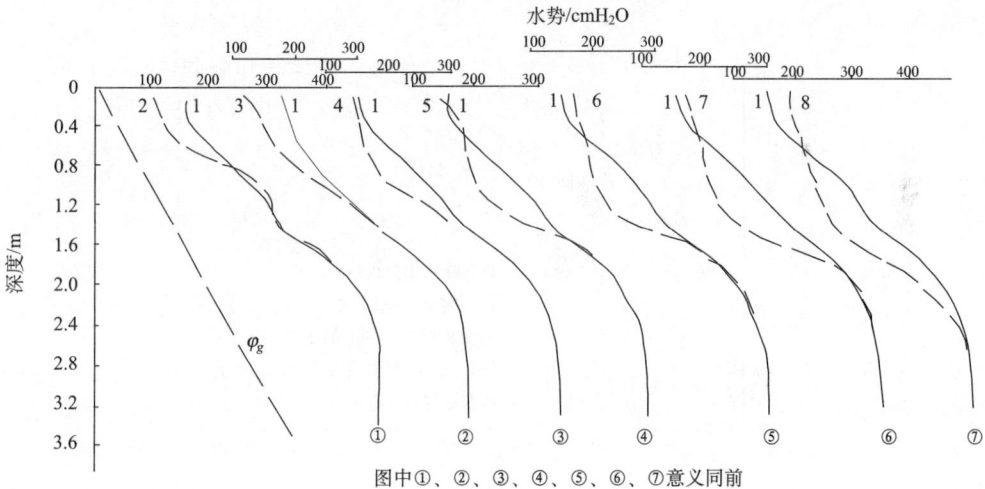

图中①、②、③、④、⑤、⑥、⑦意义同前

(b) 不同时段包气带水势变化剖面 (自左至右的横坐标轴与①~⑦入渗曲线组依次对应)

图 1-12　不充分降水入渗过程中包气带含水量与水势变化过程

从图 1-14 可见，在相同的次降水量条件下，相同入渗时间内不同深度的入渗补给量不同。包气带厚度从 Z_1 增厚至 Z_2 和 Z_3，则有限时间内 Z_1、Z_2、Z_3 处入渗补给量 $Q(Z)$ 依次减小。即图 1-14 中 $t(Z_1)$ 处的入渗补给量 $Q(Z_1)$ 大于 $t(Z_2)$ 处的入渗补给量 $Q(Z_2)$，$t(Z_2)$ 的补给量 $Q(Z_2)$ 大于 $t(Z_3)$ 处的入渗量 $Q(Z_3)$。在相同次降水量条件下，若不同深度（Z_1、Z_2、Z_3）获取相同数量的入渗补给量，即 $Q(Z_1) = Q(Z_2) = Q(Z_1)$ 时，则它们所需的入渗时间不同。包气带厚度越大，所需入渗时间越长。例如，图 1-14 中 $Q(Z_1)$ 的入渗时间 $t(Z_1)$ 少于 $Q(Z_2)$ 的时间 $t(Z_2)$，$Q(Z_2)$ 的

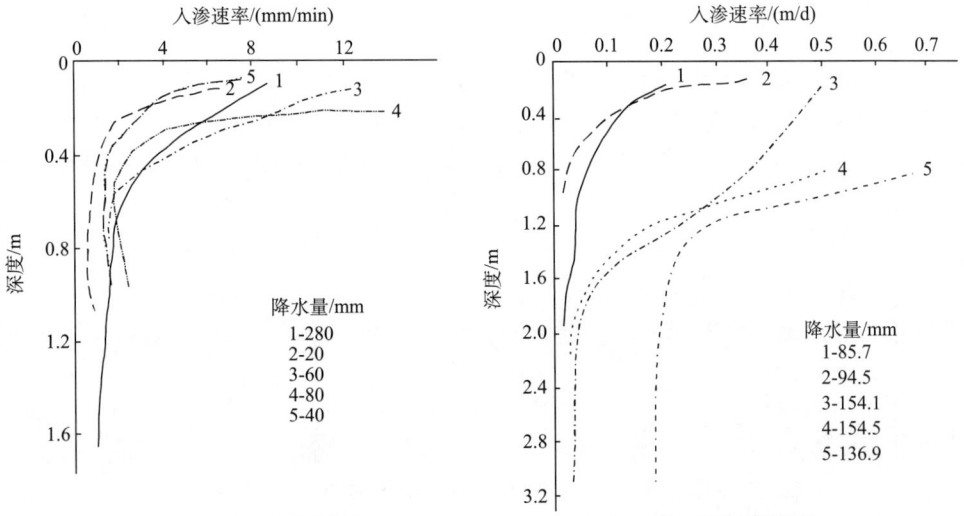

(a) 室内试验结果 (b) 野外实测结果

图 1-13 不同次降水量条件下入渗速率随深度变化

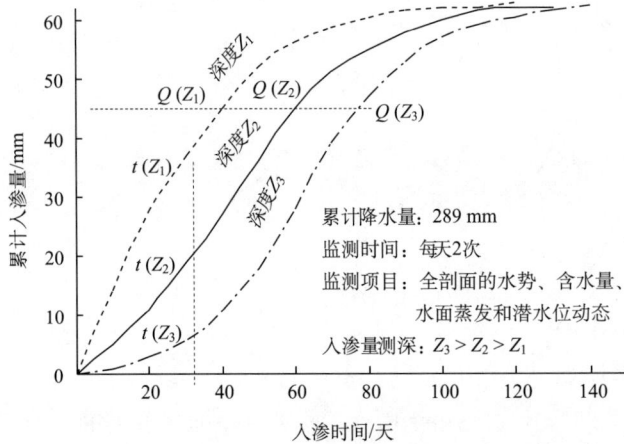

图 1-14 包气带厚度与入渗时间和累计入渗量之间关系

入渗时间 $t(Z_2)$ 少于 $Q(Z_1)$ 的时间 $t(Z_3)$，即 $t(Z_1) < t(Z_2) < t(Z_3)$。由此可见，地下水位下降导致包气带增厚，使有限时间内地下水获取的入渗补给量变小。但是，从多年均衡期考虑，这种影响是有限的，不是逐渐累加的，而是逐年抵消的。从图 1-14 中也可以看出，在相同的次降水量条件下，Z_1、Z_2 和 Z_3 的最大入渗补给量是相同的，只是所用的入渗时间依次延长。

图 1-14 还表明，在较大降水量和相同入渗时间条件下，地下水位埋深越大，入渗补给量越小；对于相同入渗补给量来讲，则地下水位埋深越大，入渗时间越长。

从入渗速率与土壤渗透性、孔隙饱水状况和水动力条件（水势梯度）之间关系考虑，在入渗初期（土壤吸水阶段），随着土壤含水量向饱和含水量方向变化，非饱和渗透系数也向饱和水条件下渗透系数方向变化。这时，包气带的水势梯度大于$1.0cmH_2O/cm$（表1-6），入渗速率大于同含水量条件下的非饱和渗透系数值，而且，水势梯度变化是这一阶段影响入渗速率的主导因素。当充分供水入渗时，最大入渗速率趋近于饱和状态渗透系数值（亚砂土的饱和含水量为39.6%，相应渗透系数为0.07～0.35mm/min）。在入渗的中、后期，随着土壤含水量的降低，渗透系数和水势梯度变小，入渗速率减小。在这一阶段，水势梯度小于$1.0cmH_2O/cm$，（表1-6），入渗速率小于同含水量条件下的非饱和状态渗透系数值，土壤渗透性的变化成为影响入渗速率的主导因素。由此可见，包气带厚度增大对降水入渗补给地下水的影响是存在的。在包气带厚度小于潜水蒸发极限深度条件下，随着包气带厚度的增大，降水入渗速率和地下水获取的总入渗补给量减小。因为包气带厚度越大，其亏缺水量越大，需要降水入渗弥补的水量越多。当包气带厚度大于潜水蒸发极限深度时，包气带亏缺水量达到极大值。在此之后，随着包气带厚度的继续增大，则降水入渗需要继续弥补包气带的水分增量为零（大于田间持续量的水分最终都入渗补给地下水），但是入渗速率和有限时间内地下水获取的总入渗补给量随着入渗深度而减小，入渗时间延长，无限时间地下水获取的总入渗补给量不变。

第四节　温度对包气带水运移影响

一、研究概况

Haridasan和Jensen（1972）、Novak（1975）研究表明，土壤水势与含水量之间关系和土壤非饱和渗透系数都受温度变化影响，他们认为土壤水分温度效应取决于土壤水分特性及其热效应。Nimmo和Miuer（1986）利用表面张力-黏滞流理论和经验因子模型对土壤水分温度效应进行描述，并被广泛认可。1983～1987年，作者研究的"温度在土壤水分运移中作用"和"温度对土壤水分势能影响及其校正方法"成果，分别发表在《勘察科学技术》（1988年第6期）和《水文地质工程地质》（1988年第6期）上，从包气带中气-水之间转化、水分蒸发、入渗水流的放热与吸热诸方面阐述了温度对包气带中土壤水分运移中的作用，阐明温度对土壤水分势能的影响和在地温差作用下包气带水分运移规律，提出温度对土壤水势影响的校正方法。

近十几年来，随着全球淡水资源紧缺和农业高耗水问题日趋严峻，以及农业节水灌溉的需求日益强烈，有关温度对土壤影响的研究明显增多，研究深入不断加深。Zhang等（2003）在研究土壤饱和水流和土壤水分吸渗参数对温度变化的响应敏感性时，引入表面活化能概念，认为其敏感度与土壤水分表面活化能呈线性相关，而与热力学温度呈负相关。夏自强（2001）、李慧星等（2007）通过野外试验表明，在地面无水补给情况下，土壤水量变化与地温日变化密切相关。梁冰等（2002）指出，在非等温条件下，土壤水分运动过程中，温度的影响不可忽略。Cheng等（2007）发现在结冰期的土壤水对温度变化响应比融冰期更显著。Christopher和David（2008）认为土壤水分与温度之间相互作用对地表能量平衡及相关模型建立，具有重要指导作用。辛继红等（2009）对温度影响土壤水入渗问题在黄土高原选择神木、安塞和杨陵地区选择典型土开展了试验研究，发现在较低温下，温度对土壤影响程度大于较高温区的影响。高红贝、召明安（2011）开展了温度对土壤水分运动基本参数影响的试验研究，指出土壤温度对土壤水分性质及土壤结构性质影响显著，二者共同作用使得土壤水分运动过程发生改变，且其影响效应可通过土壤水分动力学参数的温度效应定量描述，但是，不同质地土壤受温度变化影响具有明显差异，温度黏粒含量较多土壤的水分运动参数影响较显著。

二、包气带温度变化特征

包气带的温度变化与气温、降水情势及其年内和年际变化规律密切相关，具有周期性，即日周期和年周期变化特征。包气带的温度变化还与其厚度和地面植被发育程度或地表覆盖状况有关，由此具有地温变幅递减性，自包气带表层至潜水面地中温度变化幅度逐渐减小，无论日周期变化还是年周期变化都是如此。

在太阳辐射热能作用下，一般情况下，包气带温度呈现正弦波变化。设 Z 为包气带中任意深度，任意时间 t 在 Z 处的地中温度为 $T(Z, t)$，于是有

$$T(Z, t) = T_m + a(Z)\sin[\omega + \varphi(Z)] \tag{1-4}$$

式中，$T(Z, t)$ 为 t 时刻、包气带中 Z 深度的地中温度，℃；T_m 为 Z 处的较长时间系列平均温度，℃；$a(Z)$ 为 Z 处温度的峰谷值变幅，℃；ω 为 Z 处温度变化的角频率；$\varphi(Z)$ 为 Z 处温度变化的相位差，弧度。$a(Z)$ 和 $\varphi(Z)$ 都是包气带温度测点深度的函数。

李继江等（2000）通过试验研究，认为从较高温度向较低温变化过程中，式（1-4）的计算值相对实测值明显偏大，偏差由小到大、再由大到小。包气带中温度变化的实际波形与正弦波形拟合比较，在上升波阶段的实测值波形比正弦波形计算值小，在下降波阶段的实测值波形比正弦波形计算值大，而且，上半周期较长，下半周期较短。

包气带地中温度的实测资料表明，随着测点深度 Z 的增大，地中温度的日变化或年变化差值越小，温度变化的相位差越大。测点深度每增加 1m，Z 深度测点的温度峰值出现时间约滞后 24 天，对应相位差约为 0.065π 弧度。从包气带温度在剖面上分布特征来看，在包气带表部地中温度梯度达 ± 8.33℃/m（正值表示梯度方向向上，有利于土壤水蒸发；负值表示梯度方向向下，有利于土壤水入渗）。当 Z 测点深度大于 3.2m 条件下，地中温度梯度可达 1.22℃/m。在华北平原，测点深度大于 0.3m 的包气带中，地温梯度小于 ± 8℃/m；测点深度介于 $0.3 \sim 1.0$m 的包气带中，地温梯度介于 $\pm 6 \sim 8$℃/m；测点深度介于 $1.0 \sim 2.0$m 的包气带中，地温梯度介于 $\pm 4 \sim 6$℃/m；测点深度介于 $2.0 \sim 3.0$m 的包气带中，地温梯度介于 $\pm 2 \sim 4$℃/m；测点深度介于 $3.0 \sim 5.0$m 的包气带中，地温梯度介于 $\pm 1 \sim 2$℃/m；测点深度大于 5.0m 的包气带中，地温梯度小于 ± 1℃/m。

在动态分布上，年内包气带温度梯度变化呈现"单向指向地表"、"多向上部指向下和下部指向上"、"单向指向下"、"多向上部指向上和下部指向下"的四季阶段特征。在每年的 1 月上旬至 3 月上旬，包气带温度梯度变化呈现"单向指向地表"特征，温度梯度全部指向地表，包气带水处于蒸发消耗状态。在 3 月中旬至 7 月上旬，包气带温度梯

度变化呈现"多向上部指向下和下部指向上"特征，包气带上部温度梯度指向地下水面，下部温度梯度指向地表，分界点随时间而下移。这期间，包气带水处于上部入渗补给、下部潜水蒸发补给状态，含水量不断增加，表现为吸水过程。在7月中旬至9月上旬，包气带温度梯度变化呈现"单向指向下"特征，地温梯度全部指向地下水，有利于包气带中水分补给地下水。在9月中旬至12月下旬，包气带温度梯度变化呈现"多向上部指向上和下部指向下"特征，包气带上部地温梯度指向地表，包气带下部地温梯度指向地下水，分界点随时间而下移。这期间，包气带水处于上部蒸发消耗、下部入渗排水状态，含水量不断减少，表现为脱水过程。在不同地区，上述规律的起止时间是存在一定差异的。

　　曾亦键等（2006，2008）监测结果表明，白天的6：00至18：00期间，随着太阳辐射地面的高度角变化，光照度呈现起伏变化，其中6：00至12：00光照度由1000 lx增加为56200 lx，包气带表部温度从11.4℃上升为39.4℃（监测时间9～10月）。在增温过程，地温变化一般滞后光照度变化的时间是一个小时左右。12：00至18：00期间，光照度由56200 lx下降为70 lx，包气带表部温度从39.4℃上升为18.0℃。18：00之后至次日6：00期间，光照度为零，包气带表部温度不断下降，至24：00地温降至8.2℃。然后，地温缓慢下降，至5：00地温处于比较稳定状态。白天的升温过程所用时间远小于夜晚降温过程所用时间。

三、温度在包气带水分运移中作用

　　温度在包气带水分蒸发、入渗过程及其在包气带内部迁移过程中都起着重要作用，进一步了解温度在包气带水分运移中作用，对于深入认识降水、地表水、土壤水和地下水之间"四水"转化机制具有重要意义。

（一）气态水运动及凝结作用

　　在降雨稀少干旱地区，凝结水是维持地表生态的重要源泉。因为地表生态所需水分与包气带中凝结水状况密切相关，而这些地区包气带凝结水变化与包气带温度变化相关。

　　白天，在太阳辐射下，包气带上部，尤其表部，急剧增温，气态水受温差作用影响，土中液态水分转化成气态水进入大气中，包气带中较湿润层面（指开挖剖面后，可见的"干湿界面"）不断向下移动。在夜间，包气带表部温度不断下降，直至低于或趋近气温，包气带中一部分热量散发到大气中，使包气带温度梯度改变方向，大气中气态水进入包气带表部。空气中水汽或土壤中水汽与低于其饱和温度的壁面相接触时，释热凝结成液态水，附着土壤颗粒表面上，导致包气带含水量增加。这种现象，经常发生在昼夜温差较大的季节或地区。

　　曾亦键等（2006）研究表明，在距地表10cm深度的包气带中，土壤含水量的日变化量介于1%～2%，土壤含水量达5.9%～6.1%。在距地表30cm深度的包气带中，土壤含水量的日变化量介于2%～3%，土壤含水量达11.9%～13.1%。

在自然条件下，水汽的凝结发生在极小的凸面或凹面上，曲面上的饱和水汽压（E）与平面边界上的饱和水汽压（E_{po}）不同。当 E 明显小于 E_{po} 时，在毛细管的凹面上逐渐形成凝结水膜。即当空气中的水汽压（e）大于凹面上饱和水汽压时，就会产生水汽凝结。$e \geqslant E$ 发生的情景，有：升温，水分蒸发，e 不断增大，结果 $e \geqslant E$；降温，E 不断降低，结果 $e \geqslant E$，这是常见的情景。水汽压对温度变化的影响响应敏感：温度升高，水汽压增大；温度降低，水汽压减小。根据 Milly（1984）研究结果，包气带中空气的水汽压（密度，e）与地中温度 T_s 和土壤水势 φ 之间存在如下关系，有

$$e = e_0(T_s)\exp\left[(g \times \varphi)/(R \times T_s)\right] \tag{1-5}$$

式中，e_0 为在温度 T_s 条件下标准饱和水汽压，g/m^3；R 为水蒸气的摩尔气体常量（0.462J）；g 为重力加速度（981cm/s^2）。

从式（1-5）和图 1-15 可见，包气带孔隙空气中的水汽密度随温度变化差增大而降低，包气带孔隙空气中的水汽密度随着水势变化差值增加而增大，这表明地温越高，包气带孔隙空气中的水汽密度越小；土壤水势变化值越大，对包气带孔隙空气中的水汽密度影响越大。其中，由较大水势值向较小值变化，越有利于包气带孔隙空气中的水汽密度增大；反之，由较小水势值向较大值变化，越有利于包气带孔隙空气中的水汽密度减小。

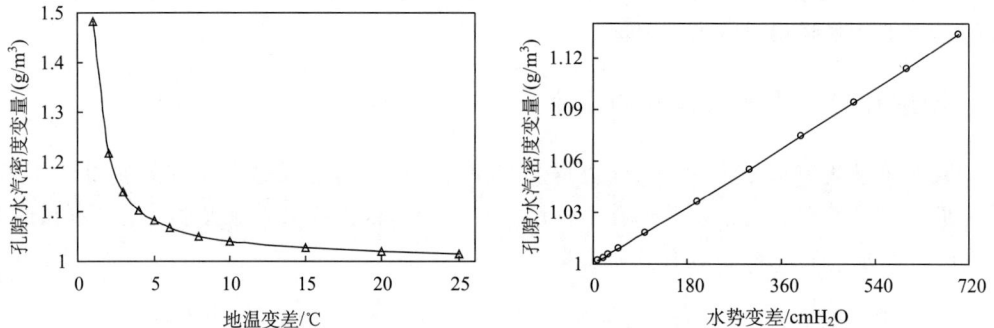

图 1-15　包气带温度和水势变化对土壤孔隙中空气水汽密度影响特征
根据式（1-5）计算数据绘制

（二）土壤水蒸发作用

水分从湿润土壤中蒸发消耗时，需要消耗一定数量的能量，由此导致蒸发消耗土壤水分的环境温度降低。水分被土壤中各种力保持在其孔隙中，包括克服重力作用。若土壤水分要移动，必须有一个大于保持力的作用力影响，才能使水分从土壤颗粒表面解脱发生移动。在 20℃温度下，当从平坦的包气带中蒸发 10mm 水分时，每平方厘米这样的表面需要吸取和移去 2400J 以上的热能。这一数量的热用来汽化自由水。

地面热量状况是影响包气带水汽运移的主要因素，在太阳强烈辐射能影响下，它的改变主要体现在地表温度变化上。太阳辐射热到达地面以后，很快被土壤吸收，被吸收的热量通过土壤颗粒及其孔隙中水分和空气向下传导，引起土壤温度在垂直剖面上发生不同变化。

　　每日包气带表层获取的太阳能，一部分用于蒸发蒸腾土壤中的水分，通过将土壤中液态水转化为气态水而消耗掉；另一部分转变成热能，储存在包气带中，使土壤温度增高。储存在包气带中的热能，使土壤增温的程度与土壤含水量多少有关。当土壤含水量较高时，除了气-水转化消耗较多热能之外，土壤孔隙中的水分增温也吸收一定的热量，以至于土壤含水量越高，相同太阳能导致包气带增温的幅度越小。而土壤较干燥时，水分蒸发所消耗的热能较少，用于增加包气带温度的热量较

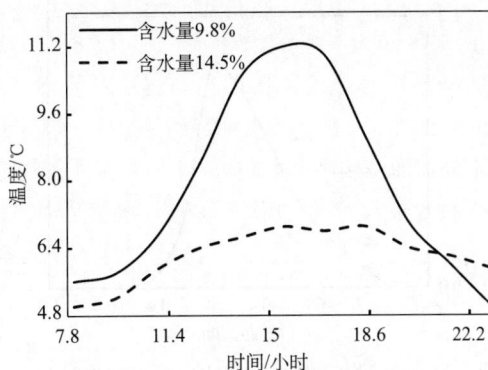

图 1-16　不同含水量下南宫
试验区包气带温度变化特征

多，包气带增温幅度较大（图 1-16）。包气带温度的这种变化对其水分势能影响不可忽视，它会导致土壤水分运动速率（甚至运动方向）的改变。

　　许多试验结果表明，即使给定含水量，土壤水势的温度效应也因岩性不同而异。当温度升高时，土壤孔隙中封闭气体膨胀，影响土壤吸持水分能力。温度变化对土壤中水分的表面张力影响具有如下特征，即

$$\left(\frac{\partial \varphi}{\partial T}\right)_{w} = \left(\frac{\partial \sigma}{\partial T}\right)/\sigma \cdot \varphi \qquad (1\text{-}6)$$

式中，$\left(\dfrac{\partial \varphi}{\partial T}\right)_{w}$ 为某一含水量下土壤水势的温度系数；σ 为水的表面张力；$\left(\dfrac{\partial \varphi}{\partial T}\right)/\sigma$ 为水的表面张力的相对温度系数；φ 为参考温度下土壤水势。

　　温度一般以两种方式影响包气带中水分运动。当没有温度梯度时，温度对土壤水运动速率产生影响；当存在温度梯度时，会有热引起的水流运动。温度增高，非饱和土壤渗透系数必然发生变化。温度对土壤非饱和渗透系数的影响，呈现如下几个方面特征：土壤水表面张力随温度升高而降低，进而影响土壤非饱和渗透系数；土壤胶体对温度反应敏感，在黏性土中更为明显；温度导致土壤结构的可恢复性或不可恢复性变化，会产生较大的温度效应；温度升高，土壤孔隙中水汽的流动性增强，尤其在盛夏的高温条件下，土壤相同含水量下的土壤非饱和渗透系数的温度效应存在较大差异。

　　从雨后的土壤水蒸发过程来看，前期土壤水分蒸发量较大，后期逐渐降低。土壤水分向下再分布过程，具有减弱土壤蒸发的作用，且明显地受温度影响。

（三）水流入渗过程中放热与吸热作用

　　在干土湿润过程中，土壤中水分放出热量；在湿土干燥过程中，消耗等量热。水分在包气带入渗（即土壤吸水）过程中，入渗水流的湿润峰前缘存在放热现象。在干燥土体的中部放一支灵敏温度计，然后，将土体置入透明有机玻璃桶中，当从一端注水后，温度计自动记录土水温度，同时，观测土体中水分湿润峰的位置，两者紧密结合，同时观测。于是，有图 1-17。

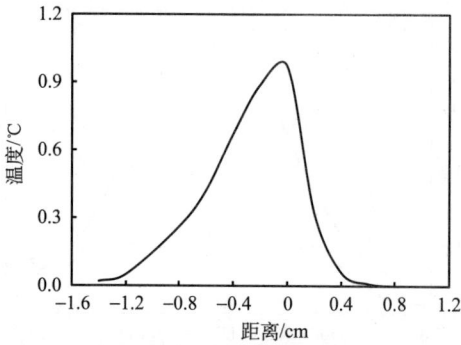

图 1-17　在干燥土体中入渗水分流经温度计位置前后的温度变化特征（张光辉，1988b）
"0" 处为温度计位置

从图 1-17 可见，在随着入渗水流的湿润峰临近温度计所在位置，温度计显示的温度逐渐上升。当湿润峰到达温度计位置（"0" 处）时，温度计显示的温度达到最大值。然后，温度计显示的温度急剧下降。这个现象说明两个事实：一是入渗水分的前缘温度高于入渗前或入渗后土体温度，入渗水分与干燥土壤接触瞬时存在放热过程；二是入渗水分在非饱和土壤中运动消耗能量，以放热方式消耗能。产生放热现象的原因，有如下情景：①热来自具有高内能的自由水在被吸附时损失了其能量的一部分，类似于当水变成冰时所释放的热，即当水受土壤胶体作用时，其内能减小，因而有热量释放出。②这种热可能是在空气-水界面被前面的湿润峰破坏时，所释放的界面能的一种表现。③在湿润峰到达之前，由水汽的凝结作用产生的热。

形成图 1-17 中温度变化特征的原因是：温度较低的降水或灌溉水刚接触温度较高的土壤时，土壤被冷却峰释放出的一定的热量，而且，土壤温度低于雨前和雨后温度（图 1-18）。这种降水入渗过程中土壤放热与入渗水分吸热的现象与土壤初试含水量大小有一定关系。土壤越干燥，土壤放热与入渗水分吸热现象越显著。例如，在图 1-18 中原含水量为 98.2%、深度 5cm 处土壤温度变化幅度明显大于原含水量 13.6% 的土壤温度变化幅度。降水或灌溉水流入渗过程中，这种土壤放热与入渗水分吸热现象对入渗速率存在一定影响。次降水量越小，土壤含水量越低，这种影响越明显（图 1-16）。

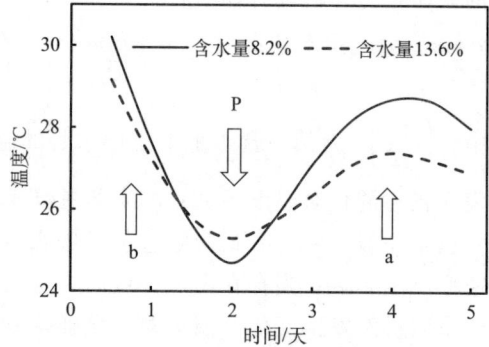

图 1-18　降水入渗对不同初始含水量土壤温度影响特征（张光辉，1988b）
b. 雨前；P. 雨期；a. 雨后

这种降水入渗过程中，土壤放热与入渗水分吸热对入渗速率的影响，可由式（1-7）表达为

$$V_m = \exp[-E/(RT)] \tag{1-7}$$

$$V_p = m_0 V_m \tag{1-8}$$

式中，V_m 为入渗水流的平均入渗速率；E 为激活能；T 为热力学温度；R 为摩尔气体常量；V_p 为过程的速率；m_0 为与水分子性质有关的频率。

式（1-7）表明，土壤温度越高，入渗水分下渗速率越大；土壤温度越低，入渗水分下渗速率越小。因为水分在土壤入渗过程中，首先放热，然后吸热，这势必产生一个以湿润峰位置为分界，在其上形成指向地表的温度势梯度场，在其下形成指向地下水面的温度势梯度场。温度增高，使土壤水与空气界面上的表面张力减小，土壤水势增大，土壤水分吸力变小，便于水分在土壤中流动。温度越高，水汽密度越大，便于土壤孔隙中水汽从高温区向低温区移动，在低温区汽凝结成水。在温度的影响下，土壤中水分子之间作用力——氢键作用力的大小随着温度升高而减弱，水的黏度降低，水的运动速率加大。因此，温度变化通过温度势梯度不仅可以使土壤中水分发生运动，而且，可以改变土壤水分运动速率大小或运动方向。

四、温度对包气带水势影响

温度对土壤水势有一定的影响已引起人们的关注。土壤中水分被各种力保持在土壤孔隙中。若使土壤孔隙中水分运动，就必须克服保持力而做功，其过程是能量转化过程。在土壤-水分系统中，保持水分的能量取决于温度、压力、含水量及岩性组成，这些因素的每一个都独立地影响水势，彼此有机联系。

一般情况下，对高水势的湿润土壤来说，温度对水势影响较小。随着土壤含水量降低，温度对水势影响的程度增大。在相同含水量条件下，土壤岩性不同，温度对水势影响的程度不同。温度对水势影响程度，可由式（1-9）估算，即

$$\varphi_w = RT \ln\left(\frac{e}{e_s}\right) \tag{1-9}$$

式中，φ_w 为土壤水势；R 为摩尔气体常量；T 为热力学温度；e 为土壤水的水汽压；e_s 为自由水的水汽压。

从式（1-9）可看出，温度或水汽压的变化都会引起土壤水势的变化。土壤环境温度变化必然引起土壤孔隙中水的水汽压变化。试验表明，$\pm 0.001℃$ 的温度差异，能造成水势的 $51cmH_2O$ 的变化量。土壤水势随着温度的升高而增大（绝对值变小）。

从地表至潜水面之间的温度变化是逐渐减弱的，温差逐渐趋近零。这样，温度变化产生的水势变化量也是自地表至潜水面逐渐减小，水势变化量随着深度增大而逐渐趋近零。温度造成的地表至潜水之间土壤水势变化量不等，必然形成水势梯度，从而造成土壤水分发生移动。例如，白天土壤增温，产生一个指向地表的温度势梯度，可能造成水势梯度也指向地表，驱动土壤水分进入大气中，或者加大水势梯度，促使土壤水分运移加快。

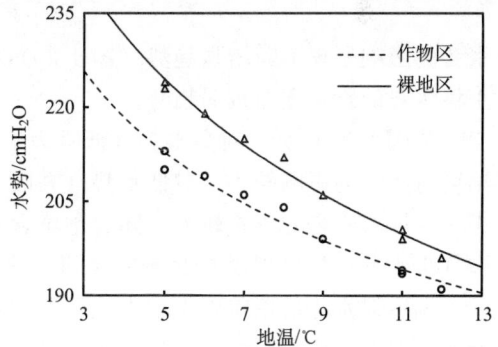

图1-19　野外实验场原位测定土壤水势
与地温之间关系（张光辉，1988c）
包气带岩性为亚砂土；监测深
度为10～20cm；初始含水量为9.6%

（一）恒定含水量下温度对土壤水势影响

温度变化对恒定含水量下土壤水势的影响是显著的（图1-19）。在河北南宫地下水

均衡实验场，包气带岩性为亚砂土，试验观测层位的初始土壤含水量为 9.6%。土壤温度和水势监测点的深度分别为 5m、10m、15m、20m、40m、60m、80m、100m、120m、140m、160m、200m 等，最大深度 360m，潜水位埋深 4.21m。

　　监测结果表明，随着土壤环境温度的升高，土壤水势值变小，水势增大；反之，随着土壤环境温度的下降，土壤水势值变大，水势变小（图 1-19）。

（二）非恒定含水量下温度对土壤水势影响

　　在实验中发现，在同一水势下，处于较高温度下的土壤所保持水量比较低温度下土壤中水分量少。另外，从土壤水分特征曲线图（图 1-7）可知，在低水势值下，水势对含水量的影响很小；在高水势值下，水势对土壤含水量影响十分敏感，影响较大。即土壤含水量越低，水势变化对土壤含水量影响程度越大，在土壤-水系统中期间水势变化对土壤水分运动起制约作用；土壤含水量越高，水势变化对土壤含水量影响程度越小，在土壤-水系统中期间土壤含水量变化对土壤水分运动起制约作用。在低含水量下，土壤水势处于十分敏感状态，土水系统中任一影响因子发生变化，都会引起水势的变化。温度的影响更不例外，在土壤水分减少（脱水）过程中，温度对

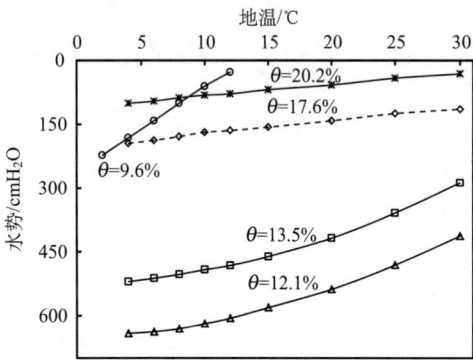

图 1-20　野外实验场不同含水量下土壤水势与地温关系

水势的影响呈现不断增强趋势（图 1-20），而在土壤水分（吸水）增加过程中，温度对土壤水势的影响逐渐减弱趋势。

　　从图 1-20 可见，对高水势（低吸力）较湿润土壤（含水量 17.6%～20.2%）来讲，温度对水势的影响较小；对低水势（高吸力）较干燥土壤（含水量 9.6%～13.5%）来讲，温度对水势的影响较大。随着土壤含水量变小，温度对水势的影响程度增大。对于包气带水分运移机理或参数研究来讲，全程忽略温度对水势的影响可能会带来一定误差。温度对水势的影响因土壤岩性不同而存在一定差异。降水入渗前的土壤初始含水量状况，对温度变化影响水势的程度来说，是不可忽视的因素。

（三）温度对土壤水势影响程度

　　在 25℃土壤环境下，土壤温度变化为 ±0.001℃，会造成 51cmH₂O 水势变化量。在野外监测中发现：在含水量 9.6% 条件下，土壤水势随温度变化的幅度为 0.32cmH₂O/℃（亚砂土，监测深度 40cm）；当土壤含水量大于 20% 条件下，土壤水势随温度变化的幅度小至为可以忽略不计。

五、温度对包气带水分入渗影响

温度对降水在包气带中入渗的影响已被认识。温度越高，入渗湿润峰到达目标位置所用时间越短。入渗水流（湿润峰）运移距离与累积入渗量、入渗时间和环境温度呈幂函数关系，如

$$L(W, t, T) = a \cdot t^{b}, \quad a = F(W, T), b = F(岩性) \tag{1-10}$$

在不同温度条件下，降水入渗过程所用时间 t 与入渗环境温度 T 之间关系如图 1-21 所示。包气带岩性颗粒越细，黏粒含量越多，入渗水分湿润峰到达目标位置所用时间越长；入渗环境温度越高，入渗水分湿润峰到达目标位置所用时间越短。式(1-10)中参数 a 与入渗环境温度有关，b 与包气带岩性相关。

随着温度的升高，同种土壤的湿润峰距离与时间之间关系的变化率不断加大，入渗水分到达地下水面所用时间不断缩短。随着温度的升高，同种土壤的累计入渗量与时间之间关系的变化率不断加大，在较高温度环境中的相同累计入渗量补给地下水所用时间明显少于在较低温度环境所用时间。温度对同种土壤湿润峰运移速率和水分入渗速率的影响程度随着温度的变化而不同，较低温度条件下温度影响程度大于较高温条件下的影响程度。

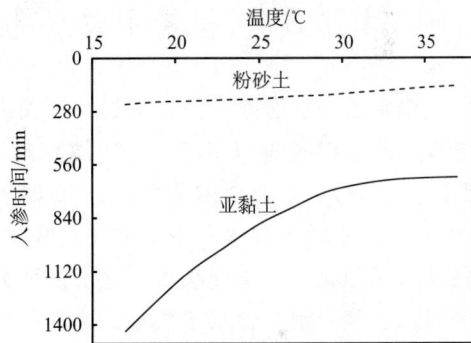

图 1-21 入渗湿润峰达到目标位置所用时间与温度之间关系

温度变化对土壤渗透系数具有显著影响。随着温度的升高，土壤渗透系数增大。对于亚黏土，在较高温度条件下的温度变化对渗透系数影响的程度明显大于低温条件下的影响程度。以 24℃ 作为基准值，当温度由 24℃ 降温至 6℃ 时，渗透系数的平均变化率为 5.06×10^{-5} cm/min；当由 24℃ 增温至 36℃ 时，渗透系数的平均变化率为 1.69×10^{-3} cm/min。对于黏粒含量较少的砂性土，如粉砂土，温度变化对渗透系数影响规律基本相同（张光辉，1988b；夏自强，2001；辛继红等，2009）。黏粒含量越高，在较低温度条件下，温度变化对渗透系数影响的程度越小。随着温度升高，这种温度效应逐渐增大，因为土壤中黏粒受增温影响而膨胀变大，使原黏粒结构的小空隙增大，由此渗透系数增大。对于黏粒较少的砂性土来说，温度变化对土壤中大空隙影响较小，所以，温度变化对砂性土渗透系数影响程度明显小于对黏性土的影响程度。温度变化对土壤非饱和渗透系数影响是一个复杂过程，包括通过影响土壤水分性质的改变而产生土壤水的表面张力、黏滞度和密度变化影响，以及温度变化引起土壤中部分颗粒的粒径级配参数改变，造成土壤结构和孔隙度改变。

入渗环境温度升高，土壤水分扩散率增大。在含水量较低的包气带中，温度对土壤中水分扩散率的影响不明显。随着土壤含水量增加，温度对扩散率的效应逐渐增强。因为温度变化改变了土壤水分表面张力、动力学黏滞系数和土壤结构性质。对于黏性土，

温度变化通过影响土壤水分的表面张力和动力学黏滞系数和土壤结构性质,进而影响土壤水分扩散率。对于砂性土,温度主要通过影响土壤水分的表面张力和黏滞系数来影响土壤水分扩散率。温度对土壤水分扩散率的影响与水分表面张力呈正相关,与黏滞度呈负相关。

　　总之,温度变化对降水或灌溉入渗的影响,主要通过影响土壤水分性质和土壤结构性质改变土壤水分运动性状,包括对土壤水分运动参数的影响。温度变化对各种土壤水运动参数影响的途径彼此存在一定差异。温度对土壤非饱和渗透系数、扩散率等参数影响,温度变化导致土壤水分运动黏度的改变,影响土壤水分的动能;温度变化导致土壤水分表面张力和土壤结构性质的改变,影响土壤水分的势能,且两方面彼此存在相互作用效应。黏粒含量越高,温度变化的影响越大。

第五节　土壤水动力状态标示特征应用与机理

　　土壤水动力状态除了与土壤岩性有关之外,还与土壤含水量变化和入渗补给水量、入渗强度及入渗时间密切相关。土壤水动力状态受控于非饱和水状态下的总水势梯度(记作"I_{usa}"),一般规律是当 $I_{usa} < 0$ 时土壤水向上运动,当 $I_{usa} = 0$ 时土壤水相对静止和当 $I_{usa} > 0$ 时土壤水向下运动。在降水或灌溉入渗过程中,$I_{usa} > 0$,其间土壤水系统将经历三种状态:土壤吸水,含水量增大;土壤过水,土壤含水量不变,且水分通量不为零;土壤脱水,含水量减小。这三种状态具有什么样的标示特征,它们对于农田节水灌溉具有什么作用,值得探讨,对于缓解农业区水资源紧缺问题具有积极意义。

　　作物-土壤-水系统之间依赖水势(记作 φ)调控水分运动状态,植物水势(φ_{crop})与土壤水势(φ_{soil})之间的水势差大小和水势梯度(记作 $I_{s\text{-}usa}$)方向决定作物缺水情势。当 φ_{soil} 值(指绝对值)较大、φ_{crop} 值较小时,或 φ_{soil} 值和 φ_{crop} 值都较大时,都不利于作物从土壤中获取水分;当 φ_{soil} 值较小、φ_{crop} 值较大时,有利于作物从土壤中获取水分。当 φ_{soil} 值和 φ_{crop} 值都较小时,表明土壤与作物系统不亏缺水分;当 φ_{soil} 值和 φ_{crop} 值都较大时,表明土壤与作物系统亏缺水分,需要灌溉。

　　土壤含水量的大小决定土壤水势状态,土壤 I_{usa} 的大小和方向表征土壤水运动情势。土壤水势(φ_{soil})主要由基质势(φ_m)和重力势(φ_g)组成。由此,有

$$\varphi_{soil} = \varphi_m + \varphi_g$$

式中,φ_m 值(指绝对值)大小与土壤含水量密切相关,土壤含水量越大,φ_m 值越小,表明水势(能)越大;反之,φ_m 值越大,表明水势(能)越小。φ_g 值(指绝对值)大小与测点埋深有关,一般设定地表为零,测点越深,φ_g 值越大。

一、土壤水分量及水势变化过程与灌溉节水调控机理

　　当人工降水灌溉量较大时,在入渗初期出现如图 1-12 中①线所示的特征,表层土壤中形成"水量团"和"水势团"(张光辉,1991b;张光辉等,2010a),入渗水分前缘下移较慢,处于图 1-13 中 $I_1 \sim I_2$ 阶段。在这一阶段,不仅土壤急迫吸持水分,而且作

物根系也大量吸持水分，灌溉强度越小及灌溉持续时间越长，越有利于作物吸收灌溉水分、减少下渗水量和提高灌溉水作物利用效率。

经过一定时间的灌溉之后，土壤剖面中的"水量团"和"水势团"前缘缓慢下移（图 1-12 中②、③和④线）。在这一过程中，对于满足作物需耗水并尽可能提高灌溉水利用率来说，尽可能地控制避免出现过多水分流经土壤层情况。如果不加以控制灌溉水量或强度控制，继续充分水量灌溉，则会有更多的水量流经耕作层，向下入渗，形成过多"无效灌溉水"。

停止灌溉之后，土壤剖面中的"水量"和"水势"如图 1-12 中⑤、⑥至⑦线所示发生变化。在灌溉过程中，能否出现 I_3 阶段特征或出现后持续时间的长短，都与灌溉水量的大小密切相关。从农田灌溉节水、有效提高灌溉水利用效率角度来说，图 1-13 中的 I_3 阶段持续的时间越短，越有利于灌溉节水，其中关键环节是如何把控灌溉强度和总灌溉水量，最大限度地避免出现图 1-13 中的 I_3 阶段过程，同时尽可能地压缩图 1-13 中的 I_4 阶段的持续时间。在非充分灌溉水入渗过程，不会出现 I_3 阶段，由 I_2 阶段直接进入 I_4 阶段（张光辉，1991b；张光辉等，2010a）。

二、土壤水动力状态的标示特征

大量监测数据表明，在农田灌溉过程中，土壤含水量及水势变化具有入渗排气、渗吸增能、吸脱水减能和缓慢脱水减能的阶段性特征。当土壤处于水分亏缺状态亟须补充水分（土壤吸水）时，土壤水势梯度大于 $1.0 cmH_2O/cm$；当土壤水分得到充分补给达到过水（土壤含水量不变，且水通量不为零）状态时，土壤水势梯度等于 $1.0 cmH_2O/cm$；当土壤中水分过剩而处于脱水（流出大于流入水量）状态时，土壤水势梯度小于 $1 cmH_2O/cm$。由此，根据上述特征指导农田灌溉调控节水，其中土壤层下部（深度 $15\sim60 cm$）的水势梯度等于或小于 $1.0 cmH_2O/cm$ 可作为监测及预警节水灌溉的阈值。在灌溉初期，土壤的水势梯度越大，表明土壤水分亏缺越严重，需要加大灌溉水量或延长灌溉时间。在灌溉期间，当土壤水势梯度越趋近 $1.0 cmH_2O/cm$，表明土壤水亏缺越少，应注意调控灌溉水量或限控灌溉时间，避免较多无效灌溉水量的发生。水势梯度 $= 1.0 cmH_2O/cm$ 是降水或灌溉入渗过程中土壤含水量饱和的征兆，可作为灌溉节水调控的关键阈值，即当被监测土壤层的水势梯度趋近 $1.0 cmH_2O/cm$ 时应结束该次灌溉。

（一）灌溉期间土壤吸水状态，$I_{usa} > 1.0 cmH_2O/cm$

在灌溉水入渗的初期，入渗水流前缘（湿润峰）下移十分缓慢，自上而下土壤层逐一大量吸持入渗水分（简称"吸水"），土壤从水分严重亏缺状态向湿润状态变化，土壤含水量不断增大。这时，I_{usa} 大于 $1.0 cmH_2O/cm$，被监测土层水分变化量为正值（图 1-22），并显著增大，而后逐渐降低。I_{usa} 的初始极大值与土壤初始含水量和灌溉强度大小有关。在相同灌溉强度条件下，土壤初始含水量越低，I_{usa} 的初始极大值越大。换言之，土壤水分亏缺越严重，I_{usa} 的初始极大值越大，一般情况下 $I_{usa} > 3.0 cmH_2O/cm$，实测曾见大于 $30 cmH_2O/cm$ 情景。

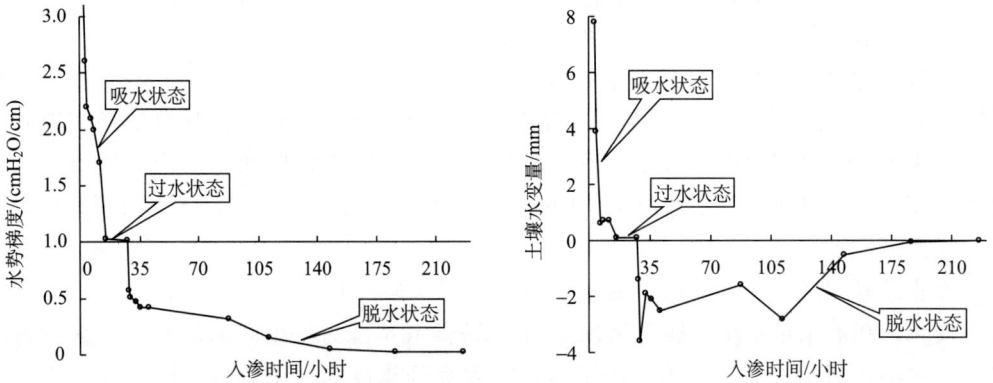

图 1-22　充分供水灌溉过程中土壤水分变化量和总水势梯度动态变化特征

研究层位埋深 25~45cm，亚砂土

在灌溉过程中的土壤吸水阶段，其水动力场性状的标示特征是：$I_{usa}>$ 1.0cmH$_2$O/cm，土壤含水量（θ）和被监测土层含水量都不断增大，$q(\theta)$ 大于同含水量条件下的非饱和渗透系数值，且 $q_{流入}(\theta)>q_{流出}(\theta)$，$I_{usa}$ 变化是影响入渗速率的主导因素。

（二）土壤过水状态，$I_{usa}=1.0$cmH$_2$O/cm

在充分供水灌溉过程中，土壤经过较充分吸水后，土壤非饱和渗透系数将趋近或等于饱和水条件下渗透系数值，灌溉水的下渗水通量 $q(\theta)$ 趋近或等于某一恒定值，土壤含水量不再变化，被监测土层水分变化量趋近零（流入与排出的水量相同），于是，I_{usa} 等于 1.0cmH$_2$O/cm 情势（图 1-22）。这表明，此时被灌溉土壤层的水动力系统进入了"过水"状态。

在灌溉过程中土壤处于"过水"阶段，其水动力场性状的标示特征是：$I_{usa}=$ 1.0cmH$_2$O/cm，土壤含水量（θ）和被监测土层水分量都稳定、不变化，$q(\theta)$ 趋近于饱和渗透系数值，且 $q_{流入}(\theta)=q_{流出}(\theta)\neq0$。实测结果，研究区包气带饱和渗透系数介于 4.21~21.3mm/h，具体数值与土壤干容重有关。在非充分供水灌溉条件下，入渗水量有限，所以，从土壤层顶部进入的水量明显小于从土层地板流出的水量，进而土壤层很快由吸水状态转入脱水状态。因"过水"过程较短或尚未出现，以至监测不到相关信息。

（三）土壤脱水状态，$0<I_{usa}<1.0$cmH$_2$O/cm

当终止灌溉供水之后，土壤水动力系统迅速进入脱水状态，自上而下土壤层有序地排出所吸持的过剩水分（简称"脱水"），土壤水从临近饱和状态向干燥方向变化，大部分重力水方向潜水系统，非重力水通过蒸散发进入大气中，I_{usa} 小于 1.0cmH$_2$O/cm、但大于 0cmH$_2$O/cm（土壤水向潜水面方向运动），或小于 0cmH$_2$O/cm（土壤水向地表运动），土壤土层水分变化量为负值，$q(\theta)$ 逐渐逐渐变小，变化量值逐渐趋近零

（图1-22）。在时间上，该阶段持续的时间往往占总入渗时间的90％以上。

在灌溉后土壤脱水过程中，脱水前的初始含水量越小，其初始I_{usa}值越大，这个阶段的水动力场性状的标示特征是：$I_{usa} < 1.0 cmH_2O/cm$，后期小于$0cmH_2O/cm$，土壤含水量和土壤层水分量都不断减少，$q(\theta)$小于同含水量条件下的非饱和渗透系数值，且$q_{流入}(\theta) < q_{流出}(\theta)$，$q(\theta)$缓慢趋近0。这期间，随着土壤含水量不断变小，非饱和渗透系数对$q(\theta)$影响的强度逐渐增大。

三、基于土壤水势监测节水调控阈值

从上述分析和图1-22可见，在灌溉初期，随着入渗水分进入土壤中及不断增加，土壤含水量及被研究土层含水量增大，这时$I_{usa} > 1.0cmH_2O/cm$，表明土壤-植被系统处于水分亏缺状态。当充分供水灌溉时，进入灌溉水入渗的中、后期，土壤含水量达到极大值后，被研究的土壤层含水量稳定，将出现I_{usa}近于$1.0cmH_2O/cm$。停止灌溉后，土壤含水量或被研究土层含水量不断减少，$I_{usa} < 1.0cmH_2O/cm$。当土壤层的上部含水量远低于其下部含水量时，上部水势的绝对值（或观测值）必然远大于下部水势的绝对值（或观测值），由此呈现$I_{usa} \ll 0cmH_2O/cm$情况（图1-23），这表明自地表至土壤层下部土壤中水分因蒸发蒸腾作用而大量损失，距离地表越近，损失水量越大，水势的绝对值越大（水势越小），土壤水分亏缺程度越来越严重。这时，结合土壤水分张力计的具体观测值，适时灌溉。灌溉前含水量越低，灌溉强度越大，土壤水分量或I_{usa}变化幅度越大；反之，灌溉前含水量越高，灌溉强度越小，土壤水分量或I_{usa}变化幅度越小。

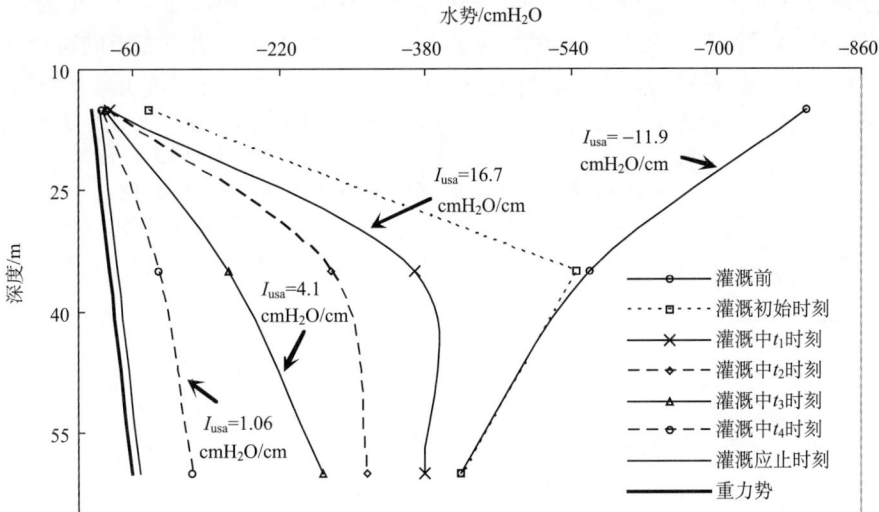

图1-23　利用水势指导节水灌溉的跟踪分析水势监测数据变化过程

土壤水基质势的监测点埋深15～60cm；图中$I_{usa} = \dfrac{\partial \varphi}{\partial Z}$

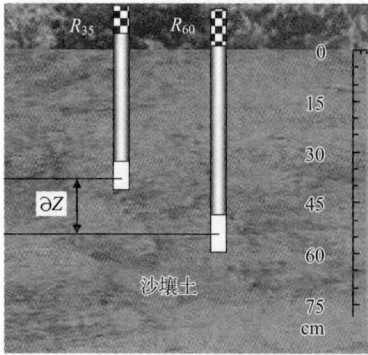

图 1-24　节水灌溉水势梯度监测方法

图中 R_{35}、R_{60} 分别为埋深 35m、60cm 土壤
水势的观测值；$I = \partial(\varphi_{60} - \varphi_{35})/\partial Z =$
$[R_{60} + 60 - R_{35} + 35]/[60 - 35]$

由此可见，如果将土壤层的适当部位（如埋深 15～60cm 段）作为灌溉水调控的预警层位，在其顶、底界面各设置一支土壤水分张力计（图 1-24），则可以通过监测该层位的水势梯度（记作 $\frac{\partial \varphi}{\partial Z}$）状态，指导灌溉水量的调控，并可以省略观测土壤含水量变化。当 $\partial \varphi/\partial Z \gg 1.0 \mathrm{cmH_2O/cm}$ 时，需要加大灌溉水量或延长灌溉时间；当 $2.0 \mathrm{cmH_2O/cm} > \frac{\partial \varphi}{\partial Z} > 1.0 \mathrm{cmH_2O/cm}$ 时，正常灌溉；当 $\frac{\partial \varphi}{\partial Z} \rightarrow 1.0 \mathrm{cmH_2O/cm}$ 时，应结束该次灌溉；当 $\frac{\partial \varphi}{\partial Z} < 1.0 \mathrm{cmH_2O/cm}$ 时，表明该次灌溉水量偏大，下次需要调整。

Richards 于 1961 年提出，利用土壤水势指示农田灌溉，最大的优势在于不必知道有关土壤含水量、有效水百分率或植被消耗的水量。利用土壤水势指导农田灌溉，主要解决如下问题：①何时灌溉，能获得丰产；②何时结束灌溉，可有效灌溉节水。这项工作早在 20 世纪 60 年代初国外就已经开始研究。Taylor（1983b）研究表明，灌溉水应当在土壤水势还较高、土壤能够迅速供水以适应大气要求，而不致使作物处于减产或质量下降、土壤水分处于严重亏缺情势下补给到土壤中。补给的实际水量必须不致使因水过多而造成不理想的生长，或妨碍土壤通气性。事实上，多数研究者都曾在田间持水量与永久凋萎含水量之间寻求指示既丰产又灌溉节水的水势特征值，作为调控节水灌溉的重要指标。Taylor 于 1965 年提出，在田间两处或三处、每处 2～3 个深度监测土壤水势（观测值为土壤水基势），每天读一次土壤水分张力计得到观测值。然后，对照专家试验研究获得的指导参数（表 1-12），决定是否进行灌溉。

表 1-12　不同作物理想灌溉的土壤水基质势（Taylor，1983a）

作物种类	谷类作物 营养生长期	玉米 营养生长期	甜玉米	豆类	马铃薯	豌豆	芹菜	草莓	甜菜	番茄	葡萄	柑橘
土壤水基质势 /cmH₂O	410～ 500	510	500～ 1020	760～ 2040	310～ 500	310～ 500	200～ 310	200～ 310	408～ 612	816～ 1530	410～ 500	410

为了及时确定停止灌溉供水，避免过剩、无效灌溉，具体方法如下：将土壤层的下部（埋深 35～60cm，间距为 ∂Z）作为灌溉水调控的预警层位，在其顶、底界面各设置一支土壤水分张力计（图 1-24），可以通过监测该层位的总水势梯度 $\frac{\partial \varphi}{\partial Z} = \partial[(\varphi_{60} - \varphi_{35})/\partial Z$，其中 φ_{35}、φ_{60} 分别为被监测土层顶、底界面的总水势] 状态，指导灌溉水量的调控（张光辉等，2010a，2010b）。当然，有条件时，在 15cm 深度上也可设置一支张力计，更有利于灌溉节水过程监测。野外试验表明，每次灌溉期间应监测张力计读数

的变化，及时将每次读数点绘在图纸上，每一个地块的各个深度读数绘在同一张图纸上，绘制类似图 1-23，读数的频率取决于土壤水势随着灌溉过程而变化程度。如此，可以用查值法推测将需要的灌溉持续时间和灌溉结束时间。

综上所述，在农田人工降水灌溉过程中，随着灌溉水量大小、灌溉强度和灌溉持续时间的变化，土壤含水量及水势变化具有入渗排气、渗吸增能、吸脱水减能和缓慢脱水减能的阶段性特征。当灌溉水通过耕作层入渗过程中，必然经历土壤吸水（补充亏缺部分）、过水（含水量不变，且水通量不等于零）和脱水（排出水量大于渗入水量）过程，其标志性特征是 $\dfrac{\partial \varphi}{\partial Z} > 1.0 cmH_2O/cm$、$\dfrac{\partial \varphi}{\partial Z} = 1.0 cmH_2O/cm$ 和 $\dfrac{\partial \varphi}{\partial Z} < 1.0 cmH_2O/cm$。由此，土壤 $\dfrac{\partial \varphi}{\partial Z} = 1.0 cmH_2O/cm$ 是灌溉节水调控的关键阈值。根据上述特征实施农田灌溉节水调控，可有效提高灌溉水的利用效率。其中土壤层下部 $\dfrac{\partial \varphi}{\partial Z}$ 小于或等于 $1.0 cmH_2O/cm$ 可作为灌溉监测预警的阈值，对农田灌溉调控节水具有实质性指导意义。该方法应用于指导农田灌溉节水，不受因土壤类型、作物种类不同导致有效灌溉的土壤水势各不相同影响，简便、易于指导灌溉节水的实际监测。但是，该方法不适宜高温气候下使用。

小　结

（1）ZFP 方法引入我国 30 年以来，促进了我国土壤水分运移规律和降水与灌溉水入渗补给地下水机理的深入研究，发现土壤总水势梯度 $> 1.0 cmH_2O/cm$、土壤总水势梯度 $= 1.0 cmH_2O/cm$ 和土壤总水势梯度 $< 1.0 cmH_2O/cm$ 的包气带非饱和水运移特定规律。自 21 世纪以来，水势理论又被应用到我国地下水数值模拟中解决有关水文地质参数难题方面。

（2）在降水入渗的脱水过程中，土层初始含水量越高，水势梯度变化的幅度越小；土层初始含水量越低，水势梯度变化的幅度越大。在蒸散条件下的土壤脱水过程更能反映这一现象。

在降水通过包气带补给地下水过程中，包气带库容是浅层地下水接受入渗补给量的一个极限值。浅层地下水位埋深越大，包气带厚度越大，库容也越大，土壤持续能力越强，同时，入渗水沿途被土壤吸持的水量越多，有限时间内达到补给地下水的水量越少。当潜水面低于太阳辐射影响的蒸发极限深度后，这种影响明显减弱或消失。

（3）降水入渗在初始含水量较低（较干燥）包气带运移中，自上而下土壤层充分吸水，含水量迅速增大，水势值随之变小。当土壤层吸持一定量的水分之后，呈现土壤总水势梯度等于 $1.0 cmH_2O/cm$ 的过水状态，含水量稳定（进入和流出被监测土层的水量相等），而水势值则继续变小。如果入渗水量有限，这时的土壤含水量和水势都达到该次降水入渗过程中的极值，然后，土壤进入脱水状态，即土壤含水量逐渐减少，水势值迅速变大。包气带厚度越大，脱水过程耗时越长，可达数百天，期间累计入渗补给量占该次降水总入渗补给量的 95% 以上。

（4）在农田灌溉过程中，土壤含水量及水势变化也具有入渗排气、渗吸增能、吸脱水减能和缓慢脱水减能的阶段性特征。当土壤处于水分亏缺状态亟须补充水分时，土壤总水势梯度大于 $1.0cmH_2O/cm$；当土壤水分得到充分补给达到过水状态时，土壤总水势梯度等于 $1.0cmH_2O/cm$；当土壤中水分过剩而处于脱水状态时，土壤总水势梯度小于 $1cmH_2O/cm$。水势梯度等于 $1.0cmH_2O/cm$ 是灌溉入渗过程中识别土壤含水量饱和的重要征兆，当被监测土壤层的水势梯度趋近 $1.0cmH_2O/cm$ 时应结束该次灌溉，可以避免无效灌溉用水量的无度增大。

（5）温度变化对降水或灌溉入渗有影响，它主要通过影响土壤水分性质和土壤结构性质，改变土壤水分运移性状，包括对土壤水分运动参数的影响。温度对土壤非饱和渗透系数及扩散率等参数影响，是因温度变化导致土壤水分运动黏度的改变，影响土壤水分的动能，包括土壤水分表面张力和土壤结构性质的改变，影响土壤水分的势能。土壤岩性结构、组成和黏粒含量状况是重要影响因素，黏粒含量越高，温度变化影响程度越大。

参 考 文 献

埃弗雷特 L G，等. 1986. 包气带水勘察和研究方法. 籍传茂，费瑾，尚若筠，等译. 北京：地质出版社

费瑾，芦金凯，郑香林，等. 1985. 赴英国荷兰南斯拉夫考察报告. 中国地质科学院水文地质环境地质研究所

费宇红. 2006. 京津以南河北平原区域地下水演变和涵养研究. 河海大学博士学位论文，81～104

费宇红，张光辉. 2002. 水势理论在四水转化研究中应用时代特征与趋势. 地质科技情报，31（5）：152～156

冯宝平，张展羽，张建丰，等. 2002. 温度对土壤水分运动影响的研究进展. 水科学进展，13（5）：643～648

付湘，谈广鸣，胡铁松. 2010. 壤空间变异下田间降雨入渗率的分布特性. 水利学报，41（7）：795～802

傅斌，王玉宽，朱波，等. 2008. 色土坡耕地降雨入渗试验研究. 农业工程学报，（7）：39～43

高红贝，邵明安. 2011. 温度对土壤水分运动基本参数影响. 水科学进展，22（4）：484～693

高志红，陈晓远，刘晓英. 2007 土壤水变动对冬小麦生长产量影及水分利用效率影响. 农业工程学报，（8）：52～58

郝芳华，欧阳威. 2008. 内蒙古农业灌区水循环特征及对土壤水运移影响的分析. 环境科学学报，28（5）：825～831

籍传茂，费瑾，尚若筠，等. 1983. 关于美国和日本地下水资源勘察研究方法的几个问题. 水文地质工程地质，（4）：54～58

靳孟贵，方连育. 2006. 土壤水资源及其有效利用. 武汉：中国地质大学出版社

荆恩春. 1987. WM-1 型负压计的研制及其初步应用. 水文地质工程地质，（1）：21～25

荆恩春，费瑾，张孝和，等. 1994. 土壤水分通量法实验研究. 北京：地震出版社

康邵忠，熊运章. 1999. 作物缺水状况判别方法与灌溉指标研究. 水利学报，30（1）：34～39

李惠娣，聂振龙，张光辉，等. 2002. 土壤结构变化对包气带水分参数影响及环境效应. 土壤保持学报，16（6）：100～106

李慧星，夏自强，马广慧. 2007. 含水量变化对土壤温度和水分交换的影响研究. 河海大学学报，35
　　（2）：172～175

李继江，刘云华，曹积富，等. 2000. 包气带地温变化特征及环境效应. 地质科技情报，19（3）：
　　65～69

李雪转，樊贵盛. 2012. 土壤入渗积水时间预测模型研究. 土壤学报，49（2）：269～274

李援农，费良军. 2005. 土壤空气压力影响下的非饱和入渗格林-安姆特模型. 水利学报，36（6）：
　　733～736

梁冰，刘晓丽，薛强. 2002. 非等温入渗条件下土壤中水分运移的解析分析. 辽宁工程技术大学学报，
　　21（6）：741～744

刘贯群，宋涛. 2008. 漫灌条件下内蒙孪井灌区土壤水分动态变化特征. 中国海洋大学学报，38（6）：
　　965～970

聂卫波，马孝义，王术. 2009. 沟灌土壤水分运动数值模拟与入渗模型. 水科学进展，20（5）：
　　669～676

聂振龙，连英立. 2011. 利用包气带环境示踪剂评估张掖盆地降水入渗速率. 地球学报，32（1）：
　　117～122

聂振龙，张光辉，李金河. 1998. 采矿塌陷作用对地表生态环境的影响. 勘察科学技术，（4）：15～20

逄春浩. 1988. 壤水分零通量面的确定和土壤蒸发量的推算. 土壤通报，（2）：71～73

邱景唐. 1992. 非饱和土壤水零通量面的研究. 水利学报，23（5）：27～32

史良胜，蔡树英，杨金忠. 2007. 次降雨入渗补给系数空间变异性研究及模拟. 水利学报，38（1）：
　　79～84

束龙仓，陶玉飞，刘佩贵. 2008. 考虑水文地质参数不确定性的地下水补给量可靠度计算. 水利学报，
　　39（3）：346～350

宋献方，王仕琴，肖国强，等. 2011. 华北平原地下水浅埋区土壤水分动态的时间序列分析. 自然资源
　　学报，（1）：145～155

宿青山，戴文亭，孙永堂. 1992. 零通量面形成及在确定包气带水入渗补给与蒸发消耗中应用. 水文，
　　（2）：24～28

孙大松，刘鹏，夏小和，等. 2004. 非饱和土的渗透系数. 水利学报，35（3）：71～75

孙晓旭，陈建生. 2012. 蒸发与降水入渗过程中不同水体氢氧同位素变化规律. 农业工程学报，28
　　（4）：100～105

Taylor S A. 1983a. 灌溉与非灌溉土壤物理学. 孟华，陈志雄，杨苑蟑，等译. 北京：农业出版社

Taylor S A. 1983b. 物理的土壤学. 华孟，陈志雄，杨苑璋，等译. 北京：农业出版社

谭秀翠，杨金忠. 2012. 石津灌区地下水潜在补给量时空分布及影响因素分析. 水利学报，43（2）：
　　143～152

汪丙国，靳孟贵，王贵玲. 2010. 农田秸秆覆盖的土壤水分效应. 中国农村水利水电，（6）：76～80，84

王金哲，严明疆，张光辉，等. 2012. 环渤海平原区土壤安全容盐潜力评价. 农业工程学报，（7）：
　　138～143

王鹏，宋献方，侯士彬. 2009. 太行山区典型植被对土壤水势动态的影响研究. 自然资源学报，（8）：
　　1467～1476

王政友. 2011. 降水对土壤水资源的补给及其制约因素分析. 水资源与水工程学报，22（2）：157～159

吴继强，张建丰，高瑞. 2009. 土壤大孔隙流试验和模型研究现状与发展趋势. 水资源与水工程学报，
　　（2）：29～33

夏自强. 2001. 温度变化对土壤水运动影响研究. 地球信息科学，（4）：19～24

谢森传，雷志栋，杨诗秀，等. 1988. 土壤水分通量法及其应用. 灌溉排水，7（2）：1～6

辛继红，高红贝，邵明安. 2009. 土壤温度对土壤水入渗影响. 水土保持学报，23（3）：217～220

徐学选，张北赢，田均良. 2010. 黄土丘陵区降水-土壤水-地下水转化实验研究. 水科学进展，21（1）：16～22

曾亦键，万力，王旭升，等. 2006. 浅层包气带地温与含水量昼夜动态实验研究. 地学前缘，13（3）：52～57

曾亦键，万力，苏中波，等. 2008. 包气带水汽昼夜运移规律及其数值模拟研究. 地学前缘，15（5）：330～343

张光辉. 1988a. 试论在我国北方应用零通量面法计算浅层地下水补给量问题. 水文地质工程地质，（2）：27～29

张光辉. 1988b. 温度在岩土水分运移中的作用. 勘察科学技术，（6）：9～12

张光辉. 1988c. 温度对岩土水分势能的影响及其校正方法的初步研究. 水文地质工程地质，（6）：5～7

张光辉. 1990. 在"三水"转化过程中岩土水势梯度特征及其水文地质意义. 勘察科学技术，（5）：23～26

张光辉. 1991a. 降水入渗补给地下水过程中包气带水分势能梯度的变化. 水文地质工程地质，（3）：18～22

张光辉. 1991b. 在"三水"转化过程中岩土水势变化及其变化机理研究. 长春地质学院学报，（2）：213～218

张光辉，费宇红，王金哲. 2003. 300 年以来太行山前平原地下水补给演化特征与趋势. 地球学报，24（4）：261～266

张光辉，费宇红，刘克岩，等. 2004a. 海河平原地下水演化与对策. 北京：科学出版社：134～148，160～164

张光辉，费宇红，邢开. 2004b. 太行山前平原非河道条件下地下调蓄功能试验研究. 水文，24（2）：15～19

张光辉，费宇红，严明疆，等. 2010a. 基于土壤水势变化的灌溉节水机理与调控阈值. 地学前缘，17（6）：174～180

张光辉，费宇红，连英立，等. 2010b. 土壤水动力状态的标识特征及其应用. 水利学报，41（9）：1032～1037

张光辉，刘春华，严明疆，等. 2012. 环渤海平原土壤盐分不同聚型的水动力学特征. 吉林大学（地学版），42（6）：1873～1879

张光辉，殷夏，张洪平，等. 1992. 零通量面方法的改进. 水利学报，23（1）：36～42

张光辉，郑香林，王红旗，等. 1986. 南宫试验场作物区包气带水分运移试验研究. 地矿部水文地质工程地质研究所

张宗祜. 2005. 华北大平原地下水的历史和现状. 自然杂志，27（6）：311～315

张宗祜，施德鸿，沈照理，等. 1997. 人类活动影响下华北平原地下水环境演化与发展. 地球学报，18（4）：337～344

周在明，张光辉，王金哲，等. 2010. 环渤海微咸水区土壤盐分及盐渍化程度的空间格局. 农业工程学报，（10）：15～20

周在明，张光辉，王金哲，等. 2011. 环渤海平原微咸水区土壤盐渍化与盐分剖面特征. 地理科学，（08）：929～934

Cheng H Y, Wang G X, Hu H C, et al. 2007. The variation of soil temperature and water content of seasonal frozen soil with different vegetation coverage in the head water region of the Yellow River,

China. Environmental Geology，(54)：1755~1762

Christopher M G，Dvaid J S. 2008. Soil temperature and moisture errors in operational eta model analyses. Journal of Hydrometeorology，9 (3)：367~387

Cooper J D. 1980. Measurement of moisture fluxes in unsaturated soil thetford forest. Institute of Hydrology，Wallingfordoxon. No. 66

Haridasan M，Jensen R D. 1972. Effect of temperature on pressure head-water content relationship and conductivity of two soils . Soil Sci Soc Am J，(36)：703~7081

Kang S Z，Zhang L，Lian g Y L，*et al*. 2002. Effects of limited irrigation on yield and water use efficiency of winter wheat in the Loess Plateau of China. Agricultural Water Management，55：203~216

Milly P C D. 1984. Simulation analysis of thermal effects on evaporation from soil. Water Resources Res，20 (8) ：1087~1098

Nimmo J R，Miller E E. 1986. The temperature dependence of isothermal moisture potential characterizes of soils. Soil Sci Soc Am J，(50)：1105~1131

Novak N. 1975. Non-isothermal flow of water in unsaturated soils. Hydro Sc，(2)：37~51

Panigrahi A B，Panda S N. 2003. Field test of a soil water balance simulation model. Agricultural Water Management，58：223~240

Zhang F C，Zhang R D，Kang S Z. 2003. Estimating temperature effects on water flow in variably saturated soils using activation energy. Soil Sci Soc Am J，(67)：1327~1333

第二章 水文地质学与"四水"转化研究

第一节 水文地质学形成与演进

一、水文地质学形成与发展

地下水的形成、补给、运动、赋存和排泄状况，都与大气降水、地表水和包气带水（或称土壤水）密切相关，也与地壳表部的岩土介质性状和空隙性紧密相关。赋存于地壳表部岩土空隙（包括孔隙、裂隙和溶隙）中地下水的运动、储存、给水、动态变化以及其与降水、地表水和包气带水之间"四水"转化规律的研究，是水文地质学的重要研究内容，也是水资源评价的重要组成部分。

从 20 世纪 50 年代末期开始，随着近代水文学和水文地质学不断发展，以产汇流理论、渗流水文学和地下水动力学为基础，概念性水文模型和地下水流数值模拟等得以发展。进入 20 世纪 80 年代以来，随着国民经济发展对水资源量需求不断提高，加之，计算机、地中渗透仪、土壤水势监测负压计和土壤水分中子监测仪等技术的应用，极大地促进了"四水"转化机理研究水平提高。

作为地下水形成研究的基础理论——水文地质学，这一术语早在 19 世纪初被正式提出，至 20 世纪 30～40 年代发展成为比较完整、系统的独立学科，包括地下水的自然现象、形成过程和基本规律研究。经历 20 世纪 50～80 年代，逐渐发展为地下水数量、质量的定性与定量评价、基本理论、调查方法和应用方向的现代水文地质学。进入 20 世纪 90 年代以来，水文地质学从传统专业范畴研究，拓展为地下水系统及其与相邻层圈的资源、环境、生态、技术、经济和社会关系的大系统研究，发展成现代水文地质学，包括众多分支学科，如区域水文地质学、岩溶水文地质学、遥感水文地质学、环境水文地质学、生态环境水文地质学、医学环境地球化学、污染水文地质学、农业水文地质学、同位素水文地质学、水文地球化学和地下水动力学等。

现代水文地质学的基本特征，主要表现为与现代科学的新理论新学科和社会需求紧密结合，如系统论、信息论、控制论与相应产生的系统科学、环境科学和信息科学等，为更好地服务经济社会而不断地丰富和突破传统水文地质学内容。例如，现代应用数学与水文地质学的结合，促进了地下水数值模拟方面的发展，使得从定性研究上升为三维数值、数字的定量模拟和预测研究，从数学模型发展到管理模型和经济模型研究。水文地质学不仅在理论上被极大丰富，而且，其应用范畴不断被拓展，包括服务国民经济规划、国土整治、地质灾害防治、城市和工业建设以及环境保护等。

随着开放复杂巨系统理论、非线性动力系统理论和耗散结构理论等的发展，今后水文地质学必将会继续拓展和深化其研究范畴，主要表现在高度分化和高度综合的轮回上升，即由分到合、由合到分、不断循环或同步前进的进化过程。各分支学科及其与不同学科之间互相渗透，而形成新的分支学科。分支学科的发展，又促进水文地质学的不断发展。未来水文地质学在理论方面，将着重向水资源水文地质学方向发展；在应用方面，将着重向环境水文地质学方向发展，可能演变为高度涵盖水资源及其相关环境的水文地质学。渗流理论仍然是水文地质学发展的重要基础理论，数值或数字模拟研究将成为重要内容，包括三维地理信息系统的应用、数据管理系统、动态监测信息系统、遥感信息系统和专家决策系统等研发。城市水资源紧缺与水资源管理、农田灌溉与建立节水农业、干旱半干旱区水资源合理开发利用与生态环境保护、地下水污染与场地污染治理、城市群环境地质安全、耕地质量与粮食安全保障、海平面上升对沿海地区影响等，都将是水文地质学面对的重大研究课题。

二、非饱和渗透学和水势理论形成与发展

自 20 世纪初 Buckingham（1907）首次将"毛管势"应用于包气带中非饱和地下水运移研究以来，曾出现过不同的名称如张力、扩散力、自由能等，所有这些名称都是从不同的角度命名的。虽然形式不同，但都反映了相同的物理意义，都是从能量的观点来解释土壤水的，这在包气带非饱和地下水运移理论研究中是一次重大的突破，"水势"理论在 20 世纪 80 年代推动了大气水、地表水和地下水之间系统转化研究，为后来的水文循环演化实验研究奠定了十分重要的基础。Gardner 等（1922）采用能态学的观点，首先应用势能理论研究了包气带非饱和地下水变化规律，成为地下水形成研究的一个里程碑。随着能量观点的广泛应用，人们也逐渐接受了这一观点，使地下水形成研究迈向了一个新的发展阶段。"毛管势"是在毛管模型的基础上，用能量的观点提出来的，但毛管模型把土颗粒看成直径不等的球体，做了过多简化和近似，所以，当时只能用来分析包气带中水分运动的某些现象，如降水入渗、释水、蒸发等问题。因此，对于应用上，其存在一定的局限性。

众所周知，包气带非饱和渗透学是地下水的重要组成部分，地下水同自然界的其他物质一样同时具有动能和势能。水在不均一的包气带中运动，其速度很慢，所以，其动能往往被忽略不计，而认为势能是包气带非饱和地下水运动的主要能量形式。在把能态学的观点引入包气带以后，Richards（1931）又将经典的达西定律引入到包气带非饱和水运移研究中，开辟了定量描述包气带非饱和地下水运移特征的新途径。在此基础上，20 世纪 70 年代末至 80 年代初，西方水文学家们提出了测定地下水入渗补给量和地下水蒸发量的无参数法，包括零通量面理论，并研制出测定水势能的负压计和测定非饱和地下水量的中子水分仪和时域仪等仪器。所有这些都为包气带非饱和地下水运动的定量研究奠定了基础。

三、渗流学理论和模拟技术发展

多维模拟和虚拟模拟技术已经成为研究地下水形成和演化问题的重要方法，它不仅能高度概括和总结赋存地下水介质的水文地质条件，而且还能较客观地用数学模型表述

地下水形成变化的物理特征和动态过程,是科学管理开发利用地下水资源的基础。随着人们对地下水形成及其再生性维持的自然属性和人文社会属性的不断认识,地下水形成变化模拟研究经历了一个由简到繁的发展过程。19 世纪中叶至 20 世纪初,地下水流模拟研究刚刚起步,地下水开发利用规模较小,开采量小于天然补给量,人们采用稳定流模型 (Dupuit,1863)。1886 年,F. Hanm 首先把高等数学应用到地下水运动理论中来,包括引进等势面和流线、应用拉普拉斯方程和镜映法 (王蕊等,2008)。20 世纪 30年代,地下水开采规模日益扩大,地下水流呈现出不稳定性,非稳定流模型问世(Theis,1935)。50 年代,随着深层承压水地开发利用,越流模型被用来解决多层含水层的越流问题 (Jacob,1940)。60 年代以来,数值计算法在水文地质学中的应用以及电子计算机技术的推广使用,使一些复杂地下水流的模拟成为可能,人们开始考虑含水介质的非均质性和各向异性,对复杂的越流系统和具有不规则形状的各类边界条件及多相流、双重介质理论也做了深入研究,在概念模型中更多地保留了实体系统的自然特性。按国际地下水模拟中心 (IGWMC) 的分类可概括为预报模型 (包括水流模型、溶质运移模型、热量运移模型、形变模型等)、管理模型和识别模型。

　　长期以来,利用模型模拟复杂的水文循环系统时,由于侧重点不同或受基础资料缺失限制,所构建的模拟模型多侧重于水文过程的某些方面,引起模拟系统存在一定偏差。近年来随着对变化环境下水循环和水资源演变规律研究的重视,大气降水-土壤水-地表水-地下水之间转化的耦合研究得到重视。同时,遥感、地理信息系统、计算机模拟技术和水循环的四维化观测手段的发展,使更复杂的水文全过程模拟系统得以实现。

　　地下水流模型与地表水文过程耦合,是以含水层水动力方程数值求解建立的地下水模型作为基础,主要用于分析地下水的动态时空变化及受降水、河流入渗补给、地下水开采、潜水蒸散发等外应力的影响。在地下水数值模型中,这些外应力作为源汇项进行简化处理,不能描述土壤水、地表水等动态变化及地下水变化对这些水文循环要素的影响。代表性模型有 MODFLOW-UZF1 模型和 MODBRANCH 模型等。

第二节　　"四水"转化定量关系与机制

　　大气降水、地表水、土壤水、地下水,简称"四水",它们之间存在着相互转化和相互制约的关系。大气降水的一部分形成地表水,另一部分渗入土壤,成为土壤水和继续下渗补给地下水。

一、"四水"转化理念与特点

(一)大气降水入渗与土壤水蒸发

　　大气降水进入土壤中,或土壤水进入大气中的过程称为大气水-地表水之间转化,前者也称为降水入渗,后者称为土壤水蒸发,包括潜水蒸发。

土壤水转化为大气水称为土壤蒸发过程。自 1802 年 Dalton 的蒸发定律被提出以来,有关蒸发研究始终被重视,直到今天,有关各种条件下的 ET(蒸发蒸腾量)研究仍然备受关注。目前,有许多气象学方法和经验公式。在点蒸发研究的同时,区域蒸发量的研究始终是困扰国内外科学界的主要问题。随着遥感和 GIS 技术不断发展,有关区域蒸发量的研究水平日益提高,包括热红外温度遥感应用到蒸散模型中、应用遥感估算潜在蒸散的经验模型和利用卫星获得中午地表温度进行每日蒸发量估算和以微分热惯量为基础的地表蒸发全遥感信息模型等。

(二)大气降水转化地表水及地下水

大气水降落地表后,一部分形成地表水产流,即流域水面上或不透水面上积水-流动-汇流,进入河道或汇入湖泊中,这一过程称为大气降水转化地表水,又称为直接径流量。

大气水降落地表后,在土壤表面形成地表水的过程称为降水产流。计算地表产流的模型分为随机性模型和确定性模型。随机性模型是应用概率理论和随机性过程描述水文环节,其预测结果多为条件概率的形式。确定性模型是应用有限的物理学规律描述水文过程,其预测结果不存在较大不确定性。确定性模型又分为黑箱模型、概念模型和基于物理学的分布式模型,它们分别代表确定性水文模型的不同发展阶段,取决于模型对流域空间是集总式或分布式描述、对水文过程是经验性描述、概念性描述或是完全物理描述。

大气降水直接转化为地下水(潜水)似乎是一个常识性认识,即降水通过大孔隙入渗直接补给潜水。在某些情况下,土壤水分在包气带中运移不是均质一维垂直向下流动,而是伴随着水分沿着一些优先途径的集中流动,存在优先流(preferential flow)。

从地下水渗流学来看,尤其在包气带厚度较大,或包气带岩性颗粒较细情况下,大气降水直接补给地下水的概率是较低的。降水在包气带中入渗,存在优先或滞后湿润锋面。只有在潜水位埋藏浅、包气带岩性为粗颗粒砂砾石组成的地区,大气降水才可能直接入渗补给地下水,主要发生在冲洪积扇轴部的山前河道带。大多数情况是大气降水补给包气带(土壤水),然后,土壤水下渗依次递推,通过水动力传递形式,将包气带最下部的水分挤压进入潜水系统中,而进入潜水中的这部分新水,可能来自数年前或数十年前的降水。

(三)土壤水与地下水之间相互转化

土壤水向潜水转化的过程,包括降水和灌溉的入渗水分进入潜水系统的过程。潜水向土壤水的转化过程,主要表现为潜水蒸发,受包气带岩性、潜水的补给与排泄状况等因素影响。

通过支持毛细作用土壤获取地下水补给的能力较强;岩性颗粒较粗的土壤,岩性颗粒较细的获取地下水补给的能力较弱。当潜水系统处于补给强度大于单位时间排泄量时,土壤获取地下水补给的水量增加;当潜水系统处于补给强度小于单位时间排泄量时，土壤获取地下水补给的水量减少（许发奎、郭翔云，1994；胡立堂，2007）。在包气带厚度较小地区，土壤水蒸发强度越大，水分亏缺程度越严重，土壤获取潜水补给的能力越强；土壤水蒸发强度越小，水分亏缺程度越低，土壤获取潜水补给的能力越弱。当潜水面以上的土壤水势梯度小于零时，土壤水分向上移动，甚至存在较强的潜水蒸发过程；当潜水面以上的土壤水势梯度大于零时，土壤水分向下渗，潜水得到土壤水的补给。土壤水与潜水之间相互转化，一般存在入渗型、蒸发型、蒸发-入渗型和复合型（张光辉，1987，1992；张光辉等，1991，2012；曹建生等，2007）。

（四）地下水与地表水之间相互转化

潜水与地表水之间相互转化过程主要发生在河道带或地表水体分布区。几乎所有的地表水体都与其下伏的潜水系统之间发生相互转化作用，彼此直接影响着水量和水质。在上游段经常出现地下水补给地表水，在中下游段出现地表水补给地下水。地下水水位高于地表水水位，是地下水补给地表水的必要条件。地下水水位低于地表水水位是地表水补给地下水的必要条件。除了前面的条件，地下水与地表水系统之间还必须存在直接的水力联系通道，否则，即使地表水与地下水之间存在较大水位差，两者之间也难以相互转化。

二、"四水"转化量化关系与模式

对于一个较大区域而言，大气降水、地表水、包气带（土壤）水和地下水之间存在如下关系，即

$$P = E + (A_i - A_0) - \Delta A \tag{2-1}$$

其中，

$$E = E_s + E_u + E_g$$
$$(A_i - A_0) = \Delta A + R$$
$$R = R_s + R_g$$

式中，P 为大气降水量，mm/a；E 为地表水、土壤水和地下水的蒸发量之和；E_s 为地表水蒸发量；E_u 为包气带（土壤）水蒸发蒸腾量；E_g 为潜水蒸发量，mm/a；A_i 为大气输入水汽总量；A_0 为大气输出水汽总量；ΔA 大气水汽蓄变量，mm/a；R 为地球表部径流量；R_s 为天然地表径流量；R_g 为区域地下水径流量，mm/a。

在地下水径流量（R_g）组成中，包括侧向流入量（W_r）与流出量（W_d）、层间越流补给量（S_r）与排泄量（S_d），以及地下水蓄变量（ΔR_g），单位（mm/a）。从式（2-1）可见，地壳表部的区域径流量（水资源量）与当地蒸发量和降水量之间存在密切相关的水通量关系。降水量越大，蒸发量越小，径流量越大；降水量越小，蒸发量越大，径流量越小。在不同地区，地下水径流量（地下水资源量）与降水量和蒸发量之间存在不同的通量阈值模式。对于华北平原来说，在现状蒸发能力条件下，年降水量阈值为 280～350mm。当小于该阈值时，降水将全部消耗于蒸发蒸腾作用，难以产生地表径流和地下水有效补给。

从地下水动态变化角度分析,在"四水"转化过程中,包气带具有特殊的作用。埋藏在地表以下岩土空隙(包括孔隙、裂隙和溶隙等)中各种状态的水,称为地下水,包括包气带及饱水带中所有储存于岩石空隙中的水。但是从狭义上,地下水仅是指赋存于饱水带岩土空隙中的水,因为饱水带中的重力水能够被人类抽取开发利用。

位于潜水面以上、至地表以下的这一层位,称为包气带。包气带中主要分布土壤水和上层滞水。埋藏于包气带中土壤层内的水,通称为土壤水,主要包括气态水、吸着水、薄膜水和毛管水,大气降水渗入、水汽凝结和潜水的毛细作用等是主要补给源。大气降水首先进入包气带,在包气带中向下渗入。在这一入渗过程中,所经过的各个土层将依次吸持渗入的一部分水量。超过土层田间持水量(即土壤层中最大悬着毛管水含水量)的多余部分的重力水继续下渗,最终进入潜水含水层。包气带厚度越大,土层颗粒越细,包气带过滤和净化入渗水的能力越强,调节入渗水量补给地下水的过程越长,地下水越不易遭受污染,有限时间内地下水获得的入渗补给量越少。包气带厚度越小,土层颗粒越粗,包气带过滤和净化入渗水的能力越弱,调节入渗水量补给地下水的过程越短,地下水越易遭受污染,有限时间内地下水获得的入渗补给量越多。当潜水位近地表时,便形成沼泽湿地,这时潜水强烈蒸发,包气带表层中盐分不断积累。

上层滞水是存在于包气带中局部隔水层之上的重力水,易接受当地大气降水或地表水入渗补给,以蒸发和侧向流出排泄为主。在雨季,上层滞水获得补充,积存一定水量;在旱季,水量逐渐消耗,甚至干涸。上层滞水易受污染,水量不大,季节变化强烈。不仅松散沉积层中埋藏有上层滞水,在裂隙和溶岩地层中同样可以埋藏上层滞水。地壳表部的第一层饱和状态的重力地下水——潜水,具有自由水面,它在重力作用下可以由水位高处沿最大水力坡度方向流向水位低处,成为狭义的地下水径流。一般情况下,大气降水、地表水通过包气带入渗直接补给潜水(指水动力传递模式)。潜水的补给区、径流区、排泄区与分布区基本一致。潜水的动态(如水位、水量、水温、水质等随时间的变化)随季节不同而有明显变化。例如,雨季降水多,潜水补给充沛,则使潜水面上升,含水层厚度增大,水量增加,埋藏深度变浅;而在枯水季节则相反。在潜水含水层之上因无连续隔水层覆盖,容易受到污染。

在自然界中,潜水面的形状因时、因地而异,受地形、地质、气象、水文等各种自然因素和人为因素的影响。一般情况下,潜水面不是水平的,而是向着邻近洼地(如冲沟、河流、湖泊等)倾斜的曲面。只有当盆地或洼地中潜水集聚而潜水面呈水平状态时,则形成潜水湖,即以地下水补给为主的湖泊。

(一) 包气带调蓄功能

包气带像湖泊、水库一样,对降水-土壤水-地下水或地下水-土壤水-大气水之间转化过程具有调节功能。降水或灌溉水入渗过程中,土壤蓄水,多余的补给地下水。降水或灌溉停止后,在蒸发蒸腾作用下土壤水分逐渐减少,期间供给植被生态需水用水,相当于土壤水库供水,在包气带厚度较大地区,最大调蓄量可达300mm。

土壤调蓄能力的大小是地表水和地下水资源量形成的重要影响因素。根据水量平衡原理,某一区域、某一时段的地表径流量和入渗补给量的均衡关系为

$$\Delta W = P - E - R_s - P_r \tag{2-2}$$

式中，ΔW 为包气带水分蓄变量，mm/a；P 为大气降水量，mm/a；E 为蒸发蒸腾量，又称蒸散量，mm/a；R_s 为地表径流量，mm/a；P_r 为地下水入渗补给量，当该项为负值时，表示潜水通过毛细作用补给包气带，mm/a。

由式（2-2）可见，当均衡计算时段较短，蒸发蒸腾量又较小时，地表径流量和地下水入渗补给量都取决于降水量和土壤水蓄变量。当土壤水蓄变量不变时，地表径流量和地下水入渗补给量与降水量大小呈正相关关系。当降水量一定，土壤含水量较高时，容易产生地表径流和形成地下水入渗补给量。包气带渗透性越强，地下水补给量越大；包气带渗透性越弱，越易形成地表水径流量。当包气带比较干燥时，越难产生地表径流和地下水入渗补给量。

（二）雨前包气带干湿程度与地表径流和入渗补给之间关系

降水后地表能否形成产流，取决于两方面因素：一是地形地貌、土壤岩性与干湿状况、地表植被发育情况和潜水位埋藏状况等下垫面因素；二是降水强度、降水量大小和降水持续时间等降水情势。

降水是形成地表径流的必要条件，雨强和降水量大小是充分条件。没有降水过程，无从谈及地表径流。降水量的大小在一定程度上决定着能否形成地表径流，当单位时间降水量远大于包气带渗透率时，必然会产生地表径流。降水量越大，雨强越大，地表径流量越大。当降水量一定时，降水强度越小，地表径流量越小。当雨强远小于包气带渗透率时，难形成地表径流。当然，降水量较小，雨前土壤十分干燥，即使雨强较大，这种情况下形成地表径流的难度也较大。如果降水量较大，雨强较小，雨前土壤比较湿润，这种情况下可能会形成一定范围的地表径流。

许发奎、郭翔云（1994）对太行山前平原"四水"转化研究表明，当次降水量140.9mm 条件下，在地下水水位埋深 1.0m 区域，包气带水分蓄变增量 13.2mm，地表径流量 39.7mm；在地下水水位埋深 2.0m 区域，包气带水分蓄变增量 33.0mm，地表径流量 27.9mm；在地下水水位埋深 8.0m 区域，包气带水分蓄变增量 83.9mm，地表径流量 7.2mm。由此获知，在潜水位埋深 1.0m、2.0m 和 8.0m 3 个区域，相同降水量背景下，地下水入渗补给量分别为 77.1mm、69.1mm 和 38.9mm（实验期间蒸发损失量以 10.9mm 计）。

由此可见，包气带的干湿程度，即含水量状况和亏缺程度不仅对地表水径流具有明显影响，而且对降水或灌溉水入渗补给地下水的状况具有较大影响，但是它们之间呈非线性关系，随着包气带岩性、厚度、地表植被发育程度和地形地面等汇水条件不同，表现为较复杂的特征。

农田灌溉水入渗与降水一样，其入渗补给量（又称渗漏回归量）主要受灌溉前土壤含水量、灌溉强度（单位时间单位面积的灌溉水量）、灌溉持续时间和灌溉总水量影响，当然农田的土壤岩性也是与其密切相关的。在定额灌溉水量条件下，灌溉前的土壤含水量越低，土壤干燥，渗漏回归量越小；灌溉前的土壤含水量越高，土壤湿润，渗漏回归量越大。当灌溉水量小于土壤水分亏缺量时，难以形成渗漏回归量。从灌溉用水的效率来说，这是节水灌溉期望的目标；从地下水补给来说，是非有利情景。农田灌溉都是在土壤干燥，土壤水分严重亏缺条件下进行的。如果在灌溉后不久，发生较大降水，则前面的灌溉有利于加大降水入渗补给量，可表示为

$$P_r = W_c + P - E - \Delta W_c \qquad (2-3)$$

式中，P_r 为地下水入渗补给量，mm/a；W_c 为农田灌溉水量，mm/a；P 为农田区大气降水量，mm/a；E 为农田蒸发蒸腾量，mm/a；ΔW_c 为包气带水分亏缺量，mm/a。

在灌溉之前，土壤水分亏缺量 ΔW_c，田间蒸发蒸腾量 E 条件，当灌溉水量 W_c 发生后，W_c 与 ΔW_c 在土壤中相互作用后，ΔW_c 趋近于零或极小值。这时，降水量 P 出现，ΔW_c 对 P 形成的入渗量影响明显减弱，由此，P 形成的入渗补给量相应增大，相当于 $P + W_c$ 形成的入渗补给量。

如果降水较大，或雨强远大于农田区土壤入渗率，则会形成一定的地表径流量（R_s），通过农田排水系统排出。于是，有

$$P_r = W_c + P - E - \Delta W - R_s \qquad (2-4)$$

三、降水–包气带水–地下水之间转化定量关系

20 世纪 80 年代初，中子水分监测仪、土壤水张力计和零通量面理念与入渗补给量计算方法被引入我国"四水"研究中，解决了如何识别和量化判定包气带水分变化量是归属蒸发消耗量或入渗对地下水补给量的难题，同时，促使研究者具备了将降水、包气带水和地下水作为统一的水循环系统加以量化研究的条件，尤其为降水（或灌溉水）、包气带水与地下水之间转化机理研究提供了重要手段。

（一）"三水"转化关系

在平原地区，降水、包气带水与地下水之间垂向"三水"转化是水循环的主要方式之一。在自然和人类活动二元因素叠加影响下，"三水"的垂向水分量转化过程中水量均衡要素，包括降水量（P）或灌溉水量（W_r）、陆面蒸发蒸腾量（E_u）、地表径流量（R_s）、潜水蒸发量（E_g）、地下水入渗补给量（P_r）、地下水开采量（Q）和包气带水分变化量（$\pm \Delta W$），如图 2-1 所示。

按照传统水量均衡观点，可将图 2-1 中情景分解为两个水量均衡子系统。一是以地面为分界面，求解大气降水或灌溉水渗入进入地面以下包气带中的水分量，以及包气带水分通过蒸发进入大气中的水分量。

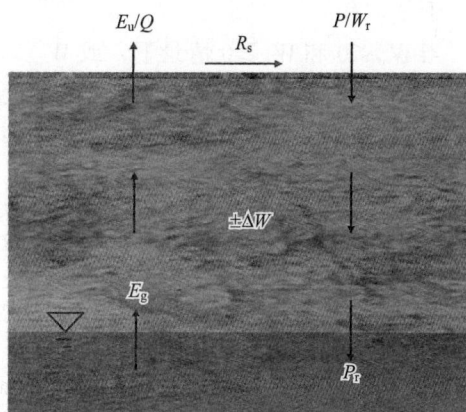

图 2-1　降水–包气带水与地下水之间转化关系

二是以地下水面为分界面，求解通过包气带水转化而进入地下水含水层中入渗补给水量，以及潜水蒸发进入包气带中水分量。

对于包气带内水分量时空变化规律及其与地下水入渗补给量、潜水蒸发量、降水与土壤水蒸发蒸腾量之间水量转化关系，往往重视不够。然而，包气带内水分量无时不在为大气水与地下水之间转化牵线搭桥，作为它们相互转化的媒介。换言之，降水或灌溉水与地下水之间水量转化，与包气带的 ΔW 密切相关（张光辉等，1991，2004b；张光辉，1992）。

现将"三水"视为统一的水循环系统，以包气带作为水量均衡体系，探讨"三水"之间水量转化关系。

设 P、E_u 及 R_s 的代数和为 W_u，则有：

当 $W_u>0$ 情景下，为降水入渗补给包气带及地下水。若 W_u 小于包气带水分亏缺量，地下水获得的入渗补给十分有限；若 W_u 大于包气带水分亏缺量，地下水获得入渗补给是确定事件，且 W_u 越大，地下水获得的入渗补给量越多。

当 $W_u<0$ 情景下，为陆面蒸发消耗包气带水或地下水。这种情景持续时间越长，包气带水分亏缺量越大。

当 $W_u=0$ 情景下，为包气带水与地下水之间相互转化，处于动态均衡状态。即包气带水入渗进入地下水中的水量等于潜水蒸发进入包气带中的水量。

设 P_r 与 E_g 的代数和为 W_g，则有：

当 $W_g>0$ 情景下，为降水入渗或包气带脱水补给地下水。在无降水情况下，尤其当包气带厚度较大状况下，可以确定包气带脱水补给包气带。

当 $W_g<0$ 情景下，为潜水蒸发补给包气带水或路面蒸发蒸腾直接消耗地下水。在包气带厚度小于潜水蒸发极限深度的地区，易发生潜水蒸发情景。在包气带厚度较大的地区，只能是潜水蒸发补给包气带，可能与地温梯度变化有一定关系。即地温梯度变化导致包气带下部的总水势梯度指向地表时，易发生潜水蒸发补给包气带。

当 $W_g=0$ 情景下，为包气带水与地下水之间水量转化为零。

于是，有：

当 $W_u<0$ 和 $W_g\geqslant0$ 情景下，或 $W_u\geqslant0$，$W_g>0$，且 $W_u<W_g$，或 $W_u<0$，$W_g<0$，且 $W_u>W_g$，则包气带水分量减少增加，$\Delta W<0$。

当 $W_u=W_g$，$W_u>0$，$W_g>0$，或 $W_u=W_g$，$W_u<0$，$W_g<0$，或 $W_u=W_g=0$，则包气带水分量不变，$\Delta W=0$。

（二）"三水"转化时空分布规律

设定进入包气带水量为正值，排出水量为负值。包气带含水量增加，$\Delta W>0$；包气带含水量减少，$\Delta W<0$。

于是，有包气带水量均衡方程，为

$$\pm\Delta W=P（或 W_r）-R_s-E_u-P_r+E_g \tag{2-5}$$

将 $W_u=P$（或 W_r）$-R_s-E_u$ 和 $W_g=P_r-E_g$ 代入式（2-5），则有

$$W_u - W_g - \Delta W = 0 \tag{2-6}$$

或

$$W_g = W_u - \Delta W \tag{2-7}$$

式中，ΔW 可用中子水分仪直接测得。W_u 可利用中子水分仪、负压计监测的资料和降水量资料计算获得。现以 W_g 为纵坐标，ΔW 为横坐标，通过图 2-2 表征"三水"之间水量转化关系。

在图 2-2 中，原点为"三水"转化水量都为零的起始平衡点。由此，可见坐标系 4 个象限中，表征"三水"之间不同转化方向与关系。

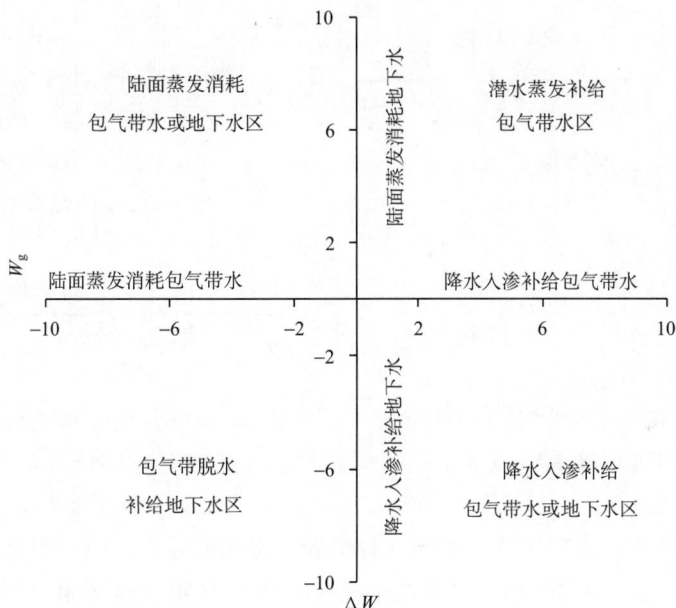

图 2-2　降水–包气带水与地下水之间转化定量关系（据张光辉等，1992）

具体情况，分为初始条件 $W_u > 0$、$W_u = 0$ 和 $W_u < 0$ 3 种情景。

1. 初始条件：水量均衡终止时刻，$W_u > 0$

这一条件下，"三水"转化存在 5 种情景。

当 $W_g = 0$，$\Delta W = W_u$（图 2-3 中 A 点）时，它表明降水入渗补给包气带的水量为 W_u，但是尚不具备补给地下水的条件。

当 $\Delta W = 0$，$W_g = W_u$（图 2-3 中 B 点）时，为降水入渗通过包气带补给地下水的水量为 ΔW，这时的包气带总水势梯度指向潜水面，且包气带厚度较小。

图 2-3 中 C 点，表明降水入渗补给包气带的水量为 ΔW，补给地下水的水量为 $W_u - \Delta W$。这时的包气带总水势梯度指向潜水面，且包气带厚度较大。

图 2-3 中 D 点，表明降水入渗补给地下水的水量为 W_u，包气带脱水补给地下水的水量为 ΔW。这时的包气带总水势梯度指向潜水面，且前期包气带刚刚获得较充分的降

水或灌溉水入渗补给（张光辉等，1991；张光辉，1992）。

图 2-3 中 E 点，表明降水入渗补给包气带的水量为 W_u，同时，地下水蒸发补给包气带的水量为 $\Delta W - W_u$。这时的包气带总水势梯度指向呈收敛型零通量面状态，即包气带上部的总水势梯度指向为潜水面，包气带下部的总水势梯度指向为地表。

2. 初始条件：水量均衡终止时刻，$W_u < 0$

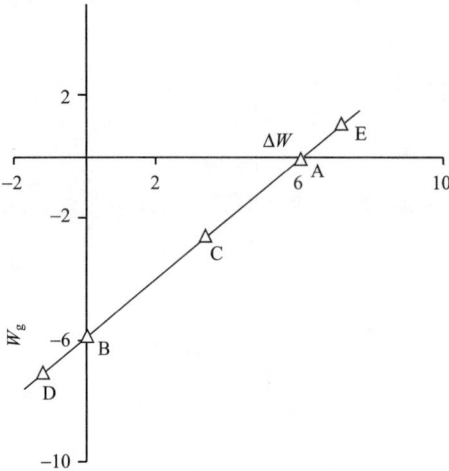

图 2-3　在 $W_u > 0$ 条件下降水-包气带水与地下水之间转化定量关系

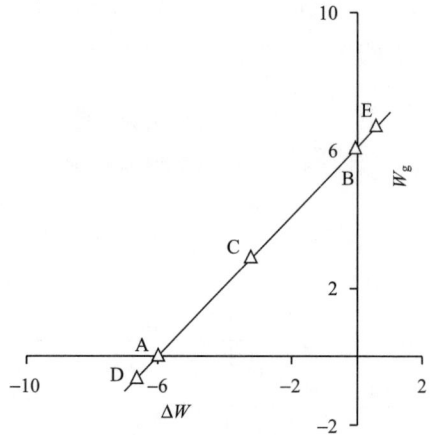

图 2-4　在 $W_u < 0$ 条件下降水-包气带水与地下水之间转化定量关系

这一条件下，"三水"转化也存在 5 种情景（张光辉等，1991；张光辉，1992）。

图 2-4 中 A 点，表明陆面蒸发消耗包气带的水量为 W_u，但是尚不具备蒸发消耗地下水的条件。

图 2-4 中 B 点，表明陆面蒸发消耗地下水的水量为 W_u，这时的包气带总水势梯度指向地表，也反映地下水水位埋深较小，否则就会出现图 2-4 中 C 点的情景。只有地下水埋深明显小于潜水蒸发极限深度条件下，才会出现包气带水分量基本不变，蒸发直接消耗地下水的情景。

图 2-4 中 C 点，表明陆面蒸发消耗包气带的水量为 ΔW 和地下水的水量为 $W_u - \Delta W$。这时的包气带总水势梯度指向地表，反映地下水水位埋深大于图 2-4 中 B 点的情景埋深。这种情况多发生在长时间持续干旱时段，强烈蒸发作用导致包气带水分严重亏缺，蒸发面不断向包气带深部下移，引起地下水蒸发消耗。

图 2-4 中 D 点，表明陆面蒸发消耗包气带的水量为 W_u，包气带脱水补给地下水的水量为 $W_u + \Delta W$。这时的包气带总水势梯度指向呈发散型零通量面状态，即包气带上部的总水势梯度指向为地表，包气带下部的总水势梯度指向为潜水面。

图 2-4 中 E 点，表明陆面蒸发消耗地下水的水量为 W_u，同时，地下水补给包气带的水量为 ΔW。这时的包气带总水势梯度指向为地表。

3. 初始条件：水量均衡终止时刻，$W_u = 0$，（图 2-5）

这一条件下，"三水"转化也存在 3 种情景。

图 2-5 中 A 点，表明包气带脱水补给地下水的水量为 ΔW。图 2-5 中 B 点，地下水补给包气带 ΔW。图 2-5 中 O 点，"三水"之间无水量转化（张光辉等，1991；张光辉，1992）。

以上各种情景的实例，如图 2-6 所示。该图中的数据来自河北省南宫地下水均衡试验场的监测资料。该试验场由原地质矿产部水文地质工程地质研究所于 1982 年建立，1989 年撤场，积累了大量试验资料。该试验主要功能是研究不同覆被条件下"三水"转化规律。作者主要负责有作物条件下"三水"转化规律的试验研究（张光辉等，1991）。

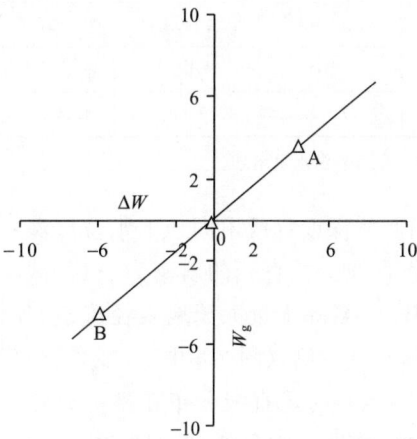

图 2-5 在 $W_u = 0$ 条件下降水–包气带水
与地下水之间转化定量关系

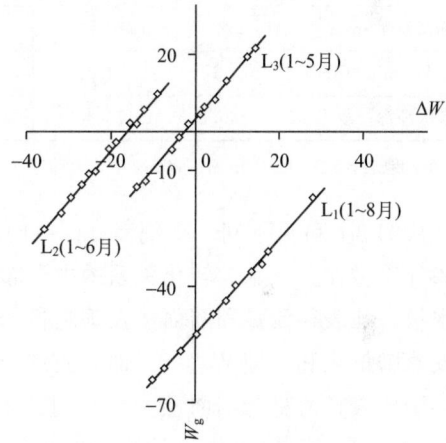

图 2-6 南宫试验场不同测算深度
入渗补给量分布特征

图 2-6 是南宫试验区 1985 年期间监测的不同深度入渗补给量与降水、蒸发和径流量之间关系。其中 L_3 线是 1985 年 1～5 月监测结果，L_2 是 1～6 月监测结果，L_1 是 1～8 月监测结果，图中的不同测算深度是指包气带水量均衡底界面埋深，有关数据见表 2-1。

表 2-1 不同测算深度入渗补给量及包气带水分变化特征

测算深度/m	入渗补给量/mm			包气带水分变化量/mm		
	1～5 月	1～6 月	1～8 月	1～5 月	1～6 月	1～8 月
0.2	6.8	−2.6	63.0	−6.9	−10.7	−5.3
0.5	7.2	5.0	57.1	−7.2	−18.2	0.0
0.8	1.3	4.6	45.3	−1.3	−17.8	12.0
1.0	−3.5	3.7	35.7	3.4	−16.9	21.5
1.2	−9.4	1.5	25.4	9.3	−14.7	31.8

测算深度/m	入渗补给量/mm			包气带水分变化量/mm		
	1~5 月	1~6 月	1~8 月	1~5 月	1~6 月	1~8 月
1.5	−16.5	−2.2	13.4	16.5	−11.1	43.8
1.8	−20.4	−4.6	7.5	20.4	−8.5	49.8
2.0	−20.7	−4.7	8.4	20.7	−8.4	48.9
2.5	−16.2	−1.8	19.7	16.2	−11.5	37.5
3.3	−5.6	10.9	49.5	5.6	−24.1	7.7
4.0	−3.5	14.5	55.4	3.4	−27.8	1.8
4.5	−1.0	19.3	58.6	1.0	−33.8	−1.3
降水量/mm	155.9	205.2	424.2	155.9	205.2	424.2
陆面蒸发量/mm	155.9	218.4	367.0	155.9	218.4	367.0
W_u/mm	0	−13.2	57.2	0	−13.2	57.2
潜水埋深/m	4.17~4.52	4.17~4.59	4.17~4.83	4.17~4.52	4.17~4.59	4.17~4.83

注：地表径流量 R_s＝0mm；表 2-1 中，负值表示为水量减少，正值表示水量增加。

从图 2-6 可见，同一个剖面、同一时段，不同测算深度（或不同地下水位埋深）的入渗补给量在"三水"转化关系图中分布在同一条直线上，直线的斜率为−1，截距为降水量、地表径流量和陆面蒸发蒸腾量的代数和 W_u。当降水量大于地表径流量与陆面蒸发蒸腾量之和（即 $W_u>0$）时，直线分布在坐标原点右侧（图 2-6 中 L_1 线）。当降水量小于地表径流量与陆面蒸发蒸腾量之和（即 $W_u<0$）时，直线分布在坐标原点左侧（图 2-6 中 L_2 线）。当降水量等于地表径流量与陆面蒸发蒸腾量之和（即 $W_u=0$）时，直线通过原点（图 2-6 中 L_3 线）。L_1 线与 L_2 线、L_1 线与 L_3 线，或 L_2 线与 L_3 线之间的垂直距离为两个均衡时段的时差（如 L_1 线与 L_2 线、L_1 线与 L_3 线，或 L_2 线与 L_3 线之间的差分别为 1 个月、3 个月和 2 个月）内入渗补给量和岩土水分变化量（张光辉，1992）。

因此，结合上述分析特征和 $W_u>0$、$W_u<0$、$W_u=0$ 的机理，从图 2-6 中可看出任一个入渗补给量的组成。

第三节　二元水循环中"四水"转化特征

区域社会经济发展离不开水资源的支撑，在中国北方地区，地下水资源发挥着重要的支撑性作用，尤其在华北平原农业生产、城镇化和工业经济发展中，地下水已成为主要供水水源。由此，自然因素与人类用水行为造成了二元循环机制，包括农业用水、工业用水和城镇生活用水等取水、输水、用水和排水过程，干扰了自然水循环规律，加剧了其过程的复杂性，其中农业灌溉用水不仅成为地下水的重要排泄项，而且，还是地下水资源评价中重要的补给项。

在二元水循环模式下水资源开发利用中，"四水"（大气降水、地表水、土壤水和地下水）转化关系如图 2-7 所示。

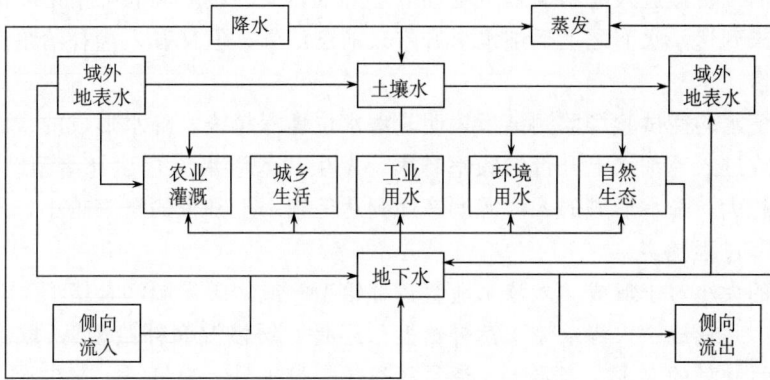

图 2-7　二元水循环模式下水资源开发利用中"四水"转化关系与特征

在以地下水系统为水量均衡主体条件下，补给源项主要有图 2-7 中降水与灌溉水入渗补给、域外地表水流入渗漏补给和地下侧向径流补给，排泄汇项主要有灌溉用水的开采、工业与生活用水的开采、环境用水的开采、自然生态蒸发蒸腾与潜水蒸发消耗和地下侧向径流排泄等。

如图 2-7 所示，来源于均衡区域外的地表径流流入补给和由当地降水产生的地表径流中，一部分地表水入渗转化地下水和包气带（土壤）水，一部分蒸发转化为大气水，这是地下水更新的重要补给源泉。农业灌溉水入渗，对于均衡区域地下水系统来说，当灌溉水源为外域引水灌溉时，灌溉渗漏水对当地地下水补给，增加水资源量；当灌溉水源为开采当地地下水时，灌溉渗漏水对当地地下水补给，属于井灌回归，偿还一部分开采量，水资源量没有增加。

包气带（土壤）储水的多少决定农业灌溉或蒸发蒸腾耗水多少的重要因子。降水与灌溉水首先补给土壤水，然后，补给地下水。土壤中储存水分越多，越有利于地下水获得更多的补给量，同时，农业灌溉用水量越少，当然，陆面蒸发和植物（作物）蒸腾转化为大气水量也越多。

在北方地区，农业、工业和生活用水的开采是地下水排泄的主要因素。其次是自然生态系统蒸发蒸腾消耗。受人类大规模开采影响，地下水的侧向流出排泄越来越弱。地下水通过井灌转化土壤水的数量越来越大。在地下水水位埋藏较浅的地区，通过农田排水转化为地表水的情景越来越多。

在地表外排的水量中，其组成较为复杂，有地表水输水过程中的退水（含当地降水无法拦蓄的地表径流）、农田的排水、城乡生活和工业的排水以及高水位区地下水溢出排泄等。

一、降水入渗补给类型

降水入渗对地下水的补给是指落到地表的降水经过土壤非饱和带而到达地下水的那

部分水量。在降水入渗补给过程中，按次降水的入渗锋面到达的位置，可划分为"入渗水流直达补给型"和"缓慢湿润补给型"。"入渗水流直达补给型"的特点是入渗锋面明显到达潜水面或明显进入潜水面之上毛细水上升带，而"缓慢湿润补给型"的特点是入渗锋面在尚未到达潜水面之上毛细水上升带以前已消失，但又有入渗补给量产生，补给过程十分缓慢。

南宫地下水均衡试验场监测结果表明，潜水位埋深越浅，降水形成的入渗湿润锋面移至潜水面或进入毛细水上升带的频率越大，发生"入渗水流直达补给型"过程越多。潜水位埋深越大，降水形成的入渗湿润锋面到达毛细水上升带的概率越小，发生"缓慢湿润补给型"过程越多。

降水量的大小对于形成"入渗水流直达补给型"或"缓慢湿润补给型"具有一定影响。降水后，是形成"入渗水流直达补给型"还是"缓慢湿润补给型"，取决于降水入渗量与土壤亏缺量的多少。当降水入渗量超过包气带水分亏缺量时，至少形成"缓慢湿润补给型"过程。当降水过程充分，雨强较大时，就会形成"入渗水流直达补给型"过程（张光辉等，2007；齐登红等，2007）。

二、地下水位变化对降水量响应规律

在中国北方地区，每年的3～5月进入春旱灌溉季节，地下水水位急剧下降至年内低水位区，呈现出较大排泄特征；进入雨季，地下水水位迅速回升至年内高水位区，呈现出较大补给特征。这些特征与当地降水情势密切相关。前人研究表明（齐登红等，2007；李亚峰、李雪峰，2007），年降水量的70%～80%集中在每年的7月、8月、9月，年降水量为350～712mm时，地下水水位变幅（ΔH）与降水量（P）之间呈现如下关系，即

$$\Delta H = 0.282P - 98.72 \tag{2-8}$$

每增加100mm降水量，可引起地下水水位回升28.18cm。当年降水量小于350mm时，未监测到地下水水位明显回升情景，而是因农业大规模灌溉引起地下水水位普遍大幅下降。当年降水量大于712mm时，受包气带渗透性制约，地下水水位回升幅度明显变缓，地表径流量显著增大。

从华北平原的区域地下水资源量变化特征来看，地下水资源变化量（ΔW_g）与年降水变化量（ΔP）之间的关系如式（2-9）和图2-8所示。

$$\Delta W_g = 1.16\Delta P - 3.64 \tag{2-9}$$

华北平原区域地下水资源的变化量与年降水变量之间呈现正相关关系［图2-8(a)］，当华北平原年降水量小于430mm时，区域地下水资源量（指净补给量，即剔除排泄和难以利用的剩余有效补给量）出现明显减少情况；当年降水量为520～660mm时，区域地下水资源量显著增加；当年降水量大于660mm时，区域地下水资源量增加的幅度逐渐减缓［图2-8(b)］。

从华北平原的各分区来看，地形地貌、地表汇水条件和包气带岩性以及浅层地下水位埋藏状况的明显不同，所以，各分区的天然地表径流量、地下水净补给量、陆面蒸散

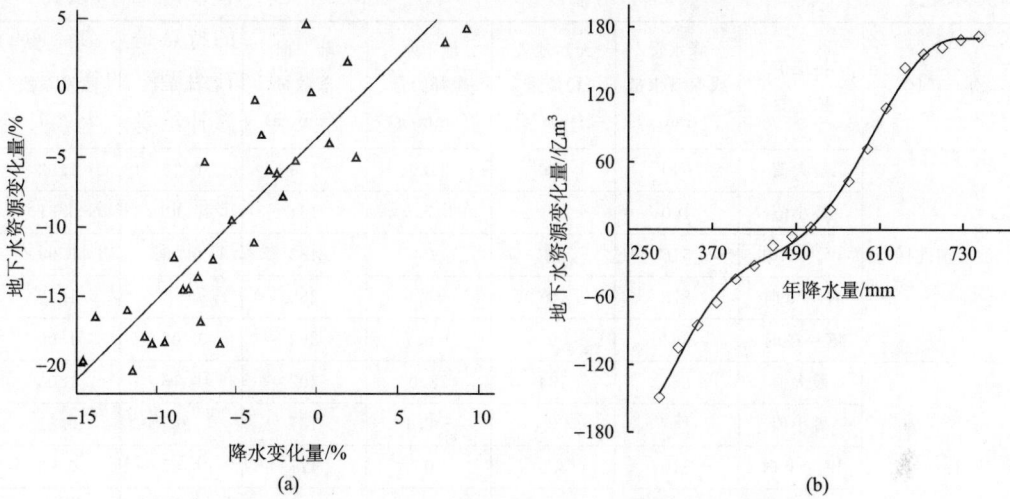

图 2-8 华北平原区域地下水资源变化量与降水量变化之间关系

（a）地下水资源变化量与降水变化量之间关系；（b）地下水资源变化量与年降水量之间关系

量与降水量之间水通量关系存在明显不同（表 2-2）。

在太行山山前平原，形成地表初始径流的年降水量为 260～323mm，形成初始地下水净补给量为 480～550mm；年陆面蒸散量等于年降水量状态的降水量为 347～380mm，对应的区域地下水净补给量为－5.0～8.1mm。

表 2-2 华北平原各分区降水-地表水-地下水之间转化特征值

分 区	特征值 项 目	降水量 或灌溉水量 /(mm/a)	天然地表 径流量 /(mm/a)	地下水 净补给量 /(mm/a)	陆 面 蒸散量 /(mm/a)	径流系数	蒸发系数
北四河区	最大值	1007	237	57.5	713	0.23	1.07
	最小值	171	0	－18.3	183	0	0.71
	$W_g=0$ 时	595	71	0	525	0.12	0.88
	$R_s=0$ 时	225	0	－15.4	240	0	1.07
	$E=P$ 时	380	16	16.5	381	0.04	1.00
淀东清北区	最大值	890	136	27.2	727	0.15	1.02
	最小值	152	0	－4.0	154	0	0.82
	$W_g=0$ 时	470	25	0	445	0.05	0.95
	$R_s=0$ 时	199	0	－3.5	202	0	1.02
	$E=P$ 时	263	2	－4.0	265	0.01	1.01

续表

分　区	特征值项　目	降水量或灌溉水量/(mm/a)	天然地表径流量/(mm/a)	地下水净补给量/(mm/a)	陆面蒸散量/(mm/a)	径流系数	蒸发系数
淀西清北区	最大值	940	150	31.9	758	0.16	1.02
	最小值	160	0	−7.5	164	0	0.81
	$W_g=0$ 时	516	33	0	482	0.06	0.94
	$R_s=0$ 时	278	0	−6.9	285	0	1.02
	$E=P$ 时	361	6	−6.7	362	0.02	1.00
淀西清南区	最大值	865	134	28.0	702	0.16	1.03
	最小值	147	0	−8.1	151	0	0.81
	$W_g=0$ 时	510	3.5	0	477	0.07	0.93
	$R_s=0$ 时	286	0	−7.8	294	0	1.00
	$E=P$ 时	368	7	−7.0	368	0.02	1.00
淀东清南区	最大值	891	162	35.5	693	0.18	1.05
	最小值	152	0	−13.8	159	0	0.78
	$W_g=0$ 时	541	50	0	491	0.09	0.91
	$R_s=0$ 时	295	0	−13.8	309	0	1.05
	$E=P$ 时	379	12	−11.6	379	0.03	1.00
滹滏间平原区	最大值	828	134	27.8	666	0.16	1.02
	最小值	141	0	−5.7	144	0	0.80
	$W_g=0$ 时	504	27	0	476	0.05	0.95
	$R_s=0$ 时	318	0	−5.7	323	0	1.02
	$E=P$ 时	380	6	−5.0	379	0.01	1.00
滏西平原区	最大值	868	130	26.3	711	0.15	1.02
	最小值	148	0	−5.8	151	0	0.82
	$W_g=0$ 时	495	27	0	466	0.05	0.95
	$R_s=0$ 时	287	0	−5.6	293	0	1.02
	$E=P$ 时	369	6	−5.0	368	0.02	1.00
滹滏山前平原区	最大值	886	152	32.6	702	0.17	1.02
	最小值	151	0	−8.1	154	0	0.79
	$W_g=0$ 时	523	38	0	482	0.07	0.92
	$R_s=0$ 时	262	0	−7.0	267	0	1.02
	$E=P$ 时	335	5	8.1	334	0.02	1.00

续表

分　区	特征值 项　目	降水量 或灌溉水量 /(mm/a)	天然地表 径流量 /(mm/a)	地下水 净补给量 /(mm/a)	陆　面 蒸散量 /(mm/a)	径流系数	蒸发系数
漳卫河区	最大值	979	169	36.4	774	0.17	1.02
	最小值	167	0	−5.9	170	0	0.79
	$W_g=0$ 时	551	31	0	519	0.06	0.94
	$R_s=0$ 时	323	0	−5.9	329	0	1.02
	$E=P$ 时	376	5	−5.6	377	0.01	1.00
黑龙港上游区	最大值	905	114	20.7	770	0.13	1.02
	最小值	154	0	−5.5	157	0	0.85
	$W_g=0$ 时	533	28	0	503	0.05	0.95
	$R_s=0$ 时	299	0	−5.5	305	0	1.02
	$E=P$ 时	366	5	−5.1	367	0.01	1.00
黑龙港中游区	最大值	905	197	40.9	667	0.22	1.01
	最小值	154	0	−4.7	156	0	0.74
	$W_g=0$ 时	527	24	0	502	0.04	0.96
	$R_s=0$ 时	348	0	−4.7	366	0	1.01
	$E=P$ 时	424	6	−4.0	422	0.01	1.00
运东平原区	最大值	961	229	59.0	673	0.24	1.06
	最小值	164	0	−17.2	173	0	0.70
	$W_g=0$ 时	562	59	0	504	0.10	0.89
	$R_s=0$ 时	318	0	−17.2	335	0	1.06
	$E=P$ 时	388	12	−15.5	392	0.03	1.00
徒骇马颊区	最大值	953	161	30.5	762	0.17	1.01
	最小值	162	0	−3.6	164	0	0.80
	$W_g=0$ 时	506	21	0	487	0.04	0.96
	$R_s=0$ 时	315	0	−3.6	319	0	1.01
	$E=P$ 时	366	3	−3.4	367	0.01	1.00
冀东沿海区	最大值	1061	249	61.0	751	0.23	1.07
	最小值	181	0	−18.4	193	0	0.71
	$W_g=0$ 时	626	74	0	554	0.12	0.88
	$R_s=0$ 时	237	0	−15.9	235	0	1.07
	$E=P$ 时	408	18	−16.4	406	0.04	1.00

续表

分　区	特征值 项　目	降水量 或灌溉水量 /(mm/a)	天然地表 径流量 /(mm/a)	地下水 净补给量 /(mm/a)	陆　面 蒸散量 /(mm/a)	径流系数	蒸发系数
白洋淀周边区	最大值	865	147	31.6	686	0.17	1.04
	最小值	147	0	−10.4	153	0	0.79
	$W_g=0$ 时	529	44	0	486	0.08	0.92
	$R_s=0$ 时	256	0	−10.1	266	0	1.04
	$E=P$ 时	350	9	−9.3	350	0.03	1.00
低洼滨海区	最大值	1002	229	55.5	718	0.23	1.06
	最小值	171	0	−15.7	181	0	0.72
	$W_g=0$ 时	606	69	0	537	0.11	0.89
	$R_s=0$ 时	224	0	−14.1	237	0	1.06
	$E=P$ 时	378	16	−14.7	377	0.04	1.00

在燕山山前平原，形成地表初始径流的年降水量为 224～237mm，形成初始地下水净补给量为 596～628mm；年陆面蒸散量等于年降水量状态的降水量为 380～408mm，对应的区域地下水净补给量为 −16.5～−16.4mm。

在京津以南的泛黄冲积平原，形成地表初始径流的年降水量为 295～348mm，形成初始地下水净补给量为 526～541mm；年陆面蒸散量等于年降水量状态的降水量为 366～424mm，对应的区域地下水净补给量为 −11.6～−5.1mm。

在环渤海滨海低平原及白洋淀分布区，形成地表初始径流的年降水量为 198～256mm，形成初始地下水净补给量为 547～606mm；年陆面蒸散量等于年降水量状态的降水量为 263～378mm，对应的区域地下水净补给量为 −14.7～−4.0mm。

在运东及徙骇马颊河平原区，形成地表初始径流的年降水量为 315～318mm，形成初始地下水净补给量为 508～563mm；年陆面蒸散量等于年降水量状态的降水量为 366～389mm，对应的区域地下水净补给量为 −15.5～−3.4mm。

三、人类用水对"四水"转化影响特征

以华北平原为例，了解人类用水对"四水"转化影响特征。华北平原不仅是我国的政治和文化中心，还是我国粮食、蔬菜和鲜果的农业主产区，1978 年以来多年平均农田灌溉用水量 261.23 亿 m³/a，最大灌溉用水量 293.32 亿 m³/a。在上述用水量中，地下水供水量占 65%以上，其中在京津以南的河北平原区，地下水供水量占当地总用水量的 80%以上。

早在 20 世纪 50～60 年代，华北平原以防洪除涝为主，"四水"转化的自然水循环特征贯穿全过程，由于地下水普遍浅埋，地表水径流及其向海域排泄占水循环总水量的较大比例。为此，兴建了官厅、密云等 18 座大型水库和中下游河道治理工程。当时，

地表水资源比较丰富，工农业生产主要开发利用地表水，特别是农业灌溉用水。

进入 20 世纪 70 年代，尤其 1972 年特大干旱之后，华北平原地表水资源出现了供应不足情势，于是，导致大规模打井、开采浅层地下水，满足农田灌溉需水，地下水开采量逐步超过了地表水供水量。此时，各水系或流域水循环过程中自然特征仍存，人类活动干扰特征日益强烈，但是以自然水循环过程为主。

20 世纪 80 年代以来，随着气候不断干旱和工农业生产用水量不断扩大，大部分河流开始常年断流，自然水循环特征日渐消失。这一时期，北京、天津等大中城市相继出现水荒，以解决城市用水为主要特征的供水工程建设蓬勃展开，相继建设了引滦入津入唐、引黄济冀和引青济秦等一批调水工程，缓解了城市水资源的供需矛盾。同时，地下水超采程度也日益扩大，并伴随出现了较严重的地面沉降和海水入侵等环境地质问题。由此，华北平原进入了以人工水循环为重要特征时代，入海径流量达到历史最低时期。

目前，在华北平原的上游山区和平原区内已建大型水库 34 座，其中上游山区 31 座，平原区三座（北大港、大浪淀、团泊洼），总库容 295 亿 m³，控制流域面积的 83.7%。中型水库 114 座，小型水库 1711 座，总库容 48.49 亿 m³。蓄水塘坝 17500 多座，蓄水能力 1.42 亿 m³。地下水开采井 130 多万眼，其中深度小于 120m 的开采井 120 多万眼，深度大于 120m 的开采井 14 多万眼。在鲁北平原已有 700～900m 深井规模开采地下水。

华北平原凿井取水的历史悠久，考古在邯郸涧沟发现距今 4000 多年的 7m 深的水井。20 世纪 30 年代，北京地区开凿了 131m 深的地下水井。20 世纪 70 年代，华北平原地下水开采量达 156.57 亿 m³/a，开采强度（是指单位时间单位面积的地下水开采量）达 11.13 万 m³/(a·km²)。20 世纪 90 年代以来，北京、天津和豫北平原加剧地下水开采程度（是指地下水实际开采量与可开采量之比的状况，当该比值大于 100% 时表明该地区地下水资源已处于超采状态，远小于 100% 时表明该地区地下水资源尚有一定可开采潜力）的趋势得到明显缓解，地下水开采强度分别由 20 世纪 80 年代的 40.52 万 m³/(a·km²)、7.29 万 m³/(a·km²) 和 19.88 万 m³/(a·km²) 减缓为 35.89 万 m³/(a·km²)、5.12 万 m³/(a·km²) 和 12.86 万 m³/(a·km²)。河北和鲁北平原区地下水开采强度呈增大态势，分别由 20 世纪 80 年代的 16.89 万 m³/(a·km²) 和 5.21 万 m³/(a·km²) 增大为 22.14 万 m³/(a·km²) 和 6.47 万 m³/(a·km²)。

基于 2003～2010 年地下水开发利用统计资料分析，华北平原年地下水开采量为 196 亿～220 亿 m³，其中，浅层地下水开采量 176 亿 m³/a，占总开采量的 84.36%；深层地下水开采量为 32.65 亿 m³/a，占总开采量的 15.64%。北京平原开采地下水总量为 22.97 亿 m³，占华北平原总开采量的 11.33%；天津平原 6.25 亿 m³，占华北平原总开采量的 3.08%；河北平原 123.46 亿 m³，占华北平原总开采量的 60.89%；鲁北平原 24.38 亿 m³，占华北平原总开采量的 12.02%；豫北平原 25.69 亿 m³，占华北平原总开采量的 12.68%。

浅层地下水开采主要集中在北京［开采强度（下同）35.89 万 m³/(a·km²)］、保定［23.48 万 m³/(a·km²)］、石家庄［25.83 万 m³/(a·km²)］、邢台［12.88 万 m³/(a·km²)］、邯郸［13.22 万 m³/(a·km²)］、安阳［18.54 万 m³/(a·km²)］

和新乡［15.23 万 m³/(a·km²)］等山前平原区，这些地区的浅层地下水开采强度都大于华北平原浅层地下水平均开采强度［12.69 万 m³/(a·km²)］。在中部和东部平原，深层地下水开采量较大，包括唐山［开采程度（下同）169.05%，开采强度 3.27 万 m³/(a·km²)］、天津［143.17%，3.35 万 m³/(a·km²)］、廊坊［171.28%，4.31 万 m³/(a·km²)］、衡水［171.08%，3.98 万 m³/(a·km²)］、沧州［167.40%，2.80 万 m³/(a·km²)］、聊城［457.76%，3.10 万 m³/(a·km²)］和德州［121.23%，1.17 万 m³/(a·km²)］平原区，这些地区的深层地下水开采强度都大于华北平原深层地下水平均开采强度［2.46 万 m³/(a·km²)］。

在用水结构和用水量组成方面也发生了巨大变化。20 世纪以来，随着华北平原经济社会发展和人口数量不断增加，该区不仅总用水量大幅持续增加，而且从最初有限的利用地表水资源，发展到 20 世纪 70 年代以来大规模开采地下水和目前以开采地下水供水为主导［图 2-9 (a)］，地下水供水量占总用水量的比例达 65% 以上，2003 年达到 69.23%，以地下水为主要水源的生活用水量持续增加［图 2-9 (b)］。1978～2000 年，华北平原地下水开采量呈不断增加趋势，2001 年以来呈减少态势，这与农业用水量变化密切相关。

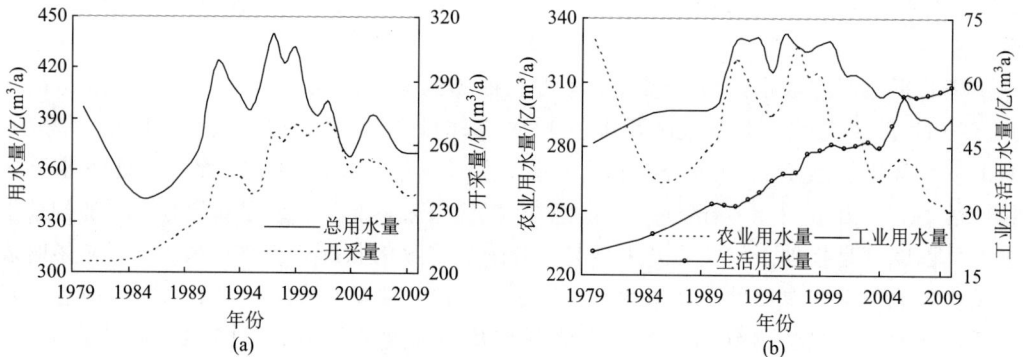

图 2-9　1978 年以来华北平原总用水量 (a) 及组成 (b) 动态变化特征

各分区用水量及结构特征如图 2-10 所示。徒骇马颊河平原区农业用水量最大，为 62.76 亿 m³/a，北四河水系平原区农业用水量最少，为 19.31 亿 m³/a，其他三级区农业用水量为 26.59 亿～49.76 亿 m³/a。子牙河水系平原区工业用水量最大，为 13.42 亿 m³/a，黑龙港运东平原最小，为 2.06 亿 m³/a，其他三级区用水量为 2.06 亿～13.42 亿 m³/a。在生活用水方面，北四河水系平原用水量最大，为 10.59 亿 m³，滦河及冀东沿海平原最小，为 1.10 亿 m³，其他三级区的用水量为 1.94 亿～4.39 亿 m³/a。

华北平原农业用水量主要以开采地下水为主，2000 年以来农业用水开采地下水量 149.33 亿 m³/a，占总用水量的 67.2%。从区域分布来看，黑龙港及运东平原、大清河淀西平原、大清河淀东平原和子牙河平原农业开采量所占比例超过总用水量的 82%。京津以北地区，农业开采量占总用水量的比例不足 70%，为 53.01%（表 2-3），鲁北平原农业开采量占总用水量比例不足 35%。

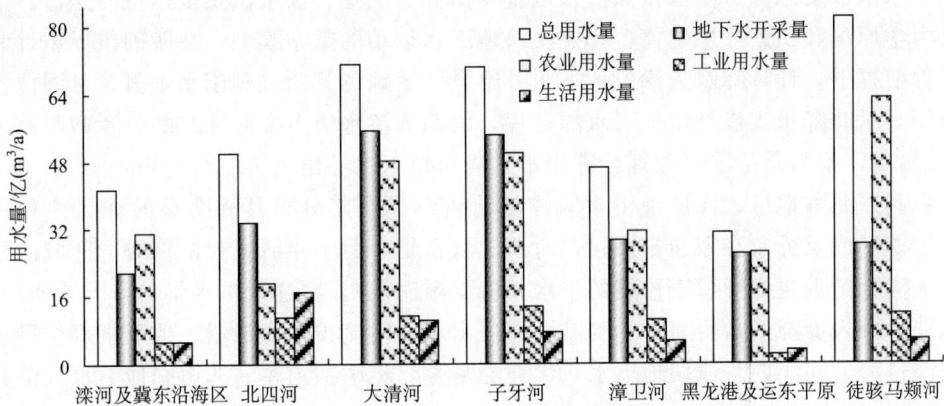

图 2-10　2000～2010 年不同分区地下水用水量状况

表 2-3　2000 年以来华北平原开采地下水用水结构状况

地域	水资源分区	开采量/亿(m³/a)					占总开采量比例/%				占总用水量比例/%
		农业	工业	生活	生态环境	合计	农业	工业	生活	生态环境	
滦河及冀东沿海区	滦河及冀东沿海平原	9.98	2.08	1.10	0.01	13.17	75.78	15.79	8.35	0.08	65.62
京津以北地区	北四河平原	18.74	5.61	10.59	0.41	35.35	53.01	15.87	29.96	1.16	65.50
京津以南海河平原	大清河淀西平原	27.45	3.04	2.64	0.04	33.17	82.76	9.16	7.96	0.12	93.46
	大清河淀东平原	10.91	2.03	1.94	0.03	14.91	73.17	13.62	13.01	0.20	65.83
	子牙河平原	29.76	4.63	4.39	0.12	38.90	76.50	11.90	11.29	0.31	88.95
	漳卫河平原	13.95	3.58	2.16	0.13	19.82	70.38	18.06	10.90	0.66	72.18
	小计	82.07	13.28	11.13	0.32	106.8	76.84	12.43	10.42	0.30	82.58
古黄河道带平原区	黑龙港及运东平原	20.23	2.11	2.14	0.02	24.5	82.57	8.61	8.73	0.08	84.02
	徒骇马颊河平原	18.31	3.58	3.69	0.09	25.67	71.33	13.95	14.37	0.35	36.35
	小计	38.54	5.69	5.83	0.11	50.17	76.82	11.34	11.62	0.22	50.29
华北平原		149.33	26.66	28.65	0.85	205.49	72.67	12.97	13.94	0.41	67.79

第四节　潜水入渗补给量形成规律与监测方法

　　雨水降落地表后，除少部分蒸发返回大气中之外，剩余雨水转化地表水、土壤水和地下水，形成可以被利用的水资源。影响降水入渗补给的因素，主要有降水情势（降水量、雨强、历时时间和雨间期）、地形地面等地表汇水条件、包气带岩性与渗透性、地下水位埋藏状况和土地利用与覆被变化等人类活动影响。

　　确定降水入渗对地下水补给水量的方法，有直接测定、间接测定、模型法和示踪测算法。直接测定法是指利用地中渗透仪直接测定降水入渗对地下水补给量。间接测定法有地下水水位动态法、零通量面法和水量均衡分析法等。模型法是根据达西定律、土壤水动力学原理和质量守恒定律，构建反映地下水运动的数学模型，在明确边界条件和定解条件前提下，计算降水入渗对地下水补给量。示踪测算法是利用水中氢、氧同位素或氯离子等示踪降水入渗补给地下水的过程，跟踪入渗水质点实际迁移的位置和距离（深度），然后，根据质量守恒原理计算降水入渗对地下水补给量。

在我国北方地区，浅层地下水入渗补给量形成及其分布具有明显的季节性和阶段性，主要形成及分布在零通量面存在时期。从百年、数十年研究尺度来看，区域浅层地下水入渗补给量主要形成于连续的丰水年份（湿润期），在连续枯水年份（干旱期），地下水获得的入渗补给量明显小于其蒸发、溢出和侧向流出等排泄量，地下水水位呈现不断下降过程。在年内，浅层地下水入渗补给量主要集中在雨季，非雨季地下水入渗补给量极少形成。

一、试验条件

本节的数据来源于西安东郊试验场、南宫试验场和室内降水入渗试验，以及国内有关试验场公布的成果资料。

西安东郊试验场：该试验场区地层岩性为亚黏土、砂和砾石层，地处陕西省西安市东郊霸河冲积阶地平原上，区内设有 7.0m 深度的地中渗透仪测筒，参照自然地层装填，内装中子水分仪测孔 1 眼和 WM-1 型负压计 1 组 42 支。在原状地层中，建有对比的自然地层剖面水分中子仪测孔 1 眼，负压计三组 92 支，最大观测深度均为 7.0m。试验场内设有气象站和 2 眼浅层地下水水位动态监测井。

南宫试验场：地层以亚砂土或粉砂土为主，浅层地下水水位埋深 4～6m。场内设有 6 组负压计，以 U 型水银式负压计为主，最大观测深度分别为 1.6m 和 4.5m。研究区共设中子水分仪测孔 7 眼，最大观测深度 6.8m，日常观测深度 4.8m；建有气象站和 3 眼浅层地下水动态观测井。

室内降水入渗装置 3 套，一是圆柱体降水入渗试验装置 2 套，直径分别为 1.30m 和 2.0m，高 2.0m 和 4.5m；正方体降水入渗试验装置 2 套，边长 2.4m×2.4m。3 套试验装置，均装填亚砂土（颗粒组成见表 2-4）。

表 2-4　试验岩土岩性颗粒组成分析

土　样	岩土岩性颗粒组成/%						
	<0.002mm	0.002～0.005mm	0.005～0.01mm	0.01～0.05mm	0.05～0.1mm	0.1～0.25mm	0.25～0.5mm
室内试验土体	0	5.0	1.0	37.0	34.0	15.0	8.0
南宫试验场亚砂土	0	2.0	1.0	19.0	66.8	11.2	0

在圆柱体降水入渗试验装置中，中心设有土壤水分的中子仪测孔 1 眼，侧面壁装有水传导负压计两组（一组为水银式，另一组为水柱式），每组负压计 11 支。负压计传感器（陶土头）渗透值经过严格筛选，介于 0.35～0.39mm/s，自浅入深、由小至大排

列。装置上还配有降水、排水和水位监测等装置。正方柱体内装有土壤水分的中子仪测孔 1 眼和多种类型的多组负压计，包括自动采集与记录负压监测系统。

中子水分仪为英国进口，主要用于监测试验初始、全过程不同时刻的各层位土壤水分变化规律、入渗水分的湿润峰下移位置，进而计算降水入渗速率。该仪器的水中标定读数 880counts/s，测点位置误差 ＜ 0.5cm，每次观测平行读数 3 次，误差为 ≤4counts/s。

WM 型水传导张力计是作者所在单位自主研制，具有自主知识产权，分辨率、灵敏度和可靠性都达到国际规范要求。本书利用负压计监测降水入渗前后的土壤水势和水势梯度变化，研判水分运动方向和土壤中空气对入渗水流作用程度。其中水银式张力计读数误差＜0.3mmHg，水柱式张力计读数误差＜0.5mm H_2O（考虑了气温和气压变化影响）。

人工降水、供水量的测量方面，平均单位面积的误差为 0.01～0.08mm。

观测时间的间隔：降水或灌溉期间 1min、3min、5min、10min、15min、20min、30min、60min（48 小时或者 72 小时之内），试验后期 1 小时、2 小时、6 小时和 12 小时间隔。

二、地下水入渗补给量形成规律

（一）地下水入渗补给量形成的阶段性特征

不同水量的降水入渗试验结果研究表明，一场降水入渗对地下水补给的全过程，无论是从水量角度分析，还是从能量角度考虑，都具有入渗排气、渗吸增能、吸脱水减能和缓慢脱水减能 4 个阶段特征（图 2-11）。

在降水或漫灌初期、入渗水流尚未到达被研究层位（埋深 35～45cm）之前，该层土壤含水率基本不变，而土壤水势值迅速减小（水势能增大），然后水势值又迅速增大（水势能减小）。这是因为在入渗水流进入土壤过程中，土壤孔隙中空气未能及时排出，被入渗水流挤压，导致水势值变小。随着入渗水分下移，土壤孔隙中空气在某一瞬间突然冲破入渗水分的阻塞而得到释出，以至水势值急剧变大，并释放一定热量，具有"入渗排气"特征（记作 I_1 阶段）。这种现象持续时间的长短，与入渗前土壤湿润状况和降水量大小及强度有关（张光辉等，2007）。

例如，在 40mm 降水入渗的初始阶段，就表现出排气入渗的典型特征。8:50 开始降水入渗，降水入渗 15min 之后，被研究土层含水量没有改变，而土壤水势则从 −177cmH_2O 升至 −162cmH_2O，然后，回落至 −177cmH_2O。对于某一测点的排气阶段持续时间而言，可达数十分钟。对于包气带而言，水分严重亏缺的土层厚度越大，排气过程持续时间越长，最长可达十几个小时。例如，在一场 60mm 降水入渗试验中，排气阶段持续时间达 127min（包气带厚 1.8m），土壤孔隙中空气压力变化引起的土壤水势差达 12cmH_2O。由此可见，"入渗排气阶段"效应对降水入渗补给地下水过程具有延滞作用。

当岩土孔隙中大部分空气排出之后，入渗水流开始渗入包气带中，较干燥的岩土得

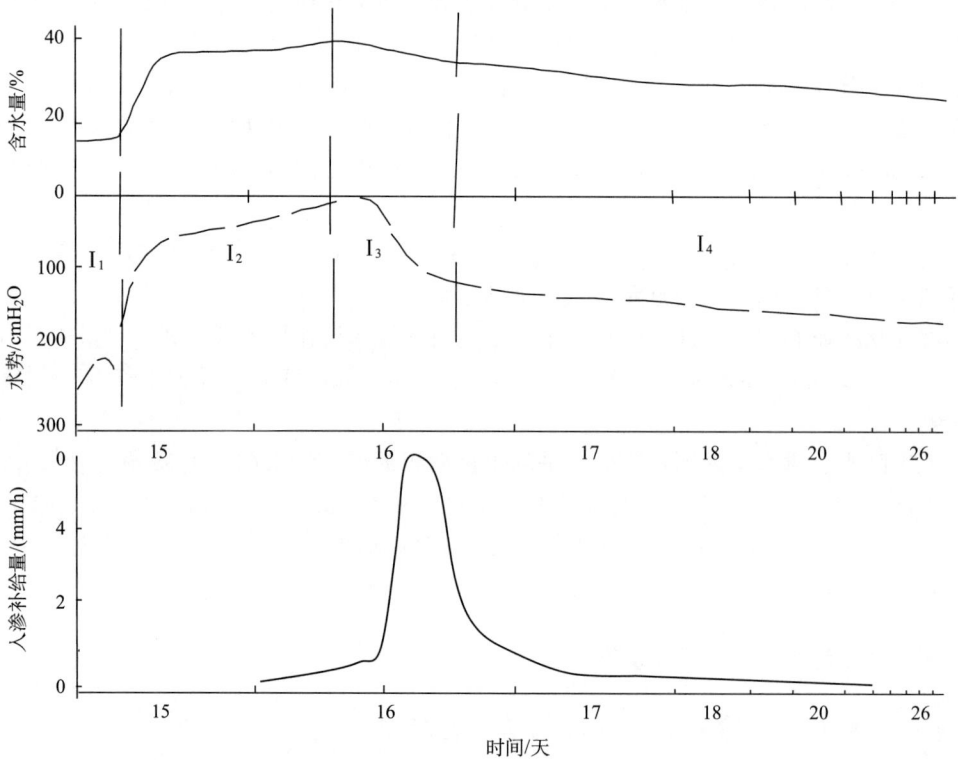

图 2-11　次降水入渗补给地下水过程中包气带含水率、水势和实测入渗补给量变化特征

地下水水位埋深 1.8m，包气带监测层位埋深 35～45cm

以充分吸水，其含水率迅速增大，水势值随之变小，称该过程为"渗吸增能阶段"（记作 I_2）。当岩土吸持一定量的水分之后，岩土进入过水状态，含水率稳定，而水势值则继续变小。若入渗水量有限，这时的岩土含水率和水势都达到该次降水入渗过程中的极值，然后岩土进入脱水状态，含水率逐渐减少，水势值迅速变大。在这一过程中，可能仍有来自上部土层的少量水分入渗补给，但是入渗水量远小于研究层位岩土排出的水量，称其为"吸脱水减能阶段"（记作 I_3）。

经过 I_3 阶段，超过土壤持水能力的大部分水分被排出。此后，无论是土壤含水率的减少，还是水势值的增大，都处于缓变状态。从时间上考虑，这一过程的持续时间占

表 2-5　人工降水灌溉入渗过程中 I_3 和 I_4 阶段持续时间及入渗水量

降水量/mm	I_3 阶段				I_4 阶段				总计	
	入渗时间/小时	比例/%*	入渗水量/mm	比例/%*	入渗时间/小时	比例/%*	入渗水量/mm	比例/%*	入渗时间/小时	入渗水量/mm
280	56.5	22.2	106.3	87.8	186	72.9	14.8	12.2	255	121.1
80	59.0	19.4	60.9	75.1	242	79.5	17.2	21.2	304.5	81.1**

＊＊受前期次降水入渗影响；＊指入渗时间或入渗补给量占相应总量的比例。

整个入渗时间的 70％以上，而该阶段流经土壤层的累计入渗水量仅占总入渗量的不足 25％（表 2-5），具有"缓慢脱水减能"特征，记作 I_4 阶段。包气带厚度越大，I_4 阶段持续时间越长，甚至可达数百天。

从表 2-5 可见，次降水或灌溉水入渗补给地下水的过程，主要发生在 I_3 和 I_4 阶段（图 2-11），这两个阶段的累计入渗补给量占该次降水总入渗补给量的 95％以上，其中 I_4 阶段入渗补给量占 75％以上（表 2-5）。

（二）地下水入渗补给量形成的季节性特征

在我国北方地区，特别是干旱、半干旱地区，降水多集中在每年 6～9 月，具有明显的季节性。受降水入渗补给地下水的滞后作用影响，降水入渗对地下水补给具有一定的时间延迟特征，因此，地下水入渗补给量主要形成于每年的 6～11 月中旬。降水入渗延滞补给地下水的时间长短，与雨前包气带含水量、包气带厚度、降水量大小和岩土渗透性密切相关。监测结果表明，160mm 降水量在包气带（亚砂土）厚度 3.5m 地区入渗，至少需要 5 天时间，地下水才显示获得补给的特征。其后，补给历时 30 多天，地下水位终止上升过程（张光辉等，1991）。

在河北南宫试验区，降水入渗补给地下水的滞后时间一般为 5～7 天，补给历时 45～60 天，或更长时间。在地下水水位埋深 5.0m 时，补给时间达三个月（亚砂土地层）以上。

（三）地下水入渗补给量形成零通量面存在时期

在中国北方包气带厚度较大（＞5m）地区，自然条件下包气带表部或上部，除降水入渗期间之外，绝大部分时间内土壤水分处于蒸发状态，总水势梯度指向地表。在 DZFP（土水蒸发影响极限深度即发散型零通界面）以下，大部分时间内水势梯度方向指向地下水面。每年 6～10 月正值气温较高，蒸发较强的季节，也恰巧是降水入渗补给地下水的主要时期。

降水入渗易使零通量面（DZFP）消失或观测不到，主要发生在降水入渗补给地下水过程的初期，这时，降水入渗的大部分水分仍运移在包气带中。当入渗水流即将补给地下水时，包气带上部的零通量面已出现，并被观测到（张光辉等，1992）。零通量面因受降水入渗影响而观测不到的持续时间，与降水入渗补给地下水的滞后时间相当，一般为 3～7 天（表 2-6），由此可见，地下水入渗补给量主要形成零通量存在时期。

表 2-6 降水入渗影响零通量面消失时效

试验区	包气带岩性	地下水水位埋深/m	降水量/mm	DZFP 消失时间/天	DZFP 初期埋深/m
汉王试验场	亚砂土	3.50	＞90	3	0.2
			62	7	0.2
			90	5	0.2

试验区	包气带岩性	地下水位埋深/m	降水量/mm	DZFP 消失时间/天	DZFP 初期埋深/m
南宫试验场	以亚砂土为主	>4.10	79	5	0.4
			44.6	6	0.3
			203.5	4	0.4
			39.9	5	0.4
			24.0	7	0.2
			125.0	4	0.4
			59.8	3	0.2
室内试验	亚砂土	3.50	107.3	5	0.4
			163.5	5	0.3
			41.0	8	0.2
西安东郊实验场	亚黏土	7.0	35.2	5	0.2
			26.1	4	0.3
			35.7	5	0.3
石家庄试验场	亚黏土	>30	42.2	8	0.3
			>159.2	11	0.3
商丘试验场	亚砂土	2.0	35.5	3	0.8
物理模拟试验	砂土（平均粒径 0.18mm）	0.94	17.0	2	0.1

（四）地下水入渗补给量在剖面上分布规律

地中渗透仪试验观测结果表明，在土壤水分蒸发影响深度（DZFP，即"发散型零通量面"埋深）以下，降水或灌溉水形成的地下水入渗补给水量趋于稳定（图 2-12）。

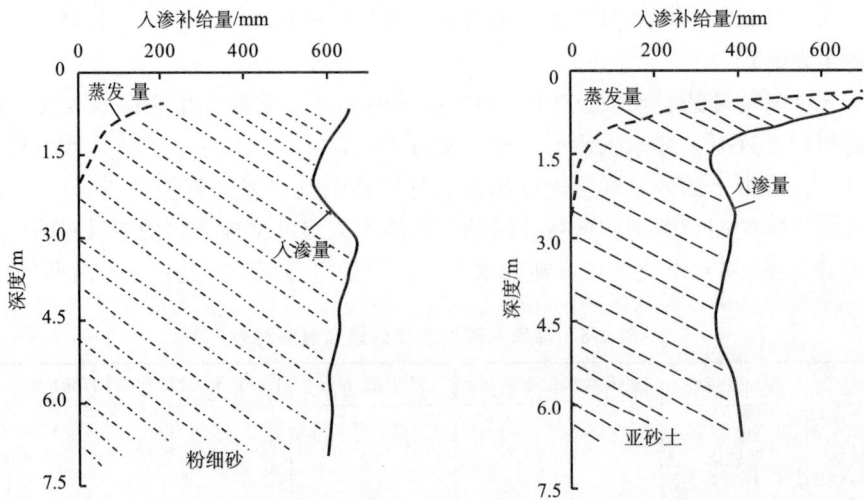

(a) 粉细砂地层　　　　　　　　　　(b) 亚砂土地层

图 2-12　不同岩性地层、不同潜水位埋深的地中渗透仪监测入渗补给量与蒸发量（据张光辉等，1991）

无论降水量或灌溉水量是大或小，包气带岩土颗粒是粗或细，一般都具有上述特征，只是入渗水在剖面上的起始补给时间和单位时间入渗补给通量大小有所差异（图 2-13），当次降水过程的累计总渗入补给量趋近相等。

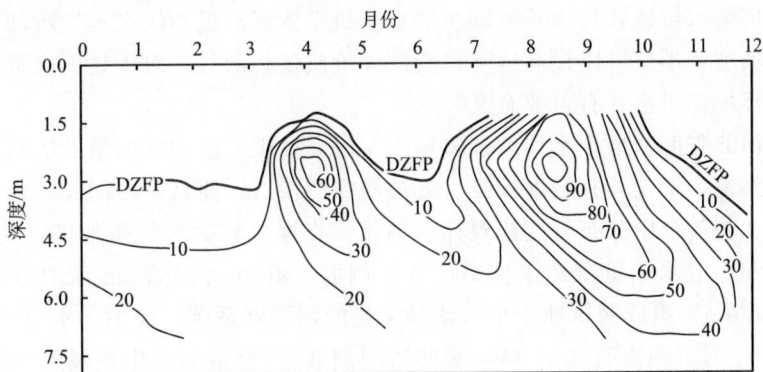

图 2-13　地下水入渗补给量（单位：mm）等值线时空变化特征

依据地中渗透仪监测数据（张光辉等，1991）

从图 2-13 可见，不同深度的入渗补给量初值，或某一时刻的入渗补给量，或较短均衡时段内的入渗补给量，不仅不相等，而且，量值相差较大。但是，在次降水入渗的全过程期，或较长时间（如年）均衡期，DZFP 以下不同深度观测的入渗补给量基本一致（图 2-14）。这是由于降水入渗水分一旦进入 DZFP 埋深以下，陆面蒸发作用对入渗水量影响消失，在水势梯度作用下入渗水分缓慢从包气带中脱出，补给地下水。在 DZFP 深度以下，较长时间（年或多年）均衡期的包气带水分变化量趋近零，除非潜水位上升，支持毛细水暂时补给包气带水量。

在干旱、半干旱区，浅层地下水入渗补给量主要形成和分布于每年 6～11 月，具有明显的季节性。在厚大包气带中，8～10 月的降水入渗水量

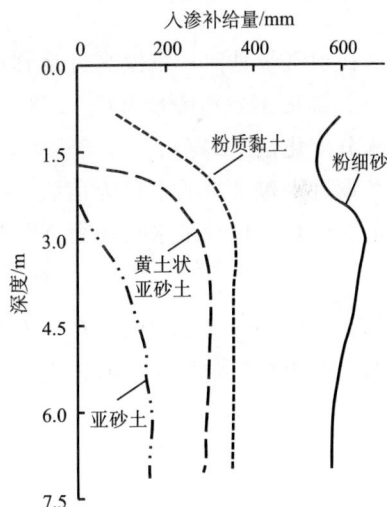

图 2-14　不同岩性地层地下水入渗补给量随深度变化分布特征

会延迟到来年的 2～3 月补给到地下水，但是数量极为有限。在每一次降水入渗过程中，入渗水分流被沿途岩土对其依次吸特，使得入渗水分的范围不断拉长。同时，随着入渗途径的延长，岩土中的空气排出能力不断减弱。在水、岩土和气三相相互作用下，入渗的深度越大，入渗速率越小，尤其在包气带上部表现更为明显。在 DZFP 深度以下，由于岩土含水率处于田间持水量水平，水分亏缺不明显，水势梯度方向指向地下水面，所以，入渗速率变化幅度较小或趋于稳定值（张光辉等，1992）。

三、厚大包气带地下水入渗补给量实测方法

厚大包气带的地下水入渗补给量实测方法研究是当今热点和难点问题。因为地下水入渗补给量值是水资源评价中不可缺少的重要科学依据。提高厚大包气带的地下水入渗补给量测算精度，不仅可以提高地下水资源评价质量，而且，对于地下水资源合理利用和生态地质环境保护也具有重要意义。

作者在河北省南宫地下水均衡试验场多年研究发现，应用零通量面法测算降水对地下水入渗补给量，不仅具有精度较高、方法简便的特点，而且，还能及时地了解降水入渗补给水量在包气带中分布与变化规律。但是，在厚度较大包气带地区，使用该方法，土壤水分势和土壤水分量观测工作量巨大。例如，由 20 个、7.0m 深的监测剖面（包气带厚度＞7.0m）组成测算地下水入渗补给量的观测网系统，仅中子水分仪观测一次，就需用 14 个小时（国内有 32～50m 深的监测剖面）。繁重的工作量极大地限制了零通量面法的广泛应用。为此，作者在 1992 年期间提出了"水量差计算法"和"水量差图解法"，较好地解决了上述问题。

（一）基本原理

在包气带垂向一维流水分运移中，其水量均衡要素包括降水量（P）、地表径流量（R_s）、陆面蒸发蒸腾量（E_u）、地下水入渗补给量（P_r）、地下水蒸发量（E_g）和包气带水分变化量（ΔW）。

设进入包气带的水量为正值，排出水量为负值；包气带含水量增加为正值，减少为负值。于是，包气带水量均衡方程为

$$P - R_s - E_u - P_r + E_g - \Delta W = 0 \tag{2-10}$$

令 $W_u = P - R_s - E_u$，$W_g = P_r - E_g$

将 W_u 和 W_g 代入式（2-10），则有

$$W_u - W_g - \Delta W = 0 \tag{2-11}$$

或

$$W_g = W_u - \Delta W \tag{2-12}$$

$W_u > 0$，表明降水入渗和蒸发蒸腾作用的最终结果，是包气带和地下水获得了来自大气降水的水量补给。$W_u < 0$，表明以包气带为水量均衡主体、以地下水为研究目标的最终结果，是包气带或地下水的水量减少，消耗于蒸发蒸腾作用。$W_u = 0$，表明大气降水与包气带水、地下水之间没有水分数量变化，仅是包气带与地下水之间进行了水量转化。$W_g \geq 0$，表明地下水获得了有效补给，净补给量大于零。$W_g < 0$，表明蒸发作用有效地消耗了地下水，净蒸发量大于零。

现以 W_g 为纵坐标，ΔW 为横坐标，分别取（$W_g = 0$、$\Delta W = W_u$），（$W_g = W_u$、$\Delta W = 0$)两点，或（$W_g = 0$、$\Delta W = -W_u$），（$W_g = -W_u$、$\Delta W = 0$）两点，或 $W_g = 0$、$\Delta W = 0$，斜率为 −1，进行连直线，于是，有图 2-15，各直线中的截距为降水量、地表

径流量和陆面蒸发蒸腾量的代数和（W_u）。

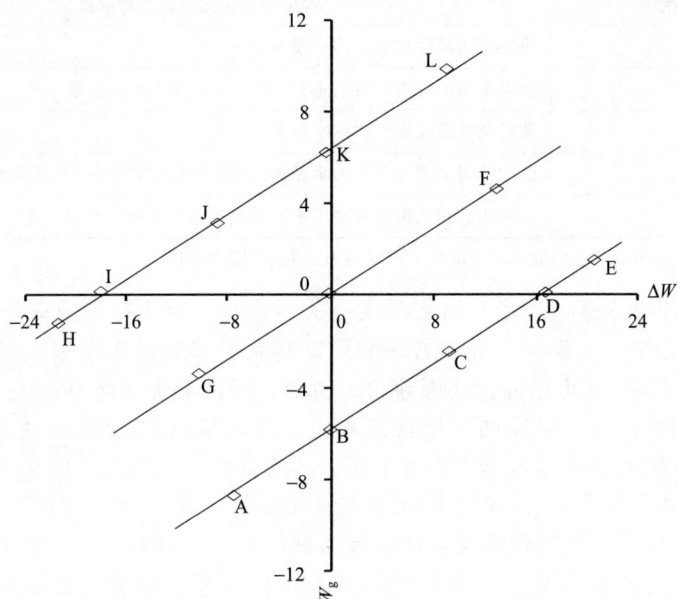

图 2-15　以包气带为水量均衡主体的水量转化关系（据张光辉等，1991）

图中各点的水文地质意义见表 2-7

图 2-15 中直线上的 A~L 各点反映了大气降水、包气带水和地下水之间水量均衡转化关系（表 2-7）。在图 2-15 中，坐标系的横轴上半部分，反映蒸发蒸腾消耗包气带水和地下水的各种情景；坐标系的横轴下半部分，反映形成地下水入渗补给量的各种情景；坐标系的横轴上，反映大气水与包气带水之间转化水量关系。在图 2-15 中纵轴的右侧，反映降水入渗或地下水蒸发补给包气带水的各种情景；在纵横的左侧，反映蒸发蒸腾消耗包气带水或包气带脱水补给地下水的各种情景；在纵轴上，反映大气水与地下水之间二水转化水量关系。

表 2-7　图 2-15 中各点的物理意义

图 2-15 中点号	水量均衡转化中各点物理意义
A	降水入渗补给地下水的水量 W_u，包气带脱水下渗补给地下水的水量 $-\Delta W$
B	降水入渗补给地下水的水量 W_u
C	降水入渗补给包气带的水量 ΔW，补给地下水的水量 $-\Delta W$
D	降水入渗补给包气带的水量 W_u
E	蒸发蒸腾消耗地下水的水量 $\Delta W-W_u$，降水入渗补给包气带的水量 W_u
F	蒸发蒸腾消耗地下水的水量 ΔW
G	包气带脱水补给地下水的水量 ΔW
H	蒸发蒸腾消耗包气带的水量 W_u，包气带脱水补给地下水的水量 $\Delta W-W_u$

图 2-15 中点号	水量均衡转化中各点物理意义
I	蒸发蒸腾消耗包气带的水量 W_u
J	蒸发蒸腾消耗包气带的水量 ΔW，消耗地下水的水量 ΔW
K	蒸发蒸腾消耗地下水的水量 W_u
L	蒸发蒸腾消耗地下水的水量 W_u，地下水蒸发补给包气带的水量 ΔW
0	大气水、包气带水和地下水之间没有水量转化，水量均衡中水分通量为零

注：表中包括水量均衡中各种情景，个别情景在实际中可能难以监测到。

在 W_u 组成中，只有 E_u 量与监测深度有关，但是，其下限深度是一定的，为发散型零通量面（DZFP）埋深。日常观测深度只要略大于零通量面埋深，就可以准确测算获得 E_u 值。P 和 R_s 量可以通过实测获得。由此，可以准确获得 W_u。

对于同一剖面，同一时段的水量均衡来说，降水量（P）、陆面蒸发蒸腾量（E_u）和地表径流量（R_s）是常量，即 W_u 为定值。由此推断，剖面上不同深度的入渗补给量（P_r）与包气带水分变化量（ΔW）的代数和也是常量，等于 W_u。即同一剖面、同一时段和不同计算深度（指包气带水量均衡底界面埋深）的入渗补给量，它们都分布在同一条直线上，该直线的斜率为－1，截距为均衡期的降水量、地表径流量和陆面蒸发蒸腾量的代数和（W_u），表达式为 $W_g = W_u - \Delta W$（W_u 为定值，图 2-15）。

在包气带厚度较大地区，利用中子水分仪和负压计测算降水或灌溉水对地下水入渗补给量，存在观测量大的问题。即使采取固定点位、全程自动监测，日积月累的观测资料必然海量，处理和使用起来也存在不少困难。利用介绍的"水量差计算法"和"水量差图解法"，将显著精简类似研究的实际工作量。式（2-12）中，ΔW 值可利用中子水分仪等监测获得，W_u 也可以根据实测的 P、R_s 和 E_u 值计算求得。由此引出，如果求年或月的地下水入渗补给量，只需要知道年初、年末，或月初、月末的全剖面（从地表至潜水面）观测数据，在这期间只观测深度略大于 DZFP 埋深的包气带水分量和水势变化情况即可。然后，应用零通量面法计算出 E_u 量和利用本书相关公式求出 W_u，或者用其他方法（如定位通量法）计算某一易测算深度处的度处 W_g 及利用本书相关公式求出 W_u，将 W_u 代入式（2-12）中。

在上述工作基础上，根据年或月的初、末全剖面含水量，计算出全剖面的年或月包气带水分变化量，代入式（2-12）中，于是，可求得地下水入渗补给量，该法称为"水量差计算法"。

"水量差计算法"的图解法是通过作图，将已知点 A(0，W_u)、或 B(W_u，0)、或 C(ΔW，W_g)的数据绘制该土中，过已知点（A、B 或 C 点的任一点），绘制斜率为－1 的直线。然后，根据包气带全剖面的 ΔW 值，在直线上查找出对应的地下水入渗补给量。这种方法称为"水量差图解法"（张光辉等，1992）。

（二）计算方法、步骤及适用条件

1. 计算方法及步骤

（1）根据项目要求，确定全剖面观测时间和次数。例如，求月的入渗补给量，则设在月初和月末各进行一次包气带全剖面的土壤水势和土壤含水量观测,全年共计观测13次。如果测算年入渗补给量,则设在年初和年末各进行一次包气带全剖面的土壤水势和土壤含水量观测,全年共计观测2次或3次。

(2)根据已获得的包气带水势资料,确定日常观测(常观)深度,其应布设在均衡期内最深零通量面以下为宜,以利于计算W_u。

(3)利用式(2-13),求W_u值。

$$W_u = P - R_s - E_u \qquad (2-13)$$

(4)将W_u值和全剖面的ΔW值代入式(2-12),计算出地下水入渗补给量。

2. 适用条件

在适合使用中子水分仪和负压计工作区,存在零通量面条件下,均可以使用该方法。在包气带厚度较大地区使用,节省时效的效果更为明显。

例如,在包气带厚度7m、设置了40个测点的剖面上,原来土壤水分观测一次至少用时40min,一年365天累计观测需要用时14600min,即240多个小时。根据"水量差计算法"或"水量差图解法"的原理,采用"水量差法",常规观测深度只需要设至2.0m(年内最深DZFP的埋深1.86m)、15个观测点,观测一次用时15min,一年仅需要观测183次,如此仅土壤水分量动态的观测所用时间就可以节省81.2%。包气带厚度越大,采用该方法进行土壤水分动态观测时间效率越高。与此同时,还相应减少计算机时、仪器与孔壁摩擦及导线拉伸时间,因而延长仪器使用寿命。

(三)应用实例

以河北南宫地下水均衡试验场为例,包气带地层以亚砂土为主,潜水位埋深4.10~4.83m,多年的DZFP最大埋深0.98m。采用水量差法的计算结果及相关数据见表2-8。

表 2-8　水量差计算法求得的河北南宫地下水均衡试验场地下水入渗补给量

均衡时段 (月・日)	监测 深度/m	测算 深度/m	P /mm	E_u /mm	W_u /mm	ΔW /mm	计算值 /mm	准确值* /mm	潜水位 埋深/m	计算公式
1.5~6.30	0.4	4.5	205.2	218.4	−13.2	−32.5	19.3	19.3	4.17~4.59	$W_g = -13.2 - \Delta W$
1.5~8.31	1.2	4.5	424.2	367.0	57.2	−0.6	57.8	57.7	4.17~4.83	$W_g = -57.2 - \Delta W$
1.5~12.31	2.0	4.5	682.4	430.3	252.1	4.9	247.2	247.2	4.17~4.83	$W_g = -252.1 - \Delta W$

注:$W_g = P_r - E_g$,式中,P_r为地下水入渗补给量;E_g为地下水蒸发量,在降水入渗补给过程中为零,于是$W_g = P_r$。* 为DZFP法测算值。

从表2-8可见,应用水量差计算法求得的地下水入渗补给量与DZFP法测算结果之间的误差仅为0.1mm,且多产生于计算机的计算误差。三组结果分别节省土壤水分监测用时520min、760min和786min,分别占传统观测方法监测用时的52.38%、47.62%和28.57%。

利用图2-15也可以求得地下水入渗补给量。在图2-15中,穿过常观监测点,作斜率为－1 的直线。然后，依据 ΔW 值，沿直线查找与 ΔW 值对应的 W_g 值，即可获得地下水入渗补给量（表 2-9）。在厚大包气带条件下，E_g 为零，于是，有 $P_r = W_g$ 的结果。

表 2-9　水量差图解法求得的河北南宫地下水均衡试验场地下水入渗补给量

均衡时段（月·日）	常观深度/m	常观深度监测数据/mm		ΔW/mm	地下水入渗补给量/mm		
		土壤水变化量	入渗补给量		计算值	准确值*	误差
1.5～6.30	0.4	17.8	4.6	－32.5	20.5	19.3	1.2
1.5～8.31	1.2	31.8	25.4	－0.6	58.0	57.8	0.2
1.5～12.31	2.0	10.0	242.2	4.9	248.0	247.2	0.8

　* 为 DZFP 法测算值。

第五节　应用 ZFP 法计算浅层地下水补给量问题

自 1982 年我国引植"零通量面方法"以来，不仅在河北的石家庄、南宫和南皮地区开展了深入的适应性应用试验和验证研究，而且，在东北的沈阳、吉林和哈尔滨地区，华北的保定、石家庄、郑州、商丘、禹城和西北的西安、兰州和昌吉等地建成大型野外试验场，开展了相关研究，推动了我国浅层地下水入渗补给量测算研究水平。

一、零通量面方法测算入渗补给量基本原理

应用零通量面（ZFP）方法测算地下水入渗补给量的基础理论是达西定律在非饱和水流中的应用。在包气带中，某一测点位置上的水分通量，是指单位时间通过单位横断面（垂直水流方向）水的体积（水量）。任意深度的土层剖面水分通量都可以用达西定律（等温条件，忽略溶质势影响）表示，即

$$q = K(\theta)\frac{\partial \varphi}{\partial Z} = 0 \tag{2-14}$$

式中，q 为包气带断面单位面积的水分通量，m/d；$K(\theta)$ 为土壤非饱和渗透系数，m/d，其大小与包气带含水量状况相关；$\frac{\partial \varphi}{\partial Z}$ 为土壤总水势梯度，为无穷小厚度的土层总水势变化量，一般采用单位厚度土层的总水势表达，cmH_2O/cm 或 $mmHg/cm$。其中，φ 为包气带总水势，cmH_2O 或 $mmHg$，Z 为包气带剖面测点的深度，cm。

从式（2-14）可以看出，当知道土壤非饱和渗透系数和土壤总水势梯度，就容易计算出水分通量。但是，大量试验结果表明，土壤非饱和渗透系数不仅是土壤含水量的函数，而且，它与岩性特征和颗粒组成之间有复杂关系。由于非饱和渗透系数在相同地层岩性中，一年时间周期里，可相差几个数量级，所以，较准确地确定非饱和渗透系数值是非常困难的。

根据零通量面形成与土壤水分运移和变化原理，由负压计（又称张力计）和中子水分仪或其他仪器实测的土壤水势、含水量资料，可方便地求得 q 和 $\frac{\partial \varphi}{\partial Z}$，无需 $K(\theta)$ 参

数。根据 $\dfrac{\partial \varphi}{\partial Z}$ 指向确定土壤水分的去向，再根据 q 值确定土壤水的变化量（水分通量）。即在获得土壤水势和土壤含水量资料基础上，利用式（2-14）原理，可以分别确定某时段 ZFP 之上或之下的土壤水分变化量去向。当 $\dfrac{\partial \varphi}{\partial Z}$ 指向地表，表明土壤水分变化量运移向地表，进入大气中；当 $\dfrac{\partial \varphi}{\partial Z}$ 指向地下水面，表明土壤水分变化量运移向地下水，或已补给进入地下水中。ZFP 是被作为判断土壤水分变化量的分界面。过去，只是知道土壤水分量是增加或减少多少，但是无法判断这些水分的运移方向。根据负压计监测资料，可以得到地表至潜水面之间土壤水势剖面线，水势线的切线指向为水势梯度方向，土壤水分沿土壤总水势梯度指向运动。

零通量面方法的提出，是基于一次强度较大的降水（或灌水）之后，包气带迅速得到水分补充，并且，在垂直入渗条件好的地区补给浅层地下水。随后，在太阳辐射热影响下，包气带表部的土壤水分不断蒸发进入大气中，表层土壤含水量逐渐减少。在农作物生长季节里，由于作物根系吸水，根系以下土层的水分也会在蒸腾作用下逐渐减少。无论是表层土壤水分的蒸发，还是根系以下土层水分的减少，都会在包气带剖面的某一部位产生一个高水势（低吸力）区。如果这个区的土壤水势足够大，明显大于重力对土壤水分的作用，于是土壤水分在指向为地表的总水势梯度作用下向上（地表）运移。与此同时，如果潜水位埋深远大于潜水蒸发极限深度，高水势区以下的土壤水分继续向下入渗运移。在此时段，包气带剖面上会形成如图 2-16 所示的总水势剖面和含水量剖面。DZFP 的位置就是包气带中的发散型零通量面位置，其上为从时间 t_0 时刻至时间 t_1 时刻期间蒸发蒸腾消耗包气带水分区域，其下为包气带脱水补给地下水的区域（张光辉等，1991）。

当根据某时段土壤水势和土壤含水量监测资料确定 DZFP 位置和土壤剖面含水变化量之后，就可以确定土壤水分蒸发量、地下水入渗补给量或潜水蒸发量。如果 ZFP 为发散型，即 DZFP 之上土壤总水势梯度指向地表，DZFP 之下土壤总水势梯度指向地下水面，则 DZFP 之上的土壤剖面水分变化量为该时段的土壤水蒸发量，DZFP 之下的土壤剖面水分变化量为该时段包气带水入渗对地下水补给量。

ZFP 方法适用于岩土颗粒较细（中粗砂以下）第四纪松散沉积地层、潜水位埋深大于蒸发影响极限深度的地区（张光辉等，1991）。一般难以应用在基岩山区和以卵砾石为主松散地层分布区，这些地区 ZFP 存在条件欠缺，或 ZFP 存在但监测十分困难。在适用 ZFP 方法的地区，DZFP 也不是永续存在或稳定不变的，其存在与降水（或灌溉）入渗和蒸发条件密切相关。较充分灌溉或较大降水，都会导致 DZFP 消失。在我国北方地区，除了较大降水或充分供水灌溉期间，大部分时段 DZFP 是存在的。一般是取用年内最深的 DZFP 作为确定入渗补给量和蒸发量的分线，然后应用土壤水势理论计算降水或灌溉入渗补给地下水量和土壤水蒸发消耗量。或根据土壤剖面某段的水势和含水量变化监测资料求算非饱和条件下 K 参数，这期间与 DZFP 存在与否没有关系，只需确定被研究的土壤剖面段的总水势梯度方向是一致的，土壤水完全向上运移或完全向下

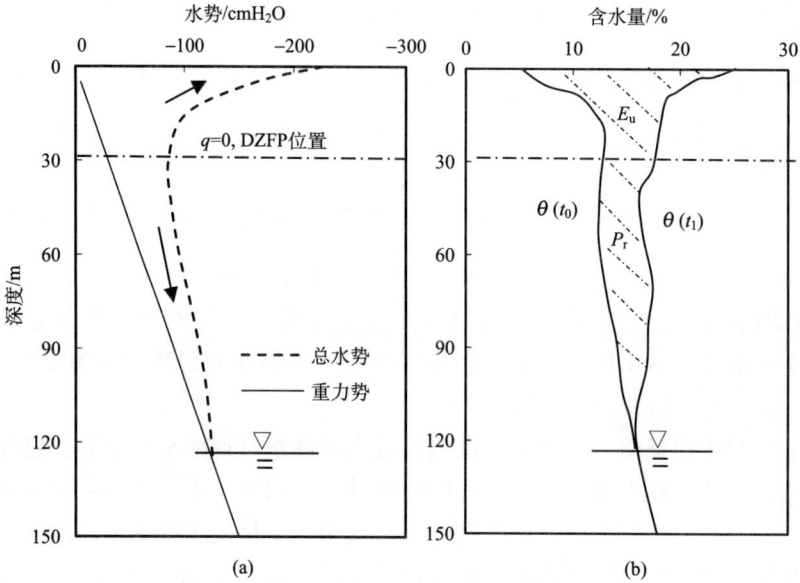

图 2-16　降水后零通量面存在情况下包气带水势和
水分量变化剖面特征（据张光辉等，1992）

运移（张光辉等，1992）。

　　非饱和土壤水分运动一方面遵循达西定律，同时，也服从于质量守恒连续方程，它是控制土壤水运动的第二个基本定律，表示水量守恒关系。即指单位时间进入特定土壤体积的水量与离开的水量代数和，等于该土壤体积中水分变化量。因此，包气带水分变化量与断面水分通量之间关系可以用下面的质量守恒连续方程表示，即

$$\frac{dM}{dt} = q_1 - q_2 \tag{2-15}$$

式中，M 为包气带剖面上深度 Z_1 至深度 Z_2 之间土壤水分储存量；t 为水量均衡时间；q_1、q_2 分别为包气带剖面上深度 Z_1 和 Z_2 断面的土壤水分通量。

　　假定 Z_1 和 Z_2 断面位置非常接近，用 dZ 表示它们之间的距离，则 M 可以用 θdZ 来代替（θ 是 Z 位置断面的土壤含水率），那么，$q_1 - q_2$ 变为如下表达函数，即

$$q_1 - q_2 = -\frac{\partial q}{\partial z}dZ$$

于是，式（2-15）转换为

$$\frac{\partial \theta}{\partial t} = -\frac{\partial q}{\partial z} \tag{2-16}$$

　　根据水量守恒理论，导出包气带剖面上深度 Z_1 至深度 Z_2 之间含水量随时间变化率与水分通量变化率之间关系，即

$$\int_{Z_1}^{Z_2} \frac{\partial \theta}{\partial t}dZ = q(Z_1) - q(Z_2) \tag{2-17}$$

因此，如果已知 $q(Z_1)$ 或 $q(Z_2)$ 中的任何一个和两深度之间剖面土壤水分变化量，就可以求得另一个深度的水分通量。

利用式（2-17）可以充分说明图 1-14 的情况。在包气带 DZFP 位置处，土壤水分势能梯度为零，代入式（2-14）达西定律公式可知，DZFP 处（记作 Z_0）的通量 $[q(Z_0)]$ 也等于零。

把 $Z_0=Z_1$，$Z=Z_2$ 代入式（2-17）中，则得

$$q(Z) = \int_{Z_0}^{Z} \frac{\partial \theta}{\partial t} dZ \qquad (2\text{-}18)$$

如果零通量面所在深度（Z_0）不随时间而变化，那么，在 t_1 至 t_2 时段的累积水分通量为 $F(Z)$，则有

$$F(Z) = \int_{t_1}^{t_2} q(Z) dt = \int_{Z_0}^{Z} | \theta(t_1) - \theta(t_2) | dZ \qquad (2\text{-}19)$$

式（2-19）的水文地质物理意义如图 1-14 所示，图 1-14 中零通量面之上、下的阴影面积分别表示 t_1 至 t_2 时段蒸发损失量和入渗补给量。

由此可以看出，如果在 t_1 至 t_2 时段出现降水，但是由于降水量较小，入渗水分未到达零通量面以下，这部分水量无疑将全部消耗土壤水蒸发蒸腾过程中。此时的包气带水分蒸发蒸腾量（E_u）为

$$E_u = P + \int_{0}^{Z_0} | \theta(t_1) - \theta(t_2) | dZ \qquad (2\text{-}20)$$

零通量面以下的入渗补给量，为

$$P_r = \int_{Z_0}^{Z} | \theta(t_1) - \theta(t_2) | dZ \qquad (2\text{-}21)$$

大量监测资料表明，自然环境下零通量面的位置是随时间在一定的深度范围变化的，因此，在均衡期间的 Z_0 位置时，取 t_1 至 t_2 时段 Z_0 的极大、极小值的平均值。

二、零通量面方法测算入渗补给量基本步骤

（一）野外基础数据监测与收集

在工作区布设包气带的水分势和含水量动态监测以及必要的气象数据监测，包括降水量、气温、气压、水面蒸发量和地面温度等。根据工作范围和要求，收集评价区气象、水文和地下水动态资料。

（二）原始资料整理与分析

利用零通量面方法计算浅层地下水补给量，需具备完整的土壤水势、土壤含水量、降水量等气象资料和地下水动态观测资料。对这些原始资料要求在审核、校正

（仪器差、标定值和统计偏差）基础上，分类建立基础数据库和初步的规律分析（张光辉等，1992）。

（三）编制包气带总水势剖面

利用负压计观测资料来编制包气带总水势剖面图是一项必需的基础工作。根据包气带总水势剖面图，确定零通量面出现的部位和时间，了解零通量面出现、发展和消失规律，以便研判工作区影响零通量面变化的主导因素。

（四）编制包气带含水量剖面

利用土壤水分监测资料，计算包气带剖面上各个测点间和地层中体积含水量（%），以及 Z_0 至深度 Z 之间或 0 至深度 Z_0 之间土体水分储存量（mm 水柱）。在此基础上，计算各时段的包气带水分变化量，作为计算蒸发蒸腾量和入渗量的基础资料。

（五）计算地下水入渗补给量

根据式（2-21）和上述计算结果，确定零通量面深度（Z_0）以下的入渗量，于是，获得各个测点（剖面）的地下水入渗补给量。在分析各个剖面所在地点的降水、蒸发等气象资料基础上，将各个剖面的入渗补给量进行点源转化为面源数值，然后，集合统计，可得到评价区的地下水入渗补给量（万 m^3）。

三、应用实例

研究区的地下水水位埋深为 4.18m，包气带岩性为亚砂土，支持毛细高度 0.82m，所以，包气带的水势和土壤含水量监测深度为 3.4m。研究区零通量面分布状况见表 2-10。

表 2-10　均衡期间研究区零通量面分布状况

DZFP 存在时段（月.日）	Z_0 深度 /cm	土壤水势/cmH₂O			土壤体积含水量/%		
		初始值	末期值	变化量	初始值	末期值	变化量
7.30～8.7	45	−166	−176	10	13.0	12.8	0.2
8.17～8.20	30	−100	−120	20	28.0	22.0	6.0
8.24～8.26	30	−112	−130	18	21.8	20.8	0.2

根据监测的包气带的水势和土壤含水量资料，利用式（2-20）和式（2-21），计算得出表 2-11 的结果。

表 2-11　零通量面存在时期应用 ZFP 法计算结果

均衡时间 (月.日)	Z₀深度 /cm	时段降水量 /mm	累计降水量 /mm	E_u 计算结果/mm			P_r 计算结果/mm		
				地表至 Z_0 的土体含水量	时段蒸发蒸腾量	累计蒸发蒸腾量	Z_0 至 Z 的土体含水量	时段入渗补给量	累计入渗补给量
7.30	45			56.8			536.0		
8.2	45	13.7	13.7	46.3	24.2	24.2	530.9	5.1	5.1
8.4	45	6.6	20.3	50.3	2.6	26.8	537.4	−6.5	−1.4
8.7	45	10.2	30.5	48.7	11.8	38.6	530.9	6.5	5.1
8.8~8.16	—	222.8	253.3		49.9	88.5	$\Delta W=158.5$	14.33	19.43
8.17	30			43.7			721.4		
8.20	30			39.0	4.6	4.6	695.7	25.7	25.7
8.21~8.23	—	19.3	272.6		6.9	11.5	$\Delta W=-7.6$	19.9	45.6
8.24	30			41.2			686.0		
8.26	30	0	0	37.4	3.8	3.8	681.6	4.4	4.4
8.26~8.31	—	29.8	302.4		10.7	14.5	$\Delta W=-5.2$	24.3	28.7
合计			302.4			114.5	$\Delta W=121.0$		93.7

注：Z_0 为 DZFP 分布的下界面深度；"—"表示没有零通量面存在。

表 2-11 结果表明，虽然 8 月研究区正值降水季节，又是蒸发蒸腾最为强烈时期，但是利用零通量面方法仍能比较精确地测算降水对地下水入渗补给量。在降水量 302.4mm 影响下，研究区浅层地下水得到了 93.7mm 入渗补给量，降水入渗系数达 0.31。同时，包气带增加了 121.0mm 的水分增量。地下水水位动态监测表明，地下水水位幅度与 ZFP 法计算的时段入渗补给量之间具有密切相关一致性，均衡期内地下水水位上升幅度达 0.43m（张光辉等，1991）。

四、在我国北方地区应用零通量面方法可行性

1988 年，《水文地质工程地质》第 2 期刊发了"试论在我国北方地区应用零通量面方法计算浅层地下水入渗补给量问题"一文，引起国内外广泛关注。

在联合国开发计划署和我国政府联合资助下，经过 5 年多在华北平原的石家庄、南宫和南皮三地开展大规模 ZFP 法应用试验研究，结果表明 ZFP 法是适用于我国北方地区测算浅层地下水入渗补给量的，但也存在一些具体难题。

在我国北方地区，冬季气候寒冷，气温在 0℃ 以下，包气带上部水分被冻结，土壤水分呈固体状态，监测土壤水势的负压计无法工作。

从每年 11 月中旬开始进入冻结期，持续至翌年 3 月中旬，历时 4 个多月，甚至更长些时间。冻结深度从东北地区的 1.5m，到华北地区的几十厘米不等，这一深度正是 DFZP 发育的主要取段（表 2-11）。有些地区昼夜温差变化较大，空气湿度逐日降低，地表的太阳辐射通量处于最低时期，所以，这时的陆面蒸发蒸腾作用最为微弱。这些因

素，都不利于 DZFP（发散型零通量面）形成。

在野外条件下，冻土层内水势如何变化，尚未探明传递方式，或许温度势梯度在发挥主导作用。一般情况下，负压计是无法在冻土层中获得土壤水势变化信息的，所以，这种环境下，DZFP 是否存在仍是需要探讨问题。3 月中旬之后，冻土解融，大地复苏，华北等地区负压计陆续可以正常工作，同时，空气湿度较低，日照时间逐渐增长，气温逐日升高，包气带水分日益减少和干燥，野外监测结果表明，在华北黑龙港平原区干燥土层厚度可达 60～80cm。在这种条件下，DZFP 持续存在，并逐渐向下移。

从春季，经夏季，至秋季，正是由于气温较高，蒸发蒸腾作用较强烈，包气带上部频现水分亏缺状态，所以，DZFP 频繁形成、出现和持续存在。即使在较大降水之后，也仅消失 3～7 天时间，然后再形成和持续存在。

我国北方地区，降水主要集中在 7～8 月，该期间降水量占全年降水量的 70%～80%，一些地区甚至达 85% 以上。每年的几场较大降水，基本都发生在这一时期。降水量较多、雨量较大季节，不仅空气湿度大，而且，经常在降水期间或降水之后的短期内，包气带上部水分高于正常值（即大于土壤水的田间持续量），形成包气带全剖面呈现入渗型状态（即全剖面水分向下运动）。但是，这些对 DZFP 存在的影响是十分有限的。例如，黑龙港平原的南宫地区，除了冻结期无资料而情况不明之外，在每年观测时段的 65%～78% 时间内 DZFP 存在（表 2-12）。其中，在有农作物生长的试验区（简称有作物区），DZFP 存在时间占有资料时间的 78.1%，被降水入渗破坏而 DZFP 消失时间占有资料时间的 21.9%；裸地试验区（没有种植任何农作物，只有自然生长草丛），DZFP 存在时间占有资料时间的 64.8%，被降水入渗破坏而 DZFP 消失时间占有资料时间的 35.2%。

表 2-12　华北的黑龙港平原南宫地区零通量面存在时间统计

分区类型	均衡期/天	有资料时间/天	DZFP 存在时间			DZFP 不存在时间		
			总天数/天	占均衡期的比例/%	占有资料时间的比例/%	总天数/天	占均衡期的比例/%	占有资料时间的比例/%
有作物区	365	223	174	47.7	78.1	49	13.4	21.9
裸地区	365	216	140	38.4	64.8	76	20.8	35.2
两区差异	0	7	34	9.3	13.3	−27	−7.4	−13.3

在非冻结期，降水或大水量漫灌是破坏 DZFP 存在的主要因素。大雨或大水量灌溉的次数越密，雨间期越短，DZFP 消失的时间越长。

至于 DZFP 存在的时间占全年时间不足 50% 问题，似乎使 DZFP 方法在我国北方地区应用的价值受到限制。但是，从降水入渗补给地下水的数量来看，无碍应用 DZFP 方法测算浅层地下水入渗补给量的使用价值。

大气降水或农田灌溉水入渗补给地下水的过程，与降水或灌溉过程有着密切联系。在冻结期，一般不发生降水或灌溉事件，所以，一般较难监测到地下水入渗补给量，这期间地下水水位也比较平稳。在雨季，只要包气带渗透能力允许，降水量或灌溉量越大，地下水获得的入渗补给水量越多。在我国北方地区，7~8 月为主要降水期，所以，这两个月及至 11 月冻结前的时间内，雨季降水入渗水量的绝大部分补给了地下水。

在南宫地区，地下水补给主要来自雨季降水及春、秋灌溉水入渗补给。多年观测资料表明，每年 4~9 月的地下水入渗补给量占年补给量的 90% 以上，其中 DZFP 存在时期的入渗补给量占年补给量的 80% 以上。例如，1984 年 7 月至 1985 年 6 月，DZFP 存在时期的地下水入渗补给量占 87.8%，DZFP 不存在时期（包括没有资料阶段）的地下水入渗补给量占 12.2%。

陆面蒸发蒸腾状况是 DZFP 形成和存在的重要条件。蒸发蒸腾作用强，有利于形成 DZFP 及其稳定存在。冬季和雨季，都不利于 DZFP 存在。在南宫地区，1984 年 7 月至 1985 年 6 月，DZFP 存在时期的陆面蒸发蒸腾量占年陆面蒸发蒸腾量的 67.1%，DZFP 不存在时期（不包括没有资料阶段）陆面蒸发蒸腾量占 22.2%，冬季无资料时期陆面蒸发蒸腾量占 10.7%。

从上述可见，DZFP 存在时期正是地下水获得入渗补给的主要时期。在华北黑龙港平原的南宫地区，DZFP 存在时期的地下水入渗补给量占全年补给量的 85% 以上，而降水期间及其雨后一段时间内（DZFP 消失时期）的地下水入渗补给量占全年补给量不足 13%。就是说，在一年中，85% 以上的地下水入渗补给量可以应用 DZFP 方法测算，而需要利用气象资料或其他方法测算的地下水补给量仅占不足 13% 比例，而这部补给量测算即使存在较大误差，对于以 DZFP 方法测算为主的年地下水入渗补给量影响也是十分有限的。

从另外一个角度考虑，DZFP 存在时期也正是包气带表部水分受蒸发蒸腾影响较为强烈而多变化时期，气象方法应用面临较多不确定性，正需要 DZFP 方法替代。在雨季及其雨后一段时间内（DZFP 消失时期），包气带表部土壤水分亏缺较少，有较多土壤水分供给蒸发蒸腾消耗，恰好是适宜应用气象法。在冬季，气温低，蒸发蒸腾作用微弱，入渗补给的水源基本为零，只是在包气带厚度较大的地区，尚存雨季入渗的剩余少量水分的下渗补给，占全年总量的不足 3%。

因此，DZFP 存在总天数不足全年天数的 50% 问题，不影响 DZFP 方法在我国北方地区广泛应用，且在 DZFP 因降水而消失的期间较适宜气象法应用。

五、零通量面方法改进

在我国北方地区应用零通量面方法测算浅层地下水入渗补给量的研究中，发现该方法存在一些局限性影响其应用效果。就是当零通量面（DZFP）不存在时，它难以使用。国内外较普遍采用的弥补方法，是引用气象资料，利用彭曼或布德科公式计算陆面蒸发蒸腾量，然后，通过水量均衡求出入渗补给量（记作气象法）。气象法不仅观测项目繁多，计算过程复杂，而且，估算结果可靠性差，其误差一般介于 20%~50%（张光辉等，1992）。

针对上述问题，作者在前人研究基础上，开展了一系列室内和野外试验研究，从中发现"剖面水量差法"和"公式逆推法"，可以替代"气象法"，既能提高零通量面法

（广义，包括弥补方法）测算精度，又能减少气象观测和计算工作量，同时，还避免了购置、保养和维修气象仪器等费用开支（张光辉等，1992）。

剖面水量差法或公式逆推法不需要测定包气带非饱和渗透系数等参数，仅需要用中子水分仪和负压计观测资料作为基础数据。

（一）剖面水量差法

1. 方法的提出

剖面水量差法是指在降水入渗经过包气带补给地下水过程中，某一时段内监测一定厚度的包气带土层水分量和水势变化，然后，根据这些水势和水分变化量资料，判定水分运动方向和测算地下水入渗补给量的方法（张光辉等，1992）。

大量降水入渗资料表明，降水入渗补给包气带的初期，水量下渗比较迅速，入渗速率较大。随后，包气带脱水补给地下水的过程则十分缓慢（表 2-13）。随着降水量的增大，二者用时的差异变小。因为降水量越大，单位雨量入渗包气带用时越长，而补给地下水用时越短，由此，补给地下水用时与补给包气带用时之比越小。

表 2-13　不同降水量条件下入渗补给包气带与地下水历时特征

降水量/mm	补给包气带历时情况		补给地下水历时情况		补给地下水用时与包气带用时之比
	平均单位降水量入渗用时/小时	累计用时时间/小时	平均单位降水量入渗用时/小时	累计用时时间/小时	
20	0.13	0.25	124.25	248.5	994
60	0.20	1.20	42.42	254.5	212
80	0.44	3.50	38.06	304.5	87
280	0.80	22.50	16.25	455.0	20

雨水进入非饱和状态的包气带中，降水量越大，越不利于入渗过程中排气。随着入渗水流的前峰（湿润峰）下移深度的增加，受岩土颗粒壁摩擦力、薄膜水表面张力和孔隙中空气阻力的影响，其下渗速率逐渐变小，尤其在包气带上部表现得更为明显。例如，在 66mm 自然降水入渗过程中，历时七天入渗湿润峰下移深度不足 2.8m，第八天出现零通量面，DZFP 深度 0.26m。该区的潜水位埋深 4.59m，表明入渗 168 小时，地下水尚未获得补给。又如，室内降水入渗试验，渗水截面面积 5.76m^2，高 4.5m，潜水为埋深 3.52m，连续降水三天，降水量 164.5mm，到第五天仅有 0.51mm 入渗水量补给到地下水，这时，在包气带上部已经形成 DZFP，埋深 0.31m。

综上所述可见：①在降水入渗补给包气带之后，至补给地下水之前的某一时段，在 DZFP（发散型零通量面，又称土水蒸发面）以下的一定厚度土层内（设其顶、底界面埋深分别为 Z_0 和 Z），利用土壤水分监测仪和负压计能观测到即将补给地下水的水量，该水量占次降水总入渗补给水量的 95% 左右。②在测得 Z_0 至 Z 深度土层最大含水量时刻，Z_0 深度以上土体水分增量已经很小，且该土层剩余水分增量的绝大部分消耗于蒸发（DZFP 出现是标志），而对 Z_0 深度以下土体继续形成补给的水分增量十分有限。试验结果表明，测得包气带最大含水量时刻，Z_0 深度以上土体含水量一般小于 10％（质量含水率），渗透系数介于 0.18～0.68mm/d，或更小，且该土层总水势梯度小于 $1.0 cmH_2O$，多数情况下小于 $0.5 cmH_2O$。③较大降水之后，零通量面不存在时间是有限的，一般为 5～10 天，这时大部分入渗水尚未开始补给地下水。因为降水补给到地下水需经过非饱和状态的包气带，要经历一定的耗时过程，所以，当 DZFP 不存在时段内，补给地下水的时间和水量都十分有限。④在 Z_0 至 Z 土层内，土体水势梯度方向始终指向潜水面，不存在水分向上运移问题。

概括起来讲，在 Z_0 和 Z 处的水分通量都近似等于零时刻，在 Z_0 至 Z 土层内能观测到降水入渗将补给地下水的绝大部分水量，即土层水分最大增量。

对于 Z_0 处水分通量 $q(Z_0, t)$ 来说，其值越来越小，而 $q(Z, t)$ 则逐渐增大，然后，减小。于是，有

$$q(Z, t) = \int_{Z_0}^{Z} \frac{\partial \theta}{\partial t} dZ \qquad (2\text{-}22)$$

式中，$q(Z, t)$ 为 t 时刻 Z 处的水分通量；$\int_{Z_0}^{Z} \frac{\partial \theta}{\partial t} dZ$ 为被监测土层的水分变化量，可由土壤水分监测仪观测获得。

若设 Z 在潜水面处，则 $q(Z, t)$ 为 t 时刻单位时间地下水入渗补给量。

现设监测到土层最大含水量时刻为补给地下水的初始时刻（t_0），t_0 时刻的土体含水量为初始含水量。也可以取 t_0 之后某时刻的含水量为初始含水量，其对应时间作为初始时刻，用于计算 t_0 至 t 时段的入渗补给量。若考虑 Z_0 位于 DZFP 以下和较长时段的水分均衡，于是，在 Z_0 至 Z 土层内水分变化量为零，那么，在 Z_0 至 Z 土层水分减少量就是地下水入渗补给量。这样，Z 不必设在潜水面处，只要求土层足够厚，就能在其内监测到将补给地下水的入渗水量。

现将式（2-22）从 t_0 至 t 时刻积分，则有

$$P_r(Z, t) = W(Z_0 - Z, t_0) - W(Z_0 - Z, t) \qquad (2\text{-}23)$$

式中，$P_r(Z, t)$ 为 t 时刻累计地下水入渗补给量；$W(Z_0 - Z, t_0)$ 为土层的初始含水量；$W(Z_0 - Z, t)$ 为 t 时刻的土层含水量。

2. 计算方法及步骤

首先，确定被测土层顶界面 Z_0，参考同时段的水势资料，设 Z_0 在 DZFP 深度以下某一位置。当 DZFP 浅埋时，应考虑植物根系吸水的影响。

其次，确定被测土层底界面 Z，要求见前节。

然后，根据土壤水分监测资料，计算土层含水量，找出极大值，或确定初始含水量。当均衡期内发生多次降水时，确定最小有效降水量 P_{min}。

最后，由式（2-24）计算 t 时刻的地下水入渗补给量。

$$P_r(Z, t) = W(Z_0 - Z, t_0) - W_{k-1} + W_k - W(Z_0 - Z, t) \qquad (2\text{-}24)$$

如果 $W_k \geqslant W_{k-1} + P_{\min}$，那么，$W_k = 0$，$W_{k-1} = 0$，式中，$W_k$、$W_{k-1}$ 分别为再次降水形成的 Z_0 至 Z 土层含水量极大值及前期含水量。

3. 应用实例

南宫亚砂土试验区，包气带厚度 4.72m。在均衡时段内，降水补给包气带水量 227.6mm。9 月 30 日较 7 月 28 日土层水分增加 71.2mm。为检验剖面水量差法应用效果，特选取 DZFP 存在时的资料计算，以零通量面方法及水位动态法测算结果为真值。各种方法测算的结果见 2-14。

表 2-14　自然条件下剖面水量差法测算值及对比值

时段 （月·日）	入渗补给量/mm				剖面水量差法 相对 ZFP 法误差/%
	剖面水量差法	气象法	ZFP 法	地下水水位动态法	
7.28~8.9	23.3	20.5	23.5	无资料	0.9
8.17~9.15	62.4	77.4	60.0	60.5	4.0
8.17~9.30	71.1	89.2	67.2	66.0	5.8
Z/m	4.4	4.5	4.5	潜水面/4.72	

从表 2-14 可见，剖面水量差法测算值相对 ZFP 法结果，误差小于 5.8%。而气象法估算结果的误差分别为 27.9% 和 35.2%。

表 2-15 是室内定水位条件下剖面水量差法的测算值与实测对比值，二者误差小于 1.0mm。这表明，在没有潜水位变动的影响下，当土层厚度满足要求时，Z 位置的不同，对剖面水量差法测算结果的影响可忽略不计。

表 2-15　自然条件下剖面水量差法测算值及对比值

Z/m	1.1	1.2	1.3	1.4	1.5	1.6	1.7
剖面水量差法 测算值/mm	49.5	49.6	49.5	49.5	49.6	49.9	49.9
实测值/mm	49.8	49.8	49.8	49.8	49.8	49.8	49.8

注：亚砂土，土柱高 2.0m，直径 1.0m，潜水位埋深 1.82m。

（二）公式逆推法

1. 方法的提出

公式逆推法是指利用降水入渗过程中，零通量面存在时段内，入渗补给量与某一深度土层含水量或测点含水率资料，建立二者相关公式，然后，应用该公式计算前期 ZFP 不存在时段的入渗补给量的方法（张光辉等，1992）。

众所周知，地下水入渗补给量的形成与包气带水分量的增减密切相关。DZFP 深度以下土层水分变化量动态规律与同时期地下水入渗补给量的分布规律具有一致性（图 2-17）。

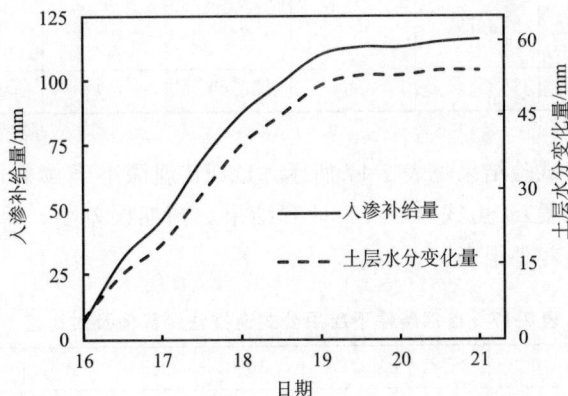

图 2-17　40～140cm 土层水分减少量与地下水入渗补给量动态特征

　　每次降水补给地下水，DZFP 不存在的时段在先，DZFP 存在的时段在后。依据上述客观存在的规律，建立 DZFP 存在时段的入渗补给量与某一深度土层含水量关系式，然后，利用所建立的公式推求 DZFP 不存在时段的入渗补给量，具有良好的客观基础。

　　本书采用地学数理统计方法，对降水入渗试验资料进行相关分析，得到式（2-25）和式（2-26），有

$$q(Z, t) = A e^{B\left(\frac{W_0 - W_t}{t}\right)} \tag{2-25}$$

$$P_r(Z, t) = A'(W_0 - W_t)^{B'} \tag{2-26}$$

式中，W_0、W_t 分别为土层含水量极大值及 t 时刻含水量（关系式不是唯一的）。该试验土体的岩性为亚砂土，土柱高 2.0m，直径 1.30m，潜水位埋深 1.82m。

2. 计算方法及步骤

　　首先，选定相关点或层位 Z_i，计算 Z_i 的含水量。Z_i 应设在 DZFP 以下某深度。
　　其次，求出 DZFP 存在时段的入渗补给量及其对应的含水量、Z_i 处的最大含水量。
　　然后，求解 A、B 系数，或 A'、B' 系数，或另建关系式。
　　利用所建立的公式，计算 DZFP 不存在时段的地下水入渗补给量。

3. 应用实例

　　室内降水入渗试验的试验条件同前。降水量 80mm，Z_i 为 5.0～180cm，$W_0 = 641.8$mm，入渗补给量为实测值。求得 $A' = 67.331$，$B' = 0.8744$。于是，有

$$P_r(180, t) = 67.321(641.8 - W_t)^{0.8744} \tag{2-27}$$

　　式（2-27）的计算结果见表 2-16，累计误差为 0.10mm（脱水 31 小时时刻的误差）。

表 2-16　应用公式逆推法测算值及对比值

脱水时间/小时	4	9	17	21	27	31	最大误差/mm
公式逆推法测算值/mm	2.50	3.79	5.46	6.38	7.57	8.18	0.55
实测值/mm	2.47	4.17	5.52	6.93	7.73	8.08	

　　在自然条件下的试验结果见表 2-17 所示。DZFP 埋深小于 0.9m，$Z_i = 200cm$，$W_0 = 18.9\%$（体积含水量）。由式（2-28）计算结果，初期误差小，后期较大。但是，相对气象法估算值的误差小很多。

表 2-17　自然条件下应用公式逆推法测算值及对比值

脱水时间/小时	0	3	11	16	21	26	36	最大误差/mm
公式逆推法测算值/mm	1..25	5.25	13.29	19.93	26.51	33.02	46.99	6.58
ZFP 法实测值/mm	1.25	6.8	12.5	25.5	30.6	39.6	51.7	0
气象法估算值/mm	−1.4	16.0	32.4	53.5	64.5	79.0	96.7	45.0

　　从上述不难看出，只要 Z_0、Z 及 Z_i 选定适当，应用本书所介绍的剖面水量差法方法或公式逆推法测算结果，比气象法估算值的准确可靠，可以用其代替气象法弥补零通量面法的不足，进而提高零通量面法（广义）测算精度。剖面水量差法比公式逆推法测算精度高，在剖面水量差法使用受局限时，使用公式逆推法为宜。剖面水量差法测算的精度，与狭义零通量面法测算结果的精度相当。

　　剖面水量差法也可以作为一种单独的测算方法使用，它适用于粉砂土、亚砂土等细颗粒地层，潜水位埋深大于 2.50m。在有作物生长区，潜水位埋深应大于 3.2m。在包气带厚度较大（不小于 10m）的细中和粗细砂地层中，也可以使用该法。公式逆推法不受潜水位埋深的严格限制。采用本书所介绍的方法除具有可代替气象法的优点之外，还具有提高测算入渗补给量精度和减少实物工作量优点，甚至可以省略建设气象场等工作。

第六节　原位实测潜水蒸发极限深度与给水度测定新方法

　　本节介绍的潜水蒸发极限深度和给水度测定方法，是基于包气带水分水势和土壤含水量观测资料为依据，考虑潜水面之上支持毛细水作用的一种新的测定方法，不仅具有理论基础，而且，简便易用，结果准确可靠（张光辉，1987）。

一、潜水蒸发极限深度测定新方法

　　潜水蒸发极限深度不同于土壤改良水文地质学中的潜水位临界埋藏深度。潜水位临界埋藏深度是指潜水开始急剧蒸发时的最大埋藏深度。西林-别克丘林给出的定义为

"含盐毛管水溶液，从潜水面向上运移，导致土壤盐分累积，抑制和破坏植物"的潜水面埋藏深度。通常潜水位临界埋藏深度取为潜水之上毛细带高度与作物根系层之和。

本书的潜水蒸发极限深度（Z_{max}），是指包气带上部的土壤水蒸发深度与潜水之上毛细带高度之和（张光辉，1987）。这里的土壤水蒸发深度与潜水位临界埋藏深度定义中"作物根系层"之间有明显的不同。作物根系层的厚度与作物种类有关，一般为0.30～0.60m。而土壤水蒸发深度是指在太阳辐射热作用下，造成包气带上部的总水势梯度指向地表的下界面，其上的土壤水分在该水势梯度驱动下向大气中运移，而该界面之下的总水势梯度指向潜水面，这里的土壤水分向地下水运移。一个地区多年的、最大埋深的 DZFP（发散型零通量面）深度远大于当地"作物根系层"厚度，在华北的黑龙港平原监测到 70～95cm 埋深的 DZFP 分布状况，而且，持续稳定分布一定时间，与当年气候持续干旱有关。

显然，在干旱半干旱地区，潜水蒸发极限深度往往大于潜水临界埋藏深度。因为在这种条件下，潜水蒸发不只是发生在其支持毛细水带的前缘所到达作物根系层的位置，当潜水的支持毛细带前缘还远离作物根系层时，因气候干旱导致包气带上部土层水分严重亏缺，DZFP 分布深度较大，此时的潜水的支持毛细带前缘已上升到 DZFP 之上，于是，形成包气带整个剖面总水势梯度指向地表，驱使潜水进入包气带，然后，通过蒸发进入大气，盐分残留包气带的表部土层中。因此，潜水蒸发极限深度实际上是由包气带土体蒸发最大可能影响深度（多年的最大 DZFP 埋深）和其下的支持毛细带高度两部分内容所组成。

潜水蒸发极限深度一般可以通过地中渗透计试验测定。但是，由于地中渗透计造价昂贵，不可能到处建造，因而不能广泛应用。零通量面方法引植我国过程中，零通量面方法本身及其土壤水势和含水量监测技术，完成满足潜水蒸发极限深度的新方法测定需求。利用包气带水势和含水量监测资料，可以分别测得包气带上部的土体蒸发最大可能影响深度和潜水面之上的支持毛细带最大高度，进而获得研究区的潜水蒸发极限深度。

（一）利用包气带水势和含水量监测资料，确定蒸发最大可能影响深度

包气带上部的土体水分蒸发影响深度（记作 Z_E），是指在连续干旱气候条件下包气带上部地层水分被蒸发作用大量消耗而减少的影响最大深度。在一定的地点，包气带岩性为固定不变的条件，只是气候却因时而异，所以，包气带上部的土体蒸发影响深度也在一定范围内随气候而变化。由此可见，要获得包气带上部的土体蒸发影响深度，就要求有足够的长观资料，了解研究区气候最为干旱的时段和状况。因为包气带上部的土体蒸发影响最大深度往往形成于当地气候最为干旱阶段；也可以从零通量面的形成、变化规律中获得，实质上是寻找和确定研究区的 DZFP 的最大埋深。

所谓的零通量面是指通过该面的水分通量为零的平面或曲面。根据零通量面上、下两侧土体中水分的运移方向的不同，通常把零通量面划分成为"发散型"和"收敛型"两种类型。当零通量面上、下两侧土体中水分分别向上和向下运移，此时的零通量面被称为"发散型零通量面"（记作 DZFP）。当零通量面上、下两侧土体水分分别向下和向

上运移，此时的零通量面被称为"收敛型零通量面"（记作 CZFP）。零通量面的发生、变化及其存在形式，都可以通过包气带剖面水势监测而获得（图 2-18）。

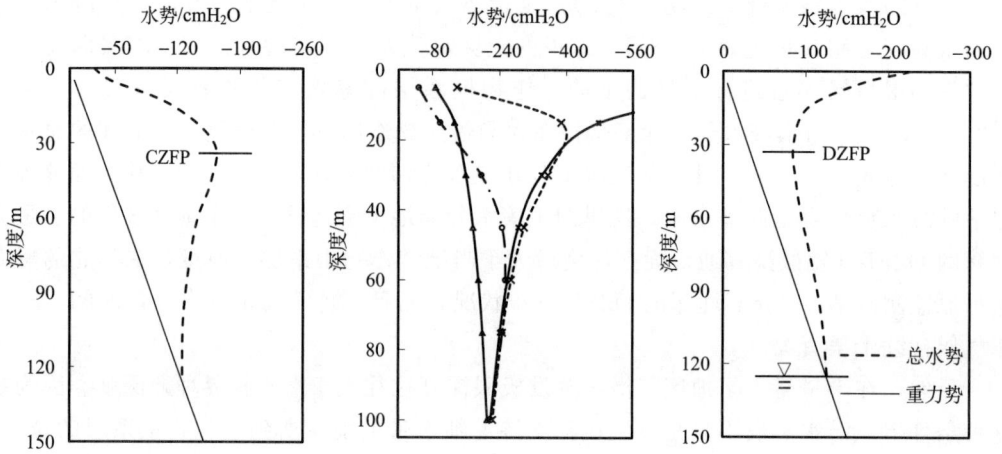

图 2-18　零通量面类型及变化特征

设定一个长观点，监测零通量面形成、消失和分布深度与气候变化之间互动关系，便可以寻找到一个地区的多年最大埋深发散型零通量的出现深度（图 2-19 中 DZFP 线），该深度就是本书要求确定的包气带上部的土体蒸发影响深度（记作 Z_E）。

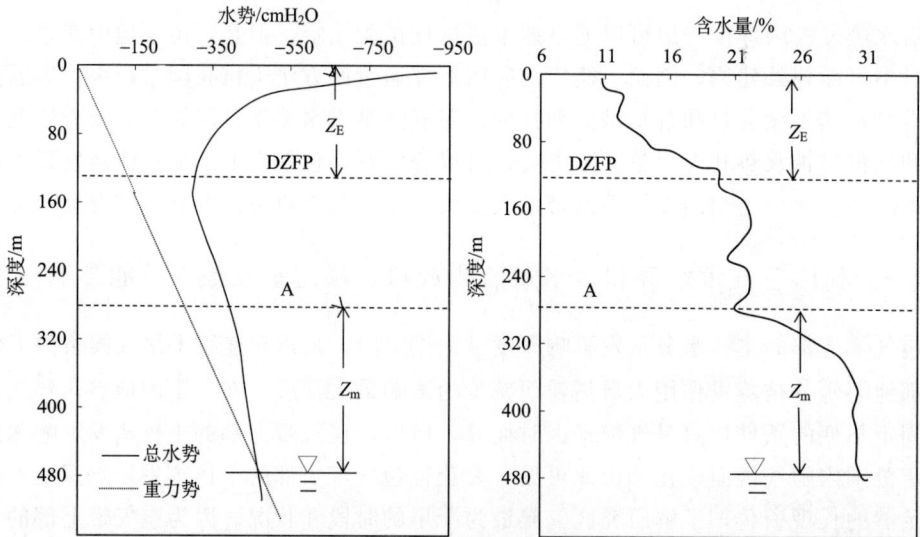

图 2-19　Z_E 和 Z_m 在包气带剖面上分布位置与水势、含水量特征（据张光辉，1987）

在黑龙港平原的南宫地区，监测到的包气带上部土体蒸发影响深度为 0.95cm。当然，该深度未必是该地区的最大土体蒸发影响深度，因为观测时间仅为 3 年时间，且未遭遇最为干旱的年份。

（二）利用包气带水势和含水量监测资料，确定潜水支持毛细水带上升高度

潜水的支持毛细水带上升高度的监测方法很多，如室内的土柱试验法、野外原位剖面观测法和土壤水分仪实测法。这些方法的共同特点，就是都利用土壤含水量资料，以支持毛细水带含水量趋近饱和含水量、且大于田间持水量为依据。从含水量分布剖面上看，支持毛细水带的土壤含水量明显大于包气带上部非饱和带的含水量（图 2-19）。

在上述方法中，以中子水分仪法最为简单、准确。这种方法是在自然条件下不破坏地层安装测管，然后，定期、定时观测包气带剖面各个层位土壤含水量。

利用包气带水势和土壤含水量监测资料确定潜水支持毛细水带上升高度，主要步骤如下。

首先，整理和分析包气带水势观测资料，绘制总水势剖面图，总水势剖面需自地表贯穿包气带至潜水面。在 DZFP 分布带和支持毛细水前缘变动带，应加密监测点，以便提高分辨精度。

然后，整理和分析中子水分仪观测包气带含水量资料，绘制含水量剖面，识别和确定大于田间持水量的测点及其最小深度（图 2-19 中 A 线），A 点至潜水面垂直距离就是潜水的支持毛细水带上升高度（记作 Z_m）。

在实际工作中，常见的情况如图 2-19 所示。潜水面之上的支持毛细上升带前缘，恰好刚与 Z_E 下界面衔接的情况不常见。或潜水面的支持毛细上升带前缘已上穿 Z_E 下界面（DZFP 深度），潜水已强烈蒸发消耗。或潜水面的支持毛细上升带前缘距 Z_E 下界面（DZFP 深度）尚有一定距离，潜水还没有发生蒸发消耗。这种情况下，应选择有代表性地段，分别测定 Z_E 和 Z_m 值，然后，累加 Z_E 与 Z_m 值，同时，考虑 Z_E 与 Z_m 两者之间地层岩性变化的可能影响，由此，确定潜水蒸发最大极限深度（张光辉，1987），为防治土壤盐渍化提供科学依据。

（三）应用实例

黑龙港平原的黄河古河道带，南宫地下水库中心试验区内，包气带以亚砂土为主，夹薄层亚黏土及黏土，或它们以透镜体形式出现。根据 1983～1987 年观测资料，绘制干旱期包气带总水势剖面图，获得多年最深的零通量面（DZFP）埋深，即包气带水分蒸发最大可能影响深度为 0.95m。

然后，编绘多期（不同潜水位埋深）条件下包气带含水量分布剖面图，分别识别和确定潜水之上的潜水面之上的支持毛细上升带前缘和 Z_m 值，其中最大毛细上升高度为 1.92m。于是，南宫地下水库中心试验区内的潜水蒸发极限深度（Z_{max}）＝Z_E＋Z_m＝2.87m。河北省地理科学研究所曾在本区开展工作，给出的潜水蒸发极限深度为 2.95m，本书与其之差不足 2.8%。

二、野外测定给水度的新方法

潜水位变动带给水度（μ）是浅层地下水资源评价中重要水文地质参数，常用的测

定方法有野外原位测试法、疏干漏斗法、电测法、室内试验法、野外抽水试验法和有限插分计算法等。这些方法在测试手段上，或者在测定结果精度及其代表性方面，不同程度地存在一定的局限性。如何高精度、及时快速地测定自然条件下潜水位变动带给水度，对于提高地下水资源评价精度具有十分重要意义。

零通量面方法以及土壤水、水势测试技术在我国北方的广泛应用，为解决上述问题提供了前提条件和可能性。本书介绍的"单位土体释水法"与"单位水位降深释水法"是作者于1989年提出的，发表于《工程勘察》期刊第6期。

测定潜水位变动带给水度的"单位土体释水法"与"单位水位降深释水法"，是着眼于野外实地测定给水度值。这种方法以土壤水分监测仪和土壤水势监测资料为基础，在不破坏潜水位变动带地层结构条件下，监测包气带剖面的不同深度上各个点与全剖面的重力给水度值及潜水位变动带给水度值。其结果不仅具有较好的代表性，而且真实可靠、精度高，试验工作量相对较小。

(一) 给水度概念

早在20世纪40年代，苏联学者提出了重力给水度概念，即在重力作用下单位体积饱水岩土所排出的重力水的体积，表达式为

$$\mu_{g} = \frac{V_{w}}{V} \tag{2-28}$$

式中，μ_{g} 为岩土重力给水度，以小数或%表示；V_{w} 为岩土释放出的重力水体积，m^3 或 cm^3；V 为释放 V_{w} 水量的岩土体积。

20世纪70年代，著名地下水力学家 Bear (1972) 提出：潜水位下降单位深度，下降水位以上单位横截面积土柱所排出的水量，称为给水度，即

$$\mu = \frac{W}{\Delta H} \tag{2-29}$$

式中，W 为潜水位下降 ΔH 时，下降水位以上单位横截面土柱所排出的水量，以水层厚度计，mm 或 m；ΔH 为潜水位下降幅度，单位 mm 或 m。

(二) 给水度测定方法与原理

按给水度的概念，利用土壤水分监测仪和土壤水势观测计测定给水度的方法有两种：一种是单位土体释水法，另一种是单位水位降深释水法。

1. 单位土体释水法

单位土体释水法是指潜水位变动带地层释放出的水量与释水土体体积之比的计算方法。

在野外工作中，多采用水层厚度与土层厚度之比，或者由式 (2-30) 计算 μ_{g} 值，即

$$\mu_{g} = W_{v} - m \tag{2-30}$$

式中，W_v 为潜水变动带岩土最大容水度；m 为潜水位变动带岩土的天然湿度。

岩土释放出的水量 W_v 值及 m 值，可由土壤水分监测仪观测精确测得。水量减少的去向，则由土壤水势资料确定。

具体的测算方法有两种。

比值法：是指利用土壤水分监测仪观测潜水位下降前后潜水面以上地层水分变化量与释水地层厚度之比，由此求解 μ_g 值。如果潜水位下降 Δh，Z' 厚度的地层释放了 ΔW_v 水量（Δh 和 ΔW_v 量由土壤水分监测仪测得），于是，Z' 厚度的地层重力给水度（μ'_g），为

$$\mu'_g = \frac{\Delta W_v}{Z'} \tag{2-31}$$

差值法：是指利土壤水分监测仪观测获得的潜水面以上地层饱和含水量与天然湿度之差，进而确定重力给水度的方法。

利用差值法确定给水度较比值法灵活，既可求土体的各个测点（层位）的重力给水度，又可测定潜水面以上土体（潜水位变动带）的 μ_g 值。这种方法测定的结果，能较真实地反映潜水位变化前后在潜水面以上不同深度的土层释水或充水状况及其变化特点。差值法是一种测试精度较高的求解给水度的方法，对于深化降水入渗水流补给潜水机制研究具有一定的促进作用。

在差值法中，又可分为"自然释水法"和"饱水释水法"两种方法。其中，饱水释水法是指降水或人工注水使潜水面以上地层（岩土）饱水，然后，利用土壤水分监测仪测定地层（土体）最大容水度，适时测定释水后的天然湿度。自然释水法指因潜水位下降而造成潜水面以上土体释水，分别利用土壤水分监测仪测定潜水位变化前后的潜水位变动带地层含水量，计算其差值，由此确定 μ_g 值。

2. 单位水位降深释水法

单位水位降深释水法是指岩土释出的水量与相应水位降深之比的测定给水度方法。具本测定方法有三种。

1) 自然零通量面法

自然零通量面法是指利用自然零通量面作边界，计算零通量面（Z_0）至下降后的潜水面位置（$Z+\Delta H$）之间土体的给水度的方法。它是利用零通量面处岩土水分运动通量为零的这一特点，基于达西定律和质量守恒原理，推导出式（2-32）。

在 $t_0 \sim t_1$ 时段内，Z_0 位置稳定条件下，有

$$W_\mu = \int_{t_0}^{t_1} q_Z(Z+\Delta H, t)\mathrm{d}Z$$

$$= \int_{Z_0}^{Z+\Delta H} [\theta(t_0) - \theta(t_1)]\mathrm{d}Z \tag{2-32}$$

在 $t_0 \sim t_1$ 时段内，Z_0 位置由 $Z_0(t_0)$ 迁移至 $Z_0(t_1)$ 条件下，有

$$W_\mu = \int_{Z_0(t_0)}^{Z+\Delta H} \theta(t_0)\mathrm{d}Z - \int_{Z_0(t_1)}^{Z+\Delta H} \theta(t_1)\mathrm{d}Z - \int_{Z_0(t_0)}^{Z_0(t_1)} \theta[t_0(Z_0)]\mathrm{d}Z \tag{2-33}$$

式中，W_μ 为潜水位下降 ΔH 后，潜水面至 Z_0 之间单位横截面积的土柱释放的水量；t_0、t_1 分别为潜水位下降 ΔH 的初始与终止时间；$q_z(Z+\Delta H,t)$ 为潜水位下降至 $Z+\Delta H$ 位置、t 时刻的水分通量；$\theta(t)$ 为 t 时刻 Z_0 至 $Z+\Delta H$ 之间地层含水量；Z_0 为 DZFP 的埋深；Z 为 t_0 时刻潜水位埋深；ΔH 为 $t_0 \sim t_1$ 时段的潜水位变幅。

W_μ 和 θ 均可由土壤水分监测仪观测获得的，然后，利用式（2-29）计算 μ_g 值。

利用自然零通量面作边界，确定的给水度反映了 Z_0 至 $Z+\Delta H$（水位下降后的潜水面位置）之间土体给水状况，它是土柱给水程度的概化平均，其精度取决于 Z_0 至 $Z+\Delta H$ 之间监测点的间距大小，间距越小，精度越高。另外，地层岩性的均匀性程度对测定结果精度有一定影响。

2）表面通量法

表面通量法又称人工零通量面法，指在无自然零通量面存在时，人为在工作区地表覆盖隔水物，阻止水分向上运行，由此造成地表处水分通量为零，即形成一个人工的零通量面（又称已知表面通量）。然后，利用土壤水分监测仪观测潜水位下降前后的潜水面以上土柱给水量（W_0）。于是，有

$$W_0 = \int_0^{Z+\Delta Z} [\theta(t_0) - \theta(t_1)]dZ \tag{2-34}$$

$$\mu = \frac{W_0}{\Delta H} \tag{2-35}$$

式中，各符号意义同前。

3）无界法

无界法是指当潜水位埋藏较深，又缺少完整的土壤水势资料时，利用在均一岩性地层中支持毛细水上升高度在潜水位变化前后基本不变的特点，测定潜水位下降前后支持毛细水带及其影响变化带的地层水分变化量（利用土壤水分监测仪观测），然后，使之与相应水位变幅之比，由此测定潜水位变动带的给水度的方法。

（三）应用实例

1. 自然释水法测算 μ_g 值

这种方法要求在选取资料时，应注意松散地层释水滞后作用的影响，观测资料须是在潜水位下降前后相对稳定时期进行观测获得的数据。在这个实例中，初始的潜水水位稳定时间达 50 天，潜水位下降后（终止水位）稳定时间达 60 天，期间潜水位降幅为 0.70m，监测剖面土壤总水势梯度指向始终向下。其他资料见表 2-18。

表 2-18　自然释水法测算 μ_g 值及相关资料

监测深度/cm	280	320	360	400	440
岩土最大容水度/%	18.0	37.0	36.4	39.4	37.6
天然湿度/%	9.9	23.5	32.5	32.8	34.4
μ_g 的估算值	0.081	0.135	0.039	0.066	0.032

注：地层为亚砂土、亚黏土及粉砂土；潜水位埋深 4.13～4.83m。

2. 饱水释水法测算 μ_g 值

这个试验也是在亚砂土、亚黏土及粉砂土组成的包气带剖面中进行的，试验期间潜水位埋深 4.50～4.51m。渗水环直径 1.50m，埋入地面以下的深度为 1.20m，避开了包气带表部的水分严重亏缺、蒸发蒸腾影响又较为强烈地段。在渗水区中心位置设有土壤水分监测孔，可随时逐点观测。前后连续渗水试验和脱水试验 14 天，其中，渗水 72 小时，地层释水 11 天。观测间隔时间上，初期为 1min、3min、5min、15min、30min，中后期为 1 小时、2 小时、4 小时、12 小时、24 小时不等。渗水总量 2318mm。

测算结果见表 2-19。

表 2-19 饱和释水法测算 μ_g 值及相关资料

监测深度/cm	20	50	100	200	300	400
岩土饱和含水量/%	33.21	32.98	33.39	31.88	32.16	38.48
释水后岩土含水量/%	12.26	15.11	13.97	11.97	23.56	38.11
μ_g 的估算值	0.210	0.179	0.199	0.199	0.086	0.004

注：地层为亚砂土、亚黏土及粉砂土；潜水位埋深 4.50～4.51m。

上述两种方法的测算结果，都反映了剖面不同深度的岩土给水状况，其中，自然释水法的结果反映了在潜水位下降 0.70m 情况下的潜水面以上土体给水特点，即在不考虑岩性影响前提下，μ_g 值随着测点接近潜水面而变小。而饱水释水法的结果，则反映了整个包气带地层给水特征，即岩性相同区段 μ_g 值趋近一致，在支持毛细水带内因受支持毛细水的影响而 μ_g 值明显变小。

3. 比值法测算 μ_g 值

这种方法适用范围较广，不管潜水位是否经历过相对稳定时期，都可用其求测给水度。但是，该法要求测定支持毛细水变动带的厚度（利用土壤水分监测仪观测）。

该法测算结果见表 2-20，具有较高可信度。

表 2-20 比值法测算 μ_g 值及相关资料

时段（月·日）	日期（月·日）	土体含水量/cm	潜水位埋深/cm	土水变化量/cm	毛细水带移距/cm	μ_g 值
11.11～6.16	11.11	59.30	413	4.76	34.0	0.140
	6.16	54.54	450			
4.10～4.30	6.16	54.54	450	4.32	31.0	0.139
	7.16	50.22	482			

注：地层为粉砂土、亚砂土。

4. 自然零通量面法测算潜水位变动带 μ_g 值

在监测期间，DZFP 埋深为 0.74～0.75m，潜水位埋深 4.51～4.78m。地层岩性为亚砂土、粉砂土。其他资料和测算结果见表2-21。

表 2-21 自然零通量面法测算 μ 值及相关资料

时段（月·日）	日期（月·日）	土体含水量/cm	潜水位埋深/cm	土水变化量/cm	潜水位变幅/cm	μ_g 值
4.2~4.5	4.4	78.88	428	0.85	7.0	0.121
	4.5	78.03	235			
4.10~4.30	4.10	79.30	437	1.83	14.0	0.131
	4.30	77.47	451			

注：地层为粉砂土、亚砂土。

从表2-21可以看出，这种方法利用日常的土壤水分和水势观测资料就可以计算，不需要进行专门的测试工作。该法所得到的结果，尽管是零通量面（DZFP）至潜水面之间土体给水的平均值，但是，由于被测地层具有自然顶、底界面，所以，测算给水度的结果不仅可靠性强，而且精度也高。例如，利用4月2~5日4天的监测资料，求得给水度值为0.121，与利用4月6~30日24天的监测资料求得给水度值近似。若不是在4月6日发生降水事件，再持续给水一段时间，4月2~5日阶段测算的给水度值会更加趋近0.131值。

5. 无界法测算潜水位变动带 μ_g 值

在该实例中，选用的支持毛细水带含水量资料是取自潜水位相对稳定时期观测数据，由此，减少了地层（土体）给水滞后作用影响。地层岩性为粉砂土、亚砂土，潜水位埋深4.13~4.82m，监测深度2.40~4.40m，其他资料见表2-22。从表2-22可见，无界法测算 μ_g 值与自然零通量面法测算结果基本一致，由此表明利用无界法测算 μ_g 值是可行的，尤其在ZFP不存在期间，或潜水位埋藏深度较大的地区，或无土壤水势资料时，这种方法具有独特的优越性。当潜水位埋深小于潜水蒸发极限深度时，不适宜使用该方法。

表 2-22 无界法测算 μ_g 值及相关资料

时段（月·日）	日期（月·日）	土体含水量/cm	平均含水量/cm	潜水位埋深/cm	土水变化量/cm	潜水位变幅/cm	μ_g 值
10.10~10.11	10.10	59.21	59.26	413			
	11.11	59.30					
6.16~6.18	6.16	54.54	54.60	450	4.66	37.0	0.126
	6.18	54.66					
7.16~8.10	7.16	50.22	50.34	482	4.26	33.0	0.129
	8.10	50.46					

小　　结

（1）水文地质学的形成与发展，是建立在对"地下水形成过程及其与大气降水、地表水和包气带水（或称土壤水）之间关系"不断认识进程中。大气降水、地表水和包气带水与地下水之间"四水"转化研究是水文地质学的重要研究内容，地下水流数值模拟技术不断发展，促进了"四水"转化研究水平提高。

（2）土壤水分和水势能监测技术的成熟与广泛应用，有力地促进对"四水"转化定量关系与机制的认识，包括二元水循环模式下"四水"转化规律，基本掌握了浅层地下水入渗补给量形成规律与监测方法。在直接测定、间接测定、模型法和示踪测算法等基础上，提出适宜厚大包气带入渗补给量测算的"水量差计算法"和"水量差图解法"。

（3）零通量面方法在我国北方的应用，解决了诸多以往无法解答的水文地质学问题。虽然 DZFP 存在的时间占全年时间不足 50％，但是 87.8％ 的降水入渗补给量形成于 DZFP 存在时期，DZFP 不存在时期（包括冬季没有资料阶段）的地下水入渗补给量仅占 12.2％。零通量面方法的改进，使得 ZFP 方法更为实用，包括剖面水量差法和公式逆推法，延长了零通量面方法使用时间适用范围，使得 95％ 以上的入渗补给量能够得到准确测算。

（4）基于土壤水分和水势监测技术，利用包气带水势和含水量监测资料，能够确定土壤水蒸发最大可能影响深度和潜水支持毛细水带上升高度，由此获得实测的潜水蒸发最大极限深度。同时，基于测定潜水位变动带给水度的"单位土体释水法"与"单位水位降深释水法"，是着眼于岩土水势和含水量监测资料，利用本书作者提出的比值法、自然释水差值法、饱水释水差值法、单位水位降深释水法、自然零通量面法、表面通量法和无界法等可以获得野外实地测定给水度值。

（5）只有地下水埋深明显小于潜水蒸发极限深度条件下，才会出现包气带水分量基本不变、蒸发直接消耗地下水的情景。在同一个剖面、同一时段，不同测算深度（或不同地下水水位埋深）的入渗补给量，在"三水"转化关系图中分布在同一条直线上，直线的斜率为 -1，截距为降水量、地表径流量和陆面蒸发蒸腾量的代数和。当降水量大于地表径流量与陆面蒸发蒸腾量之和时，直线分布在坐标原点右侧。当降水量小于地表径流量与陆面蒸发蒸腾量之和时，直线分布在坐标原点左侧。当降水量等于地表径流量与陆面蒸发蒸腾量之和时，直线通过原点。

（6）自然因素与人类活动导致二元循环机制，其中农业灌溉用水不仅成为地下水的重要排泄项，而且，还是地下水资源评价中重要的补给项。在二元水循环模式下，"四水"转化通量特征发生了重大变化，垂向水分交换通量（开采、层间越流强度）显著增强，水平方向水分通量明显衰减，在严重超采区甚至出现倒流想象。

（7）地下水水位下降导致包气带增厚，使有限时间内地下水获取的入渗补给量变小。但是，从多年均衡期考虑，这种影响是有限的，不是逐渐累加的，而是逐年抵消的。当包气带的初始厚度大于潜水蒸发极限深度背景下，随着其厚度增大，对入渗速率的影响逐渐变弱，但是对入渗时间和有限时间内补给量的影响增强。包气带厚度越大，入渗路径越长，通过DZFP深度的入渗水分全部补给到地下水中所需时间越长，有限时间内地下水获取的入渗补给量越小。

参 考 文 献

曹建生，张万军，刘昌明，等. 2007. 岩土二元介质水分运动与转化特征试验研究. 水利学报，38（8）：901~906

程勤波，陈喜，赵玲玲，等. 2009. 饱和与非饱和带土壤水动力耦合模拟及入渗试验. 河海大学学报，（3）：284~289

方文松，刘荣花，朱自玺，等. 2011. 农田降水渗透深度的影响因素. 干旱地区农业研究，（4）：185~188

费宇红. 2006. 京津以南河北平原区域地下水演变和涵养研究（D）. 河海大学博士学位论文：81~104

费宇红，张光辉. 2012. 水势理论在四水转化研究中应用时代特征与趋势. 地质科技情报，（5）：152~156

高鹏，穆兴民，刘普灵，等. 2006. 降雨强度对黄土区不同土地利用类型入渗影响的试验研究. 水土保持通报，（3）：1~5

高淑琴，苏小四，杜新强，等. 2007. 大气降水对承压型地下水库水资源调蓄的影响分析. 水文，（6）：22~24

胡立堂，王忠静，赵建世，等. 2007. 地表水和地下水相互作用及集成模型研究. 水利学报，38（1）：54~59

李亚峰，李雪峰. 2007. 降水入渗补给量随地下水埋深变化的实验研究. 水文，（5）：58~60，48

李援农，费良军. 2005. 土壤空气压力影响下的非饱和入渗格林-安姆特模型. 水利学报，36（6）：733~736

刘昌明，夏军，郭生练，等. 2004. 黄河流域分布式水文模型初步研究与进展. 水科学进展，15（7）：495~500

刘鑫，宋献方，夏军，等. 2007. 黄土高原岔巴沟流域降水氢氧同位素特征及水汽来源初探. 资源科学，29（3）：59~66

路振广，路金镶，袁宾. 2007. 大田作物非充分灌溉实施效果分析评价. 灌溉排水学报，26（5）：30~33

聂振龙，陈宗宇，程旭学，等. 2005. 黑河干流浅层地下水与地表水相互转化的水化学特征. 吉林大学学报，（1）：48~53

聂振龙，连英立，段宝谦，等. 2011. 利用包气带环境示踪剂评估张掖盆地降水入渗速率. 地球学报，（1）：117~122

齐登红，靳孟贵，刘延锋. 2007. 降水入渗补给过程中优先流的确定. 中国地质大学学报（地球科学版），（3）：420~424

钱静，王旭升，陈添斐. 2013. 滞后补给权函数与包气带的关系. 水文地质工程地质，（3）：1~5

史良胜，蔡树英，杨金忠. 2007. 次降雨入渗补给系数空间变异性研究及模拟. 水利学报，38（1）：79~84

束龙仓，陶玉飞，刘佩贵. 2008. 考虑水文地质参数不确定性的地下水补给量可靠度计算. 水利学报，39（3）：346~350

孙才志，刘玉兰，杨俊. 2007. 下辽河平原地下水生态水位与可持续开发调控研究. 吉林大学学报，

（2）：249～254

孙大松，刘鹏，夏小和，等.2004.非饱和土的渗透系数.水利学报，35（3）：71～75

谭秀翠，杨金忠.2012.石津灌区地下水潜在补给量时空分布及影响因素分析.水利学报，43（2）：143～152

汪丙国，靳孟贵，王文峰，等.2006.氯离子示踪法在河北平原地下水垂向入渗补给量评价中的应用.节水灌溉，（3）：16～20

王康，张任铎，王富庆.2007.土壤水分运动空间变异性尺度效应的入渗试验研究.水科学进展，18（2）：158～163

王蕊，王中根，夏军.2008.地表水和地下水耦合模型研究进展.地理科学进展，27（4）：37～41

王润冬，陆垂裕，孙文怀，等.2011.基于 MODCYCLE 模型的农田降水入渗补给研究.人民黄河，（4）：51～53

王仕琴，宋献方，王勤学，等.2008.华北平原浅层地下水水位动态变化.地理学报，（5）：435～445

王仕琴，宋献方，肖国强，等.2009.基于氢氧同位素的华北平原降水入渗过程.水科学进展，（4）：495～501

王政友.2011.降水入渗补给地下水滞后时间分析探讨.水文，（2）：42～45

许月卿.2005.土地利用对地下水位下降的影响——以河北平原为例.地理研究，（2）：222～228

许发奎，郭翔云.1994.太行山山前平原区"四水"转化关系研究.海河水利，（5）：53～55

杨丽芝，张光辉，胡乃松，等.2009a.利用环境同位素信息识别鲁北平原地下水的补给特征.地质通报，（4）：515～522

杨丽芝，张光辉，刘中业，等.2009b.鲁北平原地下水同位素年龄及可更新能力评价.地球学报，（2）：235～242

袁瑞强，刘贯群，宋献方.2009.现代黄河三角洲浅层地下水对降水的响应.资源科学，31（9）：1514～1521

袁瑞强，宋献方，刘贯群.2010.现代黄河三角洲上部冲积平原降水入渗补给量研究.自然资源学报，（10）：1777～1785

曾亦键，万力，苏中波，等.2008.包气带水汽昼夜运移规律及其数值模拟研究.地学前缘，15（5）：330～334

查恩爽，卞建民，姜振蛟，等.2010.吉林西部降水入渗模拟中有关参数转换及确定.节水灌溉，（6）：15～17

翟远征，王金生，滕彦国，等.2011.北京平原区永定河地下水系统地下水化学和同位素特征.地球学报，（1）：101～106

张长春，邵景力，李慈君，等.2003.华北平原地下水生态环境水位研究.吉林大学学报（地球科学版），（3）：323～326

张光辉.1987.一种潜水蒸发极限深度测定方法.地下水，（4）：198～200

张光辉.1992."三水"转化定量关系研究.勘察科学技术，（1）：34～38

张光辉，费宇红，刘克岩，等.2004a.海河平原地下水演化与对策.北京：科学出版社

张光辉，费宇红，邢开.2004b.太行山前平原非河道条件下地下调蓄功能试验研究.水文，24（2）：15～19

张光辉，刘少玉，张翠云，等.2004c.黑河流域地下水循环演化规律研究.中国地质，（3）：289～293

张光辉，费宇红，申建梅，等.2007.降水补给地下水过程中包气带变化对入渗的影响.水利学报，38（5）：611～617

张光辉，费宇红，王金哲，等.2012.华北灌溉农业与地下水适应性研究.北京：科学出版社

张光辉，费宇红，王金哲. 2003. 300 年以来太行山前平原地下水补给演化特征与趋势. 地球学报，24
　　（4）：261～266

张光辉，殷夏，张洪平，等. 1992. 零通量面方法的改进. 水利学报，（1）：36～42

张光辉，张洪平，费宇红，等. 1991. 潜水入渗补给量形成过程及其与某些易观测量之间关系研究.
　　见：地质矿产部水文地质环境地质研究所：26～55

张俊，徐绍辉，刘建立，等. 2005. 土壤水力性质参数估计的响应界面和敏感度分析. 水利学报，36
　　（4）：446～451

张宗祜. 2005. 华北大平原地下水的历史和现状. 自然杂志. 27（6）：311～315

张宗祜，施德鸿，沈照理，等. 1997. 人类活动影响下华北平原地下水环境演化与发展. 地球学报，18
　　（4）：337～344

周青云，孙西欢，康绍忠. 2006. 蓄水坑灌条件下土壤水分运动的数值模拟. 水利学报，37（3）：
　　342～347

Bear J. 1972. Dynamics of Fluids in Poous Media. New York：Elsevier

Buckingham E. 1907. Studies on the movement of soil moisture US. Department of Agricalture

Dupuit J，Etudes T. 1863. Pratiques sur le movement des eaux dans les canaux de couverts et atravers les
　　terrains permeables. 2nd. Dunod，Paris：304

Gardner W，Israwlsen O W，Eelefsen N E，et al. 1922. The capillary potential function and its relation
　　to irrigation practice. Phys rev，（20）：196～197

Jacob C E. 1940. On the flow of water in an elastic artistic aquifer. Trans Am Geophys Un，Pt. 2：
　　574～586

Richards L A. 1931. Capillary conduction of liquids through porous mediums. Physics，（1）：318～333

Theis C V. 1935. The relation between lowering of the piezometric surface and the rate and duration of
　　discharge of a well using groundwater storage. Trans Am Geophys Un，16th annual meeting，Pt. 2：
　　519～524

第三章　重金属在包气带中行为特征与控制

土壤重金属污染是指由于人类活动造成土壤中有毒有害金属元素含量超过背景值的状况，主要包括汞（Hg）、镉（Cd）、铅（Pb）、铬（Cr）和类金属砷（As）等生物毒性显著的元素以及锌（Zn）、铜（Cu）、镍（Ni）等有一定毒性的元素。

本章主要依据作者博士学位论文研究课题成果，重点阐述有关内容。1993～1995年期间，作者根据 1983～1992 年完成的大量包气带水分运移研究成果，选择重金属在非饱水土壤环境中迁移与转化过程和机理作为研究重点，开展了大量试验，深化了毒性金属在包气带中迁移与转化规律研究，发表了"镉在包气带中迁移与积累的特征"（西安地质学院学报，1995/2）、"土壤非饱和性对毒性金属镉在包气带中迁移与转化的影响"（水文地质工程地质，1996/2）、"镉在入渗过程中迁移与转化的特征"（勘察科学技术，1996/2）、"毒性金属形态变化与土壤饱和性的关系"（勘察科学技术，1997/3）、"镉生物危害效应与水分变化的关系"（西安工程学院学报，1997/3）。

第一节　镉在包气带中行为特征及主要影响因素

一、镉在包气带剖面中分布特征

研究结果表明，重金属主要聚积在包气带的 60cm 深度以上表层土壤中。从图 3-1 至图 3-3 可见，尽管土壤岩性不同，但是，Cd 在土壤剖面上分布特征是相同的。在亚黏土剖面中，Cd 主要分布在 0～35cm 表层土壤中，40cm 以下 Cd 含量小于 $10\mu g/L$，且呈显著减少趋势（图 3-1）。

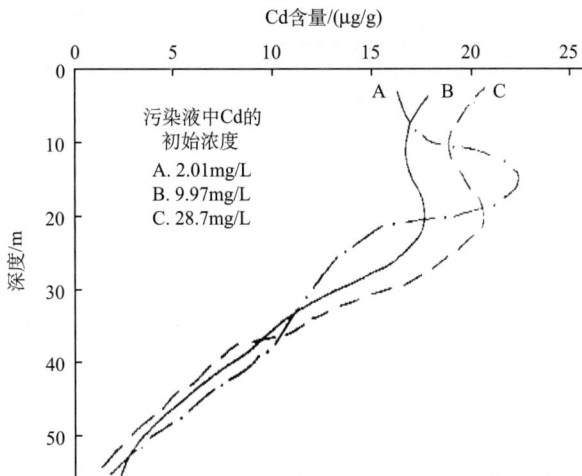

图 3-1　不同初始浓度下 Cd 在亚黏土中分布特征

在粉质亚砂土剖面中，Cd 主要分布范围略向下扩大至 45cm 深度（图 3-2）。而在细粉砂剖面上，20cm 深度以上 Cd 浓度较大（图 3-3）。在入渗液 Cd 浓度 2.01mg/L 时，随深度增加，土壤中 Cd 含量呈递减趋势。在 Cd 浓度 9.97mg/L 时，30cm 以下土壤中镉含量基本不变（张光辉等，1996a）。

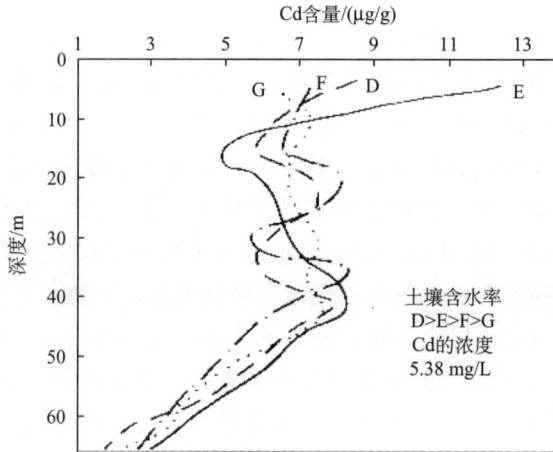

图 3-2　不同初始含水率下 Cd 在粉质亚砂土中分布特征

造成在不同岩性土壤中 Cd 含量差异性的原因，除土壤吸附性能不同以外，机械过滤和沉淀作用具有不可忽视的影响，在图 3-3 中 0～10cm 深度的土层中 Cd 含量明显偏高就是例证。因为含镉污染液与 pH 较高的土壤接触瞬间，在固-液界面间发生物质交换的同时，液相 pH 迅速增大（详见后面讨论），使得液相中形成絮凝物，这些絮凝物在通过包气带表层的土壤时，便被过滤截留下来（张光辉，1995；张光辉等，1996a）。

实验结果表明，自 Cd 污染液从地表渗入进入土壤开始，至污染液从下部排水系统

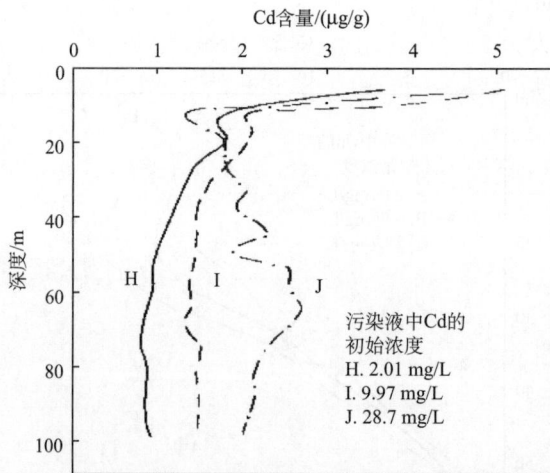

图 3-3　不同初始浓度下镉在细粉砂土中分布特征

排出，排出的土壤水中 Cd 的浓度分别由入渗的初始浓度 2.01mg/L、9.97mg/L 和 28.7mg/L，细粉砂土试验土体排水中 Cd 浓度分别减少为 0.010mg/L、0.016mg/L 和 0.040mg/L，亚黏土为 0.015、0.023mg/L 和 0.036mg/L。它们的 pH 分别由入渗初始的 6.40、3.85 和 1.90，增大为细粉砂土 7.50、7.20 和 6.95，亚黏土 8.04、8.10 和 7.90。

在图 3-3 中，各曲线变化与土壤中可溶碱性物质含量和液相 pH 变化有关。细粉砂土中可溶碱性物含量比另外两种土壤的含量低，所以，在入渗过程中，pH 在剖面上变化缓慢，以至，Cd 污染液能够向下迁移较深。污染液初始 pH 越高，这种变化越小，以至较低浓度污染液的 pH 增大幅度较小。而较高浓度污染液的 pH，增大幅度较大。

在 Cd 污灌区的水田中，重金属主要集中在 0～20cm 的耕作层内，向下显著减少。Cd 迁移影响的深度在 60cm 范围内。在沈阳张士灌区草甸棕壤土中，污灌 20 多年，Cd 累计量达 4.32μg/g，污染深度达 60cm（夏增禄，1992）。在污水旱灌情况下，重金属污染主要聚积在 30cm 土层内，影响深度不大于 60cm，向下影响微弱。在颗粒较粗的地层中，结果与图 3-3 中结果相似。例如，在上海蚂蚁污灌区和沈阳张士灌区砂性地层一带，含 Cd 污染液经过包气带，使地下水中镉含量超过 2.35mg/L。

二、镉在包气带中动态特征

在同一研究时间尺度下，不同岩性土壤中镉吸附量的动态变化特征各不相同（图 3-4）。实验结果表明，在 Cd 污染液的初始浓度相同条件下，土壤颗粒越细，达到吸附平衡所用时间越短（表 3-1）。在同一种土壤中，Cd 污染液的初始浓度不同，其动态变化特征存在较大差异，如图 3-4 (b) ～ (d) 所示。在亚黏土、粉质亚砂土和细粉砂的三种土壤中，Cd 污染液浓度越高，亚黏土吸附 Cd 越快，粉质亚砂和细粉砂土与亚黏土情形相反，增大污染液 Cd 初始浓度，24 小时的吸附 Cd 的增量较小，特别是细粉砂土变化更为显著。例如，当 Cd 污染液浓度为 11.1mg/L 时，24 小时的细粉砂土吸附量为 85.5%；当浓度增大为 28.7mg/L 时，吸附量下降为 65.21%。相反，亚黏土吸附量则由 91.88% 增加为 94.91%（张光辉等，1996a；张光辉，1996）。

表 3-1 不同土壤在不同初始 Cd 浓度下 24 小时的相对吸附量

Cd 初始浓度/(mg/L)	土壤岩性	吸附量/%
11.1	亚黏土	91.88
	粉质亚砂土	91.46
	细粉砂	85.50
28.7	亚黏土	94.91
	粉质亚砂土	90.49
	细粉砂	65.21

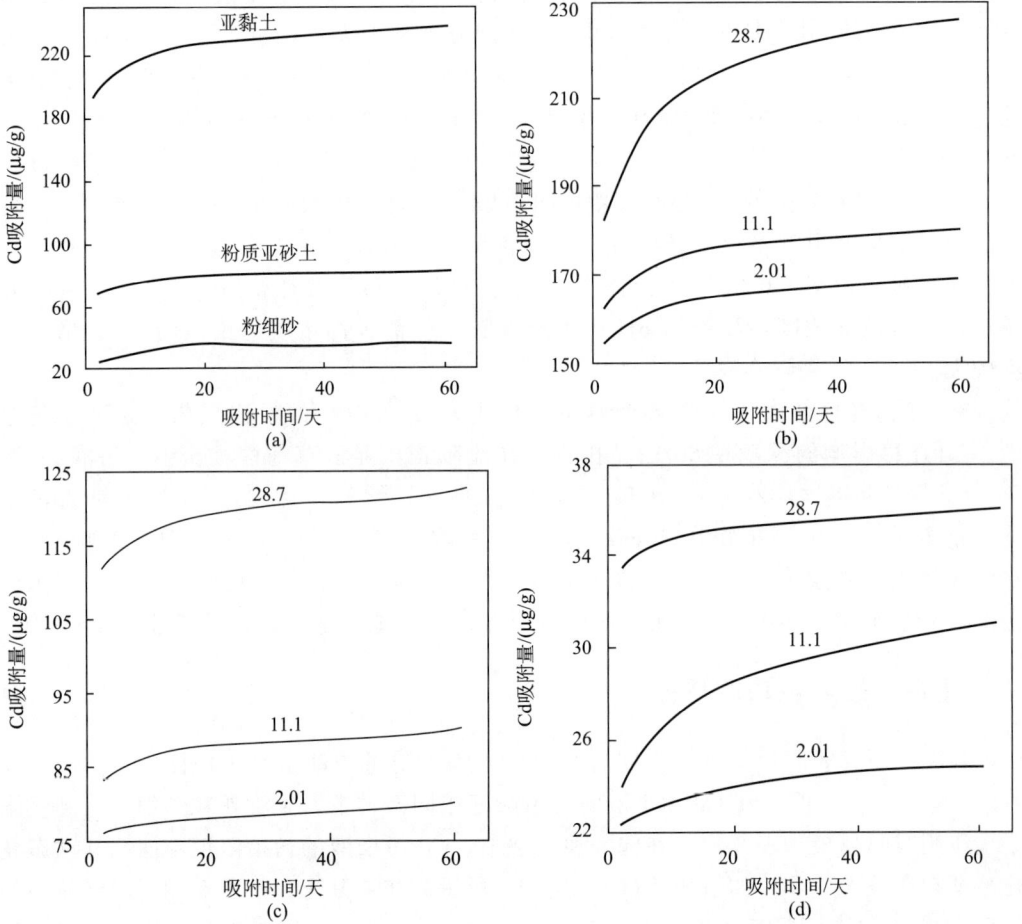

图 3-4　在不同初始浓度条件下不同岩性土壤 Cd 吸附量动态变化特征

（a）相同初始浓度下不同岩性土 Cd 吸附量变化；（b）不同初始浓度下亚黏土 Cd 吸附量变化

（c）不同初始浓度下粉质亚砂土 Cd 吸附量变化；（d）不同初始浓度细粉砂 Cd 吸附量变化

三、入渗过程中镉迁移与转化特征

（一）垂向特征

1. 入渗过程中方向与作用频率效应

入渗方向的效应：从图 3-1 至图 3-3 可见，含 Cd 污染液在包气带下渗迁移过程中，土壤剖面上 Cd 含量分布特征与污染液入渗方向有关。沿 Cd 污染液实际运动方向，随迁移路径的增长，土壤中 Cd 含量降低。这种效应在植物吸收镉的过程中，具有相同分布规律，即沿植物体内水分运移方向，植物各部位镉的含量逐渐减少（详见后续有关章节）。

作用频率效应：在包气带剖面上，土壤中 Cd 含量的分布特征，除了与地层机械过滤作用、吸附作用和土壤性质有关之外，还与固、液相界面之间作用频率的效应有关。对于包气带剖面的某一点（如图 3-5 中 A、B、C 或 D 点）而言，入渗过程中流经各点的 Cd 污染液越多，入渗速度越小，该点处的土壤 Cd 吸附量越大；反之，土壤接触污染液越少，入渗速度越大，该点土壤 Cd 吸附量越小（张光辉等，1996a）。

从包气带表层至某一深度，土层与下渗污染液之间作用频率是逐渐降低的。如图 3-5 所示，每次污染液入渗，都首先与 A 点作用，然后，依次为 B 点、C 点和 D 点 ……同时，无论每次入渗水量多与少，都首先满足 A 点等表层各点土壤吸水和吸附的要求，然后，才能继续下渗，与较深点处土壤作用，由此，较深点处土壤获得（吸水和吸附）污染液中 Cd 的机遇相对较少。随深度增大，这种机遇递减，以至，较深处的土壤 Cd 含量逐渐减少（图 3-1 和图 3-2）。

调查表明，在污水灌区包气带渗透性较好的地段，地下水已被 Cd 污染（陈怀满，1996），而在同一灌区的渗透性差地段（水田），Cd 污染深度仅达 60cm（夏增禄，1992）。这也从一个侧面说明频率效应的作用。

入渗频率效应在包气带中的特征可以表达为如下模式，有关参数和结果见表 3-2 和表 3-3。

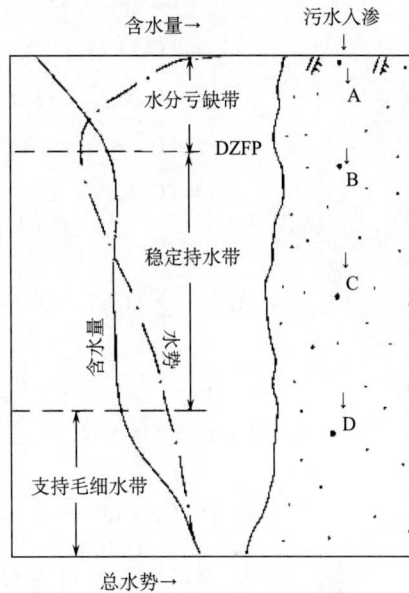

图 3-5　包气带含水率、土壤水势和入渗剖面监测点分布位置示意图

表 3-2　污染液在包气带入渗过程中不同深度土壤的 Cd 吸附量、污染液浓度、下渗水量与入渗方向的关系

深度序号	层位累计个数	污染液浓度	入渗水量	入渗方向	吸附量
0	0	C_0	Q_0		0
1	1	C_1	Q_1		X_1
2	2	C_2	Q_2		X_2
3	3	C_3	Q_3		X_3
4	4	C_4	Q_4	↓	X_4
…	…	…	…		…
$n-2$	$n-2$	C_{n-2}	Q_{n-2}		X_{n-2}
$n-1$	$n-1$	C_{n-1}	Q_{n-1}		X_{n-1}
n	n	C_n	Q_n		X_n

注：n 为正整数。

表 3-3　污染液在包气带入渗过程中不同深度的频率效应结果

各层位污染液浓度	$C_1 > C_2 > C_3 > C_4 \cdots > C_{n-2} > C_{n-1} > C_n$
入渗水量	$Q_1 > Q_2 > Q_3 > Q_4 \cdots > Q_{n-2} > Q_{n-1} > Q_n$
各层位吸附量	$X_1 \geqslant X_2 \geqslant X_3 \geqslant X_4 \geqslant \cdots \geqslant X_{n-2} \geqslant X_{n-1} \geqslant X_n$

注：土壤吸附达到饱和状态时，可能出现各层位吸附量相等的情况。

$$C_1 = C_0 \tag{3-1}$$

$$C_2 = (C_0 \cdot Q_0 - X_1)/(Q_0 - Q_1) \tag{3-2}$$

$$C_3 = [C_2(Q_0 - Q_1) - X_2]/(Q_0 - Q_1 - Q_2)$$
$$= (C_0 \cdot Q_0 - X_1 - X_2)/(Q_0 - Q_1 - Q_2) \tag{3-3}$$

$$C_4 = (C_0 Q_0 - X_1 - X_2 - X_3)(Q_0 - Q_1 - Q_2 - Q_3) \tag{3-4}$$

依次类推，

$$C_{n-2} = C_{n-3} \cdot (Q_0 - \sum_{j=1}^{n-4} Q_j)/(Q_0 - \sum_{j=1}^{n-3} Q_j) = (C_0 \cdot Q_0 - \sum_{j=1}^{n-3} X_j)/(Q_0 - \sum_{j=1}^{n-3} Q_j) \tag{3-5}$$

$$C_{n-1} = (C_0 \cdot Q_0 - \sum_{j=1}^{n-2} X_j)/(Q_0 - \sum_{j=1}^{n-2} Q_j) \tag{3-6}$$

$$C_n = (C_0 \cdot Q_0 - \sum_{j=1}^{n-1} X_j)/(Q_0 - \sum_{j=1}^{n-1} Q_j) \tag{3-7}$$

$$X_1 = C_0 \cdot Q_0 - C_2(Q_0 - Q_1) \tag{3-8}$$

$$X_2 = C_0 \cdot Q_0 - C_3(Q_0 - Q_1 - Q_3) - X_1$$
$$= C_2(Q_0 - Q_1) - C_3(Q_0 - Q_1 - Q_2) \tag{3-9}$$

$$X_3 = C_0 \cdot Q_0 - C_4(Q_0 - Q_1 - Q_2 - Q_3) - (X_1 + X_2)$$
$$= C_3(Q_0 - Q_1 - Q_2) - C_4(Q_0 - Q_1 - Q_2 - Q_3) \tag{3-10}$$

$$X_4 = C_0 Q_0 - C_5(Q_0 - Q_1 - Q_2 - Q_3 - Q_4) - (X_1 + X_2 + X_3)$$
$$= C_4(Q_0 - Q_1 - Q_2 - Q_3) - C_5(Q_0 - Q_1 - Q_2 - Q_3 - Q_4) \tag{3-11}$$

依次类推，

$$X_{n-2} = C_{n-2} \cdot (Q_0 - \sum_{j=1}^{n-3} Q_j) - C_{n-1}(Q_0 - \sum_{j=1}^{n-2} Q_j) \tag{3-12}$$

$$X_{n-1} = C_{n-1} \cdot (Q_0 - \sum_{j=1}^{n-2} Q_j) - C_n(Q_0 - \sum_{j=1}^{n-1} Q_j) \tag{3-13}$$

$$X_n = C_n \cdot (Q_0 - \sum_{j=1}^{n-1} Q_j) \tag{3-14}$$

式中，n 为监测点序号，$0 \sim n$；C_0 为下渗污染液的初始浓度，mg/L；Q_0 为污染液的初始水量，m³或 mm；C_n 为 n 深度处下渗污染液的浓度，mg/L；Q_n 为 n 深度处污染液的继承下渗量，m³或 mm；X_n 为 n 深度处土壤 Cd 吸附量，μg/g。

从土壤 Cd 吸附量（X）与污染液入渗速度（V）之间关系也可表征频率效应（表3-4）。含 Cd 污染液的初始浓度介于 2.01～28.7mg/L，实验结果表明，随入渗速度的增大，土壤 Cd 吸附量减小。在 Cd 初始浓度为 2.01mg/L 的入渗实验中，当入渗速度介于 0.05～0.25mm/min 时，吸附量变化尤为剧烈。在土壤 Cd 吸附量小于 4.0μg/g 时，入渗速度变化对吸附作用的影响较小。当污染液 Cd 初始浓度大于 5.0mg/L 时，入渗速度变化对土壤吸附 Cd 影响程度增强，具有较好的相关性，土壤 Cd 吸附量（X）与污染液入渗速度（V）间关系为 $X=aV^b$ 表达形式。随初始浓度增大，表达式中 a 值减小，b 值增大（张光辉，1996）。

表 3-4　不同初始浓度条件下土壤 Cd 吸附量与入渗速度的关系

污染液 Cd 初始浓度 /(mg/L)	$X=aV^b$ 关系式中参数变化特征		相关系数
	a	b	
2.01	3.42	−0.73	−0.93
5.22	8.57	−0.23	−0.99
9.97	3.55	−0.69	−0.99
28.70	3.53	−0.90	−0.96
综合	3.18	−0.63	−0.86

注：X 单位为 μg/g；V 单位为 mm/min。

表 3-4 表明，含 Cd 污染液在包气带中入渗，土壤 Cd 吸附量与污染液入渗速度呈负相关的关系。入渗速度越大，对于某一深度的土壤来说，它与污染液之间吸附作用时间越短，固-液相之间物质交换的机会随之减小，由此吸附量越小；反之，污染液入渗速度越小，固-液相之间相互作用的机会越大，吸附量必然较大（张光辉，1995）。

2. 渗水量和浓度变化效应

在相同初始浓度下，增加入渗污染液水量（Q_0），或者在相同水量下，增加初始浓度（C_0），从式（3-1）至式（3-14）可见，都会增大包气带中污染液影响范围内土壤 Cd 累计量。增加污染液初始浓度，各层位土壤 Cd 吸附量随之增大（图 3-1～图 3-3）。增加污染液的入渗水量，既增加各层位土壤的吸附量，又增大 Cd 迁移影响深度（图 3-6）。

在相同初始浓度（4.98mg/L）条件下，在入渗水量为 12.7mm 的实验中，Cd 污染影响深度仅为 57cm，而在入渗量为 25.4mm 的实验中，污染深度超过 73cm，而且，除表层土壤可能受入渗冲淋影响而较低之外，其他各深度土壤的 Cd 含量都明显大于 12.7mm 入渗量的实验结果。

众所周知，包气带含水量和土壤水分势能分布具有垂向分带性（图 3-5，张光辉，1991）。包气带表部土壤受蒸发和植

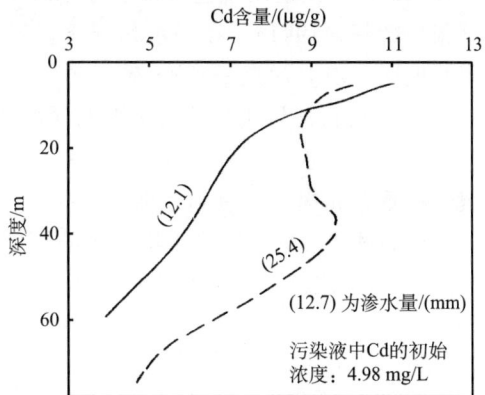

图 3-6　不同渗水量下粉质亚砂土剖面上 Cd 含量变化特征

含水量→

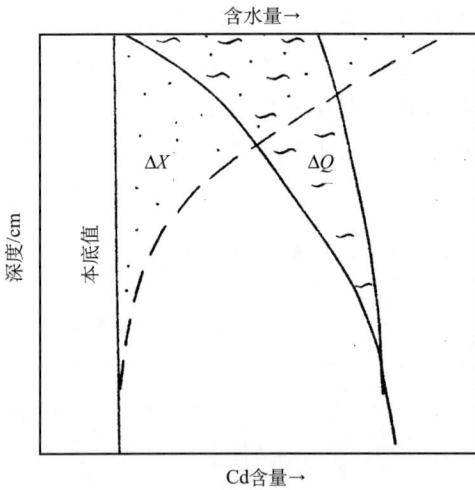

图 3-7　入渗后土壤水分、镉增
量在剖面上的分布

物蒸腾作用影响，经常处于水分亏缺状态，其下部为天然持水稳定带。在潜水面之上，天然持水稳定带之下是支持毛细水带。Cd 等重金属迁移与转化主要发生在水分亏缺带，只有在包气带渗透性较强或污染液的入渗水量较大条件下，Cd 等重金属才能迁移进入稳定带。

当污染液进入包气带表层时，处于水分亏缺状态的土壤，在高水势梯度（>1.0cm/cm，张光辉，1991）作用下，迅速吸附入渗水，包括 Cd 在水中的各种溶质（无选择性吸附）。只有在满足其水分亏缺补给之后，污染液才能向更深层位运移。由于在水分亏缺带内，深度越小（越靠近地表），土壤中水分亏缺越严重。所以，在污染液水量充足的前提下，当污染液通过水分亏缺带之后，该带各层位土壤获取的污染液水量（包括镉等溶质）随深度增大而减少。包气带水分亏缺带的水分增量（ΔQ）和土壤 Cd 增量（ΔX）分布，如图 3-7 所示。

间歇式入渗影响特征：在旱田引灌含 Cd 污水入渗污染包气带过程中，多为有限水量入渗。在我国北方，特别是在干旱半干旱地区，这种入渗往往局限在水分亏缺带。入渗后，在蒸发蒸腾作用下，土壤水分很快蒸散进入大气中，Cd 残留在包气带表层的土壤中，土壤中 Cd 的增量为

$$\Delta X_i = C_i \cdot \Delta Q_i \tag{3-15}$$

式中，ΔX_i 为第 i 深度处土壤中 Cd 增量；ΔQ_i 为第 i 深度处土壤水分的增量；C_i 为进入第 i 深度处土壤水含 Cd 浓度。

式（3-15）仅适用于包气带水分亏缺带。该带下界面与零通量面（ZFP）有密切关系（张光辉等，1991）。在一般情况下，ZFP 埋深大，水分亏缺带下界面也随之增大。在华北地区，ZFP 深度一般介于 0.40～1.80m。例如，在河北省南宫地区，ZFP 深度为 0.40～0.60m，与地温日变化影响深度相近。旱田灌溉影响深度也在 0.4～0.6m 范围。也就是说，水分严重亏缺主要分布在 0.6m 以上。这种条件为间歇式引污水灌溉及土壤富集重金属提供了有利条件。

这种间歇式污水入渗对土壤影响的深度，除了与土壤吸附性能、污染液浓度和环境 pH 等因素有关之外，还受入渗水量和土壤水分亏缺状况的制约，可用式（3-16）描述为

$$h_{wm} = \frac{Q - E_t}{\sum_{i=1}^{n} (\theta_c - \theta_i)} \tag{3-16}$$

式中，h_{wm} 为污染液污染的最大可能影响深度，m；Q 为进入包气带中的污染液水量，m^3 或 mm；E_t 为 Q 量污染液在向下运移过程中的蒸发蒸腾量，m^3 或 mm；θ_c 为最大的

田间体积持水量；θ_i 为入渗前的第 i 深度土壤的体积含水量。

从式（3-16）可以看出，土壤越干燥（θ_i 越小），或入渗水量（Q）越小，污染液污染的最大可能影响深度（h_{wm}）越小。土壤水分亏缺越严重，在有入渗情况下，土壤获取的水分量越多，相对地获取的镉等溶质量随之增加。

上述讨论是从水量分配角度对 Cd 等物质在包气带剖面上迁移分布规律的分析。需要指出的是，那种静态环境固、液相界面间物质交换作用，在污染液下渗迁移中也是存在的，只是由于所处环境是非饱和状态，所以吸附、络合和沉淀反应的作用程度与静态环境的情形不同，或强或弱。有关这方面问题将在后面有关章节里讨论。

充分供水入渗影响特征：当污染液入渗水量足够大时，不仅完全可以满足水分亏缺带补给水分的需求，而且，污染液可达到潜水面，这时，污染液的浓度和土壤吸附性能成为重要影响因素。当污染液浓度足够大时，或土壤吸附能力较差（如细粉砂等），都可能在较短时间内形成如图 3-3 所示的这种 Cd 分布的剖面特征。图 3-1 和图 3-2 是土壤吸附能力较强或污染液浓度不足够大的结果（该情况是地下水已得补给，但补给水镉含量仅为 0.015～0.036mg/L，99.25%～99.87% 的 Cd 已被包气带土壤吸附净化）。

在充分供水入渗过程中，表层的土壤被迅速饱和时，在饱和层的下部会产生一个空气阻力作用，甚至在包气带某一区段产生正压力（表 3-5），阻滞污染液向下运移，延滞时间可达数十分钟，这又为包气带表层土壤充分吸附提供了有利条件。土壤越干燥，空气阻力效应越显著。

表 3-5　空气阻力对污染液入渗的影响

深度/cm	25	40	55	70	85	100	115	130	145	160
正压差/cmH$_2$O	12	12	12	9	8	7	6	6	6	5
延滞时间/min	59	67	67	67	77	112	113	114	110	110

空气阻力作用为包气带表层土壤的吸附创造了两个有利条件：一是增加了土壤与污染液之间物质交换的作用时间；二是由于土壤中空气顶托污染液下移，包气带表层土壤较充分饱水，这样相对提高了固-液相界面间物质交换的动力学条件。土壤水饱和程度越高，气-液界面的面积相对减少，固-液的面积相对增大，越有利于固-液相界面之间物质交换或土壤吸附；相反，土壤中存在大量空气，气-液相之间界面较大，对土壤从液相中吸附镉等溶质有一定的抑制作用（表 3-6）。空气阻力作用消失之后，两种状态的土壤吸附速率开始接近（表 3-7）。从图 3-6 中可见，在 30～40cm 深度范围形成一个峰丘，这与充分供水入渗、空气阻力效应有关。另外，在图 3-6 中 0～10cm 深度，土壤镉含量都较大，这是积水入渗作用的结果。其中渗水量 12.7mm 的实验结果，因渗水量较小，空气阻力很快消失，以至仅在包气带表部出现吸附量较大的情形，而渗水量 25.7mm 的实验结果，则因空气阻力作用持续时间较长，使水污染液在 30～40cm 范围滞留，以至该处土壤镉含量较高（张光辉等，1996a）。

表 3-6　土壤中空气阻力作用对吸附量影响特征

作用时间/min		10	30	60	131
吸附量 /10⁻² （μg/100g）	有空气阻力作用	1.46	3.00	17.01	23.02
	无空气阻力作用	1.45	2.64	3.09	5.64

表 3-7　空气阻力效应消失后两种体系中的吸附速率

作用时间/min		300	600	1500	3000	4800	7000
吸附速率 /1 （μg/100g）	初始干燥土	3.22	1.55	0.93	0.35	0.06	0.03
	初始湿润土	3.00	1.44	0.92	0.55	0.08	0.01

（二）动态变化

1. 干燥土与 Cd 污染液作用特征

土壤的初始饱水度（S）小于 1.0% 条件下，与含 Cd 污染液作用特征如图 3-8 所示。在 3000min 之前，土壤 Cd 吸附量稳定地增加，平均增量为 $0.99\mu g/(100g \cdot min)$。3000min 之后，吸附量增加速率明显减弱，平均增量 $0.04\mu g/(100g \cdot min)$ ［图 3-9 （a）］。

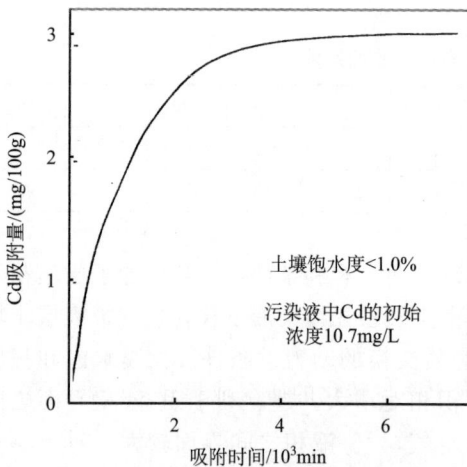

图 3-8　干燥土镉吸附量与作用时间的关系

从土壤获取 Cd 的速率来看，整个吸附过程分为三个阶段，它们的平均速率比值为 $63.5 : 13.3 : 1$。在 600min 之前，土壤吸附 Cd 的平均速率 $2.73\mu g/(100g \cdot min)$；$600 \sim 3000min$，速率为 $0.57\mu g/(100g \cdot min)$；3000min 之后，平均速率为 $0.04\mu g/(100g \cdot min)$。在土壤与污染液之间发生物质交换过程中，液相 pH 和氧化还原电位（Eh）也随之发生了明显变化，如图 3-9 （b）～ （d） 所示。

随着土壤与污染液作用时间延长，pH 增大。pH 增大的幅度达 $4.30 \times 10^{-2} pH/min$，最小值为 $2.08 \times 10^{-5} pH/min$ ［图 3-9 （d）］。Eh 的变化率与时间之间的关系，同 pH 情形一致。随着土壤与污染液作用时间延长，Eh 降低。pH 和 Eh 变化也呈现出三个阶段性特征。现以 pH 变化为例，在 600min 之前，pH 变化率介于 $10^{-3} \sim 10^{-2} pH/min$；$600 \sim 3000min$，pH 变化率为 $10^{-4} \sim 10^{-3} pH/min$；在 3000min 之后，pH 变化率为 $10^{-5} \sim 10^{-4} pH/min$（张光辉等，1996b）。

上述实验结果表明：土壤与污染液之间发生了物质和能量交换，从动力学角度考虑，这种交换过程具有阶段性。在 600min 之前，固-液相之间物质和能量交换最为剧烈；在 3000min 之后，固-液相之间物质和能量交换趋于动态平衡。

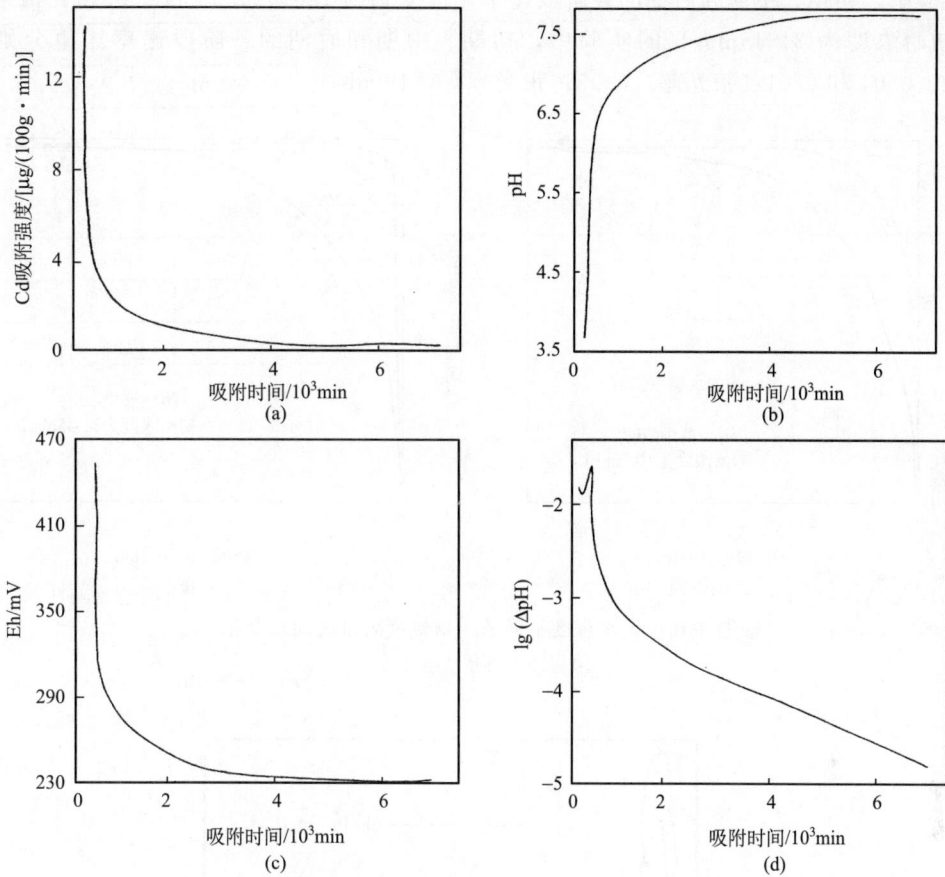

图 3-9　干燥亚黏土与 Cd 污染液作用过程中吸附速率、pH、Eh 和 ΔpH 动态变化特征
（a）吸附强度 V_x 与时间关系；（b）pH 与时间关系；（c）Eh 与时间关系；（d）pH 变化量与时间关系

2. 湿润土壤与 Cd 污染液作用特征

有关饱水状态下土壤与 Cd 污染液之间物质迁移与转化的研究成果较多，特别是有关水体底泥、沉积物的饱和环境问题的研究，已达到一定深度。

在污灌的水田地区，Cd 污染深度介于 20～60cm。在沈阳张士灌区污灌水田，经 20 年的污灌，土壤 Cd 含量已达 4.32μg/g，污染深度达 60cm（张学询，1979；张学询 等，1982，1988）。土壤被含镉污染液淹灌之后，土壤 pH 和 Eh 都发生了明显变化。作者分别进行了不同 Cd 初始浓度条件下饱水土壤与污染液之间物质交换实验，结果如图 3-10 所示。饱水土壤吸附 Cd 的动态变化规律与水体中沉积物吸附 Cd 规律相似，但与干燥土壤吸附特征明显不同。在土壤与污染液作用初期，土壤吸附 Cd 的速率明显增大；而在中、后期，土壤吸附 Cd 的速率减小。污染液 Cd 的浓度越大，上述变化特征越显著。Cd 初始浓度介于 10.7～31.45mg/L 时，饱水土壤 Cd 吸附速率与干燥土壤 Cd 吸附速率之间比值的动态变化规律如图 3-11 所示。在污染液 Cd 初始浓度为 10.70mg/L

的实验中，初期、中期和后期的各阶段速率比值分别为 1.67、0.33 和 0.05；在污染液 Cd 初始浓度为 31.45mg/L 的实验中，初期、中期和后期的各阶段速率比值分别为 1.92、0.04 和 0.01（张光辉，1995；张光辉等，1996b）。

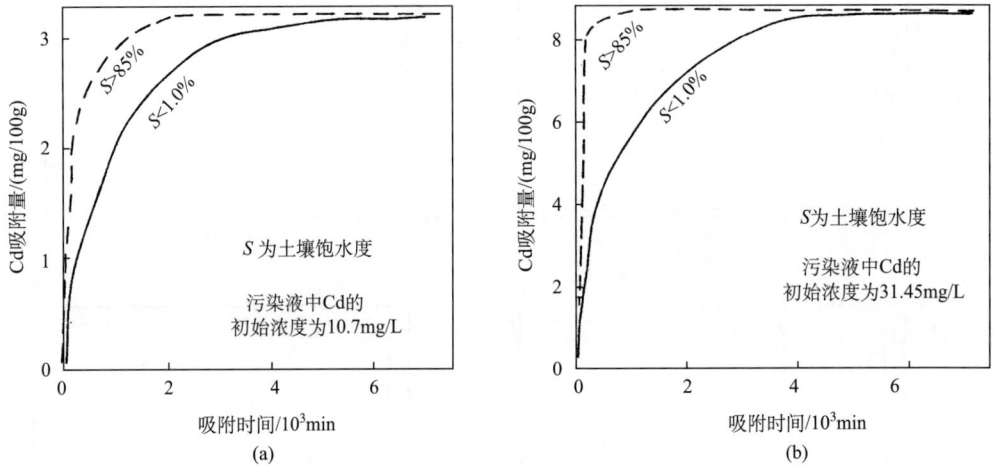

(a)　　　　　　　　　　　　　　　　　　(b)

图 3-10　饱水程度不同的土壤镉吸附量的动态变化

亚黏土，环境温度 26℃

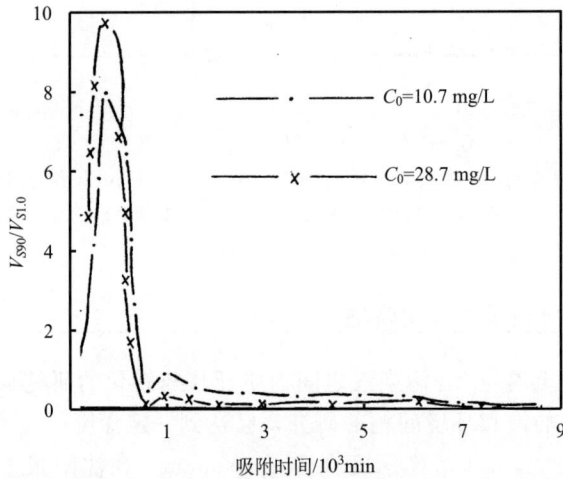

图 3-11　饱水土和干燥土吸附 Cd 速率比值的动态变化特征

　　在土壤与污染液之间发生物质交换过程中，60min 之前，两种土吸附 Cd 的速率比值随时间增加而增大，其中饱水土壤吸附速率增加的幅度大于干燥土吸附 Cd 增速，或者饱水土壤吸附速率递减幅度小于干燥土。在 60～300min 期间，吸附速率比值逐渐降低，其中干燥土吸附 Cd 速率降低的幅度小于饱水土壤的。在 300min 以前，饱水土壤 Cd 吸附速率始终大于干燥土（$V_{S90}/V_{S1.0} > 1.0$）。在 300～600min 期间，出现干燥土 Cd 吸附速率降低的幅度小于饱水土壤的现象，这时干燥土吸附速率开始大于饱水土壤单位时间吸附量（$V_{S90}/V_{S1.0} < 1.0$）。在 3000min 之后，两种土吸附速率降低的幅度均变缓，但仍然是干燥土吸附速率降低的幅度略大些，比值均小于 0.07（图 3-11）。

从图 3-11 还可以看出，污染液初始浓度的不同，对土壤 Cd 吸附速率比值动态变化规律没有明显影响，只是初始浓度高，在 3000min 之前的土壤 Cd 吸附速率比值较大，但在 3000min 之后初始浓度差异的影响基本消失（张光辉等，1996b；张光辉，1996）。

3. 不同饱水度土壤 Cd 吸附速率与污染液初始浓度关系

岩性相同、土壤饱水度（指土壤饱水程度，记作 S）不同的土壤，与两个初始浓度不同的 Cd 污染液作用，土壤 Cd 吸附量分别达到 25%、50% 和 90% 时，它们所用时间明显不同（表 3-8）。在污染液 Cd 初始浓度为 9.6×10^{-5} mol/L 实验中时，饱水度为 85% 以上的土壤对 Cd 吸附能力最强，吸附量达 25%、50% 和 90% 的所用时间分别为 38.8min、56.5min 和 1032.3min。其次，是干燥土（$S < 1.0\%$），在吸附量不大于 50% 之前，其吸附速率比饱水度为 20%～40% 的土壤吸附快，这是土壤亏缺水分强烈无选择性吸附效应的结果（即水分和溶质同时被干燥土迅速吸附）。在吸附过程后期，饱水度 20%～40% 土壤的吸附速率明显加快并超过干燥土吸附速率，其和干燥土的吸附量达 90% 所用的时间分别为 2500.3min 和 2888.5min。

表 3-8　不同饱水度土壤 Cd 吸附量达到 25%、50% 和 90% 的所用时间特征

初始浓度 /(mol/L)	土壤饱水度 /%	吸附量 25% 所用时间/min	吸附量 50% 所用时间/min	吸附量 90% 所用时间/min
9.6×10^{-5}	<1.0	161.4	587.7	2888.5
	20～40	207.5	628.4	2500.3
	>85	38.8	56.5	1032.3
2.8×10^{-4}	<1.0	209.9	584.5	3058.7
	20～40	116.5	292.6	605.3
	>85	22.2	44.5	60.3

当提高 Cd 污染液初始浓度（为 2.8×10^{-4} mol/L）后，土壤吸附 Cd 情形发生了变化，出现与上述规律明显不同的特征。土壤含水量越高，吸附越快，干燥土的亏缺水分吸附效应被掩盖。除了干燥土以外，饱水度 >85% 和 20%～40% 土壤的 Cd 吸附速率，都是随着污染液初始浓度增大而加快（表 3-9）。从 3-9 表中可见，F_i 值均大于 0，这说明污染液初始浓度为 2.8×10^{-4} mol/L 时的吸附速率大于初始浓度 9.6×10^{-5} mol/L 的吸附速率（F_i 为负值时，情形相反，F_i 值越大，两种浓度吸附速率相差越大）。干燥土（$S < 1\%$）的情形相反，污染液浓度提高，吸附速率降低，F_i 值为负数，即 $F_{25} = -30.05\%$ 和 $F_{90} = -5.89\%$。

表 3-9　　不同初始浓度变化对不同饱水度土壤 Cd 吸附速率影响特征

土壤饱水度/%	F_{25}/%	F_{50}/%	F_{90}/%
20～40	43.86	53.44	77.59
>85	42.78	21.24	94.16

注：$F_i = \dfrac{t_{10.7} - t_{31.5}}{t_{10.7}}$；10.7 为初始浓度；$i$ 为吸附量的百分率。

总结前几节实验结果，发现亚黏土 Cd 吸附速率动态变化，具有式（3-17）的特征，即

$$V_x = a/t^b \qquad\qquad (3\text{-}17)$$

式中，V_x 为土壤吸附 Cd 的速率，$\mu g/(100g \cdot min)$；t 为吸附作用时间，min；a、b 为系数。

式（3-17）表明，土壤吸附 Cd 速率与固-液作用时间之间呈负相关关系。饱水度（S）和污染液浓度（C）对 V_x 与 t 之间关系具有明显影响（表 3-8～表 3-10）。从表 3-10 可以看出，在同一浓度下，土壤饱水度大，关系式中 a、b 值较大；饱水度小，a、b 值都较小。在相同饱水度下，污染液浓度高，a、b 值较大；浓度越低，a、b 值则较小。但是，在浓度较低（9.6×10^{-5} mol/L）、饱水度介于 20%～40% 范围时，土壤吸附速率在一个较大区间内，小于干燥土吸附速率（表 3-8），而在污染液浓度较高（2.8×10^{-4} mol/L）时，干燥土的强烈吸附效应仅在很小区段出现上述现象，往往被浓度提高的影响作用所掩盖。

表 3-10　　污染液浓度、土壤饱水度对 $V_x = at^{-b}$ 关系的影响特征

土壤饱水度 /%	污染液 Cd 初始浓度 9.6×10^{-5} mol/L		污染液 Cd 初始浓度 2.8×10^{-4} mol/L	
	a	b	a	b
<1.0	0.122	0.795	0.380	0.816
20～40	0.557	1.159	2.068	1.216
>85	3.461	1.499	18.004	1.707

注：相关系数均在 0.80 以上。

上述实验结果表明，土壤饱水程度的变化，对于土壤与污染液之间物质交换的动力学条件的影响作用是显著的，是不可忽视的。换言之，土壤饱水程度的变化，对土壤吸附镉的动力学性质有制约作用，但在不同液相浓度条件下，土壤饱水性对土壤吸附速率变化的影响程度及其特点也是不同的（表 3-9）。液相浓度越低，土壤饱水性对吸附、物质交换的影响作用越强。在低浓度条件下吸附过程的初期，干燥土吸附能力比天然湿度（$S = 20\% \sim 40\%$）的土壤吸附能力强；后期干燥土吸附能力弱（表 3-8）。

四、吸附量与土壤饱水性之间关系及主要影响因素变化特征

土壤从污染液中获取 Cd 等物质的能力，因污染液浓度和土壤饱水程度的不同而存在差异，同时，体系 pH 和 Eh 也因固-液相之间的物质和能量的交换而不断变化。反过来，pH 和 Eh 又制约土壤与污染液之间物质交换的动力学性质及其吸附能力，影响土

壤吸附量的大小和液相的浓度。吸附量与 pH 和 Eh 之间的关系，也受土壤饱水性影响。

（一）土壤 Cd 吸附量与土壤饱水性之间关系

以粉质亚砂土和亚黏土的 Cd 吸附实验为例，在低饱水度下，土壤含水量越小，土壤 Cd 吸附量越大；在高饱水度下（$S > 30\%$），土壤含水量越高，土壤 Cd 吸附量越大（图 3-12）。例如，在图 3-12（b）中，饱水度小于 30% 的状态下，随土壤含水量增大，土壤 Cd 吸附量减小，吸附量降低幅度（X/S 比值）平均为 -0.83。在饱水度大于 35% 条件下，随土壤含水量增大，土壤 Cd 吸附量增大，增加幅度（X/S 值）平均为 30.62。在低含水量下，土壤 Cd 吸附量较小，这意味着土壤与污染液之间物质交换的速率是缓慢的；而在高含水量下，物质迁移与转化速度明显加快，可能是水的传输媒介作用发生了效应，即改变了体系动力学条件。天然湿度下（S 为 20%～40%），土壤 Cd 吸附量处于低谷区（张光辉等，1996a，1996b）。

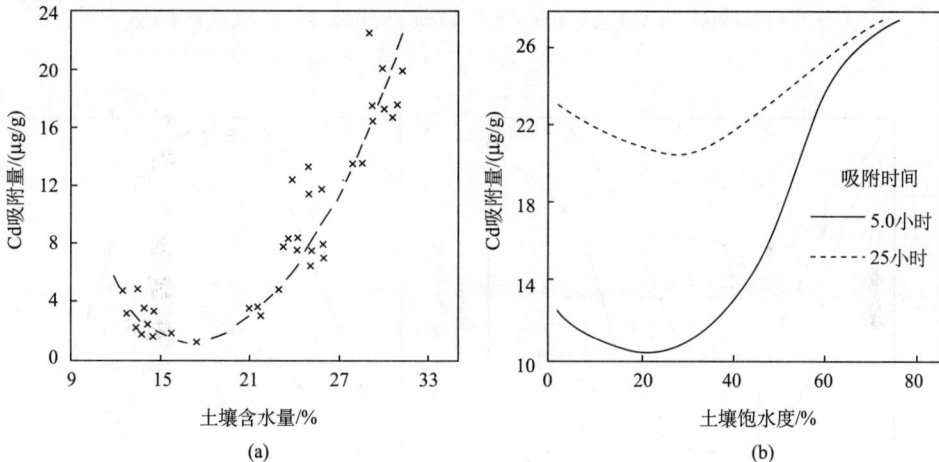

图 3-12　土壤 Cd 吸附量与土壤饱水性之间关系
（a）粉质亚砂土吸附量与含水量关系（$C_0 = 9.97 \mathrm{mg/L}$）；
（b）亚黏土吸附量与饱水度关系（$C_0 = 10.70 \mathrm{mg/L}$）

（二）土壤饱水度对 pH 和 Eh 变化影响特征

随土壤与污染液之间物质和能量交换的进行，体系的 pH 和 Eh 也随之发生变化（图 3-13），这种变化与土壤饱水性有一定的内在联系 [图 3-13（b）、（c）]。在低饱水度下，土壤含水量增加，pH 降低，Eh 提高，体系向酸性氧化方向发展。而在高饱水度下，土壤含水量增加，pH 增大，Eh 降低，体系向碱性还原方向变化。实验结果表明，以土壤饱水度 38.03% 为对称点，pH 和 Eh 的变化具有对称性（图 3-14）。

上述变化规律，主要发生在作用时间为 30～7200min，这可能是两个方面的原因，第一，初期（30min 之前），土壤吸附受其孔隙内空气阻力作用影响，对于整个体系而言，反应缓慢；第二，后期（7200min 以后），体系内各种反应都已趋近于平衡状态（图 3-13）。

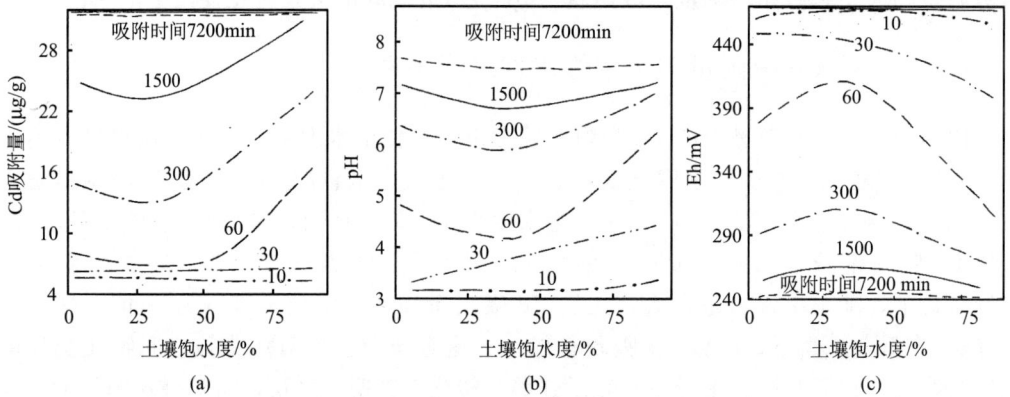

图 3-13　初始浓度较低条件下亚黏土吸附镉过程中 pH、

Eh 与饱水度之间关系（$C_0 = 9.6 \times 10^{-5}$ mol/L，26℃）

（a）不同作用时间的吸附量与土壤饱水度关系；

（b）不同时间的 pH 与土壤饱水度关系；（c）不同时间的 Eh 与土壤饱水度关系

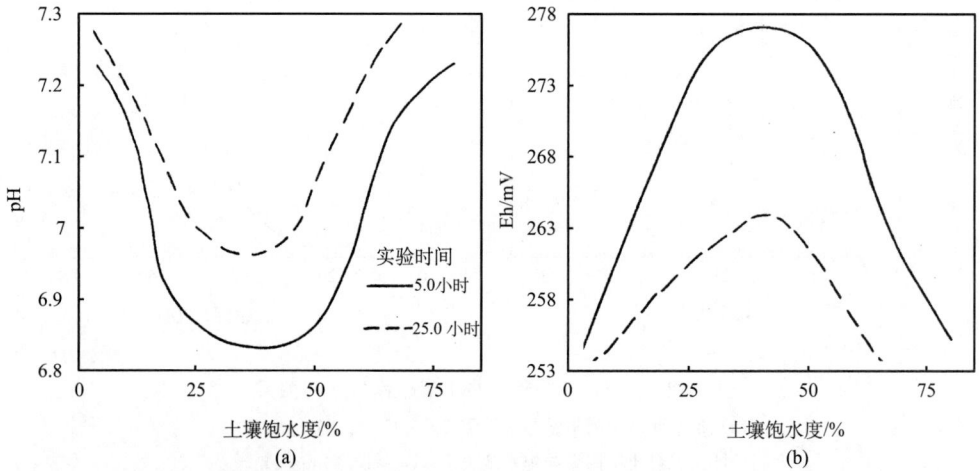

图 3-14　初始浓度较低条件下亚黏土吸附 Cd 过程中 pH、Eh 与土壤饱水度之间关系

$C_0 = 9.5 \times 10^{-5}$ mol/L，26℃

　　图 3-13 所反映的物质迁移与转化规律，与污染液浓度大小有一定的关系。当初始浓度提高为 2.8×10^{-4} mol/L 时，结果如图 3-15 所示。由于污染液浓度的提高，总的吸附速度加快，平均为 1.9μg/100（g·min）[浓度为 9.6×10^{-5} mol/L 时，平均为 0.65mg/100（g·min）]，所以，吸附量、pH 和 Eh 与土壤饱水度之间关系发生了改变。总的规律是：土壤饱水度较大，吸附量大，pH 向碱性变化，Eh 降低。但是，在 60min 之前，吸附量、pH 和 Eh 与土壤饱水度关系的特征，同 9.6×10^{-5} mol/L 浓度下的特征相似，即在较高浓度下，土壤从污染液中获取镉的过程中，都经历了如图 3-13 所反映出的作用过程，只是由于其吸附速度更快，缩短了这一反应的进程。当然，污染

液镉浓度增大，其竞争吸附能力增强，而 H^+ 竞争吸附能力相对前一种体系而减弱。

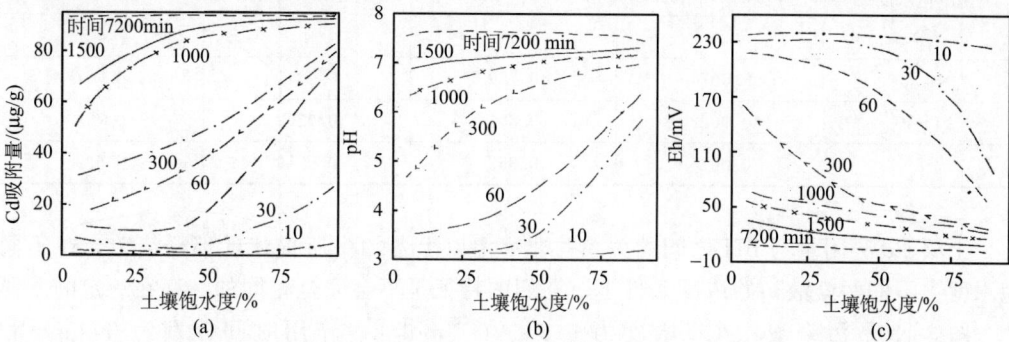

图 3-15 初始浓度较高条件下亚黏土吸附 Cd 过程中吸附量、pH 和 Eh 与土壤饱水度之间关系
$C_0 = 2.8 \times 10^{-4} \, mol/L$，条件同图 3-14

（三）土壤 Cd 吸附量与 pH 之间关系

作者研究了三种不同饱水度的亚黏土在 9.6×10^{-5} 和 $2.8 \times 10^{-4} \, mol/L$ 浓度条件下的吸附量与 pH 之间的关系。实验结果表明，pH 为 5.5~7.5 时，随 pH 提高，土壤 Cd 吸附量增加的幅度较大。而在 pH>7.5 条件下，土壤 Cd 吸附量趋于稳定（图 3-16）。

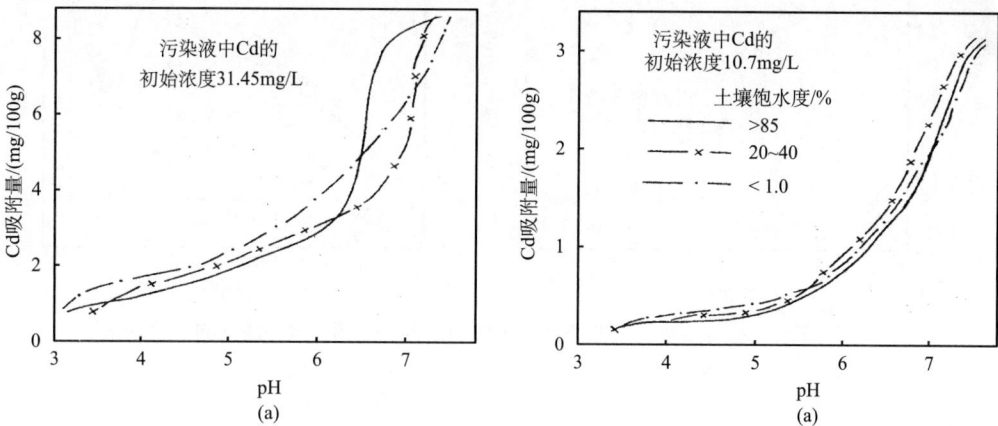

图 3-16 不同饱水度的亚黏土 Cd 吸附量与 pH 之间关系

对实验数据进行数理统计分析，得

$$X = a \, e^{bpH} \tag{3-18}$$

式中的有关参数列于表 3-11。土壤饱水度增大，a、b 系数增大；污染液浓度降低，a 值减小，b 值增大（张光辉，1995，1996）。

表 3-11　土壤吸附量 X 与 pH 关系式中的有关参数

土壤饱水度 /%	污染液 Cd 初始浓度 9.6×10^{-5} mol/L		污染液 Cd 初始浓度 2.8×10^{-4} mol/L	
	a	b	a	b
<1.0	0.0074	0.788	0.0345	0.767
20~40	0.0022	0.801	0.0262	0.793
>85	0.0015	0.853	0.0519	0.699

　　土壤 Cd 吸附量与 pH 之间的关系并非都像以上各图中所描述的那样简单，在不同饱水度、不同污染液初始浓度条件下，它们的特征是不会完全相同的，存在一定的差异性。图 3-17 是污染液中 Cd 浓度为 9.6×10^{-5} mol/L、作用时间分别为 300min 和 1500min 的吸附量、pH 和饱水度三者之间关系的实验结果。从图 3-17 中可见，以饱水度约为 33% 处为分界点，出现了两条吸附量与 pH 关系曲线。一条是随着土壤饱水度的降低，pH 增大，吸附量增加；另一条则是随着土壤饱水度的增加，pH 增大，吸附量增加。当污染液中 Cd 浓度为 2.8×10^{-4} mol/L 时，吸附量、饱水度和 pH 三者之间的关系就完全不同于图 3-17 中曲线特征（图 3-18），其规律是：土壤饱水度增大，pH 提高，吸附量增加 [图 3-18（a）]；土壤与污染液之间作用的时间越长，吸附量和 pH 随饱水度增大的变化范围越来越小（张光辉等，1996b）。

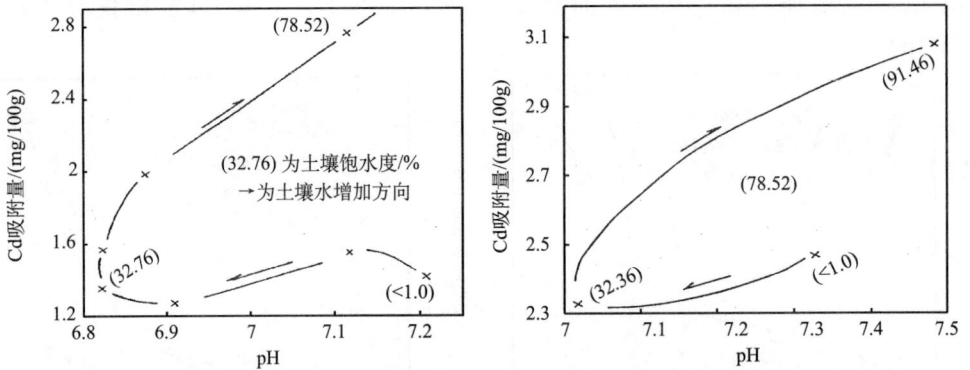

图 3-17　初始浓度较低条件下土壤饱水度、吸附量和 pH 之间
关系特征（$C_0 = 9.6 \times 10^{-5}$ mol/L，26℃）
（a）作用时间 300min 的 X、S 和 pH 之间关系；
（b）作用时间 1500min 的 X、S 和 pH 之间关系（图中数字为 S 值）

　　从图 3-18（a）可见，作用时间为 300min 时，吸附量的变化范围为 3.1~9.2mg/100g，pH 为 6.3~7.3；而在 1500min 时，吸附量变化范围为 6.70~9.34mg/100g，pH 为 6.95~7.55；当作用时间为 9000min 时，吸附量变化范围为 9.40~9.41mg/100g，pH 为 7.57~7.60。当污染液浓度为 2.8×10^{-4} mg/L 时，类似图 3-17 那种曲线特征仅在作用时间为 30min 左右至一个小时的时段内出现过 [图 3-18（b）]。

　　在不同酸碱条件下，pH 对土壤吸附作用的影响程度是不同的（图 3-19）。从图 3-19中可见，当 pH<5.15 时，土壤 Cd 吸附量随 pH 增大而减小；当 pH>5.15 时，

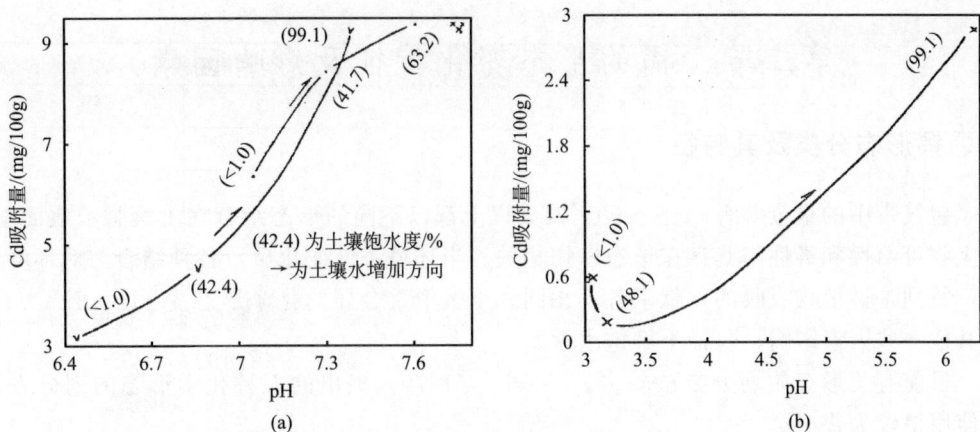

图 3-18 初始浓度较高条件下土壤 Cd 吸附量、饱水度和 pH 之间关系特征
$$C_0 = 2.8 \times 10^{-4} \, \text{mol/L}$$

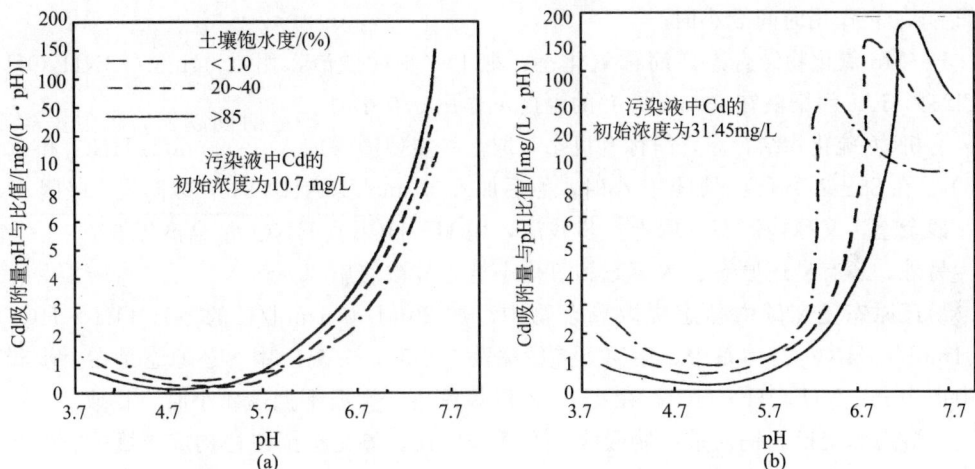

图 3-19 不同污染液浓度、不同土壤饱水度条件下，单位
pH 条件下土壤 Cd 吸附量与 pH 之间关系特征

土壤 Cd 吸附量随 pH 增大而增大。在中性条件下，土壤 Cd 吸附量大于 $5.0 \, \text{mg}/(\text{g} \cdot \text{pH})$；而在酸性条件下，土壤 Cd 吸附量 $< 5.0 \, \text{mg}/(\text{g} \cdot \text{pH})$。污染液浓度变化，能改变土壤 Cd 吸附量与 pH 之间关系特征。在高浓度下（$2.8 \times 10^{-4} \, \text{mol/L}$），pH 在中性范围时，土壤 Cd 吸附量出现极大，然后，土壤 Cd 吸附量又随 pH 增大而变小，这可能是由于 $CdCO_3$ 等沉淀作用影响的结果。在同一 pH 和不同饱水度条件下，相同岩性的土壤 Cd 吸附量不同。在酸性条件下，土壤饱水度越大，土壤 Cd 吸附量越小；在中性条件下，土壤饱水度越大，土壤 Cd 吸附量也越大。

上述实验结果表明：酸性条件下土壤吸附作用比中性条件下土壤吸附作用弱。在酸性条件下，pH 越小，污染液酸碱度变化对土壤吸附 Cd 的影响程度越强烈；在中性条件下，pH 越大，污染液酸碱度变化对土壤吸附 Cd 的影响程度越显著。pH 变化是影响土壤吸附 Cd 特征的主导因素，污染液浓度变化仅改变土壤 Cd 吸附量与 pH 之间变化的程度（图 3-16 至图 3-18），即影响土壤与污染液之间物质交换及有关反映的动力学性质。

第二节　镉的形态变化特征及影响因素

一、镉形态分类及其特征

包气带中的重金属有 60％～90％ 及其以上都以不同的形态结合在土壤颗粒表面上，其生物可给性和毒性与其存在形态密切相关。当环境条件变化后，各种结合态对环境危害，特别是被植物吸收的贡献率各不相同。土壤中重金属的化学形态受 pH、Eh、CEC 和其他一些因素影响，包括土壤饱水性。

目前有关形态的划分方法较多，Tessler（1979）提出的五种化学形态的划分方法被使用得较为普遍。

交换态：用 1.0mol/L MgCl（pH=7.0）污染液浸提取，在 25℃下连续振荡 1 小时。

酸盐结合态，简称碳酸盐态：取上一环节的残渣，加入 1.0mol/L 的 NaAc 污染液（pH=5.0）作用时间 5 小时。

Fe/Mn 氧化物结合态，简称氧化态：取上一步的残渣，用 0.04mol/L NH_2OH·HCl25％HAc 污染液在（96±3）℃的温度下作用 6.0 小时。

有机物-硫化物结合态，简称有机态：取上一步残渣，加入 0.02mol/L HNO_3 和 30％ H_2O_2，在 85±2℃恒温下加热 2 小时，然后加入 3.2mol/L NH_4OAc，以防发生吸附。

残余态，又称残渣态：取上一步残渣，用 HF-$HClO_4$-HNO_3 污染液提取。

另外，还有易还原态、水溶态和氧化态概念常被使用。

易还原态是在碳酸盐态提取剩余物中，加 20mL 0.1mol/L 的 NH_2OH·HCl 在 0.01mol/L HNO_3。体系中，室温下连续振荡 5 小时，分离。中等还原态是在上步骤残渣中加 20mL NH_2OH·HCl，在 25％乙酸体系中，室温下振荡 4 小时，提取。

水溶态和交换态镉易被植物吸收，水迁移性强。氧化态镉往往构成土壤中非残余态（指除残余态以外其他各种形态量之和）量的主体，其含量可占镉总量的 21.0％～52.0％。体系中 $Fe(OH)_3$ 易同 Cd 离子结合发生沉淀。有机结合态量取决于土壤与此相关组分的多少，所以，其所占比例相差悬殊（表 3-12）。另外，有机态等各形态含量与土壤化学性质、pH 和 Eh 以及土壤饱水性有关，从表 3-12 可以看出各种形态比例分配是十分复杂的。

表 3-12　几种土壤中各种形态镉的平均含量

形态		交换态	碳酸盐类	氧化态	有机态	残余态
镉的相对含量/%	灰钙土	9.17	8.19	10.91	14.14	57.29
	黑壤土	27.20	2.41	27.74	36.40	6.25
	黄棕土	15.54	42.97	30.12	4.12	19.75
	酸性紫色土	27.53	4.35	3.86	1.45	62.80
	中性紫色土	5.88	29.90	17.16	3.91	43.14
	红壤土	9.52	13.87	28.85	7.87	40.45

注：统计平均值。

二、镉形态变化与诸影响因素之间关系

(一) 镉形态与土壤饱水性之间关系

1. 饱水环境

根据张立成等 (1983, 1986) 研究表明, 在饱水环境中, 非残余态是镉的主要存在形式 (表 3-13), 而且, 各种形态含量随非残余态量的增加而增加。在 $0.33 \sim 5.19 \text{mg/g}$ 范围, 污染液镉浓度小于 $8.97 \times 10^{-7} \text{mol/L}$ 时, 主要以 Fe/Mn 水合氧化物结合态形式存在。随着污染液镉浓度的增加, 逐渐向有机态为主要形态转化。根据吴敦敖、卢国富 (1991) 对河床淤泥研究结果, 镉的非残余态量占 68% 以上, 而残余态量仅占 22.27%～31.59%, 沉积物中镉的交换态和有机态含量占非残余态总量的比例都较大 (表 3-14)。

表 3-13　水口山矿区河流沉积物中各形态镉的含量　　　　　　(单位:%)

取样地点	非残余态	残余态
高桥	66	34
刘家湾桥	80	20
葫芦桥	70	30
汇口	79	21
康家溪口	88	12

表 3-14　不同饱水环境中土壤内各种形态镉的相对含量　　　　　　(单位:%)

岩性	交换态	碳酸盐态	易还原态	中等还原态	有机态	残余态	取样地点
亚黏土	29.90	3.18	3.18	4.78	1.91	54.23	陆地
黏土	6.05	2.42	9.69	2.42	1.94	77.48	
淤泥 1	24.14	10.66	4.02	8.85	20.93	31.39	运河床中
淤泥 2	14.85	10.02	4.45	20.79	35.04	22.27	

张学询 (1979)、张学询等 (1982, 1988) 给出的采用不同灌溉方式下土壤和作物中金属含量资料表明, 常年污水灌溉 (水稻田) 土壤中, Cd、Hg、Pb、Cu、Zn 和 Ni 的有效态 (指对作物生长有影响的形态) 量都大于间歇污灌下土壤中的有效态含量 (表 3-15)。

表 3-15　不同灌溉方式下土壤中各种金属的有效态相对含量　　　　　　(单位:%)

灌溉方式	Cd	Hg	Pb	Cu	Zn	Ni
常年污水灌溉 (饱水环境)	77.8	52.4	13.8	33.7	14.8	31.0
间歇污水灌溉	14.4	45.2	3.4	11.2	2.1	2.7

对于不同土壤中重金属的各种形态分布来说，也存在与上述相同的规律（表3-16），在饱水条件下，非残余态为主要存在形式，残余态均小于 50%。

表 3-16　几种土壤 Cd、Cu 在不同饱水程度下的各种形态相对含量　（单位:%）

元素	土壤类型	交换态	碳酸盐态	氧化态	有机态	残余态	取样环境
Cd	灰钙土	1.37	2.62	10.13	2.73	83.16	旱田
		9.36	17.87	15.10	13.18	44.47	水田
	酸性紫色土	27.88	4.33	3.85	1.44	62.50	不饱水
		0.06	80.04	12.33	5.06	0.09	饱水
	中性紫色土	10.89	12.18	17.95	8.97	50.00	不饱水
		0.01	69.37	13.70	12.36	4.12	饱水
	碱性紫色土	6.34	29.76	17.07	3.90	42.93	不饱水
		0.03	56.57	29.68	10.32	2.18	饱水
Cu	灰钙土	0.14	2.51	0.46	19.08	77.81	旱田
		1.11	13.79	3.47	55.27	26.35	水田
	酸性紫色土	1.75	32.81	17.52	5.71	42.22	不饱水
		9.00	31.30	32.30	9.21	18.21	饱水
	中性紫色土	0.71	17.70	12.70	13.72	55.11	不饱水
		1.52	28.0	29.4	8.4	32.6	饱水
	碱性紫色土	0.59	18.80	7.4	13.5	59.7	不饱水
		1.1	22.5	18.4	11.0	46.9	饱水

注：参考夏增禄，1992。

2. 非饱水环境

从表 3-14 可以看出，从陆地采集的亚黏土和黏土中，镉的残余态相对含量都在 50% 以上。Cu 和 Zn 的形态分布也有类似特点（表 3-17），非饱和环境中的残余态相对含量大于饱水环境的残余态量（表 3-16、表 3-17）。非饱和环境的土壤中 Cd、Cu 非残余态相对含量，一般都小于 50 %，而残余态大于 50%（表 3-16）。

表 3-17　不同环境土壤中 Cd、Cu、Zn 的各种形态相对含量　（单位:%）

取样地点	岩性	Cd		Cu		Zn	
		残	非	残	非	残	非
陆地	亚黏土	54.20	48.80	—	—		
	黏土	77.48	22.52	54.40	45.60		
运河中	运河底泥	—	—	8.84	91.16	36.84	63.16
	淤泥1	31.39	68.61	18.02	81.98	49.58	50.42
	淤泥2	22.27	77.73	22.91	77.09	42.41	57.79

注：参考吴敦敖、卢国富（1991）资料。

综上所述：①土壤中重金属形态变化及其相对含量大小，除了与土壤组分有关之外，土壤的饱水状况（饱水性）是一个重要的影响因素。②在非饱和环境的土壤中，重金属以残余态为主要存在形式，而饱水环境中，以非残余态为主，而且碳酸盐态、中等还原态和有机态含量均大于非饱和环境土壤中相应形态含量。③由于在各种形态中，残余态在环境中不易构成对环境的影响，而其他形态（称非残余态）当环境条件发生变化时，随时可能从固相转移到液相中，造成环境的二次污染，所以，非饱和环境中 Cd 等金属对环境的危害小于饱水环境金属的危害。④残余态含量的多少与环境的氧化还原条件有关。非饱和状态的氧化环境有利于化学吸附和陈化作用，以致有利于残余态的形成（张光辉等，1997）。

（二）镉形态变化与 pH、Eh 之间关系

pH 制约土壤中重金属化学形态的变化，特别是在酸、中性条件下尤为显著。当 pH 从酸性向中性变化过程中，交换态 Cd、Cu 以及 Zn、Pb 等金属含量都减少，碳酸盐态 Cd、Cu、Zn、Pb 含量都增加。

当土壤中富含磷组分（如大量施用磷肥）时，多以 $Cd_3(PO_4)_2$ 形态影响土壤中 Cd 的含量。一般土壤中 PO_4^{3-} 很有限，HCO_3^- 或 CO_3^{2-} 大量存在，所以，在土壤中 $CdCO_3$ 的影响较大，特别是在弱酸至弱碱环境中，碳酸盐结合态 Cd 量随着 pH 增大而增加。在 pH<7.0 条件下，碳酸盐态 Cd 随 pH 增大而增加的幅度较大；在 pH>7.0 条件下，碳酸盐态 Cd 随 pH 增加幅度较小，这可能是受 OH^- 络合作用和 $Cd(OH)_2$ 沉淀作用影响的结果。在 pH 为 8~11 时，$Cd(OH)^+$ 和 $Ca(OH)_2^0$ 络合影响是显著的。当 pH>7.0 时，和 $Cd(OH)^+$、$Ca(OH)_2^0$ 和络合形态含量较高，而在 pH<7.0 时，$Ca(OH)_2^0$ 形态含量较低，小于 10^{-6} mol/L，但 $CdCO_3^0$ 则从 10^{-12} mol/L 迅速增加为 10^{-6} mol/L。在酸性环境中，上述各形态含量比较稳定；在中、弱碱性环境中，各形态含量都减少。在 pH<4.5 时，随着土壤中 Cd 量增加，可能出现 Cd^{2+}、$CdSO_4^0$、$CdCl^{+'}$、$CdHA^0$、$CdOH^+$ 和 $CdCl_2^0$ 形态，以交换态为主要存在形式。在 pH=4.5~7.8，碳酸盐态迅速增加，交换态减少，体系中镉被碳酸盐结合态争夺。在 pH>7.8 时，碳酸态趋于稳定，但是由于 $CdOH^+$ 和 $Ca(OH)_2^0$ 络合形态较多，镉的交换态量又呈增加趋势。在这种条件下，随着 pH 的改变，镉主要在交换态和碳酸盐态之间转化。有机态变化取决于土壤中有机质类型和性质以及氧化还原条件，其变化比较复杂，有的随 pH 增大而减少，也有随 pH 增大而有机态含量不变或增加的情况。

土壤是一个氧化还原体系，处于动态平衡之中。在由氧化状态向中性状态转化（即 Eh 降低）过程中，镉的交换态和有机态量增加，而碳酸盐态和 Fe/Mn 水合氧化物结合态减少，残余态略有增加。当由中性状态向还原状态变化过程中，交换态、Fe/Mn 水合氧化物结合态量减少，残余态略有降低，而碳酸盐态量增加，有机态呈增加趋势。土壤水溶态镉含量随 Eh 提高而增加。当 Eh<0mV 时，开始出现硫化氢，难溶的重金属沉淀（如 CdS 等）也随之开始形成。当 Eh<-150mV 时，污染液中镉浓度急剧减少，而大量出现 CdS。但对于 Mn 来说，当土壤的 Eh 低时，还原性锰转化为易溶 Mn^{2+}，

土壤污染液中 Mn 浓度增高。

　　土壤饱水性对 Eh 有直接的影响。水田环境，由于停滞水的遮蔽效应，形成了还原环境（Eh 很低），有机物厌气分解而产生硫化氢。水田土壤中 Cd 和 Fe 离子，与 H_2S 产生 CdS 和 FeS。然后，CdS 和 FeS 发生共沉淀，所以，在水田土壤中 CdS 累积占优势。当排水造成氧化淋溶环境时，硫化物易氧化成硫酸而引起 pH 降低。这时，在富氧条件下，释放到土壤污染液中的 Cd 比在贫氧条件下的量高。从 Eh-pH 相图可知，在酸性条件下，随着 Eh 变化，主要是水溶态 Cd 与难溶态 CdS 之间转化。Eh 升高，pH 降低，都有利于水溶态镉的形成。这表明，水田排水时期是土壤镉危害最强烈时期。在中、碱性环境中，主要是 CdS 与 $CdCO_3$、$Cd(OH)_2$ 之间转化。一般旱田（非饱和环境）中，Eh 介于 $+400\sim+700\,mV$，所以，旱地土壤中以氧化淋溶作用为主，土壤中主要存在形式是 $CdCO_3$ 及 $Cd(OH)_2$ 难溶态。在大量施用磷肥的土壤中，也存在 $Cd_3(PO_4)_2$ 难溶盐，镉的环境危害性小。

（三）形态变化与温度的关系及滞时效应

　　包气带表层温度（1.0cm 深度，石家庄）一般为 $-15\sim55℃$，日温度差达 $20\sim30℃$。日温度变化影响的深度为 $0.6\sim0.9m$，年温度变化的影响深度可达 3.0m 以下。温度变化对于土壤中镉的形态变化有一定的影响。土壤环境温度越高，Cd 交换态相对含量与绝对含量、碳酸盐态相对含量都减少，碳酸盐态绝对含量增加，氧化态和残余态呈上升趋势。在温度为 0～20℃ 范围，土壤中 Cd 有机态增加，而在温度大于 20℃ 范围，土壤中 Cd 有机态减少。

　　土壤中各种化学组分的陈化与时间关系密切，土壤中 Cd 残余态量与陈化作用也有联系，随着镉在土壤中滞留时间增加，土壤的 Cd 残余态量提高，特别是在镉进入土壤中的初期更为明显。有机态量也随 Cd 在土壤中滞留时间增加而增大。交换态、碳酸盐态和氧化态相对含量则随镉在土壤中滞留时间延长而减少。

第三节　镉在土壤中迁移与转化模式特征

　　包气带中 Cd 的固-液相之间迁移与转化行为主要受溶解与沉淀、吸附与解吸、络合与解离等作用影响，主要取决于体系的 pH、Eh、CEC 和配位体的存在。这些配位体与金属形成可溶的或不可溶的、有机的或无机络合物，综合作用决定土壤中 Cd 迁移与转化速度、数量和模式的特征（费宇红等，1998）。

一、固-液相之间物质交换模式

（一）溶解与沉淀交换模式

　　沉淀是三维的过程，主要形式有：①晶体生长，发生在被吸附物是矿物吸附剂的一种成分状态下。②晶体生长和（或）向固相中扩散，当被吸附物不是吸附剂的一种成分，而是能够与吸附剂中某一成分进行同晶交换并生成稳定的三维固体，该情况发生。

③形成一种稳定的表面化合物（二维的固体面），发生在被吸附物不能与吸附剂形成三维的固体状态下。④亚稳定状态多核离子的稳定化作用，发生在吸附物被吸附到有相反电荷的吸附剂表面上。⑤新固相的非均匀的核晶过程，指一种由被吸附物同污染液中成分组成的新相 [如 Cd（OH）$_2$ 或 $CdCO_3$ 沉淀物]。⑥新固相的非均匀核晶过程，指一种由被吸附物和导致吸附剂溶解的吸附剂的某一成分所组成的新相。这些过程，在土壤中是不易区分的，加之络合和吸附反应的影响，更加复杂。

（二）吸附模式

作者在室内分别进行了亚黏土和粉质亚砂土吸附 Cd 模式的多组实验。实验结果，除了进行有机质处理的土壤吸附 Cd 模式为 L 型之外，其他全部是 F 型。除此以外，还对同一体系吸附过程中土壤 Cd 吸附量与污染液 Cd 浓度之间关系、单位时间吸附强度与污染液 Cd 浓度之间关系进行了不同初始浓度、不同初始土壤饱水度条件下实验，结果见表 3-18 和表 3-19。土壤饱水度<1%或大于 85% 条件下，土壤 Cd 吸附模式中参数值较大；土壤饱水度介于 20%～40%，吸附模式中参数值较小（费宇红等，1998）。

表 3-18　不同饱水度条件下土壤 Cd 吸附量与污染液浓度之间关系特征

土壤岩性	土壤饱水度/%	吸附模式	pH
亚黏土	<1.0	$X_t = 1.75 \times 10^{-2} C^{-0.577}$	3.85～7.70
	20～40	$X_t = 1.11 \times 10^{-2} C^{-0.339}$	
	>85	$X_t = 1.67 \times 10^{-2} C^{-0.434}$	

注：$C_0 = 9.6 \times 10^{-5}$ mol/L；X_t 单位为 mg/g；C 单位为 mg/L；温度 26℃。

表 3-19　不同饱水度条件下土壤 Cd 吸附强度与污染液浓度之间关系特征

岩性	土壤饱水度/%	吸附模式	pH
亚黏土	<1.0	$V_x = 3.32 \times 10^{-3} C^{1.182}$	3.45～7.65
	20～40	$V_x = 3.91 \times 10^{-3} C^{1.083}$	
	>85	$V_x = 4.17 \times 10^{-3} C^{1.830}$	

注：$C_0 = 9.6 \times 10^{-5}$ mol/L；V_x 单位为 mg/(g·min)；C 单位为 mg/L；温度 26℃。

土壤从污染液中吸附 Cd，其吸附量与污染液浓度之间关系为

$$X_t = kC^{-b} \quad \text{或} \quad X_t = k e^{-bC} \tag{3-19}$$

式中，X_t 为同一吸附过程不同时刻的吸附量，mg/g；C 为污染液中 Cd 浓度，mg/L；a、b 为土壤吸附模式的参数，与土壤岩性、污染液形状和环境温度等有关。

在初始浓度分别为 10.70mg/L 和 31.45mg/L 的实验中，土壤 Cd 吸附量与同一体系的污染液浓度之间的变化规律相同，类似表 3-18 的结果。单位时间吸附量（V_x）与污染浓度（C）之间关系，是随污染液中 Cd 浓度增大，其关系式（吸附模式）中 a 值增大，即 V_x 对 C 的依赖明显增强（表 3-19）。在相同土壤饱水度条件下，污染液初始浓度不同，土壤 Cd 吸附模式（曲线）特征相似。在相同初始浓度条件下，土壤饱水度不

同，土壤 Cd 吸附模式（曲线）特征存在一定差异。这表明，土壤饱水性对土壤吸附动力学性质具有重要的影响作用。

　　综合上述分析，归结如下几点：①土壤吸附 Cd 的模式特征与土壤组成、岩性和饱水性有一定的关系。土壤岩性是主导因素，土壤饱水性是重要影响因素。②土壤体系中，液相浓度变化的影响作用没有在饱水环境（或水体）中显著。在一定浓度范围内，如 $9.6\times10^{-5}\sim2.8\times10^{-4}$ mol/L，对土壤吸附模式类型不产生本质性影响，仅改变模型中参数的大小。③在已知土壤组成及其吸附性质、环境 pH 与 Eh 以及土壤处于饱水状态下，可以确定吸附模式的类型和参数变化范围，只是目前的研究程度有限。④在同一个吸附过程中，土壤 Cd 吸附量随污染液浓度降低而增大（图 3-20）。吸附强度（单位时间吸附量）随污染液浓度提高而增大。⑤土壤饱水度降低，抑制土壤吸附能力，影响其动力学性质（张光辉，1996；费宇红等，1998）。

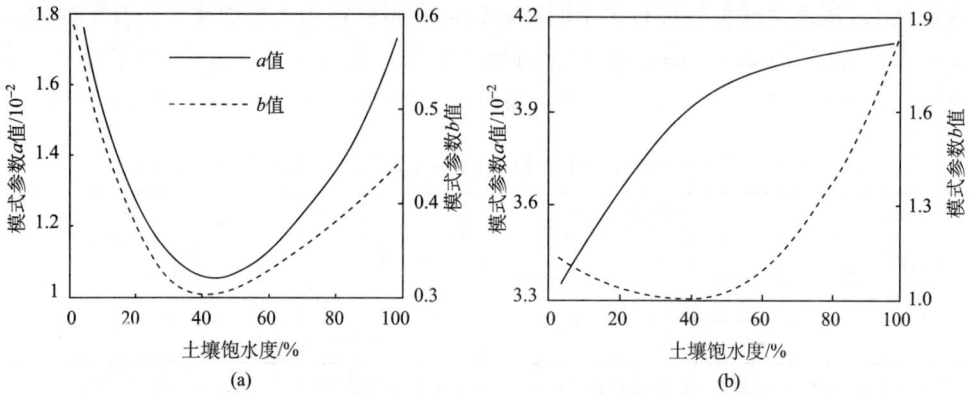

图 3-20　土壤 Cd 吸附模式（F 型）中参数变化与土壤饱水度之间关系
（a）吸附量与浓度的关系模式中参数变化特征；（b）单位时间吸附量与浓度关系模式中参数变化特征

二、土壤吸附模式变化机理

（一）土壤饱水性影响

　　从前一节已知，土壤饱水性是土壤 Cd 吸附模式的重要影响因素。在土壤中，水被固体颗粒表面的吸附力和毛管的界面张力保持于土壤颗粒表面。在土壤饱水度较低条件下，大部分水以薄膜水形式存在，所以，这种情况下，土壤的吸附力起主导作用。当土壤饱水度较高条件下，土壤的气-液界面（表面）张力对污染液的迁移起主导作用，但这时的吸附力仍起一定作用。因为土壤孔隙中污染液与吸附在土壤颗粒表面离子之间互相作用。土壤饱水程度取决于土壤表面的数量和在表面上的水膜厚度。不同岩性的土壤，表面数量不同，以致其表面吸附水膜厚度也不同。因此，在不同土壤水势条件下，不同土壤的水膜厚度必然存在一定差异（张光辉，1996）。

　　土壤中的黏土矿物对水污染液的吸附是静电力促成的，土壤吸附的或保持在其孔隙中的物质数量，决定土壤对水污染液的亲和力。水是土壤与污染液中物质（其中包括 Cd）进行交换的媒介，所以，土壤饱水程度制约固-液相之间物质交换的动力学性质，影响吸附模式（表 3-18、表 3-19）。从图 3-20 可见，在土壤饱水度较低条件下，F 型模式（$X=aC^b$）中 a 和 b 值随土壤饱水度增大而减小；在土壤饱水度较高条件下，则 a 和 b 值随土壤饱水度增大而增大 ［图 3-20 （a）］。对于单位时间吸附量而言，b 值与土壤饱水度之间关系特征与图 3-20 （a） 相同，但 K 值与饱水度呈正相关关系 ［图 3-20 （b），表 3-19］。

（二）污染液初始浓度影响

污染液初始浓度不同，对吸附模式具有显著影响。作者认为，仅污染液浓度的改变，不能完全决定吸附模式的类型，这可以从表 3-20 中得到进一步的认识，即在污染液初始浓度小于 31.45mg/L 范围，F 型吸附模式是较普遍存在的。

表 3-20　污染液 Cd 初始浓度变化对吸附模式（$X=KC^{1/n}$）参数影响特征

初始浓度/(mg/L)	a 值/10^{-3}	b 值	资料来源
0.424	25.62	0.08	金相灿，1988
0.500	38.34	0.59	
0.676	28.56	0.12	
4.98	55.81	1.07	实验，1994
10.70	3.32	1.18	
10.70	3.91	1.08	
10.70	4.17	1.83	
31.45	4.30	0.999	
31.45	3.28	1.25	
31.45	10.65	1.61	

从表 3-20 可以看出，对于 $X=a \cdot C^b$ 模式来说，污染液 Cd 初始浓度不同，a 值没有明显的变化规律，而 b 在较低浓度（小于 5.0mg/L）条件下，其值小于 1.0；在较高浓度条件下，大于 1.0。随污染液浓度提高，b 值呈增大趋势。在低浓度条件下，水合金属离子（Me^{2+}）与土壤中 Fe、Al、Mn 等氧化物的吸附和共沉淀反应，往往是交互或同时进行。在 Me^{2+} 低于 10^{-6}mol/L 条件下，亨利定律通常是有效的。在高浓度条件下（浓度大于 10^{-6}mol/L），土壤由于受非饱水性和土壤自身物理、化学性质变化影响，污染液浓度对土壤吸附类型变化弱化，只是随浓度的增加，模式 F 型中 b 和 L 型中 X_m 值增大；随浓度降低，b 和 X_m 值减小。

（三）pH 变化影响

重金属离子在土壤颗粒表面发生专性吸附时，一般均有质子的释放，但对于土壤这样复杂表面，多种吸附机理共存的情况下，难以事先推算出所释放的质子数。然而，在宏观上，金属离子与质子的竞争吸附都可用式（3-20）表示为

$$XH_m + Me^{2+} \rightleftharpoons XMe + mH^+ \tag{3-20}$$

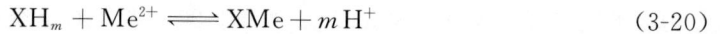

式中，XH_m 为被固相吸附的质子；Me^{2+} 为液相中二价重金属离子；XMe 为被固相吸附的重金属离子；m 为 1.0mol 重金属离子吸附时，宏观上释放质子的平均摩尔数，它是一个平均比值；H^+ 为液相中质子。

如果将吸附过程视为一种表面络合反应，则也可用式（3-21）表达，即

$$K_{ad} = \frac{[XMe][H^+]^m}{[XH_m][Me^{2+}]} \tag{3-21}$$

式中，K_{ad} 为表面反应的条件络合吸附常数，该值随 pH 改变而变化。

在浓度不很高时，有

$$[XMe] \ll [XH_m]$$

于是，可用总吸附量 $[X_z]$ 代替 $[XH_m]$，式（3-21）可近似为

$$K_{ad} = \frac{[XMe][H^+]^m}{[X_z][Me^{2+}]} = K' \cdot [H^+]^m \tag{3-22}$$

式中，K' 为吸附产物的条件稳定常数，由给定的 pH 条件下金属离子在固-液相之间分配确定。K' 与 K_{ad} 之间的关系为

$$\log K' = \log K_{ad} + m\,pH$$

由此可见，pH 变化对吸附过程具有影响作用。pH 越大，F 型模式中 a 值和 b 越大；pH 越小，a 值和 b 值越小。实际上，重金属离子的吸附方程在一定 pH 范围内变化，与重金属离子的水解有关。F 型模式中 a 值实质是对吸附程度的一种量度，b 则说明某些吸附作用的机制，是一个与活化能有关的常数。a 值较大，表明吸附面具有较高的吸附力。在较大 pH 环境中，土壤吸附能力较强，所以，模式中各参数都较大。

由于 pH 变化对吸附机制具有显著影响作用，所以，pH 变化对 b 值影响作用比对 a 值影明显。a 值大小主要取决于土壤本身吸附性能。例如，吸附较差的砂，其吸附模式中 a 值比腐殖酸的 a 值小，因为腐殖酸有较大的比表面积和较多的功能团及吸附位。L 型模式中 X_m 表示土壤的最大容量，它与 a 值有类似的性质，也主要取决于土壤本身吸附性能。

从表 3-21 中可见，在酸性条件下，L 型模式居多；而在中性、弱碱性条件下，F 型为主要吸附模式。

表 3-21　pH 对土壤 Cd 吸附模式影响特征

pH	吸附模式	单 位		资料来源
		X	C	
4.4	$X = \dfrac{1.95C}{0.39 + C}$			
5.5	$X = \dfrac{2.00C}{0.21 + C}$			
6.1	$X = \dfrac{2.20C}{0.23 + C}$	$\mu g/g$	$\mu g/g$	夏增禄等，1992
5.0	$X = \dfrac{1370C}{0.04 + C}$			

续表

| pH | 吸附模式 | 单　位 | | 资料来源 |
		X	C	
7.60 7.55	$X=0.0042C^{1.83}$ $X=0.0043C^{0.999}$	$\mu g/g$	$\mu g/g$	实验，1994
7.70 7.60	$X=0.0033C^{1.18}$ $X=0.0039C^{1.08}$	$\mu g/g$	$\mu g/g$	实验，1994
7.70 7.60 8.18 8.68	$X=0.0033C^{1.25}$ $X=0.159C^{1.04}$ $X=1.178C^{1.03}$ $X=2.65C^{1.70}$	$\mu g/g$	$\mu g/g$	实验，1994
9.33	$X=3.91C^{2.25}$	$\mu g/g$	$\mu g/g$	夏增禄等，1992

（四）土壤组分与岩性影响

当土壤中重矿物含量较高时，会引起微量金属富集，特别是细颗粒的、富含有机质的土壤中，而石英、长石和碳酸盐碎屑含量较高时，则不利于重金属吸附或沉积。

从吸附重金属容量考虑，有如下关系

$$MnO_2 > 腐殖酸 > 氧化铁 > 黏土矿物$$

铁氧化物（结晶相针铁矿）对重金属的吸附容量至少比二氧化锰的小 10 倍。腐殖酸的总键合容量介于 $200\sim600meq/100g$，约有 $1/3$ 用于阳离子交换，$2/3$ 为化学吸附和有机络合。无定型铁的氢氧化物吸附能力比结晶型铁的氢氧化物高 108 倍。无定型铁的氢氧化铝的吸附能力比结晶型氢氧化铝高 137 倍。结晶的氧化铁和氧化铝的吸附速率与吸附容量大致相同，介于它们的无定型氢氧化物与黏土矿物之间。有机物能改变金属在固-液相界面间的分配，腐殖酸和腐殖质分解而成的有机化合物，能抑制金属的氧化速率。金属离子与溶解态、胶态或颗粒态有机物之间的吸附作用强弱不一。作用弱的离子，很容易被交换（物理吸附）；作用强的离子，因形成化学键，如金属被有机物螯合，离子很难解离。

由于腐殖酸溶于碱而沉积于酸，富里酸兼溶酸和碱，而胡敏质是酸、碱都不溶，所以，有机物对吸附的影响是复杂的。土壤中有机物对 F 型模式的影响规律是：土壤有机质含量越高，F 型模式中 b 值和 a 值越大，即有机质含量较高的典型灰钙土，比有机质含量较少的灰钙上对镉的吸附作用强，但也有相反的情况（表 3-22）。

表 3-22　土壤中有机质含量变化对吸附模式（$X=aC^b$）中参数影响特征

有机质含量/%	a 值	b 值	pH
0.37	0.21	0.77	8.25
0.53	1.18	1.03	8.18
1.17	2.25	1.18	8.82
1.23	18.23	2.13	8.49
1.4	884.09	3.391	8.14

注：引自夏增禄，1992；X 单位为 $\mu g/g$；C 单位为 mg/L。

胶体是土壤中最活跃的部分，由有机和无机胶体两部分组成，其中无机胶体是最基本的组成。无机胶体包括各种类型的层状硅酸盐和水合氧化物。高岭石、蒙脱石等水合的层状硅酸盐构成黏土矿物的主体。土壤组分不同或各种矿物含量比例组合不同，对吸附模式具有一定影响，甚至类型发生改变。

通过上述几个方面的机理分析，作者认为：包气带中土壤吸附 Cd 及其他重金属，F 型吸附模式比较适用，特别是在非饱和状态下。L 型吸附方程只适用于有均匀表面的简单晶体物质，而 F 型吸附方程作为不均匀表面的一个经验的吸附等温线是特别合适的。包气带中土壤颗粒表面是十分不均匀的，组分又十分复杂，在非饱和状态下，土壤吸附动力学性质受其饱水性制约而具有多变性，特别是亏缺水分状态下，土壤具有强烈的无选择性吸附效应，所以，包气带中土壤吸附模式以 F 型为主要形式。在饱水或过饱水环境中，L 型吸附方程是一种常见的吸附模式，尤其是在砂性沉积物饱水环境中更是如此。还原性饱水环境的吸附模式与土壤中有机组分的类型和数量有一定关系。

第四节　镉在土壤中迁移与转化控制作用

镉随着水分进入包气带，在土壤内迁移与转化过程中，除了机械过滤作用之外，主要受溶解与沉淀、吸附与解吸，以及络合与解离作用的制约，这些作用又受控于体系 pH、Eh、CEC 和配位体的存在。

吸附与解吸，包括离子交换反应，是固、液相之间作用的另一范畴，在动力学上比溶解与沉淀反应更快。土壤污染液中重金属的浓度受吸附反应控制，有时沉淀过程比吸附更重要，$CdCO_3$ 控制 Cd 在土壤污染液中的浓度。在非饱水土壤中，以氧化淋溶作用为主，土壤中 Cd 以 $CdCO_3$ 形成为主。土壤 pH 增大时，由于固态 $CdCO_3$ 和 $Cd_3(PO_4)_2$ 控制着土壤污染液中 Cd 的浓度，所以，镉的溶解度降低。吸附现象与共沉淀反应难以区分开来，因为吸附和沉淀过程在很多方面是相似的，吸附往往发生在其自身就是沉淀下来的矿物表面上。如果被吸附物存在形式恰好和该矿物中某一成分相同时，那么吸附作用将促进沉淀物生长，使吸附反应成为沉淀过程的一个组成部分；反过来，无定型絮凝状沉淀物又能加速吸附作用，特别是 Fe/Mn 氧化物常常包裹在土壤颗粒表面，增强其吸附能力，使沉淀反应成为吸附过程的一个重要组成部分。

吸附与沉淀反应的差别主要在于：吸附是二维过程，而沉淀是三维过程。吸附反应是生成一种与污染液平衡的稳定的表面化合物。总之，吸附与解吸、溶解与沉淀和络合与解离反应互相依存，又互相制约。因此，环境条件的不同，结果可能截然不同。

一、络合反应的作用

可溶相中的重金属以游离水合态以及与土壤溶液中各种有机配位体和无机配位体形成的络合态形式存在。因此，在液相中 Cd 等重金属的质量平衡可表述为

$$[Cd] = \{Cd^{2+}\} + \{CdSO_4^0\} + \{CdHCO_3^-\} + \{CdCO_3^0\}$$
$$+ \{CdCL^+\} + \{CdOH^+\} + \{Cd(OH)_2^0\} \tag{3-23}$$

式中，[Cd] 为液相中 Cd 总浓度；{ } 中表示为相应成分的活度。

式（3-23）表明，镉在液相中的形态及其含量是各种因素的函数，包括 Cd 的总浓度、其他重金属及其浓度、各种配位体的总浓度（有机和无机配位体）、各种络合态的络合常数，以及 pH、Eh 和温度等，都影响 Cd 镉的形态和含量变化。所以，土壤液相中 Cd 的行为，如迁移率和生物有效性等，不仅与污染液中该种金属的总浓度有关，还与其他组分的浓度有关，也与固-液相界面间物质迁移与转化作用密切相关。在固-液界面间物质交换过程中，污染液中 pH 和 Eh 等环境因素随之变化。

在沉淀反应中，常发生金属离子与碱反应，有

$$Cd(H_2O)_2^{2+} + 2OH^- \longrightarrow Cd(OH)_2(s) + 2H_2O \qquad (3-24)$$

式中，Cd（H_2O）$_2^{2+}$ 为水合金属离子。此反应是配位关系的变化，Cd^{2+} 为中心原子，Cd（H_2O）$_2^{2+}$ 中 H_2O 为配位基。

在所有污染液环境中，裸露金属离子会寻找一个配偶，金属离子在水污染液中会水化，形成水合络合物。金属离子参与配位反应，在水污染液中是交换反应，某些亲和的配位基与水分子发生代换。例如，Cd^{2+} 与水合成 Cd（H_2O）$_2^{2+}$，所有水合离子原则上都能给出较多质子，形成带负电的氢氧金属络合物，如

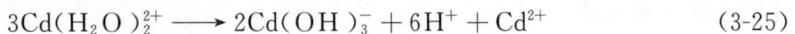

$$3Cd(H_2O)_2^{2+} \longrightarrow 2Cd(OH)_3^- + 6H^+ + Cd^{2+} \qquad (3-25)$$

氢氧化物连续络合，形成多聚体，如

$$2Fe(H_2O)_5OH^+ \rightarrow [(H_2O)_4Fe-(OH)_2-Fe(H_2O)_4]^{4+} + 2H_2O \qquad (3-26)$$

这样二聚体通过水解，与 OH^- 形成更多的桥，系列水解和缩合反应（羟代反应）会使金属氢氧化物［难溶的化合物，如 Cd(OH)$_2$］形成胶体的氢氧聚合物，最后形成沉淀。金属在污染液中形成哪种络合物（水合、羟基、羟基氧化和氧代络合物），取决于中心离子的氧化势和 pH。在酸性条件下，二价的 Cd 以水合离子形式存在；在碱性条件下，以羟基络合物形式存在。而 $HCdO_2^{2-}$、$CdCl^+$、$CdCl_2^0$、$CdCl_3^-$、$CdHSO_4^+$、$CdSO_4^0$、$CdHCO_3^+$ 等络合物，只有在污染液中 Cl^-、HSO_4^- 或 HCO_3^- 含量较高时，才可能出现。

土壤污染液中含有的 OH^-、Cl^-、SO_4^{2-}、HCO_3^-、有机酸和氨基酸等阴离子，在一般浓度下就足以取代与金属通过配位价键结合的水分子，并与金属形成络合物。除了个别例外，无论结合强度如何，这种络合反应总是很迅速的。土壤污染液内，大多数重要的无机配位基浓度的数量级高于与之络合的微量金属离子。在简单的土壤水污染液中，每种金属离子都有一组的络合物，它们的存在依赖于水解产物的稳定性和金属离子与其他无机配位体生成络合物的趋势。哪种条件下水解产物的生成百分比率较高，取决于与 OH^- 竞争的金属离子配位体的浓度。一般认为，当金属离子浓度较高时，以吸附离子交换作用为主，或以沉淀-吸附作用为主；而当浓度较低时，则以络合-螯合作用为主，或络合-螯合-吸附作用为主。

在酸性环境中，低分子的、缩合程度低的腐殖物质及降解产物，具有很强的增溶作用。在中性或碱性环境中，虽然这种能力减弱，但仍不失其增溶作用。金属腐殖酸螯合物（溶碱沉淀酸物质）进入到 pH 较高的环境中，便开始解离，同时，伴随着螯合金属

离子的释放，金属溶解度有增大的趋势。随着作为质子给予体的氮和氧的数目增加，螯合物对 Cd 等二价金属的稳定性随之增强。Cd 被螯合的稳定性介于 Zn 和 Fe 之间，即稳定性次序，为

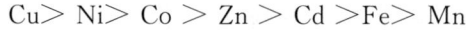

$$Cu > Ni > Co > Zn > Cd > Fe > Mn$$

二、沉淀反应的作用

各种化学固体〔如 $CdCO_3$、$Cd(OH)_2$ 等〕在液相中的溶解过程，实质上是强极性水分子和固体盐类表面的离子产生了较强的相互作用。如果这种作用的强度超过了盐类离子间的内聚力，就会生成水合离子。这种水合离子逐层从盐类表面进入水污染液，扩散到整个污染液中去，并随着水分向下或向上运动而迁移。$CdCO_3$、$Cd(OH)_2$ 和 CdS 以及 $Cd_3(PO_4)_2$ 的溶解能力主要取决于其组成的离子半径、电价、极化性能、化学键的类型及其他物理化学性质；另外，与环境条件（温度、压力、水中其他离子浓度、水的 pH 和 Eh 条件）密切相关。在水中不溶的盐是不存在的，$CdCO_3$、$Cd(OH)_2$、CdS 及 $Cd_3(PO_4)_2$ 等难溶盐在水中溶解到一定程度后，剩余部分就以固体状态与污染液共存，固相与液相之间物质、能量彼此交换的数量相等，处于一种动态平衡状态，即溶解与沉淀两过程同时进行。

在恒温恒压条件下，难溶盐 $M_x A_y$ 与其饱和污染液处于单位时间内固相与液相之间彼此等量交换物质、能量的状态，固相量不再减少，液相浓度也不再增加，其反应有

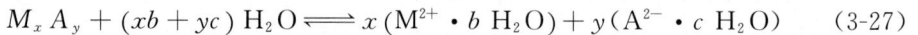

$$M_x A_y + (xb + yc) H_2O \rightleftharpoons x(M^{2+} \cdot b H_2O) + y(A^{2-} \cdot c H_2O) \qquad (3\text{-}27)$$

式中，x 为带 Z^+ 电荷的阳离子 M 的摩尔数；y 为带 Z^- 电荷的阴离子 A 的摩尔数；b 为与污染液中一个 M^{2+} 离子缔合的水分子数；c 为与污染液中一个 A^{2-} 离子缔合的水分子数。

此反应的综合热力学溶度积（K_s）为

$$K_s = \frac{\{M^{z+}\}^x \{A^x\}^y}{\{M_x A_y\} \{H_2O\}^{(xb+yc)}} \qquad (3\text{-}28)$$

式中，｛ ｝为指定的化学存在形式的活度。

从式（3-28）也可以看出，如果视固体的活度为一个常数，并且水合离子对水的活度影响可以忽略，那么，这些反应物的标准态就可以选择为使它们活度等于 1（通常规定，在液相中固相活度为 1），于是，可得一个简化的热力学溶度积，即

$$K_{sp} = \{M\}^x \{A\}^y \qquad (3\text{-}29)$$

如果污染液浓度很低（在 10^{-5} mol/L 以下），则可用浓度代替活度，而得到 Nernst 经典的溶度积（K_{sp}），有

$$K_{sp} = [M]^x [A]^y \qquad (3\text{-}30)$$

式中，〔 〕为表示浓度。

需要指出，综合的热力学溶度积包括作为变量之一的固相活度，此活度取决于固体界面的张力和粒径大小。界面张力可能受到许多因素的影响，其中包括晶格缺陷、杂质、表面非均匀性及溶剂的性质。粒度大小对于固体活度的影响是十分重要的。在沉淀

反应过程中，其粒度范围可包括最初晶核的非常小的颗粒直到陈化期和后来形成的很大沉淀物。Osteald-Freundlich 方程的一种改进形式，与半径为 r 的球形沉淀物的溶度积（K_{st}）、非常大的沉淀体的简化热力学溶度积（K_{sd}）和界面张力（σ）相关，并符合方程：

$$K_{sd} = K_{sr} \cdot e^{\frac{-2\sigma \bar{V}}{rRT}}$$

或

$$\ln \frac{K_{sr}}{K_{sd}} = \frac{2\sigma \bar{V}}{rRT} \tag{3-31}$$

式中，$\bar{V}$ 为固体摩尔体积；R 为摩尔气体常量；T 为热力学温度。

金属离子在发生沉淀时的浓度，主要取决于污染液中阴离子的种类和活度，以及污染液的 pH。在旱地中，占优势的金属无机化合物为氢氧化物、氧化物、碳酸盐、氯化物和硫酸盐；在还原环境中，占优势的金属无机化合物为硫化物。

（一）镉沉淀特征

金属氢氧化物的沉淀有几种形式，它们在土壤污染液中所发生的共沉淀和再溶解的作用是不同的。比较"活性"的沉淀，在大多数情况下是无定形的形式。这种沉淀产生于强过饱和污染液。"活性"沉淀可以与污染液之间保持亚稳定平衡状态，并缓慢地转变成"老化"形式，从而变成比较稳定的"不活性"沉淀。在计算金属氢氧化物的溶解度时，必须考虑固相不仅与简单的未络合的形式 Me^{2+} 和 OH^- 处于平衡，而且固相存在几种离子化的步骤，其中，每一步的溶解平衡常数一般都很低。

例如

$$Cd(OH)_2(老化) \Longleftrightarrow Cd^{2+} + 2OH^- \qquad (K_t = 10^{-14.4}) \tag{3-32}$$

$$Cd(OH)_2(老化) \Longleftrightarrow CdOH^+ + OH^- \qquad (K_1 = 10^{-9.5}) \tag{3-33}$$

$$CdOH^+ \Longleftrightarrow Cd^{2+}OH^- \qquad (K_2 = 10^{-4.9}) \tag{3-34}$$

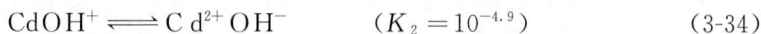

式中，K_t 为 $Cd(OH)_2$ 溶解平衡总的平衡常数，即 K_{sp}；K_1、K_2 为金属羟基络合物的平衡常数。

对于大多数氢氧化物来说，最小溶解度值发生在 pH=9~12。pH 降低，能使溶解度显著地增加。在中性污染液中，溶解度可以增加几个数量级，而在 pH=4 时，大部分 $Cd(OH)_2$ 可以溶解。

在我国北方，土壤多为中、碱性，所以 $Cd(OH)_2$ 的溶解与沉淀对土壤中 Cd 迁移与转化的影响是显著的。实验结果表明，Cd 污染液进入土壤之后，在向下迁移过程中，可能产生 $Cd(OH)_2$ 沉淀。如果考虑这种 OH^- 络合作用的影响，则氢氧化镉的溶解度可表示为

$$[Cd] = [Cd^{2+}] + \sum_{i=0}^{n} [Cd(OH)_i^{2-i}]$$

即：

$$[Cd] = [Cd^{2+}] + [CdOH^+] + [Cd(OH)_2^0] + [Cd(OH)_3^-] + \cdots \qquad (3-35)$$

$$[Cd] = [Cd^{2+}](1 + \frac{K_1}{[H^+]} + \frac{K_1 K_2}{[H^+]^2} + \frac{K_1 \cdot K_2 \cdot K_3}{[H^+]^3} + \cdots) \qquad (3-36)$$

在考虑 $CdOH^+$、$Cd(OH)_2^0$ 和 $Cd(OH)_3^-$ 络合作用影响下，利用式（3-36）的关系，推得如下公式，即

$$[Cd^{2+}] = \frac{[Cd]}{[OH^-]^2}(1 + \beta_1[OH^-]) + \beta_2[OH^-]^2 + \beta_3[OH^-]^3 \qquad (3-37)$$

式中，$[Cd] = K_{sp} = 10^{-14.4}$（25℃，pH=7.0）；$\beta_1 = 3.89 \times 10^4$；$\beta_2 = 8.51 \times 10^8$；$\beta_3 = 3.02 \times 10^9$。

在土壤污染液中，当 pH<8.0 时，Cd 主要是 Cd^{2+} 和 $CdOH^+$ 形式；pH>9.3 时，Cd^{2+} 离子形式占污染液 Cd 总浓度的百分比小于 50%；pH>12，基本上不存在 Cd^{2+} 形式。在 pH 介于 9.5~10.5 范围，$CdOH^+$ 络合形式占优势；pH 为 10.5~11.5，以 $Cd(OH)_2$ 为主。pH>11.5，$Cd(OH)_3^-$ 和 $Cd(OH)_4^{2-}$ 占绝对优势。由此可见，氢氧化镉沉淀主要发生在碱性环境，在强碱条件下受 $Cd(OH)_3^-$ 和 $Cd(OH)_4^{2-}$ 络合影响，$Cd(OH)_2$ 溶解度随 pH 提高而逐渐增大，这与实验结果完全一致（费宇红等，1998）。

实验分别在空白液和含 Cd 浓度为 10mg/L、30mg/L、50mg/L、100mg/L 体系中进行。从酸性（最小 pH<2.0）开始，平行滴加 NaOH 污染液，观察、记录（包括照相）体系反应的现象。实验结果表明，随着污染液中 OH^- 浓度的提高，首先是 100mg/L 体系出现沉淀，次之是 50mg/L 体系，然后是 30mg/L 的，最后是 10mg/L 体系。观察到的现象是：从酸性到碱性（pH 为 2.0→14.0），无色透明→层状乳色→微粒→絮凝丝状→絮凝片状→絮凝团粒状→悬浮泡沫状→乳液→无色透明。在土壤中，絮状沉淀物在污染液入渗过程中，可被土壤机械过滤作用从污染液中去除（费宇红等，1998）。

碳酸镉溶解沉淀与土壤中 CO_2 和 pH 密切相关，并且受 OH^-（碱性环境）和 Cl^-（酸性环境）络合作用影响。在土壤中，CO_2 和 O_2 有明显的相互作用关系。在正常供氧条件下，CO_2 容量占土壤空气总量的 50%。在土壤中氧的数量降低，CO_2 可能明显低于 50%。在土壤中存在适量的氧气，有助于产生高度氧化土壤组分。土壤空气中 CO_2 和 O_2 的总和与地表之上的空气中这两种成分的总和近似相等。土壤的 CO_2 含量通常随深度增加而增加，并表现出明显的季节性倾向。土壤空气中 CO_2 的容量依赖于土壤有机物质的数量、土壤的孔隙度和含水性。降水对土壤空气中的 CO_2 含量有显著影响，灌溉入渗与降水一样，对土壤空气中 CO_2 有影响（费宇红，1996）。CO_2 在土壤中的含量，通常比地面上的大气中多，而 O_2 较少。土壤中 CO_2 平均值约占 0.25%，O_2 占 20.73%，大气中的 CO_2 占 0.03%，O_2 占 20.95%。CO_2 和 O_2 在土壤中的扩散传输，部分发生在气相中，部分发生在液相中。通过充气孔隙的扩散，保持着大气和土壤间的气体交换；而通过不同厚度水膜的扩散，则维持供给活组织的氧，并消除所产生的 CO_2，这些组织都是水合的。

包气带作为一个开放体系，与空气中或土壤空气中的 CO_2 存在气体交换作用，就 $HCO_3\text{-}HCO_3^-\text{-}CO_3^{2-}$ 系统而言，它是一个动态系统，各组分形态之间不断地相互转化，而且，与组成自然环境的各层圈，即大气圈、生物圈和土壤系统之间相互作用和相互交

换。二氧化碳和水形成碳酸，增加许多矿物的溶解度。在我国北方，土壤中富含$CaCO_3$，特别是华北平原的黄潮土，碳酸钙平均含量高达 $8.0\% \sim 14\%$，这对形成$CdCO_3$沉淀是有利的（费宇红等，1987；张光辉，1996）。在土壤中正常的 CO_2 压力的范围（$0.1 \sim 30Pa$）中，$CdCO_3$是稳定的固相，但是，随 CO_2 的分压增加，$CdCO_3$溶解度降低。

包气带中几乎所有化学组分的迁移与转化，都与 CO_2 和水形成碳酸的平衡变化有关。$CdCO_3$的溶解与沉淀反应也与包气带内的碳酸平衡有关，其反应为

$$Cd^{2+} + CO_2 \uparrow + H_2O \rightleftharpoons CdCO_3 + 2H^+ \tag{3-38}$$

此反应平衡常数（$-\log K$）为 6.07。土壤污染液中除了 H_2O 以外，还有 H_2CO_3、HCO_3^-、CO_3^{2-}、H^+ 和 OH^- 等组分。碳酸总量 $C_t = K_H \cdot P_{CO_2}/\alpha_0$，于是，有

$$[CO_3^{2-}] = K_H \cdot P_{CO_2} \alpha_2 / \alpha_0 \tag{3-39}$$

$$[Cd^{2+}] = [(K_{sp}/K_H \cdot P_{CO_2})\alpha_0]/\alpha_2 \tag{3-40}$$

电中性条件

$$\frac{K_H \cdot P_{CO_2}}{\alpha_0}\left[\frac{2K_{sp}\alpha_0^2/K_H^2 P_{CO_2}^2}{\alpha_2} - \alpha_1 - 2\alpha_2\right] + [H^+] - \frac{K_w}{H^+} = 0 \tag{3-41}$$

式中，K_H 为 CO_2 气体的享利常数；P_{CO_2} 为 CO_2 分压；α_0、α_1、α_2 分别为 $H_2CO_3 + CO_2$、HCO_3^- 和 CO_3^{2-} 占总量的比例系数。

其中，

$$\alpha_0 = \left[1 + \frac{K_1}{[H^+]} + \frac{K_1 K_2}{[H^+][H^+]}\right]^{-1} \tag{3-42}$$

$$\alpha_1 = \left[1 + \frac{[H^+]}{K_1} + \frac{K_2}{[H^+]}\right]^{-1} \tag{3-43}$$

$$\alpha_2 = \left[1 + \frac{[H^+][H^+]}{K_1 K_2} + \frac{[H^+]}{K_2}\right]^{-1} \tag{3-44}$$

$$[CO_3^{2-}] = \alpha^2 \cdot C_t \tag{3-45}$$

对于 α_0、α_1 和 α_2 来说，在不同 pH 条件下，其值是不同的，即 $H_2CO_3^+ + CO_2$、HCO_3^- 和 CO_3^{2-} 在不同 pH 下所占的比例不同。在酸性条件下，当 $pH < 6.3$ 时，$H_2CO_3^+ + CO_2$ 占优势；在中性条件下，当 $pH = 6.3 \sim 10.3$，HCO_3^- 占优势；在碱性条件下，当 $pH > 10.3$，CO_3^{2-} 占优势（张光辉，1996）。

OH^- 络合作用对 Cd 碳酸盐溶解度有影响，通常在包气带环境中，当 $pH < 9.4$ 时，随 pH 降低，$CdCO_3$溶解度增大；当 $pH > 9.4$ 时，则随 pH 提高，$CdCO_3$溶解度增大。在 pH 介于 $9.0 \sim 10.0$，$CdCO_3$溶解能力最低。在 pH 介于 $9.0 \sim 10.0$ 范围内，最容易形成碳酸镉沉淀。由此为基础，无论向酸性方向变化，还是向碱性方向变化，$CdCO_3$沉淀都减少（溶解）。

（二）镉的碳酸盐与氢氧化物沉淀主控界限

在固体与污染液之间物质交换过程中，谁主导碳酸镉与氢氧化镉二者的沉淀反应的

控制界限，探讨如下：从溶解与沉淀的角度分析，可由溶度积比值（R'）和污染液中 OH^-、CO_3^{2-} 浓度判别谁占优势。

尽管不同研究者提供的 K_{sp} 值不相同，甚至相差较大，但是，总的趋势为

$$K_{sp}(CdCO_3) > K_{sp}(Cd(OH)_2) \tag{3-46}$$

即 $R' = \dfrac{K_{sp}(CdCO_3)}{K_{sp}(Cd(OH)_2)} > 1$，这表明 $CdCO_3$ 溶解能力大于 $Cd(OH)_2$，有人据此推断 $Cd(OH)_2$ 更易沉淀。但事实上，对污染液中 Cd 浓度起主导控制作用的是 OH^- 和 CO_3^{2-} 浓度（应该是活度）的比值大小。现采用 $K_{sp} = 5.2 \times 10^{-12}$（碳酸镉），$K_{sp} = 2.0 \times 10^{-14}$（氢氧化镉），条件是环境温度 25℃，pH=7.0，一个大气压。

于是，有

$$R' = \frac{5.2 \times 10^{-12}}{2.0 \times 10^{-14}} = 2.6 \times 10^2 \tag{3-47}$$

如果污染液中

$$\frac{[CO_3^{2-}]}{[OH^-]^2} < 2.6 \times 10^2 \tag{3-48}$$

则 $Cd(OH)_2$ 控制污染液镉的浓度。

如果污染液中

$$\frac{[CO_3^{2-}]}{[OH^-]^2} > 2.6 \times 10^2 \tag{3-49}$$

则 $CdCO_3$ 控制污染液中镉的浓度。

如果污染液中

$$\frac{[CO_3^{2-}]}{[OH^-]^2} = 2.6 \times 10^2 \tag{3-50}$$

则可能是 $CdCO_3$ 和 $Cd(OH)_2$ 共同或交替控制污染液镉的浓度。

在利用上述方法判定 $CdCO_3$ 和 $Cd(OH)_2$ 作用的界限时，环境条件（如 pH、温度、压力等）的一致性是十分重要的，特别是 pH 条件，采用的 K_{sp} 与讨论体系的环境条件不宜相差很大，否则可能得出相反的结论。从表 3-23 可以看出，只有在碳酸总量 $\leqslant 7.13 \times 10^{-4}$ mol/L 时，pH$>$11.18 条件下，$Cd(OH)_2$ 才有可能代替 $CdCO_3$，起主导控制污染液 Cd 浓度作用（费宇红等，1998）。在 $CdCO_3$ 控制土壤污染液 Cd 浓度体系中（pH$<$11.18），有下列反应，即

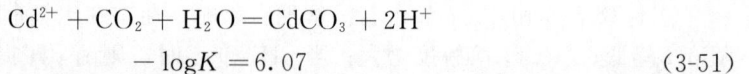

$$Cd^{2+} + CO_2 + H_2O = CdCO_3 + 2H^+$$
$$-\log K = 6.07 \tag{3-51}$$

由此可导出土壤污染液 Cd^{2+} 的浓度，服从式（3-52），即

$$-\log\{Cd^{2+}\} = -6.07 + 2pH + \log P_{CO_2} \tag{3-52}$$

考虑 OH^- 络合作用影响，有

$$\log\{Cd^{2+}\} = \log K_{sp} - \log P_{CO_2} + \log(1 + \beta_1\{OH^{-1}\} + \beta_2\{OH^-\}^2 + \beta_3\{OH\}^3) \tag{3-53}$$

式中，$\{Cd^{2+}\}$ 为污染液中 Cd^{2+} 与 $CdCO_3$ 处于平衡时的活度。当 $P_{CO_2} = 10^{1.5}$ Pa（以土

壤空气中 CO_2 的一般含量计）时，有

$$-\log\{Cd^{2+}\}=7.8-\log\left(1+\frac{3.89\times10^{-10}}{[H^+]}+\frac{8.51\times10^{-20}}{[H^+]^2}+\frac{3.02\times10^{-33}}{[H^+]^3}\right)(3\text{-}54)$$

从式（3-54）可见，土壤污染液中 Cd^{2+} 浓度在 $CdCO_3$ 溶解度控制下，与污染液酸度 $[H^+]$ 和 P_{CO_2} 密切相关。例如，当 $P_{CO_2}=10^{1.5}Pa$，pH＝6.28 时，$\{Cd^{2+}\}=1.15\times10^{-5}mol/L$；而当 $P_{CO_2}=10^{1.5}Pa$，pH＝7.62 时，$\{Cd^{2+}\}=10^{-8}mol/L$。

表 3-23　不同碳酸浓度、pH 条件下 $[CO_3^{2-}]$ 和 $[OH^-]$ 量

pH	$[OH^-]$ /(mol/L)	$[CO_3^{2-}]$ /(mol/L)			
		$C_t=7.15\times10^{-1}$	$C_t=7.13\times10^{-2}$	$C_t=7.13\times10^{-3}$	$C_t=7.13\times10^{-4}$
2.1	1.26×10^{-12}	2.38×10^{-13}	2.38×10^{-14}	2.38×10^{-15}	2.38×10^{-16}
3.1	1.26×10^{-11}	2.36×10^{-11}	2.36×10^{-12}	2.36×10^{-13}	2.36×10^{-14}
4.1	1.26×10^{-10}	2.35×10^{-9}	2.35×10^{-10}	2.35×10^{-11}	2.35×10^{-12}
5.1	1.26×10^{-9}	2.23×10^{-7}	2.23×10^{-8}	2.23×10^{-9}	2.23×10^{-10}
6.1	1.26×10^{-8}	1.51×10^{-5}	1.51×10^{-6}	1.51×10^{-7}	1.51×10^{-8}
7.1	1.26×10^{-7}	3.58×10^{-4}	3.58×10^{-5}	3.58×10^{-6}	3.58×10^{-6}
8.1	1.26×10^{-6}	4.12×10^{-3}	4.12×10^{-4}	4.12×10^{-5}	4.12×10^{-5}
9.1	1.26×10^{-5}	3.98×10^{-2}	3.98×10^{-3}	3.98×10^{-4}	3.98×10^{-4}
10.1	1.26×10^{-4}	2.65×10^{-1}	2.65×10^{-2}	2.65×10^{-3}	2.65×10^{-4}
11.1	1.26×10^{-3}	6.11×10^{-1}	6.11×10^{-2}	6.11×10^{-3}	6.11×10^{-4}
12.1	1.26×10^{-2}	7.02×10^{-1}	7.02×10^{-2}	7.02×10^{-3}	7.02×10^{-4}
13.1	1.26×10^{-1}	7.12×10^{-1}	7.12×10^{-2}	7.12×10^{-3}	7.12×10^{-4}
14.1	1.26×10^{-0}	7.14×10^{-1}	7.14×10^{-2}	7.14×10^{-3}	7.14×10^{-4}

注：C_t 为碳酸总量，mol/L。

在包气带中，Cd 的溶解度不仅受碳酸根和羟基的浓度共同制约，而且，与污染液中 Cd^{2+} 活度也密切相关。体系 $\{Cd^{2+}\}$ 不同，Cd^{2+} 与 $CdCO_3$ 之间平衡界限（等当量点）也不同［图 3-21（a）］。当体系内 Cd 总浓度为 $10^{-8}mol/L$ 时，Cd^{2+} 与 $CdCO_3$ 之间等当量点由（Cd 总浓度为 $1.15\times10^{-5}mol/L$ 条件下的）6.28 增加到 7.64。体系内 Cd 浓度越低，$CdCO_3$ 控制液相 Cd 浓度的临界 pH（指等当量点）越大；反之，浓度越高，临界 pH 越小。不仅如此，而且，$CdCO_3$ 与 Cd^{2+} 之间界限同体系内的溶解态 CO_2 量也有关系，其含量越高，临界 pH 越小；含量越低，临界 pH 越大（张光辉，1996；费宇红等，1998）。

体系内 Cd 含量或 CO_2 含量发生变化，必然引起 $CdCO_3$ 与 $Cd(OH)_2$ 之间界限改变。体系 Cd 总量增加或溶解 CO_2 含量降低，则 $CdCO_3$ 和 $Cd(OH)_2$ 之间临界的 pH 变小。体系镉总量减少或溶解 CO_2 含量提高，临界 pH 增大。

对于绝大多数金属离子来说，在其发生沉淀或被吸附的 pH 范围内，P_M+P_{OH} 或 $P_M+P_{CO_3}$ （$P_M=-\log[Me]$，$P_{OH}=-\log[OH^-]$，$P_{CO_3}=-\log[CO_3^{2-}]$ ）是恒定

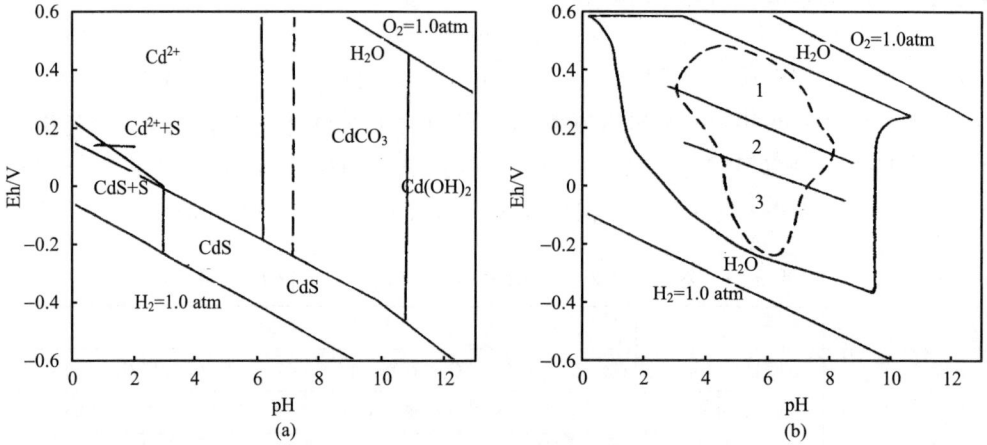

图 3-21　Eh-pH 条件对 Cd 溶解沉淀的影响特征

(a) Cd 的 Eh-pH 相图（$P_{CO_2} = 10^{-3.2}$，$[Cd^{2+}] = 1.15 \times 10^{-5} mol/L$，图中虚线为 $[Cd^{2+}] = 10^{-8} mol/L$ 的界线）；(b) 不同环境下 pH 与 Eh 变化特征（图中：1 为旱地；2 为潮湿土壤；3 为水分过饱和土壤环境）

的，有黏粒或无黏粒存在时，对溶解度影响不显著。但是，Cd 等金属溶解度可能因形成溶解性较高的固体（相对于老化沉淀物而言）而增大。土壤中的水溶性 Cd 在低氧化还原电位（Eh < +400mV）条件下，随着 Eh 增大和 pH 降低而增加。在饱水（水田）环境，低氧化还原电位条件下，S^{2-} 控制土壤污染液 Cd 的浓度。

三、吸附作用特征

（一）吸附作用特征

吸附现象的本质是土壤颗粒表面上的原子与其内部的原子所处的环境不同，处在固体内部的原子，其周围原子对它的作用力是对称的，一般是平衡的。但是，处在固体表面上的原子，周围原子对它的作用力是不对称的，所受的力是不平衡的，因而有剩余力场。当土壤污染液中离子或分子碰撞表面时，受到这力场的作用，有的分子或离子停留在土壤颗粒表面上，使土壤化学组分质量增加，相应地降低液相中该组分的浓度，这就是吸附。

包气带土壤具有滞留固态、液态和气态物质的能力，其机理可概括为：①机械过滤（阻留）和物理吸附。由于土壤是多孔体系，且具有很大表面能，可以通过机械性阻留或物理吸附作用阻滞各种物质。②化学反应，即沉淀吸附作用。③生物吸收作用。④物理化学吸附作用。土壤胶粒带有电荷，且具有双电层结构，由此具有吸附或交换土壤污染液中离子的能力（张光辉，1995，1996）。

土壤颗粒比表面积、表面电性是决定土壤吸附能力的两个重要因素。比表面积大小直接与颗粒大小和形状有关，由其产生永久性电荷；表面电性则主要是由颗粒表面离子发生同晶置换和表面官能团发生电离而引起的，产生 pH 制约性电荷。对于蒙脱石类 2∶1 型黏土，同晶置换作用很大，而对高岭土类 1∶1 型黏土作用较小，pH 制约性电荷发生下列一些组分的化学过程，包括含水氧化硅外层硅酸分子发生离解，离解出 H^+，而在胶核上留下 $HSiO_3^-$ 和 $HSiO_3^{2-}$，使胶体带负电。土壤 pH 越大，硅酸的离解度越大，胶体带的电荷也越多。

含水氧化铁和氧化铝（两性胶体）的电性，随 pH 改变而变化。当介质 pH 小于等电点 [$Al(OH)_3$ 的等电点为 $4.8\sim5.2$；Fe_2O_3 为 3.2]，OH^- 基整个离解，使胶粒带正电荷。当介质 pH 大于等电点时，从 OH^- 基中解离出 H^+，使胶粒带负电荷。铝硅酸盐品表面 OH^- 基的离解产生可变电荷，如高岭土的等电点为 5，环境 pH 大于 5.0 时，胶粒带负电；pH 小于 5.0 时，胶粒带正电。此外，晶格表面的 Fe、Al 等离子从污染液中吸附各种阴离子（OH^-、SiO_4^{4-}、PO_4^{3-} 等），使胶粒带负电；而在酸性环境中，晶格表面的原子可以吸附 H^+，使胶粒带正电。腐殖质有机胶体，属于两性胶体，但通常以带负电为主。

阳离子吸附分为选择性和非选择性吸附。非选择性阳离子吸附的主要机理是静电吸附作用。一方面，Al、Fe、Mn 的水合氧化物和氢氧化物能选择性地吸附碱土金属离子（Ba^{2+}、Ca^{2+}、Sr^{2+}、Mg^{2+}）和重金属离子（Cd^{2+}、Pb^{2+}、Cu^{2+}、Zn^{2+}、Ni^{2+}、Co^{2+} 等），而层状硅酸盐组分能非选择性地吸附碱金属和碱土金属阳离子。土壤中某些有机物也能吸附离子；另一方面，存在于土壤污染液中的阳离子状态的有机物也能被吸附。

分子吸附是土壤吸附中一种重要的吸附形式。土壤对分子状态物质吸附的机理有以下几个方面：①范德华引力作用，特别是在土壤吸附有机非离子型大分子并形成黏土-有机复合体的过程中，具有较大作用。②氢键力在形成黏土-有机复合体的过程中，起主导作用。氢键力包括在第一层水合壳层中，极性有机分子通过水分子与交换金属阳离子相连接、表面氧或羟基键合、离子偶极作用力作用和π键合。一些不饱和烃及其衍生物的中性分子可以通过其π电子的给出而与某些过渡金属离子相键合。

物理吸附是一个快速可逆过程，不需要活化能。产生物理吸附力的原因，是被吸附的整个电子壳层与吸附剂相互作用的结果。化学吸附则不同于物理吸附，它是由于吸附剂与被吸附物之间发生了电子转移或共用电子引起的。化学吸附多数是不可逆的和缓慢的，而且与温度有关（张光辉，1996）。静电吸附（即离子交换）是最常见的一种吸附类型，它是由带电吸附剂表面和带相反电荷的被吸附粒子之间静电引力作用而引起的。这种力的减少，与离开吸附剂表面的距离呈二次方关系，而物理吸附与距离的六次方成反比关系，化学吸附力只是在非常短的距离上起作用，所以，静电吸附比物理吸附和化学吸附的作用范围都大。离子交换不是唯一的静电吸附过程。

（二）吸附作用影响因素

1. 土壤组分与岩性影响

土壤组分与岩性不同，它的比表面积不同，甚至相差巨大。土壤比表面积越大，土壤吸附能力越强。例如，蒙脱石、伊利石和高岭石的吸附能力依次降低，就是因为它们的比表面积依次减少所致。比表面的增加，相当于增加了许多有效的吸附位置，所以，吸附能力提高。土壤颗粒越细，其比表面积越大（表 3-24），土壤吸附能力越强。

表 3-24　相同质量不同粒径土壤的总表面积差异特征

粒　　级	土壤粒径/cm	总表面积/m³
粗砂	1.0000	0.03
粗砂	0.1000	0.31
中砂	0.0500	0.63
细砂	0.0100	3.14
细粉砂	0.0020	15.71
亚砂土	0.0002	157.08
黏土	0.0001	341.16

注：假设土壤颗粒为理想球体。

　　土壤的吸附性质一般与它们的组成和结构有关系。吸附性质的变化是由吸附基团（吸附位置）发生变化以及吸附剂表面电荷和它的亲水或疏水特性变化所引起的。带较多表面电荷的黏土矿物，吸附带相反电荷元素的能力比吸附不带电荷或少量带电荷的吸附质的能力强。当被吸附的粒子所带电荷的符号与吸附剂所带电荷相同时，情况恰好相反。对于水解后的物质或是难溶（解离）的物质，其吸附一般随吸附剂的疏水特性的增加而增加。吸附剂表面的物理和化学性质变化，对吸附反应具有不可忽视的影响作用。以致在不同酸碱环境中，各种土壤吸附镉的能力顺序发生改变。在 pH=4.0 时，蒙脱石土吸附能力最大，是因为在酸性条件下蒙脱石分解而产生新的硅酸或铝和硅酸的混合物，与 Cd 等金属反应，从而增加了 Cd 吸附量。而在中性条件下，有机质和氧化铁对镉亲和力大于 2∶1 型层状硅酸盐的亲和力。在 pH=6~7 范围，使氧化铁电荷增加的机理，是由于 OH^- 和氧化物表面游离的 FeOH 基的吸附能力比有机质游离的羧基、酚基和醇基强，所以，高岭石土的吸附能力较大。

　　黏土矿物和水合氧化物能吸附金属离子，是由于阴离子的吸附位置被类似 OH^- 这样的阴离子所占据，使这些吸附位置被"活化"。

2. 水解作用的影响

　　交换性阳离子水解可以显著地增加它的交换容量。因为土壤中大部分固相吸附金属羟基络合物，如 $CdOH^+$、$CuOH^+$、$FeOH^{2+}$ 等，它们比未络合的金属离子（如 Cd^{2+}、Cu^{2+}、Fe^{3+} 等）更易被吸附。从另一个角度来看，这也就是络合反应促进吸附作用的一种效应。土壤中大多数矿物，由于破裂而在其破裂表面上存在表面电荷，当污染液渗入土中时，这些矿物的带电荷表面便会吸引能解离的 H_2O 分子，水分子解离一直到趋于平衡为止。

　　黏土矿物可以通过晶格中的同晶置换及其他方式获得表面电荷。土壤污染液中，因 H^+ 和 OH^- 的吸附或离子从表面选择性解离，形成表面电荷。水解的金属离子在固、液界面之间的吸附行为，受 pH 条件的强烈影响。这种行为可用水合金属离子的水解与它们的吸附量增加、电荷逆转和混凝性质之间的对应性来表示。土壤颗粒表面对金属离子的吸附，在一特定 pH 范围内急剧增加，这里面包含了络合-沉淀作用，其原因是：

当下列各类水解反应发生时，土壤对 Cd^{2+} 的吸附量会突然增加。

单核水解反应为

$$Cd^{2+} + H_2O \Longrightarrow CdOH^+ + H^+ \tag{3-55}$$

聚核水解反应为

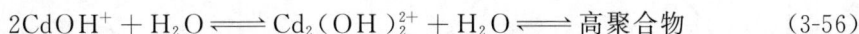

$$2CdOH^+ + H_2O \Longrightarrow Cd_2(OH)_2^{2+} + H_2O \Longrightarrow 高聚合物 \tag{3-56}$$

沉淀水解反应为

$$Cd^{2+} + 2H_2O \Longrightarrow Cd(OH)_2 + 2H^+ \tag{3-57}$$

如果土壤颗粒有负的表面电荷，具有负的表面电位，则当金属离子水解和金属氢氧化物沉淀时，实验观察到的双电层电位就会发生符号逆转。当 pH 条件有利于较高的吸附强度和水解时，表面电荷从负号向正号逆转（张光辉，1996）。

3. 液相组成影响

液相浓度对吸附的影响取决于两个方面：一是液相 Cd^+ 浓度变化的大小；二是土壤颗粒表面已吸附 Cd^{2+} 的数量。当土壤颗粒表面已吸附 Cd^{2+} 数量处于最低状态时，Cd^+ 被吸附在最活泼（酸性）的吸附位置上。当土壤吸附量超过某一数量值时，吸附位置全部被占据，于是只有在那些活性较小的吸附位置上才能产生进一步的吸附，而这些活性较小的吸附位置只能在较高 pH 条件下，才能解离出来，或进行离子交换。如果被吸附的 Cd^{2+} 是从较低 pH 下开始吸附自较高浓度的污染液中，则浓度变化会对吸附产生相反的影响。在较低 pH 条件下，吸附量减少的原因变化无常。吸附极大值向低 pH 或较高 pH 方向位移，可能是聚合效应的结果。

污染液中被吸附物（如 Cd^{2+}）浓度的增加，既提高了固、液相之间的化学势梯度（梯度指向固体），又增加了可交换（或被吸附）的金属离子数量。当吸附剂与不同化合价的阳离子达到平衡时，吸附剂对电荷密度较高的离子具有较大的亲和性。在污染液浓度降低时，这种效应更加明显。在固、液相之间的物质交换达到平衡之后，污染液中仍保留一些被吸附组分（非平衡例外）。许多研究成果的吸附量达100%，即100%地吸附了污染液中 Cd^{2+} 等金属，这与严重亏缺水分土壤（干燥土）吸附有限量水分一样，是一种未饱和非平衡吸附的结果。如果液相浓度足够大，固-液相之间吸附达到平衡时，污染液中存在一个平衡浓度。当体系 pH 和溶解 CO_2 量发生变化时，液相浓度会因土壤吸附能力的增强或减弱而发生变化。

图 3-22 是亚黏土在不同浓度下的净吸附（减去沉淀）量的分布状态，其规律表示为：在酸性条件下，净吸附量随着 pH 增大而增加；在中、弱碱性条件下，净吸附量随着 pH 增大而减少；在强碱条件下，净吸附量减至零，完全由 $CdCO_3$ 和 $Cd(OH)_2$ 溶解与沉淀作用控制。在中性至弱碱性范围，净吸附量随 pH 增大而减少是由于 $CdCO_3$ 和 $Cd(OH)_2$ 沉淀作用结果（图 3-23）。从图 3-22 来看，酸性条件下吸附量较大（指吸附作用有效 pH 的范围内）。污染液浓度越高，吸附量越大；反之，污染液 Cd 浓度越小，吸附量越小（费宇红等，1998）。

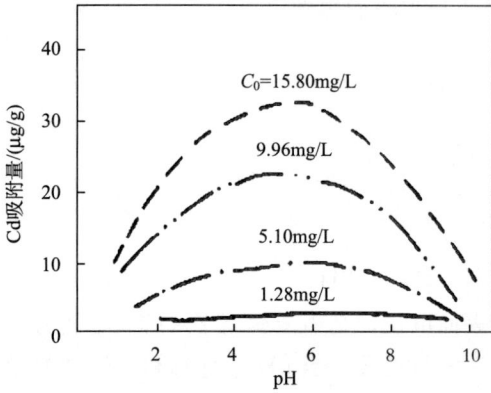

图 3-22　亚黏土 Cd 净吸附量与 pH 关系

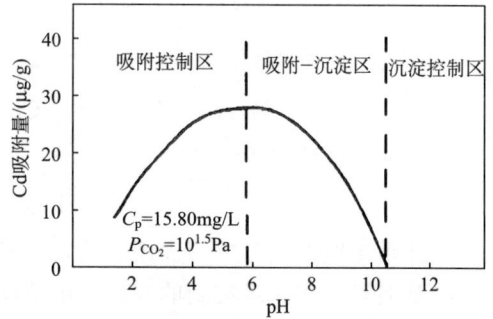

图 3-23　亚黏土与 Cd 污染液作用分区特征

4. 土壤饱水性影响

前面已有较多的实验结果讨论，结果表明，土壤饱水性对 Cd 在包气带中迁移与转化具有重要影响作用，它不仅影响土壤中镉的迁移与转化、形态变化和模式的特征，而且，对液相 pH 和 Eh 也产生重要的影响作用。不同初始饱水程度条件下，土壤饱水性的影响是不同的。在土壤水分亏缺状态下，是通过影响土壤表面吸附（张力）性质及其相关的物理化学性质来影响镉在土壤中的行为。在非亏水分状态下，主要是通过"cage"效应（即"笼子"）抑制镉的迁移（张光辉等，1997）。

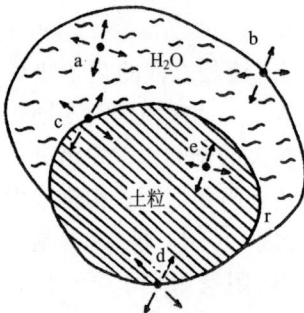

图 3-24　固、液和气三相系统中分子受力示意图

固液相界面张力：在任何成整体相的物质，无论是固体（如土壤固体物质或植物、胶体颗粒）或是液体（如均一的水），其中的各种力在所有方向上是相同的，直至达到边界为止。在图 3-24 中，分子 a 处在水的内部，它在所有方向上的分子间吸力与斥力是相同的。每一个在表面的分子仍受相同分子的吸引力作用，使其拉向水中的力比拉向邻空间（指空气，图 3-24 中空白处）中的力大得多，于是产生一种效应，把接近表面的一个或两个分子层的分子拉向水中去，并且使它们凝聚起来，尽可能地对抗相同分子的作用，结果使表面的分子定向排列，并在表面下产生相对表面之上较强的内压，即表面张力（记作 σ）。固体内部 e 点受力情况与 a 点相似，c 点和 d 点与 b 点相似（张光辉，1996）。

固体的表面张力与水的表面张力不同。固相吸力远远大于液相吸力，在其吸力范围内，它能把液、气物质强烈地吸附在其表面。这一作用力的大小与距离有关，距离越小，吸力越大，土壤吸附速率越大。一般这种吸附是无选择性的。在干燥土壤中，固体与气体也形成一个界面（图 3-24 中 d 点），式（3-58）是土壤与气态水作用平衡的关系式（即 Clausius-Clapeyron 方程），即

$$\Delta \bar{H}^- = (\bar{H}_v^0 - \bar{H}_e^0) + \left(\frac{RT_2 T_1}{T_1 T_2}\right)\ln(P_2/P_1) \tag{3-58}$$

式中，P_2、P_1分别为土壤含水量保持不变时在温度T_1和T_2条件下土壤系统平衡水蒸气压力；$\bar{H}_v^0$、$\bar{H}_e^0$为分别为纯水蒸气和纯水的偏摩尔焓；$\Delta \bar{H}$为被土壤吸附的气态水相对偏摩尔焓。

当土壤与气态水达到平衡时，被吸附水的偏摩尔自由能与其平衡水蒸气中水的偏摩尔自由能相等，于是土壤表面被吸附水的相对摩尔自由能的变化为

$$\Delta \bar{G} = \bar{G} - \bar{G}_0$$
$$= RT\ln(P/P_0) \tag{3-59}$$

式中，$\bar{G}$、$\bar{G}_0$分别为吸附水和纯水的偏摩尔自由能。

当水进入土壤中，并趋于饱和或过饱和时，固体与空气界面就被破坏而产生新的固、液界面。在新界面上，有固体对水分子的吸引力和水对固体分子的吸引力。在土壤中由亏缺水分状态的固、气界面与气、液界面转化为固、液界面的过程中，从热力学观点出发，当界面均为一个单位面积时，在恒温恒压条件下，体系自由能变化为

$$\Delta G = \sigma_{ws} - \sigma_{as} - \sigma_{aw} \tag{3-60}$$

式中，σ_{ws}为液、固界面张力；σ_{as}为气、固界面张力；σ_{aw}为气、液界面张力。

当体系自由能降低时，它向外所做的功为

$$W_a = \sigma_{as} + \sigma_{aw} - \sigma_{ws} \tag{3-61}$$

式中，W_a为固、液相的结合能，又称黏附功，它是固、液吸附时，体系对外所做的最大功。显然，W_a越大，体系越稳定，固、液界面结合得越牢固。所以，$W_a \geqslant 0$是固体吸附液体的条件。当局部孔隙饱水时，三个界面张力在三相交界线任意点上，力的矢量之和为零（张光辉等，1996b，1997）。于是，有

$$\sigma_{as} = \sigma_{aw} + \sigma_{ws}\cos(r) \tag{3-62}$$

将式（3-61）代入式（3-62），有

$$W_a = \sigma_{as} + \sigma_{aw} - \sigma_{ws} = 1 + \cos(r) \tag{3-63}$$

式中，r为三相夹角（图3-24）。

式（3-63）中σ_{aw}与土壤孔隙性、饱水性和液相性质有关。界面上的作用力是短程的，只作用于一个或两个分子层（1.6×10^{-7}cm），但在土壤中相类似的力可以伸展到液体中许多分子层中。测定结果表明，这样的力在土壤接近田间持水量的情况下，仍然有作用（Taylor，1983b）。

当液体接触固体时，释放出一定的热，这与界面能有关，又称为吸附热。如果污染液是非极性，只释放出少量热。水污染液是强极性的，与土壤接触时，则有大量热释放出来。固-液界面间的巨大界面能差是吸附包括镉在内的各种物质的动力。在土壤表面上，只要吸附一个分子或离子，就有一定的界面能变化。土壤颗粒表面水膜厚度增加，土壤饱水度增大，能降低固体表面张力和与之相关联的能量。

研究表明，土壤颗粒表面的水膜厚度越大，吸附能（潜在吸附力）越小。在不同含

水量下，水分子迁移所需激活能（又称活化能）也是不同的。水分迁移过程的速率（指水分质点迁移速度）越小（越困难），所需激活能越大。

在水污染液中，其他离子迁移首先受到周围水溶剂分子的阻碍，往往只能在一个地方重复振动，好像处在一个由周围溶剂分子所形成的"cage"（笼子）中一样，对于正常黏度（$-10^{-3}\,kg^{-1}\cdot s^{-1}$）的污染液，振荡周期为 $10^{-12}\sim10^{-3}\,s$，而一个溶质分子在一个"cage"中大约需停留 $10^{-10}\,s$。在此期间，它与邻近分子间发生多次碰撞。偶然有机会，该分子就跃出这个"cage"而移到另一处，实际上又重新陷入一个新的"cage"之中，分子照样做布朗运动。在一个"cage"内或运移到另一个"cage"内（溶质扩散过程），水分子溶剂对溶质粒子（如 Cd 等）扩散运动的阻碍作用，被称为"cage"效应。在污染液中的溶质粒子（分子、离子或络合物）被水分子阻隔开来，它们必须穿过水分子"笼壁"才能碰撞固体表面，才有可能占据固体表面的吸附位置（张光辉，1996）。一般来说，被吸附物质浓度越低，其周围的"cage"壁越厚，在单位时间内被吸附剂吸附的量越少。

除了水分子具有"cage"效应之外，其他组分也对被吸附物（如 Cd^{2+}）产生"cage"效应。从"cage"效应出发，土壤颗粒表面水膜越厚，越不利于入渗污染液中 Cd^{2+} 碰撞土壤颗粒表面；反之，水膜越薄，越有利于入渗污染液中 Cd^{2+} 被吸附。土壤含水量越高，土壤镉吸附量越小，含水量越低，吸附量越大。土壤颗粒表面水膜厚度（含水量）不同，对于各种吸附作用的影响也是不同的。当水膜厚度几乎为零时，一旦污染液进入土壤中，则有利于化学吸附作用；相反，水膜厚度较大，如果污染液中 Cd^{2+} 与土壤颗粒表面发生化学吸附结合，首先要克服水分子的"cage"效应，或与已被吸附的 H^+（或 H_3O^+）竞争吸附位置，不利于化学吸附作用。对于物理吸附作用也如此。这也许是非饱和环境（土壤亏缺水分状态）吸附量较大的一个原因。土壤颗粒表面的水膜厚度（土壤饱水程度）较大，更有利于物理吸附和离子交换，而不利于化学吸附。因为在饱水环境中，H^+ 和 OH^- 已抢先占据了化学吸附位，入渗污染液中 Cd^{2+} 要占据化学吸附位，需要与已占据吸附位置的组分竞争交换。在竞争交换过程中，又需要克服"cage"效应，而在干燥土中，入渗污染液与土壤一旦接触，污染液中 Cd^{2+} 便能很快与土壤表面发生作用，即使有 H^+ 或其他离子已占据吸附位，但由于"cage"效应较小，加之，Cd^{2+} 本身具有较强吸附能力（在中性至弱碱性环境中比 H^+ 吸附能力强），所以，在干燥土中不仅吸附量较大，而且，残余态量也大于饱水环境的含量（可能与化学吸附有关）。

最不利于固-液界面之间物质交换的环境，是非亏缺水分的非饱和状态。这种状态下，土壤中污染液既受固、液界面之间"cage"效应影响，又要受污染液与土壤、空气之间的气液界面张力的影响。从"cage"效应原理可知，土壤颗粒表面的水膜越厚，土壤饱水度越高，则土壤污染液中 Cd^{2+} 迁移到土粒表面所用时间越多；反之，水膜越薄，土壤饱水度越低，则污染液中 Cd^{2+} 迁移到土粒表面所用时间越少。

5. 作用时间影响

土壤与污染液的接触时间和化学沉淀物与污染液的陈化时间都对土壤吸附镉产生影

响。土壤体系的吸附作用同任何一种非均相过程一样，至少可以把吸附作用划分为连续的三个步骤：①被吸附物转移到吸附剂表面；②吸附过程，即形成吸附键；③被吸附粒子转移（一般通过扩散）到较深一层的吸附层中，或在吸附剂表面上被吸附物的状态（键）发生变化，或者二者同时发生。

总的吸附时间效应决定于给定时间内观察到的所有各部分效应的总和，所以，这是一个复杂的过程。但总的规律是，随着时间延长，吸附量增加，吸附速率降低；土壤吸附镉的速率和吸附量的动力学性质（动态）变化，具有剧增、渐变和缓慢变化三个阶段性。尽管在吸附过程中，吸附与时间的关系比较复杂，但一般还能辨认出曲线上的某一区间。在这一区间内，参与吸附的某一步对整个吸附过程是占支配地位，它的动力学性质决定了总的吸附动力学性质。例如，在剧增阶段，范德华力和静电引力作用（物理吸附）占支配地位。对于土壤的吸附，由于污染液中被吸附物状态的自发变化，或污染液的某些其他性质（如 pH、Eh 等）的变化，所以，污染液的陈化能影响吸附的动力学性质和最后的吸附值。土壤饱水性和被吸附物的浓度对上述各种变化也产生一定的影响。

四、吸附、沉淀反应主导控制界限

（一）理论分析

从理论上来说，吸附和沉淀反应界限是十分清楚的，二者是固、液相之间物质交换反应的两个不同范畴的概念。吸附可以发生在土壤与污染液之间和固体化学沉淀物与污染液之间，是二维的过程，而沉淀只能发生在固体化学沉淀物与相应的污染液之间，是三维的过程。在动力学上来说，吸附比沉淀反应更快。但在包气带土壤中，二者是彼此依存，相互促进，又相互制约的。吸附过程中，伴随有沉淀发生；沉淀过程中，其本身既是被吸附物，同时，它又能作为吸附剂从污染液中吸附溶质，促进沉淀反应。相反，吸附能降低污染液浓度，影响沉淀反应；或沉淀降低污染液浓度，相对减弱固、液相界面之间吸附作用；或通过改变污染液 pH、Eh 条件，影响沉淀或吸附。因此，判定吸附和沉淀界限是困难的，但是，还是可以粗略地对其进行评判分析。

由于吸附和沉淀反应之间的相似性，所以，金属阳离子的选择性与其相应的氢氧化物的溶解度有很大关系，即吸附反应总发生在污染液中出现主体沉淀之前。在包气带体系污染液中，Cd^{2+} 的浓度通常是由描述固相的溶解度关系所控制。由于经验的影响，多组分的存在，或生物作用，可能会引起与理论溶解度不一致，有时，结果相差较大。当然，前提条件是污染液 Cd^{2+} 浓度足够大，满足体系的吸附作用。即浓度超过吸附剂饱和吸附量时，包括被吸附在矿物表面上的离子，新固相的沉淀过程就会发生。如果污染液中镉浓度低于这个临界浓度，则吸附作用控制着污染液浓度，但需要考虑 pH 的变化。

实验结果表明，当 pH = 4、体系溶解 CO_2 量 $\leqslant 5.4 \times 10^{-3}$ mol/L、镉含量 $< 10^{-2}$ mol/L 时，吸附反应控制污染液 Cd^{2+} 的浓度。当镉含量 $> 10^{-2}$ mol/L 时，$CdCO_3$ 沉淀反应控制液相 Cd^{2+} 的浓度。当 pH = 8.0，溶解 CO_2 量 $\leqslant 5.4 \times 10^{-3}$ mol/L 时，体系

镉含量只有小于 10^{-7} mol/L 情况下，吸附才起主控作用。只要镉含量 $\geqslant 10^{-7}$ mol/L，$CdCO_3$ 便会控制污染液 Cd^{2+} 的浓度变化。一般情况下，在酸性环境中，pH 越低，吸附作用控制液相浓度变化的范围越大；反之，pH 越大，吸附作用控制的范围越小。在碱性环境中，往往沉淀作用起主导控制作用，特别是在 pH=9～10 范围，镉的溶解度最小（小于 10^{-7} mol/L，约为 0.011mg/L）。只有当污染液 Cd^{2+} 浓度小于 10^{-7} mol/L 时，吸附反应才能显著地发挥其作用（费宇红等，1998）。

当体系内 Cd 量一定时，吸附与沉淀界限不仅与 pH 有关，而且，在一定程度上取决于溶解 CO_2 含量的多少及其平衡关系。在 pH 一定条件下，CO_2 含量增加，$CdCO_3$ 沉淀反应控制范围扩大。例如，当 pH=6.0 时，CO_2 含量由 7.13×10^{-7} mol/L 增加到 10^{-1} mol/L 时，$CdCO_3$ 控制的范围由污染液 Cd^{2+} 浓度 $\geqslant 10^{-1}$ mol/L 扩大为 $\geqslant 10^{-6.5}$ mol/L，控制浓度范围比原来增大 $10^{5.5}$ 倍。在中、碱性环境中，当污染液 Cd^{2+} 浓度较高时，则由 $Cd(OH)_2$ 沉淀作用控制污染液浓度。例如，当 pH=8.0 体系镉含量大于 10^{-3} mol/L 时，$Cd(OH)_2$ 沉淀反应起主导控制作用。$Cd(OH)_2$ 沉淀反应控制范围随 pH 增大而增大，但是，当体系镉含量小于 $10^{-5.5}$ mol/L 时，$Cd(OH)_2$ 沉淀反应的主导作用便由吸附反应或 $CdCO_3$ 沉淀反应所代替。

（二）实验结果

本研究的土壤 pH 介于 7.25～8.20，土壤中 CO_2 分压为 $10^{-3.2}$ 大气压，非饱和土壤（旱田）中 Eh 介于 +400～+700mV。因此，根据上述情况，实验条件确定为：pH 为 4.5～8.5，吸附与沉淀反应的主控土壤污染液 Cd^{2+} 浓度的界限（范围）为 10^{-8}（pH=8.5）～10^{-4} mol/L（pH=4.5），即为 1.12～1.12×10^4 μg/L，实验结果如图 3-25 所示。

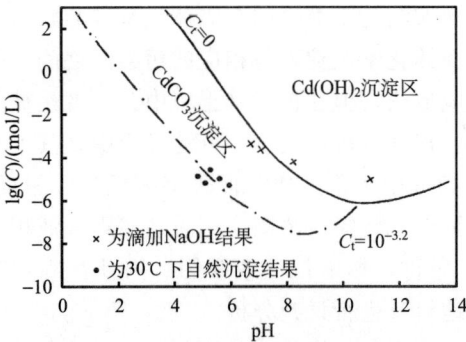

图 3-25　吸附、沉淀界限值与实验结果的拟合
图中 C_t 为碳酸总量

实验结果表明，在 $P_{CO_2}=10^{1.2}$ Pa 条件下，出现 Cd 沉淀的临界 pH 与 Cd 污染液浓度之间关系如图 3-26 所示。当污染液 Cd 含量达 4.46×10^{-5}～1.41×10^{-4} mol/L 时，Cd 沉淀临界 pH 为 6.15～6.85，该实验结果与理论上的吸附与沉淀界限十分接近（图 3-25 中"•"点）。在 18.5℃ 环境中，滴加 NaOH 形成的沉淀临界 pH 与污染液 Cd 浓度之间关系的实验结果如图 3-27 所示，当污染液 Cd 含量介于 8.93×10^{-5}～1.12×10^{-3} mol/L，$P_{CO_2}=101.2$Pa 时，沉淀临界 pH 为 7.40～11.40，这一实验结果接近 $Cd(OH)_2$ 与 $CdCO_3$ 沉淀界限（图 3-25 中"×"点）。

在土壤中，初始污染液 Cd 浓度不同，Cd 沉淀量［主要是 $Cd(OH)_2$］、吸附量与 pH 之间互动变化规律如图 3-28 所示。在 Cd 浓度 $\leqslant 1.41 \times 10^{-4}$ mol/L 条件下，当 pH>6时，开始出现以 $Cd(OH)_2$ 为主要形式的沉淀［图 3-28 (a)］。吸附量（包括沉淀

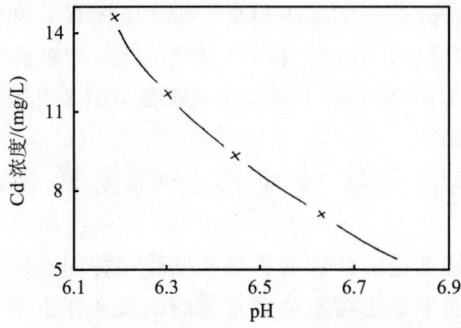

图 3-26　自然沉淀的临界 pH 与镉的浓度关系

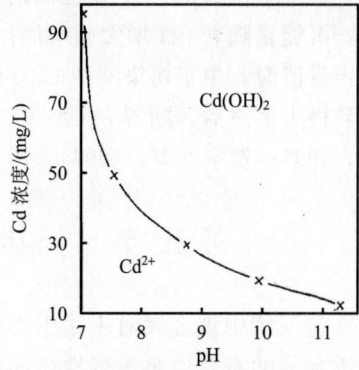

图 3-27　滴加 NaOH 情况下 Cd 沉淀的临界 pH 变化特征

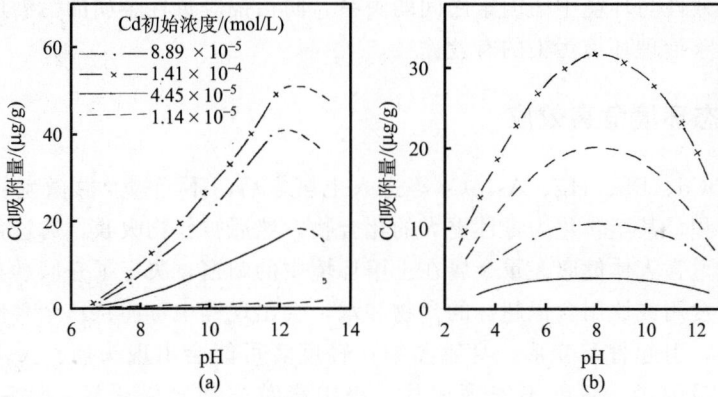

图 3-28　沉淀量、吸附量与 pH 之间互动变化特征

（a）沉淀量［主要是 Cd（OH)₂］与 pH 之间关系；（b）吸附量（亚黏土）与 pH 之间关系

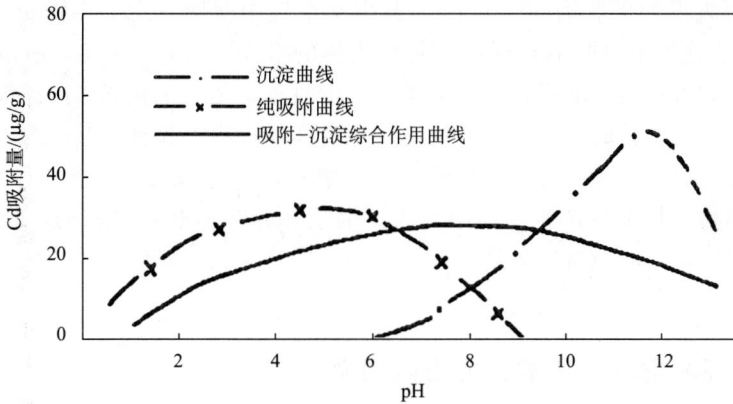

图 3-29　吸附量与沉淀量、净吸附量之间的关系

$C_0 = 8.89 \times 10^{-5}$ mol/L

量）在 pH 为 7.60～7.90 范围时达到极大值 2.56～31.44$\mu g/g$。在不存在土壤吸附情况下，沉淀量随着 pH 增大而增加；在存在土壤吸附作用下，当吸附量（包括沉淀量）达到一定量值时，由于污染液中 Cd^{2+} 浓度显著降低，实际吸附量（指净吸附量）和沉淀量在达到极大值之后，随着 pH 增大，吸附量减少，其中 OH^- 络合反应起一定的作用（张光辉，1996；费宇红等，1998）。污染液 Cd 浓度越大，上述变化越明显（图 3-29）。

第五节　镉生态环境危害效应与影响因素

包气带中重金属对土壤生态环境，特别是农作物的影响程度受多种因素影响，土壤中重金属的有效性是土壤性质的函数，而不是土壤重金属含量的函数。在土壤组分、性质变异不明显的污染环境中，植物吸收量与土壤重金属含量常有较高的相关性。从前几章讨论中可以看出，不仅土壤中 Cd 总量与土壤性质有关，而且各种形态含量也与土壤性质、土壤含水性、酸碱条件和氧化还原电位及污染液浓度等因素有着密切的关系。利用毒性金属有效性与环境中诸因素之间的关系，防治镉等毒性金属的污染危害将会事半功倍，是有利于治理环境污染的有效途径。

一、镉的生态环境危害效应

重金属中 Cd、Pb、Hg、As、Cr 等进入土壤之后，不能被土壤微生物分解，而易于在土壤中累积，甚至转化为毒性更大的化合物，然后被作物吸收，通过食物链在人体内积蓄，严重危害人体健康。重金属在土壤环境中的归宿，决定了它们具有很大的残留和危害性。人食用或饮用含镉超标的食物和水，会出现镉中毒症状：全身性痛，发生多发性病理骨折，引起骨骼变形，身躯萎缩；轻度者可能会出现头痛、头晕、流涎、恶心、呕吐、呼吸困难、睡眠不安等症状。镉中毒首先使肾脏受害，然后，引起骨骼软化。

人的机体中都含有微量镉。人体中的镉是从食物、水和空气中摄取的。据报道，多数国家每人每天平均摄取镉 30～60μg，其中从空气中获取 0.02～1.0μg，从水中获取 1.0～10μg，从食物中摄取 18～50μg。镉在人体的半衰期为 6～18 年，所以，镉的危害是缓慢中毒，对人体健康的损害是一个缓慢中毒过程，是一个积累作用过程。

镉是危害作物生长的有毒元素。镉不仅通过作物根系吸收进入其体内，而且，也能通过叶片直接从空气吸收而进入植物体。在土壤中，有效态镉不仅能在作物体内残留，而且也会对作物生长发育产生明显的危害。镉破坏叶片的叶绿素结构，降低叶绿素含量，叶片褪绿发黄，叶脉组织变脆、枯萎，抑制作物生长，降低作物产量，增加其毒性作用。

二、镉生态环境危害效应的主要影响因素

（一）镉的生态环境危害效应与水分变化关系

水是镉在土壤中迁移与转化的媒介，也是镉危害环境、作物和人体健康的重要载

体。如果没有水运移变化，镉的危害会显著地降低（张光辉，1997）。水溶态镉最容易迁移，容易污染地下水和被作物吸收。交换态镉在环境 pH、Eh、温度及污染液性质发生改变时，易回到污染液中迁移或被作物吸收。作物也可以在吸收水分的同时，直接与土壤竞争吸附（吸收）镉。碳酸盐结合态、Fe/Mn 氧化物结合态镉，虽然不像交换态那样容易在环境条件改变时返回污染液中，但是，总是要有一部分镉重新进入污染液中，形成二次污染的污染源。Cd 的残余态在环境中不易构成进一步污染的影响（吴敦敖等，1991）。在不同饱水程度的土壤中，镉的生物有效态含量是不同的。作物体内吸收的镉量，不仅与土壤中镉有效态含量有关（图 3-30），而且，与作物的吸水量和吸水蒸腾作用密切相关。土壤的饱水性、镉的有效态含量、作物体内镉含量及对作物和人体危害性之间存在着有机的联系（张光辉等，1997）。

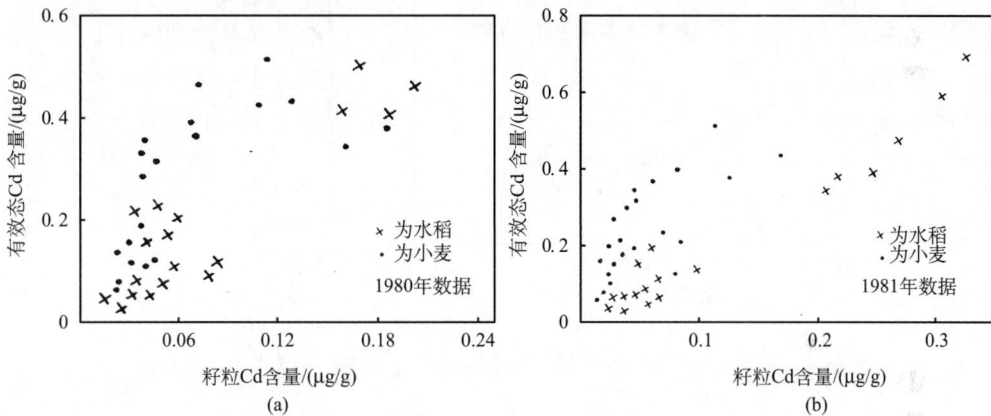

图 3-30　水稻、小麦籽实物中镉含量与土壤中有效态量的关系（张学询等，1988）

1. 镉的生态危害效应与土壤饱水性之间关系

在非饱和氧化环境中，重金属进入土壤后，可与土壤中氢氧化铁、氢氧化铝及铁、锰氧化物胶体相结合，经过陈化过程，转变为不可逆的凝胶，所以，在这种非饱水环境中，其残余态含量大于对环境有直接危害的非残余态含量。而在饱水环境中，非残余态居多。土壤中镉的生物有效态含量与非残余态，特别是水溶态和交换态含量呈正相关性。土壤含水量越低，包气带通气性越好，氧化还原电位越高，越有利于土壤体系形成重金属氧化性难溶物质，从而降低土壤中镉的危害性；而在饱水氧化环境土壤中，Eh 较低，特别是在水田排水后一段时间内，Eh 从低氧化还原电位向高值变化过程中，土壤中有效态镉含量明显增加，即由氧化状态→中性状态和还原状态→中性状态变化，土壤交换态镉的含量增加，难溶态 CdS 和 $CdCO_3$ 的含量减少，从而增加了土壤中镉的危害性（张光辉，1997；费宇红等，1998）。

由此可见，非饱和环境中镉的危害性较小，特别是中性和弱碱性环境。饱水环境中，镉的危害性较大。

2. 镉的生态危害效应与水分运移和水量之间关系

在包气带中，Cd 迁移、转化与累计特征与土壤水分运移方向和入渗水量大小具有相关性。同理，镉在植物体内的分布规律，也与水分运动方向和植物吸水量有关（图3-31、图 3-32）。从图 3-31 可以看出，水稻各个部位镉的相对含量沿水分运移方向减小，根部累积镉含量占总量的 82.5%，茎秆 8.9%，叶和叶鞘 3.7%，穗轴 1.1%，稻壳 0.9%，糙米 0.8% [图 3-31（a）]。在植株叶片中，老叶镉含量大于新叶；下部叶片镉含量最高，顶部剑叶最少 [图 3-31（b）]。

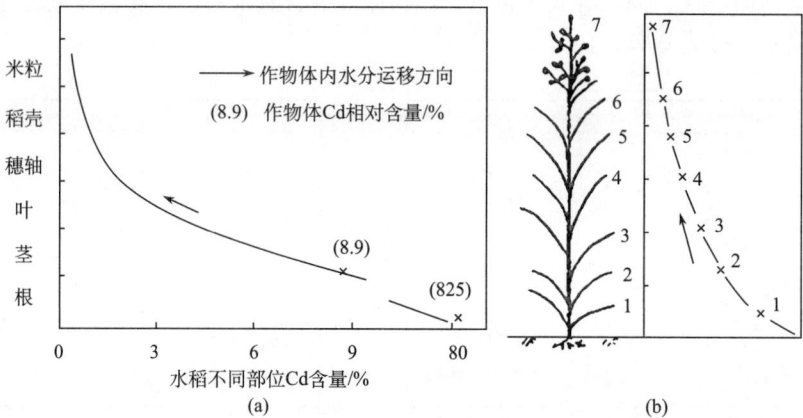

图 3-31　水稻不同部位 Cd 含量与植物体内水分运移关系（张光辉，1997）

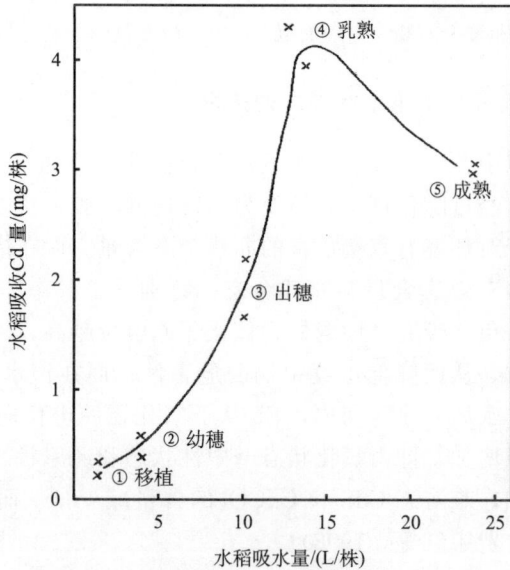

图 3-32　水稻含镉量与其吸水量的关系

图中①、②…为生长期序号

表 3-25 是在不同 Cd 含量土壤中水稻作物的各部位镉浓度与作物体内水分运移方向之间关系。从 3-25 表可见，无论土壤中镉含量的多少，都是沿作物体内水分运动方向，作物体内 Cd 含量减少。距土壤 Cd 污染液补给源越近，作物体内 Cd 含量越高，如根系或作物下半部茎、老叶；反之，距土壤 Cd 污染液补给源越远，作物体内 Cd 含量越低，如作物上半部茎、新叶。其他作物也有类似规律（表 3-26）。

表 3-25　不同镉含量土壤中水稻各部位 Cd 浓度与水分运移的关系

（单位：μg/g）

土壤 Cd 含量		0.24	3.12	4.96	29.5	296.5	334.3	水分移动方向
水稻	籽实	0.06	0.54	0.78	1.32	1.57	4.31	
Cd	茎秆	0.15	4.56	11.20	50.00	198.00	264.00	↑
含量	根	3.70	13.92	95.00	415.00	1247.00	1775.00	

注：参考（张光辉，1996）。

表 3-26　各种作物不同部位 Cd 含量与作物体内水分运移的关系

作物种类	作物不同部位 Cd 含量大小的次序（高→低）
水稻	根＞茎叶＞稻壳＞糙米
小麦	根＞茎叶＞颖壳＞籽实
玉米	根＞茎叶＞苞叶＞籽粒
花生	根＞茎叶＞果壳＞果仁
大白菜	根＞绿叶＞心叶
番茄	根＞茎叶＞果实
水分运移方向	→

从图 3-32 可以看出，在水稻生长过程中的不同时期，作物体系内 Cd 含量明显不同，乳熟期 Cd 含量最高，移植和幼穗期 Cd 含量较低。换言之，随着水稻作物的累计吸水量增加，其体内 Cd 含量随之增加。对于其他作物来讲，耗水量大或作物体含水量较大的作物，其体内 Cd 含量，比耗水量低或含水量较低的作物镉含量高（表 3-27），平均高达 8.1 倍。

表 3-27　不同作物体内 Cd 含量与其含水性的关系

含水性较差作物		含水性较强作物	
作物名称	Cd 含量/(μg/g)	作物名称	Cd 含量/(μg/g)
小麦	11.6	玉米	27.0
白三叶草	6.0	菠菜	160.0
苏丹草	5.7	西红柿	71.0
大豆	16.0	芜菁菜	160.0
旱稻	0.9	白菜	40.0

含水性较差作物		含水性较强作物	
作物名称	Cd 含量/(μg/g)	作物名称	Cd 含量/(μg/g)
牛尾草	17.0	萝卜	40.0
菜豆	10.0	胡萝卜	38.0
水稻	0.1	甜菜	47.0
狗牙根	9.4	莴苣	62.0
苜蓿	8.2	结球甘蓝	39.0
平均值	8.5	平均值	68.6

注：参考廖自基，1993。土壤 Cd 含量为 $10\mu g/g$。

3. 作物蒸腾作用影响

作物体内 Cd 含量随吸水量增加而增加和沿水分运移方向减少的规律，实质上与作物蒸腾作用密切相关。在太阳辐射能作用下，水分被植物根系从土壤中吸入其体内，沿根→茎→叶→果实的路径在空间上自下而上地运移，在时间上由老至新（指植物生长部分）传输水分，其结果使大部分水分蒸腾进入大气，重金属污染物残留在作物体内。这类似 Cd 在包气带剖面上富集、迁移和转化规律一样，与含 Cd 污染液入渗机制一样，土壤与污染液接触（作用）越多、越频繁的部位，Cd 含量越高，特别是那些自身含水量不高，但耗水量较大的部位（植物体内同理）。例如，水稻生长过程中，含 Cd 灌溉的这种"入渗效应"更加明显，图 3-31 和图 3-32 已清楚地表明这一点。从图 3-32 可以看出，在水稻生长过程中，随着移植、分蘖、幼穗、出穗、乳熟和成熟各阶段的耗水量（吸水量）增加，每株水稻体内镉含量随之增加，成熟阶段出现峰值，与排水 Eh 升高、pH 降低有关（张光辉，1997）。即使在土壤污染液镉浓度很低（小于灌溉水标准）的情况下，结果也如此。因为耗水量增大，进入作物体内镉的总量随之增加。在时空上，根、茎、老叶在先，糙米和新叶在后，所以作物各部位消耗的累计水量（指发生接触关系）随着时空上的这种先后次序（下→上，老→新）而减少，相应地，各部位镉的含量也依次呈减少的规律。如果作物体内仅是含水量高，而累计耗水量低（即作物体内水分循环运移性差），则不会出现上述规律。

对于同一株含水性较高的作物来说，由于地上和地下蒸散的环境条件不同，特别是对于具有块根的作物（蔬菜），不同部位体内水分交替变化程度不同，所以，各部位耗水量也不同，镉含量随之发生变化。富含水的地下块根（果实）所处环境湿度较大，蒸腾作用较弱，其吸水主要供自身生长需要，所以，在其生长过程中，累计耗水量是较低的，加之，因其含水量较高，而吸附力较小，结果块根镉含量较低。而地表面以上部分，处于湿度较小、蒸散势较大的环境，其本身具有较强的吸附势，在作物生长过程中需要从土壤中（主要通过毛细根系和块状根表皮纤维组织）获取大量水分用于蒸腾，结果累积镉含量较大。

由此可见，农作物的蒸腾作用可使 Cd 等毒性金属在其体内浓缩，从而增加这些毒性金属的生物危害性（表 3-28）。

表 3-28 水稻浓缩 Cd 和蒸腾水分的对比特征

时期	分蘖		幼穗		出穗		乳熟		成熟		全体
	茎叶	根	茎叶	根	茎叶	根	茎叶	根	茎叶	根	
浓缩系数（K）	1536	12305	1369	9616	1807	29074	2445	37406	4251	37 407	8 245
蒸散系数（A）	233	233	212	212	338	338	346	346	358	358	358
K/A 比值	6.6	52.8	6.5	45.4	5.3	86	7.1	108	11.9	205	23

注：$K = \dfrac{\text{水稻体镉量}}{\text{污染液镉浓度}}$；$A = \dfrac{\text{蒸散量}}{\text{蒸发量}}$。

（二）与土壤 pH、Eh 的关系

大量实验资料表明，pH 增大，土壤中水溶态和交换态镉量减少，难溶态镉量增加。美国加利福尼亚大学土壤环境研究室通过研究菜叶片镉含量发现，随着土壤 pH 的提高，菜叶镉含量降低，如图 3-33 所示。在 pH 分别为 4.6 和 7.3 的两种土壤中，种植豌豆、大麦、小麦和玉米等农作物，这些作物体内 Cd 含量的结果，类似图 3-33 所示特征。即在土壤 pH＝4.6 条件下，种植各类作物体内的 Cd 含量普遍较高；而在土壤 pH＝7.3 条件下，作物体内的 Cd 含量普遍较低，表明土壤 pH 变化对农田作物吸附土壤中 Cd 污染物的程度具有一定影响。pH 较低，有利于作物吸收土壤中毒性金属；pH 较高，有利于抑制作物吸收土壤中毒性金属。

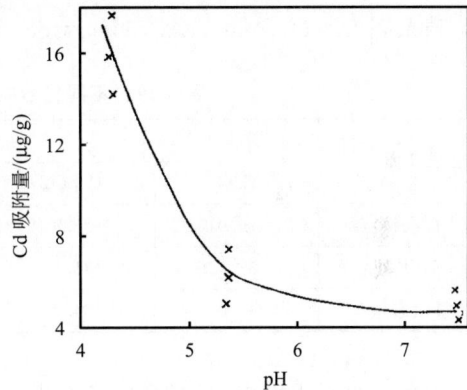

图 3-33 莙荙菜 Cd 含量与土壤 pH 的关系

上述规律，是因为在较低 pH 条件下，CdS 与 Cd^{2+} 之间溶解与沉淀平衡作用的结果。Eh 增大，Cd 溶解度增大；Eh 减小，有利于形成 CdS 沉淀。当 pH＞7.0 时，则 CdS 与 $CdCO_3$ 之间转化平衡，所以，Eh 变化对 Cd 溶解度影响较小。当 Eh 大于 ＋200mV 之后，土壤中无定形的 Fe、Mn 氧化物和氢氧化物对 Cd 的吸附作用开始随 Eh 增大而逐渐增强，降低了土壤中水溶态镉的含量，从而引起作物中镉含量降低。

在非饱和条件下，随着 pH 向酸性方向变化，Cd 的水溶态和交换态量增加，作物吸收 Cd 量也增大（张光辉，1996，1997）。pH 向碱性方向变化，则不利于作物吸收 Cd。在饱水环境，作物吸收 Cd 除受上述 pH 变化影响以外，还受 Eh 变化制约。Eh 从高位或低位状态向中性状态（为＋200～＋300mV）变化，土壤中水溶态和交换 Cd 量增加，碳酸盐结合态 Cd 量减少，相应增强了对作物的危害性。水田中由于停滞水的遮蔽效应形成了还原性环境，有机物厌气分解产生 H_2S，加之施用的硫酸铵肥料在硫还原细菌作用下，也产生大量的 H_2S，所以，Eh 越低，土壤中 CdS 沉淀越多，镉危害性也越小。当排水疏干造成氧化淋溶环境时，硫化物易氧化成硫酸而引起 pH 降低，同时，土壤 Eh 也随之提高，使 CdS 溶解。Eh 和 pH 变化的双重作用，使水田疏干后土壤 Cd 生物危害效应显著增强。

（三）土壤金属浓度、形态及存在时间影响

一般土壤中，金属各种形态的绝对含量随土壤金属总量的增加而增大，特别是非残余态量，像镉等溶解度较大的金属，不仅其各形态的绝对量随土壤镉总量增加，而且，其交换态、碳酸盐结合态的相对量也随总量增加，由此，相对地增加了土壤中镉的潜在危害性。因为非残余态在环境条件发生变化时，可转入土壤污染液中，被作物吸收，形成二次污染危害。

进入土壤中的金属化合态不同，其在土壤中溶解、吸附等物理、化学行为及其后果存在一定差异。据夏增禄等（1992）研究表明，用 $CdCO_3$ 和 CdS 处理的土壤中，交换态镉含量<1.0%，而用 CdO、$CdSO_4$。和 $CdCl_2$ 处理的土壤中，交换态镉高达 22% 左右，残余态 $CdCO_3$ 含量达 98.78%，CdS 含量达 97.79%（表 3-29）。

表 3-29　不同化合物处理土壤中 Cd 提取量　　　　　　　（单位：%）

提取剂	处理化合物				
	CdO	$CdSO_4$	$CdCl_2$	$CdCO_3$	CdS
醋酸铵	26.0	23.9	26.0	0.37	0.78
DTPA	32.0	41.4	31.7	0.85	1.43
残余态量	42.0	34.7	42.3	98.78	97.79

由此可见，土壤中 Cd 的危害不仅与土壤 Cd 总量有关，而且，还与其存在形态有关。相同浓度下，难溶态的 Cd 危害小，溶解态和交换态危害大。

金属在土壤中的生物有效性（活性）还与其在土壤中存在的时间长短有一定关系，尤其是在非饱和氧化环境中。土壤镉交换态和溶解态量都随 Cd 在土壤中存在时间的延长而减少，而难溶态和残余态量随之增加，从而降低 Cd 的生物有效态量，相对减弱土壤中 CD 对作物的危害。

第六节　减轻和控制重金属生环危害对策

自然界各种物质之间都存在着物质和能量的交换与循环，经常处于一种相对的平衡状态。污染物质一旦进入土壤中，就会使其物质组成发生变化，并破坏原有的物质平衡，造成土壤污染。但另外，当各种物质进入土壤之后，土壤随即显示出自净能力，也就是通过在土壤环境中发生物理、物理化学、化学和生物化学等一系列反应过程，促使污染物质逐渐分解和固定。当土壤污染物质浓度超过一定量值，使环境产生严重的生物和环境污染危害（简称"生环危害"）时，就必须进行治理，否则就会危害人体健康。

对于镉等重金属污染来说，常用的方法有沉淀法、稀释法、铺垫客土法、排土法、混层法、倒转层法和土壤改良法。这些方法对于减轻镉等重金属生环危害具有一定作用，但是没有从根本上减轻危害，还存在二次污染的可能性。通过前面几章的讨论分析，作者认为应从下面几个方面开展减轻防治污染工作。

一、严重污染土地治理方法与途径

工业发达国家对土壤镉污染的治理，主要采用物理法和化学法，尽管这些方法都具有一定的效果，但也都存在较大局限性。例如，需要消耗大量资金和能源，极易造成二次污染或使土壤变性等，而且不能大面积解决问题。我国从 20 世纪 70 年代起开始这一领域的研究，主要是小面积施加化学改良剂，加清水灌溉，控制水质 pH 以及改为种子田等。这些措施对大面积镉污染地区的治理和改造也存在较大的局限性。

(一) 植物吸收配合有效灌溉去除法

对于已受镉严重污染的土地，可采用分期治理与土地有效利用相结合的方法。

首先，不间断地重复种植强烈吸收镉的植物，如蕨类、向日葵、菠菜、烟草、苋菜、芜菁。在 $1.0\mu g/g$ 镉土壤生长的烟草，含镉可达 $20\sim30\mu g/g$。在含镉较高土壤上种植的蕨体，其镉含量可达 $100\sim1200\mu g/g$。根据日本调查研究表明，每亩①地上生长的横须贺蹄盖蕨全部干重仅为 $400\sim466kg$，蕨体平均含镉 $800mg/kg$，合计每亩土地就有 $3.73\times10^5 mg$ 镉被植物吸收，去除率达 22%。如此重复种植收割，就能把土壤中镉降低到标准水平以下，特别是土壤中镉的有效态含量。

有些作物一年可重复种植多次，如向日葵，对镉有较强吸收能力，但对镉污染比较敏感，一般长到 $20\sim30cm$ 高，便枯死，历时一个月左右后，其体内镉平均含量达 $50\mu g/g$。由此可见，在镉严重污染土地上高密度种植吸收镉的植物，一个月左右连根拔除，立即再种，一年可种植 $5\sim6$ 次，全年从土壤中去除镉可达每亩地 $9\times10^4 mg$ 以上。

在种植吸收镉能力强的植物的同时，施用有利于植物吸收镉的试剂（在植物承受范围），如弱酸性水，每次施用量不宜过大，慎防向下迁移污染地下水。最好采用小量灌溉方法，尽力争取保持耕作层充分湿润（因为高含水量下有利于作物吸收镉），这样可以提高植物吸收镉量和土壤镉的去除率。

地下水污染往往是由于土壤遭受严重污染，基本达到吸附饱和状态情况而引起的。采用种植根系比较发达又强烈吸镉的作物，配合适当灌溉方式的去除土壤中镉的方法，是一项主动保护地下水环境的方法，对于以后土地利用和保护人体健康是有效的途径。

(二) 植树造林配合有效灌溉去除法

建立以木本植物为主体的森林生态系统，治理严重污染、经过适当处理的土地，能

---

① 　1 亩 $\approx 666.67m^2$。

进一步净化土壤中镉，减轻其潜在危害，同时，又可以提高土地利用经济效益。黄会一等（1989）曾选用北京杨（*Populus pekinesis*）、加拿大杨（*Populus canadensis*）和健杨（*Populuseuram*）在沈阳张土灌区进行了该方面试验研究。由于木本植物根系更发达，发育深度较大，具有趋肥性和趋水性，而耕作层肥力较高，适当灌溉又能提高其含水量，十分有利于根系生长，所以，植树造林能进一步提高土地净化深度和净化率。他们研究的结果表明，杨树根系主要分布在 5～45cm 深度内，水平延伸长度可达 200cm 左右。木本植物根系在土壤中分布与土壤中镉的分布有较好的相关性（图 3-34），因此，树木净化土壤镉的情形也与根系分布有一定的相关关系（图 3-35）。根系吸收影响的范围越大，树木吸收镉量越大。杨树枝叶吸收镉量为 21.4～38.5 $[\mu g/(g \cdot a)]$，有的累计量高达 $50.98\mu g/g$，在一个生长期内可使土壤镉减少 $0.61～1.0\mu g/g$。据报道（黄会一等，1989），这些吸收镉的树木生长发育没有出现受害症状，其树高和树围均与对照未污染区同种树木情形相同。由此表明，采用在经过适当处理的、镉严重污染土地上种植树木去除土壤中镉的方法，是一种高效多益的方法。

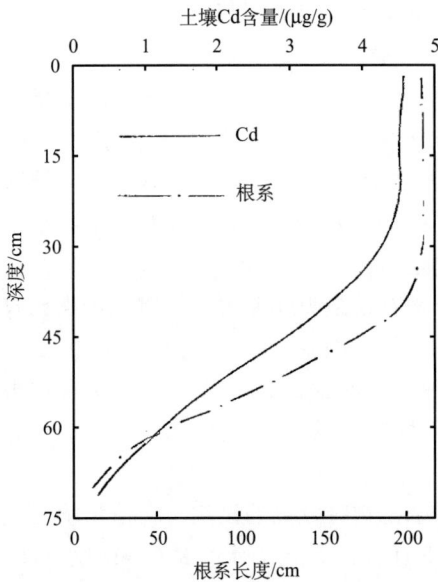

图 3-34　土壤中 Cd 含量与杨树
根系分布之间关系

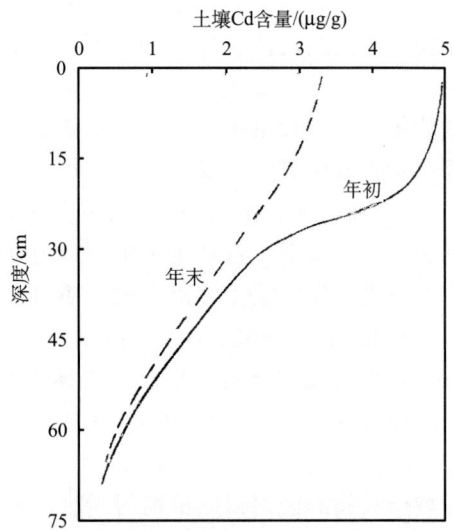

图 3-35　4～5 年龄杨树一年期土壤 Cd 含量变化
参考黄会一等（1982，1986）资料

　　不同地区采用不同种树木，选用根系发达、吸水性强的阔叶木本植物，配合有效灌溉（即增加土壤 Cd 生物有效态含量、保持土壤一定湿度，有利于树木吸收 Cd 的灌溉），保持树木处于最佳吸收 Cd 的状态，可以进一步提高净化效果。据黄会一等（1982，1986）研究，树木种类不同，或相同树木在不同年份和不同地段生长过程中，吸收 Cd 累计量存在较大差异。这说明，不同条件下，树木吸收 Cd 的效果是不一样的。在肥、水充分供给条件下，有利于树木生长和吸收土壤中镉。因此，采用科学的灌溉施肥方法，提高土壤中 Cd 溶解度，增大树木吸水量，可达到提高净化率的目的。表 3-30

是种植树木去除土壤 Cd 与树木生长期的关系。从表 3-30 中可见，生长期为 8 年时，净化率可达 88.2%，这仅是按一般情况下平均净化率的计算结果。

表 3-30　种植树木去除土壤 Cd 量与树木生长年数的关系

	生长期/年	1	2	3	4	5	6	7	8
上限	土壤镉含量/($\mu g/g$)	4.4	3.9	3.3	2.9	2.5	2.2	1.9	1.7
	去除率/%	12	22	34	42	50	56	62	66
下限	土壤镉含量/($\mu g/g$)	3.1	2.5	1.9	1.6	1.2	0.95	0.75	0.59
	去除率/%	38	50	62	68	76	81	85	88.2

注：土壤中 Cd 初始浓度为 5.0$\mu g/g$。

如果考虑科学灌溉等管理措施的效应，则去除率会进一步提高。当树木成材之时，土壤净化程度也已达到标准。然后在这样的土地上，种植吸收镉能力差、耗水量小的作物，如旱稻等，既达到食物链良性循环，又有利于子孙后代生存发展，从根本上解决了地下水的"污染源"问题。

二、轻、中度污染土地治理方法与途径

轻、中度污染土地是指单项污染指数小于 0.6 的污染土地，即土地中 Cd 含量 <0.06$\mu g/g$（酸性土）。对于轻、中度 Cd 污染土地，应从以下几个方面进行工作。

（1）严格控制灌溉水中 Cd 的浓度，超标水严禁使用。

（2）在土地休闲期间，可用酸性水积水式渗水，使耕作层中 Cd 向下迁移，以减轻耕作层镉的潜在危害。一般来说，轻、中度 Cd 污染土地中的镉，由于其总量有限，所以，不易引起地下水污染，即使地下水埋藏很浅，或地下水受到轻微污染，也能在渗透过程中通过自然净化达到标准值以下水平。采用清水灌溉溶滤耕作层中镉是有作用的，灌溉可选在地温高时段进行，对于提高溶滤效率有益。

（3）尽可能种植耗水量少、吸收镉能力差、根系不发育的作物，如小麦等。这样，可降低作物食用部分镉的含量，由此减轻镉对人体的潜在危害。

（4）种植作物后，采用不利于作物吸收镉的灌溉方式，不宜采用淹灌，可采用喷灌方法。每次灌溉水量不宜过大，灌溉水的 pH 尽可能较大（不影响作物生长前提下）。可在灌溉之前施磷肥，以减少作物吸收土壤中镉。

（5）在秋后翻耕过程中，可适量施用砂性物质，增加耕作层的透气、透水性，降低土壤吸附镉的能力，利于土地休闲期间清水溶滤土壤中镉，使土壤中镉向下迁移。

三、水田污染治理与控制

对于水田，在灌溉技术上尽量少落干，保持田面水层，造成有利于形成 CdS 环境。在水田中可施用富含硬脂酸、油酸、软脂酸、褐藻酸等有机酸的物质，这些物质都可与重金属形成难溶性的化合物。在受镉污染的水田中，使用褐藻土抑制镉的活性，可起到显著作用。据报道，对镉的抑制率可达 80%～90%。特别在水稻孕穗期，多施用上述

提到的有机酸物质，并停止灌溉含镉水。增施磷肥、钾肥也可以抑制镉被作物吸收。施用含硫肥料可使镉形成难溶的 CdS。施用石灰能降低土壤酸度，有助于减少水溶性镉的危害。

据张学询等（1988）研究表明，在已遭受镉污染的土地上采用不同灌溉方式，也能降低土壤镉的有效态含量，可以从常年污灌条件下镉的有效态含量 71.8% 降低到清污混灌的 54.5% 和间歇污灌的 14.4%，土壤中镉的有效态含量分别为 3.1mg/100g、1.1mg/100g 和 0.4mg/100g。

对于水田作物的孕穗期和成熟期田间管理最为重要，特别是成熟期，水田一般需要排水疏干，土壤 Eh 随之升高，pH 降低，镉的水溶态显著地增加，是作物吸收镉浓缩系数最大的时期，所以，应尽可能地采取增大 pH 或有利于形成 $CdCO_3$、$Cd_3(PO_4)_2$ 或 $Cd(OH)_2$ 的措施，以期降低作物食用部分吸收镉的数量。已严重污染的水田，最佳方法是改作旱田。初期可以采用前面所述的旱田去除镉的方法，降低土壤镉的总量，然后，种植根系不发达、吸收镉能力差的作物。这样，既能减轻镉的危害，又能使土地利用率提高。

四、土壤改良与化学处理方法

Cd 的活性受 pH 和 Eh 影响很大，在灌溉条件下，由于土壤的物理、化学和微生物的作用，土壤 Eh 较低，处于还原状态，土壤中 Fe^{3+} 易还原成 Fe^{2+}，硫酸盐易还原生成硫化物，两者结合生成硫化铁沉淀，Cd 易生成 CdS 而发生共沉淀，包含在 FeS 沉淀物中，Cd 向非活性方向转变，所以，适当调节水田排灌方法可降低土壤中 Cd 对作物的危害。

向土壤投加石灰，能造成土壤中铁、锰、钙等生成氢氧化物沉淀，Cd 也沉淀。施加磷肥可使土壤 pH 升至 7.0 以上，Cd 呈难溶态磷酸盐。

在土壤改良中使用化学处理方法时，必须符合下条件，才能经济、合理地达到预期效果。①壤中所含污染物较均匀，在投放一种化学试剂情况下，就能减轻其危害的环境。②污染物的成分在土壤中是相对稳定的，如镉。③土壤中固有的化学成分也是相对稳定的。

小　　结

（1）人类活动产生的重金属污染物首先污染土壤，然后，通过包气带进入地下水中，对人的身体健康构成威胁。土壤重金属污染是指源自于人类活动产生的、在土壤中其含量超过背景值的现象，主要包括汞、镉、铅、铬和类金属砷等生物毒性显著的元素，以及有一定毒性的锌、铜、镍等元素。重金属污染的特点，形态不同，引起有效性和毒性不同。这些金属污染物在土壤和地下水中，一般只能发生形态的转变和迁移，难以降解。

（2）Cd 等在包气带中迁移、转化和富积特征，与土壤含水状态（饱水度）、岩性、pH 和 Eh，以及土壤中污染液浓度等因素之间密切相关。土壤的 pH 和 Eh 变化是控制土壤水中污染物状态、富集程度和迁移速率的主导因素。土壤的饱水度变化对土壤的 pH 和 Eh 变化具有明显影响，以至在相同包气带环境与土壤岩性、相同初始污染物浓度、不同土壤饱水度条件下，土壤中吸附 Cd 等金属含量明显不同。

（3）重金属主要聚积在包气带表层的 60cm 深度以上土壤中，土壤吸附重金属的速率与固-液作用时间之间呈负相关，土壤饱水度和污染液浓度对其具有明显影响，但在不同液相浓度条件下，土壤饱水性对土壤吸附速率变化的影响程度及其特点也是不同的。液相浓度越低，土壤饱水性对吸附、物质交换的影响作用越强。

（4）在非饱和环境的土壤中，重金属以残余态为主要存在形式，而饱水环境中，以非残余态为主，而且碳酸盐态、中等还原态和有机态含量均大于非饱和环境土壤中相应形态含量。非饱和环境中 Cd 等金属对环境的危害小于饱水环境金属的危害。残余态含量的多少与环境的氧化还原条件有关。非饱和状态的氧化环境有利于化学吸附和陈化作用，以致有利于残余态的形成。

（5）土壤吸附 Cd 的模式特征与土壤组成、岩性和饱水性有一定的关系。在同一个吸附过程中，土壤 Cd 吸附量随污染液浓度降低而增大，吸附强度（单位时间吸附量）随污染液浓度提高而增大。土壤饱水度降低，能抑制土壤吸附能力，影响其动力学性质。

（6）毒性金属的吸附可以发生在土壤与污染液之间以及固体化学沉淀物与污染液之间，是二维的过程，而沉淀只能发生在固体化学沉淀物与相应的污染液之间，是三维的过程。在动力学上来说，吸附比沉淀反应更快，二者在土壤中彼此依存，相互制约。在包气带中，Cd 的溶解度不仅受碳酸根和羟基的浓度共同制约，而且，与污染液中 Cd^{2+} 活度也密切相关，$CdCO_3$ 与 Cd^{2+} 之间界限同体系内的溶解态 CO_2 量也有关系。

（7）在包气带中酸性环境条件下，pH 越低，吸附作用控制液相 Cd^{2+} 浓度变化的范围越大。在碱性环境条件下，沉淀作用起主导控制作用。只有当污染液 Cd^{2+} 浓度小于 10^{-7} mol/L 时，吸附才能显著地发挥其作用。在 pH 一定条件下，CO_2 含量增加，$CdCO_3$ 沉淀所能控制的范围扩大。Cd（OH）$_2$ 沉淀所能控制的范围，随 pH 增大而增大。当体系 Cd 含量小于 $10^{-5.5}$ mol/L 时，Cd（OH）$_2$ 沉淀主导的作用被 $CdCO_3$ 沉淀或吸附作用所代替。

参 考 文 献

陈怀满. 1996. 土壤-植物系统中的重金属污染. 北京：科学出版社

陈涛，吴燕玉，张学询，等. 1980. 张士灌区镉土改良和水稻镉污染防治研究. 环境科学，1（5）：7～11

费宇红，曹树堂，张光辉，等. 1998. 镉在土壤中吸附与沉淀的特征与界限. 地球学报，（04）：74～79

郭朝晖，肖细元，陈同斌，等. 2008. 湘江中下游农田土壤和蔬菜的重金属污染. 地理学报，63（1）：3～11

黄会一，李书鼎，张有标，等. 1982. 木本植物对 $Cd^{115+115m}$ 的吸收及其在体内分配. 生态学报，6（2）：139～146

黄会一，张春兴，张有标. 1986. 重金属镉、铅对木本植物光合作用影响的初步研究. 生态学杂志，5（2）：6～9

蒋德明，黄会一，张春兴，等. 1992. 木本植物对土壤镉污染物吸收蓄积能力及其种间差异. 城市环境与城市生态，5（1）：26～30

金相灿. 1988. 关于重金属水环境容量研究. 北京：中国环境科学出版社

荆延德，何振立，杨肖娥. 2009. 汞污染对水稻土微生物和酶活性的影响. 应用生态学报，20（1）：218～222

廖自基. 1993. 微量元素的环境化学及生物效应. 北京：中国环境科学出版社

吴敦敖，卢国富. 1991. 淤泥和土壤中 Cd、Cu、Zn 的结合形态研究. 环境污染与防治，13（4）：9～13

夏增禄. 1992. 中国土壤环境容量. 北京：地震出版社

夏增禄. 1993. 中国主要类型土壤若干重金属临界含量和环境容量的区域分异. 地理学报，47（4）：297～303

余贵芬，蒋新，孙磊. 2002. 有机物质对土壤镉有效性的影响研究综述. 生态学报，22（5）：770～776

张光辉. 1991. 在"三水"转化过程中岩土水势梯度变化及其变化机理研究. 长春地质学院学报，21（2）：213～218

张光辉. 1995. 镉在包气带中的迁移与积累特征. 西安工程学院学报，（2）：64～72

张光辉. 1996. 毒性金属在包气带中的迁移转化. 北京：地震出版社

张光辉. 1997. 镉的生物危害效应与水分变化的关系. 西安工程学院学报，（3）：61～66

张光辉，聂振龙，费宇红. 1997. 毒性金属形态变化与岩土饱水性的关系. 勘察科学技术，（3）：29～33

张光辉，周素文，费宇红，等. 1996a. 镉在入渗过程中迁移转化的特征. 勘察科学技术，（2）：3～7

张光辉，周素文，费宇红. 1996b. 岩土非饱和性对镉在包气带中迁移转化影响. 水文地质工程地质，（2）：16～20.

张立成，董文江，郑建勋. 1983. 湘江河流沉积物重金属的形态类型及其形成因素. 地理学报，37（1）：55～64

张立成，章申，董文江，1986. 湘江江水中重金属转化的主要地球化学因素. 环境科学学报，6（4）：395～402

张玲，王焕校. 2002. 镉胁迫下小麦根系分泌物的变化. 生态学报，22（4）：496～502

张学询. 1979. 张土灌区镉、铅迁移分布规律的研究. 环境保护科学，（1）：22～30

张学询，吴燕玉，陈涛，等. 1982. 张土灌区镉、铅等重金属迁移分布规律及其治理途径. 环境科学，3（6）：7～10

张学询，熊先哲，王玉顺，等. 1988. 辽河下游草甸棕壤重金属环境容量及其应用. 环境科学学报，8（3）：295～306

张英，金新华，姚玉鑫，等. 2005. 植物修复重金属污染土壤机理研究. 环境科学与技术，6（28）：84～186

郑绍建，胡霭堂. 1995. 淹水对污染土壤镉形态转化的影响. 环境科学学报，15（2）：142～147

周启星，吴燕玉，熊先哲. 1994. 重金属 Cd/Zn 对水稻的复合污染和生态效应. 应用生态学报，5（4）：438～441

Abollinea O，Acetob M，Malandlrion M，*et al.* 2003. Adsorption of heavy metals on Na-montmorillonite effect of pH and organic substance. Water Research，37：1619～1627

Brown S L，Hentry C L，Chaney R L，*et al.* 2003. Using municipal biosolids in combination with other residuals to restore metal-contaminated mining areas . Plant Soil，249：203～215

Khama G，Knek C，Chaudhry T M，*et al.* 2000. Role of plants，mycorrhizae and phytochelators in heavy metal contaminated land remediation. Chemosphere，41（1-2）：197～207

Konstern C J M. 1993. Summary of the workshop on delayed effects of chemical in soils and sediments (chemical time bombs) with emphasis the Scandinavian region. Applied Geochemistry, 12: 295~299

Kumpiene J, Lagerkvist A, Maurice C. 2008. Stabilization of As, Cr, Cu, Pb and Zn in soil using amendments-Areview. Waste Manage, 28: 215~225

Matusik J, Bajda T, Manecki M. 2007. Immobilization of aqueous cadmium by addition of phosphates. J Hazard Mater, 152: 1332~1339

Naidu R, Kookana R S, Sumner M E. 1997. Cadmium sorption and transport in variable charge soils . Environ Qual, 26: 602~617

Ruttens A, Mench M, Colpaert J V, et al. 2006. Phytostabilization of metal contaminated sandy soil. I: Influence of compost and/or inorganic metal immobilizing soil amendments on phytotoxicity and plant availability of metals. Environ Pollut, 144: 524~532

Tessler A. 1979. Sequentied extration procedue for the Speciation of portualate trace metel. Analytical Chemistry , 51 (7): 844-851

Tiwari S, Kumari B, Singh S N. 2008. Evaluation of metal mobility/immobility in fly ash induced by bacterial strains isolated from the rhizospheric zone of *Typha latifolia* growing on fly ash dumps. Bioresource Technol, 99: 1305~1310

Van Roy S, Vanbroekhoven K, Dejonghe W, et al. 2006. Immobilization of heavy metals in the saturated zone by sorption and in situ bioprecipitation processes. Hydrometallurgy, 83: 195~203

第四章　环渤海平原土壤盐化与地下水关系

第一节　研究背景

华北中东部的环渤海平原，浅层地下淡水资源十分紧缺，主要为微咸水。由此，深层承压水（简称深层水）成为当地主要供给水源，其中农业用水占较大比例，例如，沧州、衡水、廊坊东部和黑龙港地区农业开采量占农业用水量的 79.7%～93.1%；沧州、衡水和黑龙港地区的深层水开采量分别占当地地下水开采量的 68.5%、65.0% 和 59.1%。然而，这些地区地下微咸水资源具有较大潜力，但面临和亟待解决的关键问题：①可利用的地下微咸水资源可更新性、可承载能力及其时空特征；②地下微咸水资源较多地区的陆表土壤生态环境承纳盐分能力及其随气候变化和科学调理的可变性；③在微咸水资源承载力与土壤生态环境承纳盐力耦合条件下环渤海平原微咸水资源可利用的安全阈值和可调控性。

本研究在大量监测和综合基础上，查明环渤海平原土壤盐分聚集标示特征和形成机制，首次查明区内地下微咸水可利用潜力、土壤-农业生态系统承纳盐力和微咸水被安全利用阈值，即综合考虑微咸水资源承载力和土壤-生态系统承纳盐力下，该区微咸水可利用的安全阈值为 16.87 亿 m^3/a。建立了微咸水安全利用影响的识别与评价方法，解决了微咸水灌溉对土壤生态环境影响难以量化评价难题；当地下微咸水较充分安全灌溉利用时，华北中东部深层水超采量将减少 64.98%，为缓解深层水超采提供了重要科学依据。

一、研究区概况与监测布点

环渤海平原研究范围 $36°03'$～$39°35'$ N、$114°36'$～$119°28'$ E，研究区面积 8.97 万 km^2，包括河北、天津和山东的 80 多个县（市），地势低平，耕地面积 400 万 hm^2，是华北平原重要的粮棉果蔬产区，也是淡水资源最为短缺的地区。大部分地区海拔低于 50m，滨海区海拔小于 10m。区内 2～5g/L 的浅层地下微咸水较为广布；地下水水位埋深多小于 5m，滨海区埋深 1～3.0m。研究区属于欧亚大陆暖温带半干旱季风气候区，冬春寒冷干燥，夏季炎热多雨。多年平均气温 12.2℃，平均年降水量 541mm，年内降水量的 60%～80% 集中在 6～9 月，年均蒸发量 1268mm，干燥度为 1.5。

区内共布设监测和采样点 127 个（图 4-1），每年的 3～5 月和 9～11 月统一采集盐土样和潜水（地下水）水样各 1 次，共采集盐土样和地下水水样 1565 个。土壤盐分采样按 20km 间隔布设网点，每个监测点采集 8 个土样，采样深度为 0～60cm，其中，0～20cm 深度间隔为 5cm，20～60cm 深度间隔为 10cm。在每个土壤盐分监测点所在的田块区内（以采样点为中心，半径 200m 的范围）采集潜水水样 1 个（潜水位埋深一般小于 5.0m，大部分小于 3.5m），现场测定潜水位埋深、水温、电导率和 pH 等指标。书中土壤水势资料源自太行山前至滨海平原沿线的深州、南皮和海兴试验场，监测点间距在地表至 1.0m 深度为 10～15cm，在 1.0m 以下深度为 20～35cm，通常每日 7：00～8：00 和 19：00～20：00 各观测一次，雨后根据降水情势加密观测，1 次/小时。

对所有土盐样品风干，碾碎，过 2mm 筛，然后以 5：1 的水土比进行抽滤浸提进行土壤盐分的测定。其中，全盐量采用蒸干法测定；CO_3^{2-}、HCO_3^- 采用双指示剂中和法测定；Cl^- 采用 $AgNO_3$ 滴定法测定；SO_4^{2-} 采用 EDTA 间接滴定法测定；Ca^{2+} 和 Mg^{2+} 采用络合滴定法测定；K^+、Na^+ 采用火焰光度计测定；土壤 pH 测量采用电位法。

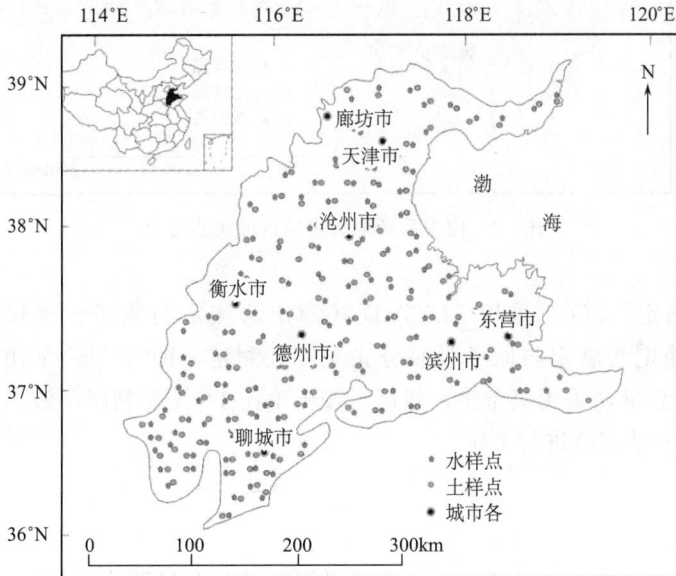

图 4-1　研究区位置和 4～5 月监测点分布

典型剖面设为以环渤海平原内北纬 38°线附近采集。北纬 38°线横贯河北省东西，西起太行山，东到渤海之滨，全长 400km，其中属研究区内长度约 218km，跨越滹沱河、滏阳河、南运河、章卫新河等河流，区内涉及 10 多个县（市）（图 4-2）。重点选在深州、南皮、海兴三县（市），采样间距约 9km，取样范围为（37°47′～38°10′N；114°40′～117°38′E），取样面积约 0.86 万 km^2。取样时间为 2010 年 10～11 月，本次取样以雨季前样品为参考，选取典型的研究区进行重点采样分析。样品土壤采集同样为土层深度 60cm，分为 8 层，层间无重复（0～20cm，5cm/层，20～60cm，10cm/层），最终在 49 个样点上取得土样 392 个，水样 49 个（图 4-2）。

调查和测试项目包括地下水水位埋深、水样矿化度、电导率、总硬度、总碱度、总酸度，土样易溶盐总量以及水、土样品的 K^+、Na^+、Ca^{2+}、Mg^{2+}、HCO_3^-、CO_3^{2-}、Cl^-、SO_4^{2-}、pH 等。总碱度及 CO_3^{2-}、HCO_3^- 采用双指示剂滴定法测定，Cl^- 采用

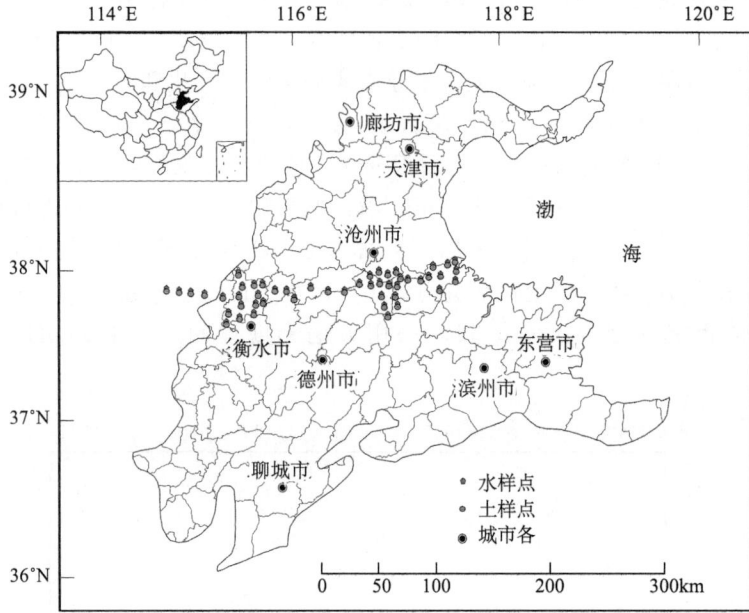

图 4-2　雨季后环渤海平原区监测点分布

AgNO₃滴定法测定，SO$_4^{2-}$ 采用 EDTA 间接滴定法测定与离子色谱仪测定。Ca^{2+} 和 Mg^{2+} 采用络合滴定法测定与原子吸收分光光度计测定，K$^+$、Na$^+$ 采用火焰光度计测定。土壤易溶盐总量，采用蒸干法，然后，按土水比 1∶5 配制浸出液，添加 15％双氧水溶液与 2％碳酸钠溶液进行测定。

二、研究方法

本研究采用地学数理统计学法，该方法是以区域化变量理论为基础，研究那些分布于空间中并显示出一定结构性和随机性的自然现象。具体方法包括区域化变量法、半方差函数法、变异函数法、克里格内插法和系统聚类法等。

区域化变量法：区域化随机变量与普通随机变量不同，普通随机变量的取值按某种概率分布而变化，而区域化随机变量则根据其在一个域内的位置取不同的值。因此，区域化随机变量是普通随机变量在域内确定位置上的特定取值，它是随机变量与位置有关的随机函数，具有空间局限性、不同程度的连续性和不同类型的各向异性等特点。

半方差函数法该方法是地质统计学所特有的基本工具。它既能描述区域化变量的结构性变化，又能描述其随机性变化，而且它的计算还是许多其他地质统计学计算的基础。

实际应用中，区域化变量往往在整个区域内并不或不能很好满足二阶平稳假设或本征假设，但在有限大小的区域内是二阶平稳（或本征）的，称为准二阶平稳。

变异函数法：地学统计学法中将变异函数的理论模型分为基台值模型和无基台值模

型。基台值模型包括球状模型、指数模型、高斯模型、线性有基台值模型和纯块金效应模型；无基台值模型包括幂函数模型、线性无基台值模型、抛物线模型和孔穴效应模型。

克里格内插法：该方法是将任意一个点的估计值通过该点影响范围内的 n 个有效样本值 $Z(x)$ 的线性组合得到。即假设 x 是研究区内任一点，$Z(x)$ 是该点的测量值，在所研究的区域内共有 n 个实测点，x_1，x_2，$\cdots$，x_n，那么对任意待估点 v 的实际值 $Z_v(x)$，其估计值 $Z_v^*(x)$ 是通过该待估点影响范围内的 n 个有效样本值 $Z(x)$ 的线性组合来表示的。

如果两个变量是正相关的，那么变量 Z_i 从 x_a 到 x_a+h 的增加或减少会引起 Z_j 的增加或减少，交互半方差就是正值。协同克里格是普通克里格的扩展形式，它要用到两个或两个以上的变量，其中一个是主变量，其他的作为辅助变量，将主变量的自相关性和主辅变量的交互相关性结合起来用于无偏最优估值中。

系统聚类分析法：是根据样本自身的属性，按照某些相似性或差异性指标，定量确定样本之间的亲疏关系，并按这种亲疏关系程度进行聚类。

根据"距离"计算的不同方法，多种聚类算法有类平均法、重心法、最长距离法、最短距离法、密度估计法、Ward 最小方差法、EML 法、可变类平均法、相似分析法、中间距离法和两阶段密度估计法等。

主成分分析法：是将分散在一组变量上的信息集中到某几个综合指标（主成分）上，利用各变量之间的相关关系，用较少的新变量代替原来较多的变化，从而使得这些新变量尽可能多地保留原来较多变量所反映的信息，是一种探索性统计分析方法，这种方法实际上也起着降维的作用。

通径分析法：常用于研究自变量之间、自变量与因变量之间相互影响的关系，描述各个自变量对因变量的直接和间接影响程度。通径分析方法兼顾变量间因果关系与平行关系，使多元变量系统统计分析更符合实际。

第二节　土壤盐分与盐渍化分布特征

本研究是以华北的环渤海平原 0～60cm 包气带中土壤易溶盐及盐渍化程度作为主要研究对象，包括不同土层的盐分组成结构，以及盐渍土和主要盐分离子空间分布状况和雨季前后变化特征。

一、土壤盐分及盐渍土空间分布特征

（一）土壤盐分分布统计特征

从理论上已知，正态分布检验判断一个样本所代表的背景总体与理论正态分布是否具有显著差异的一种方法。本研究采用偏度和峰度联合检验法［式（4-1）］，进行表 4-1 中有关数据判断。

$$u = \frac{|g_1 - 0|}{\sigma_{g_1}}, \qquad u = \frac{|g_2 - 0|}{\sigma_{g_2}} \tag{4-1}$$

式中，g_1 为偏度；g_2 为峰度。

通过计算 g_1、g_2 及其标准误差 σ_{g_1} 及 σ_{g_2}，然后获得 u 检验。两种检验同时得出 $U < U_{0.05} = 1.96$，表明该组数据服从正态分布。从偏度系数和峰度系数可知，除了 $50\sim 60\text{cm}$ 土层盐分服从对数正态分布外，其余土层都呈现明显的偏态分布。

从土壤易溶盐的全盐量最大值、最小值、均值、标准差、峰度系数、偏度系数和变异系数对环渤海平原的土壤盐分统计分析，结果见表 4-1。在环渤海平原，表层 $0\sim 5\text{cm}$ 土层的平均含盐量为 1.67g/kg，极值相差 31 倍，变幅 11.02g/kg，远超过其他土层（平均值 $0.89\sim 1.31.0\text{g/kg}$，极值相差 $10\sim 15$ 倍，变幅 $3.49\sim 4.90\text{g/kg}$）。由于采样时间为春旱季节，强烈蒸发作用对包气带表层盐分累积具有加剧作用。从环渤海平原平均值来看，土壤盐分含量介于 $0.89\sim 1.67\text{g/kg}$，小于 2.0g/kg 的轻度盐化土量化指标。在不同深度上，土壤盐分含量的均值差介于 $0.08\sim 0.71.0\text{g/kg}$。

表 4-1　环渤海平原各层土壤全盐量的统计特征值

土层深度/cm	样点数/个	分布类型*	偏度系数*	峰度系数*	均值±标准差/(g/kg)	最小值/(g/kg)	最大值/(g/kg)	变异系数**（C_V）
0~5	127	偏态	2.76	7.43	1.67±1.12	0.37	11.39	1.26 (0.51)
5~10	127	偏态	3.40	13.33	0.96±0.79	0.35	5.25	0.82 (0.40)
10~15	127	偏态	3.22	10.84	0.92+0.71	0.44	4.42	0.77 (0.36)
15~20	127	偏态	4.04	19.69	0.89±0.67	0.44	4.99	0.75 (0.36)
20~30	127	偏态	2.58	6.95	0.97±0.67	0.38	3.87	0.69 (0.40)
30~40	127	偏态	2.73	7.62	1.05±0.76	0.37	4.38	0.72 (0.23)
40~50	117	偏态	2.48	6.54	1.19±0.84	0.44	4.59	0.71 (0.24)
50~60	117	lg$N$	0.43	0.39	1.31±0.80	0.40	4.25	0.61 (0.25)

* lg$N$ 为对数正态分布，其偏度系数和峰度系数为对数转换后的值；** 括号内的数值为正态化处理后的结果。

从环渤海平原的 $0\sim 60\text{cm}$ 土层盐分积聚总体上看，土壤盐渍化不显著，这对于利用微咸地下水进行农业灌溉尚有较大利用空间。

（二）土壤盐分空间变异性状况

从表 4-1 可见，环渤海平原的包气带表层土壤中盐分的变异系数为 1.26，属于强变异强度，变异性最大。其余土层盐分在水平方向上，变异系数介于 $0.61\sim 0.82$，属于中等变异强度。随着取样深度的增加，土壤盐分含量的变异系数逐渐减小。根据半方差函数理论，环渤海平原包气带上部各土层全盐量的半方差函数拟合的参数见表 4-2，各层土壤全盐量的相关系数介于 $0.66\sim 0.82$，均达到显著性水平，表明可采用球状模型进行拟合。

表 4-2　环渤海平原各层土壤全盐量的半方差函数模型中参数

土层深度/cm	理论模型	块金值 (C_0)	基台值 (S_{ill})	CS/%	变程/km	相关系数 (R^2)
0~5	球状	0.45	0.77	58.3	35.3	0.82
5~10	球状	0.23	0.41	55.6	39.5	0.79
10~15	球状	0.19	0.39	48.8	44.6	0.78
15~20	球状	0.18	0.37	47.9	42.1	0.76
20~30	球状	0.18	0.41	44.3	43.4	0.75
30~40	球状	0.19	0.40	47.3	46.0	0.66
40~50	球状	0.18	0.42	41.5	54.3	0.80
50~60	球状	0.16	0.41	39.0	59.7	0.73

注：CS=块金值/基台值。

从环渤海平原土壤全盐量的空间自相关"距离"来看，随深度增加，其空间自相关距离呈增大趋势。0~5cm 土层盐分的空间自相关距离为 35.3km，5~10cm、15~20cm、30~40cm 和 50~60cm 层位的盐分的空间自相关距离分别为 39.5km、42.1km、46.0km 和 59.7km。表层土壤受自然因素和人类活动影响较大，致使其空间相关距离小，而上述因素对下层土壤的影响随着深度增加变弱，以至土壤自身性状影响逐渐增大。

环渤海平原包气带上部各层土壤盐分含量的块金值（C_0）普遍较小，介于0.16~0.45。C_0 与 S_{ill}（基台值）的比值（CS）能表征土壤性质空间相关性的程度，当CS＜25%时，表明土壤盐分含量的空间相关性强；当 25%≤CS≤75%时，表明土壤盐分含量的空间相关性中等；当CS＞75%时，表明土壤盐分含量的空间相关性弱；当 CS 比值趋近 1.0 时，表明在整个尺度上具有恒定的变异性。环渤海平原包气带 0~60cm 各层土壤盐分含量的 CS 比值介于 39.0%~58.3%，它们的空间相关性为中等。从 0~5cm 至 50~60cm 的各土层土壤盐分含量的 CS 值呈减小趋势，0~5cm 土层盐分的 CS 值为 58.3%，5~10cm、15~20cm、40~50cm 和 50~60cm 层位盐分的 CS 值分别为 55.6%、47.9%、41.5%和39.0%。

综上各种指标表明，在水平方向上，环渤海平原包气带上部各土层盐分含量处于中等变异强度，但是，随深度的增加，这种变异强度逐渐减弱。在垂直方向上，土层盐分含量的变异较小，土壤全盐量的自相关距离逐渐增大，土壤盐分含量的空间相关性为中等（周在明等，2010，2011a）。

（三）土壤盐分及盐渍土空间分布特征

根据土壤盐渍化的划分标准（即土壤含盐量＜1.0g/kg，为非盐化；土壤含盐量 1~2g/kg，为轻度盐化；土壤含盐量 2~4g/kg，为中度盐化；土壤含盐量 4~10g/kg，重度盐化；土壤含盐量＞10g/kg，为盐土），基于土壤全盐量的半方差函数模型计算结果，环渤海平原土壤盐分含量的空间分布状况如图 4-3 所示。总体上看，自山前平原至东部滨海平原，各深度土壤盐分含量都呈现增加特征。在天津—沧州—滨州一带，各深

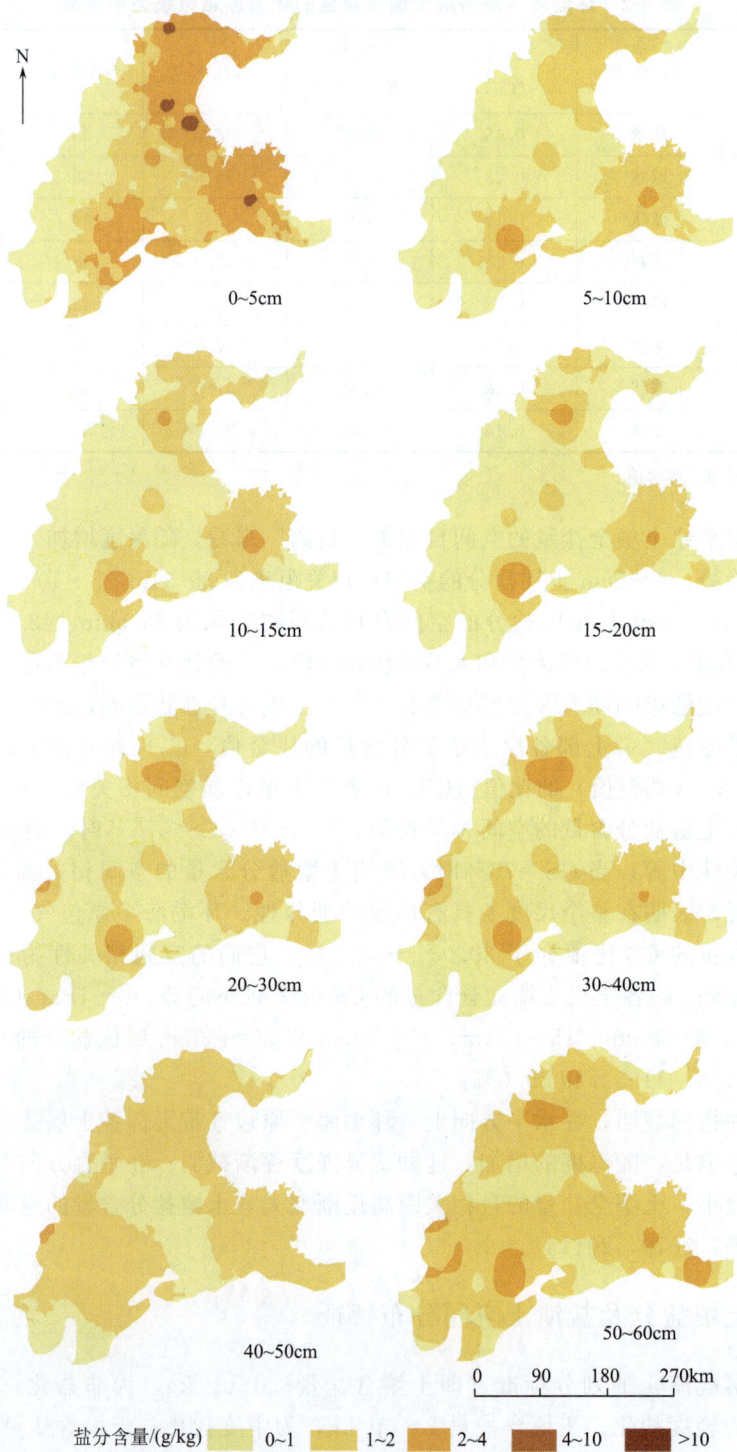

图 4-3　环渤海平原包气带上部不同深度土壤全盐量空间分布特征

度土壤盐分含量普遍较高。在 0～20cm（耕作层）深度上，非盐化土主要分布在保定—衡水—邢台—邯郸一带，土壤盐分含量小于 1.0g/kg。在环渤海平原区，没有监测到土壤含盐量大于 10g/kg 的区域。4～10g/kg 的重度盐化土，仅在局部区域的 0～5cm 表层土壤中少量分布。2～4g/kg 的中度盐化土，除部分地区表层分布外，大部分区域属于轻度盐化土和非盐化土。

在垂向上，环渤海平原的 0～5cm 土层含盐量，明显高于其他深度土层的含盐量，非盐化土、轻度盐化土和中度盐化土分布面积约各占 1/3。在 5～40cm 深度上，非盐化土的分布面积较大。在 40～60cm 土层中，非盐化土分布面积减少，轻度盐化土分布面积明显增大。在 5～60cm 深度范围未见重度盐化土分布。

按照土壤盐渍化的指标统计结果表明，在环渤海平原的 0～5cm 表土中，非盐化土分布面积 2.88 万 km²，占总面积的 32.17%；轻度盐化土分布面积 3.11 万 km²，占总面积的 34.74%；中度盐化土分布面积 2.87 万 km²，占总面积的 32.04%；重度盐化土分布面积 0.09 万 km²，占总面积的 1.05%。在 0～20cm 耕作层中，非盐化土、轻度盐化土分布面积相近，分别为 4.23 万 km² 和 4.66 万 km²，中度盐化土分布面积较小，仅占 0.78%。在 5～60cm 深度土层中，无重度盐化土分布。在 5～40cm 深度上，非盐化土分布面积达到 7.06 万 km²，占总面积的 78.80%。轻度盐化土分布面积仅占 19.70%。在 40～60cm 深度上，呈现非盐化土分布面积减少、轻度盐化土分布面积扩大的特征，所占比例达 70.65%～76.16%（表 4-3）。

表 4-3　环渤海平原各层土壤不同等级盐分含量面积及比例

土层 /cm	含盐量等级									
	<1g/kg		1～2g/kg		2～4g/kg		4～10g/kg		>10g/kg	
	面积 /万 km²	比例 /%	面积 /万 km²	比例 /%	面积 /万 km²	比例 /%	面积 /万 km²	比例 /%	面积 /万 km²	比例 /%
0～5	2.88	32.17	3.11	34.74	2.87	32.04	0.09	1.05	—	—
5～10	5.28	58.89	3.60	40.17	0.08	0.95	—	—	—	—
10～15	6.32	70.54	2.54	28.38	0.10	1.08	—	—	—	—
15～20	7.06	78.80	1.77	19.70	0.14	1.51	—	—	—	—
20～30	5.88	65.62	2.91	32.41	0.18	1.96	—	—	—	—
30～40	5.02	56.01	3.68	41.07	0.26	2.92	—	—	—	—
40～50	2.32	25.91	6.33	70.65	0.31	3.43	—	—	—	—
50～60	1.77	19.70	6.83	76.16	0.37	4.15	—	—	—	—
0～20	4.23	47.18	4.66	52.04	0.07	0.78	—	—	—	—

注：比例为不同土层含盐量等级面积所占研究区总面积的比例。

从微咸水灌溉的农作物生长安全角度来看，环渤海平原的大部分农田区土壤盐化普遍较低，只在东部的滨海平原区分布有部分的中度盐化土，且局限在 5～10cm 深度的表层。从表 4-4 可见，这些中度盐化土的含盐量明显低于区内农作物耐盐度。因此，在做好灌排、监测与预警等防治工作基础上，这些农田区尚有一定的利用微咸水灌溉空间（王金哲等，2012b）。

表 4-4　环渤海平原主要作物的耐盐度　　　　　　（单位：g/kg）

耐盐等级	作物类型	苗期	生育旺期
强	甜菜	5.0～6.0	6.0～8.0
	向日葵	4.0～5.0	5.0～6.0
	蓖麻	3.5～4.0	4.5～6.0
	穄子	3.0～4.0	4.0～5.0
较强	高粱、苜蓿	3.0～4.0	4.0～5.5
	棉花	2.5～3.5	4.0～5.0
	黑豆	3.0～4.0	3.5～4.5
中等	冬小麦	2.0～3.0	3.0～4.0
	玉米	2.0～2.5	2.5～3.5
	谷子	1.5～2.0	2.0～2.5
	大麻	2.5	2.5～3.0
弱	绿豆	1.5～1.8	1.8～2.3
	大豆	1.8	1.8～2.5
	马铃薯、花生	1.0～1.5	1.5～2.0

二、土壤盐分化学组分分布特征

（一）土壤盐分化学组分分布特征

基于旱季（4～5 月）监测数据，环渤海平原土壤盐分化学组成特征如图 4-4 所示。HCO_3^-、SO_4^{2-}、Cl^-、Na^+、Ca^{2+} 组分占化学组分总量的 93.2%。其中 HCO_3^-、SO_4^{2-} 和 Na^+ 含量分别占化学组分总量的 29.3%、20.5% 和 17.8%，CO_3^{2-}、K^+ 含量占化学组分总量的 2.3% 和 1.2%。HCO_3^- 和 Na^+ 分别占阴、阳离子总量的 41.5% 和 56.7%。总体上，环渤海平原土壤盐分呈弱碱性，以重碳酸盐为主（周在明等，2010）。

从垂向分布来看，在环渤海平原 0～5cm 深度的表层土壤中，以 Cl^- 含量最高，HCO_3^- 含量次之。在 10～60cm 深度土层中，以 HCO_3^- 含量最高，SO_4^{2-} 含量次之。根据土壤盐分化学组分的盐化类型划分指标（即当土壤盐分中 $Cl^-/SO_4^{2-}>2$ 时，为氯化物类型；当土壤盐分中 $1 \leqslant Cl^-/SO_4^{2-} \leqslant 2$ 时，为硫酸盐-氯化物类型；当土壤盐分中 $0.2 \leqslant Cl^-/SO_4^{2-}<1$ 时，为氯化物-硫酸盐类型；当土壤盐分中 $Cl^-/SO_4^{2-}<0.2$ 时，为硫酸盐类型），环渤海平原 0～5cm 深度表层的土壤盐化以硫酸盐-氯化物类型为主，5～60cm 深度土壤盐化以氯化物-硫酸盐类型为主。随着深度增大，Cl^-/SO_4^{2-} 比值越小，其中 5～10cm 深度的 Cl^-/SO_4^{2-} 为 0.8，15～20cm 深度 Cl^-/SO_4^{2-} 为 0.7，30～40cm 深度 Cl^-/SO_4^{2-} 为 0.6，50～60cm 深度 Cl^-/SO_4^{2-} 为 0.5（表 4-5）。

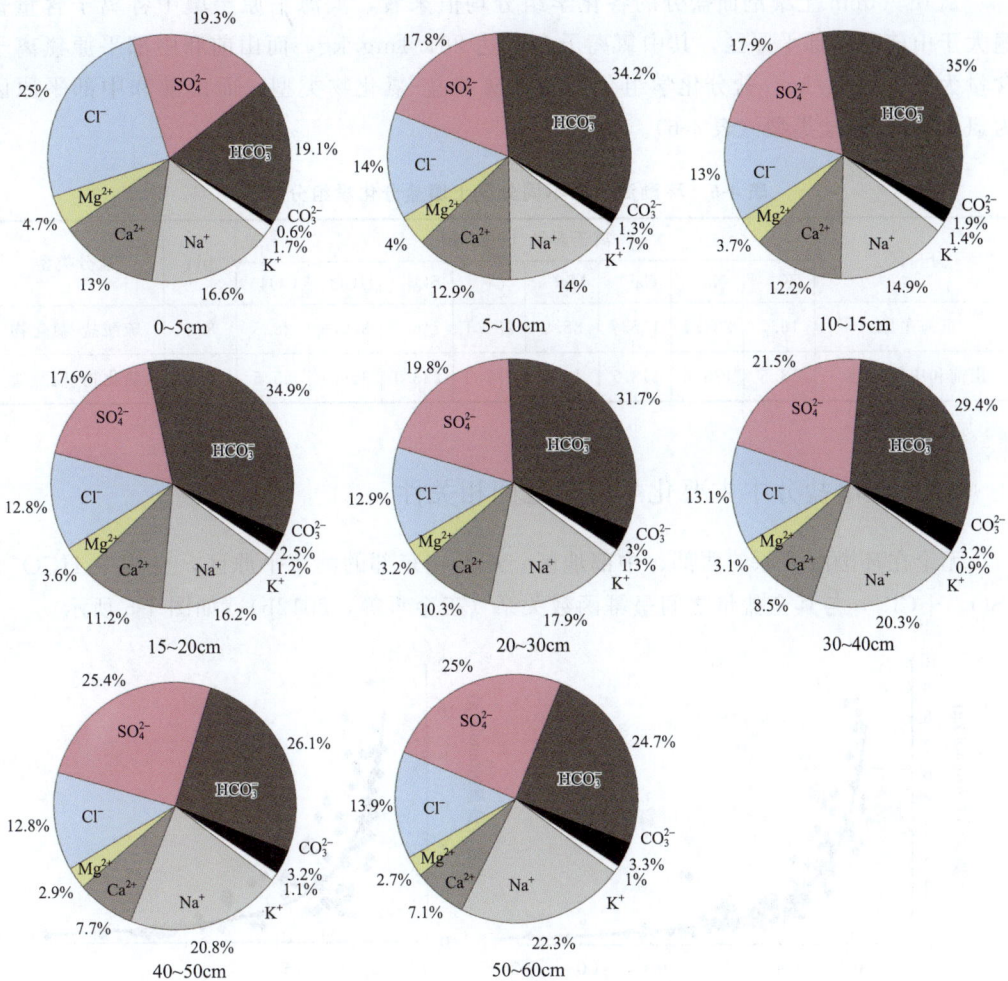

图 4-4　环渤海平原 0～60cm 深度土壤中盐分化学组成特征

表 4-5　环渤海平原不同深度土壤盐分化学组分类型

土层深度/cm	Cl^-/SO_4^{2-} 当量比	盐分类型
0～5	1.3	硫酸盐-氯化物
5～10	0.8	氯化物-硫酸盐
10～15	0.7	氯化物-硫酸盐
15～20	0.7	氯化物-硫酸盐
20～30	0.7	氯化物-硫酸盐
30～40	0.6	氯化物-硫酸盐
40～50	0.5	氯化物-硫酸盐
50～60	0.5	氯化物-硫酸盐

注：Cl^-、SO_4^{2-} 的当量浓度为 meq/L。

从 $0\sim60cm$ 土壤剖面盐分的各化学组分均值来看，滨海平原土壤中各离子含量普遍大于山前和中部平原区，其中氯离子含量达 $281.1mg/kg$，而山前和中部平原氯离子含量为 $137.9mg/kg$，盐分化学组分类型为硫酸盐-氯化物类型，而山前和中部平原区为氯化物-硫酸盐类型（表 4-6）。

表 4-6　环渤海平原不同分区土壤盐分化学组分特征

分　区	离子含量/(mg/kg)								pH	盐分类型
	K^+	Na^+	Ca^{2+}	Mg^{2+}	Cl^-	SO_4^{2-}	HCO_3^-	CO_3^{2-}		
滨海平原	16.7	284.1	115.7	38.9	281.1	246.3	320.8	28.5	8.3	硫酸盐-氯化物
山前和中部平原	13.5	178.5	113.7	40.6	137.9	233.1	309.1	25.5	8.3	氯化物-硫酸盐

（二）土壤盐分中主要化学组分之间相关性

无论在环渤海平原的西部、中部地区，还是在东部的滨海平原区，土壤中 $HCO_3^-/(SO_4^{2-}+Cl^-)$ 与其全盐量之间呈幂函数关系（王金哲等，2012b），如图 4-5 所示。

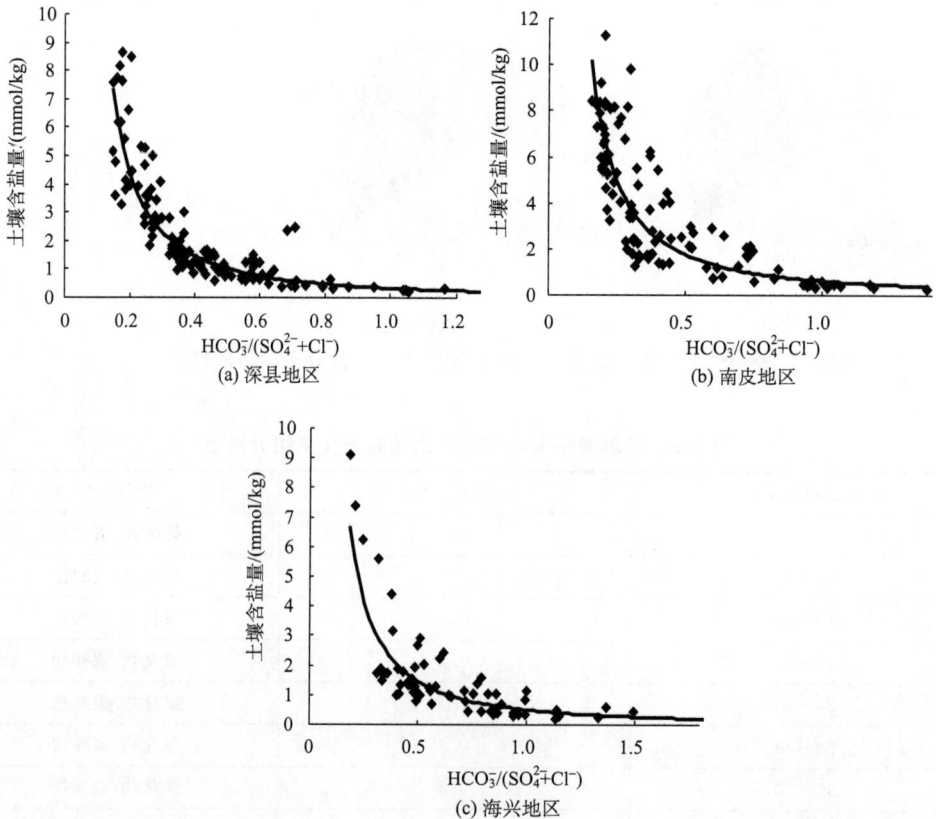

(a) 深县地区

(b) 南皮地区

(c) 海兴地区

图 4-5　环渤海平原不同区位土壤含盐量与 $HCO_3^-/(SO_4^{2-}+Cl^-)$ 之间的关系

深县、南皮和海兴三个典型地区土壤中 $HCO_3^-/(SO_4^{2-}+Cl^-)$ 比值（Y）与其全盐量（x）之间的相关系数分别为 0.92、0.89 和 0.86。三个典型地区的 Y 与 x 之间关系式，深县为 $Y=0.3328x^{-1.6016}$、南皮为 $Y=0.6167x^{-1.4959}$ 和海兴 $Y=0.5006x^{-1.537}$。

在深县地区，$0\sim35cm$ 深度土层中 HCO_3^- 含量占主导，$35\sim60cm$ 深度土层中 SO_4^{2-} 含量占主导。在 $0\sim60cm$ 深度土壤中，Cl^- 和 SO_4^{2-} 含量普遍较低，但随深度增加呈增大趋势。HCO_3^- 含量变化特征与 Cl^- 和 SO_4^{2-} 相反，随深度增加呈减小趋势。在南皮地区，$0\sim60cm$ 深度土壤中 HCO_3^- 含量占主导，在相同深度土层内 HCO_3^- 含量远大于 Cl^- 和 SO_4^{2-} 含量；在 $0\sim20cm$ 深度中，Cl^- 和 SO_4^{2-} 含量随深度增加而含量减少，在 $20\sim60cm$ 深度中随深度增加而含量增大。在海兴地区，$0\sim60cm$ 深度土壤中 SO_4^{2-} 含量最低，随深度增加呈显著增大特征；Cl^- 含量随深度增加的幅度较大。HCO_3^- 含量随深度增加而增加的特征不明显（周在明等，2010，2010c）。

在环渤海平原，土壤中 Ca^{2+} 与 Mg^{2+}、Na^+ 与 Mg^{2+}、Cl^- 与 SO_4^{2-}、HCO_3^- 与 CO_3^{2-} 相关性较强，相关系数分别为 0.86、0.65、0.61 和 0.50（表 4-7）。Cl^- 与 Na^+、Ca^{2+} 和 Mg^{2+} 之间相关系数达 $0.70\sim0.90$，SO_4^{2-} 与 Na^+、Ca^{2+} 和 Mg^{2+} 之间相关系数为 $0.71\sim0.78$，这表明土壤中氯化物、硫酸盐对土壤盐化类型影响较大。HCO_3^- 与 K^++Na^+ 之间呈正相关性，HCO_3^-、CO_3^{2-} 与 Ca^{2+}、Mg^{2+} 之间呈负相关性。

表 4-7　环渤海平原土壤盐分中主要化学组成之间相关性状况

组分	K^+	Na^+	Ca^{2+}	Mg^{2+}	Cl^-	SO_4^{2-}	HCO_3^-	CO_3^{2-}	pH
K^+	1.00	0.08	0.16*	0.18**	0.14*	0.04	0.41*	0.22*	0.13
Na^+		1.00	0.53**	0.65**	0.90**	0.72**	0.33*	0.12*	0.16*
Ca^{2+}			1.00	0.86**	0.70**	0.71**	−0.18*	−0.24*	−0.19*
Mg^{2+}				1.00	0.75**	0.78**	−0.17*	−0.14*	−0.07
Cl^-					1.00	0.61**	−0.15*	−0.06	−0.02
SO_4^{2-}						1.00	−0.15*	−0.08	0.002
HCO_3^-							1.00	0.50**	0.41**
CO_3^{2-}								1.00	0.79**
pH									1.00

注：$N=996$，* 显著性水平为 0.05，** 显著性水平为 0.01。

根据最短距离法，基于对变量的 R 型聚类，研究结果如图 4-6 和表 4-8 所示。Ca^{2+} 只在 $50\sim60cm$ 深度土壤中呈对数正态分布，在其他深度土层中呈明显的偏态分布。除了 $5\sim20cm$ 深度土层之外，SO_4^{2-} 都呈对数正态分布。HCO_3^- 情况较为复杂，在 $0\sim5cm$ 表层土壤中呈正态分布，在 $20\sim40cm$ 深度土层中呈对数正态分布，其他深度土层都为偏态分布。由此可见，SO_4^{2-} 为强变异，HCO_3^- 为中等变异，Ca^{2+} 在 $0\sim5cm$ 表层中为强变异，在其他深度土层中为中等变异（表 4-8）。

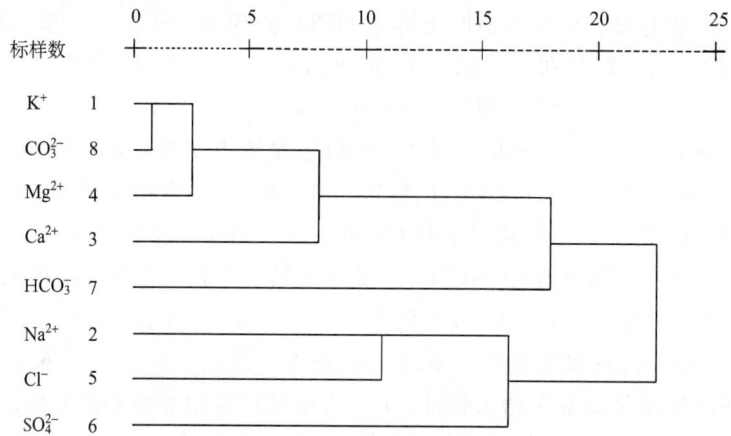

图 4-6　环渤海平原水溶性盐分离子聚类分析

表 4-8　环渤海平原土壤盐分中主要组分状态特征值

土层/cm	组分	样点数/个	类型*	平均值/(mg/kg)	最小值/(mg/kg)	最大值/(mg/kg)	标准差	偏度系数	峰度系数	变异系数
0～5	Ca^{2+}	127	偏态	212.59	16.00	1206.40	216.93	0.59	1.94	1.02
	SO_4^{2-}	127	lgN	315.21	22.20	2244.00	433.76	0.52	−0.24	1.37
	HCO_3^-	127	正态	311.61	183.10	463.70	58.40	0.38	0.05	0.18
5～10	Ca^{2+}	127	偏态	121.01	24.00	577.20	86.82	0.84	2.26	0.71
	SO_4^{2-}	127	偏态	167.69	15.20	1627.50	273.92	0.70	0.10	1.63
	HCO_3^-	127	偏态	321.97	134.20	524.70	66.38	−0.91	3.32	0.20
10～15	Ca^{2+}	127	偏态	110.30	40.10	493.00	78.71	1.48	3.21	0.71
	SO_4^{2-}	127	偏态	161.72	12.50	1441.00	260.75	0.58	−0.01	1.61
	HCO_3^-	127	偏态	316.63	183.10	610.20	65.85	0.27	1.58	0.21
15～20	Ca^{2+}	127	偏态	100.14	32.10	717.40	83.83	1.47	5.01	0.83
	SO_4^{2-}	127	偏态	157.06	14.50	2002.50	276.07	0.61	0.07	1.75
	HCO_3^-	127	偏态	311.78	183.10	610.20	67.72	0.49	1.20	0.24
20～30	Ca^{2+}	127	偏态	97.72	20.00	477.00	83.37	1.15	2.63	0.85
	SO_4^{2-}	127	lgN	188.49	12.10	1633.50	298.52	0.44	0.07	1.58
	HCO_3^-	127	lgN	301.75	158.60	598.00	77.15	0.09	0.28	0.25
30～40	Ca^{2+}	127	偏态	87.29	24.00	456.90	69.41	1.15	2.33	0.79
	SO_4^{2-}	127	lgN	221.54	11.80	2160.90	354.61	0.21	0.55	1.60
	HCO_3^-	127	lgN	302.42	158.90	536.90	77.30	0.06	−0.10	0.25
40～50	Ca^{2+}	117	偏态	89.33	32.10	396.80	71.40	1.04	1.33	0.79
	SO_4^{2-}	117	lgN	294.90	10.50	2667.40	464.86	0.11	−0.07	1.57
	HCO_3^-	117	偏态	303.59	122.00	646.80	87.12	−0.27	1.25	0.28
50～60	Ca^{2+}	117	lgN	91.85	28.10	320.60	58.43	0.33	−0.37	0.63
	SO_4^{2-}	117	lgN	321.40	16.00	1946.00	371.79	0.06	−0.43	1.15
	HCO_3^-	117	偏态	317.43	134.20	915.30	124.02	0.53	1.75	0.39

* lgN 为对数正态分布。

从各组分含量的平均值来看，在 $0 \sim 5$ cm 表层中 Ca^{2+} 和 SO_4^{2-} 含量最大，分别为 212.59mg/kg 和 315.21mg/kg。随着深度的增加，Ca^{2+} 含量逐渐变小，而 SO_4^{2-} 含量介于 $5 \sim 148$ mg/kg。HCO_3^- 含量较稳定，介于 $301.75 \sim 321.97$ mg/kg。在环渤海平原土壤盐分中，SO_4^{2-} 组分最为不稳定，HCO_3^- 和 Ca^{2+} 组分变化较小，这与变异系数反映的规律一致（周在明等，2010；王金哲等，2012b）。

（三）土壤盐分化学组分空间变异性

应用半方差函数理论研究土壤盐分化学组分的空间变异性，结果见表 4-9。在环渤海平原，HCO_3^- 除在 $5 \sim 15$ cm 深度之外，其他各深度的土壤盐分化学组分的空间自相关的距离介于 $22.5 \sim 66.7$ km，表明 HCO_3^- 受外界的影响较小。而 Ca^{2+} 和 SO_4^{2-} 受自然环境和人为因素影响较大。块金值（C_0）与基台值（S_{ill}）的比值（CS），表明 $0 \sim 60$ cm 土层的土壤盐分化学组分之间空间相关性较强，其中 Ca^{2+} 的 CS 为 $0.03\% \sim 2.14\%$，最为显著。

表 4-9　环渤海平原土壤盐分中主要组分之间相关性特征值

土层深度 /cm	土壤盐分 主要组分	理论模型	块金值	基台值	CS /%	变程 /km	R^2
0～5	Ca^{2+}	球状	0.009	0.42	2.14	39.28	0.53
	SO_4^{2-}	球状	0.12	1.15	10.43	55.56	0.63
	HCO_3^-	高斯	0.0001	0.034	0.29	24.30	0.72
5～10	Ca^{2+}	球状	0.005	0.23	2.17	66.70	0.65
	SO_4^{2-}	球状	0.15	1.13	13.27	34.57	0.66
	HCO_3^-	球状	0.002	0.03	6.67	63.27	0.46
10～15	Ca^{2+}	高斯	0.0001	0.21	0.05	29.70	0.75
	SO_4^{2-}	球状	0.29	1.31	22.14	24.74	0.91
	HCO_3^-	球状	0.009	0.03	30.00	61.75	0.42
15～20	Ca^{2+}	高斯	0.0001	0.22	0.05	30.30	0.66
	SO_4^{2-}	球状	0.24	1.25	19.20	47.62	0.65
	HCO_3^-	高斯	0.0001	0.04	0.25	26.70	0.84
20～30	Ca^{2+}	高斯	0.0001	0.31	0.03	29.70	0.88
	$SO^{2-}4$	球状	0.23	1.28	17.97	48.85	0.71
	HCO_3^-	球状	0.014	0.07	20.00	52.38	0.67
30～40	Ca^{2+}	高斯	0.0001	0.28	0.04	28.00	0.84
	SO_4^{2-}	高斯	0.001	1.13	0.09	22.50	0.82
	HCO_3^-	指数	0.02	0.06	33.33	37.21	0.78
40～50	Ca^{2+}	高斯	0.001	0.32	0.31	29.20	0.88
	SO_4^{2-}	球状	0.08	1.34	5.97	43.21	0.83
	HCO_3^-	球状	0.002	0.08	2.50	51.40	0.68
50～60	Ca^{2+}	高斯	0.001	0.33	0.30	26.50	0.90
	SO_4^{2-}	高斯	0.04	1.14	3.51	23.00	0.91
	HCO_3^-	高斯	0.0001	0.12	0.08	22.70	0.69

环渤海平原土壤盐分化学组分空间分布特征如图 4-7 至图 4-9 所示。在区域分布上，Ca^{2+}、SO_4^{2-} 和 HCO_3^- 具有连续性和方向性，自山前平原向滨海平原 Ca^{2+} 和 SO_4^{2-} 含量逐渐增大，HCO_3^- 则呈现减少趋势。Ca^{2+}、SO_4^{2-} 和 HCO_3^- 含量在空间分布的变异特征比较明显（图 4-7）。相同深度、不同组分（如 $0\sim5cm$ 深度的 Ca^{2+}、SO_4^{2-} 和 HCO_3^- 含量）的区域分布特征差异较大（周大明等，2011a）。

在地势低洼处，或地表水和地下水滞流区域，土壤中各种化学组分含量较高；在地势较高处，或地表水和地下水循环、更替积极的区域，土壤中各种化学组分含量较低。在地下水位埋藏较浅，入渗补给条件较差，或陆面蒸发较强烈区域，土壤中各种化学组分含量较高；在地下水位埋藏较深，入渗补给条件较好，或陆面蒸发较弱区域，土壤中各种化学组分含量较低。在 $0\sim5cm$ 深度土层中，盐分化学组分含量明显大于其他深度土层。随着深度增大，土壤盐分中化学组分含量呈递减趋势。Ca^{2+} 含量的层间变化最为明显，SO_4^{2-} 离子最为复杂，HCO_3^- 最弱。

（四）雨季后土壤盐分空间变化特征

根据 $10\sim11$ 月监测数据表明，每年的雨季之后，环渤海平原土壤盐分经过入渗水洗盐冲淡过程，各深度土层中盐分和化学组分含量都发生了明显的变化（表 4-10 和图 4-10）。从表 4-10 可见，环渤海平原区各土层全盐量介于 $0.66\sim0.99g/kg$，明显小于 $4\sim5$ 月（旱季）的监测结果（$0.89\sim1.67g/kg$），且小于 $1.0g/kg$，属于非盐化土。在 $10\sim11$ 月监测数据中，$0\sim60cm$ 土层盐分含量的极值差 $3.2\sim5.8$ 倍。其中 $50\sim60cm$ 深度土壤盐分极大值为 $2.13g/kg$，其他各土层全盐量均小于 $2g/kg$，都属于轻度盐化和非盐化土。从各土层盐分含量的平均值来看，$0\sim5cm$ 表层至 $50\sim60cm$ 底层的全盐量呈增大趋势，邻层间盐分变幅小于 $0.10g/kg$，反映出雨季后土壤洗盐特征。而 $4\sim5$ 月的特征与其相反，是由底层向表层盐分含量增大（周在明等，2011b）。

表 4-10　雨季后环渤海平原区各层土壤全盐量统计特征值

土层深度 /cm	深州均值 /(g/kg)	南皮均值 /(g/kg)	海兴均值 /(g/kg)	均值±标准差* /(g/kg)	最小值* /(g/kg)	最大值* /(g/kg)
$0\sim5$	0.64	0.67	0.83	0.68 ± 0.26	0.34	1.66
$5\sim10$	0.65	0.65	0.80	0.66 ± 0.21	0.33	1.51
$10\sim15$	0.66	0.68	0.84	0.67 ± 0.19	0.32	1.24
$15\sim20$	0.68	0.69	0.87	0.69 ± 0.19	0.38	1.22
$20\sim30$	0.77	0.78	0.99	0.78 ± 0.24	0.39	1.66
$30\sim40$	0.84	0.85	1.08	0.84 ± 0.26	0.36	1.59
$40\sim50$	0.89	0.93	1.26	0.93 ± 0.29	0.39	1.86
$50\sim60$	0.91	1.02	1.47	0.99 ± 0.35	0.37	2.13

*为总体样本的均值、最小值、最大值。

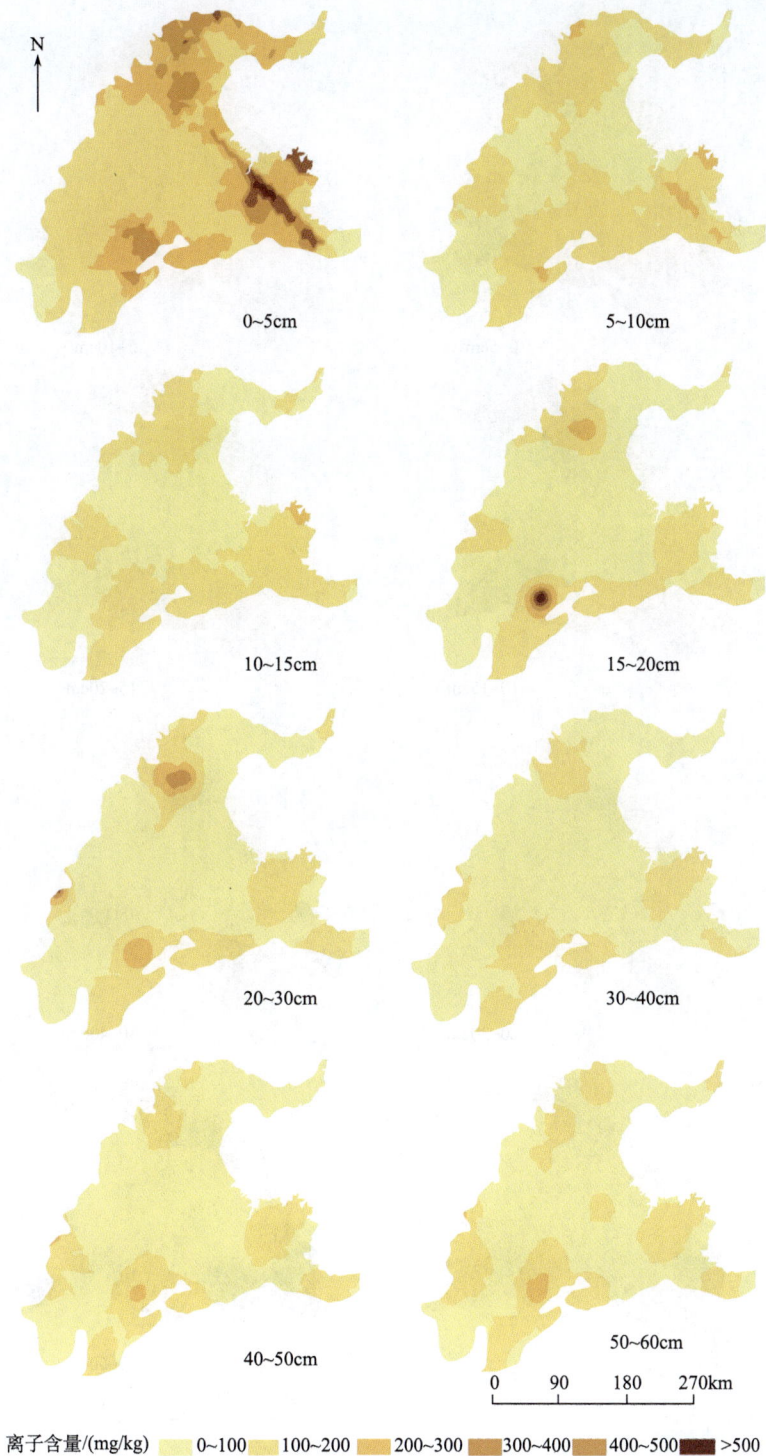

图 4-7　环渤海平原包气带上部不同深度土壤中 Ca^{2+} 组分空间分布特征

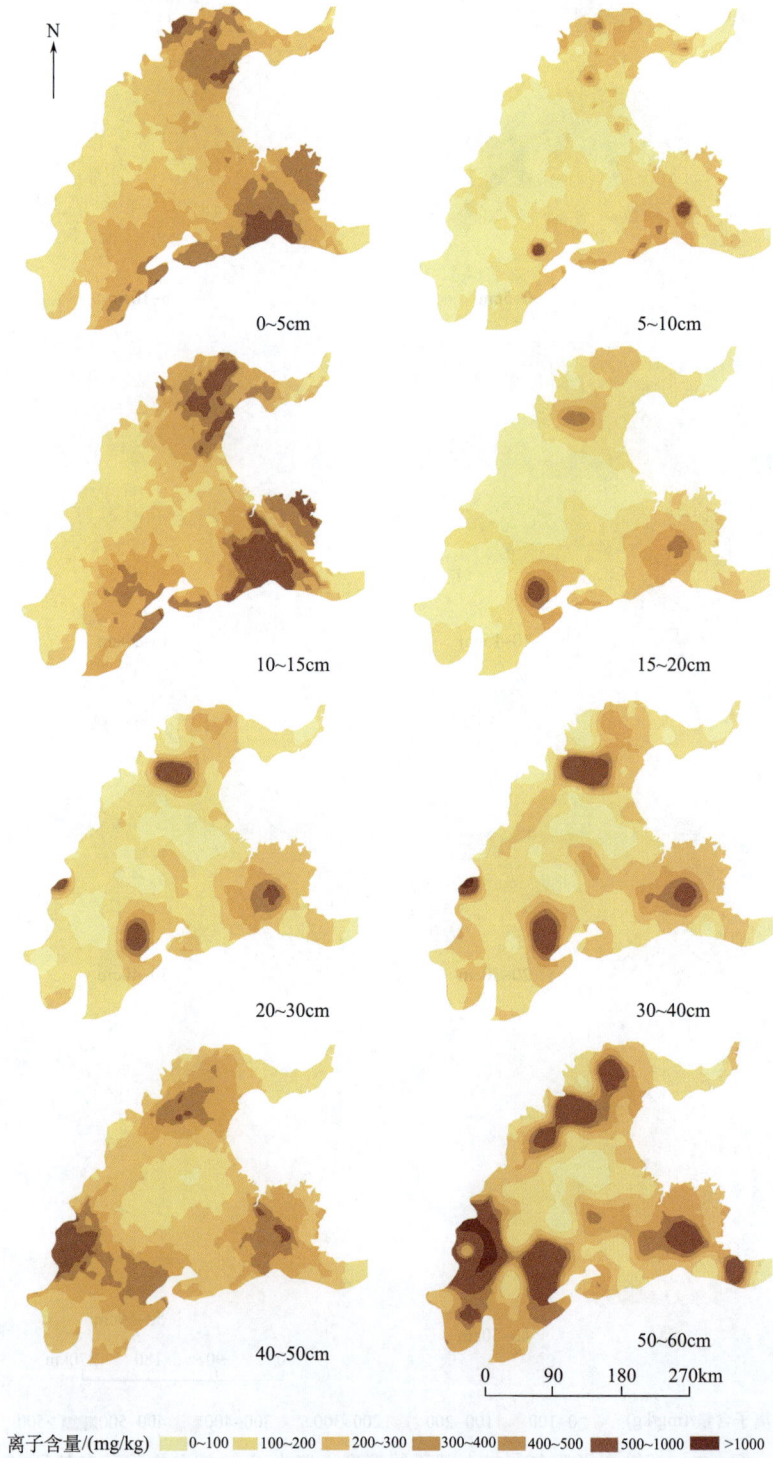

图 4-8　环渤海平原包气带上部不同深度土壤中 SO_4^{2-} 组分空间分布特征

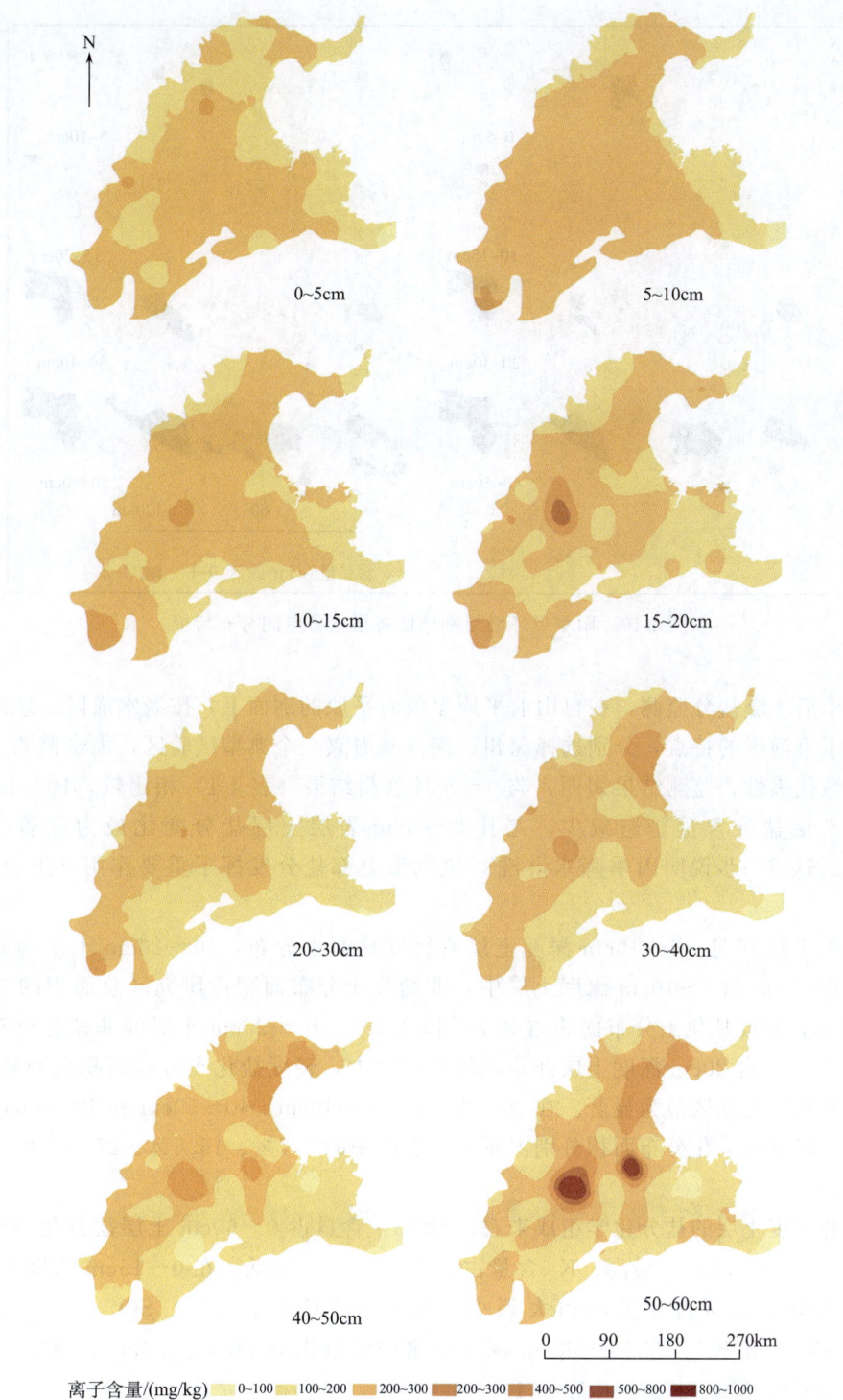

图 4-9　环渤海平原包气带上部不同深度土壤中 HCO_3^- 组分空间分布特征

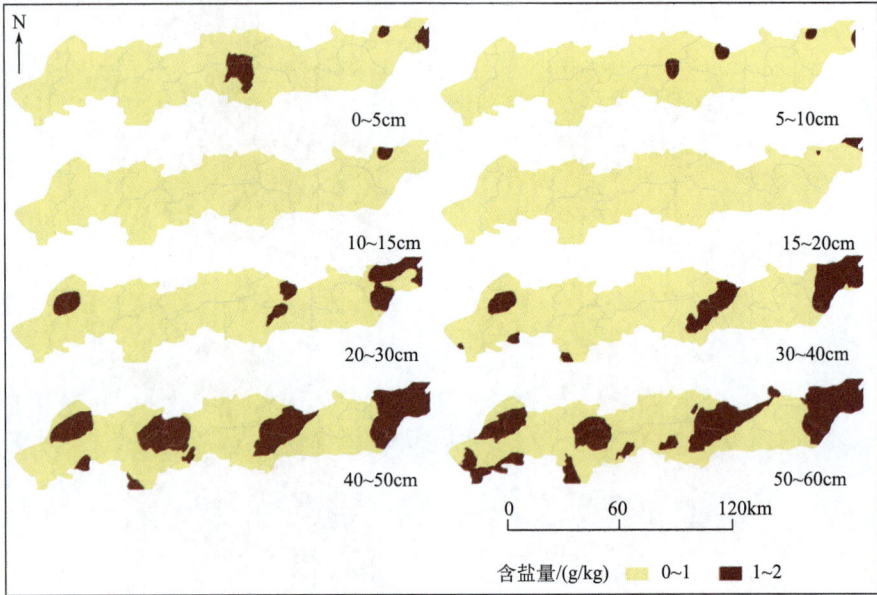

图 4-10　雨季后环渤海平原区各层盐分空间分布特征

雨季后土壤盐分监测，在自山前平原至滨海平原的剖面上，按淡水灌区、咸淡混灌区和咸水直灌区的特点，分别选择深州、南皮和海兴三个典型试验区，加密监测点，以提高区域代表性。监测结果表明，与 4~5 月监测结果（表 4-1）相比较，10~11 月监测的各土层盐分含量普遍减少，尤其 0~5cm 表层土层盐分变化最为显著，减少1.0g/kg。这进一步说明雨季降水淋洗对包气带上部盐分发挥了重要作用（王金哲等，2012b）。

从图 4-10 可见，0~10cm 深度土层有轻度盐渍土分布，10~20cm 土层为非盐化土。在 0~5cm 和 5~10cm 深度土层中，非盐化土分布面积占研究区总面积的 96.3%和 97.9%，轻度盐化土分布面积占 3.7%和 2.1%。10~20cm 土层的非盐化分布面积占 99%以上。自 20cm 深度土层开始，随深度增大，轻度盐化土分布面积呈明显增加，其中海兴和南皮地区最为显著。在 20~30cm、30~40cm、40~50cm 和 50~60cm 深度土层上，轻度盐渍化分布面积分别占研究区总面积的 9.7%、16.6%、27.9%和 35.6%（表 4-11）。

从各深度土层的盐分化学组成来看，HCO_3^- 含量占 0~60cm 土层盐分化学组分总量的 31.5%~46.4%，最高；K^+ 含量占 0.5%~2%，最低。在 0~15cm 深度土壤中，各化学组分含量所占比例的由大到小，依次为 HCO_3^-、Ca^{2+}、SO_4^{2-}、Na^+、Cl^-、Mg^{2+}、CO_3^{2-} 和 K^+；在 15~60cm 深度土壤中的依次为 HCO_3^-、Na^+、SO_4^{2-}、Cl^-、Ca^{2+}、CO_3^{2-}、Mg^{2+} 和 K^+（图 4-11）。

表 4-11　雨季后环渤海平原不同深度各盐土分布面积状况

盐化等级	0～5cm		5～10cm		10～15cm		15～20cm	
	面积/km²	比例/%	面积/km²	比例/%	面积/km²	比例/%	面积/km²	比例/%
非盐化	7790.3	96.3	7923.9	97.9	8050.7	99.5	8039.6	99.4
轻度盐化	300.3	3.7	166.7	2.1	39.8	0.5	51.0	0.6

盐化等级	20～30cm		30～40cm		40～50cm		50～60cm	
	面积/km²	比例/%	面积/km²	比例/%	面积/km²	比例/%	面积/km²	比例/%
非盐化	7302.1	90.3	6744.2	83.4	5834.8	72.1	5207.9	64.4
轻度盐化	788.5	9.7	1346.4	16.6	2255.7	27.9	2882.7	35.6

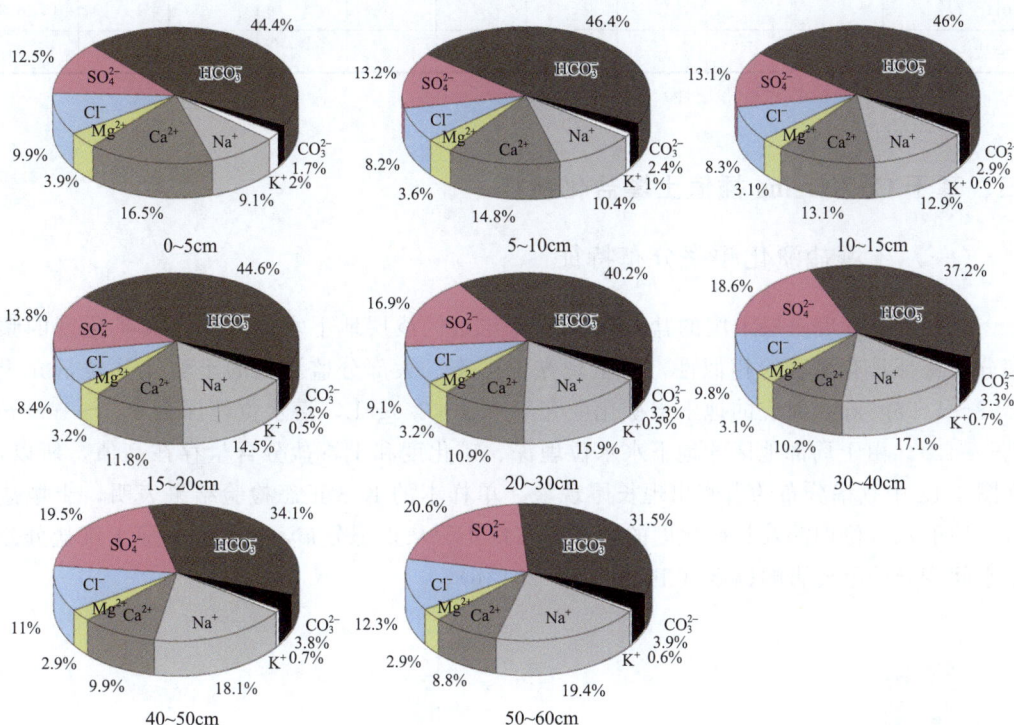

图 4-11　雨季后环渤海平原各层盐分组成特征

　　从各化学组分含量之间相关性来看，Cl^- 与 Na^+、Mg^{2+}，SO_4^{2-} 与 Na^+、Ca^{2+}、Mg^{2+}，HCO_3^- 与 Na^+ 之间呈明显正相关关系，Na^+ 与 Ca^{2+} 呈负相关关系（表 4-12），土壤盐分的化学组分类型主要为 HCO_3-Na 型、$SO_4 \cdot Cl$-Na $\cdot$ Mg 型和 $CaSO_4$ 型。与旱季监测数据比较，在 0～5cm 表层中 Cl^- 组分含量所占比例由 25% 下降为 9.9%，其他组分有类似变化，但变化幅度较小。经过降水淋洗之后，表层土层盐分含量减少，随土层深度增大，Na^+ 和 SO_4^{2-} 含量增加。

表 4-12　雨季后环渤海平原各层盐分组成相关性状况

项目	K^+	Na^+	Ca^{2+}	Mg^{2+}	Cl^-	SO_4^{2-}	HCO_3^-	CO_3^{2-}	pH	全盐
K^+	1	0.01	0.08	-0.01	-0.03	-0.07	0.22 **	0.08	0.03	0.07
Na^+		1	-0.25 *	0.02	0.74 **	0.45 **	0.43 **	0.50 **	0.53 **	0.86 **
Ca^{2+}			1	0.40 **	0.12 *	0.53 **	-0.40 **	-0.46 **	-0.49 **	0.18 **
Mg^{2+}				1	0.30 **	0.53 **	-0.17 **	-0.23 **	-0.25 *	0.36 **
Cl^-					1	0.49 **	-0.00	0.03	0.04	0.79 **
SO_4^{2-}						1	-0.15 *	-0.02	0.02	0.76 **
HCO_3^-							1	0.32 **	0.34 **	0.32 **
CO_3^{2-}								1	0.94 **	0.26 **
pH									1	0.28 **
全盐										1

*　显著性水平为 0.05；**　显著性水平为 0.01。

三、基于 Co-Kriging 插值土壤盐化特征

(一) 土壤盐渍化频率分布特征

0～20cm 深度表层土壤的盐分频率特征与该区浅层地下水位埋深及其矿化度的频率分布特征具有显著的相似性，都呈现左偏形态。大部分监测点的土壤盐分含量介于 0.98～1.25g/kg，对应的地下水矿化度介于 0.3～2.0g/L，潜水位埋深为 0.5～10.0m（图 4-12）。由于局部地区的地下水水位埋深、矿化度和土壤盐分含量存在高值，所以，在图 4-12 中频率分布的右侧出现长尾现象。单样本的 K-S 正态检验结果表明，土壤盐分、地下水水位埋深及其矿化度的频率分布都不服从正态分布，是渤海平原土壤盐分分布空间变异的重要影响因素（王金哲等，2012b）。

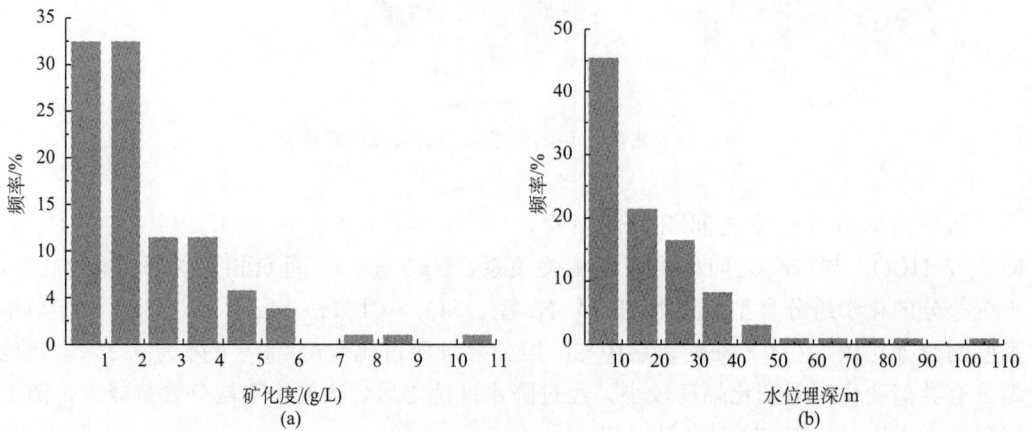

图 4-12（a）矿化度/(g/L) （b）水位埋深/m

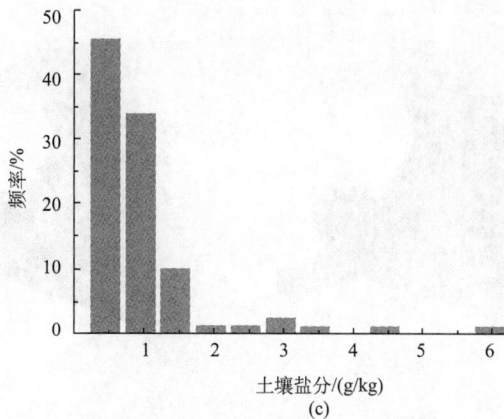

图 4-12 环渤海平原地下水矿化度 (a)、水位埋深 (b)
与土壤盐分 (c) 频率分布特征对比

(二) 单元指示克里格法评价

当某一监测点的地下水矿化度＞2.0g/L 和土壤盐分＞1.0g/kg时，综合指标赋值为
1.0，否则赋值为 0。当潜水位埋深＜3.0m 和土壤盐分＞1.0g/kg 时，综合指标赋值为
1.0，否则赋值为 0。当地下水矿化度＞2.0g/L、潜水位埋深＜3.0m 和土壤盐分
＞1.0g/kg时，综合指标赋值为1.0，否则赋值为 0。半方差函数分析结果见表 4-13。渤
海平原区地下水矿化度与潜水位埋深之间呈中等空间相关性，CS 值分别为 26.9％和
31.3％。而土壤盐分含量呈强空间相关性，CS 值为 1.0％。

表 4-13 环渤海平原土壤盐分的单元指示变换相关性特征值

函数类型 *	模型	块金值	基台值	CS/％	变程/km	R^2
a	球状	0.07	0.26	26.9	63.0	0.92
b	球状	0.10	0.32	31.3	88.3	0.95
c	球状	0.002	0.20	1.0	138.7	0.72

* 函数类型 a. 地下水矿化度＞2.0g/L，b. 水位埋深＜3.0m，c. 土壤盐分＞1.0g/kg；CS=块金值/基台值。

基于变异函数模型分析结果和普通克里格插值，获得地下水矿化度、潜水位埋深和土
壤盐分含量满足相应阈值的概率分布，如图 4-13 所示。在环渤海平原，地下水矿化度大
于 2.0g/L、潜水位埋深小于 3.0m 与土壤盐分含量大于 1.0g/kg 的概率分布，彼此呈现基
本的一致性特征。自山前平原的廊坊—衡水—邢台—邯郸一带，向东部滨海平原天津—
沧州—东营—滨州一带呈依次增大特征。在东营和滨州的黄河三角洲地区，尤为明显。在
山前和中部平原，地下水矿化度普遍较低；东部滨海平原区出现较大范围的地下水矿化度
大于 2.0g/L 区域，这些区域地势低洼、潜水位埋深小于 3.0m ［图 4-13 （a）、（b）］。
以给定阈值条件下大于 0.5 概率值作为统计标准，地下水矿化度大于 2.0g/L、潜
水水位埋深小于 3.0m 和盐分含量大于 1.0g/kg 的分布面积分别为 4.71 万 km²、4.05

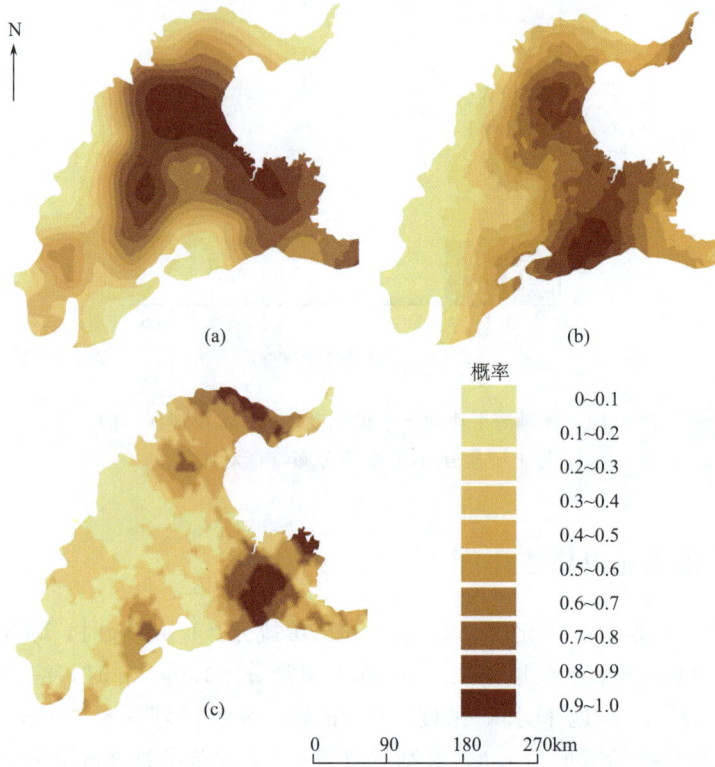

图 4-13　环渤海平原单阈值条件概率分布图

（a）地下水矿化度（阈值＞2.0g/L）；（b）潜水位埋深（阈值＜3.0m）；（c）土壤盐分含量（阈值＞1.0g/kg）

万 km² 和 2.11 万 km²，分别占环渤海平原总面积的 52.89%、45.41% 和 23.80%（表 4-14）。从地下水矿化度、潜水位埋深和土壤盐分含量的概率空间分布来看，三者在空间上存在密切的关联性，表明环渤海平原土壤盐分主要来自当地浅层地下水，部分地区来自深层水灌溉过程的残留盐分（周在明等，2011b）。地下水矿化度越高，潜水位埋深越小，土壤中含盐量越大（图 4-13）。

表 4-14　环渤海平原单元指示条件下概率大于 0.5 的分布面积特征值

阈值	不同概率分布区段											
	0.5～0.6		0.6～0.7		0.7～0.8		0.8～0.9		0.9～1.0		0.5～1.0	
	面积 /万 km²	比例* /%	面积 /万 km²	比例* /%	面积 /万 km²	比例* /%	面积 /万 km²	比例* /%	面积 /万 km²	比例* /%	面积 /万 km²	比例* /%
a	0.69	7.78	0.92	10.31	1.08	12.10	1.15	12.89	0.87	9.81	4.71	52.89
b	0.97	10.90	1.05	11.78	1.13	12.71	0.65	7.26	0.25	2.76	4.05	45.41
c	0.78	8.77	0.40	4.51	0.45	5.05	0.10	1.17	0.38	4.30	2.11	23.80

＊不同概率面积占研究区总面积的比例。a. TDS＞2.0g/L，b. GWL＜3.0m，c. Salt＞1.0g/kg。

（三）多元指示克里格法评价

阈值各指标的组合为：①地下水矿化度与土壤盐分含量，②潜水位埋深与土壤盐分含量，③地下水矿化度、潜水位埋深与土壤盐分含量。应用半变异函数模型综合研究的结果如表 4-15 和图 4-14 所示。在地下水矿化度＞2.0g/L，且土壤盐分含量＞1.0g/kg；或潜水位埋深＜3.0m，且土壤盐分含量＞1.0g/kg；或地下水矿化度＞2.0g/L，且潜水位埋深＜3.0m 和土壤盐分含量＞1.0g/kg 约束下，三组指标的 CS 值分别为 31.5％、33.3％和 13.3％，两阈值之间空间相关性为中等，三者阈值结合的空间相关性为强。

表 4-15 环渤海平原土壤盐分的多元指示变换相关性特征值

函数类型*	模型	块金值	基台值	CS/%	变程/km	R^2
a	球状	0.06	0.19	31.5	91.2	0.64
b	指数	0.08	0.24	33.3	120.9	0.88
c	指数	0.02	0.15	13.3	126.6	0.59

注：a. 矿化度＞2.0g/L，并盐分含量＞1.0g/kg；b. 潜水位埋深＜3.0m，并盐分含量＞1.0g/kg；c. 盐分含量＞1.0g/kg，并潜水位埋深＜3.0m 和 矿化度＞2.0g/L。

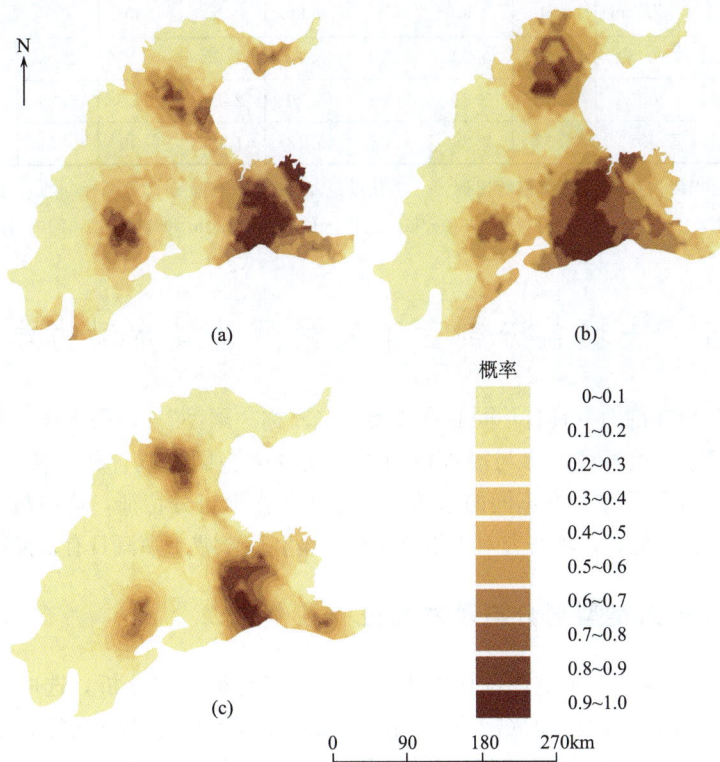

图 4-14 环渤海平原多阈值条件概率分布图

（a）矿化度＞2.0g/L，盐分含量＞1.0g/kg；（b）潜水位埋深＜3.0m，盐分含量＞1.0g/kg；

（c）矿化度＞2.0g/L，潜水位埋深＜3.0m，盐分含量＞1.0g/kg

从图 4-14 可见，在多元阈值约束下，环渤海平原自山前平原至滨海带发生土壤盐渍化或次生盐渍化的概率逐渐增大，其中潜水位埋深小于 3.0m 和土壤盐分含量大于 1.0g/kg 指标组合约束下，盐渍化高概率区分布面积较大［图 4-14（b）］。在矿化度＞2.0g/L 和土壤盐分含量＞1.0g/kg 的指标组合约束下，发生土壤盐渍化的高风险区面积达 2.19 万 km²，占全区总面积的 24.81%。在潜水位埋深＜3.0m 和土壤盐分含量＞1.0g/kg 的指标组合约束下，发生土壤盐渍化的高风险区面积达 2.77 万 km²，占全区总面积的 31.03%。在盐分含量＞1.0g/kg，且潜水位埋深＜3.0m 和矿化度＞2.0g/L 的指标组合约束下，发生土壤盐渍化的高风险区面积 1.20 万 km²，占全区总面积的 13.43%（表 4-16）。总体来看，潜水位埋深越浅，地下水矿化度越高和土壤含盐量越大，越易发生土壤盐渍化［图 4-14（c）］。在环渤海平原，约 1/3 的区域需要控制潜水位埋深，24.81% 的区域应避免过多微咸水灌溉（王金哲等，2012b）。

表 4-16　环渤海平原多元指示条件下概率大于 0.5 的分布面积特征值

阈值	不同概率分布区段											
	0.5～0.6		0.6～0.7		0.7～0.8		0.8～0.9		0.9～1.0		0.5～1.0	
	面积/万 km²	比例*/%	面积/万 km²	比例*/%	面积/万 km²	比例*/%	面积/万 km²	比例*/%	面积/万 km²	比例*/%	面积/万 km²	比例*/%
a	0.78	8.82	0.49	5.56	0.38	4.32	0.18	2.05	0.36	4.06	2.19	24.81
b	0.74	8.29	0.55	6.13	0.73	8.16	0.20	2.22	0.55	6.23	2.77	31.03
c	0.37	4.18	0.33	3.67	0.26	2.88	0.18	1.99	0.06	0.71	1.20	13.43

* 不同概率面积所占研究区总面积的比例。a. 矿化度＞2.0g/L，且盐分含量＞1.0g/kg；b. 潜水位埋深＜3.0m，且盐分含量＞1.0g/kg；c. 盐分含量＞1.0g/kg，且潜水位埋深＜3.0m 和矿化度＞2.0g/L。

第三节　土壤盐分剖面不同聚型及其水动力学特征

土壤盐分积聚在剖面上具有不同的聚盐类型（简称"聚型"），是土壤水盐运移时空变化规律和当地降水或灌溉水入渗与潜水位埋深变化等诸多因素耦合作用结果（张光辉等，2012）。土壤盐分不同聚型具有不同的水动力场特征和化学组分特征，这些与农业微咸水灌溉前景状况相关。因此，该项研究对于指导农业安全利用微咸水灌溉具有积极意义。

一、土壤盐分剖面类型划分与基本特征

对环渤海平原内 127 个监测剖面的土壤盐分分布特征归类分析，选取层距（指剖面上测点间距）完全相同的剖面（72 个），在 0～20cm 深度内监测点之间间距为 5cm，在 20～60cm 深度内内监测点之间间距为 10cm，以相似度作为判断标准，进行应用系统聚类分析方法进行 Q 聚类分析。

设 n 个剖面的不同土层全盐含量 x_i（i 为某一剖面的任意测点深度，分别为 0cm、5cm、10cm、15cm、20cm、30cm、40cm、50cm 和 60cm），计算其中任意两个剖面的

"距离"，即 x_i^{n-1} 与 x_i^n 之间水平距离（L_i）。然后，把最近的两个 L_i 归类合并为一类。在此基础上，计算 $n-1$ 个类之间两两的"L_i"，依然最近两个"L_i"归类合并为一类。依照该方法类推，直到把所有监测值合并为一类，结果见表 4-17。

表 4-17　环渤海平原土壤盐分剖面聚类分析特征值

聚类数	相似度%	距离水平	合并的聚类样点号		新聚类号	新聚类数
72	99.94	0	C22	C61	22	2
71	99.91	0	C22	C69	22	3
70	99.83	0	C44	C68	44	2
69	99.75	0.01	C32	C66	32	2
68	99.72	0.01	C35	C44	35	3
67	99.70	0.01	C22	C35	22	6
66	99.68	0.01	C8	C32	8	3
65	99.66	0.01	C2	C22	2	7
64	99.63	0.01	C8	C51	8	4
63	99.61	0.01	C41	C55	41	2
62	99.52	0.01	C2	C46	2	8
61	99.49	0.01	C9	C56	9	2
60	99.45	0.01	C2	C18	2	9
59	99.44	0.01	C2	C73	2	10
58	99.44	0.01	C8	C15	8	5
57	99.43	0.01	C2	C42	2	11
56	99.31	0.01	C4	C28	4	2
55	99.20	0.02	C9	C70	9	3
54	99.19	0.02	C9	C65	9	4
53	99.16	0.02	C10	C57	10	2
52	99.14	0.02	C3	C43	3	2
51	99.12	0.02	C7	C8	7	6
50	99.11	0.02	C2	C60	2	12
49	99.08	0.02	C2	C52	2	13
48	99.06	0.02	C2	C36	2	14
47	99.04	0.02	C7	C62	7	7
46	98.73	0.03	C10	C41	10	4
45	98.71	0.03	C11	C38	11	2
44	98.70	0.03	C39	C58	39	2
43	98.70	0.03	C9	C30	9	5
42	98.62	0.03	C7	C11	7	9

聚类数	相似度%	距离水平	合并的聚类样点号		新聚类号	新聚类数
41	98.61	0.03	C2	C53	2	15
40	98.55	0.03	C7	C9	7	14
39	98.47	0.03	C7	C19	7	15
38	98.33	0.03	C1	C7	1	16
37	98.17	0.04	C3	C72	3	3
36	98.09	0.04	C2	C3	2	18
35	97.56	0.05	C31	C33	31	2
34	97.40	0.05	C1	C10	1	20
33	97.37	0.05	C4	C23	4	3
32	97.35	0.05	C1	C4	1	23
31	97.28	0.05	C31	C47	31	3
30	97.26	0.05	C2	C40	2	19
29	97.10	0.06	C31	C39	31	5
28	97.09	0.06	C2	C31	2	24
27	96.95	0.06	C1	C2	1	47
26	96.58	0.07	C1	C37	1	48
25	95.95	0.08	C1	C14	1	49
24	95.95	0.08	C1	C50	1	50
23	95.80	0.08	C1	C63	1	51
22	95.72	0.09	C1	C49	1	52
21	95.71	0.09	C1	C48	1	53
20	95.50	0.09	C1	C27	1	54
19	95.43	0.09	C1	C26	1	55
18	95.07	0.10	C1	C13	1	56
17	94.69	0.11	C1	C12	1	57
16	94.44	0.11	C1	C16	1	58
15	94.06	0.12	C1	C54	1	59
14	93.95	0.12	C1	C5	1	60
13	93.63	0.13	C1	C64	1	61
12	93.41	0.13	C1	C20	1	62
11	92.39	0.15	C1	C45	1	63
10	91.40	0.17	C1	C21	1	64
9	91.02	0.18	C1	C29	1	65
8	90.09	0.20	C1	C67	1	66
7	89.98	0.20	C1	C17	1	67

聚类数	相似度%	距离水平	合并的聚类样点号		新聚类号	新聚类数
6	89.94	0.20	C1	C59	1	68
5	84.96	0.30	C1	C34	1	69
4	83.72	0.33	C1	C25	1	70
3	83.35	0.33	C1	C71	1	71
2	83.01	0.34	C1	C24	1	72
1	81.89	0.36	C1	C6	1	73

通过上述聚类分析结果表明，环渤海平原土壤盐分在剖面上聚积类型有表聚型、中聚型、底聚型和三者耦合各种复合型。土壤盐分聚积的典型类型有 3 种，如图 4-15 和图 4-16 所示。

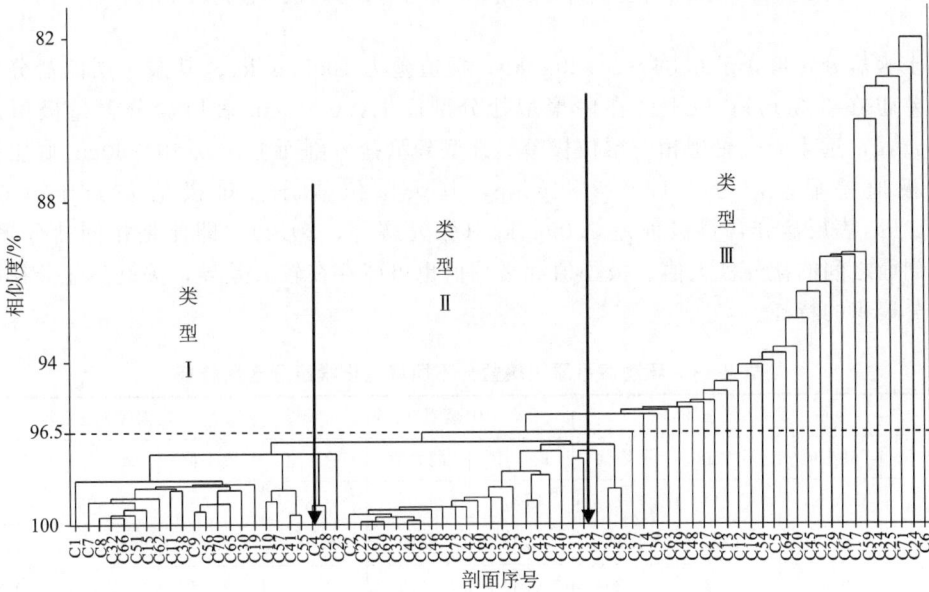

图 4-15　环渤海平原土壤盐分剖面聚类分析特征图

表聚型、中聚型和底聚型盐分聚积的典型特征如图 4-16 所示。表聚型盐分剖面的典型特征 [图 4-16 （a）] 是，在包气带的表层（0～20cm）土壤中盐分含量较多，尤其 0～5cm 深度表层土壤中盐分含量高达 3.14g/kg，通体平均盐分含量 1.45g/kg。中聚型盐分剖面的典型特征 [图 4-16 （b）] 是，在监测剖面的中部土壤盐分含量较高，土层盐分含量 0.96g/kg，通体盐分含量 0.84g/kg。底聚型盐分剖面的典型特征 [图 4-16 （c）] 是，在监测剖面下部土壤中盐分含量较高，土层 1.74g/kg，通体平均盐分含量 0.97g/kg（周在明等，2011c）。

当然，不同类型的盐分聚型剖面之间的盐分含量分布上存在一定差异，无论是极大、极小值，还是平均值（表 4-18）。从表 4-18 可见，在表聚型盐分剖面上，0～5cm

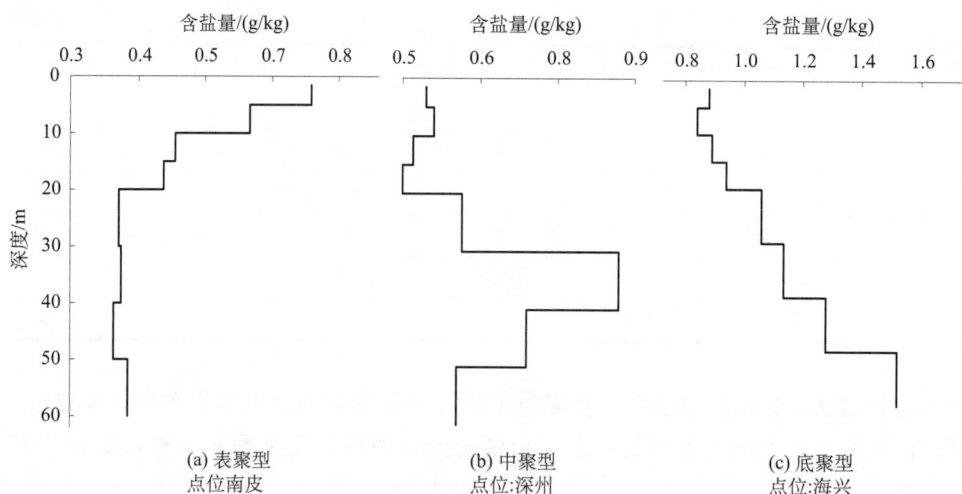

图 4-16　环渤海平原土壤盐分剖面聚积类型的典型特征（张光辉等，2012）

表层土壤盐分含量介于 0.84~11.39g/kg，极值差为 10.55g/kg；其余土层的盐分含量极值差也在 3.30g/kg 以上。在中聚型盐分剖面上，0~5cm 表层盐分含量极值差为 5.65g/kg，远小于表聚型相应层位极差。在底聚型盐分剖面上，以 40~60cm 底层盐分含量极值差显著，为 3.17~3.44g/kg，其余层位盐分含量极值差介于 0.68~2.54g/kg，表层盐分含量极值差 1.09g/kg（张光辉等，2012）。即使是相同盐分聚型，不同剖面之间的盐分极大值、极小值和平均值也可能存在较大差异，关键是盐分在剖面上盐分聚积的特征。

表 4-18　环渤海平原土壤盐分不同聚型化学组分含量特征

土层/cm	表聚型/(g/kg)			中聚型/(g/kg)			底聚型/(g/kg)		
	最小值	最大值	平均值	最小值	最大值	平均值	最小值	最大值	平均值
0~5	0.84	11.39	3.14	0.37	6.02	0.86	0.50	1.59	0.78
5~10	0.57	5.25	1.42	0.35	2.39	0.76	0.41	1.24	0.65
10~15	0.45	4.42	1.26	0.44	3.18	0.88	0.48	1.16	0.68
15~20	0.39	4.99	1.17	0.44	2.93	0.92	0.46	1.70	0.74
20~30	0.38	3.87	1.12	0.38	3.54	0.96	0.48	2.47	0.89
30~40	0.36	3.72	1.10	0.37	4.33	0.82	0.52	3.06	1.07
40~50	0.37	4.42	1.16	0.44	4.59	0.77	0.58	4.02	1.43
50~60	0.35	4.25	1.20	0.40	2.45	0.78	0.79	3.96	1.74

二、不同土壤盐分聚型标示特征

（一）表聚型积盐的标示特征

0~20cm 深度的土层中含盐量远高于其下伏的土层含盐量［图 4-16（a）］，以

NaCl 和 MgSO$_4$ 为主，表聚型土壤盐分剖面形成的水动力学特征如图 4-17（a）所示，水势梯度指向地表，为负值，其绝对值远大于 1.0cmH$_2$O/cm，表明水盐向上运移。在强烈蒸发作用下，浅层地下水通过包气带毛细输导至地表，水分汽化进入大气，盐分残留表层土壤中。该类型多形成于春旱季节或浅层地下水埋深小、蒸发较强烈的地带，潜水位埋深一般小于 3.0m，地下水矿化度一般大于 5g/L（张光辉等，2012）。

（二）中聚型积盐的标示特征

20～45cm 及以下深度的土层中含盐量高于上覆和下伏土层含盐量［图 4-16（b）］，以 Na$_2$SO$_4$ 为主，中聚型土壤盐分剖面形成的水动力学特征如图 4-17（b）所示，受降水或灌溉水入渗影响，包气带上部的水势梯度指向为地下水面，为正值，水势梯度大于 1.0cmH$_2$O/cm，水盐向下运移。由于入渗水量有限，尚未影响到包气带下部水势，剖面下部的水势梯度指向地表，为负值，水盐向上运移。只有当入渗水量足够充分，才能促使剖面中部所聚盐分向下运移。否则，在蒸发作用下，水盐将向上运移至地表层。该类型多形成于降水或灌溉之后、地下水位埋藏较浅的地带，潜水位埋深一般为 3～5m，矿化度为 2～5g/L（张光辉等，2012）。

（三）底聚型积盐的标示特征

剖面的下部含盐量高于其上覆地层含盐量［图 4-16（c）］，以 Na$_2$SO$_4$ 和 NaHCO$_3$ 为主，底聚型土壤盐分剖面形成的水动力学特征如图 4-17（c）所示，因受较大水量的降水或灌溉水入渗影响，入渗水分自上而下贯穿整个土壤剖面，水势梯度指向为地下水面，为正值，水势梯度大于 1.0cmH$_2$O/cm，水盐向下运移。该类型多形成于雨季之后或浅层地下水埋深较大的地带，潜水位埋深大于 5.0m，地下水矿化度不小于 3g/L（张光辉等，2012）。

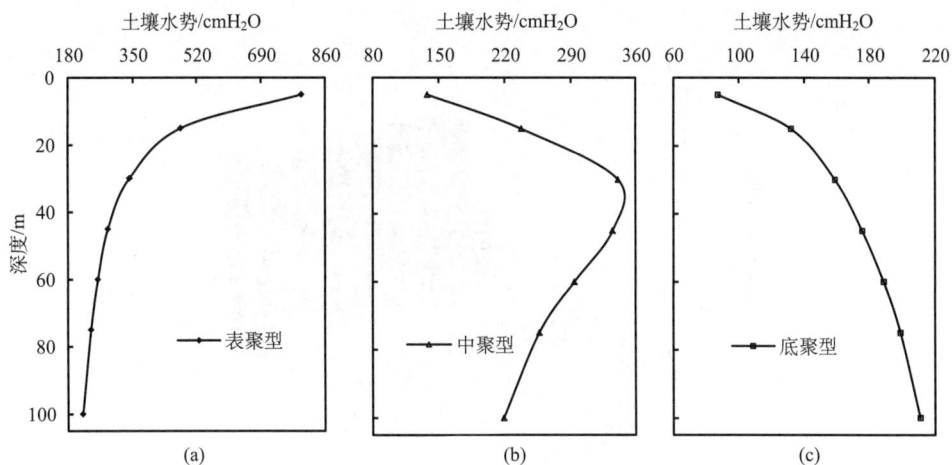

图 4-17　环渤海平原土壤不同盐分剖面聚型水动力学特征（据张光辉等，2012）

三、不同土壤盐分聚型化学组分特征

在表聚型土壤盐分剖面中，各层位土层各种化学组分含量都较高，0～5cm 表层中 Cl^- 含量最高，达 0.99g/kg，其次是 Na^+ 含量和 SO_4^{2-} 含量，CO_3^{2-} 和 K^+ 含量较低。在所有的表聚型剖面上，土壤中 Ca^{2+}、Cl^-、Na^+ 和 SO_4^{2-} 组分的表聚特征显著 [图 4-18（a）]。

中聚型土壤盐分剖面的各种化学组分含量状况较为复杂，尽管监测剖面中部土壤含量较高，其上、下土层中含盐量较低，但是，剖面中部土壤中化学组分含量较高者不是 Cl^- 组分，而是 SO_4^{2-} 和 HCO_3^- 组分 [图 4-18（b）]。

底聚型土壤盐分剖面的各种化学组分含量中较高者，为 SO_4^{2-} 组分，达 0.52g/kg，其次是 Na^+ 和 HCO_3^- 组分，它们的含量分别为 0.40g/kg 和 0.38g/kg，而 K^+、Mg^{2+} 和 CO_3^{2-} 组分含量偏低。在所有的底聚型盐分剖面中，SO_4^{2-} 和 Na^+ 组分的底聚特征显著 [图 4-18（c）]。

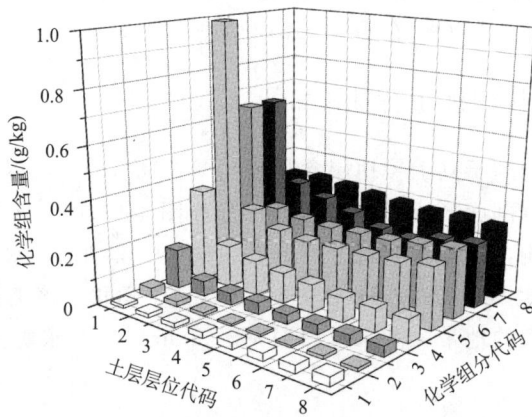

(a) 表聚型

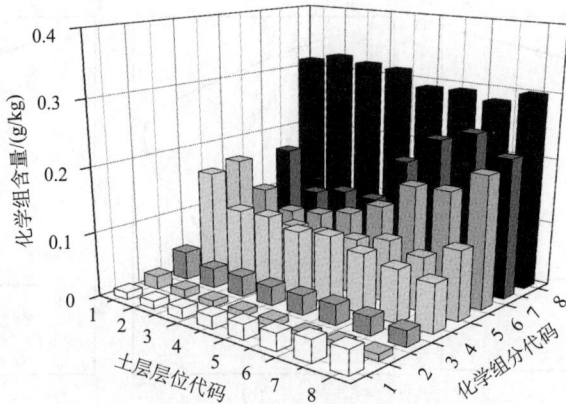

(b) 中聚型

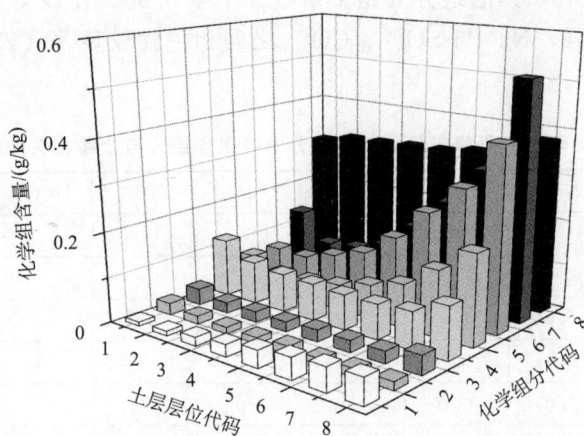

(c) 底聚型

图 4-18 环渤海平原土壤不同盐分剖面聚型化学组分特征

层位 1～8 分别表示为 0～5cm、5～10cm、10～15cm、15～20cm、20～30cm、
30～40cm、40～50cm 和 50～60cm 深度的土层，化学组分 1～8 分别表
示为 CO_3^{2-}、K^+、Mg^{2+}、Ca^{2+}、Cl^-、Na^+、SO_4^{2-} 组分和 HCO_3^- 组分

  三种不同盐分聚型剖面的各主要化学组分与土壤中全盐量之间相关分析表明：在表聚型盐分剖面中，K^+、Na^+、Ca^{2+}、Mg^{2+}、Cl^- 和 SO_4^{2-} 组分含量与土壤全盐量之间的相关系数都在 0.97 以上，HCO_3^- 和 CO_3^{2-} 组分与全盐量之间相关系数小于 0.65。Cl^- 与 Na^+、Mg^{2+} 之间，SO_4^{2-} 与 Ca^{2+}、Mg^{2+} 之间的相关系数达 0.99（表 4-19），土壤盐分中以 NaCl 和 MgSO₄ 组分为主（周在明等，2011c；张光辉等，2012）。

表 4-19 环渤海平原表聚型剖面盐分中各化学组分与全量相关性特征值

项目	K^+	Na^+	Ca^{2+}	Mg^{2+}	Cl^-	SO_4^{2-}	HCO_3^-	CO_3^{2-}	全盐
K^+	1								
Na^+	0.94**	1							
Ca^{2+}	0.96**	0.95**	1						
Mg^{2+}	0.97**	0.98**	0.99**	1					
Cl^-	0.95**	0.99**	0.97**	0.99**	1				
SO_4^{2-}	0.98**	0.96**	0.99**	0.99**	0.97**	1			
HCO_3^-	0.63	0.43	0.67	0.59	0.48	0.65	1		
CO_3^{2-}	−0.67	−0.53	−0.76*	−0.68	−0.59	−0.72*	−0.97**	1	
全盐量	0.97**	0.99**	0.98**	0.99**	0.99**	0.99**	0.55	0.64	1

  * 显著性水平为 0.05；** 显著性水平为 0.01。$N=192$。

  在中聚型盐分剖面中，只有 Na^+、Cl^- 和 SO_4^{2-} 组分含量与土壤全盐量之间的相关系数较高，分别为 0.72、0.68 和 0.80，HCO_3^- 和 CO_3^{2-} 之间组分与全盐量之间相关系数分别为 0.55 和 0.46，其他组分的相关系数都小于 0.30。在该类型中，Ca^{2+} 与 K^+、Mg^{2+} 之间相关性较强，Na^+ 与 SO_4^{2-}、CO_3^{2-} 之间相关性较显著（表 4-20），土壤盐分中以 Na_2SO_4 为主。

表 4-20 环渤海平原表聚型剖面盐分中各化学组分与全量相关性特征值

项目	K^+	Na^+	Ca^{2+}	Mg^{2+}	Cl^-	SO_4^{2-}	HCO_3^-	CO_3^{2-}	全盐
K^+	1								
Na^+	−0.39	1							
Ca^{2+}	0.85**	−0.64	1						
Mg^{2+}	0.79*	−0.44	0.94**	1					
Cl^-	0.79*	0.05	0.70*	0.80*	1				
SO_4^{2-}	−0.29	0.89**	−0.44	−0.18	0.14	1			
HCO_3^-	0.48	−0.75*	0.53	0.31	0.13	−0.90**	1		
CO_3^{2-}	−0.59	0.96**	−0.83**	−0.69	−0.26	0.80**	−0.79*	1	
全盐量	0.24	0.72*	0.04	0.28	0.68	0.80*	−0.55	0.46	1

* 显著性水平为 0.05；** 显著性水平为 0.01。$N=208$。

在底聚型盐分剖面中，Na^+、Cl^-、SO_4^{2-}、HCO_3^- 和 CO_3^{2-} 组分含量与土壤全盐量之间的相关系数都在 0.87 以上，K^+、Ca^{2+} 和 Mg^{2+} 组分与全盐量之间相关系数较小。Ca^{2+} 与 K^+、Mg^{2+} 之间相关性较强（表 4-21），土壤盐分中以 Na_2SO_4 和 $NaHCO_3$ 组分为主。（表 4-21）。

表 4-21 环渤海平原表聚型剖面盐分中各化学组分与全量相关性特征值

项目	K^+	Na^+	Ca^{2+}	Mg^{2+}	Cl^-	SO_4^{2-}	HCO_3^-	CO_3^{2-}	全盐
K^+	1								
Na^+	−0.16	1							
Ca^{2+}	0.82**	0.55	1						
Mg^{2+}	0.61	0.54	0.84**	1					
Cl^-	0.59	0.96**	0.28	0.05	1				
SO_4^{2-}	0.33	0.97**	0.29	0.72*	0.99**	1			
HCO_3^-	−0.27	0.96**	0.05	0.50	0.92**	0.94**	1		
CO_3^{2-}	−0.35	0.94**	−0.24	0.29	0.84**	0.84**	0.87**	1	
全盐量	−0.06	0.98**	0.24	0.68	0.99**	0.99**	0.94**	0.87**	1

* 显著性水平为 0.05；** 显著性水平为 0.01。$N=181$。

四、土壤盐分不同聚型区域分布特征

表聚型、中聚型和底聚型盐分聚积类型在环渤海平原分布状况如图 4-19 所示。表聚型样本点数占总样本数的 27%，其分布面积 3.07 万 km^2，占研究区总面积的

34.37%，主要分布在滨海平原、黄河三角洲地区和中部地势低洼、潜水埋藏较浅的区域。该区域土壤盐分含量较高，地下水矿化度较高，大于 5g/L 的地下咸水分布区较多，土壤盐渍化多分布区域内。在表聚型盐分分布区，不仅地下水水位埋藏浅，矿化度较大，潜水蒸发强烈，在蒸发作用下地下水中盐分易大量集中于表土层，而且，地层岩性以亚砂土与亚黏土为主（周在明等，2010；张光辉等，2012；王金哲等，2012b）。

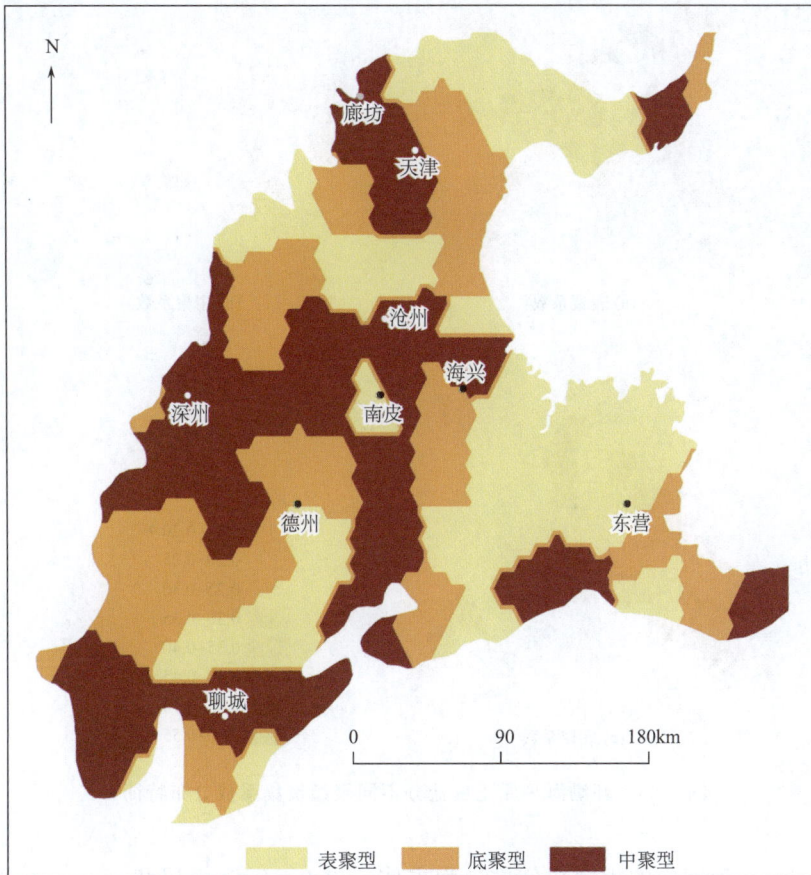

图 4-19　环渤海平原土壤盐分不同聚型空间分布特征
该图根据全年监测数据的综合评价结果编制，反映年均概况

　　中聚型样本点占总样本点数的 39%，其分布面积 3.13 万 km²，占研究区总面积的 35.06%，该聚型呈斑状分布在环渤海平原区内。中聚型的形成成因比较复杂，一方面，地下水中盐分向上运移过程中遇到黏性土层会发生盐分聚积，另一方面，表层土中盐分向下运移过程中遇到黏性土层也会聚积。同时，随着降水的丰与枯周期性变化，中聚型与表聚型或底聚型之间发生也会相应转化。在枯水期，尤其连年干旱的枯水期，中聚型常常转化为表聚型，在丰水期，尤其连年多雨期，中聚型多转化为底聚型（张光辉等，2012）。

　　底聚型样本点占总样本点数的 26%，其分布面积为 2.73 万 km²，占研究区总面积的 30.57%，主要分布在潜水位埋深较大，或包气带上部渗透性较强的地区。

　　为了更好地表征表聚型、中聚型和底聚型在区域分布上积盐特征，采用聚集系数分析它们的特点，结果如图 4-20 所示。

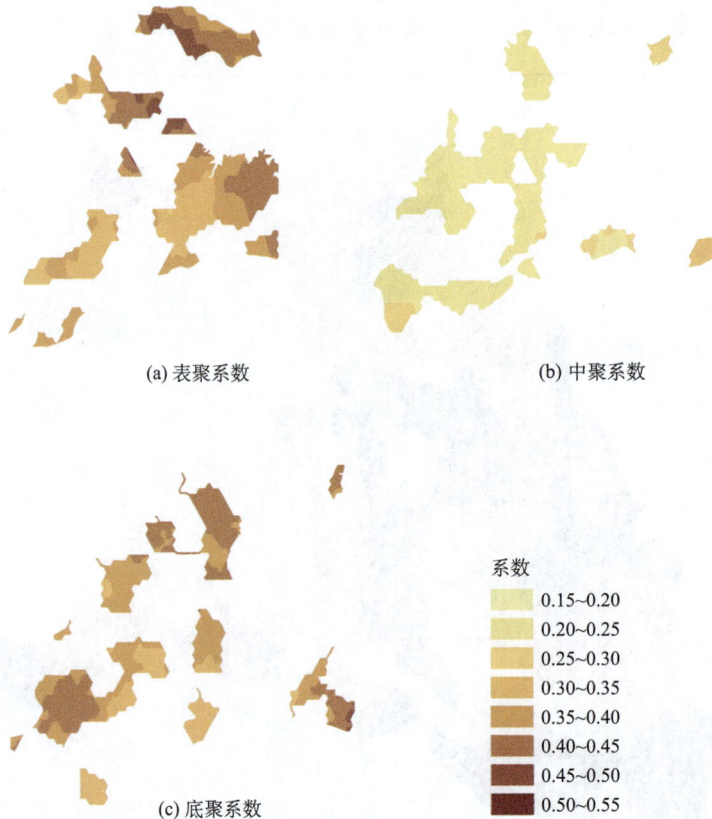

(a) 表聚系数　　　　　　　　　　　　　　(b) 中聚系数

系数
0.15~0.20
0.20~0.25
0.25~0.30
0.30~0.35
0.35~0.40
0.40~0.45
0.45~0.50
0.50~0.55

(c) 底聚系数

图 4-20　环渤海平原土壤盐分不同聚型聚集系数分布特征

　　以 0~60cm 深度内的土壤盐分总量为主体，以 0~5cm 表层和 5~10cm 深度土壤盐分含量与总盐量比值为表聚特征。在 20~30cm 和 30~40cm 深度，土壤盐分含量与总盐量比值为中聚特征。40~50cm 以及 50~60cm 深度，土壤盐分含量与总盐量比值为底聚特征。

　　在环渤海平原，大部分区域的中聚系数为 0.15~0.25，相对均一。较高值（0.32）分布在潍坊昌邑一带，较小值（0.18）分布在沧州南皮一带。底聚系数普遍较大，多在 0.35 以上，最大值为 0.54，分布在邢台威县一带，底聚系数较小为 0.29，分布在邯郸永年地区。在环渤海平原东部的滨海地区，表聚系数较大，为 0.45~0.55。在沧州青县一带出现最大值，为 0.53。在沧州的黄骅一带，表聚系数达 0.51。在滨州惠民和无棣地区，表聚系数较小，仅为 0.26。在环渤海平原西部的山前和中部平原，表聚系数为 0.30~0.35（周在明等，2011c）。

五、雨季后土壤盐分聚型变化特征

(一) 土壤盐分聚型转变特征

受降水入渗、漫水灌溉和蒸散作用影响，土壤盐分聚型会发生转化，形成"表中聚型"、"中底聚型"和"表底聚型"等复合类型。在"表中聚型"剖面上，既具有表聚型特征，又具有中聚型的特征，在剖面的表层和中部出现含盐量明显大于底层含盐量的特征。在"中底聚型"剖面上，既有底聚型特征，又具有中聚型的特征，在监测剖面的底层和中部出现含盐量明显大于表层含盐量的特征。在"表底聚型"剖面上，既有表聚型特征，又具有底聚型的特征，在剖面的表层和底部出现含盐量明显大于中部含盐量的特征。这些复合类型都属于过渡类型，一般形成于降水后期或地下水位明显上升的时段，经过3～5个月之后，趋向表聚型、中聚型或底聚型中之一（张光辉等，2012）。

监测数据表明，由于氯离子溶解度较大，易通过土壤水盐运移至表层，特别是每年的3～5月春旱季节，少雨、蒸发强烈，往往是环渤海平原浅埋微咸地下水分布区表层土壤中Cl⁻蓄积的主要时期。雨季后，土壤中盐分聚集特征出现明显变化（图4-21），对应的土壤水动力学变化特征如图4-22所示。例如，南皮监测剖面，土壤盐分聚型由雨前的"表底聚型"转变为底聚型，其水动力学特征由图4-17 (a) 转变为图4-17 (c)。又如，深州监测剖面，土壤盐分聚型由雨前的中聚型转变为底聚型，其水动力学特征由图4-17 (b) 转变为图4-17 (c)。这表明，7～9月期间强降水入渗对淋洗表层土壤盐分具有重要作用；同时，受降水入渗影响，潜水位显著上升（由埋深2.36m上升为1.59m，矿化度3.12g/L），增加了监测剖面底部土壤的含盐量。

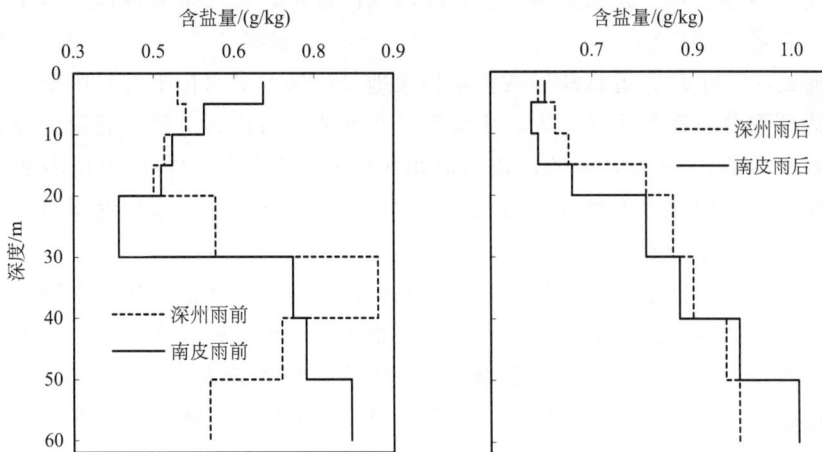

图 4-21　雨季前后环渤海平原土壤盐分剖面类型变化（张光辉等，2012）

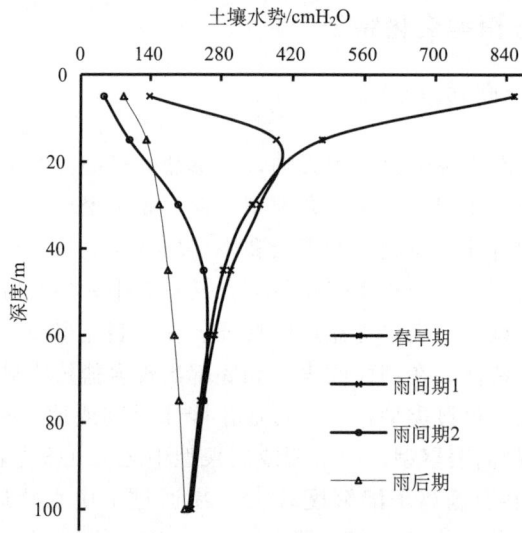

图 4-22　雨季前后土壤盐分剖面类型变化条件下水动力学特征

（二）土壤盐分聚型转变区位特征

从土壤盐分各类聚型空间分布来看，表聚型主要分布在地势比较低洼、平缓和潜水位埋藏浅的地带，尤其是区域性汇水、滞流地带，包气带岩性，以粉质黏土居多（图 4-19）。中聚型主要分布在介于表聚型和底聚型之间环境地带，包气带岩性特征比较复杂，粉质黏土偏多，亚砂土或粉砂土也有分布。底聚型主要分布在地势较高、地形坡度较大、不易区域性汇水、积水和潜水位埋藏较深的地带，包气带岩性以亚砂土或粉砂土为主（张光辉等，2012）。

在每年的 7～11 月，近临洼淀或汇水积水地带，随着潜水位上升，中聚型易转化为表聚型，表聚型分布面积明显扩大，中聚型分布面积所占比例下降，底聚型分布面积略有减少。在年内的 3～6 月，随着农田灌溉用水的开采强度增大，潜水位不断下降，表聚型易转化为中聚型，中聚型分布面积所占比例明显上升。在潜水位埋深较大、雨季及后期，中聚型易转化为底聚型。

研究结果表明：潜水位埋深越小，地下水矿化度越大，在蒸发作用下进入土壤表层的盐分量越多，越易形成表聚型；潜水位埋深越大，地下水矿化度越小，进入土壤表层的盐分量量越少或无，越不易形成表聚型。在潜水位埋深较大（不小于 3.0m）时，地下水矿化度越大（大于 3g/L），越易形成底聚型或中聚型。土壤盐性和不同地层结构对土壤盐分类型有一定影响，如对于土壤为亚砂土或粉沙土包气带，有利于地下水盐分在蒸发作用下向土壤中迁移和聚集。对于土壤为较粗（如中细砂）包气带，不有利于地下水盐分在土壤中聚集。对于黏性土包气带，有利于土壤中盐分聚集，但不利于地下水盐分进入土壤中或土壤中盐分迁移进入地下水中。总之，地下水水位埋深大小和降水情势（降水量、雨间期等）是土壤盐分的主导因素，土壤岩性结构和地下水矿化度是重要影响因素。

（三）土壤盐分聚型转变成因

通过上面的分析可见，3 种土壤聚盐类型并非孤立存在的，它们之间具有一定的联系，与所在的环境变化密切相关（张光辉等，2012）。从各种聚盐剖面固有的内在因素看，潜水位埋深和土壤性质是其主要的形成条件。由于历史上自然作用，区域范围内土壤属性分布格局相对稳定，不容易改变，而潜水位埋深则随着降水、蒸发等气候因素变化和地下水开采、农田灌溉情势而不断变化，其中气温和降雨的影响最为显著，开采强度和程度是重要影响因素。

气候变化对土壤盐分聚型特征及其迁移、累积具有重要的作用。包气带盐分累积和积盐层厚度随着气候干燥程度的增加和持续时间延长而增加。在季风气候影响下，环渤海平原区旱季和雨季更替频繁，而且，旱季多，雨期短，十年九旱，使包气带与潜水系统之间水盐循环具有鲜明季节性。在每年的 3~6 月，包气带上部以积盐过程为主；7~11 月，包气带上部以脱盐过程为主。在旱季，蒸发强烈，土壤中盐分随水分蒸发而积累表层土壤。在雨季，降水入渗使表层土壤盐分被淋溶，向下迁移，表层脱盐。

在长时间尺度来看，当蒸发携带到表层的盐分数量远大于入渗淋溶的盐分数量时，则土壤处于积盐状态；反之，当蒸发携带到表层的盐分数量小于入渗淋溶的盐分数量时，则土壤处于脱盐状态。

在环渤海平原的微咸水直灌区与补灌区，潜水位埋深和微咸水体分布状况不同。因此，在雨季后，这两类地区土壤积盐变化特征存在较大差异。在微咸水直灌区（海兴，以微咸水灌溉为主），雨季前后 0~5cm 表层盐分变化量达 2.09g/kg，5~10cm 盐分变化量 1.17g/kg，通体盐分含量均值的变化量为 0.33g/kg。在微咸水补灌区（南皮、深州，以渗水资源为主，以微咸水灌溉为东南），雨季前后 0~5cm 表层盐分变化量为 0.01~0.22g/kg，5~10cm 盐分变化量为 0.01~0.19g/kg，明显小于微咸水直灌区。但是，在微咸水补灌区，雨季前后 20~30cm 和 30~40cm 深度土层盐分含量变化量较大，介于 0.76~1.02g/kg。经过雨季的淋融之后，深州表层土转化为非盐化土，南皮的 50~60cm 底层土转化轻度盐化土，海兴表层（0~10cm）脱盐为非盐化土，而其下部土层 40~60cm 转化为轻度盐化土。

在环渤海平原，雨季前后包气带上部发生蒸发-积盐和淋溶-脱盐的水盐运移过程。蒸发-积盐过程主要取决于包气带毛细水运移状况。旱季少雨和强烈蒸发的气候条件，使得土壤水分因蒸发蒸腾而产生较大水势差，从而使下层水分不断地向表层土壤运动和补充。其中，潜水位埋深在这一过程中具有关键作用。如果潜水位埋深远大蒸发极限深度，土壤积盐会受到很大限制。淋溶-脱盐过程主要决定于土壤中重力水的运动状况，雨季降水量、降水强度或旱季灌溉水量是重要的影响因素。入渗水量的大小与包气带岩性、渗透性、地面汇水条件、植被覆盖状况和土壤含水量状况有关。小雨几乎不能使土壤剖面中的盐分发生再分布，更不可能淋溶出包气带中盐分。大雨可以使表层土壤中盐分有效被淋溶并迁移至较深的层位土层中，具备良好的脱盐效果，能够长期保持农田处于低盐水平。

第四节　土壤盐渍化成因机制与主要影响特征

一、土壤盐渍化贡献主成分识别

选取潜水位埋深（m）、地下水矿化度（g/L）、土壤 pH 和土壤盐分中不同化学组分含量（mg/kg）等共 10 个变量作为土壤盐渍化的贡献主成分识别的对象（影响因子）。鉴于环渤海平原土壤中 CO_3^{2-} 含量较低，所以，选取总碱度（CO_3^{2-} ＋ HCO_3^-）代替 CO_3^{2-}。

相关系数矩阵分析表明，环渤海平原的土壤盐分诸变量之间相关性较强，存在一定程度的信息重叠，如 Na^+、Ca^{2+} 和 Mg^{2+} 分别与 Cl^- 和 SO_4^{2-} 之间存在较高的相关性（表 4-22）。根据主成分分析理论，当主成分累积贡献率超过 85％时，则被认为较好地保全了相应信息。表 4-23 中 5 个主成分表达的 10 个变量信息累计贡献率为 87.88％，满足主成分分析的要求。

表 4-22　环渤海平原土壤盐分变量相关系数矩阵

项　目		土壤盐分的主要化学组分/(mg/kg)							pH	潜水位埋深/m	矿化度/(g/L)
		K^+	Na^+	Ca^{2+}	Mg^{2+}	Cl^-	SO_4^{2-}	HCO_3^-			
土壤盐分的主要化学组分/(mg/kg)	K^+	1.00									
	Na^+	0.09	1.00								
	Ca^{2+}	0.16	0.53	1.00							
	Mg^{2+}	0.18	0.65	0.86	1.00						
	Cl^-	0.14	0.90	0.70	0.75	1.00					
	SO_4^{2-}	0.04	0.72	0.71	0.78	0.61	1.00				
	HCO_3^-	0.41	0.37	−0.22	−0.19	−0.14	−0.15	1.00			
pH		0.13	0.16	−0.19	−0.07	−0.02	0.002	0.56	1.00		
潜水位埋深/m		0.15	−0.07	−0.09	−0.10	−0.11	−0.05	0.11	0.09	1.00	
地下水矿化度/(g/L)		0.03	0.17	0.06	0.15	0.13	0.18	0.05	0.04	−0.23	1.00

第一主成分（PC_1）的贡献率为 39.98％，它在各土层盐分化学组分含量中具有较高的正载荷，其中，Na^+、Ca^{2+}、Mg^{2+}、Cl^- 和 SO_4^{2-} 的因子载荷分别为 0.85、0.87、0.92、0.90 和 0.86，说明第一主成分表征了土壤盐分化学组分特征，土壤盐渍化是以氯化物和硫酸盐为主。第二主成分（PC_2）的贡献率为 18.42％，它在 K^+、HCO_3^- 与 pH 中载荷较大，分别是 0.60、0.87 和 0.77，表征第二主成分是土壤碱性盐分的主要影响因子。土壤盐分中 HCO_3^- 与 pH 之间存在相互抑制作用，土壤盐分含量与土壤 pH 之间密切相关。第三主成分（PC_3）的贡献率为 12.24％，它表征潜水位埋深与地下水矿化度的载荷较大，但作用效应相反。潜水位埋深越大，地下水矿化度越小。第四主成分（PC_4）的贡献率为 9.36％，表征土壤中 K^+ 的影响与土壤的母质、耕作和施肥状况

相关。在本研究中，在 0～60cm 土层的 K^+ 平均含量为 1.3%，0～10cm 表层土壤中钾的含量为 1.7%。第五主成分（PC_5）的贡献率为 7.88%，潜水水位埋深和地下水矿化度的载荷仍较大（表 4-23）。表明潜水位埋深是土壤盐渍化的一个关键因素，它直接关系到潜水支持毛细水及其盐分能否到达地表层，在一定程度上决定着表层土壤的积盐程度。

表 4-23　环渤海平原土壤盐分变量主成分分析结果

主成分	特征值	贡献率/%	累积贡献率/%	K^+	Na^+	Ca^{2+}	Mg^{2+}	Cl^-	SO_4^{2-}	HCO_3^-	pH	水位埋深	矿化度
PC_1	3.99	39.98	39.98	0.15	0.85	0.87	0.92	0.90	0.86	−0.20	−0.07	−0.14	0.21
PC_2	1.84	18.42	58.40	0.60	0.22	−0.11	−0.01	0.06	0.01	0.87	0.77	0.26	0.09
PC_3	1.22	12.24	70.64	0.25	−0.08	0.17	0.08	0.02	0.02	−0.11	−0.19	0.73	−0.73
PC_4	0.93	9.36	80.00	0.69	−0.29	0.18	0.10	−0.11	−0.13	0.05	−0.45	−0.14	0.28
PC_5	0.75	7.88	87.88	−0.11	−0.01	−0.09	−0.03	−0.07	0.13	−0.12	−0.06	0.60	0.57

二、土壤积盐影响因子特征与影响程度

（一）主要影响因子特征

环渤海平原土壤盐渍化成因及其影响因素十分复杂，包括地形地貌、潜水位埋深、地下水矿化度、土壤母质与结构、气候状况和人类活动影响等。这些因素之间相互作用和相互制约，叠加耦合导致环渤海平原土壤盐分增加或减少，土壤盐渍化加剧或缓解，始终处于动态均衡与不断变化中。

综合考虑以上因素，以环渤海平原包气带的 0～60cm 深度土层为对象，基于 0～5cm 表层积盐（$Sal_{0～5}$）特征为标示，确定主要影响函数为盐分来源（$Sal_{5～10}$ 和 $Sal_{20～30}$ 分别为 5～10cm 深度的亚表层土和 20～30cm 深度的心土层土的盐分）、土壤盐分化学组成特征（总碱度 TA、钠吸附比 SAR、可溶性钠百分率 SSP、钠钙镁比 SDR 和氯硫比 Cl^-/SO_4^{2-}）、地下水状况（潜水位埋深 GWL、矿化度 TDS 和 pH）、气候状况（气温 T、降水 P，由于采样时段处于旱季降水量基乎为 0，故不再考虑）。地形条件为采样点的海拔 H，其他因素包括土壤含水量、容重与颗粒组成等。采用剩余通径系数表示其他因素对土壤积盐影响状况。

设 0～5cm 深度表层土壤盐分含量为因变量 y，上述各影响因素为自变量 x，于是，0～5cm 深度表层土壤盐分含量为诸影响因素的直接或间接函数，即

$$y（Sal_{0～5}）= f（x_1, x_2, x_3, \cdots, x_n）（n \text{ 为表层土壤盐分含量影响因子个数}）$$

研究结果见表 4-24。0～5cm 表层的土壤中盐分含量的极小值与极大值分别为 0.58g/kg 和 11.39g/kg，均值为 3.14g/kg，均明显高于 5～10cm 深度的亚表层土和 20～30cm 深度心土层土。表层盐分含量的变异系数大于亚表层土和心土层土，表明表聚作用强。

表 4-24 环渤海平原土壤积盐相关变量统计特征值

变量	最小值	最大值	平均值	标准差	变异系数	峰度	偏度
$Sal_{0\sim5}$/(g/kg)	0.37	11.39	1.67	2.94	0.93	0.89	1.36
$Sal_{5\sim10}$/(g/kg)	0.35	5.25	0.96	1.14	0.81	3.71	2.04
$Sal_{20\sim30}$/(g/kg)	0.38	3.87	0.92	0.78	0.70	4.53	2.08
TA/(mmol/kg)	3.20	7.80	5.35	1.01	0.19	0.48	0.24
SAR	0.26	29.87	6.42	7.21	1.12	2.97	1.84
SSP/%	4.71	79.47	41.73	21.06	0.50	−0.66	0.12
SDR	0.18	11.69	1.75	2.68	1.53	7.10	2.83
Cl^-/SO_4^{2-}	0.28	3.60	1.24	0.74	0.60	2.54	1.46
GWL/m	0.50	8.60	3.51	2.10	0.59	1.37	1.39
pH	6.60	8.30	7.49	0.47	0.06	−0.78	0.02
TDS/(g/L)	0.50	5.80	2.43	1.48	0.61	−0.20	0.89
T/℃	9.00	16.50	12.84	1.81	0.14	−0.19	0.07
H/m	1.00	79.00	18.42	20.44	1.11	2.05	1.69

从土壤盐分的化学性质看,总碱度的均值为 5.35mmol/kg,钠吸附比为 6.42,土壤中阳离子以 Na^+ 为优势组分,可溶性钠百分率和钠钙镁比均值分别为 41.73% 和 1.75。土壤盐分化学类型为硫酸盐-氯化物类型,以 NaCl 和 $MgSO_4$ 为主,钠与氯含量之和占总盐分量的 51.9%。环渤海平原全区潜水矿化度的均值为 2.43g/L,咸水与淡水间斑状分布,pH 均值为 7.49,呈弱碱性。

通径相关方法分析结果表明,0~5cm 表层中土壤盐分含量($Sal_{0\sim5}$)与亚表层土盐分含量($Sal_{5\sim10}$)和心土层土盐分含量($Sal_{20\sim30}$)之间具有显著正相关性(表 4-25)。表层土壤盐分含量与钠吸附比(SAR)、可溶性钠百分率(SSP)、氯硫比(Cl^-/SO_4^{2-})具有一定的正相关性,与总碱度(TA)和钠钙镁比(SDR)之间呈显著的负相关。表 4-25 中反映地下水位埋深(GWL)与 0~5cm 表层土壤盐分含量之间相关性不强,与矿化度(TDS)具有一定的相关性(周在明等,2011a)。

表 4-25 环渤海平原土壤积盐相关变量相关系数矩阵

项目	$Sal_{0\sim5}$	$Sal_{5\sim10}$	$Sal_{20\sim30}$	TA	SAR	SSP	SDR	Cl^-/SO_4^{2-}	GWL	pH	TDS	T	H
$Sal_{0\sim5}$	1	0.87**	0.81**	−0.38*	0.86**	0.66**	−0.35*	0.72**	−0.24	0.10	0.50**	−0.11	−0.33
$Sal_{5\sim10}$		1	0.96**	−0.27	0.52**	0.43*	−0.30*	0.32*	−0.28*	0.27	0.28	−0.11	−0.19
$Sal_{20\sim30}$			1	−0.20	0.57**	0.50**	−0.35*	0.37*	−0.32*	0.28	0.42*	−0.12	−0.21
TA				1	−0.32	−0.05	−0.28	−0.32	−0.23	0.12	0.17	0.01	−0.03
SAR					1	0.85**	−0.41*	0.79**	−0.08	−0.08	0.48*	−0.15	−0.33
SSP						1	−0.70**	0.66**	−0.34*	0.07	0.36*	−0.02	−0.36*
SDR							1	−0.41*	0.44*	−0.38*	−0.20	0.02	0.25

续表

项目	Sal$_{0\sim5}$	Sal$_{5\sim10}$	Sal$_{20\sim30}$	TA	SAR	SSP	SDR	Cl$^-$/SO$_4^{2-}$	GWL	pH	TDS	T	H
Cl$^-$/SO$_4^{2-}$								1	-0.08	-0.04	$0.38*$	0.04	$-0.36*$
GWL									1	-0.41	-0.01	0.20	0.26
pH										1	0.25	0.14	-0.18
TDS											1	-0.19	-0.29
T												1	-0.03
H													1

* 显著性水平为 0.05，** 显著性水平为 0.01。

（二）土壤积盐影响强度特征

根据各变量间的相关系数，应用通径计算方法，确定各个影响因子对 0～5cm 表层土壤积盐影响的通径系数（表 4-26）。各影响因子的直接通径系数，由大到小，分别为 Sal$_{5\sim10}$ ＞ Sal$_{20\sim30}$ ＞ SAR ＞ TDS ＞ SSP ＞ GWL ＞ pH ＞ SDR ＞T＞ TA ＞ Cl$^-$/SO$_4^{2-}$＞H。对 0～5cm 表层土壤盐分累积影响最强的因子是 5～10cm 深度亚表层土的含盐量状况（Sal$_{5\sim10}$），直接通径系数为 1.30。其次，是钠吸附比（SAR），直接通径系数为 0.58，表明 Na$^+$ 组分在表层盐分累积过程中是重要的影响因子。地下水矿化度（TDS）、可溶性钠百分率（SSP）和潜水位埋深（GWL）的直接通径系数分别为 0.42、0.37 和 0.30，表明它们在环渤海平原土壤积盐中发挥着重要作用（周在明等，2010）。

表 4-26 环渤海平原土壤积盐各相关因子影响的通径系数

项目	Sal$_{5\sim10}$	Sal$_{20\sim30}$	TA	SAR	SSP	SDR	Cl$^-$/SO$_4^{2-}$	GWL	pH	TDS	T	H	合计
Sal$_{5\sim10}$	1.30	1.25	-0.35	0.68	0.56	-0.39	0.42	-0.36	0.35	0.36	-0.14	-0.25	3.43
Sal$_{20\sim30}$	-0.93	-0.97	0.19	-0.55	-0.49	0.34	-0.36	0.31	-0.27	-0.41	0.12	0.20	-2.82
TA	-0.26	-0.19	-0.16	0.05	0.01	0.04	0.05	0.04	-0.02	0	0	0	-0.47
SAR	-0.08	-0.09	0.05	0.58	0.49	-0.24	0.46	-0.07	-0.05	0.28	-0.09	-0.19	1.05
SSP	-0.16	-0.19	0.02	-0.31	-0.37	0.26	-0.24	0.13	-0.03	-0.13	0.01	0.13	-0.89
SDR	0.05	0.06	0.05	0.07	0.12	-0.17	0.07	-0.07	0.06	0.03	0	-0.04	0.22
Cl$^-$/SO$_4^{2-}$	0.03	0.04	-0.03	0.08	0.07	-0.04	0.10	-0.01	0	0.04	0	-0.04	0.23
GWL	0.08	0.10	0.07	0.04	0.10	-0.13	0.02	-0.30	0.12	0	-0.06	-0.08	-0.04
pH	-0.06	-0.06	-0.03	0.02	-0.01	0.08	0	-0.05	-0.21	-0.05	-0.03	0.04	-0.37
TDS	0.12	0.18	0.07	0.20	0.15	-0.08	0.16	0	0.11	0.42	-0.08	-0.12	1.12
T	-0.02	-0.02	0	-0.03	0	0	0.01	0.03	0.02	-0.03	0.17	-0.01	0.13
H	-0.01	-0.01	0	-0.01	-0.01	0.01	-0.01	0.01	-0.01	-0.01	0	0.03	-0.02

从各影响因子通径系数的总和（SU）来看，影响强度由大到小，分别为 $Sal_{5\sim10}>$ $Sal_{20\sim30}>TDS>SAR>SSP>TA>pH>Cl^-/SO_4^{2-}>SDR>T>GWL>H$。亚土层土含盐状况对 $0\sim5cm$ 表层土壤积盐影响的 SU 值最大，为 3.43，表明盐源（亚表层土盐分 $Sal_{5\sim10}$、心土层土盐分 $Sal_{20\sim30}$）是 $0\sim5cm$ 表层土壤积盐的最强影响因子。然后，依次为盐分化学性质（TA、SAR、SSP、SDR 和 Cl^-/SO_4^{2-}）、地下水状况（GWL、pH 和 TDS）、温度和监测点海拔。土壤积盐状况还与土壤岩性与结构、耕作制度、土壤含水量、容重与颗粒组成等因素对表层土壤盐分有一定影响。

第五节　土壤积盐特征与地下水关系

一、地下水中化学组分变化特征

（一）地下水化学组分分布特征

在环渤海平原的山前平原带，浅层地下水中 HCO_3^- 含量远大于 Cl^- 和 SO_4^{2-} 含量，占阴离子组分总量的 61.1%～72.7%，为典型的 HCO_3-CaMg 型水，矿化度小于 1.0g/L。在中部冲积-湖积平原带，一般情况下，Cl^- 和 SO_4^{2-} 含量大于 HCO_3^- 含量，地下水化学类型较为复杂，有 $Cl\cdot SO_4$ 型、$SO_4\cdot HCO_3$ 型、$HCO_3\cdot SO_4$ 型和 $SO_4\cdot Cl$ 型等，矿化度介于 1.1～5.7mg/L。在东部滨海平原，Cl^- 含量占据绝对优势，达 56.5%～79.6%，地下水化学类型以 Cl 型为主，矿化度介于 2.1～6.3mg/L。地下水中各种化学组分含量与矿化度之间密切相关。例如，深县和南皮海兴地区地下水中 $HCO_3^-/(SO_4^{2-}+Cl^-)$ 比值（记作 Y_g 值）与矿化度之间呈幂函数关系，海兴地区地下水中 Cl^- 含量与矿化度之间呈正相关关系，为

深县地区：$Y_g=0.9012x^{-1.2707}$ 　　　　　$(R^2=0.8046)$

南皮地区：$Y_g=1.5612x^{-1.3376}$ 　　　　　$(R^2=0.6886)$

海兴地区：$Y_g=0.0759x+0.7623$ 　　　　　$(R^2=0.9327)$

以 1.0g/L 地下水矿化度作为阈值，则深县地区 Y_g 值与地下水矿化度的比值为 0.90，南皮地区的比值为 1.56，海兴地区的比值为 0.84。

（二）地下水化学组分变化与埋深关系

在环渤海平原，地下水化学组分状况与地下水水位埋深之间有一定关系（图 4-23）。自山前平原至东部滨海带，浅层地下水水位埋深逐渐变小，中部及滨海平原浅层地下水水位平均埋深为 5.30m，其中天津、沧州的滨海带和东营、滨州的黄河三角洲地区潜水位平均埋深不足 2m，是土壤盐渍化比较严重的地区。

从图 4-23 可见，在环渤海平原，自山前平原至东部滨海带，浅层地下水中盐分含量呈增大特征，山前平原区地下水矿化度、电导率和全盐量都较低，分别为小于 2g/L、小于 2mS/cm 和小于 2000mg/L，而滨海平原及其相邻的中部平原区地下水矿化度、电导率和全盐量都较高，分别大于 3g/L、大于 5mS/cm 和大于 3000mg/L。地下水的总

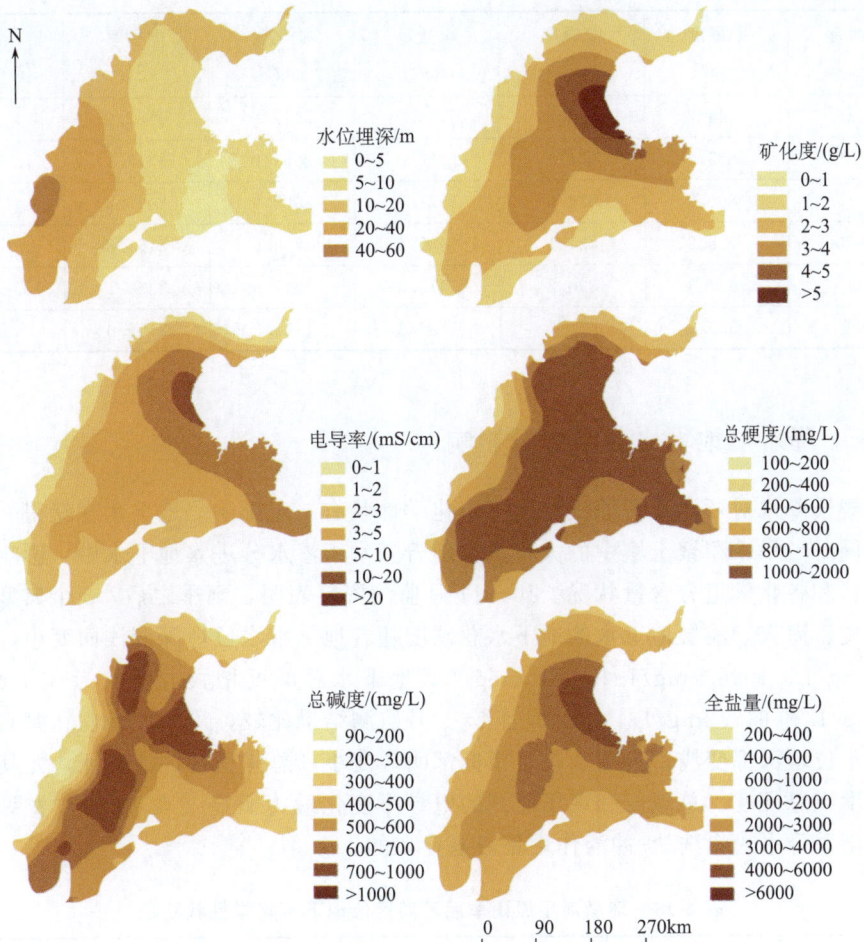

图 4-23　环渤海平原浅层地下水位埋深与水理化性质分区特征
水理化性质：矿化度、电导率、总硬度、总碱度和全盐量

硬度和总碱度分布规律与上述各指标分布特征相同，在平原区中部-滨海区较大，在山前平原，即保定—石家庄—邢台—邯郸一带较低（周在明等，2010；王金哲等，2012b）。

研究表明，随着地下水水位埋深的增大，其总硬度、总碱度、全盐量、电导率和矿化度都呈减少趋势，pH 基本稳定。当地下水水位埋深介于 0～5m 时，地下水的总硬度大于1100mg/L、总碱度大于 550mg/L、全盐量大于 2700mg/L、矿化度大于 3100mg/L 和电导率大于 4100μS/cm。当地下水水位埋深大于 5m 时，各地下水化学性状值都减小，分别为地下水的总硬度小于 890mg/L、总碱度小于 540mg/L、全盐量小于 2300mg/L、矿化度小于 2600mg/L 和电导率小于 3550μS/cm。当地下水水位埋深大于 15m 时，各地下水化学性状值都显著减小，分别为地下水的总硬度小于 740mg/L、总碱度小于 432mg/L、全盐量小于 1480mg/L、矿化度小于 1720mg/L 和电导率小于 2340μS/cm（表 4-27）。

表 4-27　环渤海平原不同埋深条件下地下水化学性状特征

水位埋深 /m	总硬度 /(mg/L)	总碱度 /(mg/L)	全盐量 /(mg/L)	矿化度 /(mg/L)	电导率 /(μS/cm)	pH /(−lgH⁺)
＜5	1144.2	551.2	2779.2	3112.5	4185.9	7.5
5～10	885.4	539.1	2236.0	2561.9	3517.1	7.4
10～15	800.9	524.6	1571.4	1902.9	2497.2	7.5
15～20	738.2	431.1	1455.4	1716.6	2164.8	7.6
20～40	622.6	390.8	1473.8	1711.5	2334.1	7.6
＞40	563.5	375.7	1433.2	1710.9	2109.0	7.8

（三）降水对地下水化学组分影响

大规模降水对环渤海平原浅层地下水化学性状有一定影响。地下水在获得一定水量补给的同时，旱季积聚土壤中的大量盐分随着降水入渗水分进入地下水中，影响地下水化学性状和各化学组分含量状况。10～11月监测资料表明，雨季之后，3个典型区（深州、南皮、海兴）浅层地下水的地下水总硬度随着地下水水位埋深变浅而变小，依次为1695.2mg/L、1096.7mg/L和981.4mg/L，地下水总碱度增大，依次为383.6mg/L、585.2mg/L和613.3mg/L。与雨季前4～5月监测结果比较，深州、南皮和海兴地区的地下水水位埋深都变浅，各项水化学指标都明显变小，总体呈现冲淡特征，尤其地下水的矿化度、总硬度、总碱度和现场监测的电导率变化最为明显（表 4-28），表明在渤海平原区雨季降水入渗洗盐-冲淡作用是普遍存在的。

表 4-28　环渤海平原雨季后不同区位地下水化学性状特征

观测项目	深州		南皮		海兴	
	10～11月	4～5月	10～11月	4～5月	10～11月	4～5月
pH	7.5	7.33	7.3	7.2	7.7	8.27
水位埋深/m	10.8	11.1	4.7	5.3	2.1	2.2
矿化度/(g/L)	4.1	4.89	3.0	3.47	3.7	5.46
电导率/(mS/cm)	5.7	5.76	3.8	5.34	5.2	7.62
总硬度/(mg/L)	1695.2	1621.4	1096.7	1251.1	981.4	1091.0
总碱度/(mg/L)	383.6	800.7	585.2	850.3	613.3	1263.1
全盐量/(mg/L)	3876.0	4403.7	2624.3	3557.6	3325.0	4700.4

注：各指标为各研究区内所有样点数据的均值。

从环渤海平原地下水化学组分的 Piper 图（图 4-24）来看，分布在滨海平原内咸水直灌区的地下水化学类型以 $SO_4 \cdot Cl-Na$ 型水为主，分布在中平原内微咸水补灌区的地下水化学类型以 $SO_4 \cdot Cl-Ca \cdot Mg$ 型水和 $HCO_3-Ca \cdot Mg$ 型为主，其中山前平原补灌区的地下水化学类型以 $HCO_3-Ca \cdot Mg$ 型为主。

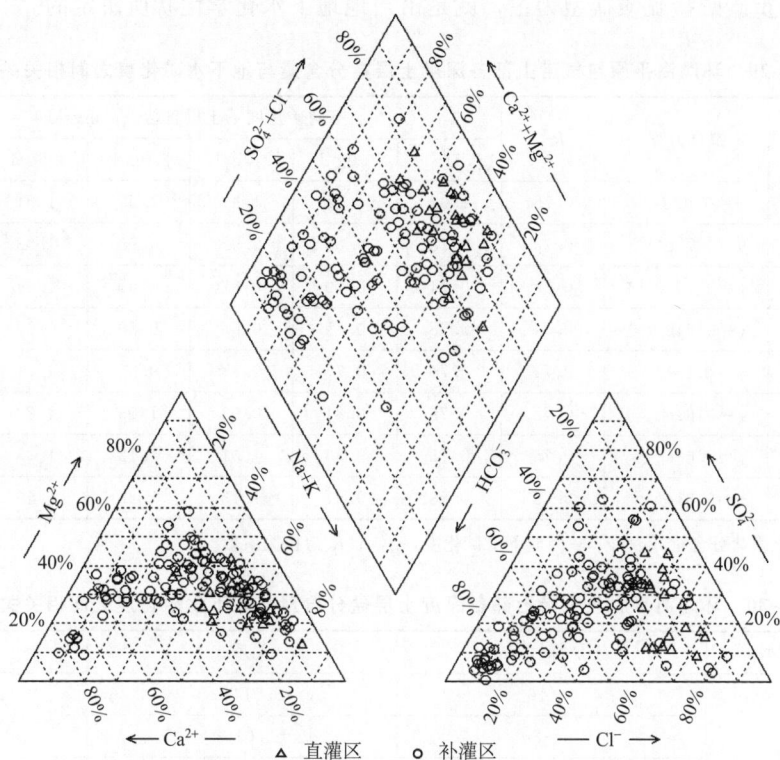

图 4-24　环渤海平原浅层地下水盐分化学性状 Piper 分析图

二、地下水对土壤盐分影响特征

地下水对土壤（包气带）积盐的影响主要表现为两个方式：一种方式为通过潜水面之上的支持毛细水带将地下水中盐分输运包气带表部土壤中，或在降水、灌溉水入渗条件下，地下水接受来自包气带表部土壤的盐分。另一种方式为人工开采，将地下含水层中的水（包括水中盐分）抽至地表水，灌溉农田，在蒸发蒸腾作用下，用于灌溉的地下水中盐分残留在地表层土壤中。例如，2000 年以来华北平原多年平均农业开采量 149.3 亿 m³，其中环渤海平原农业开采量约 89.6 亿 m³/a，微咸水占 12％左右。以地下水矿化度为 0.52g/L 计算，2000 年以来环渤海平原农业开采地下水带到农田中的盐分数量达 5591 万 t。

（一）地下水矿化度影响

土壤积盐状况不仅与当地地下水水位埋深有关，而且，与地下水矿化度及其水化学组分状况之间密切相关（表 4-29、表 4-30）。地下水中可溶盐是土壤盐分的重要来源，潜水位埋深、地下水矿化度和水化学性状直接影响包气带中盐源供给情势。例如，渤海平原区东部地区土壤中盐分化学特征以氯化物和硫酸盐类型为主，西部山前平原区以重碳酸盐型和重碳酸盐硫酸盐型为主，就是由当地地下水化学性状所决定的。

表 4-29　环渤海平原包气带上部各深度土层盐分含量与地下水矿化度之间相关关系

土层深度/cm	拟合方程	R^2	不同矿化度下土层含盐量/(mg/kg)					
			0.5g/L	1.0g/L	2.0g/L	2.5g/L	3.5g/L	5.0g/L
0～5	$y=0.92e^{0.21x}$	0.76	1.02	1.11	1.42	1.53	1.91	2.67
5～10	$y=0.75e^{0.09x}$	0.73	0.78	0.83	0.92	0.93	1.03	1.21
10～15	$y=0.70e^{0.11x}$	0.73	0.74	0.79	0.87	0.91	1.04	1.25
15～20	$y=0.64e^{0.13x}$	0.74	0.68	0.75	0.83	0.89	1.07	1.26
20～30	$y=0.65e^{0.15x}$	0.74	0.70	0.77	0.88	0.92	1.11	1.37
30～40	$y=0.67e^{0.17x}$	0.75	0.73	0.81	0.93	1.03	1.23	1.55
40～50	$y=0.68e^{0.19x}$	0.76	0.75	0.83	1.01	1.12	1.33	1.75
50～60	$y=0.81e^{0.17x}$	0.75	0.88	0.97	1.13	1.26	1.49	1.91

注：y 为土壤盐分含量，g/kg；x 为地下水矿化度，g/L；R 为相关系数。

表 4-30　环渤海平原包气带上部各深度土层盐分含量与地下水矿化度之间相关关系

表达式类型	土层深度/m	关系式	R^2
乘幂相关	0～10	$y=0.0144x^{0.9219}$	0.8487
	10～20	$y=0.016x^{1.0098}$	0.6919
	20～40	$y=0.0255x^{0.7596}$	0.3906
	40～60	$y=0.0444x^{0.4413}$	0.2995
直线相关	0～10	$y=0.0114x+0.0054$	0.8997
	10～20	$y=0.0149x+0.0049$	0.7432
	20～40	$y=0.0115x+0.0263$	0.3054
	40～60	$y=0.0107x+0.0409$	0.3635

注：监测时间为每年的 4～5 月。

相关分析的结果表明，地下水矿化度与各深度土层盐分含量之间呈现 $y=ae^{bx}$ 正相关关系（表 4-29）。随着地下水矿化度增大，各土层中盐分含量随之增大。其中，0～5cm 表层土中盐分增幅最大，耕作底层（20～25cm）增加幅度较小。在 25cm 深度以下，随土层的深度增加，地下水矿化度对土壤中盐分含量影响增强。矿化度增大 1.0g/L，自 20～30cm、30～40cm、40～50cm 至 50～60cm 深度土层中含盐量分别增加 0.12mg/kg、0.15mg/kg、0.17mg/kg 和 0.18mg/kg。随着地下水矿化度基数的提高，各土层盐分增加幅度不断提高。例如，地下水矿化度由 1.0g/L 增至 2.0g/L 时，各深度土层中含盐量的增加幅度介于 0.12～0.18 （mg/kg）/（g/L）；当地下水矿化度由 2.5g/L 增至 3.5g/L 时，则各深度土层中含盐量增加幅度变为 0.15～0.23 （mg/kg）/（g/L）。

（二）潜水位埋深影响

从环渤海平原全区浅层地下水埋藏状况来看，可将地下水水位埋深划分为 $1\sim$ 2.5m、2.6～4m、6～8m 和 30～40m 4 个区间，土壤含盐量（y）与地下水矿化度（x）之间有如下关系，为

当潜水位埋深 1～2.5m 时，$y=0.0076x+0.0142$　　　　（$R^2=0.7547\sim0.9007$）

　　　或 $y=0.0168x^{0.7212}$　　　　　　　　　　　　　（$R^2=0.7962\sim0.8487$）

当潜水位埋深 2.6～4.0m 时，$y=0.0139x-0.0021$　　　（$R^2=0.4848$）

　　　或 $y=0.0168x^{0.755}$　　　　　　　　　　　　　（$R^2=0.5667$）

当潜水位埋深 6.0～8.0m 时，$y=0.0032x+0.0156$　　　（$R^2=0.2838$）

　　　或 $y=0.0185x^{0.2957}$　　　　　　　　　　　　　（$R^2=0.4793$）

当潜水位埋深 30～40m 时，$y=0.0117x+0.0141$　　　　（$R^2=0.2556$）

　　　或 $y=0.025x^{0.4664}$　　　　　　　　　　　　　（$R^2=0.3742$）

由此可见，地下水水位埋深越大，土壤含盐量与地下水矿化度之间相关关系越弱。当潜水位埋深小于 2.0m 时，相关系数大于 0.92；当潜水位埋深介于 1.0～2.5m 时，相关系数介于 0.86～0.91。当潜水位埋深介于 2.6～4.0m 时，相关系数下降为 0.69～0.76。当潜水位埋深介于 6.0～8.0m 时，相关系数下降为 0.53～0.69。当潜水位埋深大于 30m 时，相关系数小于 0.51。在潜水位埋深小于 2.5m 条件下，包气带上部不同深度的各土层中盐分含量与地下水矿化度之间相关关系具有类似规律（表 4-30）。

地下水位埋深越浅，其蒸发损耗水量越大，带到包气带积聚的盐分越多。在环渤海平原的中部-东部冲湖洼淀区和滨海带，大部分区域的潜水位埋深小于 5.0m，地下水蒸发作用较强烈，0～60cm 深度的包气带中盐分含量远大于山前平原，许多地区的潜水位埋深不足 0.5m，在干旱年份地下水矿化度也呈增大趋势。在环渤海平原潜水位埋深小于 10m 的区域内，选择代表性监测点 37 个，进行 0～60cm 不同深度土层盐分含量与当地地下水水位埋深之间相关分析，结果见表 4-31。地下水水位埋深增大，包气带上部各土层盐分含量都呈明显下降的趋势，呈 $y=ae^{-bx}$ 负相关关系。0～60cm 不同深度土层盐分含量与当地地下水水位埋深之间相关关系，与地下水矿化度影响规律类似，0～5cm 表层土盐分变化幅度大于其他深度土层盐分变化速率，耕作层底部（20～25cm）变化幅度最小。在 25cm 深度以下，被监测土层的深度增加，潜水位埋深对土壤盐分含量影响程度增强，地下水水位埋深增加 1.0m，自 20～30cm、30～40cm、40～50cm 至 50～60cm 深度土层的含盐量分别减少 0.11mg/kg、0.12mg/kg、0.15mg/kg 和 0.14mg/kg。随着潜水位埋深增大，各土层盐分减少幅度逐步减小。例如，当地下水埋深由 1.0m 下降至 2.0m 时，各深度土层中含盐量的减少幅度介于 0.11～0.15mg/kg；当地下水矿化度由 2.5m 下降至 3.5m 时，则各深度土层中含盐量减少幅度变为 0.10～0.13mg/kg。当潜水位埋深大于 10m 时，潜水位埋深变化对土壤盐分含量影响程度下降为 0.04mg/kg。以下。当潜水位埋深大于 3.0m 时，土壤盐分含量变化受潜水位变化影响已很小，潜水蒸发已经十分微弱（周在明等，2011b）。

表 4-31　环渤海平原包气带上部各深度土层盐分含量与地下水水位埋深之间相关关系

土层深度/cm	拟合方程	R^2	不同地下水水位埋深下土层含盐量/(mg/kg)					
			0.5m	1.2m	2.5m	3.0m	5.0m	15.0m
0～5	$y=3.29e^{-0.17x}$	0.81	3.12	2.69	2.14	1.97	1.42	0.35
5～10	$y=1.49e^{-0.11x}$	0.79	1.41	1.35	1.12	1.13	0.89	0.34
10～15	$y=1.37e^{-0.09x}$	0.79	1.32	1.27	1.07	1.09	0.85	0.36
15～20	$y=1.45e^{-0.11x}$	0.79	1.37	1.29	1.13	1.02	0.87	0.34
20～30	$y=1.45e^{-0.09x}$	0.78	1.42	1.30	1.18	1.14	0.95	0.38
30～40	$y=1.55e^{-0.09x}$	0.78	1.51	1.42	1.24	1.19	0.98	0.40
40～50	$y=1.71e^{-0.10x}$	0.79	1.65	1.53	1.33	1.28	1.05	0.39
50～60	$y=1.81e^{-0.09x}$	0.78	1.75	1.64	1.44	1.39	1.18	0.45

注：y 为土壤盐分含量，g/kg；x 为地下水水位埋深，m；R 为相关系数。

　　在相同地下水矿化度条件下，包气带上部各土层盐分含量与地下水埋深之间相关关系见表 4-32。在相同地下水矿化度条件下，潜水位埋深越大，包气带上部各土层含盐量越小，并且随着土层深度增大而相关关系变弱。在矿化度 1.3～1.8g/L 时，土壤含盐量随潜水位埋深增减而变化幅度较小，而在矿化度 3.0～3.7g/L 条件下，土壤含盐量随潜水位埋深增减而变化幅度较大，而且，二者之间相关系数也随之增大。

表 4-32　环渤海平原包气带上部各深度土层盐分含量与地下水水位埋深之间相关关系

矿化度条件/(g/L)	土层深度/m	关系式	R^2
1.3～1.8	0～10	$y=0.0393x^{-0.6967}$	0.7532
	10～20	$y=0.0702x^{-0.6343}$	0.7332
	20～40	$y=0.1037x^{-0.4307}$	0.7103
	40～60	$y=0.0963x^{-0.3836}$	0.6094
3.0～3.7	0～10	$y=0.1098x^{-0.9415}$	0.8936
	10～20	$y=0.0795x^{-0.6798}$	0.7821
	20～40	$y=0.0884x^{-0.6103}$	0.6777
	40～60	$y=0.1005x^{-0.5397}$	0.6365

　　综观上述，环渤海平原的潜水位埋深和地下水矿化度对该区土壤盐分的区域分布特征具有不可忽视的影响，其中潜水位埋深 3.0m 和地下水矿化度 2.0g/L 是重要的影响阈值（拐点）。

三、岩性对土壤积盐影响

　　覆盖在环渤海平原的土壤，其岩性与颗粒组成状况，尤其是黏性土赋存状况，对于 0～60cm 土壤积盐情势有一定影响。团粒结构的黏性土易吸收盐分，不易脱出盐分。中细砂等砂性土不易吸收盐分，易脱出盐分。岩性与颗粒组成及土壤形成的母质密切相关。环渤海平原分布有潮土、褐土、盐碱土和风沙土等。潮土的成土母质多为近代河流冲积物，部分为古河流冲积物、洪积物和少量浅海冲积物，石灰性冲积物居多，有机质含量少，富含钾素，以亚砂土和粉砂土为主。从区域分布上，河床带沉积以砂性土壤为主，湖相沉积以黏性土为主（王金哲等，2012a，2012b）。

褐土的颗粒组成以亚砂土和亚黏土居多，黏粒（<0.002mm）含量一般大于25%，容重介于1.3~1.6g/cm³。各类盐碱土以粉砂土和亚砂土为主，在冲积平原下游段，或河间带低洼处和湖盆洼地多分布亚黏土或黏土，多见砂性地层与黏性土互层。风沙土是在风的吹扬下，细颗粒碎屑物质被搬运平原区沉积形成的，多为粉细砂物质。

水盐在非饱和环境的包气带中运移，受土壤水理性质所制约。实验数据表明，自亚砂土至黏土，它们的孔隙度、饱和含水量和最大持水量都是依次增大，重力含水量依次变小（表4-33）。土壤岩性不同，决定了土壤的不同渗透性、毛细管上升高度和导水能力，直接影响土壤积盐状况。在相同的潜水位埋深和地下水矿化度条件下，土壤颗粒越细，黏粒和有机质含量越高，同层位的土壤盐分积聚越严重。

表 4-33　环渤海平原东部滨海带包气带上部土层水理性质状况

土层岩性	比　重 /(g/cm³)	孔隙度 /%	含水量 /%	饱和度 /%	饱和含 水量/%	最大持 水量/%	重力含 水量/%
亚砂土	2.66	40.4	22.2	87.3	25.4	20.4	5.0
轻亚黏土	2.66	40.2	24.6	97.1	25.3	23.2	2.1
中亚黏土	2.69	42.8	28.1	100.0	28.1	23.9	4.2
重亚黏土	2.72	48.5	30.0	95.2	34.7	30.8	3.9
黏土	2.73	48.9	33.3	95.0	36.3	33.6	2.7

土壤积盐过程是伴随着潜水位上升和土壤水蒸发而进行的。在潜水位埋深较小的地区，地下水通过其上支持毛管水传导，不断向土壤供给水盐，水分蒸发进入大气中，盐分残留在土壤中。这种影响的程度与土壤岩性与结构密切相关。土壤颗粒越细，密实度越大，毛潜水之上的支持毛细水带上升的高度越大，传导和输运地下水中水盐补给土壤积盐的能力越强。因为支持毛细水带上升高度与土壤结构有关。相同岩性的土壤，其结构不同，传导和输运地下水中水盐补给土壤积盐的能力也不同。对于砂性的土壤，因粗颗粒组成较多，所以，单位容积的土粒所占的容积较大，而孔隙所占的容积较小，因此，砂性土壤孔隙度较小（表4-34），支持毛细水带上升高度不如黏性土。团粒结构的黏质土，细颗粒组分较多，所以，支持毛细水带上升高度较大，甚至是砂性土毛细上升高度的2~3倍。从输运水盐的渗透性角度看，砂性土的导水性较强；从支持毛细水带影响范围角度看，黏性土的传导水盐能力强，但是在其内，水盐运动受到团粒结构的黏粒极大吸附阻力作用，有效传导水盐十分缓慢，因此，黏性土对潜水影响包气带表层土壤积盐的效果较弱，潜水蒸发过程中残留的盐分主要聚集在临近潜水面的第一个黏性土层下部的包气带中。

表 4-34　不同岩性细颗粒土层与孔隙状况

土层岩性	比　重 /(g/cm³)	容　重 /(g/cm³)	毛管孔隙度 /%	无效孔隙度 /%	毛管孔隙度+ 无效孔隙度/%	有效孔隙度 /%
密实粉沙土	2.69～2.73	1.45～1.60	38～43	2～4	40～47	>38
亚砂土	2.69～2.72	1.37～1.54	46～50	4～7	50～57	>33
轻亚黏土	2.70～2.74	1.40～1.52	43～49	5～10	48～59	>30
中亚黏土	2.70～2.74	1.40～1.55	43～49	6～12	49～61	>28
重亚黏土	2.70～2.74	1.38～1.54	43～49	7～15	50～64	>25
轻黏土	2.73～2.78	1.35～1.44	48～52	8～15	56～67	<37
中黏土	2.73～2.78	1.30～1.45	48～52	14～19	62～71	<36
重黏土	2.73～2.78	1.32～1.40	48～52	16～23	64～75	<34

第六节　土壤盐分情势界定与盐渍化防治对策

量化确定土壤盐分情势是防治土地盐渍化的重要基础，对于地下微咸水农业灌溉安全具有重要的指导意义。本项研究从气候、土壤理化性质、土壤盐分现状和地下水埋藏与咸化状况诸方面考虑，相关分析遴选了主要评价指标，构建了土壤盐分情势量化界定方法。应用结果表明，环渤海平原区土壤盐分情势为"差"级的分布区面积占研究区总面积的 59.0%，"中"级的分布区面积占 26.8%，"劣"级分布区面积占 13.5%（王金哲等，2012c，2013）。在地下微咸水农田灌溉利用中，需要高度重视次生盐渍化防治和农业生态耐盐安全防护。

一、土壤盐分情势界定理念与方法

（一）理论基础与基本理念

土壤盐分情势与当地气候、地表水文和地形地貌条件，以及与当地潜水位埋藏和地下水矿化度之间密切相关。在环渤海平原土壤积盐过程中，表层土壤盐分的数量、性状和盐渍化情势始终处于变化之中，在一定区域、一定深度和时段内保持动态平衡，其中融入了地下微咸水农业灌溉等人为因素。环渤海平原区地下微咸水的农业灌溉量不断增长，无疑在相同气候条件下会加剧微咸水灌区土壤中积盐程度，使其长期处于不稳定状态，对土地质量和农业生态环境产生影响（张光辉等，2010c，2010d）。因此，量化界定和预先掌握土壤盐分情势是十分重要的。

土壤盐分情势是指包气带上部，尤其是耕作层的盐分积累程度与趋势。土壤盐分情势界定是指按一定的量化指标和分级标准对包气带上部积盐程度的识别与确定。

（二）土壤盐分情势界定指标体系

土壤盐分情势的量化界定指标体系分为目标层、指标分类和因子系。指标层是量化界定土壤盐分情势的指引基础，对界定结果能否针对性反映客观状况具有指导作用。具体指标筛选时，不完全取决于评价者的主观愿望，而是根据评价区具体条件和资料赋有程度，力求参评指标的数量和代表性能恰好地反映实际状况。

环渤海平原土壤盐分情势的量化界定指标体系包括土壤性状、土壤积盐现状、气候相关条件和地下水性状 4 个方面，12 个具体指标见表 4-35。

表 4-35　环渤海平原土壤盐分情势的量化界定指标体系

分类指标	主要影响因子	土壤盐分情势分级与标准				
		优	良	中	差	劣
土壤性状	土壤岩性（黏粒含量）/%	25	10~20	20~30	30~40	1~10
	Cl^-/SO_4^{2-}	<0.2	0.2~0.5	0.5~1.0	1.0~2.0	>2.0
	pH	7~7.5	7.5~8.0	8.0~8.5	8.5~9.0	>9.0
土壤积盐现状	表层土盐分/(g/kg)	<0.1	0.1~0.2	0.2~0.3	0.3~0.6	>0.6
	中层土盐分/(g/kg)	<0.1	0.1~0.2	0.2~0.3	0.3~0.6	>0.6
	底层土盐分/(g/kg)	<0.1	0.1~0.2	0.2~0.3	0.3~0.6	>0.6
气候相关条件	干旱指数/%	>2.0	1.0~2.0	0.8~1.0	0.5~0.8	<0.5
	降水量/mm	>580	580~520	520~460	460~400	<340
	蒸发量/mm	<1070	1280~1500	1500~1720	1720~1930	>1930
地下水性状	潜水位埋深/m	30~10	10~6	6~3.5	1.5~2.5	<1.5
	矿化度/(g/L)	<1	1~2	2~3	3~5	>5
	钠吸附比值	<1	1~2	2~6	6~12	>12

环渤海平原区土壤盐分情势划分为 5 个等级，分别为优、良、中、差和劣，各等级的意义见表 4-36。

表 4-36　土壤盐分情势等级的指示意义

分级指数	划分等级	各等级指示意义
1.0~0.8	优	包气带上部，尤其表层土壤没有出现积盐现象或趋势；潜水埋藏对土壤积盐尚无影响；气候条件和土壤性状没有出现加剧对土壤积盐情势
0.8~0.6	良	包气带表层土壤已出现积盐迹象，但尚无加剧趋势；潜水埋藏对土壤积盐影响不明显；气候条件或土壤性状对土壤积盐有影响，但是不明显
0.6~0.4	中	包气带表层土壤积盐不显著，尚无明显加重趋势；潜水埋藏对土壤积盐影响不明显；气候条件和土壤性状对土壤积盐影响都不显著；尚无土壤盐渍化迹象
0.4~0.2	差	包气带表层土壤积盐比较严重，并呈加重趋势；潜水对土壤积盐有一定影响；气候条件或土壤性状对土壤积盐影响显著；局部已出现土壤盐渍化
0.2~0	劣	土壤积盐严重，且呈加剧趋势；潜水对土壤积盐影响显著；气候条件和土壤性状对土壤积盐情势都具有加剧明显作用；土壤盐渍化严重

（三）界定方法与数据处理

基于上述量化界定指标体系，应用加权综合指数方法，求解各因子对土壤盐分情势影响的综合综合指标（F）。

$$F = \sum_{i=1}^{n} a_i X_i \qquad (4-2)$$

式中，F 为各因子对土壤盐分情势影响的综合指标；a_i 为第 i 项影响因子的权重；X_i 为第 i 项影响因子；n 为影响因子的总数。

为了更好地反映环渤海平原区土壤积盐情势与各影响因子之间关系，以旋转前的单项因子特征值占总提取特征值的比率作为各分类指标与各影响因子的权重，结果见表4-37。

表 4-37　环渤海平原区土壤积盐情势的分类指标与各影响因子之间权重值

分类指标	土壤性状			土壤积盐现状			气候相关条件			地下水性状		
影响因子	土壤岩性	Cl^-/SO_4^{2-}	pH	表层土含盐量	中层土含盐量	底层土含盐量	干旱指数	降水量	蒸发量	潜水位埋深	矿化度	钠吸附比值
权重	0.018	0.128	0.025	0.161	0.123	0.092	0.061	0.064	0.024	0.092	0.11	0.102

数据来源与处理：2010 年 4～5 月和 10～11 月期间，对环渤海平原区土壤（0～60cm，分 8 个深度）和浅层地下水进行监测，监测点水平间距 20km，每一个剖面上测点间距 5cm 和 10cm，即采样深度为 0～5cm、5～10cm、10～15cm、15～20cm、20～30cm、30～40cm、40～50cm 和 50～60cm。监测内容包括监测点空间位置、气温、潜水位埋深与水温、盐度、氧化-还原电位、pH 和溶解氧以及易溶盐量和各种化学组分含量及矿化度等，控制性剖面全部进行了土壤颗粒分析。

利用 SPSS17 软件对所有数据进行归类和标准化处理，结果显示，潜水位埋深和降水量对土壤积盐影响的载荷系数为负值，表明随着潜水位埋深或降水量增大，土壤越不容易积盐。其他所有因子的分数为正，且数值越大，10 个指标所反映的结果是越不利于维持表层土壤盐分的平衡。在具体数据处理时，对潜水位埋深和降水量取倒数后，再进行标准化处理。

二、土壤盐分情势界定结果

环渤海平原土壤积盐情势的量化界定结果如图 4-25 所示。2010 年 4～5 月监测数据的评价结果表明，环渤海平原区内已无"优"级分布区，"良"级区域仅在研究区的西部零星分布，总计面积 756.6km²，占全区总面积的 0.8%。在这些地区，包气带 0～60cm 深度土壤处于非盐渍化状态，潜水位埋深大于 15m 或已被超采疏干，目前主要开采第 II 层浅层地下水，地下水矿化度小于 2.0g/L。"优"和"良"级分布范围较小，与近 20 年以来气候持续干旱和农田大量施用化肥有一关系，与地下水水位埋深或矿化度之间没有因果关系（王金哲等，2012c）。

在环渤海平原，土壤积盐情势处于"中"级状态的区域面积达 25717.1km²，占研究区总面积的 26.8%，主要在环渤海平原的临近山前平原带呈南北走向弧形条带状分布，在鲁北平原的南部济南地区和冀东平原的东北部唐山乐亭地区成片分布。在这些地区，浅层地下水位埋深介于 10~30m，矿化度为 2.0~4.0g/L，表层土壤含盐量为 0.050%~0.077%，中、底层土含盐量为 0.044%~0.23%。

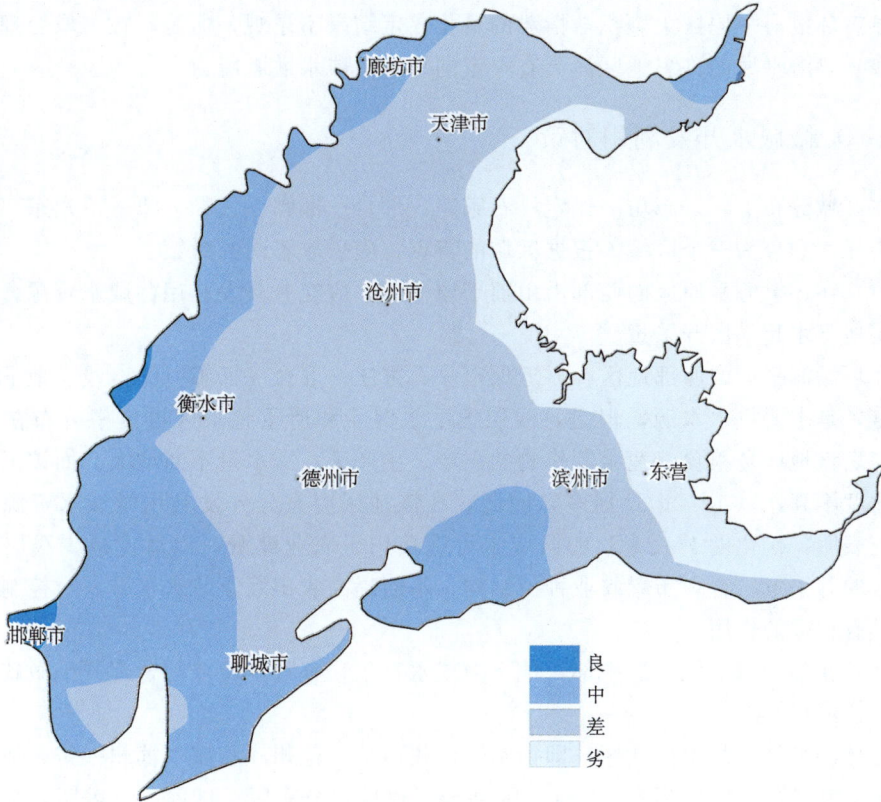

图 4-25　环渤海平原区土壤积盐情势现状特征（2010 年 4~5 月）

环渤海平原区土壤积盐情势处于"差"级状态的区域面积，为 56592.2km²，占全区总面积的 59.0%。在这些地区，浅层地下水位埋深介于 2~10m，大部分地区为 2~5m，地下水矿化度为 2.0~4.0g/L，局部地区为 4.0~6.0g/L，土壤含盐量为 0.055%~0.992%，已呈现中度盐渍化状态。该区的潜水位埋深状况和地下水矿化度已成为该区土壤积盐情势的重要影响因子，土壤积盐程度与潜水位埋深和地下水矿化度之间密切相关。同时，当地大部分地区开发利用地下咸水直接用于灌溉农田，无疑也在加剧土壤积盐情势。监测数据表明，随着地下微咸水农灌水量不断增大，土壤积盐有加重趋势，包括土地盐渍化范围（周在明等，2011a；王金哲等，2012c）。

环渤海平原土壤积盐情势处于"劣"级状态的区域面积为 12934.1km²，占全区总面积的 13.5%，集中分布在研究区东部的滨海平原沿海一带，潜水位埋深大部分小于 3.0m，地下水矿化度大于 4.0g/L，局部地区为 6～10g/L，土壤含盐量达 0.396%～1.14%，已为强盐渍化状态。这类地区主要成因为地貌单元所致，不宜大规模开采地下水或引水农业灌溉，适宜以自然状态或通过人工沟渠排水、排盐，降低土壤盐渍化程度，以改善土地服务植被生态的质量。

三、防治土壤盐渍化对策

虽然环渤海平原区土壤积盐情势的量化界定结果不乐观，但是，在采取合理对策前提下，环渤海平原的许多地区尚具有一定的承纳微咸水灌溉能力。

（一）微咸水开发利用对策

在区域分布上，以廊坊—保定—石家庄—邢台—邯郸一线和天津—沧州东部—东营一线为界，划分为三个区域，根据区域的特点，应采取不同的对策。

（1）在环渤海平原区的西部沿山前平原一带，应充分开发利用微咸水资源，适度减少浅层地下水超采区开采量。

在环渤海平原的西部地区，靠近保定—石家庄—邢台—邯郸一线，浅层地下淡水较为丰富，是主要供水水源，但是，浅层地下水漏斗和严重超采区也集中分布在这一地区。加之该地区是粮食、蔬菜等作物的高产、主产区，需水量不断增大。而该区的微咸水矿化度不高，以 1～2g/L 居多，因此，在该地区应充分开发利用微咸水资源。已有的研究表明，矿化度 1～2g/L 的微咸水可直接用于农业灌溉，以适度减少浅层地下水超采区的开采量，合理布置农业种植结构，不断提高农田灌溉节水水平，对控制地下水超采具有积极的作用。

（2）在环渤海平原区的中部，地下微咸水富集，宜科学调控与合理开采微咸水，慎防次生盐渍化。

在环渤海平原的中部地区，即衡水—沧州西部—德州—聊城—滨州一带，地下微咸水富集，其矿化度主要为 2～5g/L，是主要的微咸水分布区。试验研究表明，在保证出苗率 90% 以上的条件下，微咸水灌溉小麦耐盐阈值为 3.4g/L，灌溉棉花耐盐阈值为 5.7g/L。因此，从节水的角度看，应该大力发展咸淡水轮灌和混合灌溉工程。轮灌应根据种植作物各生育阶段的耐盐程度、作物种类等条件进行微咸水、淡水的交替使用，特别要注意微咸水的浇灌时间和次数。混合灌溉则要根据咸水的盐分含量和淡水资源条件确定混合的比例，以达到混合后的水质满足农业灌溉的要求，减轻盐害。对于部分渠水浇灌区域则要注意灌溉水量、灌溉次数对浅层地下微咸水的影响，避免因抬高微咸水水位造成土壤的盐渍化。

（3）在环渤海平原的东部，地下咸水分布集中，宜结合降水冲淡与适度开发利用咸水资源。

在环渤海平原的东部滨海地区，即天津—沧州东部—东营一带，地下咸水资源较丰富（矿化度大于 5g/L），地下淡水资源极度短缺，农业需水主要依靠自然降雨。因此，宜结合降水冲淡适度开发利用咸水资源。另外，可适当发展耐盐碱抗干旱的作物，如苜蓿、冬枣等，对于可以应用咸水灌溉的作物，灌溉次数宜少不宜多。

（二）土壤盐渍化防治对策

以盐分积累最为显著的表层土壤盐分情势作为土壤盐渍化防治对策区划的主要依据，同时考虑土壤盐渍化现状，划分为非盐化区、轻度盐化区、中度盐化区和重度盐渍化区，分别采取不同对策。

（1）非盐化土分布区，既要保持传统农业优势又要注意节水灌溉。该区主要分布在平原区的西部，保定—石家庄—邢台—邯郸一线与衡水—聊城之间的区域，土壤盐分含量低，是主要的农产区，应继续发挥区域农业优势，既要保持传统农业耕作、种植的优良传统，又要注意节水灌溉，发展节水型农业。

（2）轻度盐化土分布区，科学调控土壤盐分状况，提高土壤对作物适应性。该区分布在衡水—聊城以东与沧州—滨州以西之间区域，土壤盐分含量有轻度盐化的危害，土壤盐分中，NaCl 和 NaHCO$_3$ 等对作物具有危害性的盐分占有一定的比例。在加大监测的同时，应增施有机肥，逐渐增加土壤中腐殖质。这种方法有利于土壤的团粒结构形成，增强盐碱地的通气、透水和养分性状，有机质分解后产生的有机酸中和土壤碱性盐分，可进一步改善土壤适应性。

该区微咸水利用面积较大，但若长期应用微咸水灌溉易出现土壤板结问题。因此，在耕作过程中，深耕深松对提高盐渍化较明显土地的通气性和保水性具有显著效果，具有改良土壤的透水性和养分状况的作用。

（3）中度盐化土分布区，依据不同作物耐盐生理特性，针对性种植布局和利用微咸水，适度加大地下微咸水浅埋区开采强度和水盐循环过程，有效降低潜水蒸发浓缩作用。

东部滨海区是主要分布区域，土层盐分含量较高，是农业种植的主要障碍区。依据不同作物耐盐生理特性，针对土壤盐渍化分布特点和土层盐分季节性变化规律，选择不同作物轮作或间作，利用某些作物耐盐和吸肥力强的特性进行生物洗盐，如种植棉花、苏丹草、苜蓿等物种除盐，同时可有效解决连作的障碍，起到调节土壤养分、延长作物的生长周期、促进微咸水规模化安全利用的作用。

该区地下水位埋深浅，蒸发浓缩作用较强。因此，适度加大地下微咸水的浅埋区开采强度，加强和改良农田排水条件，合理控制潜水位埋深，增强土壤获取自然降水入渗的能力，促进地下水的水盐循环过程，有效降低潜水蒸发浓缩作用，对于调控土壤盐渍化程度和微咸水利用水平具有积极作用。

（4）重度盐渍化区，加强农业排水和生物洗盐。该区在天津和德州以南，以及东营滨州之间有所分布，历来是盐渍化的高度危害区，因此应该以改良盐渍化为主要出发点治理该区，加强农业排水设施建设、强化生物洗盐等。

总体上看，土壤盐渍化的防治与微咸水的利用是共同考虑的问题，在区域应用对策中，需要多种措施共同应对，达到微咸水利用和土壤盐渍化防治以及作物持续高产的最优目的。

小　　结

（1）环渤海平原各土层盐分含量在水平方向上属于中等变异强度，随深度的增加，变异强度逐渐减弱，垂直方向上盐分的变异较小。人类活动对土壤盐分的影响随土层深度增大而不断弱化。环渤海平原土壤水溶性盐分离子分别以 HCO_3^- 和 Na^+ 为主，受土壤母质、水文地质条件和自然气候等因素综合影响，在空间分布上存在一定的差异性。SO_4^{2-} 为强变异，Ca^{2+} 与 HCO_3^- 为中等变异。

（2）环渤海平原土壤盐分剖面聚集特征主要为表聚型、中聚型和底聚型。表聚型：0～20cm 深度的土层中盐分含量远高于其下伏的土层盐分含量，以 NaCl 和 $MgSO_4$ 为主，剖面的水势梯度指向地表，其绝对值远大于 $1.0cmH_2O/cm$；多形成于春旱季节或浅层地下水埋深小、蒸发较强烈的地带，分布面积 3.07 万 km^2。中聚型：20～45cm 深度的土层中盐分含量高于上覆和下伏土层盐分含量，以 Na_2SO_4 为主，剖面上部的水势梯度指向为地下水面，剖面下部的水势梯度指向地表；多形成于降水或灌溉之后、地下水位埋藏较浅的地带，分布面积 3.13 万 km^2，是微咸水利用的主要潜力区。底聚型：剖面的下部盐分含量高于其上覆地层盐分含量，以 Na_2SO_4 和 $NaHCO_3$ 为主，剖面的水势梯度指向为地下水面，水势梯度大于 $1.0cmH_2O/cm$；多形成于雨季之后或浅层地下水埋深较大的地带，水位埋深大于 5.0m，分布面积 2.73 万 km^2。表聚型土壤盐分剖面不利于微咸水灌溉农田和作物生长，合理灌溉和通过开采，科学调控潜水位埋深，可提高作物安全生长前提下微咸水有效灌溉潜力。

（3）环渤海平原土壤发生盐渍化概率与潜水位埋深、矿化度和土壤含盐现状密切相关。以地下水矿化度 2g/L、水位埋深 3m 和土壤盐分含量 1g/kg 作为阈值，多元指示克里格方法分析结果表明，从环渤海平原西部至滨海带，发生盐渍化概率增大，土壤盐渍化高概率区集中在黄河三角洲、天津和德州低洼区域。环渤海平原土壤盐分空间变异性与潜水矿化度呈正相关关系，与潜水水位埋深呈负相关，与土壤岩性密切相关，砂壤质土、轻壤质土易积盐。应用通径法分析表明，盐源分布（亚土层盐分 $Sal_{5\sim10}$、心土层盐分 $Sal_{20\sim30}$）对表层土壤积盐影响强度最大，其次是盐分离子组成（总碱度 TA、钠吸附比 SAR、可溶性钠百分率 SSP、钠钙镁比 SDR 和氯硫比 Cl^-/SO_4^{2-}），再者是地下水状况（地下水水位埋深 GWL、pH 和矿化度 TDS）。

（4）环渤海平原土壤积盐情势的量化界定结果表明，该平原区已无"优"级分布区，"良"级区域仅占全区总面积的 0.8%，"中"级状态和"差级"状态的区域面积占主导，面积分别为达 2.57 万 km^2 和 5.66 万 km^2，分别占研究区总面积的 26.8% 和 59.0%。土壤积盐情势处于"劣"级状态的区域面积占全区总面积的 13.5%，集中分布在研究区东部的滨海平原沿海一带。虽然环渤海平原区包气带土壤积盐情势总体不乐观，但是在采取合理对策前提下，环渤海平原的许多地区尚具有一定的承纳微咸水灌溉能力。其中环渤海平原西部宜充分开发利用微咸水资源，中部宜科学调控与合理开采微咸水，东部宜结合降水冲淡与适度开发利用咸水资源。

参 考 文 献

安月改，李元华. 2005. 河北省近 50 年蒸发量气候变化特征. 干旱区资源与环境，19（4）：159～162

白由路，李保国. 2002. 黄淮海平原盐渍化土壤的分区与管理. 中国农业资源与区划，23（2）：44～47

曹雅，汲奕君，朱坦，解伏菊，等. 2013. 环渤海地区非常规水资源利用现状及保障对策. 生态经济，
　　（4）：174～177

段丽瑶，杨艳娟，李明财. 2013. 近 50 年环渤海地区夏季降水时空变化特征. 高原气象，（1）：
　　243～249

范斐，孙才志. 2010. 环渤海经济圈城市化水平区位差异及其变动研究. 城市发展研究，（12）：30～35

盖美，张丽平，田成诗. 2013. 环渤海经济区经济增长的区域差异及空间格局演变. 经济地理，（4）：
　　22～28

郜洪强，费宇红，雒国忠，等. 2010. 河北平原地下咸水资源利用的效应分析. 南水北调与水利科技，
　　8（4）：53～56

郭军，任国玉，李明财. 2010a. 近 47 年环渤海地区不同级别降水事件变化. 地理研究，（12）：
　　2271～2280

郭军，任国玉，李明财. 2010b. 环渤海地区极端降水事件概率分布特征. 气候与环境研究，（4）：
　　425～432

郭丽英，王道龙，邱建军. 2009a. 环渤海区域土地利用景观格局变化分析. 资源科学，32（12）：
　　2144～2149

郭丽英，王道龙，邱建军. 2009b. 环渤海区域土地利用类型动态变化研究. 地域研究与开发，（3）：
　　92～95

黄璠，郝立波，陆继龙，等. 2008. 土壤氧化物组成在土壤质地评价中应用研究. 吉林大学学报，38
　　（S1）：174～177

黄瑞芬，李宁. 2013. 环渤海经济圈低碳经济发展与环境资源系统耦合的实证分析. 资源与产业，（2）：
　　92～98

姜博，修春亮，陈才. 2008. 环渤海地区城市流强度动态分析. 地域研究与开发，（3）：11～15

李博，韩增林，孙才志，等. 2012. 环渤海地区人海资源环境系统脆弱性的时空分析. 资源科学，34
　　（11）：2214～2221

李红，李庆朝. 2007. 微咸水灌溉对小麦、玉米及土壤盐分的影响. 山东农业大学学报. 38（1）：72～74

李宁，刘珍，顾卫. 2006. 渤海与环渤海地区年降水量的统计分析. 地理研究，（6）：1022～1030

李玮，王立，姜涛. 2007. 地下水浅埋区盐碱地滴灌下土壤盐分运移研究. 干旱区农业研究，25（5）：
　　130～135

刘春华，张光辉，杨丽芝，等. 2013. 黄河下游鲁北平原地下水砷浓度空间变异特征与成因. 地球学报，
　　34（04）：470-476.

刘全明，陈亚新，魏占民，等. 2009. 土壤水盐空间变异性指示克里格阈值及其与有关函数的关系. 水
　　利学报，40（9）：1127～1134

刘玉，刘彦随，郭丽英. 2010. 环渤海地区粮食生产地域功能综合评价与优化调控. 地理科学进展，
　　（8）：920～926

刘玉，刘彦随，郭丽英. 2011. 环渤海地区县域人均粮食占有量空间格局演化. 地理科学，（1）：
　　102～109

刘玉，薛剑，潘瑜春. 2012. 环渤海地区耕地利用集约度时空分异研究. 农业现代化研究，（1）：

86～89

卢亚灵，颜磊，许学工. 2010. 环渤海地区生态脆弱性评价及其空间自相关分析. 资源科学，32（2）：303～308

乔玉辉，宇振荣. 2003. 灌溉对土壤盐分的影响及微咸水利用的模拟研究. 生态学报，23（10）：2050～2056

邵玉翠，李悦，盛福昆. 2006. 浅层咸水灌溉对冬小麦和土壤安全性的研究. 生态环境，15（6）：1241～1245

史晓南，王全九，苏莹. 2008. 微咸水水质对土壤水盐运移特征的影响. 干旱区地理，28（4）：516～520

苏莹，王全九，叶海燕，等. 2005. 咸淡轮灌土壤水盐运移特征研究. 灌溉排水学报，24（1）：50～53

孙晓明，杨齐青，王卫东，等. 2006. 环渤海地区主要城市应急供水水源地研究. 中国国土资源经济，（8）：4～7

王春泽，乔光建，陈胜锁. 2009. 河北农业灌溉咸水利用机理研究. 南水北调与水利科技，7（1）：56～60

王国刚，刘彦随，方方. 2013. 环渤海地区土地利用效益综合测度及空间分异. 地理科学进展，（4）：649～656

王宏，范昌福. 2005. 环渤海海岸带[14]C 数据集. 第四纪研究，（2）：141～156

王金哲，严明疆，张光辉，等. 2012c. 环渤海低平原区土壤安全容盐潜力评价. 农业工程学报，28（07）：138-143.

王金哲，张光辉，严明疆，等. 2013. 半干旱半湿润地区土壤盐分平衡情势评价方法及应用. 吉林大学学报（地学版），43（03）：939-944.

王金哲，张光辉，严明疆，等. 2012a. 环渤海低平原区土壤容重与含水量空间结构性研究. 安徽农业科学，（7）：4233～4237

王金哲，张光辉，严明疆，等. 2012b. 环渤海平原区土壤盐分分布特征及影响因素分析. 干旱区资源与环境，（11）：104～109

王晓霞，常瑞平. 2009. 环渤海地区产业集群升级与区域协作研究. 生态经济，（1）：122～124

王艳娜，侯振安，龚江，等. 2007. 咸水资源农业灌溉应用研究进展与展望. 中国农学通报，23（2）：393～397.

温庆可，张增祥，徐进勇，等. 2011. 环渤海滨海湿地时空格局变化遥感监测与分析. 遥感学报，（1）：183～200

杨建锋，刘士平，张道宽，等. 2001. 地下水浅埋条件下土壤水动态变化规律研究. 灌溉排水，20（3）：25～28

杨忍，刘彦随，陈玉福，等. 2013. 环渤海地区耕地复种指数时空变化及影响因素. 地理科学，（5）：588～593

杨艳，王全九. 2008. 微咸水入渗条件下碱土和盐土水盐运移特征分析. 水土保持学报，22（1）：13～19

姚荣江，杨劲松，刘广明. 2006. 土壤盐分和含水量的空间变异性及其 CoKriging 估值. 水土保持学报，20（5）：133～138

姚治君，林耀明，高迎春，等. 2000. 华北平原分区适应性农业节水技术与潜力. 自然资源学报，15（3）：259～264

张光辉，费宇红，连英立，等. 2010c. 土壤水动力状态的标识特征及其应用. 水利学报，41（09）：1032-1037.

张光辉，费宇红，刘克岩，等. 2006a. 华北平原农田区地下水开采量对降水变化响应. 水科学进展，17
　　（1）：43～48

张光辉，费宇红，刘克岩. 等. 2006b. 华北平原农田区地下水开采量对降水变化响应. 水科学进展，17
　　（1）：43～481

张光辉，费宇红，严明疆，等. 2010d. 基于土壤水势变化的灌溉节水机理与调控阈值. 地学前缘，17
　　（6）：174-180.

张光辉，连英立，王金哲，等. 2010b. 近 50 年太行山前平原地下水演变的时代标志性特征. 勘察科学
　　技术，（4）：20-24.

张光辉，刘春华，严明疆，等. 2012. 环渤海平原土壤盐分不同聚型的水动力学特征. 吉林大学学报，
　　42（6）：1873～1879

张光辉，刘中培，费宇红，等. 2010a. 华北区域水资源特征与作物布局结构适应性研究. 地球学报，31
　　（1）：17～22

周在明，张光辉，王金哲，等. 2010. 环渤海微咸水区土壤盐渍化程度的空间格局. 农业工程学报，26
　　（10）：15～20

周在明，张光辉，王金哲，等. 2011a. 环渤海低平原区土壤盐渍化风险的多元指示克里格评价. 水利学
　　报，（10）：1144～1151

周在明，张光辉，王金哲，等. 2011b. 环渤海低平原水土盐分与水位埋深空间变异协同克里格估值.
　　地球学报，（4）：493～499

周在明，张光辉，王金哲，等. 2011c. 环渤海低平原微咸水区土壤盐渍化与盐分剖面特征. 地理科学，
　　（8）：929～934

Gowing J W，Rose D A，Ghamarnia H. 2009. The Effect of Salinity on Water Productivity of Wheat
　　Under Deficit Irrigation Above Shallow Groundwater. Agricultural Water Management，96：
　　517～524

Rozema J，Flowers T. 2008. Crops for a Salinized World. Science，322：1478～1480

Weindorf D C，Zhu Y. 2010. Spatial Variability of Soil Properties at Capulin Volcano，New Mexico，
　　USA：Implications for Sampling Strategy. Pedosphere，20（2）：185～197

第二篇　区域地下水演化与水循环理论

　　本篇由第五章至第八章组成，重点阐述中国地下水演化研究的起源与理论、全新世以来华北平原地下水演化规律、西北地区黑河流域尺度水循环演化特征和华北平原地下调蓄潜力与地下水位修复效果，包括华北平原地下水演化地史特征及其周期性、300 年来太行山前平原地下水补给演化特征与趋势、华北东部深层地下水补给与释水特征、黑河流域水循环过程及演化特征与机制。

第五章 中国地下水演化研究起源与理论

中国的区域或流域尺度地下水循环演化的系统研究已有 20 余年历史，张宗祜院士等一批老前辈强有力地推动了我国区域地下水演化研究不断发展，如今硕果遍布华夏。本书作者跟随和见证了张宗祜院士推动中国地下水演化研究进程中每一个重要历史时刻，并合著"大陆水循环系统演化及环境意义"（地球学报，2001）和"区域地下水演化过程及其与相邻层圈间相互作用"（北京：地质出版社，2006），在此作以简要回顾。

第一节 区域地下水演化研究属性与进展

一、地下水形成与演化属性特征

地下水是地质历史时期水文循环的产物，其形成和演化无疑受到过去的气候、地质、构造、水文和生态等环境条件变化的影响；同时，地下水又是直接参与上述物质循环和能量循环的重要组成部分，是地球表层各种作用过程中活跃因子，因此，在大气水-地表水-包气带非饱和地下水（简称包气带水）-地下水系统及其与相邻层圈之间物质与能量交换中，地下水因气候变化、地壳运动和强烈的人类社会经济活动影响而发生变化。

不同时间尺度的气候周期性变化导致了地下水形成过程具有相应的周期性特征。在漫长的地下水形成地质历史过程中，它经历了万年尺度、千年尺度、百年尺度的多雨期与少雨期，或高温期与低温期，彼此交替出现，形成区域地下水主要补给期与非主要补给期相间分布。最小的时间尺度是 1 年，每年的 6～10 月为地下水主要补给期，11 月至来年的 5 月为非主要补给期。目前在我们所能研究的视野中，最大尺度可为万年，也存在相应的多雨期与少雨期。不同时间尺度的周期性变化，只是振幅不同，彼此具有自相似性。

水循环过程中的多雨期、少雨期以及地下水的主要补给期与非主要补给期，彼此相依互约，它们循环往复呈周期性变化。在多雨期，地下水系统不断得到来自大气降水的补给，甚至在一些地方出现蓄满产流，形成湿地沼泽；在少雨期，地下水系统净补给量可能为负值，甚至会出现地下水矿化度增大咸水化现象。在高温期（如夏季），水循环相对积极，而在低温期（如冬季），水循环相对滞缓。因此，地下水的再生（补给）能力首先取决于区域水循环演化进程，其次，取决于地质环境及其他影响因素，进而，地下水资源潜力及其可持续利用性具有可变性。

地壳运动和地质条件的多样性、水文地质条件的非均一性，使得地下水在地下的埋藏特征十分复杂，加之，近几十年来人类活动大规模地改变了水文循环陆面过程的基本条件，明显地改变了地下水形成过程中的补给、入渗、地下径流和排泄条件，已使水资源再生机制——天然水循环规律发生了显著变化，并引发了尖锐的水资源供需矛盾，导致了一系列环境和生态方面的劣变过程。目前,人们开始着眼于水资源形成自然属性的客观规律与人文社会属性的干扰机制的研究,试图实现开发利用水资源与水资源形成、环境保护之间协调发展的模式。

二、中国地下水形成与演化研究阶段特征

近 30 年来,我国在地下水形成与演化研究方面,以不同时期的国家科技攻关项目进展为依据,可划分为 4 个阶段。"六五"期间,国家重点科技攻关项目第 38 项"华北地区水资源评价和开发利用研究"(1988)解决了地下水资源评价方法中一些重要问题,进一步加深认识了"动储量"、"调节储量"、"静储量"和"开采储量"四大储量。但是,这期间的研究仍处于划分专业、划分部门,按行政区划或水文地质单元,将地表水与地下水割裂开来分别加以研究。

"七五"期间,国家重点科技攻关项目第 57 项"华北地区及山西能源基地水资源研究"(1990)突破了地下水与地表水分割研究的理念,较广泛地开展了自然状态下"大气水–地表水–地下水"之间转化研究及成果应用。早在 1982 年,地矿部水文地质工程地质研究所开始与联合国开发计划署合作,从国外引植中子仪测定土壤水、负压计测土水势能的技术和零通量面土壤水分运移理论,并在河北省石家庄地区建立了水文地质实验中心与实验场,在河北省南宫与南皮地区分别建立了野外地下水均衡实验场,系统地开展了"大气水–地表水–包气带水–地下水"的"四水"转化实验研究。

20 世纪 80 年代中叶,地矿部在河北石家庄市召开了全国地下水动态监测研讨会,推广了"四水"转化实验研究的"南宫地下水均衡实验场经验和科研成果",并设立"零通量面先进技术应用成果推广研究"专题,在全国范围推广"四水"转化研究成果的应用。原地矿部先后在东北地区沈阳、华北地区郑州和商丘、西北地区西安和昌吉、西南地区桂林、东南地区成都等地建立了地下水均衡实验场,全面开展了"四水"转化与区域地下水资源评价相互支撑研究工作。《华北地区大气水–地表水–土壤水–地下水相互转化关系研究》[①] 集中反映了这一时期的研究成果。"八五"期间,国家科技攻关转向大江大河的流域水资源形成研究,开展了黄河流域水资源评价项目研究,包括流域地下水资源的形成和演化问题研究,开始系统关注"自然–社会"双重因素对区域水资源形成的影响问题,提出了基于宏观经济的区域水资源优化配置理论与方法,在地下水资源评价中引入了水循环理念。在《黄河流域地下水资源合理开发利用》[②] 一书中,明确提出"区域水循环正在发生显著变化","今后应该加强对局部和整个流域水循环的定量研究,才能更准确作出区域转化量趋势预报"的观点。

"九五"期间,国家科技攻关重点转向了干旱生态脆弱地区,建立了"资源水–边缘水–生态水–灾害水"新"四水"理念,并立足于以水为纽带,开展了区域水资源–国民经

---

① 75-57-01-01 专题,1990,华北地区大气水–地表水–土壤水–地下水相互转化关系研究,水利部水利水电科学研究院。

② 85-926-05-01 专题,1997,黄河流域地下水资源合理开发利用,国家重点科技攻关成果,地矿部水文地质环境地质研究所。

济-生态环境之间相互依存定量关系研究，深化了区域生态需水和水资源承载能力的认识。20 世纪 90 年代末期，我国开始重视大陆尺度水循环演化与区域地下水演变研究（张光辉等，2000a，2005a，2005b；张宗祜等，2000）。

1994 年，中国科学院和中国工程院院士张宗祜先生首先在国内提出开展"大陆水圈水循环演化研究"的科学建议，1995 年得到地矿部的大力支持，并以部前沿重点基础项目的形式，下达了"大陆水循环演化"预研究项目——"区域地下水演化过程及其与相邻层圈相互作用研究"。在首席科学家张宗祜院士领导下，该项目历时 4 年时间，针对全新世以来华北区域地下水形成、演化过程及其与气候、地质和水文环境变化，以及人类活动之间相互作用机制等重大基础问题，以区域尺度水循环演化规律研究为基础，通过大量野外调查和室内外实验研究，首次查明了华北区域地下水演化过程、现状和近百年来人类活动对区域地下水演变的影响状况，在区域地下水与相邻层圈之间水分通量演化规律方面取得重大新认识，发现人类活动明显地影响着区域地下水水文地球化学演变的进程（张宗祜等，2006）。

1996 年，中国科学院地学部将"大陆水圈循环演化研究"列入《21 世纪发展纲要》中，从战略角度确立了"大陆水循环演化"在我国地学研究中的地位。1997 年，在张宗祜院士的倡议下，地矿部组织专家提出了"中国大陆水循环系统演化及其资源、环境效应"的国家重点基础研究发展规划项目建议书，并于 1998 年提交国家科技部通过专家初评。1999 年，张宗祜院士在国家自然科学基金委员会主办的"21 世纪中国水问题论坛"上，应邀作"大陆水文循环演化研究"主题发言，受到广泛关注和进一步重视。在 1999 年国家重点基础研究发展规划项目申报中，出现多项以水循环为指导思想的申报项目，"大陆水循环演化"研究思想得到了水科学界的广泛重视。在 2000 年国土资源部国土资源大调查的水工环基础研究中，有关地下水形成的水循环演化内容已成为主基调。

"十五"期间，国土资源部在西北地区开展了重大科技专项，张光辉作为首席负责，主持完成了"西北典型内流盆地水循环规律与地下水形成演化模式"重点基础性研究项目。该项研究针对西北内陆区水土资源利用不协调，以至下游区生态环境不断恶化问题，以黑河流域为重点区，应用水循环和可持续发展理论，通过大量物探、同位素采样、遥感和水文动态监测，以及植被生态与地下水之间关系等综合研究，首次揭示了黑河流域地下水的补给、径流、排泄在时（不同时期、不同阶段）空（不同地段和空间）变化特征、过程和模式，查明流域地下水系统演化与气候变化、人类活动影响和构造控制作用之间机制。这一研究突出了区域地下水形成和演化的自然属性、小时间尺度上人类活动影响的干扰性，突破了传统水文地质学研究思维，引植入现代水文水资源学的系统理念。同时，建立了以地下水为核心的、与区域水循环相联系的"黑河流域地下水演化模式"，包括水量转化模式、补给演化模式、径流演化模式和排泄演化模式以及各子系统之间水力联系模式，提出了西北内陆地区地下水演化的一般规律和系统研究的思路，实现了前沿科学问题探索、关键基础问题研究与重大现实问题解决的有机结合，包括过去、现状与未来的不同时间尺度的嵌套与耦合，拓展了地下水科学与生态、土地及地质环境科学之间交叉深度，进一步提高了对西北内陆地区水土资源和流域地下水循环演化规律的认识（张光辉等，2005a）。

　　"十一五"期间，面对华北、西北和东北地区地下水被大量开采，有力地支撑当地经济社会快速发展的同时，引发较严重的地面沉降、海咸水入侵、土地与生态环境退化和耕地良田荒漠化等问题，围绕"华北平原在地下水开发利用过程中如何防控地面沉降、西北内陆地区随着地下水开采量不断增大如何保护依赖地下水维系的生态环境和在东部沿海地带如何提高大中城市地下水合理开发利用并有效地保障城市地质环境安全"命题，立足于前瞻性、针对性、系统性和战略性地服务国家和区域经济社会发展目标，确保地下水的资源功能、生态功能和地质环境功能的综合效益最大，从区域尺度出发，探索了区域地下水功能的内涵，在原地矿部水文所老先生们的深入指导下，作者的科研团队提出了区域地下水的资源功能、生态功能和地质环境功能评价理论及方法，出版了《区域地下水功能可持续性评价理论与方法研究》一书，重点解答：①什么是地下水功能，为什么要进行地下水功能评价；②如何进行地下水功能评价，包括基本理念、方法以及相关数学原理和应用技术。它详尽阐述了地下水功能及其可持续性状况的评价原则、指标体系、技术要求、评价标准、数据处理技术（GFS系统）、评价与区划数理方法，以及在 MapGIS 环境下如何快捷、准确地处理那些杂乱无章的海量基础数据的技术方法，包括分区、剖分和数据自动提取，以及"有规律性数据"、"非规律性数据"和"定性资料"各类信息的量化与标准化技术。该理论方法在我国西北、华北和东北地区广泛应用的结果表明，它适宜我国北方平原区地下水可持续利用性状况评价的要求，符合人与自然和谐的科学发展观和社会发展需求，对于解决西北、华北和东北地区地下水的资源功能与生态功能和地质环境功能之间合理定位问题具有重大现实作用。同时，对于促进区域地下水及其环境地质问题评价理论及方法研究显示出强劲的生命力。

　　"十二五"期间，作者作为课题负责，完成了国家973项目"海河流域二元水循环模式与水资源演变机理"、国家自然科学基金项目"人类活动对干旱区地下水循环变异影响阈识别"和"降水变化驱动地下水变幅与灌溉用水强度互动阈识别"，以及国家科技支撑项目"华北农作物布局结构与区域水资源特征适应性研究"，不仅详尽阐明近60年来华北平原超采区地下水演变时空特征和机制，以及人类活动影响程度，而且，应用水文地质学的"模数"理念和地学系统论方法，解决了"气象（降水）、水文水资源、地下水与作物布局结构"的四大系统之间监测和研究尺度不统一，以至难以耦合的领域重大难题，建立了农作物灌溉用水强度与区域水资源承载力适应性评价体系，包括方法、评价结果分级与标准指标和表达方式等技术要求，以"$0.49km^2$"精度识别和量化界定了华北平原全区农林灌溉用水对地下水超采影响状况。在上述评价中，充分考虑了评价指标体系中"适应性状况"、"水资源承载力"和"实际耗水强度"三个组群之间内在互动性及其受气候变化影响的可变性，为首次实现大区域、多种不同作物布局结构与气象、水资源和地下水系统之间适应性状况的量化评价提供了关键技术保障。在解决上述问题中，充分考虑了多元系统中共性要素在流域上的相似性、在区域上的相对差异性和在区内的相对一致性，同时重视流域水文水资源分区的相对完整性和区内相同作物灌溉用水强度的近同性。应用创建的理论评价方法，首次实现华北平原13.92万 km^2 范围的农田灌溉用水对地下水超采影响区域、程度、主导作物和缺水状况的高精度量化评价，明确了华北灌溉农田减蒸降耗节水技术实施的重点区域与对象，为华北灌溉农业实现规模化节水、有效缓解地下水超采提供重要科学依据。

另外，近30年以来，地矿、国土、水利部门和中国科学院有关科研单位对小范围水文过程已有详细了解，研究和建立了大量小尺度模型，原地矿部在河北平原和陕西关中平原建立的地下水资源模型、水利部在华北建立的水资源管理模型都已对中比例尺水文模型进行了探索，为大区域近代水文循环模型的建立和中、小尺度（10～100km²）局部模型的数据特征化及其与大尺度网络的结合打下基础。同时，我国在干旱地区也开展了不少有关地下水形成方面的研究工作，基本了解了地表及浅部区域水资源的数量与分布规律。《中国西北典型干旱区地下水流系统》（李文鹏等，1995）较详尽地描述了有关研究成果，在水循环及陆-气之间水量、热量交换的研究方面取得一定进展。通过对多年平均水量平衡、水循环的研究，利用流域水文模型初步描述了气候变化对地表水、地下水及土壤水变化的敏感性，以及陆-气间水量、热量交换与年水资源量之间关系。"九五"期间，原地矿部先后开展了"西北找水特别计划"、"西北地区地下水资源勘察战略研究"等前沿基础项目研究，国家科技部组织开展了"西北水资源优化配置与开发利用"研究工作，开始探索深层地下水形成与利用问题。但是，以前的工作多为小范围的预研究或缺乏系统、深入的基础研究工作。正如陈梦熊（陈梦熊，2001，陈梦熊、马凤山，2002）指出的那样，长期以来，西北水资源开发利用未能充分考虑干旱地区水资源的特点和自然界的客观规律，特别是在资源与环境可持续利用发展观念下的水循环演化与水资源演变的基础科学问题研究仍然薄弱。例如，干旱内陆盆地水资源时空变化与区域水循环系统演化之间动力学机制与水分通量模式、地下水开发利用与地表生态系统之间阈值指标体系和山区与平原之间地下水通量与水力连续性、地下水资源再生性能力与潜力可变性等科学问题，都是西北地区经济可持续发展和合理地开发利用区域地下水资源所需要的、有待进一步研究的问题。对于区域地下水资源形成、演变及其与其他圈层或系统之间相互作用关系，包括人类活动，也是薄弱环节，特别是陆地系统区域尺度的水循环演化规律研究十分薄弱。

三、国际相关研究动态

（一）不同尺度水文循环观念

自1965年联合国教科文组织（UNESCO）成立"国际水文十年"以来，世界各国对全球水循环及大陆尺度水文过程进行了大量的研究，至今仍为一个热点问题。1974年以来，UNESCO已经执行国际水文计划（IHP）的多期项目。1990年开始国际地圈生物圈计划（IGBP）、世界气候计划（WCRP）和全球能量和水循环实验（GEWEX）陆续开展研究。这些大型的科学计划，越来越注重人类活动对水循环的影响和水资源系统与生态系统的相互作用，为解决全球水资源的合理利用提供科学依据，同时，对于客观评价地下水资源形成及利用具有重要作用。

由于地球系统中的大气、水文、陆地部分都是在不同的空间尺度上演化和变化的，所以，从不同时空尺度上去认识水循环系统演化规律及其与生态环境演变之间相关机理，来解决水资源及与其相关的环境问题，已经成为水文水资源学科的发展趋势。自从

20 世纪 70 年代中期提出了"气象系统"概念以来，人们利用大气环流模型研究海-气耦合系统、气候生态系统以及陆面、植被、土壤性质对气候的影响等问题在全球范围内广泛地开展起来，随着对这些问题研究的深化，人们开始认识到大气与陆地水量及能量的收支平衡是气候系统的基本组成部分；认识这些制约地球水量与能量收支的物理过程，并能够定量地模拟它们，是对未来的气候变化及水资源与水环境演化给出正确预测的关键性先决条件。然而，十分遗憾的是，目前无论对降水、径流、蒸散的模型模拟方面，还是关于大陆各种水文过程演化的认识方面，都不能正确地给出或描述全球乃至大陆区域水量和能量收支的图像，预测其演化趋势则更困难。

1992 年美国把大陆水循环列入全球变化研究计划，认为"对较大区域和大陆尺度区域上水运动过程的机理了解甚少"，"大陆水循环由于它与生物、物理、化学和地质过程以及人类作用之间的极为复杂的相互作用，而成为全球水循环中最为关键的子系统"，"是很难理解和模拟的极为复杂的系统"，其"中心问题是建立局部水文过程与区域、大陆和全球尺度水文过程的关系"。在 20 世纪 90 年代，日本在其地球科学技术研究基本规划中，强调了水圈与各圈层相互作用的研究，指出：大气降水"在被土壤及植被吸收的同时，还以地下水、湖泊、河流的形式积存于陆域或海域，在此过程中会溶进各种各样的物质，给地球整体的物质循环带来很大的影响，因此，应对地表水、地下水、冰雪等淡水循环及随之发生的物质循环进行研究"。原苏联及俄罗斯学者自 20 世纪 80 年代以来，强化了人类活动对水圈改造的研究，在此基础上建立了"生态水文地质学"等分支学科，开展了人类活动影响下水圈的演化研究。瑞典在研究水循环方面问题中提出，土壤-植被-大气系统中的能量与物质间反馈是水文循环了解最少的方面，大陆尺度上植被在连接蒸散与土壤水、地下水中的作用等变化是如何影响水文循环的一系列问题也了解很少。最基本的问题是尺度问题，包括时间尺度和空间尺度。尺度问题和地面真实数据的缺乏，是 20 世纪 80 年代中期以来开展一系列大区域水文-大气先行性实验（HAPEX）的动因。瑞典正在深入地开展一维土壤-植被-大气传输（SVAT）模式的发展、检验和验证研究工作以及全球能量与水循环实验（GEWEX）研究，其目标是利用适当的模式，再现和预测区域性水文过程和水资源的变化及其对温室气体含量增加等环境变化的响应。德国在特别研究领域中，把干旱半干旱地区的地学问题、大陆物质系统的交互作用及其模拟和地下水中有害物质问题列为重点研究项目，并将开展水文学区域化研究。澳大利亚开展了时间尺度从 1 小时到 1 年的大气与陆面间能量和水交换研究项目。印度在陆地-海洋相互作用、古环境重建、陆地-海洋-大气耦合模式等研究方面都取得了进展。另外，加拿大、法国、爱尔兰等国家及中国台湾等地区也参与和开展了全球变化研究。中国也正在积极参与 IGBP 等国际计划研究，并成立了相应的国家委员会，加强组织和指导工作。

目前，许多国家已经认识到区域水文循环过程研究是加深认识地下水形成和演化过程的一个重要方面。世界发达国家普遍重视区域水循环规律研究，注重利用自然规律来实现地表水与地下水优化调控，来提高水资源利用的合理性和可持续性。

（二）干旱半干旱区地下水研究

干旱半干旱区的地下水形成与演化研究一直是国际水科学界的热点课题。该项研究工作始于 20 世纪 50 年代。1951 年联合国教科文组织开始组织研究干旱区水资源形成与保护问题。1952 年 4 月，在土耳其召开了干旱区水文学讨论会。1975 年 12 月，在德黑兰召开了"干旱土地的水"国际讨论会。90 年代，由 UNESCO 和智利 IHP 委员会赞助在干旱地区建立了水文和水资源地区中心。在国际水文计划（IHP）和国际水文十年（IHD）中也将干旱区地下水问题列为重要的研究内容，其中，第五阶段项目主题为干旱半干旱地区水文过程、水资源评价与可持续性利用。国际水文地质学家协会（IAH）将干旱区地下水形成与演化的理论研究放在重要位置，先后开展多次大型活动。

　　许多干旱国家或地区都已意识到开发利用赖以生存的地下水资源，特别是深层地下水之前，开展前期的水资源形成、演化规律及其与各种因子，包括人类活动的关系研究，是科学地开发利用水资源，保护生态环境，使之与自然协调发展的不可缺少的基础工作。美国等发达国家重视开发利用地下水及其与地表水的联合优化利用，以及区域水循环规律研究，以提高水资源利用的合理性和可持续性。以色列、伊朗、沙特阿拉伯、巴林和阿联酋等国家的经验和教训表明，干旱区降水量少，气候干燥，蒸发强烈，致使可供利用的地表水很有限，水质较差，地表蓄水或储水工程的效益不理想，因而重视地下水的合理开发利用及其基础科学问题的研究。

　　对于干旱区地下水的成因，一直存在凝结论和原生论的争论。有学者认为，在沙漠区不可能形成具有一定规模的地下水储量。随着人们对干旱地区地下水补给的深入研究，从理论思维上突破了这一误区。哈萨克斯坦水文地质工作者通过区域的途径，建立了干旱水文地质学原理，查明地下水的主要补给区和补给源大部分位于潮湿的山区，并揭示出自流水型和潜水型地下水径流是由大气降水渗透而形成的。在我国西北干旱地区，出山河流径流量（包括河床潜流）占盆地水资源总补给量的 80％以上，侧向补给量、降水入渗量、暂时性洪水等在盆地水资源总补给量中所占份额很小（李文鹏等，1995）。

（三）气候变化下区域水循环演化研究进展

　　全球气候变化引起区域水循环演变及水资源数量与质量的时空响应效应，已成为当今国际研究课题。在"九五"期间，我国开展了"气候异常对我国水资源及分布循环的影响评估模型研究"。"十五"期间完成"气候异常对我国淡水资源的影响阈值及综合评价"国家重点科技项目研究，"十一五"期间开展了国家"973"项目"气候变化对我国东部季风区陆地水循环与水资源安全的影响及适应对策"等。

　　在研究方法上，侧重研究因气候变化引起的流域水文要素（蒸发、降水和径流等）变化，进而预测对整个流域水资源系统影响现状与趋势。通常是假设气候发生某种变化，然后，分析区域水文循环过程中各要素会发生的变化，包括未来气候变化情景的设定或生成、流域水文水资源模型创建与检验、气候变化情景输入水文模型与模拟分析区域水文变量和水循环过程，然后，根据模拟的结果评估气候变化对水文水资源的影响。

　　在大气环流模式与水文模型耦合研究中，侧重未来气候变化对水循环系统的影响，但目前的大气环流模式还无法完美给出中、小尺度网格上的年平均气温和年降水量变幅。于是，出现"动力降尺度法"和"统计降尺度法"。

　　到目前为止，气候变化对水循环系统影响的研究，仍然存在如下问题：①普遍采用气候变化模式与水文模型进行单向路径耦合，气候系统和水文循环系统被看成是静态的、相互独立的过程和相对平衡的，在研究气候变化模式时很少对流域水文循环动力机制与反馈作用进行研究，一般只是设置一些参数来代替流域水资源空间分布和水文过程变化。这种做法与实际情况不符。②大部分耦合模式难以模拟出大尺度特征的强度和量值，模拟出来的温度和降水存在较大系统性偏差。③气候变化对水文水资源系统影响研究中，尚不能客观地反映土地利用和覆盖变化导致水文循环过程的发生变化，多假定土地利用和覆盖不发生变化或定式变化，这与实际情况不符。④目前大多数的模型软件，尚无法适应我国复杂的气象、地形和水文特征，同时，有关气候变化对区域水资源系统影响综合研究较弱，过去主要集中在对流域径流平均变化影响研究。

（四）研究趋势

近年来国际地下水研究发展趋势可概括如下：

（1）重视地下水形成的区域性或流域性整体的系统研究，强调信息数字化的综合调查与模拟，突出区域水资源-生态环境-人类活动之间的可持续协调发展理念和大气水、地表水、包气带水和地下水之间的系统性，由 20 世纪 60 年代小单元水文动态规律研究逐渐向区域水循环演化综合研究转移。

（2）开始重视人类活动对地下水形成条件的影响和地下水形成过程的研究，突出浅层地下水再生能力的可变性与可持续利用之间的协调性，开始关注不可再生的深层地下水资源形成与合理利用机制研究。

（3）在认识上，已经建立了一个地球水循环、水量分配的基本框架，包括地球深部、浅部、水圈、气圈之间，以及地表系统中的水文循环，涉及地表水资源和地下水资源的形成、环境变化等，由此，注重研究水文循环系统中各圈层或各组成部分及其界面的相互作用。

（4）开始加强大尺度的区域地下水形成与区域水文循环系统之间关联性与整体性、区域特征和规律研究。

（5）认识到地下水演化或变化有自然原因，也有人类因素。气候变化制约地下水再生能力，水文循环演化又影响地下水资源时空分布规律。所以，开始重视通过认识不同尺度（万年、千年、百年、年或更小时段）的气候变化，了解区域性水循环系统演化规律，指导预测未来区域地下水资源演化趋势。通过认识水文循环演化规律，了解区域性地下水资源量变化、环境效应和演变机制。

（6）认识到区域地下水数量与质量时空变化与地球化学循环和生物地球化学循环相联系，与土地利用和覆被变化相关。

（7）强调应用空间尺度和时间尺度的观点来分析全球、大陆区域和流域区域水循环系统变化，从而客观地分析发生在不同时空尺度上的区域地下水变化，研究它们之间的因果联系与制约作用及各自的特点和成因。

（8）重视应用现代观测手段、高新技术与数字化、虚拟模拟技术和开发数据信息系统，强调理论模式和数值模拟研究。

第二节　中国区域地下水演化研究起源与进展

中国大尺度区域地下水演化研究起源于 20 世纪 90 年代中期。自"九五"以来我国先后开展了国家自然科学基金重点项目"人类活动影响下华北平原地下水环境的演化与发展"（1993～1997）、原地质矿产部重点基础项目"区域地下水演化过程及其与相邻层圈之间相互作用"（1996～2001）、国土资源部重大科技专项计划基础研究项目"西北典型内陆盆地水循环规律与地下水形成演化模式"（2000～2004）、国土资源部重点基础研究续做项目"西北地区水循环演化与水土资源可持续利用"（2004～2006）、国家重点基础性（973）项目"海河流域水循环演变机理与水资源高效利用"（2006～2010）和"华北平原地下水演化机制与调控"（2010～2014），在大陆或区域尺度地下水演化研究方面取得重要进展，促进了我国地下水资源调查评价和生态-地质环境保护的研究水平提高。

在过去 20 年的研究中，构建了长 3500km、高差 5000m 和跨度 2 万年的大陆尺度气候-地质环境-陆地水系统演化断面，揭示了华北平原地下水形成的古地质环境与古气候演化过程及动因，发现近 2 万年以来，该平原地下水的每一主要补给周期为 1000～2000 年，而且不同尺度系统间存在自相似性，在突变或灾变事件发生之前存在一个熵值较大的平衡期，可作为预测或判断突变或灾变事件依据之一；近 50 年来，人类活动影响使连续统一的华北平原地下水循环系统演变成局部以垂向运动为主模式。在西北内陆黑河流域，相对百年尺度冷期，地下水补给量减少 4.38 亿～7.61 亿 m³/a，这种变化与山区降水和气温关联度分别为 0.97 和 0.80，与平原区降水和气温关联度仅为 0.43 和 0.60；人类活动对该流域水循环的影响强度由 20 世纪 50 年代的 19%、经过 60～70 年代 28%，增至 80～90 年代的 54%，进而导致下游区生态环境严重退化；上述成果实现了数字化和虚拟实现的可视化。

一、华北平原地下水演化研究

（一）华北平原地下水演化研究的起源

20 世纪 90 年代初，华北地区水资源紧缺、地下水超采严重和地质环境问题突出，引起广泛关注（张光辉等，2000b，2004a，2003a；张宗祜、张光辉，2001）。1992 年，张宗祜院士针对上述国情和学科发展的重大问题，提出开展"人类活动影响下华北平原地下水环境的演化与发展"研究课题，1994 年进一步提出开展"中国大陆水圈演化研究"立项建议，1995 年详尽阐述了"开展中国大陆水圈演化研究，保护人类生存环境"的科学思想（张宗祜等，1997a，1997b），在国家自然基金委员会主办的"21 世纪水问题论坛"上阐明了"大陆水循环演化研究"的科学内涵及其对我国相关学科发展的重大意义和促进社会经济发展的重大作用（张宗祜、张光辉，2001）。在国家自然科学基金重点项目"人类活动影响下华北平原地下水环境的演化与发展"研究的基础上，1996年，地矿部设立重点基础研究项目"区域地下水演化过程及其与相邻层圈的相互作用"，开始全面推进中国大尺度区域地下水演化的基础研究。

（二）开拓性进展

通过上述项目研究，发现：

（1）青藏高原的隆升和晚更新世以来海平面的变化对华北平原地下水动力场和水文地球化学场演化产生了重要作用，包括对区域地下水补给、更新、径流和排泄过程及模式的影响（张宗祜等，2000；张光辉等，2001）。

（2）不同时间尺度的气候周期性变化是华北平原地下水承载力变化的主要驱动力，它与人类活动影响彼此嵌套导致地下水补给、更新和承载能力的变化表现出多变性、不确定性和阶段性特征；近几十年来人类活动影响是加剧华北平原地下水循环演化及其环境变化的主导因素（张宗祜等，2000；张光辉等，2002b，2003a）。

（3）对于华北平原地下水可持续利用性的认识和把握，需要从全球变化的视野出发和立足大陆尺度水循环演化规律，认识到气候、构造和人类活动是区域地下水演化的关键驱动力，它们彼此叠加，并且在不同时空中其影响强度处于不断变化之中（张宗祜等，1997b；张光辉等，2000a，2001，2003b；陈宗宇等，2004）。

（4）"地下水可持续利用"是随着社会经济和环境因素变化而不断发展和完善的理念，既强调目前需求又考虑长期需要，同时还需要考虑社会和科技不断进步对水资源需求的影响，包括不同时期水资源的稀缺程度、综合价值、利用成本和市场价格的变化，应确保地下水资源在国家和区域社会经济发展的关键时期发挥其应有的作用，通过有序和合理利用实现人与自然和谐，长期超采或全面禁采地下水都是不正确的（张光辉等，2002a，2003a，2004a，2006；刘少玉、程旭学，2002；张翠云、王昭，2004）。

（三）在认识上实现空间尺度跨越

为了从整体上认识华北平原地下水系统演化的地质历史背景，构建了大陆尺度的气候-地质环境-陆地水系统演化断面，其东西长 3500km，南北宽 600km，高差近5000m，时间跨度 2 万年，揭示了大陆水圈演化的气候、地质环境和陆地水系统在动量、能量和物质运动中的内在联系，阐明晚更新世以来华北平原地下水形成的古地质环境与古气候演化过程及动因，提出陆地水循环系统，特别是地下水系统的演化主要受控于晚更新世以来海平面变化（张宗祜等，2000），为华北平原地下水可持续利用研究奠定了重要基础。

在上述研究中，立足区域、流域、分区和亚区的基本单元之间有机联系与互动，以大陆尺度水循环演化作为指导思想，贯穿了"人-地"和谐发展观，突出了华北平原地下水系统的体系性和区域完整性，同时又充分体现流域系统内的多层次结构、分形特征和不同时空尺度的水循环子系统间耦合与有机嵌套（张光辉等，2004a，2005a）。

（四）新理念与新成果

1. 揭示了全新世以来区域尺度地下水主要补给期变化规律

通过大量地下水中环境同位素的古水文信息研究，发现近 1.8 万年以来华北平原地下

水的每一主要补给期为 1000~2000 年，分别为距今 15.0~13.0ka B. P.、12.5~11.5ka
B. P.、11.0~9.0ka B. P.、8.5~7.5ka B. P.、7.0~5.5ka B. P.、4.5~3.5ka B. P.、
2.5~1.5ka B. P. 间和 1Ka 以来为连续补给，其他时段气候干旱，地下水补给明显减
少，这与气候演变历史中多雨期或少雨期具有较好的对应性，并建立了区域地下水演化
与相邻层圈间水通量变化模式和分区阈值（张光辉等，2000a，2001，2003b，2004a）。

2. 发现水循环演化过程中不同层次的系统间自相似性与灾变机制

在解决不同时间尺度或空间尺度水文模型之间衔接问题或规律对比过程中，发现近
万年以来区域水循环演化过程中不同层次的系统间存在自相似性，其演化过程中存在非
平衡状态，包括在较漫长的渐变过程中存在突变事件和灾变机制。在突变或灾变事件发
生之前，存在一个熵值较大的平衡期，可作为预测或判断突变或灾变事件依据之一。熵
值越大，要素值越靠近多年均值，趋于稳定态；熵值越小，远离稳定态，要素的强弱或
丰枯变化结构（过程）越简单，确定性越强。通过确定气象、水文及地下水系统要素结
构熵、分布熵和热力学熵的过程线的方法，可解决水循环演化结构特征及其关键因数的
不确定性问题（张光辉等，2004a）。

3. 阐明全新世以来层圈间水分通量随区域水文循环演化而变化模式

全新世以来华北平原地下水的百年尺度多年平均的年净补给系数（=净补给量/年
降水量）介于 0.21~0.27。区域地下水储变量与陆面蒸发量之间的水分通量则随年蒸
发量的增大而增大（为负值），其变化率随年蒸发量的减小而增大，这主要受降水和地
表径流变化制约。区域地下水系统自变率（=无补给和无蒸发影响下地下水储量自然变
化速率）大小与地下水埋藏深度有关。在距今 5.0~4.0ka B. P. 和 8.0~5.6ka B. P. 期
间，华北平原地下水的自变率最大，分别为 −6.59mm/a 和 −6.72mm/a。近 3000 年以
来，区域地下水自变率介于 −2.77~−3.09mm/a（张光辉等，2000a，2001，2004a）。

4. 解析多元因素影响叠加导致地下水演化复杂过程与未来变化趋势

全新世以来华北平原地下水形成、演化和更新过程与气候、地质条件、水文环境变
化和人类活动影响之间存在叠加或交互作用机制，构造、气候和人类活动的影响权重分
别为 25%、34% 和 41%（张宗祜等，1997a，2000；张光辉等，2004a）。未来 2010~
2020 年期间华北平原的层圈间水循环通量可能明显增加，区域地下水年补给量存在增
加趋势；2020~2030 年期间千年尺度序列水循环通量将明显增大，是未来百年尺度区
域地下水主要补给期之一；2030~2050 年期间水循环通量呈明显减少趋势，区域地下
水净补给可能再度出现 10 年或更长时间尺度的多年平均负均衡状态（张光辉等，2001，
2003b，2004a）。

5. 梳理人类活动对地下水循环系统影响后果

近几十年以来大规模拦蓄出山地表径流和长期超采地下水，导致华北平原地下水位
下降、流场变异和储量资源承载能力减弱、咸水体下移和入侵地下淡水体（费宇红等，

2001，2005）。人类活动影响使原本连续统一的华北平原地下水循环系统变异为局部以垂向运动为主模式，地下水的径流方向由原来的自西向东流动转变为由各地下水位降落漏斗的四周向其中心汇流，自然状态下区域地下水流场特征已经基本消失（张宗祜等，1997b，2000；张光辉等，2002b；费宇红等，2005）。

国家 973 项目"华北平原地下水演化机制与调控"（2010～2014）研究，正在探索世界级规模的华北平原地下水复合漏斗形成演变机理，以及人类活动对该平原区域地下水资源的数量与质量影响机制，解析区域地下水资源开发-环境变化-经济发展之间协调关系，研究气候变化和人类活动二元系统因子影响下区域地下水循环演变特征及相关基础理论，探索识别区域性地下水系统危机的临界警示阈和标示特征，深化和完善区域地下水资源承载力的评价理论方法，包括"地下水区域性复合漏斗"灾变识别、预警与控制理论方法研究。

二、西北内陆流域尺度水循环与地下水演化研究进展

（一）研究背景

西北内陆平原区降雨稀少，水资源紧缺，水土流失严重，生态环境极度脆弱，日益突出的人-水-土地与生态环境之间矛盾加剧了生态环境退化情势，影响着西北社会经济可持续发展（刘少玉、程旭学，2002；张翠云、王昭，2004；张光辉等，2005a，2006），因此，开展了下列问题研究：①不同尺度气候变化背景下流域尺度水循环演化过程，以及地下水的资源、环境与生态功能之间互动机制；②随着人类活动不断增强，流域尺度水资源和分区地下水承载能力变化规律与趋势；③在社会经济发展与水资源-生态环境和谐目标下，水土资源利用如何合理定位及优化调控机制。

2000 年 10 月至 2005 年 10 月，国土资源部实施了重大科技专项计划"西北地区水资源与可持续利用"研究，其中"西北典型内陆盆地水循环规律与地下水形成演化模式"是重点基础项目，它是"区域地下水演化过程及其与相邻层圈的相互作用"研究的延续和升华，取得重要新成果。后续，作者的科研团队还完成了国土资源地质调查的基础科技项目"西北地区水资源演化与水土资源可持续利用"，（2004～2006）、国家自然科学基金项目"人类活动对干旱区地下水循环变异影响阈识别"（2005～2007）、"西北内陆干旱区地下水更新性及同位素模型耦合研究"（2007～2009）和国土资源部百人计划项目"西北典型内陆水土资源利用对地下水更新性影响机制"（2007～2009）。

（二）突破性进展

1. 理念上

应用系统可持续发展观、流域尺度水循环理论以及地球表层系统思维，提出了人-地耦合系统中自然变化和人类活动影响的识别及叠加效应研究方法，建立了人类活动影响强度和补给源多元组成的新理念及其科学评价方法（张翠云、王昭，2004；张光辉等，2005a）。

2. 技术上

构建了流域尺度多源、不同自然地理单元和不同水文地质单元组合的水循环系统，应用 EH_4、RS-GPS-GIS 和环境同位素技术建立了四维水循环系统动态监测体系，为有针对性地进行古水文、古气候、气象、水文、生态环境和地下水等多学科交叉与融合的重点问题研究奠定了基础（武毅等，2004；张光辉等，2005a，2005c，2005e）。

3. 认识上

发现黑河流域水循环系统存在两种不同类型补给源区、三种补给模式、多次转化过程、多源补给周期变化机理；量化界定了人类活动对水循环演化的四维影响度；数值精细描述地下水演化规律，实现了流域尺度水循环演化过程的可视化（武强、李树文，2002；张翠云、王昭，2004；聂振龙等，2005；张光辉等，2005a，2005d，2005e）。

4. 方向上

提出进一步增强水土资源可持续利用的科学规划水平和保障能力，亟须认识水-土-生态-环境系统内在固有规律及其与人类的协调机制，研究水-土-生态-环境系统的数量维变化与发展度之间关系、质量维与协调度之间关系以及时间维与可持续度之间关系（张光辉等，2005a，2006）。

（三）在水土资源和谐利用认识上实现提升

（1）在西北内陆平原区，随着人类活动不断增强，水资源和地下水承载能力呈不断脆弱的情势，同时防治土地荒漠化和生态环境退化的保障力渐趋衰弱（张翠云、王昭，2004；张光辉等，2005a）。

（2）在不同尺度气候变化背景下，西北内陆平原区地下水的资源、环境和生态功能之间相互制约和相互响应，任一功能被过度利用，都会引起其他功能的衰弱。在过去几十年中，地下水的生态功能被忽视，导致黑河流域下游区生态环境及土地退化不断加剧（刘少玉、程旭学，2002；张光辉等，2006）。

（3）在"水"与"土"利用中，水资源承载力是度量耕地开发利用规模合理性的尺度，科学调控中游区耕地开发利用规模是有效控制水资源紧缺态势和保护下游区生态环境的重要途径。中游区农田灌溉消耗水量过大是造成下游区生态环境和土地质量退化的主导因素（刘少玉等，2002；张光辉等，2005a，2005d，2006）。

（4）加大山前倾斜平原出山地表径流水入渗补给地下水强度，增强巨厚砂砾含水层系统地下水调蓄功能，是解决春季干旱农田灌溉水源严重不足和提高供水安全保障能力的重要举措（张光辉等，2005a，2006）。

（四）源于大量实践和实验研究的新成果

在 9870km 专项水文调查、39 条地质剖面、6 条线的 185 个物理点 Eh_4 等物探、3

个古气候古环境剖面、850 组水分析、764 组同位素与 366 组孢粉-微量-光释光测年-全盐量分析、4 个剖面包气带水盐运移实验和多项荒漠区凝结水生态效益实验、多组概念模型-数值模拟模型和信息分析系统的基础上，取得如下新认识。

1. 构造控制、多单元组成复杂的地下水循环系统

自黑河流域祁连山源区至额济纳盆地，由于地势自高至低，水资源自产力随之减弱，蒸发潜力增大，地下水补给与蕴藏条件趋差，以至地下水的资源、环境、生态和社会经济保障功能具有明显的区位分带性。

黑河流域地下水循环系统由上游补给源区、中游资源储存与调蓄区、下游生态维持区 3 个分区（多个盆地不同水文地质单元）构成。上游补给源区包括高山冰川融水补给亚区和低山丘陵冰雪-降水-地下水补给亚区。中游区包括民乐、大马营、张掖、酒泉东、酒泉西盆地（5 个亚区），存在 1 个深部区域地下水流子系统和多个浅部局域地下水流子系统。下游区包括金塔-花海子、鼎新谷地、额济纳盆地（3 个亚区），存在 1 个深部区域地下水流子系统和多个浅部局域地下水流子系统。区内分布有单层、双层和多层含水层组，其厚度受构造及基底隆起影响差异较大，介于 60～800m；浅层地下水系统与深层承压水系统之间存在密切的水力联系；各盆地地下水系统之间水力关系状况差异较大，主要通过泉水溢出和河流输运进行水量再分配（武毅等，2004；张光辉等，2005a，2005e）。

2. 流域尺度自然水循环过程渐衰标示特征

古气候、古地理和古水文研究表明，在早全新世黑河流域处于增温多雨过程；中全新世处于暖湿多雨期，是深层承压地下水的主要补给期；晚全新世，气候呈现旱化过程，湖泊水域急剧萎缩，旱区类型植被增多，但是湖泊面积仍然达数百平方千米。近500 年以来，黑河流域处于干湿波动的旱化过程，相对百年尺度冷期，祁连山区气温升高 1～1.2℃，冰川面积减少 33%～46%，冰川储量减少 31%～51%，降水量减少 50～80mm，陆面蒸发约增加 7%，黑河流域总水资源量减少约 20%，地下水补给量减少4.38 亿～7.61 亿 m³/a（张光辉等，2005a，2005c）。

从特丰水→特枯水年，黑河干流出山径流总量减少 40.1%，由 20.7 亿 m³/a 减少至 12.4 亿 m³/a，降水补给河水的比例由 59.8% 降至 40.7%，而山区地下水和冰川融水补给河水的比例都增加，分别由 32.51%、3.64% 增加至 44.86% 和 9.62%（张光辉等，2005a，2005d，2005e）。

3. 平原区地下水补给量与山区降水和气温变化密切相关

黑河流域总水资源量和平原区地下水补给量变化，与山区祁连站降水关联度为 0.97，与祁连站气温关联度为 0.80，与平原区张掖站降水关联度为 0.43，与张掖站气温关联度为 0.60。在年均气温升高 0.5℃ 条件下，黑河流域地表径流和平原区地下水补给分别增加9.16% 和 7.38%；在气温升高 1.0℃ 条件下，受陆面蒸发增强的影响，地表径流量和地下水补给量分别减少 3.33% 和 2.68%。若年均气温不变，降水量分别增加 10%～20%，则

地表径流量增加 4.56%～13.45% 和平原区地下水补给量增加 3.61%～10.38%（张光辉等，2005a，2005c，2005d）。

4. 平原区地下水形成呈多元机制

在自然状态下，黑河流域平原区地下水补给存在三种机制：①山前平原浅层地下水为近 30 年来降水和地表水直接入渗补给，在补给过程中存在蒸发影响；②中、下游区潜水以洪水期河流侧渗的补给为主，多发生在强降水季节；③深层承压水以地质历史时期补给为主，尚未被现代水循环显著影响。

同位素研究表明，黑河流域平原区的第四系深层承压水主要形成于距今 8～5ka 和距今 3～2ka 的多雨期；浅层水多为百年内现代水补给，大部分形成于距今 50 年内（陈宗宇等，2004；张光辉等，2005a）。

5. 流域尺度河水与地下水系统间多次转化循环模式

在黑河流域，自祁连山源区至额济纳盆地，河水与地下水之间至少经历了三次相互转化过程。在山区，基岩裂隙水转化为河水，多年平均为 11.92 亿 m^3/a，占出山河水总量的 34.61%，其中讨赖河（又名北大河）的上游源区地下水补给地表水比例约占 53%，黑河干流上游区地下水补给地表水比例占 24%～38%。在平原区的祁连山前强入渗带，出山河流径流量的 70%～80% 入渗补给地下水，当地降水补给占 21%～30%。在冲洪积扇前缘，地下水通过泉水的形式溢出排入河流，其中在张掖附近的泉水对河水的补给量占 32%～46%，在高台正义峡附近，地下水补给河水占 64%～82%。河水流入下游盆地的南缘强入渗带，再次入渗补给地下水；在下游溢出带，地下水流出，汇入河湖（武强、李树文，2002；聂振龙等，2005；张光辉等，2005a，2005c，2005d，2006）。

6. 人类活动对地下水循环演化影响不断增强特征

黑河流域地下水演化除了与气候变化和构造控制作用密切相关之外，人类活动影响在小时间尺度上已经充分展现出强烈的干扰性。选择人口、耕地、水库、引水渠和开采等人类活动作为评价因子，利用 Kendall 秩次相关法研究表明，人类活动对黑河流域水循环过程和平原区地下水补给的影响具有阶段性和区位特征。20 世纪 50 年代的人类活动影响强度为 19%，60～70 年代增大为 28%，80～90 年代高达 54%。在年内，春灌对下游补给量减少的影响程度为 74%，秋灌影响为 28%，冬灌影响为 12%，工业和生活用水影响占 7%。在区域分布上，上、中、下游区的人类活动影响强度分别为 1%、87% 和 12%（张翠云、王昭，2004；张光辉等，2005a）。

7. 实现地下水循环演化数字化表达与预测

通过地表水与地下水系统之间耦合数值模拟模型，预测了未来地下水动态变化趋势，构建了黑河流域水循环演化可视化剖面（平台），采用 Visual C^{++} 6.0 和 OpenGL graphics library 编程虚拟实现地表水与地下水之间径流变化过程及拦蓄、开采影响后果（武强、李树文，2002；张光辉等，2005a）。

模拟研究结果表明：采用方案 B，即通过正义峡水文站的年径流量不少于 10.5 亿 m^3/a，金塔、鼎新灌区消耗量不大于 2.5 亿 m^3/a，通过狼心山水文站径流量不低于 7.0 亿 m^3/a，其中流入东河的水量占 70%，流入西河的水量占 30%，可以基本保证额济纳荒漠平原的潜水水位不持续下降，进而保证生态环境的良性发展（武强、李树文，2002；张光辉等，2005a）。

第三节　中国大陆水循环演化理论与意义

一、中国大陆水循环演化理论提出

（一）理论提出基础

在 2001 年《地球学报》第 4 期上，张宗祜等详尽阐述了"大陆水循环系统演化及环境意义"，深入浅出地阐述了中国大陆水循环演化理论，奠定了我国大尺度水循环演化与区域地下水演变研究基础。

大陆水循环系统是水圈的重要组成部分，其演化是地球环境及其生态系统演变、进化和土地覆盖/土地利用变化的营力，与大气圈、岩石圈、生物圈和水圈之间有密切相关。地球上水的循环和演化有其独特内在的系统性、结构性和运行机制，即水文过程。大陆水循环系统内部各子系统之间彼此依存又相互作用，存在着不可分割的关系，是一个相对独立系统；同时，它又每时每刻都在与大气圈、岩石圈、生物圈之间进行着物质和能量的传输与交换，并受气候变化、地壳运动和人类活动的影响，又是一个复杂的系统。大陆水循环系统制约着土地空间格局和土地数量与质量的变化。如果没有大陆水循环系统的演变，今日土地资源可能是另一种景观，或是水茫茫，或是戈壁一望无边。

以系统观念认识地球，认识水资源、水环境和土地利用与覆盖变化，并为提高人类生存、发展和生活质量的需求而提供具有预见性的科研成果和技术，是区域水及其环境科学研究的主旋律。关注大系统、甚至是整个地球系统，多层次结构相互作用的演化过程，来认识人类生存环境的变化，以动态观点及非线性动力学理论和方法来探索解决人类生存中水、土和环境问题的途径，特别是灾变预报的可能性，已被广泛认识为未来重要研究内容。

加强水、土地和环境系统整体性、区域特征和规律研究，在认识上不断完善已初建的地球物质循环与物质分配的基本框架，包括地球内部深部、浅部、水圈、气圈和地圈之间，以及地表系统中的物质循环，特别需要注重大尺度水循环系统中各圈层或各组成部分及其界面的相互作用研究，即大陆水循环演化问题研究。

应认识到全球气候变化或波动有自然原因，也有人类因素。气候变化制约水资源与环境演化，水资源与环境演化又影响气候的变化。所以，需不断认识不同尺度（万年、千年、百年、年或更小时段）的气候变化，了解区域性水资源与环境演化规律，指导预测未来，通过认识水资源与环境演化规律及其资源、环境效应，了解区域性气候变化机制。在这些机制研究中，重视地球化学循环和生物地球化学循环与大陆水循环演化之间密切关系。

大陆水循环演化前沿探索离不开现代观测手段和信息技术应用，需要解决好时间尺度和空间尺度无级转换技术方法难题，善于用尺度的观点来分析全球、大陆区域和流域尺度水循环和区域地下水演化过程，从而客观地界定发生在不同时空尺度上的变化强度和程度，解析它们之间的因果联系、彼此制约模式和机制。

（二）大陆水循环系统理论基本框架

大陆水循环系统是指大气雨水形成的空间，至地面以下与大气圈、生物圈发生密切关系的地下水系统底板边界，简称"大陆水圈"。

大陆水圈是地球重要组成部分，它是组成地球系统 4 个层圈中的一个重要圈层。大陆水循环系统演化是当代全球变化研究中的重要内容，目前国际地学研究还处于初始阶段、局部和分散状态，缺乏对大陆范围内水循环整体和全过程的系统研究。大陆水圈自地球形成之日起，就与地球的演化进行着同步的运动，而且形成了自身的循环运动系统。按其自身演化规律、空间位置和运动特点等，大陆水循环系统划分为上下两个循环系统，即水文循环系统和地质循环系统。研究大陆水循环系统演化规律，对于科学认识和合理利用水资源具有重要意义。

1. 大陆水循环系统组成及其特点

水文循环是指发生于大气环流水和降水、地表水和地壳浅部地下水之间水量转化过程。水圈中水体通过蒸发、水汽输送、降水、地表径流、下渗和地下径流等水文过程，紧密联系，互相转化，处于不断运动状态，形成一个全球性的动态系统，称其为水文循环系统。大陆尺度的水文循环系统简称大陆水循环系统。水文循环系统不仅紧密联系着地球水圈的各个子系统，而且是联系水圈与大气圈、生物圈和岩石圈的纽带，并形成许多彼此耦合的子系统（图 5-1）。这些子系统的总和构成全球水循环系统。

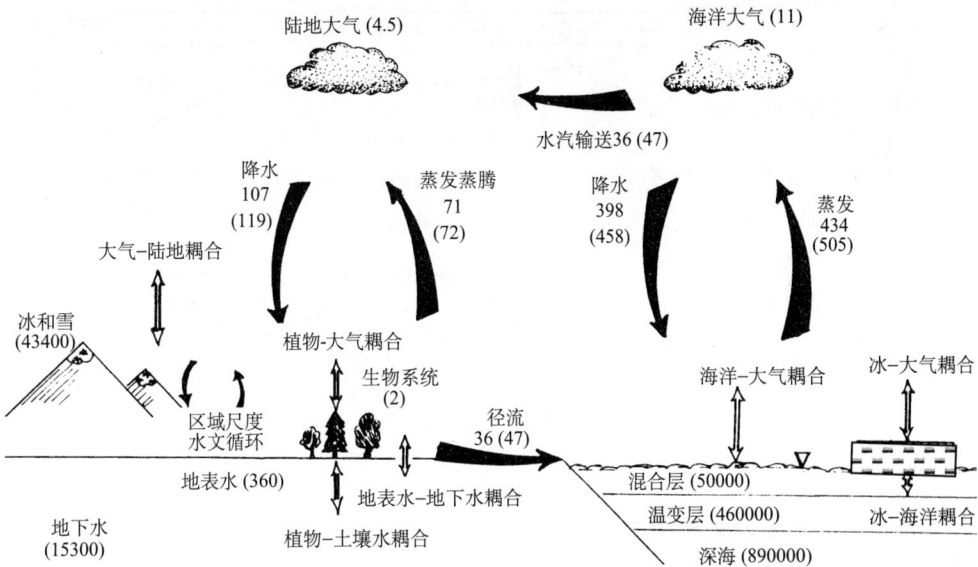

图 5-1　大陆水循环系统组成及其特点（张宗祜、张光辉，2001）

图中 107 指水分通量，$10^3 km^3/a$；（119）指水量，$10^3 km^3$，余同

大陆水循环系统概括起来，具有如下特点：

（1）赋存于地壳表层水，包括几百米深度的地下水，形成于第四纪时期。

（2）它与大气圈、土壤圈、生物圈和人类社会发展关系极为密切，其显著异常变化对区域经济社会产生重大影响。

（3）运动形式以水平方向为主，垂直方向为辅。

（4）是地壳表生带层圈间物质和能量传输的纽带，受控于表层地质、地形的结构，其动态变化与气候密切相关。

（5）是地表生态与环境演化的重要因素，与海洋环境关系密切，在海岸带与海水有交替作用。

从全球尺度的大陆水循环角度来看，每年有43.4万km^3海洋水通过蒸发作用进入大气中，其中91.7％在海洋上空形成降水，降回海洋中；8.3％随着气流携带进入各洲大陆上空，形成由海洋上空向大陆上空的降水的组成部分。进入陆地的水汽形成降水，其中66％通过水面蒸发、陆地蒸发和植物蒸腾作用返回大气中，34％以地面径流和地下径流形成汇入海洋。

对于大陆尺度的区域地下水循环来说，以华北为例，如图5-2所示（张宗祜等，2000），从上游补给区至渤海湾排泄区，经历了山前侧向补给和垂直入渗补给水文过程，然后进入向下游和深层地下水系统径流和排泄的水文过程。在海陆交互带，一部分地下水通过泉水方式排入海洋，还有一部分流入渤海湾海底地下水含水系统中。

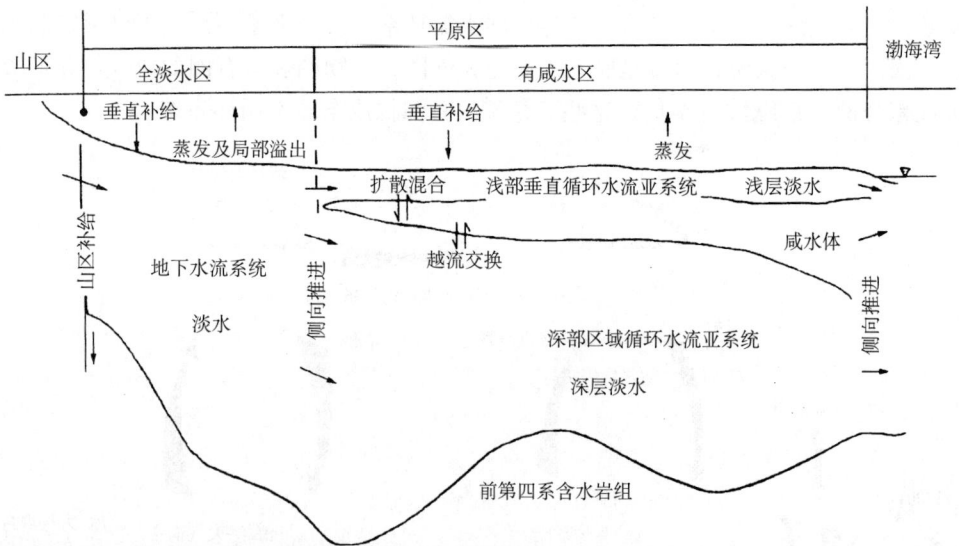

图 5-2　华北平原地下水循环系统框架（据张宗祜等，2006）

2. 地质循环系统组成与特点

在地壳深部，地幔圈层之上或地幔中，存在地质循环，水参与沉积、变质与岩浆作用过程，地壳浅部的水与地壳深部，乃至地幔的水之间发生交换，循环路径长，循环速度缓慢（图 5-3，Bai *et al.*，1992），此类水循环是在地质历史进程中进行的，与板块构造和深大断裂有关，并与火山作用和侵入体活动有联系。

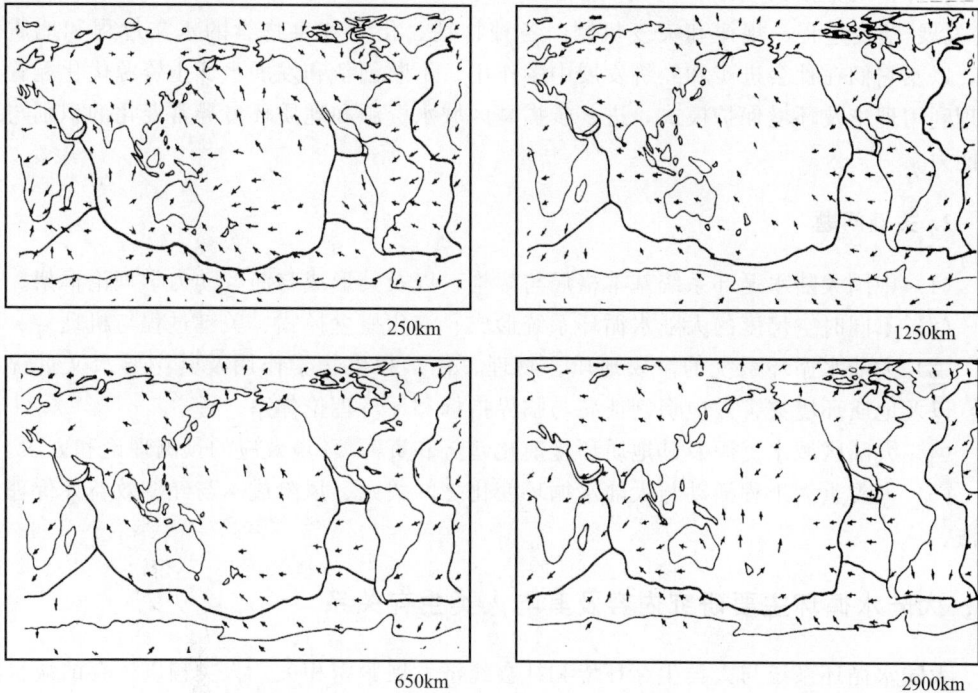

图 5-3　地幔不同深度绝对水平速度矢量分布图（据 Bai *et al.*，1992）

地质循环，概括起来具有如下特点：

（1）赋存于地壳深部，与大气圈、土壤圈和生物圈之间没有直接关系，形成于第四纪以前不同地质时期。

（2）直接与岩石圈相互作用，与地壳浅部水有联系和物质交换，主要局限于深大地质构造带。

（3）运动方式受控于深部地质构造特征，与地表地形、地壳浅部的水文地质条件和地下水动力场没有直接关系。

（4）地下水体属于第四纪以前不同地质时期形成的原生水和古沉积水。

（5）循环运动方式复杂、多种，以缓慢的垂直分异、迁移与围岩作用为主。

（三）大陆水循环研究目标与关键问题

1. 研究目标

从中国大陆水圈的整体性和系统性出发，通过对我国大陆尺度上的水圈演化过程及其与相邻圈层之间相互作用的过去与现状的研究，初步建立大陆水循环系统动力学理念和框架，确定其研究范畴和方法。

将我国大陆水循环系统与区域水资源、地下水系统形成与演化和国土形成动力学问题作为一个系统科学，与全球变化研究、水资源合理利用、地质环境灾害防治和生态地质环境保护研究紧密联系，研究水、土资源和生态环境在数量、质量和分布方面的形成-发展-演变过程、规律和灾变机制，各种物理、化学和生物学的水文过程和地质作用，以及它们在社会进步和经济发展中的作用，不断创新和发展水、土资源优化配置与合理利用理论及环境保护模式，进一步提高区域水资源和地质环境异常变化的识别与预测能力。

2. 关键问题

（1）中国大陆水循环系统基本格局与架构，以及其形成与演变动力学理论框架。

（2）不同时空尺度的大陆水循环系统形成、演化概念模式、关键过程与机理。

（3）大陆水循环系统的主要地质、物理、化学和生物学作用及其主要水文过程响应，以及地质环境灾害效应识别征兆与临界指标和评价理论体系。

（4）大陆区域水资源及其地质环境演化趋势和资源-环境效应的预测理论和方法。

（5）人类重大工程活动与大陆水循环变化之间关系、风险成本与经济效益评价理论方法。

二、大陆水循环主要研究内容及其与人类生存关系

大陆水循环系统与人类生存环境和社会经济发展紧密相关。人类赖以生存的淡水资源主要来自水文循环系统。水文循环系统无论对地表水资源，还是对地下水资源，均具有补给和更新作用，使得地表水资源和地下水资源既具有流动性，又具有可恢复性和可持续利用性。水文循环的补给、循环进程时间短，水资源的更新程度高。

人类活动对水文循环系统演化的进程在小时间尺度上具有明显的影响作用，如山前拦蓄、引用地表水和平原大规模超采地下水，引起了陆地水资源数量、质量和时空分布的急剧变化，甚至在一些平原地区导致人类自身生存环境的劣变，如生态环境退化、常年河流干涸或变成季节性河流、地面沉降、海水入侵和水环境严重污染等。因此，大陆水圈的水文循环系统已成为最重要的环境要素。

（一）大陆水循环主要研究内容

水文循环系统演化研究主要内容应包括：水文循环过程及其演化对各圈层物质能量传输的影响，以及人类生存环境对其影响的响应；水文循环的动力学机制；大陆水文循环对地质环境演化、生态系统演变、自然灾害的形成、发展等；大陆水文循环信息的提取（重点同位素技术）、与全球变化的对比研究；碳、氮、硫等元素在圈层间循环过程对水文地球化学环境的影响及其与水循环的关系；海岸带陆地水畔（地表水、地下水）与海洋的相互作用；人类活动（重大工程、水利用、水污染）对水文循环系统的影响及其基本变化趋势；中国大陆水循环时空"尺度效应"、区域差异与淡水资源开发模式研究，等等。

地质循环系统演化研究主要内容有：不同尺度的水-岩作用、水热作用过程及机理，以及在高温、高压下的物理化学特性、运动形式的变化；古沉积水的深部水文地球化学作用及对油气成生、聚集作用；深部地下水作为各种元素的迁移、富集的载体的运行机制与其成矿作用过程；深部地下水的起源、形成、演化与分异作用；深部地下水的动力学特征及与地震活动关系等。

（二）大陆水循环研究与人类生存关系

我国北方地区不仅水资源短缺，而且，水环境污染日趋严峻，同时，旱涝灾害频繁，制约了经济社会可持续发展。要从根本上这些问题，必须了解：中国大陆水循环系统活动规律、环境效应和水资源与环境承载能力，以及人类活动影响状况；在气候变化和人类活动的二元影响下，中国大陆水循环系统经历和正在发生着什么样的重大变化。只有这样，才有可能做到区域水资源合理、高效地利用与生态环境有效保护，区域水资源与环境发挥最大综合效益。

中国大陆水循环演化是一项复杂的前沿性课题，它与大气圈、岩石圈和生物圈及全球变化关系密切，包括人类活动对地球表部环境影响。大陆水循环演化对于我国社会经济发展已经产生重要影响，而且，这种影响将随着人类社会对自然环境干扰强度的不断增大而增强。大陆水循环演化研究，一方面，要科学地认识我国大陆水循环系统演化的过去和现状，预测其发展趋势，这关系到我国的区域水资源及其环境承载能力，是科学评价和合理利用我国水资源及其环境的基础；另一方面，该项研究必将促进相关基础科学与应用科学相互渗透和联合，有力推动地球水科学发展。

自然水循环是自然系统进化的产物，是气候和生物圈长期相互作用的结果，它为生态系统平衡、经济社会发展和环境保护提供基础。在没有人类的时候，水循环只有自然属性，即因其物理性质而具有自然属性，因其化学性质而具有环境属性，因其维系生命特性而具有生态属性。随着人类的出现和经济社会不断发展，水对经济社会发展具有了资源服务价值和市场特性，进而表现出社会属性和经济属性。从地球系统来看，水循环是大气水、地表水、土壤水和地下水之间转换过程，区域水资源是大陆水循环的产物，也是支撑生物圈可持续发展的基础资源。随着人类社会生产能力不断增强、用水需求不断增大、人类活动对大陆水循环过程干扰强度不断增加，如农田灌溉面积发展、城市化以及种植结构和方式的改变，以及长期强烈超采地下水、采矿大规模疏干地下水和工农业与生活超用耗水等，导致水循环在结构、过程上发生改变，必然会导致大陆水循环变异，区域水资源数量和质量发生急剧变化，不仅是量变，甚至发生严重的质变、劣变或灾变，包括主要水系河道长期断流，区域地下水水位持续下降，湖泊及湿地消失，水资源质量区域性恶化、地面沉降和海咸水入侵等环境地质问题不断加剧等，由此制约经济社会可持续发展。

人类活动影响下的水循环过程已具"自然-社会"二元特征以及资源属性、环境属性、生态属性、社会属性和经济属性。资源属性是指水资源系统具有时空上数量、质量和更新的再生性状。环境属性是指维系自身物理、化学、生物等环境，或支撑地质环境地的性状。生态属性是指作为外部条件维系生态系统存在和发育的性状。社会属性是指服务人类社会的性状，包括水资源通过水量的供给、利用、消耗及承纳废污水排泄等效用。经济属性是指水资源在被使用过程中具有的商品价值和市场效应。在高强度人类活动影响下，区域水循环过程中正在经历着资源属性的衰弱、环境属性的衰退、生态属性的衰变、社会属性的凸强和经济属性的劲增阶段。

在我国北方地区的许多流域，天然水循环与人工干扰耦合为二元结构的流域水循环过程，水资源的数量和质量都面临日趋严峻的人类需求和影响挑战。为此，人类社会正在努力通过多维调控，规范人类用水行为，试图实现人与自然和谐发展水平的不断提高。在宏观层面上，正在重视科学，把握流域水循环规律，确保水资源在流域的上、中、下游得以合理和优化配置。在微观层面上，正在深入地认识降水-地表水-土壤水与地下水之间转化规律，确保水源区和饮用水源地得以有效保护。

第四节　中国北方浅部地下水同位素分层特征与意义

本书所指的中国北方为昆仑山—秦岭—淮河以北，大兴安岭以西地区（35°～45°N，80°～120°E），地处我国的干旱、半干旱和半湿润区，由于构造运动形成了一系列的盆地和大平原区，是我国孔隙地下水的主要赋存场所。该区域主要含水层分布受区域构造和第四纪地质条件控制。山前倾斜平原或戈壁带，以冲洪积相的卵砾石等粗颗粒沉积物为主，含水层组厚度大，富水性强，水质好。冲洪积扇前缘至盆地中心（或滨海平原），含水层介质过渡为粗中细砂和粉细砂沉积物，由单层变为多层结构，潜水和承压水含水层组共存，地下水矿化度逐渐增高。

书中的浅部地下水是指以第四系为主的松散地层中孔隙地下水，包括潜水、微承水和承压水，或者俗称"浅层地下水"和"深层地下水"。浅层地下水有时简称浅层水，主要指与大气降水之间存在密切水力联系、能直接接受大气降水补给的地下水，主要由潜水和微承压水组成。深层地下水简称深层水，主要指具有稳定隔水顶板的承压地下水，大部分地区分布有埋深不同的多个深层水系统。例如，华北平原分布有第 II 含水层组、第 III 含水层组和第 IV 含水层组等不同深度的深层水，西部较浅的深层水含水层埋深仅为 80～220m，东部较深的深层水含水层埋深达 900m 以上。在我国北方松散地层中，孔隙地下水含水层的埋深差异较大，由此导致它们的补给与更新能力差异也较大，地下水的形成年龄从几十年至几万年，相差悬殊，其资源可利用性和承载能力明显不同。这些差异在地下水同位素中具有分层的标示特征。

一、中国北方主要含水层埋藏特征

在我国北方地区，自西至东，主要平原或大型盆地主要有塔里木盆地、准噶尔盆地、柴达木盆地、银川平原、鄂尔多斯盆地、山西太原盆地等、华北平原、辽河平原和松嫩平原等，是我国松散孔隙地下水的主要赋存区域。我国北方的这些主要含水层分布区贯穿了中国大陆三大台阶，地势逐渐下降，高差达 3000m 以上，年降雨量由西部不足 100mm 增至东部平原区的 600mm，极度干旱-半干旱-半湿润的区域气候特征极为显著。

（一）西北地区主要含水层埋藏特征

1. 塔里木盆地

塔里木盆地为封闭的内陆干旱盆地，四面环山。孔雀河、渭干河-迪那河、阿克苏河、叶尔羌河-喀什噶尔河、塔里木河和车尔臣等河流构成塔里木盆地的河流水文网。各河流形成的大小不等的冲洪积扇互相叠置，形成环盆地的山前倾斜平原。盆地地下水补给-径流-排泄自成体系，周边山区为水资源的形成区，山前冲洪积平原区为地下水的补给-径流区，盆地中部的塔克拉玛干沙漠区为地下水的径流排泄区，盆地东部的罗布泊湖盆是盆地的汇流中心。盆地地下水的补给源主要为地表水入渗，盆地水文网控制了地下水分布。盆地山前的冲洪积平原地势为向心状倾斜，近山前地形高，近沙漠地形低，由山前戈壁带向细土平原带，地形坡度逐渐变小，地下水潜水位由深到浅，含水层由单层演变为多层，性质由潜水演变为潜水和承压水，富水性由强到弱，水质由淡水演变为微咸水或咸水。

2. 准噶尔盆地

准噶尔盆地位于阿尔泰山与天山之间，西界为准噶尔西部山地，东至北塔山麓。平原区主要为北部平原、南部平原和风成平原。北部平原的新生代地层薄，风蚀作用显著。南部平原的南侧有三列前山隆起，前山间有向斜谷地，南部河流不能外泄，以沙漠和灌区为尾闾。风成平原主要分布在盆地中部，为风成的古尔班通古特沙漠，新月形沙丘、鱼鳞状沙丘、星状沙丘、羽状沙垄、树枝状沙垄广布。在盆地的南部平原，为潜水、浅层（埋深<100m）、中层（埋深100～200m）和深层承压水（埋深大于200m），在山前戈壁砾石带为卵石、砾石、砂砾石为主的单一结构，细土平原及沙漠区为以砂、黏土互层为主。在北部平原，第四系沉积厚度薄，下伏新近系砂砾岩，形成上部为孔隙地下水含水层、下部为碎屑岩类裂隙-孔隙地下水含水系统。第四系孔隙含水层厚度较薄，水量较贫乏，河谷和山前第四系沉积较厚的地段水量较丰富。承压水主要赋存于古近系和新近系砂砾岩中，含水岩组为裂隙-孔隙水。

3. 柴达木盆地

柴达木盆地四周高山环抱，西北有阿尔金山，东北有祁连山，南为昆仑山，东为鄂拉山。宏观上，盆地为不规则菱形的大型山间盆地，盆地中部的赛什腾山、锡铁山、绿梁山、阿木尼克山、牦牛山等，将主盆地分割为孕斯库勒湖、苏干湖、马海、鱼卡、大柴旦、小柴旦、德令哈、乌兰等次级盆地，从盆地周缘到中心依次发育高山、丘陵、山前冲洪积平原、中下游的冲湖积平原或湖积平原，沼泽、盐沼等叠置在冲湖积平原或湖积平原之上。山区海拔均在4000m以上，最高点位于工作区西侧布喀达板峰，海拔为6377m，平原区平均海拔在2800m左右，最低点位于达布逊湖的南缘，海拔为2676m。

柴达木盆地松散孔隙地下水含水层组主要分布于该盆地平原区及山区沟谷地带,在柴达木盆地周边和谷地分布松散孔隙地下水,含水层结构多为单层结构大厚度潜水含水层,主要接受山区河水、降雨、冰雪融水及基岩裂隙水补给。地下水的流向一般与河流伸展方向一致,在河流下游方向盆地的开口处,以泉水排泄地面或向湖内排泄。在昆仑山前的那陵格勒河洪积扇、格尔木河洪积扇、诺木洪河洪积扇和香日德河冲洪积扇等山前冲洪积平原区,分布有单层结构孔隙潜水含水层和多层结构孔隙潜水-承压水含水层组,为山前一系列河流冲洪积扇和冲湖积平原,以含泥砂砾卵石、冲洪积相及洪积-冲积相砂砾卵石为主。在冲洪积扇前缘-冲湖积平原区,含水层相互连通,多层孔隙承压地下水含水层组的厚度自洪积扇前缘向盆地中心由厚变薄,岩性由粗变细,隔水层变厚,水头升高,地下水为承压-自流。

4. 鄂尔多斯盆地

鄂尔多斯盆地的地质结构和现代自然地理条件决定了它是一个由多个具有不同特性的含水层系统在空间上不同程度地上下叠置或侧向链接、切割并又相互联系在一起的巨型地下水盆地。这些含水层系统由多种不同类型的岩石组成,由下而上分别为:寒武系—奥陶系碳酸盐岩类岩溶含水层系统、石炭系—侏罗系碎屑岩类裂隙含水层系统、白垩系碎屑岩类孔隙-裂隙含水层系统和新生界松散岩类孔隙含水层系统。松散孔隙含水层包括第四系风积和冲湖积砂层、冲(洪)积砂砾石层,还包括部分黄土。以中部长城一线为界,盆地西北部新生界松散岩类孔隙水(包括风积砂层水、冲积层水和冲湖积层水)除局部地区构成单独含水层(如萨拉乌苏组冲湖积层)外,多与下伏中、古生界碎屑岩风化裂隙带地下水融为一体,水量较大,水质较好。盆地东南部为黄土覆盖区,由于地形切割强烈,多形成各自相对独立的水文地质单元。在区内的一些宽谷河段分布有厚度不一的冲积砂砾石层,地下水相对丰富。

5. 银川平原

银川平原松散孔隙水含水层主要分布在 250m 深度内松散地层中,为潜水含水层组、第一承压含水层组和第二承压含水层组。潜水含水组分布于贺兰山东麓的第四系中,大部分地区厚度为 500～600m,含水层岩性自西向东由粗变细,由块石、卵砾石、砂砾石变为砂砾石夹砂层。地下水水位埋深西部大于东部,南部大于北部。青铜峡黄河冲积扇带由河床相砂卵石组成,从西南至东北由卵砾石逐渐变为含砾粉细砂,含水层厚度由西向东北增厚,厚度 10～300m,地下水水位埋深 0.5～4.0m。在黄河河漫滩带的北段,含水层主要为中细砂,水位埋深 0.2～2.5m。在石嘴山盆地,含水层主要由洪积扇和黄河冲洪积平原组成,自西向东从卵砾石变为砂砾石夹砂层,含水层厚度由东西两侧向中间变厚。该平原的第一承压含水组,岩性主要为细砂、粉细砂和少量中砂,厚度一般为 50～110m,水位埋深多为 1～3m。自西向东变薄,自南向北增厚,含水组顶板埋深 25～60m,底板埋深 140～160m。含水层组一般由 2～5 个相互具有水力联系的含水层构成,期间黏性土夹层连续性差,地下水体相互贯通。第二承压含水组以细砂、粉细砂为主,底板埋深 240～260m,厚度 50～110m,与第一承压水之间水力联系密切。

（二）华北地区主要含水层埋藏特征

华北平原是一个巨大的地下水盆地，在三维空间上，地下水的补给、径流、排泄等水文地质特征存在很大的差异；同时，在水平方向上，由于地质历史时期河流的分布和沉积环境相似性，又存在明显的水文地质特征的重复性。华北平原第四系是一套黏土、粉质黏土与砂（山前为砂砾石）层的复合沉积，黏土、粉质黏土等构成相对隔水层，含水层之间既可以通过"天窗"，也可以通过相对弱透水层越流产生广泛的水力联系。山前平原冲洪积扇由粗颗粒砂砾石层构成，黏性土少，水力联系较好。中部平原和滨海平原黏土层含量在不同部位差异很大，在天然条件下水力联系减弱，越向深部，水流径流越长，水力联系越弱；但在开采条件下，下部含水层接受上部水层的越流补给。第四系地下水在垂向上构成一个有机整体。按照补给、径流和排泄的特征，对其统一划分。

华北平原松散孔隙地下水含水层组被分为第Ⅰ、Ⅱ、Ⅲ和Ⅳ层组，山前平原的第Ⅰ、Ⅱ含水层组和中部平原、滨海平原的第Ⅰ含水层组为浅层地下水系统。山前平原第Ⅲ含水组，中部平原、滨海平原的第Ⅱ、Ⅲ和Ⅳ含水组为深层地下水系统。

第Ⅰ含水层组的底界埋深一般小于50m，在山前平原冲洪积扇和扇间、扇前地带具有不同的水文地质特征。在冲洪积扇地区，含水层粒度大，厚度30～50m，垂向连续性强，属单层或双层结构，透水性强，含水体直接裸露，或被薄层砂质黏土覆盖，具有强入渗补给和储存条件，又常与山区河谷含水体相连，具有侧向径流补给条件。石家庄以南的太行山东麓，多为碳酸盐岩裸露区，降水易入渗转化为岩溶地下水，形成的地表径流较小，滏阳河、漳河、卫河等河流形成的冲洪积扇规模较小，分布孤立。地下水水力性质属潜水-微承压水，矿化度多小于1g/L。

第Ⅱ含水层组的底界面埋深120～210m，在山前平原和预北中部平原，与第Ⅰ含水层组之间缺乏稳定的隔水层，二者之间具有较好的水力联系。自西向东发育2～3套中细砂-中粗砂-砂砾石韵律层，含水层透水性与导水性均比第Ⅰ含水层组强。目前，由于混合开采，二个含水层之间发生水力联系。在中部平原，含水层以河流冲积作用和湖沼沉积作用形成的中细砂、细砂为主，呈舌状、条带状分布，透水性和导水性比山前明显减弱。第Ⅱ含水层组下部淡水是工农业生产的重要开采水源。在滨海平原，由于受中更新世后期海侵的影响，普遍发育4个海侵层，含水层以粉砂、细砂为主，水质上部为咸水体与第Ⅰ含水层组咸水体连续，下部为淡水体。大致以海河为界分为南北两区。

第Ⅲ含水层组底界的埋深250～310m，除局部洼地和近滨海地区外，一般均为淡水。山前平原含水层呈扇状、扇群状展布，由3～4套中细砂-中粗砂-砾石岩性韵律组成，下段含水层遭受不同程度的风化。石家庄以南山麓地带第Ⅲ含水层组较薄，含水层不连续，并含有较多的泥砾层，富水性较弱。在中部平原含水层呈舌状、带状展布，由3～4套细砂-中砂岩性韵律构成，与第Ⅱ含水层组相比，粒度粗，分选好，单层厚度大，导水性强。在天津武清北部、宁河北部，河北文安、大城及青县北部含水层以中砂、中粗砂为主，单层厚度20～30m，分布稳定，累计厚度达70～100m，呈盆状含水结构。一般与上覆含水层组之间普遍分布有厚达10m以上的砂质黏土，含水层之间多为钙化黏土，补给较差。在滨海平原，含水层以粉砂、细砂为主，富水性、导水性和补给条件较中部平原更差。

第Ⅳ含水层组的底界为第四系基底，由于少有勘探井揭穿本含水层组底板，底板埋深及地层厚度不清。该层地下水水力性质均为承压水，矿化度较第Ⅲ含水层组略有增高，除滨海平原地区达到 2g/L 左右外，其他地区均小于 2g/L。山前冲洪积扇区由冲积、洪积、湖积及冰川-冰水堆积作用所形成的三四套中细砂-含砾中粗砂韵律构成。其展布形态呈扇状及带状，分布范围较小。该组含水层不甚发育，并有不同程度的风化与胶结，透水性与富水性明显减弱。中部平原与滨海平原地区，含水层以中细砂、细砂为主，由厚层黏土、粉质黏土与含水砂层交替沉积，风化与胶结程度较高，透水性与富水性均较弱。由于上覆层与含水层组之间为厚层黏土与粉质黏土，又远离补给区，故侧向径流微弱。在东部平原城镇居民生活、工业用水的主要开采层，氟含量普遍较高。

（三）东北地区主要含水层埋藏特征

1. 松嫩平原

松嫩平原是东、北、西三面环山，中间低平，由于晚近期新构造运动影响，东部平原大面积抬升，使上白垩系、古近系、新近系和第四系沉积中心向西偏移，形成东部高平原、中部低平原与西部山前倾斜平原相组合的不对称型盆地，以至东部高平原地下水和中部低平原地下水比较丰富，分布有多组承压水含水层组。

松嫩平原松散孔隙潜水含水层系统具有统一连续的地下水水位，大部分地区潜水水位埋深小于 15m。在含水层富水性方面，西部山前倾斜平原富水性好，地下水资源丰富；中部低平原含水层富水性较差，且含氟、铁、锰较高，一般不适合于直接饮用；东部高平原潜水富水性差别较大；河谷平原及浅丘状砂砾石台地富水性好。黄土波状高平原和砂土波状高平原含水层富水性较差。孔隙承压含水层主要分布在下更新统冲湖积砂砾石含水层组和中、下更新统砂、砂砾石含水层组，含水层岩性主要为灰白色砂砾石，砾石磨圆度中等，风化强烈。该承压含水层组广布于中部低平原区，向西延伸到扇形地前缘，向东部至高平原，由西北向东南，颗粒由粗变细，在西南和东南部边缘变为含砾亚黏土。中、下更新统砂、砂砾石含水层组分布于东部高平原的扶余、双城、榆树、绥化、海伦等承压水盆地及肇东-五站一带，是东部高平原承压水盆地的主要含水层，具有粗细相间的双层或多层结构，含水层富水性较强，单井涌水量多为 1000～3000m³/d，局部为 100～1000m³/d。

2. 西辽河平原

西辽河平原松散孔隙含水层广泛分布于该平原区。西辽河冲洪积平原含水层上部由全新统、上更新统顾乡屯组、排头营子组的中细砂、粉砂、细砂和泥质细砂组成，中部由中更新统大青沟组冲洪积、冲湖积的粗砂、中砂、细砂和淤泥质粉砂组成，下部则由中更新统白土山组冰水、冰碛的砾石、砂砾石、泥质砂砾石和粗砂、中细砂等组成。乌力吉木仁河冲洪积平原的含水层以中更新统大青沟组为主，自上游向下游含水层颗粒变细、含水层厚度变薄、含水层由单一结构变为多层结构，黏性土层层数增加、单层厚度增大，富水性变弱，水力坡度变缓，地下水径流条件变差。东辽河冲洪积平原一级阶地含水层具有明显的上细下粗的二元结构，上游厚度小于 5m，颗粒粗，向下游含水层厚度增大，透水性和富水性好。二级阶地区含水层分布不连续，含水层厚度从前缘至后缘逐渐变薄，富水性与含水层厚度规律一致。

第四系孔隙承压含水层主要分布于西辽河平原中部及偏北地区，南起科尔沁区唐家窝堡乡，西起开鲁县开鲁镇，东至双辽市及科尔沁左翼中旗保康镇以西，北至吉林省瞻榆及东升-新安一带，通过松辽分水岭与松辽盆地含水层相连，含水层主要岩性为冰水砂砾卵石、中粗砂及中细砂。

二、中国北方主要含水层地下水同位素特征

（一）西北地区主要含水层地下水同位素特征

1. 塔里木盆地

在塔里木河流域，浅层地下水的 $\delta^{18}O$ 值介于 $-9.8‰\sim-3.2‰$，δD 值介于 $-71‰\sim$ $-38‰$，^3H 年龄介于 $51\sim102$ 年。在孔雀河流域，浅层地下水的 $\delta^{18}O$ 值介于 $-8.2‰\sim$ $-7.2‰$，δD 值介于 $-51‰\sim-49‰$，^3H 年龄介于 $15\sim59$ 年。在叶尔羌河流域，浅层地下水的 $\delta^{18}O$ 值介于 $-12.2‰\sim-10.4‰$，δD 值介于 $-82‰\sim-10.4‰$，^3H 年龄介于 $23\sim$ 49 年。

山前平原的上部，潜水的氢氧同位素含量与河水接近。在中下游区的荒漠带，地下水氢氧同位素富集，δD 和 $\delta^{18}O$ 值分别比山前平原上部增长 $7‰$ 和 $1‰$。在山前平原，浅层水的平均年龄较泛滥平原浅层水的年轻。

2. 准噶尔盆地

在准噶尔盆地南缘的玛纳斯河流域平原区，浅层地下水的 $\delta^{18}O$ 值介于 $-12.0‰\sim$ $-7.8‰$，δD 值介于 $-94‰\sim-77‰$，^3H 值介于 $3TU\sim103TU$，^{14}C 值介于 $15.8pMC$（^{14}C 的计量单位）$\sim114.6pMC$。从上游至下游，浅层地下水的 δD 值由高降低，然后，再升高，总的变化趋势为逐渐降低。浅层地下水的 $\delta^{18}O$ 值也由高降低，然后再变高，总的变化趋势为由低升高。上游区浅层地下水 ^3H 值介于 $24TU\sim103TU$（^3H 的计量单位），中游和下游 ^3H 值分别为 $7TU$ 和 $16TU$。

中深层地下水的 $\delta^{18}O$ 值介于 $-11.6‰\sim-9.5‰$，δD 值介于 $-74‰\sim93‰$，^3H 值介于 $3TU\sim84TU$，^{14}C 值介于 $5.0pMC\sim117.2pMC$。从上游至下游，中深层地下水的 $\delta^{18}O$ 值由高降低，然后，再升高；总的变化趋势为中游的 $\delta^{18}O$ 值最低，上、下游较高。中深层地下水的 δD 值变化规律与 $\delta^{18}O$ 值规律相同，中游的 δD 值低，上、下游较高。在中深层地下水中，上游区 ^3H 值介于 $19TU\sim84TU$，中游区和下游区 ^3H 值介于 $4TU\sim17TU$，总的变化趋势为逐渐降低。

在垂向上，上游和中游的地下水 $\delta^{18}O$ 垂向分布特征相似，$\delta^{18}O$ 值随着深度增大呈现降低趋势，上游的降低幅度大于中游。在下游区，随着深度的增大，$\delta^{18}O$ 值由高降

低，然后，再升高后，又降低，总的变化趋势为降低，变化幅度较上游区大。δD 值变化与 $\delta^{18}O$ 值规律相似，^{14}C 值随深度增加而逐渐减小。

3. 柴达木盆地

柴达木盆地的昆仑山前平原，氚含量沿地下水方向逐渐减少，冲洪积扇轴部地下水氚含量高于两侧，接近于地表水氚值。随地下水埋深增加，地下水中氚同位素值而减少。在昆仑山前平原冲洪积扇 150m 或 200m 以浅深度内，地下水氚含量介于 11～140TU。在 200m 深度以下，氚含量为 3.43～0.79TU，表明地下水形成时代较早。在冲洪积扇下层（150～200m），潜水氚值为 0.79±0.26TU，^{14}C 年龄为距今 6035 年。

在格尔木地区，河水氚值介于 52～123TU，冰川消融水氚值为 18.48±0.36TU，新雪水为 56±2TU。格尔木河谷和冲洪积扇的潜水氚值介于 93.93～193TU。在冲湖积-湖积平原，承压自流水的氚值大部分小于仪器本底值（1.5TU），^{14}C 年龄为距今 6900～3380 年。

4. 鄂尔多斯盆地

鄂尔多斯盆地浅层地下水（小于 100m）的 δD 和 $\delta^{18}O$ 平均值分别为 －62.19‰ 和 －9.03‰，变幅分别为 －96.1‰～－38.49‰ 和 －12.95‰～－5.84‰，氚平均含量为 11.77TU。深层地下水（大于 100m）的 δD 和 $\delta^{18}O$ 平均值分别为 －77.31‰ 和 －10.59‰，^{14}C 年龄介于距今 24400～3100 年。在鄂尔多斯盆地的西北地区，埋深小于 100m 的地下水中氚含量较高，埋深 100～300m 的地下水 ^{14}C 年龄介于距今 19500～4200 年。在鄂尔多斯盆地的东北地区，白垩系地下水年龄一般大于距今 10000 年，最大为距今 21300 年。在鄂尔多斯盆地的南部地区，地下水 ^{14}C 年龄最大达距今 24320 年。在六盘山东麓的平凉一带，沿地下水流向，地下水 ^{14}C 年龄逐渐增大。

5. 银川平原

在银川平原，潜水的 δD 值介于 －93.9‰～－61.51‰，平均值为 －77.05‰，$\delta^{18}O$ 值介于 －11.43‰～－7.20‰，平均值为 －9.48‰，它们呈由该平原周边向中部减小的特征，在平原中北部的临黄河一带的潜水 δD 值最大。承压水的 δD 值介于 －107.69‰～－62.73‰，平均值为 －83.04‰，$\delta^{18}O$ 值介于 －11.80‰～－8.22‰，平均值为 －10.19‰，深层地下水的 δD 值和 $\delta^{18}O$ 值也是由平原周边向中部渐贫。银川平原的潜水氚值介于 0.09～56.9TU，平均值为 16.73TU，贺兰山前洪积平原的深部潜水氚值较低，银北平原中部和青铜峡冲洪积扇为高值区。承压水氚值介于 0.49～45.49TU，平均值为 6.60TU，在新市区、永宁县望洪镇、贺兰县和灵沙乡一带为高氚值分布区，泉水的氚值介于 10.64～18.32TU，平均值为 14.48TU。潜水的 ^{14}C 年龄为距今 9970～840 年，承压水为距今 22300～670 年，泉水为距今 11910～7350 年。在银川以南，由青铜峡向东北方向，地下水 ^{14}C 年龄逐渐变大。在银川以北，由贺兰山前向平原中部，地下水 ^{14}C 年龄逐渐增大，在永宁县、贺兰灵沙乡至贺兰县城一带为 ^{14}C 年龄的低值分布区。

（二）华北地区主要含水层地下水同位素特征

华北平原浅层地下水 $\delta^{18}O$ 值介于 $-10.23‰\sim-5.43‰$，平均值为 $-8.59‰$；δD 值则介于 $-67.5‰\sim-43.3‰$，平均值为 $-62.1‰$。深层地下水的 $\delta^{18}O$ 值介于 $-13.44‰\sim-10.00‰$，平均值为 $-11.23‰$；δD 值则介于 $-81.8‰\sim-71.3‰$，平均值为 $-75.0‰$，均比浅层地下水的 $\delta^{18}O$ 值和 δD 值小。

在华北平原的氚含量区域分布上，呈现西部山前平原地下水中氚含量高于东部地区，浅部地下水氚含量高于深部地下水的特征。在山前冲洪积平原区，第Ⅱ、Ⅲ含水岩组地下水中都监测到氚含量，地下水埋深达 100m。在滨海平原区，仅在第Ⅰ、Ⅱ含水岩组地下水中监测到氚含量，地下水埋深 $30\sim50m$，该区深层水没有监测氚。从华北平原浅层地下水的氚年龄来看，介于 $5\sim50$ 年，多为 $10\sim40$ 年。自山前平原至东部滨海平原，随着地下水径流途径和循环深度增加，氚年龄增大。在北京地区，地下水平均滞留时间自山前琉璃河—清河—怀柔—平谷一带，地下水氚年龄小于 10 年。向东部和南部至通县—大兴采育一带，地下水氚年龄大于 40 年。在豫北平原，浅层地下水的氚年龄为 $10\sim40$ 年。在鲁北平原，浅层地下水年龄普遍较老，其在含水岩层中的滞留时间较长。在临清—夏津—平原腰站—德州、禹城—禹城房寺镇—惠民辛店镇、鲁中山前平原、滨州—利津—沾化一带，地下水氚年龄小于 30 年，其他地区地下水氚年龄大于 50 年。

据全国地下水资源及其环境问题调查评价结果表明，华北平原地下水的 ^{14}C 未校正年龄随含水层埋深增加而增大，山前冲洪积平原的潜水为现代年龄，150m 以下地下水的 ^{14}C 年龄为距今 $10000\sim2000$ 年，中部平原衡水一带的第Ⅱ含水层组地下水 ^{14}C 年龄为距今 $7000\sim3000$ 年，第Ⅲ含水层组为距今 $15000\sim10000$，第Ⅳ含水层组地下水年龄大于距今 20000 年。在滨海平原的天津地区，第Ⅱ含水层组地下水 ^{14}C 年龄为距今 $15000\sim10000$ 年，第Ⅲ含水层组为距今 $25000\sim20000$ 年，第Ⅳ含水层组地下水 ^{14}C 年龄大于距今 25000 年。从地下水的 ^{14}C 校正年龄的区域分布特征来看，从西部山前平原至东部滨海平原，第Ⅲ含水层组地下水年龄逐渐增大。在北京—固安—容城—清苑—深县—宁晋—曲州—内黄以东，至塘沽—天津西青—献县—德州—南宫—馆陶之间区域，地下水的 ^{14}C 校正年龄介于距今 $20000\sim10000$ 年。在天津—沧州—德州一带，地下水的 ^{14}C 校正年龄大于距今 20000 年。在衡水—深县一带，地下水的 ^{14}C 校正年龄出现异常，相对年轻。自黄河一线、由南向北至河北平原，地下水的 ^{14}C 校正年龄从距今 10000 年逐渐增至距今 20000 年。

（三）东北地区主要含水层地下水同位素特征

从补给区→径流区→排泄区，地下水中氚含量从 $>60TU\to50TU\to30TU\to20TU\to<5TU$，地下水年龄从 $10\sim20$ 年的新水到 $30\sim50$ 年的混合水，以至上万年的古水。在多层含水层系统分布区内，从第四系潜水→第四系承压水→泰康组承压水→大安组承压水，地下水中氚含量由 $3\sim60TU\to<10\sim26.18TU\to<1\sim15TU\to<1TU$，地下水年龄从 $10\sim50$ 年→现代至距今 5000 年→现代至距今 1.5 万年→现代至距今 2.3 万年。

表明第四系孔隙潜水循环条件好，水交替积极而活跃，第四系孔隙承压水次之，而新近系承压水从盆地边缘向盆地中心，水循环条件逐渐变差，径流滞缓。

在该平原的讷谟尔河、科洛河流域冲积平原，地下水中氚含量介于 2～40TU，地下水平均滞留时间小于 15 年，埋深大于 50m 地下水中氚含量小于 5TU。该区现代水循环深度应小于 50m。在该平原的拉林河、阿什河流域冲积平原，潜水平均氚含量为 16～27TU，地下水在含水层中的滞留时间小于 20～50 年，说明高平原潜水接受了含氚量较多的现代降水的补给。在该平原的第二松花江流域冲积平原，第四系承压水的 ^{14}C 校正年龄小于距今 15000 年，其中林甸—齐齐哈尔以北、齐齐哈尔—泰来—白城以西的山前倾斜平原和乾安—肇州以东的高平原为现代地下水年龄，低平原中部年龄为距今 10000～5000 年，通榆—南部松辽分水岭一带为距今 15000～10000 年。

1. 北部和西部山前平原

在北部的讷莫尔河—科洛河流域山前平原，地下水 δD 值为 $-91‰～-78‰$，平均值为 $-85\pm4.1‰$；δ^{18}O 值为 $-11.8‰～-10.5‰$，平均值为 $-11.3\pm0.49‰$。地下水中氚含量为 2～40TU，在 50m 以下地下水中氚含量小于 5TU。在西部山前绰尔河—雅鲁河—阿伦河—诺敏河流域，地下水 δ^{18}O 值为 $-11‰～-9.6‰$，平均值为 $-10.1\pm0.5‰$；δD 值为 $-82‰～-77‰$，平均值为 $-80\pm2.4‰$；氚含量小于 30TU。在南部霍林河—洮儿河流域，地下水的 δ^{18}O 值为 $-10.4‰～-8.1‰$，平均值为 $-9.3\pm0.5‰$；δD 变化范围为 $-81‰～-65‰$，平均值为 $-73\pm3.6‰$；地下水氚含量介于 3～60TU，在南部平原区地下水中氚含量大于 30TU。

2. 东部高平原

在呼兰河—通肯河流域，地下水的 δD 和 δ^{18}O 值由山前平原向下游逐渐增高，地下水的 δ^{18}O 值为 $-11‰～-9.3‰$，平均值为 $-10.5\pm0.4‰$；δD 值为 $-84‰～-69‰$，平均值为 $-77\pm4.1‰$。在拉林河—阿什河流域，地下水的 δ^{18}O 值由平原东部向西南部增加，地下水的 δ^{18}O 值为 $-10.4‰～-9.4‰$，平均值为 $-105\pm0.4‰$；δD 值为 $-80‰～-73‰$，平均值为 $-76\pm2.2‰$。

3. 中部低平原

在乌裕尔河—双阳河流域，自北部高平原至向低平原地下水的 δ^{18}O 值逐渐增加，δ^{18}O 值为 $-10.4‰～-9.8‰$，平均值为 $-10.2\pm0.24‰$；δD 值为 $-83‰～-80‰$，平均值为 $-81\pm1.1‰$。在西南部低平原，地下水的 δ^{18}O 值为 $-10.8‰～-9.2‰$，平均值为 $-9.9\pm0.54‰$；δD 值为 $-79‰～-68‰$，平均值为 $-74\pm3.8‰$；地下水氚含量小于 30TU。

4. 深层承压水

第四系承压含水层主要分布在低平原区，氚含量小于 5TU，地下水滞留时间大于 50 年。在齐齐哈尔—林甸以北、镇赉附近和肇州—前郭以东地区，地下水氚含量为 5～

33TU。从第四系承压水的δ^{13}C分布特征来看，周边补给区为$-12‰\sim14‰$，中部平原为$-9‰\sim-5‰$。在低平原中部，地下水^{14}C年龄距今15000~8000年，在靠近松辽分水岭的通榆和低平原中部的地下水年龄为距今15000~10000年。第四系承压水下伏的新近系大安组承压水的^{14}C校正年龄距今23000~11000年，通榆和大安一带为距今23000~17000年。

三、北方主要含水层地下水同位素分层特征与意义

从上述中国北方主要含水层地下水同位素分布特征可见，地下水^{18}O、^{2}H（或D）、^{3}H和^{14}C含量区域分布具有明显的分层现象，它与地下水埋藏状况、当地降水与河水等补给条件、地下水补给路径和开采程度等因素密切相关，是地下水循环、更替与更新能力的客观刻画，同时，地下水作为地质历史形成的产物，分层现象还与末次冰期以来的古气候变化相关。

陈宗宇等（2002）研究表明，在我国北方地区，无论是东北地区、华北平原，还是西北各大型盆地平原区，浅层地下水与深层地下水同位素特征明显不同，其中，浅层地下水的δD和δ^{18}O值分别比深层地下水相应值大$4‰\sim16‰$和$1‰\sim2‰$，浅层地下水的氚值远大于深层地下水。浅层地下水的δD值平均为$-78.98‰$（准噶尔盆地）$\sim-64.17‰$（河北平原），δ^{18}O值平均为$-10.75‰$（准噶尔盆地）$\sim-8.77‰$（河北平原），^{14}C年龄小于距今10000年。深层地下水氚含量很低或基本不含氚，氢氧同位素含量相对较低，δD值平均为$-95.43‰$（准噶尔盆地）$\sim-76.13‰$（河北平原），δ^{18}O值平均为$-126‰$（准噶尔盆地）$\sim-10.71‰$（河北平原），^{14}C年龄大于距今10000年，常见大于距今30000~15000年的监测结果。上述特征表明，在我国北方松散孔隙主要含水层中，地下水氢氧稳定同位素及年龄普遍存在分层现象，反映出不同埋深和不同水文地质条件的地下水具有不同同位素特征，是它们的补给-更新-循环能力差异的客观写照。

中国北方松散孔隙主要含水层中地下水同位素分层特征表明，浅层地下水是以近代降水补给为主而形成的，更新与循环交替时间较短，源于补给强度大，补给与径流路径短，排泄消耗较快。深层地下水是地质历史时期形成的，形成年龄在数百年、数千年或数万年以上，现代水补给较弱。在临近山前补给区的深层地下水，因接受补给区地表现代水入渗后侧向径流补给的路径较短（如衡水地区），相对其下游深层水，更新能力强，形成年龄数百年或千年。在远离山前补给区的深层地下水，因接受现代水入渗后侧向径流补给的路径较长（如沧州地区），相对其上游深层水，更新能力弱，形成年龄数千年或数万年（张光辉等，2002a）。

在同一地区、同一地点和相同补给条件下，有无开采深层地下水，对于该区深层水更新能力和形成年龄有一定影响。相对无开采情况下，被长期大规模开采的深层水更新能力较大，形成年龄较年轻。因为无开采条件下，深层水径流极为缓慢，其运动所需克服的阻力异常大。地下水排泄或被开采强度越大、开采持续时间越长的地区，地下水同位素的现代水补给或更新能力越强（张光辉等，2002a，2004a）。

对深层地下水来说，含水层埋藏深度越大，监测点越远离山前补给区，径流越缓

慢，形成年龄越大。从我国北方各地区地下水同位素分布特征可见，从东部的华北平原到西部的准噶尔盆地，浅层地下水的平均 δD、$\delta^{18}O$ 值和深层水的平均 δD 值逐渐变小，总体呈变负趋势，表征补给水源为来自更寒冷的古气候条件下形成，而且，25000 年以来大陆效应和高程效应也比较明显，即降水同位素组成随远离海岸线和高程增加而逐步降低。深层水的平均 $\delta^{18}O$ 值呈增大趋势，与古气候条件下各大盆地平原之间蒸发强度差异较大有关。

第五节　区域水循环演化信息熵特征

一、区域水循环演化系统特点

我国北方松散孔隙地下水参与的区域水循环系统是一个开放系统，不断与外界进行物质交换实现水循环，水量从高水势向低水势处自发地流动，包括化学组分的聚积。水循环演化过程是一个耗散过程，在远离平衡态（多年平均态）条件下，借助水文系统之外的能流（如重力势）形成和维持一种空间或时间的有序结构，如地下水动态周期性变化、旱季向低水位变化，或雨季及后期向高水位变化，或旱涝周期性更替等。

区域水循环过程演化是不可逆过程，无论是地表水或是地下水，其中的水质点或化学组分只能沿水势最大梯度指向不断迁移，不会从下游沿水循环路径逆向返回上游始发地。水循环是水动力学意义上的水量输运，水质点质量或化学组分在空间上循环重复的概率几乎为零。区域水循环带来水资源演化，包括地下水及其与相邻圈层之间相互作用，总是处于非平衡状态（演化过程）中，经历着较漫长的渐变过程，其间存在突变或灾变事件（如特枯或特丰水事件，为有序结构），在时空尺度上具有多样性，并彼此关联或嵌套耦合。

我国北方区域水循环演化涉及面广，多元影响因素随机性强，彼此干扰关系复杂，具有不确定性和不可逆性，时空尺度上变化悬殊。对于区域水循环演化过程，特别是渐变-突变、量变-质变或灾变过程的判断，目前虽然有些理论方法，但是仍处探索阶段。大量研究资料表明，水循环演化既非完全无序，又非完全有序，而是处于自组织状态。不同水循环系统演化具有自相似性，为从低层次、小尺度现象的某些特征和规律中认识高层次、大尺度水循环演化规律提供了可能性。区域水循环演化的复杂性是有限原因造成的，包括地形地貌、地质构造、水文地质条件和人类活动影响，这为研究其复杂性提供了依据。

二、水循环演化熵分析方法与基本原理

熵是描述不可逆过程的单向性的态函数，用 S 表示。Prigogine（1967，1969）把热力学第二定律推广到非平衡开放系统。由系统与外界交换物质和能量引起的熵变，称为熵交换，记作 S_e。系统内部各种不可逆过程所产生出来的熵，称为熵产生，记作 S_i。

熵只能产生，不能消灭，即

$$dS_i \geqslant 0 \tag{5-1}$$

不可逆过程是由能量和物质分布均匀所引起的，导致单向的耗散流发生。熵能表述不可逆过程的单向性，描述传输和转化过程中沿逆方向能量被贬值。

从物理学角度考虑，熵可以用来表示大量分子的各种运动方式的可能性概率，即宏观系统内部在微观上分子运动混乱程度，也即宏观系统状态的均匀程度。宏观系统状态越均匀，它的微观分子运动越混乱，对应熵值越小。这种无序度越大，对应熵值越大，其表达式为

$$S = k_B \ln p \tag{5-2}$$

式中，k_B 为 Boltzmann 常数；p 为系统宏观状态的概率，即系统的任一宏观状态所对应的微观状态数。

一个宏观状态对应的微观状态数越多，其不确定性越大，无序度越大。地球作为一个系统，其由大气圈、水圈、岩石圈和生物圈组成，它受能量守恒定律支配。大气和海洋是从赤道到极地进行能量输运的主要载体。其一维能量平衡方程为

$$C \frac{\partial T}{\partial x} = f(T, x) - \frac{\partial (1 - x^2)^{0.5F}}{\partial x} \tag{5-3}$$

式中，$f(T, x) = R_i(T, x) - R_0(T, x)$；$R_i$ 和 R_0 分别为吸收太阳辐射和反射红外辐射；C 为热容；F 为径向能流，包括输运中的感热和潜热；$x = \sin\theta$，θ 是纬度。

熵定律是控制地球圈层物质运动的又一个重要定律，它控制着能量和物质的输运方向，包括水循环演化方向。其中，北半球系统的总熵 S_N 可写为

$$S_N = \int_0^1 s(x) \mathrm{d}x \tag{5-4}$$

式中，$s(x)$ 是熵密度。

按 Gibbs 关系，有

$$\mathrm{d}s = \frac{C}{T} \mathrm{d}T \tag{5-5}$$

由此，可求得近赤道区域（$x < x_0$）熵流，为

$$\Delta S_1 = \int_1^x \frac{1}{T} f \mathrm{d}x > 0 \tag{5-6}$$

是正熵流。近极地区域（$x > x_0$）的熵流，为

$$\Delta S_2 = \int_x^1 \frac{1}{T} f \mathrm{d}x < 0 \tag{5-7}$$

是负熵流。虽然地球系统的辐射收支平衡，但它的熵收支则非均衡，以至地球系统中不断进行物质与能量循环的演化和区域水循环演化。

从热力学第二定律角度来看，脱离环境的物质体系是不存在的，都在某一系统之内。宇宙星系或地球层圈间存在相互作用，它们之间相互作用能力对其内部物质运动起决定的作用，在大尺度上演化规律趋于近同性，在小尺度上趋于显著不均一，但有序。熵增加原理是一切运动和变化的原推动力，各种运动和变化都要符合熵增加原理。

上述熵理论是基于 Clausius 定义的热力学熵，1948 年 Shannon 在信息论中提出信

息熵（S_x），用于量度平均信息量，是信源每发一个符号的平均不确定性的量度。不确定性越大，越无序。所以，信息熵也是无序的一种量度，这一点与热力学熵在本质上是一致的。

信息熵与热力学熵有着本质的联系，在研究对象等方面存在一定的差别。

信息熵（S_x）表达式为

$$S_x = -\sum p_i \log_r (p_i) \tag{5-8}$$

式中，p_i 为第 i 个水文要素重复的概率。

S_x 单位与对数取底有关，当 $r=2$ 时，S_x 单位为比特（bit）；当 $r=e$ 时，S_x 单位为奈特（nat）；当 $r=10$ 时，S_x 单位为哈特（hart）。

对于连续分布的水文要素量，有

$$S_x = -\int_{-\infty}^{\infty} f(x) \ln f(x) \mathrm{d}x \tag{5-9}$$

式中，$f(x)$ 为物理量取值 x 的概率密度。

对于区域水循环系统来讲，信息熵或称为水文结构熵，是一个水循环系统失去的"信息"的度量，也是对水循环演化过程中"产生"信息多少或所产生信息速率的度量，表述该水循环演化过程的选择和不确定性与随机事件的内在关系。

信息熵减少原理与热力学熵减少原理的机制相同，非平衡态是一个低熵态，平衡态是一个高熵态。由非平衡态演化到平衡态，是一个熵产生的过程，也是一个由有序到无序的过程。区域水循环演化过程中，突变或灾变之前，处于高熵态，突变或灾变过程处于低熵态，水循环演化过程就是一个熵减少的过程。在水循环演化上表现为信息熵减少，在能量循环演化上表现为热力学熵减少。两种熵都是负熵，它们也都导致水循环系统向有序方向发展。

水循环系统发生突变之前，有序度（D_S）呈增大趋势，表达式为

$$D_s(t) = 1 - \frac{S_x(t)}{S_x(\max)} \tag{5-10}$$

$$S_x = -\sum p_i(t) \log_2 [p_i(t)] \tag{5-11}$$

$$\sum p_i(t) = 1$$

$$S_x(\max) = -\sum \frac{1}{N} \log_2 \left[\frac{1}{N}\right] \tag{5-12}$$

$$(i = 1, 2, 3, \cdots, N)$$

三、单项区域水文要素演化结构特征

根据降水量的时间序列，按照一定的评判标准划分其丰平枯类型，得到不同时段的水文特征类型，然后，计算其熵值。据此可推断水循环演化状态及趋势。

从 1920~2009 年，华北平原共有 90 年降水量系列，均值为 $P_m = 537\mathrm{mm}$。评判指标以 $a = P_i/P_m$ 表示，P_i 为第 i 年的降水量。评判标准（相对概念）为 $a > 1.10$，丰

水型，水循环强烈；$1.05 < a \leqslant 1.10$，偏丰型，水循环活跃；$0.95 < a \leqslant 1.05$，平水型，水循环平衡；$0.90 < a \leqslant 0.95$，偏枯型，水循环失常；$a < 0.90$，枯水型，水循环失衡。

　　近 90 年以来华北平原水循环演化结构熵及其相关水文要素，包括地下水补给强度（指单位时间单位面积补给量）演化特征如图 5-4 所示。

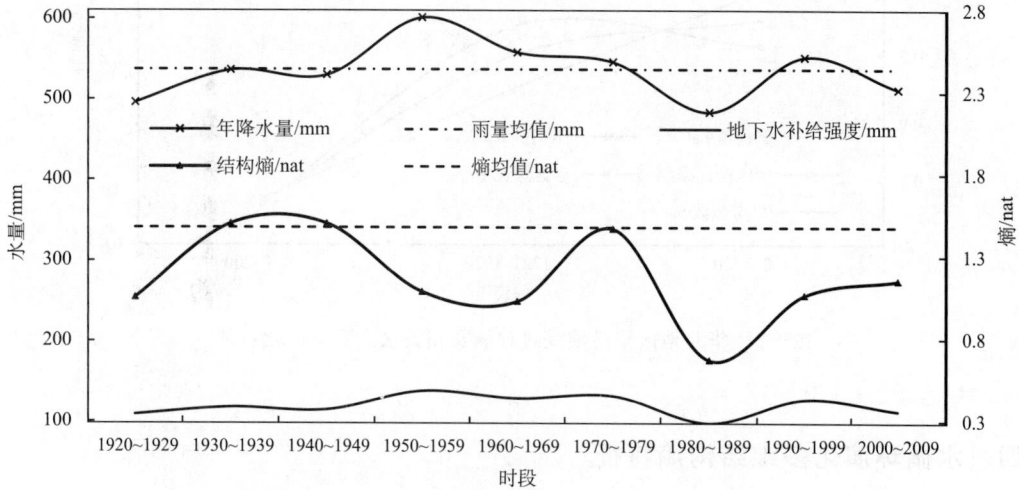

图 5-4　近 90 年以来华北平原水循环演化过程结构熵及其相关水文要素演化特征

　　从图 5-4 中可见，华北平原的区域水循环演化的结构熵与降水量的丰与枯结构性变化密切相关，熵过程线与年均降水量动态分布过程线具有变化同步性特征。无论降水量偏大或偏小，其熵值都远离均线系统。熵值越大，表明该水文要素越靠近多年均值，越趋于稳定（平衡）态；熵值越小，表明该水文要素越远离稳定态，或遭遇了异常气候事件（特大干旱或洪涝）明显影响，水文要素的强弱变化结构（过程）越简单，确定性越强。

　　热力学熵也具有上述的同样规律，气温较高或较低时，熵值较小，区域水循环系统远离平衡态，其演化潜能较大；气温趋近多年平均值时，熵值较大，区域水循环系统趋于稳定态，其演化潜能较小。对 1470~2009 年期间华北地区旱涝演变的信息熵结构分析，具有类似规律（图 5-5）。

　　在 1470~2009 年的 500 多年期间，1470~1720 年旱涝演变的结构熵值为 1.33nat，全区大旱或大涝频繁发生，发生大旱的概率大于洪涝，始终处于不稳定态。1721~1930 年旱涝演变的结构熵值为 1.68nat，全区涝或旱多有发生，洪涝的概率大于干旱，但相对 1470~1720 年期间旱涝频率明显降低，处于亚不稳定态。1931~2009 年旱涝演变的结构熵值为 1.76nat，趋近于极大值 1.79nat，旱涝频发程度大幅降低，区域水循环演化的自然结构相对稳定。即旱涝演变的结构熵值越小，华北地区越趋于全区干旱型或涝型，区域水循环演化处于不稳定状态；旱涝演变的结构熵值越大，华北地区越趋于平衡型（图 5-5），区域水循环演化结构稳定。就是说，在旱涝期到来之前，存在一个平衡期，即熵值较大值时期，然后，才可能转变为不稳定期（旱或涝期）。

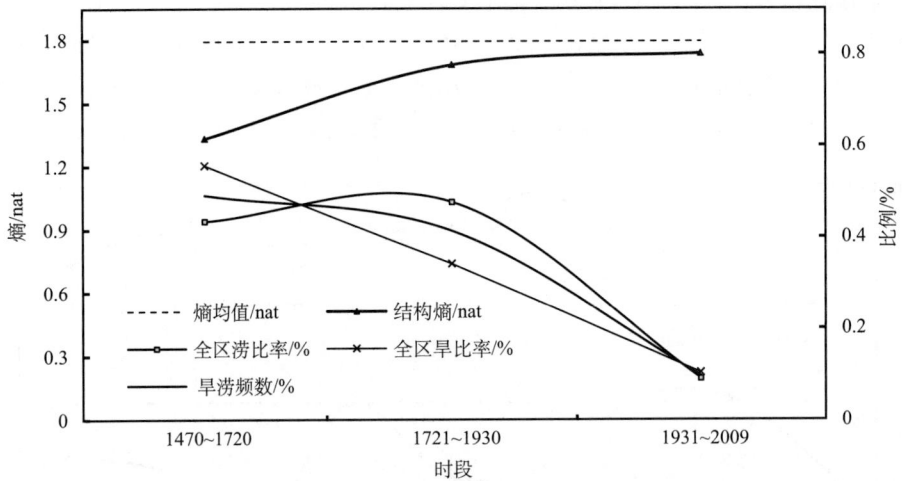

图 5-5　华北地区旱涝演变过程熵及相关水文要素演化特征

四、水循环演化多维结构熵特征

区域水循环演化过程的特征往往是多元、多种影响因素耦合作用结果，但是，关键影响要素是有限的。如何在一个复杂的系统中确定关键影响要素仍是难题。

下面以青海湖流域水循环演化的多维熵分析为例，探讨解决难题的可能性。青海湖地处青藏高原的东北部，湖的北面是大通山，东面是日月山，南面是青海南山，西面是橡皮山，它们海拔均为 3600～5000m。青海湖为构造断陷湖，湖盆边缘多以断裂与周围山相接。距今 20 万～200 万年前成湖初期，形成初期原是一个大淡水湖泊，与黄河水系相通，那时气候温和多雨，湖水通过东南部的倒淌河泄入黄河，为外流湖。至 13 万年前，由于新构造运动，周围山地强烈隆起，从上新世末，湖东部的日月山、野牛山迅速上升隆起，使原来注入黄河的倒淌河被堵塞，迫使它由东向西流入青海湖，出现了孕海、耳海，后又分离出海晏湖、沙岛湖等子湖。由于外泄通道堵塞，青海湖遂演变成了闭塞湖，加上气候变干，青海湖逐渐变成咸水湖。1908 年湖面水位 3205m，湖面积 4800km^2；20 世纪 50 年代，青海湖湖水面积 4568km^2；20 世纪 70 年代，湖水位 3195m，湖面积 4473km^2。1988 年，湖水位 3194m，湖面积 4282km^2；2004 年，湖水位 3192.8m，湖面积 4186km^2；2005～2010 年，青海湖水位逐年上升，6 年累计上升 90cm，2006 年湖面积 4274km^2。

青海湖流域水循环演化过程的多维结构熵分析结果如图 5-6 所示。熵信息包括湖区降水量、入湖地表径流量、入湖地下径流量、湖面蒸发量和湖面水位变化 5 项指标。图 5-6 表明，在多维熵变的水循环系统演化过程中，系统呈负均衡和非稳定态。熵值大小表征了该流域水循环演化过程的结构特征和变化趋势。即熵值越大，水循环系统中诸要素越趋近长系列多年平均值，呈稳定状态；熵值小，水循环系统中诸要素越远离稳定态，它们的强弱变化性状越易确定。从图 5-6 可见，无论是偏枯水年份，还是偏丰水年份，青海湖流域水文循环系统的结构熵值都较小，而各水文要素都趋近多年均值的年份，结构熵值越趋近最大值。在水文循环系统的结构熵值小于 1.0nat 的时段，青海湖流域降水量、蒸发量和湖水位变幅，以及地表水或地下水径流量都呈较大变化值特征。

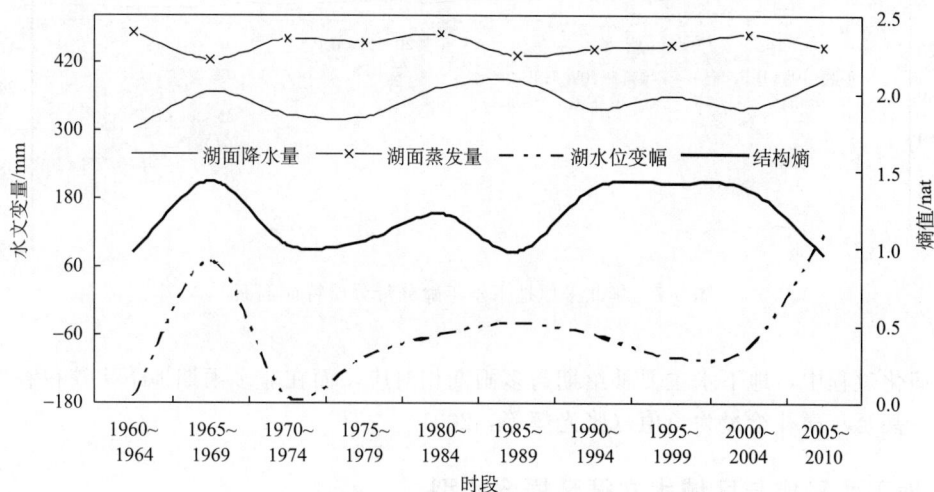

图 5-6　湖泊区水循环演化多维结构熵演变特征

第六节　地下水形成与区域水循环演化关系

区域地下水储存资源的形成、演变与区域水循环演化密切相关。在多雨期，区域地下水系统可获取充足的补给，增加储存资源量，地下水水位大幅上升；在少雨期，地下水补给较少，甚至消耗储存资源量，地下水水位下降。

大量监测资料和研究成果表明，在不同尺度的地下水流动（循环）系统中，包括区域水流系统、中间水流系统和局部水流系统，其地下水在形成过程中自补给源至排泄点（汇）的所经历路径长度、渗透速度和地下水与路径围岩相互作用时间都不同，水量和化学溶质浓度差异较大。以华北平原为例，晚更新世以来该平原区域地下水储存资源形成的年龄差别较大（图 5-7），介于数十年与数万年之间，其中与古气候的不同时间尺度的多雨期和干旱期密切相关（张光辉等，2001）。

在区域地下水储存资源形成与演变的地史进程中，万年、千年、百年尺度或更小时间尺度的多雨期与干旱期，或高温期与低温期交替出现或叠加共现，致使地下水水位、水量和水质不断变化。这如同现今的四季变化，夏季多雨，秋冬少雨。上述不同时间尺度的水文周期演变，在华北平原地下水形成演化过程中彼此耦合或嵌套，仅是区域水循环水分通量的改变和地下水补给量距平不同，其固有的丰枯变化规律周而复始，不断延续。

区域地下水的形成取决于降水量的大小。当区域降水量远小于陆面蒸发量时，该区降水难以形成对地下水入渗净补给量。在自然条件下，降水量越大，地下水获取的补给越多；降水量越小，潜水蒸发量越大，地下水水位下降越快。由此，在漫长的区域水文

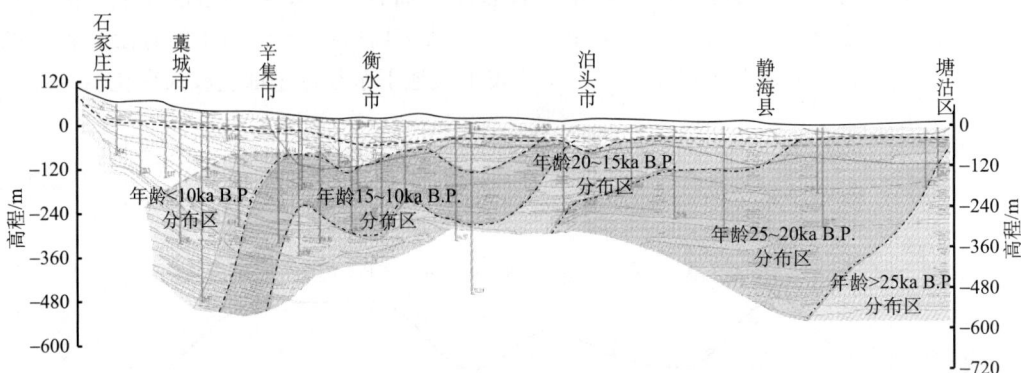

图 5-7 华北平原地下水年龄分带分层特征剖面

循环演化过程中，地下水主要补给期与多雨期相对应，而在非多雨期地下水获得补给量较少，甚至年净补给量为负值（张光辉等，2001）。

一、地下水形成与区域水文循环概念模型

地下水形成是指大气降水或冰川融水或地表水入渗地下，使地下水储量增加的过程。区域水循环是指一个流域或区域水文单元的大气水、地表水、包气带水和地下水系统之间水量转移与交换的水动力学意义上的往复过程（张光辉等，2000a）。从地下水渗流学角度出发，在自然条件下，地下水形成与区域水循环之间的关系如图 5-8 所示。

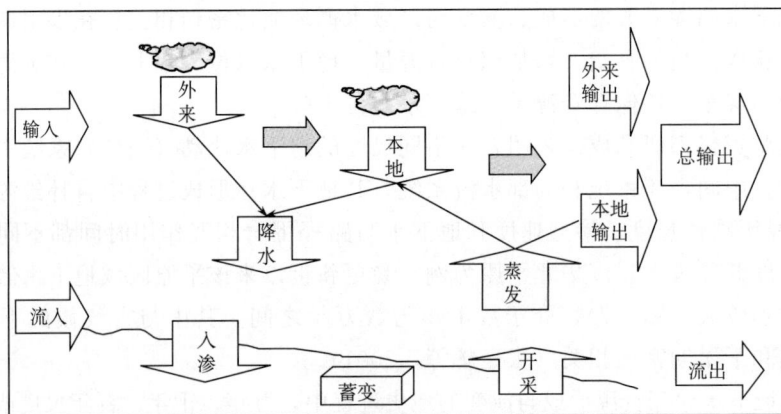

图 5-8 区域尺度水循环过程中水文要素之间水分通量关系模式

降水入渗与地下水蒸发是地下水形成与循环演化的重要水文过程，也是地下水与大气圈、岩石圈、生物圈和地表水系统之间水力耦合过程，受控于区域水循环演化规律。

对于区域水循环系统而言，有

$$P = E + (A_i - A_0) - \Delta A \tag{5-13}$$

$$A_i - A_0 = \Delta A + R + R_g \tag{5-14}$$

式中，P 为区域降水量，mm；E 为区域陆面蒸发量，mm；R 为区域天然地表径流量，mm；A_i 为研究区大气输入水汽总量，mm；A_0 为研究区大气输出水汽总量，mm；ΔA 为研究区大气水汽蓄变量，mm；R_g 为研究区地下水径流量，mm。

二、区域地下水演化模式及其与区域水文循环关系

从式（5-13）和式（5-14）可见，华北平原的区域蒸发量、径流量与降水量之间呈相关的水分通量关系，径流量与蒸发量之间为反比的水分通量关系。降水量越大，径流量和蒸发量越大。上述关系在不同地区存在不同的阈值。对于 1.2 万年以来华北平原浅部地下水循环过程来说，年降水量阈值为 $280 \sim 350$mm。当小于该阈值时，降水全部消耗于蒸发，难以产生地表径流（图 5-9），地下水系统出现负均衡。

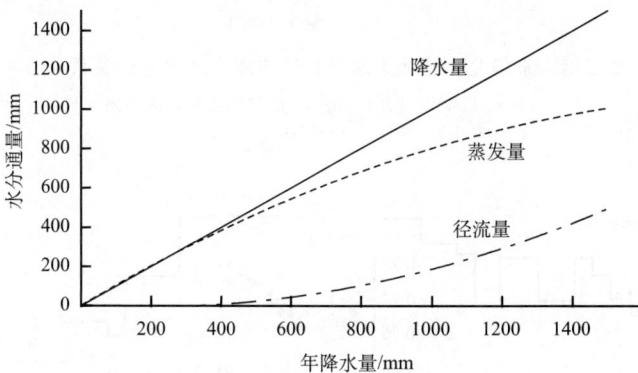

图 5-9 华北平原年径流量、蒸发量与年降水量之间关系

华北平原的区域降水（P）、径流（R）、蒸发（E）与地下水净补给（Pr）之间的水分通量关系，见表 5-1。在过去的 1.2 万年中，华北平原地下水净补给量与降水量之间水分通量变化率为 0.24，与陆面蒸发量之间水分通量变化率为 0.26，侧向径流量之间水分通量变化率为 0.982mm/a，与地表径流量之间水分通量变化率为 0.32（张光辉等，2001）。

表 5-1 华北区域降水量、径流量、蒸发量与地下水净补给量之间水分通量关系

区域水循环要素关系式	复相关系数	$P-\mathrm{Pr}$ 相关系数	$E-\mathrm{Pr}$ 相关系数	$P-E$ 相关系数	最大相对误差/%	备注
$\mathrm{Pr}=0.24P-0.26E-0.982$	0.999	0.941	0.901	0.995	0.70	142 组数据，每组不少于 5 个数据
$\mathrm{Pr}=0.32R+15.80\mathrm{e}^{E/P}-50.61$	0.999	0.996	-0.932	-0.956	25.35	

从表 5-1 中可见，1.2 万年以来华北平原地下水净补给变化量与区域降水量和区域陆面蒸发量之间水分通量关系的通式为 $\mathrm{Pr}=k_1 P-k_2 E+k_0$。在过去的 1.2 万年的不同时期，受万年、千年、百年尺度或更小时间尺度的多雨期与干旱期，或高温期与低温期

交替出现，以及彼此叠加影响，区域水循环演化模式中的 k_1、k_2 和 k_0 参数（即各因子之间水分通量变化系数）是不断变化的，如图 5-10 至图 5-13 所示。

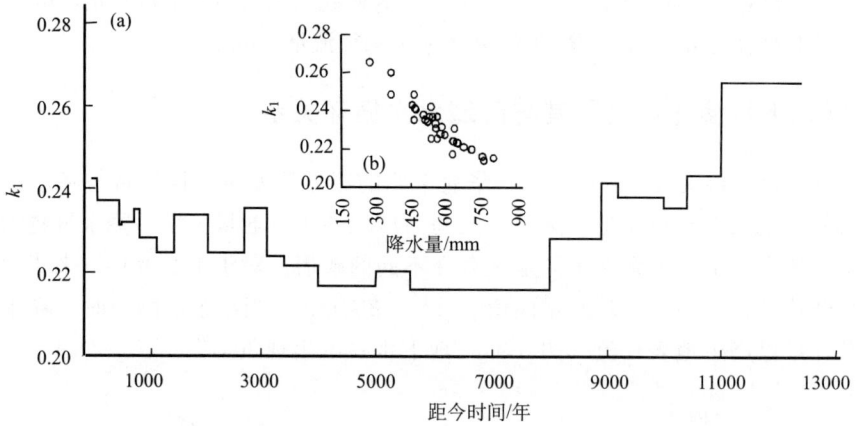

图 5-10　1.2 万年以来华北区域地下水净补给与降水之间通量关系（k_1）演化特征

（a）k_1 值演化过程；（b）k_1 值与降水量之间关系

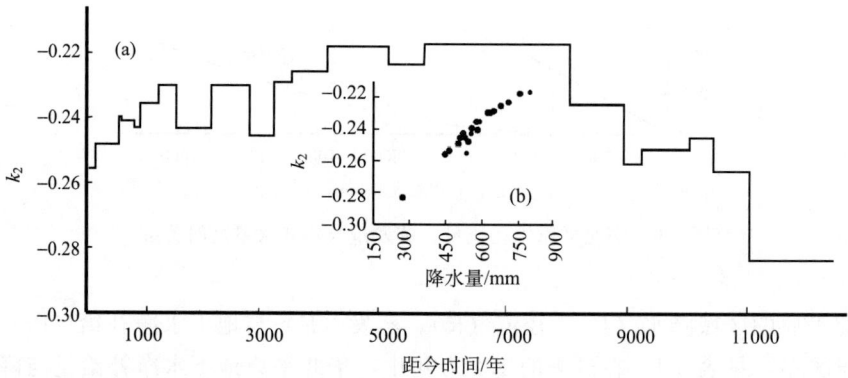

图 5-11　1.2 万年以来区域地下水净补给量与陆面蒸发之间水分通量关系（k_2）演化特征

（a）k_2 值演化过程；（b）k_2 值与降水量之间关系

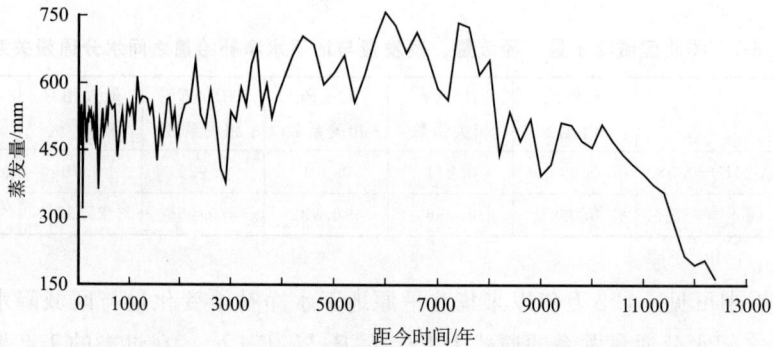

图 5-12　1.2 万年以来华北平原陆面蒸发量演变特征

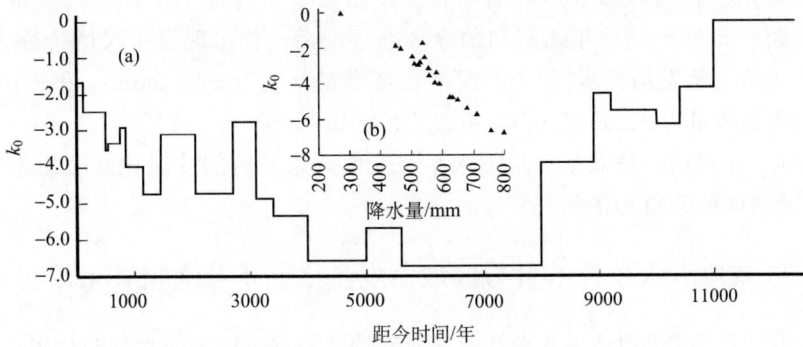

图 5-13　1.2 万年以来区域地下水系统储变量自变率 (k_0) 演化特征

(a) k_0 值演化过程；(b) k_0 值与降水量之间关系

（一）区域地下水净补给量与区域降水量之间水分通量关系演化规律

1.2 万年以来华北区域地下水净补给量（指实际增大储存资源的补给水量）与区域降水量之间水分通量关系演化规律（$Pr=k_1P$）中，包含千年、百年和数十年尺度的水文丰、枯周期变化特征及其对陆面蒸发（E）和地表径流（k_1P-k_2E）影响的状况，以及地下水埋藏的变化（k_0）的影响（图 5-10）。

以百年尺度来度衡，华北平原地下水的时段多年平均净补给系数（k_1，又为地下水净补给量与区域降水量的时段多年平均变化率）介于 0.21～0.27 ［图 5-10 (a)］。k_1 值越大，表明在相同降水量条件下地下水系统获得的补给水量越多；k_1 值越小，在相同降水量条件下地下水系统获得的补给水量越少。从图 5-10 (b) 可见，年降水量越大，净补给系数越小，这是受包气带渗透能力制约所致。由此图 5-10 (a) 表明，在过去 1.2 万年中，华北平原地下水净补给量随着年均降水量增大，它与区域降水量之间水分通量（$Pr=k_1P$，指单位时间、单位面积的净补给量）增加，但是水分通量随降水量增加而增大幅度（$k_1=Pr/P$）越来越小。同时，图 5-10 还表明，随着降水量的增大，参与降水-陆表水文过程再分配的径流水量份额随之增大，而降水补给地下水的数量相对稳定，因此，k_1 值随着降水量增大而变小（张光辉等，2001，2004a；张宗祜等，2006）。

站在现今的角度，来观察 1.2 万年以来华北平原地下水净补给量与区域降水量之间水分通量演变特征，不难发现：距今 5000～4000 年和距今 8000～5600 年期间是该平原的区域地下水系统获得净补给水量最为稳定时期，k_1 值最小（为 21.5%），年净补给量最大，两个时段的多年平均净补给量分别为 29.3mm/a 和 35.2mm/a，分别是现代降水入渗的净补给量 3.23 倍（自然氯示踪剖面实测的 185 年来平均入渗补给量 9.09mm/a）和 3.87 倍（自然氯示踪剖面实测的 295 年来平均入渗补给量 6.27mm/a）。29.3mm/a 和 35.2mm/a 换算成地下水资源量，分别为 40.79 亿 m³/a 和 49.01 亿 m³/a。近 4000 年以来华北平原地下水系统获得净补给的数量大小变化频繁，总体呈显著减少趋势，但在距今 3100～2700 年和距今 2050～1450 年期间区域地下水系统获得的净补给量相对较多，k_1 值较小（为 23.5%）。在晚全新世的其他时段，地下水系统获得的净补给量有限，甚至为负值。在当时的干旱时期，蒸发作用大量消耗地下水，年蒸发量大于补给量，其中在距今 3200～2800 年期间和距今 380 年前后，曾出现百年尺度持续大旱情况，补给量值为负值（蒸发消耗），两个时段平均蓄变量分别为 -15.3mm/a 和 -16.4mm/a，换算成地下水资源量为 21.30 亿 m³/a 和 22.83 亿 m³/a。

距今 9000 年以前，华北平原地下水系统获取降水补给的状况比晚全新世弱（图 5-10），大部分时间处于负均衡状态。

（二）区域地下水净补给量与区域蒸发量之间水分通量关系演化规律

1.2 万年以来华北平原地下水净补给量演变特征不仅与区域降水量变化密切相关，而且，还与区域蒸发量变化状况相关。图 5-11 表征了 1.2 万年以来华北平原百年、千年尺度的干湿和冷暖对该平原平原地下水净补给量与陆面蒸发量之间水分通量（Pr＝k_2E）的演化规律，其中包含气候变化对降水和地表径流影响，以及地下水埋藏条件变化的影响。

从百年尺度来看，华北平原时段多年平均地下水净补给量与陆面蒸发量之间水分通量的关系系数（k_2，为区域地下水净补给量与区域陆面蒸发量比值）也是随着区域气候和水循环条件改变而变化的，k_2 值介于 -0.29～-0.21 [图 5-11（a）]。k_2 值越大，表明在相同陆面蒸发量条件下地下水系统被蒸发作用消耗的水量越多；k_2 值越小，在相同陆面蒸发量条件下地下水系统被蒸发作用消耗的水量越少。区域陆面蒸发量越大，k_2 系数值越小。随着时段多年平均的区域陆面蒸发量增大，华北平原地下水净补给量与陆面蒸发量之间水分通量（Pr＝$-k_2E$，为负值）也增大。但是，降水量越大，k_2 值越减小 [图 5-11（b）]，这主要是受降水和地表径流条件变化影响（张光辉等，2001）。

在过去的 1.2 万年的地质历史中，华北平原经历了两个 k_2 值比较稳定时段。一个时段是距今 5000～4000 年期间，k_2 值为 -21.8%，另一个时段是距今 8000～5600 年期间，区域陆面蒸发消耗相对稳定，相当于现代的江南地区状况。这两个时段的多年平均蒸发系数（Ke＝E/P）都较小，分别为 0.78 和 0.76。近 4000 年以来，随着气候干湿频繁变化，华北平原陆面蒸发量也频繁变化，潜在蒸发量增大，实际陆面蒸发量减小（图 5-12），蒸发系数增大，其中距今 3100～2700 年和距今 2050～1450 年区域地下水净补给量与陆面蒸发量之间水分通量关系系数为 24.5%，蒸发系数分别为 0.91 和 0.89（张光辉等，2004a）。

（三）区域地下水储变量自变化特征演化规律

在没有降水、蒸发和没有开采影响条件下，在重力场作用下，华北平原地下水系统通过侧向排泄，以渤海海平面作为基准面，持续进行地下水动力场平衡。这种水动力平衡的最终结果，将是使得华北平原地下水动力场水力梯度为零。无疑，这一过程是漫长的，而且，渤海海平面高程需要相对稳定，否则，即使实现全平原区地下水动力场水力梯度为零，那时，地下水面也还要随着渤海海平面升降而变化。当然，这只是理论上的一种假设情景，客观上不可能没有降水和蒸发等影响（张光辉等，2001，2003b）。

从 1.2 万年的历史平均考虑,每年华北平原全区平均地下水水位下降 0.98mm,相当于该平原每年减少地下水储存资源量约 1.39 亿 m^3。据此推算,在没有降水、蒸发和人类活动影响下,华北的太行山前倾斜平原地下水水位下降至渤海基准面,大约需要 6.82 万~8.35 万年。

华北平原地下水系统这种自平衡-耗散过程,其变化率(k_0)不是恒定的(图 5-13),它与地下水埋藏深度、水动力场水力梯度大小和渤海基准面升降变化有关。随地下水位的升高、水力梯度增大或海平面下降,k_0 值越大,结果是华北平原地下水时段平均侧向径流量增大;反之,地下水水位越低,水力梯度值越小或海平面不断上升,k_0 值越小,华北平原地下水侧向径流量减小。

1.2 万年以来华北平原地下水系统储存资源量变化率(k_0,即在没有降水和蒸发影响条件下区域地下水排出的侧向径流量)介于-6.9~-1.5mm/a,换算地下水资源量为 2.09 亿~9.61 亿 m^3/a。其中距今 5000~4000 年和距今 8000~5600 年期间变化率值最大,分别为-6.59mm/a 和-6.72mm/a,换算成地下水资源量为 9.13 亿 m^3/a 和 9.36 亿 m^3/a。近 4000 年以来华北平原地下水系统储存资源量变化率频繁变化,但是绝对数值较小,其中距今 3100~2700 年和 2050~1450 年期间的平均变化率分别为-2.77mm/a 和-3.09mm/a[图 5-13(a)],换算地下水资源量分别为 3.86 亿 m^3/a 和 4.31 亿 m^3/a(张光辉等,2001)。

图 5-13 中包含降水和蒸发条件变化的影响。区域降水量变化影响整个水循环过程中所有界面上水分通量大小及其变化率,华北平原地下水系统储存资源变化率也不例外。随着降水量增大,区域地下水净补给量、地下径流量、天然地表径流量、陆面蒸发量和潜水蒸发量诸多水文要素都相应增大,变化率变小。从千年尺度来看,中全新世华北平原地下水系统的侧向径流量为 6.59~6.72mm/a。进入晚全新世,由于区域降水量显著减小,因此,区域地下水的侧向径流排泄量也随之减少,介于 2.77~3.09mm/a,换算成地下水资源量分别为 3.86 亿 m^3/a 和 4.31 亿 m^3/a。在连年枯水期,即多年平均降水量小于(区域年降水量阈值 280~350mm)某一值时,地下水储变量出现负值(表 5-2)。

表 5-2 1.2 万年以来不同时期华北典型平原区地下水循环演化特征值

分区	距今时段 /a B. P.	地下水净 补给量 /(mm/a)	平均年降 水量 /(mm/a)	天然地表 径流量 /(mm/a)	陆面 蒸发量 /(mm/a)	天然地表 径流系数	陆面 蒸发系数
冀东沿海平原区	1450~0	0.6	627	75	551	0.12	0.88
	3100~1450	1.5	632	77	554	0.12	0.88
	5600~3100	20.9	796	134	641	0.17	0.81
	8000~5600	37.2	909	181	691	0.20	0.76
	10400~8000	-4.8	572	58	519	0.10	0.91

续表

分区	距今时段 /a B.P.	地下水净 补给量 /(mm/a)	平均年降 水量 /(mm/a)	天然地表 径流量 /(mm/a)	陆面 蒸发量 /(mm/a)	天然地表 径流系数	陆面 蒸发系数
天津北部平原区	1450~0	0.5	596	72	522	0.12	0.88
	3100~1450	1.3	600	74	525	0.12	0.88
	5600~3100	19.9	755	128	607	0.17	0.81
	8000~5600	35.2	862	173	654	0.20	0.76
	10400~8000	−4.8	543	56	492	0.10	0.91
天津南部滨海平原区	1450~0	−0.7	592	66	526	0.11	0.89
	3100~1450	0.1	597	68	529	0.11	0.89
	5600~3100	17.5	751	120	614	0.16	0.82
	8000~5600	32.8	858	164	661	0.19	0.78
	10400~8000	−5.3	540	52	494	0.09	0.92
石家庄山前平原区	1450~0	−0.4	489	25	464	0.05	0.95
	3100~1450	0	493	27	467	0.05	0.95
	5600~3100	8.5	621	60	553	0.09	0.89
	8000~5600	16.2	709	89	604	0.12	0.86
	10400~8000	−2.5	447	17	432	0.04	0.97
邯邢山前平原区	1450~0	1.9	578	38	538	0.06	0.93
	3100~1450	2.4	584	40	541	0.07	0.93
	5600~3100	12.7	735	80	642	0.11	0.88
	8000~5600	22.2	839	116	701	0.13	0.84
	10400~8000	−0.7	528	27	501	0.05	0.95
沧州滨海平原区	1450~0	−0.1	567	59	508	0.10	0.90
	3100~1450	1.3	572	63	508	0.10	0.90
	5600~3100	29.4	720	138	553	0.19	0.78
	8000~5600	54.6	823	209	559	0.25	0.69
	10400~8000	−7.1	518	40	485	0.08	0.94
鲁北平原区	1450~0	2.8	563	34	526	0.06	0.94
	3100~1450	3.2	568	36	529	0.06	0.94
	5600~3100	11.6	715	74	629	0.10	0.88
	8000~5600	19.2	816	109	688	0.13	0.85
	10400~8000	0.6	514	24	490	0.04	0.96

当然，1.2万年以来渤海海平面大幅上升，对于减缓华北平原地下水（向海洋）侧向排泄水量发挥了不可忽视的作用。换言之，华北平原赋存了数千亿立方米地下水储存资源量，与渤海海平面大幅上升近百米有重要关系。因为海平面大幅上升，不仅抬高了

华北区域地下水循环系统排泄的基准面高程，而且，还减缓了河流不断底蚀切割含水层的强度和过程（图 5-14）。

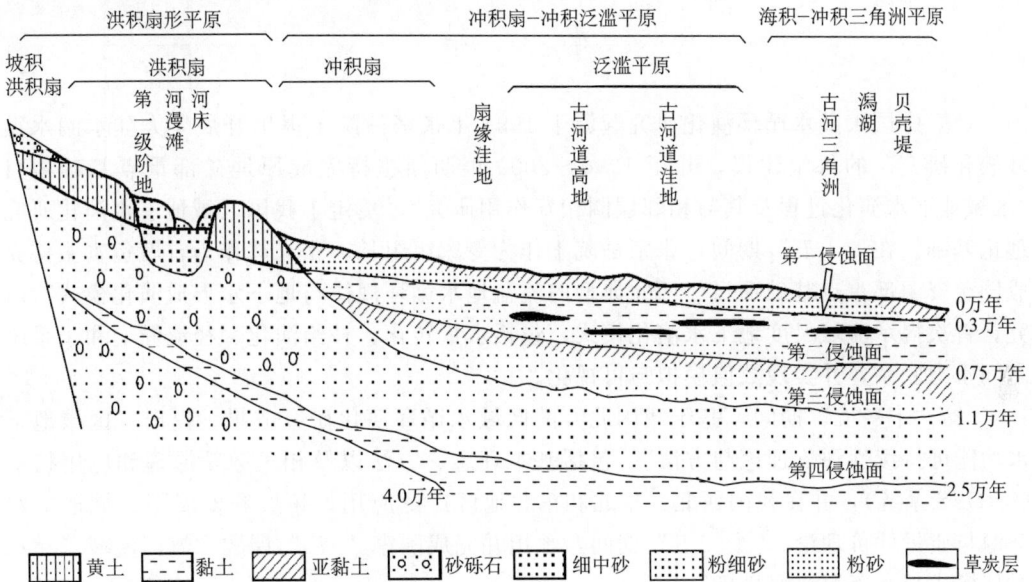

图 5-14　华北平原晚更新世末期以来侵蚀基准面抬升特征（据张宗祜等，2006）

　　在全新世之前，华北平原堆积了大量冲洪积松散沉积物。至早全新世初期，距今13000～11000 年期间，华北平原进入以切割侵蚀为主时期，但切割时间不长，强度不大。在山前洪积扇地区形成了切割谷，其中，主干河流切割谷较深，达到 10～15m，其他小河流切割谷较浅，一般为 8m 左右。在中部平原，河流将大部分黄土状物质和少量砂砾石侵蚀掉，形成了第三侵蚀面（图 5-14）。然后，再次快速堆积，在洪积扇切割谷中堆积了中细砂，在洪积扇的前缘形成冲积扇，在冲积平原的侵蚀面上又堆积了砂质古河道带和亚砂土、亚黏土的古河间带。这一时期的切割侵蚀过程，为华北平原第Ⅲ含水组与第Ⅳ含水组之间地下水系统水力联系创造了条件。

　　进入中全新世，距今 7500～3200 年间，在早全新世的砂质堆积物之上，连续堆积了含淤泥和草炭的粉砂、亚砂土、亚黏土和黏土物质。大约在距今 5000 年左右，因地表水系流量变率和流速的增大，生成了一个冲刷面（第二侵蚀面，图 5-14）。之后，在第二侵蚀面上堆积了粉砂、亚黏土和黏土物质。与此同时，在滨海地区，有三角洲相和海相淤泥粉质砂、亚黏土和黏土沉积（吴忱，1992）。

　　晚全新世的初期，又进入以侵蚀为主时期。在洪积扇地区的现代河谷内，将中全新世地层切割，形成了河谷内的第一级阶地。在冲积平原地区形成了第一侵蚀面（图 5-14）。然后，在洪积扇河谷内堆积了中细砂，在冲积扇、冲积平原和滨海平原堆积了粉砂、亚砂土的河流相物质和亚黏土、黏土的河间相物质。在西汉海侵之后，又发生了一次小的侵蚀，在洪积扇现代河谷内形成了河漫滩，使部分冲积扇中的现代河流变成了地下河（如漳河在临漳以上、滹沱河在深泽以上）。这些河流在流出地河谷后，又堆积了泛滥砂地。这一时期的切割侵蚀，使得第Ⅰ含水层组与第Ⅱ含水层组之间地下水系统建立了局部水力联系。

小　结

（1）中国大陆水循环演化研究起源于 1994 年张宗祜院士提出开展"大陆水圈水循环演化研究"的科学建议，并于 1996～2000 年期间主持完成原地矿部重点基础项目"区域地下水演化过程及其与相邻层圈相互作用研究"，奠定了我国区域地下水演化研究理论基础。在"十五"期间，张宗祜院士作为专家组组长，张光辉作为首席负责主持完成国土资源部重点基础项目"西北典型内流盆地水循环规律与地下水形成演化模式"研究，首次揭示流域尺度地下水演化模式，包括水量转化、补给演化、径流异变和子系统之间水力联系，并实现数值模拟与可视化。

（2）"十一五"期间，基于我国北方的区域水循环演化研究成果，提出"区域地下水功能可持续性评价理论与方法"，包括基本理念、方法以及相关数学原理和应用技术（即 GFS 系统），并在我国西北、华北和东北地区广泛应用，拓展和发展了区域地下水资源与质量评价理论。"十二五"期间，承担并完成国家"973"课题"海河流域二元水循环模式与水资源演变机理"。

（3）在认识上实现空间尺度跨越，构建了大陆尺度的气候-地质环境-陆地水系统演化断面，其东西长 3500km，南北宽 600km，高差近 5000m，时间跨度 2 万年，揭示了大陆水圈演化的气候、地质环境和陆地水系统在动量、能量和物质运动中内在联系。

（4）揭示了全新世以来区域尺度地下水主要补给期的演变周期性，提出近 1.2 万年以来我国北方主要平原区或盆地的区域地下水主要补给期与古气候演变中多雨期对应性的认识，并发现区域水循环演化过程中在突变或灾变事件发生之前，存在一个熵值较大的平衡期，可作为预测或判断突变或灾变事件依据之一。

（5）发现我国北方松散孔隙地下水中同位素具有明显的分层特征，是地下水补给条件、更新能力和形成期古气候与古水文环境的综合客观表达。赋存地下水的含水层埋藏深度越大，监测点越远离山前补给带，地下水形成年龄越大，那里的补给条件和更新能力越差。地下水同位素测年结果表明，20000 年以前的间冰期、距今 20000～10000 年的冰期、距今 10000～5500 年冰后期的季风盛行期间和近 3000 年以来，是我国北方大型盆地和主要平原区地下水储存资源的主要形成期。

（6）在华北区域地下水演化过程中，构造、气候和人类活动的影响权重分别为 25％、34％和 41％，大型水利工程和大规模开采地下水是重要人类活动影响因素。在西北内陆地区的流域尺度水循环过程中，存在两种不同类型补给源区、三种补给模式和多次转化过程，上、中、下游区的人类活动影响强度分别为 1％、87％和 12％。

参 考 文 献

安芷生. 1990. 近 2 万年中国古环境变迁的初步研究. 北京：科学出版社
柴增凯，张元波，肖伟华，等. 2011. 二元水循环模式下水生态服务功能评价. 长江流域资源与环境，

　　　　11：1373～1377

陈菊英. 1991. 海滦河流域汛期旱涝规律成因和预测研究. 气象出版社

陈梦熊. 2001. 西北干旱区水资源与生态建设. 国土资源通讯，（10）：38～41

陈梦熊，马凤山. 2002. 中国地下水资源与环境. 北京：地震出版社

陈宗宇，陈京生，费宇红，等. 2006. 利用氚估算太行山前地下水更新速率. 核技术，29（6）：426～431

陈宗宇，聂振龙，张荷生. 2004. 从黑河流域地下水年龄论其资源属性. 地质学报，78（4）：560～567

陈宗宇，张光辉，聂振龙，等. 2002. 中国北方第四系地下水同位素分层及其指示意义. 地球科学，27
　　　　（1）：97～103

陈宗宇，张光辉，徐嘉明. 1998. 华北地下水古环境意义及古气候变化对地下水影响. 地球学报，23
　　　　（4）：338～345

费宇红，陈树娥，刘克岩. 2001. 滹沱河断流区水环境劣变特征与地下调蓄能力. 水利学报，32（11）：
　　　　41～44

费宇红，张兆吉，张凤娥. 2005. 华北平原地下水动态变化影响因素分析. 河海大学学报，33（5）：538～541

甘泓，汪林，曹寅白，等. 2013. 海河流域水循环多维整体调控模式与阈值. 科学通报，12：1085～1100

侯兰功，肖洪浪，邹松兵，等. 2010. 黑河流域水循环特征研究. 水土保持研究，（3）：254～258

黄冠星，孙继朝. 2007. 中国北方平原盆地地下水氢氧同位素分层组成特征. 地下水，29（4）：30～31

孔昭宸. 1990. 北京地区距今30000～10000年的植物群发展和气候变迁. 植物学报，20：330～338

蓝永超，胡兴林，等. 2008. 全球变暖情景下黑河山区水循环要素变化研究. 地球科学进展，（7）：739～747

蓝永超，吴素芬，钟英君，等. 2007. 近50年来新疆天山山区水循环要素的变化特征与趋势. 山地学
　　　　报，（2）：177～183

李峰平，章光新，董李勤. 2013. 气候变化对水循环与水资源的影响研究综述. 地理科学，（4）：457～464

李克让. 1990. 华北平原旱涝气候. 北京：科学出版社

李文鹏，郝爱兵，刘振英，等. 2000. 塔里木盆地地下水开发远景区研究. 北京：地质出版社

李文鹏，周红春，周仰效，等. 1995. 中国西北典型干旱区地下水流系统. 北京：地震出版社

刘昌明，王中根，杨胜天，等. 2010. 水循环多元综合模拟系统（HIMS）的研究进展. 水利发展研究，
　　　　（8）：5～8

刘国纬. 1997. 水文循环的大气过程. 北京：科学出版社

刘家宏，徐鹤，秦大庸，等. 2013. 海河流域万年尺度水循环演变. 科学通报，12：1078～1084

刘少玉，程旭学. 2002. 黑河中下游盆地地下水系统与水资源开发环境效应. 地理与地理信息科学，18
　　　　（4）：18～22

聂振龙，陈宗宇，程旭学. 2005. 黑河干流浅层地下水与地表水相互转化的水化学特征. 吉林大学学
　　　　报，35（1）：54～57

沈小峰. 1987. 耗散结构论. 上海：上海人民出版社

沈彦俊，刘昌明. 2011. 华北平原典型井灌区农田水循环过程研究回顾. 中国生态农业学报，（5）：
　　　　1004～1010

施雅风. 1995. 气候变化对西北华北水资源的影响. 济南：山东科学技术出版社

宋晓猛，占车生，孔凡哲，等. 2011. 大尺度水循环模拟系统不确定性研究进展. 地理学报，（3）：396～406

苏小四，林学钰. 2004. 银川平原地下水循环及其可更新能力评价的同位素证据. 资源科学，26（2）：
　　　　29～35

汪丽芳，高业新，张亚哲，等. 2012. 华北山前不同含水组垂向水循环规律. 南水北调与水利科技，
　　　　（5）：136～138

王恒纯. 1991. 同位素水文地质概论. 北京：地质出版社

吴忱. 1992. 华北平原四万年来自然环境演变. 北京：中国科学技术出版社

吴锡浩. 1994. 中国全新世气候适宜期东亚季风时空变迁. 第四纪研究，1：24～37

吴祥定. 1994. 历史时期黄河流域环境变迁与水沙变化. 北京：气象出版社

武强，李树文. 2002. 地下水渗流系统灰色数值仿真模拟研究. 中国科学（D辑），32（1）：43～53

武毅，郭建强，朱庆俊. 2004. 基岩水与平原水转换关系的地球物理勘查技术探讨. 地球学报，25
　　（3）：369～372

杨怀仁. 1996. 古季风、古海面与中国全新世大洪水. 南京：河海大学出版社

叶笃正，黄荣辉. 1992. 旱涝气候研究进展. 北京：气象出版社：23～32

翟远征，王金生，滕彦国，等. 2011. 北京不同水体中D和^{18}O组成变化及其水循环指示意义. 资源科
　　学，（1）：92～97

张翠云，王昭. 2004. 黑河流域人类活动强度的定量评价. 地球科学进展，19（3）：396～398

张光辉，申建梅. 2006. 甘肃西北部黑河流域中游区地表径流和地下水补给变异特征及成因. 地质通
　　报，25（1～2）：252～255

张光辉，王金哲. 2002. 海河流域中东部平原区深层地下水补给与释水机制探讨. 水文，22（3）：5～9

张光辉，陈树娥，刘克岩. 2003a. 海河流域水资源紧缺属性与对策. 水利学报，34（10）：41～44

张光辉，陈宗宇，费宇红. 2000a. 华北平原地下水形成与区域水循环演化的关系. 水科学进展，11
　　（4）：415～420

张光辉，费宇红，陈宗宇. 2002a. 海河流域平原深层地下水补给特征及其可利用性. 地质论评，48
　　（6）：651～658

张光辉，费宇红，李惠娣. 2002b. 海河流域平原浅层地下水位持续下降动因与效应. 干旱区资源与环
　　境，16（2）：32～36

张光辉，费宇红，刘克岩. 2004a. 海河平原地下水演化与对策. 北京：科学出版社

张光辉，费宇红，刘克岩. 2005b. 华北平原农田区地下水开采量对降水变化响应. 水科学进展，17
　　（1）：43～48

张光辉，费宇红，聂振龙. 2000b. 全新世以来太行山前倾斜平原地下水演化规律. 地球学报，21（2）：
　　121～127

张光辉，费宇红，王金哲. 2003b. 300年以来太行山前平原地下水补给演化特征与趋势. 地球学报，24
　　（4）：261～266

张光辉，费宇红，邢开. 2004b. 太行山前平原动水条件下地下调蓄功能实验研究. 干旱区资源与环境，
　　18（1）：42～48

张光辉，费宇红，邢开. 2004c. 太行山前平原非河道条件下地下调蓄功能实验研究. 水文，24（1）：15～19

张光辉，刘少玉，谢悦波. 2005a. 西北内陆黑河流域水循环与地下水形成演化. 北京：地质出版社

张光辉，刘中培，连英立，等. 2009. 内陆干旱区水循环危机性标识与特征. 干旱区地理，（5）：720～725

张光辉，聂振龙，陈宗宇. 2001. 全新世以来华北层圈间水循环演化过程与地下水演变周期性. 地球学
　　报，22（4）：293～297

张光辉，聂振龙，刘少玉. 2005c. 黑河流域走廊平原地下水补给源组成特征及其变化. 水科学进展，16
　　（5）：673～678

张光辉，聂振龙，刘少玉. 2006. 黑河流域水资源对下游区生态环境变化影响阈. 地质通报，25（1-2）：
　　245～250

张光辉，聂振龙，王金哲. 2005e. 黑河流域水循环过程中地下水同位素特征及补给效应. 地球科学进
　　展，20（5）：511～519

张光辉，聂振龙，张翠云. 2005d. 黑河流域地下水补给变异特征与机制. 水利学报，36（6）：715～720

张宗祜，张光辉. 2001. 大陆水循环系统演化及环境意义. 地球学报，22（4）：289～292

张宗祜，沈照理，薛禹群. 2000. 华北平原地下水环境演化. 北京：地质出版社

张宗祜，施德鸿，任福弘. 1997a. 论华北平原第四系地下水系统之演化. 中国科学，27（2）：168～173

张宗祜，施德鸿，沈照理. 1997b. 人类活动影响下华北平原地下水环境演化与发展. 地球学报，18（4）：291～294

张宗祜，张光辉，任福弘，等. 2006. 区域地下水演化过程及其与相邻层圈间相互作用. 北京：地质出版社

章新平，姚檀栋. 1994. 我国部分地区降水中氧同位素成分与温度和降水量之间的关系. 冰川冻土，16（01）：31-40

章新平，姚檀栋. 1998. 我国降水中 $\delta^{18}O$ 的分布特点. 地理学报，53（4）：70～78

赵晓慎，周海，王文川. 2012. 气候变化对区域水循环系统影响的研究进展. 华北水利水电学院学报，02：46～49

周炼，刘存富，王佩仪. 1998. 河北平原第四系咸水同位素组成. 水文地质工程地质，3：4～8

Bai W M，Vigny C，Ricard Y，*et al*. 1992. On the origin of deviatoric stresses in the lithosphere. Journal of Geophysical Research，97（B8）：11729～11736

Prigogine I. 1967. Introduction to Thermodynamics of Irreversible Processes，3rd ed. New York：Interscience Pub

Prigogine I，Dissipation S，*et al*. 1969. Communicat ion Present ed of the First International Conference /Theoretical physics and Biology. Amsterdam：North-Holland pub

第六章 全新世以来华北平原地下水演化规律

大量的同位素测年资料表明，华北平原松散第四系地下水形成年龄小于1.2万年，基底凹陷滞流区深层水年龄超过2.0万年。主要补给期为距今5000~4000年、距今8000~5600年、3100~2700年和距今2050~1450年期间，全新世以来的多雨期，是华北平原松散孔隙水储存资源形成、增加和更新演化的主要时期。在距今15000~7500年期间，中国海海平面上升140m以上，极大地抬升了华北平原赋存地下水资源的空间能力，奠定了该平原区松散地下水储存资源形成与赋存的必要基础。

第一节 华北平原地下水演化地史特征

一、古气候与古水文环境特征

（一）古气候演变特征

孢粉组合特征、古河道及地层演化、生物遗存、文化遗志和历史文献资料、自然环境演化、白洋淀与宁晋泊的扩张与收缩等，以及包气带和地下水同位素信息表明，全新世以来华北平原发生过频繁的、不同尺度的干湿与冷暖气候变化过程（图6-1）。

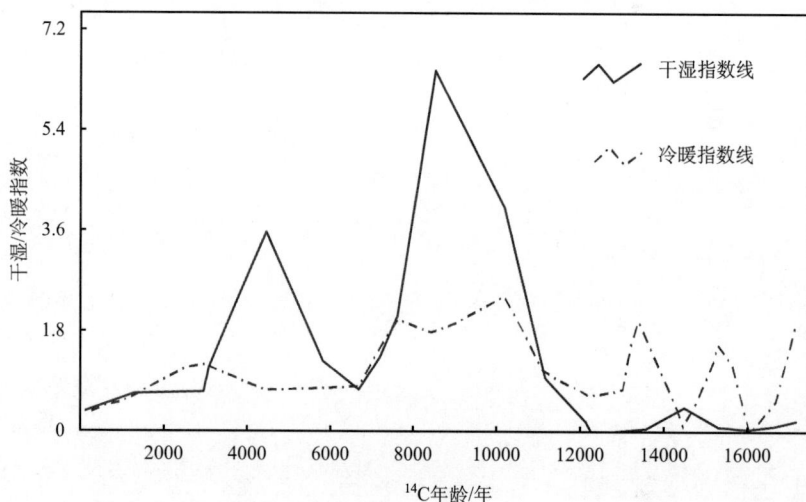

图6-1 近17500年以来华北平原干湿与冷暖演化过程

在河北平原徐水地区的瀑河冲积扇上文化层中，发现距今10500~9700年期间石器、陶片、鹿角及骨器，表明当时先人已摆脱对洞穴的依赖，迁移到白洋淀地区活动。

加之，这一时期的大部分时段草本花粉达到 80% 以上，伴有云杉、冷杉花粉出现，说明当时气候偏冷干。根据计算，年均气温较今低 4℃ 以上。在华北平原的北京、天津、冀北地区和渤海湾地区以及黄河三角洲地区，生物遗存碳素测年和孢粉资料分析结果，距今 9700~9000 年期间华北地区气候迅速变暖，尽管年均气温较现今低，但是年降水量明显增加，加速了当时植物的生长和泥炭沉积。进入距今 9000~8000 年时期，气候又向偏凉方向转变（图 6-1）。

将华北平原地下水氢氧同位素值演变曲线与格陵兰冰芯的 $\delta^{18}O$ 同位素动态变化曲线对比，分别以 $-9‰$ 和 $-37‰$ 均线（平均值，记作 B_{18}）为界限，可见华北平原地下水和格陵兰冰芯的 $\delta^{18}O$ 值动态变化具有相同特征（图 6-2）。在距今 10000 年之前，华北平原地下水和格陵兰冰芯的 $\delta^{18}O$ 值分别低于 B_{18} 值，而 10000 年以来分别高于 B_{18} 值，表明华北平原全新世气温明显高于晚更新世末期。在距今 15000 年前，华北平原地下水的 $\delta^{18}O$ 值较低，距今 18000 年前后降到最低点，$\delta^{18}O = -11.07‰$，$\delta D = -78.2‰$，对应于末次冰期盛冰期，推测当时年均气温比现今气温低 4.5~8.5℃。距今 18000 年之后，地下水的 $\delta^{18}O$ 值振荡上升，表明华北平原气温转暖，夏季风带来的降雨对地下水的 $\delta^{18}O$ 产生重要影响。图 6-2 的地下水氢氧同位素值演化特征表明，华北平原的季风兴盛行于距今 8000~5000 年期间，减弱于距今 3200 年前后。近 1000 年以来季风进入衰弱期，气候偏干（陈宗宇等，1998）。

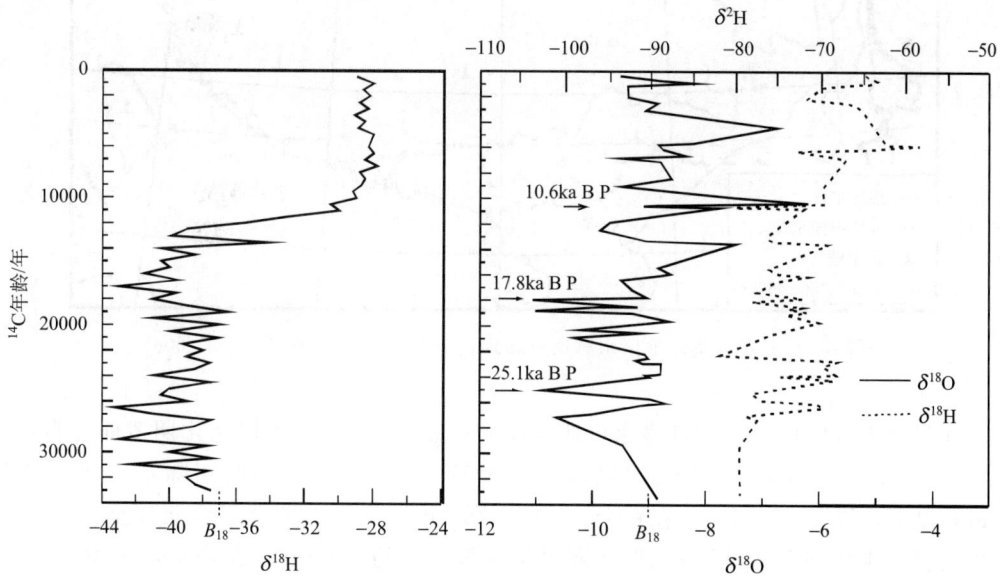

图 6-2　华北平原地下水氢氧同位素特征

（a）格陵兰冰芯同位素变化过程；（b）华北平原地下水同位素过程

距今 8000~3200 年时期是全新世以来华北平原的大暖期。其中，在距今 7500~5000 年时段，华北地区落叶、阔叶树的种类明显增加，出现了水青冈属、枫香属、山桃核属、山矾属和现生于热带-亚热带湖沼水域的水蕨孢子。水蕨孢子大量出现在距今

6000 年之前的白洋淀地区和鲁北平原郯城地区，少量出现在北京、天津、鲁北、胶州湾、莱州湾地区和中原的文化遗址（图 6-3）。根据 36 个我国现代生长水蕨分布区的 42 个气象台站观测的 30 年气象记录对比分析，推断距今 6000 年前后华北地区的 1 月平均气温达 5℃，比保定地区现今的 1 月气温高 9℃。鲁北平原的郯城地区距今 5000 年前后的 1 月气温较现今高 6℃，当时的年降水量比现今多年平均降水量多 140～460mm（施雅风，1995）。

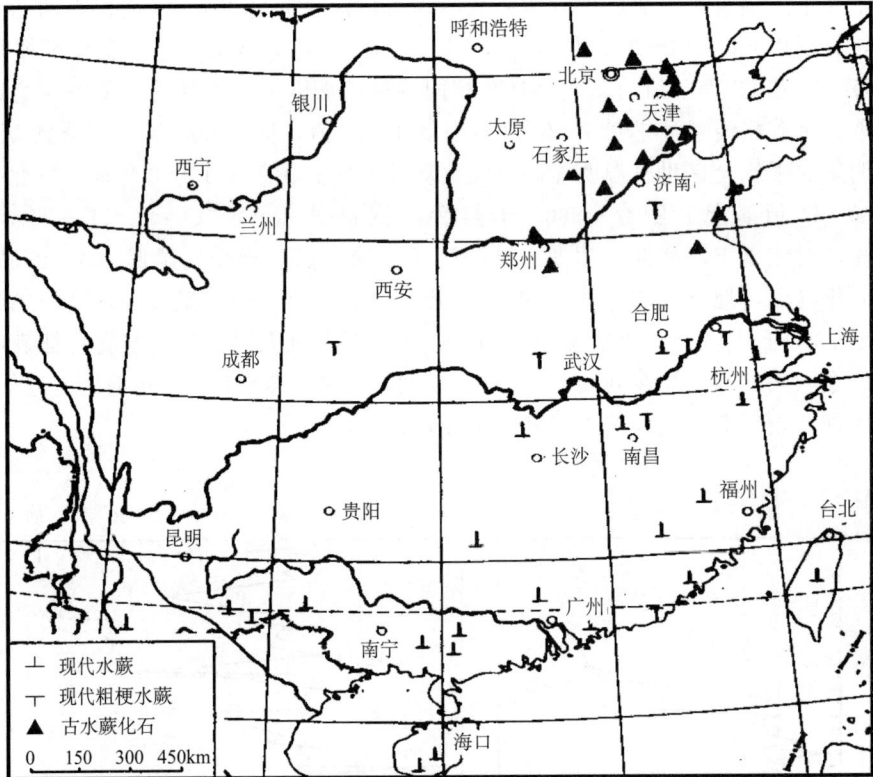

图 6-3　全新世华北地区水蕨遗迹和现代分布区位（据张宗祜等，2006）

在华北地区的西北部，即张家口地区坝下一带，600 多个不同文化期遗址表明，距今 7800～5900 年期间，农业北界已由 35°N 移至 35°30′N，当时年降水量比现今高 50mm 以上，温度上升 1℃。在距今 5900～4700 年时期，农业北界曾北移至 36°30′N，年均气温至少比现今高 3℃，当时年降水量比现今高约 100mm。距今 4200～4000 年期间，农业北界返回 35°30′N，年均气温下降 3℃，当时年降水量也减少 100mm 左右。在距今 4000～2100 年时期，农业北界继续向南移，至 35°14′N，年均气温和当时年降水量再度减少。

根据华北平原出现的水蕨孢粉推测，中全新世时期，该平原的年均气温较现今高 1～4℃，当时年降水量较现今多年平均降水量多 150～250mm。在中全新世孢粉组合中，出现大量水生、湿生植被孢粉（表 6-1），表明当时华北平原广布湖泊和沼泽，年降水量较现今多年平均降水量高 40%（曹银真，1989）。距今 5000 年前后，华北平原喜冷湿的云杉、冷杉植物群曾一度扩展到北京西部的山麓地带，表明在中全新世的温暖期间，华北地区曾出现过短期的降温事件。之后，华北地区的气温又回升，但降水量明显减少，气候呈现干热趋向（图 6-4、图 6-5）。在距今 3200～2500 年期间，华北平原的孢粉资料反映温带落地林面积减少，喜温干的松林面积扩展，气候表现为温凉偏干波动（表 6-1）。

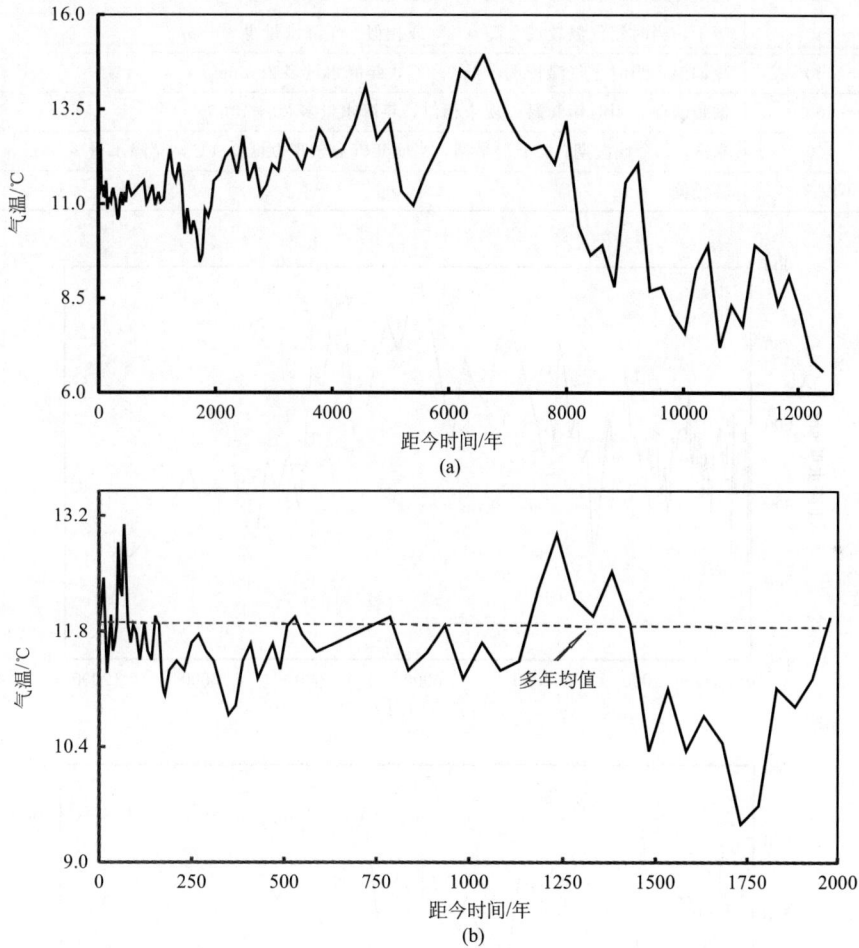

图 6-4 1.2 万年以来华北地区年气温变化特征（据张光辉等，2001，2004）

（a）万年尺度气温变化过程；（b）千年尺度气温变化过程

表 6-1 晚全新世华北地区气候变化特征

距今时段/年	气候特征
3100～2690	温凉半干旱，其中西周晚期至东周初期为干旱期，当时气温较现今低 0.6℃
2690～2050	温暖干湿多变，当时气温较现今高 1.5～1.2℃
2050～1900	干冷，当时年气温较现今低 1～2℃

距今时段/年	气候特征
1900~1700	冷偏湿，1715 年气温较现今低 0.5℃
1700~1400	冷干，当时年气温较今低 1℃
1400~1140	温暖，当时年气温较现今高 1℃
1140~820	前期冷偏湿，后期冷干，当时年气温较现今低 0.5℃，年降水量多 30mm
820~740	暖干，当时年气温较现今高 0.2℃ 或相似，年降水量少 40mm
740~560	冷偏湿，当时年气温较现今低 0.3℃，年降水量多 20mm
560~500	偏暖偏湿，当时年气温与现今相似，年降水量多 20~40mm
500~100	寒冷，3 个偏湿期，2 个干旱期，当时年气温较现今低 0.4℃，年降水量少 50mm
100 年以来	转暖偏干

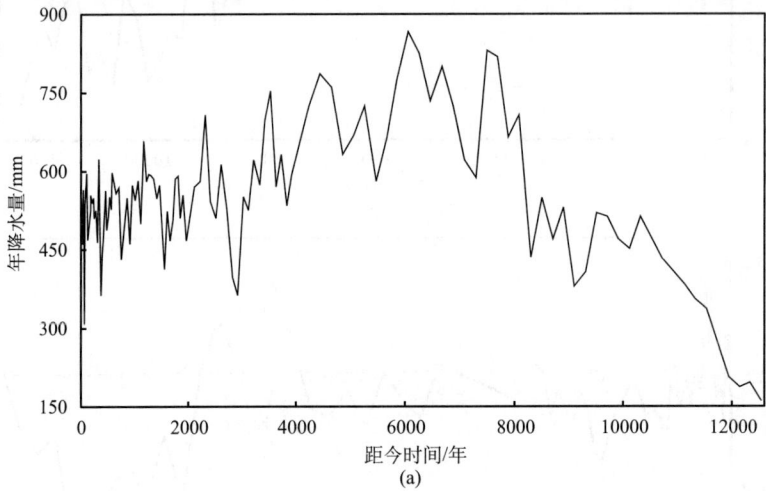

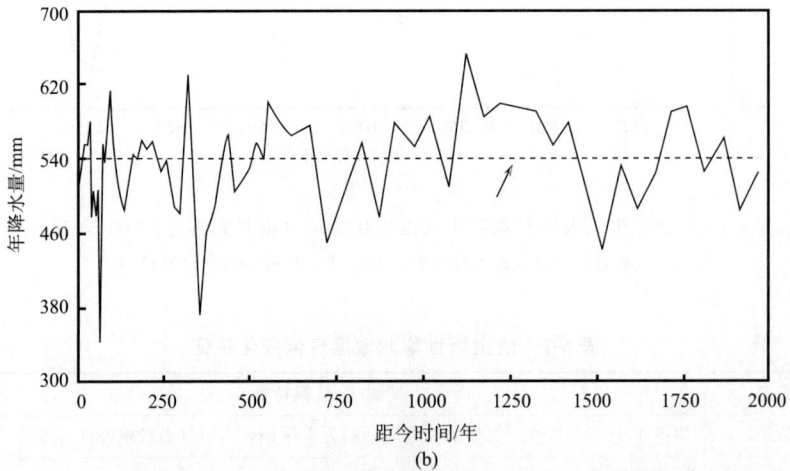

图 6-5　1.2 万年以来华北地区年降水量演变特征（据张光辉等，2000a，2001）

(a) 万年尺度降水量变化过程；(b) 千年尺度降水量变化过程

降水是区域地下水形成与更新的源泉，千年尺度和百年尺度的年降水量演变是华北平原地下水储存资源形成和演化特征的十分重要影响因子（张光辉等，2001，2002a）。1.2万年以来华北平原的年降水量概率特点是：25%概率的降水量为674mm，50%概率的降水量为606mm，75%概率的降水量为536mm，95%概率的降水量为382mm。

基于千年尺度的度衡来看，全新世以来华北平原各时期年均降水量具有如下特征：距今12400~8000年期间，平均年降水量为415.7mm，变差系数（C_v）为0.32，C_s/C_v值为2.12。该时期的最大降水量发生距今8500~8300年期间，为590mm，最小降水量出现于11800年前后，为210mm。在距今8000~3200年期间，平均年降水量746.3mm，C_v为0.24，C_s/C_v值为-0.92。最大降水量出现于距今6900~5700年期间，为850mm，最小降水量在距今3750~3850年期间，为570mm。近3200年以来，平均年降水量556.3mm，C_v为0.22，C_s/C_v值为4.52（张光辉等，2004，2006）。该时期的最大降水量出现在距今2550~2350年期间，为760mm，最小降水量发生于距今2900~2800年期间，为380mm（图6-5）。

以天津、北京地区为例，华北平原的百年尺度降水量具有如下演变特征：1891~2012年的122年间，天津地区的平均年降水量为538.9mm，最大降水量为976.2mm（1977年），最小降水量为253.7mm（1902年），C_v为0.29~0.32，C_s/C_v值介于1.5~1.8。1841~2012年的172年间，北京地区的平均年降水量为649.7mm，最大降水量1406.1mm（1959年），最小降水量242.3mm（1902年），1920年、1921年、1935年、1965年分别出现介于255~333mm的偏枯降水量，C_v为0.34~0.37，C_s/C_v值介于2.0~2.4（张光辉等，2009b）。

从有详细观测记录的近50多年华北平原年降水量变化特征来看，丰水年份降水量大于800mm，枯水年份降水量不足400mm（表6-2）。其中20世纪50~70年代，为降水偏丰期，平均年降水量为608.1mm；20世纪80年代以来，为降水偏枯期（表6-3），平均年降水量为528.6mm，相对1956~1979年年均降水量减少15.04%（张光辉等，2009b）。

表 6-2　华北平原及分区年降水量特征值

水文分区		不同保证率年降水量/mm					最大值		最小值		极大值与极小值之比
		均值	20%	50%	75%	95%	降水量/mm	年份	降水/mm	年份	
滦河及冀东平原		629	757	642	477	383	1050	1964	356	2002	2.9
北四河平原		603	741	569	454	366	1230	1959	329	1999	3.7
海河南系平原	大清河水系平原	531	682	511	399	339	888	1977	297	1965	3.0
	子牙河水系平原	510	621	488	400	312	993	1963	283	1997	3.5
	彰卫河水系平原	578	683	575	475	351	1069	1963	301	1997	3.6
	黑龙港运东平原	535	667	523	453	324	935	1964	292	1997	3.2
徒骇马颊河平原		562	666	542	440	342	1023	1964	295	2002	3.5
华北全区		538	637	553	460	380	842	1964	357	1965	2.4

表 6-3　华北平原及分区降水丰枯年份状况（据张光辉等，2009b）

地域	不同降水年型分布状况		特枯年
	偏丰年份	偏枯年份	
滦河及冀东平原	1964/1969/1959/1977/1990/1979/1985/1998/1973/1995/1962/2008/2010/2012	1951/2002/1952/1999/1968/1957/1989/1972/1963/1960/2000/2006/1980/1958	1951/2002
北四河平原	1959/1956/1964/1969/1955/1978/1973/1954/1977/1953/1967/2008/2011/2012	1999/1965/2002/1997/1972/1981/1980/1993/2000/1975/1968/2006/1962/2001	1999/1965
海河南系平原	1963/1964/1956/1977/1973/1954/1990/1955/2003/1996/1959/2008/2009/2012	1965/1997/1986/1957/1999/1992/1972/2002/1968/2001/1981/2006/1980/1975	1965/1997
徒骇马颊河平原	1964/1961/1990/1971/2003/1963/1974/1977/1973/2008/2009/2010/2011/2012	2002/1968/1989/1992/1986/2001/1997/1965/1999/1988/1981/1972	2002/1968
华北全区	1964/1956/1977/1973/1963/1959/1990/1954/1969/1955/1996/2008/2009/2012	1965/1997/1999/2002/1968/1972/1957/1992/1981/2006/2001/1986/1980/1989	1965/1997

从降水的雨量类型来看，20 世纪 50～60 年代小雨量（0.1～10.0mm/d）偏多，60 年代末至 70 年代中期中雨量（10.0～25.0mm/d）和暴雨量（＞50.0mm/d）偏多，1992 年之后小雨量和中雨量显著减少，尤其 1997 年以来暴雨量明显偏少。相对 1956～1996 年期间的平均暴雨量（132.2mm），1997～2012 年期间暴雨量减少 32.72%，仅为 89.3mm。但是，2003 年以来中雨量呈明显增趋势。

从华北地区降水量空间分布上看，年降水量分布极为不均一，总趋势是由西北向东南递增，大清河和子牙河水系平原区（邢台—石家庄—保定—衡水一带）是华北平原年均降水量较小区域（表 6-4）。北四河平原区是华北平原年降水量最大的区域，为 591.7mm，比华北平原全区平均降水量多 9.96%。北四河平原区也是近 30 年以来年均降水量减少幅度最大的地区，相对当地 1956～1979 年均降水量，1980～2012 年和 2000～2012 年平均降水量分别少 17.24% 和 24.39%（张光辉等，2009b，2011）。滦河及冀东平原属于降水偏多地区，多年平均年降水量为 586.1mm，比华北平原全区平均降水量多 8.96%。该平原区年最大降水量为 1025.6mm（1964 年），最小为 325.2mm（1968 年），相对当地 1956～1979 年均降水量，1980～2009 年和 2000～2009 年两个时期平均降水量分别少 13.24% 和 20.12%（表 6-4）。

京津以南的大清河水系平原区、子牙河水系平原区、漳卫河水系平原区和黑龙港及运东平原的平均年降水量 530.1mm，比华北平原全区平均降水量少 1.49%。相对当地 1956～1979 年均降水量，1980～2012 年、2000～2012 年两个时期平均降水量分别少 13.53% 和 12.40%（表 6-4）。徒骇马颊河平原区的 1956～2012 年多年平均年降水量为 565.7mm，比华北平原全区平均降水量多 5.23%（张光辉等，2011）。相对当地 1956～1979 年均降水量，1980～2012 年、2000～2012 年两个时期平均降水量分别少 7.18% 和 3.42%，是近 30 年以来华北平原降水量减少幅度最小的地区（表 6-4）。

近 30 年以来华北平原在年降水量呈减少趋势的同时，年降水天数、极端强降水量、频数和强度也随之减少，对区域地下水位影响较大。一方面是区域地下水补给量因降水减少而变小，另一方面气候旱化，导致地表河水常年断流，农业开采地下水量急剧增大。

表 6-4　近 60 年以来华北平原降水量时空变化特征

年代	滦河及冀东平原			北四河平原			海河南系平原			徒骇马颊河平原		
	降水量/mm	降水变化率/%		降水量/mm	降水变化率/%		降水量/mm	降水变化率/%		降水量/mm	降水变化率/%	
		相对A	相对B		相对A	相对B		相对A	相对B		相对A	相对B
1956～1959	571.9	−8.98	6.28	725.7	12.03	34.86	585.1	2.93	8.73	551.1	−6.18	2.42
1960～1969	649.3	3.34	20.67	602.9	−6.93	12.04	571.9	0.61	6.28	619.9	5.53	15.20
1970～1979	663.7	5.63	23.34	614.7	−5.11	14.24	548.3	−3.54	1.90	591.3	0.66	9.89
1980～1989	587.6	−6.48	9.20	551.6	−14.85	2.51	476.8	−16.12	−11.39	483.9	−17.62	−10.07
1990～1999	545.3	−13.21	1.34	567.1	−12.45	5.39	499.9	−12.06	−7.10	580.9	−1.11	7.95
2000～2012	501.9	−20.12	−6.72	489.8	−24.39	−8.98	497.9	−12.40	−7.47	567.3	−3.42	5.43
A：1956～1979 时段均值	628.3	0	16.76	647.8	0	20.38	568.4	0	5.64	587.4	0	9.17
1980～2012 时段均值	545.1	−13.24	1.30	536.1	−17.24	−0.01	491.5	−13.53	−8.66	545.2	−7.18	1.32
1956～2012 系列均值	586.3	−6.68	8.96	591.7	−8.66	9.96	530.1	−6.77	−1.49	565.7	−3.72	5.23
B：全区多年 平均雨量	538.2mm											

资料来源：华北平原有关省市气候中心和水文局提供监测。

近 50 年以来华北平原多年平均气温为 12.2℃，总体呈上升趋势（图 6-6），增温速率为 0.25℃/10a，大于全国平均增幅（0.22℃/10a）。在 1976 年前，年均气温为 11.9℃，相对多年平均值低 0.3℃/a；1976～1998 年期间，年均气温高于多年平均值，其中 20 世纪 90 年代增温显著，1998 年年均气温达 13.4℃。1998 年以来，气温呈下降迹象，平均气温 12.9℃，但是仍比多年平均值高 0.6℃。华北平原不仅年均气温上升，而且，年内最高气温与最低气温都呈升高趋势，其中最低气温增温幅度最大。近 30 年以来春季增温显著，春旱频发，地表水体广泛绝迹（张光辉等，2011）。

华北平原多年平均蒸发量为 1023mm，总体呈现减少趋势（表 6-5，图 6-7）。20 世纪 60 年代、70 年代平均蒸发量分别比华北平原多年平均蒸发量多 58mm 和 20mm，80 年代、90 年代和 2001 年以来平均蒸发量分别比华北平原多年平均蒸发量少 16mm、28mm 和 36mm。1985 年以来，大于 1000mm 的高值区由北向南、由西向东不断缩小，小于 1000mm 的低值区不断扩大。

在空间分布上，南大、北小，东大、西小。蒸发量高值区主要分布在年降水天数的低值区，即黑龙港及运东平原区、大清河水系淀东平原区和徒骇马颊河平原区，蒸发量大于 1000mm。华北平原的大部分地区，年蒸发量介于 800～1000mm。从分区来看，蒸发量减小幅度较大的地区主要分布在海河南系平原区和徒骇马颊河平原区，相对 20 世纪 60 年代平均蒸发量，80 年代、90 年代和 2001 年以来徒骇马颊河平原区蒸发量分别减少 7.15%、8.02% 和 7.06%，海河南系平原区蒸发量分别减少 5.15%、6.34% 和

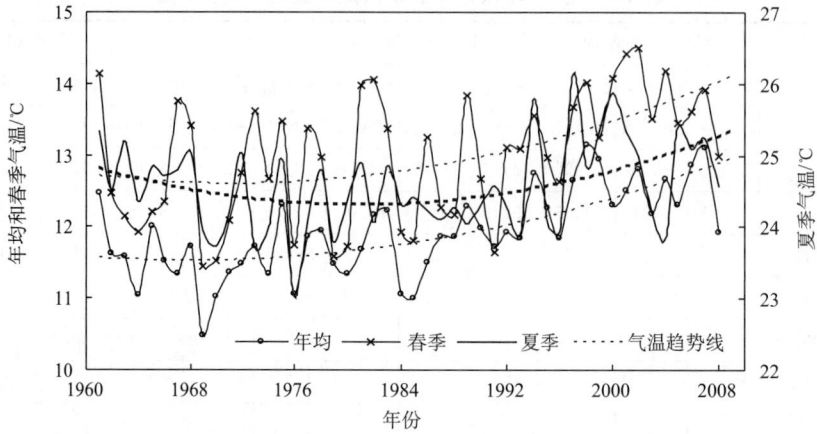

图 6-6 近 50 年以来华北平原年均气温及春、夏季动态变化特征（据张光辉等，2009b，2011）

表 6-5 近 50 年以来华北地区及分区年代平均蒸发量变化特征 （单位：mm）

地域	20 世纪								2001 年以来	
	60 年代		70 年代		80 年代		90 年代			
	蒸发量	变差值	蒸发量	变差值	蒸发量	变差值	蒸发量	变差值	蒸发量	变差值
滦河及冀东地区	980	−43	947	−76	923	−100	927	−96	921	−102
北四河平原区	1032	9	1012	−11	990	−33	981	−42	987	−36
海河南系平原区	1088	65	1081	58	1032	9	1019	−4	1011	−12
徒骇马颊河平原区	1147	124	1122	99	1065	42	1055	32	1066	43
华北全区	1081	58	1043	20	1007	−16	995	−28	987	−36

注：变差值是指相对华北平原多年平均蒸发量的差值。

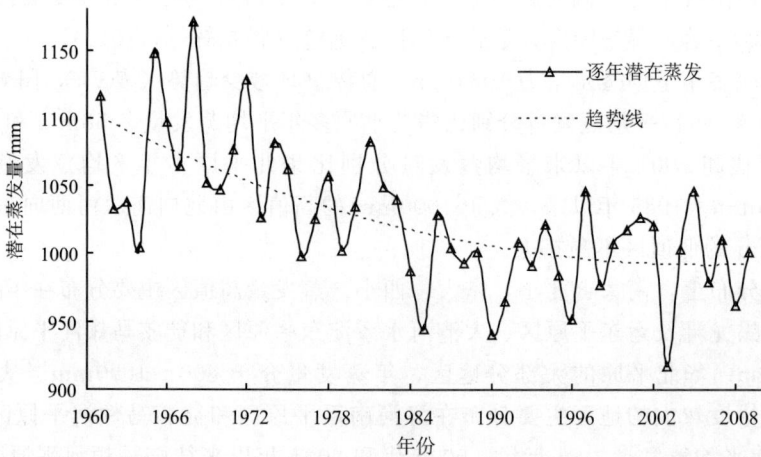

图 6-7 近 50 年以来华北地区年蒸发量变化特征

7.08%。从图 6-6 可见，华北平原蒸发量大幅减少主要发生在 1985 年之前。1986 年以来，华北平原蒸发量减小趋势不明显。

（二）古水文环境演化特征

1. 古沉积环境特征

华北平原的东界——渤海形成于早更新世。不足 13 万年的晚更新世地层，厚度达 60m，占据中更新世以来沉积地层厚度的 1/2。末次冰消期气候转暖，山区河流泛滥，大量砂质沉积物充填了下切河谷。在华北平原，0～8m 埋深地层为晚全新统，平均沉积速率 2.77mm。在山前洪积扇现代河谷内为河漫滩、河床相的中、细砂堆积。在冲积扇地区，为河床相的细砂、泛滥平原相的亚砂土堆积。在泛滥平原区，为河床相的细、粉砂，河漫滩相的粉砂，泛滥平原相的亚砂土、亚黏土互层和泛滥盆地相（河间洼地）的黏质土堆积。在滨海平原地区，为三角洲相的粉砂、亚砂土，潟湖相的亚黏土、黏土和海相的亚黏土沉积。8～20m 埋深为中全新统，平均沉积速率 2.63mm。在山前洪积扇地区的切谷中，为组成河谷内第一级阶地的含草炭和淤泥的砂、粉砂堆积，以及扇缘洼地中的草炭堆积。在冲积扇地区，为河床相的细砂、亚砂土和湖沼相的淤泥质堆积。在冲积平原区，为河床相的含淤泥、泥炭的粉砂和湖沼相的淤泥泥炭黏土，以及河口相的粉砂、亚砂土堆积。在滨海平原区，为三角洲相的粉砂、亚砂土和海相的亚黏土、黏土堆积。20～25m 埋深为早全新统，平均沉积速率 1.42mm。在山前洪积扇区，仅在切割谷中有河床相的中细砂堆积。在冲积扇和冲积平原区，为河床相的细、粉砂和泛滥平原相的亚砂土、亚黏土堆积。在滨海平原区，为河床相的粉砂和泛滥平原相的亚砂土、亚黏土堆积（吴忱，1992；张光辉等，2004）。

华北山前扇形平原主要由洪积扇平原和冲洪积扇平原组成（图 6-8），二者呈切割叠置关系。在洪积扇地层粗砂砾石中，含大量披毛犀-纳玛象哺乳动物群化石和树干，[14]C 年代为距今 25000～13000 年，黄土层中发现鸵鸟蛋化石，地表有新石器时代遗址。在洪积扇切割谷内含淤积泥炭的细粉砂中，淤泥和泥炭的[14]C 年代为距今 7200～2200 年，属于中全新世沉积。在古河谷中，淤泥质细粉砂之上的黄土状物质、亚砂土和现代河谷中的河床、河漫滩相细粉砂为全新世沉积。

华北平原的中部地区地层结构与冲积扇平原一致，棕红色黏土之上的中细砂、细砂和亚砂土中含大量完整的对丽蚌壳化石和炭化木，[14]C 年代为距今 25000～7200 年，属于晚更新世末期至早全新世沉积，厚度 10～15m，局部 20m。有的地方自下而上为连续的砂质沉积，而且，砂的粒度越往上越细，为一完整的正沉积旋回。有的地方自下而上由两个小沉积旋回组成，两个小沉积旋回之间由侵蚀面和河床滞留沉积相隔，或两个小沉积旋回之间由亚砂土相隔。侵蚀面上的[14]C 年代为距今 13000～9200 年。在中部的细砂、粉砂、亚砂土中，含有被人工砍砸过的鹿角化石和旧石器时代晚期人类股骨化石，砂层底部被冲下来的大（核桃）树的[14]C 年代为距今 6000 年左右。在泛滥平原含大量淤泥和泥炭，有大量[14]C 年代数据，均在距今 7500～3000 年间，属于中全新世，厚度 10～12m。上部的粉砂、亚砂土、亚黏土层埋有唐宋元明文化层，属于晚全新世

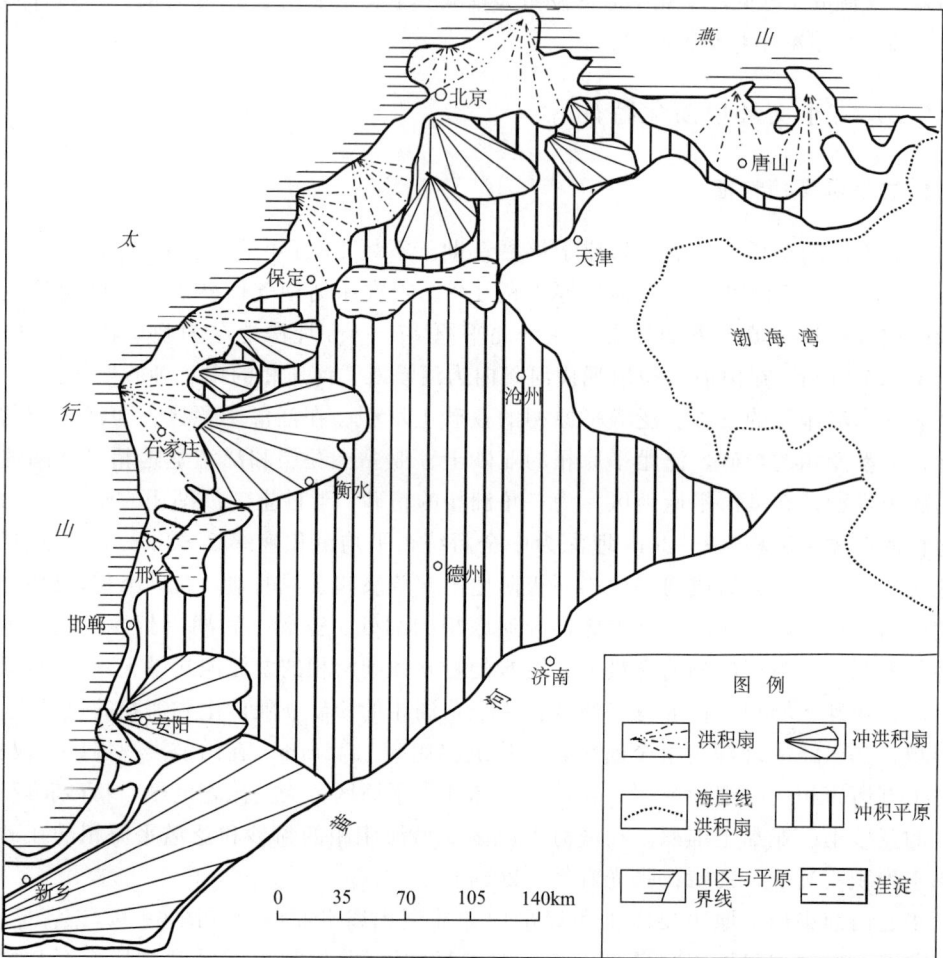

图 6-8　华北平原自然环境类型与分区

堆积，时代为距今 3000 年之后（吴忱，1992；张光辉等，2004）。

　　滨海平原由潟湖、三角洲平原和海积平原组成，地层岩性与冲积扇形平原-冲积泛滥平原基本一致。进入全新世，沿海地带的地壳进一步沉降。气候转暖，加快海平面上升，海水淹没滨海地带，低洼陆地区成为积水湖泊。部分地区的湖水面因降水量急剧变化，数度淤浅，出现多层泥炭。在距今 10000～7000 年期间，自滨海向陆地方向上完成淹没陆地过程，随后，出现完整的潮滩沉积序列。在距今 6000 年前后，海侵达到最大范围后，河流沉积开始超过海洋沉积，形成洪泛平原。在晚全新世，洪泛平原发育。

2. 古水文特征

　　根据侵蚀面与河床滞留沉积，以及古河道砂带的几何形状、结构、构造特征（表6-6），应用河相关系法、地貌-水力学法、泥砂-水力学法和古水系法研究表明，距今 25000 年来，华北平原经历过至少 4 次古洪水期，分别为距今 19000 年、8500 年、6600 年和距今 2200 年前后。

表 6-6 华北平原古洪水遗迹（河道）特征（据吴忱，1992）

地质年代	侵蚀面与滞留沉积	古河道带规模	古河道带的几何形状	古河道结构	古河道构造	化石文物	测年
晚全新世	侵蚀面	长数百千米，宽数百千米，厚 3m 左右	平面上:较平直的带状 纵剖面上:变化较明显的楔状 横剖面:透镜状	中砂-亚砂，磨圆、分选中等		砖瓦、锅灶、木炭、草灰	槽洪沉积物中的木头，^{14}C年代距今 2680 年
中全新世	侵蚀面与黏土球球径 0.5cm	长数百千米，宽数几十至几百千米,厚 3m 左右	平面上:弯曲带状 纵剖面上:变化不明显的楔状 横剖面:盆状	中砂-亚砂，磨圆、分选较好	冲积扇地区大型交错层理	草灰、木头、人骨、哺乳动物化石	泛洪沉积物中的木头，^{14}C年代距今 6620 年
早全新世	钙核,黏土球,球径 0.5~1.0cm	长数百千米，宽数千米,厚 3~5m	平面上:较平直的带状 纵剖面上:变化较明显的楔状 横剖面:透镜状	中砂-亚砂，磨圆、分选中等	洪积扇地区大型交错层理	对丽蚌、树干、哺乳动物化石	槽洪沉积物中的木头，^{14}C年代距今 9100 年
晚更新世	侵蚀面,钙核,黏土球,球径 0.5~3.0cm	长数百千米，宽数十千米，厚 5~8m	平面上:宽窄相间的带状 纵剖面上:变化明显的楔状 横剖面:宽浅的盘状	砾石-细砂，磨圆、分选差	洪积扇地区大型板状,大型槽状层理	对丽蚌、树干	

在距今 1500~1000 年、3500~3000 年、5500~5000 年、13000~12000 年、17000~15000 年期间，也存在古洪水期遗迹，总的特点是，距今 11000 年前的洪水频率低，平均 1 次/2000 年，流量变率大，为低频千年尺度特大洪水；在距今 11000~7500 年和 3000 年以来，洪水的频率相对较高，平均 1 次/580 年，流量变率较大，为低频百年尺度较大洪水；而在距今 7500~3000 年期间，洪水频率高，平均 1 次/240 年，但流量变率小，为高频百年尺度一般洪水。这几次大洪水在华北平原地下水形成过程中具有奠基作用（吴忱，1992；张光辉等，2001，2004）。

在距今 11000 年以前，气候寒冷干燥，海平面下降，侵蚀基准面降低，河流流量小，但变率大，为暴涨暴落的洪水性质，河流开始时以强烈侵蚀切割为主，形成了切割谷和第四侵蚀面，继而，快速堆积，建造了山前砂砾石洪积扇和平原地区砂质古河道带。在距今 11000~7500 年的早全新世，气候由寒冷干燥向温暖湿润方面过渡。海平面在回升过程中有停顿（图 6-9），在洪积扇地区形成了一个侵蚀谷，在冲积平原、滨海平原地区形成了一个侵蚀面（第三侵蚀面），几乎把冲积平原和滨海平原上的黄土状物质全部侵蚀掉，但毕竟由于侵蚀强度较小，仍未根本改变过渡时期的河流堆积性质，在洪积扇前缘堆积了冲积扇，在平原的侵蚀谷中和第三侵蚀面上又堆积了砂质古河道及泛滥砂地。在扇间、河间洼地中有亚黏土、黏土堆积（张宗祜等，2000，2006）。

在距今 7500~3200 年的中全新世，气候温暖湿润，海平面回升，河流水量增加，且流量稳定，开始时以底蚀作用为主，形成了河槽底部的侵蚀面（第二侵蚀面），很快又以侧向侵蚀为主，形成了微弯曲、弯曲河道以及大量牛轭湖。除在山前洪积扇和砂质

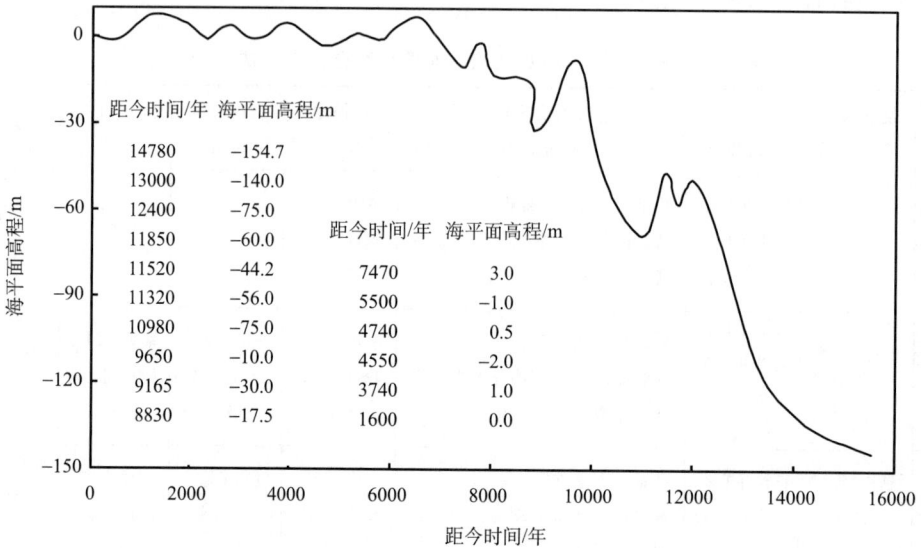

图 6-9　15000 年来东中国海海平面变化曲线（参考施雅风，1995）

高地古河道外，整个平原为河、湖相沉积，淤泥质和有机质增加。含淤泥和草炭的细砂建造了第二期古河道及入海古三角洲。在中全新世期间有过短暂的变冷过程，因而河流流量变率又有所增大，侵蚀加强，砂质堆积较旺盛，砂层中夹杂着大量草根和树叶，使其来不及腐烂分解便被砂质掩埋起来，形成一层草炭层。冷期之后，很快恢复了原状。生活在晚更新世末期和早全新世急流中的对丽蚌，由于适应不了静水环境而全部死亡。新石器时代的人类开始在山前洪积扇和古河道高地上繁衍生息。

　　近 3200 年以来，气候有向寒冷干燥方向发展的趋势，目前处于温凉偏干的阶段，海平面波动变化，侵蚀基准面降低，河流深向切割能力又开始活跃，在洪积扇河谷内下切形成了一级阶地，在冲积平原和滨海平原形成了第一侵蚀面。由于机械风化强烈，水土流失严重，所以，河流携带大量泥沙堆积，建造了洪积扇河谷内的河漫滩，洪积扇前缘以下的冲积扇以及泛滥平原上的第一期古河道在河口建造了三角洲。从而，进入了现在的地理景观（张宗祜等，2006）。

3. 陆表水体演化

　　白洋淀是全新世以来华北地区最为典型的地表水体，其面积的时空演变过程是华北平原古水文演化规律的缩写。10000 多年以来白洋淀范围的扩张与收缩，反映了气候干湿冷暖交替变化，并印记在地质历史（地层，图 6-10）中，从中可见全新世以来华北平原区域地下水演化的过去。

　　从白洋淀演化的地层遗迹剖面（图 6-10）中可见，白洋淀地区全新世地层在垂向上明显分为三段，分别反映了早全新世以暴雨-径流型的河流沉积为主，中期以浅埋地下水-地表汇水积水型的湖泊、沼泽或湿地沉积为主，晚期复以多变型的河流沉积为主。

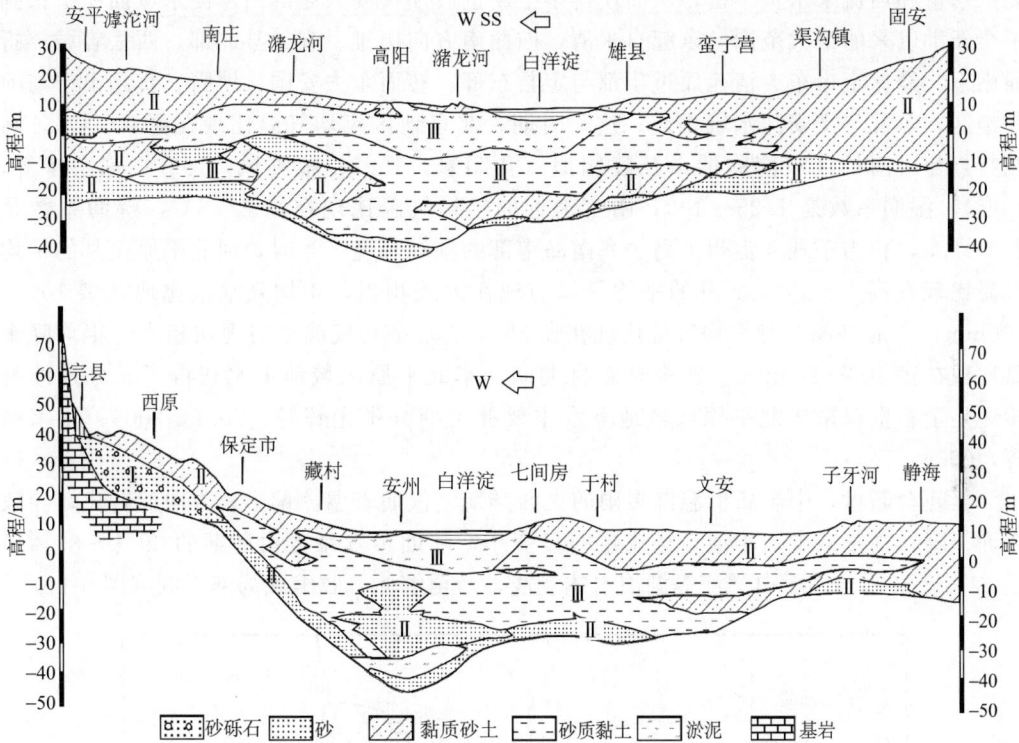

图 6-10 华北平原白洋淀地区全新世岩相-古地理剖面
Ⅰ. 冲积-洪积相；Ⅱ. 洪积-冲积及泛洪冲积相；Ⅲ. 湖泊-沼泽相（张光辉等，2004）

这种特征与气候的寒冷-温湿-温凉变化过程相一致（张光辉等，2000a，2002，2009b）。

在全新世期间，由于有许多河流注入或贯穿白洋淀洼地，加之河流的迁徙摆荡，白洋淀湖水面积和水体深浅不断变化。晚更新世后期，白洋淀地区处于冰缘气候带的前缘。因而，在干寒的气候条件下，白洋淀基本干涸。进入早全新世之初，华北寒冷气团衰退，来自东南部的湿热气团时常进入华北地区，致使气温升高，雨量加大。据张兰生（1993）研究表明，中国东部晚更新世冰期时的年平均气温较现今低 4～11℃，华北平原及冀北山地的年降水量不及现代的 30%。施雅风（1995，1996）复原中国东部晚更新世的古雪线高度，认为华北至长江下游一带在末次冰期最盛期的年平均气温比现今低8℃，年降水量介于 100～200mm，比现在少 70%。

早全新世后期，气候转暖开始多雨，渤海海面开始逐渐抬升，地表径流开始增大，常常出现暴雨后洪流，一度干涸的湖淀首先在地势最低洼处再度兴起，地表湖淀水位变化较大，湖水面积较今白洋淀略大，向南一直延伸至今肃宁—河间地区北部，东部则与同时兴起的文安古洼联为一体。

中全新世期间，河北平原东部发生海侵，海面上升使得地面坡度变缓，河流流程缩短，大量陆地径流水量滞留陆地低洼处，尤其是侵蚀基面的升高，使河流由侵蚀转化为堆积，曲流发育，排水不畅，低洼地积水成湖。与此同时，大西洋期气候温湿多雨，地表产水量和河流来水量丰富，从而使得早全新世后期再度兴起的白洋淀水域面积扩张到了全新世以来的最大范围。东起自永清，向西南方向历雄、霸二县北部，西去容城再折而南下，经保定市东、清苑而过望都与定县东部，转而东去安国、博野，直趋肃宁与河间地区，东部与文安洼水域相连。这一时期，北京地区年均气温比现在高2～4℃，林相特点与目前长江以南的低山丘陵相似（孔昭宸，1982；施雅风，1996；陈宗宇等，1998），湿润系数是1.25～1.9；南宫附近的年均气温比现在高2～3℃，湿润系数是1.6～2.3，相当于现今雷州半岛、海南岛南部的湿润环境。当时，河北平原1月的平均气温比现在高2～3℃，7月的平均气温与现在大致相当，年均降水量比现在多100～300mm；鲁北平原1月平均气温比现在高2℃，7月平均气温也与现在相当，年均降水量比现在多100～200mm。在中全新世期间，华北平原区域地下水获得了充分连续补给，是全新世以来华北平原区域地下水主要补给期（张光辉等，2001，2004；张宗祜等，2006）。

至晚全新世，中全新世温湿多雨的大西洋期气候向着温凉偏干旱方向的转化，导致海面下降，雨量减少，年地表径流量明显变小，陆面蒸发系数由前期的69%～85%增至84%～96%，以至白洋淀等湖泊水体变浅，乃至解体、收缩或局部干涸（图6-11）。

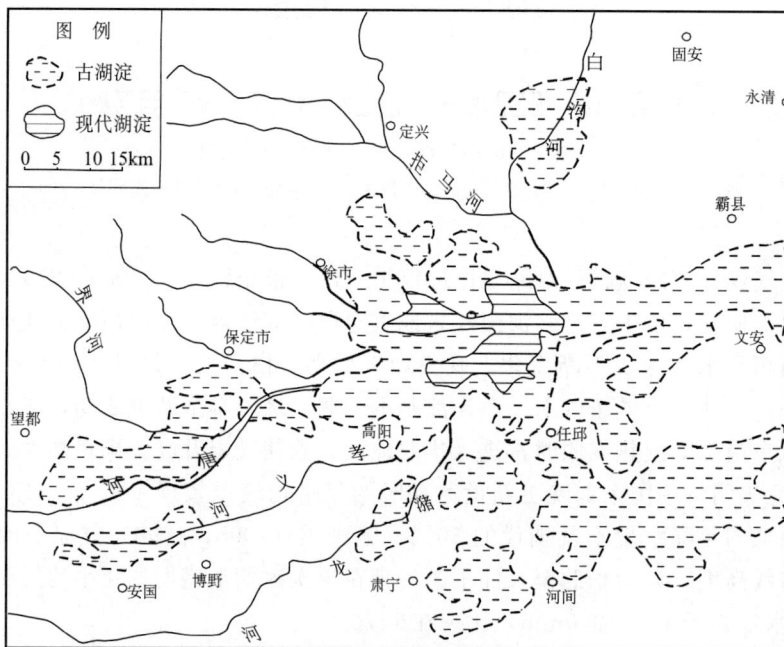

图6-11　晚全新世解体收缩的白洋淀（据张光辉等，2004）

近1000年以来，白洋淀地区经历了5个冷期和3个暖期。其中5个冷期发生于公元990～1170年、1260～1430年、1500～1890年、1620～1629年和1790～1830年间，年均气温较现今低0.2～0.7℃（李克让，1990；张光辉等，2004），3个暖期发生于公元1180～1250年、1440～1490年、1900～1997年间。公元960～1099年、1165～1214

年、1269～1368 年、1386～1439 年、1470～1489 年、1530～1577 年、1648～1669 年、1760～1810 年、1881～1913 年、1949～1964 年是比较湿润时期。

近百年来，水文情况并未好转。乾隆之后至新中国成立前夕，白洋淀的水资源基本无大的开发行动。1949 年新中国成立后，白洋淀的水系变化大致经历了两个阶段：1958～1963 年开展了以蓄水为主，在山区兴建了一批水库；1964 年之后，是上蓄下泄，在上游扩建各大型水库，中、下游修建闸涵，整修洼淀，开挖加宽河道，扩大白洋淀出口及入海的独流减河，以解决排水问题。上游太行山区天然植被破坏，引起河流含砂量的增加，近 50 年以来使白洋淀中的马棚淀、藻苲淀的平均淤高达 0.4m。在 20 世纪 50 年代及以前，即使海河流域平均年降水量小于 250mm 时，也仅是在来年白洋淀出现部分淀干现象，但是全年仍然有水入淀。20 世纪 60～70 年代，当海河流域平均年降水量小于 350mm 左右时，来年白洋淀仍然未出现全年入淀水量为零的情况。在 20 世纪 60 年代后期，白洋淀入淀水量急剧减少，淀区水位低而不稳。与 1924 年相比，1966 年白洋淀库容大约减少 2.25 亿 m^3。进入 20 世纪 80 年代，除丰水年份以外，在平水年和枯水年份，白洋淀连续出现部分淀干涸和全年淀干的现象，以及全年入淀水量为零的情况，淀区曾出现连续 6 年干涸现象。

总体上看，早全新世华北平原的河流变率大的暴涨暴落的洪水性质，年均流量比现在小 1/2～2/3 倍，年均洪水流量比现在大 4～6 倍。例如，早全新世早期滹沱河的河流宽深比 63.6，曲率 1.14，河床纵比降 0.99‰，年均流量 24.1m^3/s，年均洪水流量 1968.7m^3/s，年均洪水流量与年均流量之比高达 80。中全新世河流流量较稳定，年均流量比现在大 2 倍，年均洪水流量比现在大 3 倍。中全新世，滹沱河的河流宽深比 7.82，曲率 2.18，河床纵比降 0.4‰，为微弯曲河型，年均流量 46.1m^3/s，年均洪水流量 1100m^3/s。晚全新世河流年均流量比现在小 1/2～3/4 倍，年均洪水流量与现在相当。1919～1978 年滹沱河北中山水文站观测结果，年均流量 29.3m^3/s，年均洪水流量 364.7m^3/s（吴忱，1992；张光辉等，2000b，2003）。

二、降水、径流、蒸发和气温之间互动关系

1.2 万年以来，华北平原区域上降水、径流与蒸发之间关系如图 6-12 所示，年地表径流量和年陆面蒸发量都与年降水量呈正比相关，其中千年尺度的地表径流有效年降水量约为 320mm。就是说，当降水量小于 320mm 时，层圈间水文循环缺少陆面径流水文过程。

在暖干气候条件下，当降水量和蒸发潜力同时发生变化，降水减少 10%，蒸发潜力增加 10% 时，在温湿区，径流量减少，蒸发量增加，土壤含水量降低；在干旱半干旱区，径流量、蒸发量和土壤含水量均减少，径流量减少的幅度为 28%～40%。在冷湿气候条件下，当降水增加 10%，蒸发潜力减少 10% 时，在温湿区，径流量增加 20%～25%，蒸发量减少 8%～10%，土壤含水量增加 3%～5%；在干旱半干旱区，径流量、蒸发量和土壤含水量均增加，径流量增加 30%～45%。在冷干气候条件下，降水减少 20%，蒸发潜力减少 10% 时，在温湿区，径流量减少 22%～27%，蒸发量减少 7%～12%，土壤含水量降低 2%～4%；在干旱半干旱区，径流量减少 30%～40%，蒸

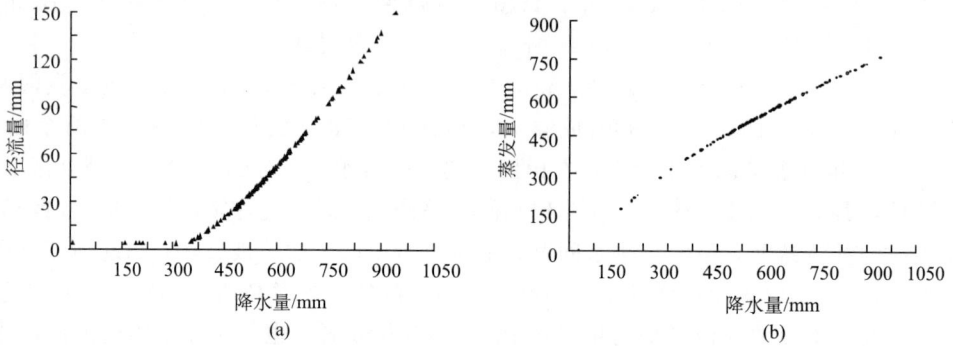

图 6-12　12400 年以来华北平原区域径流 R、陆面蒸发 E 与降水 P 之间关系
（据张光辉等，2001，2004）
（a）年天然地表径流量与年降水量间关系；（b）年陆面蒸发量与年降水量间关系

发量减少 12%～16%，土壤含水量减少 9%～25%。在暖湿气候条件下，降水增加
20%，蒸发潜力增加 10%时，在温湿区，径流量增加 20%～28%，蒸发量增加 8%～
15%，土壤含水量增加 1%～5%；在干旱半干旱区，径流量增加 30%～45%，蒸发量
增加 10%～18%，土壤含水量减少 5%～15%（张光辉等，2004）。

　　气温变化对于区域年降水量和年陆面蒸发量是一个关键因素。1.2 万年以来，华北
平原气候发生了较大的变化，最高年均气温约为 16℃，最低年均气温约为 6.5℃，最高
年均温度与最低年均温度之差近于 10℃（图 6-4）。最高年均气温出现在距今 7200～
5800 年期间，最低年均气温出现在早全新世初期。

　　从图 6-13 可见，尽管降水量和陆面蒸发量与气温之间呈非线性关系，但是，随着
气温升高，年降水量和年陆面蒸发量增大的趋势是明显的，千年尺度的年降水量与年均
气温变化率为 88.2mm/℃，年陆面蒸发量与年均气温变化率为 68.7mm/℃（张光辉
等，2004）。

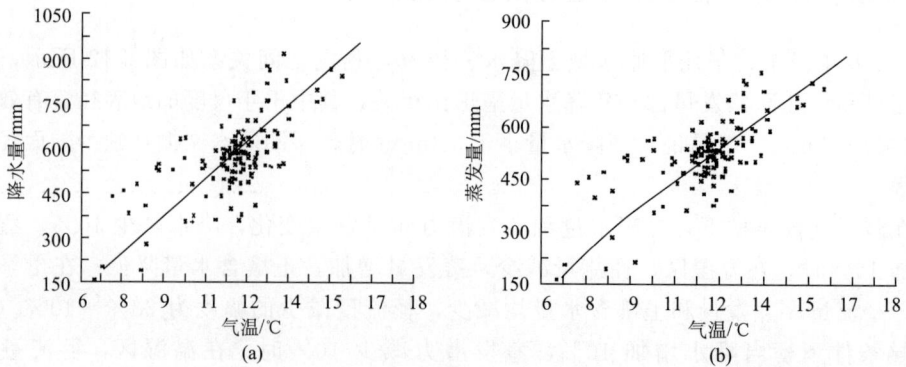

图 6-13　1.2 万年以来华北平原区域降水、陆面蒸发量与气温之间关系
（a）降水量与年均气温之间关系；（b）陆面蒸发量与年均气温间关系

三、华北平原地下水形成地史特征

全新世以来的华北平原不同时段、不同时间尺度平均的区域地下水储变量（或称为净补给量）演化过程如图 6-14 所示。图 6-14 是根据华北区域地下水同位素年龄和降水量、气温重建结果，应用区域水量均衡原理和表 6-7 中关系式，基于 200 年、100 年、50 年、20 年、10 年和 5 年的时间尺度平均概化，不同尺度彼此嵌套，距今时间越近，时间尺度越短（精度越高）估算建立的，主要反映趋势性变化特征（张光辉等，2009b）。

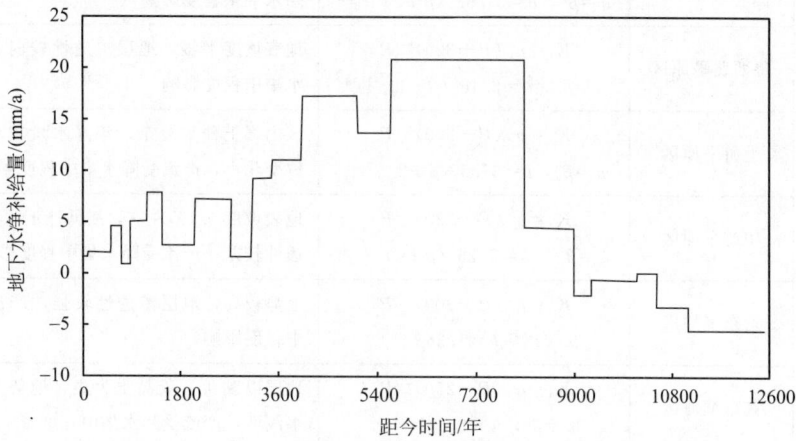

图 6-14　全新世以来华北区域地下水净补给量演变过程

净补给量＝总补给量－总排泄量＝储变量，开采量＝0

表 6-7　华北平原主要研究分区年天然地表径流模式与水文-环境特点

主要研究区		水文分区系数模式	水文-地理特点
燕山山前平原	丘陵-平原区	$K_r = a\ (P-250)^b/P$ $a=\beta^9$，$b=3.68\ (\beta+1)^{-1.81}$	地势起伏大，地层渗透性强，产流受降水集中程度影响
	倾斜平原区	$K_r = a\ (P-250)^b/P$ $a=\beta^8$，$b=3.40\ (\beta+1)^{-1.80}$	地面坡度较大，地层渗透性较强，地下水埋深 4～6m，产流受降水集中程度影响
太行山山前平原	洪冲积平原区	$K_r = a\ (P-300)^b/P$ $a=\beta^6$，$b=2.41\ (\beta+1)^{-1.32}$	地表坡度 0.9‰，地下水埋深 4～7m，产流受降水集中程度影响
	河间平原区	$K_r = a_1\ (P-360)^{b_1}/P$ $5.5<h<16m$ $K_r = a_2\ (P-260)^{b_2}/P$ $3<h<5.5m$	地表坡度 1‰～2‰，地下水埋深变化较大，产流受地下水埋深变化影响
	冲积平原区	$K_r = a\ (P-300)^b/P$ $a=\beta^9$，$b=37.78\ (\beta+2)^{-3.39}$	区内河流众多，地表坡度较大，有沼泽分布，产流受降水集中程度影响
	南部山前平原	$K_r = a\ (P-270)^b/P$ $a=\beta^{11}$，$b=1.12\beta^{-0.79}$	地势较高坡度较大，岩土类型复杂，地下水埋深变化较大，产流受地下水埋深影响

主要研究区		水文分区系数模式	水文-地理特点
中部平原	清河永定河泛区	$K_r = a\ (P-200)^b/P$ $a = \beta^9,\ b = 30.68\ (\beta+2)^{-3.14}$	地表坡度较陡，土质较杂，产流受降水集中程度影响
	白洋淀平原区	$K_r = a\ (P-250)^b/P$ $a = \beta^9,\ b = 37.64\ (\beta+2)^{-2.38}$	地势低洼，地下水浅埋，产流受降水集中程度影响
	冀中平原区	$K_r = a\ (P-300)^b/P$ $a = \beta^9,\ b = 34.52\ (\beta+2)^{-3.25}$	年降水和径流均较少，产流受地下水埋深和降水集中程度影响
	鲁西北平原区	$K_r = a\ (P-300)^b/P$ $a = \beta^6,\ b = 2.46\ (\beta+1)^{-1.38}$	地表坡度平缓，地层渗透性较弱，产流受降水集中程度影响
黑龙港-运东平原	上游平原区	$K_r = a\ (P-300)^b/P$ $a = \beta^9,\ b = 37.5\ (\beta+2)^{-3.41}$	区内岩土种类复杂，年降水量较小，地下水位变化小，产流受降水集中程度影响
	中游平原区	$K_r = a\ (P-320)^b/P$ $a = \beta^{12},\ b = 5.25\ (\beta+1)^{-2.24}$	地表坡度 0.1‰左右，属低洼汇水区，地层渗透性较差，产流受降水集中程度影响
	运东平原区	$K_r = a\ (P-300)^b/P$ $a = \beta^{10},\ b = 1.36\beta^{-0.51}$	地势较高，地层渗透性较强，产流受降水集中程度影响
滨海平原	冀东滨海区	$K_r = a\ (P-250)^b/P$ $a = \beta^8,\ b = 1.10\beta^{-0.58}$	地层以黏土、亚黏土为主，地势平缓，地下水浅埋，产流受降水集中程度影响
	滨海洼地区	$K_r = a\ (P-200)^b/P$ $a = \beta^{10},\ b = 769.5\ (\beta+3)^{-4.82}$	地势低平，地层渗透性差，产流受降水集中程度影响

注：K_r 为地表径流系数；P 为区域年降水量，mm；h 为地下水位埋深，m；a、b 为经验系数；β 为与地形地貌有关的参数。a_1、b_1 为 $H>5.5\text{m}$ 条件下的经验系数；a_2、b_2 为 $H<5.5\text{m}$ 条件下的经验系数。

（一）万年尺度演化特征

　　滹沱河冲洪积平原是华北平原的最大地下水系统，是华北地区典型的浅层地下水分布区。它以滹沱河大型冲洪积扇为主体，加上太平河等中小型洪积扇群和河道带冲积平原所构成，面积 9381km²，其中山前倾斜洪积扇平原面积 4327km²，古河道带冲积平原面积 5054km²。地面标高从西北部的 105m 到东南部的 60m。地形起伏不大，坡度西部 4‰～6‰，其他地区小于 2‰。

　　全新世以来，滹沱河冲洪积平原地下水处于由低水位向高水位演化的过程，加之，渤海海平面的不断上升，造成研究区地下蓄水空间不断变小，地下水动力场水力梯度呈减小趋势变化（图 6-15）。研究区地下水流向，在西部山前地带是由西向东径流，在东部地下水转为由西北向东南径流（张光辉等，2000b，2003）。

　　全新世以来滹沱河冲洪积平原浅部地下水系统经历了 3 个千年尺度演化阶段，即距今 11000～8000 年期间的早全新世，气候由寒冷干燥向温暖湿润方面过渡，地下水净补给量不断增加；距今 8000～3200 年期间的中全新世，气候温暖湿润，地下水系统进入净补给鼎盛时期；距今 3200 年以来的晚全新世，气候温凉偏干，地下水净补给量震荡

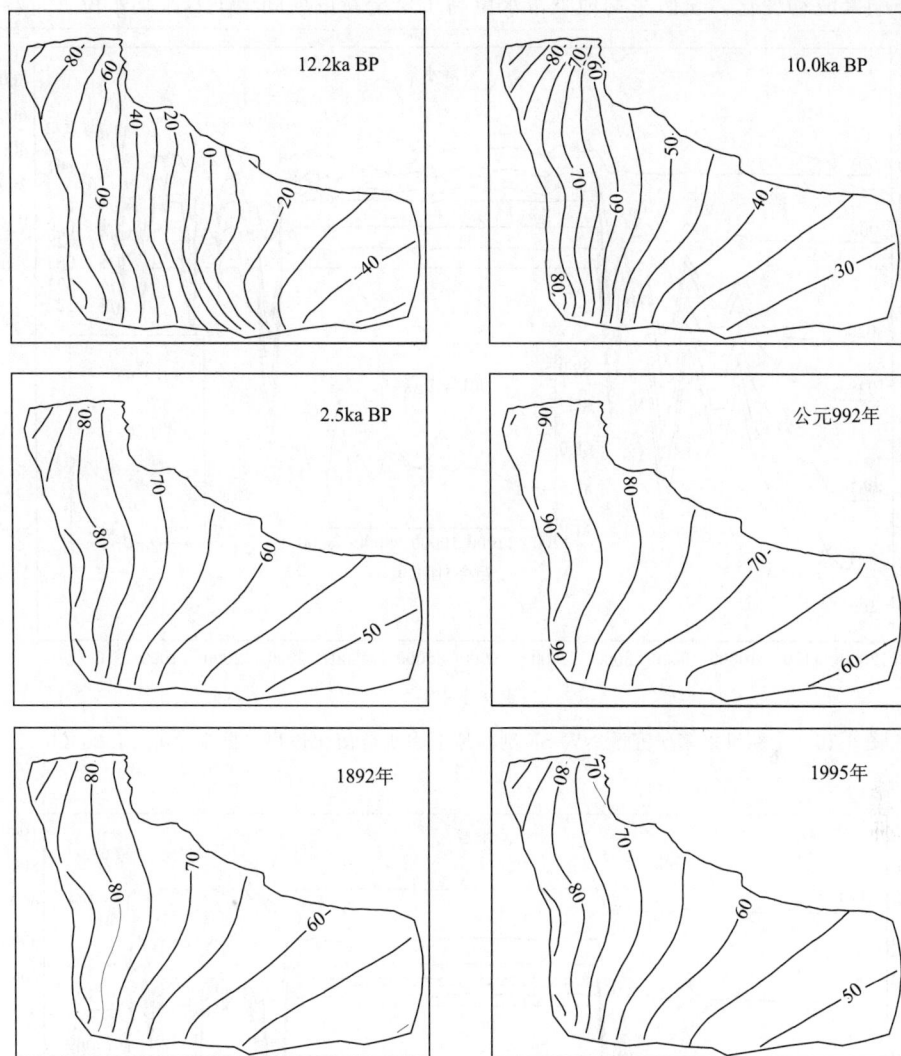

图 6-15　华北典型平原区地下水流场演化特征（据张光辉等，2000b）

8.5～3.2ka B.P. 期间研究区大部分地区湿地或沼泽化

变化，负均衡期时有发生（张光辉等，2000b，2004）。

在此背景下，3 个千年尺度的区域地下水补给演化过程与特征如图 6-16 和图 6-17 所示。在早全新世期间，时段平均降水量低于全新世以来平均年降水量，地下水水位处于全新世以来最低时期，水力梯度较大。在中全新世，时段平均降水量大于全新世以来平均年降水量，其中距今 6000～5800 年期间平均降水量达 905mm/a，是全新世以来研究区地下水系统获取降水补给的主要补给期。这一时期，区内低洼地带发生沼泽化，甚至积水成塘（图 6-18）。在东部平原区，除局部地势较高地带外，均为沼泽带。在山前地带，除今鹿泉市出流的太平河河谷地段外，其他地区未沼泽化。但是，若考虑同期沉积厚度，则除西部山麓地带外，其他地区应为沼泽区。进入晚全新世，年均降水量在全新世以来降水量均值的上下频繁波动变化，全区平均地下水水位高于早全新世期间地下水平均水位。

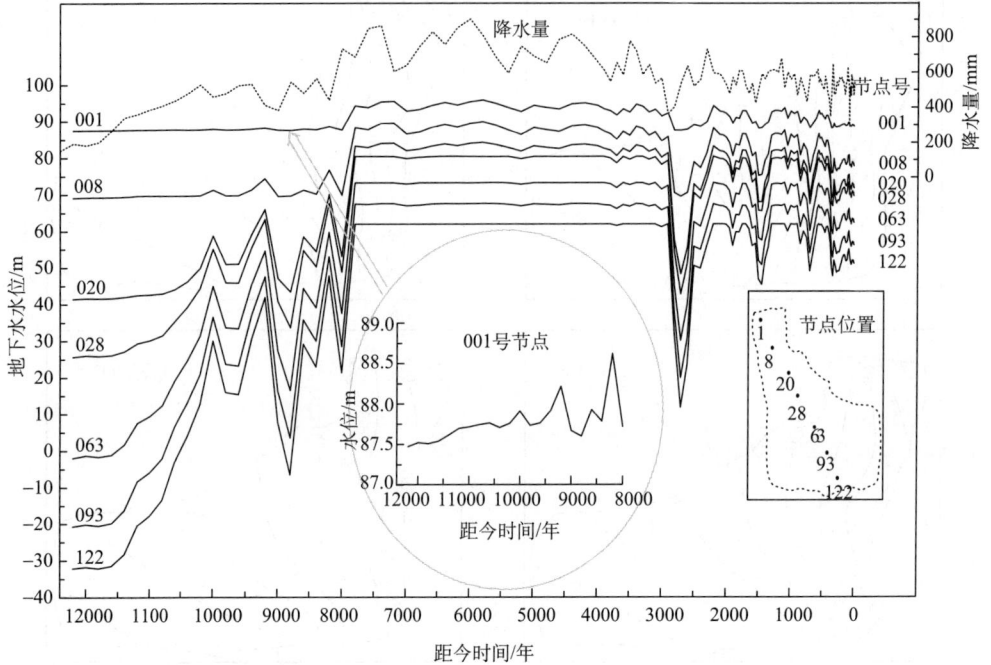

图 6-16 全新世以来研究区 NW-SE 剖面地下水水位演化过程（据张光辉等，2000b）

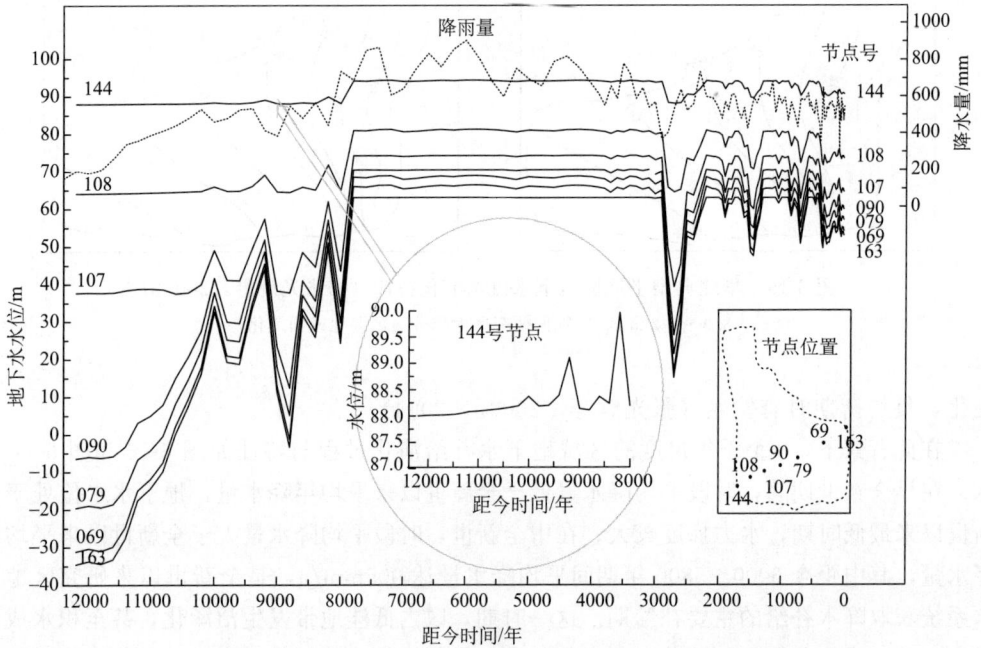

图 6-17 全新世以来研究区 SW-NE 走向不同节点地下水水位演化过程（据张光辉等，2000b）

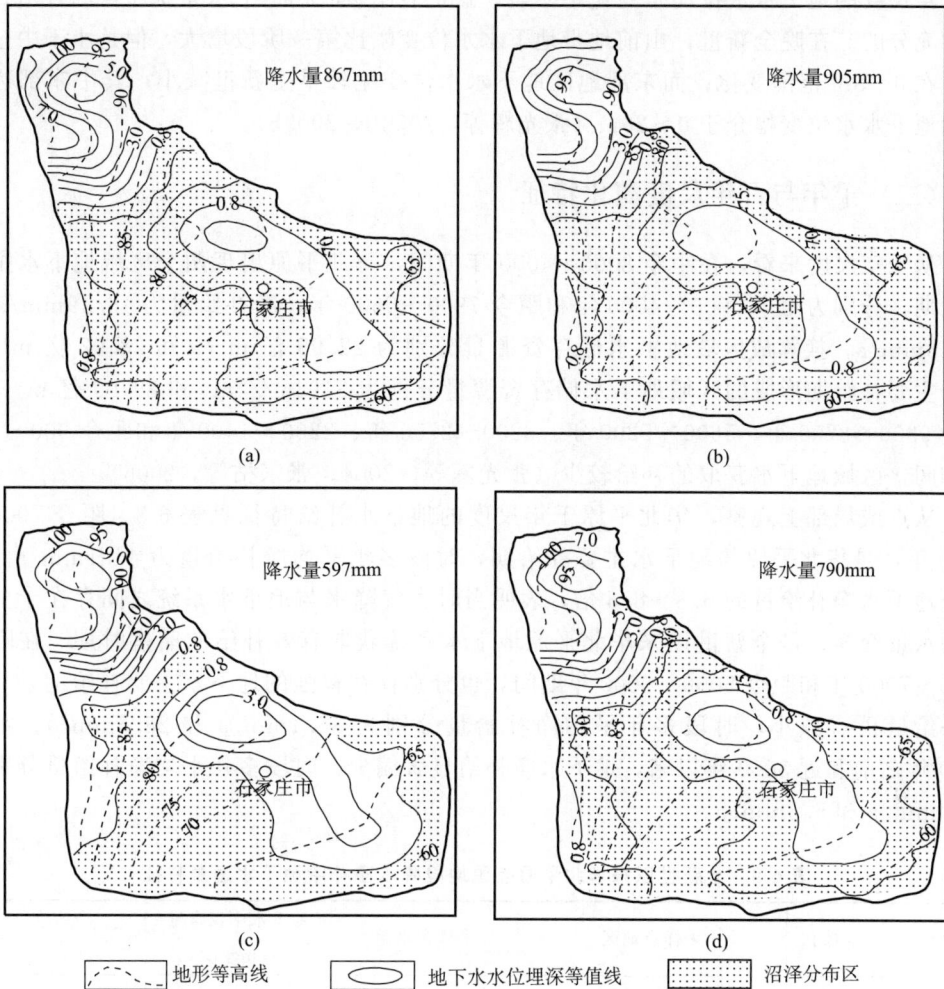

图 6-18　中全新世不同时期研究区地下水埋深分布图（据张光辉等，2000b，2004）
(a) 距今 7200 年地下水流场；(b) 距今 5800 年地下水流场
(c) 距今 5200 年地下水流场；(d) 距今 4400 年地下水流场

图 6-16 和图 6-17 可见，在研究区内不同地段的地下水水位演化动态特征波动具有一致性。总的趋势是，从山前到东部地区，地下水水位变幅呈递增趋势。其中，在早全新世，山前地带的地下水水位变幅介于 0～2m。例如，图 6-16 中的 001 号节点地下水水位变幅介于 0～1m，图 6-17 中的 144 号节点地下水水位变幅为 0～2m。向东部地区，地下水水位变幅逐渐增大，到研究区东部边界附近，最高水位与最低水位之间的差值可达数十米（图 6-16 中 122 号节点和图 6-17 中 163 号节点）。在中全新世，由于进入了千年尺度的温暖多雨期，地下水系统获取补给强度的显著增大，所以，山前地带的地下水水位变幅增至为 0～10m，东部地区地下水水位明显抬高，甚至上升至地面，大部分地区出现湿地或沼泽化（图 6-18），在地层中留下了大量泥炭层。在中全新世，千年尺度

和百年尺度的地下水水位动态变化不明显,这也表明该时期地下水系统获得的补给是稳定和充分的。在晚全新世,山前地带地下水水位变幅比第一阶段增大,但是小于中全新世,在0～8m范围变化;而东部地区地下水水位变化较早全新世减小,其中东部边界附近地下水水位变幅介于0～20m(张光辉等,2000b,2009b)。

(二) 千年与百年尺度演化特征

从千年尺度来看,在距今8000～4000年期间,华北平原出现两个区域地下水主要补给期,分别为距今5000～4000年和距今7900～5600年,净补给量为16.49mm/a和20.13mm/a,换算成区域地下水储存资源量分别为22.95亿 m^3/a 和28.02亿 m^3/a,两个主要补给期形成的区域地下水储存资源量分别为31946亿 m^3 和89709亿 m^3。在距今9300～8700年、5600～5200年、3200～2700年、2200～1400年和距今900～700年期间,区域地下水获取的补给较少(张光辉等,2004;张宗祜等,2006)。

从点或局部上观察,华北平原千年尺度的地下水补给特征见表6-8。距今7000～5000年,是华北平原的地下水主要补给期,时段多年平均净补给量为44.1mm/a,是现今地下水净补给量的6.8～8.3倍,表明当时大气降水与地下水系统之间存在十分活跃的水量交换,是全新世以来华北平原地下水系统获取有效补给的鼎盛时期。在距今9000～7000年和距今5000～3000年期间,也分别存在较强的地下水主要补给期,只是净补给量稍有减小,时段多年平均净补给量分别为36.1mm/a和28.5mm/a。距今9000年之前和近3000年以来,地下水净补给显著偏少,时段多年平均净补给量分别为12.9mm/a和5.3mm/a。

表6-8　全新世以来华北平原点源地段降水净补给地下水通量特征

^{14}C校正年龄/a B.P.	采样点地区	采样含水组	地下水中氯含量/(mg/L)	净补给量/(mm/a)
15000～9000	河道带	IV	232.6	12.9
9000～7000	扇前、扇间、河间洼地	IV	82.2	36.5
7000～5000	扇前、扇间、河间洼地	III	68.0	44.1
5000～3000	扇前、扇间、河间洼地	II	105.4	28.5
<3000	扇前、扇间、河间洼地	I	567.3	5.3

从百年尺度的平均值来看,全新世以来华北平原年均地下水储存资源的最大增量为57.75mm/a(距今6000年前后),约为80.39亿 m^3/a 的地下水储存资源量;最大减量为-15.32mm/a(距今2900年前后)或-16.41mm/a(距今3800年前后),换算成区域地下水储存资源量分别为21.33亿 m^3/a 和22.84亿 m^3/a。在距今8000～4000年期间,华北区域地下水同位素反映出3个的主要补给期,分别为距今7800～7200年、6800～5700年和距今4500～3900年。按57.75mm/a补给强度的2/3估算,3个主要补给期形成的区域地下水储存资源量为123262亿 m^3。同样,按21.33亿 m^3/a 和22.84亿 m^3/a 消耗强度的均值估算,2个主要负均衡期区域地下水储存资源减少量为10762

亿 m³（张光辉等，2001）。

第二节　华北平原地下水演变周期性

一、区域地下水主要补给期确定

从地下水¹⁴C校正年龄的分布规律来看，1.5万年以来华北平原地下水主要补给期具有千年时间尺度的周期性，每一主要补给期为1000～2000年（图6-19）。在冰盛期，地下水的补给较少。全新世以来，地下水主要补给期与气候演变历史中的多雨期和少雨期相应或交替出现。依据地下水年龄的统计频数特征（图6-20），晚更新世末期以来，华北平原主要补给期分别为距今15000～13000年、距今12500～11500年、距今11000～9000年、距今8500～7500年、距今7000～5500年、距今5000～3900年、距今2500～1500年和1000年以来，其他时段地下水获得的净补给较少（图6-19）。

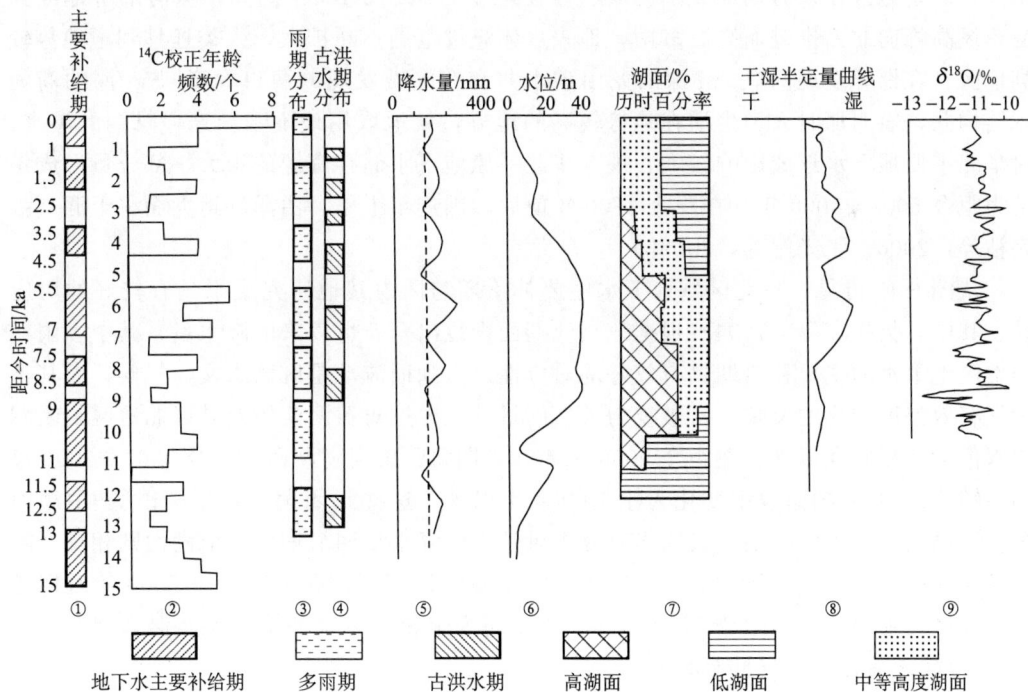

图 6-19　华北平原地下水主要补给期识别依据对比特征（张宗祜等，2006）

①华北平原地下水主要补给期；②华北平原地下水¹⁴C校正年龄频数分布；③黄河中上游地区多雨期与少雨期；
④华北平原古洪水期；⑤全新世鄂尔多斯高原降雨量；⑥岱海水位；⑦华北和西北地区湖面历时百分率；
⑧黄河源区全新世湿度半定量曲线；⑨祁连山敦德冰芯氧同位素曲线

从现今区域地下水资源的可用性考虑，距今6000年前后和距今4000年前后的补给，具有奠基意义。距今4000年前后曾发生被称为第二次大洪水期，当时的海平面较现今高1m左右。孢粉及古籍资料记录均表明，距今5000～4000年期间的降水量明显

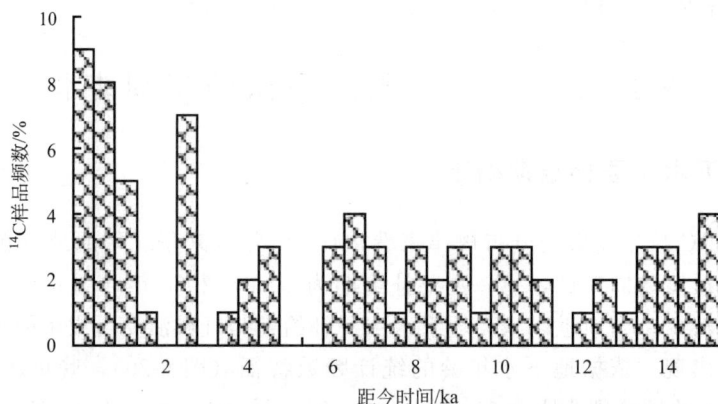

图 6-20　华北平原地下水¹⁴C 年龄统计频数分布特征

增大，北京地区在该时期形成了泥炭层。在距今 5000～3900 年期间，黄河下游地区因夏季风高峰向北方推进而高温多雨，地表水体淹没范围不断扩大，人类迁移到了地势较高地区。在邯郸发现两口 7m 深的龙山期水井和在藁城发现的两口 3.7～5m 深的商朝木结构井，表明那时人类生活在地势较高的地方，就地取用地下水。这一时期的洪水，对华北平原地下水形成影响较大，现今华北平原地下水储存资源的很大一部分量形成年龄为距今 5000～4000 年。在距今 3700 年前后，因连年干旱，沼泽湿地大面积干涸（张宗祜等，2006；张光辉等，2009b）。

从图 6-19 可见，华北区域地下水主要补给期与区内其他研究成果具有较好的对应性。其中，吴祥定等（1994）根据北大池剖面恢复出全新世以来的降水量，其中多雨期与本区地下水的主要补给期具有较好的对应性。古湖面波动是区域水文、气候，尤其是大气有效湿度变化的反映，常被视为天然雨量计。通过对黄河流域及其以北地区封闭湖泊水位的变化研究可见，在距今 9000～5500 年期间曾出现高湖面，距今 5000～3000 年期间转为以中-低湖面波动变化为主。3000 年以来，这些封闭湖泊水位则以低-中湖面居多。高湖面为主的时期，表明当时夏季风带来的降水量明显增大，低湖面则相反，降水量明显减少，气候干旱。黄河源区干湿半定量曲线表明，距今 7500～5500 年时期是华北地区最为湿润期，距今 5000～3900 年期间为全新世以来的第二温暖湿润期。在距今 3200 年之后，干湿气候频繁波动。

二、区域地下水补给与演变周期性

不同时间尺度的气候周期性变化，必然导致区域地下水形成过程中具有复杂的多尺度耦合影响演化特征。全新世以来华北平原经历了万年尺度、千年尺度、百年尺度的多雨期与少雨期，或高温期与低温期，区域地下水作为沉积环境中地史产物的重要组成，必然刻记着气候变化重要事件影响痕迹，进而展现出区域地下水形成过程中的主要补给期与非主要补给期特征，彼此嵌套或相间耦合，呈现周期性演化规律（张光辉等，2001）。

对于华北平原地下水补给与更新来说，其演化的最小周期尺度是 12 个月，每年的

6～10 月为地下水的主要补给期（或称净补给期），11 月至翌年的 5 月为非主要补给期（或称净消耗期）。在净补给期，降水量显著增大，是枯水期雨量的数倍或数十倍，地下水获得有效、规模水量补给，区域地下水水位不断上升，矿化度减小；在净消耗期，降水量十分有限，对区域地下水难以形成有效补给，而地下水蒸发和侧向流出等排泄量远大于该期间的补给量，区域地下水位不断下降，矿化度增大。从更大的时间尺度来看，如百年或千年尺度，也存在降水量的丰水与枯水期和地下水的净补给与净排泄期，只是区域地下水均衡期的时间长短不同。同样，无论是百年尺度，还是千年尺度，在净补给期，降水量显著增大，区域地下水水位不断上升，矿化度减小；在净消耗期，降水量十分有限，地下水排泄量远大于该期间的补给量，区域地下水位不断下降，矿化度增大（张光辉等，2004）。

目前，在我们所能研究的视野中，最大尺度可为万年，也存在相应的多雨期与少雨期。不同时间尺度的周期性变化只是振幅不同，彼此具有自相似性。大量地下水同位素研究表明，全新世以来，在华北区域地下水演化过程中，每逢多雨期，地下水的同位素信息都有明显记录，表明区域地下水获得了规模化水量补给（或称为充分补给），在地势低洼区蓄满产流，形成湿地与沼泽，久而沉积泥炭层。在少雨期，地下水系统的净补给量为负值，在蒸发作用下，浅埋区地下水矿化度不断增大，长时间尺度的枯水期会出现淡水咸化过程。

地壳运动和地质条件的多样性、水文地质条件的非均一性，使得华北区域地下水赋存环境和埋藏条件存在较大的区域差异性。近几十年来人类活动，如山区和山前大规模拦蓄出山地表径流以及大规模超采地下水和土地利用与城市化等，极大地改变了平原的区域水文循环过程和基本条件，进而明显地改变了平原区地下水循环过程和演化特征。

（一）区域地下水补给与演化周期性量化识别

对全新世以来华北平原的区域地下水储存资源的数量演化周期性的量化表达，分别采用 25 年、50 年、100 年和 200 年尺度（分辨率）的平滑功率谱分析，得到了相应的周期。

设区域地下水储变量序列 W_1，W_2，…，W_n，计算 $M+1$ 个落后自相关系数（R_w）

$$R_w(\tau) = \frac{1}{n-1} \sum_{t=1}^{n-\tau} \left(\frac{W_t - W_m}{\sigma W} \right) \left(\frac{W_{t+\tau} - W_m}{\sigma W} \right) \qquad (6\text{-}1)$$

式中，τ 为 1，2，3，…，M。

$$W_m = \frac{1}{n} \sum_{t=1}^{n} W_t$$

$$\sigma W = \sqrt{\frac{1}{n} \sum_{t=1}^{n} (W_t - W_m)^2} \qquad (6\text{-}2)$$

粗谱估计为

$$\widetilde{S}_k = \frac{1}{M} R_w(0) + 2 \sum_{\tau=1}^{M-1} \left[R_w(\tau) \cos \frac{\pi k \tau}{M} + R_w(M) \cos k\pi \right] \qquad (6\text{-}3)$$

式中，K 为 1，2，3，…，M。

平均滑动功率谱，为

$$
\begin{cases}
S_0 = \dfrac{1}{2}\widetilde{S}_0 + \dfrac{1}{2}\widetilde{S}_1 \\[2mm]
S_k = \dfrac{1}{4}\widetilde{S}_{k-1} + \dfrac{1}{2}\widetilde{S}_k + \dfrac{1}{4}\widetilde{S}_{k+1} \\[2mm]
\widetilde{S}_M = \dfrac{1}{2}\widetilde{S}_{M-1} + \dfrac{1}{2}\widetilde{S}_M
\end{cases}
\tag{6-4}
$$

式中，K 为 1，2，3，…，$M-1$。

以 $S_k - K$ 为坐标系，对结果作谱图。从谱图上确定置信限 95% 以上的第 K 个谐波，其圆形率为

$$
\omega_k = \pi K / M \tag{6-5}
$$

相应的周期为

$$
L_k = 2M / K \tag{6-6}
$$

周期的显著性检验：当落后一个的相关系数 $r_1 = R_1/R_0$ 为较大的正值时，判别序列为有持续性，用"红噪声"假定，其标准谱为

$$
S_k = \bar{S}\left[\frac{1 - r_1^2}{1 + r_1^2 + r_1\cos\left(\dfrac{\pi k}{M}\right)}\right] \tag{6-7}
$$

其中，

$$
\bar{S} = \frac{1}{2M}(S_0 + S_M) + \frac{1}{M}\sum_{i=1}^{M-1} S_i
$$

$$
S_k = \bar{S}
$$

当 r_1 为较小的正值或负值时，用"白噪声"假定，这时谱估计的自由度为

$$
\upsilon = (2H - 0.5M)/M \tag{6-8}
$$

然后，根据 υ 值查求 X^2 的 95% 的值，计算标准谱上界（D_i），为

$$
D_i = S_k \frac{X^2}{\upsilon} \tag{6-9}
$$

凡超过标准谱上界的谱估计值，被确定为该波段的波存在可能性较大，即该系列区域地下水演化周期存在的可能性较大。

25 年、50 年、100 年和 200 年滑动功率谱分析的结果见表 6-9。在万年尺度系列中，华北平原地下水主要补给与演化周期为 12200~12375 年。在千年尺度系列中有四个周期，分别为 8133~8250 年、3062~4125 年、1633~1650 年和 1029~1031 年。在百年尺度系列中有三个周期，分别为 750~851 年、358 年和 284 年。在 200 年以下尺度中，有关华北平原水文演化周期，前人研究成果较多，部分成果列于表 6-10 中，主要有 100~200 年、100~140 年、60~80 年、26~40 年、10~22 年、7~8 年、5~6 年和 2.5~3.6 年。

表 6-9 不同尺度华北平原的区域地下水补给与演化周期性特征（据张光辉等，2001，2004）

平滑年数/年	区域地下水补给与演化周期/年	研究主题内容
25	12375、8250、4125、1650、1031、750、358、284	
50	12250、8166、3062、1633、1029、851	
100	12300、8200	1.5万年来华北区域地下水演化规律
200	12200、8133	
50	120～140、70～80	
10、11、15	102～127、46、38～39、31～33、22、10～11、4～5	公元950年来海河流域水文演化周期
	33.4、15.9、10.3、4.9、2.7	
	100、40、10～11、5	1470年来京津冀地区干旱演化规律
	100、35、10～11、5	1470年来河北地区干旱演化规律
1	34、22、10、5	河北、陕晋、鲁淮平原干旱演化规律
	7.7、5.5～5.6、5.0～5.1、3.4	1470年来华北平原涝灾变化规律
	26.1～28.3、13、10.3～10.5、7.5	1470年来华北平原旱灾变化规律
	34、7.1、6.4～6.5、3.4	1470年来华北平原旱涝灾变化规律
	干旱：<50，湿润：100～200	近千年来黄河流域旱涝变化规律
每年7～8月	64、21、8、4.9～3.6、2.5～2.6	1841年来北京地区降水量演化规律

（二）区域地下水演化趋势

以1470年以来华北区域旱涝演变规律为背景，以500年、1000年和2000年的时间尺度为基础，获得华北平原浅部地下水循环通量演化趋势，如图6-21所示。

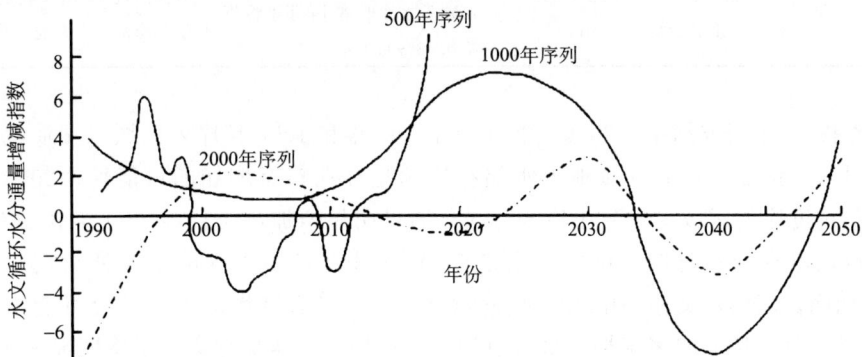

图 6-21 华北区域水循环过程中水分通量演变现状与趋势

从图6-21可见，采用500年、1000年和2000年3个序列考虑，华北区域水循环中水分通量演变趋势具有如下特征：2000～2010年期间3个序列水文演化趋势是一致的，循环水分通量减少，华北区域地下水储存资源量呈减少趋势，但幅度有限。该成果发表于2001年《地球学报》第4期，完成于2000年2月（张光辉等，2001）。从表6-10可见，已过去的2000～2010年期间平均年降水量为514.6mm，1997～2004年是近60年以来华北平原最为枯水时段，年均降水量371.6mm，其中，1997年、1999年和2002年华北平原平均降水量不足320mm。1997～2004年，也是华北平原近60年以来区域地下水位下降最大时期，区域地下水储存资源量大幅减少，其中包括农业灌溉用水大规模超采地下水的影响。2005年以来年降水量呈增大趋势，尤其2008～2012年期间华北平原平均年降水量大于500mm，2012年超过600mm（张光辉等，2013a，2013b）。

表 6-10　华北平原平均年降水量与区域水循环通量演变趋势（据施雅风，1995，1996）

时段	时段平均年降水量/mm	区域地下水储存资源量	本研究预测区域水循环通量
1956～1960 年	608.5	基本均衡	基本均衡
1961～1970 年	611.0		
1971～1980 年	604.5	每年减少 20 亿～36 亿 m³	呈减少趋势
1981～1990 年	525.0	每年减少 36 亿～68 亿 m³	明显减少
1991～2000 年	548.3		
2001～2010 年	514.6	不考虑开采影响前提下，区域地下水储存资源量减少 2.23 亿～4.32 亿 m³/a	减少幅度有限
2011 年	555.4	不考虑开采影响前提下，区域地下水储存资源量增加 4.46 亿～10.86 亿 m³/a	500 年和 1000 年序列结果：水分通量显著增加
2012 年	669.2		
2010～2020 年	前人预测 *：降水量增加 10%		
2020～2030 年	前人预测 *：降水量增加 24%～31%，介于 120～200mm	不考虑开采影响前提下，区域地下水储存资源量增加 13.92 亿～30.63 亿 m³/a	1000 年和 2000 年序列结果：水分通量显著增加，2026～2031 年期间出现峰值
2030～2050 年	前人预测 *：降水量减少 5%～31%，介于 120～200mm	不考虑开采影响前提下，区域地下水水位平均每年将下降 0.53～1.07m	可能出现 10 年尺度的水分通量负均衡，水分通量显著减少

　　根据图 6-21 研究结果，2010～2020 年，500 年和 1000 年序列区域水文演化趋势为水分通量显著增加，华北区域地下水储存资源量存在略有增加的可能性。2020～2030年，千年尺度序列区域水文演化趋势为水分通量明显增加，而且，1000 年和 2000 年序列极值点均出现这一时期，可能是未来 50 年华北区域地下水的主要补给期。2030～2050 年期间，区域水文循环中水分通量明显减少，华北区域地下水系统可能再度出现 10 年或更长时间尺度的多年平均水量负均衡，区域地下水储存资源量将明显减少。

　　从 10 年尺度出发，未来 30 年的多年平均年气温和年降水量均具有增大的趋势。根据区域循环中水量平衡原理推测，未来 30 年华北区域地下水多年平均年入渗补给量略有增加，为降水量增幅的 25% 左右，为 20～50mm/a，储变量增幅为 3.2～7.8mm。在2030 年前后，华北地区的升温和多雨，将使 10 年尺度的多年平均年降水量介于 640～760mm，区域地下水补给量增大 15%～35%。若无重大水利工程影响，在 2030 年前后，10 年尺度的华北地区多年平均天然地表径流量为 62～120mm，多年平均区域地下水净补给增量为 13.92 亿～30.63 亿 m³/a。

第三节　华北平原地下水演化区位特征

一、各分区演变特征值

现今降水之后，水量在区域上的再分配与转化过程中，降水、地表径流及入渗补给地下水之间关系，虽然与地质历史时期基本相同，但是，在水量转化过程与数量上存在明显差别。事实上，大部分水量通过沟谷汇集于低洼处，形成洪流或地表积水，并对地下水产生有效补给。从地下水形成与演化地史角度来看，在全新世以来华北区域水循环

表 6-11　华北平原重点分区地下水循环演化特征值

分　区		距今时间/年	年均降水量/mm	地表径流量/mm	地下水净补给量/mm	陆面蒸发量/mm	径流系数	蒸发系数
东北部平原区包括秦皇岛和唐山地区		<500	607	69	−1.3	540	0.11	0.89
		1450～0	627	75	0.6	551	0.12	0.88
		3100～1450	632	77	1.5	554	0.12	0.88
		5600～3100	796	134	20.9	641	0.17	0.81
		8000～5600	909	181	37.2	691	0.20	0.76
		10400～8000	572	58	−4.8	519	0.10	0.91
		>10400	346	15	−14.4	345	0.03	1.02
		平均值	641	87	5.7	549	0.12	0.88
京津平原北部区		<500	576	66	−1.4	512	0.11	0.89
		1450～0	596	72	0.5	522	0.12	0.88
		3100～1450	600	74	1.3	525	0.12	0.88
		5600～3100	755	128	19.9	607	0.17	0.81
		8000～5600	862	173	35.2	654	0.20	0.76
		10400～8000	543	56	−4.8	492	0.10	0.91
		>10400	328	14	−14.1	328	0.03	1.02
		平均值	609	83	5.2	520	0.12	0.88
白洋淀及周边平原区	淀西清北平原区包括北京南部地区	<500	538	38	1.6	498	0.07	0.93
		1450～0	555	42	2.6	510	0.07	0.92
		3100～1450	560	44	3.0	513	0.08	0.92
		5600～3100	705	80	12.8	612	0.11	0.87
		8000～5600	805	109	20.6	675	0.13	0.84
		10400～8000	507	32	−0.3	475	0.06	0.94
		>10400	306	6	−5.1	305	0.01	1.00
		平均值	568	50	5.0	513	0.08	0.92

续表

分 区		距今时间/年	年均降水量/mm	地表径流量/mm	地下水净补给量/mm	陆面蒸发量/mm	径流系数	蒸发系数
白洋淀及周边平原区	淀东清北平原区包括廊坊南部地区	<500	509	33	1.9	475	0.06	0.93
		1450~0	526	36	2.6	487	0.07	0.93
		3100~1450	530	37	3.0	490	0.07	0.93
		5600~3100	668	68	10.5	589	0.10	0.88
		8000~5600	762	95	17.2	650	0.12	0.86
		10400~8000	480	27	0.6	452	0.06	0.94
		>10400	290	7	−2.9	287	0.02	1.00
		平均值	538	43	4.7	490	0.07	0.92
	白洋淀分布区	<500	495	37	−2.0	460	0.07	0.93
		1450~0	511	41	−1.0	471	0.08	0.92
		3100~1450	515	42	−0.5	473	0.08	0.92
		5600~3100	649	77	9.9	561	0.12	0.87
		8000~5600	741	106	18.7	616	0.14	0.84
		10400~8000	466	31	−3.8	439	0.06	0.94
		>10400	282	7	−8.0	283	0.02	1.01
		平均值	523	49	1.9	472	0.08	0.92
	淀西清南平原区包括保定山前平原	<500	495	32	−0.6	464	0.06	0.94
		1450~0	511	35	0.3	475	0.07	0.93
		3100~1450	515	37	0.7	478	0.07	0.93
		5600~3100	649	70	9.9	569	0.11	0.88
		8000~5600	741	96	17.4	627	0.13	0.85
		10400~8000	466	26	−2.3	443	0.05	0.95
		>10400	282	4	−5.9	284	0.01	1.01
		平均值	523	43	2.8	477	0.07	0.93
	淀东清南区包括天津南部平原	<500	510	43	−2.3	469	0.08	0.92
		1450~0	526	47	−0.9	480	0.09	0.92
		3100~1450	531	49	−0.4	483	0.09	0.91
		5600~3100	668	88	12.0	568	0.13	0.85
		8000~5600	763	119	21.7	623	0.15	0.82
		10400~8000	480	35	−4.7	450	0.07	0.94
		>10400	290	7	−10.2	294	0.02	1.02
		平均值	538	55	2.2	481	0.09	0.91

续表

分 区		距今时间/年	年均降水量/mm	地表径流量/mm	地下水净补给量/mm	陆面蒸发量/mm	径流系数	蒸发系数
太行山前南部平原	滹沱河冲洪积平原区	<500	474	22	−1.2	453	0.04	0.96
		1450~0	489	25	−0.4	464	0.05	0.95
		3100~1450	493	27	0	467	0.05	0.95
		5600~3100	621	60	8.5	553	0.09	0.89
		8000~5600	709	89	16.2	604	0.12	0.86
		10400~8000	447	17	−2.5	432	0.04	0.97
		>10400	270	2	−4.3	272	0	1.01
		平均值	500	35	2.3	464	0.06	0.94
	滏阳河冲洪积平原区	<500	497	29	0.4	467	0.06	0.94
		1450~0	512	32	1.2	479	0.06	0.94
		3100~1450	517	33	1.5	482	0.06	0.94
		5600~3100	651	66	9.7	575	0.10	0.89
		8000~5600	743	92	16.4	635	0.12	0.86
		10400~8000	468	23	−1.1	446	0.05	0.96
		>10400	283	4	−4.2	283	0.01	1.01
		平均值	524	40	3.4	481	0.07	0.93
	漳卫河冲洪积平原区	<500	561	34	0.9	525	0.06	0.94
		1450~0	578	38	1.9	538	0.06	0.93
		3100~1450	584	40	2.4	541	0.07	0.93
		5600~3100	735	80	12.7	642	0.11	0.88
		8000~5600	839	116	22.2	701	0.13	0.84
		10400~8000	528	27	−0.7	501	0.05	0.95
		>10400	319	5	−4.4	318	0.01	1.00
		平均值	592	49	5.0	538	0.07	0.92
黑龙港-运东平原区	黑龙港平原区	<500	518	27	−0.4	492	0.05	0.95
		1450~0	535	30	0.3	505	0.05	0.95
		3100~1450	539	31	0.5	508	0.05	0.95
		5600~3100	679	59	7.2	613	0.08	0.91
		8000~5600	775	81	12.7	681	0.10	0.88
		10400~8000	488	22	−1.6	468	0.04	0.96
		>10400	295	4	−4.1	295	0.01	1.01
		平均值	547	36	2.1	509	0.05	0.94
	运东平原区	<500	550	52	−2.7	500	0.09	0.91
		1450~0	567	59	−0.1	508	0.10	0.90
		3100~1450	572	63	1.3	508	0.10	0.90
		5600~3100	720	138	29.4	553	0.19	0.78
		8000~5600	823	209	34.6	559	0.25	0.69
		10400~8000	518	40	−7.1	485	0.08	0.94
		>10400	313	6	−14.2	321	0.01	1.03
		平均值	581	81	5.9	491	0.12	0.88

分 区	距今时间/年	年均降水量/mm	地表径流量/mm	地下水净补给量/mm	陆面蒸发量/mm	径流系数	蒸发系数
徒骇马颊平原	<500	545	30	2.0	513	0.05	0.94
	1450～0	563	34	2.8	526	0.06	0.94
	3100～1450	568	36	3.2	529	0.06	0.94
	5600～3100	715	74	11.6	629	0.10	0.88
	8000～5600	816	109	19.2	688	0.13	0.85
	10400～8000	514	24	0.6	490	0.04	0.96
	>10400	311	4	−2.5	309	0.01	1.00
	平均值	576	44.43	5.3	526	0.06	0.93
低洼滨海区	<500	573	61	−2.4	515	0.10	0.90
	1450～0	592	66	−0.7	526	0.11	0.89
	3100～1450	597	68	0.1	529	0.11	0.89
	5600～3100	751	120	17.5	614	0.16	0.82
	8000～5600	858	164	32.8	661	0.19	0.78
	10400～8000	540	52	−5.3	494	0.09	0.92
	>10400	327	14	−13.0	326	0.03	1.01
	平均值	605	78	4.5	524	0.11	0.89
华北平原平均	全区均值	562	55	4.0	502	0.08	0.91

中，无论哪一时期的水量再分配水文过程，都具有类似规律。根据在河北石家庄、保定、南宫和南皮水均衡实验场的长期监测结果表明，区域性的面状活塞式入渗只能发生在雨强小于包气带入渗能力情况下，而且这种水量转化对地下水补给十分有限。对华北区域地下水储存资源形成具有重要意义的水文事件，是暴雨后的洪水漫流、积水下渗，包括河道过水渗漏和洼地面状积水入渗（张光辉等，2000a，2000b，2002a，2004）。例如，1996年8月的大暴雨，在京津以南平原区的各流域沿河两岸地下水位普遍上升，区域地下水水位平均上升2.2m，其中石家庄高邑地区地下水水位上升幅度达11.6m，平原河道两侧和滞洪洼淀区或洪积扇区地下水位升幅大于5m，仅保定、石家庄、邢台和邯郸四个山前平原区的地下水入渗补给量净增34.5亿 m^3。

因此，在漫长的华北平原地下水循环演化过程中，受各水文分区不同尺度水文过程差异性、周期性和自然地理与水文地质条件差异性的综合影响（表6-7），全新世以来华北平原的各分区地下水演化特征值不完全相同，各区位特征见表6-11。

二、各分区地下水演变与相关水分通量之间互动特征

(一) 冀东沿海地区特征

在华北平原的东北部——冀东沿海地区，全新世以来平均年降水量为641mm，天

然地表径流量为 87mm，陆面蒸发量为 549mm，区域地下水年均净补给量为 5.67mm，换算为储存资源量为 4202 万 m³/a。近 1450 年以来平均年降水量为 627mm，天然地表径流量为 75mm，陆面蒸发量为 551mm，区域地下水年均净补给量为 0.59mm，换算为储存资源量为 437 万 m³/a。

从百年尺度来看，较大年均降水量为 909mm（距今 8000～5600 年），区域地下水净补给量为 37.23mm，换算为储存资源量为 2.76 亿 m³/a，该区地下水水位年均上升 0.57m。较小年均降水量为 346mm（距今 10400 年之前），区域地下水净补给量为 −14.4mm，换算为储存资源量为 −1.07 亿 m³/a，该区地下水位年均下降 0.22m。

从近 1450 年尺度的平均值来看，近 500 年以来，冀东沿海平原区百年尺度的年均降水量为 607mm，区域地下水净补给量为 −1.29mm（表 4-11），换算为储存资源量为 −956 万 m³/a，在没有开采影响下，该区地下水水位年均下降 0.02m。

（二）京津地区特征

在华北平原北部的京津地区，全新世以来平均年降水量为 609mm，天然地表径流量为 83mm，陆面蒸发量为 520mm，区域地下水年均净补给量为 5.23mm，换算为储存资源量为 8530 万 m³/a。近 1450 年以来平均年降水量为 596mm，天然地表径流量为 72mm，陆面蒸发量为 522mm，区域地下水年均净补给量为 0.52mm，换算为储存资源量为 385 万 m³/a。

百年尺度的较大年均降水量为 862mm（距今 8000～5600 年），区域地下水净补给量为 35.19mm，换算为储存资源量为 5.74 亿 m³/a，该区地下水位年均上升 0.59m；百年尺度的年均较小降水量为 328mm（距今 10400 年之前），区域地下水净补给量为 −14.12mm，换算为储存资源量为 −2.31 亿 m³/a，该区地下水水位年均下降 0.24m，北京地区地下水水位上升或下降幅度远大于其下游的天津平原区。

近 500 年以来，京津平原区百年尺度的年均降水量为 576mm，区域地下水净补给量为 −1.38mm（表 6-11），换算为储存资源量为 −2251 万 m³/a，在没有开采影响下，该区地下水水位年均下降 0.023m，其中北京平原区下降 0.76～0.25m，天津平原区下降 0.01～0.015m。

（三）白洋淀流域平原区特征

在华北平原中部的白洋淀流域，全新世以来平均年降水量为 523～568mm，天然地表径流量为 43～50mm，陆面蒸发量为 472～513mm，区域地下水年均净补给量为 1.90～5.03mm，换算为储存资源量为 0.51 亿～1.32 亿 m³/a。近 1450 年以来平均年降水量为 511～555mm，天然地表径流量为 35～47mm，陆面蒸发量为 471～510mm，区域地下水年均净补给量为 −0.97～2.58mm，换算为储存资源量为 2553 万～6791 万 m³/a。

百年尺度的较大年均降水量为 741～805mm（距今 8000～5600 年），区域地下水净补给量为 17.43～20.58mm，换算为储存资源量为 4.59 亿～5.42 亿 m³/a，该区地下水位年均上升 0.31～0.38m；百年尺度的年均较小降水量为 282～306mm（距今 10400 年

之前），区域地下水净补给量为－10.22～－5.09mm，换算为储存资源量为－2.69～
－1.34亿m³/a，该区地下水水位年均下降0.09～0.19m，淀西平原区地下水水位上升
或下降幅度远大于淀东平原区。

近500年以来，白洋淀流域的平原区百年尺度年均降水量为495～538mm，区域地
下水净补给量为－2.31～1.89mm（表6-11），换算为储存资源量为－6080万～4975万
m³/a，在没有开采影响下，该区地下水水位年均变幅为－0.042～0.034m，其中淀北
平原区地下水水位上升，淀南平原区地下水水位下降。

（四）太行山南部平原区特征

在华北的太行山南部平原区，全新世以来平均年降水量为500～592mm，天然地表
径流量为35～49mm，陆面蒸发量为464～538mm，区域地下水年均净补给量为2.33～
5.01mm，换算为储存资源量为0.58亿～1.24亿m³/a。近1450年以来平均年降水量
为489～578mm，天然地表径流量为25～38mm，陆面蒸发量为464～538mm，区域地
下水年均净补给量为－0.42～1.91mm，换算为储存资源量为1037万～4716万m³/a。

百年尺度的较大年均降水量为709～838mm（距今8000～5600年），区域地下水净
补给量为16.23～22.17mm，换算为储存资源量为4.01亿～5.48亿m³/a，该区地下水水
位年均上升0.25～0.34m；百年尺度的年均较小降水量为270～319mm（距今10400年
之前），区域地下水净补给量为－4.32～－4.19mm，换算为储存资源量为－1.07亿～
－1.03亿m³/a，该区地下水水位年均下降0.06～0.07m，滹沱河冲洪积平原区地下水
水位上升或下降幅度大于漳卫河冲洪积平原区。

近500年以来，太行山南部平原区的百年尺度年均降水量为474～561mm，区域地
下水净补给量为－1.21～0.91mm（表6-11），换算为储存资源量为－2988万～2247
万m³/a，在没有开采影响下，该区地下水水位年均变幅为－0.019～0.014m，其中滹沱
河冲洪积平原区地下水水位下降，漳卫河冲洪积平原区地下水水位上升。

（五）黑龙港-运东平原区特征

在华北平原东南的黑龙港-运东平原区，全新世以来平均年降水量为547～580mm，
天然地表径流量为36～81mm，陆面蒸发量为491～509mm，区域地下水年均净补给量
为2.09～5.89mm，换算为储存资源量为0.47亿～1.33亿m³/a。近1450年以来平均
年降水量为535～567mm，天然地表径流量为30～59mm，陆面蒸发量为505～
508mm，区域地下水年均净补给量为－0.12～0.29mm，换算为储存资源量为269万～
651万m³/a。

百年尺度的较大年均降水量为775～823mm（距今8000～5600年），区域地下水净
补给量为12.69～34.61mm，换算为储存资源量为2.85亿～7.77亿m³/a，该区地下水
位年均上升0.23～0.64m；百年尺度的年均较小降水量为295～313mm（距今10400年
之前），区域地下水净补给量为－14.21～－4.13mm，换算为储存资源量为－3.19亿～
－0.93亿m³/a，该区地下水水位年均下降0.02～0.26m，黑龙港平原区地下水水位上

升或下降幅度远大于运东平原区。

近 500 年以来，黑龙港-运东平原区的百年尺度年均降水量为 518～550mm，区域地下水净补给量为 −2.09～−0.42mm（表 6-11），换算为储存资源量为 −4690 万～−943 万 m³/a，在没有开采影响下，该区地下水水位年均下降 0.01～0.04m。

（六）徒骇马颊平原区特征

在华北平原东南的徒骇马颊平原，全新世以来平均年降水量为 576mm，天然地表径流量为 45mm，陆面蒸发量为 526mm，区域地下水年均净补给量为 5.27mm，换算为储存资源量为 1.68 亿 m³/a。近 1450 万以来平均年降水量为 563mm，天然地表径流量为 34mm，陆面蒸发量为 526mm，区域地下水年均净补给量为 2.76mm，换算为储存资源量为 8788 万 m³/a。

百年尺度的较大年均降水量为 816mm（距今 8000～5600 年），区域地下水净补给量为 19.24mm，换算为储存资源量为 6.13 亿 m³/a，该区地下水水位年均上升 0.37m；百年尺度的年均较小降水量为 311mm（距今 10400 年之前），区域地下水净补给量为 −2.48mm，换算为储存资源量为 −0.79 亿 m³/a，该区地下水水位年均下降 0.05m。

近 500 年以来，徒骇马颊平原平原区的百年尺度年均降水量为 545mm，区域地下水净补给量为 2.03mm（表 6-11），换算为储存资源量为 6464 万 m³/a，在没有开采影响下，该区地下水水位年均上升 0.04m。

第四节　300 年来太行山前平原地下水补给演化特征

降水入渗通过包气带补给地下水，基于入渗水质点标记层（如降水入渗中自然氯浓度）识别，可以获得多年平均实际入渗补给量，该方法称为"氯化物质量平衡方法"（MCB 法）。本节根据"氯化物质量平衡方法"应用估算近 300 年以来太行山前典型平原区地下水入渗补给量结果，阐述近 300 年以来该区地下水演化规律。

一、研究方法与背景

（一）研究方法

氯化物质量平衡方法是研究地质历史时期地下水入渗补给状况的重要方法之一，国外多用于干旱半干旱区估算典型区地下水入渗补给量，如澳大利亚、美国、墨西哥、以色列及非洲的博茨瓦纳等地（汪丙国等，2006），也有用于估算区域入渗补给量的例子（W. W. Wood，1999）。MCB 法由 Eriksson E. 于 1969 年提出，Allison 等（1978）和 Ellyn、Murpy 等（1996）对其进行了改进。

经过修正的 MCB 方法，需要自浅至深分层采集包气带的土样，然后，测定土壤中氯化物浓度。MCB 方法的主要特点是以大气降水中氯化物作为示踪剂，其应用前提条件：

（1）氯化物在系统中持恒，它不会被岩土所吸附，也不会被植被所吸收。

（2）包气带剖面上或地下水中的氯化物只来源于降水直接降落，是唯一补给来源。

（3）氯离子的大气输入由湿和干沉积组成，氯化物通量不随时间而变，在相关地质时期内可视为均匀分布。

（4）入渗水流以垂向一维流活塞式入渗为主，但受降雨、蒸腾发以及地形起伏的影响，土壤水分在垂向和侧向上容易发生复杂的运移。因此，通常选择在根系层和最深零通量面以下，而且地形相对平坦的位置。水流及边界条件是稳定的。若满足上述条件，可线性概化平均估算入渗补给量。

（5）适用于干旱半干旱区，降水入渗补给较少，包气带厚度较大，入渗水以非饱和流入渗为主。

Ellyn 等（1996）把 MCB 方法扩展到随时间瞬态变化的降水情况下氯化物剖面估算地下水补给量的应用中（即 GMCB 法），它可反演确定氯化物剖面所代表的古降水入渗补给过程。Wood（1999）认为，MCB 方法在适用条件范围使用是估算剖面反映时段内地下水累计入渗补给量的有效方法。因为它直接取自降水入渗过程记录在地层剖面中的信息，同时，成本远低于其他方法。

本项研究的时间尺度较大，为距今 300 年，年以下的精确降水量资料难以延至 300 年，所以，采用 MCB 方法。

包气带水分中氯化物浓度反映雨水中氯化物因蒸发作用而浓缩的程度。根据质量守恒定律，降水量的大小和降水输入的氯离子含量，与入渗水量和土壤水中氯离子含量存在如下关系，即

$$P \cdot C(\mathrm{Cl}_P) = P_r \cdot C(\mathrm{Cl}_{\mathrm{soil}}) \qquad (6\text{-}10)$$

式中，P 为剖面反映时段的多年平均降水量，mm/a；C（Cl_P）为降水输入的多年平均氯离子含量，包括干、湿沉降两部分，$\mathrm{mg/cm^3}$；P_r 为多年平均入渗补给量，mm/a；C（$\mathrm{Cl}_{\mathrm{soil}}$）为植物根系带之下土壤水的氯离子含量，$\mathrm{mg/cm^3}$ 或 mg/g。

于是，根据年降水量和雨水中氯化物含量，可估算出降水入渗补给地下水量，即进入包气带单位截面积剖面或地下水中的氯化物通量，为

$$q(\mathrm{Cl}) = -D_h(\theta)\frac{\partial C(\mathrm{Cl}_P)}{\partial Z} + C(\mathrm{Cl}_{\mathrm{soil}}^i)R_r \qquad (6\text{-}11)$$

大量实测资料表明（陈宗宇等，2001），式（6-10）可近似等于

$$q(\mathrm{Cl}) = P \cdot C(\mathrm{Cl}_P) \qquad (6\text{-}12)$$

在实际应用中，由于降尘中氯化物有限而可忽略，降水中氯化物的加权平均值作为大气降落的氯通量，即

$$C_{\mathrm{sm}}(\mathrm{Cl}_P) = \sum_{i=1}^{n} P_i C(\mathrm{Cl}_{\mathrm{soil}}^i) / \sum_{i=1}^{n} P \qquad (6\text{-}13)$$

在非饱和流入渗条件下，弥散影响微弱，可以忽略不计。于是，式（6-11）简化为

$$P_r = q(\mathrm{Cl}) / C(\mathrm{Cl}_{\mathrm{soil}}) \qquad (6\text{-}14)$$

将式（6-12）代入式（6-14），有

$$P_r = \frac{C(\mathrm{Cl}_P)}{C(\mathrm{Cl}_{\mathrm{soil}})}P \tag{6-15}$$

式中，q（Cl）为多年平均氯化物通量，mg/a；$D_h(\theta)$ 为弥散系数；$C(\mathrm{Cl}_P)$ 为雨水中氯化物浓度，mg/cm³；Z 为监测与取样点深度，m；$C(\mathrm{Cl}_{\mathrm{soil}}^i)$ 为包气带剖面内第 i 深度或第 i 期采样的土壤中氯化物平均浓度，mg/cm³，或 mg/g；R_r 为降水进入包气带的入渗补给量，mm；P 为包气带剖面被研究段所涉及的时段多年平均年降水量，mm/a；$C_{sm}(\mathrm{Cl}_P)$ 为 n 期采样的降水量加权氯化物浓度，mg/cm³；P_i 为第 i 期的降水量，mm；P_r 为多年平均降水入渗补给地下水量，mm/a。

在一年中，不仅存在雨季，还存在旱季。在地下水形成的地史时期也存在不同时间尺度的"雨季"和"旱季"。在雨季，地下水获得的补给较多，而在旱季，地下水获得的补给较少，所以，不同时期地下水获得的补给量不是恒定的，以至在包气带剖面中不同位置的氯化物浓度呈波状分布（图 6-22）。为此，包气带剖面上的任意一点 Z 处的氯化物

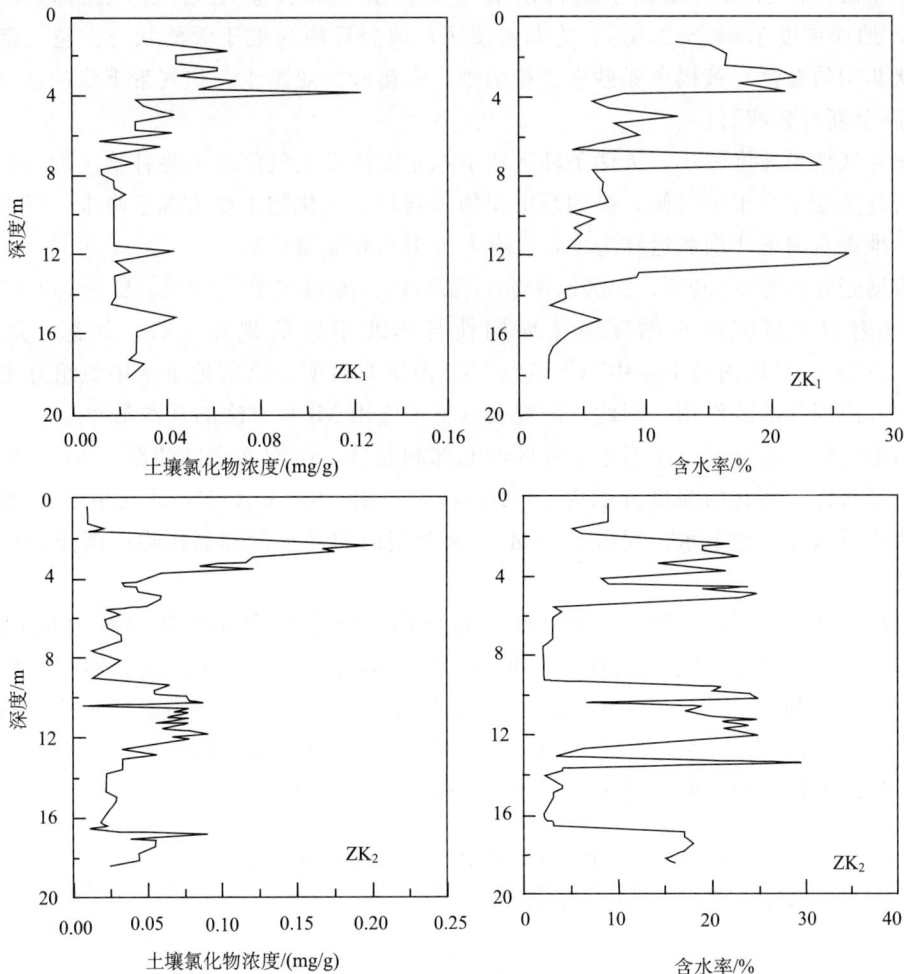

图 6-22　太行山前平原包气带含水量与氯化物浓度分布剖面

采样时间 2000 年

年龄 $A(Z)$，等于到 Z 点的累积氯化物浓度除以氯化物的年沉降量 $[PC(Cl_P)]$（Allison et al.，1978；Stone et al.，1992），即

$$A(Z) = \int_0^Z \theta_i C(\mathrm{Cl_{soil}}) \mathrm{d}Z / PC(\mathrm{Cl}_P) \qquad (6\text{-}16)$$

$A(Z)$ 也可以根据包气带剖面采样的间隔，近似为

$$A(Z) \approx \sum_{i=1}^n [\gamma_i Z_i C(\mathrm{Cl_{soil}})] / PC(\mathrm{Cl}_P) \qquad (6\text{-}17)$$

式中，$A(Z)$ 为 Z 点处土壤水年龄，年；θ_i 为第 i 个样品的土壤含水量，无量纲；Z_i 为第 i 个样品的长度，cm；γ_i 为第 i 个样品的土壤密度，mg/cm^3，或 mg/g。

（二）研究背景

本项研究的所在区域位于太行山前冲洪积扇中部石家庄地区，地面高程 60～110m，地面坡度 1.0‰～2.0‰，为非农田区，地表环境尚处于天然状态。包气带岩性为层状非均质黄色、黄褐色亚砂土、粉细砂、中粗砂及亚黏土。包气带下伏的含水层为上更新-全新统砂卵石层。

研究区地形坡度较小，天然条件下地下水主要接受大气降水入渗补给。近 300 年以来，研究区处于半干旱气候，第四系沉积物为陆相，氯化物主要来源于降水。降水入渗是以一维垂直向下非饱和运移为主，没有人为引水和灌溉影响。

根据张光辉等（2000a，2000b，2001，2004）、陈宗宇等（2001，2006，2009）研究，300 年以来研究区水循环演化周期性与华北平原的规律一致。周炼、刘存富（1998，2001）对区内地下水中 ^{36}Cl 和 $^{36}Cl/Cl$ 值研究表明，该区地下水中氯组分主要来源于大气成因和淋滤作用。因此，研究区具备了应用 MCB 方法的基本条件。

两组取样剖面分别位于石家庄地区西北部和北部，两剖面之间相距 15km。样品是全岩心原状样，两孔的深度分别为 18.2m（ZK_1）和 18.9m（ZK_2）。其中 ZK_2 的深度已到达地下水位（地下水位埋深 18.7m）。两个剖面的含水量和氯化物浓度分布特征如图 6-22 所示。

根据上述方法和剖面氯化物浓度分布规律，研究区多年平均降雨量的取值为 564mm/a，7～9 月的北京、天津和河北平原区采集的降水样品中，氯化物的平均含量为 5.0mg/L（陈宗宇等，1998），以 7～9 月降水量的 75% 计，则雨水中氯的平均通量为 0.41mg/(cm·a)。由此，确定 ZK_1 剖面和 ZK_2 剖面的氯化物年龄，分别为 185 年和 295 年，多年平均净补给量 6.72～9.09mm/a（表 6-12）。

表 6-12　近 300 年来太行山前平原地下水补给演化信息

剖面编码	深度 /m	记录长度 /年	净补给量 /(mm/a)	标示长度 /m	分辨率 /年	累计补给量 /mm	氯总量 /(g/m²)
ZK_1	18.2	185	9.09	0.5	5	1682	757.84
ZK_2	18.9	295	6.72	0.6	10	1982	1209.90

注：采样时间 2000 年。

按照 Allison（1978）的解释，图 6-22 的两个剖面上出现的多期峰值表明，过去295 年研究区曾有过至少两次明显的补给周期变化过程，与过去区域气候干湿变化有关（图 6-23）。ZK$_1$ 和 ZK$_2$ 的两个剖面氯化物浓度分布特征，与近 300 年来太行山前平原区干旱指数演变规律具有较好的对应性，这表明两个剖面反映了太行山前平原百年尺度区域水循环演化规律（张光辉等，2003b）。

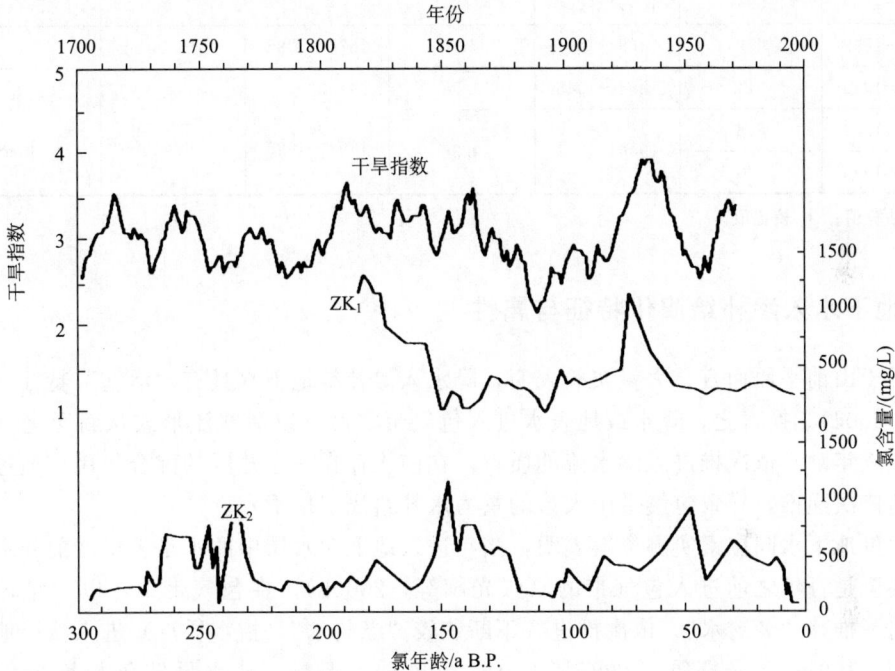

图 6-23　太行山前平原包气带氯化物浓度分布与区域干旱指数对应关系
基准年，2000 年

　　根据不同深度的氯积累含量与不同深度积累含水量之间关系，获得不同时段（稳定气候期）的地下水净补给量（表 6-12）。在过去的 300 年中，太行山前平原地下水系统经历了 3 个主要补给期，分别为公元 1702～1725 年、1761～1825 年和 1876～1892 年。若以整个剖面的平均补给量 9.09mm/a 和 6.72mm/a 作为衡量标准，则清晰可见近 300年以来区域水循环过程中曾发生过 3 次"干"与"湿"旋回（表 6-13）。

表 6-13　近 300 年以来太行山前平原不同时段平均地下水净补给量

研究区平均降水状况		ZK$_1$		ZK$_2$		区域水循环演化特征
时段	降水量/(mm/a)	时段	净补给量/(mm/a)	时段	净补给量/(mm/a)	
1706～1710	574*			1702～1725	10.25	丰
1710～1725	635*					
1726～1759	651			1726～1760	6.69	偏枯
1760～1829	668			1761～1825	7.97	偏丰

续表

研究区平均降水状况		ZK₁		ZK₂		区域水循环演化特征
时段	降水量/(mm/a)	时段	净补给量/(mm/a)	时段	净补给量/(mm/a)	
1830~1849	529	1820~1847	3.59	1826~1875	4.17	枯
1850~1869	594	1848~1868	7.72**			
1870~1899	622	1869~1897	15.65	1876~1892	10.00	丰
1900~1949	514	1898~1945	4.59	1893~1997	5.41	偏枯
1949~1969	628	1946~1997	9.36			
1970~1995	470					

* 估算值；** 校正值。

二、地下水入渗补给演化特征与属性

对于山前平原而言，大量实验表明，降水入渗补给地下水具有"活塞"特征（张光辉等，2004）。换言之，降水或地表水进入包气带之后，以活塞流形式从新至老（指水的同位素年龄）依次推进入渗水流的质点，在前缘存在一定范围的混合作用，通过水动力传递依次递推，导致包气带中入渗的重力水补给浅层地下水。

大量地下水同位素实测资料表明，当年进入地下含水层中的水是多年之前降水入渗水，甚至是百年之前进入包气带的（张光辉等，2000b）。在包气带中，以"年轻的新水"向下推移"老龄水"，依次推进，不断使较"老龄水"（指水质点）进入浅层地下水（Siegel，1991；张光辉等，2000b，2001，2003b）。但是，从水量转化与均衡角度分析，当年地下水补给量多寡受当年降水量大小制约，与当地降水进入包气带中水的数量密切相关。当年进入包气带中入渗水量的多少，取决于包气带向下作用的水动力场势的大小。入渗水量越大，包气带水动力场向下作用的势越强，由此，推动包气带水分进入地下水中的水量越大；入渗水量越小，包气带水动力场向下作用的势越弱，由此，推动包气带水分进入地下水中的水量越小。

从表6-13可见，距今185年以来太行山前平原地下水平均补给量为9.09mm/a，295年以来平均补给量为6.72mm/a。从全新世以来的万年尺度来看，近300年以来研究区地下水补给处于偏枯阶段，但不是最枯的阶段。在距今5000~4000年和距今7900~5600年的千年尺度平均补给量分别为20.1mm/a和16.5mm/a，百年尺度平均补给量曾达57.8mm/a（距今6000年前后）。另外，在距今2900年前后和距今380年前后，曾出现过区域地下水系统显著负均衡时期（张光辉等，2001）。

从ZK₁和ZK₂两个剖面的研究结果来看，在过去的300年中，公元1702~1725年、1761~1825年和1876~1892年期间，太行山前平原地下水系统曾获得了较多的补给，分别为10.3mm/a、7.97mm/a和10.0mm/a。其他时段补给较少，最枯阶段发生在1820~1847年期间，时段平均补给量为3.59mm/a。1898~1945年期间，平均补给量也较小，为4.17mm/a（表6-13）。

第五节 近 60 年以来区域地下水演变时代特征

近 60 年以来，华北平原水循环过程和区域地下水位埋藏状况发生了急剧变化。自太行山区至渤海湾，永定河水系、大清河水系、子牙河水系和漳卫河水系的平原段河流，自 20 世纪 80 代以来先后常年断流，只有部分河流有少量径流。这些流域尺度的水系，在距今 9500 年前已形成（吴忱，1992；张光辉等，2004），这些贯穿华北平原的流域尺度水系，带来源源不断的山区降水–径流水量对平原区地下水补给与更新演变，发挥了巨大和不可替代作用。20 世纪 60~70 年代山区大规模修建水库，拦蓄出山地表径流，导致平原地表水资源急剧减少，河道常年干涸，显著影响了地下水补给与更新。20 世纪 70 年代以来，农业和工业先后大规模开采地下水，开采量和取水深度越来越大，超采程度日趋严重，区域地下水水位大幅不断下降，地下水水位漏斗彼此嵌套和耦合，形成许多区域性漏斗群，许多地区地下水流向发生根本性改变，包气带厚度已从过去不足 5m，发展至现今 30~50m。

一、浅层地下水演变特征

20 世纪 50~60 年代，华北山前平原区浅层地下水水位为 23~82m，中部平原区为 5~23m，滨海平原区为 0~5m，那时的地下水流场基本保持着天然状态。20 世纪 80 年代，华北山前平原区浅层地下水水位下降 5~20m，地下水水位为 20~60m；中部及滨海平原区浅层地下水水位下降幅度较小，地下水水位为 0~18m。至 2009 年，华北山前平原区浅层地下水水位下降 15~40m，地下水水位为 7~45m；中部平原区浅层地下水水位下降 5~15m，地下水水位为 -3~10m；滨海平原区浅层地下水水位下降 0~7m，地下水水位为 -2~5m（表 6-14）。

表 6-14 近 60 年以来华北平原浅层地下水水位演变时空特征

地区	20 世纪 50~60 年代		20 世纪 80 年代		21 世纪初	
	水位/m	埋深/m	水位/m	埋深/m	水位/m	埋深/m
山前平原区	23~82	1~12	20~60	4~18	7~45	8~45
中部平原区	5~23	0~6	0~18	2~8	-3~10	5~15
滨海平原区	0~5	0~2	0~5	0~3	-2~5	0~7

目前，华北平原浅层地下水水位埋深大于 50m 的面积大于 500km²，主要分布在河北的山前平原，其中河北平原占 95.28%，北京平原占 4.72%。地下水水位埋深介于 30~50m 的分布面积为 9962km²，其中河北平原占 88.17%，北京平原占 11.51%，豫北平原占 0.32%。地下水水位埋深介于 20~30m 的分布面积为 18200km²，河北平原占 75.31%，北京平原占 13.40%，豫北平原占 8.89%，鲁北平原占 2.39%。地下水水位埋深介于 10~20m 的分布面积为 33000km²，河北平原占 68.35%，豫北平原占 17.09%，鲁北平原占 9.13%，北京平原占 4.56%，天津平原占 0.87%。地下水水位埋深小于

10m 的分布面积为 76200km², 鲁北平原占 36.65%, 河北平原占 35.56%, 天津平原占 13.52%, 豫北平原占 13.09%, 北京平原占 1.18% (费宇红等, 2005)。

二、深层地下水水位演变特征

20 世纪 50~60 年代, 华北山前平原区深层地下水水位 (又称水头) 为 25~75m, 埋深 3~5m; 中部及滨海平原区深层地下水水位 5~25m, 埋深 0~2m, 在滨海平原分布近 5000km² 的自流区, 深层地下水水位高出地表面的高度为 3~5m。20 世纪 80 年代, 华北山前平原区深层地下水水位下降 5m, 埋深为 4~8m, 中部及滨海平原区深层地下水水位 0~20m, 下降 5~20m。这期间, 冀-枣-衡深层地下水位降落漏斗和沧州漏斗都达到较大规模, 其中沧州漏斗中心水位埋深 69.99m, −30m 等水头线封闭面积 587.8km², 1980~1985 年和 1985~1990 年期间, 该漏斗中心水位下降速率分别为 1.13m/a 和 1.29m/a, 滨海平原的深层地下水自流区消失 (费宇红等, 2001, 2006, 2009a, 2009b, 2009c)。21 世纪初, 华北山前平原区深层地下水水位降至 −10~60m, 中部及滨海平原区深层地下水水位降至 −90~−10m, 埋深 30~100m。天津、文安-大成、冀-枣-衡、沧州和德州深层地下水漏斗彼此相连 (张光辉等, 2010), 深层地下水水位埋深 50~70m 的分布区面积达 32106km², 大于 70m 的分布区面积为 7145.34km²。

深层地下水水位埋深大于 100m 的面积大于 40km², 鲁北平原占 96.71%, 河北平原占 3.29%。地下水水位埋深介于 80~100m 的分布面积为 5500km², 河北平原占 85.61%, 天津平原占 10.46%, 鲁北平原占 3.93%。地下水水位埋深介于 40~80m 的分布面积为 47100km², 河北平原占 63.29%, 鲁北平原占 22.43%, 天津平原占 12.34%, 豫北平原占 1.73% 和北京平原占 0.21%。地下水水位埋深为 20~40m 的分布面积为 38500km², 河北平原占 51.39%, 鲁北平原占 31.65%, 豫北平原占 9.58%, 天津平原占 5.40%, 北京平原占 1.77%。深层地下水水位埋深小于 20m 的面积为 30200km², 豫北平原占 42.49%, 鲁北平原占 28.75%, 河北平原占 24.69%, 天津平原占 2.19%, 北京平原占 1.88% (张兆吉等, 2009a)。

三、区域地下水水位演变时代标志性特征——以滹沱河流域冲洪积平原区为例

滹沱河流域冲洪积平原区是华北平原小麦主产、高产区, 也是浅层地下水超采最为严重的地区, 面积 8204.5km², 多年平均降水量为 496.4mm, 多年平均蒸发量为 1589.2mm。研究区天然状态下地下水流场的流向是自西北向东南运动。在 20 世纪 50~60 年代, 滹沱河流域平原区天然状态下地下水流场总体流向是自西北向东南运动, 大部分地区地下水位埋深小于 3m, 在许多低洼处有泉水溢出和一些地段地下水补给滹沱河。60 年代以来, 山区、山前大规模拦蓄出山地表水和平原区地下水开采强度不断增大, 不仅导致研究区河流常年干涸, 而且包气带厚度由 20 世纪 60 年代的 3~5m 增至目前的 30~50m。目前, 除滹沱河上游及西部山前地带外, 第 I 含水组已全部疏干, 第 II 含水组已疏干 70%~80%, 已形成石家庄和宁晋-赵县等浅层地下水位降落漏斗区, 漏斗区四周地下水向漏斗中心汇流, 自西向东径流的天然状态区域地下水流场的局

部区域发生了异变,漏斗区地下水流方向与区域流场明显不一致,一些地段甚至逆向流动。区域地下水的水力梯度由 20 世纪 50 年代的 1.2‰～2.0‰演变成现状的 1.5‰～4.7‰,有些地段水力梯度大于 5.0‰(费宇红,2002;张光辉等,2007,2008;王金哲等,2009a,2009b)。

从图 6-24 可见,1963 年滹沱河流域平原区浅层地下水水位埋深小于 5m 的分布区面积占 96.8%,为 7945km²。5～10m 的埋深区面积仅占 3.2%,为 259.8km²。整体上,呈现从西部山前到东部冲洪积扇前缘地下水位埋深逐渐减小的特征。标志性特征是以地下水位埋深小于 5m 的分布区为主,尚未出现地下水位埋深大于 10m 的分布区(张光辉等,2008;王金哲等,2009b)。

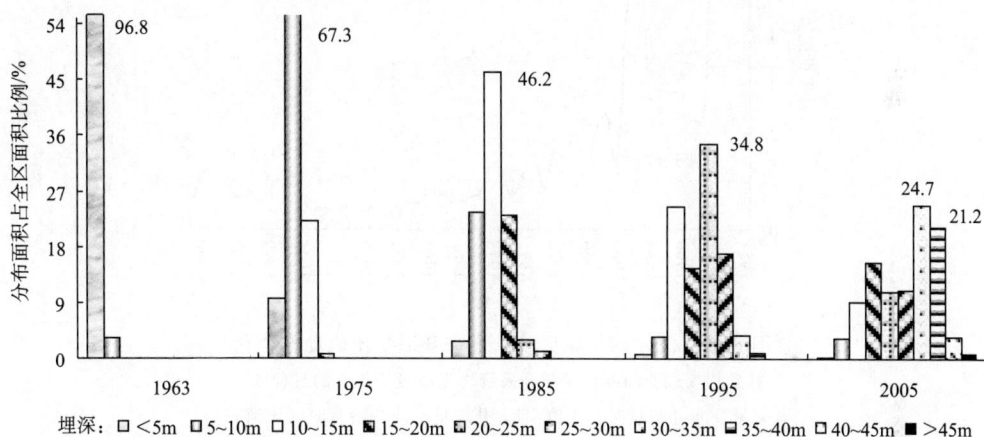

图 6-24　不同时期不同埋深的地下水分布面积演变特征(据张光辉等,2011)

至 1975 年,滹沱河流域平原区浅层地下水水位埋深小于 5m 的分布区面积急剧缩小,占全区面积的 9.6%。5～10m 的埋深区面积迅速扩大,由 1963 年的 259.8km² 增加为 5525km²,占全区面积的 67.3%。标志性特征是以地下水水位埋深 5～10m 的分布区为主,出现地下水水位埋深大于 10m 的分布区,为 1889km²,占全区面积的 23.1%(图 6-24)。

进入 20 世纪 80 年代,滹沱河流域平原区浅层地下水水位埋深小于 10m 的分布区面积急剧缩小,从 1975 年占全区面积的 76.9%减少为 26.5%(图 6-24),分布面积 2172km²。10～20m 的埋深区面积迅速扩大,由 1975 年的 1889km² 增加为 5692km²,占全区面积的 69.4%。标志性特征是以地下水水位埋深 10～15m 的分布区为主,出现地下水水位埋深大于 20m 的分布区,为 340km²,占全区面积的 4.2%(图 6-24)。

又经过 10 年的强烈开采,滹沱河流域平原区浅层地下水水位埋深小于 20m 的分布区面积急剧缩小,从 1985 年占全区面积的 95.7%减少为 43.5%,分布面积 3574km²。20～30m 的埋深区面积迅速扩大,由 1985 年的 340km² 增加为 4238km²,占全区面积的 51.7%。标志性特征是以地下水水位埋深 20～30m 的分布区为主(图 6-24),出现地下水水位埋深大于 30m 的分布区,为 393km²,占全区面积的 4.7%;局部出现了大于 40m 的分布区。

2005 年，滹沱河流域平原区浅层地下水水位埋深 10～30m 的分布区面积从 1995 年的 7457km² 减少至 3836km²。大于 30m 的埋深区面积迅速扩大，由 1995 年的 393km² 增加为 4093km²，占全区面积的 49.9％。标志性特征是以地下水水位埋深 30～40m 的分布区为主（图 6-24），面积达到 3767km²，占全区面积的 45.9％，出现较大范围的地下水水位埋深大于 40m 的分布区，面积为 326km²。2006 年以来，局部出现了大于50m 的分布区，主要分布在石家庄市区和宁晋县西南部（王金哲等，2009b）。

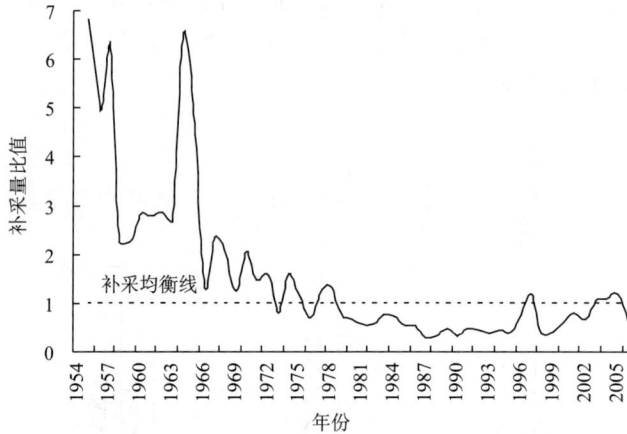

图 6-25　滹沱河平原区补给量与开采量比值动态变化

补采均衡线为净补给量与开采量之比值等于 1.0 的过程线；

开采量＞净补给量时，比值＜1；开采量＜净补给量时，比值＞1

滹沱河流域平原区浅层地下水水位不断下降，是多方面因素影响的结果。

（1）降水量减少影响：近 30 年以来，该区年均降水量减少 12％～18％。基于 1953～2008 年降水量与地下水水位变化数据的相关分析结果，年降水量每增减 10％，该区地下水水位变幅（上升或下降）为 1.65m。

（2）开采量增大影响：随着年开采量的不断增大，净补给量与开采量之间关系从均衡状态逐渐转变为负均衡状态。1965 年之前，区内地下水补给量远大于开采量（图 6-25）。1966～1975 年期间，由于实际开采量较小，即使在枯水年份，净补给量与开采量的比值（R_E）也大于 1.0，地下水系统处于自然均衡状态。1975 年以来，区内地下水开采量持续大于补给量，R_E＜1.0，地下水水位急剧下降。在 20 世纪 80 年代至 1995 年期间，气候进一步旱化，地下水开采量不断扩大，仅石家庄市管辖的平原区年均开采量达到 26.31 亿 m³，远超出了该区多年平均地下水补给量。只有在遭遇"96·8"这样特大丰水或洪水年份，超采地下水的态势才能够得到缓解。进入 21 世纪，相对 1996～2000 年的均值（420.3mm），年降水量有所增加，平均每年降水量增加 51.2mm，由此地下水严重超采态势出现缓解迹象（张光辉等，2008）。

（3）河道断流影响：在 1980 年前，滹沱河是区内地下水的重要补给源之一，补给带宽度 3～5km。河水渗漏对地下水补给量的多少与河流来水量密切相关。20 世纪 60 年代，京广铁路沿线的大部分河道仍然清水长流，部分河道断断续续通航。至 20 世纪

70 年代，虽然航运基本都停止，但是各河道中还能见到清水长流。进入 20 世纪 80 年代，研究区内大部分河流长期断流。1988 年、1991 年、1995～1997 年因上游弃水而滹沱河干流河道有水流过。其中 1995 年、1996 年过水天数分别为 78 天和 149 天。1995年河水渗漏补给量为 3.50 亿 m^3/a，1996 年为 5.18 亿 m^3/a。由此可见，1980 年以来滹沱河长期断流以及地表水体渗漏补给量减少 48.8% 和井灌回归补给量减少 16.8%，对研究区地下水位不断下降产生了一定影响。

四、现代洪水期河道沿岸地下水变化规律

（一）华北平原主要河流演变状况

上游山区雨洪水通过地表径流进入平原区河道，其渗漏补给是华北平原地下水的重要补给来源。但是，20 世纪 60 年代以来，华北平原上游的山区先后修建 1649 座水库（表 6-15），其中在河流出山口地带建有 22 座大中型水库，总库容 192 亿 m^3，控制华北平原上游山区的河流面积 15.8 万 km^2，83.5% 的地表径流被山前水库拦蓄。

表 6-15　华北平原的上游山区及山前水库概况（据张兆吉等，2009a，2009b）

主要水系	山区面积/km^2	水库/座	总库容/亿 m^3	山前水库控制面积/km^2	山前水库库容/亿 m^3	拦蓄面积率/%
滦河及冀东沿海诸河	47120	452	59.36	41645	20.97	88.4
北三河水系（蓟运、潮白和北运河）	22115	141	71.85	18596	61.59	84.1
永定河水系	45063	212	56.61	43480	41.60	96.5
大清河水系	18610	142	37.24	9982	33.99	53.6
子牙河水系（包括滏阳河）	30943	430	45.62	25344	19.59	81.9
漳卫河水系	25466	272	32.2	18950	14.07	74.4
合计	189317	1649	302.88	157997	191.81	83.5

华北平原较大水系——永定河水系、大清河水系、子牙河水系、漳卫运河水系等主要河道在 20 世纪 60 年代之前不仅常年有水，而且通航。其中，卫运河的航线，南起新乡，北抵天津，航程近 1000km。子牙河—滏阳河的航线，从邯郸至天津，长 571km。20 世纪 60 年代，京广铁路沿线的大部分河道仍然清水长流，但因上游修建水库拦蓄，部分河道时有断航。至 20 世纪 70 年代，航运基本都停止，各主要河道中仍见清水长流，只是在枯水期断流。到 20 世纪 80 年代，京津以南河北平原的各主要河道几乎全部干涸。1980 年以来，大清河水系中除北支系的拒马河常年有水之外，其他的各河流断流天数均在 300 天以上，尤其是石家庄地区的槐河，年均过水天数不足 4 天。滹沱河水系自上游修建岗南和黄壁庄两座大中型水库之后，年径流量急剧减少（图 6-26），其中 20 世纪 70 年代初，曾有 4 年河道干涸。80 年代除 1988 年泄洪外，其余年份河道无过水。20 世纪 90 年代，有 6 年河道干涸。在漳卫河水系，除了卫河断流的天数平均为

280 天以外，其他各河断流都超过 300 天（表 6-16）。在近 30 年来，即使河道有水，也仅在汛期的 1 个月左右时间内有水，其他时间干河。据统计资料表明，1960～2002 年，华北平原主要水系溢洪道弃水总量 148 亿 m³，平均每年弃水量 3.5 亿 m³；总放水量（包括农业灌溉用水）530 亿 m³，年均 12.3 亿 m³，其中 20 世纪 60 年代平均为 22 亿 m³/a，70 年代为 14.6 亿 m³/a，80 年代为 6.3 亿 m³/a，90 年代为 8.6 亿 m³/a（张光辉等，2011）。

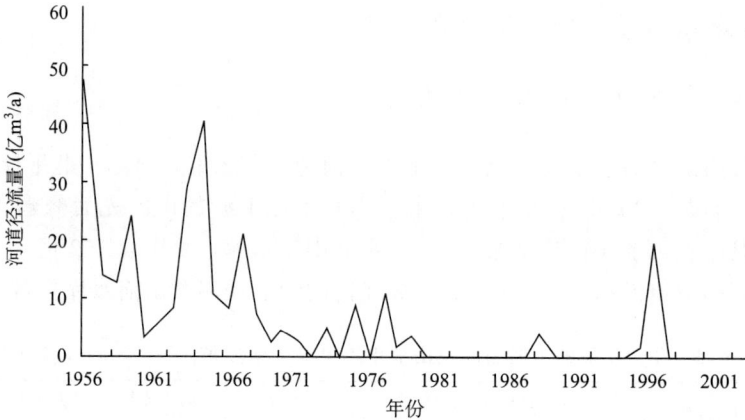

图 6-26　近 50 年以来平原区北中山水文站实测滹沱河径流量变化特征

表 6-16　20 世纪 80 年代以来华北平原主要河流断流天数（据张兆吉等，2009a）

年份	磁河	沙河	唐河	漕河	子牙河	子牙新河	滹沱河	滏阳河 东武仕站	滏阳河 艾辛庄站	洺河	沙河	泜河	槐河	南运河	卫河	漳河
1980	366	137	337	335	366	366	366	160	366	364	366	366	366		270	366
1981	365	365	365	349	340	345	365	124	365	359	365	325	365		272	365
1982	365	343	365	332	348	363	365	336	344	336	337	343	346		259	306
1983	365	365	365	348	365	349	365	254	355	363	327	354	365	298	365	330
1984	365	366	366	366	366	366	366	217	354	362	366	366	366	277	245	366
1985	361	365	365	359	314	358	365	252	330	362	365	352	365	180	258	365
1986	365	365	358	339	346	346	365	296	321	365	365	344	359	259	365	
1987	365	365	359	331	365	340	365	339	302	365	365	363	365	365	257	365
1988	319	268	361	268	324	336	328	363	328	351	366	366	349	359	258	350
1989	365	345	343	342	333	356	365	343	323	331	365	336	365	354	247	318
1990	327	157	363	276	277	360	365	325	365	312	328	345	365	295	365	237
1991	365	319	362	292	350	342	347	358	316	283	324	318	365	311		309
1992	365	366	358	366	340	366	366	330	366	366	366	366	366	366	291	366
1993	365	365	366	365	331	357	365	359	333	352	365	365	365	302	257	365

续表

年份	磁河	沙河	唐河	漕河	子牙河	子牙新河	滹沱河	滏阳河		洺河	沙河	泜河	槐河	南运河	卫河	漳河
								东武仕站	艾辛庄站							
1994	365	365	344			358	365	365		361	365	365	365	263	264	303
1995	301	210	365	177	277	260	287	356	327	279	261	351	354	365	289	365
1996	232	175	337	237	242	264	216	366	313	264	239	261	317	355	266	243
1997	347	303	365	264	353	312	319	340	365	318	295	359	365	365	340	307
1998~2012	1998 年至今，各主要河流断流天数状况基本同上															
平均	348	308	359	314	332	341	347	305	340	339	341	346	361	321	280	333

（二）不同时期河道沿岸地下水水位对洪水过水响应变化规律

以滹沱河沿岸地下水位响应变化为例。在滹沱河流域的中游北中山设有水文站，1956 年以来河道实测径流量如图 6-26 所示。20 世纪 70 年代以前，河道常年有水。70～80 年代，间歇性有水。自 1982 年以来河道常年干涸，仅在 1988 年和 1996 年的洪水期弃洪过水。受上游黄壁庄水库大规模拦蓄影响，近 50 年以来，滹沱河下游北中山水文站监测的平均年径流量为 4.55 亿 m³，其中，20 世纪 60 年代平均为 13.6 亿 m³/a，70 年代平均为 2.8 亿 m³/a。1980 年以来，除特丰水年份（如 1996 年）之外，几乎测不到径流量（图 6-26）。

在主要河道常年断流情况下，每当洪水期上游水库弃水，沿岸距河道不同距离的监测孔中，地下水位响应特征明显不同（图 6-27，其中，石 037 距河道 300m；石 002 距河道 500m；石 033 距河道 1200m）。在常年有水时，沿岸地下水水位与河水位变化特征一致。在间歇性过水和常年干涸年份的洪水期，距河道远近不同的监测孔，地下水水位对河道过水响应变化特征差异较大。在河道常年有水时期，距河道越近的监测孔，地下水水位响应上升幅度越小；在间歇性过水和常年干涸时期，距河道越近的监测孔，地下水水位响应上升幅度越大。在同一洪水期，随着距河道距离的增大，地下水水位对过水响应变化幅度越弱，响应延迟时间越长。

1. 20 世纪 70 年代之前不同位置地下水对河道洪水响应特征

这一时期，滹沱河河道常年有水，地下水与地表水之间保持密切的水力联系。上游段地下水补给地表水，下游段地表水补给地下水，河道过水量大小的变化对沿岸地下水位变化的影响较弱。从图 6-27 可见，20 世纪 70 年代之前，石 037、石 002 和石 033 中地下水水位年际变化幅度较小，基本呈水平直线趋势（图 6-27，A 段），无论监测孔距离河道的远近，地下水水位变化都不大，即使在 1963 年发生大洪水，3 个观测孔的地下水位也没有出现大幅变化。

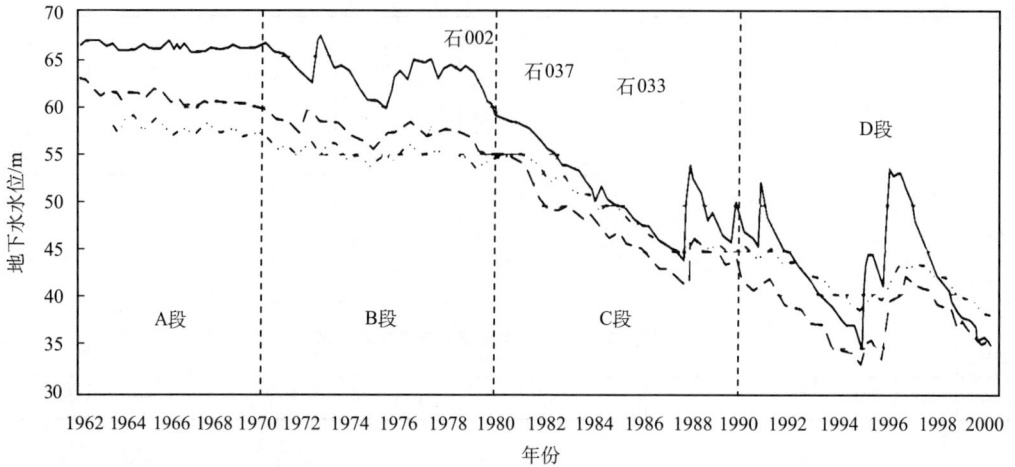

图 6-27　不同时期距河道不同距离的地下水水位对上游泄洪河道过水响应变化特征

2. 20 世纪 70 年代不同位置地下水对河道洪水响应特征

在 20 世纪 70 年代，岗南和黄壁庄两座大中型水库已经开始大规模拦蓄出山地表径流水量，滹沱河河道间歇过水。其中，1972 年流域性大旱，年降水量不足 350mm。1974～1975 年黄壁庄水库没有弃水，其他年份弃水，但水量有限，1977 年弃水量最大，也仅为 5.8 亿 m³，大部分年份的弃水量在 60 万 m³ 左右，滹沱河河道过水量很小。这一时期，河道近岸的监测孔地下水对河道过水响应增强，当发生河道洪水过水时，地下水位急剧上升；洪水过后，地下水水位迅速下降（图 6-27，B 段），而且，距河道越近，变化幅度越大；距河道越远，变化幅度越小。1973 年 8 月和 1977 年 8 月黄壁庄水库分别弃洪泄水，滹沱河河道暂时过水，沿岸地下水水位急剧上升，包括距河道 1.2km 处的石 033 监测孔地下水水位都明显上升；洪水过后，地下水水位又迅速回落。沿岸地下水水位对河道来水、去水响应比较敏感。

3. 20 世纪 80 年代不同位置地下水对河道洪水响应特征

进入 20 世纪 80 年代，滹沱河河道断流时间明显增长，大部分年份断流时间在 360 天以上（表 6-17），只有 1988 年降水偏丰，上游来水量较大，黄壁庄水库弃水下泄水量 10.7 亿 m³，滹沱河断流天数为 328 天。1988 年汛期前，河道已连续 8 年无水，洪水期间黄壁庄水库泄洪水量达 8.78 亿 m³，历时 100 多个小时（60 年代，相同流量仅 15 小时左右）到达下游北中山水文站，实测流量 3.90 亿 m³，河道渗漏量 4.88 亿 m³，沿岸地下水位平均回升 2.17m。在该时期，石 037（距河道 300m）孔水位下降最大，累计降幅达 15.7m。石 002（距河道 500m）孔水位下降幅度大于石 033（距河道 1.2km）孔，以至石 002 孔地下水水位埋深大于石 033 孔水位埋深。1988 年汛期之后，石 002 孔地下水水位上升幅度大于石 033 孔，远小于石 037 孔地下水水位上升幅度（图 6-27）。由于 1988 年滹沱河河道弃洪过水时间较短，石 033 孔地下水水位上升幅度很小，只是缓解了地下水水位继续下降趋势，而且，持续较长时间，至 1992 年末。而石 037 孔和石 002 孔地下水水位都出现明显的下降趋势（王金哲等，2009b）。

4. 20 世纪 90 年代不同位置地下水对河道洪水响应特征

20 世纪 90 年代，从滹沱河河道断流天数来看，好于 80 年代，1991 年断流天数 347 天，1995 年断流天数 287 天，1996 年为 216 天，1997 年为 319 天。1995 年和 1996 年为降水偏丰，黄壁庄水库大量弃水，其中 1996 年 8 月的"96·8"洪水，黄壁庄水库泄洪 22.9 亿 m³，北中山水文站附近地下水水位平均回升 6.24m，石 037、石 002 和石 033 中地下水水位也都出现大幅上升，分别达 19.1m、8.3m 和 5.7m，而且，距河道距离越远的监测对河道弃洪过水的响应时间越长（费宇红等，2001；费宇红，2006）。从图 6-27 可见，石 033（距河道 1.2km）地下水水位响应持续时间远大于石 037（距河道 300m），较远监测孔地下水水位出现峰值的时间也迟于较近监测孔。

5. 不同时期地下水对河道洪水响应强度和敏感性特征

选择 1963 年、1988 年和 1996 年 8 月的三期洪水过程，考察距河道距离不同的 3 个监测孔地下水水位响应强度状况（表 6-17）。

表 6-17 不同年代、不同位置监测孔地下水位对同等规模洪水响应洪水强度和时间

孔号及位置	泄洪时间 （年.月.日）	地下水响应 时间 （年.月.日）	地下水响应		水文年内 最高水位/m	出现最高水 位日期 （年.月.日）	初始响应 所用时间/天
			幅度 /m	强度 /(m·d)			
石 037 （距河道 300m）	1963.8.5	1963.8.5	2.18	2.18	66.6	1963.8.30	<1
	1988.8.6	1988.8.10	1.58	0.52	60.5	1988.10.30	<5
	1996.8.4	1996.8.10	2.66	0.45	61.2	1996.9.10	>6
石 002 （距河道 500m）	1963.8.5	1963.8.10	0.94	0.19	64.3	1963.9.5	<1
	1988.8.6	1988.8.15	0.85	0.15	45.3	1989.2.5	<10
	1996.8.4	1996.8.25	0.91	0.05	58.7	1997.2.10	>26
石 033 （距河道 1.2km）	1963.8.5	1963.8.30	0.20	0.008	64.5	1963.12.5	<26
	1988.8.6	1988.8.30	0.66	0.004	45.1	1989.3.10	<25
	1996.8.4	1996.9.30	0.43	0.002	39.6	1997.3.25	>55

在 1963 年 8 月大洪水之后，距河道最近的石 037（距河道 300m）地下水水位当天上升 2.18m，石 002（距河道 500m）孔地下水水位在 5 天后上升 0.94m，石 033（距河道 1.2km）孔地下水水位在 25 天后上升 0.2m。8 月 5 日黄壁庄水库泄洪后，石 037 孔地下水水位当天就迅速上升，并于 8 月 30 日达到水文年内峰值，历时 25 天。石 002 孔和石 033 孔地下水水位分别于泄洪后第 5 天和第 25 天才出现上升，它们出现水位峰值的时间分别经历了 30 天和 100 天以上。20 世纪 60 年代，其他年份地下水的高水位期都在下一年 1 月，1963 年出现在当年 12 月 5 日，说明是"63·8"大洪水河道过水对其有补

给作用。上述分析表明,在河道常年有水背景下,距河道越近,地下水位对河道洪水过程的响应强度(指单位时间地下水水位变化的幅度)越大,响应所用时间越短;距河道越远,地下水位对河道洪水过程的响应强度越小,响应所用时间越长。

1988 年 8 月大洪水之后,距河道最近的石 037 地下水水位上升 1.58m,石 002 孔和石 033 孔地下水水位分别上升 0.85m 和 0.66m,没有出现与河道过水对应的脉冲变化特征。虽然 20 世纪 80 年代滹沱河河道常年干涸,但是,河道沿岸的石 037、石 002 和石 033 孔地下水水位对滹沱河河道弃洪过水响应规律与 60 年代特征基本相同。在"88·8"大洪水下泄之前的 1980~1987 年期间,石 037、石 002 和石 033 孔地下水水位呈持续下降过程,年最低水位和最高水位出现时间一致,分别为当年的 5~6 月和下一年的 2~3 月。1988 年 8 月 6 日黄壁庄水库泄洪之后,8 月 13 日洪水前缘到达北中山站,石 037 孔地下水水位在 8 月 10~15 日期间上升 1.58m,15~20 日上升 2.06m,20~25 日上升幅度最大,达 2.58m,25~30 日为 0.66m。10 月 30 日达到年内最高水位,历时 54 天。石 002 孔的地下水位从 10 月 25 日开始出现一波迅速上升过程,一个月内上升幅度达 4.61m,于 1989 年 2 月 5 日达最高水位,为 45.3m。石 033 孔地下水水位于 1989 年 3 月 10 日达最大水位,为 45.1m,期间没有出现水位急剧升降的情况,始终呈现缓慢上升态势。

在 1996 年 8 月大洪水之后,距河道最近的石 037 地下水水位当天上升 2.66m,石 002 孔地下水水位上升 0.91m,石 033 孔地下水水位上升 0.43m,同"63·8"和"88·8"大洪水的响应规律基本一致。1996 年 8 月 5 日黄壁庄水库泄洪,石 037 孔地下水水位在 8 月 15~20 日期间上升 2.66m,并于 9 月 10 日达到水文年内最高水位。石 002 孔地下水水位于黄壁庄水库泄洪之后的第 20 天出现明显上升,升幅为 0.91m,水文年内最高水位出现在下一年的 2 月 10 日。石 033 孔地下水水位于当年的 9 月 30 日上升 0.43m,在 1997 年 3 月 25 日达最高水位。

上述分析结果表明,1963 年 8 月、1988 年 8 月和 1996 年 8 月,黄壁庄水库分别大规模下泄洪水,对不同时期的相同监测孔地下水水位响应强度和时间比较,地下水水位响应的强度越来越弱,响应时间越来越长,无论是距离河道较近的石 037 孔,还是较远的石 033 孔,都具有上述特征(表 6-18)。这与各监测孔地下水水位埋深增大、河道干涸时间长短和包气带水分亏缺总量密切相关。20 世纪 80 年代,1980~1987 年期间黄壁庄水库没有放水,滹沱河长期处于断流、河道干涸状态,地下水埋深已从 20 世纪 60 年代的 5~10m,下降至 10~18m,比 60 年代平均水位低 10m 左右。90 年代与 80 年代相比,地下水水位下降,区域地下水水位平均埋深 20~35m。随着地下水埋深的增加,无疑,河水补给地下水的路径延长,补给时间增多。因此,1963 年 8 月、1988 年 8 月和 1996 年 8 月大洪水对河道沿岸同一观测孔的地下水水位影响时间必然延迟,达到水文年内最高水位所需时间必然增加。即地下水埋深越大,地下水水位对河道过水的响应越滞后;距河道越近监测孔地下水水位对河道过水响应越迅速。但是,随着年代的延长,石 037、石 002 和石 033 孔地下水水位在洪水期前后的变化幅度呈增大趋势(图 6-28),20 世纪 60 年代地下水水位变化幅度介于−2.0~2.0m,70 年代地下水水位变化幅度介于−4.0~4.0m,80 年代地下水水位变化幅度介于−5.0~6.0m,90 年代地下水水位变化幅度介于−6.0~8.0m。

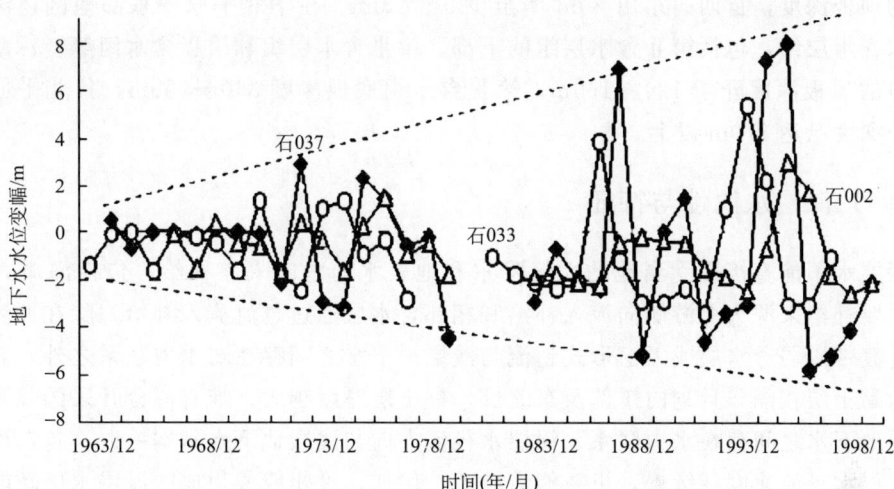

图 6-28 不同时代距河道不同距离监测孔地下水水位对河道泄洪过水响应的变化幅度特征

第六节 华北东部平原深层水补给特征与释水机制

深层水又称深层承压地下水，在华北平原水资源利用中占有举足轻重的位置。地下水开采量占该区总供水量的 65.8%，其中深层水开采量占地下水总开采量的 27.6%。在海河北系平原区，深层水开采量占当地总开采量的 39.3%。在海河南系平原区，深层水开采量占 32.7%。在华北东部平原区，深层水开采量占 50% 以上。华北平原中东部地区浅层地下淡水资源十分紧缺，主要为微咸水。因此，深层承压水成为当地主要供给水源，超采日趋严重，伴有地面沉降等环境地质问题。由于深层水补给能力较弱，年补给量十分有限，多年平均不足 20 亿 m³/a，而年均实际开采量大于 36 亿 m³/a，其中 1999 年为 41.0 亿 m³，2002 年为 41.7 亿 m³，2005 年为 36.9 亿 m³，2008 年为 67.1 亿 m³ 和 2010 年为 55.2 亿 m³。因此，近 30 年来，华北平原中东部地区深层水储存资源被大量消耗，导致天津、衡水、沧州和德州等地区深层水位大幅下降和地面沉降等问题。

本节从深层水的自然属性出发，通过对深层水补给与释水机制及其开采过程中激发释水效应解析，阐明深层水自然释水和开采条件下释水规律，给出实际应用的广义"深层水释水"理念，并指明深层水储存资源可利用性及其实际利用特殊性。

一、深层水界定与属性

本书中讨论的深层水是指第四系孔隙含水层组中具有稳定隔水顶板和承压性的地下水，它与大气降水、地表水或包气带水之间不能发生直接的水力联系。该水与埋藏深度没有必然的关系。判断深层水的主要依据是其赋存含水层组之上覆盖有稳定的隔水层。在华北的山前平原，赋存深层水的含水层组为第Ⅲ含水层组和第Ⅳ含水层组，第Ⅲ含水层组的顶板深度，自西向东由 80m 增至 120～150m。在华北平原中东部地区，深层地下淡水含水层组，包括第Ⅱ含水层组的下部、第Ⅲ含水层组和第Ⅳ含水组等，深层水含水层组的顶板深度介于 120～160m，第Ⅳ含水组底板深度 350～550m。鲁北平原深层水开采深度已达 870m 以上。

（一）深层水属性与特征

深层水不能直接接受当地的大气降水和地表水的垂向入渗补给，包括灌溉入渗补给，主要补给来源为上游侧向流入补给和相邻含水层通过越流流入补给。除在冲洪积扇前缘过渡带以弱透水层或天窗形式越流与浅层地下水之间存在弱水力联系之外，其他区域都为黏土层相隔，且越向东部及东北部，黏土层厚度越大。唯有混合开采的井孔局部与浅层地下水之间存在水力联系。深层水径流方向与浅层地下水基本一致。越远离补给区，深层水径流速度越缓慢，更新能力越差。例如，沧州或德州地区深层水更新能力不如衡水山前平原深层水更新能力。华北平原深层水的排泄途径在 20 世纪 70 年代之前是以地下径流排泄为主，局部地区以人工开采或向上部含水层的顶托越流排泄为主；70 年代以后，人工开采逐渐则成为深层水排泄的主要途径。

众所周知，石油、天然气是非再生资源，具有社会人文属性和时代特征，比深层地下水的"非再生性"更加突出，但是，仍然被充分开发利用。深层地下水作为同样具有社会人文属性和时代特征的资源，如果不能被最大效益地充分利用，很难体现其"资源"价值。从国外深层水利用现状与理念借鉴，华北平原深层水资源不应全面禁采，也不应无限和无序开采，应向对待地热资源一样，需经严格科学论证、严格管理和严格监控地合理开采，需要深入了解深层水的补给特征和矿产资源属性，针对深层水"资源"特性，确定合理利用战略，使它的社会效益最大，环境地质问题最小（张光辉等，2002b）。

深层水与浅层地下水一样，也具有系统性、可恢复性、可用性和复杂性，在系统性方面更加突出了深部水循环（径流）特征，径流速度更加缓慢。若基于区域水循环尺度考虑，从补给区至滨海排泄区，水质点运移时间为 1.5 万～2.7 万年。从地表至深层水含水层，补给水的质点运移所需时间也需要数百年以至千年时间。由此可见，深层水的可恢复性和可更新性远不如浅层地下水，但是，深层水不易遭受污染，水的质量一般优于浅层地下水，资源可贵性更加显著。

（二）深层水储存资源属性与特征

深层水也具有可恢复性、活动性和调节性特点。相对于地下水形成所需的时间（一般为千年、万年），评价中水量均衡期的时间尺度是极短的时限，自然会形成现代的补给资源（指平衡期内的补给量），与地质历史时期形成的地下水储存资源量（指评价期之前已补给并保存在含水层中的水量）之间存在本质差别。前者具有可更新性，后者为静储量特征，只要开采即消耗，理论上不具有可更新性或恢复性。

华北平原深层水补给资源量介于 13 亿～24 亿 m³/a，主要来自山前侧向补给和越流补给，与地下水开采与否无关，为地下水资源的自然属性。深层水储存资源量的多少与评价深层水系统的下边界的取值有关。下边界取值越深，华北平原深层水储存资源的数量越大。2000 年以第四系含水层组作为评价对象，估算结果：华北平原深层容积储存资源量约 7600 亿 m³，其中淡水容积储存资源量为 3000 亿～4000 亿 m³（张光辉等，2002b）。这里的 7600 亿 m³ 容积储存资源量是指深层水的水头低于顶板之后含水层组中所赋存并能给出的水量。

（三）深层水储存资源消耗特征与后果

深层水开采大部分是以消耗储存资源量作为代价，后果是承压地下水头（位）大幅下降，含水层组其间的黏性土层或透镜体永久性压密释水，塑性变形，导致地面沉降等环境地质问题。深层水开采水量实际上是由地下水资源量和存资源量两部分组成，即所抽取的水量除一部分来自补给资源外，大部分来自含水层本身所储存水的释放，包括来自含水层内及附近黏土体压密释水（张光辉等，2002b）。即

$$Q_{开采量} = Q_{侧向补给} + Q_{越流补给} + Q_{弹性释水} + Q_{压密释水} \qquad (6\text{-}18)$$

$Q_{侧向补给}$ 和 $Q_{越流补给}$ 的一部分（是指两个相邻含水层之间水头差作用下形成水量）是由"资源量"供给，$Q_{弹性释水}$、$Q_{压密释水}$ 和 $Q_{越流补给}$ 的另一部分（指开采激发形成的水量）是来自深层地下水存资源量。

"广义补给源"：在实际工作中，常见把开采量的四项组成当成深层水的四项补给源，即

$$Q_{总补} = Q_{侧向补给} + Q_{越流补给} + Q_{弹性释水} + Q_{压密释水} \qquad (6\text{-}19)$$

根据地下水循环原理可知，深层水的"补给"应是来自深层承压含水层组之外的水，进入深层地下水系统后，式（6-20）中若左项为正值（即 $\Delta Q > 0$），则深层地下水储存量增加，地下水水位上升。

$$\Delta Q = Q_{侧向补给} + Q_{越流补给} - Q_{开采排泄} - Q_{越流排泄} \qquad (6\text{-}20)$$

式中，ΔQ 为深层地下水系统储变量。

补给项中 $Q_{弹性释水}$、$Q_{压密释水}$ 和 $Q_{越流补给}$（指开采激发形成的水量）是承压含水层组在开采外力破坏其内部水动力学场之后，内部水动力学场为达到新平衡而所进行的内部水量空间上再分配的结果，与自然补给过程之间存在本质的区别。因此，深层水自然补给源主要来自侧向补给和越流补给（指两含水层组水头差作用形成的水量）。

"狭义弹性释水"：水资源评价中弹性释水往往被理解为理想化的砂性地层释水，承压含水层组中黏性土夹层、透镜体和顶底板的释水过程被忽略，或者统归为压密释水之列，但苦于无法准确估算。事实上，水资源评价中使用的弹性释水系数是通过抽水实验获得，它反映的是抽水实验当时的水头条件下被开采承压含水层组的释水能力，包括含水层组顶、底板及其夹层的释水增援，而不仅是砂性含水层组弹性释水系数，因此，实测弹性释水系数比理论值大，但是符合实际释水情况。

严格地说，弹性释水系数随着水头埋深、含水层组厚度的变化而改变的，不是常量，甚至第 Ⅱ、Ⅲ、Ⅳ 含水层组的弹性释水系数彼此差异达到数量级水平。目前，由于深层地下水实际勘察和大规模实验工作十分有限，所以实际工作中往往彼此借鉴，多用

黑龙港地区参数（张光辉、王金哲，2002）。

华北平原中东部地区深层水"补给千年、万年性"：深层水 ^{14}C 年同位素测年结果表明，华北平原中东部地区深层水的形成年龄一般在数千年，甚至万年以上，由此被认为"从山前平原径流到中东部地区需要万年以上的时间"（张光辉、王金哲，2002；张光辉等，2010）。因此，得出"深层地下水开采多少，就会减少多少"的结论。事实上，由于地下水补给过程有别于地表水，它不是水质点的量化补给关系，而是水动力学递推与传递机制。雨水进入包气带后，首先递推补给山前补给带的浅层地下水，引起补给带浅层地下水动力场势增大。然后，补给带浅层地下水动力场与其下游的深层水动力场之间产生新的水势差，在水势差（梯度）作用下，浅层水动力场与其下游深层水动力场通过压力传递，实现地下侧向径流补给深层水，进而补给区浅层水与下游深层水之间达成新的水动力平衡趋势。通俗地说，深层水获得的水量补给是通过将先前补给的水质点以递推的模式依次推进，较新水迁移，递推较老水进入深层水系统中。由此，补给带浅层地下水位与深层水含水层顶板高程之差，等于深层水在其含水层顶板以上的水头高度。

二、深层地下水补给与释水机制

由于深层承压水的含水层顶板隔水，不仅阻隔含水层中地下水与大气水、地表水和包气带水之间水力联系，而且，也阻隔了与其上覆的浅层地下水之间水力联系，它只能通过山前平原补给区地下侧向径流补给。另一项补给是含水层组之间有限的越流补给，在巨大的水头差作用，顶、底板较薄之处或天窗，获得垂向的下移或顶托越流补给（图6-29）。

从上节的讨论中已知，深层水开采获取的水量来源于4部分水，包括上游侧向流入补给和相邻含水层越流流入补给。从字面上看，这两部分水作为深层地下水的补给项，与自然条件下相应补给项之间没有什么区别。但事实上，在开采条件下，深层水的侧向补给和越流补给的属性已发生根本性变化。从定义范畴上说，深层水资源的补给项中"侧向补给和越流补给"，应该是区域性、广泛性的自然水量均衡要素，具有水动力场均衡属性和自然资源属性，主要与含水层组水文地质条件相关联。而在开采条件下，开采量中的"侧向补给和越流补给"是在地下水系统之外的外力作用下，通过改变承压含水层组内部动力学场平衡后产出，且具有人为干扰的激发袭夺属性特征，它除了与含水层组水文地质条件有关之外，还与具体的开采强度密切相关（张光辉、王金哲，2002）。

从地下水动力学均衡角度分析，当从承压含水层组（A，图6-29）中抽取水量 Q 时，首先引发含水层组A内部水系统（W）的压力 P_w（为孔隙水压力）在 Δt 时间内

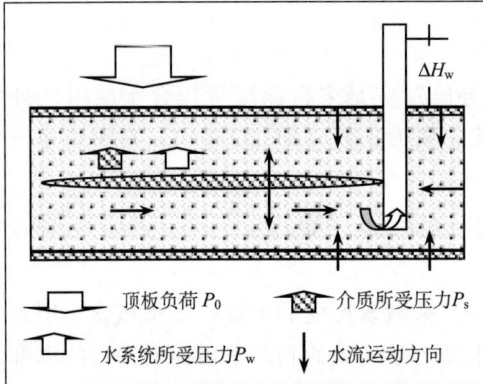

图6-29　深层水含水层A释水机制示意图

图例：
- 顶板负荷 P_0
- 介质所受压力 P_s
- 水系统所受压力 P_w
- 水流运动方向
- ΔH_w

减小 $\gamma_w \Delta H_w$，由此，破坏了 A 的原有动力学场平衡，介质骨架系统（S）所承受的压力 P_s 随之增加 $\gamma_w \Delta H_{ws}$，而含水层组 A 的顶板之上压力 P_0（负荷）没有改变，继续向下作用于含水层组 A 的介质骨架系统和水系统。在 P_0 的作用下，P_w、P_s 与 P_0 之间很快达到新的动力学平衡，即

$$P_w(t_1) + P_s(t_1) = P_0(t_0) \tag{6-21}$$

$$P_0(t_0) = \gamma_{ws} h \tag{6-22}$$

$$P_w(t_1) = \gamma_w h_w \tag{6-23}$$

根据太沙基（Terzaghi）有效应力原理，有

$$P_s(t_1) = P_0(t_0) - P_w(t_1) \tag{6-24}$$

$$P_s(t_1) = P_s(t_0) + (\gamma_w \Delta H_w - \Delta H_{ws}) \tag{6-25}$$

$$P_w(t_1) = P_w(t_0) - (\gamma_w \Delta H_w - \Delta H_{ws}) \tag{6-26}$$

式中，γ_{ws} 为含水岩土的容重；H 为含水层顶板上覆地层厚度；γ_w 为水的容重；h_w 为 0 点位置水的侧压水头；ΔH_{ws} 为 t_1 时刻 P_w、P_s 与 P_0 之间进行新的动力学场平衡过程中，由介质骨架系统 S 转移给水系统 W 的负荷。

上述释水过程是传统概念的弹性释水，与实际释水机制之间存在一定的差异性。在深层水实际开采过程中，发生上述"弹性释水"的同时，由于 A（图 6-29）内部水系统的压力（P_w）在 Δt 时间内减小 ΔH_w，而顶板、底板和 A 内部黏性土夹层或透镜体内的水压力（P_{cw}）尚未改变，并大于 A 的水系统孔隙水压力（P_w），压差为 ΔH_w，于是，顶、底板及其外围和夹层的水在 A 的水系统瞬间吸力（压力差）作用下，形成激发性"越流"，于是，黏性土夹层和顶、底板中的部分水进入 A 系统中，并伴随发生和延续"压密释水"过程，导致黏性土层中水压力减小 $\gamma_w \Delta H_w$，黏性土层骨架压力增加 $\gamma_w \Delta H_{ws}$，传统上将这一过程称为"压密释水"。客观上，它难以与这一过程中"越流补给"区分开来，所以，本书将这一释水过程概括称为"激发释水"过程。激发释水往往伴随砂层弹性释水几乎同时发生，难以区分识别，所以，将其与传统的"弹性释水"过程统称为广义的"弹性释水"过程。由此，获得的释水系数就是实际工作中实测的"弹性释水系数"，它具有实际应用客观性和真实代表性。砂层弹性释水与储水过程可互逆发生与恢复，黏性土层释水与储水不能互逆以致恢复（张光辉等，2002b；张光辉、王金哲，2002）。

三、深层水资源可利用特征与局限性

（一）深层水资源可利用特征

华北平原中东部地区深层水弹性储存资源量约 230 亿 m^3，淡水容积储存资源量不足 4000 亿 m^3（张光辉等，2002b），可作为华北区域的战略性应急后备水源，具有特殊的资源价值，不宜廉价过度开采。深层水储存资源能否开发利用，仍然是争论的热点。如果从华北平原中东部地区深层水超采现状和深层水位降落漏斗演变情势来看，结论必是禁采，十分明确，这也是一种比较普遍的认识。如果从深层水的"资源可用"属性，

以及国际上许多国家大规模持续开发利用深层水资源的角度考虑，结论则需要深入探讨，全面禁止开采似乎存在不少问题。华北平原深层水资源的可利用性被怀疑，禁止开采深层水的呼声不断，是一种理性和水文明发展的必然，应该肯定。至于这种"超采"是否合理，它对深层水补给、径流和排泄的水文过程产生何种影响，目前仍然研究较少，以至于认识上仍然存在不小的非理性认识。大量的地下水同位素研究表明，开采深层水能促进它更新，加速水循环。水龙头不开，其管道中水永远是陈水；水龙头合理开关，其管道中水必然会得到合理的更新。当然，开采深层水，必须充分考虑生态地质环境的约束阈值，否则，代价将是十分沉重的。

深层水资源是有限的。在滦河及冀东沿海平原区，深层水补给资源模数为 0.85 万 $m^3/(a \cdot km^2)$，仅是当地浅层地下水资源模数的 6%。在海河北系平原区，深层水补给资源模数为 1.58 万 $m^3/(a \cdot km^2)$，是当地浅层地下水资源模数的 4%。在海河南系平原区，深层水补给资源模数为 1.60 万 $m^3/(a \cdot km^2)$，仅是当地浅层地下水资源模数的 9%。在徒骇马颊河平原区，深层水补给资源模数为 1.33 万 $m^3/(a \cdot km^2)$，仅是当地浅层地下水资源模数的 13%。

从地下水循环的自然属性来说，深层水系统每年都会获取一定数量的水补给。在华北平原区，该资源量的上限为 24 亿 m^3/a。陈望和等（1999）利用 1985~1995 年系列资料，估算的河北平原深层水补给量为 14.7 亿 m^3/a，补给模数为 2.23 万 $m^3/(a \cdot km^2)$。依此补给强度推算，华北平原多年平均深层水补给量为 19.2 亿 m^3/a。从另一个角度分析，与 1980 年比较，20 世纪 90 年代深、浅层地下水之间水位差增加 1 倍以上，所以，越流补给量应增加 48.1%。若基于 1956~1984 年期间平均补给量 13.4 亿 m^3/a，增加 48% 的越流补给后，则深层水补给量可达 19.82 亿 m^3/a。最新评价结果，1985~1998 年期间华北平原深层水补给量为 13.1 亿 m^3/a（张光辉等，2004），该量没有充分考虑深、浅层地下水之间水位差变化引起的越流补给增量。依据 1991~2003 年资料，张兆吉等（2009a）计算的华北平原深层水越流补给量为 12.3 亿 m^3/a，侧向、越流和弹性释水补给量为 21.0 亿 m^3/a，其中唐山及秦皇岛地区为 2.44 亿 m^3/a，天津平原为 2.35 亿 m^3/a，衡水地区为 2.89 亿 m^3/a，沧州地区为 3.18 亿 m^3/a。上述评价结果表明，从华北平原全区来看，在大规模开采条件下，深层水含水层组弹性释水占深层水的开采资源水量的 13.31%，越流补给水占深层水总补给量的 41.7%，黏性土压密释水占 28.5%，侧向补给水占 16.4%。山前平原深层水的侧向补给量所占比例较大，黏性土释水量所占比例较小，如保定地区侧向补给量占 58.7%，黏性土释水量占 16.0%；东部地区深层水的侧向补给量所占比率较小，黏性土释水量所占比率较大，如沧州地区侧向补给量占 3.3%，黏性土释水量占 41.1%，天津武清地区侧向补给量占 13.4%，黏性土释水量占 41.5%。

（二）深层水资源可利用局限性与必然选择

上述结果表明，深层水的可更新并可利用的水资源数量确实是相当有限的，尽管华北平原中东部地区的深层水资源开采量已占当地（如天津、沧州和衡水）地下水总开采量的 52.8%~83.6%，但是，深层水可利用的局限性还是应该给予充分认识。除此之外，深层水资源在空间分布上还具有区位专属性，它主要分布在浅层地下水资源较少地区。华北平原总面积 13.92 万 km²，其中 4.29 万 km² 的山前倾斜平原区没有深层承压水分布，该区是华北平原中东部深层水系统的主要补给区。在华北平原中东部分布深层水的区域面积为 9.63 万 km²，为深层水的主要分布区，客观上造成华北平原中东部地区对深层水资源利用具有专属性（张光辉等，2002b，2009b），也是该地区经济社会发展所依赖的重要资源。

从深层水作为一种更新能力较弱的资源，其可利用性与石油、天然气等资源一样，具有时代性。在人类经济社会进程中，这些资源的利用一般都要经历 5 个阶段，即从"生存的原始性利用（记作 T_{CS}）"开始，经过"有剩余的生产开发性利用（记作 T_{SY}）"⇒"初始高速发展的资源掠夺性利用（记作 T_{LD}）"⇒"理性发展的反思性利用（记作 T_{FS}）"，最终到"协调发展的文明利用（记作 T_{WM}）"阶段。在深层水开发利用上，20 世纪 70 年代之前研究区为 T_{CS}、T_{SY} 阶段，70～90 年代为 T_{LD} 阶段，目前正处于由 T_{LD} 阶段向 T_{FS} 阶段过渡的过程中。T_{FS} 阶段是研究区发展中的关键时期。一旦进入 T_{WM} 阶段，深层水系统将进入恢复时期。根据发达国家的经验，预计我国还需要 30～50 年的时间才能进入 T_{WM} 阶段（张光辉等，2002b）。

现在面临的问题，不是深层水能否继续利用，而是如何针对其分布的区位特征和开采现状，研究适宜深层水资源可持续利用的战略和理性的开发利用布局方案，使深层水的利用实现科学意义上的合理有序利用。如果在华北平原中东部地区实行全面禁止开采的消极战略，只是为了尽快解决地下水位降落漏斗修复问题，由此，深层水就失去了其"资源"的属性，可能使其错过发挥最大效益的重要历史时期。从华北平原的人口峰期、粮食高产稳产重大需求阶段、城市化进程、产业发展对水资源依赖程度和发展趋势综合考虑，今后 20～35 年是华北区域经济社会发展需要水资源支撑的最为关键时期。一方面是产业结构调整与转型处于关键时期，节水措施和人文用水观念不断进步，在逐步减缓对深层水的压力；另一方面，城市化、产业园区化和乡村城镇化进程在加速，生活和生产对水的需求越来越高，将达到历史峰值。二者叠加效应，经过 20～35 年之后，华北地区将出现 T_{WM} 阶段的区域水资源合理利用特征，深层水环境将逐渐得到恢复（张光辉等，2010）。

从国外发达国家用水情况来看，35 年之后，随着科技发展和社会文明进步，华北地区需水量必然实现需水量显著负增长，那时的地表水和浅层地下水资源量应该能满足当时经济社会发展对水的需求。在 T_{FS} 阶段，充分利用深层水资源，符合发达国家用水的发展规律和美国学者 Dominick（1973）提出的"优化开采资源"理念。他们认为，为了寻求"资源"最优的社会和经济效益，应该在地质环境和生态环境容量最大容许限度内，充分发挥地下水资源和水资源系统的储存与调节功能。这里的"优化开采资源"是指在百年尺度水循环过程中的水量均衡基础上，可以考虑由于开采而增加的补给量（可能来自上游区浅层地下水系统越流补给）和夺取排泄量、动用一部分储存资源（包括容积储存量和弹性储存量），以及区域水循环系统边界之外其他水系统转化的深层水资源（陈望和等，1999）。

由于第四系深层水系统具有承压性，不仅含水层岩土骨架承受来自顶板以上的重力负荷，而且，含水层中水体也承受相当的压力，以至当含水层中水分减少时，黏性土地层容易发生塑性形变，引起含水层以上地层下移。长期大规模超采深层水会引发严重的地面沉降问题，这必须在深层水开发利用中加以重视，但是不应夸大其负效应，应依据专业研究结果，理性地客观应对。众所周知，区域性地面沉降是自然沉积或构造运动的过程，研究区自然下沉速率一般为 1～3mm/a，较大的地区可达 5～10mm/a。事实上，不是所有地面沉降都会产生灾害性环境地质问题，非均匀性地面沉降是造成灾害性环境地质问题的主要类型。因此，在深层水开发利用中，要避免过度集中开采，引起显著的不均匀地面沉降等问题。

关于深层水储存资源究竟能开采到什么程度，以色列提供了范例。以色列以超采地下水补给量 50% 作为开采深层水储存资源的极限值（陈望和等，1999）。因此，如果华北平原深层水补给资源量取值 19 亿 m³/a 作为基数，那么，该平原每年可动用的深层水储存资源为 9.5 亿 m³/a，加上，深层水多年平均补给量，华北平原每年可开采的深层水资源量极限指标为 28.5 亿 m³/a。由此，未来 20 年将可消耗深层水储存资源量190 亿 m³，35 年将累计消耗深层水储存资源量 332 亿 m³，最大值为 475 亿 m³。由此产生的黏性土塑性变形量，小于过去 20 年已产生的黏性土塑性变形量。

理性的有序、科学的开采方案，应遵循以下 3 个原则：①以 35 年利用期限确定合理的控制开采量；②面对深层水位漏斗现状，避开漏斗中心区加大开采强度，应逐步减小，可在非超采区科学布井，实现均匀开采强度；③枯季开采，丰季强化涵养与修复，不宜持续超强度开采。

小　　结

（1）全新世以来华北平原松散第四系地下水形成年龄小于 12000 年，主要补给期为距今 5000～4000 年、8000～5600 年、3100～2700 年和 2050～1450 年期间，全新世以来的多雨期，是华北平原松散孔隙水储存资源形成、增加和更新演化的主要时期。

（2）降水是区域地下水形成与更新的源泉，降水量变化是华北平原地下水储存资源演化特征的重要驱动因子。全新世以来，5% 概率的华北平原年均降水量为 674mm，50% 概率的降水量为 606mm，75% 概率的降水量为 536mm，95% 概率的降水量为382mm。近 30 年以来华北平原平均年降水量为 528.6mm，相对 1956～1979 年平均降水量减少 15.04%。

（3）15000 年以来华北平原地下水主要补给期具有周期性，每一主要补给期为1000～2000 年，距今 15000～13000 年、12500～11500 年、11000～9000 年、8500～7500 年、7000～5500 年、5000～3900 年、2500～1500 年和 1000 年以来为主要补给期，其他时段地下水获得的净补给较少。

（4）从万年尺度演化特征来看，全新世以来华北平原浅部地下水系统经历了 3 个千年尺度演化阶段：早全新世期间，地下水水位处于全新世以来最低时期，水力梯度较大。在中全新世的距今 6000～5800 年期间，平均降水量达 905mm/a，是全新世以来研究区地下水系统获取降水补给的主要补给期，这一时期区内低洼地带发生沼泽化，甚至积水成塘。在东部平原区，除局部地势较高地带外，均为沼泽带。进入晚全新世，年均降水量在全新世以来降水量均值的上下频繁波动变化，全区平均地下水水位高于早全新世期间地下水平均水位。

（5）从百年尺度的平均值来看，全新世以来，华北平原年均地下水储存资源的最大增量为 80.39 亿 m^3/a（距今 6000 年前后），最大减量为 21.33 亿 m^3/a（距今 2900 年前后）或 22.84 亿 m^3/a（距今 3800 年前后）。距今 7800～7200 年、6800～5700 年和 4500～3900 年为华北平原 3 个的主要补给期，形成的区域地下水储存资源量为 123262 亿 m^3。

（6）根据图 6-21 研究结果，2010～2020 年，500 年和 1000 年序列区域水文演化趋势为水分通量显著增加，华北区域地下水储存资源量存在略有增加的可能性。2020～2030 年，千年尺度序列区域水文演化趋势为水分通量明显增加，而且，1000 年和 2000 年序列极值点均出现这一时期，可能是未来 50 年华北区域地下水的主要补给期。2030～2050 年，区域水文循环中水分通量明显减少，华北区域地下水系统可能再度出现 10 年或更长时间尺度的多年平均水量负均衡，区域地下水储存资源量将明显减少。

（7）在过去的 300 年中，太行山前平原地下水系统经历了 3 个主要补给期，分别为公元 1702～1725 年、1761～1825 年和 1876～1892 年。若以整个剖面的平均补给量 9.09mm/a 和 6.72mm/a 作为衡量标准，则清晰可见近 300 年以来区域水循环过程中曾发生过 3 次"干"与"湿"旋回。

（8）近 60 年以来，华北区域地下水位埋藏状况发生了急剧变化，地下水位漏斗彼此嵌套和耦合，许多地区地下水流向发生根本性改变，包气带厚度已从 20 世纪 60 年代初不足 5m，增大至现今的 30～50m。1963 年在滹沱河流域平原区，浅层地下水位埋深小于 5m 的分布区面积占全区总面积的 96.8%；至 2005 年，地下水位埋深介于 30～40m 的分布区面积占 45.9%，出现较大范围的地下水位埋深大于 40m 的分布区，小于 10m 的分布区已基本消失。在华北东部平原区，深层水已严重超采，2008～2010 年年均超采量大于 35 亿 m^3，远大于华北平原深层水补给资源量（13 亿～24 亿 m^3/a）。未来 35 年，华北平原累计可消耗深层水储存资源量 332 亿 m^3，最大值 475 亿 m^3，否则代价可能是十分沉重的。

参 考 文 献

曹银真. 1989. 中国东部地区河湖水系与气候变化. 中国环境科学，9（4）：247～255

陈建生，王庆庆. 2012. 北方干旱区地下水补给源问题讨论. 水资源保护，28（3）：1～8

陈望和，丁惠生，曾渊深，等. 1999. 河北地下水. 北京：地震出版社

陈宗宇，毕二平，聂振龙，等. 2001. 包气带剖面中古水文-古气候的初步研究. 地球学报，22（4）：336～339

陈宗宇，陈京生，费宇红，等. 2006. 利用氚估算太行山前地下水更新速率. 核技术，29（6）：426～431

陈宗宇，皓洪强，卫文，等. 2009. 华北平原深层地下水的更新与资源属性. 资源科学，31（3）：388～393

陈宗宇，张光辉，聂振龙. 1998. 华北地下水古环境意义及古气候对地下水形成的影响. 地球学报，19（04）：338～345

陈宗宇，张光辉，聂振龙，等. 2002. 中国北方第四系地下水同位素分层及其指示意义. 地球科学，23

（1）：97～104

费宇红. 2001. 滹沱河流域断流区水环境劣变特征与地下调蓄潜力. 水利学报，32（10）：41～43

费宇红. 2006. 京津以南河北平原区域地下水演变和涵养研究. 河海大学

费宇红，曹寅白，聂振龙，等. 2001. 海河流域平原深层地下水演变同样环境地质问题. 水文水资源，22（1）：20～22

费宇红，苗晋祥，张兆吉，等. 2009a. 华北平原地下水降落漏斗演变及主导因素分析. 资源科学，31（3）：394～399

费宇红，张兆吉，宋海波，等. 2009b. 华北平原地下咸水垂向变化及机理探讨. 水资源保护，25（6）：21～23

费宇红，张兆吉，张凤娥，等. 2009c. 气候变化和人类活动对华北平原水资源影响分析. 地球学报，（6）：567～571

费宇红，张兆吉，张凤娥，等. 2005. 华北平原地下水位动态变化影响因素分析. 河海大学学报，26（5）：538～541

孔昭宸. 1982. 10000 年以来北京地区植物群发展和气候变化. 植物学报，24（2）：172～181

李克让. 1990. 华北平原旱涝气候. 北京科学出版社

林学钰，王金生，等. 2006. 黄河流域地下水资源极其可更新能力研究. 郑州：黄河水利出版社

师永霞，王贵玲，高业新. 2010. 华北东部平原地下水垂向循环的水化学与同位素标示. 水文地质工程地质，37（4）：18～23

施雅风. 1995. 气候变化对西北华北水资源的影响. 济南：山东科学出版社

施雅风. 1996. 中国历史气候变化. 济南：山东科学技术出版社

谭秀翠，杨金忠，宋雪航，等. 2013. 华北平原地下水补给量计算分析. 水科学进展，24（1）：73～81

汪丙国，靳孟贵，王文峰，等. 2006. 氯离子示踪法在河北平原地下水垂向入渗补给量评价中应用. 节水灌溉，（3）：16～20

汪丽芳，高业新，张亚哲，等. 2012. 华北山前平原不同含水组垂向水循环规律. 南水北调与水利科技，10（5）：136～138

王金哲，张光辉，聂振龙，等. 2009a. 滹沱河流域平原区人类活动强度的定量评价. 干旱区资源与环境，23（10）：41～44

王金哲，张光辉，严明疆，等. 2009b. 滹沱河流域平原浅层地下水演变时代特征研究. 干旱区资源与环境，23（2）：6～11

王金哲，张光辉，严明疆. 2011. 人类活动对浅层地下水干扰程度定量评价及验证. 水利学报，42（12）：1445～1451

吴忱. 1992. 华北平原四万年来自然环境演变. 北京：中国科学技术出版社

吴祥定，钮仲勋，王守历. 1994. 历史时期黄河流域环境变迁与水沙变化. 北京：气象出版社

翟远征，王金生，滕彦国，等. 2011. 北京市不同水体中 D 和 ^{18}O 组成变化及其区域水循环指示意义. 资源科学，33（1）：92～97

张光辉，王金哲. 2002. 海河流域中东部平原区深层地下水补给与释水机制探讨. 水文，22（3）：5～9

张光辉，陈宗宇，费宇红，等. 2000a. 华北平原地下水形成与区域水循环演化的关系. 水科学进展，11（4）：415～420

张光辉，陈宗宇，费宇红，等. 2002a. 海河流域平原地下水同位素年龄及其水文地球化学区域分布特征. 地质论评，48（S1）：198～202

张光辉，费宇红，陈宗宇. 2002b. 海河流域平原深层地下水补给特征及其可利用性. 地质论评，48（6）：651～658

张光辉，费宇红，刘春华，等.2013a.华北平原灌溉用水强度与地下水承载力适应性状况.农业工程学报，29（1）：1～10

张光辉，费宇红，刘春华，等.2013b.华北滹滏平原地下水位下降与灌溉农业关系.水科学进展，（2）：77～83

张光辉，费宇红，刘克岩.2004.海河平原地下水演变与对策.北京：科学出版社

张光辉，费宇红，刘克岩，等.2007.南水北调中线石家庄受水区地下水修复潜力及水位变化.地质通报，26（5）：39～45

张光辉，费宇红，聂振龙，等.2000b.全新世以来太行山前倾斜平原地下水演化规律.地球学报，21（2）：121～127

张光辉，费宇红，王金哲，等.2003b.300年以来太行山前平原地下水补给演化特征与趋势.地球学报，24（3）：261～266

张光辉，费宇红，严明疆.2008.滹沱河流域平原区地下水流场异常变化与原因.水利学报，39（6）：747～752

张光辉，费宇红，杨丽芝，等.2010.深层水漏斗区开采量组成变化特征与机制.水科学进展，21（3）：370～376

张光辉，郝明亮，杨丽芝，等.2006.中国大尺度区域地下水演化研究起源与进展.地质论评，（6）：771～776

张光辉，连英立，刘春华，等.2011.华北平原水资源紧缺情势与因源.地球科学与环境学报，33（2）：172～176

张光辉，刘中培，连英立，等.2009b.华北平原地下水演化地史特征与时空差异性研究.地球学报，30（6）：848～854

张光辉，聂振龙，陈宗宇，等.2001.全新世以来华北平原层圈间水循环演化过程与区域地下水演变周期性.地球学报，22（4）：293～297

张光辉，杨丽芝，聂振龙，等.2009a.华北平原地下水的功能特征与功能评价.资源科学，31（3）：368～374

张兰生.1993.中国生存环境历史演变规律研究.北京：海洋出版社

张兆吉，费宇红，雒国忠，等.2009a.华北平原地下水可持续利用调查评价.北京：地质出版社

张兆吉，雒国忠，王昭，等.2009b.华北平原地下水资源可持续利用研究.资源科学，31（3）：355～360

张宗祜，沈照理，薛禹群，等.2000.华北平原地下水环境演化.北京：地质出版社

张宗祜，张光辉，任福弘，等.2006.区域地下水演化过程及其与相邻层圈的相互作用，北京：地质出版社

周炼，刘存富.1998.河北平原第四系咸水同位素组成.水文地质工程地质，23（3）：4～8

周炼，刘存富.2001.河北沧州地区第四系地下水^{36}Cl示踪.矿物岩石地球化学通报，20（4）：418～420

Allison G B，Hughes M W. 1978. The use of environmental chloride and tritium to estimate total recharge to an unconfined aquifer. Aust J Soil Res，（16）：181～195

Dominick T F. 1973. A study of beach ground-water hydrology and chemistry. Coastal Studies Institute，Louisiana State University

Ellyn M M，Timothy R G，Jerry L P. 1996. Geothemical estimates of paleorecharge in the Pasco Basin：evaluation of the chloride mass balance technique. Water Resources Research，32（9）：2853～2868

Eriksson E，Khunak Sen V. 1969. Chloride concentration in groundwater recharge rate and rate of deposition of chloride in Israel coastal plain. J Hydrol，(7)：78～197

Siegel D I. 1991. Evidence for dilution of deep，confined ground water by vertical recharge of isotopically heavy Pleistocene water . Geology，(19)：433～436

Stone W J B. 1992. Paleohydrological implications of some soil water chloride profiles，Murray Basin，South Australia. J Hydrology，13 (2)：201～223

Wood W W. 1999. The use and misusage of chloride concentration in groundwater recharge rate. Ground water，(37)：2～3

第七章　西北典型流域水循环演化特征与调控阈

我国西北地区是干旱、少雨、蒸发强烈的地区，大部分地区年降水量不足 100mm，生态环境十分脆弱。下游区生态环境状况与上游山区降水、冰雪融水对出山地表径流补给情势和中游区水资源开发利用程度密切相关。如果没有遵循流域尺度水循环规律进行上、中、下游区水资源优化配置，没有实施严格的引用水量的阈值调控，下游区生态环境必然急剧恶化。本章根据作者主持完成的国土资源部重点基础项目"西北典型内流盆地水循环规律与地下水资源形成演化模式"成果，以西北内陆黑河流域为主要对象，阐述我国干旱区流域流域尺度水循环演化特征、地下水与地表水之间互转化过程中水化学和氢氧同位素变化特征，以及下游区生态脆弱性与中游区水资源调控阈和水资源可持续利用模式。

第一节　流域水循环与演化特征

一、黑河流域水循环系统分带性

（一）自然条件和水文循环条件分带特征

黑河是我国第二大内陆河，发源于祁连山北麓，流经青海、甘肃、内蒙古三省（区），干流全长 821km。黑河流域南以祁连山为界，北与蒙古人民共和国接壤，东西分别与石羊河和疏勒河流域相邻，自南而北分为上游祁连山区、中游走廊平原和下游金塔-额济纳旗盆地，流域面积 14.3 万 km²，地理坐标 $97°10' \sim 102°40'$ E、$37°00' \sim 42°40'$ N。中、下游区由一系列盆地组成，包括山丹-大马营盆地、张掖盆地、酒泉东-西盆地、金塔-鼎新盆地和额济纳旗盆地，面积约 5 万 km²，以戈壁或荒漠为主，绿洲分布面积十分有限，耕地主要分布在中游区。

黑河流域是全球变化中一个比较敏感的区域，冰芯、湖泊沉积、树木年轮、历史文献记录、地下水演化同位素信息和现代近 200 年的气象记录等，已成为全球气候变化研究的重要依据。自源头向尾闾，黑河流域跨越了不同的气候带，孕积了内陆河流域的垂直景观结构特征和鲜明的水文效应分带性（表 7-1）。

黑河流域的常年性河流都发源于祁连山区，多年平均出山总径流量 37.8 亿 m³，其中流量大于 1000 万 m³/a 的出山河流有 26 条，多年平均径流量为 35.7 亿 m³；流量小于 1000 万 m³/a 的河流 72 条，多年平均径流量为 2.0 亿 m³/a；冰雪融水量约 4 亿 m³/a。黑河和讨赖河（又称北大河）是黑河流域的两条主要河流，也是该流域平原区地下水的主要补给水源和流域尺度陆地水循环过程的重要水文条件（表 7-2）。

表 7-1 黑河流域景观分带及其水文效应（据龚家栋等，2002）

景观带	海拔/m	植被覆盖类型	水文效应
冰雪带	＞4500	冰川与永久积雪点缀于残积、坡积和裸岩中	冰川与积雪，"固体水库"
高寒荒漠	4000～4500	斑块状垫状植被	主要产流区
高山草甸与灌丛带	3200～4000	灌丛植被	主要产流区
山间盆地	3000～4000	草甸草原	地下含水层径流调节
森林带	2800～3200	森林草原，阴坡为森林，阳坡为草原	水源涵养，调节径流
山地荒漠草原	2000～2800	山地荒漠草原	暴雨产流，但不稳定
山区与平原	2000～2300	逆冲断裂带	阻挡山地地下水径流对平原区直接补给
洪积扇带	1400～2000	置洪积冲积扇，荒漠戈壁	地表水人修补给地下水
人工绿洲	1300～1500	冲积平原，人工植被（农作物与人工林地）	地下径流溢出；大量蒸发与蒸腾消耗
北山	1600～2100	低山残丘，零星旱生小灌木	无流区，逆冲断裂带阻挡地下径流
下游上段人工绿洲	1000～1200	冲积平原，灌淤土，人工农作物与人工林地	蒸发与蒸腾消耗
洪积扇	1000～1100	荒漠戈壁，植被稀疏	地表水渗漏补给地下水
天然绿洲	1000 左右	荒漠河岸林，胡杨、红柳、沙枣、梭梭苦豆子	蒸发与蒸腾消耗
尾闾湖	950～980	干湖盆，周边生长低矮卢苇	蒸发消耗与盐分积累

表 7-2 黑河流域主要河流水文特征

河流	站名	海拔/m	面积/km²	冰川面积/km²	年径流量/亿 m³	资料年限	降水测站	气温测站
黑河	莺落峡	1710	10009	59.0	15.41	1957～2012	祁连县、扎马什克、野牛沟、托勒	祁连县
讨赖河	冰沟	2040	6883	136.7	6.32	1957～2012	托勒、朱龙关	托勒

黑河出山口莺落峡以上为上游，河道长 303km，海拔为 1700～5564m，年降水量为 300～600mm，平均为 350mm，冰川储量 136 亿 m³，每年融水量约 4 亿 m³，是黑河流域的主要产流区和水资源涵养源区。在黑河干流的上游区，从山口的海拔 1700m 到冰川分布区的海拔 4700～4800m，相对高差 3000m，平均海拔 3600m。在讨赖河的上游区，从山麓海拔 2000m 到河源区的海拔 5564m，平均海拔 3800m。在上游区，人口 5.98 万人，耕地 7.69 万亩，国内生产总值 3.53 亿元，分别占流域总量的 4.5%、1.9%和 5.6%。

莺落峡至正义峡为中游，河道长 185km，海拔 1352～1700m，降水量 50～200mm。出山口地表径流水量的 70%～80%在山前戈壁带入渗补给地下水。然后，在溢出带，沿途入渗水量的 60%～70%通过泉排泄方式转化为地表水。中游区包括山丹-大马营盆地、张掖盆地、酒泉盆地和金塔-鼎新盆地，人工绿洲和盐碱化土地都较为广阔，人口

121.20万人，耕地390.87万亩，国内生产总值55.98亿元，分别占流域总量的90.6%、94.5%和88.7%，地表水引用量和地下水开采量较大，占全区总量的80%以上，是黑河流域水资源主要耗水区和调控关键区。

正义峡以北为下游，河道长333km，海拔为912~1249m，除河流沿岸和居延三角洲外，大部分为荒漠戈壁，多年平均降水量为37mm，最小年份仅17mm，气候异常干燥，风沙灾害频发，是目前黑河流域严重缺水区和生态环境脆弱区，也是中国北方沙尘暴的主要物源区之一。该区的居延三角洲地带的绿洲，既是阻挡风沙侵袭、保护生态的天然屏障，也是当地人民生息繁衍、国防科研和边防建设的重要依托。该区人口约6.63万人，耕地14.37万亩，国内生产总值3.61亿元，分别占流域总量的4.9%、3.5%和5.7%。

在黑河流域，通过黑河干流和讨赖河等河流串联上游山区、中游张掖盆地和酒泉盆地、下游额济纳盆地，构成统一的流域尺度"降水-河流-地下水-蒸散发"水循环系统，由南向北径流，纵向长度达800多千米。上游山区的降水、冰雪融水和基岩裂隙水是主要补给水源，最终归宿是额济纳盆地的居延海。在黑河流域的中、下游平原区，地下水补给和更新主要依赖上游山区出山地表径流补给；下游又受控于中游区工农业和生活用水耗水状况。总之，黑河流域的任何一个盆地或子系统发生变化，必然导致其下游另一个子系统响应，引发下游区水资源及环境系列性效应。

（二）水文地质条件分带特征

在黑河流域的南部，含水层系统受地质构造和地貌盆地控制，各盆地含水层系统之间彼此相对独立，各有其补给、径流和排泄的水文过程，同时，各系统之间通过"河水-地下水-河水"互相转化水文过程，构成由主要河流（黑河干流等）串联而形成的流域尺度地下水循环特征。

1. 上游祁连山区特征

黑河流域的上游祁连山区，山势陡峻，西高东低，由南向北倾斜，沟谷切割剧烈，海拔2500~5564m。祁连山主峰位于酒泉市南，海拔为5564m。在4000m以上山区，常年积雪，其中在4500m以上，现代冰川比较发育。在3000m以下，生长有森林。该区地质构造裂隙发育，降水量大，基岩裂隙水丰富，且水质良好。基岩裂隙水在径流过程中部分汇入河谷，以地表径流形式流入盆地，部分以地下径流方式侧向补给盆地。

基岩裂隙水主要分布于祁连山和走廊北山的3800m以下中高山区，含水层岩性为古生界至中新生界的浅变质岩和碎屑岩，各地段含水性及富水程度受构造和裂隙发育程度影响，极不均一。在3800m以上的高山区分布有基岩冻结层的裂隙潜水，受季节融化影响明显。碎屑岩类裂隙-孔隙水主要赋存于祁连山区上古生界至新生界地层中，其岩性主要为一套砂岩、含砾砂岩、砾岩、砂泥岩和泥岩。二叠系-侏罗系孔隙-裂隙水主要分布于中高山区，单泉流量0.013~0.221L/s，水质较差。白垩系、古近系、新近系裂隙的孔隙水主要分布于祁连山山前带，富水性弱。下更新统裂隙-孔隙水主要分布于山前褶皱隆起带，富水性较差。

祁连山区孔隙水分布于山间断陷盆地，含水层主要由冰碛-冰水相泥质砂砾石和冲积相砂砾卵石组成。从山前向盆地中心，粒度由粗变细，由单一型逐渐过渡为多层型，地下水以潜水-承压水形式存在，含水层厚度90～120m，岩性为泥质砂砾石，地下水水位埋深1.0～8.1m，富水性较弱至中等。在中高山区的沟谷内，第四纪堆积物多为卵（块）石和砾石，厚度4～10m，地下水水位埋深1～2m，单井涌水量5～350m³/d。在低山丘陵区的沟谷内，第四纪堆积物为砂碎石，厚度2～6m，水量贫乏，单井涌水量3～100m³/d，水质较差。

2. 中游盆地特征

介于祁连山和北山之间的大马营、张掖和酒泉盆地（平原区），分布着巨厚的、半固结-疏松的山麓相和河湖相堆积，是流域尺度的水循环系统中地下水形成与储存的主要场所。在这些盆地内，多为冲洪积平原和细土平原。新近系、古近系和白垩系构成各盆地基底，基底埋深是南深北浅，南部最大埋深达1400m以上，北部埋深为100m左右。在各地貌单元中，地下孔隙水的埋藏与分布条件各不相同。

大马营盆地位于黑河流域平原区南部东端，西侧以永固-大马营断层和民乐断层为界，与张掖盆地相邻。含水层由砂砾石夹少量亚黏土构成，为单层结构的潜水系统，含水层厚度由西南部的400m向东北变薄为90m，地下水水位埋深西部和南部较大，为200m左右，向东部和北部变小，为10m。地下水通过民乐断层向张掖盆地排泄，矿化度小于1.0g/L，局部大于1.0g/L，以HCO₃型水为主。

张掖盆地的东界与大马营盆地以断层接触，西侧与酒泉东盆地接壤，榆木山-高台隐伏隆起构成张掖盆地与酒泉东盆地的分界。按地下水埋藏特征，张掖盆地南部为单层结构潜水系统，北部为多层结构潜水-承压水系统。在张掖盆地，由祁连山山缘至洪积扇扇缘的溢出带，为单层结构的潜水系统。山前洪积扇顶部地下水水位埋深大于200m，含水层由粗颗粒的砂砾卵石组成。至扇中地带，地下水水位埋深150～50m，含水层中含泥质渐多。在扇缘地带，含水层颗粒渐细，地下水水位埋深渐浅。至张掖—临泽一带，地下水以泉的形式溢出，含水层结构由单一的潜水系统渐变为多层的潜水-承压水系统。在黑河-山丹河沿岸地带，地下水水位埋深小于3m，沟壑和洼地内有成片泉水出露。在山前地带，接受出山河水入渗补给，地下水矿化度小于1.0g/L，属于HCO₃型水。在溢出带以下的细土平原，为多层结构的潜水-承压水系统，含水层以亚砂土、亚黏土和砂砾石互层为主，含水层单层厚度20～30m，第一承压含水层顶板埋深10m以上，承压水位一般高于潜水水位1～2m，在临泽的农场—小屯一带为自流区，地下水水位高出地表0.5～3.0m。潜水的矿化度大于1.0g/L，为SO₄·HCO₃或SO₄型水，承压水的矿化度小于1.0g/L，为HCO₃型水。张掖盆地的富水地段分布在黑河—梨园河洪积扇中下部，单井（降深5m）涌水量大于5000m³/d，其次是扇缘带和黑河沿岸地带，单井涌水量3000～5000m³/d。在北山山前地带，涌水量小于1000m³/d。

酒泉东盆地的东侧与张掖盆地相邻，西界以嘉峪关断裂和文殊山隆起为界，与酒泉西盆地接壤。含水层结构与张掖盆地相似，以冲洪积扇扇缘溢出带为界，南部为冲洪积扇单层结构潜水系统，北部为细土平原多层结构潜水-承压水系统。从南至北，从西到东，酒泉东盆地含水层的岩性由单一卵石和砾石层递变为砂砾石、砂及粉砂层。南部和西部的潜水含水层富水性及透水性远较北部的承压含水层强。在酒泉东盆地南部戈壁平原带，连续分布着中、上更新统巨厚（80～200m）砾卵石层潜水系统，山前地带的地下水水位埋深达 300m。含水层的富水性和透水性强，在降深 5m 时的单井涌水量大于5000m^3/d，渗透系数为 100～400m/d。在戈壁带前缘，地下水水位埋深降为 10m 左右。在细土平原带，地下水水位埋深一般小于 5m，地下水类型由单层结构的潜水系统过渡为双层结构的潜水-承压水系统。承压水含水层由砂砾石、砂和细砂组成，厚度50～100m，顶板为黏性土，厚度小于 10m。由细土带向北，含水层颗粒变细，富水性变差。在酒泉东盆地，多层结构含水层的岩性为砂砾石、中细砂与亚砂土及亚黏土互层，含水层厚度100～300m，承压水系统顶板埋深 10～15m。潜水水位埋深小于 5m，矿化度为 1.0～3.0g/L，局部地段（如盐池一带）大于 3.0g/L，地下水水化学类型以 SO$_4$·HCO$_3$ 或SO$_4$ 型为主。承压水矿化度小于 1.0g/L，水化学类型为 SO$_4$·HCO$_3$ 或 SO$_4$ 型。

酒泉西盆地位于黑河流域西部，东界与酒泉东盆地相邻，二者之间无明显的水力联系，西界与疏勒河流域相邻，二者以地表分水岭为界。盆地内为单一结构的潜水系统，地下水水位埋深是南深北浅，为 100～30m，矿化度小于 1.0g/L，水化学类型为 HCO$_3$ 型水。

金塔-鼎新盆地的南界，以走廊北山与张掖、酒泉盆地相隔，北部由地湾东梁隐伏隆起和东西两端基岩残丘构成与下游额济纳盆地的分界。金塔盆地的东部为黑河下游冲洪积平原，又称鼎新子盆地，西部为北大河下游冲洪积平原，称为金塔子盆地，金塔与鼎新两个子盆地之间分界位于金塔县境内。地下水包括潜水和承压水两种类型，其埋藏分布规律与酒泉盆地基本相同，但是含水层颗粒较细。在金塔-鼎新盆地的南部，多为中、上更新统冲积、洪积相的单层结构潜水系统，地下水水位埋深 5～10m，向北过渡为潜水和承压水两种类型。承压水含水层岩性为粗砂和砂砾石，承压水水位埋深 1.0m 左右，一般低于潜水水位0.2～0.3m。在鼎新子盆地的黑河干流两岸狭长地带，含水层以粉细砂夹砾石为主，厚度不大，单位涌水量 1.0L/（s·m），矿化度 1.0～3.0g/L，水化学类型为 SO$_4$·HCO$_3$ 型水。

3. 下游区特征

黑河流域的下游区为额济纳盆地，位于黑河流域的北部，也是黑河流域的终端区。该盆地与金塔-鼎新盆地之间通过黑河河谷发生地下水水力联系。在地貌上，北部盆地是大型洪积扇与细土平原并列，河流终端分布广阔的湖积平原。在该盆地，第四系孔隙水广泛分布，含水层主要为中、下更新统松散岩类。自南而北，含水层岩性颗粒渐细，地下水水位埋深渐浅，富水性渐差，含水层层次增多。在额济纳盆地的南部是单层结构的潜水系统，向北及向东逐渐过渡为双层或多层结构的潜水-承压水系统。盆地承压水含水层富水性较好，由南向北，含水层富水性为由强变弱。在湖西新村、白墩东梁一带，为冲洪积扇的顶部，水量丰富，涌水量大于 3000m^3/d。向北至阎家井、赛汗桃来和额肯查干牧场一带，向东至古日乃湖区，涌水量为 1000～3000m^3/d。再向北至路井、额旗一带以及古日乃湖的西部外围地带，涌水量为 100～1000m^3/d。

二、黑河流域水循环分带性

（一）流域水循环分带特征

黑河流域的水循环过程，同西北地区大多数内陆盆地一样，上游（山区）区年降水量较大，冰雪融水较丰富，为流域地下水源区，主要通过地表汇流、径流出山口，在山前平原戈壁带有 80%～90% 入渗补给地下水。在山前平原溢出带，60%～70% 水量通过泉水的方式流出补给地表水。从中游至下游区，黑河干流串联了张掖盆地、金塔盆地和额济纳盆地多个子盆地，沿途地表水与地下水之间频繁转化。从山口沿河流走向至下游区，盆地降水量迅速减小。

在中、下游区，地下水资源形成能力依赖于上游（山区）区水循环变化状况，往往是通过地表河流形成"河流-地下含水系统"，地表水与地下水之间存在着十分密切的水力联系，依次自上游向下游水量输运，任一个盆地或任何一个子系统发生变化，必然导致其下游另一个子系统响应而发生反馈变化。西北内陆盆地另一个共性特点是，中、下游区生态环境对浅层地下水埋藏状况具有很强的依赖性。当地下水位埋深过大，地表植被衰亡和土地沙化；当地下水埋深过浅，土地盐碱化，生态环境退化。

（二）地下水循环及其同位素分带特征

地下水化学和同位素研究表明，黑河流域地下水的补给源，属于湿冷、蒸发微弱的环境中形成的，由降水、冰雪融水和基岩裂隙地下水补给。在山前戈壁带潜水和中游区潜水中，$\delta^{18}O$ 和 δD 值与山区河水的相近，接近于当地的降水值，山前浅层地下水形成年龄为 40 年左右，为 1963 年以来的山区降水或冰雪融水补给，积极参与了现代水循环，交替更新快。

张掖、酒泉盆地承压地下水为较寒冷气候条件下形成的，或来自于更高海拔区域的水补给，年龄较老，但有现代水参与其循环及补给，交替与更新较慢。在下游区，潜水同位素特征与中游的地表水同位素特征相似，主要为现代河水和灌溉回归水补给，蒸发特征明显。下游区的深层承压水的 δD 和 $\delta^{18}O$ 值很低，而且随地下水径流方向逐渐减小，基本不含氚，其 ^{14}C 年龄为 10000a B. P. 左右，受现代水影响微弱。

同位素特征还表明，黑河流域的地下水径流方向总体与河水流向一致。祁连山区是流域尺度的水循环系统的补给水源区，上游山区的降水、冰雪融水和地下水经过在山区地表径流与混合过程之后汇入河流，出山后进入张掖和酒泉盆地。在山前洪积扇群带，地表河水入渗补给地下水，形成地下水的天然补给区。河水通过渠系和灌溉补给地下水，为人工补给区。在洪积扇前缘地带（乌江—小屯—高台以北），地下水以泉的形式流出地下，进入地表河水中，通过地表径流向下游排泄。在下游区金塔—鼎新一带，地下水补给主要依赖于河流渗漏和人工灌溉补给，地下径流缓慢，垂向蒸发蒸腾作用强烈。额济纳盆地潜水主要来自河流入渗补给。在鼎新至古日乃一带，地下水的氚值相对较高，表明古日乃草原地下水有来自鼎新一带的补给。

在自然条件下，黑河流域存在下列三种不同的地下水补给机制：①山前地区浅层地下水，为近 30 年来降水和地表水直接入渗补给，在补给过程中存在蒸发影响；②中、下游地区的潜水，补给以洪水期河流侧渗为主，补给多发生在强降水季节；③深层承压地下水，可能是地质历史时期的区域性补给，它们尚未被现代的水循环严重影响。黑河流域地表河流与地下水之间垂向交换主要有：顶托排泄、压力渗漏和淋滤渗漏三种方式。在地下水与河水之间水位差较小情况下，河水和地下水之间垂向交换量与水位差大小呈线性关系。

三、流域水循环与演化特征

（一）水循环演化特征

1. 千年、百年尺度流域水文条件变化

在黑河流域下游区——额济纳盆地，中生代以前是一片海洋，至中生代演变成陆地。该区白垩纪地层缺失，表明晚期经历了剥蚀过程。进入新生界，这里发生了幅度不大的沉降，沉积了上新统苦泉组地层，在盆地边缘有膏盐沉积，说明当时气候干热。

进入第四纪，额济纳盆地再次发生幅度不大的下降，沦为湖盆，气候寒冷湿润，沉积了数百米的冰水相和湖相松散物质。至晚更新世末期，气候又趋干旱，湖泊退缩，河流显现，平原遭受剥蚀，沙漠开始诞生。至全新世，气候再度干旱，平原遭受风沙侵蚀出现沙漠化，巴丹吉林沙漠扩大。在早全新世出现增温多雨过程。中全新世出现大暖期，湖泊水面一度为西北最大的湖泊。

晚全新世以来，区域气候持续干旱，致使黑河流域下游区湿地大面积萎缩，草地植被迅速退化和土地沙漠化。有文献记载，在大禹时期，额济纳盆地的居延海曾是西北最大的湖泊。早期居延海湖面曾达到 2600km²，至秦汉时期，其湖面仍有 726km²（王宏昌，2000）。在距今 3000 年至公元 6 世纪，北半球大部分地区曾迅速转冷，先后进入较严寒的新冰期。在西北干旱区也有类似的气候波动。其中在距今 2000～1230 年期间气候冷暖、干湿变化持续的时间较短，转变较快，处于旱涝灾多发期。距今 1230 年以后，气候时段持续时间增长，转变次数变少，基本形成了西北气候干旱特点（施雅风，1995）。自公元 6 世纪以后，中国许多地区又逐渐进入一个较温暖的时期。在祁连山、河西走廊等地区，多有偏暖偏干的记载。根据祁连山郭德冰芯记录（图 7-1），1428～1532 年、1622～1740 年和 1797～1865 年出现 3 次冷期。小冰期以来，祁连山冰川面积减少 338.4km²，为 17.5%，高于西部地区冰川面积平均减少值（13%～16%）。其中祁连山东部（石羊河流域）冰川面积减少比例大于中段黑河流域和西段疏勒河流域，西段减少比例最小（表 7-3）。黑河流域上游区冰川面积减少 100.8km²，变化率为 19%。

在西北地区，高山冰川经过小温暖期的退缩阶段以后，又重新向低海拔地区扩张，出现多次冰进。在祁连山、天山等地普遍存在着这一时期的冰渍，最近几次冰进为距今400 多年、200 多年和 100 多年（图 7-2），雪线高度较现代低。在百年尺度气候变化过程中，公元 1226 年以来该区降水相对增多的时段为 1495～1557 年、1652～1772 年、1850～1890 年和 1919～1939 年（施雅风，1996）。祁连山树木年轮资料显示的多雨期

表 7-3　小冰期最盛期以来祁连山区冰川面积变化特征（据康尔泗等，2002）

流域	山脉	小冰期面积/km²	现代面积/km²	面积变化/km²	变化率/%	代表性
石羊河	祁连山东段	103.5	64.8	38.7	37	石羊河各支流
黑河	祁连山中段	521.4	420.6	100.8	19	柳沟泉和北大河 147 条冰川
疏勒河	祁连山西段	1009.0	849.4	159.6	16	疏勒河 417 条冰川
党河	祁连山西段	299.0	259.7	39.3	13	党河 63 条冰川
总计	祁连山	1932.9	1594.5	338.4	17.5	

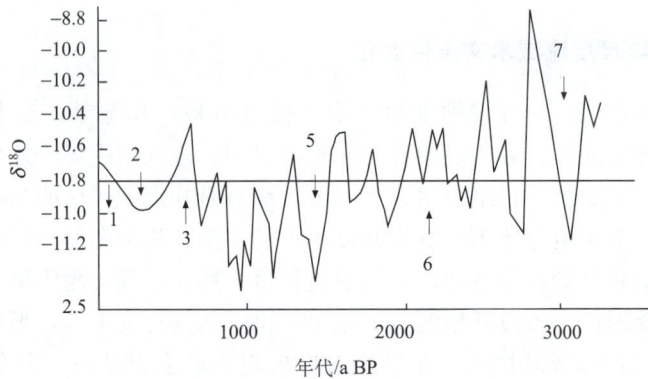

图 7-1　祁连山敦德冰芯气候记录曲线（据施雅风，1996）

是 1428～1532 年、1622～1740 年、1797～1865 年和 1924～1944 年（刘光远等，1984）。近百年来的气候变化趋势是暖干。

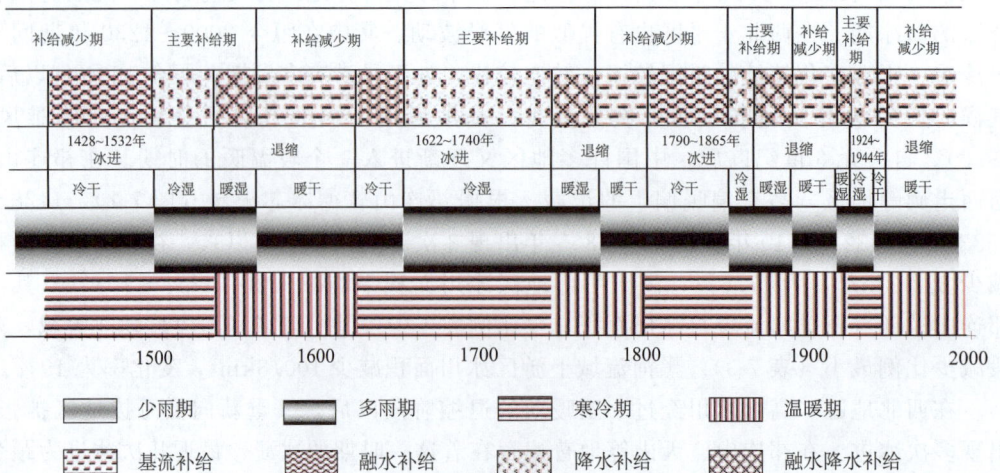

图 7-2　黑河流域百年尺度研究区水循环条件演化过程

近 500 年来，祁连山区气温升高 1～1.2℃，冰川面积减少 33%～46%，冰川储量减少 31%～51%，冰川融水减少 35%～46%，降水量减少 50～80mm，陆面蒸发增加 7%，源头冰川消融速度加快，冰川面积仅存 291km²，冰雪水资源量持续减少，其中 1940～1960 年期间减少最明显。相对于 1428～1532 年、1622～1740 年和 1797～1865 年百年尺度冷期，黑河流域内现状总水资源量至少减少 20%，河川径流量减少 14.6%，地下水补给量减少 4.38 亿～7.61 亿 m³/a，其中降水、冰川融水分别减少 1.2% 和 2.0%，山区地下水（基流）补给增加 3.2%（张光辉等，2004，2005d）。

2. 近 100 年来水循环条件变化

1940 年前的气温上升趋势是明显的，1940 年后进入一个相对冷期（表 7-4），20 世纪 70 年代开始回升。从各季情况来看，20～30 年代突然增暖，夏季较其他季节明显，冬季则主要出现在 30 年代。

近 60 年以来，西北区域气候变化总的特征是：湿冷→干暖→干冷→湿暖→湿冷，循环周期约 40 年，即 20 世纪 50 年代升温，60～70 年代降温，80 年代升温，90 年代和 21 世纪以来偏干暖（表 7-4）。从全国尺度来看，大部分地区的年气温差都在逐步下降，西北地区平均下降速度为 0.83℃/10 年。在 20 世纪 80 年代后期，受"温室效应"影响，升温趋势加强。从西北地区的延安、西安、兰州、西宁、张掖 5 个代表站的旱涝统计分析结果来看，20 世纪以来各站干旱次数无明显上升趋势。在 20 世纪 20 年代，西北区干旱频繁，而且影响面广，但是 80 年代以来各站的干旱次数都明显减少。

表 7-4　20 世纪以来每 10 年西北地区、黑河流域气候特征值

时间段	西北区域		黑河流域酒泉站		时间段	西北区域		黑河流域酒泉站	
	干湿	冷暖	年降水**/%	气温*/℃		干湿	冷暖	年降水**/%	气温*/℃
1889～1909 年	干	暖			1960～1969 年	干	偏冷	-9.1	-0.08
1910～1919 年	湿	冷			1970～1979 年	偏干	冷	+6.4	-0.14
1920～1929 年	干	暖			1980～1989 年	偏湿	暖	-0.4	+0.10
1930～1939 年	干	(冷)		-0.44	1990～1999 年	干	偏暖	-1.3	+0.18
1940～1949 年	湿	暖	+1.6	+0.84	2000 年至现今	湿	暖	+7.6	+0.55
1950～1959 年	偏干	冷	-4.4	-0.17					

*指各年代夏季（6～8 月）平均气温距平；** 时代平均年降水量距平。

由于山区来水量减少和上游用水量增加，特别是 20 世纪 50 年代末大兴水利建设，截断了讨赖河进入额济纳地区的径流，致使面积达 253km² 的西居延海于 1961 年全部干涸，24.5km² 的东居延海也变成了间歇性湖泊。进入 90 年代，东居延海则完全干枯（张惠昌，1994），风沙进一步侵袭，使生态环境更趋恶化。1958 年西居延海水域面积 267km²，1961 年秋干涸。1958 年东居延海的水域面积 35.5km²，自 1962 年以来先后干涸 5 次，1992 年彻底干涸。额济纳原有 6 大湖泊，从 20 世纪 80 年代末至 90 年代初相继全部干涸。60 年前额济纳绿洲面积尚存 3.2 万 km²，而如今仅有 0.33 万 km²；河

湖岸带的胡杨林已经从过去的 5.0 万 hm² 减少到现今的 2.26 万 hm²；柽柳林由 15 万 hm² 减少到 10 万 hm²；草本植物曾有 130 多种，现存 30 多种；野生动物原有 180 多种，现在基本绝迹（张光辉等，2002，2005d，2006a）。

自 1944 年以来，黑河流域水文过程具有明显的阶段性，平原地下水补给与更新也具有相类似的丰、枯周期性变化特征。在枯水年，冰雪融水对地表径流补给减少 10.9%，地表径流量减少 25.4%，地下水补给减少 20.5%；在丰水年，冰雪融水补给增加 13.6%，地表径流量增加 34.6%，地下水补给增加 27.8%。但是，由于山前水库拦蓄和渠道引用，黑河流域平原区地下水补给量不断减少，开采量不断增加，地下水位持续下降，泉流量和补给额济纳盆地的水量也不断减少。中游区地下水补给量从 20 世纪 50 年代的 36.5 亿 m³/a，降到 60 年代的 32.9 亿 m³/a、70 年代的 28.8 亿 m³/a 及 90 年代的 26.6 亿 m³/a。泉流量从 20 世纪 60 年代的 22.6 亿 m³/a，降到 70 年代的 16.1 亿 m³/a 及 90 年代末的 14.22 亿 m³/a。

（二）陆表水文过程演变特征

1. 出山径流量变化特征

黑河流域各水系支流的地表水径流量普遍存在显著的年际和年内丰、平与枯变化，如表 7-5 所示，特丰水与特枯水期之间极值比介于 2.1～3.1 倍。

表 7-5　黑河流域主要河流径流特征

河流名称	多年平均流量 /亿(m³/a)	最大流量 /亿(m³/a) (出现年份)	最小流量 /亿(m³/a) (出现年份)	丰量/枯量	径流模比系数					不同保证率径流量		
					特丰	偏丰	平水	偏枯	特枯	P=50%	P=75%	P=95%
黑河干流	15.80	23.1 (1989)	11.06 (1973)	2.1	>1.10	1.10～1.02	1.02～0.98	0.98～0.84	<0.84	15.6	14.2	12.1
梨园河	2.34	3.45 (1983)	1.12 (1973)	3.1	>1.26	1.26～1.03	1.03～0.96	0.96～0.71	<0.71	2.2	1.8	1.4
讨赖河	6.38	11.2 (1952)	4.87 (1988)	2.3	>1.25	1.25～0.98	0.98～0.89	0.89～0.82	<0.82	6.2	5.5	4.9

近 600 年以来黑河流域出山径流量演变特征如图 7-3 所示。黑河流域上游山区和出山口地表径流量演变趋势基本相同，其中 1515～1760 年期间山区径流量变化特征基本一致，仅是变化幅度有别。1860 年至今，它们变化的趋势也是相似的，但是发生的时间有别。不同之处是两站径流量变化幅度及强度是不同的。山区上游段（扎马什克站）径流的变幅远大于出山口处，这与山区降水量的年变幅较大有关。因为这一区段降水量变幅较大，而汇流面积又相对较小，所以使径流量的变化幅度增大。另外两站径流量的峰值、谷值分布位置存在差异。例如，1940～1513 年、1760～1814 年和 1827～1858 年期间，扎马什克径流量为峰值，莺落峡站径流量则为谷值。除了两测站间汇流面积有差别外，扎马什克站只是黑河上游的一个分支。

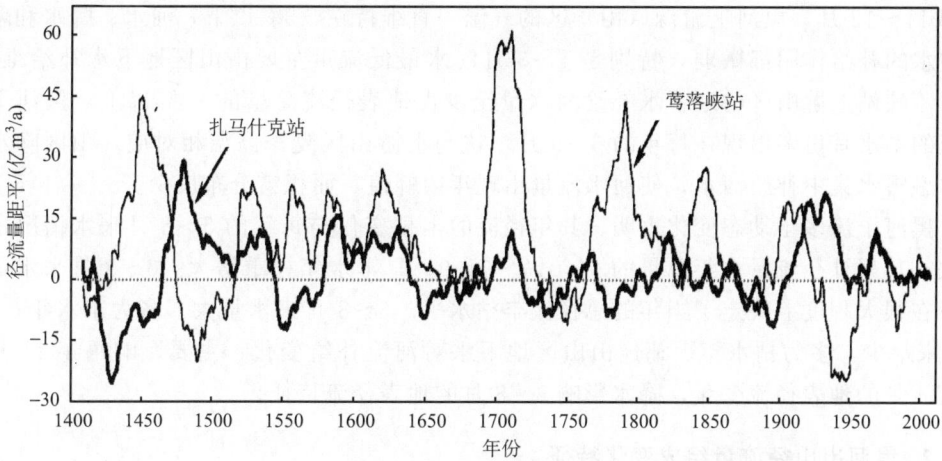

图 7-3　近 600 多年以来黑河干流山区和出山口径流量变化过程

在黑河流域内，黑河干流是流量最大的河流，莺落峡出山口多年平均流量为 15.8 亿 m³/a，最大流量为 23.1 亿 m³（1989 年），最小流量为 11.1 亿 m³（1973 年），最大与最小流量值相差 12.0 亿 m³。在 95％保证率下，径流量为 12.1 亿 m³/a；相对于 50％保证率（径流量 15.6 亿 m³/a），年变率为 -22.4％。而梨园河和讨赖河在 95％保证率下，径流量分别为 1.4 亿 m³/a 和 4.9 亿 m³/a；相对于 50％保证率，径流量分别是 2.2 亿 m³/a 和 6.2 亿 m³/a，年变率分别为 -36.4％和 -21.0％。

在年内分配中，受季风影响，四季分明。冬季是河川径流的枯水季节，主要依靠地下水补给，最小流量出现在 11 月至翌年的 3 月。4 月以后气温明显升高，积雪融化和河网储冰解冻形成春汛，流量显著增大。夏、秋两季是降水量较多、且比较集中的时期，也是河流发生洪水产流量较大的时期，6～9 月的汛期多年平均流量占全年来水量的 65％以上（表 7-6）。

表 7-6　黑河、梨园河年内径流量特征值

黑河莺落峡站实测年内各月径流量												
月份	1	2	3	4	5	6	7	8	9	10	11	12	全年
平均流量/(m³·s)	12.3	13.4	15.8	27.0	44.4	78.2	131	118	83.5	39.8	23.3	15.3	601
百分比/%	2.04	2.23	2.62	4.50	7.38	13.0	21.8	19.5	13.8	6.62	3.88	2.55	100
	6.89			24.89			55.16			13.05			100

梨园河各时段径流量				
时段	1～3 月	4～6 月	7～9 月	10～12 月	全年
平均流量/(m³·s)	1.54	21.98	54.9	6.24	84.66
百分比/%	1.8	25.9	64.9	7.4	100

黑河干流径流的枯水月份多出现在 11 月至翌年的 3 月，占年径流总量的 13.3％，与山区冬季低气温期对应，是山区地下水（基流）补给河水的典型特征。多年来 1～3

月和 11～12 月,黑河上游源(山)区的气温一直维持在 $-5℃$ 以下,河水、降水和融冰融雪水的补给作用都微弱,特别是 1～3 月河水最低流量主要由山区地下水补给维持,在莺落峡站上游山区的地下水补给河水量至少占地表径流总量的 30% 以上。黑河干流径流的丰水月份多出现在每年的 6～9 月,这与上游山区夏季高温相对应,山区降水和融冰融雪水集中补给河水,使河水流量出现年内峰值,而积雪分布最少。

黑河干流多年动态变化表明,其年径流的丰枯变化与每年的 5～8 月来水情况密切相关,其累计径流量占年总量的 64.0%～71.9%,丰水年权重增大。5～8 月来水量的多少在很大程度上决定了当年的总径流丰枯水平。6～8 月来水量大,多为丰水年;6～8 月来水少,多为枯水年。祁连山山区地下水对河流补给变化,主要影响每年 11 月至翌年 4 月的地表径流变化,降水影响 6～8 月的地表径流特征。

2. 黑河出山径流量组成变化特征

历年 4～5 月地表径流的补给动态变化特征表明,出山地表径流量变化主要受山区地下水溢出排泄量和雪融水补给量变化影响,这期间降雨少,影响微弱。随着气温的升高,5 月之后,径流量明显大于 4 月,雪融水补给增多。4～5 月的多年平均径流量为 $37.6m^3/s$,该时段径流总量约 2 亿 m^3,与 11 月至翌年 3 月的径流变化相比,增加了雪融水量,约占这一时期径流总量的 57.4%。山区地下水对地表径流补给的数量多少与区域降水变化有一定的关系,一般滞后 2～3 年。冰雪融水补给变化与当年气温变化相关。降水补给主要与 6～9 月的大气水汽量动态变化关联。

进入洪水径流期(6～9 月),出现山区地下水、降水和冰雪融水多源补给地表径流的丰水过程,其中降水占较大比例。这一时期的径流量多年动态变化与降水量变化相似,变幅较大,峰谷明显,多年平均该时段径流量为 $90.7m^3/s$,径流总水量约 12 亿 m^3,其中降水补给约占 58.3%。

1957～2012 年系列黑河干流多年平均出山径流量在年内也是随着气温和降水量而变化的。在气温较低、降水较少的冬季,地表径流以山区地下水补给为主。进入春季(4 月至 5 月下旬),气温升高,冰雪融水量不断增大,地表径流由冬季的地下水单源补给转变为地下水和冰雪融水共同补给,径流量明显增大。到 6～9 月,气温进一步升高,降水量显著增大,同时山区地下水受降水入渗的影响,基流补给地表径流水量也随之增加。在多源补给作用下,夏秋季节的地表径流量达到全年的丰水期。10 月之后,气温下降、降水量减少,地表径流量也逐渐减少。

在 1957～2012 年期间,黑河干流多年平均径流量为 16.6 亿 m^3/a,其中山区降水对地表径流的补给量为 8.9 亿 m^3/a,占河水总补给量的 53.6%;地下水对河水补给量为 6.3 亿 m^3/a,占河水总补给量的 37.9%;冰雪川融水补给量为 1.4 亿 m^3/a,占河水总补给量的 8.4%,其中融雪水 0.8 亿 m^3/a,占河水总量的 4.8%,冰川融水 0.65 亿 m^3/a,占河水总量的 3.9%。

3. 出山径流量周期性特征与趋势

在过去的 70 年中,黑河干流的出山径流量变化过程,呈现 4 个丰、枯变化周期特

征。其中枯水期持续最长时段为 13 年，最短时段为 4 年；丰水期持续最长时段为 10
年，最短时段为 3 年。1990 年以后，黑河流域进入了一个丰、枯交替阶段。21 世纪以
来呈现丰水趋势（图 7-4）。

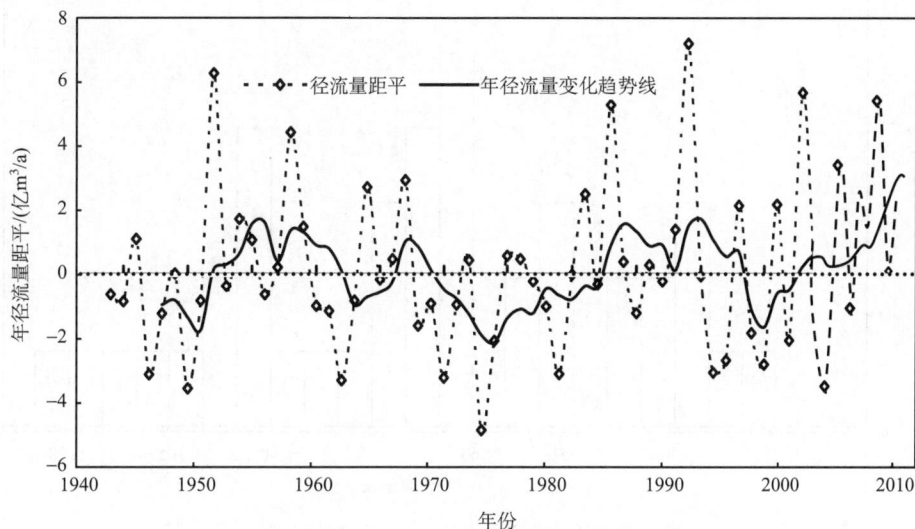

图 7-4　黑河干流出山年径流量及其周期性趋势特征

若以年径流量≤15 亿 m³、15 亿～17 亿 m³ 和≥17 亿 m³ 作为枯、平、丰水年的度
量指标，则丰水年平均年流量 19.3 亿 m³，平水年平均年流量 15.9 亿 m³ 和枯水年平
均年流量 13.7 亿 m³。以傅里叶波谱方法对黑河出山径流量进行功率谱分析、谐波分析
和方差分析研究结果，黑河干流年径流量具有 6～7 年、11～13 年和 22～23 年的变化
周期性特征。

根据均生函数（均值生成函数）的周期外延预测模型，采用主成分分析（经验正交
函数）方法，结果表明，未来 30 年黑河流域出山地表径流量呈现有限增加趋势，多年
平均径流量增幅 1.5%，其中 2018～2026 年期间将呈现偏丰水特征，平均增幅 3.04%；
2027 年之后呈现枯水特征，多年平均径流量减少 2.97%。

第二节　流域地下水循环演化与水化学特征

地下水同位素研究结果表明，黑河流域地下水主要形成于距今 8000～6000 年、
3000～2000 年期间和近 50 年的对应多雨温暖期，地下水形成、补给与更新能力与上游
祁连山区降水、气温变化和近百年以来人类活动之间密切相关。

一、流域地下水形成与演化特征

黑河流域地下水 ¹⁴C 含量的统计频数分布表明，频数较大的时期表征为地下水主要
补给期，频数较小的时期表征为地下水补给较弱。统计结果，含水层中地下水 ¹⁴C 含量

高频数主要出现在 25%～30%、45%～50%、60%～75%、90%～95%，相应的年龄为距今 8000～6000 年、3000～2000 年、<距今 1000 年和近 50 年以来补给（图 7-5）。

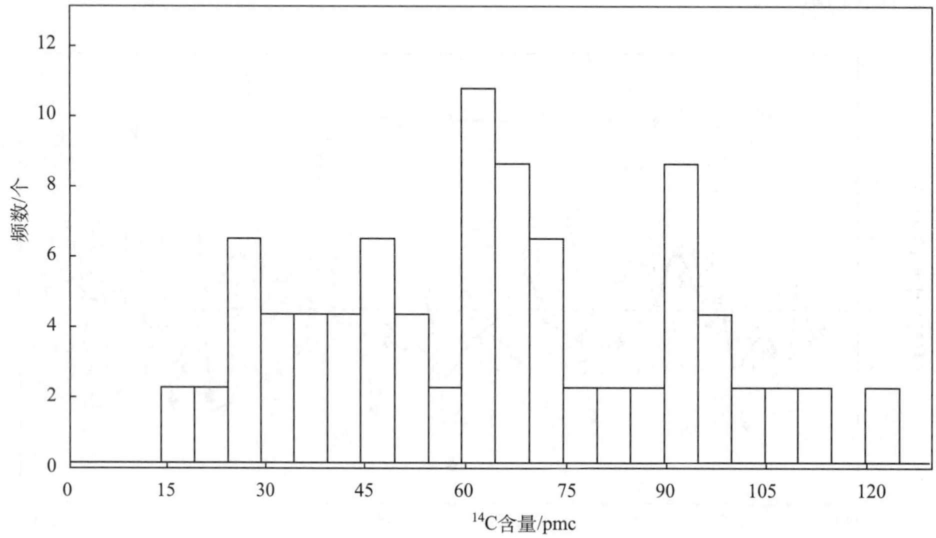

图 7-5　黑河流域地下水 ^{14}C 含量按 5pmc 间隔统计频数分布特征

祁连山冰芯气候记录也证实，距今 7200～6000 年期间研究区处于稳定温暖阶段（施雅风，1996），降水充沛，地表径流不息，下游区湖泊不断扩张，地下水系统获得充足补给。在额济纳盆地，不仅深层地下水矿化度低，水质好，而且地下水的 ^{14}C 年龄多为距今 8000～5000 年期间，是主要补给时期。

二、气候变化对流域水循环影响特征

黑河流域地下水形成与演化特征和祁连山区气候变化的阶段性特征具有较密切相关性。

黑河出山径流量对气候变化之间关系研究表明，当气温升高 0.5℃，降水不变条件下，因积雪融化，5 月和 10 月径流增加，但是 7 月、8 月因蒸发量增加和流域冰川补给比例较小，使年径流减少 4%；当气温升高 1℃，降水不变，除 5 月、6 月径流有所增加外，7 月、8 月径流减少较多，年径流将减少 7.1%；当气温升高 0.5℃，降水增加 10%时，年径流仅增加 1.6%（康尔泗等，2002）。

在补给源区（山区），降水量变化是改变流域水资源总量的主要因素，约占 91.0% 权重；气温变化是重要影响因素，约占 9.0%权重。降水量变化 1.0%，径流量增减 1.25%；温度变化 1.0℃，径流量增减 3.28%～3.89%。温度升高，通过减少冰川面积，增加陆面蒸发量，实现减少流域总水资源量。

在年均气温升高 0.5℃条件下，黑河流域地表径流和平原区地下水补给都增加，分别增加 9.16%和 7.38%；在气温升高 1.0℃条件下，地表径流量和地下水补给量分别减少 3.33%和 2.68%。在年均气温降低 0.5℃和降水增加 10%条件下，则地表径流增加 4.39％，平原区地下水补给增加 3.54％。若年均气温稳定不变，降水增加 10％或 20％，则地表径流量分别增加 4.56％和 13.45％，平原区地下水补给量分别增加 3.61％和 10.38％（表 7-7）。从百年尺度考虑，黑河流域水循环的主要水文特征值见表 7-7。在枯水年，冰雪融水对地表径流补给减少 10.9％，地表径流量减少 25.4％，地下水补给减少 20.5％；在偏枯水年，冰雪融水对地表径流补给减少 4.5％，地表径流量减少 7.9％，地下水补给减少 6.4％；在偏丰水年，冰雪融水补给增加 2.1％，地表径流量增加 12.3％，地下水补给增加 9.9％；在丰水年，冰雪融水补给增加 13.6％，地表径流量增加 34.6％，地下水补给增加 27.8％。

表 7-7　黑河流域水循环演化的特征值

样本年	源区降水量 /(mm/a)	源区蒸发量 /(mm/a)	冰雪融水量 /％	地表径流量 /％	地下水补给量 /％	近 1320 年中 所占比例/％
特枯年	364.8	250.8	−10.9	−25.4	−20.45	18.88
偏枯年	405.8	265.2	−4.5	−7.9	−6.44	23.88
平水年	412.7	259.9	0	0	0	20.47
偏丰年	483.0	311.4	+2.1	+12.30	+9.91	17.74
特丰年	534.4	328.8	+13.6	+34.6	+27.84	19.02

黑河流域平原水资源来源，包括地下水的补给水源，它们与祁连山区地表径流量相关系数为 0.82，与山区祁连站降水量相关系数为 0.51，与平原区张掖站降水量相关系数为 0.38。灰色关联分析结果，平原区水资源补给量与山区祁连站降水关联度为 0.97，与祁连站气温关联度为 0.79，与平原区张掖站降水关联度为 0.43，与张掖站气温关联度 0.60。由此可见，黑河流域平原区总水资源和地下水补给量与祁连山山区降水之间关系最为密切，与山区和平原气温变化有一定关系。

三、流域地下水水化学分布与变化特征

（一）浅层地下水水化学特征

1. 浅层地下水水化学分布特征

黑河流域浅层地下水水化学分布具有明显的分带性（图 7-6 和表 7-8）。在黑河流域的东南部—张掖盆地，山前戈壁带到溢出带之间的地下水矿化度较低，介于 0.4～0.7g/L，接近或稍高于出山河水（表 7-8 中 29 号和 45 号采样点），平均矿化度为 0.6g/L，地下水中各离子含量高于河水，反映了河水渗漏进入含水层过程中的溶滤作用，pH 为 7.0～7.9，地下水化学类型与出山河水一致，为 $HCO_3 \cdot SO_4\text{-Ca} \cdot Mg$ 和 $HCO_3 \cdot SO_4\text{-Mg} \cdot Ca$ 型。

表 7-8　黑河流域平原区浅层地下水矿化度和水化学类型

分　区		野外编号	pH	矿化度/(mg/L)		水化学类型
				矿化度	平均	
山前基岩裂隙水		70	6.9	4366.0		SO_4-Ca·Mg·Na
		72	7.9	1808.0	3953.7	Cl·SO_4-Na
		73	7.8	5687.0		Cl·SO_4-Na
张掖盆地	山前戈壁到溢出带	29	7.9	406.0		HCO_3·SO_4-Ca·Mg
		60	7.9	626.8		HCO_3·SO_4-Mg·Ca
		59	7.5	725.6	554.7	HCO_3·SO_4-Ca·Mg
		41-1	7.7	573.5		HCO_3·SO_4-Ca·Mg
		45	7.7	441.7		HCO_3·SO_4-Ca·Mg
	细土平原带	36-2	7.3	1226.0		HCO_3·SO_4-Mg·Ca·Na
		37	7.7	774.2		HCO_3·SO_4-Mg·Ca
		46-2	7.7	463.2	1386.6	HCO_3·SO_4-Ca·Mg
		47-2	7.3	1302.0		HCO_3·SO_4-Mg·Ca
		42-3	7.1	3743.0		SO_4-Ca·Mg
		26	7.6	811.1		HCO_3·SO_4-Mg·Ca·Na
酒泉东盆地	山前戈壁到溢出带	48	8.1	383.1		HCO_3-Na·Ca·Mg
		49	7.7	1024.0	802.0	SO_4-Mg·Ca
		50	7.7	761.9		SO_4·HCO_3-Mg·Ca
		76	7.8	1039.0		SO_4·HCO_3-Mg
	细土平原带	31	7.0	1259.0	949.3	SO_4·HCO_3·Cl-Na·Mg
		75	8.0	639.6		HCO_3·SO_4-Mg
金塔-花海子盆地		18	7.6	1745.0		SO_4·Cl-Mg·Na
		19	7.4	717.3		SO_4·HCO_3-Mg·Ca
		22	7.0	1859.0	1688.3	SO_4·HCO_3-Mg·Na
		30	6.9	3278.0		SO_4·HCO_3-Na·Mg
		23	8.0	1535.0		SO_4·Cl-Mg·Na
		13	7.8	995.5		SO_4-Na
额济纳旗盆地		1	7.4	2697.0		SO_4·HCO_3-Na·Mg
		3	7.4	2802.0		SO_4·Cl-Mg·Na
		5	8.0	1026.0		SO_4·HCO_3-Na·Mg
		10	7.6	1380.0		SO_4-Mg·Na·Ca
		11	7.7	868.1	1379.3	SO_4·HCO_3-Na·Mg·Ca
		12	7.6	848.7		SO_4·HCO_3-Na·Mg·Ca
		14	7.0	860.6		Cl·SO_4-Na
		15	7.7	811.7		HCO_3·Cl·SO_4-Na
		16	7.5	1120.0		Cl·SO_4-Na

地下水进入黑河流域的中南部——细土平原后，由于地下水水位抬升，蒸发作用加强，加之农区灌溉的影响，地下水矿化度升高，为 $0.7\sim3.7\text{g/L}$，地下水化学类型由 $HCO_3 \cdot SO_4\text{-}Ca \cdot Mg$ 型过渡到 $HCO_3 \cdot SO_4\text{-}Mg \cdot Ca \cdot Na$ 和 $SO_4\text{-}Ca \cdot Mg$ 型水。在张掖至临泽之间的农灌区，灌溉对地下水矿化度的影响不明显，沿黑河干流两岸的地下水矿化度均小于 1.0g/L（图 7-6）。在临泽到高台之间的灌区，灌溉对地下水矿化度的影响明显，地下水矿化度均高于 1.0g/L，最高达 3.7g/L。

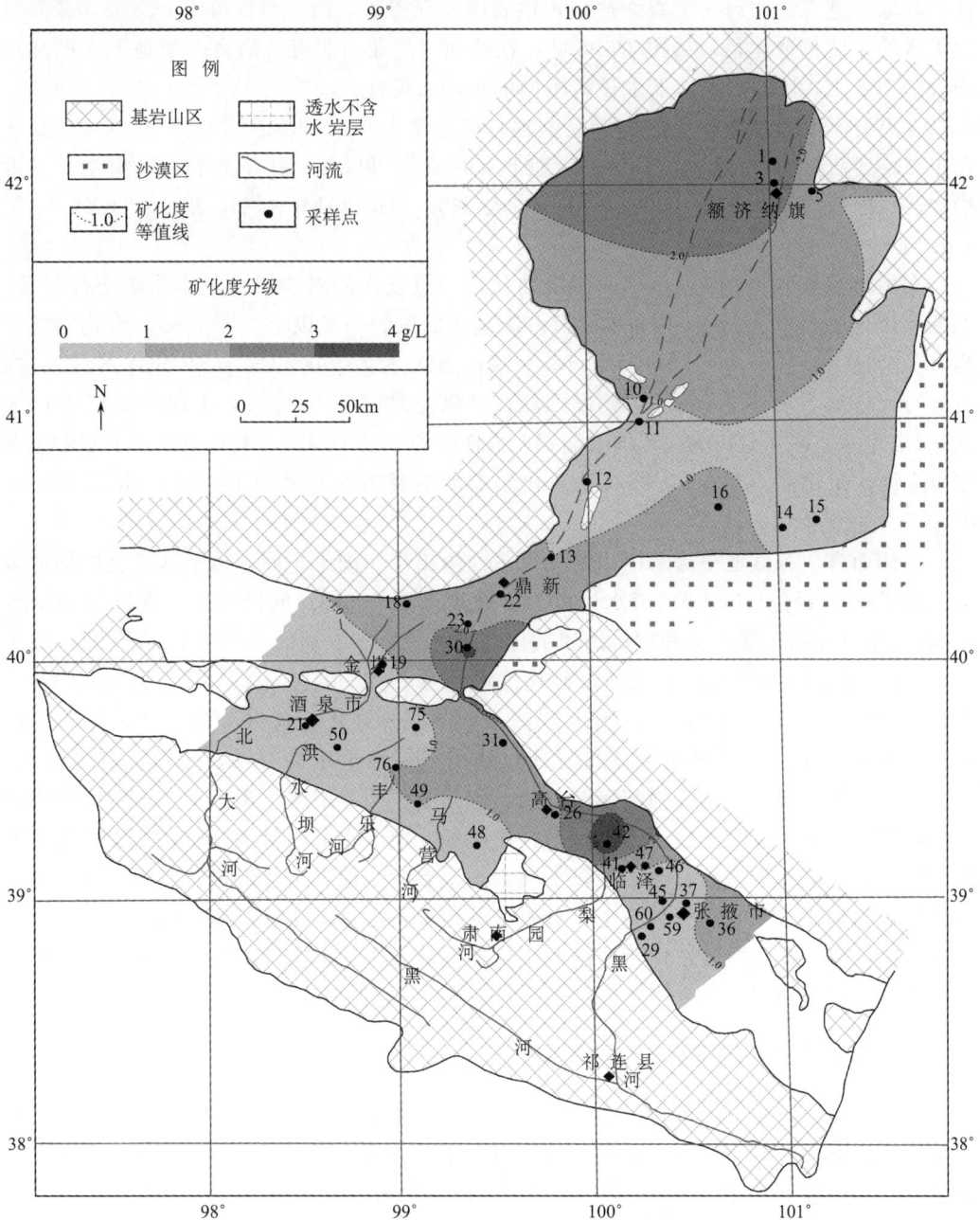

图 7-6　黑河流域浅层地下水矿化度分布特征

在黑河流域的西南部——酒泉东盆地，浅层地下水化学特征与张掖盆地不同，山前戈壁带地下水矿化度变化较大，为 0.4～1.0g/L，主要有 $SO_4 \cdot HCO_3\text{-}Mg \cdot Ca$ 和 $SO_4\text{-}Mg \cdot Ca$ 型水。矿化度大于 1.0g/L 的水主要分布在马营河和丰乐河之间地带，可能是受山前基岩裂隙水补给的影响，山前古近系和新近系地层出露的泉水的矿化度高达 1.8～5.7g/L，主要为 $SO_4\text{-}Ca \cdot Mg \cdot Na$ 和 $Cl \cdot SO_4\text{-}Na$ 型水（表 7-8），这一地带地下水可能是汛期洪水与山前基岩裂隙水混合补给形成的。酒泉东盆地溢出带以下的地形低洼，盐池—莲花—明海一带曾为盐沼，地表由沙丘覆盖，地下水径流十分缓慢，蒸发是地下水的主要排泄途径。从图 7-6 可见，在盐池—莲花—明海—高台一带地下水矿化度均大于 10g/L，反映当地地下水径流缓慢的水动力特征。

在黑河流域的中部——金塔-鼎新盆地，矿化度为 0.7～3.3g/L，高矿化水主要集中在正义峡到鼎新一带的灌区（图 7-6），地下水中 SO_4^{2-} 和 Mg^{2+} 占有优势，Cl^- 和 Na^+ 浓度增加，水化学类型为 $SO_4 \cdot HCO_3\text{-}Mg \cdot Ca$、$SO_4 \cdot HCO_3\text{-}Mg \cdot Na$、$SO_4 \cdot HCO_3\text{-}Na \cdot Mg$、$SO_4 \cdot Cl\text{-}Mg \cdot Na$ 水。

在黑河流域的北部下游区——额济纳盆地，蒸发作用对浅层地下水影响更加显著，地下水矿化度大于 1.0g/L 的分布面积占该盆地面积的一半以上（图 7-6），水化学类型为 $SO_4 \cdot HCO_3\text{-}Na \cdot Mg$、$SO_4 \cdot Cl\text{-}Mg \cdot Na$、$SO_4\text{-}Mg \cdot Na \cdot Ca$、$Cl \cdot SO_4\text{-}Na$ 型。在古日乃一带地下水水位埋深小，蒸发强烈，矿化度为 0.8～1.1g/L，水化学类型为 $Cl \cdot SO_4\text{-}Na$ 型水。东居延海为黑河的末端湖，采样时湖水已干涸，蒸发是该区地下水的主要排泄途径，矿化度 1.0～2.8g/L，水化学类型主要为 $SO_4 \cdot HCO_3\text{-}Na \cdot Mg$ 和 $SO_4 \cdot Cl\text{-}Mg \cdot Na$ 型水。

总体而言，各盆地中潜水由山前戈壁带—溢出带—细土平原，地下水矿化度逐渐增加，由矿化度小于 1.0g/L 的淡水过渡为矿化度大于 1.0g/L 的微咸水，在潜水滞留区（如酒泉东盆地的盐池一带和额济纳旗的尾闾湖一带）和农灌区（如张掖-高台灌区和金塔-鼎新灌区）由于蒸发作用强烈，矿化度可达 3.0g/L 以上。水化学类型由 $HCO_3 \cdot SO_4$ 型渐变为 $SO_4 \cdot HCO_3$ 型或 SO_4 型，在蒸发强烈地带，水化学类型为 $SO_4 \cdot Cl$ 型或 $Cl \cdot SO_4$ 型水。这种水化学分布特征反映了浅层地下水的补给、径流、排泄特征。在山前戈壁带，地下水接受河流渗漏补给，水化学作用以溶滤作用为主。由戈壁带到扇缘溢出带，地下水以水平径流为主，沿径流途径，地下水不断溶滤介质，水中各离子浓度增加，矿化度逐渐增大。溢出带以下的细土平原带，地下水径流相对变缓，水位埋深接近地表，地下水以垂向交替为主，蒸发浓缩作用明显，矿化度增加的同时，水化学类型也发生改变。在农灌区，由于受灌溉水反复蒸发入渗的影响，蒸发作用对地下水水化学特征的影响更加明显。

2. 黑河流域浅层地下水水化学演变特征

黑河流域浅层地下水水化学的演变与出山河水在山前戈壁带入渗补给密切相关。山前戈壁带地下水中以 Ca^{2+} 和 HCO_3^- 占优势，水化学类型为 $HCO_3 \cdot SO_4\text{-}Ca \cdot Mg$ 水。向下游沿径流途径，地下水阳离子由 Ca^{2+} 向 Mg^{2+} 和 Na^+、K^+ 方向演化，阴离子由 HCO_3^- 向 SO_4^{2-} 和 Cl^- 方向演化，地下水的优势离子由 Ca^{2+} 和 HCO_3^- 逐渐转化为

Mg^{2+} 和 SO_4^{2-}，水化学类型为 $SO_4 \cdot HCO_3\text{-}Mg \cdot Ca$ 型。在蒸发强烈的地区（如古日乃）优势离子转化为 Na^+ 和 Cl^-，水化学类型为 $Cl \cdot SO_4\text{-}Na$ 型水。从水化学演化趋势看，盆地地下水演化开始于戈壁带的地表水补给，终止于平原区地表水体（如水库或河流）或湿地（如古日乃草原），反映了地下水的补给来源和排泄去向。

张掖、酒泉盆地地下水接受出山河水补给后，在戈壁-溢出带之间地下水化学作用以溶滤为主，沿径流途径矿化度缓慢增大，水中各主要离子浓度也缓慢增加（图 7-7 中 29、45 号点）。向下游进入细土平原带后，地下水沿两条途径演化，一条是在非灌溉区，地下水仍以溶滤作用为主，矿化度和主要离子浓度在径流方向上缓慢增加（图 7-7 中 46、41 号点），另一条是在农灌区，蒸发作用对地下水的化学组成影响明显，矿化度和主要离子沿径流方向浓度快速增加（图 7-7 中 36、47、25 号点）。

在高台至正义峡之间，地下水矿化度和主要离子浓度与河水相当（图 7-7 中 31、32、33 号点），而且地下水矿化度低于上游地下水矿化度，说明在汛期河水对地下水有侧渗补给，入渗的低矿化水与地下水发生混合作用。在枯水季节（采样时间为 6 月），地下水向河流排泄，而且这一时期河水主要接受地下水补给。根据 Cl^- 浓度计算，在采样期（6 月）正义峡河水中（33 号点）地下水补给量占 86%，上游来水补给占 14%。

进入北部盆地后，地下水在金塔-花海子盆地的矿化度和主要离子浓度都远高于南部盆地地下水和河水（图 7-7 中 30 号点），这反映了金塔灌区的反复蒸发-入渗作用的影响。至狼心山一带，地下水矿化度和主要离子浓度快速下降（图 7-7 中 30、22、12、11 号点），反映了沿途河水入渗稀释作用。根据 Cl^- 浓度计算，采样期在鼎新附近的 22 号点地下水中河水入渗量占 85%，上游地下水径流补给仅占 15% 左右，这反映了鼎新盆地地下水主要来自河水入渗补给，同时也反映了该地段地下水径流十分缓慢。到东湾梁（12 号点）和狼心山附近（11 号点），地下水矿化度和主要离子浓度均低于北部盆地地下水和河水，存在西部山区的洪水补给。过狼心山后，地下水矿化度和主要离子浓度快速增大（图 7-7 中 10、5、3、1 号点），反映蒸发作用对地下水水化学组分影响成为主导。

通过上述地下水水化学演化途径分析可知：①在南部盆地，山前戈壁带出山河水入渗转化为地下水，地下水化学作用主要是溶滤作用。进入细土平原后，汛期河水补给地下水，非汛期地下水补给河水，地下水水化学组成受混合作用、溶滤作用和蒸发作用控制。②南、北部盆地浅层地下水化学演化具有不连续性，说明南、北部盆地之间地下水没有直接水力联系，两盆地之间通过河流发生联系。③北部盆地，在金塔灌区，地下水主要接受引水灌溉入渗补给，蒸发作用是地下水化学组成的主控因素。在金塔灌区到鼎新之间，地下水接受河流入渗补给，混合作用成为地下水化学组分的控制因素。鼎新到狼心山段，地下水接受河流入渗补给和西部山区洪水补给，仍以混合作用为主。狼心山以下，地下水沿途蒸发排泄或排向末端湖泊，蒸发作用是地下水化学组分的主要控制作用。

（二）深层水水化学分布与演变特征

这里的深层水是指埋深 100m 以下的深层承压水。由于深层水埋藏大，不受蒸发影

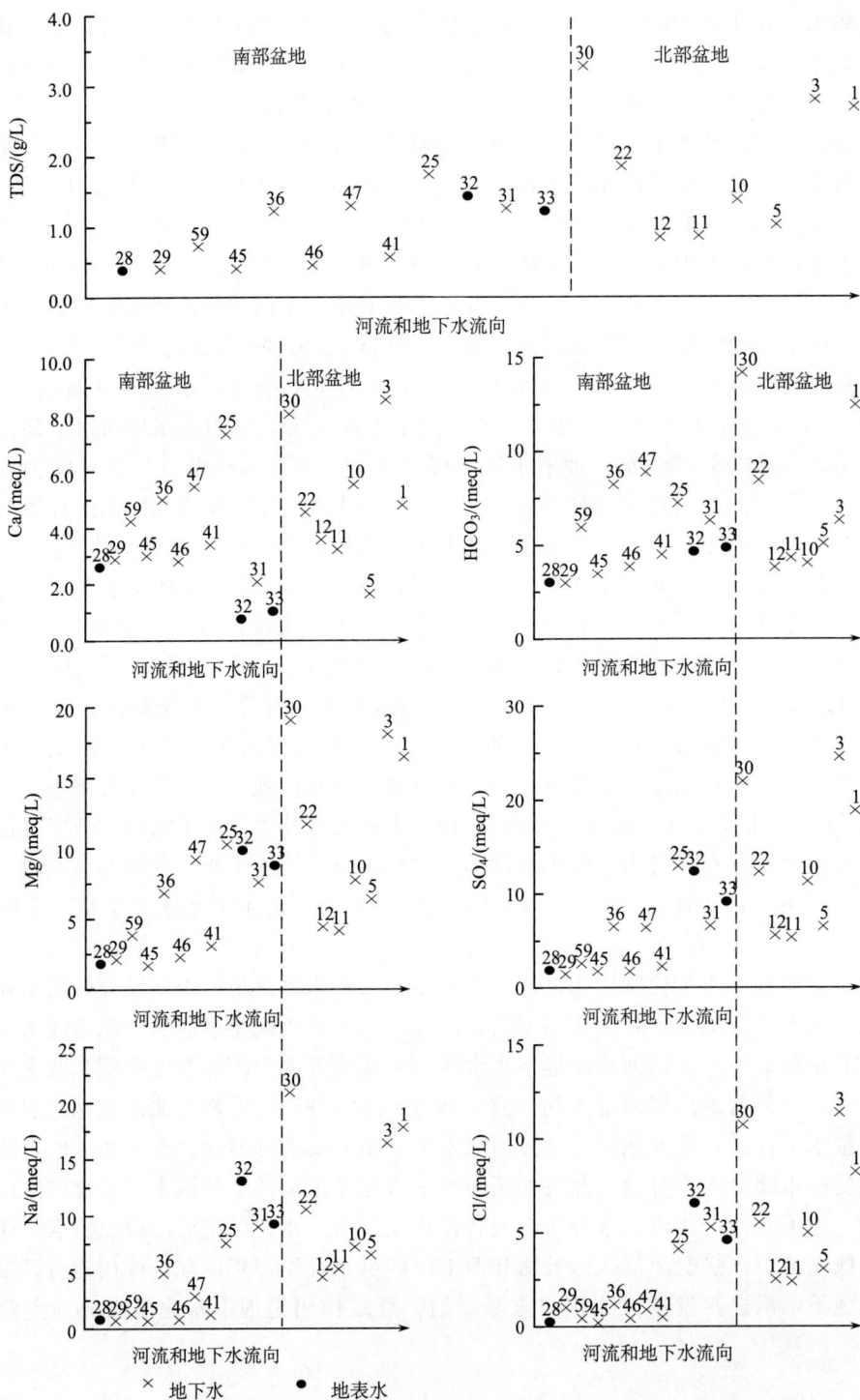

× 地下水　● 地表水

图 7-7　黑河干流地下水矿化度和主要离子变化特征

响，水循环径流缓慢，其水化学组成主要受水岩相互作用的影响。

在张掖盆地的细土平原，深层水的矿化度为 0.2～0.7g/L，低于上部浅层地下水，水化学类型主要为 HCO$_3$·SO$_4$ 型水。在酒泉盆地，深层水矿化度为 0.3～1.0g/L，水化学类型为 HCO$_3$·SO$_4$ 型水、HCO$_3$·Cl 型水和 SO$_4$ 型水。在下游额济纳盆地，深层水矿化度升高，为 0.5～1.5g/L，反映了深层水径流速度十分缓慢，水-岩作用时间加长，水化学类型以 SO$_4$·Cl 型水为主。

从图 7-8 可见，黑河流域深层水化学演变与上游戈壁带地下水补给状况密切相关，水化学类型为 HCO$_3$·SO$_4$-Ca·Mg 型水，沿径流途径深层水中阳离子向 Na$^+$、K$^+$ 方向演化，阴离子向 HCO$_3^-$ 方向演化，水化学类型向 HCO$_3$-Na 型转化；北部盆地深层水化学演化途径与南部盆地完全不同，地下水矿化度大于 1.0g/L，水化学类型为 SO$_4$·Cl-Na·Mg 型水，水化学特征与上游地表水接近，可能来源于地表水入渗补给，经过长期水岩作用形成，同位素年龄（>5000 年）也显示出为过去补给的古水。

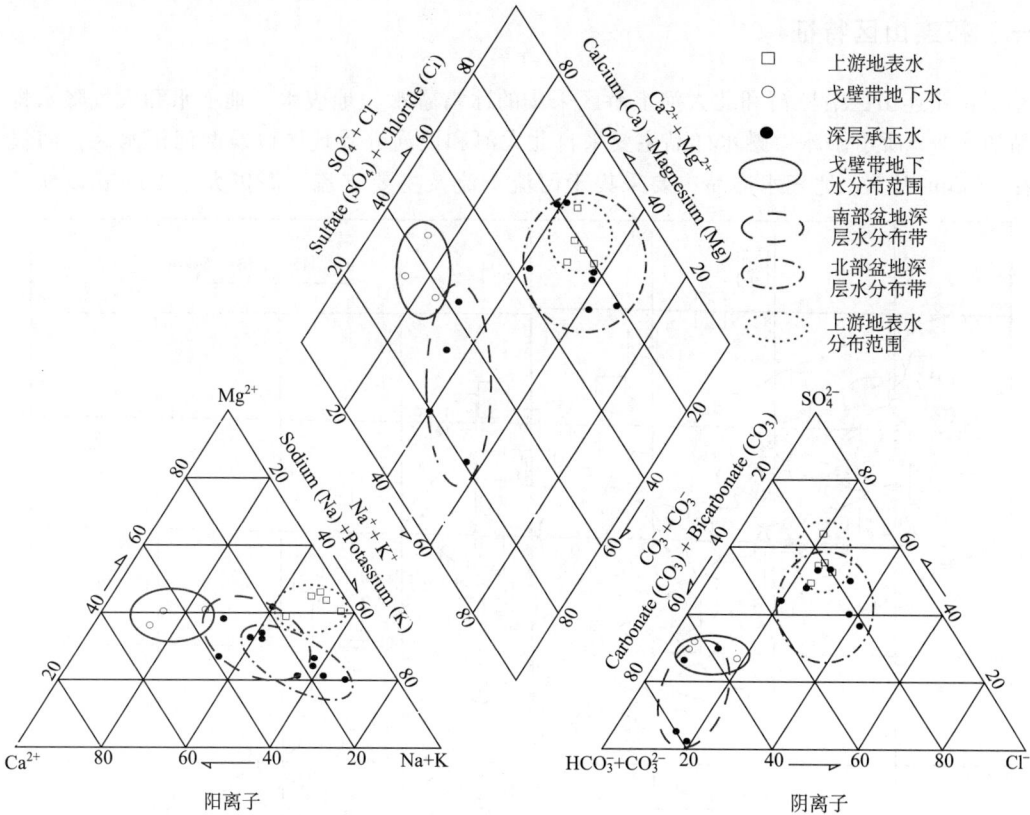

图 7-8　黑河流域深层水水化学组分演变关系

在垂向上，随深度的增加，地下水矿化度和主要离子浓度减小，在南部盆地非灌溉区，150m 深度的地下水中，以 HCO$_3^-$ 和 Na$^+$ 占优势，矿化度为 0.2g/L 左右，为 HCO$_3$-Na 型水。而在 50～150m 深度的地下水中，HCO$_3^-$ 和 Ca^{2+} 占有优势，矿化度为

0.5g/L 左右，为 $HCO_3 \cdot SO_4\text{-}Ca \cdot Mg$ 型水。小于 50m 深度的地下水，为 $HCO_3 \cdot SO_4\text{-}Mg \cdot Ca$ 型水，矿化度为 1～2g/L。

在农灌区，深层水矿化度小于 0.3g/L，为 $HCO_3\text{-}SO_4\text{-}Ca\text{-}Mg$ 型水，在地下水位埋深大于 50m 地区，优势离子为 SO_4^{2-} 和 Mg^{2+}，而且 Na^+ 浓度超过 Ca^{2+}，矿化度为 1～2g/L。在地下水位埋深小于 50m 地区，SO_4^{2-} 浓度剧增，HCO_3^- 浓度相对减小，而阳离子中 Ca^{2+} 浓度增加。

在黑河流域的南部盆地，地下水山前接受河水补给，地下水矿化度较低。向下游，深层承压地下水流不受蒸发影响，沿径流途径矿化度变化不大，到溢出带有向上排泄的迹象。溢出带以下，浅部地下水流系统受灌溉入渗和蒸发作用影响矿化度增大，深部承压地下水流系统不受影响，继续向下游径流。

第三节　流域水循环与地下水演化同位素特征

一、祁连山区特征

在祁连山区沿黑河和北大河上游区采集的冰雪融水、地表水、地下水和大气降水样品如图 7-9 所示。冰雪融水样品主要采自北大河和黑河分界地区以及两河汇水区，海拔在 3800m 以上，地表水样品主要采集于河流干流及主要支流，海拔大于 2000m，地下

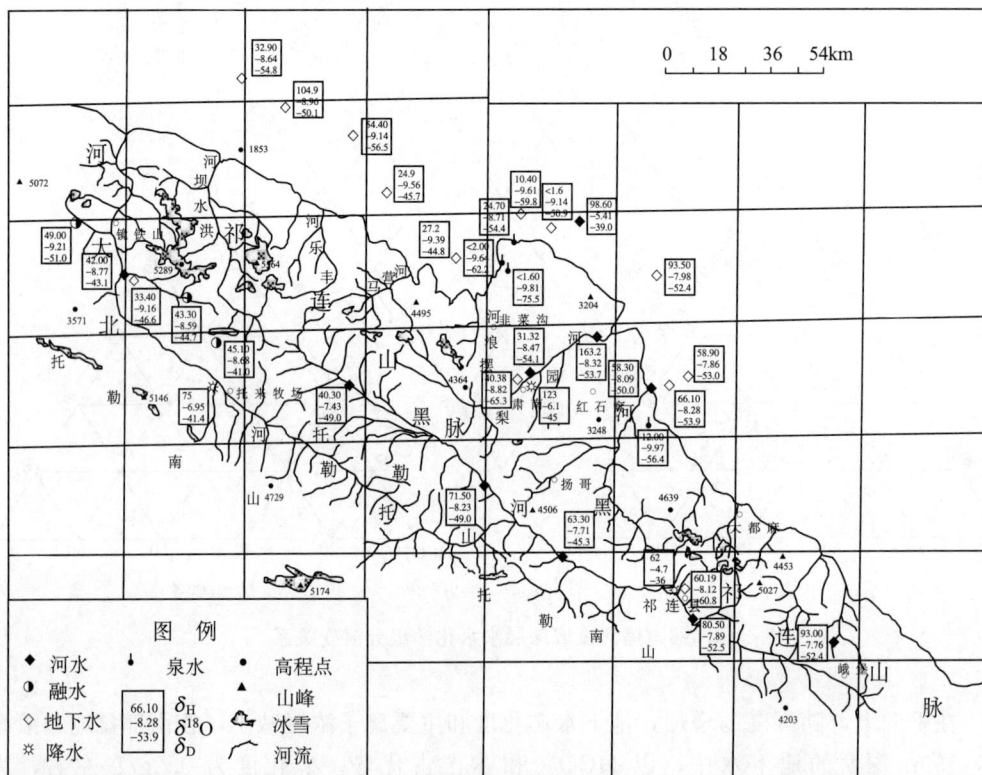

图 7-9　黑河流域上游祁连山区各种水体同位素监测点位置与分布特征

水样品采集于河流阶地和基岩裂隙渗出带，泉水采自山区与平原过渡带之上游，大气降水采自肃南县和祁连县。

（一）降水与冰雪水同位素特征

在祁连县和肃南县大气降水同位素监测资料表明，降水的 $\delta^{18}O$ 和 δD 具有季节性变化规律，冬季较贫，夏季较富，加权平均值分别为 $-6.1‰$ 和 $-45‰$。降水的氚值季节性变化较大，一般在春夏之交含量高，冬秋之交含量低，祁连县降水氚的全年加权平均值为 62TU，这一地区目前氚含量如此之高有待深入研究。

黑河流域上游祁连山区冰雪融水主要分布在祁连山区海拔 3800m 以上的地区，从测试数据上看，^3H 值介于 $43\sim49$TU，$\delta^{18}O$ 介于 $-9.2‰\sim-8.6‰$，δD 介于 $-51‰\sim-41‰$，^{14}C 含量为 62PMC。

（二）地表水与地下水同位素特征

黑河流域上游祁连山区地表水的氚值，黑河干流区大于北大河源区，$\delta^{18}O$ 比北大河重。黑河干流区地表水氚值介于 $40\sim93$TU，$\delta^{18}O$ 介于 $-8.2‰\sim-7.4‰$，δD 介于 $-53‰\sim-43‰$。北大河源区地表水的氚值为 42TU，$\delta^{18}O$ 和 δD 值分别为 $-8.8‰$ 和 $-43‰$。

在祁连山区，地下水同位素监测点有 7 个，其中北大河源区地下水的氚值为 33TU，$\delta^{18}O$ 和 δD 值分别为 $-9.2‰$ 和 $-47‰$，^{14}C 含量为 68.83PMC；在黑河干流区，基岩裂隙水的氚值平均 50TU，$\delta^{18}O$ 和 δD 值分别为 $-8.2‰$ 和 $-63‰$，山前溢出泉水的氚值小于 25TU，$\delta^{18}O$ 和 δD 值分别为 $-9.3‰\pm0.7‰$ 和 $-57‰\pm4‰$，^{14}C 含量为 43.20PMC。

总体来说，山区降水、融水和地下水的同位素存在明显差别，$\delta^{18}O$ 和 δD 值表现为地表水>降水>融水>地下水，氚含量表现为降水>地表水>融水>地下水。北大河的各类水体同位素特征与黑河干流区明显不同，其中北大河地表水的同位素特征接近融水，黑河地表水的同位素特征接近降水。

二、平原区同位素特征

（一）降水与地表水同位素特征

张掖大气降水的 $\delta^{18}O$ 和 δD 多年加权平均值分别为 $-6.4‰$ 和 $-42‰$，当地大气降水线为 $\delta D=7.48\delta^{18}O+3.53$。降水氚的加权平均值为 43TU，初夏季节降水氚值较高。自山前平原至下游区，降水的氚含量减少，酒泉和张掖地区分别为 40TU 和 43TU，鼎新和额济纳地区分别为 23TU 和 27TU。

黑河流域平原区地表水的氚值，沿河流向下游呈减小趋势，$\delta^{18}O$ 和 δD 值沿流动途径均逐渐变重，人工绿洲区最富，反映灌溉影响。黑河干流区地表水的氚值大于北大河区。沿北大河，自酒泉至鸳鸯水库，地表水氚值变化不大。沿黑河干流自上游至下游，地表水的氚值变化较大，在莺落峡出山口为 58TU，张掖 53TU，至高台—正义峡一带氚值减小为 27～30TU，正义峡至额济纳盆地河水的氚值 25～34TU，额济纳河水为 28TU。

沿地表水流动途径，其 $\delta^{18}O$ 和 δD 值逐渐变重，在鼎新灌区最富，反映了补给条件和蒸发影响的不同。山区河水与中下游河水同位素明显不同，山区河水的 $\delta^{18}O$ 和 δD 值相对较贫，沿全球大气降水线分布，基本上没有受到蒸发影响，而中下游河水的 $\delta^{18}O$ 和 δD 值相对较富，偏离全球大气降水线，表现出强烈的蒸发影响。

（二）地下水同位素特征

在黑河流域平原区，地下水同位素的总体分布特征为：自山前平原至下游荒漠区，潜水的氚值沿河流呈条带状相间分布。在南部盆地，地下水中氚的高值分布在张掖和酒泉附近，在张掖和酒泉两盆地之间存在一个低值区，大致位置在马营河出山至明海和莲花一带，远离河流，氚值逐渐降低。在下游金塔-花海子盆地至额济纳盆地，潜水的氚值变化较小，自河流向两侧减小，自鼎新向古日乃草原存在氚值相对高值区。承压水的氚值分布特征与潜水不同，自山前向下游荒漠区逐渐减小，高氚值的水主要分布在南部盆地张掖和丰乐河一带。^{14}C 的分布反映出与氚相似的特征，说明承压水以水平流动为主。

潜水的 $\delta^{18}O$ 和 δD 沿流动途径均逐渐变富，在灌区和额济纳荒漠区最富，反映了不同的补给条件和蒸发影响。取自山前戈壁带及中游潜水的 $\delta^{18}O$ 和 δD 值位于大气降水线上，与山区河水的相近，氚值高，是 1963 年以来的现代山区降水或冰雪融水通过出山河流渗漏补给形成，参与现代水循环积极，交替更新快。取自南部盆地溢出带以下细土平原的承压水 $\delta^{18}O$ 和 δD 值位于大气降水线的左下方，氚值较小，反映比较寒冷的气候条件下形成的或来自高海拔地区水的补给。^{14}C 测年表明，这些地下水是古水和现代水的混合，在一定程度上参与了现代水循环，但是交替与更新较慢。取自下游的潜水和中下游地表水库的 $\delta^{18}O$ 和 δD 值位于降水线的右上方，并向右偏移，氚值高，为现代河水和灌溉回归水补给，蒸发作用强烈。

1. 流域山前东部平原张掖盆地

在山前戈壁入渗带，潜水的氚值为 51.2～69.7TU。自张掖至高台、正义峡一带的细土平原，氚值变化较大，为 16.3～165.2TU。该区承压水的氚平均值为 29TU，为核爆前补给的古水。

潜水的 $\delta^{18}O$ 和 δD 值比承压水重，戈壁带潜水的 $\delta^{18}O$ 值范围为 $-9.5‰～-7.9‰$，δD 值范围为 $-54‰～-49‰$；溢出带以下潜水的 $\delta^{18}O$ 值范围为 $-8.7‰～-7.5‰$，δD 值范围为 $-57‰～-47‰$。承压水的 $\delta^{18}O$ 值范围为 $-10.0‰～-9.1‰$，δD 值范围为 $-59‰～-51‰$。戈壁带潜水的 ^{14}C 含量为 90.5～111.2PMC，溢出带以下潜水的 ^{14}C 含量为 71.5～114.0PMC，承压水的 ^{14}C 含量为 30.4～84.9PMC。

张掖盆地的含水层分为三组，第一组为潜水含水层，深度 0～40m；第二组为中层微承压含水层，深度 40～100m；第三组为深层承压含水层，深度大于 100m。大量监测数据表明，随着深度的增加，地下水的 ^{3}H、^{14}C 含量、δ^{18}O 和 δD 值减小，δ^{13}C 值增大，说明随着地下水埋深增大，蒸发影响减弱，而水-岩相互作用增强。三个不同层位含水层组的地下水同位素值具有明显不同特征。潜水 ^{3}H 和 ^{14}C 含量高，δ^{18}O 和 δD 值较重；深层承压水 ^{3}H 和 ^{14}C 含量低，δ^{18}O 和 δD 值较轻；中层承压水介于上、下层水之间。自上至下，各含水组的同位素平均值中，氚分别为 104TU、81TU 和 36TU，^{14}C 分别为 87.93PMC、83.34PMC 和 58.49PMC，δ^{18}O 分别为 $-7.7‰$、$-8.4‰$ 和 $-9.7‰$，δD 分别为 $-51‰$、$-54‰$ 和 $-57‰$。

2. 流域山前西部平原酒泉盆地

在酒泉盆地的山前戈壁入渗带，潜水的氚值介于 $25\sim105$TU；在溢出带以下，氚值为 $2\sim9$TU。该区承压水的氚值为 $2\sim10$TU。潜水和承压水的 δ^{18}O 值和 δD 值接近。戈壁带潜水的 δ^{18}O 值范围为 $-9.6‰\sim-8.6‰$；δD 值范围为 $-57‰\sim-45‰$。在溢出带以下，潜水的 δ^{18}O 值范围为 $-9.7‰\sim-8.8‰$；δD 值范围为 $-58‰\sim-52‰$。承压水的 δ^{18}O 值范围为 $-10‰\sim-9.6‰$；δD 值范围为 $-63‰\sim-60‰$。戈壁带地下水的 ^{14}C 含量为 $55\sim110$PMC，承压水的 ^{14}C 含量为 $26\sim94$PMC。

3. 流域中部金塔-鼎新盆地

在金塔-鼎新盆地金塔盆地，潜水的氚值为为 $10\sim39$TU，平均值为 25TU。鼎新盆地的氚值为 $8\sim45$TU。鼎新盆地潜水的 δ^{18}O 和 δD 值比金塔盆地重，δ^{18}O 值范围为 $-8.3‰\sim-6.6‰$，金塔潜水的 δ^{18}O 值范围为 $-8.4‰\sim-10.0‰$；鼎新潜水的 δD 值范围为 $-49‰\sim-32‰$，金塔潜水的 δD 值范围为 $-57‰\sim-52‰$。金塔盆地地下水 ^{14}C 含量为 56PMC，鼎新盆地地下水为 125PMC。

4. 流域下游区额济纳盆地

潜水的氚值为 $11\sim41$TU，氚值随水流方向变化不大，^{14}C 含量大于 50PMC。深层承压水的氚值为 $2\sim8$TU，^{14}C 含量小于 50PMC，为古水。潜水的 δ^{18}O 值和 δD 值比承压水重，δ^{18}O 值为 $-8.9‰\sim-1.7‰$；δD 值为 $-56‰\sim-41‰$，蒸发效应明显。承压水的 δ^{18}O 值为 $-10.3‰\sim-6.1‰$；δD 值为 $-66‰\sim-53‰$。

第四节　流域水循环过程与演化机制

一、山区水循环与子系统之间转化

（一）地表水形成

水化学资料表明，黑河流域山区地表水是不同来源水的混合作用产物，如图 7-10 所示。无论是六大离子（Ca^{2+} 除外）和矿化度特征，还是微量元素 Sr 资料，都反映出沿河流径流途径、不同来源水的混合特征。例如，北大河干流两侧冰雪融水的离子浓度

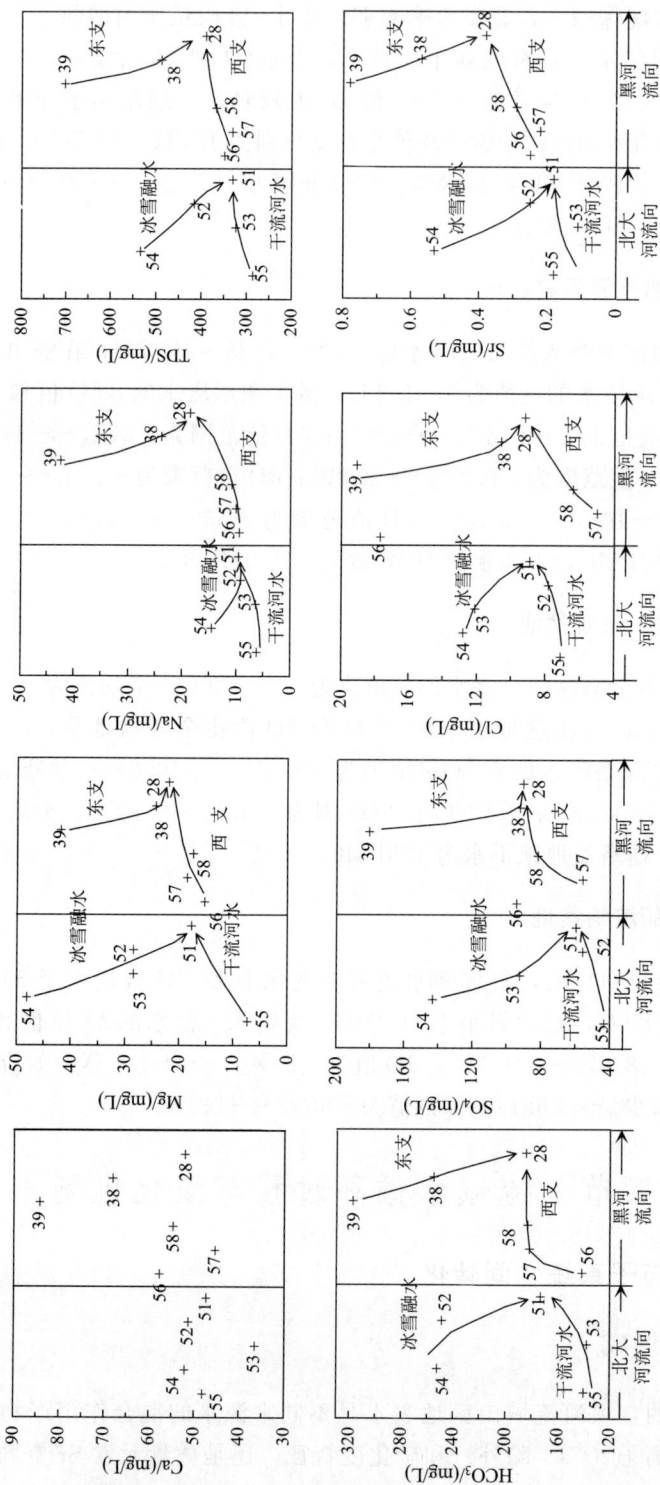

图 7-10　黑河流域山区地表水离子浓度在径流方向上变化关系

普遍高于干流河水，而且除 Ca^{2+} 外，由上游至下游河流两侧冰雪融水的离子浓度逐渐降低，干流河水的各离子浓度增高。由于山区蒸发作用微弱，径流速度快，所以蒸发和溶滤作用对河水化学组成影响不会很大，因此干流河水各离子浓度的增加，表明了沿途与高矿化度冰雪融水的混合作用。在黑河干流的上游山区，东支河水的采样点靠近冰雪融水区，所以河水的化学组分离子浓度均高于西支河水，并且沿径流方向河水中各离子浓度逐渐降低，而西支河水各离子浓度逐渐增高，由此表明冰雪融水与河水之间混合作用存在。

同位素资料反映下列两种基本特征，讨赖河源区地表水以融水和山区地下水补给为主，黑河干流区地表水以降水补给为主。

讨赖河源区地表水（HX51、HX53）的氚值（43TU、49TU）与冰雪融水的氚值（45TU）和地下水的氚值（33TU）接近，表明了河水主要来源于冰雪融水和地下水，其中地表水样品（HX52-1）的氚值（75TU）比降水、融水和地下水高近一倍，是受高氚值的地下水或近期降雪融水的影响。北大河河水样品的 $\delta^{18}O$ 和 δD 值接近于融水，地下水样品和附近河水的 $\delta^{18}O$ 和 δD 值相近，表明地下水与河水来源相同。北大河源区取样点的地表气温、水温与高程呈线性关系，二者的梯度分别是 $0.7℃/100m$ 和 $0.4℃/100m$，地表气温梯度与实际观测值相符（$0.6℃/100m$）。因此根据 $\delta^{18}O$ 与气温的关系分析，如果取样点的地表水来自不同高程的降水，那么应该显示出 $\delta^{18}O$ 与高程之间的线性关系。北大河源区水样的 $\delta^{18}O$ 与高程之间关系表明，北大河流域源区河水补给来源的高程比较稳定，主要来自于高程相近的冰雪融水补给。

黑河干流区地表水氚值比北大河源区高约 2 倍，比祁连县降水低，比冰川融水的氚值高。$\delta^{18}O$ 值（$-8.29‰\sim-7.43‰$）比北大河源区 $\delta^{18}O$ 值（$-9.21‰\sim-8.59‰$）重，降水补给所占份额较大。样品的 $\delta^{18}O$ 与高程呈负相关，反映了不同高程的补给特征，说明水的来源与北大河不同，反映出不同高程融水、降水和地下水的混合补给。黑河干流区 $\delta^{18}O$ 与 δD 的关系也反映了大气降水的补给特征，降水线方程为：$Y = 7.49X + 8.99$。样品的 $\delta^{18}O$ 与高程呈负相关，反映了不同高程的降水补给特征，这与北大河以融水补给为主的特征不同。这种差别与山区降水分布特点相符，丁永建等（2000）研究指出，在东亚季风影响为主的背景下，99.5°E 以西降水表现为受西风环流影响的特点，以东降水显示受东亚季风影响的特征，降水自西向东增加。

黑河干流区地表水的氚值与高程呈负相关；随着高程减小，地表水汇流途径增加，在源头地表水为冰雪融水，其氚值与融水氚值相近（40TU 左右），为融水补给，向下游至祁连县出山前，氚值增加至大于 80TU，表明降水的存在。由于肃南和祁连县降水的氚含量较高（$167\sim125TU$），所以向下游地下水和河水的补给比例增加。来源于不同途径的地表水，还可以通过 $\delta^{18}O$ 和 TDS 关系识别出来。同位素相关分析表明，地表水的样品均落在降水、融水和地下水的混合区，说明黑河干流区上游地表水以降水和融水补给为主，北大河以融水和山区地下水补给为主。

三个端元模型分析结果表明，每年 6 月上旬，黑河（干流）、梨园河和讨赖河的出山地表径流的组成中，黑河中降水补给占 41%、梨园河中融水补给占 41%，讨赖河中山区地下水补给占 53%（表 7-9），其他各项补给所占比例小于 38%。

表 7-9　6 月上旬黑河流域不同河流出山地表径流中补给组成的比例

监测位置	山区地表水径流中各补给水源所占比例/%		
	山区冰学融水	山区降水（夏季）	山区地下水
讨赖河镜铁山矿区	37	10	53
黑河莺落峡出山口	35	41	24
肃南梨园河出山口	41	29	30

（二）地下水形成与补给主要来源

黑河流域地下水补给主要来源的总体水化学特征：一类是低矿化的、$\delta^{18}O$ 相对较重和氚含量较高的 $HCO_3 \cdot SO_4\text{-}Ca \cdot Mg$ 型地下水，另一类是高矿化的、$\delta^{18}O$ 相对较贫和氚含量较低的 $Cl \cdot SO_4\text{-}Na \cdot Ca$ 型地下水。前者多为现代水补给，后者形成的年龄较古老。

根据同位素资料研究表明，第一种类型地下水为现代冰雪融水、降水通过裂隙和河床沉积物补给，属于局部地下水流系统；第二种类型为深部区域地下水循环的径流补给，在山前断裂带以泉的形式排泄，其中一个上升泉（大苦水）的 ^{14}C 含量为 43.2PMC，相应年龄为距今 7000 年。

在黑河流域，出山水和山区基岩裂隙水的氚值特征相同，河水的年均氚值为 37±7TU，地下水年均氚值为 34±8TU。$\delta^{18}O$ 值也表现出相似的特征，河水 $\delta^{18}O$ 的平均值为 8.2‰±0.3‰，地下水 $\delta^{18}O$ 的平均值为 8.5‰±0.4‰，具有季节性变化特点。河水和地下水同位素的相同变化特征，表明二者的来源基本相同，水力联系密切。地质条件分析表明，山区与平原之间以大型冲断层接触，山区地下径流受山前逆压断裂阻挡而以泉的形式排泄，汇于沟谷排入河流，这些排泄的泉水大部分是深部新近系、古近系和白垩系的高矿化度水。山区地下径流在出山前，大部分排泄于河流，以地表径流形式出山，地下径流仅在河谷、断裂带以潜流形式出山。

二、平原区水循环与地下水形成过程

（一）降水、地表水和地下水之间转化同位素特征

在张掖地区，降水的 $\delta^{18}O$ 和 δD 的加权平均值分别是 −6.4‰ 和 −42‰，降水线为 $\delta D = 7.48\delta^{18}O + 3.53$，以此作为黑河流域大气降水线。在年内，黑河流域降水同位素变化较大，夏季（6~9 月）降水与冬季降水之间的 $\delta^{18}O$ 差值约是 4‰。正义峡和鼎新水库 $\delta^{18}O$ 的年平均值分别为 −6.4‰ 和 −3.6‰，周围地下水 $\delta^{18}O$ 的平均值是 −6.1‰。多数地下水样品落在当地降水线的冬季和夏季之间，说明夏季当地降水对地下水补给所占比例是有限的，而高山区贫稳定同位素的降水补给占主要部分，并与当地降水补给的发生局部混合。由于平原区降水量较小，所以仅在南部盆地存在较为明显的降水-地表水-地下水之间转化关系，更为明显的是地表水与地下水之间相互转化引起的

同位素特征。在下游荒漠区和人工绿洲区，潜水蒸发效应明显，人工绿洲区灌溉入渗水补给产生一定影响。深层承压地下水的 $\delta^{18}O$ 贫乏，蒸发效应影响微弱。

在沿黑河径流方向上，$\delta^{18}O$ 值的季节性变化特征反映了地下水和河水之间相互作用的密切关系。一般来说，常年性河水的稳定同位素保持源区特征，蒸发影响相对比较小。张掖盆地上游，冬季和夏季河水的 $\delta^{18}O$ 差值不大，反映常年性河水自高山区或长距离的补给特征。自张掖以下，夏季河水的 $\delta^{18}O$ 值比冬季的明显偏富，尤其是高台至鼎新一带，河水的 $\delta^{18}O$ 值剧烈变化。这种变化不是简单河水蒸发效应结果，而与临泽灌区、高台灌区和鼎新灌区农业活动有关，经历了灌溉水→地下水→河水的转化过程，其中与灌溉水经过强烈蒸发影响有关。这种影响在鼎新灌区尤为明显。对比冬、夏两季的 $\delta^{18}O$ 值变化可见，鼎新灌区地下水对河水同位素特征具有明显的影响，这种影响向下游渐弱，在狼心山一带已微弱。

在地下水和地表水氚同位素的月际变化过程中，也具有季节性变化的特点：夏季氚值高；冬季氚值低。地表水和地下水氚同位素的一致性变化，表明地表水与地下水之间存在密切的水力联系。沿河水或地下水流动途径，地下水和地表水的氚值逐渐降低。对于常年性河流来说，径流速度远远高于地下水，放射性衰变影响较小。如果没有其他水的混入，上、下游之间河水的氚值变化不会很大。若存在地下水对河水补给影响，由于地下水的氚值小于河水，所以沿径流途径地表水氚含量的降低比较明显。从图 7-11 可见，沿黑河干流沿途，地下水与地表水氚值的不仅降低，而且变化具有相同规律，这表明存在地下水补给地表水和地表水补给地下水的转化过程，至少存在三次完整的相互转化过程。

由于黑河流域地下水的氚值小于地表水，所以河水的氚值低于地下水地段，是地下水补给河水；在地下水氚值低于地表水地段，是河水补给地下水（图 7-11）。在莺落峡之上的山区，有大量基岩裂隙水补给地表水，地下水氚值大于地表水（图 7-11 中 b 区）。在张掖山前入渗带，地下水氚值平均为 62.92TU，溢出带潜水为 61.16TU，小于山区地表水，表明是出山河水补给和当地大气降水补给地下水（图 7-11 中 c 区）。在张掖以北至正义峡（高台段），地表水的氚值低于地下水，表明地下水补给河水（图 7-11 中 d 区）。正义峡地表水的氚平均值为 40TU，介于张掖盆地潜水和承压水氚值之间，反映了其来源为二者的混合补给。在正义峡至狼心山一带，地下水的氚值平均为 31.93TU，河水平均为 38.27TU，是河水补给地下水（图 7-11 中 e 区前段）。自狼心山至额济纳盆地，地下水的氚值 29.01TU，接近并略小于河水的平均值，表明地下水来自河流的补给（图 7-11 中 e 区后段）。在额济纳绿洲区，河水的氚值低于地下水，为地下水补给地表水（图 7-11 中 f 区）。在东居延海附近存在地下水自流（泉）补给地表水的现象。

黑河流域地下水与河水之间转化大致可归纳为：山区基岩裂隙水补给地表水，山前平原河水补给地下水，在张掖北部地下水补给河水，至正义峡后河水补给地下水，河水成为下游荒漠区地下水的主要补给源，至额济纳盆地东北部（东居延海一带）地下水补给地表水。沿径流途径的地下水 $\delta^{18}O$ 和 δD 值变化特征，支持氚值反映的地下水和河水的相互作用关系。

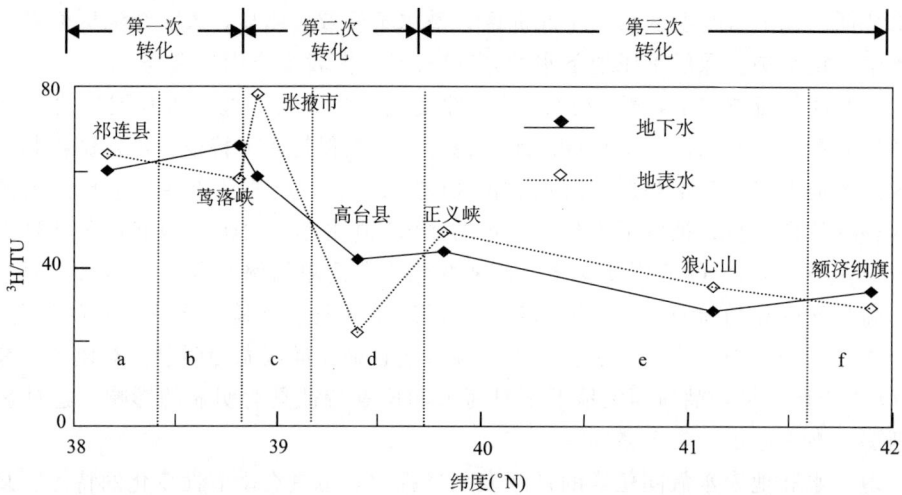

图 7-11　黑河流域水循环过程中地下水与河水之间转化氚值相关特征

（二）黑河流域山前平原入渗带河水与地下水之间转化同位素特征

在黑河流域出山口至张掖之间的戈壁入渗带，地下水的氚值为 57～69.7TU，接近山区地下水和地表水氚值（60.2TU），^{14}C 含量分布特征与氚值相似，δ^{18}O 和 δD 值位于大气降水线上，地下水的 δ^{18}O 介于 $-10‰～-9‰$，与山区地表水相近，表明山前戈壁入渗带地表水和地下水之间水力联系密切。从 δ^{18}O-δD 之间关系来看，黑河流域南部盆地的采样点都落在当地降水线附近，潜水样品落在出山河水和当地降水平均值之间，表明了地下水是降水和河水的混合补给。根据两端元混合模型和 δ^{18}O 资料的研究表明，黑河流域出山河水对地下水补给量占总补给量的 70％～80％，当地降水补给量仅占总补给量的 20％～30％（表 7-10）。

表 7-10　黑河流域张掖盆地浅层地下水混合补给比例估算结果

监测地点	据 δ^{18}O 估算		据 δD 估算	
	占出山河水补给量比例/%	占当地降水补给量比例/%	占出山河水补给量比例/%	占当地降水补给量比例/%
兴隆小学	60	40	54	46
高台民井	67	33	28	72
临泽县城	75	25	61	39
临泽县城	72	28	65	35
古寨村	52	48	46	54
平原堡	80	20	66	34
兴隆小学	78	22	72	28

监测地点	据 $\delta^{18}O$ 估算		据 δD 估算	
	占出山河水补给量 比例/%	占当地降水补给量 比例/%	占出山河水补给量 比例/%	占当地降水补给量 比例/%
泉 3	72	28	60	40
张掖龙渠	90	10	70	30
庄村	70	30	65	35
平均	72	28	59	41

（三）黑河流域冲洪积扇前缘带地表水与地下水之间转化同位素特征

在黑河流域冲积扇前缘带，由于含水层岩性变化较大，地下水沿着沟壑以泉的形式溢出地表，排泄于地表水中。在张掖盆地的溢出带附近，除 7～9 月外，河水的氚值均介于地下水和出山河水之间，反映该地段的河水主要是出山河水和地下水补给。在雨季（8～9 月），地下水和出山河水的氚值相近，表明雨季地下水主要接受出山河水的季节性洪流补给。

根据 $\delta^{18}O$ 资料估算，张掖盆地溢出带附近的河水中不同补给来源组成的季节性变化特征见表 7-11。在夏季，河水中地下水补给占径流量的 20%～30%，出山河水补给占径流量的 70%～80%。在冬季，河水中地下水补给占径流量的 33%～37%，出山河水补给占径流量的 63%～67%。

表 7-11　黑河流域张掖盆地溢出带地表水补给组成比例变化特征

地点	监测时间	$\delta^{18}O$ 值 /‰	占出山河水补给量 比例/%	占地下水补给量 比例/%
张掖黑河桥下	当年 6 月	−8.12	80	20
	当年 7 月	−7.97	74	26
	当年 8 月	−7.8	67	33
	当年 12 月	−7.7	63	37
	次年 3 月	−7.8	67	33
高台黑河桥下	当年 6 月	−7.23	45	55
	当年 7 月	−6.76	26	74
	当年 8 月	−7	36	64
	次年 1 月	−6.6	20	80
	次年 3 月	−6.5	16	84

（四）黑河流域中下游细土平原带河水与地下水之间转化同位素特征

在黑河流域中下游的高台至正义峡一带，各种水体的氚值具有相近的变化规律，说明这些水体之间存在一定的水力联系。地表河水的氚值远低于上游张掖附近的河水和高台—正义峡一带的降水，这种特征说明上游河水和降水对该带河水同位素变化影响较小。而这一带的河水氚值接近潜水，表明河水组成除了上游河水和降水之外，当地地下水补给占主要部分，而且深层承压水补给在河水中占有一定的比例。在冬季，河水与潜水的氚值在分析误差范围内，基本相同，说明冬季河水的主要来源是潜水补给。

根据同位素监测资料研究，出山河水的 $\delta^{18}O$ 平均值为 $-8.6‰$，高台-正义峡潜水 $\delta^{18}O$ 平均值为 $-6.1‰$。按二端元混合估算，张掖和高台地表水季节性组成变化状况见表 7-11。在夏季，张掖地区的地下水补给占 $20\%\sim30\%$，出山河水补给占 $70\%\sim80\%$；高台地区的地下水占 $55\%\sim75\%$，出山河水补给占 $25\%\sim45\%$。在冬季，张掖地区的地下水补给占 $33\%\sim37\%$，出山河水补给占 $63\%\sim67\%$；高台地区的地下水补给占 $80\%\sim84\%$，出山河水补给占 $16\%\sim20\%$。

（五）黑河流域下游区河水与地下水之间转化同位素特征

鼎新地表水与狼心山地下水的同位素特征具有相似变化规律。地下水的氚值略低于河水，地下水 $\delta^{18}O$ 值高于河水，二者的 δD 值相近，表明自鼎新至狼心山段，河水补给地下水。在狼心山以上，地下水的氚含量、$\delta^{18}O$ 和 δD 值与河水相似，但是在狼心山以下，河水与地下水的同位素差别相对较大，说明河水补给减弱，至额济纳绿洲区地下水补给河水。

三、流域水循环与地下水补给变异特征

（一）水循环衰变标示特征

1. 年际特征

虽然自 20 世纪 80 年代以来自祁连山区、进入平原的地表径流水量没有发生持续减少过程，但是通过正义峡进入下游区的径流量却不断减少，实测年径流量多处于自然水循环的均衡趋势线之下 ［图 7-12 (a)］，而且多分布在较小值区内，表现出明显的衰变特征。80 年代、90 年代正义峡与莺落峡的实测地表径流量累计值线明显偏离了天然径流量累计线，而且偏离值呈增大态势 ［图 7-12 (b)］。

2. 年内特征

在年内，5 月是正义峡地表径流衰变最为严重的季节（图 7-13），而且在 20 世纪 60 年代、70 年代就出现了偏离，但是至 11 月之后基本恢复自然状态（图 7-13 中 2 月和 11 月径流线所示），表明这时的人类活动影响尚未超出自然水循环的调节能力范畴。然而，进入 80 年代以来，5 月径流量偏离幅度不仅不断加大，而且各月份的径流量普遍偏离天然径流线，除了丰水年份之外，难以再出现自然循环特征。

(a)　　　　　　　　　　　　　　　　　　　(b)

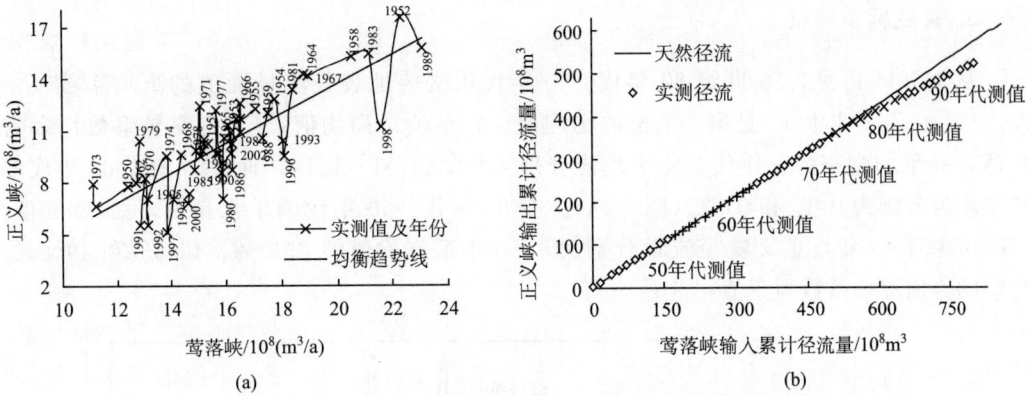

图 7-12　近 60 年以来黑河流域平原区地表径流衰变特征

（a）不同年份正义峡实测径流量与莺落峡出山径流量之间关系；

（b）正义峡累计径流量与莺落峡累计出山径流量之间关系

(a) 2月　　　　　　　　　　　　　　　　　(b) 5月

(c) 7月　　　　　　　　　　　　　　　　　(d) 11月

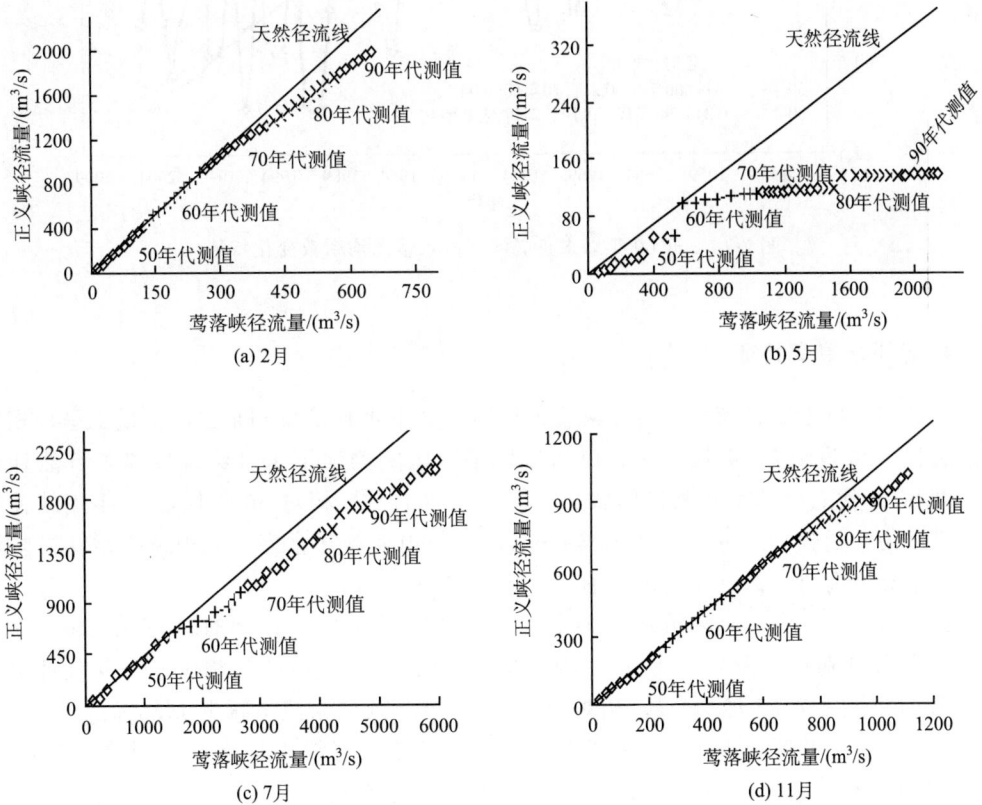

图 7-13　近 60 年以来黑河流域平原区月地表径流量衰变特征

3. 衰变标示特征

从图 7-14 可见，20 世纪 80 年代、90 年代正义峡地表径流量测值的离均系数（＝$[x_i-x]/xC_v$，式中 x_i 是第 i 年份的实测值；x 是长系列均值；C_v 为变异系数）多为负值，并呈加剧态势，年代多年平均值分别为 -0.31 和 -1.14，而 50 年代、60 年代多年平均为分别为 0.41 和 0.21（图 7-14）。在 80 年代、90 年代的丰水年份，如 1981 年、1983 年和 1989 年，正义峡径流量分别大于 50 年系列均值的 27.0％、46.3％和 49.4％，它们的测值离均系数为正值。

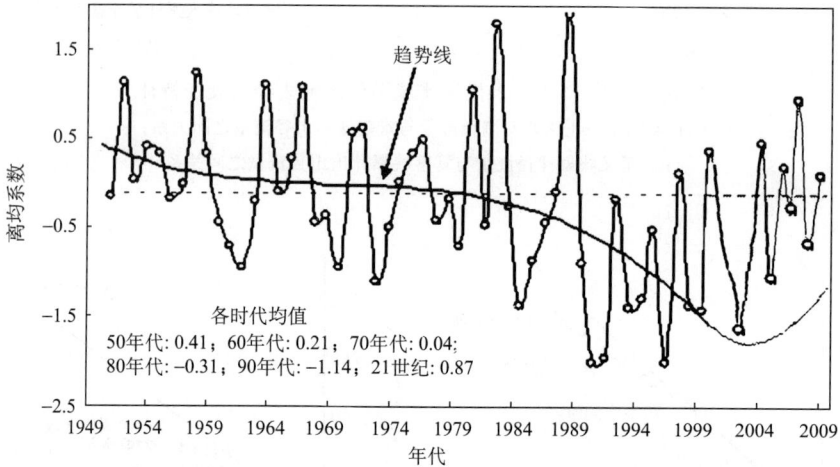

图 7-14　近 60 年以来正义峡下泄水量离均系数变化特征

4. 地下水衰变特征

在黑河流域地表径流过程发生衰变的同时，地下水补给量和泉水溢出量也呈现相应衰减过程。20 世纪 80 年代以来，黑河流域平原区实测地下水补给量偏离了自然补给线，而 80 年代之前基本处于自然状态［图 7-15（a）］。相对 60 年代，90 年代的补给量和泉水溢出量分别减少 33.1％和 49.6％，这与山前修建水库、大规模拦蓄和高防渗渠系引水导致河道入渗补给量减少有关［图 7-15（b）］。

20 世纪 50 年代，黑河流域中游主要盆地区地下水补给量为 31.1 亿 m^3/a，60 年代、70 年代分别减少为 27.9 亿 m^3/a 和 23.8 亿 m^3/a。与 50 年代相比，90 年代补给量减少 33.1％，为 20.8 亿 m^3/a。相对 60 年代，90 年代的泉流量减少 49.6％。

黑河流域中游区地下水实际补给量偏离自然补给状态线也是始于 20 世纪 70 年末、80 年代初［图 7-15（a）］，与大规模渠系引用地表水有关。从图 7-15（a）可见，无论是河道入渗补给量还是渠系入渗补给量，都呈现减少过程，与地下水总补给量衰减过程之间呈现出较好的一致性。中游主要盆地区地下水补给量不断衰减的直接后果是地下水排泄进入河道的溢出量不断减少，加剧了中游向下游区排泄水量的减少强度和下游区生态环境恶化程度。

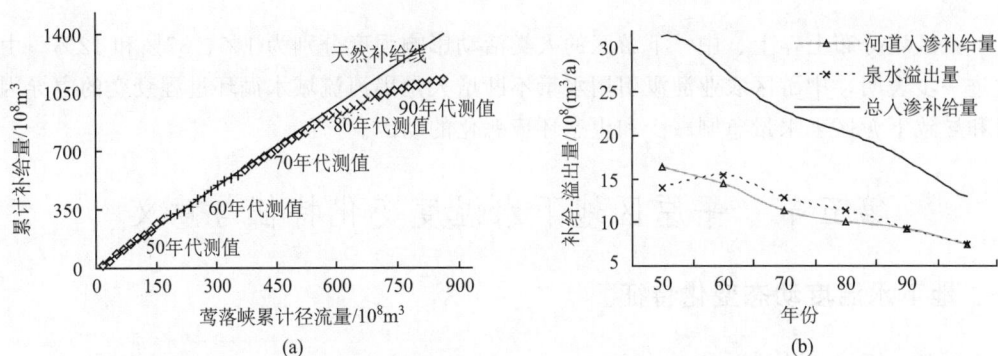

图 7-15　近 60 年黑河流域平原区地下水补给量和泉水溢出量衰变过程与特征
（a）累计补给量与出山地表径流量之间关系变化；（b）河道入渗、总补给量和泉水溢出量衰变过程

（二）水循环衰变动因及主导影响因素

前节分析已表明，自祁连山区流入黑河流域平原区的出山地表径流量没有发生持续衰减过程，而且在 20 世纪 80 年代还出现多个偏丰水年份，这说明该区水循环衰变不是由气候变化造成的。正义峡径流量的衰减与黑河流域中游区耕地面积和引用水量增大呈负相关，而且，20 世纪 80 年代以来，中游区耕地面积和农业引用水量都显著持续增大。

从 20 世纪 50 年代初至今，黑河流域总人口和灌溉面积分别增长 2.2 倍和 3.2 倍，其中人口的 90.6%、耕地总面积的 94.5% 和国内生产总值的 88.7% 分布于中游区，这里的用水量占全流域总用水量的 82.6%，其中农业用水量占当地总用水量的 93.8%。1950～1979 年期间，黑河干流中游区平均每年用水量仅为 3.92 亿 m^3，进入 80 年代用水量迅速增大，相对 50～60 年代平均每年用水量增加 64.2%；90 年代相对 80 年代，平均年用水量增加 26.6%。相对于多年平均地表径流量 37.8 亿 m^3/a 而言，当中游区引水量大于 13.97 亿 m^3/a（干流为 5.92 亿 m^3/a）时，平原区水循环过程和地下水补给将受到明显影响，特别是河道入渗补给量和通过正义峡进入下游区地表径流量明显减少。

由此可见，黑河流域中游区人口数量和耕地面积的增加是驱动力，农业灌溉引用水量超过自然承载力（安全引用水量）是根本原因。选择人口、灌溉面积、水库、引水量和开采量等因子作为反映人类活动强度的指标，利用指数加权法量化人类活动影响强度的结果表明，人类活动对黑河流域平原区水循环过程和地下水补给影响具有明显的阶段性特征。其中 20 世纪 50 年代的人类活动影响强度为 19%，60～70 年代增大为 28%，80～90 年代高达 54%，平原区地表径流过程已经从 20 世纪 50 年代的天然状态转变为目前的以人为干扰为主的状态，实测径流线偏离天然状态径流线，拐点的影响强度为 37%。在年内，春灌期间人类活动的影响强度为 67%，夏季和秋灌期间为 22%～23%，冬灌期间为 13%。在各类用水中，农业用水影响占 93%，工业和生活用水影响仅占 7%。

在区域分布上，上、中、下游区的人类活动影响强度分别为 1%、87%和 12%。由此进一步表明，中游区农业灌溉引用水量不断增大是黑河流域水循环过程衰变的主导因素和导致下游区来水量急剧减少和生态环境恶化的动因。

第五节　平原区地下水温度变化特征与意义

一、地下水温度动态变化特征

（一）年内变化特征

在黑河流域南部的张掖盆地，浅层地下水年均温度 10.9℃，深层水年均温度为 10.7℃。浅层地下水和深层水的年内最低温都出现在每年的 3 月，分别为 9.5℃和 9.7℃；年内最高温度分别出现在 9 月和 10 月，温度分别为 12.5℃和 11.8℃。由此表明，张掖盆地的浅、深层地下水都接受出山地表径流在戈壁带渗漏水入渗补给，地下水的最低或最高温度出现时间仅滞后气温最低或最高值出现时间 2~3 个月（图 7-16），浅层地下水温度变化滞后的时间较短。

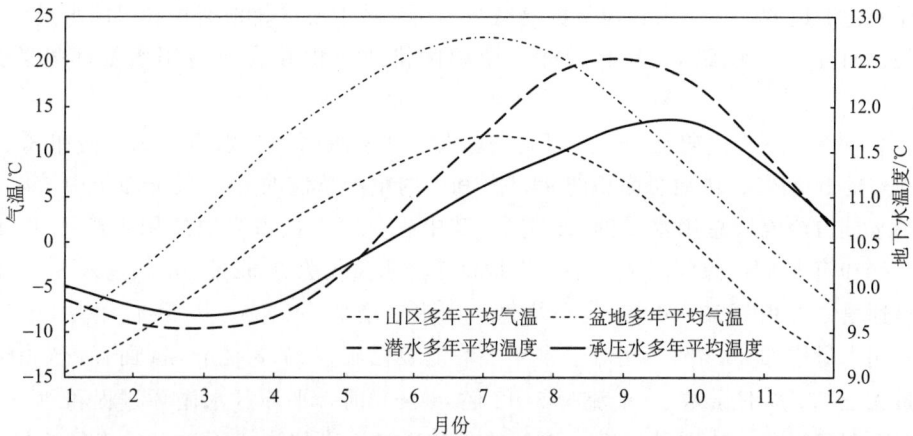

图 7-16　黑河流域南部盆地浅、深层地下水温度与气温年内变化特征及关系

相对年内各月的降水量来看，在气温较高的 7 月，降水量也是年内最大的月份；11 月至翌年 2 月是年内降水量较小的月份。其中山区每年的 12 月降水量最小，盆地每年的 2 月降水量最小（图 7-17）。从地下水温度动态变化来看，每年的 3~9 月浅层地下水温度呈现上升过程，9 月至翌年的 3 月为浅层地下水温度下降过程，其中，5~8 月浅层地下水温度上升幅度最大，10~12 月浅层地下水温度下降幅度最大；每年的 3~10 月深层水温度呈现上升过程，10 月至翌年的 3 月深层水温度呈现下降过程，其中 4~7 月深层地下水温度上升幅度最大，10~12 月深层地下水温度下降幅度最大。

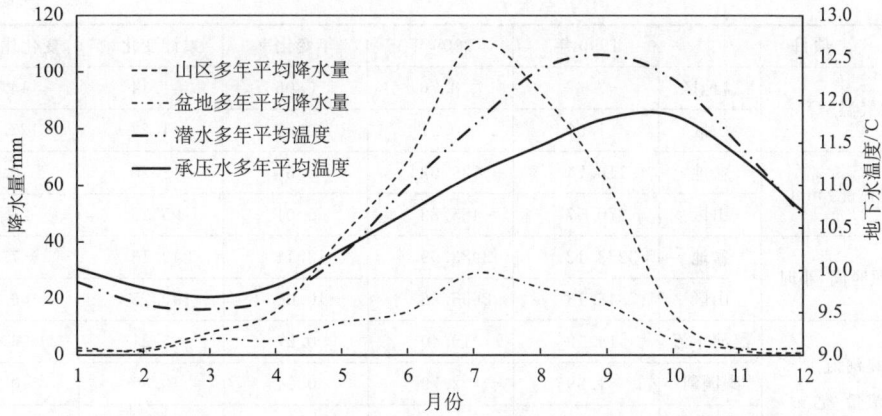

图 7-17　黑河流域南部盆地浅、深层地下水温度与降水量年内变化特征及关系

（二）年际变化特征

从 1990～2009 年的 20 年监测资料来看，黑河流域张掖盆地浅层地下水和深层水的年均温度都呈现下降趋势（图 7-18），平均全区下降幅度分别为浅层地下水 0.78℃ 和深层水 1.17℃，下降速率分别为 0.04℃/a 和 0.06℃/a，深层水温度下降速率较大（表 7-12）。

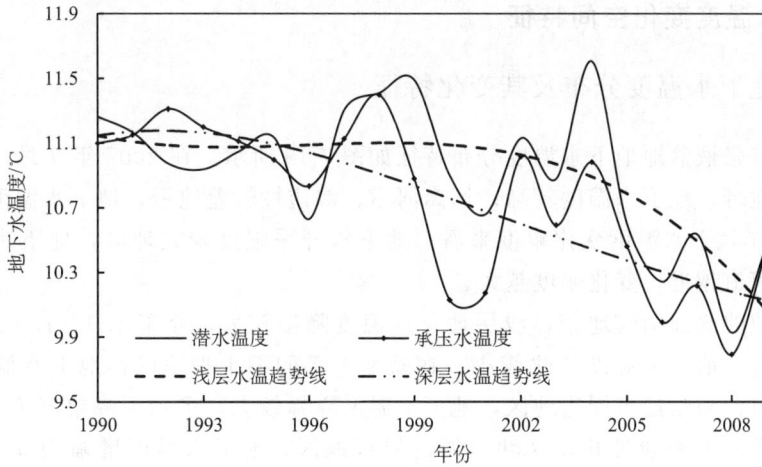

图 7-18　黑河流域南部盆地浅、深层地下水温度年际变化特征

表 7-12　研究区各影响因素与地下水温度变化表

项目		1990 年	2009 年	年变化率	累计变化量	变化比例/%
地下水 年均水位埋深/m	浅层水	7.93	10.23	0.12	2.29	28.91
	深层水	2.77	7.35	0.24	4.58	165.31

续表

项目		1990年	2009年	年变化率	累计变化量	变化比例/%
年均气温/℃	盆地区	7.62	8.76	0.06	1.14	14.91
	山区	−1.00	0.27	0.07	1.27	127.05
年均降水量/mm	盆地	116.74	129.02	0.65	12.28	10.52
	山区	370.57	465.82	5.01	95.25	25.70
年均日照时间/小时	盆地	3233.12	2983.99	−13.11	−249.13	−7.71
	山区	2846.13	2655.88	−10.01	−190.25	−6.68
主要河流 年均径流量/亿 m³	黑河干流	14.19	19.40	0.27	5.21	36.75
	梨园河	1.99	2.79	0.04	0.80	40.39
	小计	15.97	21.98	0.32	6.01	37.67
地下水温度/℃	浅层水	11.25	10.47	−0.04	−0.78	−6.94
	深层水	11.25	10.08	−0.06	−1.17	−10.41

注：表中1990年和2009年数据由线性趋势回归方程计算所得，年出山径流量为黑河与梨园河年径流量之和。

　　从图7-20可见，黑河流域张掖盆地浅层地下水和深层水的年均温度均于1998年开始呈现明显下降趋势，且1998～2001年和2004～2006年期间出现两次较大降幅，1998年之后，浅层地下水和深层水温度波动变化趋势趋于相同。

二、地下水温度变化空间特征

（一）地下水温度分布及其变化特征

　　黑河流域张掖盆地地下水温度分布特征如图7-19所示。在2007年9月，沿河两岸渗透性较强地带，地下水温度较高；远离河道、渗透性较差地带，地下水温度较低。从1990～2009年地下水温度变化幅度来看，地下水开采强度较大地区，地下水温度变化较大，且距河道越近，变化幅度越大。

　　张掖盆地的北部山前地带，浅层地下水温度降幅较大，介于1.0～1.5℃。盆地的南部山前地带，地下水温度变化较小。在盆地中部的细土平原区，地下水温度变化各异，其中在高台和张掖市周边地区，地下水温度降幅较大，平均下降幅度为1.0℃；在临泽的西南部冲洪积扇带和正义峡上游的局部地区，地下水温度增幅为0.5～1.0℃。在1990～1999年的10年期间，黑河流域张掖盆地地下水年均温度为11.28℃，地下水温度平均下降0.32℃。其中，盆地的东南部山前倾斜平原，地下水温度下降幅度最大，降幅达1.0～2.0℃。在盆地中部的细土平原区，张掖至临泽一带，地下水温度变化较小，变幅为−1.0～1.0℃。在高台一带，地下水温度降幅为0.5～1.0℃。在高台至正义峡段河谷平原，地下水温度基本没有变化。在盆地的北部山前带，地下水温度变化较大，升温幅度为1.5～2.5℃。

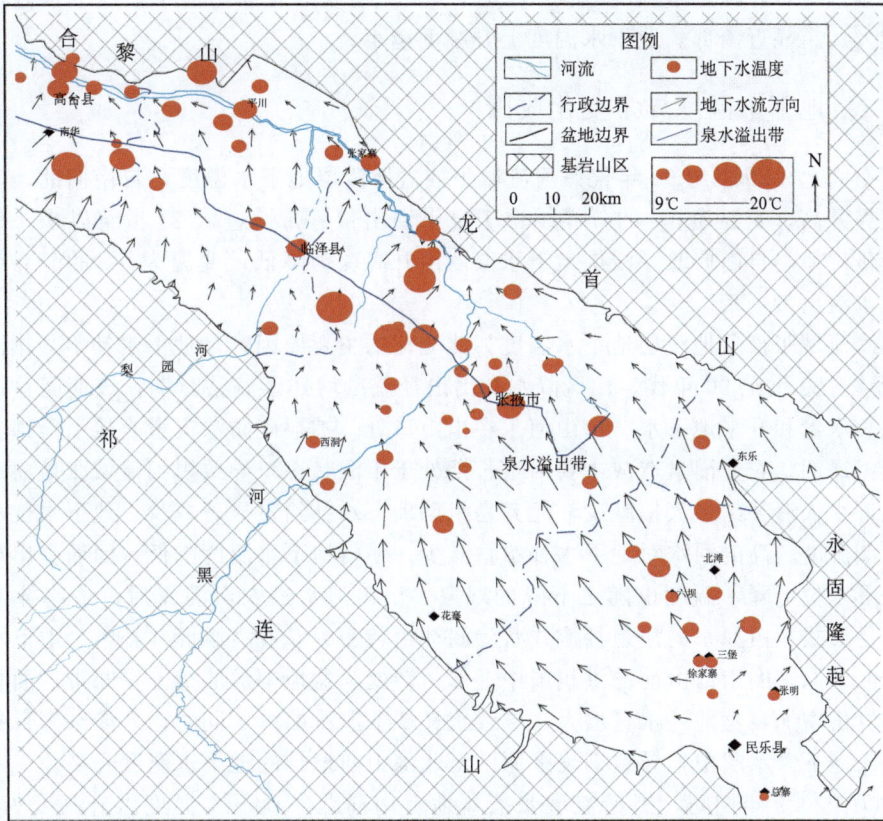

图 7-19　张掖盆地浅层地下水温度分布特征（2007 年 9 月监测）

在 2000～2009 年的 10 年期间，黑河流域张掖盆地浅层地下水年均温度为 10.86℃，相对 1990～1999 年地下水温度平均值，地下水年均温度下降 0.42℃。以泉水溢出带一带为界，在溢出带的上部至东南部山前倾斜平原，地下水温度表现为升温特征，增温幅度为 0～1.5℃，且越靠近山前，地下水温度增幅越大。在溢出带下部至北部山前带，地下水温度表现为下降特征，降温幅度为 0～4.0℃，且越靠近北部山前，地下水温度下降幅度越大。在高台至正义峡段的河谷平原，地下水温度变化不大。

1990～2009 年期间，张掖盆地深层水温度下降 1.17℃。在空间分布上，高台至正义峡一带，深层水温度下降幅度较大，为 1.0～2.0℃，其中高台细土平原区深层水温度下降幅度最大，超过 2.0℃。在张掖一带，深层水温度下降幅度较小，小于 0.5℃。在临泽一带，深层水温度上升 0.5℃左右。

1990～1999 年期间，黑河流域张掖盆地深层水温度年均降幅为 0.88℃。其中，高台一带的友联灌区和张掖东部的大满灌区，深层水温度下降幅度最大，平均降幅大于 1.5℃。在临泽的沙河灌区，深层水温度上升 0.5℃。2000～2009 年期间，盆地深层水平均温度为 10.62℃，相对 1990～1999 年期间，该区深层水温度的平均值下降 0.59℃，比同期的浅层地下水温度变化幅度大。在高台至正义峡段，深层水温度下降 0～0.5℃。

临泽至张掖一带，深层水温度升高 0.5～1.0℃。越靠近北部山前带，地下水温度升高幅度越大；越靠近南部，地下水温度上升幅度越小。

（二）地下水温度异常变化成因

在空间上，20 世纪 90 年代黑河流域张掖盆地浅层地下水温度，自南向北，温度由降低变为升高，变温为 0℃ 的分界线位于泉水溢出带一带。进入 21 世纪以来，呈现相反的变化规律，自南向北，浅层地下水温度由升高变为降低，变温为 0℃ 的分界线仍然位于泉水溢出带一带。

黑河流域张掖盆地浅层地下水温度如此变化的主要原因，是地下水补给与排泄条件改变所致。20 世纪 90 年代，山区降水和出山径流量均处于偏枯时期，该期间盆地大量引用地表水量和开采地下水。出山河水在出山口处，被衬砌防渗渠道直接引至细土平原带的人工绿洲，农业灌溉造成主要河道长期处于干涸状态，导致黑河流域张掖盆地山前平原地下水入渗补给量大幅减少，尤其是汛期地下水补给量显著减少，地下水位不断下降。汛期温度较高的河水对地下水补给量减少，使得地下水温度降低，因而会出现南部山前地下水位下降，温度也随之下降的现象。出山河水经农田灌溉后，最终补给地下水，只是形式上由原来的河道径流线状渗漏补给转变为农业灌溉面状补给。地下水的主要补给区由原来的南部山前冲洪积扇中上部，转变为盆地中部的细土平原带。面状补给使得蒸发量增加，盆地耗水量增大，导致正义峡下泄量减少。同时，入渗水携带更多的热量进入地下含水层中，导致细土平原区至北部山前地带的地下水温度升高。

2000～2009 年期间，黑河流域张掖盆地自南向北，地下水温度由升高变为降低，变温为 0℃ 的分界线位于泉水溢出带一线。2000 年以来，山区降水量和出山地表径流量均处于偏丰水状态，加之，自 2000 年开始实施黑河调水工程，为确保黑河流域下游区生态用水需求，显著减少中游区用水量，通过正义峡的下泄水量明显增加，黑河干流河道年过水量和过水时间也都大幅增加，由此使得河道渗漏入渗补给量大幅增加（图 7-20），张掖盆地山前平原沿黑河干流河道两侧的地下水位上升显著。增加的这部分水量主要来自汛期降水补给，水温较高。因此，盆地南部山前沿黑河河道周围地下水在该时间段对应的水温也呈现升高的趋势。黑河流域盆地南部山前平原的地下水补给量增加，必然导致盆地中下游的北部山前地带地下水补给量相对较少，以至，盆地北部山前带地下水温度下降。

黑河流域张掖盆地深层水温度变化机制与浅层地下水温度异常变化成因相同。20 世纪 90 年代，张掖市东南部的大满和石岗墩灌区深层水位下降最大，水位降幅为 3～7m。其次，为临泽一带，降幅为 2～4m。20 世纪 90 年代，盆地深层水温度变化主要是受浅层地下水温度异常变化影响。20 世纪 90 年代地下水开采井数量和开采量不断大幅增加，加之绝大部分开采井为混合开采，没有采取分层止水措施，从而导致盆地浅层地下水与深层水含水层之间存在一定的水力联系，使得二者温度变化在空间分布上趋于相同。

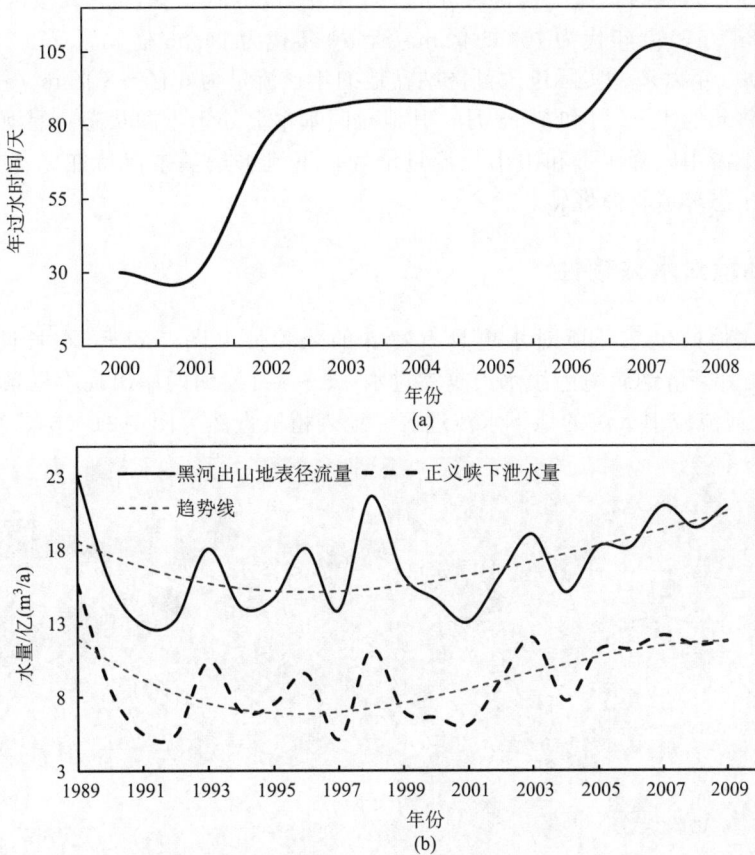

图 7-20 1990 年以来黑河干流过水时间、出山地表径流量和正义峡站下泄水量变化特征

(a) 黑河干流过水时间；(b) 黑河干流出山地表径流量和正义峡站下泄水量

第六节 下游区生态脆弱特征与调控阈

一、下游区脆弱自然环境特征

黑河流域下游区——额济纳盆地，除河流沿岸和居延三角洲外，大部为荒漠戈壁，气候异常干燥，属极端干旱区，风沙灾害频发，沙暴日数年均为 29 天，也是我国北方沙尘暴的主要物源区之一，面积 3.4 万 km²。北部和西部为低山丘陵，海拔 1000～1500m，相对高差为 50～200m；东南部为巴丹吉林沙漠，平均海拔 1100～1200m。盆地内地势低平，海拔 900～1127m，自南向北，自西向东缓慢倾斜，地面坡度 1‰～3‰。

额济纳盆地多年平均降水量为 38.9mm，年均蒸发量为 3653mm。多年平均气温为 8.2℃，最高达 41.8℃，最低为 −36.4℃，年相对湿度为 32%～35%。黑河干流是进入额济纳盆地的唯一季节性河流，也称弱水（或称额济纳河）。至狼心山西麓的巴彦博古都，分为东、西两河。东河向北分八个支流呈扇形汇入东居延海（索果淖尔），西河向北分四个支流汇入西居延海（嘎顺淖尔）。20 世纪 50 年代，黑河进入该区的年径流量为 12.06 亿 m³/a，60 年代为 10.65 亿 m³/a，70 年代为 10.55 亿 m³/a，90 年代为 7.56 亿 m³/a。2000 年以来，实际进入额济纳盆地的年径流量为 6 亿～8 亿 m³/a，其中 70% 以上集中在每年的 1～3 月和 7～8 月，其他时间基本上处于干涸状态。黑河调水工程实施后，加之上游山区降水量和出山径流量增大，下泄水量基本保持在 9 亿 m³/a 以上，因此下游区生态环境日渐好转。

二、生态环境对水依赖性

　　额济纳盆地的生态环境对水更具有特殊的依赖性（图 7-21）。在长期断流之后，2001 年 3～4 月额济纳旗境内溺水河东支过水，5～6 月沿河两岸出现生机景观［图 7-21 (a)］。在黑河流域中下游的地下水浅埋区，地表植被益然［图 7-21 (b)、(c)］。在 6

图 7-21　黑河流域不同地段生态环境对水的依赖景观

(a) 过水后溺水河岸生态景观；(b) 地下水浅埋区生态景观；(c) 湖泊滨岸生态景观；
(d) 祁连山区生态景观；(e) 额济纳井灌生态景观；(f) 张掖盆地北部生态景观

月的祁连山区，尽管气温仍然较低的，但是，在有地表流水地段草垫如地毯，生机勃勃〔图7-21（d）〕。不仅如此，在荒凉的额济纳旗，通过井灌维持着许多人工"绿洲"〔图7-21（e）〕。在鼎新、金塔盆地和张掖盆地的北部地段的地下水浅埋区，到处可见"江南秀美"景象〔图7-21（f）〕。踏遍过黑河流域的人们都会看到，那里的地下水对该流域维持生态环境具有特殊的作用和意义。

（一）下游区生态环境脆弱性

在黑河流域下游区——额济纳旗盆地，严重缺水是自然属性，以至那里的生态环境十分脆弱。在那里，每一滴水都关系到生命的存留，尤其是地下淡水资源更为宝贵。地下水资源减少，必然导致自然生态环境退化（图7-22）。由于长期严重缺水，昔日的绿洲变成了现实的荒漠〔图7-22（a）、（b）〕。今天的绿洲〔图7-22（c）〕和胡杨林〔图7-22（c）〕都在感叹维持其生命的地下水还能支撑到何时。从丰茂而枯死的草根〔图7-22（a）〕到红柳树根〔图7-22（b）〕，它们无不在为自己的明天而担忧。千年不死的胡杨林，由于地下水位持续下降，在额济纳旗已经出现大片枯死的悲惨景观。

图 7-22　河西走廊黑河流域生态环境的脆弱景观
（a）地下水深埋区生态退化景观；（b）干涸后东居延海湖岸生态退化景观；
（c）额济纳井灌生态景观；（d）地下水浅埋区自然生态景观

大禹时期，额济纳盆地的居延海是西北最大的湖泊。早期居延海湖面曾达到2600km²，至秦汉时期，其湖面仍有726km²。进入20世纪，居延海的命运每况愈下。

1932 年西居延海水域面积为 190km²，1944 年为 253km²，1958 年达到 267km²，1960年减少为 213km²，1961 年秋干涸；1944 年东居延海的水域面积为 24.5km²，1958 年为 35.5km²，自 1962 年以来先后干涸 5 次，1992 年彻底干涸。额济纳原有 6 大湖泊，从 20 世纪 80 年代末始至 90 年代初相继全部干涸，消失水域面积达 24.67 万 hm²。2002 年 7 月以来，黑河中游实施"全线封闭，集中下泄"，向居延海输水，历时 15 天，正义峡下泻水量 2.43 亿 m³，进入东居延海水量 2350 万 m³，最大水域面积恢复到 23.66km²，最大水深 0.63m。

（二）地下水维系生态环境作用

在黑河流域额济纳旗盆地，地下水是维系当地生态环境的重要条件。当地下水位埋深较大时，地下水无法通过毛细作用向地表植物根系输送水分，不利于植物生长；当地下水埋深较浅时，受地表土壤盐碱化的影响，植物生长也受到制约（表 7-13）。对于胡杨来说，最佳地下水水位埋深为 2～4m，红柳的最佳地下水水位埋深为 1～4m（表 7-13）。黑河流域下游区主要植物适宜生长的地下水水位埋深在 1m 以下和 5m 以上（表 7-14）。

表 7-13　不同地下水水位埋深条件下胡杨和红柳出现频率

植物种类	生长状况	不同地下水水位埋深时的出现频率/%										
		<1m	1～2m	2～3m	3～4m	4～5m	5～6m	6～7m	7～8m	8～9m	9～10m	>10m
胡杨	良好	3.1	24.2	33.3	27.3	12.1						
	较好	4	10	26	31	18	7	4				
	较差		7.2			3.6		7.1	10.7		17.9	14.3
红柳	良好	2.0	29.4		21.6	11.8	1.96					
	较好	2.3	17.4	30.3	23.6	14.0	3.4	2.8				
	较差	9.1	12.1	18.2	21.2	15.2	6.1					

表 7-14　黑河流域下游区不同植物适宜生长的地下水水位埋深

植物种类	适宜地下水水位埋深/m	极限地下水水位埋深/m	
		幼龄植物	中老龄植物
胡杨	1～5	3.5	5.5
红柳	1～5	2.0	5
沙枣	1～5	3.5	5.5
梭梭	2～4		4
芦苇	0～3	3	
干草	1～3	3	
白刺	1～2.5	2.5	

不同的植物耐盐能力各异，胡杨要求地下水的矿化度小于 5g/L，柽柳小于 10g/L，芦苇小于 10g/L，罗布麻小于 8g/L，干草小于 7.5g/L，骆驼刺小于 6g/L，但是正常生

长的耐盐范围小于 3.0g/L（表 7-15）。

表 7-15　额济纳地区植物适生的地下水水位埋深与盐分含量及植被状况

植物种类	地下水水位埋深/m	盐分含量/(g/L)	植被覆盖度/%	备注
芦苇-赖草	小于 1.0	0.6～3.7	50～70	盐分指地下水矿化度（g/L）
	1.0～2.2	0.6～3.7	20～30	
芦苇-黄蒿	1.1～2.57	2.0～4.2	5～10	盐分指地下水矿化度（g/L）
胡杨-芦苇	1.4～2.35	1.7～2.4	5～20	
梭梭-芦苇	0.2～2.63	2.0～4.5	5～10 或小于 5	
胡杨-沙枣	1.0～2.0	2.0～8.0	20～70	
柽柳-梭梭林	3.0～5.0	小于 3.0	20～70	
白刺-黄麻	大于 3.0	0.5～0.8	小于 5	
柽柳	大于 5.0	5.0～10.0	稀疏	盐分为土壤含盐量（g/m²）
	2.0～3.0	0.045～0.123	30～60	
	2.0～4.0	0.225～0.45	20～40	
	3.0～4.0	0.023～0.026	40～70	
	7.0～8.0	大于 7.5	5～10 或小于 5	

三、下游区生态环境退化机制与调控阈

（一）生态环境与来水量之间关系

通过正义峡进入黑河下游区的径流量，20 世纪 40 年代为 13.30 亿 m³，50 年代为 12.25 亿 m³，1990～1992 年年均 6.38 亿 m³。从正义峡流向额济纳盆地的途中，经过鼎新多个灌区引灌与蓄库，实际进入额济纳盆地的年径流量不超过 6.0 亿 m³，其中 1990 年为 3.1 亿 m³，1991 年为 2.54 亿 m³，1992 年为 1.83 亿 m³。流入额济纳盆地水量逐渐减少，地下水补给减少，地下水位持续下降，造成额济纳地区生态环境不断恶化。

近 60 年以来，黑河流域年径流量较大的年份是 1958 年，达 49.41 亿 m³，1989 年为 48.59 亿 m³/a。较小的年份是 1973 年，年径流量为 29.30 亿 m³/a，1991 年为 30.25 亿 m³/a。在 1958 年，居延海水域面积曾达到近 60 年以来的最大面积。1991 年，由于下泄水量急剧减少，1992 年东居延海彻底干涸。

额济纳弱水的绿洲现状生态需水总量为 5.34 亿 m³/a，其中植物生长期蒸发蒸腾量年均 2.61 亿 m³/a，非生长期地下水蒸发 0.59 亿 m³/a，其他区域地下水蒸发量为 2.14 亿 m³/a。若维持 20 世纪 80 年代额济纳盆地的生态环境，即绿洲面积 40 万～45 万 hm²，需水 7.5 亿 m³/a；恢复东居延海绿洲的天然植被，需水 8.0 亿 m³/a。因此，维系黑河流域下游区额济纳旗盆地绿洲生态环境的临界水量为 7.2 亿～7.5 亿 m³/a，警戒水量为 5.4 亿 m³/a。低于警戒水量，荒漠化的生态环境难以修复或继续恶化。

研究表明，考虑当地生活、生产的基本需水要求和生态环境最低需水量，正义峡水文站年径流量保证不小于 10.5 亿 m³/a，通过狼心山水文站流量不小于 7.0 亿 m³/a，流入东河的水量占狼心山站流量的 70%，流入西河的流量占狼心山流量的 30%情况下，额济纳地区潜水水位将处于有利于维系当地生态环境稳定状态，下游区生态环境将呈现良性发展。

（二）维系下游区生态环境的水循环调控阈

1. 中游区自然水循环中安全引水量

前面研究结果已表明，当中游区引水量超过该段总径流量的 37%时，河流水文过程则由天然径流特征为主转变为以人为干扰特征为主（张光辉等，2002，2006a）。换言之，中游区自然水循环状态下的安全引水量分别应为：①基于多年平均地表径流量 37.80 亿 m³/a，安全引水量〔=0.37（总径流量）〕小于或等于 13.97 亿 m³/a。②枯水年份（95%保证率）安全引水量为 10.14 亿 m³/a；偏枯水年份（75%保证率）安全引水量为 11.43 亿 m³/a；平水年份（50%保证率）安全引水量为 13.58 亿 m³/a；丰水年份（25%保证率），安全引水量为 15.51 亿 m³/a。

2. 下游生态环境需水阈

本书中生态需水量是指生态系统及其环境为维持正常的结构和功能而需要的水资源量。在充分考虑黑河流域中游地区、下游地区地表水和地下水基本条件基础上，利用 Preissmann 隐式格式离散和有限元方法，通过解逆法反求参数和迭代法求解，结果表明：若采用现状开采方案，额济纳地区浅层地下水和承压水将呈现负均衡状态，地下水水位将持续下降，而且，对开采引起的地下水水位变化响应强烈；当采用规划方案 B，即正义峡水文站年径流量保证为 10.50 亿 m³/a，通过狼心山水文站流量 7.0 亿 m³/a，流入东河的水量占狼心山站流量的 70%，流入西河的流量占狼心山流量的 30%情况下，额济纳地区潜水水位将处于相对稳定状态，可确保下游区生态环境的良性发展。

在莺落峡多年平均来水量 15.80 亿 m³ 时，正义峡应下泄水量 9.50 亿 m³，客观上要求黑河中游地区必须高效可持续利用黑河干流来水量 6.30 亿 m³，以及黑河中游支流（含梨园河）多年平均来水量 10.30 亿 m³ 中的一部分，确保黑河流域水循环良性发展。在黑河中游支流来水量中，应考虑必需的生态环境用水与地下水涵养需水的客观存在。

根据李文鹏（1999）、李文鹏和郝爱兵（1999）研究表明，黑河流域下游区基本控制生态环境退化态势的生态需水量为 6.83 亿 m³/a，初步改善生态环境的生态需水量为 8.01 亿 m³/a，明显改善生态环境的生态需水量为 9.27 亿 m³/a，其中额济纳盆地各生态需水量分别为 5.43 亿 m³/a、6.42 亿 m³/a 和 7.51 亿 m³/a。

3. 中游区经济社会发展需水阈

黑河流域中游区是我国重要的粮食生产区，该区分布有张掖、酒泉和嘉峪关三个城市群。中游区现有人口占全流域总人口的 88.5%，生产生活用水量占全流域总用水量的 88.4%，国民经济总产值占全流域的 87.5%，农业灌溉面积占全流域农灌总面积的 87.6%。未来经济社会发展对水资源承载力的压力仍然较大。在充分考虑节水和社会科技进步影响前提下，2020 年黑河流域中游区生产生活需水量为 22.68 亿 m³/a，其中种植业需水量为 17.07 亿 m³/a，工业用水量为 3.08 亿 m³/a，林牧渔业用水量为 1.22 亿 m³/a，城镇及农村生活用水量为 2.33 亿 m³/a。

水资源量的有限性是制约黑河流域经济社会发展和影响下游区生态环境的关键因素。如果基于多年平均水资源承载能力和仅从黑河流域中游区经济社会发展及其生态环境考虑，未来 20 年中游区水资源可承载既定的发展规划和生态环境保护规划，而且还可盈余水资源可用量 1.04 亿～2.83 亿 m³/a。但是，在中游区将利用水资源中，挤占下游区生态需水量，多年平均至少超用水量（＝用水量－安全引水量－地下水可开采量）3.11 亿～3.73 亿 m³/a。换言之，即使中、上游区所有各分区，包括酒泉市、肃南县、民乐县和山丹县生产生活用水量都各自实现供需平衡，则下游区仍然存在 0.91 亿～2.74 亿 m³/a 水资源量缺口。所以，进一步调整中游区经济社会规模和产业结构，降低中游区生产生活需水规模，将是未来有效解决上述问题的一个方向。

四、流域生态环境与水资源利用可持续性方略

（一）维系流域生态环境与水资源利用可持续要点

1. 独特地理环境决定地下水资源更具有宝贵性

我国西北地区地处干旱、半干旱地带，且多为内流盆地，水资源空间分布极不均匀，由此造成生态环境极为脆弱，对地下水具有很强的依赖性。

西北地区多数内陆盆地的流域水循环有一个共同的特点是，上游（山区）区由于年降水量较大和较丰富的冰雪融水而构成流域水资源的形成源区，主要通过地表汇流、径流出山口，在山前平原戈壁带 80%～90% 入渗补给浅层地下水；补给地下水的 60%～80% 水量在山前平原溢出带通过泉水方式流出补给地表水。从中游至下游区，河流一般串联两个或多个子盆地，沿途地表水与地下水之间频繁转化，包括浅层地下水与深层地下水之间的水量转化。从山口沿河流走向至下游区，盆地降水量迅速减小，一般由山前平原降水量 200～300mm/a 减少至 50mm/a 以下，最小达 17mm/a，以至中、下区水资源形成能力赖以依存上游（山区）区水循环变化的状况。往往是通过地表河流形成"河流-地下含水系统"，地表水与地下水之间存在着十分密切的水力联系，任一个系统发生变化，必然导致另一个系统响应而发生反馈变化。

西北内陆盆地另一个共性特点是，中、下游区生态环境对浅层地下水埋藏状况具有很强的依赖性。当地下水位埋深过大，地表植被衰亡和土地沙化；当地下水埋深过浅，土地盐碱化，生态环境退化。

2. 中游地区农业节水是关键

在发展高效节水农业过程中，需要处理好下列关系。

（1）正确处理兴修水利工程与地下水涵养的关系。兴修水利工程应建立在有利于整个流域的可持续发展上，在时空上应全面考虑实现水资源高效可持续利用和有效保护生态环境，即不损害地下水补给条件或破坏生态环境，也不牺牲后人的资源和环境，为此才有利于西部大开发和西北地区社会经济可持续发展。上游山区山前平原（戈壁带）是中下游地区地下水的主要补给区，出山地表径流水是主要补给源。客观上，若充分利用上游至下游区沿途地表水与地下水之间频繁转化规律，不仅有利于减少无效蒸发而高效利用水资源，而且还有利于保护生态环境而减少沙尘灾害，有利于提高水的质量和涵养地下水系统，增加水资源的战略储备，有利于边疆安全与稳定，造福于华夏。

（2）立足现状，规划未来。面对流域水资源时空极不均衡和总量明显不足的现实，需要着眼于整个流域生活、生态和生产可持续发展的总目标，规划未来的"三生水"（生活、生产和生态）用水方案。重视有计划地调整产业结构、农业结构、种植结构、品种结构，显著提高农业生产能力，确保灌溉用水总量大幅度减少，这是实现流域水资源可持续利用的可靠保证。

3. 不宜忽视中下游区地下水战略地位

在降水量不足 100mm 的流域下游区，地下水已经成为当地生态环境维系和居民生息繁衍的重要依托，是关系到边防安全的战略资源，合理补给与确保足够数量的战略储备，是国家安全与稳定的需求，不宜忽视。在极端干旱地区，静态地表水体易在强烈蒸发作用下无效大量消耗和盐分浓缩咸化，而适宜埋深的地下水，能较好地避免无效消耗与水量咸化。

4. 以水资源合理配置为基础，以水资源高效利用为重点

在区域发展层次上，以水为中心进行发展指标的全面平衡。区域发展规划和生产力布局要以水资源的安全供给与可持续利用为基本前提。兼顾除害与兴利、当前与长远、局部与全局，进行社会经济用水与生态环境用水的合理分配。在水资源开发利用层次，结合供水发展生态林与经济林，发展饲草饲料基地和灌溉草场，增加林牧业的比例。对已确定为保护范围的脆弱生态地带，要实施生态抢救工程，通过改造和兴建水利过程为其供水。对黄土高原地区，原则上以水资源的就地利用为主，以发挥水土保持等生态建设的多重效益。根据不断发展的实际情况，转变传统的水资源开发利用方式。

西北灌溉用水效率不高，节水有较大潜力。节水的方向，一是减少地下水潜水蒸发中超过作物吸收能力的无效蒸发损失；二是减少田间大水漫灌的水面无效蒸发损失；三是减少平原水库库面的蒸发损失；四是减少渠系输水的蒸发损失。

5. 以生态环境保护为前提，以流域水资源统一管理为保证

西北地区生态环境脆弱，又是大江大河的源头地区和我国最为严重的水土流失区。生态建设的水利工作重点包括六个方面：一是黄河、长江、澜沧江等大江大河源头地区的保护；二是黄土高原水土保持小流域综合治理；三是内陆河流域片径流形成区的保护；四是内陆河下游生态严重退化区的抢救性工程；五是大型灌区以盐碱治理为中心的

中低产田改造；六是黄河渭河水系的水污染总量控制与水源地保护。

要实现西北水资源的可持续利用，迫切需要协调流域水资源管理和行政区水资源管理的关系。协调的重点是强化流域水资源统一管理，进行水资源总量控制。将塔里木河流域纳入大江大河管理范畴，加大其规划管理力度。省际协调的重点是落实黑河分水方案，同时对沿黄有关省区落实国务院分水方案。有关省区应紧密合作，尽早提出适合新情况的流域分水方案。

6. 在保护中开发，以开发促进保护

流域是具有层次结构和整体功能的复合系统。流域水循环不仅构成了社会经济发展的资源基础，是生态环境的控制因素，同时也是诸多水问题和生态问题的共同症结所在。必须遵循自然规律和经济规律，对西北内陆干旱区流域水循环的各个环节进行综合调控。

7. 全面建设节水型的经济、社会和生态环境

西北地区是我国主要江河的上游，生态环境的屏障。西北地区水资源的开发利用与生态环境保护，不仅关系西北地区，而且关系到我国东部的大江大河的综合治理和水资源可持续利用问题，关系全国生态及大气环境的改善。地下水资源应得到合理、充分的利用。完整的流域性水资源规划，是水资源可持续利用的前提。遵循水循环演化规律，实施可持续发展战略，按照建设节水型的经济社会及生态环境的要求，制定完整的流域性水资源优化配置规划，对西北地区社会经济可持续发展将发挥重要作用。

（二）维系流域生态环境可持续性方略

1. 流域统管，生态优先，自下而上规划

在西北内陆地区，平原区水资源主要依赖山区径流补给，一旦山区水资源补给能力减弱，或山前水库过量调蓄和引用地表水，或中上游区大量超采地下水，则迅速引起下游地区地下水急剧变化，进而导致生态环境退化，甚至荒漠化；反之，当山区来水较多时，则下游区洪水泛滥，土地盐碱化迅速扩展，水质咸化。因此，流域水资源统一管理，优先考虑生态环境，自下游至上游进行流域水资源规划。满足下游区维持生态用水，关系到全流域的居安生存。

对于西北地区类似河西走廊黑河流域这样的干旱生态脆弱区，应确立维持良好的生存环境和保护生态环境良性发展作为流域水资源规划的首要目标。其次，适度发展经济，以高效节水经济为主，开辟和发展民族、地域文化经济和景观旅游经济为主的社会产业。特别是中游地区，应将水资源消耗总量作为严格的规划约束条件，确定下游区可持续地获得足够的水资源。

2. 护源，梳理山前，调节下游

西北内陆许多地区与黑河流域一样，河流和地下水之间存在密切的水力联系，在水资源量补给方面存在互补关系，在开发利用上存在彼此袭夺补给源水问题。上、中、下游区水资源量也是一个不可分割的河流-地下水系统。祁连山区是黑河流域平原地下水和地表水之源地，中游区水资源开发利用的合理程度是下游区生态环境发展方向的关键。

保护上游山区水源是平原区地下水可持续利用的重要方面。一方面确保有足够的补给水量，另一方面防止水的严重污染。目前山前平原是消耗流域水资源的主要地段，存在无序用水、无效用水和过量用水的不合理耗水现象。在山前平原应实施分类、分质节制用水机制，这对于调节和保证下游区维持生态用水至关重要。在下游区，应落实合理配置客水和当地不同水质的地下水资源，充分开源节流。

3. 适度开采浅埋地下水，强化水循环，保墒净水

在地下水位浅埋或地下水的溢出排泄带，应合理开采地下水，适当降低地下水位，强化地下水循环过程，减轻土地盐碱化程度。在类似额济纳旗这样的生态脆弱区，采用类似西湖新村等基地的做法，充分利用管、线技术，合理利用潜水，建立管网绿化区，为修复生态环境的自然恢复能力创造条件。

4. 潜水绿化，网带结合，深水安居

利用潜水建立和发展人居活动区的绿化保护屏障，绿化网带结合，在黑河流域已经取得成功的经验，应是西北干旱生态脆弱区地下水可持续利用的方向之一。深层地下水实施保护和限采政策主要用于生活和生产需水，耗水负荷量应小于单元承载能力的 $1/3$。

5. 按照节水型的经济社会要求，加大结构调整的力度

我国西北地区干旱缺水，但光热条件好，应大力发展节水高效的特色农业；西北地区草地面积大，应积极发展牧区水利，大力发展畜牧业；加强对现有工业的节水治污改造，提高水的重复利用率，严格控制高耗水、高污染的工业项目的建设。要积极发展中小型城镇及农村集中聚居点，以利于节水和保护生态环境。

6. 强化政策法规的保障

为了使西北地区水资源可持续开发利用战略得以实施，严格按批准的总体规划有序地进行，制定保护水土资源和生态环境的有关法规势在必行。加大对西北地区水资源环境保护的投入，加大对西北地区水资源补给源区、开发利用区和生态脆弱区保护的投入，开展新一轮的水资源调查与评价，特别是干旱、缺水地区的地下水资源调查与评价，刻不容缓。

小　　结

（1）我国西北地区是干旱、少雨，而蒸发强烈的地区，生态环境十分脆弱。这与流域尺度的水循环演化规律和上游山区的降水、冰雪融水补给及中游区水资源开发利用程度密切相关，必须遵循流域尺度的水循环规律和关键阈值调控，才能确保下游区生态环境不持续恶化。

（2）黑河流域水文循环条件具有分带性。黑河干流和北大河等河流串联祁连山区、南部张掖盆地和酒泉盆地、中部花海子金塔盆地以及北部额济纳盆地，形成了统一的黑河流域"河流-地下水"水循环系统，山区冰雪融水、基岩裂隙水和降水为主要补给源，经由河水输运，沿途地表水-地下水之间频繁转化，最终归宿额济纳盆地的居延海。在黑河流域，任何一个盆地或子系统发生变化，必然导致其下游另一个子系统响应而发生资源及环境变化。

（3）在自然条件下，黑河流域存在下列三种不同的地下水补给机制：①山前地区浅层地下水，为近 30 年来降水和地表水直接入渗补给，在补给过程中存在蒸发影响；②中、下游地区的潜水，补给以洪水期河流侧渗为主，补给多发生在强降水季节；③深层承压地下水，可能是地质历史时期的区域性补给，它们尚未被现代的水循环所严重影响。

（4）近 3000 多年以来黑河流域气候持续干旱，是流域水循环不断演变的主要影响因素，近几十年的人类活动影响，加剧了水循环演变程度。在上游补给源区（山区），降水量变化对流域水资源总量变化的影响，占 91% 的权重，气温变化的影响占 9% 的权重。降水量变化 1%，导致径流量增减 1.25%。温度变化 1℃，导致径流量增减 3.28%~3.9%。

（5）地下水同位素研究结果，黑河流域地下水主要形成于距今 8000~6000 年、距今 3000~2000 年期间和近 50 年的对应多雨温暖期，地下水形成、补给与更新能力与上游祁连山区降水、气温变化和近百年以来人类活动之间密切相关。相对 1428~1532 年、1622~1740 年和 1797~1865 年时期，现状黑河流域总水资源量至少减少 20%，河川径流量减少 14.6%，地下水补给量减少 4.38 亿~7.61 亿 m^3/a，其中降水、冰川融水比率分别减少 1.2% 和 2.0%，山区地下水（基流）补给比例增加 3.2%。

（6）黑河流域中游区人口数量和耕地面积的增加是驱动力，农业灌溉引用水量超过自然承载力（安全引用水量）是根本原因。20 世纪 50 年代的人类活动影响强度为 19%，60~70 年代增大为 28%，80~90 年代高达 54%，平原区地表径流过程已经从 20 世纪 50 年代的天然状态转变为目前的以人为干扰为主的状态，实测径流线偏离天然状态径流线，拐点的影响强度为 37%。在年内，春灌期间人类活动的影响强度为 67%，夏季和秋灌期间为 22%~23%，冬灌期间为 13%（表 7-21）。在区域分布上，上、中、下游区的人类活动影响强度分别为 1%、87% 和 12%。

（7）黑河流域下游区，植被生长状况与潜水位埋深之间密切相关。在潜水水位埋藏 1~2m 条件下，草甸植被生长良好，覆盖度可达 40%~70%。在潜水水位埋深小于 3.0m 的地区，出现荒漠化的概率小于 15.0%。在潜水水位埋深大于 5.0m 的地区，出现重度以上荒漠化的概率不小于 48.6%。随着潜水水位埋深增大，沙漠化概率和等级都增加。

（8）从维系流域下游区生态环境角度考虑，当中游区引水量超过该段总径流量的 37% 时，河流水文过程则由天然径流特征为主转变为以人为干扰特征为主。由此，中游区自然水循环状态下的安全引水量分别应为：①基于多年平均地表径流量 37.80 亿 m^3/a，安全引水量（＝0.37 的总径流量）小于或等于 13.97 亿 m^3/a。②枯水年份（95% 保证

率）安全引水量为 10.14 亿 m³/a；偏枯水年份（75％保证率）安全引水量为 11.43 亿
m³/a；平水年份（50％保证率）安全引水量为 13.58 亿 m³/a；丰水年份（25％保证率）
安全引水量为 15.51 亿 m³/a。下游生态环境需水阈是正义峡水文站年径流量不小于
10.50 亿 m³/a，通过狼心山水文站流量不小于 7.00 亿 m³/a。

参 考 文 献

曹德昌，李景文，陈维强，等.2009.额济纳绿洲不同林隙胡杨根蘖的发生特征.生态学报，(4)：1954～1961

陈军武，吴锦奎.2010.气候变化对黑河流域典型作物灌溉需水量影响.灌溉排水学报，(3)：69～73

党素珍，刘昌明，王中根，等.2010.黑河流域上游融雪径流时间变化特征及成因分析.冰川冻土，
　　(4)：920～926

丁永建，叶佰生，刘时银.2000.祁连山中部地区 40a 来气候变化及其对径流的影响.冰川冻土，22
　　(3)：193～199

冯起，苏永红，司建华，等.2013.黑河流域生态水文样带调查.地球科学进展，(2)：187～196

葛晓光，薛博，万力，等.2009.黑河下游径流量与额济纳绿洲 NDVI 的滞后模型.地理科学，(6)：
　　900～904

龚家栋，李小雁.2001.黑河流域不同下垫面区域的气候变化特征.冰川冻土，23 (4)：423～431

龚家栋，程国栋，张小由，等.2002.黑河下游额济纳地区的环境演变.地球科学进展，17 (4)：491～496

龚家栋，董光荣，李森，等.1998.黑河下游额济纳绿洲环境退化及综合治理.中国沙漠，18 (1)：
　　46～52

胡兴林.2003.黑河流域径流演变规律及区域性水资源优化配置分析.水文，(1)：32～36

金晓媚.2010.额济纳绿洲荒漠植被与地下水位埋深的定量关系.地学前缘，(6)：181～186

金晓媚，胡光成.2010.额济纳地区植被变化规律及最小需水量的估算.水利水电科技进展，(1)：30～34

康尔泗，程国栋，蓝永超，等.2002.概念性水文模型在出山径流预报中的应用.地球科学进展，17
　　(1)：18～26

蓝永超，孙保沐，丁永建.2004.黑河流域生态环境变化及其影响因素分析.干旱区资源与环境，(2)：
　　32～39

李静，桑广书.2010.西汉以来黑河流域绿洲演变.干旱区地理，(3)：480～486

李文鹏.1999.西北干旱区水资源开发利用与社会可持续发展.资源与产业，(9)：41～44

李文鹏，郝爱兵.1999.中国西北内陆干旱盆地地下水形成演化模式及其意义.水文地质工程地质，
　　(4)：30～34

李占玲，徐宗学.2011.近 50 年来黑河流域气温和降水量突变特征分析.资源科学，(10)：1877～1882

廖杰，王涛，薛娴.2012.近 55a 来黑河流域绿洲演变特征的初步研究.中国沙漠，(5)：1426～1441

刘冰，赵文智，常学向，等.2011.黑河流域荒漠区土壤水分对降水脉动响应.中国沙漠，(3)：716～722

刘光远，徐瑞珍，张先恭.1984.祁连山圆柏的最后年表.气象，(11)：27～28

刘少玉，张光辉，张翠云，等.2008.黑河流域水资源系统演变和人类活动影响.吉林大学学报（地学
　　版），(5)：806～812

刘蔚，王涛，曹生奎，等.2009.黑河流域土地沙漠化变迁及成因.干旱区资源与环境，(1)：35～43

马燕，李志萍，曹希强.2010.近 200 年来额济纳绿洲土地荒漠化进程及其驱动机制.水土保持研究，
　　(5)：158～162

聂振龙，陈宗宇.2005.黑河干流浅层地下水与地表水相互转化的水化学特征.吉林大学学报（地学
　　版），(1)：48～53

聂振龙，陈宗宇，申建梅，等. 2005. 同位素方法研究黑河干流区水文循环特征. 地理与地理信息科学，(1)：104～108

聂振龙，陈宗宇，张光辉，等. 2010. 黑河流域民乐山前隐伏构造带地下水补给与更新. 水文地质工程地质，(2)：6～9

彭家中，司建华. 2011. 基于统计额济纳绿洲地下水位埋深空间异质性研究. 干旱区资源与环境，(4)：94～99

齐善忠，王涛. 2003. 黑河流域中下游地区土地沙漠化现状及其原因分析. 水土保持学报，(4)：98～101

任朝霞，陆玉麒，杨达源. 2009. 近 2000 年黑河流域旱涝变化研究. 干旱区资源与环境，(4)：90～93

申建梅，张光辉，聂振龙，等. 2008. 甘肃盐池地区芒硝及原盐矿床成因探讨. 南水北调与水利科技，(3)：88～91

申建梅，张光辉，聂振龙，等. 2008. 西北内陆高台盐池孢粉组合与古气候变化. 中国生态农业学报，(2)：323～326

施雅风. 1996. 中国历史气候变化. 济南：山东科学技术出版社

施雅风，刘春蓁，张祥松. 1995. 气候变化对西北华北水资源的影响. 济南：山东科学技术出版社

苏永红，朱高峰，冯起，等. 2009. 额济纳盆地浅层地下水演化特征与滞留时间研究. 干旱区地理，(4)：544～551

孙非，王伟峰，尹海霞，等. 2012. 黑河流域中游地区近 43 年来农作物需水量变化趋势. 资源科学，(3)：409～417

王宏昌. 2000. 甘肃省能对中国生态环境作重大贡献. 中国社会科学院数量经济与技术经济研究所

王璞玉，李忠勤，高闻宇，等. 2011. 气候变化背景下近 50 年来黑河流域冰川资源变化特征. 资源科学，(3)：399～407

王旭东，刘克利，戴玉芝，等. 2009. 1957～2007 年额济纳荒漠绿洲暖干化趋势. 干旱区研究，(6)：771～778

王义，王胜利，冯学武，等. 2011. 额济纳河干流及下游支流密集区地下水位控制深度. 农业工程学报，(7)：101～106

武志博，田永祯，赵菊英，等. 2013. 额济纳绿洲重盐地多枝柽柳分布格局研究. 中国沙漠，(1)：106～109

席海洋，冯起，司建华，等. 2011. 额济纳盆地地下水时空变化特征. 干旱区研究，(4)：592～601

杨立彬，黄强，阮本清，等. 2012. 额济纳绿洲生态需水研究. 水利学报，(9)：1127～1133

杨明金，张勃，王海青，等. 2009. 黑河流域 1950～2004 年出山径流变化规律分析. 资源科学，(3)：413～419

曾巧，马剑英. 2013. 黑河流域不同生境植物水分来源及环境指示意义. 冰川冻土，(1)：148～155

张光辉，聂振龙. 2005. 黑河流域水循环过程中地下水同位素特征与补给效应. 地球科学进展，20(5)：511～519

张光辉，陈宗宇，聂振龙，等. 2006b. 黑河流域地下水同位素特征及其对古气候变化的响应. 地球学报，(4)：341～348

张光辉，刘少玉，谢悦波，等. 2005d. 西北内陆黑河流域水循环与地下水形成演化模式. 北京：地质出版社

张光辉，刘少玉，张翠云，等. 2004. 黑河流域地下水循环演化规律研究. 中国地质，31 (3)：289～293

张光辉，刘中培，连英立，等. 2009. 内陆干旱区水循环危机性标识与特征. 干旱区地理，(5)：720～725

张光辉，聂振龙，刘少玉，等. 2005c. 黑河流域走廊平原地下水补给源组成特征及变化. 水科学进展，16 (5)：673～678

张光辉，聂振龙，刘少玉，等. 2006a. 黑河流域水资源对下游生态环境变化的影响阈. 地质通报，

(Z1)：244～250

张光辉，聂振龙，谢悦波，等.2005a.甘肃西部平原区地下水同位素特征及更新性.地质通报，24
　　(2)：149～155

张光辉，聂振龙，张翠云，等.2005b.黑河流域走廊平原地下水补给变异特征与机制.水利学报，36
　　(6)：715～720

张光辉，石迎新，聂振龙.2002.黑河流域生态环境的脆弱性及其对地下水的依赖性.安全与环境学
　　报，(3)：31～33

张惠昌.1994.内蒙额济纳绿洲环境恶化的思考.水文地质工程地质，(6)：48～52

张一驰，于静洁，乔茂云，等.2011.黑河流域生态输水对下游植被变化影响研究.水利学报，(7)：
　　757～765

张应华，仵彦卿.2009a.黑河流域中游盆地地下水补给机理分析.中国沙漠，(2)：370～375

张应华，仵彦卿.2009b.黑河流域中上游地区降水中氢氧同位素研究.冰川冻土，(1)：34～39

朱军涛，于静洁.2011.额济纳荒漠绿洲植物群落数量分类及与地下水环境关系.植物生态学报，(5)：
　　480～489

邹悦，张勃，戴声佩，等.2011.黑河流域莺落峡站水文过程变异点的识别与分析.资源科学，(7)：
　　1264～1271

第八章 区域地下水调蓄条件与潜力

第一节 基本理念与调蓄原理

有关"地下调蓄"的概念较多,如"地下水调蓄"、"人工回灌补给"、"含水层人工补给"和"地下水库人工调蓄"等,它们彼此的内涵存在某些差异。

一、地下水相关调蓄理念

地下水调蓄又简称为"地下调蓄",是指利用地下含水层系统所具备的多年调节功能,进行地下水数量的"枯欠丰补"调节行为,以期实现水文周期内地下水数量的均衡开发利用。"人工地下水调蓄"是由自然补给条件下的"地下调蓄"演变而来,又称"人工地下调蓄",是指利用地下含水层系统的储水功能,通过引入外域水源通过人工回灌,增加地下水补给量,以期实现开发期内地下水数量的开采与补给均衡,避免因长期超采而引起不良后果。

人工地下调蓄包括水源保障、入渗实现、水位控制和水质量安全保障等,是具涵养功能的系统工程理念。人工地下调蓄的主体目标是储存于含水层系统中地下水的数量,既能够满足水量供给需求,又不发生环境地质问题。人工回灌进行补给是人工地下调蓄的一个重要环节,实际工作中常被赋予"人工地下水调蓄"理解。

地下水库被定义为"具备有储存一定数量地下水,又具有较强调蓄功能的地下储水空间(蓄水构造或含水层组系统)"。水文地质术语中,将地下水库定义为地下储水层。林学钰(1984)提出,地下水库是一个便于开发和利用的地下储水地区,它表明一个或数个完整的水文地质单元,在地质条件上有一个良好的储水空间,而储水空间内的岩石要有良好的渗透性,以满足水的补给、存储、输送和释放的要求,可以天然存在水,也可以为未来准备储水用;地下水库的利用程度取决于水的补给源及其特点。杜新强(2008a,2008b)指出,地下水库是指修建于地下并以含水层为调蓄空间的蓄水实体,它在取水、用水和调节水资源方面与地表水库具有相似的功能,它调节水资源的基本原理是在丰水期将多余的地表水储存在地下水库中,干旱缺水的时期大量取用,同时腾出地下库容,为下一个丰水期储水提供空间条件,进而达到调节水资源供需的时空矛盾。

地下水库的概念是相对地表水库而言的。地表水库不同于地表湖泊,在于地表水库具有人为的拦蓄和调节地表水流的功能。与此类似,地下水库不同于地下含水层,在于人为地干预了地下水流的天然调节能力和扩大了地下含水层的蓄水能力。因此,不宜笼统地将厚大含水层或大型储水构造命名为"地下水库"。地下水库不同于地下水人工调蓄,它不是地下水资源超采后的一种补救措施,而是一种有目的、主动性的储存、调节和利用地下水资源的一种工程措施。地下水调蓄功能本是自然属性，与地下水的补给、径流、储存和排泄条件密切相关。长期大规模拦蓄和渠系引用地表水，导致河道长期干涸，以及长期大规模超采地下水，许多地区的地下水已失去自然调蓄功能，随之出现严重的环境地质问题。

根据储水介质的不同，可将地下水库分为松散介质、裂隙介质、岩溶介质和混合介质地下水库。由于储水介质的不同，地下水的分布特征也不同，地下水动力性质也不同，所采用的地下截渗、回灌、开采工程也会不同。根据地下水埋藏条件，又可将地下水库可分为潜水、承压水和潜水-承压水混合地下水库。

二、地下调蓄原理与基本条件

（一）地下调蓄基本原理

在枯水年份，当年实际开采量可以超过多年平均可开采资源量，动用部分地下水储存资源量，腾空地下储水空间；在丰水年份，尽可能少开采地下水或人工调节入渗补给地下水，确保枯水年份超采的水量得到补充，致使均衡周期内地下水储存资源量处于均衡状况。

在严重超采背景状况下，应采取各种合理措施，充分增加超采区地下水补给量，同时，强化丰水年份和平水期减少开采量的强度，促使地下水储存资源逐渐恢复为合理状态，以增强抵御未来连续枯水年份大旱能力。相对地表水库，地下调蓄具有拓展水资源时空使用域、保障水资源质量和减小无效蒸发优势的同时，还具有与地表水库相互依存和相互补充、提供水资源总体效益的功能。

（二）地下调蓄基本条件

开展人工地下调蓄，需要具备基本条件：一是足够的天然地下储水空间；二是充足的水源；三是良好的入渗条件。地下储水空间是人工地下调蓄的必要条件，没有地下水储水库容，无法谈论地下调蓄。天然地下储水空间一般是指各种地下含水构造，如冲洪积扇和地下岩溶等。地下调蓄库容由区内地层的孔隙、裂隙和溶隙等组成，它应由具有相对封闭的地下空间组成。水源是人工地下调蓄的充分条件。水源是指流域内或跨流域调水引来的没有污染的富余水源，可供人工回灌补给地下水。优良的入渗条件是连接"地下储水空间"与"水源"的必备条件，又称"人工入渗补源工程"，包括拦蓄与截渗工程，以期增大调蓄水量。

地下调蓄能力是地下水调蓄的重要度量指标，它是指在可持续利用原则、生态环境良性发展和以当前经济技术合理条件下地下调蓄场所（区）具备容纳水资源的最大容量，具有动态可变性、可调节性、有限性和相对不确定性，与地层岩性、包气带厚度、储水空间连通性、补给水源及其输汇条件、给水与渗透性能等有关。封闭或近封闭的边界及其范围内足够大的储水空间，是地下调蓄必须具备的前提条件。地下调蓄库容的大小与调蓄场区分布面积、调蓄段地层砂体厚度与给水度成正比。储水空间越大，调蓄能力越强，效益越高和相对成本越低。一般要求调蓄段地层中砂层厚度不小于 15m，调

蓄场区面积不小于 $100km^2$。

调蓄阈值控制是地下调蓄中必须重视的内容，它规定不同时期的地下水位极限埋深，既不产生大规模盐渍和不引起土地质量明显恶化问题，也不造成含水层组过度疏干，引起生态环境地质问题。一般采用地下水位最大极限埋深作为地下水开采约束的阈值指标，它与取水设备条件约束和生态地质环境问题防止指标约束有关。因为地下水位埋深过大，不仅会造成取水设备失灵，增加开采成本，还会造成生态地质环境问题。

设定地下水位最大埋深的调控指标时，需遵循如下原则：①从充分发挥地下调蓄水库的多年调节功能和最大作用出发，只有在极端、连旱年份才可出现地下水位最大埋深情景。②重视库区内开采能力与地下水位最大埋深之间相互制约关系，力求二者协调，力求效益最大和风险最低。③正确处理地下水位最大埋深控制指标与供水保证率之间关系，在一个完整水文周期内务必保障采补水量平衡，或补给量大于开采量，逐步修复已严重超采亏缺。

第二节　太行山前平原地下调蓄条件

一、地下调蓄库容类型划分

地形、地貌和水文地质条件是划分地下调蓄类型及圈定远景区的主要依据。因为调蓄场区地层孔隙空间大小及其连通性是地下调蓄实现入渗、储存和给水的必要条件，而地形、地貌的汇水和地表调蓄条件是地下调蓄的充分条件。因此，充分考虑调蓄场区地层孔隙性、渗透性、储水性和给水性等条件，同时，又将地表汇水和调蓄条件作为重要影响因子，进行地下调蓄类型划分和调蓄远景区圈定的研究。

地下调蓄远景区是指具有一定规模地下储水空间（主要指砂层厚度及其分布范围）和地表汇水与入渗条件的水文地质单元，如冲洪积扇和冲积扇等。其圈定是依据太行山前平原洪积扇、大型冲积扇的分布状况和有利于汇水的自然地貌条件为基础，同时考虑水文地质单元的完整性，立足于浅层地下含水层组的储水性及其包气带渗透性，兼顾地表蓄水条件和浅层地下水水位降落漏斗分布状况。

地下调蓄库容类型包括最大调蓄潜在库容、有效调蓄库容和可利用调蓄库容。最大调蓄潜在库容是指地表至研究底界范围内砂层疏干后所具有储存外来客水的容积。有效调蓄库容是指在最大调蓄潜在库容基础上，消除地下水蒸发影响后的剩余库容。可利用调蓄库容是指地面下 3m 处至潜水面范围内砂层所具有储存外来客水的容积。

圈定地下调蓄远景区应遵循一定原则。因为依据不同的原则，评价地下调蓄潜力的结果各不相同。在本书研究中，主要考虑了下列原则。

（1）浅层地下含水层组作为圈定地下调蓄远景区的主要空域。要求：浅层地下含水层组埋藏较浅，易于渗水补给和开采，调蓄周期适宜。这样，有利于地表水与地下调蓄联合调度和水资源优化配置。

（2）第Ⅱ含水层组底板埋深作为本书研究的底限。第Ⅰ含水层组底板埋深一般为40～60m。但是考虑到第Ⅰ含水层组与第Ⅱ含水层组在山前平原冲洪积扇顶部局部连通，在冲洪积扇的中、下段受人工开采影响，实际上第Ⅱ含水层组与第Ⅰ含水层组之间已经形成密切的水力联系。因此底界深度确定为第Ⅱ含水层组底板埋深。通过大量的钻孔资料分析表明，太行山山前平原第Ⅱ含水层组的底板埋深一般为80～120m。

（3）以现状年的浅层地下水水位埋深作为评价地下调蓄有效空间的底界。由于地下调蓄需要储存水空间，已经储存水的饱和含水层组不能再继续渗水补给，只能在地下水面以上至地面之间的岩土孔隙空间范围进行调蓄。由于本项目研究始于 2000 年，所以，书中的评价结果是以 1999 年浅层地下水水位埋深作为地下调蓄有效利用空间的底界。

（4）地面以下 3m 处作为本书评价地下调蓄有效空间的顶界。众所周知，当地下水水位埋深较浅时，潜水蒸发强烈，易发生土壤盐碱化，也不利于生态环境。根据 1983～1987 年期间在河北石家庄肖家营、南宫、南皮、赵县和保定冉庄，北京牛栏山，山东禹城，以及河南郑州和商丘，包括天津等均衡实验场研究结果，取地面以下 3m 处作为本次评价地下调蓄有效空间的顶界。

（5）储水系数 1.2 是度量调蓄空间有效性的尺子。潜水含水层的储水系数是指当地下水位上升（下降）一个单位时，从平面为单位面积、高度等于含水层厚度的柱体中所储存（或释放）的水的体积，其大小与含水层的岩性密切相关。通过野外实验证明，当粉砂含水层的厚度不小于 15m 时，单井单位涌水量可满足 3 寸[①]管经离心水泵的抽水技术要求。从开采取水要求的角度考虑，只有当粉砂层厚度大于 15m、给水度不小于0.08 和面积大于 25km² 条件下，其地下调蓄空间才具有可利用性。这样的调蓄空间，其储水系数为 1.2。当砂层累积厚度小于 15m，但是其粒径较粗，使其 $\sum \mu_i h_i \geqslant 1.2$（相当于 15m 厚粉砂层的 μh 值）时，也同样具有地下调蓄可利用性。因此，砂层$\sum \mu_i h_i \geqslant 1.2$（式中，$\mu_i$ 和 h_i 分别是第 i 层砂层的给水度和厚度）被作为本项研究中圈定地下调蓄远景区的主要参考指标。

二、地下调蓄库容确定方法

（一）研究区离散剖分

采用正方形的剖分网格，南-北网线与东-西网线分别平行研究区数字地理底图的直角坐标系，每个单元面积约 1km²，共计 169332 个单元，有效属性单元 30416 个。单元剖分、属性识别和标记输录由计算机完成。

（二）单元属性识别与标记

首先，根据钻孔、给水度和导水系数等水文地质参数及地下水动态资料，识别和标记第四系 Q_3、Q_4 地层中粉砂级以上的砂层厚度、单元给水和导水参数及调蓄空间顶底

---

① 1 寸 ≈ 3.33cm。

界面埋深，建立基础数据源点。由于本书主要考虑地表入渗方式进行地下调蓄供水补给，所以主要考虑浅层地下水系统，涉及第四系中 Q_4 和 Q_3 部分地层。然后，由计算机根据数据源点进行插值，绘制等值线，获取每个单元的 Q_4、Q_3、Q_4+Q_3 地层的累计砂层厚度，以及可利用砂层厚度和综合给水度，包括调蓄砂层的顶、底界面埋深等信息。

（三）单元储水系数计算

在上述工作基础上，根据下式求计各单元储水系数 $[Se(i, j)]$

$$Se(i, j) = \mu_{ij} \times h_{ij} \tag{8-1}$$

式中，$Se(i, j)$ 为第 i 行、第 j 列单元的储水系数；μ_{ij} 为第 i 行、第 j 列单元的综合给水度；h_{ij} 为第 i 行、第 j 列单元的砂层厚度。由于计算结果达 169332×5 组，而且每个单元都具有空间属性和各种参数属性，所以计算结果难以列表格表达，而是存入数据库中。根据工作需要，可调用任一单元数据。

（四）标定

在自然界中，不存在岩性相同、均一的地层组合，多为非均质和不稳定分布，而且是不同岩性地层互层。为了便于评价，采用地学概化和统计分析的方法，根据研究区冲洪积扇岩性分布实际状况，概划为"粗中砂夹砾卵石"岩组、"中细砂"岩组、"细砂夹粉细砂"岩组和"粉砂夹细砂"岩组 4 个等级，绘制调蓄层位岩性分布图；建立相关的入渗、储水和给水参数的三维空间数据库。然后，利用 MapGIS 工作平台将砂层厚度等值线和储水系数等值线叠加，综合分析图件，圈定地下调蓄远景区。

三、结果分析

（一）北京-永定河调蓄区

北京-永定河调蓄区（Ⅰ）位于 $115°11'\sim116°32'E$、$38°50'\sim40°00'N$ 之间的太行山前平原区，"最大调蓄潜在库容"和"可利用调蓄库容"分别为 150.3 亿 m^3 和 31.1 亿 m^3。区内分布有 $Ⅰ_1$ 和 $Ⅰ_2$ 地下调蓄靶区（表 8-1），分别属于优级充分利用型和一般级可利用型（表 8-2）。永定河和南、北拒马河横穿本区，上游相关区分布有官厅水库，区内有大宁和稻田水库，总库容量 41.60 亿 m^3。官厅水库多年平均来水 3.24 亿 m^3，调蓄库容 2.41 亿 m^3。

该区主要是 Q_3 和 Q_4 的砂卵砾石层，厚度 15.5～30.9m。其中粗中砂夹砾卵石岩组分布面积 3102km^2，厚度 15.5～30.9m；中细砂岩组分布面积 2503km^2，厚度16.1～26.2m。砂层出露区岩性为砂砾石，面积 482km^2。区内地下水水位埋深 6～30m，降落漏斗容积约 32.3 亿 m^3。

表 8-1　太行山前平原地下调蓄靶区条件

调蓄区名及代码		储水系数	可利用库容/亿 m³	水文地质特征		
				调蓄层岩性	水位埋深/m	平均 μ 值
北京-永定河调蓄区（I）	石景山-大兴靶区（I₁）	1.94～3.99	25.24	粗砂、砾石、砂及卵石，含黏土	10～30	0.075～0.130
	房山-容城靶区（I₂）	1.08～1.63	5.90	上部亚砂，下部砂卵石，以粗砂为主	6～20	0.071～0.113
保定-石家庄-滹沱河调蓄区（II）	望都-新乐靶区（II₁）	2.15～2.48	27.69	以砂砾石、粗砂为主	10～25	0.075～0.109
	石家庄-晋县靶区（II₂）	2.15～2.48	37.82	以卵砾石、含砾粗砂、中砂为主	20～40	0.074～0.120
邢台-沙河调蓄区（III）		1.12～1.60	23.03	以中粗砂、细砂为主	10～40	0.056～0.078
邯郸-安阳-滏漳河调蓄区（IV）	邯郸靶区（IV₁）	1.03	2.04	砂砾石、粗砂夹黏性土	20～50	0.058～0.079
	磁县-安阳靶区（IV₂）	1.07～1.15	4.69	卵砾石夹黏性土	15～35	0.053～0.073
新乡-大沙河调蓄区（V）		0.89～1.05	4.70	粉细砂	10～40	0.042～0.068

表 8-2　太行山前平原地下调蓄靶区的综合评价结果与相关指标

区名与代码		调蓄条件的评价指标*				评价类型	评分	评价结果	
		库容规模	受水能力	给水能力	汇水条件			类别	级别
北京-永定河调蓄区（I）	石景山-大兴靶区（I₁）	大	A	I→II	a	A^I→II a 大型	97.7	充分利用	优
	房山-容城靶区（I₂）	中→小	A₂₁	I→II	b	A^I→II b 中→小型	46.0	可利用	一般
保定-石家庄-滹沱河调蓄区（II）	望都-新乐靶区（II₁）	大	A	II	a	A^II a 大型	95.3	充分利用	良
	石家庄-晋县靶区（II₂）	特大	A	I→II	a	A^I→II a 大型	98.6	充分利用	优
邢台-沙河调蓄区（III）		大	B₂₁	II→III	b	B^II→III b 小型	81.8	充分利用	良
邯郸-安阳-滏漳河调蓄区（IV）	邯郸靶区（IV₁）	特小	C	III	b→c	C b→c 小型	2.4	有潜力	一般
	磁县-安阳靶区（IV₂）	小	B₂₁	II→III	a	B^II→III a 小型	16.7	有潜力	良
新乡-大沙河调蓄区（V）		特小	B₁₂	III	c	B^III c 小型	11.1	有潜力	一般

注："→"表示过渡型；* 引自张光辉等，2006。

（二）保定-石家庄-滹沱河调蓄区

保定-石家庄-滹沱河调蓄区（II）位于 $114°17'\sim115°42'$E、$37°30'\sim38°50'$N 之间的太行山前平原区，"最大调蓄潜在库容"和"可利用调蓄库容"分别为 250.5 亿 m³ 和 65.5 亿 m³。区内分布有 II₁ 和 II₂ 地下调蓄靶区（表 8-1），分别属于良级和优级充分利用型（表 8-2）。唐河、大沙河和滹沱河等河流穿越本区，上游相关区分布有瀑河、西大样、岗南和黄壁庄等水库，总库容量 53.1 亿 m³。瀑河水库地处徐水县境内，现状库容 0.98 亿 m³，多年平均来水量 0.45 亿 m³，拟在其上游建一新坝，增加调蓄库容

2.1 亿 m^3。西大洋水库位于唐河上，多年平均来水 4.92 亿 m^3，调蓄库容 5.12 亿 m^3，每年向保定市供水量 0.94 亿 m^3。岗南、黄壁庄水库为滹沱河上游的串联水库，多年平均来水分别为 11.60 亿 m^3 和 7.99 亿 m^3，调蓄库容分别为 5.45 亿 m^3 和 3.58 亿 m^3。研究区下游段分布有白洋淀水库，为蓄水洼淀，调蓄容积 4.97 亿 m^3。

该区主要是 Q_3 和 Q_4 的粗砂、中砂及卵砾石层，厚度 23.1～33.6m。其中粗中砂岩组分布面积 4117km^2，厚度 23.6～33.6m；中细砂岩组分布面积 4979km^2，厚度 23.1～30.2m。砂层出露区岩性为砂砾石及中细砂，面积 455km^2。区内地下水水位埋深 10～40m，降落漏斗容积约 72.62 亿 m^3。

（三）邢台–沙河调蓄区

邢台–沙河调蓄区（Ⅲ）位于 114°22′～115°03′E、36°40′～37°30′N 之间的太行山前平原区，"最大调蓄潜在库容"和"可利用调蓄库容"分别为 52.1 亿 m^3 和 23.0 亿 m^3。区内分布有Ⅲ地下调蓄靶区（表 8-1），属于良级充分利用型（表 8-2）。沙河等横穿本区，上游相关区分布有朱庄和临城水库，总库容量 5.9 亿 m^3。下游分布有千顷洼水库，调蓄库容 1.66 亿 m^3。

该区主要是 Q_3 和 Q_4 的中粗砂和细砂层，厚度 18.8～23.3m。其中粗中砂岩组分布面积 2262km^2，厚度 21.9m；中细砂岩组分布面积 1292km^2，厚度 18.8～23.3m。区内无连续砂层裸露。地下水水位埋深 10～40m，降落漏斗容积约 23.03 亿 m^3。

（四）邯郸–安阳–滏漳河调蓄区

邯郸–安阳–滏漳河调蓄区（Ⅳ）位于 114°05′～114°46′E、35°37′～36°41′E 之间的太行山前平原区，"最大调蓄潜在库容"和"可利用调蓄库容"分别为 35.8 亿 m^3 和 6.7 亿 m^3。区内分布有$Ⅳ_1$ 和$Ⅳ_2$ 地下调蓄靶区（表 8-1），分别属于一般级和良级有潜力型（表 8-2）。滏阳河、卫河、漳河和安阳河横穿本区，上游相关区分布有岳城水库、东武仕水库、彰武水库和小南海水库，总库容为 14.8 亿 m^3。东武仕水库多年平均来水 2.64 亿 m^3，调蓄库容 1.40 亿 m^3，现状供邯郸市水量 0.44 亿 m^3。岳城水库位于河南、河北两省的界河漳河上，多年平均来水 7.5 亿 m^3，调蓄库容 6.86 亿 m^3，担负向河北供水占 58%，向河南供水占 42%，现状供邯郸市水量 0.36 亿 m^3。小南海与彰武水库位于安阳河上，担负向安阳市供水的任务，两库串联，多年平均来水 2.06 亿 m^3，调蓄库容 0.65 亿 m^3。

该区主要是 Q_3 和 Q_4 的砂砾石、粗砂夹黏性土层，厚度 6.9～18.4m。其中粗中砂岩组分布面积 1873km^2，厚度 6.9～15.8m；中细砂岩组分布面积 1771km^2，平均厚度 11.4～18.4m。区内无连续砂层出露。地下水水位埋深 20～50m，降落漏斗容积约 6.36 亿 m^3。

（五）新乡–大沙河调蓄区

新乡–大沙河调蓄区（Ⅴ）位于 113°15′～114°20′E、35°02′～35°37′N 之间的太行山

前平原区，是一个环抱太行山的狭长地带，"最大调蓄潜在库容"和"可利用调蓄库容"分别为 50.1 亿 m³ 和 4.7 亿 m³，属于一般级有潜力型（表 8-2）。

该区主要是 Q_3 和 Q_4 的粉细砂层，厚度 15.1～18.8m。其中粗中砂岩组分布面积 399km²，厚度 18.8m；中细砂岩组分布面积 925km²，厚度 12.2～47.7m。无连续砂层出露区。区内地下水水位埋深 10～40m，降落漏斗容积约 3.27 亿 m³。

第三节　不同条件下地下调蓄功能特征

一、静水条件下调蓄入渗功能特征

（一）汇水洼地静水入渗特征

1. 渗漏量与地表蓄水深度之间关系

从藁城独坑静水入渗实验结果来看，渗漏量多少与地表蓄水深度呈正比关系（图 8-1）。地表蓄水深度越大，单位时间渗漏量越多；反之，地表蓄水深度越小，单位时间渗漏量越少。这与动水条件下河道渗漏量变化规律相似，随着地表面之上水深度增大而增加（张光辉等，2004b）。从图 8-1 可见，在汇水洼地静水入渗过程中，存在一个加速临界点。当地表积水深度超过 2.35m 之后，单位时间渗漏量迅速增大。这表明，地表水通过包气带补给地下水过程中，需要克服包气带的气阻和岩土颗粒表面张力作用。只有地表水积水深度达到一定水力压差时，才能克服阻力而加速入渗，补给地下水。

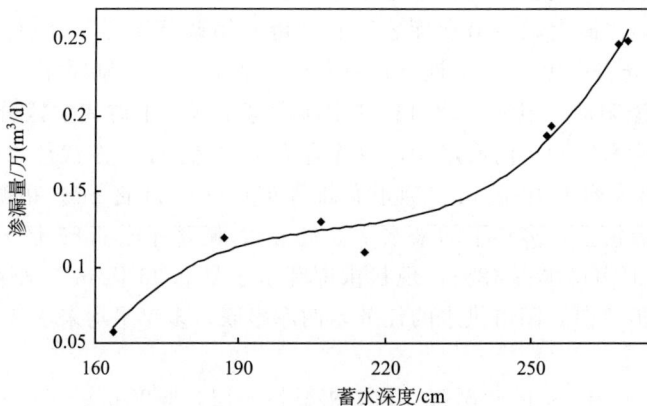

图 8-1　独坑静水条件下渗漏量与地表蓄水深度之间关系

2. 累计渗漏量、入渗速度与渗水时间之间关系

在滹沱河冲洪积扇中上部一级阶地、石家庄肖家营地区，建立地下调蓄的渗水场容积 7500m³，累计渗水量 4670m³。这一实验结果表明，汇水洼地静态渗水条件下，累计

渗漏量与入渗时间呈正相关关系。在入渗初期的 200 小时内，累计渗漏量增加幅度较大，平均增加幅度为 1.1mm/h［图 8-2（a）］。经过 525 小时入渗之后，累计渗漏量趋于稳定。入渗速率与累计渗漏量之间呈反相关关系。初期 200 小时内，入渗率变化较大，迅速衰减；525 小时之后，入渗率趋于稳定值［图 8-2（b）］。这一规律，在冲洪积扇的藁城段得到验证，实验结果如图 8-3（a）所示。

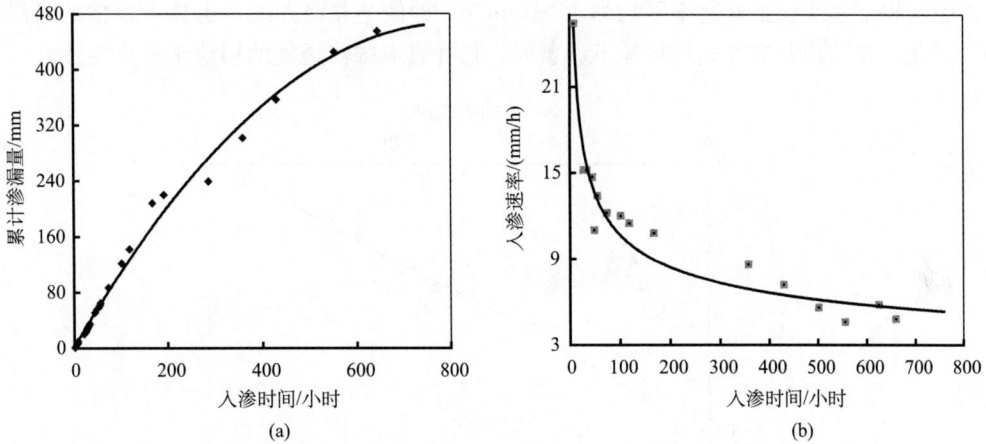

图 8-2　石家庄肖家营段静水条件下累计渗漏量、入渗速率与时间之间关系

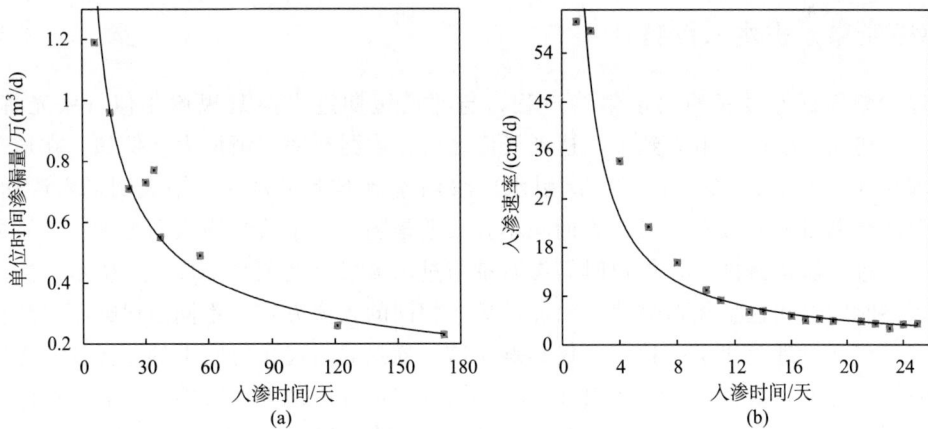

图 8-3　不同地段静水条件下单位时间渗漏量与入渗时间之间关系
（a）滹沱河冲洪积扇藁城段；（b）邢台地区泛滥冲积平原沙荒地

在冲积泛滥平原区微波状沙荒地进行的洪淹渗漏实验结果，与滹沱河冲洪积扇实验结果具有明显的相似规律，如图 8-3（b）所示。入渗初期，平均每天渗漏量可达 580～600mm；经过 10 天左右的入渗，由于入渗水流由垂向运动为主逐渐转向为水平运动为主，因此入渗速率迅速降至 100mm/d 以下；入渗半个月之后，入渗速率稳定在 39～45mm/d［图 8-3（b）］。

（二）井灌入渗特征

在滹沱河冲洪积扇中上部藁城地段，井灌渗水实验的结果如图8-4所示。地下水水位变化与渗水时间呈近直线关系。这表明，在具有强渗透能力的山前平原砂卵砾石地层中进行的井灌补给地下水，强渗透性作用使地下水上升过程与渗水时间之间呈线性关系，入渗调蓄引起地下水水位上升速率平均为1.95mm/h。即使是井灌方式，也具有较强的入渗功能。因此，在采用井灌方式进行地下调蓄时，选择具有强渗透性的层位十分重要。

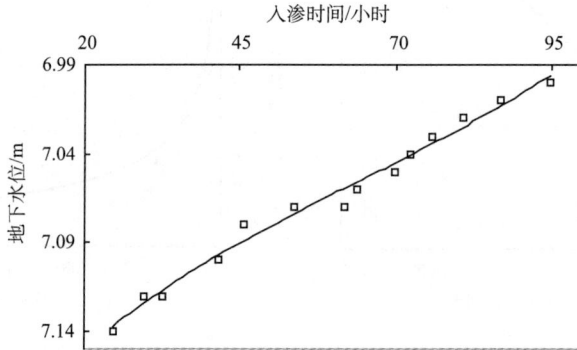

图 8-4　滹沱河冲洪积扇井灌条件下地下水水位与入渗时间之间关系

（三）渠系引水入渗特征

以砂卵砾石为渠底的引水渠渗过程，与河道短期过水渗漏规律相似（张光辉等，2004a），初期渗漏速率由大到小，达到极值之后，渗漏速率逐渐增大。例如，在地下水水位埋深为10~18m条件下，30次引水渠渗调蓄地下水实验的结果表明，入渗初期，单位时间渗漏量随着过水流量增大而减小，后期是随着过水流量增大而增加；在不同渠系、不同过水流量条件下，单位时间渗漏量与过水流量之间关系如图8-5所示；渗漏速率与入渗时间之间也呈相似规律。由此可见，相同的入渗方式，不同地段或不等量供水模式，其渗漏机理规律是一致的，仅是响应信号的强弱与起止时间上的差异。从上述入渗试验结果可见，太行山前滹沱河冲洪积平原具有良好的地下调蓄能力。其中滹沱河冲洪积扇轴部第Ⅱ含水组，石家庄地下水位降落漏斗区的地下调蓄库容为4.8亿~6.2亿 m^3，整个冲洪积扇可利用的地下调蓄库容为19.1亿~37.8亿 m^3，裸露型渗水区面积350km²。

在汇水坑渗、井灌或引水渠渗条件下，太行山前冲洪积平原地下调蓄具有如下特征：渗漏量大小与地表蓄水深度呈正相关关系。地表蓄水深度越大，单位时间渗漏量越大；反之，地表蓄水深度越小，单位时间渗漏量越小。在汇水洼地静态渗水条件下，累计渗漏量随着渗水时间的延长而呈非线性模式增加；渗漏速率与累计渗漏量之间呈反相关关系。这一规律在冲洪积扇石家庄肖家营段、藁城段和在冲积泛滥平原邢台段的渗水实验中分别得到验证。入渗初期，平均渗漏速度为580~600mm/d；受入渗水流由垂向

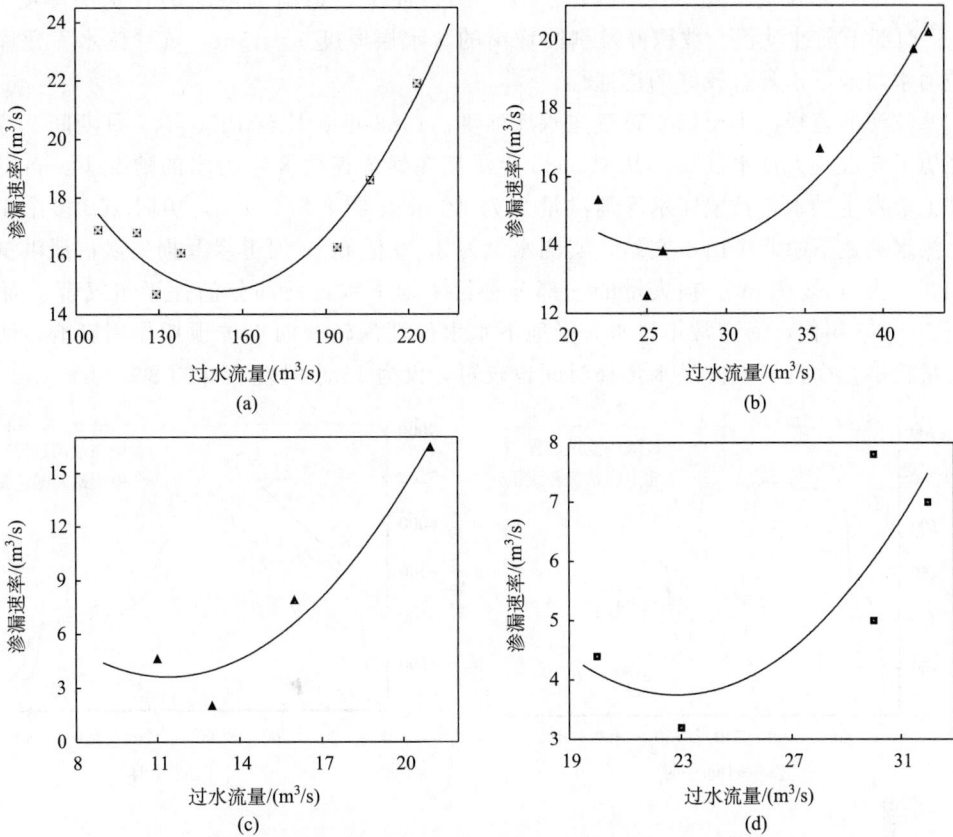

图 8-5　不同渠系、不同流量条件下渗漏速度与过水流量之间关系

(a) 南渠，最大流量 8022m³/h；(b) 北渠，最大流量 1548m³/h；

(c) 东渠，最大流量 1152m³/h；(d) 西渠，最大流量 768m³/h

运动为主逐渐转向水平运动为主的影响，渗水半个月之后，渗漏速度衰减并稳定在39～45mm/d。在具有强渗透能力的山前平原、砂卵砾石地层中，即使采用井灌方式，也具有较强的入渗功能。在不同渠系、不同过水流量条件下，其单位时间渗漏速率与渗水时间之间关系具有一致性规律。

二、动水条件下调蓄入渗功能特征

（一）实验背景条件

以滹沱河冲洪积平原为重点研究区，滹沱河自西向东贯穿该区，河道全长 685km。上游区分布有岗南、黄壁庄串联水库，总库容 27.0 亿 m³，基本上控制了山区暴雨产水量。建库前多年平均年径流量为 18.9 亿 m³/a。滹沱河现代河床、河漫滩及石家庄市北半部的含水层厚度 30～70m，单位涌水量 100m³/(h·m) 左右，渗透系数为 100～300m/d，滹沱河河床渗透系数为 300～400m/d；冲洪积扇顶部与下游扇缘的含水层厚度 20～50m，单位涌水量 50～100m³/(h·m)；冲洪积扇南部侧缘的含水层厚度 5～30m；西部山前冲洪积、坡积群及剥蚀垅岗的含水层厚度 1～15m。黄壁庄水库建库前滹沱河水与地下水具有较好的连通性。

滹沱河河道径流主要依靠黄壁庄水库泄洪。1988 年 8 月至 1990 年 7 月期间，滹沱河经历了 5 次较大过水过程。其中 1988 年汛期在河道连续 8 年无水的情况下，黄壁庄水库上游发生洪水，黄壁庄水库泄洪量 8.78 亿 m³ [图 8-6 (a)]，历时 100 多个小时后，洪水到达下游北中山水文站，实测水量为 3.90 亿 m³，河道渗漏损失量占泄洪量的 55.6%，为 4.88 亿 m³。损失量的一部分补给了地下水，一部分消耗于包气带。而 20 世纪 50～60 年代，河道常年过水，受地下水水位埋深较浅而水位顶托作用影响，河道损失量较小，而且河段的洪水传播时间也较短，仅为 15 小时左右 [图 8-6 (b)]。

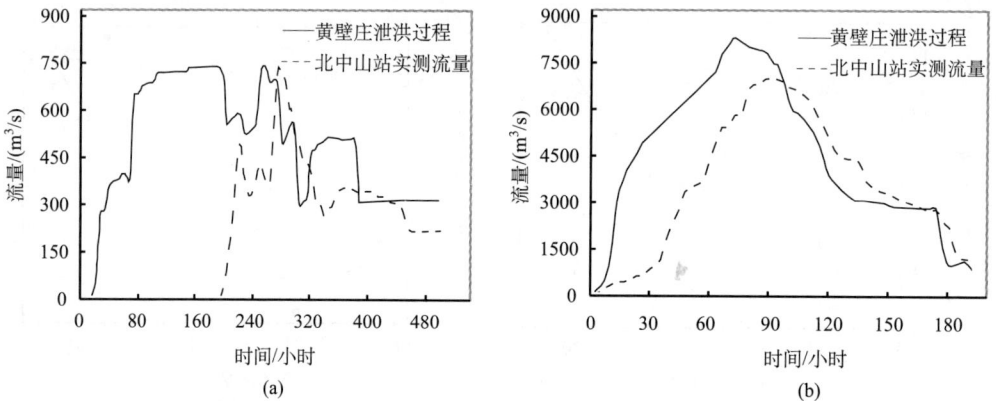

图 8-6　不同地下水位埋深下黄壁庄水库–北中山水文站洪水实程特征（据费宇红等，2001）
(a) 1988 年泄洪过程（河道带潜水位埋深 10～15m）；(b) 1963 年泄洪过程（河道带潜水位埋深 1～3m）

（二）自然过水条件下河道渗漏入渗功能特征

1. 渗漏量与过水时间和过水量之间互动特征

实测资料表明，河道过水量越大，过水时间越长，河道渗漏量越大（图 8-7）。在河道过水流量为 74.2m³/s 条件下，38 小时后距河道 18m 处地下水水位观测孔监测地下水位升幅 6.59m，161 小时后距河道 95m 处观测孔地下水水位升幅 2.27m，257 小时后距河道 148m 处观测孔地下水水位升幅 0.51m；当过水流量为 20.4m³/s 时，24 小时后距河道 18m 处观测孔见到地下水水位升幅 3.54m，143 小时后距河道 95m 处观测孔地下水水位升幅 0.74m，257 小时后距河道 148m 处观测孔地下水水位升幅 0.41m。显然，动水条件下地下调蓄能力强于静水条件下入渗结果（张光辉等，2004a）。

通过两组实测数据对比可见，河道过水流量的大小对地下水补给效应具有明显的影响，如图 8-8 所示。过水流量越大，引起同一地点地下水水位上升初始时间越短。随着远离河道距离的延长，这一影响的效应越明显。但是影响的模式是相同的，即 $y = ae^{bx}$，而且平均每增减 1.0 个流量引起地下水水位变化率相当，为 0.031～0.036。

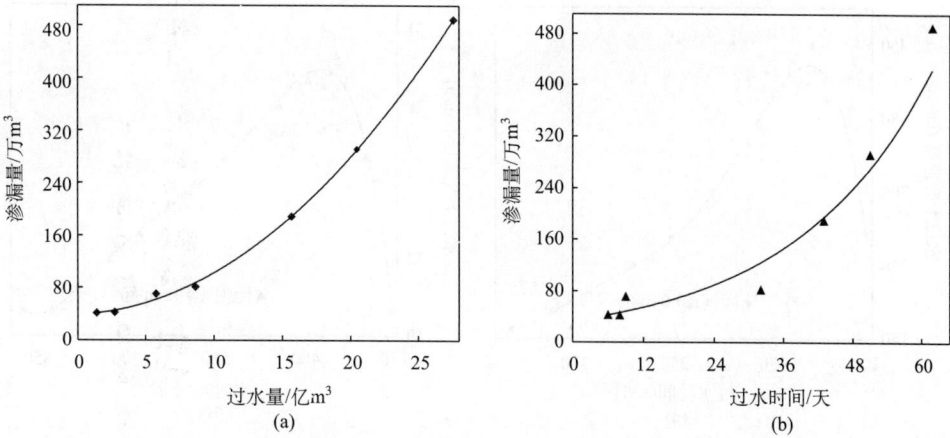

图 8-7　弃水动态过水条件下河道渗漏量与过水量、过水时间的关系
（a）河道渗漏量与河道过水量的关系；（b）河道渗漏量与河道过水时间的关系

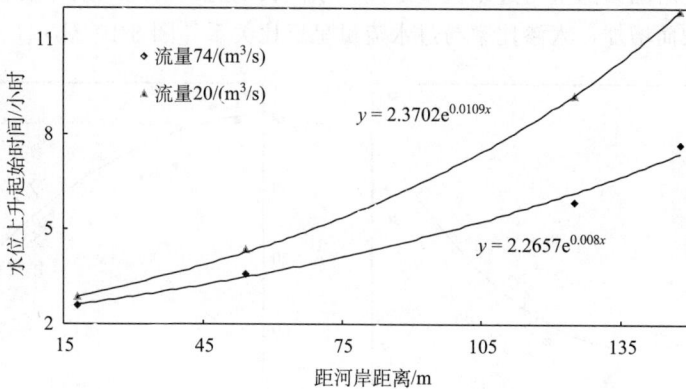

图 8-8　弃水动态过水条件下地下水水位开始变化时间与河道过水量、距河道距离的关系

　　虽然距河道不同距离观测孔的地下水水位，对河道渗漏补给响应的起始时间和强度各不相同，但是地下水上升速度的变化规律是一致的（图 8-9）。在补给初期，地下水水位上升存在一个短暂的加速过程；达到极大值之后，地下水水位上升速度开始减小，并逐渐趋于一个稳定值。

2. 渗漏量与河道干涸状况之间的关系

　　短期水库弃水河道过水，河道单位时间渗漏量与单位时间过水量呈非线性关系。过水初期受河道长期干涸、河道岩土严重亏缺水分影响，河道地层具有较强的吸水性，因而过水初期存在一个渗漏量剧增过程，然后逐渐减小，并伴随发生强烈的排气和释热过程，河水向前推进十分缓慢。例如，20 世纪 50、60 年代从黄壁庄水库泄洪，到达下游北中山水文站仅需要 15 小时左右，1988 年在河道连续 8 年无水的情况下，黄壁庄水库泄洪，历时 100 多个小时后洪水才到达下游北中山水文站（费宇红等，2001）。经过一段时间的

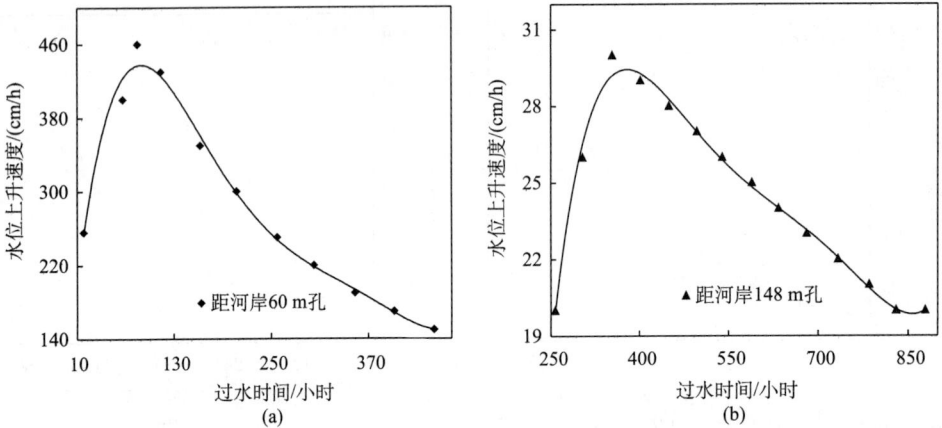

图 8-9　弃水动态过水条件下地下水水位上升速度与距河道距离、过水时间的关系

(a) 距河道距离 60m；(b) 距河道距离 148m

入渗之后，单位时间渗漏量与过水流量之间关系同长期过水情况一致 [图 8-10 (a)]，是随着过水量增大而增加，入渗比率与过水流量呈反比关系 [图 8-10 (b)]。

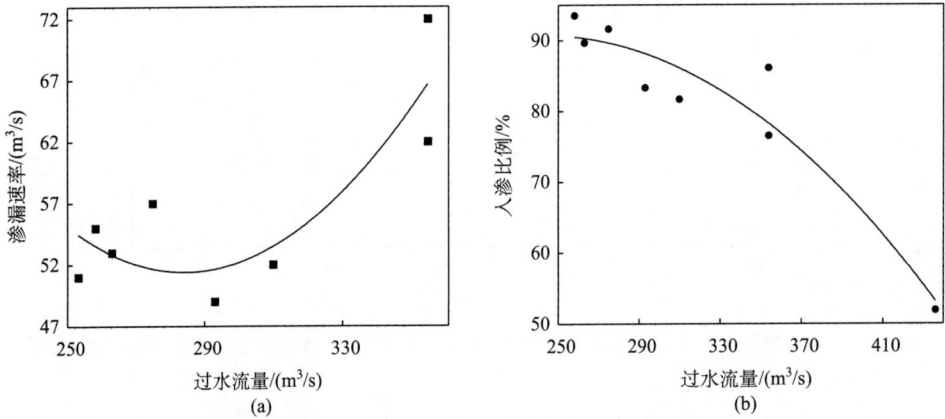

图 8-10　短期弃水动态过水条件下河道渗漏量、入渗比例与过水量的关系

(a) 河道渗漏量与河道过水量之间关系；(b) 河道入渗比率与河道过水流量之间关系

短期弃水河道过水的入渗比例虽然高达 79.7%，但是河道渗漏补给地下水的比例仅为 37.2%。因为包气带滞留河道渗漏水量达 41.9%。由此可见，河道长期干涸，影响河道过水流量和过水进程。在渗漏比例上，影响不显著。但是，由于河道过水首先要满足包气带滞留需水的要求，所以，在过水总量一定前提下，河道干涸严重影响河道渗漏补给地下水的总量，相对长期过水而言，平均减少渗漏补给量为 20.3%～35.9%。

3. 渗漏量与地下水水位之间关系

河道渗漏量与地下水水位之间关系反映在两个方面：一是渗漏补给引起地下水水位

变化状况, 二是地下水水位埋藏深度对河道渗漏大小的影响。当地下水水位埋深较大, 支持毛细带前缘远离河床地表面时, 渗漏量增大引起地下水水位变化过程如图 8-11 (a) 所示。渗漏初期, 存在一个跳跃式的短暂增幅, 随后趋于稳定上升过程。当地下水位埋深较浅时, 受支持毛细顶托作用的影响, 河道渗漏量较小 [图 8-11 (b)]。

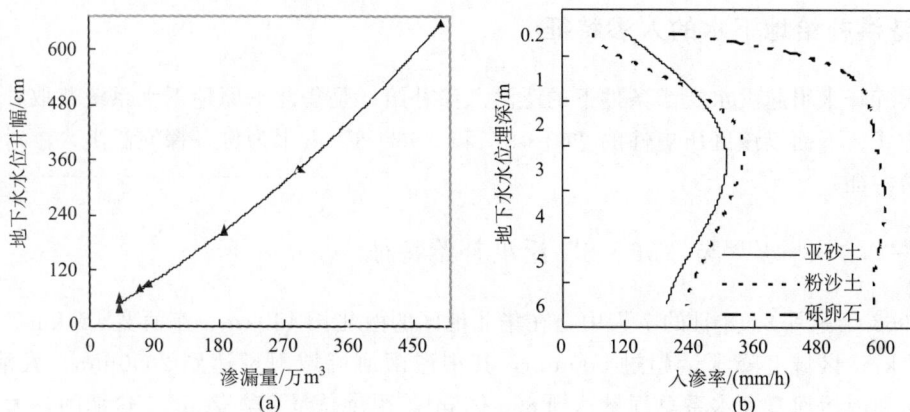

图 8-11 弃水动态过水条件下河道渗漏量与地下水水位的关系
(a) 地下水水位变化与河道渗漏量的关系; (b) 不同岩土渗漏量与地下水水位埋深的关系

4. 渗漏量与河道地质条件之间关系

不同岩性的河道, 其渗漏量各不相同。单一砂性地层比夹薄层黏性土的地层渗漏量大, 岩土颗粒较粗的地层比颗粒细的地层渗漏量大 [图 8-11 (b)]。由此可知, 冲洪积扇顶部比扇前缘地带渗漏能力强。在地下水埋深小于 2.0m 时, 受支持毛细顶托作用的影响, 亚砂土入渗能力大于粉砂土。

在河道过水动水条件下, 太行山前冲洪积平原地下调蓄具有如下特征: 在河道过水动水条件下, 地下水能缓慢地获取地表水补给。河道过水 6 天左右, 过水流量达 20～74m³/s, 则距河道 95m 处的地下水水位回升 0.74～2.27m; 地下水获取补给的速率与河道过水量的大小有关。距河道 95m 处的地下水水位变化速率与河道过水流量之间关系表现为: 河道过水平均每增减 1 个流量, 引起地下水水位变化量为 0.031～0.035m。距河道不同距离的地下水水位, 对河道渗漏补给的响应规律是一致的。初期为加速上升过程, 然后转化为逐渐衰减补给过程。但是, 距河道不同距离的地下水水位, 对河道渗漏补给响应的初始时间是不同的, 随着距河道距离的延长而延后, 而且过水流量越大, 引起同一地点地下水水位上升初始时间越短。随着远离河道距离的延长, 这一影响的效应越明显。河道干涸, 对地下水补给产生影响。河道干涸时间越长, 削减地表水渗漏补给地下水的总量越大; 反之, 河道时间干涸越短, 削减地表水渗漏补给地下水的总量越小。河道地层岩性对河道渗漏补给地下水的多少具有制约作用。岩土颗粒越粗, 越有利于河道渗漏补给地下水; 这种关系与地下水水位埋深有一定关系, 是非线性的, 地下水水位埋深 2.5～4.0m 最有利于河道渗漏补给地下水。

　　滹沱河冲洪积平原地下调蓄功能不是恒定的，是随着河道干涸时间长短、过水量和过水流量大小、河道地层岩性和组合特征以及地下水水位埋深状况的不同而变化。无论是在空间上还是在时间上，均具有可变性。但是，从综合调蓄能力分析，太行山前平原无疑是理想的调蓄靶区。

三、泛洪补给地下水的入渗特征

　　大气降水引起洪水泛滥条件下的泛洪入渗补给，是华北平原地下水系统获取补给的重要方式。下面以该区历史性的"63·8"和"96·8"洪水为例，探究泛洪入渗对地下水补给特征。

（一）"63·8"与"96·8"泛洪补给特征

　　1963 年 8 月 2～8 日的 7 天中，在华北地区的南北长 480km、东西宽 125km，面积 4.4 万 km^2 区域上降水量超过 500mm，其中滏阳河流域雨量达到 2050mm，大清河、子牙河和南运河三大水系总雨量达到 600 亿 m^3，雨洪总量 270 亿 m^3。这期间，大清河流域平原区地下水补给量为 40.1 亿 m^3，子牙河水系平原区地下水补给量为 45.0 亿 m^3，漳卫南运河水系平原区地下水补给量为 29.72 亿 m^3。在大清河系平原的地下水补给量 40.1 亿 m^3/a 中，河道渗漏补给占 24.81%。

　　1996 年 8 月期间，海河南系平原南部地区及上游发生的特大洪水，出现较大范围的地表水入渗有效补给地下水。根据河北省水利、地矿专业监测部门的实地调查和实际监测，受该次洪水入渗补给的影响，石家庄漏斗中心地下水水位埋深由 1996 年 8 月的 42.4m 上升到 1997 年 7 月的 35.9m，漏斗中心水位回升 6.58m，同时漏斗封闭面积缩小 79.5km。"96·8"暴雨之前，1995 年海河南系平原区年降水量为 656.4mm，地下水实际开采量为 79.8 亿 m^3。"96·8"暴雨的当年（1996 年），降水量为 654.2mm，地下水实际开采量为 78.3 亿 m^3，地下水储量资源增加 34.2 亿 m^3。本书核算结果，全淡水分布区和有咸水分布区矿化度小于 2g/L 的地下水资源增加 38.4 亿 m^3。

（二）地表积水入渗在剖面上的水分量变化规律

　　在自然条件下，包气带含水率自上而下逐渐增高，水分亏缺量减少，岩土对水分的吸力也逐渐变小。当发生较大水量积水入渗过程时，随着入渗水流的湿润峰不断地下移，由于沿途岩土不断吸持入渗水分，继续入渗水分量逐渐减少，而入渗途径却增长，岩土中空气排出的能力减弱。水、岩土和气三者的相互作用形成了如图 8-12 所示的入渗速度分布剖面，即入渗深度增加、入渗速率变小，尤其是在包气带上部表现更为明显，在支持毛细水带，入渗速率有增大迹象。

　　包气带水势和含水率垂向分带性是积水非匀速入渗的基础条件。对于某一层位土层而言，一次较大水量的积水入渗过程先后经历排气、渗吸增能、吸脱水减能和缓慢脱水减能 4 个阶段（张光辉，1991；张光辉等，2010）。地下水获取入渗水流补给的滞后时间长短，主要取决于地下水埋深、积水量大小和包气带亏缺水量的多少。对于亚砂土地

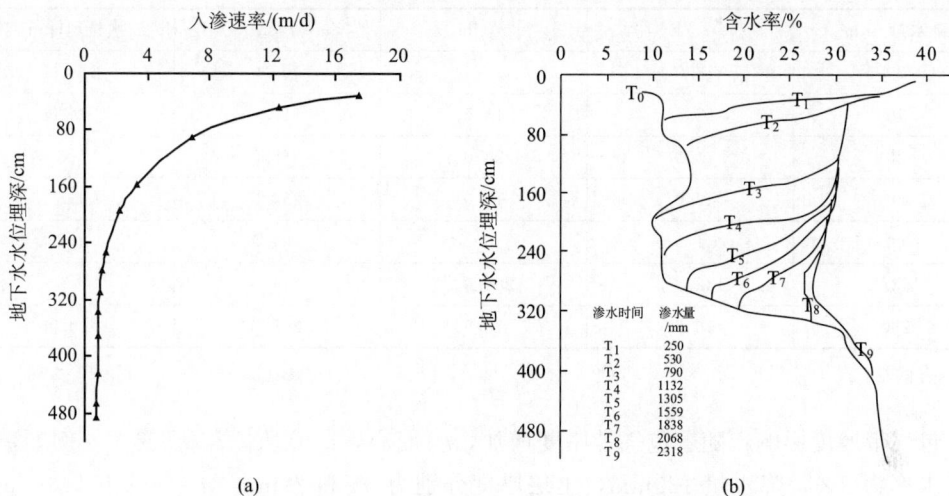

图 8-12　地表积水入渗过程及其入渗速度变化特征

层，当地下水水位埋深 3.52m 时，163.5mm 积水入渗，5 天之后才开始补给地下水。

一次积水入渗补给地下水所用总时间（t_g）远大于该次积水全部渗入地面以下岩土中所用时间（t_u）（表 8-3）。大量实验表明，补给地下水起始时间（t_s）、单位时间最大入渗补给量出现时间（t_m）和补给地下水终止时间（t_f）都具有滞后特征。积水入渗前包气带含水率、包气带厚度、积水量和岩土性质都对它们产生影响。包气带含水率越高，t_s 和 t_m 越小；含水率越低，t_s 和 t_m 越大。t_f 与 t_s、t_m 相反，含水率越高，t_f 越大；含水率越低，t_g 越小（表 8-4）。

表 8-3　积水入渗补给包气带及地下水用时统计

渗水量/mm	20	30	40	60	80	280
T_u/h	0.25	0.45	1.05	1.20	3.50	22.50
T_g/h	248.5	105.0	117.5	254.5	304.5	255.0
T_g/T_h	994.0	233.0	111.9	212.1	87.0	11.3
包气带含水率/%	<2		24.98	38.35		<2
t_u/min	106.0		318.0	620		132
t_g/min	541		580	670		152
t_g/t_h	5.10		1.82	1.10		1.20
t_s/min	540		169	37		
t_m/min			182	43		
t_f/min	541		580	670		

表 8-4　不同降水量条件下入渗的 t_s、t_m 和 t_f 值

降水量/mm	t_s/h	t_m/h	t_f/h	水位埋深/m
30	3.0		105.0	变水位
40	2.5	13.5	117.5	变水位
20	4.0	23.0	248.5	1.8
60	2.0	15.0	254.5	1.8
80	1.5	8.5	304.5	1.8
163.5	132*	264.0*	744.5	3.5
280	16.5*	18.5	255.0*	无水位

* 有偏差。

包气带厚度影响：随着包气带厚度增加，t_u 变小，t_g 变大，t_g/t_u 变大。例如，雨前含水率为 2%，降水量 120mm，土层厚度分别为 55 和 29mm，t_u 分别为 106min 和 132min，t_g 分别为 541min 和 152min，t_g/t_u 分别为 5.1 和 1.2。随着包气带厚度增大，t_s、t_m 和 t_f 增大。即使岩性有所变化，也是随着包气带厚度增大，滞后时间增长。滞后时间与地下水位埋深之间成正比关系。

降水量影响：降水量增大，t_u 和 t_g 增大，t_g/t_u 减小，t_s 和 t_m 减小，t_f 增大（表 8-4）。

第四节　华北主要河道带地下调蓄潜力

基于费宇红等（2011）"华北平原河道地下调蓄与可利用潜力"研究成果，华北平原的主要水系——永定河、大清河、子牙河和漳卫南运河等河道带具有良好地下调蓄条件，裸露和浅埋型调蓄储水砂层分布面积达 4703km²，地下调蓄库容为 187 亿 m³，现状可利用库容为 66 亿 m³，每年可有效调节水量为 23 亿 m³。

一、河道带地下可调蓄条件

华北平原的主要水系有永定河、大清河、子牙河和漳卫南运河，均发源于西部的太行山（图 8-13）。弧状南北走向的山脉作为天然屏障阻挡来自东部海洋的暖湿气流，在太行山东侧的迎风坡形成降雨，是河道地下调蓄的重要水源。在地质历史上，强烈的暴雨-大洪水在华北平原平原形成冲洪积扇和河道冲积相含水层组系统，以至河道带具有良好的渗透性。

（一）水文地质条件

永定河上游的官厅水库控制着山区径流，导致平原河道已多年干涸。该河道内分布着大小不等的砂石坑，具有良好的储水及给水条件，含水层以砂砾石为主，渗透系数为 300~500m/d，单井出水量达 5000m³/d。

大清河支流繁多，其中唐河和大沙河河道宽而浅，上有西大洋和王快两座水库控制山区

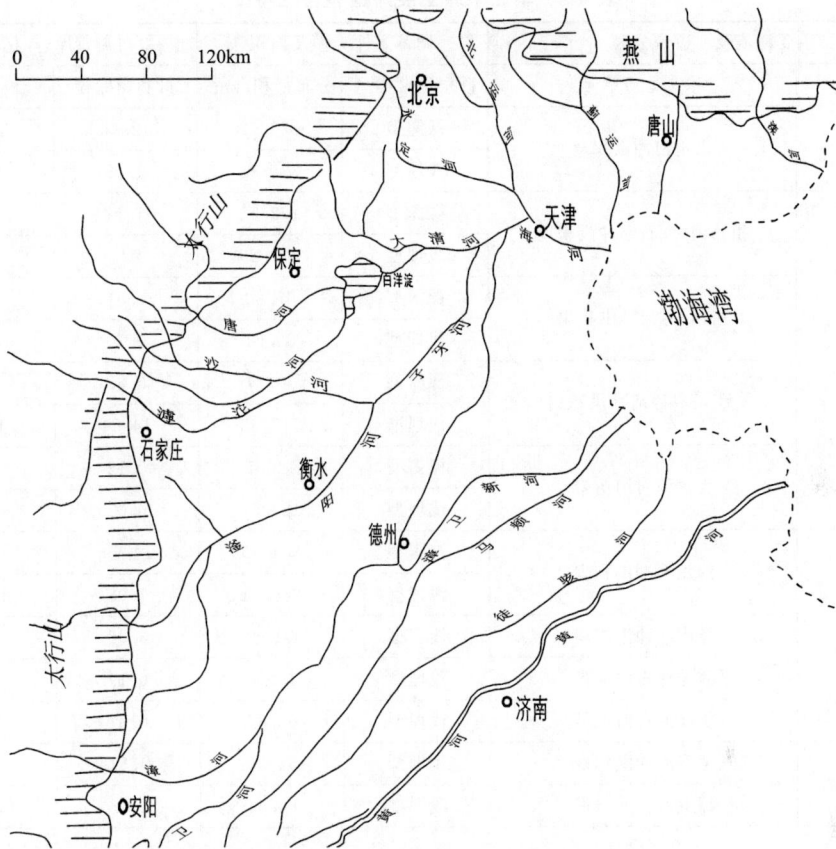

图 8-13 华北平原主要水系分布图

径流，平原河道常年无水，年平均干涸 300 天以上，河道表面砂层裸露，含水层岩性以砾石、粗砂为主，厚度近百米，渗透系数为 60~100m/d，单位涌水量为 40~80m³/(h·m)。

子牙河水系的滹沱河是较好的调蓄河段，上游有黄壁庄水库控制着出山地表径流，平原河道仅在行洪期有水，多年平均有水时间不足 20 天，地表分布着粗砂，偶有薄层粉土覆盖，含水层岩性以砂卵石、中粗砂为主，厚度 20~100m，渗透系数为 100~300m/d，单位涌水量为 100~200m³/(h·m)。

漳卫南运河上游岳城水库控制着山区地表径流，平原河道干涸，年过水时间不足 20 天，河道宽浅，表面由中粗砂组成，含水层主要有卵砾石和中粗砂，厚 30~60m，渗透系数为 50~100m/d，单位涌水量为 20~50m³/(h·m)。

（二）可调蓄条件

大量野外调查和试验结果表明，华北平原主要河道带具有良好的地下可调蓄条件，裸露及浅埋型砂层分布面积达 4703km²，可调蓄极大库容 187.18 亿 m³，现状水位埋深条件下可利用库容 66.28 亿 m³（表 8-5），河道自然渗漏量在 16.72 亿 m³/a 以上。

表 8-5　华北平原主要河道调蓄区特征

主要河流及河道带分区		调蓄条件类型及面积		可调蓄库容/亿 m³	
水系	水文地质单元	砂层埋藏类型	分布面积/km²	可利用库容	极大库容
永定河	永定河冲洪积扇	裸露型	228.62	12.86	19.21
		浅埋型	321.65	4.69	15.58
大清河	拒马河-大石河冲洪积扇	裸露型	162.53	4.14	6.88
		浅埋型	201.28	0.91	7.24
	唐河-界河冲洪积扇	裸露型	57.63	0.81	1.22
		浅埋型	89.64	0.70	5.95
	大沙河-磁河冲洪积扇	裸露型	50.77	0.88	2.08
		浅埋型	717.33	14.04	47.84
	大清河古河道带	裸露型	14.01	0.12	0.29
		浅埋型	120.05	0.09	1.15
子牙河	滹沱河冲洪积扇	裸露型	364.69	14.69	20.22
		浅埋型	268.51	7.08	11.62
	滏阳河冲洪积扇	浅埋型	452.03	3.38	11.75
	滹沱河古河道带	浅埋型	14.06	0.19	0.40
	子牙河古河道带	浅埋型	68.87	0.01	0.61
漳卫南运河	漳卫河冲洪积扇	浅埋型	1530.62	1.51	34.55
	漳卫河古河道带	浅埋型	40.84	0.18	0.59
全区合计			4703.13	66.28	187.18

从表 8-5 可见,随着华北平原地下水水位的普遍下降,形成了较大的地下可利用调蓄库容。例如,1974 年滹沱河流域北中山水文观测站一带,地下水水位埋深 7.0m,至 2004 年地下水水位埋深下降至 26.87m,降幅达 19.87m(图 8-14),以至在 1988 年汛期滹沱河上游的黄壁庄水库泄洪 8.78 亿 m³,河道损失水量(渗漏补给地下水)达 4.88 亿 m³,占

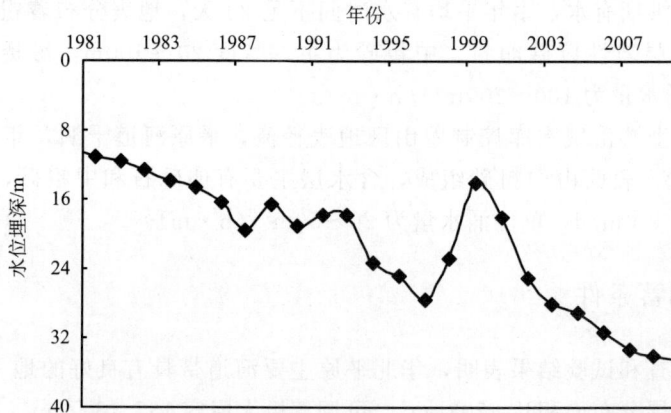

图 8-14　近 30 年来滹沱河流域北中山监测站地下水水位埋深变化特征

泄水总量的 55.58%。

二、主要河道地下调蓄潜力

（一）地下调蓄区优选

在华北平原，绝大部分河流已长期断流，河道干涸，上游弃水泄洪来水成为地下调蓄的重要条件。因此，地下调蓄，除了需要选取优良的地下调蓄场所之外，还需具备水源。

自北至南，在华北平原河道过水和渗漏能力较强的河流主要有：永定河水系的永定河、大清河水系的沙河、子牙河水系的滹沱河和漳卫南运河水系。它们的共同特点是：①在出山口都分布有较大的水库拦蓄地表水，包括官厅水库、王快水库、黄壁庄水库和岳城水库等；②存在较大的山前冲洪积扇，河床下伏地层岩性粒径大、松散、渗透性强；③具备较完整的过水流量和地下水观测资料。

永定河水系的卢沟桥—大北市河段，长 75.7km，具有 1967～1980 年期间完整过水资料 13 组，以及该区段东茨村站地下水监测资料系列。大清河水系的大沙河的新乐—北郭村河段，长 57.6km，具有 1965～1996 年期间完整过水资料 18 组以及该区段的新乐站地下水监测资料系列。子牙河水系的滹沱河黄壁庄—北中山河段，长 110km，具有 17 组过水资料以及该区段的北中山站地下水监测资料系列。南运河水系的漳河岳城水库—蔡小庄河段，长为 42.2km，1967～1996 年期间完整过水资料 17 组以及该区段前屯站地下水监测资料系列。

（二）河道渗漏能力变化特征

河道渗漏能力与河床岩性、地下水水位埋深、上游来水流量和河床底水状况等密切相关。利用单位河长损失率（φ）测算河道渗漏能力，有

$$\varphi = \Delta Q / (Q_{上} \times L) \tag{8-2}$$

式中，$Q_{上}$ 为计算时段上断面的来水量，亿 m^3，$Q_{上} = Q_{平均} \times \Delta t$；$Q_{平均}$ 为计算时段的日均流量，亿 m^3/d；Δt 为计算天数，天；ΔQ 为计算河段损失水量，亿 m^3，$\Delta Q = Q_{上} - Q_{下}$；L 为计算河段长度，km。

测算结果表明，河道渗漏量与前期河道有无底水呈反比关系。在河道无底水条件下，当地下水水位埋深大时，由于包气带吸持水分容量较大，所以河道过水初期渗漏率较大。当包气带吸水达到其持水极限之后，河道渗漏率趋于稳定（图 8-15）。

地下水水位埋深的大小对河道渗漏能力具有明显影响。以大沙河流域的新乐-北郭村河段为例，在地下水水位埋深较小条件下，河道过水的损失量较小；在地下水水位埋深较大条件下，河道过水的损失量较大。例如，1968 年当地该河段地下水水位 4.07m，放水时间 44 天，时段内流量差为 4.77m³/s，损失水量 0.18 亿 m^3，平均渗漏率为 41万 m³/d；1989 年地下水水位埋深 7.05m，放水时间 8 天，时段内流量差 13.4m³/s，损失水量 0.09 亿 m^3，平均渗漏率为 110 万 m³/d。

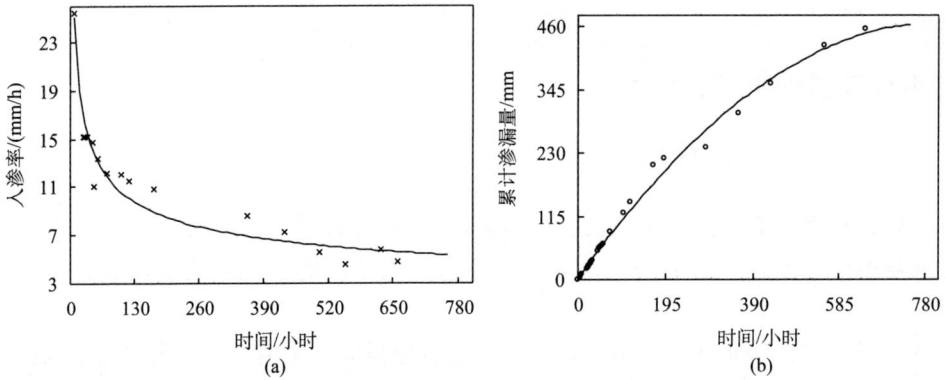

图 8-15　河道无底水条件下入渗率、渗漏量与过水时间之间的关系

　　为了研究上述 4 个河段的渗漏能力，按有底水和无底水两种情况，分别建立河道渗漏率与前期地下水位埋深、上游来水量的相关关系，如图 8-16 所示。从图 8-16 可以看出，河道渗漏率（φ）除与上游放水量（$Q_上$）、过水时间（t）及前期地下水水位埋深（h）相关之外，还与前期河道有无底水状况密切相关。在相同地下水水位埋深条件下，长期干涸的河道渗漏率明显大于有底水条件下的渗漏率（表 8-6）。从单长河段渗漏率的模式［$\varphi = a\,(h/Q_上)^b$］特征来看，相同河段，河道无底水条件下，模式中 a 值较大，b 值较小；河道有底水条件下，模式中 a 值较小，b 值较大。

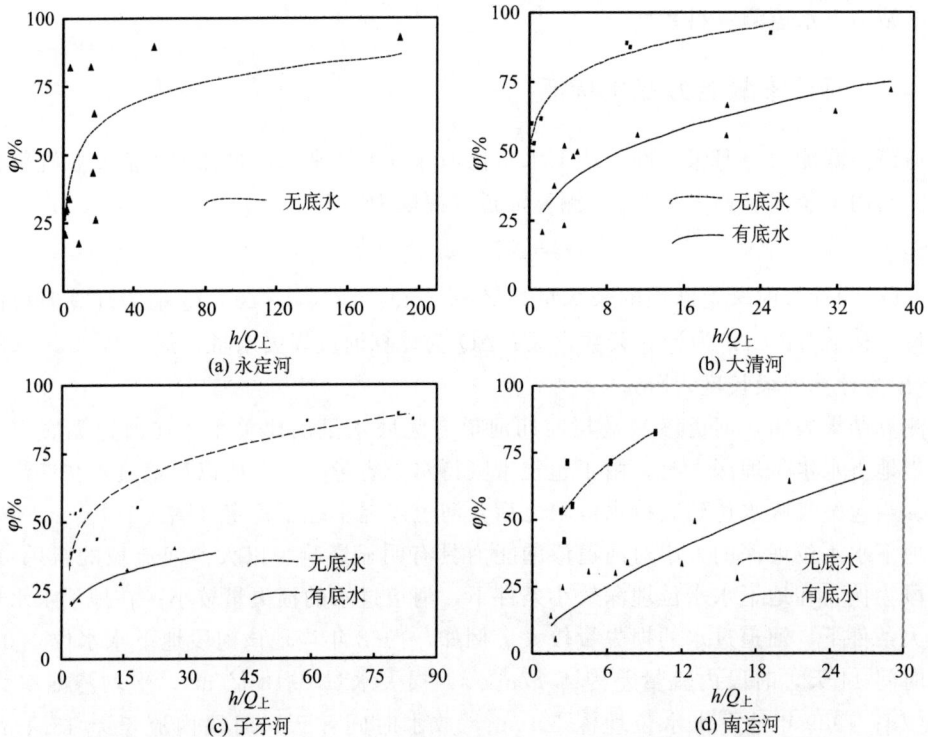

图 8-16　主要河道渗漏率（φ）与上游放水量（$Q_上$）及前期地下水水位埋深（h）关系

表 8-6　不同河道在不同条件下渗漏特征

水系与河段		河道有无底水条件	单长河道渗漏率（φ）表达式
水系	河段		
永定河	卢沟桥-大北市河段	无底水	$13.507\ln(h/Q_上)+31.265$
		有底水	
大清河	大沙河新乐-北郭村河段	无底水	$72.499(h/Q_上)^{0.1271}$
		有底水	$28.666(h/Q_上)^{0.3058}$
子牙河	滹沱河黄壁庄-北中山河段	无底水	$34.216(h/Q_上)^{0.2187}$
		有底水	$13.157(h/Q_上)^{0.2699}$
漳卫南运河	漳河岳城水库-蔡小庄河段	无底水	$36.091(h/Q_上)^{0.3308}$
		有底水	$6.5437(h/Q_上)^{0.6773}$

（三）河道地下调蓄潜力

若以地下水水位埋深 4.0m 作为上限约束，以现状年高水位期地下水水位埋深为下限，上述调蓄区的可利用调蓄库容为 42.59 亿 m³。其中，永定河冲洪积扇修整河道、渠道后，利用橡胶坝拦蓄回渗和砂石坑回渗，拦截洪水和上游水库弃水，可调蓄水量 1.28 亿 m³/a。唐河、大沙河冲洪积扇修整河道和开挖渗水池后，利用西大洋和王快两水库弃水作为地下调蓄水源，可调蓄水量为 6.76 亿 m³/a。滹沱河冲洪积扇河道修整后橡胶坝拦蓄回渗，利用黄壁庄水库弃水及向石津渠放水作为地下调蓄水源，可调蓄水量为 7.35 亿 m³/a。利用沙河、洺河冲洪积扇的天然河道以及上游朱庄水库弃水作为地下调蓄水源，可调蓄水量为 1.05 亿 m³/a。安阳河冲洪积扇利用天然河道拦蓄洪水和工矿企业弃水作为地下调蓄水源，可调蓄水量为 2.34 亿 m³/a。峪河、黄水河冲洪积扇在河侧渗井、河中渗水廊道及砂卵石荒滩，利用洪水作为可调蓄水源，可调蓄水量为 4.05 亿 m³/a。

运用上述河道的调蓄方式和可调蓄水量，在华北太行山前大型冲洪积扇区主要河道进行地下调蓄，每年可增加地下水补给量 14.82 亿 m³/a（表 8-7）。

表 8-7　华北太行山前大型冲洪积扇区主要河道地下调蓄潜力

调蓄区位	可利用调蓄库容 /亿 m³	可调蓄水量 /亿（m³/a）	地下水补给增量 /亿（m³/a）
永定河冲洪积扇	6.24	1.28	1.15
唐河、大沙河冲洪积扇	5.23	7.35	5.15
滹沱河冲洪积扇	11.26	6.76	4.06
沙河、洺河冲洪积扇	8.27	1.05	0.63
安阳河冲洪积扇	5.23	2.34	1.40
峪河、黄水河冲洪积扇	6.36	4.05	2.43
合计	42.59	22.83	14.82

综上所述，华北太行山前主要河道带具有优良的人工地下调蓄场所和水源条件，适宜地下调蓄区（裸露及浅埋型砂层分布）面积达 4703km²，现状地下水水位埋深条件下，可利用库容 66.28 亿 m³。在不引起陆表生态环境负效应前提下，拟以现状地下水水位埋深作为下限约束，华北太行山前平原主要河道的现状可利用地下调蓄库容达42.59 亿 m³，可供调蓄水量 22.83 亿 m³/a，每年可增加地下水补给量 14.82 亿 m³/a。

第五节　华北东南平原区地下调蓄潜力

华北东南平原区主要为鲁北平原，近年该地区修建了大量平原水库，为地下水的人工调蓄提供了水源条件。通过地下调蓄，可以缓解平原水库调蓄而侵占大量农田，造成耕地次生盐渍化等环境地质问题。

一、背景条件

鲁北平原位于 115°19′～119°07′E、35°46′～38°16′N，以黄河冲积平原为主，自西南向东北分为黄河冲积平原、黄河三角洲冲积-海积平原和滨海平原三部分，自西南向东北渤海湾倾斜。该区辖聊城市、德州市全部，以及滨州市大部，还包括东营市和济南市小部分地区，面积 32040km²。区内地势平坦开阔，海拔低于 100m，多年平均降水量 568mm。主要河流有马颊河、徒骇河和德惠新河等，徒骇河、马颊河和德惠新河为季节性泄洪河道。

二、地下调蓄优势条件

鲁北平原广布黄河冲积地层，在古河道带含水层岩性颗粒较粗，厚度大，具有较强的富水性、渗透能力和给水能力。区内存在三条较大古河道带分别是冠县-宁津古河道带、聊城-临邑古河道带和现代黄河影响带，它们是较理想的地表水-地下水联合调蓄场所。

在鲁北平原区，包气带岩性以粉砂和粉土为主，入渗能力较强，有利于地表汇水入渗补给地下水。降水入渗系数大于 0.3 的区域，主要以岛状分布于莘县古云镇-朝城镇、冠县-聊城市斗虎屯镇、利津县盐窝镇-河口区、聊城市梁水镇-茌平县菜屯镇、武城县-夏津县新盛店镇地区，岩性为粉砂。上述地区不仅包气带垂直渗透性能好、厚度大，而且含水层颗粒较粗、累积厚度大、富水性强，具备地下调蓄的基础条件。

三、地表水与地下水联合调蓄潜力

1976～2005 年期间，全区地下水水位平均下降 3.44m，浅层地下水疏干总体积达60.92 亿 m³。若以地下水水位埋深 3.0m 作为上限，现状可利用地下调蓄库容为 16.89亿 m³，其中调蓄厚度大于 10m 的区域，其可调蓄库容为 7.42 亿 m³，主要分布在鲁北平原区的西部冠县一带。

鲁北平原西部适宜地下调蓄，包括冠县-临清漏斗区的京杭大运河以西的临清—冠县—莘县一带，面积 3261km²，包气带以细砂及粉砂为主，含水层岩性以中细砂为主，分选性较好，含水层单层厚度 5～10m，累计厚度 10～25m。抽水试验资料表明，冠县-临清漏斗区浅层含水层渗透系数介于 10～30m/d，给水度介于 0.15～0.20，降水入渗系数为 0.18～0.25，具有较强入渗、储水和给水能力。另外，区内人工坑塘、排水沟渠密布，是较为理想的引渗回灌场所。深度较大的坑塘洼地，局部与含水砂层连通。

　　鲁北平原区的西部适宜地下调蓄库容为 6.24 亿 m³（表 8-8）。其中，在冠县漏斗区以西地区，利用当地坑塘洼地和排灌渠道，可拦蓄引渗的调蓄水量为 2385 万 m³/a。2002 年 10 月在该区开展了人工回灌调蓄试验，水源为丁东水库的黄河水，地下调蓄-回灌层位为Ⅲ～Ⅳ含水层组，回灌方式采用自然无压回灌方式，历时 360 小时，累计回灌水量 7551m³。监测观测数据表明，回灌初期的入渗量较大，地下水水位上升幅度小。随着回灌时间的延续，回灌强度逐渐变小，地下水水位升幅增大（表 8-9）。

表 8-8　冠县-临清漏斗区地下调蓄潜力（据杨丽芝等，2009）

分区	计算面积 /km²	调蓄厚度 /m	给水度	调蓄库容 /亿 m³
Ⅰ	536	20	0.20	2.14
Ⅱ	724	15	0.18	1.96
Ⅲ	824	10	0.17	1.40
Ⅳ	865	5	0.16	0.69
Ⅴ	312	1	0.15	0.05
合计	3261			6.24

注：Ⅰ、Ⅱ、Ⅲ分区等具体位置详见杨丽芝等，2009。

表 8-9　单井人工地下调蓄过程中回灌水量与地下水水位之间互动特征

回灌时间	地下水水位累计升幅 /m	回灌速率 /(m³/h)	累计回灌水量 /m³	回灌强度 /[m³/(h·m)]
10 月 11～14 日	3.27	6.4	455	1.96
10 月 14～20 日	12.85	24.6	3115	1.91
10 月 20～26 日	16.95	31.0	3881	1.83

　　在 2006～2009 年期间，在德州城区西北部漏斗中心区，关闭 40 眼 300～500m 的深机井作为回灌井，引渗丁东水库黄河水进行回灌人工地下调蓄，单井回灌量 1000m³/d，每年回灌 90 天，每年回灌量可达 360 万 m³，加上关闭井减少的开采量 200 万 m³，该漏斗区相对增加地下水补给量 560 万 m³/a，遏制了德州地下水漏斗中心水位下降趋势。由此可见，在鲁北平原区进一步开展地表水与地下水联合调蓄，有利于修复当地已严重超采的地下水环境和地下水资源，同时，可降低平原水库引发次生环境地质问题。

第六节　浅层水超采区地下调蓄效应

　　滹沱河冲洪积扇的山前平原区是华北平原浅层地下水超采最为严重的地区。20 世纪 60 年代，地下水水位埋深小于 5.0m 的分布区域占全区总面积的 96.8%，尚未出现大于 10m 埋深的分布区；至 2005 年，地下水水位埋深小于 10m 的分布面积占全区面积比例不足 3.5%，大于 25m 埋深的分布面积所占比例达 61.4%。目前，已出现了地下水位埋深大于 50m 埋深的分布区。该区的滹沱河河床及河漫滩地带是优良地下调蓄场所，包气带地层为细中砂，渗透性强，下部为砂卵砾石层，河道地表水可直接入渗补给地下水。根据《石家庄市地下水库建设论证报告》（2011）表明，该区地下调蓄库容为 45 亿 m³，可作为地下调蓄库容 14 亿 m³，已被占库容 31 亿 m³。

滹沱河出山地表径流曾是该平原区地下水的重要补给水源，自 20 世纪 80 年代以来长期处于断流状态，只有在特大丰水年份才出现弃洪过水。滹沱河冲洪积扇山前浅层地下水超采区是南水北调中线受水区之一，多年平均降水量 496.8mm，80% 集中在每年的 6～9 月。1956～1970 年该区多年平均降水量为 528.6mm，1980 年以来多年平均降水量 462.1mm。

一、地下调蓄入渗功能

2009 年 8～9 月，河北省水文工程地质勘查院在地下调蓄区开展了大范围入渗回灌实验，两个渗水场区面积分别为 77 万 m² 和 95 万 m²，地下调蓄用水量 1820 万 m³，平均每天渗水量 100 万 m³ 以上。实验初期，进入地下调蓄场区来水流量 3.8m³/s。18 个小时之后，进入地下调蓄场区来水流量达到 10～12m³/s。第 12 天，来水流量增大为 15m³/s，进入地下调蓄场区的来水量 1523.6 万 m³，渗入地下含水层水量 1482.8 万 m³，平均日入渗量 89.62 万 m³，入渗强度介于 131～249 万 m³/(d·km²)；最大日入渗量为 100.5m³，最小日入渗量为 84.6m³。

二、地下调蓄效应

1995 年 9～10 月，调蓄场区上游的黄壁庄水库通过滹沱河河道连续弃水，弃水的第 5 天，调蓄区南部监测井地下水位开始上升，至 10 月 11 日达到地下水水位上升的极大值，为 8.9m。1996 年 8 月，该区及上游发生了特大洪水，黄壁庄水库通过滹沱河河道弃水泄洪，1996 年 8 月至 1997 年 7 月期间，石家庄市区地下水漏斗中心水位上升 6.58m，漏斗面积缩小 39.55km²。石家庄浅层地下水水位降落漏斗在平面上呈近似圆形，分布在滹沱河冲洪积扇轴部第Ⅱ含水层组，该含水层组的底板埋深 60～100m。第Ⅰ含水层较薄，颗粒较粗，入渗性强，其与第Ⅱ含水层组之间存在密切水力联系，被统称为浅层地下水系统。

实验研究表明，在滹沱河冲洪积扇中、上段静水入渗条件下，实验初期平均每小时渗漏量达 24.2～25.0mm；30 天后，入渗速率降至 5.0mm/h 以下，平均入渗强度介于 126～162 万 m³/(d·km²)；在连续 90 天以上（简称长期入渗）条件下，平均入渗强度 78～126 万 m³/(d·km²)。如果每年地下调蓄水量不少于 1.32 亿 m³，石家庄地下水漏斗中心水位平均每年将上升 1.69m；如果每年地下调蓄水量不少于 2.45 亿 m³，石家庄地下水漏斗中心水位平均每年将上升 2.05m。许广明等（2009）在以滹沱河道作为调蓄入渗场、上游水库放水流量控制在 $30\sim50\mathrm{m^3/s}$、每次放水时间 $10\sim15$ 天的条件下，获得的地下调蓄效果最佳。

三、不同调蓄模式下地下水位变化趋势

石家庄浅层地下水超采区开展地下调蓄，滹沱河上游的岗南水库和黄壁庄水库可作为当地雨洪和南水北调客水的丰水期遭遇时段弃洪水量进行地下调蓄的水源条件（张光辉等，2007）。

南水北调的客水宜作为削减石家庄受水区地下水超采量、稳定储存资源量的主要水源，平均调控指标为 $2.14\sim7.25\mathrm{m^3}$ 亿/a（表 8-10）。当地雨洪资源可作为增补地下水储存资源的主要水源，多年平均有效增补水量为 1.73 亿 $\mathrm{m^3/a}$（表 8-11）。

表 8-10　南水北调中线石家庄受水区地下水开采与调控-调蓄指标

（单位：亿 $\mathrm{m^3/a}$）

城镇实际开采量				受水及其影响区控制减少开采量						
设区市	县级市	县城	总开采量	丰水年	平水年		枯水年		特枯年	
					初期	后期	初期	后期	初期	后期
4.12	1.18	0.72	21.24	$6.3\sim$ 10.5	$2.1\sim6.3$	$5.2\sim9.4$	0	$2.1\sim6.3$	<-6.3	<-4.2

现状实际开采状况		均衡期内调控减少开采量及均衡蓄变量			
开采量	超采量	初期		后期	
		减少开采量	均衡蓄变量	减少开采量	均衡蓄变量
21.24	3.98	$2.16\sim4.86$	$-1.82\sim+0.88$	$4.77\sim7.25$	$+0.79\sim+3.27$

表 8-11　南水北调中线实施后石家庄受水当地雨洪调蓄下地下水位变化趋势

平均综合给水度	降水量增量/mm		地下水储存资源及水位变化					
	丰水年	偏丰水年	丰水年份		偏丰水年份		均衡期*	
			储增量 /亿（$\mathrm{m^3/a}$）	水位增幅 /(cm/a)	储增量 /亿（$\mathrm{m^3/a}$）	水位增幅 /(cm/a)	储增量 /亿（$\mathrm{m^3/a}$）	水位增幅 /(cm/a)
0.1204	191.9	176.9	6.11	164.0	3.15	84.4	1.73	46.37

注：入渗-转化系数为 $0.18\sim0.35$；* 丰水年份概率11.1%，偏丰水年份概率24.4%，没有考虑枯水年份降水量减少的影响。

（一）南水北调客水的调蓄模式

在南水北调客水的调蓄模式下，需要综合考虑调水量的季节性变化和受水区当地降水、地表水、地下水的年际和年内变化，实施与南水北调客水之间联合运营、调控和调蓄，地表水与地下水之间互补，其调控准则：①供水区、受水区同时进入丰水期时，充分利用雨洪资源实施地下调蓄，增补地下水储存资源；②供水区丰水、受水区枯水时，

首先由南水北调客水满足受水区生活和生产需水，供水能力不足的部分，限量开采受水区地下水储存资源补充；③供水区枯水、受水区丰水时，以客水和受水区当地水资源满足生活、生产和生态需水，不宜动用地下水储存资源；④供水区、受水区同时进入枯水期时，适度超采受水区地下水，但是不宜超过中尺度（12～30 年系列）水文循环周期丰水时段的多年平均增量，否则将造成中尺度周期内地下水水量负均衡态势的加剧。

预期效果：南水北调客水能够参与受水区地下调蓄的水量是十分有限的，这里仅探讨 0.3 亿～2.1 亿 m³/a 客水量参与研究区地下调蓄情况下浅层地下水位响应变化趋势，结果见表 8-12，石家庄受水区地下水位升幅为 0.08～0.56m/a。

表 8-12 南水北调中线实施后石家庄受水区客水调蓄方案下地下水位变化趋势

客水调蓄量/亿（m³/a）	2.1	1.5	1.2	1.0	0.8	0.5	0.3
地下水位变化/（cm/a）	56.31	40.23	32.18	26.81	21.45	13.41	8.04

注：平均综合给水度为 0.1204。

（二）人工控采间接补给的调蓄模式

在人工控采间接补给的调蓄模式下，通过 7.23 亿 m³/a 的南水北调客水量替代部分地下水开采量，参与石家庄受水区地下水超采状况的修复，间接增加地下水储存资源，这将是南水北调客水在受水区地下水修复过程中的主要贡献模式。

基于本书前面提出的调蓄原则，拟定在中线南水北调的初期，丰水年份调控减少20%～35%开采量，平水年份减采 10%～30%、枯水年份基本平衡开采，特枯年份控制超采小于 30%；在中线南水北调的后期，丰水年份减采 35%～47%，平水年份减采25%～35%，枯水年份减采 10%～25%，特枯年份控制超采小于 20%，由此获得参与地下水修复的可调控水量和调控后水量均衡结果见表 8-10。在表 8-10 的调蓄水量条件下，南水北调初期的丰水年份石家庄平均地下水水位将上升 1.69～2.82m；在平水年份，

表 8-13 南水北调中线实施后不同时期石家庄受水区控采调蓄下地下水位变化趋势

阶段	平均综合给水度	控制减少开采量/亿（m³/a）				地下水储存资源及水位变化									
						丰水年份		平水年份		枯水年份		特枯年份		均衡期	
		丰水年	平水年	枯水年	特枯年	储增量/亿（m³/a）	水位增幅/（cm/a）	储增量/亿（m³/a）	水位增幅/（cm/a）	储增量/亿（m³/a）	水位增幅/（cm/a）	储增量/亿（m³/a）	水位增幅/（cm/a）	储增量/亿（m³/a）	水位增幅/（cm/a）
初期	0.1204	6.3～10.5	2.1～6.3	0	<-6.3	6.3～10.5	168.9～281.5	2.1～6.3	56.3～168.9	0	0	<-6.3	-168.9	2.16～4.86	57.9～130.3
后期	0.1204	10.5～14.0	5.2～9.4	2.1～6.3	<4.2	10.5～14.0	281.5～375.4	5.2～9.4	139.42～252.1	2.1～6.3	56.3～168.9	<-4.2	-112.6	4.77～7.25	127.9～194.4

地下水水位将上升 0.56～1.69m；在枯水年份，地下水水位基本不变或略有下降；在特枯水年份，地下水水位下降幅度不大于 1.69m；从水文周期的均衡来看，均衡期内地下水水位呈现为上升态势，升幅介于 0.58～1.30m。在南水北调后期的丰水年份，地下水水位将上升 2.82～3.75m；在平水年份，地下水水位将上升 1.39～2.52m；在枯水年份，地下水水位将上升 0.56～1.69m；在特枯水年份，地下水水位将下降幅度不大于 1.13m；在均衡期内，地下水水位呈现为上升态势，升幅介于 1.28～1.94m（表 8-13）。在空间上，自西至东，研究区内地下水水位升幅逐渐变小；由南向北，冲洪积扇轴部的地下水位升幅大于扇间地带，但是扇前缘带地下水水位升幅的差异不大。

（三）当地雨洪的调蓄模式

当地雨洪的地下调蓄可有效增补研究区浅层地下水储存资源。例如，"96·8"暴雨后仅近两个月时间内，海河南系平原蓄洪区浅层地下水储存资源量增加 34.21～38.37 亿 m³（1995 年与 1996 年河北省海河南系平原的降水量分别为 656.4mm 和 654.2mm，浅层地下水开采量分别为 79.82 亿 m³ 和 78.30 亿 m³）。因此，采取适当的工程措施，拦蓄和滞留雨洪在地下调蓄入渗区内，可有效增加地下水储存资源量。其中主要河流的河道和汇水洼地是拦蓄、滞留和调蓄雨洪资源化的比较理想场所。

充分的降水量是当地雨洪调蓄的必要条件，所以以丰水年份作为当地雨洪地下调蓄的主要时段。根据长江水利委员会的《南北丰枯遭遇分析》报告，在过去的 60 年期间，黄河以北的海河南系区，偏丰水年份和丰水年份占中尺度水文循环（系列）周期的 35.5%。近 50 年以来，石家庄山区多年平均降水量为 525.7mm，平原区为 484.6mm，其中多年平均的丰水年份降水量比平水年份均值大 36.5%，相当于每 3 年中存在一年当地雨洪地下调蓄的概率，丰水年山区和平原区降水增量分别为 191.9mm 和 176.9mm。

考虑到地表生态需要的要求和各种因素影响，将当地丰水年份降水增量的 18%～35% 作为地下调蓄的调控水量指标，由此获得研究区在雨洪地下调蓄条件下地下水位变化趋势，如表 8-13 所示。在偏丰水年份，研究区内浅层地下水系统可获得补给增量 3.15 亿 m³/a，地下水水位平均上升 0.84m；在丰水年份，可获得补给增量 6.11 亿 m³/a，地下水水位平均上升 1.64m；在中尺度水文循环周期内，均衡结果是平均补给增量为 1.73 亿 m³/a，地下水水位上升 0.46m。

（四）调蓄方案与工程措施

在南水北调总干渠以东至石家庄的滹沱河分布带，可建立两个地下调蓄的渗水区，其中正定公路桥以西为主要调蓄区（A 区），面积约 3.5km²，以东为辅助调蓄区（B 区），面积约 1.6km²。在 A 区，如果考虑开挖祛除河心滩，则调蓄区面积可扩大至 5.1km²。该区河水具备与地下水直接发生水力联系的地质条件。根据大量实验资料研究表明，该区短期渗水能力介于 560～780mm/d，由此推算：30 天的入渗水量为 1.03 亿 m³，50 天的入渗水量为 1.69 亿 m³，90 天的入渗水量为 2.98 亿 m³，120 天的入渗水量为 3.92 亿 m³。该区还具备距总干渠近、容易接受干渠放水调蓄的优越条件。

工程条件：在 A 区两岸需要加固堤防，在下游界面（线）修建梯级拦蓄橡胶坝。B 区是作为 A 区的辅助调蓄区，其内分布有多个已经开挖的巨大砂坑。但是，需要关注附近工厂排污问题。在该区下游界面也修建橡胶坝。该区短期渗水能力介于 530～640mm/d，由此推算：30 天的入渗水量为 0.29 亿 m^3，50 天的入渗水量为 0.46 亿 m^3，90 天的入渗水量为 0.82 亿 m^3，120 天的入渗水量为 1.08 亿 m^3。A、B 两个区所处的滹沱河段，河谷宽阔，河曲发育，多浅滩，其中黄壁庄水库坝下至邵同村河段，河谷宽度 740～3600m，高程 90～115m，河床宽度 150～1100m，纵向坡度 15‰～6‰，主要是近代堆积含砾中粗砂及中细砂。邵同村至正定大桥河段，河谷宽度 2000～4000m，高程 70～90m，河床宽度 150～750m。

（五）未来漏斗区地下水变化趋势

在现状开采水平下，通过上述三种模式地下调蓄的综合作用，实施 10 年后石家庄地下水位降落漏斗中心的水位埋深将恢复至 39.9～40.8m，漏斗面积 320～326km²；实施 20 年后，漏斗中心的水位埋深恢复至 32.3～36.4m，漏斗面积 267～297km²；实施 30 年后，漏斗中心的水位埋深恢复至 22.8～31.4m，漏斗面积 195～261km²；实施 40 年后，漏斗中心的水位埋深恢复至 5.3～21.7m，漏斗面积 41.5～185km²（图 8-17）。

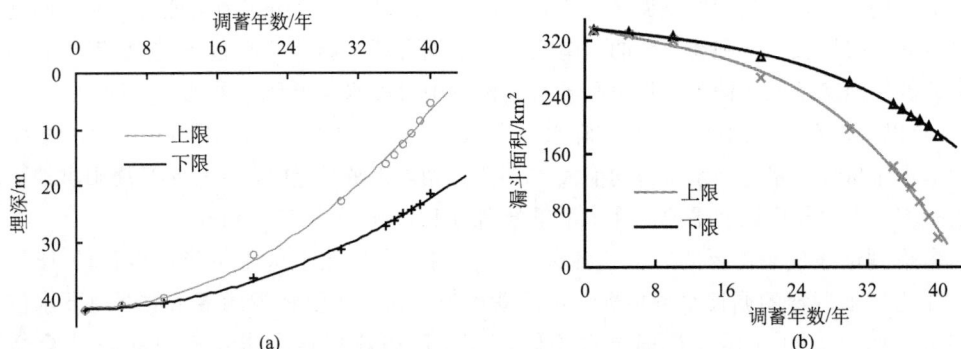

图 8-17　未来 40 年三种模式综合调蓄下石家庄浅层地下水漏斗中心水位埋深及面积变化趋势
（a）地下水位埋深变化；（b）漏斗面积变化

综上所述，在南水北调客水、减少开采量和利用当地雨洪进行地下调蓄条件下，实施 10 年后石家庄地下水漏斗中心的水位埋深将由现状 52.3m 恢复至 39.9～40.8m，漏斗面积由现状 401km² 缩小至 320～326km²；实施 30 年后，漏斗中心的水位埋深恢复至 22.8～31.4m，漏斗面积缩小至 195～261km²。在南水北调实施的初期，修复地下水的功效较弱，后期修复功效较强。根据上述研究结果分析，40 年后石家庄受水区地下水位有望恢复到 20 世纪 60 年代水平，其中减采调蓄模式主要是稳定地下水储存资源的作用，当地雨洪调蓄模式是增补储存资源的作用，而南水北调客水直接参与地下调蓄的水量有限，主要是为前两种地下调蓄模式创造良好的实施前提条件。

小　结

（1）地下水调蓄的实质是利用天然地下含水层的蓄存空间进行地下水数量的"枯欠丰补"调节，人工回灌补给是地下调蓄的一个重要环节，是一种有目的、主动性的储存、调节和合理利用地下水资源的工程措施。

（2）太行山山前平原具有优良的地下调蓄资源，最大调蓄潜在库容537.8亿m^3，可利用库容138.3亿m^3。石景山-大兴靶区、石家庄-晋县靶区和邢台靶区可作为南水北调地下调蓄首选目标；房山-容城靶区、望都-定县-新乐靶区和磁县-安阳靶区可作为南水北调地下调蓄的主要备选场所。

（3）华北主要河道带裸露和浅埋型调蓄砂层分布面积4703km^2，相应库容187亿m^3，现状可利用库容66.28亿m^3，每年增补地下水资源量14.82亿m^3。华北东南平原区（鲁北平原）具有较好的地下调蓄条件，现状可利用地下调蓄库容16.89亿m^3。

（4）滹沱河冲洪积扇浅层地下水超采区（包括石家庄地下水漏斗区），现状可利用地下调蓄库容14亿m^3。在实际供水量1523.6万m^3的地下调蓄试验中，日均入渗量89.62万m^3，入渗强度介于131～249万$m^3/(d \cdot km^2)$。实际监测结果，黄壁庄水库弃水、滹沱河河道连续过水，调蓄期间地下水位上升极大值为8.9m；1996年8月黄壁庄水库通过滹沱河河道弃洪泄水，石家庄地下水漏斗中心水位上升6.58m，漏斗面积缩小39.55km^2。以滹沱河道作为调蓄入渗场，上游水库放水流量介于30～50m^3/s，每次放水时间10～15天，地下调蓄效果最佳。

参 考 文 献

崔秋苹，张增勤，徐丹梅，等.2011.滹沱河地下水库建设条件分析.水文地质工程地质，38（3）：19～23

杜新强，李砚阁，冶雪艳.2008a.地下水库的概念、分类和分级问题研究.地下空间与工程学报，25（2）：209～214

杜新强，秦延军，齐素文，等.2008b.地下水库特征水位与特征库容的划分及确定研究.水文地质工程地质，22（4）：22～26

杜新强，冶雪艳，路莹，等.2009.地下水人工回灌堵塞问题研究进展.地球科学进展，24（9）：973～980

费宇红，崔广柏.2006.地下水人工调蓄研究进展与问题.水文，（4）：10～14

费宇红，陈树娥，刘克岩.2001.滹沱河断流区水环境劣变特征与地下水调蓄潜力.水利学报，30（6）：41～44

费宇红，张光辉，刘克岩，等.2011.华北平原河道地下调蓄与利用潜力.吉林大学学报（地学版），41（S1）：265～271

郝奇琛，邵景力，谢振华，等.2012.北京永定河冲洪积扇地下水人工调蓄研究.水文地质工程地质，39（4）：12～18

李安娜，许广明，赵伟玲.2012.滹沱河冲洪积扇地下水库调蓄库容研究.安徽农业科学，40（20）：10698～10700

李恒太，石萍，武海霞.2008.地下水人工回灌技术综述.中国国土资源经济，24（3）：41～42

李明良，马俊梅，陈胜锁.2009.河北省太行山前平原区建立地下水库的可行性初探.南水北调与水利

科技，7（2）：121～123

李旺林，束龙仓，殷宗泽. 2006. 地下水库的概念和设计理论. 水利学报，35（5）：613～618

李宇，邵景力，叶超，等. 2010. 北京西郊地下水库模式研究. 地学前缘，17（6）：192～199

林学钰. 1984. 论地下水库开发利用中的几个问题. 长春地质学院学报，（2）：113～121

刘建卫，许士国，张柏良. 2007. 区域洪水资源开发利用研究. 水利学报，36（4）：492～497

路莹，杜新强，迟宝明，等. 2011. 地下水人工回灌过程中多孔介质悬浮物堵塞实验. 吉林大学学报
　　（地学版），41（2）：448～454

马兴华，何长英，李威，等. 2011. 河谷区地下水人工回灌试验研究. 干旱区研究，28（3）：444～448

乔令海，徐军祥，张中祥，等. 2012. 南水北调入鲁后地下调蓄研究. 水文地质工程地质，39（5）：31～36
　　+48

束龙仓，李伟，李砚阁. 2006. 地下水库库容不确定性分析. 水文地质工程地质，（4）：45～47

孙桂平，赵宗涛. 2000. 石家庄市滹沱河地下水库调蓄功能研究初探. 河北师范大学学报，（3）：398～400

王津津，王开章，李晓. 2009. 超采漏斗区漏斗填充式地下水库的可行性研究. 工程勘察，37（3）：36～41

王新娟，谢振华，周训，等. 2005b. 北京西郊地区大口井人工回灌的模拟研究. 水文地质工程地质，
　　（1）：70～72

王新娟，许苗娟，周训. 2005a. 北京市西郊区地表水地下水联合调蓄模型研究. 勘察科学技术，（5）：
　　16～19

王贞国，王彦俊，冯守涛，等. 2005. 德州市深层地下水人工回灌试验浅探. 山东国土资源，（Z1）：82～85

许广明，刘立军，费宇红，等. 2009. 华北平原地下水调蓄研究. 资源科学，31（3）：375～381

杨丽芝，张光辉，刘春华，等. 2009. 利用平原水库实现地表水与地下水联合调蓄的研究. 干旱区资源
　　与环境，23（4）：79～84

张光辉. 1991. 在"三水"转化过程中岩土水势梯度变化及其变化机理研究. 长春地质学院学报，（2）：
　　213～218

张光辉，费宇红，刘克岩，等. 2004a. 太行山前平原动水条件下地下调蓄功能实验研究. 干旱区资源与
　　环境，（1）：42～48

张光辉，费宇红，刘克岩，等. 2007. 南水北调中线石家庄受水区地下水修复潜力及水位变化. 地质通
　　报，14（5）：583～589

张光辉，费宇红，申建梅，等. 2004c. 太行山前平原地下调蓄远景区与类型. 水文地质工程地质，（6）：
　　24～28

张光辉，费宇红，邢开，等. 2004b. 太行山前平原非河道条件下地下调蓄功能实验研究. 水文，（2）：
　　15～19

张光辉，费宇红，邢开，等. 2006. 太行山前平原地下调蓄能力研究. 地球学报，27（2）：187～191

张光辉，费宇红，严明疆，等. 2010. 基于土壤水势变化的灌溉节水机理与调控阈值. 地学前缘，17（6）：
　　174～180

张云，王秀艳，刘长礼，等. 2009. 北调江水调蓄对石家庄地下水环境的影响. 水文，29（2）：35～40

郑德凤，王本德. 2004. 地下水库调蓄能力综合评价方法探讨. 水利学报，（10）：56～62

朱思远，田军仓，李全东. 2008. 地下水库的研究现状和发展趋势. 节水灌溉，15（4）：23～27

第三篇 地下水异变机制与可持续性评价理论

　　本篇由第九章至第十二章组成，以华北地区水资源紧缺情势与因缘、深层水漏斗区开采量组成特征与机制、华北东部平原地面沉降状况和地下水功能可持续性评价理论方法为主要内容，同时，以白洋淀流域、滹沱河流域山前平原区为典型区和以华北平原为应用示范区，阐述区域地下水流场异变及其环境脆弱性机理和区位特征。另外，专章介绍了华北平原地下水超采与当地小麦、玉米、蔬菜和鲜果等耗水作物的种植规模、强度及其灌溉用水之间的关系，以及区域地下水的资源功能、生态功能和地质环境功能评价理念、方法、指标体系及在华北平原应用结果。

第九章 区域地下水超采因缘与效应

第一节 华北平原水资源紧缺情势与因缘

在华北平原水资源紧缺中，降水量减少导致自然资源性缺水占总缺水量的15.1%～16.4%、因管理缺欠导致水资源浪费（管理性）的缺水占22.1%～24.2%，因人口数量和经济社会发展规模过大导致用水量超过区域水资源承载力（政策性）的缺水占59.3%～62.5%。即使南水北调中线客水进入华北平原，该平原地下水超采情势也难以根本性扭转。除非有新的增水源调入，或华北平原在严控生活和工业用水总量的同时，大幅压减农业用水量，这将是缓解华北平原地下水超采和水资源紧缺的根本所在。

一、基本理念

本书中"水资源可持续利用"是指一个流域的生活、生产和生态用水（简称"三生水"）彼此之间互不挤占，其消耗总量不大于多年平均水资源量，或长系列水文周期（15年以上）的平水期水资源量的供需平衡模式。即在完整的长系列水文周期内，水资源供需处于正平衡状态［图9-1（a）］。

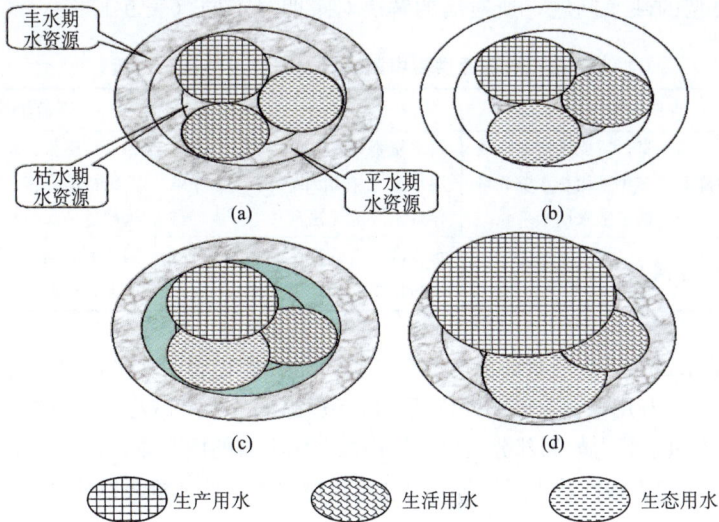

图 9-1 流域水资源紧缺属性类型内涵特征

（a）可持续利用模式："三生水"总量不大于平水期水资源承载力，彼此互不挤占；

（b）资源性缺水模式：干旱造成水资源承载力明显低于平水期水平，引发水紧缺；

（c）管理性缺水模式：水污染或水利用不合理导致水资源紧缺，节水潜力较大；

（d）政策性缺水模式："三生水"总量远大于平水期水资源承载力，节水潜力有限

　　"水资源紧缺"是指实际用水量长期大于可供水量，供水能力不能满足生产和生活用水的需求，生产和生活用水长期挤占生态用水或持续消耗地下水储存资源的现象。水资源紧缺状况一般采用"缺水量"或"缺水程度"（即缺水量与需水量之比）表达，它们由水资源再生能力和社会经济耗水水平叠加集成，伴随自然水循环演化和社会经济发展进程而不断变化。

　　"缺水量"与人们对自然水循环规律和水资源承载能力可变性的认识水平相关，与社会文明程度密切联系。服务于不同目的缺水量，其内涵存在一定差异。区域水资源规划中的"缺水量"易偏大；实际用水量核查中的"缺水量"，特别是与经济挂钩时，易偏小。事实上，缺水量既受供水能力的主导因素变化控制，也受需水要求的主导因素变化制约。供水能力与区域气候变化、流域水循环条件和海水、微咸水、污水资源化利用水平诸多因素密切相关。需用水量多受控于主观因素，取决于经济社会发展水平、科技进步和社会文明程度（张光辉等，2002a）。

　　因此，产生水资源紧缺的原因可概括为三个方面：一是区域降水量减少或区域陆面蒸发量增大，致使水资源承载力衰弱，造成"资源性缺水"［图 9-1（b）］。二是水资源管理方面存在缺陷，包括用水量无效增加和污染，造成水的利用率不高而耗水量增加或废水处理没达标排放，污染水资源，人为削减了水资源可利用量，导致水资源无法利用等"管理性缺水"［图 9-1（c）］。三是人口膨胀、社会经济发展规模过大，造成对水的需求超过该流域水资源承载力等"政策性缺水"或称为"认识性缺水"［图 9-1（d）］。

　　不同属性缺水问题，解决对策不同。"资源性缺水"是不以人的意志为转移的，唯有外域适量调水才能解决；"管理性缺水"可通过社会文明进步和科技进步不断修正；"政策性缺水"宜因势利导地进行经济社会布局和产业结构调整，特别是高耗低效用水产业。不同类型的缺水问题，所对应的解决对策明显不同（表 9-1）。

表 9-1　水资源供需中紧缺属性类型、特征与对策

缺水属性	自然资源性缺水	管理性缺水	政策性缺水
特征	气候持续干旱，造成水资源形成能力降低，多年平均总水资源量明显减少，低于平水期水平	因水资源管理存在缺陷，导致用水量无效增加，或严重污染导致水资源无法利用	因人口膨胀、经济社会布局和产业结构不合理，导致实际用水量远超过平水期水资源承载力
对策	外域限量调水	水资源科学管理、利用和保护，不断提高低耗高效用水水平	因势利导地进行经济社会布局、产业结构调整

　　"资源性缺水量"等于现状评价均衡期（应为完整水文周期）水资源可利用量减去长系列（30年以上）可利用量，它表明评价期区域水资源承载力衰减程度。"政策性缺水量"等于超过区域水资源承载力的那部分人口、经济社会所必需的用水量，该用水定额符合现状高效用水评价指标。"管理性缺水量"等于总缺水量减去政策性和资源性缺水量之和。

二、水资源紧缺情势

（一）区域水资源自然特征

　　在气候变化和人类活动影响强度不断加剧背景下，华北平原水资源承载能力具有多

变性。1956～2012 年期间，多年平均总水资源量为 373 亿 m^3/a，最大值为 1964 年的
518 亿 m^3/a，地下水资源量为 376 亿 m^3/a；总水资源量最小值为 1999 年的 182 亿 m^3/a，
地下水资源量为 171 亿 m^3/a。1980～2012 年期间平均总水资源量 326 亿 m^3/a，相对
1956～1979 年期间均值少 93 亿 m^3/a。

近 30 年以来，华北平原气候不断旱化，1979～1984 年、1992～1994 年和 1997～
2003 年分别出现连续枯水年份。在天津地区，曾出现 5 年以上的连续枯水年，其中
1978～1984 连续 7 年枯水。河北平原东部地区曾发生连续 9 年的枯水期。相对1956～
1979 年期间多年平均降水量，近 30 年的多年平均降水量减少 74.9mm，雨水资源量减少
104.3 亿 m^3/a，累计减少 3128.7 亿 m^3，地下水资源至少减少 594.5 亿 m^3。

（二）需用水严峻现实

华北平原人口数量处于不断增长状态，其生活及其所需粮食、蔬菜等生产用水量也不断
大幅增加。1952 年，人口数量 0.57 亿人，当时的城市和农村生活用水量为7.6 亿 m^3/a，农
业灌溉全部引灌地表水。至 1980 年，人口数量增加为 0.97 亿人，净增 70.18%；城市
和农村生活用水量增至 23.7 亿 m^3/a，净增 2.12 倍，生活和农业的地下水开采量超过
150 亿 m^3/a。2012 年，人口数量达到 1.33 亿人，又增 37.1%；生活用水量达 51.8
亿 m^3/a，占总用水量的 15.9%，农业用水量占 64.7%。相对 1980 年，2012 年生活用水
增加 145.7%。总用水量较高年份为 1997～1999 年，都达 430 亿 m^3 以上。在总用水量中，
地下水占 65% 以上，其中河北平原占 80% 以上（费宇红等，2007）。

到 2030 年，区内人口将达到 1.51 亿人，城市化率达到 54%。人均水资源占有量
从 1952 年的 735m^3/a 降至现状的 302m^3/a，2030 年将减少至 246m^3/a，比全国人均水
资源量分别少 127m^3/a 和 183m^3/a。有关预测结果（任宪韶等，2007；张兆吉等，
2009），2020 年以后总需用水量将在 462.5 亿 m^3/a 以上。目前，农业用水占地下水开
采量的 70% 以上，是华北平原地下水超采的主导因素。粮食和蔬菜生产灌溉用水量不
断增加，加之，平原区可利用的地表水资源日趋减少，地下水已成为华北平原许多地区
的供水主要水源，农业开采量占总用水量的 85% 以上（张光辉等，2009a）。

近 50 年以来，华北平原地下水开采量与小麦和玉米产量之间呈正相关关系。在
1977 年之前，每增产 10000t 小麦和玉米，多年平均开采量增加 0.14 亿 m^3/a；在 1978
年以来，每增产 10000t 小麦和玉米，多年平均开采量增加 0.04 亿 m^3/a。若以 1977 年
的粮食产量和地下水开采量为基数，1978 年以来多年平均开采量增加 35.3 亿～
36.4 亿 m^3/a。另外，在过去的近 30 年中，华北平原蔬菜生产灌溉用水量呈明显增大
趋势。1985 年蔬菜作物灌溉用水量 11.57 亿 m^3，1995 年达到 22.81 亿 m^3，2005 年
46.34 亿 m^3，相对 1985 年分别增加了 97.2% 和 300.5%。在 1985～2007 年期间，河北
平原蔬菜灌溉用水量从 5.87 亿 m^3/a 增至 22.89 亿 m^3/a，净增 289.9%。

在京津以南的华北平原，大部分地区农业用水已处于超采状态，许多地区处于严重
超用状态。从未来 10～30 年的需用水量来看，基于可供水量 371.8 亿 m^3/a，2020 年
缺水 91.2 亿 m^3/a（总需水量 463 亿 m^3/a）。未来 20 年和 30 年（即 2030 年、2040 年）

的预测需水量分别为 483 亿 m³/a 和 531 亿 m³/a，将分别缺水 111.8 亿 m³/a 和 159.8 亿 m³/a，如果考虑社会发展和科技进步的节水潜力，则分别缺水 99 亿 m³/a 和 140 亿 m³/a（图 9-2）。即使考虑南水北调供水量 70.3 亿 m³/a，仍然短缺 28.7 亿 m³/a 和 69.7 亿 m³/a，水资源供需之间紧缺矛盾难以缓解。由于华北平原可利用的地表水资源有限，加之地表水水质普遍较差，由此地下水超采情势仍然严峻（图 9-3）。

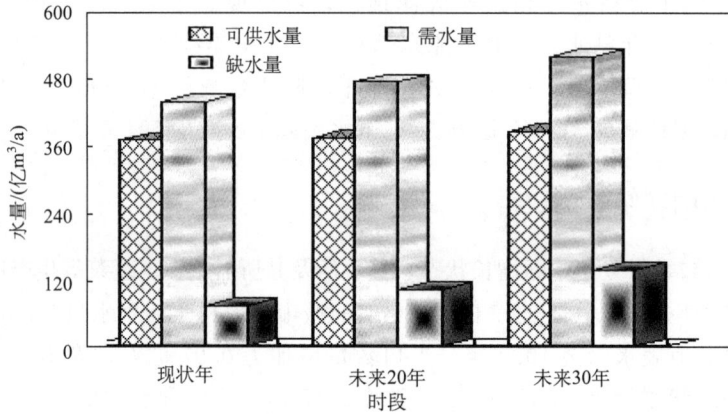

图 9-2　华北平原现状、未来的水资源量供需关系

自 20 世纪 80 年代以来，华北平原地下水处于持续超采状态。20 世纪 90 年代末期是华北平原地下水超采最为严峻时期（图 9-3），不仅太行山山前平原浅层地下水大规模超采，而且，中东部地区深层水超采呈加剧态势。进入 21 世纪，控制地下水超采问题受到管理部门的高度重视，所以，地下水超采加剧态势得到遏止，出现缓解迹象，如石家庄、沧州等漏斗中心区地下水位出现明显回升。但是，华北平原深层水超采仍然比较严重，甚至一些地区深层水开采量呈现日趋扩大的状况。

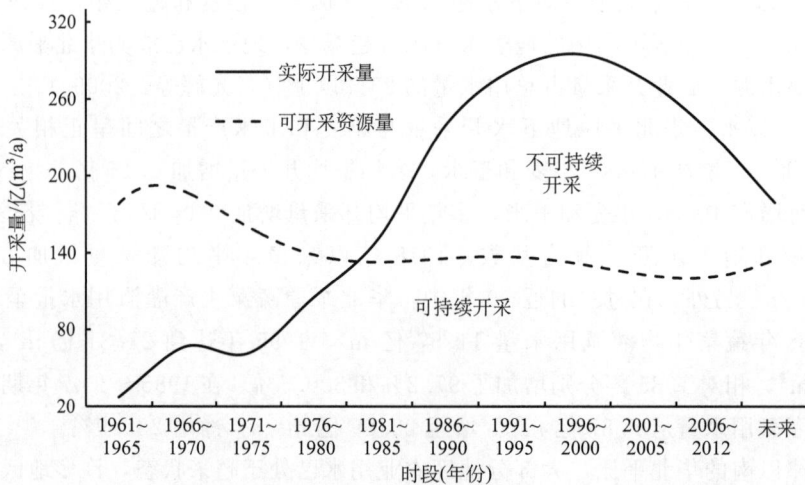

图 9-3　华北平原地下水资源可持续利用性状态

三、水资源紧缺因缘

（一）界定依据

从水资源自然承载力、人口增加和生产发展对水的客观需求考虑，华北平原 372 亿 m³/a的水资源量无法满足"三生水"需求，仅近 10 年来多年平均生活、生产用水总量就已经突破 400 亿 m³/a，大量挤占了生态用水量，呈现政策性缺水特征。

若基于人均水资源量 1000m³ 以下作为区域水资源紧缺的国际理念，华北平原水资源所能承载的人口数量是 0.37 亿～0.42 亿人，但现在实际多 0.80 亿～0.85 亿人。2030 年人口将超标 258%～308%。国际公认的流域水资源利用率警戒线为 30%～40%，在半干旱区多采用 22%～33% 作为预警值。若基于该指标作为华北平原的生产、生活合理用水的限值，则华北平原生产和生活的可利用水资源量为 120 亿～135 亿 m³/a，目前超用水量 287 亿～312 亿 m³。若面对华北平原 1997～2009 年现状的情势，在未来 10～30 年即使实现低耗高效利用水资源和南水北调，则未来 10 年仍将缺水 28.7 亿 m³/a，未来 30 年缺水 69.7 亿 m³/a。

（二）识别与诊断

1. 可变量

从近 30 年来华北平原水资源承载力变化状况分析，区域多年平均降水量减少 10.24%，地下水资源平均减少 25.82 亿 m³/a，总水资源量减少 47.02 亿 m³/a（表 9-2），占总超标水量（287～312 亿 m³）的 15.1%～16.4%。从水资源利用水平分析，若按青岛或深圳工业万元产值耗水量 12～13m³，或美国的 14.9m³、日本 18.8m³ 标准综合考虑和发达国家公共用水、农业节水灌溉水平，未来 10～30 年平均每年节水潜力为 69.1 亿 m³，占超标总水量的 22.1%～24.2%，其中生活节水潜力 8.1 亿 m³/a，工业节水潜力 18.4 亿 m³/a，农业节水潜力 42.7 亿 m³/a。

表 9-2　1956～1979 年与 1980～2009 年系列比较华北平原降水量和水资源衰减量状况

分区	滦河及冀东沿海	海河北系	海河南系	徒骇马颊河	华北平原
降水减少/%	6.95	8.11	12.01	9.71	10.24
地下水补给减少量/亿（m³/a）	2.13	5.13	15.53	3.03	25.82
地下水资源减少/%	7.94	9.22	13.68	11.07	11.78
总水资源减少量/亿（m³/a）	3.59	8.27	31.38	3.78	47.02

根据上述分析可见，自然资源性缺水占总超用水量的 15.1%～16.4%，1980～2009 年期间年均资源性缺水量 47.0 亿 m³/a，由气候干旱、降水量减少造成的，人类无法改变；管理性缺水占总超用水量的 22.1%～24.2%，多年平均 69.1 亿 m³/a（表 9-3），这部分缺水量可以通过提高水资源利用和管理水平在未来 10～30 年中加以解决。

表 9-3　华北平原水资源紧缺属性构成与对策

缺水属性	资源性缺水	管理性缺水	政策性缺水
比例/%	15.1~16.4	22.1~24.2	59.3~62.5
对策	外域调水至少 47 亿 m^3/a	通过加强水资源合理利用和保护，不断提高低耗高效用水水平，节水 69 亿 m^3/a	经济社会布局和产业结构调整削减耗水能力，海水、微咸水利用和外域调水增加供水量，合计 185 亿 m^3/a 水量

2. 难变量与对策

若以近 10 年生产和生活用水水平（398.3 亿 m^3/a）推算，4190 万人口的生产和生活总用水量为 135.7 亿 m^3/a。若以 2030 年水利用效益水平考虑，从现状生产和生活用水量中剔除应节约的管理性缺水量（69.1 亿 m^3/a）和被挤占的城市生态环境用水量（8.9 亿 m^3/a），则生活和生产总用水量为 320.3 亿 m^3/a。因人口膨胀导致经济社会规模过大而造成生活和生产所必须用水的超用水量为 184.6 亿 m^3/a，占总超用水量的 59.3%~62.5%（表 9-3），其中人口增量所需的生活用水增量为 33 亿 m^3/a。从经济社会稳定发展角度考虑，这部分缺水量必须供给，是人类生存和经济社会发展必需消耗的，而且，随着人口继续增加和经济社会发展将不断增大，难以改变其增长趋势。除南水北调工程调入的一定水量进入华北平原之外，因势利导地优化和调整产业结构和经济社会布局将是必需的重要举措，是缓解华北平原水资源紧缺的根本所在。

华北平原水资源是永远有限的，而且，当地可利用水资源量随着气候不断变化。现今的南水北调中线调水量进入华北平原，只能缓解该平原地下水超采情势，尚不能根本性扭转，因为华北平原未来城镇生活用水、工业等产业用水的增量与现状地下水实际超采量之和远大于南水北调工程调入的客水量。除非有新的增量水源或华北平原严控生活和工业用水量，同时大幅压减农业用水量。刻意突出资源性缺水、淡化政策性和管理性缺水的观念，对未来水资源可持续利用弊大利小。唯有遵循自然水循环规律，依水资源承载力确定经济社会需用水规模，大力发展和应用节水技术，建立节水型高效用水、人水和谐的现实，华北平原水资源紧缺和地下水超采严峻态势可望得到有效缓解。

四、区域地下水超采的社会属性与挑战

（一）50 年来地下水开采量演变特征

河北平原，尤其京津以南的河北平原是华北平原地下水超采的主要区域。在 20 世纪 50 年代，河北平原人口数量和经济发展规模都有限，同时，山区或山前都尚未大规模修建水库，地表水是当时河北平原的主要利用水源，那时的地下水开采量仅 28 亿 m^3/a。进入 70 年代中后期，人口数量在 3000 万人基础上净增 2000 万人，经济发展也达到相当规模，特别是农业生产需耗水量明显增大，加之 1978 年以来的改革开放，极大地解放了生产力，同时 20 世纪六七十年代山区、山前带大兴水利工程建设，

出山地表径流水量都被拦蓄于水库中，这时期平原区地下水开采量迅速增加，20 世纪 70 年代、80 年代的地下水开采量分别达到 91.9 亿 m³/a 和 135.4 亿 m³/a，相对 50 年代分别增加 2.86 倍和 3.84 倍。20 世纪 90 年代，严重的地质环境问题引起人们的反思，节水型可持续发展理念逐步贯彻经济发展中，相对 80 年代，到 90 年代开采量仅增加 7.4%。进入 21 世纪，由于加大了水资源使用成本的管理、宏观调控力度和水资源利用效率不断提高，总用水量逐渐下降，但是地下水开采量尚未出现减缓趋势（图 9-4）。

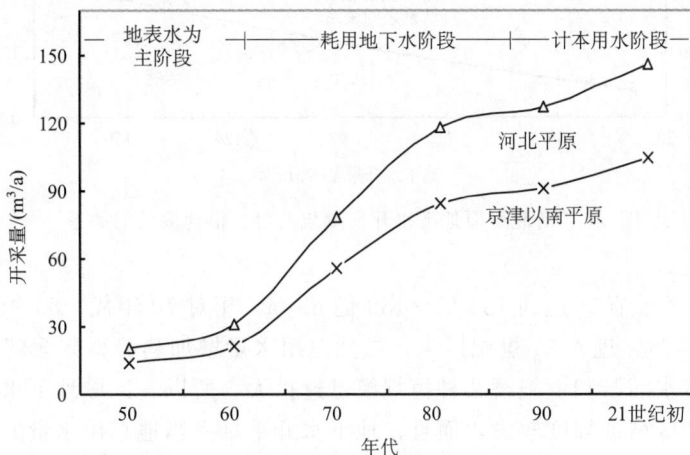

图 9-4　近 50 年河北平原地下水开采量演变特征

（二）开采量与人口、粮食生产之间关系

近 30 年以来，河北平原地下水开采量变化与当时人口数量、粮食产量和蔬菜种植规模不断增加密切相关（图 9-5）。20 世纪 50 年代，河北人口数量 3300 多万人，粮食产量 469.5 万 t，地下水开采量 23 亿 m³/a。至 2000 年，河北人口数量达 6400 多万人，粮食产量 2491.8 万 t，地下水开采量 156 亿 m³，它们分别是 50 年代的 1.94 倍、5.31 倍和 6.78 倍。

20 世纪 50 年代的人口数量和社会化生产力比较低，那时多是利用地表水，地下水开采量有限，仅限于埋藏较浅的地下水开采。1962～1972 年期间出现河北人口生育高峰，1963 年人口自然增长率达到 27.4‰，是人口增长最快时期。这期间，曾掀起打机井热潮，至 1969 年河北平原地下水开采机井已达 10 多万眼。进入 20 世纪 70 年代，河北平原农业开始大发展，粮食亩产量不断创新高，需水量也逐年增加，浅、中、深层地下水开始被混合开采。至 1979 年，机井数量接近 40 万眼，比 1969 年前净增机井数量 30 万眼，地下水开采量趋近 100 亿 m³/a，地下水超采问题日趋显著，在一些地区形成较大的常年性地下水位降落漏斗。在这一时期，地下水开始成为经济社会发展的主要供水水源。

20 世纪 80 年代以来，改革开放加速了经济发展，人均粮食从 1980 年的 294.6kg 增至 1985 年的人均 354.5kg，1995～2000 年期间提高至人均 400kg。与此同时，地下

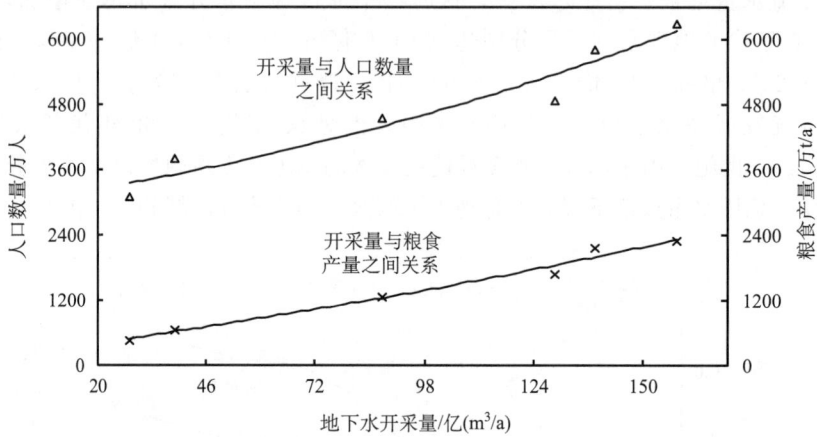

图 9-5　河北平原地下水开采量与人口、粮食增长的关系

水开采量也上一个台阶，达到 135 亿～156 亿 m³/a，相对 70 年代，80～90 年代的年均开采量增加 47.4％。进入 21 世纪以来，虽然总用水量增加趋势得到缓解，但是由于气候干旱、农业节水灌溉和设施蔬菜种植规模迅速扩大，所以，区域地下水开采量仍呈增大趋势，有些地区增加幅度较大，而且，地下水开采量占当地总用水量的 95％以上。

（三）现状问题与危机

1. 区域特征

1985～2012 年期间，河北平原多年平均地下超采量为 36.1 亿 m³/a，其中 1997 年（枯水年，降水量 367mm）超采量达 47.2 亿 m³，1998～2012 年期间年均地下水超采量为 33.9 亿 m³。在过去 50 年中，河北平原地下水储存资源累计消耗量 1129.7 亿 m³，其中浅层地下水储存资源消耗 681.6 亿 m³，深层地下水储存资源消耗 448.1 亿 m³。在太行山前平原，埋深 30m 以上的含水层大部分被疏干，中东部平原区深层水超采区疏干深度达 70m 以上。

自 20 世纪 70 年代后期以来，河北平原地下水水位一直处于不断下降过程。其中，2000 年河北平原浅层地下水水位普遍下降 4.8～22.2m。滏西平原地下水水位降幅最大，达 19～23m；运东平原降幅最小，为 2～5m。浅层地下水水位埋深大于 10m 的分布区面积已从 20 世纪 70 年代的 4500km² 增至 2000 年的 20000km² 余；地下水水位埋深超过 20m 的分布区面积已达 1.1 万 km²。深层地下水水位大幅下降始于 20 世纪 70 年代后期，降幅介于 12～48m。目前，深层水位埋深大于 10m 的分布区面积，已由数千平方千米增加到 40000km² 以上，其中大于 40m 的分布区面积超过 10000km²。

虽然 2006 年以来京津冀地区雨水量明显增大，总水资源的数量也呈现增加趋势，但是，区域性地下水超采问题仍然严峻，许多地区地下水水位埋深进一步增大，地下水位降落漏斗分布面积仍不断扩大。根据水利部发布的《中国北方平原区地下水动态月报》，2012 年 7 月初，河北省保定、石家庄地区地下水水位埋深介于 12～50m，局部超过 50m。与 2011 年同期相比，大部分地区地下水水位埋深增大，地下水储存资源量减少。河北省唐山、廊坊、保定和沧州地区的地下水开采程度分别为 137.3%、182.4%、163.8% 和 173.7%，处于严重超采状态。

2013 年 3 月 21 日，河北省水利厅发布的《水资源简报》表明，2013 年上半年河北平原水资源供需矛盾仍然突出，缺水量达 24.29 亿 m^3。《水资源简报》指出，若继续超采地下水弥补供水缺口，必将导致平原区、特别是中东部平原区地下水水位继续下降。《水资源简报》指出，2012 年是河北平原近 10 年来少见的降水偏丰年份，全年平均降水量比多年均值多 66.5mm。沧州深层水漏斗区水位上升 4.24m，但地下水水位埋深仍为 83.28m。而衡水深层水漏斗区、南宫地下水漏斗区水位埋深分别增大 2.86m 和 3.80m。

《海河流域地下水通报》（2012 年第 3 期）表明，至 2012 年 6 月底，河北平原区浅层地下水位平均埋深 19.95m，最深达 64.0m，分布于邢台市任县旧周乡一带。地下水位埋深介于 30～40m 的分布面积达 6005km²，主要分布在河北省保定、石家庄、邯郸、邢台、衡水和沧州地区；水位埋深超过 40m 的分布面积为 6955km²，主要分布在河北省石家庄、邢台、邯郸和保定地区。

河北平原的邻区——北京平原，浅层地下水水位平均埋深 26.42m，最深区域达 64.55m，分布在平谷区南独乐河镇。浅层地下水水位埋深介于 30～40m 的区域面积为 959km²，主要分布在北京市密云、顺义、昌平、海淀和丰台地区。水位埋深大于 40m 的区域面积为 1194km²，主要分布在包括北京市平谷、顺义、朝阳、密云和石景山地区。豫北平原浅层地下水水位平均埋深为 13.12m，最大埋深为 42.75m，主要分布在河南省鹤壁市浚县屯子镇一带。浅层地下水水位埋深介于 20～30m 的区域面积为 1856km²，主要分布在河南省安阳、濮阳和鹤壁地区。水位埋深大于 30m 的区域面积为 110km²，主要分布在河南省鹤壁市浚县一带。鲁北平原区浅层地下水水位平均埋深为 5.83m，最大埋深为 25.16m，主要分布在山东省聊城市冠县城关镇一带。浅层地下水水位埋深超过 20m 的区域面积为 714km²，主要分布在在山东省聊城市的冠县和莘县一带。

长期大规模地超采地下水，河北平原已形成众多的常年性地下水位降落漏斗，其中浅层地下水位降落漏斗包括唐山漏斗、石家庄漏斗、保定漏斗、宁柏隆漏斗和邯郸漏斗，漏斗区总面积已超过 10000km²。深层地下水位降落漏斗主要有冀-枣-衡漏斗、沧州漏斗、邢台巨新漏斗等，漏斗总面积超过 20000km²。与此同时，地面沉降日趋严峻，累计沉降量大于 300mm 的分布区面积已达 1.19 万 km²。

2. 京津冀地区水资源开发利用情势

近 30 年以来，河北平原城镇和粮蔬主产区的地下水水位下降速率明显增大（图 9-6），浅层地下水疏干范围不断扩大，区域水资源开发利用情势和地下水超采状况不容乐观。例如，在近 10 年中，地下水开采量占总用水量比例仍高于 78.0%，大于 180.0 亿 m^3/a。其中农业用水量占 71.49%，工业用水量占 14.55%，生活用水量占 18.36%。相对多年平均值，近几年来农业用水增量年均 3.51%，生活用水增量年均 12.23%，生态用水量也呈显著增加趋势（图 9-7）。

年份

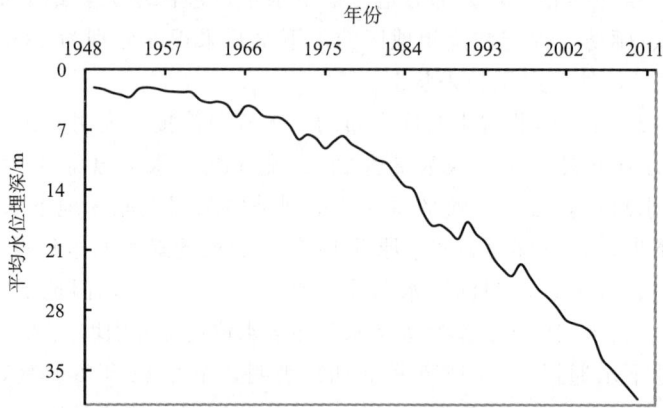

图 9-6　近 60 年以来山前平原浅层水超采区平均水位埋深演变特征

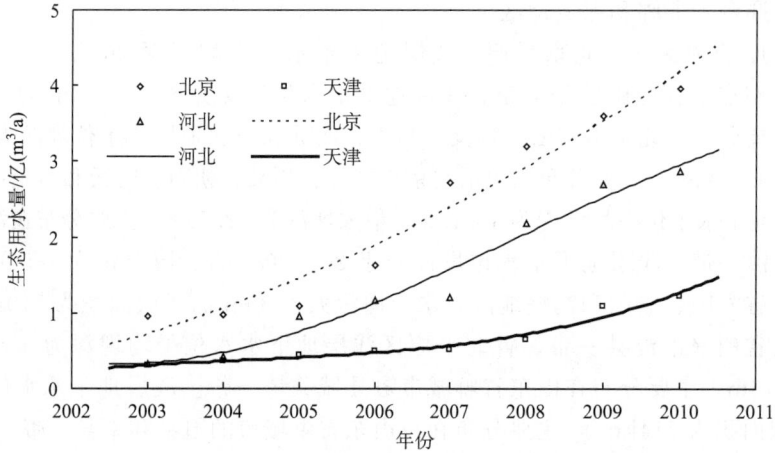

图 9-7　近 10 年以来京津冀地区城镇生态用水量演变趋势

　　京津周边的河北省各地市行政区的农业用水状况，见表 9-4。唐山、廊坊、保定和沧州地区的农业用水量分别占当地用水总量的 69.95%、72.79%、79.33% 和 77.36%，地下水开采量分别占当地用水总量的 71.31%、88.63%、89.17% 和 82.66%。

　　相对多年平均水资源可利用总量，近 10 年以来京津冀地区年均用水量超用 46.63%，其中，河北地区超用 38.68%，北京地区超用 54.70%，天津地区超用 131.83%；京津冀地区年均地下水开采量超采 48.37%，其中，河北地区超采 51.94%，北京地区超采 29.40%，天津地区超采 41.52%。京津周边的河北各地市行政区，相对当地多年平均可利用水资源总量，唐山、廊坊、保定和沧州地区的总用水总量分别超用 74.50%、80.53%、71.01% 和 31.62%，地下水开采量分别超采 37.31%、82.40%、63.76% 和 73.71%（表 9-5）。随着这些地区城镇化、产业园和工业园区快速发展，超用水资源和超采地下水情势日趋严峻。

表 9-4 京津周边的河北地市行政区农业用水及地下水开采量状况

行政分区	总用水量/亿（m³/a）	农业用水量			地下水开采量		
		用水数量/亿（m³/a）	占总量比例/%	相对多年均值的变化率/%	开采数量/亿（m³/a）	占总量比例/%	相对多年均值的变化率/%
唐　山	27.92	19.53	69.95	−1.34	19.91	71.31	−3.81
廊　坊	10.29	7.49	72.79	−3.11	9.12	88.63	−1.88
保　定	31.11	24.68	79.33	−4.77	27.74	89.17	−5.49
沧　州	13.03	10.08	77.36	−4.65	10.77	82.66	−9.75

表 9-5 京津周边的河北各地市行政区现状用水量超用状况

行政分区	总水资源情势			地下水资源情势		
	总水资源量/亿（m³/a）	现状用水总量/亿（m³/a）	超用比例/%	地下水可利用量/亿（m³/a）	地下水开采量/亿（m³/a）	超采比例/%
唐　山	16.0	27.92	74.50	14.5	19.91	37.31
廊　坊	5.7	10.29	80.53	5.0	9.12	82.40
保　定	18.2	31.11	71.01	16.9	27.74	63.76
沧　州	9.9	13.03	31.62	6.2	10.77	73.71

注：表中数据依据历年水资源公报。

从分区用水指标来看，河北地区人均用水总量为 295m³、北京地区为 200m³，天津地区为 214m³；河北、北京和天津地区城镇人均生活用水量分别为 147L/d、236L/d 和 134L/d，农村城镇人均生活用水量分别为 76L/d、203L/d 和 88L/d。河北地区万元 GDP 和工业增加值的用水量分别为 165m³ 和 57m³；北京地区分别为 44m³ 和 35m³，天津地区分别为 53m³ 和 19m³。河北、北京和天津地区的农田灌溉亩均用水量分别为 246m³、235m³ 和 297m³。

3. 未来京津冀地区水资源需求量

生活需水量包括城镇生活需水量和农村生活需水量两部分，城镇生活需水量包括居民住宅需水量和市政公共需水量，农村生活需水量包括农村居民生活需水量和牲畜需水量。生活需水量与人口数量密切相关，先依各省市的人口增长率预测出人口数量；再考虑经济发展程度，对各区设定不同的用水定额，求得京津冀平原区生活需水量（表 9-6），其中 2015 年为 43.78 亿 m³，2020 年为 47.52 亿 m³。

采用定额单耗法，依据工业节水的经济标准，考虑新建企业采用节水新技术等因素，按照工业节水规划达到的节水水平或工业综合万元产值用水量，求得 2015 年、2020 年的京津冀平原区工业需水量分别为 37.04 亿 m³ 和 40.94 亿 m³。

农业用水量受灌溉面积和灌溉定额的影响，同时还受水资源状况制约，所以，灌溉用水量应比现状逐步减少或保持零增长，由此，求得 2015 年、2020 年的京津冀平原区农业需水量分别为 143.00 亿 m³ 和 140.89 亿 m³。生态环境需水主要包括城市河湖绿地、地下水抑制超采与回补、平原河道与恢复湿地等对水的需求，求得的京津冀平原区 2015 年、2020 年农业需水量分别为 9.34 亿 m³ 和 10.62 亿 m³。

表 9-6　2015 年和 2020 年京津冀平原区需水量（任先韶等，2007；中国地质调查局，2009）

（单位：亿 m³）

行政分区		2015 年					2020 年				
		生活		工业	农业	城市环境	生活		工业	农业	城市环境
		城镇	农村				城镇	农村			
北京平原区		14.69	0.98	4.78	10.52	4.37	16.45	0.73	4.49	10.20	4.76
天津平原区		4.81	1.22	4.96	13.13	1.78	5.14	1.26	5.16	13.44	2.34
河北平原区		12.06	10.03	27.31	119.36	3.20	13.55	10.39	31.29	117.25	3.52
京津周边地市	张家口	0.51	0.47	1.45	7.90	0.10	0.53	0.49	1.65	7.55	0.14
	承德	0.71	0.59	1.81	6.67	0.08	0.72	0.61	1.79	6.76	0.13
	唐山	1.67	1.36	5.75	17.38	0.31	1.87	1.39	6.14	16.98	0.32
	廊坊	1.08	0.74	1.38	6.90	0.26	1.23	0.76	1.53	6.59	0.35
	保定	1.59	1.53	2.39	23.64	0.64	1.63	1.61	2.41	23.12	0.66
	沧州	0.76	0.98	1.75	9.85	0.36	0.79	1.03	1.94	9.75	0.47
	小计	6.30	5.66	14.52	72.34	1.75	6.77	5.89	15.46	70.75	2.07
京津冀合计		31.56	12.22	37.04	143.00	9.34	35.14	12.38	40.94	140.89	10.62

（四）地下水资源功能衰变多元成因

1. 气候旱化影响

20 世纪 50～80 年代，河北平原年降水量呈递减特征。相对 1956～1979 年期间平均年降水量，1980～1989 年平均降水量减少 6.48%～16.12%，1990～1999 年平均降水量减少 12.06%～13.21%，2000～2009 年平均降水量减少 12.48%～24.77%。其中京津以南平原区，20 世纪 80 年代、90 年代和 2000～2009 年期间，年均降水量分别减少 16.12%、12.06% 和 12.48%，地下水补给量分别减少 20.81 亿 m³/a、15.57 亿 m³/a 和 16.11 亿 m³/a。海河北系平原区，20 世纪 80 年代、90 年代和 2000～2009 年期间，年均降水量分别减少 14.85%、12.45% 和 24.77%，地下水补给量分别减少 13.12 亿 m³/a、

表 9-7　近 30 年以来华北平原不同分区降水量及地下水资源量衰减状况

分区	滦河及冀东平原			海河北系平原			京津以南平原		
	1980～1989	1990～1990	2000～2009	1980～1989	1990～1990	2000～2009	1980～1989	1990～1990	2000～2009
多年平均降水量减少比例/%	6.48	13.21	20.64	14.85	12.45	24.77	16.12	12.06	12.48
地下水补给减少量/亿（m³/a）	1.99	4.07	6.36	13.12	7.91	15.74	20.81	15.57	16.11
地下水资源量减少比例/%	7.39	15.06	23.54	16.93	14.20	28.25	18.39	13.76	14.23
总水资源减少量/亿（m³/a）	4.08	8.33	13.01	16.28	13.65	27.15	44.26	33.11	34.26

注：对比值为 1956～1979 年均值。

7.91 亿 m³/a 和 15.74 亿 m³/a。滦河及冀东平原区，20 世纪 80 年代、90 年代和 2000～2009 年期间，年均降水量分别减少 6.48％、13.21％和 20.64％，地下水补给量分别减少 1.99 亿 m³/a、4.07 亿 m³/a 和 6.36 亿 m³/a（表 9-7）。

从图 9-8 可以看出，研究区浅层地下水资源量减少（ΔQ）与年降水量减少（ΔP）呈正相关关系，即 $\Delta Q = 1.16\Delta P - 3.64$。从河北平原全区来考虑，降水量每减少 1.0％，可导致地下水资源减少量增加 1.16％。

2. 地表拦蓄截断河流影响

由于太行山山前平原的河道渗透能力强，以至河道渗漏成为地下水的重要补给源。1963 年大清河流域地下水补给量 40.09 亿 m³/a，其中河道渗漏补给占

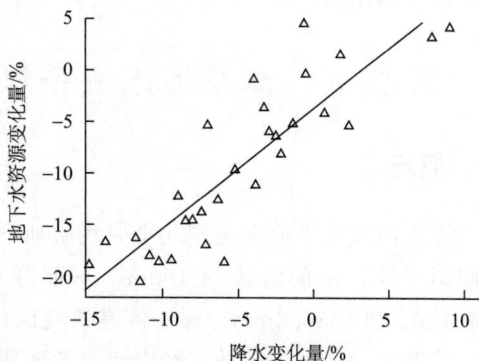

图 9-8　地下水资源变化量与降水变化量间关系

24.79％。1976～1980 年太行山山前平原多年平均地下水补给量 66.21 亿 m³/a，其中河道渗漏补给仍然占 7.32％。1980 年以来河道渗漏补给减少至不足 3％，这是河道长期干涸的结果。

河道渗漏对两岸地下水补给影响是显著的。1996 年 8 月京津以南地区及上游发生特大洪水，受该次洪水入渗补给的影响，石家庄地下水位降落漏斗中心水位埋深由 1996 年 8 月的 42.44m 上升到 1997 年 7 月的 35.86m，水位回升 6.58m，同时漏斗封闭面积缩小 79.50km。"96·8"暴雨后，京津以南平原区浅层地下水储存资源增加 34.21 亿 m³/a（注：1995 年和 1996 年的降水量分别为 656.4mm 和 654.2mm，地下水开采量分别为 79.82 亿 m³ 和 78.30 亿 m³/a）。由此可见，河道长期干涸明显地减少了地下水补给。

3. 超采加大包气带厚度，降低入渗补给地下水能力

20 世纪 80 年代以来，人口数量、粮食产量和社会生产力的进一步提高，对需水量持续增长，同时由于气候干旱，地表水资源严重不足，进而造成深、浅层地下水都处于严重持续超采状态。长期超采地下水，使得包气带厚度不断增大和入渗补给地下水的路径增长，导致入渗补给系数的降低。据陈望和（1991）研究表明，在河北平原的一些地区，降水入渗补给系数已由 1984 年之前的 0.30～0.40 降低至现在的 0.20～0.30，地下水入渗补给能力衰减 20％～35％，有些地区更大些。

4. 气候、拦蓄和超采叠加综合影响程度

若以 1956～1984 年多年平均地下水资源量和多年平均降水量作为基数，当年降水量减少 1.0％，会导致京津以南的河北平原地下水资源减少 3.12 亿 m³/a；当降水量不变时，受地表拦蓄和超采等因素影响，地下水资源减少 3.64％，为 9.72 亿 m³（图 9-8）。相对 1956～1965 年期间多年平均降水量，1980 年以来京津以南的河北平原降水量

减少 15.8%，由此导致该区地下水资源减少 24.9～46.2 亿 m³/a。据河北省水利部门的研究结果，相对 1956～1959 年、1960～1969 年期间平均值，1980 年以来该区地表水资源量分别减少 47.4% 和 23.6%。气候干旱在减少水资源的同时，还导致区域地下水开采量不断增大。

第二节　滹沱河流域平原区地下水流场异变与动因

一、概况

滹沱河流域平原区是华北平原浅层地下水超采最为严重的典型区，该区地处太行山前倾斜平原，山前海拔约 100m，东部降至 30m。多年平均降水量和蒸发量分别为 496.4mm 和 1589.2mm。滹沱河是研究区内主要河流，曾是该区地下水重要补给源之一，发源于山西省繁峙县，经岗南、黄壁庄水库，横穿石家庄市北郊，在饶阳县大齐村进入泛区，于献县臧家桥与滏阳河汇流，流域面积 2.48 万 km²。岗南水库、黄壁庄水库位于研究区上游，两者相距 28km，总库容分别为 15.71 亿 m³ 和 12.10 亿 m³，控制流域面积的 94.8%。

滹沱河流域平原区的含水层组主要由滹沱河冲洪积扇群组成，降水入渗是该区地下水的主要补给来源，占总补给量的 44.85%～63.67%，河道干涸前河水渗漏补给量占 13.25%～30.42%。近几年来滹沱河基本全年干涸，河道渗漏入渗补给量很少。人工开采已成为研究区地下水的重要排泄方式，近 25 年多年平均开采量为 22.91 亿 m³/a，占总排泄量的 94.74%；石家庄城区开采量为 1.99 亿～3.91 亿 m³/a，其中 2001～2005 年平均为 2.24 亿 m³/a。目前，该地下水位漏斗区内开采井已从 1992 年的 4668 眼压减至 2005 年的 3194 眼，开采模数从 134.4 万 m³/(a·km²) 压减至 87.7 万 m³/(a·km²)。

二、地下水流场异变特征

（一）基本特征

滹沱河流域平原区天然状态下地下水流场的流向是自西北向东南运动（图 9-9）。20 世纪 50 年代，滹沱河流域平原区浅层地下水位（水面高程）均大于零米，最高处位于滹沱河冲洪积扇顶部，为 80m 左右。在山前冲洪积平原的前缘（衡水—德州）一带，地下水位为 10～20m。由此可见，当时的山前平原浅层地下水水位埋深普遍小于 3.0m，宁晋泊、文安洼、千顷洼和大陆泽等洼淀周边的地下水水位埋深小于 1.0m。滹沱河冲洪积扇的晋州—辛集一带，地下水位埋深介于 3～5m。

浅层地下水的水力坡度在冲洪积扇上部区为 1‰～2‰，中部区为 0.5‰～1.0‰，下部区为 0.3‰～0.5‰，前缘地带为 0.2‰～0.3‰。在洼淀分布区，浅层地下水的水力坡度小于 0.2‰。在天然条件下，渤海湾是该区地下水最终的排泄区。

目前，除滹沱河上游及西部山前地带外，第 I 含水组已全部疏干，第 II 含水组已疏干 70%～80%，已形成以石家庄城区为中心，东西直径 23.5km、南北直径 25km 的人

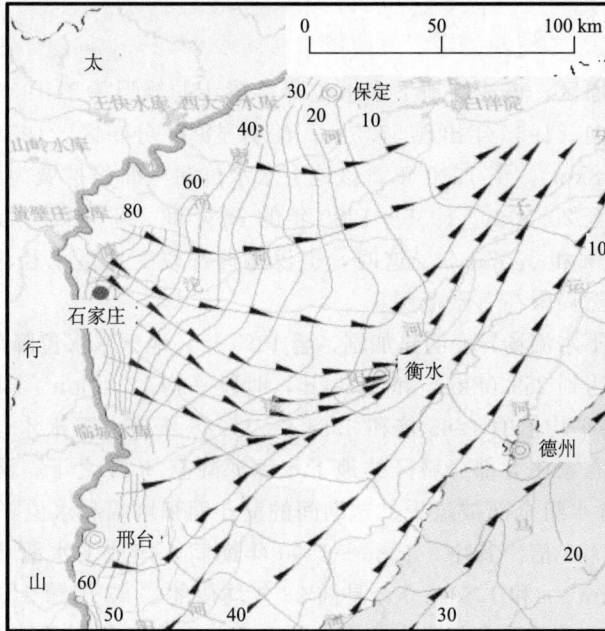

图 9-9　太行山前平原天然状态浅层地下水流场分布图

工强采疏干的漏斗型局域地下水流场，四周地下水向漏斗区汇流（图 9-10），区域地下水流场自西向东径流的天然状态已发生异变。该漏斗中心的地下水位埋深已由 1955 年的 3.34m 下降至 2005 年的 52.44m，地下水水力梯度由 20 世纪 50 年代的 1.2‰～2.0‰演变成现状的 1.5‰～4.7‰，有些地段水力梯度大于 5.0‰。由于 2006 年以来，该区降水量明显增大，同时，地下水漏斗中心区地下水开采量大幅减采，所以，2009 年 7 月漏斗中心的地下水位埋深回升为 50.29m，2010 年 1 月为 47.21m。

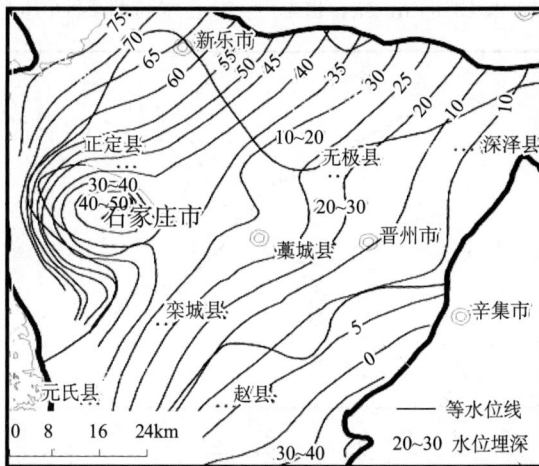

图 9-10　研究区现状浅层地下水流场异变状态

（二）阶段特征

滹沱河流域平原区，该浅层地下水水位降落漏斗的雏形始于 1956 年，但没有影响区域地下水流动方向。1965 年出现 57.5km² 的明显漏斗分布区，1973 年封闭漏斗分布区的面积达到 176.8km²。至 1980 年，该地下水水位漏斗面积扩展为 196.5km² 及其中心的水位埋深下降至 20.39m。1955～1980 年的 26 年间，平均漏斗面积增幅和水位降幅分别为 7.56km²/a 和 0.57m/a。这时，也仅是局部改变地下水径流方向，对区域地下水流场的影响仍然局限在有限范围。

1980 年以来地下水流场异变明显加剧，至 1985 年，地下水水位降落漏斗面积及其中心的水位埋深分别达到 259.08km² 和 31.32m，时段平均 12.49km²/a 和 2.19m/a（表 9-8），分别是前 26 年平均值的 1.65 倍和 3.84 倍。1995 年该地下水水位降落漏斗面积扩展到 371.22km²，石家庄大部分城区的地下水埋深降至 30m 之下，漏斗中心水位埋深达 43.47m，第 I 含水组全部被疏干。这期间的漏斗面积增幅和水位降速分别是前 26 年均值的 1.79 倍和 2.42 倍。其中，1986～1990 年期间，该地下水漏斗面积增幅和水位降速分别为 20.19km²/a 和 1.51m/a，是前 26 年均值的 2.67 倍和 2.65 倍。

1995 年、1996 年为丰水和特丰水年份，并发生"96·8"流域性大洪水，所以该漏斗面积缩小 65.2km² 及其中心水位埋深回升至 35.59m（图 9-11）。在此之前的"63·8"和"88·8"洪水、1973 年大水和 1976～1977 年连年丰水，漏斗面积及中心水位都出现响应特征，只是变幅不如"96·8"强烈。1997 年之后，该区地下水水位呈持续下降状态，至 2000 年地下水漏斗面积及其中心水位埋深分别为 357.00km² 和 42.28m，面积增幅和水位降速分别为 17.11km²/a 和 2.23m/a，是 26 年前均值的 2.26 倍和 3.91 倍。进入 21 世纪以来，该漏斗面积及其中心水位埋深继续以 14.37km²/a 和 1.07m/a 变幅恶化，分别达到 429.02km² 和 52.44m。2006 年以来，该区年降水量明显增大，耗水企业外迁，同时，漏斗中心区地下水开采量从 2001～2005 年平均 4.99 亿 m³/a，降为 2009～2010 年期间平均 2.43 亿 m³/a，2010 年中心水位埋深回升至 47.23m，但是，漏

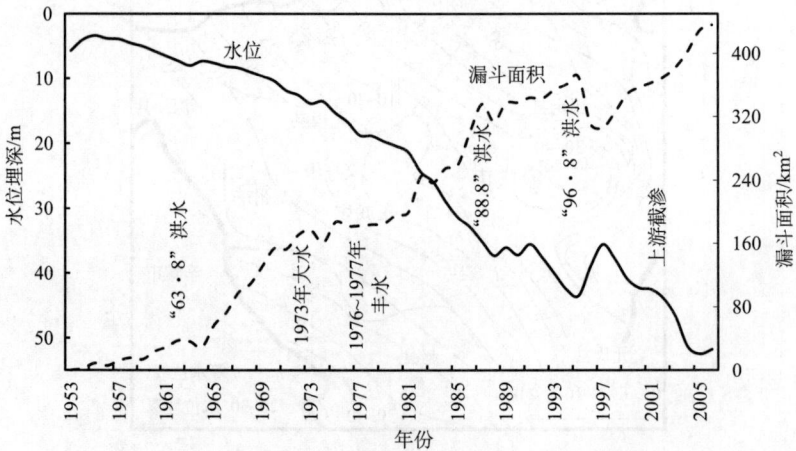

图 9-11　研究区地下水水位漏斗面积及中心水位动态变化

斗区明显向东扩展，东部及其东北区地下水位埋深明显增大。

三、异变成因

（一）降水量变化影响

降水量大小对于一个完整浅层地下水系统的可开采量具有重要影响，它与实际开采量耦合影响已存在的地下水水位降落漏斗面积缩扩及其中心水位升降的幅度，甚至影响它们的变化方向和趋势。当然，前提条件是足够大的实际开采量参与，否则仅是降水量变化难以造成地下水流场长期异变。

从图 9-12（a）可见，自 1955 年以来研究区地下水水位升降或漏斗面积扩缩与年降水量变化之间具有明显的互动特征。在降水量明显增加年份，地下水水位降落漏斗面积明显缩小及其中心水位上升幅度显著；在降水量大幅减少年份，地下水水位降落漏斗面积明显扩大及其中心水位下降幅度显著。例如，在 1986～1990 年和 1996～2000 年期间，时段平均年降水量分别减少 12.54％ 和 11.85％，地下水漏斗面积增幅分别高达 20.21km²/a 和 17.07km²/a，中心水位降幅分别为 1.51m/a 和 2.23m/a；1971～1975 年和 1991～1995 年期间，年降水量减少幅度不足 5％，地下水漏斗面积增幅及其中心水位降幅都明显变小，特别是在 1963～1964 年、1973 年、1976～1977 年、1988 年、1990 年和 1995～1996 年的丰水段后期，地下水漏斗面积或水位都出现较大缩幅或升幅［图 9-12（a）］。而在 1975 年、1983～1987 年和 1997～1999 年的枯水段，地下水漏斗面积都出现较大增幅或水位较大降幅。

但是，从图 9-12（b）还可见，地下水漏斗面积及其中心水位变化与年降水量之间并非线性关系，表明还存在其他的重要影响因素，如开采量变化的影响。基于图 9-12（b）实际数据的相关分析结果，年降水量增减 10％，则地下水水位变幅为 1.65m，漏斗面积变幅为 13.92km²。

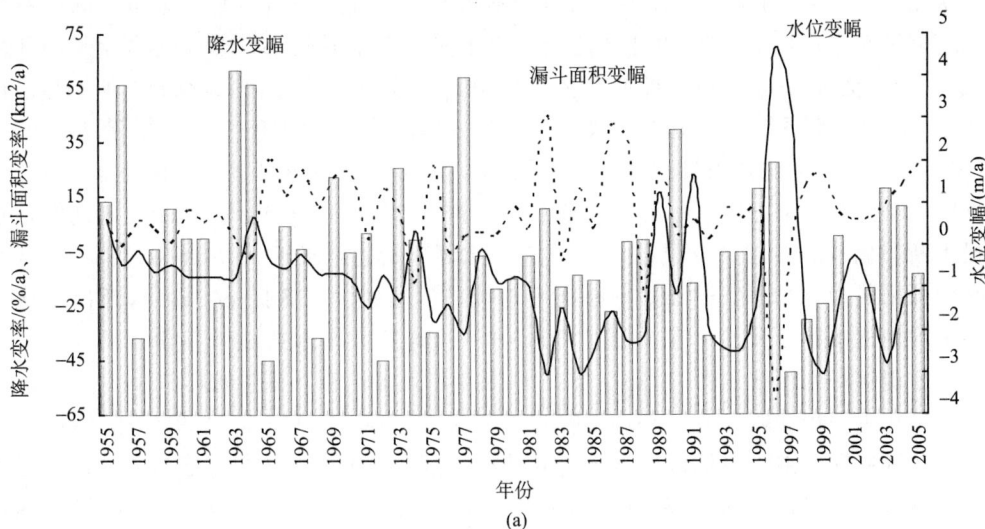

(a)

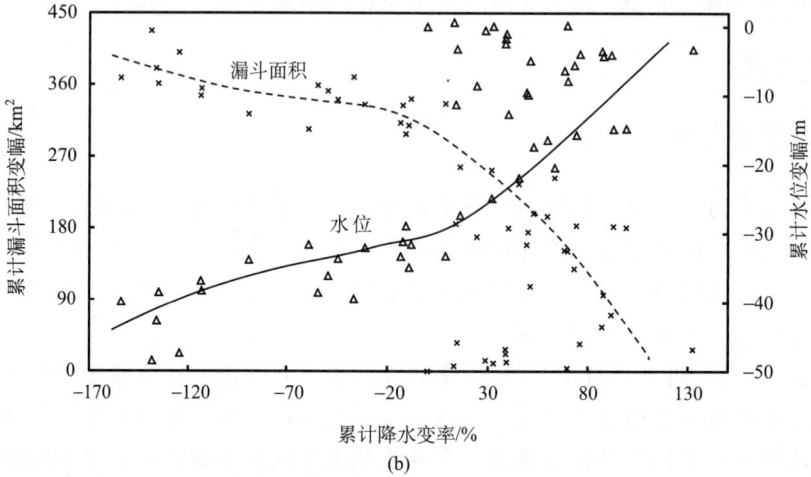

图 9-12　近 50 年来研究区地下水漏斗面积及其中心水位与降水量的变化率之间关系

(a) 漏斗面积及其中心水位、降水量的变化率动态过程；

(b) 漏斗面积及其中心水位变化累计量与降水变化累计量之间关系

注：降水变率＝（年降水量－多年均值）×100/多年均值；

±为降水量增加（减少）、水位上升（下降）或漏斗面积扩大（缩小）

（二）开采影响

开采量大小是一个地区常年性地下水水位降落漏斗形成和存在的决定因素。当实际开采量一定、且大于可开采量时，降水量（增大或减小）变化主要是弱化或强化超采功效的作用。降水量大幅减少，则强化超采对地下水水位降落漏斗影响的程度；降水量大幅增加，则弱化超采对地下水水位降落漏斗影响的程度。

从图 9-13（a）可见，随着年开采量的不断增大，有效补给量与开采量之间关系从正均衡逐渐转变负均衡。在 1971 年之前，由于实际开采量较小，漏斗区多年平均开采量仅为 0.86 亿 m^3/a，所以，即使在枯水年份，有效补给量与开采量的比值（R_E）也大于 1.0，地下水系统处于正均衡状态。1971～1979 年期间市区平均开采量达到 2.32 亿 m^3/a，平原区平均开采量达到 20.27 亿 m^3/a，以至在枯水年份 R_E 值小于 1.0。在这期间，补给与开采之间基本处于平衡状态。进入 20 世纪 80 年代至 1995 年期间，在气候不断旱化［图 9-12（a）］的同时，地下水开采量达到了近 50 多年来峰值，市区时段平均开采量为 3.56 亿 m^3/a，平原区平均开采量达到 26.32 亿 m^3/a，远超出了该区多年平均地下水补给量。只有在遭遇"96·8"这样特大丰水或洪水年份，超采地下水的态势才能够得到缓解（图 9-13）。1996～2000 年，虽然年开采量被压减 17.4%，但是因气候旱化进一步加剧，时段平均年降水量相对 50 多年均值减少 11.9%/a，所以尽管"96·8"区域性大洪水对该区地下水有效补给，但是地下水严重超采态势仍然没有得到根本性缓解。当然，从图 9-13（b）可看出，如果频发"96·8"丰水，即使保持现状开采水平，研究区地下水流场异变严峻态势也会根本性好转。进入 21 世纪，相对

1996～2000 年期间的均值，平均降水量增加 51.2mm/a，开采量减少 7010 万 m³/a，由此地下水严重超采态势得到缓解［图 9-13（a）］。但是，自 1999 年开始的黄壁庄水库副坝基截渗工程导致研究区地下水侧向补给量每年减少 7300～9600 万 m³/a，这对 2001～2005 年期间地下水水位降落漏斗变化具有不可忽视的影响。

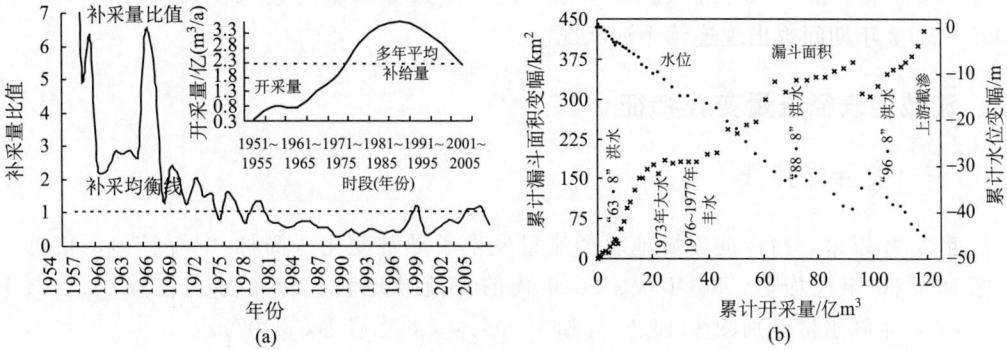

图 9-13　近 50 年来漏斗区开采量变化及其与地下水漏斗面积与水位之间关系
（a）开采量与补给量比值及时段平均开采量动态变化；
（b）地下水漏斗面积及中心水位变化累计量与开采累计量之间关系。
补采均衡线为补给量与开采量之比值等于 1.0 的过程线；多年平均补给量是指近 50 年来地下水补给量的平均值

（三）河道断流影响

1980 年前，滹沱河是区内地下水的重要补给源之一，补给带宽 3～5km。正如第六章中"三、区域地下水水位演变时代特征"一节所述。1980 年以来滹沱河长期断流，地表水体补给量减少 48.8%，加之井灌回归补给量减少 16.8%，加剧了地下水流场异变的程度。

综上所述，常年性区域地下水水位降落漏斗是一个地区地下水系统异变的标志性产物，是长期处于负均衡的结果，地下水水位降落漏斗面积及其中心水位变化过程、幅度和趋势反映当地气候变化和人类活动综合影响的程度。一个地区地下水水位降落漏斗面积及其中心水位变化的方向和幅度取决于两个方面：一是降水量的变化，但不是决定性因素；二是开采量的大小，是决定性因素。降水量与开采量对常年性地下水位降落漏斗面积及其中心水位变化方向的影响存在一个均衡点，它是不断变化的，既与降水的丰枯变化有关，又与开采量增减相关联，是一个非线性变化过程。人类只能通过适时调控开采量，使其与气候变化规律相一致，才能从根本上遏制地下水严峻异变趋势。

第三节　人类活动对华北白洋淀流域径流影响特征

一、概况

白洋淀流域是华北平原地表径流的汇聚区，也是华北平原现存的最大天然淀泊，地处太行山山前的永定河与滹沱河冲积扇交汇处的扇缘洼地，位于 $38°43' \sim 39°02'$N、$115°38' \sim 116°07'$E，白洋淀以上的流域面积 3.12 万 km^2，平原区面积 1.24 万 km^2，平均蓄水量 13.2 亿 m^3。大清河水系是白洋淀流域的主要河流，其中大清河水系的南支流域面积 2.10 万 km^2，北支流域面积 1.02 万 km^2。该流域多年平均降水量为 554mm，70%～80%集中在 6～9 月。近 30 年来，白洋淀入淀水量持续减少，1984～1988 年、1998～2002 年期间曾出现连续干淀状况。

二、流域地表径流量变异特征

(一) 变异性特征

近 30 年以来，白洋淀流域地表径流量发生了异常变化（简称"异变"），相对 20 世纪 50～60 年代均值，80 年代、90 年代的该流域地表径流量分别衰减 62.03% 和 60.43%，年降水量分别减少 16.81% 和 18.05%（刘克岩等，2007）。

变异特征识别：判断一个随机系列的水文要素是否曾发生变异（显著性），方法（Mann-Kendall 检验统计法）有

$$S = \sum_{k=1}^{n-1} \sum_{j=k+1}^{n} \mathrm{sgn}(x_j - x_k) \tag{9-1}$$

式中，n 为水文要素系列长度，x_j、x_k 分别为水文要素系列中某个值。

　　if　$\theta > 0$，　sgn $(\theta) = 1$

　　if　$\theta = 0$，　sgn $(\theta) = 0$

　　if　$\theta < 0$，　sgn $(\theta) = -1$

在 Mann-Kendall 检验中，水文要素的变异性水平（α）及其变化速率（β）是确定水文要素变化趋势的重要指标。其中，α 值的大小表征水文要素变化趋势的强弱，β 表示水文要素变化趋势的方向和程度。

如果 S 具有零均值和变差

$$\mathrm{Var}(S) = \frac{n(n-1)(2n+5)}{18} \tag{9-2}$$

则不拒绝水文要素系列具有向上（或向下）趋势的零假设。这时，S 接近于正态分布，z 检验的统计量为

$$z = \frac{S}{[\mathrm{Var}(S)]^{0.5}} \tag{9-3}$$

将 z 值与选定水文要素的变异性水平（α）下正态分布值比较，获取判断水文要素变化趋势是否变异性。水文要素变化速率（β）的充分无参数估计为

$$\beta = \mathrm{Median}\left[\frac{(x_j - x_k)}{jk}\right] \quad \text{for all } k < j \tag{9-4}$$

当 β 为正值时，表示水文要素系列具有增加趋势；当 β 负值时，则表示水文要素系列具有减少趋势。其量值的大小反映趋势强度。

利用上述方法和近 50 年以来白洋淀全流域、南支与北支水系的年径流量和年降雨

量资料，识别结果见表 9-8。在 $\alpha=0.01$ 下，白洋淀全流域及南、北支水系的年径流量都呈显著减少趋势，而年降水量没有表现出明显的趋势性变化，由此表明人类活动是造成白洋淀流域地表径流异常变化的主要因素，而且，影响强度呈现持续增强特征（刘克岩等，2007）。

表 9-8　近 50 年以来白洋淀流域及其各分支水系年径流量变异特征

流域或分区	年径流量系列			年降水量系列	
	统计量的检验（z）值	水文要素变异性水平（α）值	变化速率（β）/(mm/a)	统计量的检验（z）值	水文要素变异性水平（α）值
流域平均	2.97	0.01	1.89	1.27	＞0.05
南支山区	2.97	0.01	2.71	0.81	＞0.05
北支山区	3.31	0.01	2.65	0.8	＞0.05

（二）突变点

具有显著趋势性变异的随机序列样本在某个时期存在跳跃变点称为突变点，也是异常变化的分界点。应用 Pettitt 寻求系列显性突变点方法，即设统计量（U_t，N）样本中 x_1，…，x_t 和 x_{t+1}，…，x_N 是否来自同一个总体，有

$$U_{t,N}=U_{t,1,N}+\sum_{j=1}^{N}\mathrm{sgn}(x_t-x_j)\quad \text{for}\quad t=2,\cdots,N \tag{9-5}$$

式中，N 为样本系列总长度。

Pettitt 检验的零假设不存在突变点。确定显性检验的统计量和相应概率分别为

$$k(t)=\mathrm{Max}_{1\leqslant t\geqslant N}\mid U_{t,N}\mid \tag{9-6}$$

$$p\approx 2\exp\{-6(K_N)^2/(N^3+N^2)\} \tag{9-7}$$

应用上述方法，分别对白洋淀全流域、北支水系和南支水系年径流量系列的突变点

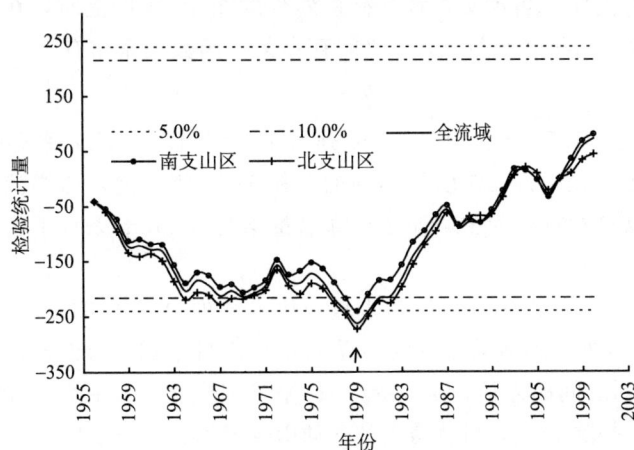

图 9-14　白洋淀流域及其分支水系年径流量系列突变点的标示特征

识别，结果如图 9-14 所示。在 5% 的显性水平下，白洋淀全流域及其北、南支水系上游（山区）的年径流量系列的突变点都发生在 1979～1980 年期间，对应的年降水量系列没有出现突变点（刘克岩等，2007）。

（三）人类活动影响程度

从图 9-14 可见，白洋淀流域的年径流量变异的突变点起始于 1979 年前后，1980 年以来，该流域年径流量持续显著减少。以 1979 年为界，分别向前、向后构建 A 和 B 两个随机系列，然后，进行 A、B 两个系列特征比较，由此可看出人类活动对年径流量的影响程度。气候变化和人类活动对年径流量影响的 A 与 B 系列均值之差为 ΔQ_t，有

$$\Delta Q_t = \Delta Q_A + \Delta Q_B \tag{9-8}$$

式中，ΔQ_A 为气候变化对年径流量的影响值，mm；ΔQ_B 为人类活动对年径流量的影响值，mm。

根据降雨-径流模型，如果白洋淀流域边界上没有水量交换，则该流域年水量平衡方程为

$$Q = P - E + \Delta S \tag{9-9}$$

式中，Q 为白洋淀流域的年径流量，mm；P 为白洋淀流域的年降水量，mm；E 为白洋淀流域的年蒸散发量，mm；ΔS 为白洋淀流域蓄水变量，包括地表水、土壤水和地下水，mm。

在多年均衡周期内，ΔS 趋于零，即 $E(\Delta S) \to 0$。
于是，有

$$E(Q) = E(P - E) + E(\Delta S) \tag{9-10}$$

$$\bar{Q} = \bar{P} - \bar{E} \tag{9-11}$$

式（9-11）表明，年径流量是年降水量和年蒸散发量的函数，主要因素是气温、日照和风速等气象因素，以及地面供水和下垫面条件等因素。前者以自然属性为主，后者以人类活动影响为主导。当水文要素资料系列长度在 10 年以上时，在下垫面稳定条件下，年径流量（Q）与年降水量（P）之间存在某一函数关系，有

$$Q = f(P) \tag{9-12}$$

从图 9-15 可见，1979 年以前（A）系列与 1980 年以来（B）系列的白洋淀流域年降水量与径流量之间关系特征是明显不同的。在 1979 年之前，白洋淀流域年降水量与径流量系列表征以自然特征为主，即在年降水量不足 330mm 条件下也形成较大的径流量（刘克岩等，2007）。

现将系列 B（1980 年以来）的年降水量，代入系列 A 系列的 $Q_A = f_A(P_A)$ 关系式中，可得到没有受强烈人类活动影响的 B 系列年径流量数据。自然条件下 B 系列与实际年径流量（B）系列之间的差值，是 1980 年以来气候变化对年径流量的影响值（ΔQ_A）。从总影响量 ΔQ_t 中扣除 ΔQ_A，可获得人类活动影响值 ΔQ_B（表 9-9）。

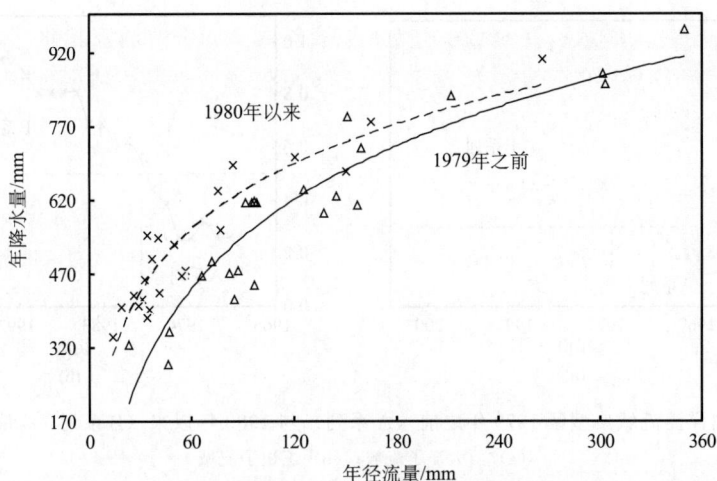

图 9-15　1979 年前后不同系列白洋淀流域年降水量-径流量之间关系特征

表 9-9　人类活动对白洋淀流域的年径流量衰减影响特征

影响类别	全流域衰减量			南支水系上游区衰减量			北支水系上游区衰减量		
	/亿 m³	/mm	％	/亿 m³	/mm	/％	/亿 m³	/mm	/％
人类活动	11.94	38.3	56.1	5.86	50.8	59.8	4.51	62.1	65.3
气候变化影响	9.32	29.9	43.9	3.94	34.2	40.0	2.40	33.0	34.7
综合影响	21.26	68.1	100.0	9.80	84.9	100.0	6.91	95.1	100.0

从白洋淀的流域尺度来看，相对 1956～1979 年系列，近 30 年（1980 年以来）人类活动对白洋淀年径流量衰减的影响程度占年径流量衰减总变化量的 56.1％，即 11.94 亿 m³/a 的衰减量是人类活动影响结果。其中，白洋淀流域的南支水系上游区人类活动影响造成的年径流衰减量占该区总衰减量的 59.8％，北支上游区人类活动造成的年径流衰减量占 65.3％（刘克岩等，2007），中、下游区人类活动影响造成的年径流衰减量所占比例小于 50％。

当降水量和蒸散发能力一定时，该区蒸散发量随供水条件不同而变化，裸地可用水系数（ω）一般小于 0.5，矮草及作物区的 ω 值为 0.5，森林区为 2.0，草场、作物与林地混合型区为 1.0 左右。在白洋淀流域南支水系的王快和西大洋的两个子流域，在 1979 年以前两个子流域的 ω 值都小于 0.5，为有利于地表产汇流状况。1980 年以来，王快子流域的 ω 值为 0.9，西大洋子流域的 ω 值为 1.3，表明近 30 年以来地表产汇流的下垫面条件发生了较大变化，造成白洋淀流域年径流量不断衰减（图 9-16）。流域内水土保持措施不断加强，如封山育林、种草种树等，特别是流域内综合农业措施使农作物产量大幅度提高（图 9-17），耗水量有效增加，显著袭夺地表径流量。加之，上游水库大规模拦蓄，通过较大的水面蒸发消耗，加剧了近 30 年以来白洋淀流域地表径流量的减少。

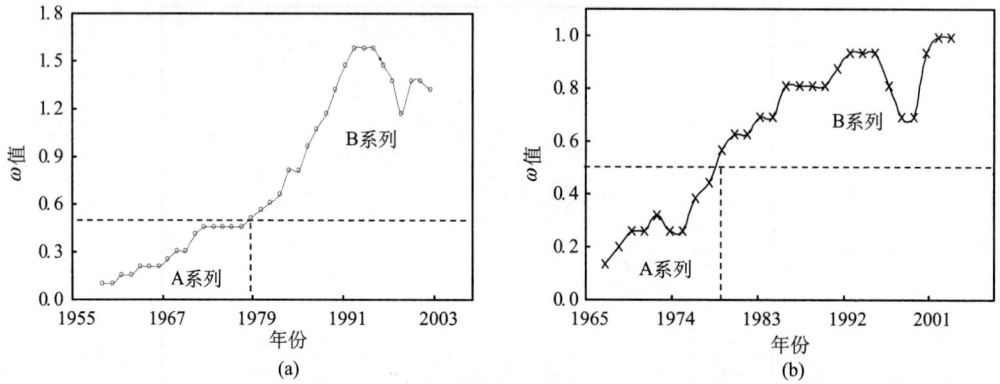

图 9-16　白洋淀流域典型区 1979 年之前（A 系列）与 1980 年以来（B 系列）ω 值差异特征
（a）西大洋子流域；（b）王快子流域

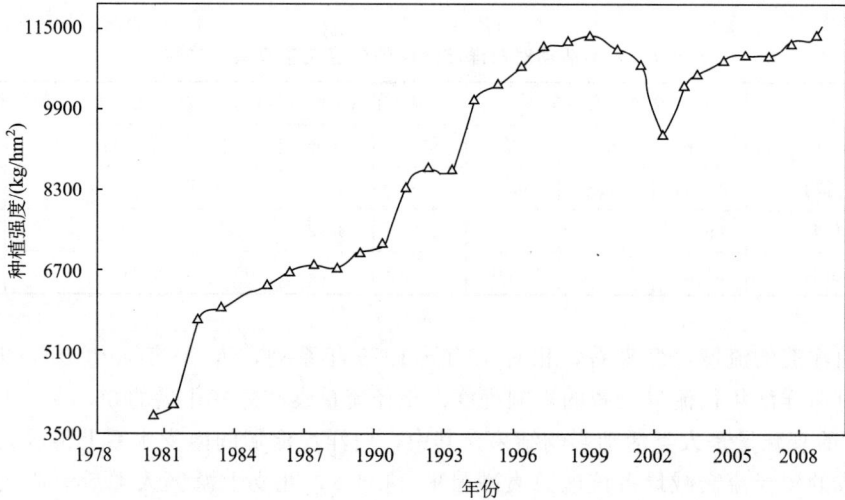

图 9-17　1980 年以来白洋淀流域粮食播种强度变化特征

近 30 年以来白洋淀流域地表径流量不断衰减，与该流域上游区农业活动强度不断增大密切相关（图 9-17）。从白洋淀流域上游的王快、西大洋两个典型区 ω 值年际变化特征来看，1979 年之前西大洋子流域的 ω 值基本小于 0.5，1980 年以来大部分年份的 ω 值大于 1.0，最大值达 1.55。其中，1983 年之前在西大洋子流域的 ω 值处于缓增状态，从 0.1 增至 0.65，增率为 0.03/a。1984～1992 年期间，ω 值速增，从 0.65 增为 1.55，增率达 0.13/a。1993 年以来，西大洋子流域的 ω 值处于高位震荡状态，其中受 1996 年特大洪水影响，ω 值出现短暂回落。王快子流域的 ω 值变化特征与西大洋流域状况类似，在 1979 年之前的 ω 值基本小于 0.5，1980 年以来的 ω 值大于 0.5，绝大部分年份的 ω 值大于 0.80（刘克岩等，2007）。

第四节　深层水漏斗区开采量组成变化特征与机制

本书中"深层水"是第四纪松散地层中承压含水层组内地下水的简称。在大规模强烈开采条件下，华北平原深层水呈明显的"非再生性"特征，疏干属性的深层水位（水头）降落漏斗（简称"深层水漏斗"，下同）及伴生的地面沉降日趋严重，已引起广泛关注。

一、德州深层水漏斗概况

德州深层水漏斗是华北平原典型的深层承压水位降落漏斗，该漏斗中心位于陈庄乡张庄一带，目前中心水位的埋深为 134.6m。1965 年之前，德州地区深层水位埋深 2.0m 左右。1970 年在德州城区出现深层水漏斗，至 1980 年深层水漏斗面积达 121.7km²，漏斗中心水位埋深达 52.23m，开采层位为 300～500m 深度。自 1985 年开始，限制 500m 以浅新凿机井。至 1990 年，该漏斗面积达 1702.5km²，漏斗区中心水位埋深达 76.23m，新增机井的开采层位为 500～800m。随着深层水不断超采，周围吴桥、陵县、平原、武城等局部漏斗与德州城区深层水漏斗连为一体（杨丽芝等，2010a，2010b），至 2005 年德州漏斗所在的深层水漏斗区分布面积达 31939.8km²，其中德州市管辖范围的漏斗面积为 11068.8km²，漏斗中心水位埋深为 136.14m（表 9-10）。

表 9-10　近 50 年以来德州地区深层水漏斗面积及中心水位变化

时间（年.月）	漏斗中心水位		−10m 等水位线封闭面积/km²		−50m 等水位线封闭面积/km²	备注
	埋深/m	降速/(m/a)	德州管辖范围漏斗面积	漏斗区总面积	德州管辖范围漏斗面积	
1965.6	2.00					
1973.8	30.00	3.50	37.0			
1980.6	52.23	5.37	121.7	217.6		
1985.6	66.86	2.93	1287.5	2432.3		1998 年 9 月 −50m 等水位线封闭面积 67.0km²
1990.6	76.23	1.87	1702.5	—		
2000.10	105.30	2.83	2550.5	4577.5	187.7	
2002.9	111.70	3.20	6503.6	7725.6	196.0	
2005.9	133.74	5.72	11068.8	31939.8	474.7	
2007.9	136.14	3.25	—	—	552.3	

注：张光辉等，2010；杨丽芝等，2010a。

在德州深层水漏斗中心区（图 9-18 中 7～8 分区），开采井密度为 334 眼/km²；在漏斗外围区（图 9-18 中 1～2 分区），开采井密度为 5 眼/km²；在两者之间过渡区（图 9-18 中 3～6 分区），开采井密度为 30 眼/km²。

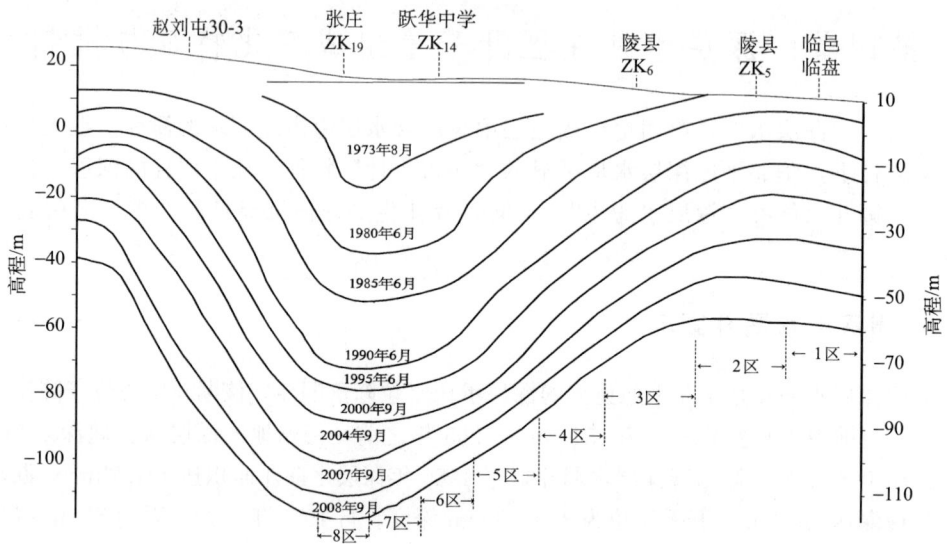

图 9-18　1965 年以来德州地区深层水位降落漏斗演变剖面

二、漏斗分区开采量组成空间变化特征

在强烈开采条件下，深层水的"开采量"（这里是指开采出的水量）包含不同来源的水分：一是可更新的侧向流入和越流补给，二是开采激发的弹性释水和黏性土压密释水。在华北平原深层水开采量中，绝大部分水来自含水层组本身所储存水的释放，包括含水层组内黏性土夹层或透镜体形变压密释水。即

$$Q_{开采量} = Q_{区侧补} + Q_{激侧补} + Q_{自越补} + Q_{激越补} + Q_{弹释} + Q_{压释} \qquad (9\text{-}13)$$

式中，$Q_{区侧补}$ 和 $Q_{自越补}$ 分别源于深层水系统外部的区域性侧向流入和自然状态下越流补给；$Q_{激侧补}$ 和 $Q_{激越补}$ 形成于强烈开采状态下，前者是开采区通过对其外围区弹性释水和压密释水的袭夺而形成侧向流入补给，后者是开采释压激发形成的越流流入补给，一旦停止开采，这部分水中的一部分反向越流；$Q_{弹释}$ 为含水层组弹性释水；$Q_{压释}$ 为黏性土压密释水；$Q_{激侧补}$、$Q_{激越补}$、$Q_{弹释}$ 和 $Q_{压释}$ 都应属于深层水储存资源的范畴（张光辉等，2002a；张光辉、王金哲，2002）。

张蔚榛（2003）认为，开采深层水的土层压密和弹性释水量均是动用深层储存量。$Q_{激侧补}$、$Q_{激越补}$、$Q_{弹释}$ 和 $Q_{压释}$ 是承压含水层组在开采外力破坏其内部水动力平衡之后，为达到新平衡而进行内部空间水量再分配的结果，与自然水循环的补给存在本质区别，可更新性差。这部分水量的多少与开采释压程度密切相关。在深层水漏斗中心区至外围区（图 9-18 中 8→1 分区），$Q_{弹释}$ 和 $Q_{压释}$ 在开采量中所占比例具有明显的分带性。

（一）德州地区深层水漏斗分区开采量组成特征与分带性

2006 年，德州深层水漏斗区发生水位下降范围的面积达 9809.6km²，发生地面沉

降的面积达 5756.9km²。按降深 1.0m 间隔划分 8 个分区，相关数据见表 9-11。从德州深层水漏斗全区来看，依据表 9-11 数据估算，在 2006 年的 12560 万 m³ 开采量中，含水层组弹性释水量为 2194.5 万 m³，占开采量的 17.5%；黏性土压密释水量为 7778.4 万 m³，占开采量的 61.9%。开采量减去弹性释水量和黏性土压密释水量，余者为来自侧向流入和越流补给量，合计 2587 万 m³，占开采量的 20.6%（杨丽芝等，2010b）。

表 9-11　2006 年德州地区深层水漏斗的各分区弹性释水和压密释水状况

研究分区			面积/km²		弹性释水系数 *	弹性释水量/万 m³	弹性释水强度/[×10³m³/(a·km²)]	压密释水量/万 m³	压密释水强度/[×10³m³/(a·km²)]
编码	降深/m	沉降量/mm	降深区	沉降区					
1	0~1	0~2	2437.92		0.00047	57.29	0.23		
2	1~2	2~5	2726.19	1341.90	0.00074	261.71	0.96	335.48	2.49
3	2~3	5~10	2566.19	1396.31	0.00092	551.73	2.15	1047.23	7.51
4	3~4	10~20	1068.03	1756.04	0.0011	411.19	3.85	2634.06	14.98
5	4~5	20~30	539.61	780.71	0.0015	364.19	6.75	1951.78	25.03
6	5~6	30~40	299.36	383.00	0.0018	296.37	9.90	1340.50	34.99
7	6~7	40~50	133.63	74.97	0.0021	182.41	13.65	337.37	44.97
8	7~8	50~60	38.68	23.99	0.0024	69.62	17.99	131.95	55.03
合计			9809.55	5756.92	—	2194.51	2.24	7778.35	13.51

* 与开采层的深度、岩性及其组合状况等有关。

从各分区来看，释水量（Q）的大小除了与水位降深（ΔH）、含水层组岩性及其释压状况（μ_w 或 ρ_w）有关之外，还与各分区面积（F）的大小有一定关系（表 9-11），即 $Q_{弹释}=f(\mu_w,\Delta H,F)$ 或 $Q_{压释}=f(\rho_w,\Delta S,F)$（式中 ρ_w 为黏性土压密释水系数，ΔS 为单位面积的沉降量）。例如，图 9-18 中 1~8 分区的弹性释水量分别占开采量的 0.46%、2.08%、4.39%、3.27%、2.90%、2.36%、1.45% 和 0.55%。其中 7~8 分区水位降深 6~8m，但是由于分布面积较小，所以两个分区合计弹性释水量仅占研究区总弹性释水量的 14.54%。1~2 分区虽然分布面积较大，但是水位降深仅介于 0~2m，所以这两个分区合计弹性释水量也仅占研究区总弹性释水量的 11.48%。而 3~6 分区的水位降深和分布面积都较大，以至它们的合计弹性释水量占研究区总弹性释水量的 73.98%。1~8 分区的黏性土压密释水量分别占开采量的 <1.0%、2.67%、8.34%、20.97%、15.54%、10.67%、2.69% 和 1.05%。各分区的黏性土压密释水量分布规律与弹性释水特征相似，其中 1~2、3~6、7~8 分区的合计压密释水量分别占研究区总压密释水量的 4.31%、89.65% 和 6.03%（张光辉等，2010）。

从释水强度来看，弹性释水强度和压密释水强度都随降深增加而增大，沉降量随之增大（表 9-11）。全区平均弹性释水强度为 2240m³/(a·km²)，4~8 分区的弹性释水强度都超过 2240m³/(a·km²)，其中第 8 分区弹性释水强度达到 17990m³/(a·km²)。全区平均压密释水强度达 13510m³/(a·km²)，4~8 分区的压密释水强度都超过

$13510m^3/(a \cdot km^2)$，其中第 8 分区压密释水强度达到 $55030m^3/(a \cdot km^2)$。

（二）德州市区深层水漏斗分区开采量组成特征与分带性

德州市区深层水漏斗分布面积为 $543.3km^2$，漏斗中心与地面沉降中心重合，位于张庄一带。1965 年以来累计深层水开采量 7.12 亿 m^3，漏斗区水位降深 55～135m，累计地面沉降量 300～1047mm。期间的德州市区深层水漏斗的外围区（Ⅰ）、过渡区（Ⅱ）和中心区（Ⅲ）含水层组弹性释水和黏性土压密释水状况见表 9-12。

表 9-12　近 50 年以来德州市区深层水漏斗的各分区弹性释水和压密释水状况

计算分区			面积/km²		弹性释水系数*	弹性释水量/万 m³	弹性释水强度/[×10³m³/(a·km²)]	压密释水量/万 m³	压密释水强度/[×10³m³/(a·km²)]
分区编码	降深/m	沉降量/mm	降深区	沉降区					
Ⅰ	55～75	300～400	103.67	193.82	0.0017	1156.52	2.72	6977.85	8.78
Ⅱ	75～105	400～550	265.83	258.57	0.0021	4294.26	3.94	12148.83	11.46
Ⅲ	105～135	550～1047	173.82	90.94	0.0027	4660.98	6.54	6144.14	16.54
合计			543.32	543.32		10111.76	4.54	25270.82	11.34

* 与开采层的深度、岩性及其组合状况等有关；同一分区不同时段，因开采层的深度变化可导致该系数变化。

从德州市区深层水漏斗的整体来看，它处于德州地区漏斗的第 6～8 分区范围，Ⅰ、Ⅱ、Ⅲ区分别相当于图 9-18 中第 6、7、8 分区，不同的是表 9-12 为 1965 年以来累计效应结果，而表 9-11 是 2006 年开采深层水的结果。从表 9-12 可见，德州市区深层水漏斗的含水层组弹性释水量为 1.01 亿 m^3，占 1965 年以来累计开采量的 14.2%；黏性土压密释水量为 2.53 亿 m^3，占开采量的 35.5%。余者为侧向流入和越流补给量，为 3.57 亿 m^3，占开采量的 50.3%。在这 50.3% 水量中，包含来自图 9-18 中第 5、4 分区等黏性土压密释水、弹性释水或越流补给的水量。源自德州地区深层水系统之外的侧向流入补给量占全区开采量的不足 12%（张光辉等，2010；杨丽芝等，2010b）。

从德州市区深层水漏斗的三个分区释水情况来看，Ⅰ、Ⅱ、Ⅲ分区的弹性释水量分别占开采量的 1.62%、6.03% 和 6.54%，黏性土压密释水量分别占开采量的 9.81%、17.06% 和 8.63%。Ⅰ、Ⅱ、Ⅲ分区的弹性释水量分别占总弹性释水量的 11.44%、42.47% 和 46.09%，黏性土压密释水量分别占总压密释水量的 27.61%、48.07% 和 24.31%。从释水强度来看，Ⅰ、Ⅱ、Ⅲ分区的弹性释水和黏性土压密释水强度与德州地区漏斗的 1～8 分区的变化规律一致，释水强度也是随深层水位降深加而增大（表 9-11 和表 9-12）。Ⅰ、Ⅱ、Ⅲ分区的水位降深分别介于 55～75m、75～105m 和 105～135m，弹性释水强度分别为 $2720m^3/(a \cdot hm^2)$、$3940m^3/(a \cdot hm^2)$ 和 $6540m^3/(a \cdot km^2)$，黏性土压密释水强度分别为 $8780m^3/(a \cdot hm^2)$、$11460m^3/(a \cdot km^2)$ 和 $16540m^3/(a \cdot km^2)$。相对德州地区深层水漏斗的开采释水状况而言，德州市区深层水开采中弹性释水量和黏性土压密释水量所占比例都较小，分别为 14.2% 和 35.5%，而德州地区分别为 17.5% 和 61.9%。这是由于德州市区开采井密度（334 眼/km²）分别是漏斗过渡区（图 9-18 中 3～6 分区）和外围区（图 9-18 中 1～2 分区）开采井密度的 11.1 倍和 66.8 倍，在强烈开采释压影响下，德州市区漏斗区大幅释压而强烈袭夺过渡区（图 9-18 中 3～5 分区）弹性释水量和黏性土压密释水量，它们通过侧向径流而流入德州市区漏斗区，造成德州市区深层水开采量中侧向流入和越流补给量偏大的现象，占开采量的 50.3%。事实上，深层水位下降幅度和深度越大，单位降深的地面沉降量越大；越靠近漏斗中心，相同降深下单位降深的地面沉降量越小（图 9-19）。

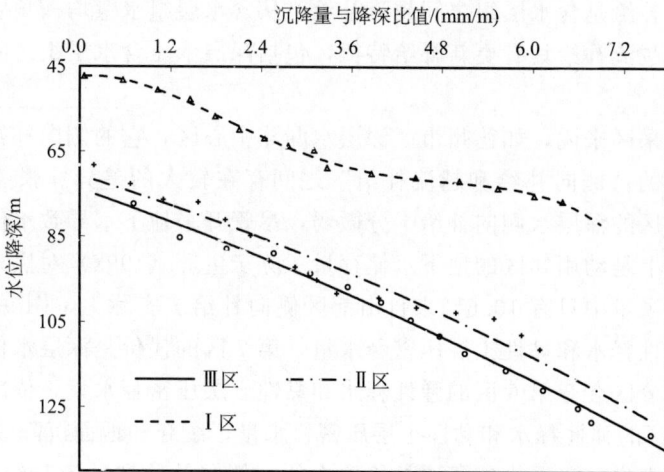

图 9-19　单位降深地面沉降量与深层水位累计降深的关系

（三）深层水开采量组成中压密释水量增大效应

德州深层水开采始于 1965 年，当时仅数眼井，小量开采。1980 年以前，开采深度为 300～400m，集中于德州市西北部老工业区。至 1985 年，开采井达 157 眼，开采量 1975 万 m³/a，开采深度增至 400～500m，并向新城区不断扩展，越过运河。由于城区深层水位迅速下降，自 1985 年开始，德州市限制 500m 深度以上凿井开采。20 世纪 90 年代，随着工业迅猛发展，深层水开采量也快速增加，到 2000 年，深层水开采机井达 278 眼，井深度为 500～917m，开采量 3462 万 m³/a，开采井分布范围也进一步扩展。主要开采层为第Ⅲ、Ⅳ含水组，总开采量 2830 万 m³/a，其中第Ⅲ含水组有开采井 165 眼，开采量 1920 万 m³/a，第Ⅳ含水组有开采井 104 眼，开采量 870 万 m³/a。

德州深层水大规模开采，抽取了大量的黏性土层压密释水量，由此产生了地面沉降。大量监测数据表明，地面沉降中心与深层水降落漏斗中心分布一致。1991～2006 年期间累计沉降量为 992mm，多年平均沉降速率为 66.1mm/a。其中，中心城区平均累计沉降量 710.5mm，年均沉降率 47.4mm/a；漏斗区边缘带，累计沉降量 538mm，年均沉降率 35.9mm/a。1991～2000 年期间，年均沉降率 24.7mm/a；2000～2005 年期间，年均沉降率 86.6mm/a；2005～2006 年期间，年均沉降率 45.0mm/a。黏性土层压密释水量抽取的数量越大，地面沉降率越大（张光辉等，2010）。

三、深层水漏斗区开采水量组成形成机制

（一）形成机制

深层水含水层顶板隔水使得深层水含水层难以获取降水直接入渗补给，只能通过上游段补给区降水入渗后通过侧向径流补给。这部分补给因径流路径长又缓慢而十分有限。另一项主要补给是含水层组之间越流补给，从含水层组水量均衡角度考虑，来自深层水系统之外的越流补给具有更新补给特征，包括深层承压含水层组之间下移越流补给和顶托越流补给。

对于具体开采区来说，如德州市区深层水漏斗中心区，它的侧向补给和越流补给与区域深层水系统的"侧向补给和越流补给"之间存在较大的差异。张蔚榛（2003）认为，远离山前地区的深层水侧向补给十分微弱，尽管开采地下水导致水位下降而诱发侧向补给，但实际上是动用邻区的地下水储存量。陈宁生等（1992）对黑龙港地区深层水研究表明，其开采量中只有10.6%来自山前区侧向补给。实际上，图9-18中第8分区袭夺第7区的弹性释水和黏性土层压密释水量，第7区的代价是深层水位下降和相应地面沉降量；第7分区袭夺第6区的弹性释水和黏性土层压密释水量，依次类推，直至第2分区袭夺第1区的弹性释水和黏性土层压密释水量，袭夺和地面沉降效应逐渐弱化。

从定义范畴上说，深层水的资源补给项中的"侧向补给和越流补给"是区域性的，具有自然资源可更新属性。而开采量中"侧向补给和越流补给"是在深层水系统遭遇外力因素影响下，通过改变承压含水层组内部水动力场、促使达到新平衡而形成。当从承压含水层组中抽取水量时，首先引发承压含水层内部水系统的压力（为孔隙水压力）减小，破坏了承压含水层的原有动力学场平衡，含水层介质骨架系统所承受的压力随新动力场平衡过程中负荷增加而增大，而承压含水层的顶板之上压力（负荷）没有改变，继续向下作用于承压含水层的介质骨架系统和水系统，最终达到新的动力平衡（张光辉等，2002a；张光辉、王金哲，2002）。

在实际抽取深层水过程中，产生"弹性释水"过程的同时，由于承压含水层内部水系统的压力在有限的时间内减小一定量，而顶板、底板和承压含水层内部黏性土夹层或透镜体内的水压力尚未改变，并大于承压含水层水系统孔隙水压力。于是，顶、底板及其外围和夹层的水在承压含水层的水系统瞬间吸力（压力差）作用下，形成激发性"越流"，于是黏性土夹层和顶、底板中的部分水进入承压含水层水系统中，并伴随发生和延续"压密释水"过程，导致黏性土层中水压力减小，黏性土层骨架压力增加，这一过程即为"压密释水"（张光辉、王金哲，2002）。

（二）水化学标示特征

德州深层水位降落漏斗中心地带，水化学类型以 HCO_3-Na 型水占优势，远离漏斗中心出现 $HCO_3 \cdot SO_4$-Na、$HCO_3 \cdot Cl$-Na 或 $HCO_3 \cdot SO_4 \cdot Cl$-Na 型水。阴离子中 HCO_3^- 含量 $300 \sim 600 mg/L$，占阴离子总量的 $40\% \sim 70\%$，SO_4^{2-} 和 Cl^- 含量占 $10\% \sim 30\%$；阳离

子中 Ca^{2+}、Mg^{2+} 含量很低，Na^+ 含量为 $200\sim400mg/L$，占阳离子总量的 $80\%\sim90\%$。深层水矿化度介于 $0.8\sim1.5g/L$，pH 为 $8\sim8.5$，呈高氟、高碘、高钠、低钙、偏碱性的地下水化学特征。

随着深度的增加，德州深层水降落漏斗区地下水化学类型由 $HCO_3\cdot Cl\text{-}Na\cdot Mg$ 型渐变成 $Cl\cdot SO_4\text{-}Na\cdot Mg$ 型，由过渡的 $Cl\cdot HCO_3\text{-}Na$ 型变化至 $HCO_3\text{-}Na$ 型；阳离子 Na^+、Ca^{2+}、Mg^{2+} 和阴离子 Cl^-、SO_4^{2-} 含量由小变大，越过中间的咸水层，又逐渐变小，深部略有回升。总硬度和矿化度的变化与上述离子的变化基本一致，在 200m 处形成峰值后回落。HCO_3^- 的含量自上而下变化不大，pH 和 F^- 含量随深度的增加而逐渐升高（表 9-13）。

表 9-13 德州漏斗区不同层位地下水化学组成特征

地下水水位埋深/m	化学组分/(mg/L)										
	Na^+	Ca^{2+}	Mg^{2+}	Cl^-	SO_4^{2-}	HCO_3^-	F^-	总硬度	矿化度	pH	类型
$0\sim60$	233	69	70	191	239	560	0.7	428	1382	7.8	H·L·S-N·M
$60\sim200$	1745	160	414	2092	2534	416	3.0	2103	7373	7.6	L·S-N·M
$200\sim300$	407	21	33	359	215	406	3.4	190	1466	8.0	L·H-N
$300\sim420$	234	9	4	50	77	449	3.3	38	838	8.4	H-N
$420\sim500$	258	7	3	52	86	449	3.3	30	865	8.3	H-N
$500\sim800$	275	8	2	50	112	497	3.5	28	953	8.5	H-N

德州地区处于华北冀-枣-衡深层水漏斗区的下游区，其深层水化学特征与冀-枣-衡深层水化学特征具有一定的相符性。在图 9-20 中，A 区（冀枣衡漏斗区）地下水的阴离子中 HCO_3^- 占优势，阳离子中 Ca^{2+}、Mg^{2+} 占优势，呈现降水的淋滤补给水化学特征。B 区（滨海区）深层水的阴离子中 Cl^- 占优势，阳离子中 Na^+ 占优势，呈现为排泄滞留的水学特征。C 区（德州漏斗区）深层水的阴离子中 HCO_3^- 占优势，呈现上游区的淋滤水化学特征；阳离子中 Na^+ 占优势，呈现与滨海区类似特征，表明曾遭遇海水入侵影响（杨丽芝等，2008，2010a，2010b）。

德州市漏斗中心的 500m 深监测井自 1991 年来的监测水化学数据表明，近 20 年以来德州漏斗区深层水化学组分稳定，未发生明显变化。这表明：①德州漏斗区深层水的补给水源稳定，数量有限，在数十年的开采过程中，外围侧向流入补给水没有影响该区深层水化学组分。②德州地区第Ⅲ、Ⅳ含水组的深层水化学组分随深度变化不明显，开采深度从 300m 增至 900m，没有明显影响深层水的化学组分。③德州地区砂层、黏性土层中深层水化学组分之间没有显著差别，开采条件下黏性土层压密释水，混合后水的化学组分没有因此出现明显差异特征（杨丽芝等，2010b）。

（三）同位素标示特征

德州漏斗区深层水氢氧稳定同位素和氚含量较低，δD 介于 $-86\%\!o\sim-71\%\!o$，$\delta^{18}O$ 介于 $-10.9\%\!o\sim-9.6\%\!o$（表 9-14），不仅小于当地浅层地下水的 $\delta^{18}O$ 和 δD 值，而且，

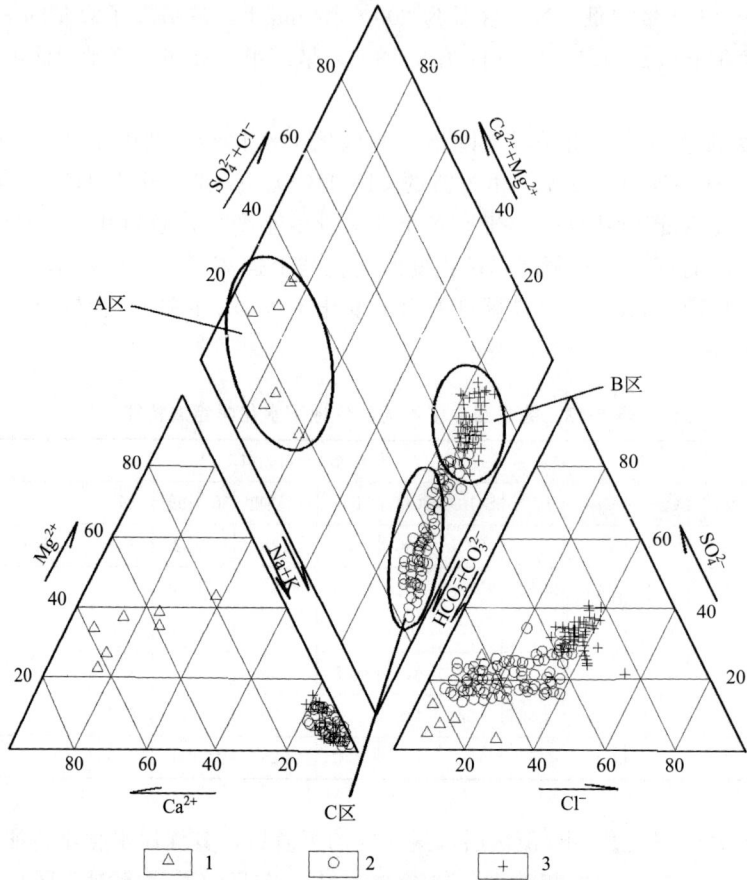

图 9-20　德州漏斗区深层水补给来源成因水化学分析图

1. 补给区样点；2. 漏斗区样点；3. 滨海区样点

表 9-14　德州漏斗区深层水同位素特征

样品编号	井深/m	^3H/TU	$\delta^{18}O$/‰	δD/‰	样品编号	井深/m	^3H/TU	$\delta^{18}O$/‰	δD/‰	样品编号	井深/m	^3H/TU	$\delta^{18}O$/‰	δD/‰
DZ02	490	0.02	−10.14	−81.87	DZ13	450	0.44	−9.65	−77.61	DS20	300	5.5	−10.1	−81
DZ03	831	0	−9.96	−79.32	DZ14	800	0.17	−9.60	−77.04	DS23	300	6.1	−10.8	−74.0
DZ04	350	1.23	−10.23	−83.58	DZ15	380	1.37	−9.85	−78.26	DS25	300	4.0	−10.9	−71.0
DZ05	360	0.39	−10.10	−81.54	DZ16	400	1.57	−8.59	−68.78	DS36	500	2.2	−10.6	−77.3
DZ06	490	0.73	−9.98	−79.94	DZ17	450	0.62	−9.22	−74.31	DS49	300	<0.5	−9.9	−80.3
DZ07	500	0.84	−9.96	−79.72	DZ18	570	0.24	−9.72	−78.13	DS50	380	<0.5	−9.7	−70.6
DZ08	400	1.12	−10.05	−81.42	DZ19	380	0.74	−9.73	−78.34	DS51	400	<0.5	−9.6	−80.6
DZ09	750	0.59	−9.90	−80.29	DZ20	360	0.18	−10.08	−81.56	DS71	500	<0.5	−10.3	−85.0
DZ10	380	0.51	−9.97	−81.34	DZ21	320	0.38	−9.77	−78.88	DS72	450	6.1	−10.3	−85.4
DZ11	300	0.50	−9.94	−80.43	DZ22	400	0.28	−9.68	−78.76	DS73	460	6.3	−10.0	−84.5
DZ12	450	0.59	−9.63	−77.10	DZ23	350	0.47	−9.96	−79.21	DS74	380	8.7	−9.6	−86.8

也远小于黄河水和大气降水的 $\delta^{18}O$ 和 δD 值。深层水的 ^3H 含量介于 $<0.5\sim1.5TU$，为低氚水。从 $\delta D-\delta^{18}O$ 关系分析表明，深层水同位素具有古气候效应，属于地质历史时期大气降水补给为主的地下水。同时，还具有高海拔降水补给的特征。

综上所述，①在强烈开采条件下，德州漏斗区承压含水层组内部形成弹性释水、黏性土压密释水和激发越流释水，在深层水开采量中，弹性释水量和黏性土压密释水量所占比例不是常量。深层水位下降幅度和深度越大、超采持续时间越长、开采层位中黏性土夹层或透镜体越多、释水越不充分，弹性释水和黏性土压密释水强度越大，单位降深的地面沉降量越大；反之，弹性释水和黏性土压密释水强度越小。越靠近漏斗中心，弹性和压密释水强度越大，相同降深下平均单位降深的地面沉降量越小。②在深层水的开采量中，黏性土压密释水占相应开采的 35.5%～61.9%，是造成地面沉降的主要动因。黏性土压密释水量多少与深层水开采过程中超采强度和释压程度密切相关。因此，须有序、适度、合理地利用深层水，在空间上均化布井，避免过度、持续的局域强烈超采，导致具有较强破坏性的不均匀性地面沉降加剧（张光辉等，2010）。

第五节　华北东部平原地面沉降特征与机制

华北东部平原区是中国水资源最紧缺的地区，已形成了以天津深层水漏斗、冀-枣-衡深层水漏斗、沧州深层水漏斗和德州深层水漏斗为核心的深层水复合式降落漏斗群区，面积达 7.30 万 km^2，同时，伴生了较严重的地面沉降等环境地质问题。

一、地面沉降特征与现状

（一）地面沉降形成过程与现状

区域性地面沉降包括地裂缝和地面塌陷。华北东部平原区地面沉降形成于 20 世纪 60 年代中期以后，主要发生在天津地区和京津以南的中东部平原。据有关部门监测，1965～1975 年期间，区内地面沉降仅发生在 14 个地下水降落漏斗中心地带，下降速率小于 10mm/a。1975～1979 年期间，随着深层水开采大规模的扩大，地面沉降的范围发展到沧州、衡水、任丘、南宫、霸州、大城、曲周、唐海、晋州和濮阳等地下水漏斗区。1979～1985 年期间，华北中东部平原区的大部分区域出现地面沉降，天津、沧州、任丘、霸州等沉降中心区的平均沉降速率介于 7.8～47.3mm/a（表 9-15）。

表 9-15　华北主要沉降区地面沉降及其影响要素状况

沉降区	年份	累积沉降量 /mm	漏斗中心深层水位 埋深/m	漏斗区深层水开采量 /万 m³
廊坊霸州	1983	162	21.6	12063
	1995	431	31.6	7456
保定	1983	86	27.9	14153
	1995	467	32.7	10861

沉降区	年份	累积沉降量/mm	漏斗中心深层水位埋深/m	漏斗区深层水开采量/万 m³
衡水	1983	62	54.2	22962
	1995	370	76.2	42777
沧州	1983	378	75.0	10032
	1995	1681	90.1	8721
沧州青县	1983	146	43.9	5774
	1995	731	76.9	16197
沧州任丘	1983	130	41.9	13131
	1995	499	49.6	13269
邯郸曲周	1983	162	25.6	10849
	1995	679	37.4	9262
邢台南宫	1983	175	32.6	5605
	1995	456	49.5	9810
唐山唐海	1983	142	25.8	12559
	1995	804	73.2	15901

20 世纪 80 年代初期，天津、沧州等沉降中心区地面沉降速率开始加快，达 10.8～86mm/a。1985～1990 年期间，累积地面沉降量大于 500mm 的面积达到 8200km²，沉降速率介于 23.4～100mm/a。进入 20 世纪 90 年代，由于深层水位下降速率受开采能力的限制而减缓，地面沉降的速率随之减小。以天津地区为例，限采之后，沉降量随之减小。1985 年天津地面沉降速率介于 50～100mm/a，至 1990 年已下降为 11～66mm/a。但是，由于深层水开采的范围不断扩展，所以，地面沉降的范围已扩大到山前平原区。至 1995 年，研究区地面沉降大于 200mm 的分布面积达 4.94 万 km² 以上，大于 300mm 的分布面积达 2.60 万 km² 以上，大于 500mm 的分布面积达 1.37 万 km² 以上，大于 1000mm 的分布面积达 7810km²。

（二）地裂缝状况

自 20 世纪 60 年代在邯郸发现地裂缝以来，华北平原已发现地裂缝近 200 多条，主要分布在天津、廊坊、赵县、新乐、正定、肃宁、藁城、任丘、霸州、涿州、文安、固安、邯郸、永年、成安、大名、南和等地区，其规模由长数米至 500m，最长达千米，宽 1～50cm，最宽在 200cm 以上，可见深度达 10m。地裂缝一般具有张性特征，常伴生地面塌陷，多集中分布于冲洪积扇前缘、扇间洼地、古河道带和现今河道等地貌部位。80 年代以来，是地裂缝发生密集分布期。

华北平原地裂缝主要由构造裂缝、塌陷伴生裂缝、地面沉降裂缝和脱水干裂缝类型组成。其中，开采地下水引起地面不均匀性沉降，产生地面沉降裂缝；地下水水位大幅度下降，造成包气带的岩土应力条件发生改变，并引起包气带水分严重亏缺，由此产生脱水干裂缝。

二、地面沉降成因

华北平原深层地下水水位降落漏斗集中分布在地面沉降区，也是中东部城市集中开采区和农业集中开采区，1995 年以 $-10m$ 等水位线圈定的面积已经达到 3.07 万 km^2，地下水水位埋深大于 30m 的面积为 3.03 万 km^2。目前较大的常年性漏斗达到 10 个以上，有些漏斗已经复合相连，形成复合漏斗（群），其中与沉降中心呼应的深层地下水漏斗主要有天津漏斗、廊坊漏斗、冀-枣-衡（冀县、枣强、衡水）漏斗、沧州漏斗、邢台巨新漏斗等，漏斗总面积为 2.14 万 km^2。

地下水的超采，必然打破地下水系统的水量均衡、水盐均衡和岩土力学平衡，地下水系统为了与外部环境之间建立新的平衡，势必导致地下水水位、水量、水质和含水介质发生一系列响应变化，有些变化对于人类生存和社会经济发展来说，是灾害性环境地质问题，甚至是灾害。开采地下水，首先引起地下水系统水动力条件的变化，然后，从局部水位下降到区域性水位下降，从形成单井水位降落漏斗发展到区域性水位降落漏斗。整个地下水水位下降演变过程与地下水资源的开发过程、开采强度以及影响地下水动态的气象和地质因素密切相关。当地下水位持续下降，并且超过阈值的限度之后，就会导致整个地下水水文循环系统的改变，地下水储存量减少，甚至引起含水层疏干、调节能力降低和诸多环境地质灾害问题（费宇红等，2001）。

过量开采地下水导致地下水位下降，破坏了地层内原有的应力状态，使地层内孔隙水压力减小，土粒间有效应力增加，导致砂层弹性变形，黏性土层固结排水，引起地面沉降。其中黏性土层的固结沉降量占总地面沉降量的绝大部分。在华北地面沉降中心区，主要开采层位以黏性土夹层居多，如沧州地面沉降中心分区主要开采层位（埋深介于 $200 \sim 400m$）的黏土厚度达 179m，粉质黏土厚度达 65m，这是产生地面沉降的必要环境条件。加之，华北地面沉降中心区都分布在深层水集中开采区（张光辉等，2005a；石建省等，2006；王欣宝等，2012）。

在河北东部平原深层水超采区地下水中，氟离子浓度呈增加迹象，与地面沉降之间有较明显相关性，可能与主要开采层（第Ⅲ含水组）顶板河湖相沉积含氟较高的黏性土释水有关。随着深层水开采强度的增大，承压含水层孔隙中水压力减小，层中和顶底板黏性土层随之塑性变形，黏性土被"挤压"释水，黏性土层中富含氟的水大量进入被抽取水中，由此，开采出的深层水中 F^- 浓度会明显增大，但浓度不稳定。在地面沉降进入弱透水层结构调整的阶段前，F^- 平均浓度达到最大值（张兆吉等，2009）。在随后的压缩固结阶段，进入深层水中 F^- 平均浓度逐渐降低（表 9-16）。

表 9-16　沧州地面沉降中心区深层水含氟量变化特征（据张兆吉等，2009）

年份	1974	1975	1977	1980	1982	1983	1985	1988	1990	1996	1999	2000
氟含量/(mg/L)	3.00	3.60	3.93	4.38	4.75	3.98	4.00	4.20	4.43	4.75	4.67	5.10

　　在维持现状条件下，地下水水位埋深将不断增大，水位降落漏斗面积、严重超采区面积和含水组疏干面积将加剧向纵深扩展，与其相伴的地面沉降、地裂缝和地面塌陷等环境地质问题将日趋严重。例如，沧州漏斗区现状年漏斗中心水位埋深为 93.7m，漏斗面积为 2729km²。若维持现状开采和补给条件下继续开采，当漏斗中心水位埋深下降到 95m、102m、117m 和 127m 时，漏斗面积将扩展为 2889km²、4903km²、15224km² 和 32404km²。冀-枣-衡漏斗区现状年漏斗中心水位埋深为 79.6m，漏斗面积为 11450km²，含水层疏干面积 1710km²。若继续维持现状开采和补给条件下，当漏斗中心水位埋深下降到 81m、92m、101m 和 110m 时，漏斗面积将扩展为 12122km²、14331km²、16201km² 和 18125km²。累计沉降量与沉降区水位埋深和开采量之间存在相关关系。例如，沧州沉降区现状年水位埋深 93.73m，累计沉降量 2098mm（起始年 1975 年）；当深层水位埋深分别下降至 115m 和 127m 时，该区累计沉降量将分别达到 3072mm 和 3645mm。天津沉降区现状年水位埋深为 104.88m，最大累计沉降量为 3040mm（起始年 1959 年）。廊坊沉降区、保定沉降区和衡水沉降区，随着地下水资源的不断超采，大量消耗储量，沉降区地面沉降将随之不断加剧（张光辉等，2005a）。

第六节　人类活动对区域地下水劣变影响程度

一、华北典型区人类活动影响程度

　　本节选取与地下水开采量紧密相关的指标，建立人类活动对地下水影响的量化评价指标体系，包括人口数量、地下水开采机井数量、农作物播种面积、水浇地面积、粮食产量、蔬菜产量和工业总产值，并应用 MapGIS 数据处理和空间分析技术，识别滹沱河流域平原人类活动对地下水影响程度。

（一）研究方法

　　采用加权综合指数法，将与评价目标有关的所有要素综合整理在一起，遴选出主要影响要素，然后确定各主要要素的相对重要性，给出定量指标。通过数学方法求解，加权来测定研究对象受主要影响要素影响状况。在研究中，将影响地下水变化的人类活动主要指标进行指数化，然后，进行权重叠加，形成综合指数。根据综合指数的大小，分析和评价人类活动对地下水影响程度。

表 9-17　人类活动对地下水劣变影响程度的评价分级标准

综合指数	0~0.2	0.2~0.4	0.4~0.6	0.6~0.8	0.8~1.0
影响程度	低	较低	中	较高	高
影响特征	人类活动对浅层地下水水位变化影响不明显	人类活动对浅层地下水水位变化已有影响，但地下水系统能较快恢复平衡	人类活动对浅层地下水水位变化已有一定影响，且地下水系统恢复平衡需一定时间	人类活动对浅层地下水水位变化已有明显影响，且地下水系统恢复平衡需较长时间，或难恢复	人类活动对浅层地下水水位变化已有显著影响，且地下水系统难以恢复平衡

采用灰色关联度法进行权重计算。根据计算出来的一系列综合指数值（R），对照表 9-17 中分级标准，结合研究结果，综合分析和判别研究对象的影响状况。当综合指数大于 0.5 时，表明人类活动对地下水劣变影响发挥着主导作用（王金哲等，2010a）。

（二）研究区概况与评价指标选取

滹沱河流域平原区地处滹沱河冲洪积扇分布区，包括石家庄和衡水所辖大部分县市，面积 8805km²。该区属温带半湿润、半干旱大陆性季风气候，降水量年际变化较大，多年平均降雨量为 493mm。近 30 年以来，区内地下水长期处于严重超采状态。目前，该区旱地水浇地为 51.45 万 hm²，水田为 381hm²，机电井 13.02 万眼。粮食作物单产和总产量分别为 6585kg/hm² 和 482.43 万 t/a。近 10 年以来，研究区多年平均用水量为 31.46 亿 m³/a，地下水开采量为 27.68 亿 m³/a，其中农业开采量占全区总开采量的 86.07%，为 23.79 亿 m³/a；工业和生活用水的地下水开采量分别为 1.94 亿 m³/a 和 1.94 亿 m³/a。农业开采量与降水变化密切相关，枯水年份农业开采量大幅增加，丰水年份农业开采量，明显减少。

评价指标选取：遵循主导型、可度量、可操作性和覆盖面广的原则，同时，与地下水位变化紧密相关，且简单易解释的表征因子。通过遴选，选取开采量作为浅层地下水变化的特征值，为母序列；选取人口、机井数量、农作物播种面积、水浇地面积、粮食产量、蔬菜产量和工业总产值作为影响地下水及开采量变化的变量指标，为子序列（王金哲等，2010a）。

从上述已知，研究区地下水开采量占总用水量的 87.85%，生活用水和工业用水都以地下水为供给主要水源，所以，人口数量增加和工业总产值增长对区内地下水开采量增加具有一定的驱动作用。一个地区地下水开采总量的大小与开采机井数量变化是密切相关的。农业开采量不仅与农作物播种面积、水浇地面积、粮食产量和蔬菜产量之间紧密正相关关系，而且，还与气候变化有关。由于滹沱河流域平原区农业开采量占全区地下水开采量的 86.07%，因此农业开采量变化在一定程度上反映了气候变化对地下水影响。

对于一个地区地下水水位变化来讲，有

$$Q_{\text{开}} = \mu \times \Delta H \times F \tag{9-14}$$

式中，ΔH 是指在开采量（$Q_{\text{开}}$）影响下的浅层地下水水位降幅，m；μ 为地下水水位变动带综合给水度（无量纲）；F 是研究区面积，km²。

对于一个剖分单元来讲，$\mu \times F$ 可近似为常量（a），于是，有

$$Q_{\text{开}} = a \times \Delta H \tag{9-15}$$

因此，通过 7 个主要人类活动因子对地下水开采量变化影响状况的量化表征，可以较客观地反映人类活动对地下水水位变化影响状况（王金哲等，2011）。

（三）数据处理及综合指数计算

原始数据变量序列为 1958～2008 年期间研究区内 19 个县市的统计年鉴数据，分别求取 20 世纪 60 年代、70 年代、80 年代、90 年代和 21 世纪初期的 8 个指标平均值，计算不

同时代的变量值。变量值采用极值标准化方法进行处理。采用 MapGIS 进行研究区单元网格化剖分，剖分单元为正方形，网格间距 1.25km，剖分单元 128×76 个，其中有效计算单元 5645 个。单元中心点的数据作为剖分单元数据值。由此，提高量化研究精度。

确定权重：采用上述方法、指标体系和资料，确定人类活动的各指标对地下水影响程度的权值（表 9-18）。

表 9-18　人类活动的各指标对地下水变化影响的权重

人类活动指标	开采井	人口	播种面积	水浇地面积	粮食产量	蔬菜产量	工业总产值
权重值（a）	0.8088	0.6036	0.7303	0.8241	0.7723	0.7149	0.5936
标准化值（X）	0.1602	0.1196	0.1447	0.1633	0.1530	0.1416	0.1176

评价综合指数计算：通过如下综合指数的计算公式，求得人类活动对地下水影响程度的综合指数（R）。

$$R = \sum_{i=1}^{n} a_i X_i \qquad (9\text{-}16)$$

式中，R 为综合评价指数；a_i 为评价指标的权重；X_i 为评价指标，等于 d_i/d_{max} 或 $d_i/d_{阈}$；n 为评价指标的个数。

将各个年代的综合指数与相对应的地理坐标，在 MapGIS 剖分的单元系统中逐一建立空间对应关系，然后，进行空间特征分析，获得不同时期的"人类活动对地下水影响程度分布图"或成果表（表 9-19）。从表 9-19 可见，自 20 世纪 60 年代以来，滹沱河流域平原人类活动对地下水影响程度不断加剧。20 世纪 60 年代，人类活动对地下水影响程度处于"低"或"较低"级，其中影响程度为"低"级的分布面积为 7054.5km²，主要分布在中东部；影响程度为"较低"级的分布面积为 1750.5km²，主要分布在西部。因为该平原区当时农业落后，工业不发达，加之，地表水资源较丰富，地下水开采量不足 10 亿 m³/a（王金哲等，2010a）。

表 9-19　近 50 年以来滹沱河流域平原区人类活动对地下水影响程度状况

影响程度的综合指数			0~0.2	0.2~0.4	0.4~0.6	0.6~0.8	0.8~1.0
20 世纪	60 年代	分布面积/km²	7054.5	1750.5			
		所占比例/%	100				
	70 年代	分布面积/km²	79.6	3404	5321.4		
		所占比例/%	79.9			20.1	
	80 年代	分布面积/km²	0	2498.7	4891.9	1414.4	
		所占比例/%	50.8			49.2	
	90 年代	分布面积/km²	0	1297.7	2608.2	4899.1	
		所占比例/%	28.3			71.7	
2001 年以来		分布面积/km²	0	216.2	2522.8	4442	1624
		所占比例/%	16.2			83.8	

20 世纪 70 年代，特别是 1972 年特大干旱之后，滹沱河流域平原区地下水开采量急剧增大，年开采量达 25.46 亿 m³。这期间，人类活动对地下水影响程度为"中"级的分布面积达 5321.4km²（表 9-19），主要分布在研究区的西部和中部大部分地区。影响程度"低"级的分布面积缩减为 79.6km²。进入 20 世纪 80 年代，机井数量进一步大幅增加，粮食产量显著增长，地下水开采量达到 30.25 亿 m³/a，这是研究区消耗地下水最为严峻时期，人类活动对地下水影响程度为"中"级和"较高"级的分布区面积达 6306.3km²，主要分布在中部和西部。影响程度"较低"级的分布面积仅为 2498.7km²（表 9-19），同时，影响程度"低"级的分布区完全消失（王金哲等，2009，2010a）。

20 世纪 90 年代期间，滹沱河流域平原区地下水年均开采量 28.17 亿 m³，仍处于超采状态。同时，土地利用与覆被变化强度进一步增大，由此大范围出现影响程度"较高"的分布区，面积达 4899.1km²，主要分布在研究区的西部和中部地区。影响程度较低的分布区，由 20 世纪 80 年代的 2498.7km² 缩减为 1297.7km²（表 9-19）。自 2001 年以来，相对 20 世纪 90 年代，滹沱河流域平原区地下水开采量略有减小，年均开采量 27.68 亿 m³/a，人类活动对地下水的影响程度继续加剧，"低"和"较低"级的分布区基本消失，人类活动影响程度"较高"和"高"的分布区面积，分别为 4442km² 和 1624km²（表 9-19）。

自 20 世纪 60 年代至 21 世纪初的不同时期（20 世纪 60 年代、70 年代、80 年代、90 年代和近 10 年来），人类活动影响程度分别为 0.0%、20.1%、49.2%、71.7% 和 83.8%。20 世纪 80 年代的人类活动影响程度增幅最大，为 29.1%；其次为 20 世纪 90 年代，为 22.5%（王金哲等，2009，2011）。

结果效验：从近 50 年以来滹沱河流域平原区地下水水位埋深变化状况可见，人类活动影响程度与各时期地下水水位变化分布特征具有较好的时空吻合性。20 世纪 60 年代，人类活动对地下水影响程度较低，区内地下水水位埋深普遍小于 5m。70 年代，人类活动对地下水影响程度的评价综合指数出现"中"级分布区，该区地下水水位埋深由过去小于 5m 下降为 10～15m，局部出现地下水水位埋深大于 15m 区域。进入 80 年代，在影响程度"较高"的 2244km² 分布区，地下水水位埋深普遍大于 15m，其中 20～30m 埋深区的面积从 70 年代的 340.4km² 增至 4237.7km²（王金哲等，2009，2011）。

在 20 世纪 90 年代，在影响程度"高"分布区，地下水水位埋深大于 30m 的面积达 393.1km²。在影响程度"较高"分布区，地下水水位埋深介于 20～35m。在影响程度"中"分布区，地下水水位埋深介于 5～20m 之间。2001 年以来，在影响程度"高"分布区，地下水水位埋深大于 35m 的面积达 2068.5km²。在影响程度"较高"分布区，地下水水位埋深介于 25～30m。在影响程度"中"分布区，地下水埋深小于 15m。

二、西北典型区人类活动对地下水影响程度

西北内陆的平原区地下水补给与循环过程明显不同于华北平原。西北内陆的平原区降水量普遍小于 300mm，大部分地区小于 200mm，下游平原区小于 100mm，地下水补给主要依赖上游山区的出山地表径流，人口和主要经济的 85% 分布在山前平原（中游区）。因此，人类活动影响也主要集中在中游区。另外，在西北内陆的平原区地下水与地表水之间

具有密不可分的水力联系，彼此之间频繁相互转化，重复水量达 80% 以上。本节以西北内陆的黑河流域平原区地下水及地表径流量异常变化问题为例，进行探讨。

（一）研究区概况

西北内陆黑河流域下游区是典型的干旱和生态环境脆弱地区，年降水量不足 50mm，生态及生产生活用水与中游区地表径流和中游区地下水溢出排泄状况密切相关。黑河流域南以祁连山为界，北与蒙古国接壤，东、西分别与石羊河和疏勒河流域相邻，流域面积 14.31 万 km²，其中平原区面积为 4.98 万 km²。黑河流域上游是指黑河出山口莺落峡以上祁连山区，海拔 1700～5564m，年降水量 300～600mm，冰川雪融水量约 4 亿 m³/a，是黑河流域的补给源区。中游区位于莺落峡至正义峡之间，主要由张掖盆地和酒泉盆地构成，海拔 1352～1700m，年降水量 50～200mm，年蒸发量大于 2050mm。下游区包括金塔-鼎新盆地和额济纳盆地，除河流沿岸和居延三角洲外，大部为荒漠戈壁，年降水量小于 50mm，年蒸发量大于 3100mm。

为黑河流域平原区水资源主要补给源的较大出山河流（流量大于 5 亿 m³/a）有黑河干流和北大河，其中黑河干流多年平均径流量为 15.89 亿 m³/a，北大河为 6.36 亿 m³/a。近 50 年以来黑河流域多年平均出山径流量为 37.82 亿 m³/a，其中天然状态下 60%～80% 在山前砂砾石戈壁带入渗补给地下水。由黑河干流和北大河串联上游祁连山区、中游区的张掖盆地和酒泉盆地以及下游区的金塔-鼎新盆地和额济纳盆地，形成了黑河流域尺度的"河流-地下水"水循环系统，至少存在 3 次地表水入渗转化为地下水，然后地下水溢出转化为地表水的过程，彼此转化累计重复量占总径流量的 60% 以上。

（二）地表径流变异特征

书中"影响强度"（简称"影响度"）是指外界因素（记作 x_{ij}，i 是影响因子序号，j 是第 i 个因子的数据序号），包括拦蓄水利工程、引水与灌溉、开采地下水和土地利用等人类活动对主体对象（如地表径流系统）的相对影响强度（I_i），即

$$I_i = (F_i / \sum_{i=1}^{n} F_i) \times 100; \quad F_i = \sum_{j=1}^{m} \omega_i f_{ij}; \quad f_{ij} = (x_{ij} - x_{\min})/(x_{\max} - x_{\min}) \quad (9\text{-}17)$$

式中，ω_i 是根据 x_{ij} 的变异系数确定的 i 因子权值；F_i 为 i 指标的人类活动强度；f_{ij} 为第 i 个指标第 j 个原始数据的规格化数据，又称单项指数；m 为指标个数；n 为第 i 个指标的原始数据个数；$x_{\max}$ 和 $x_{\min}$ 分别为第 i 个指标的最大和最小值。

当 i 为各种人类活动对主体对象影响时，则 I_i 为人类活动影响度。当研究主体对象为水循环系统，则 I_i 为人类活动对水循环的影响度；当主体对象为地下水系统时，则 I_i 为人类活动对地下水的影响度。若将一个流域分为上游区、中游区和下游区，则可求得某一时段的各区的 I_i 值；若某一研究区的研究期划分若干时段，则可求得该区的 I_i 动态变化过程。

自 20 世纪 50 年代以来，黑河干流的莺落峡站流入与正义峡站流出的年径流量累积过程线由天然状态转变为目前的以人为干扰为主。实测径流线偏离天然状态径流线始于

20 世纪 70 年代末、80 年代初期，就是在人类活动影响度超过 37％之后。而 50 年代和 60～70 年代影响度分别为 19％和 28％，80 年代、90 年代则分别为 43％和 55％。从过去 20 年监测资料分析可见，在年内，每年 5 月人类活动对地表径流影响强度较大，影响度达 67％（表 9-20），与春旱和引水量大密切相关；在每年的 11 月，影响度较小，原因是中游区农灌引水量及其总用水量都大幅减少，以至向下游排泄水量增多（张光辉等，2009b）。

表 9-20 近 20 年以来平均不同月份中游地表径流耗水量与莺落峡来水量比率及人类活动影响度

年内不同时段	耗水量与来水量的比率/％	人类活动影响度/％
5 月	97.76	67
7 月	65.27	22
8 月	68.40	23
11 月	22.58	13

自 1946 年以来，由祁连山流入黑河中游区的年地表径流量是基本稳定的，没有出现明显的减少过程，而中游区耗水量不断增大，通过正义峡下泄的地表径流量随之减少，中游区地下水补给量也呈不断减少过程。

（三）地下水补给变异特征与动因

20 世纪 50 年代，黑河流域中游主要盆地区地下水补给量为 31.1 亿 m³/a，60 年代、70 年代分别减少 27.9 亿 m³/a 和 23.8 亿 m³/a。与 50 年代相比，90 年代补给量减少 33.1％，为 20.8 亿 m³/a [图 9-21（a）]。相对 60 年代，90 年代的泉流量减少 49.6％。黑河流域中游区地下水实际补给量偏离自然补给状态线也是始于 20 世纪 70 年末、80 年代初 [图 9-21（b）]，与大规模渠系引用地表水有关。从图 9-21（a）可见，无论是河道入渗补给量还是渠系入渗补给量，都呈现减少过程，与地下水总补给量衰减

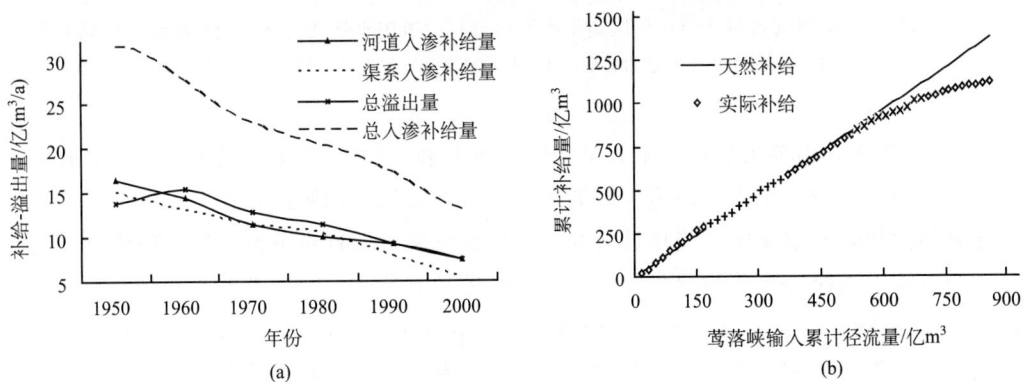

图 9-21 近 50 年以来黑河流域中游区主要盆地区地下水年补给量、溢出量衰变过程及特征
（a）河道入渗、渠系入渗、总的补给量和溢出量衰变过程；（b）累计补给量与出山地表径流量之间关系变化
注：图中 x、◇表示源数据点

过程之间呈现出较好的一致性（张光辉等，2005b）。

中游主要盆地区地下水补给量不断衰减的直接后果是地下水排泄进入河道的溢出量不断减少 [图 9-21（a）]，这加剧了中游向下游区排泄水量的减少强度和下游区生态环境恶化程度。从图 9-22（a）可见，黑河流域中游区地下水补给量衰减与中游区生产生活用水量不断增大之间具有较好的相关性，其中农业用水是主要影响因素。黑河流域总人口的 90.6%、耕地总面积的 94.5% 和国内生产总值的 88.7% 分布于中游区，这里的用水量占全流域总用水量的 82.6%，农业用水量占总用水量的 93.8%。目前，中游区的人类活动影响度已经达到 85% 以上，而上、下游区人类活动影响度分别仅为 1% 和 14%（张光辉等，2005e）。

研究表明，1979 年之前，黑河干流中游区平均每年用水量为 3.92 亿 m³。进入 80 年代，用水量迅速增大，平均每年用水量增加 64.2%。相对 80 年代，90 年代平均年用水量增加 26.6%。对于多年平均地表径流量 37.8 亿 m³/a 而言，当中游区引水量大于 13.97 亿 m³/a（干流为 5.92 亿 m³/a）时，地下水补给将受到明显影响，特别是河道入渗补给量明显减少。由此可见，中游区人类活动是黑河流域中游主要盆地地下水补给变异的主导因素 [图 9-22（b）]，农业引水灌溉是关键方面，其中春灌影响度达到 67%，是主要影响期，而冬灌（11 月）影响度仅为 13%。

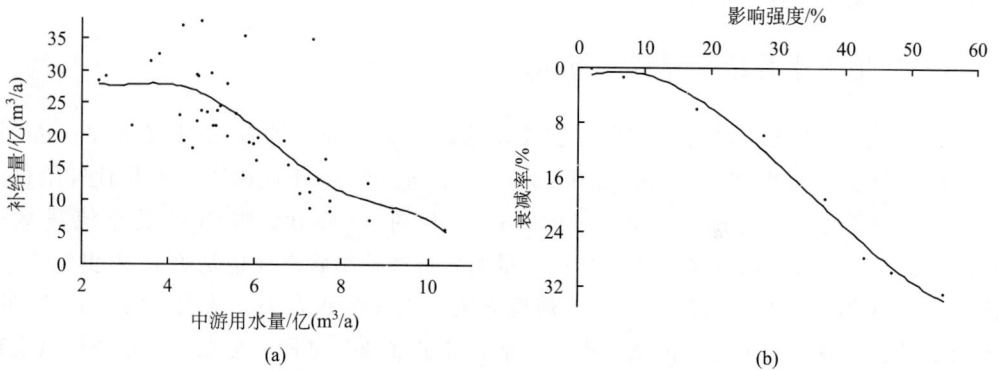

图 9-22　近 50 年来黑河流域干流中游区地下水补给量与中游用水量和人类活动影响强度之间的关系
（a）补给量与中游用水量的关系；（b）补给量衰减率与人类活动影响强度的关系

近 50 年来，山前大规模拦蓄和渠系引用地表水，"黑河水流量减少或人工采取减少河流下渗措施，减少了沿古河道渗漏的地下水补给量"，加剧了平原区水循环劣变和地下水补给变异，不仅影响了当地社会经济可持续发展，而且对下游区生态环境也产生一定的负效应。若将一个流域分为上游区、中游区和下游区，则可求得某一时段的各区的 I_i 值 [式（9-17）]；若某一研究区的研究期划分若干时段，则可求得该区的 I_i 动态变化过程。根据河流主干流上、下监测站实测的径流流量距平差积动态过程线，划分不同阶段，其中由下降过程线转变为上升过程线的拐点处 I_i 值即为本书中的阈值（37%）。

在过去 50 年中，黑河流域平原区地下水补给量和泉流量衰减过程与水库数量、人口和灌溉面积的发展之间存在较密切的互动关系。随着中游区人口数量的增加、灌溉耕

地面积不断扩大，灌溉用水量随之不断增加。为了保障春灌用水的需求，拦蓄出山地表
径流的水库数量随之增多。出山地表径流水量被水库大规模拦蓄和高防渗渠系直接引入
灌区，造成河道径流量锐减，甚至干涸；同时灌溉水量增大，增加了高含 NO_3^- 化肥水
渗漏对地下水质的影响（张光辉等，2005b）。

　　黑河干流出山径流量是走廊平原地下水的主要补给源，二者之间存在密切相关性
（图 9-23）。径流量减少必然导致走廊平原地下水补给量衰减，以至地下水位下降及泉
流量衰竭。随着泉流量的衰减，地下水排入河道的水量相应减少，进一步加剧中游至下
游区河道天然水文过程劣变和生态环境退化。利用 Kendall 秩次相关和距平差积法研究
表明，20 世纪 50 年代人类活动对黑河干流出山地表径流平原区水文过程的影响强度为
19%，60～70 年代为 28%～37%，80～90 年代达到 43%～55%。当影响度超过 37%
时，平原区水文过程则由以天然径流特征为主转变为以人为干扰特征为主。这一变化与
地下水补给量和泉流量的衰减过程相一致［图 9-24（a）］，相关系数（R^2）分别为
0.9931 和 0.9941［图 9-24（b）］在年内，春灌对平原区水循环的影响强度为 61.2%，
秋灌影响为 23.1%，冬灌影响为 9.9%，工业和生活用水影响占 5.8%（张光辉等，
2005e）。

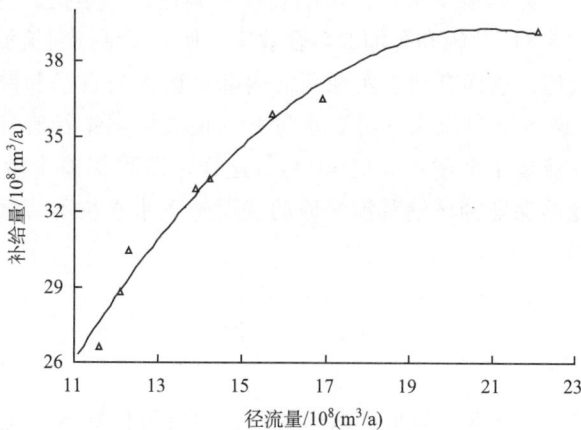

图 9-23　黑河流域走廊平原地下水补给量与黑河干流径流量之间的关系

　　在区域分布上，黑河流域总人口的 90.6%、耕地总面积的 94.5% 和国内生产总值
的 88.7% 分布于中游区走廊平原，以至该区每年用水量占全流域总量的 82.6%，人类
活动影响强度达到 85%，而上游和下游区的人类活动影响强度仅分别为 1% 和 14%。
由此可见，走廊平原的人类活动是黑河流域平原区地下水补给变异的主导因素，农业引
水灌溉是关键方面，春灌是主要影响期。通过莺落峡-正义峡之间径流量距平差积过程
特征分析表明，在黑河流域当人类活动影响强度超过 37% 时，则陆表水循环过程出现
人为干扰径流为主的特征。当黑河干流径流量大于 17.4 亿 m^3/a（保证率小于 25%，
丰水年）条件下，地表径流量变化对走廊平原地下水补给量变异影响较小；相反，河道
径流量越小，其变化对地下水补给量变异影响程度越大。换言之，在连续枯水期间，流
域水循环过程更加脆弱，相同强度的人类活动所产生的影响后果比平水期或丰水期严重

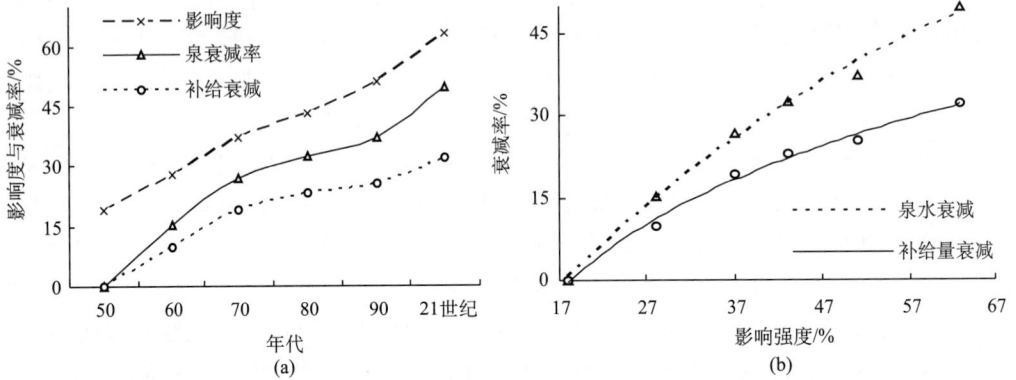

图 9-24　近 50 年以来黑河流域走廊平原地下水补给量和泉流量与人类活动影响强度关系
（a）补给量、泉流量与人类活动影响强度动态变化；（b）补给量、泉流量与人类活动影响强度之间相关关系

（张光辉等，2002b）。

　　基于上述认识，在西北内陆干旱地区，特别需要重视连续枯水年（期）的人类活动对流域水循环过程和平原区地下水补给影响强度的调控，科学把握自然水循环的脆弱性与超阈的人类活动影响之间共轭和叠加的耦合效应，使人类活动对流域水循环过程的影响强度低于 37％这个阈值。这样有利于实现西北内陆地区人与自然和谐发展。对于黑河流域而言，需要确保中游区下泄流入下游区水量——正义峡站年径流量大于10.5 亿 m³/a，通过狼心山水文站径流量不低于 7.0 亿 m³/a。这样，既可保障中游区地下水系统获取合理的补给量，又能够保证额济纳荒漠平原的浅层地下水水位不持续下降，进而保证生态地质环境良性发展。

小　结

　　（1）华北平原水资源紧缺，降水量减少导致自然资源性缺水占总缺水量的 15.1％～16.4％，因管理缺欠导致的缺水占 22.1％～24.2％，人口数量和经济社会发展规模过大导致政策性的缺水占 59.3％～62.5％。严重缺水导致地下水长期超采，沿太行山前京广铁路自南向北区域性地下水位降落漏斗遍布，并出现大范围含水层疏干状况。

　　（2）滹沱河流域平原区是华北平原浅层地下水最严重超采区，历经 30 多年大规模超采，地下水资源功能严重衰竭。1971 年之前区域地下水处于补给-开采正均衡，1971～1979 年期间补给-开采基本均衡，1980～2000 年期间严重超采负均衡，2001 年以来开采增量处于基本遏制阶段。

　　（3）1979～1980 年期间是华北平原地下水演变的转折点（突变点）。自 1980 年以来，区域地下水呈现人类活动主导影响下衰变特征，1979 年之前，区域地下水演变中自然属性特征占主导。

　　（4）在长期大规模超采影响下，深层水漏斗区地下水开采量组成及其环境效应发生显著变化。随着深层水位下降的幅度和深度增大、超采释压持续时间越长，以及开采层中黏性土夹层或透镜体越多，开采区内弹性释水和压密释水的强度及累积地面沉降量越大；越靠近漏斗中心，弹性和压密释水强度越大，相同降深下平均单位降深的地面沉降量越小。在深层水开采量中黏性土压密释水占 35.5%～61.9%，与地面沉降密切相关。

（5）在华北平原东部的深层水漏斗区，地面沉降等环境地质问题日趋严重。在 20 世纪 80 年代初期，天津、沧州等沉降中心区地面沉降速率达 10.8～86mm/a。至 1995 年，地面沉降大于 200mm 的分布面积达 4.94 万 km² 以上，大于 300mm 的分布面积达 2.60 万 km² 以上，大于 500mm 的分布面积达 1.37 万 km² 以上，大于 1000mm 的分布面积达 7810km²。

（6）人类活动对西北内陆地区水循环过程的影响集中在中上游区，并呈增强趋势。20 世纪 50 年代的人类活动影响度为 19%、60～70 年代为 28%，80 年代、90 年代分别达 43% 和 55%。当人类活动影响度超过 37% 时，流域下游区生态环境退化明显加剧。

参 考 文 献

陈戈，阎世骏，李铁锋. 2001. 天津市深层黏性土对地面沉降的影响及其沉降量计算. 北京大学学报（自然版），(6)：804～809

陈贺，杨盈，于世伟，等. 2011. 基于生态系统受扰动程度评价的白洋淀生态需水研究. 生态学报，31（23）：233～241

陈陆望，桂和荣，殷晓曦，等. 2008. 深层地下水18O 与 D 组成特征与水流场. 中国矿业大学学报，16（6）：854～859

陈宁生，赵秀兰，张冬玲. 1992. 黑龙港地区深层地下水开发利用. 水利水电技术，(5)：35～401

陈仁升，康尔泗，杨建平，等. 2003. 黑河干流中游区季平均地下水位变化分析. 干旱区资源与环境，17（5）：36～43

陈望和. 1991. 河北地下水. 北京：地震出版社

陈宗宇，皓洪强，卫文，等. 2009. 华北平原深层地下水的更新与资源属性. 资源科学，31（3）：388～393

丁国平，胡成，陈华丽，等. 2012. 衡水地面沉降区黏性土体渗透特征研究. 工程地质学报，20（1）：82～87

费宇红，曹寅白，聂振龙，等. 2001. 海河流域平原深层地下水演变与环境地质问题. 水文水资源，22（1）：20～23

费宇红，王金哲，石迎新. 2002. 石家庄市地下水持续发展战略研究. 河北省科学院学报，19（2）：108～111

费宇红，张兆吉，张凤娥，等. 2007. 气候变化和人类活动对华北平原水资源影响分析. 地球学报，28（6）：567～571

高彦春，王晗，龙笛. 2009. 白洋淀流域水文条件变化和面临的生态环境问题. 资源科学，31（9）：1506～1513

高业新. 2010. 通过抽水试验研究河北平原深层地下水的补给来源. 干旱区资源与环境，24（07）：68～71

何庆成，刘文波，李志明. 2006. 华北平原地面沉降调查与监测. 高校地质学报，(2) 195～209

胡珊珊，郑红星，刘昌明，等. 2012. 气候变化和人类活动对白洋淀上游水源区径流的影响. 地理学报，67（1）：62～70

蓝永超，孙保沐，丁永建. 2004. 黑河流域生态环境变化及其影响因素分析. 干旱区资源与环境，(2)：32～39

李克让. 1990. 华北平原旱涝气候. 北京：科学出版社

李善峰，叶晓滨，何庆成，等. 2006. 华北平原地面沉降灾害经济损失评估方法探讨. 水文地质工程地质，(4)：114～116

林学钰，方燕娜，廖资生，等. 2009. 全球气候变暖和人类活动对地下水温度的影响. 北京师范大学学报，45（Z1）：452～457

刘春华，张光辉，杨丽芝，等. 2012. 人类活动对鲁北平原地下水环境影响特征研究. 水资源与水工程学报，23（6）：1～5

刘克岩，张橹，张光辉，等. 2007. 人类活动对华北白洋淀流域径流影响的识别研究. 水文，16（6）：6～10

刘茂峰，高彦春，甘国靖. 2011. 白洋淀流域年径流变化趋势及气象影响因子分析. 资源科学，33（8）：1438～1445

刘中培，张光辉，王金哲，等. 2010. 石家庄平原区灌溉粮田增产对地下水的影响研究. 资源科学，26（3）：535～539

吕晨旭，贾绍凤，季志恒. 2010. 近30年来白洋淀流域地下水位动态变化及原因. 南水北调与水利科技，34（1）：65～68

毛绪美，梁杏，王凤林，等. 2010. 华北平原深层地下水 ^{14}C 年龄的 TDIC 校正与对比. 地学前缘，17（6）：102～110

任宪韶，户作亮，曹寅白，等. 2007. 海河流域水资源评价. 北京：中国水利水电出版社

石建省，郭娇，孙彦敏，等. 2006. 京津冀德平原区深层水开采与地面沉降关系空间分析. 地质论评，(6)：804～809

田芳，郭萌，罗勇，等. 2012. 北京地面沉降区土体变形特征. 中国地质，39（1）：236～242

王浩，王建华，秦大庸，等. 2006. 基于二元水循环模式的水资源评价理论方法. 水利学报，37（12）：1496～1502

王焕榜，刘克岩. 1991. 气候变化和人类活动对白洋淀蓄水的影响. 水文，(6)：25～29

王家兵，崔爱敏. 2007. 天津深层地下水安全开采量. 中国国土资源经济，23（7）：32～34

王家兵，李平. 2004. 天津平原地面沉降条件下的深层地下水资源组成. 水文地质工程地质，(5)：35～37

王金哲，张光辉，聂振龙，等. 2010a. 滹沱河流域平原区人类活动对浅层地下水干扰程度量化研究. 水土保持通报，30（2）：65～69

王金哲，张光辉，严明疆. 2011. 人类活动对浅层地下水干扰程度定量评价及验证. 水利学报，42（12）：1445～1451

王金哲，张光辉，严明疆，等. 2009. 滹沱河流域平原浅层地下水演变时代特征研究. 干旱区资源与环境，23（2）：7～11

王金哲，张光辉，严明疆，等. 2010b. 浅层地下水补给对人类活动影响的响应特征研究. 地球学报，31（4）：557～562

王若柏，孙东平，耿世昌，等. 1994. 天津地区地面沉降及其对地理环境的影响. 地理学报，(4)：317～323

王欣宝，张树刚，谷明旭，等. 2012. 关于河北平原区深层地下水资源属性的探讨. 地学前缘，19（6）：243～247

徐佳，陆克，于强，等. 2012. 天津市深层地下水开采指标计算. 地下水，34（2）：28～30

许月卿. 2003. 京津以南河北平原地下水位下降驱动因子的定量评估. 地理科学进展，22（5）：490～498

严登华，王浩，秦大庸. 2005. 黑河流域下游水分驱动下的生态演化. 中国环境科学，(1)：38～42

严明疆，申建梅，张光辉，等. 2009. 人类活动影响下的地下水脆弱性演变特征及其演变机理. 干旱区资源与环境，23（2）：1～5

杨丽芝，刘春华，刘中业. 2010a. 德州深层地下水开采引发地面沉降变化阈值识别. 水资源与水工程学报，21（5）：55～60

杨丽芝，张光辉，刘春华，等.2008.鲁北平原地下水的劣变特征与可持续利用的对策.地质通报，15
　　（3）：396～403

杨丽芝，张光辉，刘中业，等.2010b.开采条件下山东德州深层水资源组成及其与地面沉降的关系.
　　地质通报，29（4）：589～597

杨守勇.2007-3-27.石家庄形成三大漏斗区：全市浅层水超采区域已达5475平方公里.中国国土资源
　　报，第1版

张光辉，王金哲.2002.海河流域中东部平原区深层地下水补给与释水机制探讨——兼谈深层地下水资
　　源可利用性.水文，（3）：5～9

张光辉，陈宗宇，费宇红.2000.华北平原地下水形成与区域水文循环演化的关系.水科学进展，11
　　（4）：415～420

张光辉，费宇红，陈宗宇，等.2002a.海河流域平原深层地下水补给特征及其可利用性.地质论评，48
　　（6）：651～658

张光辉，费宇红，刘克岩，等.2004.海河平原地下水演变与对策.北京：科学出版社

张光辉，费宇红，刘克岩，等.2006.华北平原农田区地下水开采量对降水变化响应.水科学进展，17
　　（1）：43～48

张光辉，费宇红，聂振龙，等.2005a.海河平原东部地区地面沉降机理与趋势.中国地质灾害与防治学
　　报，（1）：15～19

张光辉，费宇红，严明疆，等.2009a.灌溉农田节水增产对地下水开采量影响研究.水科学进展，20
　　（3）：350～355

张光辉，费宇红，杨丽芝，等.2010.深层水漏斗区开采量组成变化特征与机制.水科学进展，21
　　（3）：370～376

张光辉，费宇红，张行南，等.2008b.滹沱河流域平原区地下水流场异常变化与原因.水利学报，39
　　（6）：747～752

张光辉，刘少玉，谢悦波，等.2005b.西北内陆黑河流域水循环与地下水形成演化模式.北京：地质
　　出版社

张光辉，刘中培，连英立，等.2009b.内陆干旱区水循环危机性标识与特征.干旱区地理，32（5）：
　　720～725

张光辉，聂振龙，刘少玉，等.2005c.黑河流域走廊平原地下水补给源组成特征及变化.水科学进展，
　　16（5）：673～678

张光辉，聂振龙，王金哲，等.2005d.黑河流域水循环过程中地下水同位素特征与补给效应.地球科
　　学进展，20（5）：511～519

张光辉，聂振龙，张翠云，等.2005e.黑河流域走廊平原地下水补给变异特征与机制.水利学报，36
　　（6）：715～720

张光辉，石迎新，聂振龙，等.2002b.黑河流域生态环境的脆弱性及其对地下水的依赖性.安全与环
　　境学报，2（3）：31～33。

张光辉，严明疆，杨丽芝，等.2008a.地下水可持续开采量与地下水功能评价的关系.地质通报，27
　　（6）：875～881

张石春，高寅堂.1998."96·8"暴雨洪水对河北平原地下水的补给特征.河北水利水电技术，（3）：60～61

张蔚榛.2003.地下水的合理利用在南水北调中的作用.南水北调与水利科技，1（4）：1～71

张兆吉，费宇红，赵宗壮，等.2009.华北平原地下水可持续利用调查评价.北京：地质出版社

张宗祜，施德鸿，沈照理，等.1997.人类活动影响下华北平原地下水环境演化与发展.地球学报，18
　　（4）：337～344

张宗祜，张光辉. 2001. 大陆水循环系统演化及其环境意义. 地球学报，22（4）：289～292

中国科学院可持续发展战略研究组. 2007. 中国可持续发展战略报告——水：治理与创新. 北京：科学出版社

周尽忠，周世忠，梁风欣. 2011. 邯郸平原深层地下水可持续利用研究. 河南水利与南水北调，17（2）：7～9

周玮，吕爱锋，贾绍凤. 2011. 1959～2008 年白洋淀流域山区径流量变化规律及其动因分析. 资源科学，33（7）：1249～1255

第十章 地下水脆弱性与华北平原特征

第一节 地下水脆弱性理论与评价方法

一、地下水脆弱性概念与方法发展

(一)地下水脆弱性概念

地下水脆弱性起源于含水层脆弱性(aquifer vulnerability)这一术语,由法国学者 Margat 于 1968 年提出。在其后的几十年中,各国学者演绎了多种定义的"地下水脆弱性"。"地下水脆弱性"理念的发展,概括起来可划分三个阶段:

第一阶段为 1968~1983 年,主要是从地质、水文地质角度出发,探讨赋予"地下水脆弱性"专业内涵。例如,Margat(1968)首次提出"含水层脆弱性"概念时,定义为在自然条件下,地表污染物通过扩散和渗滤进入地下水的可能性。1974 年,Olmer 和 Rezec 提出地下水脆弱性是指地下水可能遭受危害的程度,这种危害程度由自然条件决定,而与现有污染源无关。

第二阶段为 1984~1990 年,引入社会因素影响。在 1987 年的"土壤与地下水脆弱性国际会议"上,强调了社会因素对地下水脆弱性的影响,提出应结合影响地下水脆弱性的自然和社会因素对地下水脆弱性进一步认识。地下水脆弱性以考虑自然因素为主,人类活动因素为辅,二者不可缺一。但是,该阶段虽然考虑了自然与人类活动两方面的因素,但仍偏重于自然条件。例如,1984 年 Vrana 将地下水脆弱性定义为影响污染物进入含水层的地表和地下条件的复杂性(孙才志等,1999)。1987 年,Bachmat 和 Collin指出:地下水脆弱性是地下水质量对人类活动的敏感性,这些活动主要是指对目前或将来水源地使用功能有害的活动。在该定义中,Bachmat 和 Collin(1987)用地下水敏感性代替了地下水本质脆弱性。而 Sotornikova 和 Vrba 认为,水文地质系统脆弱性是该系统在时间和空间上应对影响其状态和特征的外部(自然和人类)冲击的能力。

第三阶段为 1991 年以来,主要从人类活动影响角度定义地下水脆弱性。1991 年,Palmquist 将地下水脆弱性定义为人类活动和污染物强加于地下水的一种危险性度量,并认为如果没有污染物,即使非常易受污染的地下水也不会有危险,脆弱性就无从谈起。1993 年,美国国家科学研究委员会定义地下水脆弱性是污染物到达最上层含水层某特定位置的倾向性与可能性。这也是现在普遍公认的地下水脆弱性概念。同时,该委员会将地下水脆弱性分为两类:一类是本质脆弱性,即不考虑人类活动和污染源,而只考虑水文地质条件等自然因素的脆弱性;另一类是特殊脆弱性,即地下水对某一特定污染源或人类活动的脆弱性。1994 年,国际水文地质协会定义:地下水脆弱性是地下水系统的固有属性，该属性依赖于地下水系统对人类或自然冲击的敏感性。1998 年，Foster 等考虑了土地使用情况对地下水影响，将地下水脆弱性定义为：在水动力条件下包气带与污染物发生物理化学反应对污染物的阻止作用，以及污染物在饱和区上覆地层滞留或衰减能力综合作用下阻止污染物通过渗透进入含水层的能力（王宏伟等，2007）。

至今，地下水脆弱性仍尚未有统一的定义，目前的地下水脆弱性概念主要是针对污染而言，即只偏重水质，忽略了水量。孙才志、潘俊（1999）认为，地下水系统脆弱性应包括水质和水量两个方面，在水质上表现为地下水污染问题，在水量上表现为水量变化引起的一系列水环境负效应问题（姜桂华，2002）。

地下水脆弱性与地下水防污性关系：地下水脆弱性研究分为地下水防污性和脆弱性两种说法，但都是指构成地下水系统的地质要素阻止污染物进入浅层含水层和维护地下水质量的可能性。也有学者在地下水质量方面采用地下水防污性，在地下水资源保护方面采用脆弱性。

地下水系统由赋存于岩石空隙中并不断运动的水体和具有赋存功能的地质系统两部分组成，因此，地下水系统脆弱性应分为防污性和资源脆弱性两个理念，二者相互作用，共同决定了地下水系统脆弱性。地下水的资源脆弱性主要指地下水量和使用价值恢复能力，也是指地下水在形成-循环过程中，受社会、经济发展和环境变化影响，地下水资源易于遭受人类活动、自然灾害威胁而呈现的易损失性状和受损后难以恢复到原来状态的性质。

（二）地下水脆弱性评价方法研究进展

地下水脆弱性评价分为本质（天然）脆弱性评价和特殊（综合）脆弱性评价。目前，国内外应用的主要评价方法有过程数学模拟法、统计方法、模糊数学法和叠置指数法。

过程数学模拟法是在水分和污染质运移模型基础上，建立一个脆弱性评价数学公式，将各评价因子定量化后求解得出一个可评价脆弱性的综合指数。该方法最大的优点是可以描述影响地下水脆弱性的物理、化学和生物等过程，但只有充分认识污染质在地下环境中的运移过程，有足够的地质数据和长序列污染质运移数据，才能充分发挥它的优势。统计方法是通过对已有的地下水污染信息和资料进行数理统计分析，确定地下水防污性评价因子并用分析方程表示出来，把已赋值的各评价因子代入方程进行计算，然后根据其计算结果进行脆弱性分析。用统计方法进行评价必须有足够的监测资料和信息。目前，这种方法在地下水脆弱性评价中的应用不如叠置指数法及过程数学模拟法的应用广泛（姜桂华，2002）。模糊数学法是在确定评价因子、各因子的分级标准以及因子赋权的基础上，经过单因子模糊评判和模糊综合评判来划分地下水的防污性，我国主要运用此种方法进行地下水脆弱性评价（陈守煜、王国利，1999；陈守煜等，2002；周金龙等，2004）。叠置指数法是通过选取评价参数的分指数进行叠加形成一个反映脆弱程度的综合指数，再由综合指数进行评价。在几种评价方法中，相对而言，叠置指数法的指标数据比较容易获得，方法简单和易于掌握，是国外最常用的一种方法（孙才志、潘俊，1999）。它的缺陷是，由于评价指标的分级和评分以及脆弱性分级没有统一的规定标准，具有很大的主观随意性，所以脆弱性评价结果难以在不同的地区进行比较，缺乏可比性。上述各种评价方法，各有其特点和侧重点（表10-1）。

表 10-1　地下水脆弱性评价的主要方法对比

方 法	叠置指数法	过程数学模拟法	统计方法	模糊数学方法
适用类型	固有脆弱性或固有和特殊脆弱性的联合	特殊脆弱性	特殊脆弱性	固有脆弱性
适用对象	多数潜水，少数浅层承压水	土壤、包气带	潜水	潜水
适用范围	小比例尺的大范围	大比例尺的小范围	小比例尺的大范围	小比例尺的大范围
结果性状	定性、半定量或定量	定量	定量	定量

（三）地下水防污性评价进展

地下水防污性评价是保护地下水环境工作的基础，通过地下水防污性评价区别不同地区地下水的防污能力，确定地下水潜在易污染性和圈定易污染的地下水范围，从而指明应重点保护的地下水区域和有针对性地采取有效防治措施。国外于 20 世纪 70 年代开始地下水防污性研究，进入 80 年代以来，地下水防污性研究成为国际水文地质研究的热点问题之一，许多国家和地区开展了较广泛深入的研究工作。

目前，国内外地下水防污性评价中使用的主要方法是 DRASTIC 方法。1991 年欧洲共同体地下水委员会决定在各成员国之间建立统一的标准和程序，开展地下水防污性评价和编制地下水防污性图。1995 年，葡萄牙应用 DRASTIC 方法并编制 1：50 万的地下水防污性图和沿海地区 1：10 万的地下水特殊防污性图（Lobo-Fereira，2000）。1997 年，美国国家环境保护局完成犹他州草不绿、莠去津和西玛津等除草剂的地下水特殊防污性评价。1998～2003 年，欧洲联盟（简称欧盟）在 15 个河谷地区开展地下水防污性评价，DRASTIC 方法的指标体系和特征标准值已成为欧盟各国地下水防污性评价的重要指标。20 世纪末，我国与欧盟合作，将 DRASTIC 方法引入，并在大连、广州等地区地下水防污性评价中应用（张昕等，2010；王新敏、尹小彤，2011）。

在应用中，根据当地实际情况，大部分使用者对 DRASTIC 方法进行修改和完善，以适应研究区地下水脆弱性评价，或采用综合方法进行评价。我国地下水脆弱性评价工作比较晚，始于 20 世纪 90 年代中后期。随着国土资源大调查不断深入开展，尤其是2004 年之后我国北方地区普遍开展了地下水脆弱性和地下水功能评价与区划（孙才志等，2007；严明疆等，2009；孟素花等，2011；张翼龙等，2012）。

（四）地下水资源脆弱性研究进展

国际对水资源脆弱性研究主要是探讨气候变化对水资源系统影响。在国内，有学者曾提出全球气候变化下水资源脆弱性研究框架，侧重水资源供需平衡研究。2002 年刘绿柳等对水资源脆弱性进行了较为全面的阐述，提出根据水资源压力-状态-响应的模型，建立评价指标体系，用脆弱度来衡量水资源脆弱程度。脆弱度越大，抵抗干扰的能力越差，一旦受到破坏，恢复能力也越差；脆弱度越小，抗干扰能力越强，恢复能力也越强。

2002 年 9 月在北京召开的"变化环境下水资源脆弱性"国际会议，讨论了与水资源脆弱性有关的问题，包括地下水资源脆弱性问题。但是，实质性研究工作尚未开展。目前，国内外对地下水防污性和地下水资源脆弱性研究是分开进行，将二者作为地下水系统脆弱性的两个方面进行综合研究，并研究二者之间相互作用关系。2006 年，严明疆博士完成"地下水系统脆弱性对人类活动响应研究"的学位论文，应用神经网络法和灰色关联度法解决了指标权重难题，克服了 DRASTIC 方法的局限性，并应用 DRASTIC 法和综合指数法分别对滹沱河流域平原区地下水防污性和地下水资源脆弱性进行了评价，从时空上较深入地阐明地下水防污性和地下水资源脆弱性的区位特征及其变化规律（严明疆等，2009）。

二、地下水脆弱性评价方法

（一）地下水脆弱性评价指标

地下水系统的组成包括：赋存于岩石空隙中并不断运动着的水体和具有赋存功能的地质系统。地下水系统脆弱性包含地下水防污性和地下水资源脆弱性。本章地下水防污性评价以浅层地下水的本质防污性评价为主，由此，评价指标为包气带岩性、降水补给量、地下水位埋深、含水层砂层厚度和含水层渗透系数（图 10-1）。

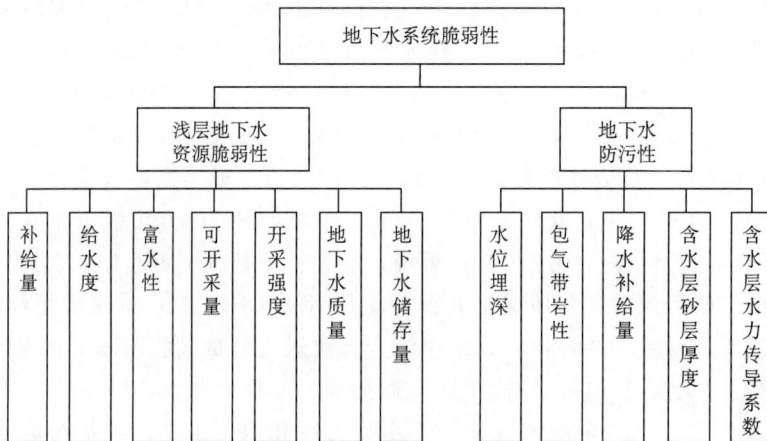

图 10-1　地下水系统脆弱性评价的指标体系

本书将地下水资源脆弱性指标分为三大类：即地下水系统的自然条件、外部自然因素和社会因素。地下水系统的自然条件主要是指地下水的固有属性，如给水能力、储存能力、更新能力率和地下水位埋深等。外部自然因素主要是指影响地下水补给的气象因素，包括降雨、蒸发等。社会因素包括各种人类活动，如地下水开采等。

基于上述理念，遴选和确定的地下水资源脆弱性评价指标为地下水系统补给量、给水度、富水性、可开采量、开采强度、水质状况和储存资源量等，如图 10-1 和图 10-2 所示。

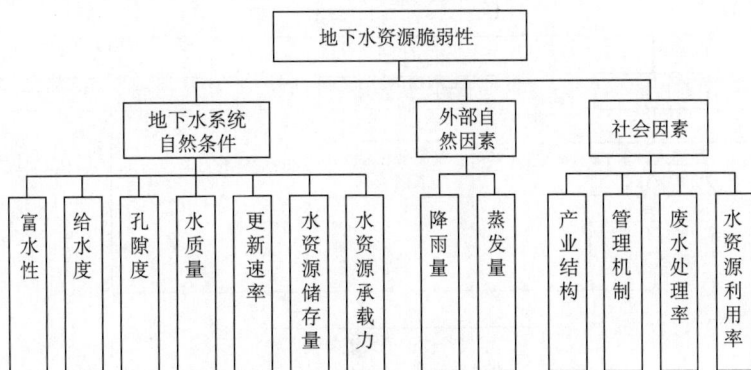

图 10-2　地下水资源脆弱性评价影响因素

（二）地下水资源脆弱性评价方法

1. 评价方法

综合指数法是将影响地下水资源脆弱性各项指标的指数和权重进行叠加，耦合为综合指数，然后，根据综合指数对地下水资源脆弱性的贡献状况进行评价，有

$$R = \sum_{i=1}^{n} a_i X_i \tag{10-1}$$

式中，R 为综合评价指数；a_i 为评价参数的权重；X_i 为评价参数；n 为评价参数的个数。

用综合指数法进行地下水资源脆弱性评价，主要包括数据提取与处理及综合指数计算等步骤。

2. 数据提取与处理

数据提取与处理的具体过程如图 10-3 所示。主要步骤有网格剖分、数据可视化和数据标准化等，目的是将收集到的图形文件（开采强度、可开采量等）的属性以数值形式表现出来，以便于参与地下水资源脆弱性计算。

1）网格剖分与编号

进行网格剖分是将空间大区域划分为小的统计单元，然后对每个网格进行不重复编号，以便于数据的获取和样本空间统计。

2）数据可视化

数据可视化是指将获得的各类基础资料在 MapGIS 工作平台下，经过一系列的处理，形成可以直接在 MapGIS 工作平台读取的点、线和面文件。本次评价的数据来源主

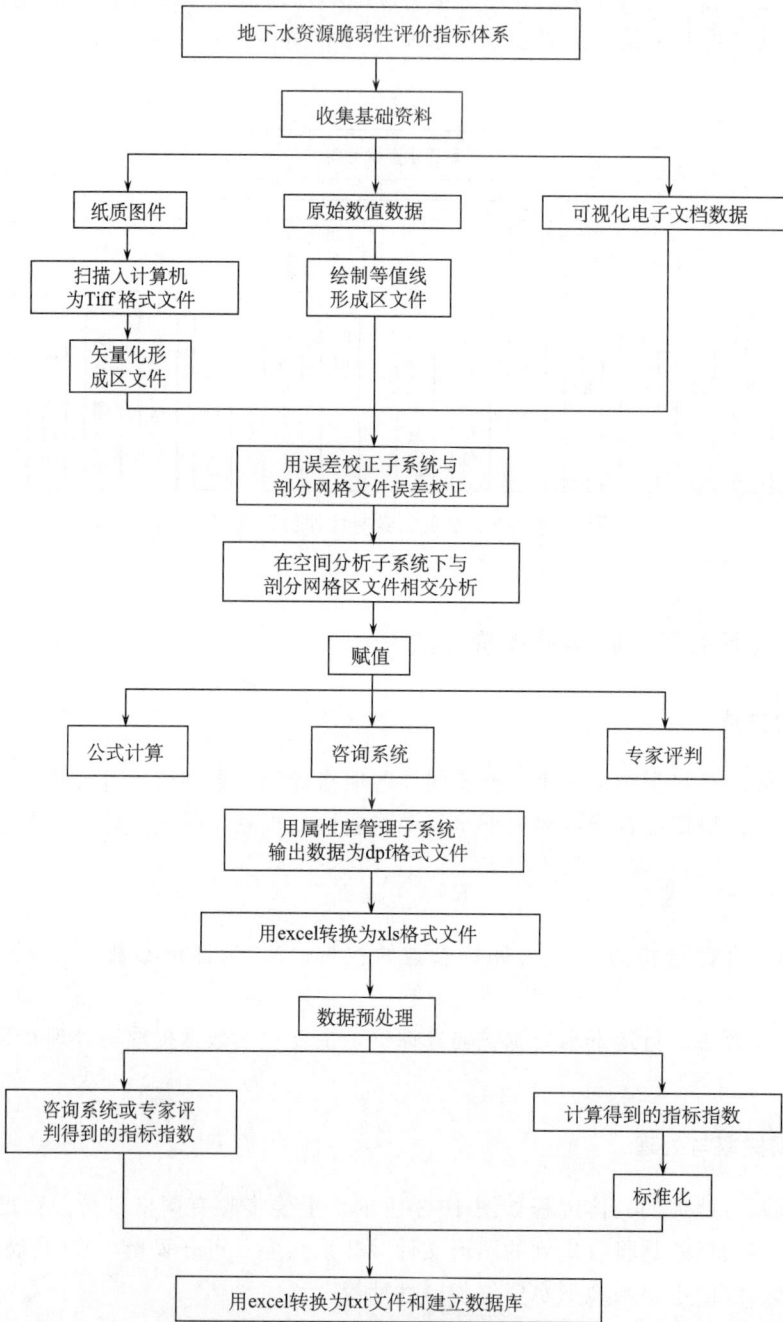

图 10-3　数据提取与处理流程

要有纸质图件和带坐标的原始数值数据，针对不同的数据来源，可分为纸质图件数据可视化和原始数值数据可视化。

（1）纸质图件数据可视化：就是将图件扫描进入计算机并保存为 Tiff 格式，用

MapGIS 的输入编辑子系统进行矢量化并形成区文件，然后对各评价指标赋予相应的属性值，再与剖分单元区文件进行误差校正和空间相交分析，评价指标值就被传递给了剖分单元，最后，用属性管理库子系统导出各剖分单元的评价指标值，为综合指数计算准备基础数据。

（2）原始数值数据可视化：这类数据主要是指带有坐标的非可视的数值数据，且该类数据在形成可视化的图形数据后，以等值线图形的形式表现。这类数据的优点是可以根据我们工作的需要，绘制成在 MapGIS 工作平台下可以识别的点、线和面文件（图10-4）。完成以上工作后，与剖分单元文件进行误差校正，然后进行空间相交分析，评价指标属性就传递给了剖分单元，然后，用属性管理库子系统导出各剖分单元的评价指标值，为综合指数计算准备基础数据。

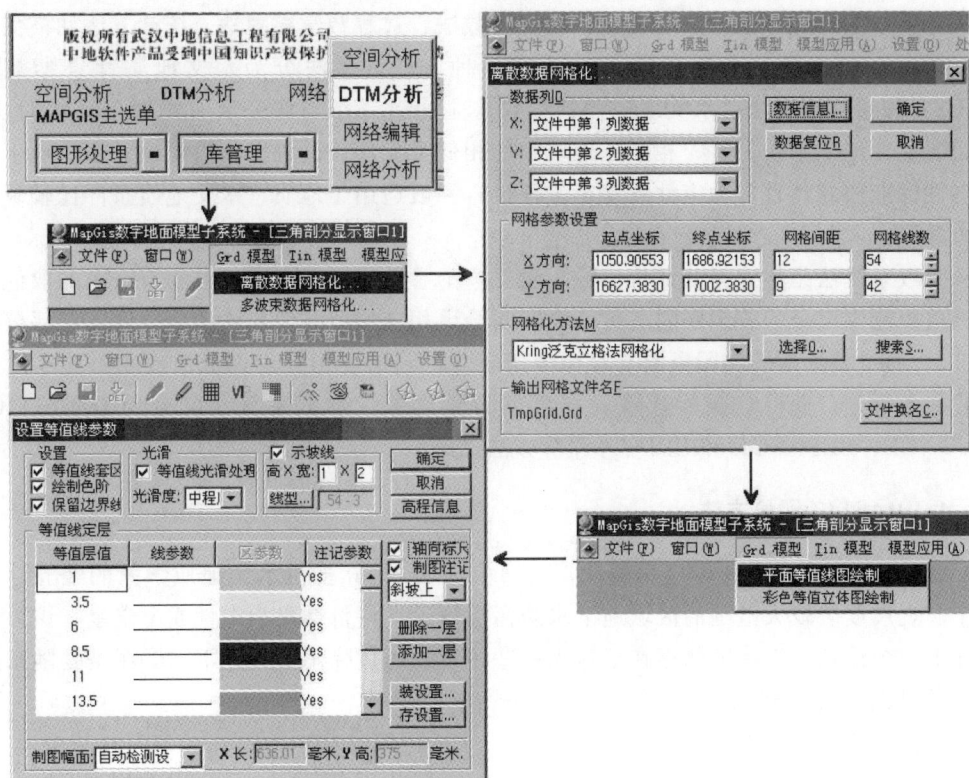

图 10-4　MapGIS 平面等值线绘制流程

3）数据标准化

标准化目的是为了消除不同指标量纲不统一和数量级别之间的差异，标准化的方法一般有和"1"法和极值标准化法等。和"1"法就是将某一指标各单元的指标值总和除以各单元指标值，用该方法进行标准化的结果仍然保留了各评价指标值之间较大的数量级差。极值标准化法能使所有指标值在［0，1］之间，因此，本书采用极值标准化法进行标准化，其标准化公式为

$$x'_i = \frac{x_i - x_{\min}}{x_{\max} - x_{\min}} \tag{10-2}$$

式中，x'_i 为第 i 单元标准化后的值；x_i 为第 i 单元实际值；$x_{\min}$ 为所有单元某指标的最小值；$x_{\max}$ 为所有单元某指标的最大值。

3. 综合指数计算

各项指标的指数准备好后，代入式（10-1）中，求解综合指数。然后，根据计算结果，进行地下水资源脆弱性评价与区划。

（三）地下水防污性评价方法

地下水防污性评价方法主要有：叠置指数法、过程数学模拟法、统计方法和模糊数学方法。叠置指数法是使用较为广泛的一种方法，该法分为水文地质背景参数法（HCS）和参数系统法。水文地质背景参数法是通过一个与研究区有类似条件区对比，确定研究区地下水防污性，相当于地质中的相似类比法。这种方法需要建立多组地下水脆弱性标准模式，且多为定性或半定量评价，一般适用于地质、水文地质条件比较复杂的大区域。

参数系统法是将选择的评价参数，建立一个参数体系，每个参数均有一定的取值范围，这个范围又分为若干区间，每一个区间给出相应的评分值或脆弱度（即等级评分的标准）。通过各参数的实际资料与该标准比较，得到的各指标的评分值或相对脆弱度进行叠加，于是，获得综合指数或脆弱度的评价结果。参数系统法又分为 DRASTIC、SINTACE、SEPPAGE 和 EPIK 等评价方法。

1. DRASTIC 评价方法

DRASTIC 方法在我国应用较为广泛，它综合了 40 多位水文地质学家的经验，适用于宏观尺度、较大范围的区域地下水防污性评价，评价结果为定性或半定量。该方法有如下 4 个设定：①污染物存在于地表；②污染物通过降雨渗入地下；③污染物随水迁移；④研究区面积不小于 0.41km^2。

评价方法的表达形式为

$$\text{DRASTIC} = D_r D_w + R_r R_w + A_r A_w + S_r S_w + T_r T_w + I_r I_w + C_r C_w \tag{10-3}$$

式中，DRASTIC 为综合指数；D、R、A、S、T、I 和 C 分别为浅层地下水水位埋深、净补给、含水层岩性、土壤类型、地形、包气带影响和含水层渗透系数；r 和 w 分别为评价指标的等级和权重。

DRASTIC 值的大小反映地下水防污性的程度。DRASTIC 值越小，地下水防污性越高；DRASTIC 值越强，地下水防污性越弱。

2. DRASTIC 评价模型中因子权重体系

在建立 DRASTIC 评价模型时，根据评价目的不同，利用式（10-4）、式（10-5）、式（10-6）和式（10-7）和表 10-2 确定各评价因子的等级分值。

地下水位埋深（R_D）等级分值计算方法，如式（10-4）

$$R_D = \begin{cases} 10 & (h \leqslant 1.5) \\ 10.60 - 0.39h & (1.5 < h \leqslant 9.1) \\ 18.02 - 4.98\ln(h) & (9.1 < h \leqslant 30.5) \\ 1 & (h > 30.5) \end{cases} \tag{10-4}$$

地下水净补给量（R_R）等级分值计算方法，如式（10-5）

$$R_R = (\text{Recharge} \times 0.265722)^{\frac{1}{2}} + 1 \tag{10-5}$$

含水层水力传导系数（R_T）等级分值计算方法，如式（10-6）表示，即

$$R_T = \begin{cases} 10 & (0 \leqslant \alpha \leqslant 1) \\ 5.5 + 4.5\{\sin(\alpha + 7) \times 0.19\} & (1 \leqslant \alpha \leqslant 18) \\ 1 & (\alpha > 1) \end{cases} \tag{10-6}$$

地形（R_C）等级分值计算方法如式（10-7）表示，即

$$R_C = \begin{cases} 0.1397 + 1.1986 & (C \leqslant 40.7) \\ 0.0011C^2 - 0.0615C + 7.6543 & (40.7 < C \leqslant 81.5) \\ 10 & (C > 81.5) \end{cases} \tag{10-7}$$

土壤、渗流区和含水层介质类型的等级分值，可参照表 10-2 选定。

表 10-2　土壤和渗流区介质类型的级别与特征值

土壤介质类型	渗流区介质类型	含水层介质类型	特征值
非胀缩和非凝聚性黏土	承压层	块状页岩	1
垃圾	页岩	裂隙发育非常轻微变质岩或火成岩	2
黏土质亚黏土	粉砂或黏土	裂隙中等发育变质岩或火成岩	3
粉砾质亚黏土	变质岩或火成岩	风化变质岩或火成岩	4
亚黏土	灰岩、砂岩	裂隙非常发育变质岩或火成岩	5
砾质亚黏土	层状灰岩、砂岩、页岩	块状砂岩、块状灰岩	6
胀缩或凝聚性黏土	含较多粉砂和黏土的砂砾	层状砂岩、灰岩及页岩序列	7
泥炭	砂砾	砂砾岩	8
砂	玄武岩	玄武岩	9
砾	承压层	岩溶灰岩	10

3. 权重确定

在应用 DRASTIC 法中，虽然给出正常情况和农业条件下两种权重系列，但是，由于地下水系统具有复杂性，所以，在不同地区各指标的贡献是不相同的。本书采用灰色关联度法和 BP 神经网络法，结合研究区具体情况，确定各因子的权重。

本次确定权重的网络模型为三层：数据输入层、中间隐含层（权重层）和输出层，假设有 m 个 n 维变量，表达方式为

$$X_{mn} = \begin{vmatrix} X_{11} X_{12} \cdots X_{1j} \cdots X_{1n} \\ X_{21} X_{22} \cdots X_{2j} \cdots X_{2n} \\ \cdots \qquad\qquad X_{ij} \cdots \\ X_{m1} \cdots \qquad X_{mj} \cdots X_{mn} \end{vmatrix} \tag{10-8}$$

权向量，为

$$W_{mn}^{T} = [W_{11} W_{12} \cdots W_{mj} \cdots W_{mn}] \tag{10-9}$$

在输入向量、权向量和作用函数之后，会产生 m 个 1 维输出向量，有

$$d^{T}(m) = (d_1, d_2, \cdots, d_m) \tag{10-10}$$

同时，根据实际资料，得到 m 个 1 维实际结果向量，有

$$Y^{T}(m) = (y_1, y_2, \cdots, y_m) \tag{10-11}$$

然后，根据以上假设，可以得到如下计算模型，为

$$W(m+1) = W(m) + \Delta W(m) \tag{10-12}$$

$$\Delta W(m) = \eta [d_m - f(y_m)] f(y_m) \operatorname{sgn}[d_m - f(y_m)] \tag{10-13}$$

已知样本变量 $X(n)$ 和实际结果向量 $Y(m)$，可以求得连接权 $W(n)$。

灰色关联度法为：设有 m 个与母因素 (X_0) 有一定关联作用的子因素 $(X_1, X_2, \cdots, X_m)$，每个评价因子都有 N 个统计值，构成的母序列和子序列分别为

母序列 $\{X_0(i)\}$，$i = 1, 2, \cdots, N$

子序列 $\{X_k(i)\}$，$i = 1, 2, \cdots, M$ $\qquad\qquad$ (10-14)

为了进行比较，将母序列和子序列进行标准化处理，使所有的值在 0~1 之间。

$$X_k^1(i) = \frac{X_k(i) - \min(X_k)}{\max(X_k) - \min(X_k)} \tag{10-15}$$

式中，$X_k^1(i)$ 为标准化后的值；$\max(X_k)$ 为第 k 条子序列中的最大值；$\min(X_k)$ 为第 k 条子序列中的最小值。

经过标准化后的数列（无量纲），第 k 条子线在某一点 t 与母线在该点的距离为

$$\Delta_{0k} = |X_0(t) - X_k(t)| \tag{10-16}$$

可用该距离衡量它们在 t 处的关联性，$\Delta_{0k}(t)$ 越小，子线与母线在 t 处的关联性越好，母、子序列在 $t=1$ 至 $t=N$ 的关联系数 $[\xi_{0k}(i)]$ 为

$$\xi_{0k}(i) = \frac{\Delta_{\min} + \zeta\Delta_{\max}}{\Delta_{0k}(i) + \zeta\Delta_{\max}} \tag{10-17}$$

式中，$\xi_{0k}(i)$ 为第 k 条子线与母线 X_0 在 i 点关联系数，其值满足 $0 \leqslant \xi_{0k} \leqslant 1$，$\xi_{0k}$ 越接近 1，它们的关联性越好；$\Delta_{\min}$，$\Delta_{\max}$ 为 m 条子线在区间 $[1, N]$ 母线的距离 $\Delta_{0k}(i)$ 的最大值与最小值；ζ 为分辨系数，一般取 0.5。

于是，第 k 条子线与母线在 $[1, N]$ 间的关联度为

$$r_{0k} = \frac{1}{N} \sum_{i=1}^{N} \xi_{0k}(i) \tag{10-18}$$

采用式（10-19），使关联度和为"1"，对关联度进行标准化。标准化后的关联度可作为每个评价因子的权重。

$$r'_{0k} = \frac{r_{0k}}{\sum_{k=1}^{m} r_{0k}} \tag{10-19}$$

第二节　地下水脆弱性评价应用实例

一、地下水防污性评价

（一）地下水防污性评价指标遴选

以华北的滹沱河流域平原区为示范研究区，该区自然地理和水文地质等概况如前面有关章节所述。根据当地实际情况，本次地下水防污性评价因子为含水层砂层厚度、浅层地下水水位埋深、包气带岩性、降雨入渗补给量和含水层渗透系数。

1. 各指标内涵

（1）含水层砂层厚度：水层砂层厚度主要反映地下水储存空间的大小。厚度越大，含水层储水空间越大，储存地下水的数量越多，地下水环境容量越大，地下水防污性越高。

（2）浅层地下水水位埋深：该指标决定污染物到达含水层的时间以及污染在到达含水层前与周围物质接触发生各种反应的时间。地下水水位深度越大，污染物到达含水层所需要的时间和沿途反应的时间越长，污染物衰减的机会越多。

（3）包气带岩性：该指标影响降雨入渗能力和污染物迁移状况。包气带的岩性颗粒越粗，入渗能力越强，污染物越易进入地下水含水层中，地下水防污性和地下水资源脆弱性越弱。

（4）降雨入渗补给量：降雨入渗补给量的大小影响运载污染物进入地下水的载体和动力。补给量越大，污染物进入地下水中概率越大，地下水越易遭受污染，地下水防污性和地下水资源脆弱性越弱。

（5）含水层渗透系数：该指标与含水层的孔隙、裂隙和层间裂隙及其连通性密切相关。渗透系数越大，地下水运动越快，地下水中污染物的传播越快，地下水防污性越弱。

2. 各指标评分值

地下水水位埋深、包气带岩性和降雨入渗补给量的分值采用式（10-4）至式（10-7）确定。含水层砂层厚度采用雷静、张思聪（2003）的模拟结果。含水层渗透系数采用渗透系数分布图与含水层岩性分布图进行空间耦合分析的结果，然后，根据式（10-6）

确定含水层渗透系数的具体评分。

上述各指标的评分值见表10-3。

表 10-3　地下水防污性评价指标的评分值

评价指标					评分
包气带岩性	地下水水位埋深/m	净补给量/mm	含水层渗透系数/(m/d)	含水层砂层厚度/m	
承压层	＞30	＜50	＜4	＜20	1
下伏为承压水层	26～30	50～56	4～12	20～50	2
页岩、泥岩	23～26	56～71	12～20	50～100	3
粉质黏土或黏土	15～23	71～92	20～29	100～150	4
变质岩或火成岩	12～15	92～117	29～35	150～200	5
灰岩、砂岩	9～12	117～148	35～41	200～250	6
层状灰岩、砂岩、页岩	7～9	148～178	41～60	250～350	7
粉砂和黏质砂土	5～7	178～216	60～71	350～450	8
中粗砂夹粉质土	1.5～5	216～235	71～82	450～550	9
玄武岩、砂砾层	＜1.5	＞235	＞82	＞550	10

（二）地下水防污性评价指标空间分布特征

1. 浅层地下水含水层渗透系数空间特征

研究区浅层地下水含水层的渗透系数分布特征如图10-5所示，由西向东呈条带状

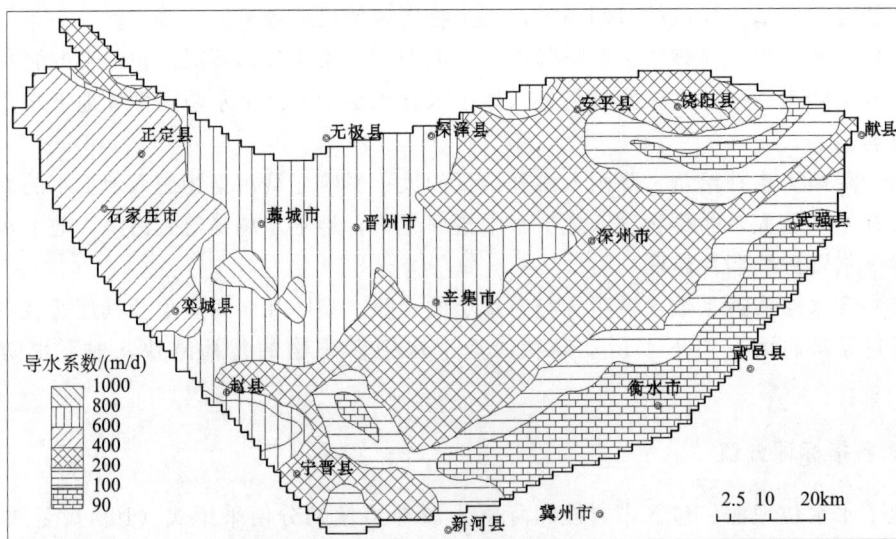

图 10-5　研究区含水层导水系数分布特征

变小，与含水层岩性颗粒变化规律一致。综合考虑含水层厚度和渗透系数对地下水防污性影响，在图 10-5 中采用传导系数（等于渗透系数与含水层厚度之积）来表达。在研究区的西部山前平原，含水层传导系数为 1000m/d，至东部低平原变为 90m/d。含水层传导系数的最大值分布在石家庄—正定—栾城一带，为 800~1000m/d。在平原中部，含水层传导系数介于 200~800m/d。在平原东部，含水层传导系数普遍小于 200m/d。

2. 含水层砂层厚度

评价目的层为第Ⅰ、Ⅱ含水组（统称为浅层地下水系统），上更新世和全新世地层的砂层累计厚度小于 60m（图 10-6），总体上沿滹沱河两岸厚度较大，平原中部砂层厚度大于山前平原和东部地区。

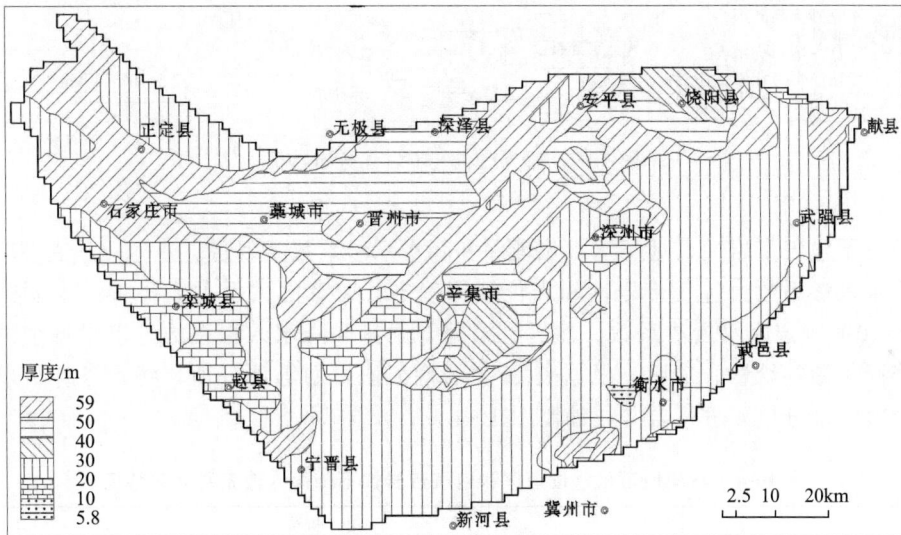

图 10-6　研究区含水层砂层厚度分布特征

3. 包气带岩性

滹沱河流域平原区的包气带岩性为亚砂土与砂、亚砂土、黏性土与砂、黏性土与亚砂土、亚黏土与黏土等组合，中砂、细砂和粉细砂有零星分布（图 10-7），总体上呈南北向条带状、垂直于河流流向分布。在冲洪积扇前缘，包气带岩性带状交替出现展布亚砂土、黏性土和黏土等组合，由粗至细。由于黏性土层对地下水防污性具有保护作用，所以，地下水防污性评价中特别考虑了黏性土与其他岩性的组合分布特征，尤其是黏性土层的分布范围。

4. 降雨入渗补给量

影响降雨入渗补给量的因素有降水量、蒸发量、温度、地形坡度、包气带岩性和降水入渗系数等。因此，在测算地下水入渗补给量时，需要考虑以上因素。本次评价中，

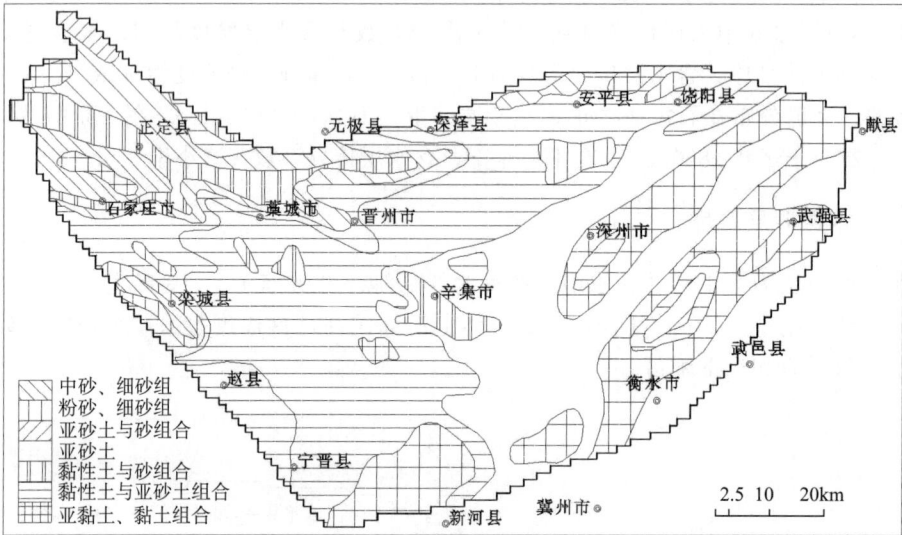

图 10-7　研究区包气带岩性分布特征

重点考虑了包气带岩性、地下水水位埋深和降水入渗系数等因素。

　　降水入渗系数由包气带岩性和水位埋深确定，三者的关系见表 10-4。本研究首先根据表 10-4 确定降水入渗系数。然后，根据降雨量和降水入渗系数，求得每个剖分单元的降雨入渗补给量。最后，根据表 10-3 的特征值，划等评分值，将入渗补给量属于同一分值的剖分单元进行合并，编制图 10-4。

表 10-4　不同地下水水位埋深和包气带岩性下降雨入渗系数变化特征

分区	包气带岩性	水位埋深/m				
		<2	2~4	4~6	6~8	>8
冲洪积平原区	中砂、粗砂	0.28~0.30	0.35~0.45		0.30~0.35	
	细砂、粉砂	0.26~0.28	0.28~0.32		0.28~0.30	
	粉砂	0.14~0.23	0.23~0.33	0.33~0.38	0.28~0.25	0.25~0.23
	粉质黏土	0.11~0.16	0.16~0.24	0.22~0.18	0.18~0.16	0.16~0.14
	黏土	0.9~0.13	0.14~0.16	0.16~0.12	0.14~0.10	0.12~0.10
冲湖积平原区及滨海平原	细砂、粉砂	0.25~0.36	0.36~0.40	0.40~0.28	0.28~0.24	0.24~0.22
	粉土	0.14~0.24	0.20~0.28	0.29~0.22	0.26~0.20	0.14~0.12
	粉质黏土	0.12~0.19	0.15~0.26	0.26~0.18	0.18~0.14	0.14~0.12
	黏土	0.11~0.13	0.13~0.15	0.15~0.13	0.13~0.12	0.12~0.11

5. 地下水水位埋深

　　与 1958 年相比，2006 年滹沱河流域平原区浅层地下水水位普遍下降。1958 年，地

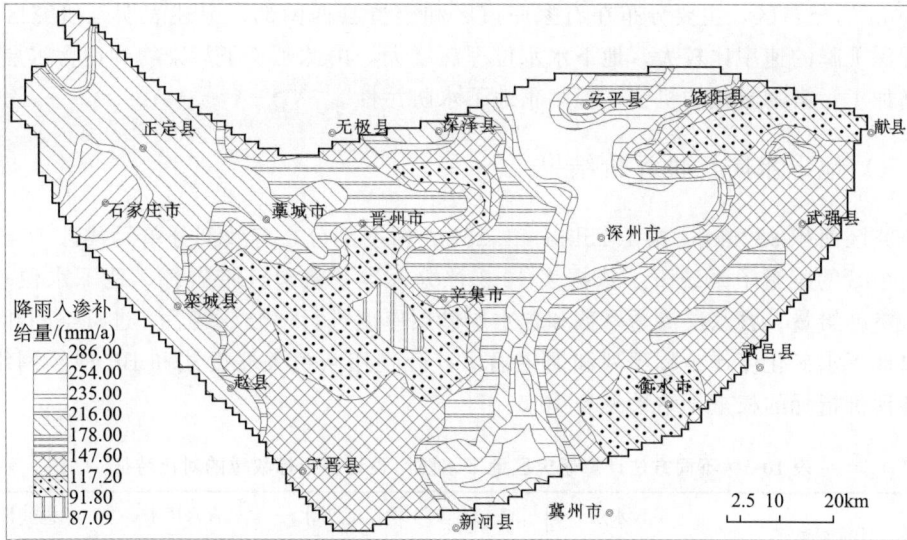

图 10-8 研究区多年平均降雨入渗补给量分布特征

下水水位埋深普遍小于 4m，大部分地区埋深为 1~3m，山前平原以及平原的中部略深一些，埋深 3~4m。到 1975 年，滹沱河流域平原区浅层地下水平均埋深下降至 10.6m，从 1990 年至 1995 年，地下水平均水位下降了 7.5m，年均下降速率为 1.5m/a。至 2005 年，滹沱河流域平原区浅层地下水水位埋深 10~30m 的分布区面积急剧缩小，从 1995 年的 7457km² 减少至 3836km²。大于 30m 的埋深区面积迅速扩大，由 1995 年的 393km² 增加为 4093km²，占全区面积的 49.9%。标志性特征是以地下水水位埋深 30~40m 的分布区为主，面积达到 3767km²，占全区面积的 45.9%，出现较大范围的地下水水位埋深大于 40m 的分布区，面积为 326km²（图 10-9）。2006 年以来，局部出现了

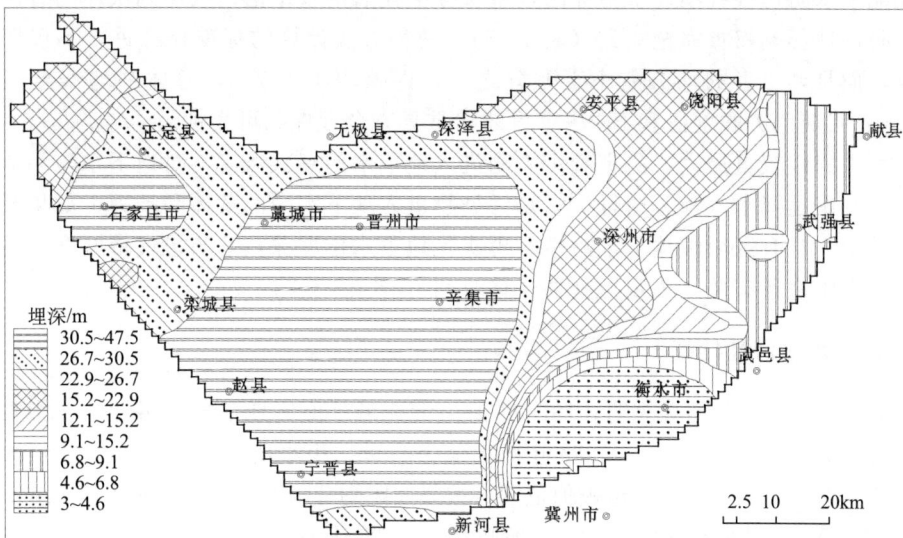

图 10-9 滹沱河流域平原区浅层地下水水位埋深分布图

大于 50m 的分布区，主要分布在石家庄市区和宁晋县西南部。上述表明，研究区年均水位埋深下降的速率比较大，地下水水位埋深增大，由此延长了污染物到达含水层的时间，增加了污染物衰减的机会，提高了地下水防污性。

（三）地下水防污性评价结果

研究区面积 8820km² 按 1.25km×1.25km 精度剖分，有效剖分单元共计 5645 个。在 MapGIS 的编辑子系统下，依据表 10-3 评分标准，将包气带岩性、地下水位埋深、降雨入渗补给量、含水层渗透系数和含水层砂层厚度进行评分，然后，进行空间相交分析。以地下水矿化度作为母序列和期望输出，分别用灰色关联度法和 BP 神经网络法，确定各评价指标的权重，结果见表 10-5。

表 10-5　不同方法计算研究区地下水防污性评价指标权重的对比特征

评价指标		含水层砂层厚度	降水入渗补给量	地下水位埋深	含水层水力传导系数	包气带岩性
灰色关联度	计算值	0.595	0.634	0.551	0.547	0.651
	标准化值	0.200	0.213	0.185	0.184	0.22
BP 神经网络标准化值		0.172	0.222	0.194	0.183	0.23
平均值		0.186	0.2175	0.1895	0.1835	0.225

1. 权重特征

应用 BP 神经网络法计算的期望输出值与实际输出的方差均值，在小于 0.1 的多次迭代后的原始权重结果，误差在容许范围内（表 10-5）。灰色关联度法和 BP 法计算的研究区地下水防污性各项评价指标的权重及标准化后的权重值，其序列次序与各因素对地下水防污性影响权重完全一致（表 10-5）。两种方法计算的标准化权重，不仅序列次序一致，而且，二者的均方差小于万分之一，误差均小于 7%，总体平均误差不大于3.0%，表明灰色关联度法和 BP 法求得的权重具有合理性和可靠性。

包气带岩性权重最大，决定着污染物进入地下水的衰减概率，对地下水防污具有主要作用。其次是降水入渗补给量，它是污染物进入地下水中的载体和动力，如果没有降水入渗补给，难有区域性地下水污染。再次是地下水位埋深，它与包气带厚度和污染物进入地下水中途径有关，决定污染物迁移时间。

2. 地下水防污性特征

地下水防污性评价结果表明，1958 年滹沱河流域平原区地下水防污性综合指数的极大值为 8.13，极小值为 5.077；1984 年极大值为 7.95，极小值为 4.43；2006 年极大值为7.72，极小值为 3.95。根据 3 组极值范围，按等间距划分为 5 个等级，从小至大依次为地下水"高防污性"、"较高防污性"、"一般防污性"、"较低防污性"和"低防污性"。基于 5个分级的评分值，得到不同时期地下水防污性分布图，如图 10-10 至图 10-12 所示。

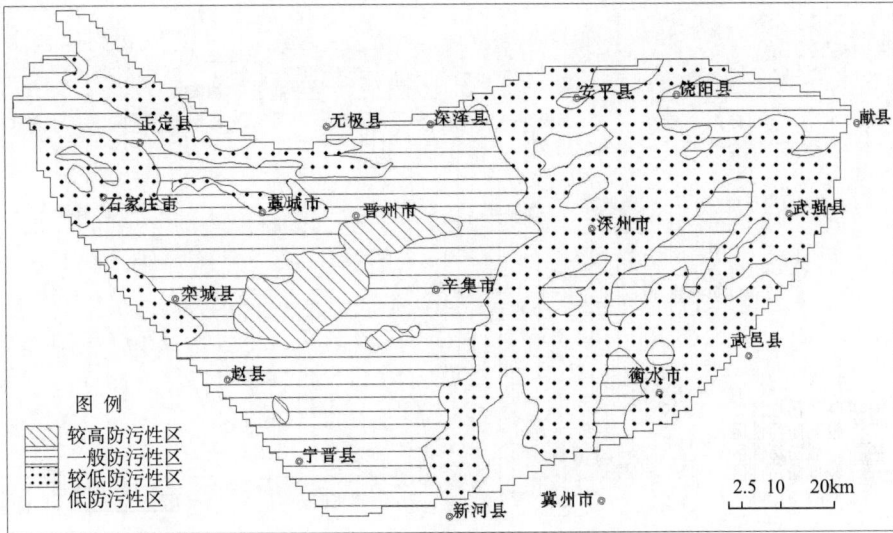

图 10-10 1958 年滹沱河流域平原区地下水防污性分布图

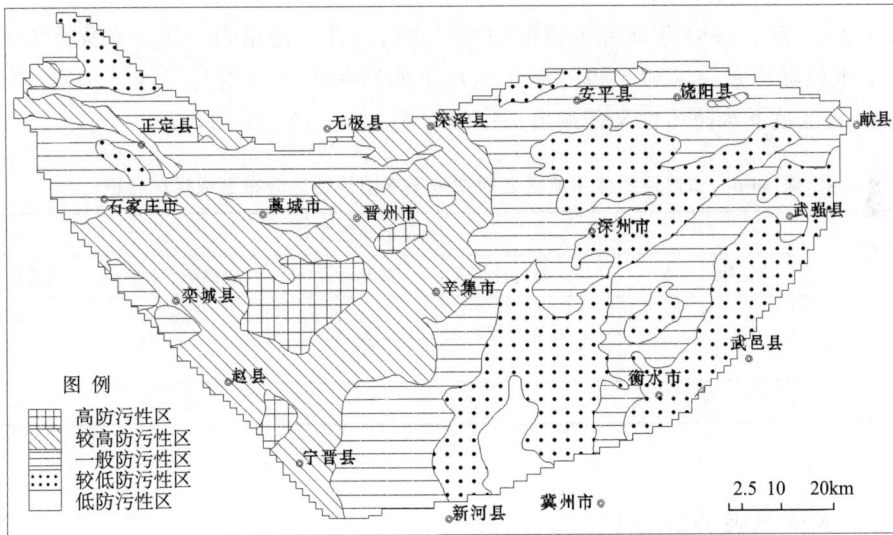

图 10-11 1984 年滹沱河流域平原区地下水防污性分布图

　　总体上来看，滹沱河流域平原区的中部地区地下水防污性较高，山前平原河道带和东部地区地下水防污性较低。在时间上，随着浅层地下水水位埋深不断增大，研究区地下水防污性逐渐增强。例如，1958 年研究区中部地区地下水防污性为一般区，山前和东部为较低防污性区和低防污性区（图 10-10），至 1984 年研究区中部地区变为防污性较高区，山前和东部地下水防污性也明显增强（图 10-11）。进入 2005 年以来，研究区中部地区的地下水防污性进一步提高，大部分地区为高防污性区和较高防污性区，山前转变为较高防污性区（图 10-12）。

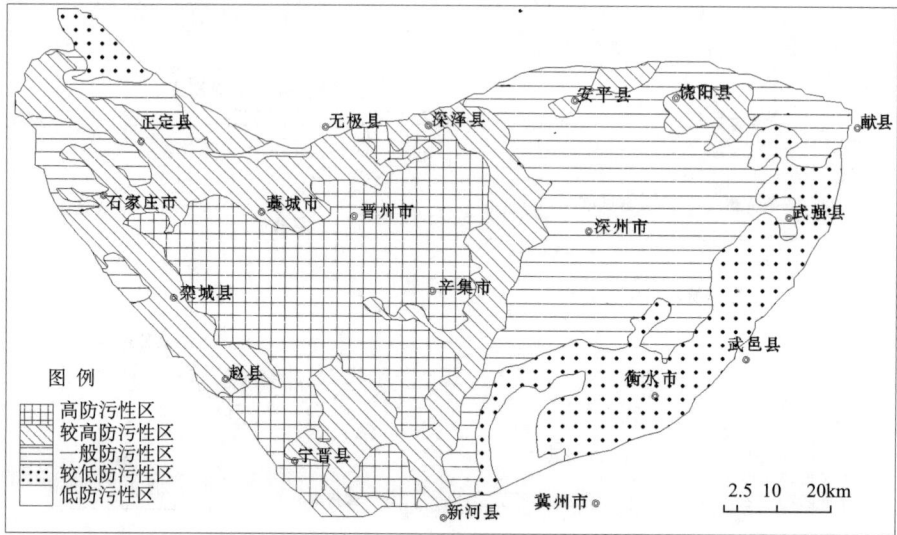

图 10-12　2005 年滹沱河流域平原区地下水防污性分布图

　　相对 1958 年，1984 年研究区西部的地下水防污性普遍增强一级，在强烈开采的石家庄地下水位降落漏斗区和宁柏隆漏斗区地下水防污性普遍增高二级。相对 1984 年，2005 年研究区地下水防污性又普遍增大一级（表 10-6，图 10-13）。

表 10-6　滹沱河流域平原区各时期地下水防污性区分布面积变化特征

年份	脆弱区面积/km²				
	低防污性区	较低防污性区	一般防污性区	较高防污性区	高防污性区
1958	485	3651	4207	466	0
1984	158	2279	3351	2447	374
2005	80	961	2277	2838	2654

二、地下水资源脆弱性评价

（一）地下水资源脆弱性指标遴选及其空间特征

　　本节的地下水资源脆弱性是指地下水资源易于遭受人类活动和极端自然灾害影响下的损失性状以及受损后难以恢复到原来状态的状况。本次地下水资源脆弱性评价的指标遴选为开采强度、可开采资源量、储存资源量、地下水质量、地下水补给量、给水度和富水性。

　　地下水开采强度指标中侧重超采影响程度。近 30 年以来，人工开采已成为研究区地下水排泄的主要方式，地下水开采量已占当地总用水量 80% 以上。地下水开采强度主要反映超采地下水程度，它与区域性地下水位降落漏斗、地面沉降和咸水入侵地下淡

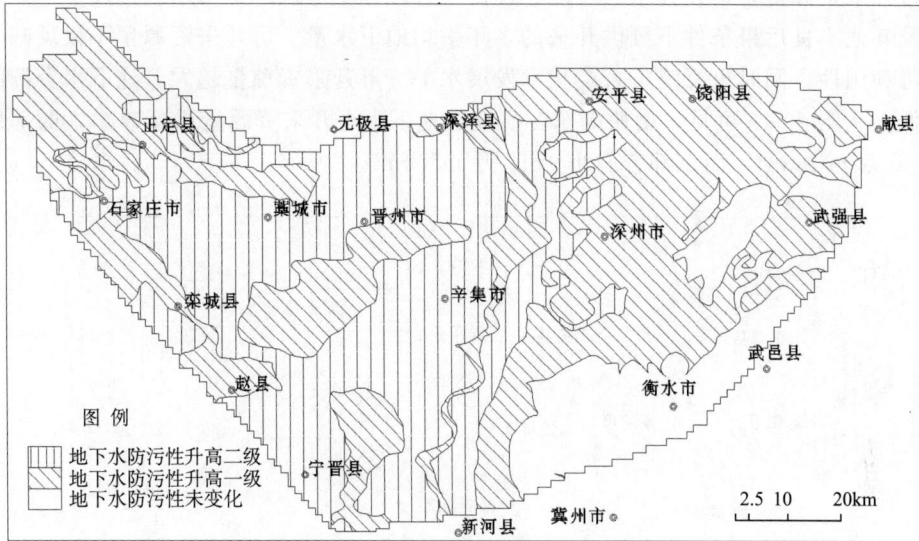

图 10-13　1958～2005 年滹沱河流域平原区地下水防污性变化程度分布图

水含水层等环境地质问题密切相关。开采强度越大，超采程度越严重，地下水资源可恢复性难度及地下水资源脆弱性越大。

　　研究区浅层地下水开采区主要分布在西部山前的淡水地区，开采强度较大的地区主要在石家庄和正定一带（图 10-14），开采模数大于 30 万 $m^3/(km^2 \cdot a)$，石家庄部分地区超过 100 万 $m^3/(km^2 \cdot a)$，其他淡水地区浅层地下水的开采强度一般为 10 万～30 万 $m^3/(km^2 \cdot a)$。由于东部以开采深层地下水为主，浅层地下水的开采强度普遍小于 5 万 $m^3/(km^2 \cdot a)$。

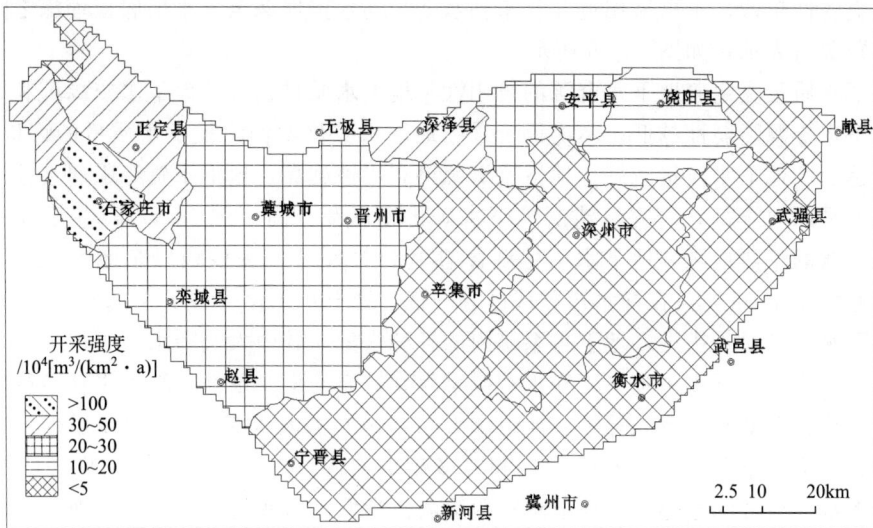

图 10-14　研究区浅层地下水开采强度分布特征

　　可开采资源量是指在技术上可能、经济上合理和不造成地下水水位持续下降、水质恶化及其他不良后果条件下可供开采的多年平均地下水量。可开采资源量不仅反映了地下水可利用性，同时也反映了人类技术发展水平。可开采资源量越大，地下水资源脆弱性越低。从图 10-15 可见，由西向东，研究区地下水可开采资源量逐渐减小，西部地区大于 20 万 m^3/km^2，而东部普遍小于 15 万 m^3/km^2。

图 10-15　滹沱河流域平原区地下水可开采资源量分布特征

　　地下水储存资源量是指地下水系统中地质历史时期积存的水量，其对地下水可开采量起多年调节作用。储存资源量越大，调节和抵御极端干旱气候事件的能力越强，地下水资源脆弱性越低。本书采用近 5 年来枯水期平均水位埋深至含水层底板埋深之间地下水储存资源量表示，如图 10-16 所示。

　　地下水质量决定着地下水资源的可用性。地下水质量越好，地下水资源可利用性越高，地下水资源脆弱性越低。本次评价采用地下水矿化度作为地下水质量的评价指标。矿化度越低，地下水质量越好，地下水资源可利用性越高，地下水资源脆弱性越低。由西部山前平原向东部，研究区浅层地下水矿化度逐渐升高（图 10-17），在宁晋—辛集—安平—线的以西地区，地下水矿化度普遍小于 1.0g/L；在该线以东地区，地下水矿化度普遍大于 1.0g/L，在衡水市和武邑县一带，地下水矿化度大于 5.0g/L。

　　地下水补给量是指进入地下水系统内的各种水量，其中大气降水补给占主导。地下水补给量是维持地下水系统平衡和水资源量得到补充的重要条件。地下水补给量包括降水入渗补给、山前侧向流入补给、河道和渠系与田间渗漏入渗补给、层间越流补给等。地下水补给资源量等于各项补给量之和的多年平均值，为一个完整水文周期的平衡状态。地下水补给资源量越大，地下水资源脆弱性越低。由西向东，研究区地下水补给量逐渐减小，在西部的石家庄、正定和藁城一带地下水补给量大于 250mm，中部地区补给量介于 200～300mm，东部地区介于 100～200mm（图 10-18）。石家庄地区地下水补

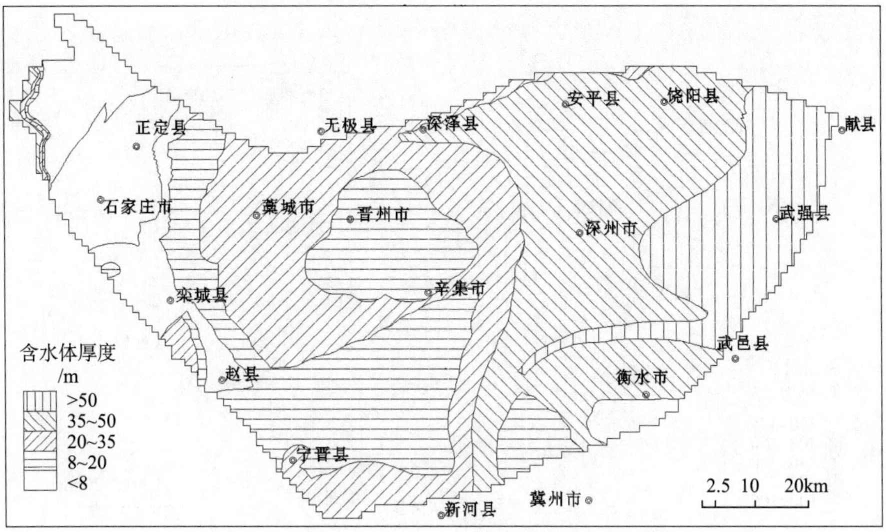

图 10-16　近 5 年以来研究区枯水期含水体厚度分布特征

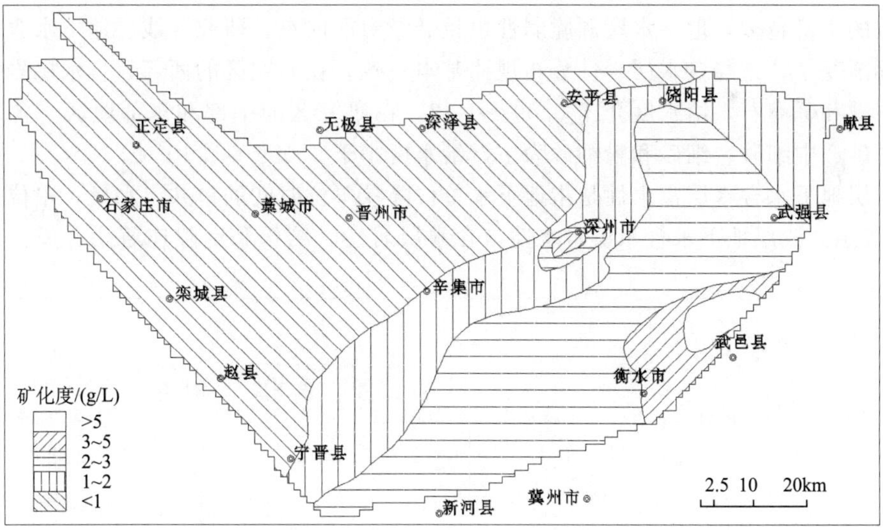

图 10-17　研究区地下水质量（矿化度）分布特征

给来源主要为降雨入渗补给和山区测向径流补给，其次为河道渗漏补给和井灌入渗补给，分别占总补给量的 10% 和 12%。宁晋一带的地下水补给量主要为降雨入渗补给和山区测向径流补给，其次是为河道渗漏补给、井灌入渗补给、渠系渗漏补给和渠灌入渗补给。在东部地区，地下水补给以降水入渗补给为主，占总补给量的 90%。

　　浅层地下水含水层给水度是指地下水水位下降一个单位深度，从潜水含水层底板延伸到地表面的单位水平面积岩石柱体，在重力作用下释出的水的体积。给水度与含水层

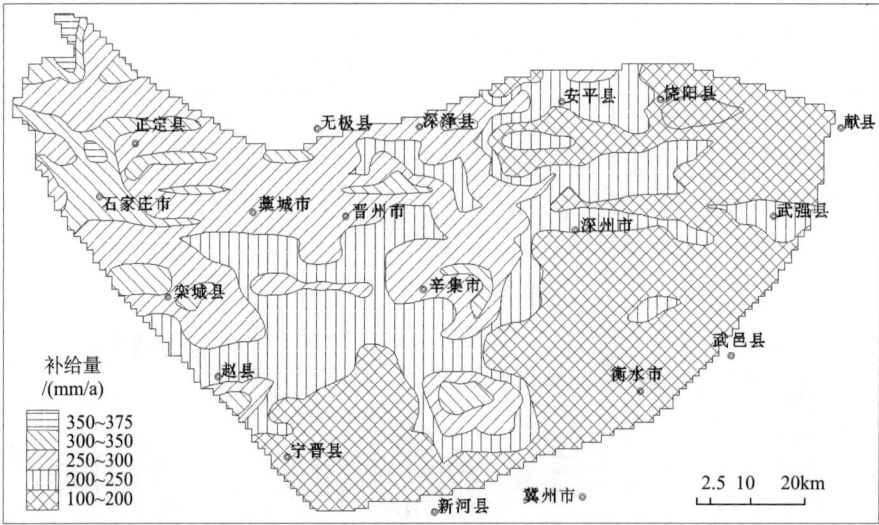

图 10-18　研究区地下水补给量分布特征

岩性的空隙大小和多少有关，给水度越大，在地下水水位下降时，在重力作用下，空隙中释放的水量越多，地下水资源脆弱性也越低。由西向东，研究区浅层地下水含水层给水度逐渐变小，这与含水层岩性分布规律基本一致。在研究区的西部，含水层岩性主要为粗中砂和砾卵石，给水度介于 0.09～0.12。在研究区的中部和东部地区，含水层岩性以中砂、中细砂、细砂和粉细砂为主，给水度小于 0.055（图 10-19）。

　　浅层地下水含水层富水性是指地下水单位降深单位时间的单井出水量，单位一般用 m^3/d 表示。浅层地下水含水层富水性与含水层岩性、结构和空隙连通性有关。含水层

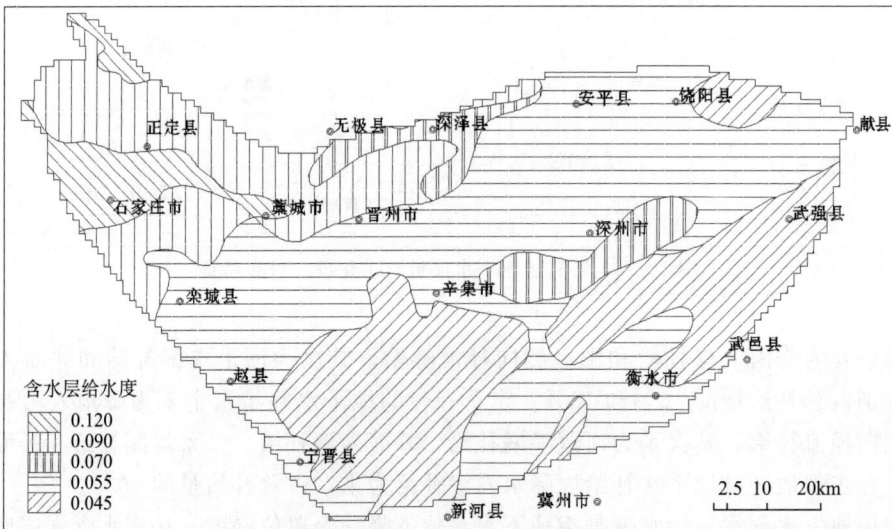

图 10-19　研究区浅层地下水含水层给水度分布特征

富水性越大，地下水资源脆弱性越低。在研究区的西部，浅层地下水含水层岩性以粗砂、中砂和砾卵石为主。在中部和东部地区，含水层岩性以中砂、中细砂、细砂和粉细砂为主。因此，研究区的西部山前平原含水层富水性大于 $5000m^3/d$，东部地区含水层富水性小于 $100m^3/d$（图 10-20）。

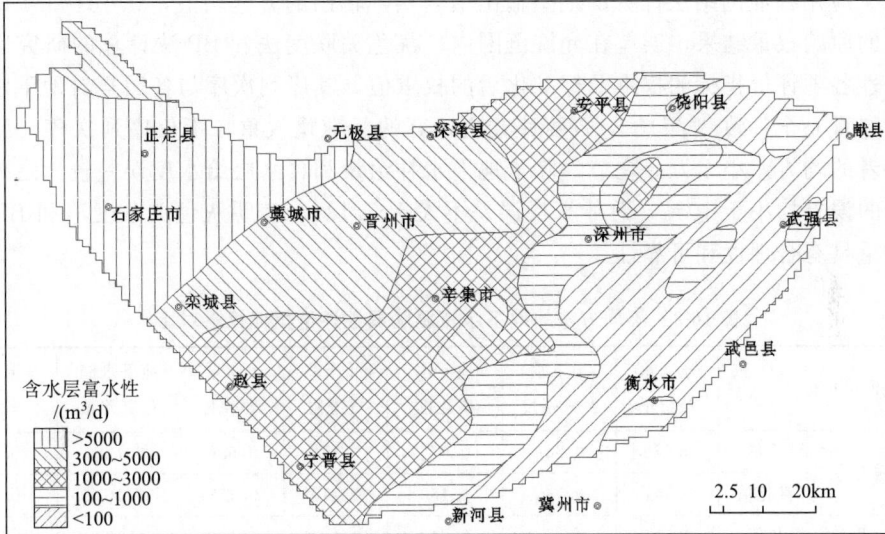

图 10-20 研究区浅层地下水含水层富水性分布特征

（二）地下水资源脆弱性评价结果

由于地下水资源脆弱性评价的各指标量纲不统一和数量级相差较大，所以，需通过标准化消除这些影响，即采用极值标准化法在 [0，1] 之间进行各指标的量化再赋值，结果见表 10-7。

表 10-7 地下水资源脆弱性指标评分值

评价指标	地下水资源脆弱性低	地下水资源脆弱性较低	地下水资源脆弱性一般	地下水资源脆弱性较高	地下水资源脆弱性高
开采强度	0～0.2	0.2～0.4	0.4～0.6	0.6～0.8	0.8～1
可开采资源量	1～0.8	0.8～0.6	0.6～0.4	0.4～0.2	0.2～0
储存资源量	1～0.8	0.8～0.6	0.6～0.4	0.4～0.2	0.2～0
地下水补给量	1～0.8	0.8～0.6	0.6～0.4	0.4～0.2	0.2～0
地下水矿化度	0～0.2	0.2～0.4	0.4～0.6	0.6～0.8	0.8～1
含水层给水度	1～0.8	0.8～0.6	0.6～0.4	0.4～0.2	0.2～0
含水层富水性	1～0.8	0.8～0.6	0.6～0.4	0.4～0.2	0.2～0

1. 权重特征

地下水资源脆弱性评价中确定权重的方法与地下水防污性评价基本相同。以地下水位降幅为母序列和期望输出，分别用灰色关联度法和 BP 法确定各指标的权重，结果见表 10-8。应用神经网络法计算的期望输出值与实际输出的方差均值，在小于 0.1 的多次迭代后的原始权重结果，误差在允许范围内。灰色关联度法和 BP 法计算的研究区地下水脆弱性各项评价指标的权重及标准化后的权重值，其序列次序与各因素对地下水脆弱性影响权重完全一致（表 10-8）。两种方法计算的标准化权重，不仅序列次序一致，而且，二者的均方差小于万分之二，除了地下水补给量和含水层给水度误差较大之外，其他指标的误差均小于 10%，总体平均误差不大于 7.1%，表明灰色关联度法和 BP 法求得的权重具有合理性和可靠性。

表 10-8　不同方法的地下水资源脆弱性评价指标权重对比

评价指标		地下水补给量	地下水开采强度	地下水矿化度	可开采资源量	含水层给水度	地下水储存资源量	含水层富水性
灰色关联度	计算值	0.630	0.659	0.670	0.522	0.696	0.728	0.588
	标准化值	0.141	0.145	0.150	0.118	0.153	0.162	0.131
BP 神经网络标准化值		0.115	0.144	0.142	0.103	0.192	0.196	0.108
平均权重值		0.128	0.144	0.146	0.111	0.172	0.179	0.120

2. 地下水资源脆弱性特征

地下水资源脆弱性综合评价结果划分为 5 个等级，分别为地下水资源脆弱性"低"、"较低"、"一般"、"较高"和"高"（表 10-9），即"低脆弱区"、"较低脆弱区"、"一般脆弱区"、"较高脆弱区"和"高脆弱区"地下水资源脆弱性，评价结果如图 10-21 和图 10-22 所示。

表 10-9　地下水资源脆弱性综合评价的等级划分与含义

综合指数	0~0.2	0.2~0.4	0.4~0.6	0.6~0.8	0.8~1
地下水资源脆弱性等级	低	较低	一般	较高	高
等级含义	地下水资源恢复能力强，不易遭受影响	地下水资源恢复能力较强，较不易遭受影响	地下水资源恢复能力一般，有一定抵抗影响力	地下水资源恢复能力较弱，较易遭受影响	地下水资源恢复能力弱，易遭受影响

从图 10-21 和图 10-22 可见，总体上，研究区西北部的淡水区地下水资源脆弱性较低，研究区东南部的咸水区，地下水资源脆弱性较高。其中 1984 年滹沱河流域平原区地下水资源脆弱性主要以较低脆弱区和一般脆弱区为主。至 2005 年，研究区浅层地下

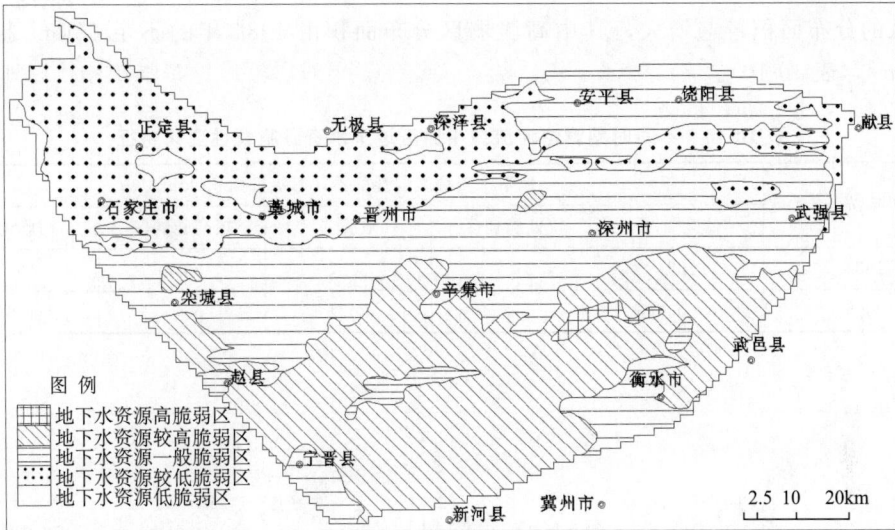

图 10-21 1984 年滹沱河流域平原区地下水资源脆弱性分布特征

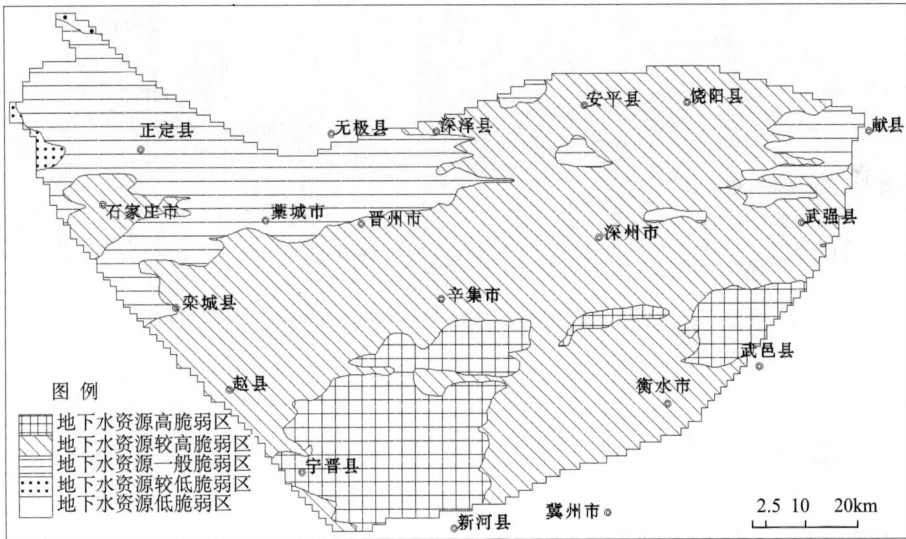

图 10-22 2005 年滹沱河流域平原区地下水资源脆弱性分布特征

水资源脆弱性普遍升高，一般脆弱区、较高脆弱区和高脆弱区范围明显扩大，地下水脆弱性较低的区域基本消失。一般脆弱区主要分布在研究区西部的淡水区，该区补给量较大，地下水质量较好，可开采资源量大，含水层富水性和给水度较大。高脆弱区主要分布在开采强度较大的地下水水位降落漏斗区和高矿化度区以及地下水水位埋深较浅的东部地区，与超采程度高或地下水水质较差，或含水层富水性和给水度较小有关。

1984 年以来研究区地下水资源脆弱性普遍升高一级，其中升高二级的区域主要分布在地下水严重超采的漏斗区（图 10-23）。至 2005 年，一般脆弱区、较高脆弱区和高脆弱区的分布面积普遍增大，其中高脆弱区分布面积由 1984 年的不足 65km² 扩大为 1368km²（表 10-10）。

表 10-10　不同时期滹沱河流域平原区地下水资源脆弱性变化特征

年份	地下水资源脆弱性的不同等级区面积/km²				
	低脆弱区	较低脆弱区	一般脆弱区	较高脆弱区	高脆弱区
1984	197	2157	3727	2675	65
2005	0	51	2024	5377	1368

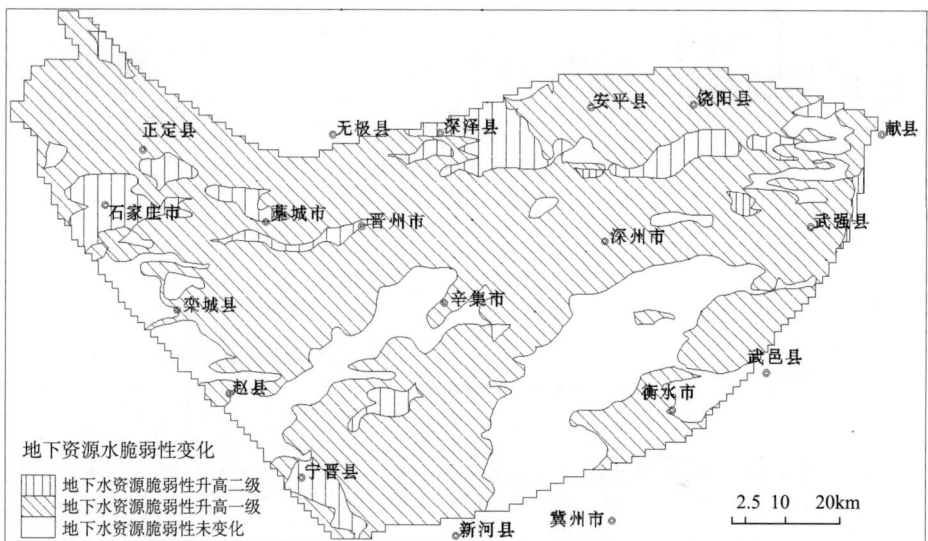

图 10-23　1984～2005 年研究地下水资源脆弱性变化分布特征

第三节　人类活动对地下水脆弱性影响特征

一、对地下水防污性影响特征

20 世纪 70 年代以来，研究区地下水开采量逐渐增大，累计开采量达 360 亿 m³ 以上，超采量达 130 亿 m³ 以上。由于长期超采地下水，研究区地下水水位持续下降。地下水位埋深不断增大，增强了地下水防污性（表 10-6 和图 10-12）。

20 世纪 50 年代末期，研究区地下水水位埋深小于 4m，至 2010 年，西部浅层淡水开采地区的地下水水位埋深已普遍大于 30m；东部浅层咸水地区，虽然以开采深层水为主，但浅层水埋深也逐渐增大，变化范围为 15～25m。在研究区西部，地下水水位埋深增大，包气带厚度随之增大，降雨入渗补给量减少，这不仅增大了污染物进入含水层的难度，同时，增强了地下水防污性。

从地下水防污性与地下水水位降幅之间关系来看，地下水防污性增强程度与地下水水位降幅呈正相关关系。从表 10-11 可见，在地下水水位降幅大于 20m 的区域，地下水防污性普遍升高二级；在地下水水位降幅介于 5～20m 的区域，地下水防污性增强一级；在地下水水位降幅小于 5m 的区域，地下水防污性未发生变化。

表 10-11　研究区不同地下水水位降幅下地下水防污性变化概率

地下水水位降幅/m	地下水防污性未变化/%	地下水防污性增强一级/%	地下水防污性增强二级/%
0～3	98	2	0
3～6	69	31	0
6～9	46	54	0
9～12	14	84	2
12～15	0	97	3
15～18	0	89	11
18～21	0	81	19
21～24	0	73	27
24～27	0	39	61
27～30	0	40	60
30～33	0	23	77
33～36	0	28	72
>36	0	24	76

二、人类活动对地下水资源脆弱性影响特征

研究区上游的黄壁庄和岗南等水库截流了出山地表水径流量的 85%，使平原河道长期断流，显著减少了河道渗漏对地下水补给。20 世纪 60 年代，河道渗漏补给量占研究区总补给量的 24.81%，至 90 年代已下降至不足 3%（张光辉等，2004）。同时，长期大量超采地下水，不仅使地下水水位埋深不断增大，而且，还大量疏干地下水储存资源量，由此，地下水资源脆弱性不断升高。

在淡水分布区，地下水水位降幅大于 20m 的区域，地下水资源脆弱性普遍增大二级。从表 10-12 至表 10-14 可见，在咸水分布区，当地下水水位降幅大于 14m 时，地下水资源脆弱性至少升高一级，有些地区增大二级。从整体上看，咸水区地下水资源脆弱性随地下水水位下降而变化的程度没有淡水区显著。从研究区全区来看，地下水资源脆弱性变化程度与地下水水位降幅之间呈正相关关系。地下水水位埋深越大，地下水资源脆弱性越高；地下水水位埋深越小，地下水资源脆弱性越低。

表 10-12　地下水资源脆弱性随地下水水位降幅变化的概率

地下水水位降幅/m	地下水资源 脆弱性未变化/%	地下水资源 脆弱性升高一级/%	地下水资源 脆弱性升高二级/%
<0	94	6	0
0～3	28	22	50
3～6	31	24	45
6～9	60	22	18
9～12	49	32	19
12～15	20	27	73
15～18	42	45	74
18～21	7	69	74
21～24	7	78	15
24～27	10	79	12
27～30	3	60	37

表 10-13　1984～2005 年咸水区地下水资源脆弱性随地下水水位降幅变化的概率

地下水水位降幅/m	地下水资源 脆弱性未变化/%	地下水资源 脆弱性升高一级/%	地下水资源 脆弱性升高二级/%
<0	94	5	0
0～2	48	27	25
2～4	23	21	56
4～6	56	14	30
6～8	61	21	17
8～10	72	17	11
10～12	39	34	27
12～14	18	6	76
14～16	28	66	7
16～18	31	65	4
18～20	8	16	76
20～22	4	34	62
22～24	13	80	7
24～26	15	70	15
26～28	5	62	33
28～30	3	66	31
>30	0	87	13

表 10-14　淡水区地下水资源脆弱性随地下水水位降幅变化的概率

地下水水位降幅/m	地下水资源脆弱性未变化/%	地下水资源脆弱性升高一级/%	地下水资源脆弱性升高二级/%
0～2	99	1	0
2～4	100	0	0
4～6	98	2	0
6～8	23	74	3
8～10	65	35	0
10～12	87	12	0
12～14	6	60	34
14～16	65	34	1
16～18	4	78	18
18～20	0	33	67
20～22	0	55	45
22～24	0	86	14
24～26	2	14	83
26～28	9	13	77
28～30	0	67	33
＞30	0	36	64

在地下水资源脆弱性变化程度相同的条件下，咸水区地下水位降幅小于淡水区。在咸水区（地下水资源脆弱性较低），地下水资源脆弱性升高一级和二级的地区，地下水位降幅分别为 14～18m 和 18～22m，在淡水区（地下水资源脆弱性较高）分别为 15～24m 和大于 24m。这表明地下水资源脆弱性较高的地区对人类活动影响响应更为敏感。

第四节　地下水脆弱性综合特征

一、地下水系统脆弱性综合评价方法与结果

从地下水系统的防污性和资源脆弱性两个方面，探究地下水脆弱性综合特征，不宜采用地下水防污性和地下水资源脆弱性的简单加权求和赋值方法。如果那样，可能会人为造成地下水防污性或地下水资源脆弱性的弱化，增大人为影响不确定性。本书假设二者权重相等前提下，通过 MapGIS 空间分析功能和编辑功能，综合评价地下水系统脆弱性，具体步骤如下。

（1）分别将上述获得的地下水防污性评价成果图和地下水资源脆弱性评价成果图作为综合评价的工作底图，进行地下水脆弱性等级的属性编辑工作。

（2）在空间相交分析基础上，通过相交，获得两张具有共同属性的底图。然后，在编辑子系统下，选择"属性赋参数"项，将相交图中相同等级属性的面文件赋予相同的

图形参数，由此，获得地下水系统脆弱性综合评价成果图。

为了能较客观地反映地下水系统脆弱性综合特征，本书采用组合命名方法。例如，地下水资源高脆弱区和地下水高防污性区的命名为"地下水高防污性资源高脆弱区"；又如，地下水资源高脆弱区和地下水低防污性区命名为"地下水低防污性资源高脆弱区"（表 10-15）。

表 10-15　地下水系统脆弱性评价组合特征及分区命名

综合评价结果		综合特征	合理对策	区划名称
A₁	B₁	地下水难被污染，地下水资源易恢复或难被损害	注意地面污染物排放，可适当增加地下水开采量	地下水高防污性资源低脆弱区
	B₂	地下水难被污染，地下水资源较易恢复或较难被损害	注意地面污染物排放，保持现有或少量增加地下水开采量	地下水高防污性资源较低脆弱区
	B₃	地下水难被污染，地下水资源恢复能力一般	注意地面污染物排放，保持现有或少量减少地下水开采量	地下水高防污性资源一般脆弱区
	B₄	地下水难被污染，地下水资源较难恢复或较易被损害	注意地面污染物排放，限制地下水开采量	地下水高防污性资源较高脆弱区
	B₅	地下水难被污染，地下水资源难恢复或易被损害	注意地面污染物排放，少量开采或禁止地下水开采	地下水高防污性资源高脆弱区
A₂	B₁	地下水难较被污染，地下水资源易恢复或难被损害	污染物适当处理排放，可适当增加地下水开采量	地下水较高防污性资源低脆弱区
	B₂	地下水难较被污染，地下水资源较易恢复或较难被损害	污染物适当处理排放，保持现有或少量增加地下水开采量	地下水较高防污性资源较低脆弱区
	B₃	地下水难较被污染，地下水资源恢复能力一般	污染物适当处理排放，保持现有或少量减少开采量	地下水较高防污性资源一般脆弱区
	B₄	地下水难较被污染，地下水资源较难恢复或较易被损害	污染物适当处理排放，限制地下水开采量	地下水较较高防污性资源较高脆弱区
	B₅	地下水难较被污染，地下水资源难恢复或易被损害	污染物适当处理排放，少量开采或禁止地下水开采	地下水较高防污性资源高脆弱区
A₃	B₁	地下水防污染能力一般，地下水资源易恢复或难被损害	污染物经过处理后方可排放，可适当增加地下水开采量	地下水一般防污性资源低脆弱区
	B₂	地下水防污能力一般，地下水资源较易恢复或较难被损害	污染物经过处理后方可排放，保持现有或少量增加开采量	地下水一般防污性资源较低脆弱区
	B₃	地下水防污染能力一般，地下水资源恢复能力一般	污染物经过处理后方可排放，保持现有或少量减少地下水开采量	地下水一般防污性资源一般脆弱区
	B₄	地下水防污染能力一般，地下水资源较难恢复或较易被损害	污染物经过处理后方可排放，限制地下水开采量	地下水一般防污性资源较高脆弱区
	B₅	地下水防污染能力一般，地下水资源难恢复或易被损害	污染物经过处理后方可排放，少量开采或禁止地下水开采	地下水一般防污性资源高脆弱区

续表

综合评价结果		综合特征	合理对策	区划名称
A₄	B₁	地下水较易被污染，水位较稳定	严格控制污染物的排放，可适当增加地下水开采量	地下水较低防污性资源低脆弱区
	B₂	地下水较易被污染，地下水资源易恢复或难被损害	严格控制污染物排放，保持现有或少量增加地下水开采量	地下水较低防污性资源较低脆弱区
	B₃	地下水较易被污染，地下水资源恢复能力一般	严格控制污染物排放，保持现有或少量减少地下水开采量	地下水较低防污性资源一般脆弱区
	B₄	地下水较易被污染，地下水资源较难恢复或较易被损害	严格控制污染物排放，限制地下水开采量	地下水较低防污性资源较高脆弱区
	B₅	地下水较易被污染，地下水资源难恢复或易被损害	严格控制污染物排放，少量开采或禁止开采	地下水较低防污性资源高脆弱区
A₅	B₁	地下水易被污染，地下水资源易恢复或难被损害	严格控制污染物排放，可适当增加地下水开采量	地下水低防污性资源低脆弱区
	B₂	地下水易被污染，地下水资源较易恢复或较难被损害	严格控制污染物排放，保持现有或少量增加地下水开采量	地下水低防污性资源较低脆弱区
	B₃	地下水易被污染，地下水资源恢复能力一般	严格控制污染物排放，保持现有或少量减少地下水开采量	地下水低防污性资源一般脆弱区
	B₄	地下水易被污染，地下水资源较难恢复或较易被损害	严格控制排放，限制地下水开采量	地下水低防污性资源较高脆弱区
	B₅	地下水易被污染，地下水资源难恢复或易被损害	严格控制污染物的排放，少量开采或禁止地下水开采	地下水低防污性资源高脆弱区

注：A_i为地下水防污性；B_i为地下水资源资源脆弱性；i为相应等级。

根据表10-15的组合方法，地下水综合脆弱性评价结果为4个一级区和13个二级区（图10-24）。Ⅰ区的地下水含水层系统阻抗污染物能力强、不易被污染，主要分布在研究区的中部。该区以地下水高防污性资源较高脆弱分布区域为主（Ⅰ₂区），其次是地下水高防污性资源一般脆弱区（Ⅰ₁区）和地下水高防污性资源较高脆弱区（Ⅰ₃区），Ⅰ₁区分布在研究区的中北部，Ⅰ₃区分布在研究区的中南部。

Ⅱ区的地下水含水层系统阻抗污染物能力较强、较不易被污染，主要分布在研究区的西部和中东部。该区以地下水较高防污性资源一般脆弱区（Ⅱ₁区）和地下水较高防污性资源较高脆弱区（Ⅱ₂区）为主，其次为地下水较高防污性资源高脆弱区（Ⅱ₃区）。

Ⅲ区的地下水含水层系统阻抗污染物能力一般，主要分布在咸水区的西部。该区以地下水一般防污性资源较高脆弱区（Ⅲ₃区）为主，地下水一般防污性资源较低脆弱区（Ⅲ₁区）、地下水一般防污性资源一般脆弱区（Ⅲ₂区）和地下水一般防污性资源高脆弱区（Ⅲ₄区）分布十分有限。

Ⅳ区的地下水含水层系统阻抗污染物能力较低、较易被污染，主要分布在咸水区的

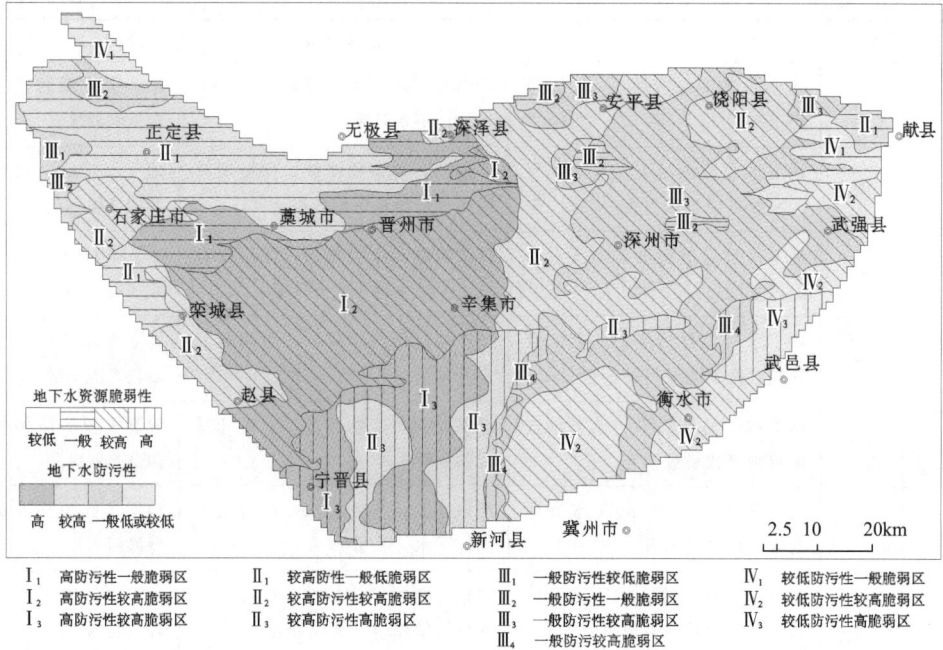

图 10-24　研究区浅层地下水综合脆弱性区划分布特征

东部。该区主要分布在衡水、武强一带，以地下水较低防污性资源较高脆弱区（Ⅳ₂区）为主。武邑县北部为地下水较低防污性资源高脆弱区（Ⅳ₃区）。在滹沱河、滏阳河交汇处，为地下水较低防污性资源一般脆弱区（Ⅳ₁区）。

二、基于脆弱性区划的地下水合理利用对策

根据地下水脆弱性综合评价与区划结果，研究区地下水合理利用与保护中应重视如下五方面。

（1）不同的分区，应根据地下水防污性和地下水资源脆弱性具体状况，采取不同的针对性措施（表10-15）。例如，在地下水资源脆弱性持续升高地区，应减少地下水开采强度或采取限制开采量措施。

（2）在开采保护区（Ⅰ区，图10-25），维持地下水现状开采量或适量减少。其中，在Ⅰ₁区（山前平原），维持现状开采量或适量增加开采量，同时做好地下水防污染保护工作。在Ⅰ₂区（淡水区西部和咸水区西北部），应维持现有开采强度或适当减少开采量，同时还应加强防止地下水工业污染工作。在Ⅰ₃区（淡水区的东北部和咸淡水过渡区），应适量减少开采强度，并注意地下水污染防治工作。

（3）在农业减采防污区（Ⅱ区，图10-25），农业活动频繁，地下水是农业灌溉的主要供水水源，浅层地下水是接受农业过量施用农药和化肥的处所。因此，该区不仅需要合理规划地下水开采强度，逐步减降地下水开采量，而且，还需要加大农药和化肥施用量调控力度，提高地下水防治污染能力，尤其在Ⅱ₂区应重视农业施用化肥和农药对

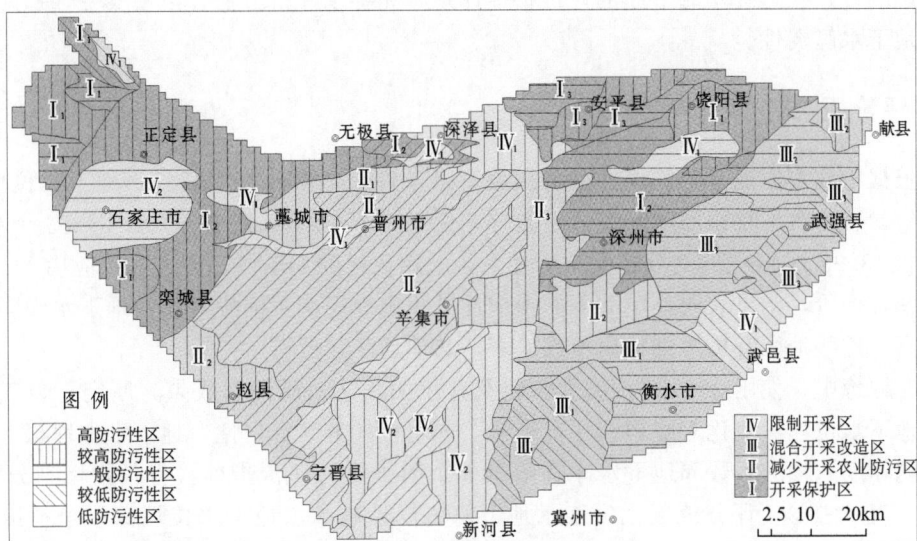

图 10-25　研究区地下水合理利用与保护对策区划分布图

地下水污染防治。

（4）混合开采改造区（Ⅲ区）：该区分布在咸水区东部地下水位埋深小于 15m 的地区，主要分布在小于 9m 的地区。该地区地下水防污性较低，属于地下水易被污染区，因此要做好地表污染物管理和处理工作，保护地下水。富水性和给水度低以及矿化度高等自然条件是导致该区域地下水资源脆弱性较高的主要原因。但该地区地下水位埋深普遍为 3～9m，远小于最佳地下水位埋深，因此，该区浅层地下水与深层地下水混合开采，改造浅层地下水，提高浅层地下水的可使用价值，同时，也有利于地下水本质防污性的增强。Ⅲ$_3$ 区、Ⅲ$_2$ 区和Ⅲ$_1$ 区地下水位埋深依次减小，Ⅲ$_3$ 区、Ⅲ$_2$ 区和Ⅲ$_1$ 区混合开采的力度依次增强。

（5）限制开采区（Ⅳ区，图 10-25），地下水资源脆弱性普遍较高，地下水防污性较强。其中，Ⅳ$_1$ 区地下水资源脆弱性高，地下水防污性一般，该区应当限制地下水开采，同时需要重视地下水污染防控工作，尤其在武邑县地下水较低防污性区域。Ⅳ$_2$ 区是滹沱河流域平原区浅层地下水位降落漏斗的中心区域，地下水资源脆弱性高，人类超采影响强度大，该区必须严格限制地下水开采，并注意地下水环境保护。

第五节　华北平原地下水脆弱性特征

从华北平原全区视野，评价地下水脆弱性，需要更加充分地考虑研究区地域广阔，包含滦河水系、潮白河水系、永定河水系、大清河水系、子牙河水系、漳卫河水系和徒骇马颊河水系等多个流域和地下水系统，不仅地貌和水文地质条件复杂，而且地下水开发利用程度、地下水水位埋深、包气带和含水层岩性等差异性较大。因此，该项评价基于大量钻孔和地下水水位监测资料，厘定了包气带岩性和地下水水位埋深变化对脆弱性评价影响,建立适宜华北平原的评价指标体系,完善了评价方法,以使其更加适应华北平原地下水脆弱性。

一、评价概况

根据华北平原地下水脆弱性评价相关背景条件,包括包气带岩性、地下水位埋深、净补给量、含水层累积厚度和渗透系数等,建立 2km×2km 精度、共计 34253 个单元,总面积 13.92 万 km² 的剖分单元评价体系,采用改进的 DRASTIC 方法,应用 MapGIS 平台耦合评价,结果表明,华北平原山前冲洪积扇和现代黄河影响带的地下水脆弱性高或较高,这些地区有机污染检出项数偏多,其他地区较低。

在评价中,使用 2800 多个钻孔资料及其相关水文地质调查成果,厘定了包气带岩性和地下水位埋深变化对脆弱性评价影响,选用包气带综合岩性、地下水位埋深、含水层累积厚度、渗透系数和地下水净补给量 5 个因子作为评价指标,将各指标划分为 10 等级(表 10-16)。评分值越大,表示地下水脆弱性越高。地下水位埋深、净补给量和渗透系数采用"华北平原地下水可持续利用调查评价"成果中数据。

为了准确识别包气带对地下水脆弱性的影响,本次研究采用厚度加权法,对包气带岩性进行评分,采用 VB 编程对研究区内 2800 多个水文地质钻孔资料逐一、逐层分析计算,有

$$A = \frac{\sum A_i H_i}{\sum H_i} \tag{10-20}$$

式中,A 为包气带岩性加权平均评分值;A_i 为计算层段内不同岩层的评分(表 10-17);H_i 为计算层段内各岩层厚度,计算层段为地面到地下水水位部分。

表 10-16　华北平原地下水脆弱性评价中各指标评分等级划分与分值

评分等级	地下水水位埋深/m	净补给量/mm	含水层累积厚度/m	渗透系数/(m/d)
1	>35	0~51	120~100	0~5
2	30~35	51~71	100~80	5~10
3	25~30	71~92	80~70	10~15
4	20~25	92~117	70~60	15~20
5	15~20	117~148	60~50	20~30
6	10~15	148~178	50~40	30~40
7	7~10	178~216	40~30	40~60
8	4~7	216~235	30~20	60~80
9	2~4	235~254	20~10	80~100
10	0~2	>254	10~0	>100

含水层累积厚度的处理方法与包气带综合岩性的处理方法相同,利用水文地质钻孔,采用 VB 编程计算含水层累积厚度。本书的含水层累积厚度是指第 Ⅰ、Ⅱ 含水组的

砂、卵石和砾石层累积厚度，在区域分布上没有明显的规律性。例如，在山前平原的冲洪积扇顶部，含水层累积厚度较薄；在冲洪积扇扇间及扇缘以及在海河冲积湖积平原的南部、古黄河平原，砂层含水层厚度较厚；在海河冲积湖积平原北部及东部冲积海积平原，含水层砂层厚度较薄。

表 10-17　华北平原地下水脆弱性评价中包气带不同岩性评分

包气带岩性	黏土	粉质黏土	粉土	细粉砂	粉砂	细砂	中砂	粗砂	卵石砾石
评分	0	2.5	4	5.5	7	8	9	9.5	10

权重确定：按研究分区，分别确定山前冲洪积平原、海河冲积湖积平原、东部冲积海积平原和古黄河冲洪积平原的权重（表 10-18）。华北的山前平原地下水开采程度大，造成包气带厚度显著增大，许多地区包气带厚度大于 30m。东部冲积海积平原的浅层地下水为咸水体，开发利用程度低，地下水位埋深介于 0～4m。现代黄河补给带，地下水开采程度较低，地下水位埋深较浅，普遍小于 7m。海河冲积湖积平原和古黄河平原西部的地下水位埋深介于 10～30m。山前平原包气带综合岩性呈卵砾石—粗砂—中砂—细砂—细粉砂—粉砂—粉土的分布规律，其他地区包气带以粉质黏土和粉土为主。华北山前平原至滨海平原，渗透系数由大变小。在古黄河冲洪积平原，含水层多为中砂、细砂和粉砂组合，渗透系数较大。

表 10-18　华北平原地下水脆弱性评价中指标权重

评价分区	地下水位埋深	包气带综合岩性	渗透系数	净补给量	含水层累积厚度
山前冲洪积平原	0.23	0.31	0.13	0.23	0.10
海河冲积湖积平原	0.28	0.34	0.10	0.21	0.07
东部冲积海积平原	0.30	0.32	0.10	0.21	0.07
古黄河冲洪积平原	0.31	0.34	0.10	0.17	0.08

二、地下水脆弱性特征

华北平原地下水脆弱性评价结果划分为地下水"低脆弱性"、"较低脆弱性"、"一般脆弱性"、"较高脆弱性"和"高脆弱性"5 个等级，如图 10-26 所示（孟素花等，2010，2011）。在华北平原，地下水脆弱性以"一般脆弱性"、"较低脆弱性"和"较高脆弱性"为主，"低脆弱性"和"高脆弱性"分布面积所占比例较小。在华北山前平原的冲洪积扇带，地下水脆弱性呈高、较高、一般和较低的分布特征。在地下水位埋深大、包气带岩性颗粒细的区域，地下水脆弱性较低；在包气带岩性颗粒较粗的区域，地下水脆弱性较高，尤其冲洪积扇轴部、河道带地下水脆弱性呈"高脆弱性"状态。

在海河冲积湖积平原，地下水脆弱性呈现"一般"至"低"状态。这与该区地下水位埋深普遍较大、岩性颗粒较细、渗透系数和地下水净补给量较小有关。在东部冲积-海积平原，地下水脆弱性为较高至一般状态。在地下水脆弱性较高区，地下水位埋深较

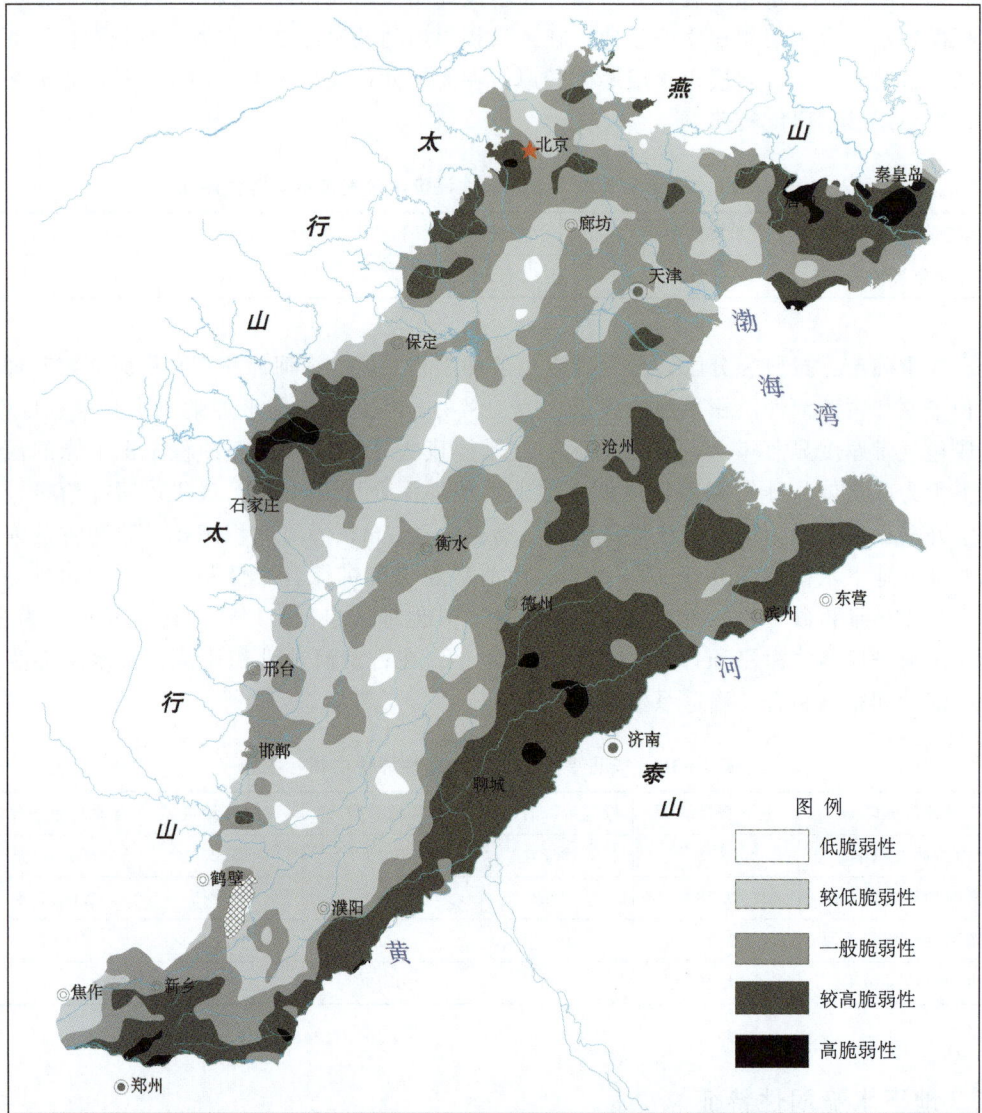

图 10-26　华北平原地下水脆弱性分布特征（据孟素花，2011）

小，含水层厚度较薄和岩性颗粒较粗。在现代黄河补给带，地下水脆弱性高或较高。该区地下水位埋深较浅，含水层累积厚度较小，地下水净补给量较大。在地下水位埋深较大，渗透系数较小，岩性为粉质黏土的西北部，地下水脆弱性为低至一般（孟素花等，2010，2011）。

　　从表 10-19 见，在地下水脆弱性高和较高的区域，地下水有机污染检出项数较多，检出率达 22.84%～35.14%，而在地下水脆弱性低和较低的区域，地下水有机污染检出项数较少，检出率介于 6.01%～15.21%。由此表明，上述评价结果与实际情况之间具有较好符合性。

表 10-19　华北平原地下水脆弱性与有机污染检出项数之间关系

有机污染检出项数	脆弱性级别及不同污染状况所占比例									
	高		较高		一般		较低		低	
	样数	比例/%	样数	比例/%	样数	比例/%	样数	比例/%	样数	比例/%
1	23	20.51	495	33.32	611	22.13	339	17.19	16	6.85
2	9	23.15	199	38.64	184	19.22	96	14.04	4	4.94
3	2	17.92	50	33.81	58	21.10	28	14.26	3	12.91
4	4	42.80	38	30.69	40	17.38	15	9.13	0	0
≥5	4	32.33	74	45.15	49	16.08	14	6.44	0	0
总检出项	42	22.84	856	35.14	942	20.80	492	15.21	23	6.01

注：引自孟素花等，2011。

第六节　华北山前丘陵区地下水赋存非均一与易疏干性

太行山东麓丘陵区地下水是华北平原区域地下水的主要补给源泉。研究结果表明，在该区，不仅不同井位区之间地下水赋存具有空间非均一性，而且，各井孔内的不同深度也存在明显差异。同时，不同井位含水系统具有不同的开采易疏干性，随着抽水试验轮次的增加，ZK_{s-2}井的最大水位降深和水位恢复所需时间依次增加，但每次水位都能完全恢复至初始水位状态；ZK_{s-3}井的水位未能完全恢复至初始水位状态，且至初始水位的距离依次增大，但每次水位恢复至稳定状态所用的时间没有明显变化。

一、背景概况与资料来源

近年来华北太行山东麓的丘陵区频繁干旱，为此钻探了数百眼基岩水井，深度150～550m。同时，这一地区作为华北平原地下水的主要补给源区，该区基岩裂隙水能否可持续开发利用备受关注。从 2011 年春季钻进的 200 余眼井抽水试验资料来看，不仅单位时间涌水量差异较大，介于12～390m³/h，而且，抽水过程中地下水水位下降速率和水位恢复所用的时间也相差较大，呈现出显著的地下水赋存非均一性和开采易疏干性。

赞皇县东部地区是华北典型的太行山前丘陵区，缺水最为严重。本书作者通过野外水文地质调查和物探，在赞皇东部地区确定了 24 个井位，以其中两眼深度 500m 探采结合井的多次抽水试验资料为基础，探讨丘陵区地下水赋存非均一性和开采易疏干性特征。赞皇县地处河北省石家庄地区的西南部，与邢台市临城、内丘县相毗邻，北距石家庄市区 44km，西临山西省界，位于 114°25′～114°31′E，37°26′～37°41′N，面积102km²。该区属暖温带半湿润季风型大陆性气候，春季干旱多风，年均气温 13.3℃，年均降水量 568mm，降水主要分布 7～8 月。

由于气候干旱，不断打井、开采地下水，地下水水位埋深从 20 世纪 70 年代不足20m，已下降至目前的大于 75m，钻井深度普遍在 350m 以上，最深的井深达 840m，

但出水量不足 $80m^3/h$。本书研究选定的代表井 ZK_{s-2} 和 ZK_{s-3}，分别位于赞皇县东部的陈家庄和邢郭村，位于太行山东麓丘陵区，地面高程 $76\sim132m$，两井之间相距 3.89km。其中 ZK_{s-2} 井位代表（地处）二叠系、石炭系、寒武系和长城系地层分布区，地表为麦田，设计井深 500m，实际进尺深度 484m。ZK_{s-3} 井位代表（地处）新近系、古近系、石炭系、奥陶系地层分布区，设计井深 500m，实际进尺深度 523m。ZK_{s-2}、ZK_{s-3} 井分别进行了 7 轮次和 5 轮次的 4 寸潜水泵抽水试验（1 轮次＝抽水水位下降与停止抽水水位恢复的全过程），额定出水量 $80m^3/h$。抽水过程或恢复过程的监测时间间隔分别为 0 分钟、1 分钟、3 分钟、5 分钟、10 分钟、20 分钟和 30 分钟间隔，连续 3 个时刻以上的观测结果之间差值为零作为抽水或恢复过程的截止标志。观测内容包括水位埋深、单位时间降深、累计出水量、单位时间出水量、水温和电导率等。

二、地质与水文地质概况

研究区位于太行山脉的赞皇背斜内，西部为变质岩山区，中部为邢台片麻岩套，河谷内分布有第四系松散地层。在东部，第四系和古近系、新近系覆盖下为长城系砂岩和白云岩，寒武纪崮山组、张夏组和徐庄组灰岩，以及奥陶纪峰峰组、下马家沟组和上马家沟组灰岩。向东、向南，古近系、新近系和第四系厚度明显增大，下伏地层断裂发育。

研究区含水层主要为石炭系、奥陶系、寒武系和长城系灰岩，其中 ZK_{s-2} 井位区以寒武系张夏组、徐庄组灰岩、白云岩和长城系团山子组白云岩、石英砂岩地层为主；ZK_{s-3} 井位区以第三系石灰质砂砾岩（目前处于疏干状态）和奥陶系峰峰组、马家沟组灰岩地层为主（张光辉等，2013）。

三、地下水赋存非均一性和易疏干性特征

（一）地下水赋存非均一性

虽然 ZK_{s-2} 井与 ZK_{s-3} 井的位置之间仅相距 3.92km，但是在相同潜水泵、相同水泵设置深度条件下，两井三次抽水试验的地下水水位总降深彼此相差 8.67m（水泵的深度 120m）、9.97m（水泵的深度 135m）和 10.52m（水泵的深度 150m），ZK_{s-2} 井的水位降深明显大于 ZK_{s-3} 井的降深，分别为 $28.63\sim30.44m$ 和 $19.92\sim19.96m$（表 10-20）。

表 10-20　不同井位多次抽水试验中不同时间降深及其占总降深比率特征

累计抽水时间/min	ZK_{s-2}井						ZK_{s-3}井					
	抽水试验 7-2		抽水试验 7-3		抽水试验 7-4		抽水试验 5-2		抽水试验 5-3		抽水试验 5-4	
	累计降深/m	占总降深比例/%	累计降深/m	占总降深比例/%	累计降深/m	占总降深比例/%	累计降深/m	占总降深比例/%	累计降深/m	占总降深比例/%	累计降深/m	占总降深比例/%
10	6.37	22.25	6.47	21.43	7.48	24.41	15.94	80.36	18.34	91.93	17.69	88.81
20	10.76	37.58	11.58	38.36	12.53	40.89	17.23	86.32	18.72	93.83	18.37	92.22
50	17.09	59.69	17.93	59.39	18.35	59.89	17.55	87.93	19.17	96.09	19.28	96.79

累计抽水时间/min	ZK$_{s-2}$井						ZK$_{s-3}$井					
	抽水试验 7-2		抽水试验 7-3		抽水试验 7-4		抽水试验 5-2		抽水试验 5-3		抽水试验 5-4	
	累计降深/m	占总降深比例/%	累计降深/m	占总降深比例/%	累计降深/m	占总降深比例/%	累计降深/m	占总降深比例/%	累计降深/m	占总降深比例/%	累计降深/m	占总降深比例/%
100	22.08	77.12	22.89	75.82	23.25	75.88	18.24	91.38	19.33	96.89	19.47	97.74
200	25.72	89.84	26.14	86.58	27.06	88.32	19.49	97.65	19.49	97.69	19.65	98.64
300	27.50	96.05	27.67	91.65	28.49	92.98	19.82	99.30	19.63	98.40	19.69	98.85
400	28.34	98.99	28.55	94.57	29.34	95.76	19.96	100.00	19.95	100.00	19.92	100.00
500	28.60	99.90	28.92	95.79	30.01	97.94	19.96	100.00	19.95	100.00	19.92	100.00
600	28.63	100.00	29.92	99.11	30.44	99.35	19.96	100.00	19.95	100.00	19.92	100.00
初始水位埋深/m	76.15		76.13		76.17		84.87		85.16		85.48	
水泵设置深度/m	120		135		150		120		135		150	

注：ZK$_{s-2}$井的取水层位 93～484m，ZK$_{s-3}$井的取水层位 134～523m，为无花管裸孔；其上止水封孔，避免地表污水沿孔壁下渗。

在抽水试验的 0～70min 期间，ZK$_{s-2}$井的水位降深始终小于 ZK$_{s-3}$井的降深，其中在三次抽水试验中的 10min 时，ZK$_{s-2}$井的水位降深分别比 ZK$_{s-3}$井的水位降深小 9.57m、11.87m 和 10.21m。抽水至 10min 时，ZK$_{s-2}$井的三次抽水试验水位降深分别为 6.37m、6.47m 和 7.48m，ZK$_{s-3}$井的三次抽水试验水位降深分别为 15.94m、18.34m 和 17.69m（表 10-20）。这表明，ZK$_{s-2}$井取水层位的上段富水性强于 ZK$_{s-3}$井取水层位的上段富水性。（张光辉等，2013）

在抽水的 100min、200min 和 300min 时，ZK$_{s-2}$井水位降深情景与上述相反，分别大于 ZK$_{s-3}$井的降深，两者之差分别为 3.56～3.84m、6.23～7.41m 和 7.68～8.80m。抽水时间越长，水泵设置的深度越大，ZK$_{s-2}$井的地下水位下降深度越大于 ZK$_{s-3}$井水位降深（表 10-21）。这表明，ZK$_{s-2}$井取水层位的下段富水性弱于 ZK$_{s-3}$井取水层位的下段富水性。

表 10-21　不同时刻 ZK$_{s-2}$ 与 ZK$_{s-3}$ 井的水位降深之差变化特征

累计抽水时间/min	ZK$_{s-2}$与 ZK$_{s-3}$井的水位降深								
	抽水试验 2			抽水试验 3			抽水试验 4		
	ZK$_{s-2}$水位降深/m	ZK$_{s-3}$水位降深/m	降深差值/m	ZK$_{s-2}$水位降深/m	ZK$_{s-3}$水位降深/m	降深差值/m	ZK$_{s-2}$水位降深/m	ZK$_{s-3}$水位降深/m	降深差值/m
10	6.37	15.94	−9.57	6.47	18.34	−11.87	7.48	17.69	−10.21
20	10.76	17.23	−6.47	11.58	18.72	−7.14	12.53	18.37	−5.84
50	17.09	17.55	−0.46	17.93	19.17	−1.24	18.35	19.28	−0.93
100	22.08	18.24	3.24	22.89	19.33	3.56	23.25	19.47	3.78

累计抽水时间/min	ZK$_{s-2}$ 与 ZK$_{s-3}$ 井的水位降深								
	抽水试验 2			抽水试验 3			抽水试验 4		
	ZK$_{s-2}$水位降深/m	ZK$_{s-3}$水位降深/m	降深差值/m	ZK$_{s-2}$水位降深/m	ZK$_{s-3}$水位降深/m	降深差值/m	ZK$_{s-2}$水位降深/m	ZK$_{s-3}$水位降深/m	降深差值/m
200	25.72	19.49	6.23	26.14	19.49	6.65	27.06	19.65	7.41
300	27.50	19.82	7.68	27.67	19.63	8.04	28.49	19.69	8.79
400	28.34	19.96	8.38	28.55	19.95	8.60	29.34	19.92	9.42
500	28.60	19.96	8.64	28.92	19.95	8.97	30.01	19.92	10.09
600	28.63	19.96	8.67	29.92	19.95	9.97	30.44	19.92	10.52
水泵设置深度/m	120			135			150		

注：差值为负值表示 ZK$_{s-2}$井的降深小于 ZK$_{s-3}$井的降深；差值为正值表示 ZK$_{s-2}$井的降深大于 ZK$_{s-3}$井的降深。

在抽水过程中，随着地下水位下降，涌水层位不断下移。对于某一井孔来讲，不同涌水段地层的给水能力是不同的。某一涌水段地层给水能力越强，抽水引起的地下水水位降幅越小，该时刻降深占总降深的比例也越小；给水能力越弱，地下水水位的降幅越大，该时刻降深占总降深的比例也越大。在 ZK$_{s-2}$ 和 ZK$_{s-3}$ 两眼井的三次抽水试验过程中，在抽水 10min 时，ZK$_{s-2}$井的水位降深占该井总降深的 21.43%～24.41%，ZK$_{s-3}$井为 80.36%～91.93%；当抽水 20min 时，ZK$_{s-2}$井水位降深占该井总降深的 37.58%～40.89%，ZK$_{s-3}$井为 86.32%～93.83%（表 10-21），这表明 ZK$_{s-3}$井取水层位的上段给水能力弱于 ZK$_{s-2}$井取水层位上段的给水性。在抽水 100～400min 期间，ZK$_{s-2}$井的水位降深占该井总降深的 18.92%～21.87%，ZK$_{s-3}$井为 2.26%～8.62%，这表明 ZK$_{s-3}$井取水层位的下段给水能力明显强于 ZK$_{s-2}$井取水层位下段的给水性（张光辉等，2013）。

从抽水过程中地下水位下降速率来看，ZK$_{s-3}$井明显大于 ZK$_{s-2}$井 [图 10-27 （a）]，第 1min、5min、10min、20min、30min、50min、70min、250min 和第 400min 的 ZK$_{s-3}$井与 ZK$_{s-2}$井水位降速比值，分别为 9.68、4.50、2.80、1.66、1.31、1.07、0.86、0.69 和 0.69 [图 10-27 （b）]。根据达西公式推求可知，由于两井出水量相同，相同抽

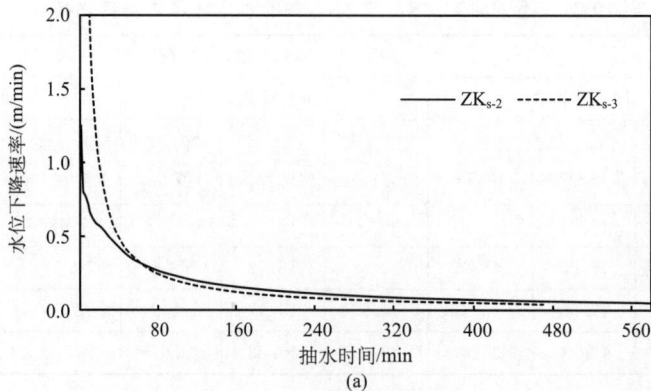

(a)

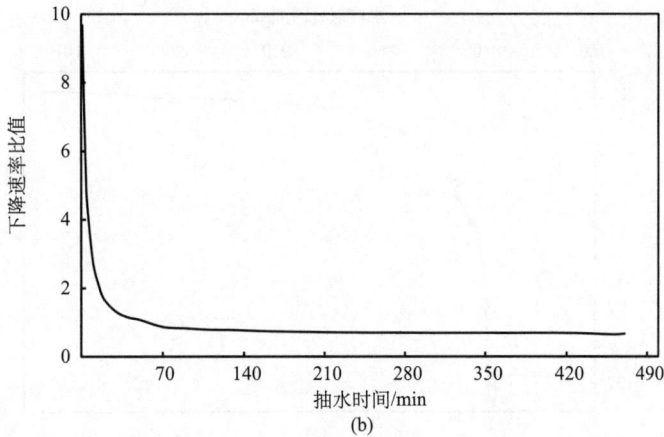

图 10-27　不同井位抽水过程中水位下降速率变化过程（a）及两井水位降速比值动态过程（b）

水时间地下水水位降深不同，所以 ZK_{s-2} 井取水层位的上段给水度是 ZK_{s-3} 井取水层位上段给水度的 1.07～9.68 倍，下段是 0.69 倍。

　　另外，从 ZK_{s-2} 井和 ZK_{s-3} 井的水位恢复过程线变化特征可以得到进一步证实，上述结论是正确的。ZK_{s-3} 井的水位恢复到初始水位，仅用时 5～7min，而 ZK_{s-2} 井的水位恢复到初始水位，用时 240min 以上（图 10-28）。ZK_{s-3} 井的水位恢复用时短，说明该井位地层富水性和给水能力强，ZK_{s-2} 井的水位恢复用时长，说明该井位地层富水性和给水能力较弱，它需要袭夺更大范围的地下水汇向该井孔，影响半径较 ZK_{s-3} 井的影响半径大许多，由此该井孔地下水水位恢复过程所需耗用较多时间。

（二）地下水易疏干性特征

　　在额定出水量 80m³/h 的潜水泵抽取下，随着潜水泵设置深度（分别为 120m、135m 和 150m）增大，ZK_{s-2} 井的三次抽水试验最大降深依次增大，分别为 28.63m、29.92m 和 30.44m（表 10-21），它们恢复至初始水位所用时间相应延长，分别为 250min、480min 和 610min，表现出明显的易疏干性。但是，ZK_{s-2} 井的三次抽水试验恢复的最终水位埋深分别为 76.13m、76.17m 和 76.16m，表明 ZK_{s-2} 井位的含水系统可开采资源量是较丰富的（张光辉等，2013）。

　　ZK_{s-3} 井的三次抽水试验最大降深没有随着潜水泵设置深度增加而增大，分别为 19.96m、19.95m 和 19.92m（表 10-21），恢复至初始水位所用时间也没有随着潜水泵设置深度增大而增加，分别为 6min、5min 和 7min，未呈现明显的易疏干性。但是，ZK_{s-3} 井的三次抽水试验恢复的最终水位埋深分别为 85.01m、85.45m 和 85.67m，它们分别是在恢复至 84.29m、84.42m 和 84.79m 后缓慢回落至稳定水位，这表明 ZK_{s-3} 井位的含水系统也存在易疏干性，可开采资源量是相对有限的，只是给水的岩溶裂隙连通性和导水性强于 ZK_{s-2} 井位的含水系统。

　　从地下水动力学角度分析，ZK_{s-3} 井含水系统地下水流场的渗透性和水力梯度都强

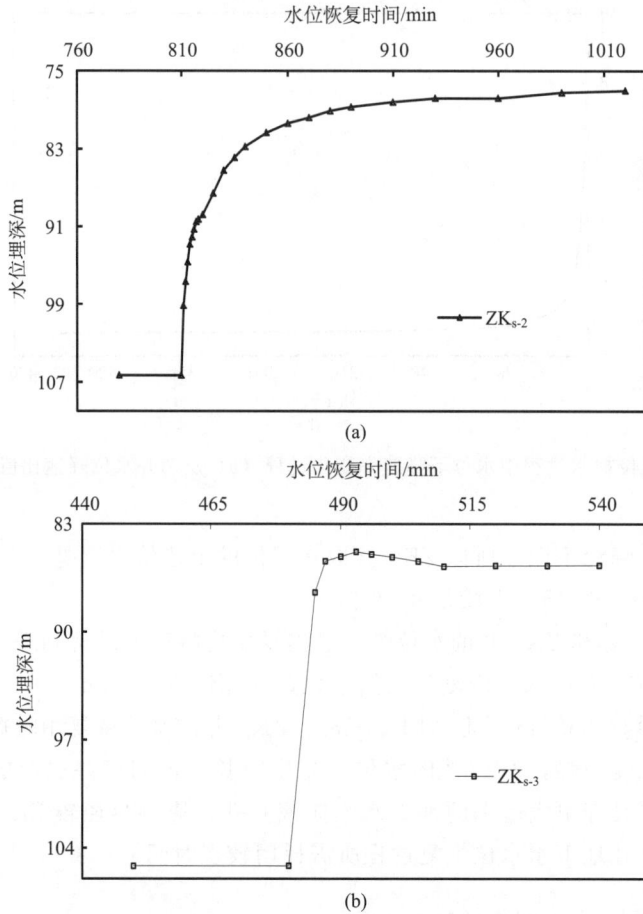

图 10-28　不同井位抽水试验的地下水水位恢复过程

于 ZK_{s-2}，但是其水源补给范围不如 ZK_{s-2} 补给水源范围广，持续补水和给水能力弱于 ZK_{s-2}，由此造成 ZK_{s-3} 井抽水期间水位下降和停止抽水水位恢复稳定状态所用的时间较短，恢复至初始水位的差距越来越大；而 ZK_{s-2} 的最大降深越来越大，井抽水期间水位下降和停止抽水水位恢复稳定状态所用的时间越来越长，但每轮试验都能完全恢复至初始水位状态。即 ZK_{s-2} 表现为暂时性疏干特征，而 ZK_{s-3} 为阶段性或永久性疏干特征（张光辉等，2013）。

　　通过上述研究表明，华北太行山东麓的丘陵区不仅井位区之间含水系统地下水赋存具有非均一性，而且在各井区的不同深度（层位）也存在明显差异。随着抽水时间增加，水位降深幅度不同，开采易疏干性特征明显。随着抽水试验轮次的增加，最大水位降深不同，每轮次地下水位恢复至稳定状态所用的时间没有明显差异。因此，在山丘区水资源开发利用中，需结合井位区地下水赋存非均一性和开采易疏干性特点，合理设计井深、取水段、潜水泵额定出水量和水泵设置深度，避免超越地下水资源承载力和给水能力开发利用，防止疏干性开发利用地下水情景发生。

小　结

（1）地下水脆弱性起源于含水层脆弱性，包括水质和水量两个方面，分为本质（天然）脆弱性评价和特殊（综合）脆弱性评价。DRASTIC方法是应用较为广泛方法之一。区域地下水脆弱性综合评价结果表明：不同的分区，地下水防污性和地下水资源脆弱性明显不同。

（2）华北平原地下水脆弱性以"一般"、"较低"和"较高"为主，"低"和"高"所占比例较小。在华北的山前平原冲洪积扇带，地下水脆弱性呈高、较高和较低的分布特征。在海河冲-积湖积平原，地下水脆弱性呈一般至低状态。在现代黄河补给带，地下水脆弱性呈高或较高的特征。在华北平原地下水脆弱性高和较高的区域，地下水有机污染检出项数较多；在地下水脆弱性低和较低的区域，地下水有机污染检出项数较少。

（3）太行山东麓丘陵区地下水具有明显的赋存非均一性和开采易疏干性。研究结果表明，不仅不同井位区之间地下水赋存具有空间非均一性，而且，各井孔内的不同深度也存在明显差异，不同井位含水系统具有不同的开采易疏干性。因此，合理设计井的结构与布局是防止山丘区地下水疏干性开采的关键。

参 考 文 献

白军红，余国营，王庆改．2001．石家庄市地表水环境分析．干旱区研究，18（2）：1～4

陈守煜，王国利．1999．含水层脆弱性的模糊优选迭代评价模型及应用．大连理工大学学报，39（6）：811-815

陈守煜，伏广涛，周惠成，等．2002．含水层脆弱性模糊分析评价模型与方法．水利学报，33（7）：23～30

代维，肖长来，梁秀娟．2012．基于DRASTIC的集对分析在地下水脆弱性评价中的应用．节水灌溉，（8）：50～52

费宇红，陈树娥，刘克岩．2001．滹沱河断流区水环境劣变特征与地下调蓄潜力．水利学报，32（11）：41～44

费宇红，王金哲，李惠娣．2002．滹沱河断流区地下水调蓄潜力分析．南水北调与水利科技，23（5）：11～14

费宇红，张兆吉，陈京生．2004．人类活动与海河平原水资源关系研究．地球科学进展，19（增刊）：101～107

付强，刘仁涛，盖兆梅．2008．几种地下水脆弱性评价方法之比较．水土保持研究，（6）：46～48＋52

高茂生，叶思源，张国臣．2012．现代黄河三角洲滨海湿地生态水文环境脆弱性．水文地质工程地质，（5）：111～115

黄建毅，刘毅，马丽，等．2012．国外脆弱性理论模型与评估框架研究评述．地域研究与开发，（5）：1～5

姜桂华．2002．地下水脆弱性研究进展．世界地质，21（1）：33～38

雷静，张思聪．2003．唐山市平原区地下水脆弱性评价研究．环境科学学报，23（1）：94～99

李博，韩增林，孙才志，等．2012．环渤海地区人海资源环境系统脆弱性的时空分析．资源科学，（11）：2214～2221

李连伟，刘展，宋冬梅，等．2013．黄河三角洲环境脆弱性评价方法及其应用．中国农业大学学报，(1)：195～201

刘景兰，李立伟，张甲恩．2012．西南典型岩溶区地下水防污性评价方法．南水北调与水利科技，(2)：88～92

刘绿柳．2002．水资源脆弱性及其定量评价．水土保持通报，22 (2)：41～44

刘其鑫，徐曦，赵龙贵．2010．DRASTIC 方法对聊城市地下水脆弱性评价．科技信息，35：1210

孟素花，费宇红，张兆吉，等．2010．华北平原地下水脆弱性演变及对埋深变化的响应．南水北调与水利科技，(6)：78～81

孟素花，费宇红，张兆吉，等．2011．华北平原地下水脆弱性评价．中国地质，(6)：1607～1613

邱耿彪，曾凡龙，邱锦安．2013．当前环境下地下水污染脆弱性评价方法．科技创新与应用，(13)：132

曲文斌，王欣宝，钱龙，等．2007．石家庄城市区地下水脆弱性评价研究．水文地质工程地质，(6)：6～9

孙才志，潘俊．1999．地下水脆弱性的概念、评价方法与研究前景．水科学进展，10 (4)：444～449

孙才志，左海军，栾天新．2007．下辽河平原地下水脆弱性研究．吉林大学学报（地科版），(5)：943～948

孙艳伟，魏晓妹，毕文涛．2007．干旱区地下水脆弱性机理及评价指标体系的探讨．灌溉排水学报，(2)：41～43＋47

唐克旺，唐蕴，李原园，等．2012．地下水功能区划体系及其应用．水利学报，(11)：1349～1356

王宏伟，刘萍，吴美琼．2007．基于地下水脆弱性评价方法的综述．黑龙江水利科技，35 (3)：43～45

王新敏，尹小彤．2011．基于 DRECT 的地下水脆弱性评价．湖南科技大学学报（自然科学版），(2)：69～73

王岩，方创琳，张蔷．2013．城市脆弱性研究评述与展望．地理科学进展，(5)：755～768

夏军，邱冰，潘兴瑶，等．2012．气候变化影响下水资源脆弱性评估方法及其应用．地球科学进展，(4)：443～451

严明疆，申建梅，张光辉，等．2009．人类活动影响下的地下水脆弱性演变特征及其演变机理．干旱区资源与环境，(2)：1～5

杨庆，栾茂田．1999．地下水易污性评价方法——DRASTIC 指标体系．水文地质工程地质，(2)：4～9

姚文锋，张思聪，唐莉华，等．2009．海河流域平原区地下水脆弱性评价．水力发电学报，28 (1)：113～118

张光辉，费宇红，刘克岩，等．2004．海河平原地下水演变与对策．北京：科学出版社

张光辉，严明疆，刘春华，等．2013．太行山前丘陵区基岩裂隙水赋存的非均一性和易疏干性特征．南水北调与水利科技，11 (1)：104～109

张光辉，严明疆，杨丽芝，等．2008．地下水可持续开采量与地下水功能评价的关系．地质通报，(6)：875～881

张立杰，巩中友，孙香太．2001．地下水环境脆弱性的模糊综合评判．哈尔滨师范大学自然科学学报，17 (2)：109～112

张丽君．2006．地下水脆弱性和风险性评价研究进展综述．水文地质工程地质，(6)：113～119

张昕，蒋晓东，张龙．2010．地下水脆弱性评价方法与研究进展．地质与资源，(3)：253～258

张翼龙，陈宗宇，曹文庚，等．2012．DRASTIC 方法在内蒙古呼和浩特市地下水防污性评价中应用．地球学报，(5)：819～825

张殷钦，刘俊民，尹丽娜．2012. 地下水脆弱性评价研究进展．灌溉排水学报，(5)：127～131

赵东升，吴绍洪．2013. 气候变化情景下中国自然生态系统脆弱性研究．地理学报，(5)：602～610

赵菲菲，何斌，李小涵，等．2012. 区域农业干旱脆弱性评价及影响因素识别．北京师范大学学报（自然版），(3)：282～286

赵红梅，许模，赵勇，等．2013. 基于 AHP-模糊综合评判的岩溶地下水脆弱性评价．安全与环境学报，(1)：118～123

周金龙，王水献，王能英．2004. 模糊数学方法在潜水防污性评价中的应用．新疆农业大学学报，27(2)：62～65

Albinet M，Margat J. 1970. Mapping of groundwater vulnerability to contamination. 2nd serie，Orleans，France，Bull BRAM，3 (4)：13～22

Antonakos A K，Lambrakis N J. 2007. Development and testing of three hybrid methods for the assessment of aquifer vulnerability to nitrates，based on the drastic model，an example from NE Korinthia，Greece. Journal of Hydrology，333：288～304.

Bachmat Y，Collin M. 1987. Mapping to assess groundwater vulnerability to pollution. *In*：Van Duijvenbooden W，Van Waegeningh HG . Vulnerability of Soil and Groundwater to Pollutants. Proceedings and Information no. 38，TNO Committee on Hydrological Research，The Hague：297～307

Lobo-Fereira J P. 2000. GIS and mathematical modeling for the assessment of grongdwater vnlnerability to pollution：Application to two chinese case-study areas. In proceedings of the international conference "ecosystem service and sustainable watershed management towards flood prevetion，pollution control，and socio-economic development in north China". Beijing. PR China，23～25

Marget J. 1968. Vulnerability desnappes d'eau souterraine *à* la pollution (Groundwater vulnerability to contamination). Bases de la cartographie，68 SGL 198 HYD，(Doc.) BRGM，Orle? ns

National Research Council. 1993. Ground water vulnerability assessment，contamination potential under conditions of uncertainty. Washington D C：National Academy Press

Olmer M Q，Rezac B. 1974. Methodical Principles of Maps for Protection of Groundwater in Bohemia and Moravia，scale 1：200 000. Intl. Assoc. Hydrogeologists，Memoris，Tomex，Congress de Montpellier，1. Communications：105～107

Vrba J，Zaporozec A. 1994. Guidebook on mapping groundwater and vulnerability. Journ IAH，16：39～48.

第十一章　区域地下水变化与灌溉农业关系

华北平原地下水超采与农林灌溉用水密切相关。本书依据作者主持的国家科技支撑计划课题"华北区域水资源特征与作物布局结构适应性研究"获取的来自气象、国土、水利和农业等部门监测与统计资料，应用本研究创建的理论方法，针对主要灌溉作物，包括小麦和玉米等粮食作物、夏粮作物与秋粮作物、裸地蔬菜和设施蔬菜、耗水型果林，分别进行分类、分区和全区适应性状况量化识别和综合评价。

第一节　灌溉农业布局与用水强度变化特征

一、耕地与水浇地面积演变特征

（一）耕地面积衰变特征

耕地面积是指能够种植农作物、经常进行耕锄的田地，包括熟地、当年新开荒地、连续撂荒未满三年的耕地和当年的休闲地（轮歇地），以农作物种植为主并附带种植桑树、茶树、果园和其他林木的土地和沿海、沿湖区已围垦利用的"海涂"、"湖田"，不包括专业性的桑园、茶园、果园、果木苗圃、林地、芦苇地、天然草原等。在过去的50多年中，华北平原耕地面积不断减少（图 11-1）。1952 年耕地面积为 1283 万 hm²，至 2006 年已降为 947 万 hm²，减少 26.19%。在耕地面积不断减少的同时，华北平原农作物总播种面积（包括复种面积）不断提高。但是，粮食作物种植面积受过去"以粮

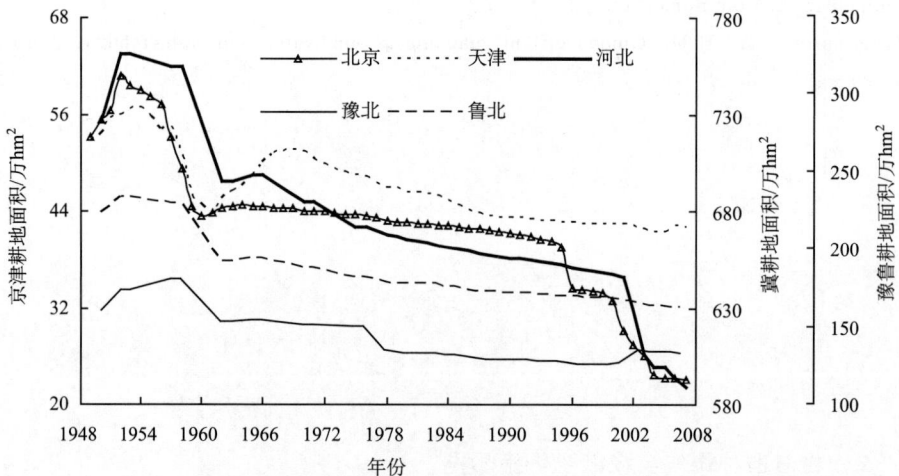

图 11-1　近 60 年以来华北平原耕地面积减少特征

为纲"到近 20 年来"粮蔬果全面发展"的影响，华北平原粮食播种总面积从 1957 年的 1402 万 hm² 减少至 2006 年的 1062 万 hm²，减少 24.25%；粮食产量却从 1952 年的 1139 万 t 增长至 2006 年的 4323 万 t（因缺资料，该项没包括豫北平原），增长 279.54%。

从图 11-1 可见，20 世纪 50～60 年代的工业化大发展期间和 90 年代中期至 21 世纪初的大力发展高速公路、产业园及大力推进城市化时期，华北平原耕地面积曾发生过两次大幅减少过程。其中，20 世纪 50～60 年代，河北地区耕地面积由 20 世纪 50 年代初的 761.64 万 hm² 减少至 20 世纪 60 年代末的 695.38 万 hm²，北京和天津分别减少 26.32% 和 23.21%。在 20 世纪 90 年代中期至 21 世纪初，华北平原耕地面积再次大幅减少，尤其是北京和河北地区。在过去 60 多年中，鲁北平原和豫北平原的耕地面积减少情况与河北平原类似，耕地面积都曾大幅减少。

（二）水浇地面积不断扩大特征

水浇地是指有水源保证和灌溉设施，在一般年景能正常灌溉、种植旱生农作物的耕地，包括种植蔬菜等非工厂化的大棚用地。在过去的 50 多年中，华北平原水浇地面积不断扩大，尤其是河北地区（图 11-2）。1978 年以前，河北平原水浇地最大面积为 362.89 万 hm²，目前水浇地面积已达 432 万 hm²，增加 19.04%。20 世纪 60 年代至 1978 年期间，河北平原水浇地面积增长较为迅速。鲁北、豫北、北京和天津平原的水浇地面积变化特点与河北平原类似，1978 年之前增速较快，但是近 20 年以来北京地区水浇地面积呈减少趋势。

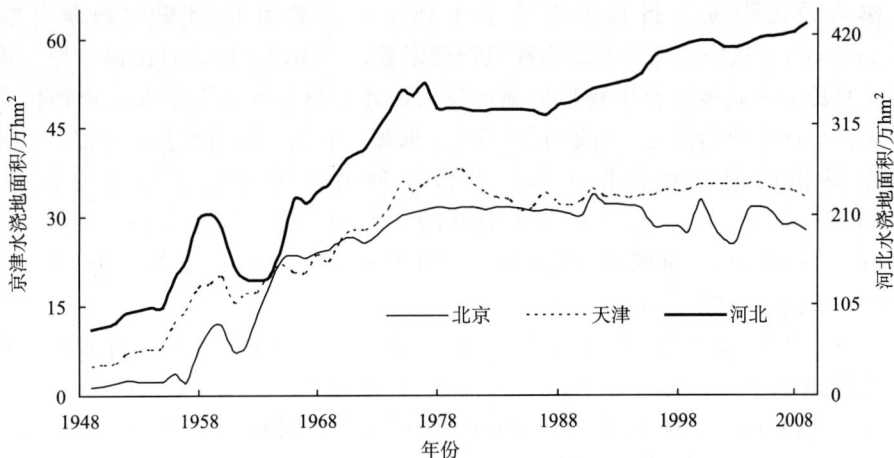

图 11-2　近 60 年以来京津冀平原区水浇地面积变化过程

（三）农作物种植面积与强度变化规律

1. 农作物总播种面积与强度变化特征

农作物总播种面积是指全年各种农作物播种面积的总和，即上年秋冬播作物面积、本年春播作物面积和本年夏播作物面积之和，或本年夏收作物面积和本年秋收作物播种面积之和。华北平原农作物种植区主要分布在河北、鲁北和豫北平原，占华北平原农作物总播种面积的 94.45％，分别占 58.47％、19.27％和 16.71％。1978 年之前，京津冀地区农作物总播种面积呈增加趋势；1978 年以来，京津冀地区农作物总播种面积呈不断减少趋势，其中 1978～2008 年期间河北平原农作物总播种面积减少 59.32 万 hm²，北京和天津平原分别减少 57.31％和 26.76％。鲁北平原和豫北平原农作物总播种面积呈缓慢增加趋势（图 11-3），1978～2008 年期间分别增加 35.81 万 hm² 和 26.19 万 hm²。

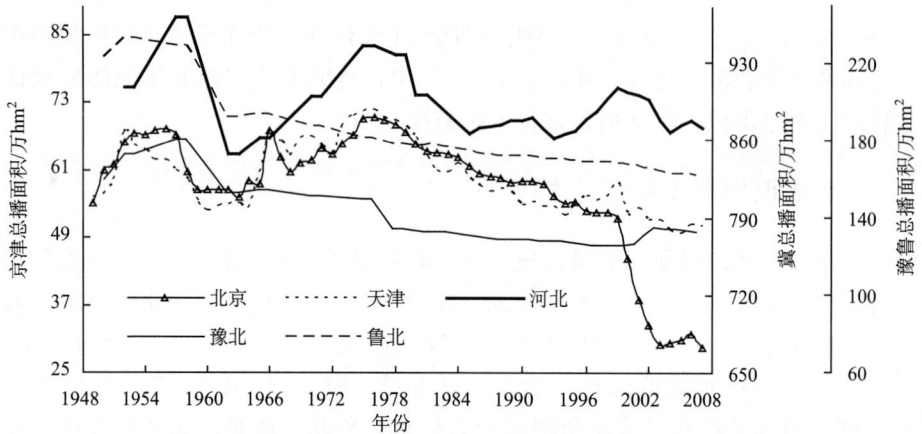

图 11-3　近 60 年以来华北平原农作物总播种面积演变特征

农作物种植强度是指每平方千米土地上农作物种植面积的数量，单位为 $hm^2/(a \cdot km^2)$。从华北平原农作物种植强度来看，京津以南的太行山前平原、豫北平原和鲁北平原的聊城地区农作物种植强度较大，环渤海的滨海平原农作物种植强度较小。在太行山前平原的保定、石家庄、邢台、邯郸、安阳、濮阳和新乡北部，以及鲁北的聊城、济南的商河和济阳地区，农作物种植强度远大于华北平原平均值 $[104.16hm^2/(a \cdot km^2)]$，其中石家庄平原的栾城为 $152.51hm^2/(a \cdot km^2)$、高邑为 $141.50hm^2/(a \cdot km^2)$，邯郸平原的馆陶为 $166.35hm^2/(a \cdot km^2)$、肥乡为 $143.57hm^2/(a \cdot km^2)$、成安为 $135.62hm^2/(a \cdot km^2)$。

在邢台-石家庄地区的宁柏隆（宁晋-柏乡-隆尧）浅层地下水漏斗分布区，农作物种植强度普遍大于 $120hm^2/(a \cdot km^2)$，其中宁晋为 $120.03hm^2/(a \cdot km^2)$、柏乡为 $121.79hm^2/(a \cdot km^2)$、隆尧为 $125.08hm^2/(a \cdot km^2)$、南和 $124.56hm^2/(a \cdot km^2)$ 和任县 $121.30hm^2/(a \cdot km^2)$。安阳平原的滑县为 $137.94hm^2/(a \cdot km^2)$、汤阴为 $127.21hm^2/(a \cdot km^2)$，濮阳平原的南乐为 $128.37hm^2/(a \cdot km^2)$、清丰为 $125.52(a \cdot km^2)$。在华北平原的中部地区，如邢台平原的东部、衡水平原、石家庄平原的东部、沧州地区的西部和德州地区，农作物种植强度介于 $85～105hm^2/(a \cdot km^2)$。在华北平原的北部地区，如北京平原和天津平原区的西部、唐山和廊坊大部分平原区，农作物种植强度介于 $45～85hm^2/(a \cdot km^2)$。在华北平原的东部地区，如天津的东部平原、鲁北平原的东营和滨州地区，农作物种植强度小于 $45hm^2/(a \cdot km^2)$。

2. 不同农作物种植面积比率变化特征

从华北平原整体上来看，1978 年改革开放初期至 20 世纪 80 年代中期，小麦和玉米种植面积占耕地面积的比例呈显著下降趋势 ［图 11-4（a）］，占农作物总播面积的比例也呈现下降特征 ［图 11-4（b）］；蔬菜和鲜果种植面积占耕地面积和农作物总播面积的比例都处于较稳定的低水平状态。20 世纪 80 年代中期至 1998 年期间，小麦和玉米种植面积占耕地面积的比例呈波动缓慢增大趋势，占农作物总播面积的比例呈显著下降趋势。蔬菜和鲜果种植面积占耕地面积和农作物总播面积的比例都呈现显著增大趋势。1999～2004 年，小麦、玉米种植面积占耕地面积和占农作物总播面积的比例都呈大幅下降特征，蔬菜种植面积占耕地面积和农作物总播面积的比例都呈现大幅增加趋势，鲜果种植面积占耕地面积和农作物总播面积的比例都呈现缓慢增大特征（图11-4）。2005 年以来，小麦、玉米、蔬菜和鲜果种植面积所占比例，都表现为恢复后的平稳状态特征。

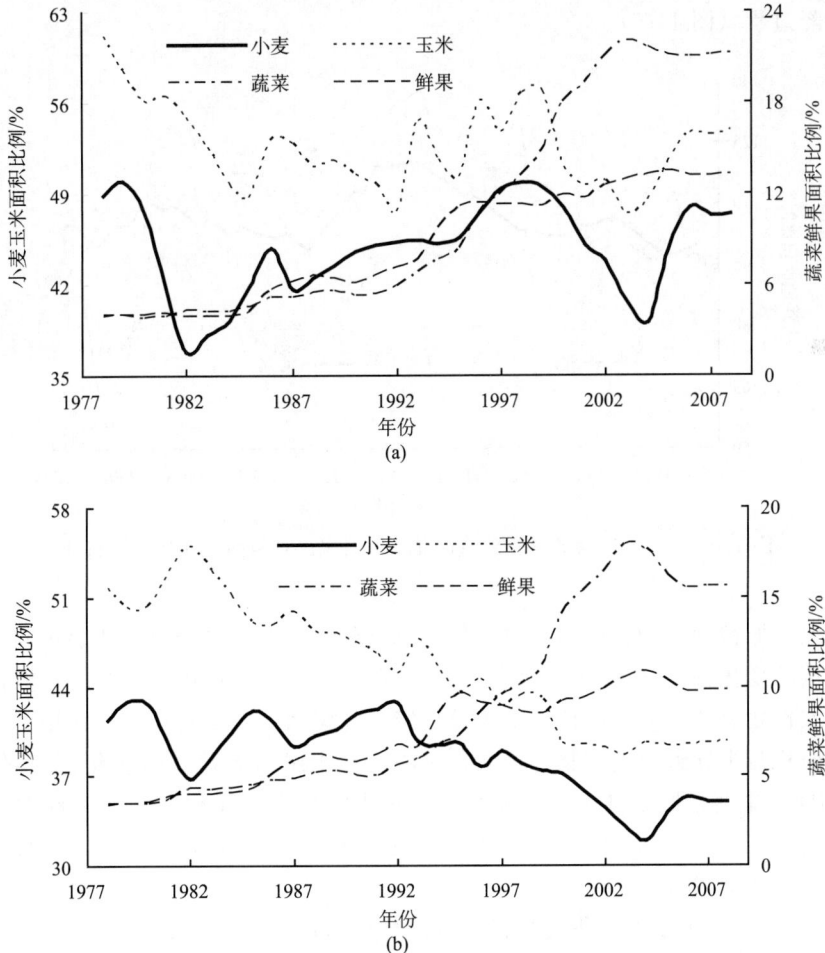

图 11-4　1978 年以来华北平原不同作物种植面积占耕地面积和总播面积比例变化特征
（a）种植面积占耕地面积比例变化特征；（b）种植面积占总播面积比例变化特征

二、粮食种植规模与灌溉用水强度演变特征

（一）粮食作物种植规模变化与区位特征

1. 粮食作物种植规模变化特征

从近 10 年粮食种植面积的总体规模来看，河北平原占华北平原粮食总播面积的
56.85％，鲁北平原占 21.93％，豫北平原占 15.76％，天津平原占 3.18％，北京平原
占 2.28％。近 60 年以来华北平原粮食作物种植面积的绝对数量相应减少，与耕地面积
不断减少密切相关。但是，粮食作物播种面积占耕地面积的比例始终处于高位状态。在
20 世纪 50 年代初，华北平原粮食作物播种面积占耕地面积的比例介于 92.29％～
106.98％，70 年代中期达到 116.54％～136.96％（包括复种面积）。1978 年以来，华
北平原粮食作物播种面积占耕地面积的比例呈下降趋势，尤其是 2000～2004 年期间出
现大幅下降过程（图 11-5）。

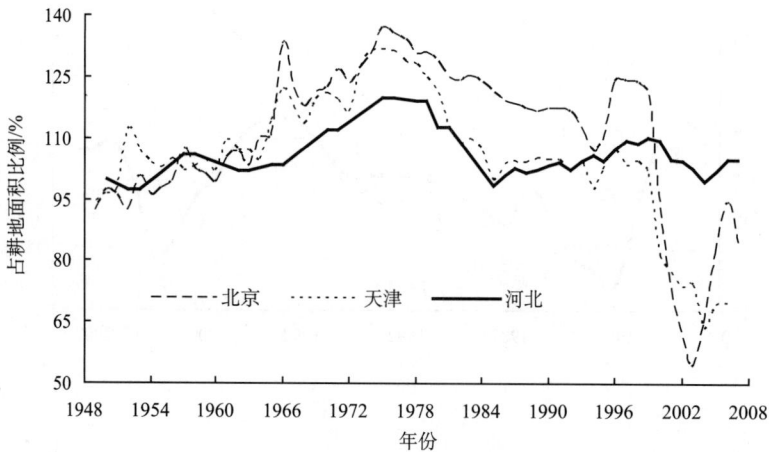

图 11-5　近 60 年以来华北平原粮食种植面积占耕地面积比例演变特征

从华北平原粮食作物种植面积占农作物总播种面积的比例来看，明显不同于其占耕
地面积比例的变化特征（图 11-5 和图 11-6）。在 20 世纪 70 年代中期之前，粮食作物种
植面积占农作物总播种面积的比例处于较稳定的高位状态，没有出现比例增大过程，这
表明耕地面积减少导致粮食作物种植面积占耕地面积比例增大。20 世纪 70 年代中期至
1985 年期间，华北平原粮食作物种植面积占农作物总播种面积的比例出现大幅下降过
程，降幅达 10.25％～14.78％，这与其占耕地面积比例变化特征一致，表明华北平原
粮食种植面积在缩减（图 11-7）。

在 2000～2004 年期间，华北平原粮食作物种植面积占农作物总播种面积的比例再
度出现大幅下降过程，河北平原由 79.91％下降至 69.04％，北京平原由 77.95％下降
至 50.66％，天津平原由 73.10％下降至 52.25％，豫北平原由 77.91％下降至 72.53％，

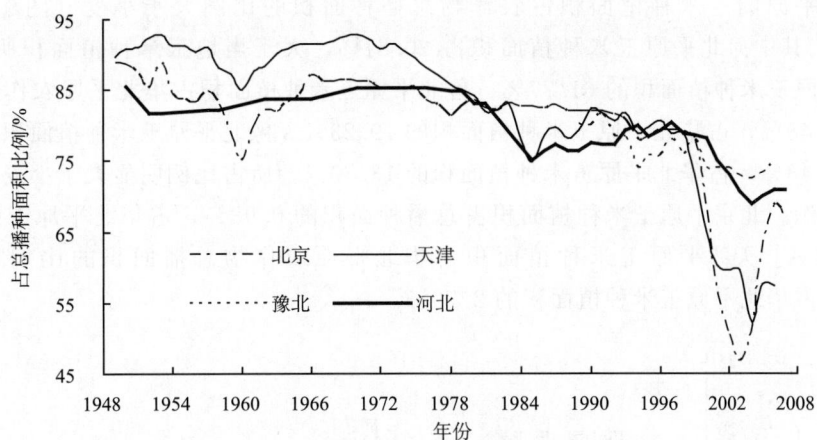

图 11-6 近 60 年以来华北平原粮食种植面积占作物总播面积比例变化特征

这与粮食种植面积大幅减少密切相关（图 11-7）。近几年来，华北平原粮食作物种植面积及其占农作物总播种面积的比例有所回升。

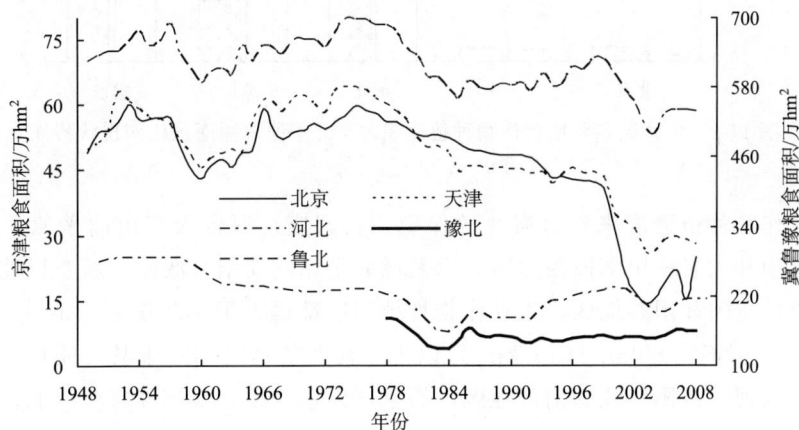

图 11-7 近 60 年以来华北平原粮食作物种植面积变化特征

2. 粮食作物种植强度区位特征

在华北平原，小麦种植面积占农作物总播种面积的 29.63%，其中河北平原小麦种植面积所占比例最大（图 11-8），为 16.21%，占华北平原小麦种植面积的 54.71%。其次为鲁北平原，小麦种植面积占 6.32%，占华北平原小麦种植面积的 21.33%。豫北平原小麦种植面积占总播种面积的 5.80%，占华北平原小麦种植面积的 19.57%。天津平原小麦种植面积占总播种面积的 0.84%，占华北平原小麦种植面积的 2.83%。北京平原小麦种植面积占华北平原农作物总播种面积的比例最小，为 0.47%，占华北平原小麦种植面积的 1.59%。

华北平原的玉米种植面积占农作物总播种面积的比例大于小麦（图 11-8），为 33.69%，其中河北平原玉米种植面积占 20.81%，大于当地玉米种植面积所占比例，占华北平原玉米种植面积的 61.77%；鲁北平原玉米种植面积占华北平原农作物总播种面积的 6.48%，占华北平原玉米种植面积的 19.23%。豫北平原玉米种植面积占总播种面积的 4.48%，占华北平原玉米种植面积的 13.30%，所占比例明显大于小麦种植面积所占的比例。北京平原玉米种植面积占总播种面积的 0.98%，占华北平原玉米种植面积的 2.91%。天津平原玉米种植面积占华北平原农作物总播面积的比例最小，为 0.94%，占华北平原玉米种植面积的 2.79%。

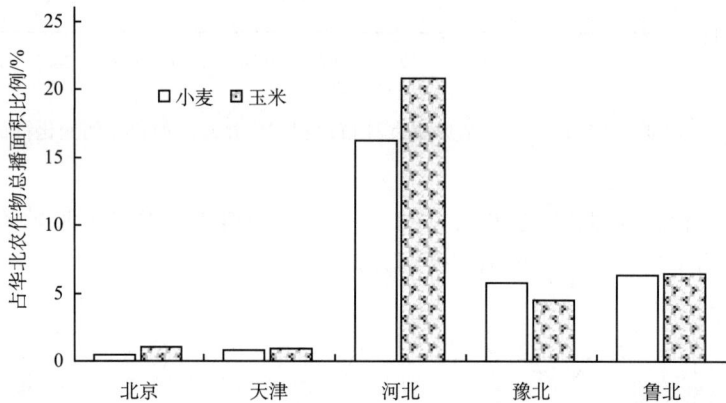

图 11-8　各分区主要粮食作物种植面积占华北平原总播面积比例现状特征

从粮食作物种植强度来看，河北的保定、石家庄、邢台太行山前平原、邯郸的永年—曲周以南和大名—馆陶以西地区，以及豫北平原的安阳、濮阳、新乡以北地区、鲁北平原的聊城东阿和阳谷地区，粮食作物种植强度都远大于华北平原均值 [69.49hm²/(a·km²)]，普遍在 80hm²/(a·km²) 以上。河北的高碑店—雄县—任丘—沧县—盐山—信阳—商河—济阳一线的南部地区，石家庄以东平原，邯郸和聊城以北地区，粮食作物种植强度介于 50~80hm²/(a·km²)。高碑店—雄县—任丘—沧县—盐山—信阳—商河—济阳一线以北，除个别县市粮食作物种植强度略大以外，大部分地区小于华北平原粮食作物种植强度均值，普遍不大于 40hm²/(a·km²)。

在石家庄—衡水—德州的以南地区，小麦种植强度较大，以北地区种植强度较小。其中，石家庄南部、邯郸和邢台的太行山前平原、聊城的冠县和阳谷、德州的禹城和临沂、安阳、濮阳和新乡北部地区，小麦种植强度都远大于华北平原均值 [32.65hm²/(a·km²)]，普遍大于 45hm²/(a·km²)。在廊坊和保定山前平原、石家庄北部、邢台中部、邯郸北部、沧州、衡水、德州、聊城（除冠县和临沂）大部分地区和新乡南部平原，小麦种植强度介于 25~45hm²/(a·km²)。在北京、天津、唐山平原区、廊坊东部、邢台东部、沧州、德州的夏津、滨州和东营地区，小麦种植强度远小于华北平原小麦种植强度均值。

华北平原大部分地区的玉米种植强度介于 20~35hm²/(a·km²)，包括秦皇岛的昌黎和唐山的丰润和滦南、廊坊的三河、天津的武清、宝坻和静海、保定市以南和高碑店以北及霸州以西地区、石家庄东部、邢台山前平原、邯郸西部、衡水、德州大部、沧州中西部、聊城中西部、安阳西部。玉米种植强度大于华北平原玉米种植强度均值（37.98hm²/a·km²）的地区，主要分布在唐山的玉田和滦县、天津的蓟县、廊坊的大厂和香河、保定的中西部、石家庄西部、邢台中北部、邯郸中部、沧州泊头和肃宁、德州陵县和庆云、聊城的茌平和东阿、济南商河、鹤壁的浚县和淇县、新乡卫辉地区。在唐山—天津—沧州—滨州—东营的环渤海地区、北京、邢台东部、濮阳中东部和新乡北部地区，玉米种植强度小于20hm²/(a·km²)。

（二）粮食作物产量变化与区位特征

目前，华北平原的粮食总产量超过5700万t/a，其中以小麦为主的夏粮总产量在2700万t/a以上，以玉米为主的秋粮总产量在3000万t/a以上。从图11-9可见，自1949年以来，华北平原粮食总产量不断大幅增长，1978年之后增长幅度明显加大，1997～1998年期间达到高位之后，至2003年出现快速回落过程，从1998年的5639万t/a下降至2003年的4432万t/a。自2004年开始，华北平原的粮食总产量又步入递增过程，目前已超过5700万t/a。从粮食产量强度（指每km²区域年粮食产量的数量）分布特征来看，华北的太行山前平原、中部和南部较大，华北平原的东北部较小。

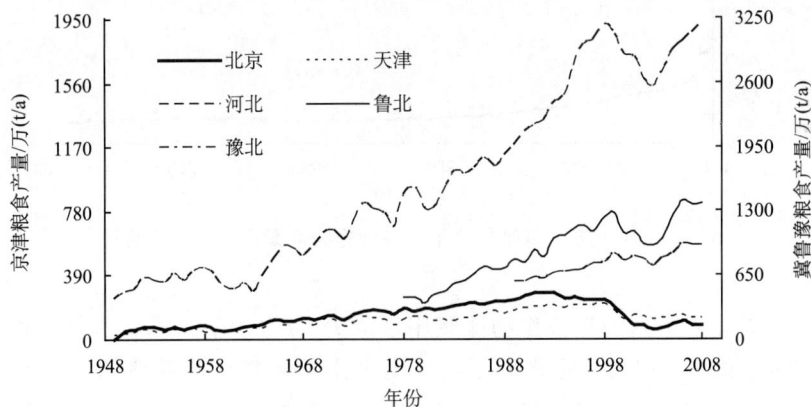

图11-9　近60年以来华北平原各分区粮食总产量演变特征

从近10年平均粮食产量来看，河北平原粮食总产量占华北平原粮食产量的55.91%，其次是鲁北平原，为22.83%。豫北平原粮食总产量占华北平原粮食产量的比例为16.66%，天津、北京平原粮食总产量所占比例分别为2.64%和1.98%。

小麦和玉米产量是华北平原粮食总产量中主要组成部分。从近10年平均小麦和玉米产量来看，河北平原小麦和玉米总产量占华北平原相应总产量的53.51%和59.74%，其次是鲁北平原，为22.39%和22.23%。豫北平原小麦、玉米产量占华北平原相应总产量的比例为20.12%和13.63%，天津平原分别为2.53%和2.47%，以及北京平原分别为1.45%和1.93%。从小麦和玉米作物产量强度（指每km²区域小麦或玉米作物产量的数量）分布特征来看，华北平原的西南部较大，东北部较小。

（三）粮食作物灌溉用水强度变化与区位特征

从总体上看，近 10 年以来华北平原多年平均粮食作物灌溉用水量为 189.12 亿 m³/a，占华北平原总灌溉用水量的 77.69%，其中以小麦为主的夏粮作物灌溉用水量占 51.42%，以玉米为主的秋粮作物灌溉用水量占 26.27%。自 1978 年以来华北平原粮食作物灌溉用水量呈下降趋势（图 11-10），其中 1978～1984 年期间粮食作物灌溉用水量减少 63.03 亿 m³，包括夏粮作物和秋粮作物灌溉用水量分别减少 40.08 亿 m³ 和 22.95 亿 m³。1997～2004 年期间，华北平原粮食作物灌溉用水量再次呈下降过程，相对 1997 年，2004 年粮食作物灌溉用水量减少 68.29 亿 m³，夏粮作物和秋粮作物灌溉用水量分别减少 65.12 亿 m³ 和 3.17 亿 m³。

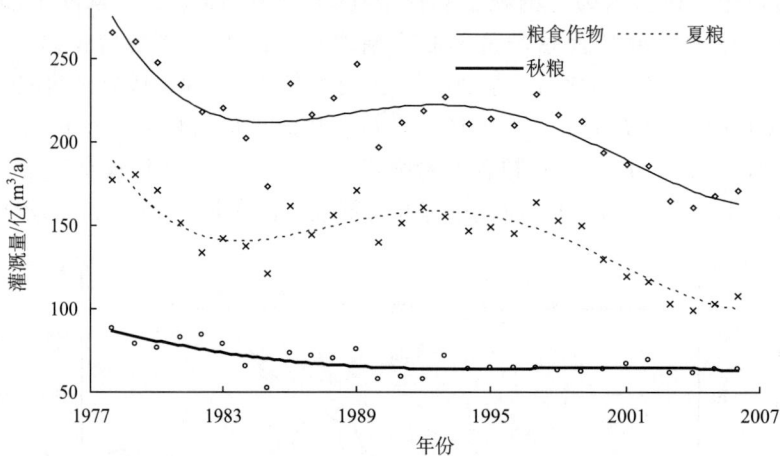

图 11-10　1978 年以来华北平原粮食作物灌溉用水量变化特征

河北平原以小麦为主的夏粮作物灌溉用水量为 59.39 亿 m³/a，占华北平原夏粮作物灌溉总用水量的 55.12%。鲁北平原以小麦为主的夏粮作物灌溉用水量为 25.41 亿 m³/a，占华北平原夏粮作物总用水量的 23.59%。豫北平原以小麦为主的夏粮作物灌溉用水量为 14.09 亿 m³/a，占总用水量的 13.12%。北京、天津平原夏粮作物灌溉用水量分别占华北平原夏粮作物灌溉总用水量的 3.49% 和 4.83%。

从华北平原粮食作物灌溉用水强度分布特征来看，石家庄平原粮食作物灌溉用水强度远大于华北平原农作物灌溉用水强度［17.82 万 m³/(a·km²)］，为 24 万 m³/(a·km²)。北京的山前平原、聊城、信阳、惠民、陵县、滑县、汤阴、浚县和淇县地区的粮食作物灌溉强度较大，灌溉强度为 14 万～24 万 m³/(a·km²)。保定西部、衡水、德州、邢台西部、邯郸和安阳北部粮食作物灌溉用水强度为 9 万～14 万 m³/(a·km²)。廊坊和天津南部、沧州大部、焦作、新乡南部、商河和济阳地区的粮食作物灌溉用水强度远小于华北平原农作物灌溉用水强度，为 4 万～9 万 m³/(a·km²)，濮阳、天津和沧州东部滨海平原区的粮食作物灌溉用水强度较小，普遍小于 4 万 m³/(a·km²)。

三、蔬菜鲜果种植规模与灌溉用水强度演变特征

1978 年之前，农业种植以粮为主，蔬菜和鲜果种植面积较小。近 30 年以来，尤其是 20 世纪 90 年代中期以来，华北平原蔬菜、耗水型果林种植面积和产量都得到迅猛发展，灌溉用水量不断大幅增加，很大程度上冲抵了近 30 年以来粮食作物节水灌溉的减少水量。

（一）蔬菜鲜果种植规模变化与区位特征

1. 蔬菜种植规模变化与区位特征

华北平原近 10 年平均蔬菜种植面积占农作物播种面积的 13.11%，1989～1998 年平均蔬菜播种面积所占比例为 5.61%，1978～1988 年平均为 3.15%。在近 10 年的蔬菜播种面积中，河北平原占华北平原蔬菜种植面积的比例最大，为 51.12%；鲁北平原占 25.64%、豫北平原占 11.51%、天津平原占 6.37% 和北京平原占 5.35%。虽然北京平原蔬菜种植面积占华北平原蔬菜总播面积的比率最小，但是占当地农作物总播面积的比率最大，为 26.16%；天津平原处于第二位，为 23.27%。近 10 年以来河北平原多年平均蔬菜种植面积占当地农作物总播面积的 11.24%，鲁北、豫北平原分别为 18.18% 和 9.66%。

在过去 30 年中，华北平原蔬菜种植面积呈现不断增加趋势（图 11-11）。以河北平原为例，1978 年之前，年均增长 0.63 万 hm^2，为 9.48%；1979～1992 年，年均增长 0.58 万 hm^2，为 1.88%；1992～2003 年期间，年均增长 6.84 万 hm^2，为 22.34%。在河北平原蔬菜种植面积快速增长期间，鲁北平原、豫北平原和天津平原蔬菜种植面积扩大也较快，分别为 37.47%、26.19% 和 12.34%。北京平原增加较缓慢，为 5.01%。2004 年以来华北平原蔬菜种植面积呈现稳中有降的特征，由 212.39 万 hm^2 减少至 200 万 hm^2 以下。其中北京平原蔬菜种植面积减少 2.89 万 hm^2，占当地蔬菜种植面积的 24.10%；鲁北平原蔬菜种植面积减少 14.54 万 hm^2，占当地蔬菜种植面积的 24.88%；天津平原蔬菜种植面积减少 1.42 万 hm^2，占当地蔬菜种植面积的 10.55%。2004 年以来，河北、豫北平原的蔬菜种植面积分别增加 2.48 万 hm^2 和 2.25 万 hm^2。

从蔬菜种植强度来看，蔬菜主产区主要集中分布在较大的城市周围，其中永年和定州蔬菜种植面积较大，分别为 4.25 万 hm^2 和 4.12 万 hm^2，蔬菜种植强度分别为 46.61$hm^2/(a \cdot km^2)$ 和 34.03$hm^2/(a \cdot km^2)$。武清、玉田、内黄、莘县和济阳地区的蔬菜种植面积为 3.10 万～3.60 万 hm^2，蔬菜种植强度为 21.01～30.96$hm^2/(a \cdot km^2)$。永年、鸡泽、济阳、高邑、栾城、藁城、新乐、鹿泉、定州、饶阳、内黄、阳谷、故安、永清、香河和玉田地区蔬菜种植强度远大于华北平原均值 [14.04$hm^2/(a \cdot km^2)$]，都大于 27$hm^2/(a \cdot km^2)$。唐山的丰南、玉田和乐亭，北京的大兴和顺义，天津的武清，廊坊除三河的其他县市、石家庄周边（除正定外）县市和高邑、衡水饶阳、沧州青县、邯郸山前平原北部，河南汤阴、清风、南乐，聊城阳谷、莘县、冠县、茌

平，德州平原县，济南的商河和济阳地区，蔬菜种植强度都大于 $21hm^2/(a \cdot km^2)$。廊坊周边县市及以北地区、唐山（除唐海）的大部分地区、保定山前平原区、石家庄（除周边县市）大部分地区、邯郸市北部山前平原区、滨州沿黄河地区、德州市北部、聊城大部分地区、安阳市北部和濮阳南部地区，蔬菜种植强度介于 $12\sim21hm^2/(a \cdot km^2)$。滑县、清丰、固安、永清、青县、丰润、滦南、乐亭、丰南、茌平、东昌府、冠县、阳谷、平原和商河地区，蔬菜种植强度小于 $9.0hm^2/(a \cdot km^2)$。

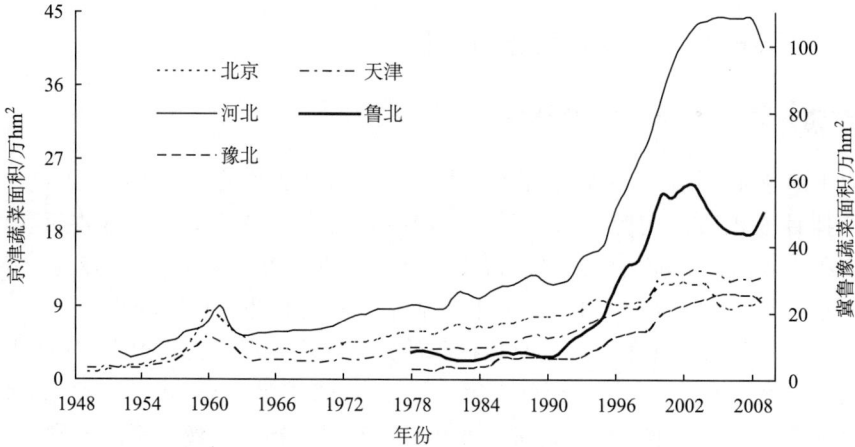

图 11-11　近 60 年以来华北平原蔬菜种植面积变化特征

2. 耗水型果树种植规模变化与区位特征

华北平原近 10 年平均耗水型果树种植面积占农作物播种面积的 8.25%，1989～1998 年平均耗水型果树播种面积所占比例为 6.31%，1978～1988 年平均为 3.27%。在近 10 年的耗水型果树播种面积中，河北平原占华北平原果林面积的比例最大，为 71.06%；鲁北平原占 13.64%，北京平原占 6.31%，豫北平原占 5.87%，天津平原占 3.13%。北京平原耗水型果树种植面积占当地农作物总播面积的比例最大，为 19.38%；天津平原近 10 年以来平均耗水型果树种植面积占当地农作物总播面积的比例为 7.18%，河北平原为 9.83%，鲁北、豫北平原分别为 6.08% 和 3.10%。

在过去 30 年中，华北平原耗水型果树种植面积呈现不断增加趋势（图 11-12）。以河北平原为例，1978～1989 年期间，年均增长 1.04 万 hm^2，为 3.29%；1990～1996 年期间，年均增长 5.11 万 hm^2，为 11.89%。在河北平原耗水型果树种植面积快速增长期间，鲁北平原和豫北平原耗水型果树种植面积扩大也较快，分别为 13.41% 和 15.96%。天津平原和北京平原增加较缓慢，分别为 1.11% 和 0.31%。1996 年以来华北平原耗水型果树种植面积呈现缓慢增长特征，由 114.47 万 hm^2 增加至 124.66 万 hm^2，其中河北平原耗水型果树种植面积增加 10.59 万 hm^2，占当地耗水型果树种植面积的 13.45%；北京平原增加 1.41 万 hm^2，占当地耗水型果树种植面积的 22.03%；天津平原耗水型果树种植面积增加 0.40 万 hm^2，占当地耗水型果树种植面积的 11.97%；

鲁北平原耗水型果树种植面积减少 2.96 万 hm²，占当地耗水型果树种植面积的 15.21%；豫北平原耗水型果树种植面积减少 1.34 万 hm²，占当地耗水型果树种植面积的 15.47%。

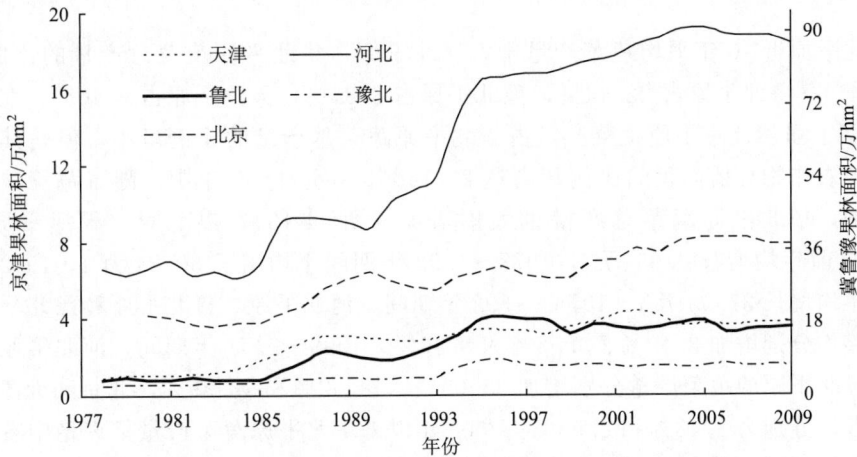

图 11-12　近 30 年以来华北平原耗水型果树种植面积变化特征

华北平原耗水型果树（苹果、梨、桃和葡萄等）种植区比较集中，70%的县级分区果树种植面积小于 1.0 万 hm²，不足 10%的县级分区果树种植面积大于 2.0 万 hm²。虽然河北沧县果树种植面积达 3.67 万 hm²，但以枣树为主。平原区面积占县域面积不足 40%的抚宁和行唐，果树种植面积较大，分别为 4.28 万 hm² 和 5.0 万 hm²。

华北平原耗水型果树种植强度平均为 8.83hm²/(a·km²)。赵县、晋州和泊头地区的耗水型果树种植强度远大于华北平原耗水型果树种植强度均值，分别为 59.6 (a·km²)、60.1hm²/(a·km²) 和 80.1hm²/(a·km²)。内黄、宁晋、辛集、赞皇、鹿泉、曲阳、庆云、顺平和汉沽地区耗水型果树种植强度较大，都大于 25hm²/(a·km²)。深州、阜城、沧县、满城、三河和乐亭地区，果树种植强度介于 22～25hm²/(a·km²)。夏津、藁城、深泽、肃宁、易县和卢龙地区，介于 19～22hm²/(a·km²)。邢台县、柏乡县、献县、定州和抚宁地区，介于 16～19hm²/(a·km²)。临漳、冠县、魏县、行唐、固安和永清地区，介于 13～16hm²/(a·km²)。72%的地区耗水型果树种植强度小于 7hm²/(a·km²)。

在华北平原耗水型果树中，苹果和梨种植面积分别占华北平原果林种植面积的 23.9%和 18.96%，葡萄和桃子果树种植面积分别占 9.74%和 4.27%，其他果树面积占 43.73%。唐山、秦皇岛、衡水、聊城、鹤壁、新乡、焦作和安阳地区以种植苹果为主，其种植面积占当地果树种植总面积的 40%以上，邯郸、廊坊和安阳苹果种植面积占 25%以上。保定、石家庄、邢台和沧州地区以种植梨为主，梨林面积占当地果林总面积的 20%左右，其次是苹果。廊坊、衡水、聊城和滨州地区，苹果林占主导，其次为梨，苹果林面积占当地果林总面积的 20%以上。焦作、新乡、邯郸、唐山地区，桃林面积占当地果林面积的 25%以上。衡水地区，桃林面积占 19.9%。保定地区，苹果、梨和桃林的种植面积均占当地果林总面积的 13％左右。葡萄的种植面积，只有秦皇岛和唐山相对比较多，分别占当地果林面积的 10％以上。其他地区，葡萄的种植面积都有限。

(二) 蔬菜鲜果产量变化与区位特征

华北平原近 10 年平均蔬菜产量中，河北平原占华北平原蔬菜总产量的比例最大，为 59.14％；鲁北平原占 22.14％，豫北平原占 8.34％，天津平原占 5.40％，北京平原占 4.98％。虽然北京平原蔬菜产量占华北平原蔬菜总产量的比例最小，但是其种植面积占当地农作物总播面积的比例却高达 26.16％。在过去 30 年中，随着蔬菜种植面积快速增加，华北平原蔬菜总产量也大幅增加（图 11-13）。以北京、天津平原为例，1978 年之前年均增长 9.09 万 t，1978～1992 年期间年均增长 30.24 万 t，1992～2003 年期间年均增长 37.53 万 t。1978～1992 年期间，河北平原、鲁北平原和豫北平原的蔬菜产量年均分别增加 8.49％、5.58％和 8.46％。1992～2003 年期间，河北平原、鲁北平原和豫北平原的蔬菜产量分别增加 33.05％、48.92％和 33.39％，北京和天津平原增加较缓慢，分别为 2.43％和 8.56％。2004 年以来华北平原蔬菜产量呈现稳中有增有减特征，总体缓增，其中北京和天津平原蔬菜产量分别减少 41.02％和 31.345％，河北平原、鲁北平原和豫北平原的蔬菜产量分别增加 14.66％、5.37％和 16.93％，华北平原合计蔬菜产量增加 6.95％。

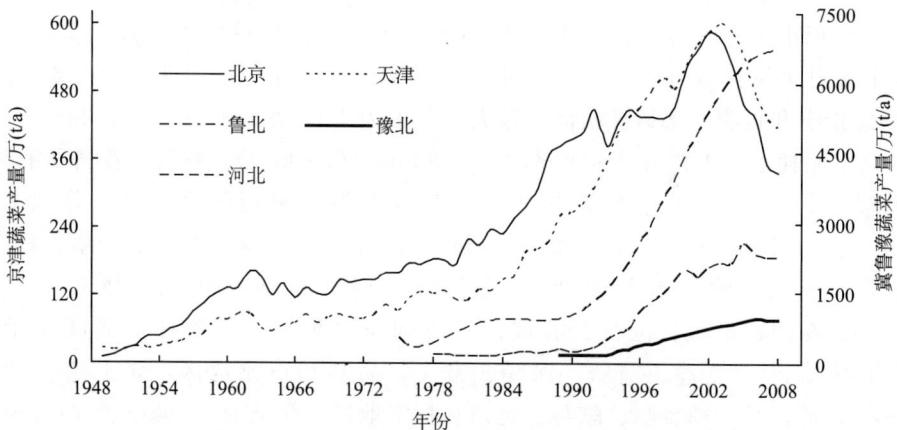

图 11-13　近 60 年以来华北平原蔬菜总产量变化特征

华北平原近 10 年平均耗水型果树产量中，河北平原占华北平原鲜果总产量的 68.68％，远大于北京、天津、鲁北、豫北平原鲜果产量的总和，鲁北平原占 16.54％，北京平原占 6.13％，豫北平原占 6.09％，天津平原占 2.56％。从鲜果产量强度（指每 km² 区域鲜果产量的数量）分布特征来看，华北平原的中部和秦皇岛、濮阳地区较大，其他地区较小。在过去 30 年中，华北平原耗水型鲜果产量变化特征类似蔬菜的规律。1978～1992 年，河北平原、鲁北平原和豫北平原的耗水型果树产量年均分别增加 14.52％、14.18％和 4.60％，北京、天津平原分别增加 6.61％和 25.57％。1992～2003 年期间，河北平原、鲁北平原和豫北平原的耗水型果树产量分别增加 25.37％、19.55％

和 34.41%，北京和天津平原增加较缓慢，分别为 11.29% 和 11.28%。2004 年以来华北平原耗水型果树产量呈现稳中有增有减的特征，总体缓增，其中北京和天津平原耗水型果树产量分别减少 1.53% 和 1.52%，河北平原、鲁北平原和豫北平原的耗水型果树产量分别增加 2.26%、1.08% 和 2.14%，华北平原耗水型果树产量增加 1.69%。

从华北平原不同品种的耗水型鲜果产量来看，在河北的石家庄、邢台、衡水和沧州地区梨的产量在当地鲜果总产量中占绝对优势，其次为苹果；在河北的唐山、秦皇岛、廊坊和邯郸地区，苹果占主导，其次唐山为桃、秦皇岛为葡萄和桃、邯郸和廊坊为梨、保定桃、梨和苹果产量都较多。在鲁北平原和豫北平原，苹果产量占主导，其次鲁北平原为梨，豫北平原为桃，鲁北、豫北平原葡萄产量所占比例较小。

（三）蔬菜鲜果林灌溉用水强度变化与区位特征

蔬菜和鲜果生产对灌溉供水具有较大依赖性，亏缺水分易造成大幅减产。1978 年以来不仅华北平原蔬菜作物灌溉用水量大幅增加，而且耗水型果树灌溉用水量也不断增长（图 11-14），且以开采地下水为主。20 世纪 90 年代之前，华北平原蔬菜灌溉用水量年均为 13.96 亿 m^3，至 2000 年达到 44.68 亿 m^3/a，蔬菜灌溉用水量净增 30.72 亿 m^3/a。目前，华北平原蔬菜灌溉用水量年均已达 48 亿 m^3 以上。其中，河北平原蔬菜灌溉用水量占华北平原蔬菜灌溉用水量的 54.31%，豫北平原占 29.14%，鲁北平原占 21.02%，天津平原蔬菜灌溉用水量占 5.80%，北京平原占 4.13%。

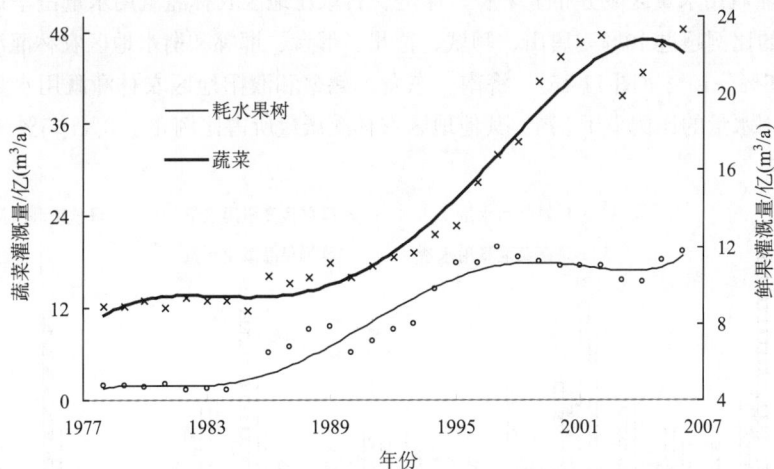

图 11-14　1978 年以来华北平原蔬菜及耗水型果林灌溉用水量变化特征

从蔬菜作物灌溉用水强度来看，太行山前平原、燕山山前平原和鲁北沿黄河地带的蔬菜灌溉用水强度普遍大于 3 万 $m^3/(a·km^2)$，其中藁城、栾城、内黄和汤阴地区蔬菜灌溉用水强度大于华北平原蔬菜灌溉用水的平均强度 [3.47 万 $m^3/(a·km^2)$]，在 10 万 $m^3/(a·km^2)$ 以上；大兴、通县、密云县、顺义、正定、高邑、深泽、无极、辛集、新乐、滦南、玉田、丰南、肥乡、永年、博野、永清、莘县、商河、济阳、安阳、滑县、浚县、南乐、清丰和获嘉地区，蔬菜灌溉用水强度大于 5.0 万 $m^3/(a·km^2)$。衡水、沧州、滨州和东营等环渤海湾地区蔬菜灌溉用水强度小于 1.5 万 m³/(a·km²)，其他地区蔬菜灌溉用水强度介于 1.5 万～3.0 万 m³/(a·km²)。

华北平原耗水型果林灌溉用水强度为 0.84 万 m³/(a·km²)。怀柔、密云、行唐、深泽、赞皇、赵县、辛集、藁城、晋州、鹿泉、乐亭、易县、曲阳和夏津地区的果林灌溉用水强度大于 3.0 万 m³/(a·km²)；昌平、房山、大兴、通县、平谷、灵寿、无极、元氏、新乐、抚宁、卢龙、邯郸县、临漳、成安、广平、魏县、邢台县、柏乡、巨鹿、新河、满城、唐县、顺平、定州、沧县、肃宁、献县、固安、永清、香河、大城、三河、阜城、深州、茌平、冠县、庆云、阳信、沾化、滨城和内黄地区，鲜果林灌溉用水强度介于 1.0 万～3.0 万 m³/(a·km²)，其他地区耗水型果林灌溉强度小于1.0 万 m³/(a·km²)，其中新乡和濮阳地区的鲜果林灌溉用水强度小于 0.2 万 m³/(a·km²)。

四、近 10 年来农林灌溉用水特征

(一) 农林灌溉用水量分布特征

2000 年以来华北平原年均用水量为 303.2 亿 m³，其中农林灌溉用水量占 73.30%。在华北平原农林灌溉用水量中，河北平原占 56.62%，为 134.01 亿 m³/a；鲁北平原占 22.16%，为 52.46 亿 m³/a；豫北平原占 10.13%，为 23.97 亿 m³/a；北京、天津平原农林灌溉用水量分别占 5.35% 和 5.74%，分别为 12.67 亿 m³/a 和 13.59 亿 m³/a。

从农林灌溉用水量区域分布上来看，保定、石家庄地区农林灌溉用水量占华北平原农林灌溉用水量的比例超过 10%，唐山、聊城、德州、邢台、邯郸和衡水地区农林灌溉用水量所占比例介于 5%～10%（图 11-15）。济南、东营、鹤壁和濮阳地区农林灌溉用水量占华北平原农林灌溉用水量的比例小于 3%。其他地区农林灌溉量所占比例介于 3%～5%。

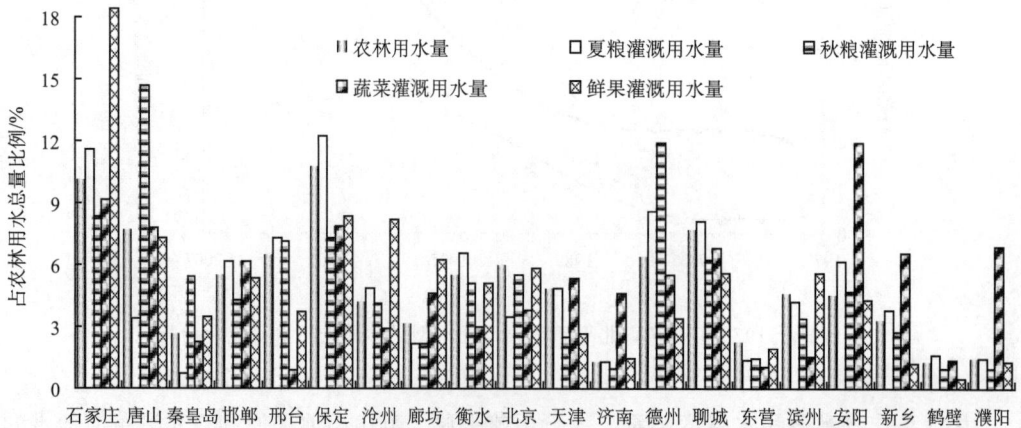

图 11-15　各分区主要作物灌溉用水量占华北平原相应总量的比例

从农林灌溉用水强度来看，华北平原平均灌溉用水强度为 17.45 万 m³/(a·km²)。大兴—固安、元氏—栾城—正定—行唐—无极—藁城—辛集、浚县—内黄一带，农林用水强度大于 28 万 m³/(a·km²)，其中藁城、行唐、无极、栾城、赵县、深泽和元氏的

农林用水强度大于 36 万 $m^3/(a \cdot km^2)$，远大于华北平原均值。北京城郊、天津—沧州—东营等环渤海有咸水分布区，以及新乡—濮阳近黄河一带，农林用水强度较小，小于 13 万 $m^3/(a \cdot km^2)$。

（二）典型区农林灌溉开采量变化特征

子牙河平原、黑龙港及运东平原是华北平原主要灌溉农业区，农田灌溉水量主要来源于开采地下水。其中，子牙河平原以水浇地作物为主，兼有少量菜田和水田，浅层地下水为主要供水水源；黑龙港及运东平原以水浇地作物为主，兼有少量菜田，以深层水为主。

自 2000 年以来，子牙河平原农田灌溉多年平均开采量为 28.93 亿 m^3/a，呈高位波动变化特征。其中，水浇地灌溉多年平均开采量占当地农业开采量的 86.22%，呈减少趋势，由 2000 年的 92.10% 下降至 2012 年的 84.86%，最低为 2006 年的 78.77%；菜田灌溉多年平均开采量占农业总开采量的 13.22%，呈增加趋势，由 2000 年的 7.73% 增加至 2012 年的 14.69%，最高点为 2006 年的 20.26%（表 11-1）。黑龙港运东平原农田灌溉多年平均开采量为 19.85 亿 m^3/a，呈高位波动变化特征。其中，水浇地作物灌溉多年平均开采量占农业总开采量的 88.83%，呈减少趋势，由 2000 年的 94.97% 下降至 2012 年的 89.41%，最低点为 2006 年的 84.52%；菜田灌溉多年平均开采量占 11.17%，呈先增后减趋势，由 2000 年的 5.03% 增加至 2012 年的 10.59%，最高点为 2006 年的 15.48%（表 11-1）。

表 11-1　2000 年以来华北平原典型区农业地下水开采量变化特征

典型农灌区	年份	地下水开采量/亿(m^3/a)				占当年总开采量比例/%			水源类型
		菜田	水田	水浇地	小计	菜田	水田	水浇地	
子牙河平原	2000	2.07	0.05	24.65	26.76	7.73	0.17	92.10	浅层水
	2001	2.37	0.04	26.68	29.09	8.13	0.15	91.72	
	2002	1.97	0.02	27.00	28.98	6.78	0.06	93.16	
	2003	3.43	0.30	22.09	25.83	13.29	1.16	85.55	
	2004	2.93	0.12	24.22	27.27	10.75	0.45	88.80	
	2005	3.76	0.29	25.65	29.69	12.65	0.96	86.39	
	2006	6.43	0.31	24.99	31.73	20.26	0.96	78.77	
	2007	5.98	0.19	25.00	31.17	19.18	0.61	80.20	
	2008	4.18	0.19	24.43	28.80	14.50	0.65	84.85	
	2009	4.10	0.16	24.71	28.97	14.17	0.56	85.27	
	2010	3.89	0.16	25.27	29.32	13.26	0.54	86.20	
	2011	4.42	0.15	25.16	29.73	14.87	0.50	84.63	
	2012	4.23	0.13	24.44	28.80	14.69	0.45	84.86	
	平均	3.83	0.16	24.94	28.93	13.22	0.56	86.22	

典型农灌区	年份	地下水开采量/亿(m³/a)				占当年总开采量比例/%			水源类型
		菜田	水田	水浇地	小计	菜田	水田	水浇地	
黑龙港运东平原	2000	1.00	0.00	18.85	19.85	5.03	0.00	94.97	深层水
	2001	1.23	0.00	18.43	19.66	6.23	0.00	93.77	
	2002	2.02	0.00	18.88	20.90	9.68	0.00	90.32	
	2003	2.68	0.00	18.27	20.94	12.78	0.00	87.22	
	2004	2.69	0.00	16.55	19.24	13.96	0.00	86.04	
	2005	2.82	0.00	17.32	20.14	14.01	0.00	85.99	
	2006	3.17	0.00	17.32	20.50	15.48	0.00	84.52	
	2007	2.45	0.00	17.22	19.67	12.48	0.00	87.52	
	2008	2.24	0.00	17.40	19.64	11.38	0.00	88.62	
	2009	2.30	0.00	17.56	19.85	11.57	0.00	88.43	
	2010	2.33	0.00	18.00	20.33	11.46	0.00	88.54	
	2011	1.98	0.00	17.09	19.07	10.38	0.00	89.62	
	2012	1.94	0.00	16.38	18.32	10.59	0.00	89.41	
	平均	2.22	0.00	17.64	19.85	11.17	0.00	88.83	

（三）超采区农林灌溉用水量变化特征

1. 浅层地下水超采区农业灌溉用水量

宁柏隆（宁晋-柏乡-隆尧）超采区是华北平原最大的浅层地下水超采区，该区已经与石家庄超采区和邢台超采区连成一片，面积超过 10000km²。在邢台-宁柏隆-石家庄超采区，大部分地区的农林灌溉总用水强度超过华北平原农林灌溉用水平均强度 [17.45 万 m³/(a·km²)]，在 23 万 m³/(a·km²) 以上，其中石家庄一带的农林灌溉用水强度大于 28 万 m³/(a·km²)。

肥乡-安阳-濮阳超采区是华北平原比较大的浅层地下水超采区，位于宁柏隆超采区以南，该区地下水漏斗面积 3152km²，漏斗中心地下水水位埋深已超过 53m。大部分地区的农林灌溉总用水强度大于 13 万 m³/(a·km²)，其中该超采区的南部农林灌溉总用水强度在 23 万 m³/(a·km²) 以上，其中滑县和内黄一带达 28.4 万 m³/(a·km²)。

保定-高蠡清（高阳-蠡县-清苑）超采区位于宁柏隆超采区以北，该区地下水漏斗面积 2217km²，漏斗中心地下水水位埋深已超过 60m。在保定-高蠡清超采区，小麦等夏粮作物灌溉用水强度在 12 万 m³/(a·km²) 以上，玉米等秋粮作物灌溉用水强度在 3.2 万 m³/(a·km²) 以上，蔬菜作物或耗水型果林灌溉用水强度分别占该超采区农林作物灌溉总用水强度的 12.18% 和 2.77%。

霸州超采区位于白洋淀以北，该区地下水漏斗面积 1143km²，漏斗中心地下水水位埋深已超过 40m。在霸州超采区，小麦等夏粮作物灌溉用水强度介于 11.9 万～21.1 万

$m^3/(a \cdot km^2)$，玉米等秋粮作物灌溉用水强度在 8.9 万 $m^3/(a \cdot km^2)$ 以上，蔬菜作物或耗水型果林灌溉用水强度分别占该超采区农林作物灌溉总用水强度的 16.68% 和 4.52%。

天竺-通州超采区位于北京平原，该区地下水漏斗面积 $963km^2$，漏斗中心地下水位埋深已超过 45m。在天竺-通州超采区，小麦等夏粮作物灌溉用水强度介于 15.6 万～23.6 万 $m^3/(a \cdot km^2)$，玉米等秋粮作物灌溉用水强度在 8.1 万 $m^3/(a \cdot km^2)$ 以上，蔬菜作物或耗水型果林灌溉用水强度分别占该超采区农林作物灌溉总用水强度的 22.57% 和 6.45%。

2. 深层地下水超采区农业灌溉用水量

"衡德漏斗群" 超采区是华北平原最大的深层地下水超采区，该区地下水漏斗面积 $7956km^2$，漏斗中心地下水位埋深已超过 110m，1968 年水位埋深仅 2.94m。在 "衡德漏斗群" 超采区的河北平原，农林灌溉总用水强度介于 13.64 万～17.87 万 $m^3/(a \cdot km^2)$，其中，小麦等夏粮作物灌溉用水强度为 6.08 万～9.66 万 $m^3/(a \cdot km^2)$，占农林作物灌溉总用水强度的 52.69%；玉米等秋粮作物灌溉用水强度为 2.43 万～3.97 万 $m^3/(a \cdot km^2)$，占农林作物灌溉总用水强度的 20.25%；蔬菜作物和耗水型果林灌溉用水强度分别占该超采区农林作物灌溉总用水强度的 10.28% 和 4.52%。在 "衡德漏斗群" 超采区的鲁北平原，农林灌溉总用水强度介于 13.19 万～17.30 万 $m^3/(a \cdot km^2)$，其中，小麦等夏粮作物灌溉用水强度为 4.95 万～7.42 万 $m^3/(a \cdot km^2)$，占农林作物灌溉总用水强度的 41.74%；玉米等秋粮作物灌溉用水强度为 3.53 万～7.04 万 $m^3/(a \cdot km^2)$，占农林作物灌溉总用水强度的 34.33%；蔬菜作物和耗水型果林灌溉用水强度分别占该超采区农林作物灌溉总用水强度的 16.19% 和 4.31%。

"津青沧漏斗群" 超采区是华北平原出现较早的深层地下水超采区。在 "津青沧漏斗群" 超采区的沧州平原，大部分地区农林灌溉总用水强度介于 6.85 万～11.21 万 $m^3/(a \cdot km^2)$，其中，小麦等夏粮作物灌溉用水强度为 3.23 万～5.22 万 $m^3/(a \cdot km^2)$，占农林作物灌溉总用水强度的 48.37%；玉米等秋粮作物灌溉用水强度为 1.37 万～2.23 万 $m^3/(a \cdot km^2)$，占农林作物灌溉总用水强度的 20.59%；蔬菜作物和耗水型果林灌溉用水强度分别占该超采区农林作物灌溉总用水强度的 11.88% 和 8.43%。在 "津青沧漏斗群" 超采区的青成（青县-大成）平原，农林灌溉总用水强度介于 8.99 万～10.19 万 $m^3/(a \cdot km^2)$，其中，小麦等夏粮作物灌溉用水强度为 3.12 万～5.50 万 $m^3/(a \cdot km^2)$，占农林作物灌溉总用水强度的 54.04%；玉米等秋粮作物灌溉用水强度为 1.78 万～2.46 万 $m^3/(a \cdot km^2)$，占农林作物灌溉总用水强度的 24.12%；蔬菜作物和耗水型果林灌溉用水强度分别占该超采区农林作物灌溉总用水强度的 3.70% 和 14.65%。在 "津青沧漏斗群" 超采区的天津平原，农林灌溉总用水强度介于 11.24 万～19.22 万 $m^3/(a \cdot km^2)$，其中，小麦等夏粮作物灌溉用水强度为 5.98 万～12.81 万 $m^3/(a \cdot km^2)$，占农林作物灌溉总用水强度的 48.13%；玉米等秋粮作物灌溉用水强度为 2.81 万～4.02 万 $m^3/(a \cdot km^2)$，占农林作物灌溉总用水强度的 22.58%；蔬菜作物或耗水型果林灌溉用水强度分别占该超采区农林作物灌溉总用水强度的 13.17％和 2.42％。

第二节 华北农灌用水与地下水承载力适应性状况

一、基本理念与方法

（一）基本理念

（1）灌溉用水强度：灌溉用水强度是指单位时间、单位面积灌溉用水的数量 [万 $m^3/(a \cdot km^2)$]。

（2）农业开采量：农业开采量是指为满足灌溉用水需求而抽取的地下水量（万 m^3/a）。

（3）耗水型果林：耗水型果林是指需定期灌溉的鲜果园林，本研究侧重苹果、梨、葡萄和桃等种植范围较大的果树园林，它们具有常年灌溉用水量统计年报数据。

（4）夏粮作物与秋粮作物：夏粮作物是指夏季收获的粮食作物，秋粮作物特指秋季收获的粮食作物，引自农村经济统计年鉴中的概念。夏粮作物主生长期为春旱季节，所以它是农业灌溉主要耗用水资源或地下水的作物；秋粮作物主生长期经历雨季，所以其灌溉用水强度明显低于夏粮作物。

（5）地下水承载力：地下水承载力是地下水资源承载力的简称，它是指一定时间尺度均衡期内（一般不小于 10 年）的多年平均地下水资源可利用的数量。有关"水资源承载力"理念可概括为三种类型，即"水资源开发规模论"、"水资源承载最大人口论"和"水资源支撑社会经济系统持续发展能力论"，它们的基本点都是在自然环境中客观存在的、可更新的、不导致自然生态系统恶化前提下可被人类社会利用的淡水资源数量，它们的不同点是所强调的服务对象不同。

（6）地下水超采：地下水超采是指在均衡期内地下水实际开采量大于可采资源量，导致地下水位持续下降的状况。

（7）适应性：适应性是指一定区域的农林灌溉用水强度或不同作物灌溉用水强度与相应区域地下水可开采量（或总水资源可利用量）之间均衡状况，包括"有潜力"、"均衡"、"一般不适应"、"较严重不适应"、"严重不适应"和"极严重不适应"等状态，其划分依据和意义见表 11-2。

表 11-2 农业区用水强度与当地水资源承载力之间适应性评价分级及标准体系

评价指数（I）及分级标准/％	＞20	−20～20	−50～−20	−80～−50	−110～−80	≤−110
评价分级	有潜力	均衡	一般不适应	较严重不适应	严重不适应	极严重不适应
评价代码	$I_潜$	$I_均$	$I_般$	$I_较$	$I_重$	$I_极$
编图代码	1	2	3	4	5	6
图例图标	深绿色	蓝绿色	浅绿色	浅黄色	橘黄色	红色

注：评价指数（I）＝（可用的水资源量-实际用水量）×100/可用的水资源量，单位:％。

（二）评价方法

华北平原农林灌溉用水强度与地下水资源承载力之间适应性状况的评价指标，采用"评价指数"（I）表达，见表 11-2 和式（11-1）。

设研究区面积 F_m，基于当地地下水资源可开采量 G_m 的适应性评价指标（I）为

$$I(N_m, W_m, G_m) = \frac{(G_m - W_m) \times 100}{G_m F_m} \tag{11-1}$$

$$W_m(N) = \sum_{i=1}^{n} W_i^{麦} + W_i^{玉} + W_i^{蔬} + W_i^{果} \quad (i=1, 2, 3, \cdots, n，为剖分单元序号)$$

式中，N_m 为第 m 研究分区需灌溉作物种类的数量，包括小麦、玉米、蔬菜和耗水型果林，如苹果、梨、葡萄和桃子等。W_m（N）为第 m 研究分区、N 种农作物的灌溉用水量（万 m³/a）。I 为第 m 研究分区单位面积灌溉用水强度的适应性识别结果。当 $I > 0$ 时，表明该研究区可用于农业的水资源尚有开发利用潜力；当 $I < 0$ 时，表明该研究区农业用水量已超过当地水资源承载力。根据 I 具体计算结果的大小，可以研判出某区域的适应性状况。

表 11-2 中，"有潜力"是指某研究分区农林灌溉用水量小于当地可用于农业的地下水可采资源量，尚有至少 20% 的潜力；"均衡"是指某研究分区农林灌溉用水量与当地地下水可采资源量之间水量差为 ±20%，处于用水比例较良性状态；"一般不适应"是指某研究分区农林灌溉用水量大于当地地下水可采资源量，但超用水量小于 50%。"较严重不适应"是指某研究分区农林灌溉用水量大于当地地下水可采资源量，且超用水量介于 50%～80%。"严重不适应"是指某研究分区农林灌溉用水量大于当地地下水可采资源量，且超用水量介于 80%～110%。"极严重不适应"是指某研究分区农林灌溉用水量大于当地地下水可采资源量，且超用水量大于 110%。

农林用水的阈值：近 30 年来华北全区农林用水量占总用水量的 68.6%～76.9%，枯水年份农林灌溉用水量较大，丰水年份较少。从区域地下水资源可持续利用和粮蔬生产安全两个方面考虑，同时兼顾生活和工业用水必需（二者用水量至少占总用水量30%）。因此，本研究采用 1991～2010 年期间多年平均地下水可采资源量的 70% 作为识别与评价的基值。

基于 MapGIS 技术，构建识别与评价所需的剖分单元技术体系，包括在 13.92 万 km² 华北平原全区以 0.7km×0.7km 精度剖分，扣除大中城市城区，有效剖分单元 279740 个。

评价步骤：第一步，查明和核实研究区作物耗水能力的空间分布现状，包括农林耗水作物面积、生产规模和灌溉用水情况（总灌溉量、农业开采量、小麦等夏粮作物灌溉量、玉米等秋粮作物灌溉量、蔬菜灌溉量和耗水型果树灌溉量）。第二步，以面积为 0.49km² 剖分单元为基本单位，建立县级分区各种作物灌溉用水强度数据库，编制相应分布图，并通过控点实地调查核实。第三步，查明和核实最小分区的地表水和地下水可利用资源量，通过剖分单元体系，建立地下水可采资源的模数数据库，编制相应分布图。第四步，在剖分单元体系中，识别各个剖分单元各种作物灌溉用水强度与当地地下水可采资源模数之间水量均衡结果，建立识别结果的数据库。最后，利用式（11-1），

获得各个剖分单元的 I 值，并根据表 11-2 的标准确定适应性状态。

在上述识别结果基础上，通过绘制 I 值等值线分布图，依据评价分区的要求，得到华北平原农林灌溉用水强度"适应性"状况区划图。根据区划的分区结果，分析各区划分区状态的属性、成因与趋势；然后，针对各分区具体情况，有针对性地提出对策。

二、资料来源

（一）降水、气温和蒸发资料

选择 104 个资料序列较完整的气象站点，对 1961～2010 年逐日资料进行均一性检验和规律分析。

（二）地表水、地下水资源及其供用水量资料

地表水和实际供用水量以海河水利委员会和各省、地市监测与调查资料为主。地下水以国土资源部门的地下水监测与评价资料为主，充分借鉴《华北平原地下水资源可持续利用调查评价》的四级分区评价成果数据。供水量中包括地表水、浅层水、深层水、微咸水、其他水源。用水量中包括农田灌溉用水量（分类为水田、水浇地、菜田，地下水开采量）、林牧渔畜用水量（分类为林果、草场、鱼塘、畜牧，地下水开采量）、工业用水量、城市公共与生活用水量、农村居民生活用水量和生态环境用水量（分类为城市环境、农村生态，地下水开采量）。

（三）灌溉农业资料

主要源自各省、地市、县农村经济统计年鉴和经济统计汇编，基本统计单元为乡，资料内容包括 1949 年以来主要粮食作物（包括小麦、玉米、稻谷、大豆、棉花、薯类等）、各类蔬菜和鲜果（苹果、梨、桃、葡萄等）耗水型果林的播种面积、单产和总产量，以及耕地、水浇地、水田面积和有效灌溉面积、灌溉定额、实际灌溉量和灌溉时间及次数等统计数据。以 2001～2010 年资料作为本次研究的基础资料，采用作物种植布局数据单元（面积 $0.49km^2$）精细填图与遥感解译分析和野外控点标定核查三种方法的结果相互印证，核查和完善基础成果图的客观可靠性。

在资料处理过程中，充分考虑了灌溉农业与气象、水文和地下水等多元系统的共性要素在流域间相似性、在区域上相对差异性和在区内相对一致性，以及水文水资源分区和地下水系统相对完整性与评价分区内相同作物灌溉用水强度近同性。

三、农灌用水与地下水承载力适应性状况

（一）区域适应性状况

从农林灌溉用水强度与地下水可采资源量的均衡结果（图 11-16）可见，华北平原的大部分地区处于"严重不适应"或"极严重不适应"状态，农灌用水强度与地下水可

采资源承载力之间矛盾比较突出。只有在华北平原的西北部北京—保定一带的山前平原和西南部的新乡、濮阳近黄河一带，农林灌溉用水强度处于"有潜力"或"均衡"状态，其中新乡和濮阳地区的农林灌溉用水强度与地下水可采资源量之间适应性评价指数介于+22.97%～+40.55%（表11-3），属于华北灌溉农业发展尚有潜力地区。秦皇岛、北京、保定和济南地区，农林灌溉用水强度处于"均衡"或"一般不适应"状态，评价指数分别为-6.40%、+13.76%、-26.57%和-46.47%，灌溉农业发展处于良性状态。

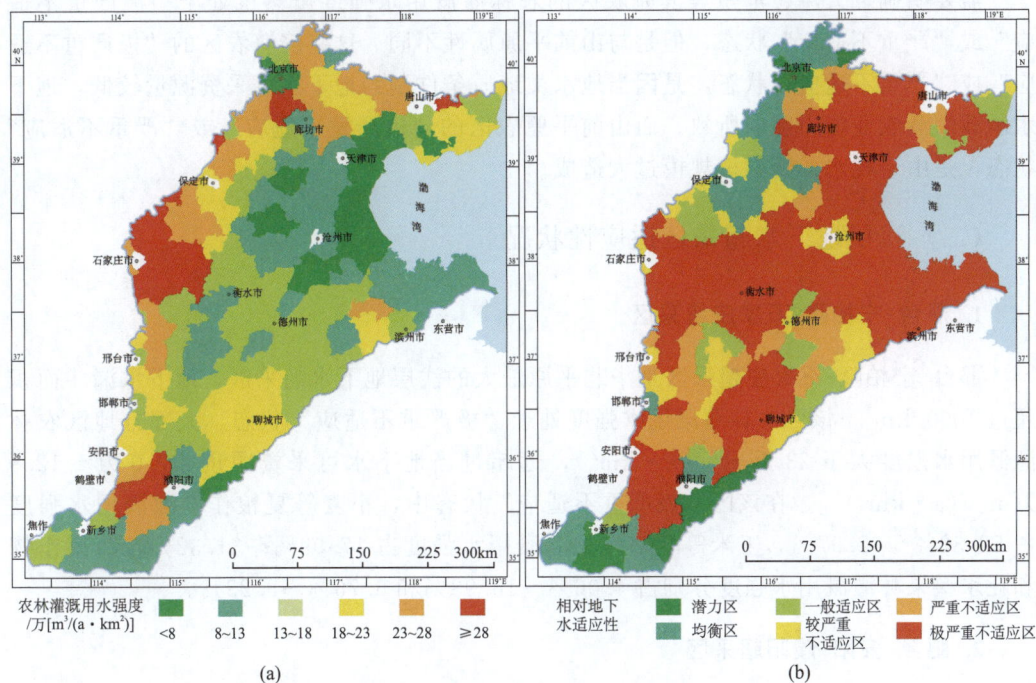

图 11-16　华北平原灌溉用水强度分布（a）及适应性状况分布图（b）

表 11-3　华北平原灌溉用水强度与地下水可采资源量之间适应性状况

分区	地下水可采资源量/万［m³/(a·km²)］	评价指数/%	适应性状况	分区	地下水可采资源量/万［m³/(a·km²)］	评价指数/%	适应性状况
北京	23.07	+13.76	I均	衡水	4.99	-195.79	I极
天津	4.10	-221.95	I极	聊城	8.62	-135.59	I极
石家庄	12.74	-165.63	I极	德州	7.41	-106.46	I重
唐山	8.25	-133.62	I极	滨州	3.40	-345.18	I极
秦皇岛	16.42	-6.40	I均	东营	1.65	-549.86	I极
邯郸	9.50	-81.24	I重	济南	8.11	-46.47	I般
邢台	8.09	-106.31	I重	安阳	9.18	-156.14	I极
保定	17.79	-26.57	I般	鹤壁	10.16	-173.45	I极
沧州	2.49	-205.66	I极	濮阳	12.94	+40.55	I潜
廊坊	5.77	-101.92	I重	新乡	14.37	+22.97	I潜

注：表中：I极.极严重不适应；I重.严重不适应；I较.较严重不适应；I般.一般不适应；I均.均衡；I潜.有潜力。

华北平原农林灌溉用水强度处于"极严重不适应"或"严重不适应"状态地区，主要分布在天津、沧州、石家庄、衡水、安阳、滨州和鹤壁地区，适应性评价指数分别为−221.95％、−205.66％、−165.63％、−195.79％、−156.14％、−345.18％和−173.45％。次之是邢台、邯郸、聊城一带，除了部分"极严重不适应"区外，大部分为"严重不适应"或"较严重不适应"状态，适应性评价指数分别为−106.31％、−81.24％和−135.59％。

需要明确，天津、沧州等滨海农区的农林灌溉用水强度虽然也处于"极严重不适应"或"严重不适应"状态，但是与山前平原属性不同。这些滨海农区的"极严重不适应"或"严重不适应"状态，是因当地水文地质条件制约地下水可采资源量较低，地下水承载灌溉农业能力脆弱所致。而山前平原农区的"极严重不适应"或"严重不适应"状态，是由于耗水作物种植规模过大造成。

（二）浅层地下水超采区适应性状况

1. 邢台-宁柏隆-石家庄超采区

邢台-宁柏隆-石家庄超采区是华北平原最大的浅层地下水超采区，地下水漏斗面积超过 10000km²。该区农林灌溉用水强度处于"极严重不适应"状态，大部分地区农林灌溉用水强度大于 23 万 $m^3/(a \cdot km^2)$，远超过当地下水可采资源量 [7.0 万～12.9 万 $m^3/(a \cdot km^2)$]。在该区"极严重不适应"状态中，小麦等夏粮作物灌溉用水强度占 52.32％～62.97％，玉米等秋粮作物灌溉用水强度占 17.99％～31.32％，蔬菜作物和耗水型果林灌溉用水强度分别占 4.06％～16.93％和 6.76％～8.23％。

2. 肥乡-安阳-濮阳超采区

肥乡-安阳-濮阳超采区是华北平原典型农林灌溉用水的浅层地下水超采区，漏斗面积 3152km²。该区农林灌溉用水强度处于"严重不适应"和"较严重不适应"状态，局部为"极严重不适应"状态，大部分农区农林灌溉用水强度大于 13 万 $m^3/(a \cdot km^2)$，其中超采区的南部大于 23 万 $m^3/(a \cdot km^2)$，局部地区达 28.4 万 $m^3/(a \cdot km^2)$，远超过当地的地下水可采资源量 [6.9 万～10.1 万 $m^3/(a \cdot km^2)$]。在该区"严重不适应"状态中，小麦等夏粮作物灌溉用水强度占 43.74％～51.43％，玉米等秋粮作物灌溉用水强度占 11.74％～22.68％％，蔬菜作物和耗水型果林灌溉用水强度分别占20.23％～37.08％和 4.26％～7.44％。

3. 保定-高蠡清（高阳-蠡县-清苑）超采区

地下水降落漏斗面积 2217km²，小麦等夏粮作物灌溉用水强度占该区农林灌溉总用水强度的 61.51％，玉米等秋粮作物灌溉用水强度占 18.66％，蔬菜作物或耗水型果林灌溉用水强度分别占 12.18％和 2.77％。

（三）深层地下水超采区适应性状况

1. 衡德漏斗群超采区

区内分布冀枣衡（冀县-枣强-衡水）深层水漏斗和德州深层水漏斗，是华北平原最大的深层地下水超采区，漏斗区面积 7956km²。该区农业开采量占农林灌溉用水量 80％以上，农林灌溉用水强度介于 13.64 万～17.87 万 m³/(a·km²)，远超过当地水资源承载能力 [3.98 万～6.43 万 m³/(a·km²)]，呈"极严重不适应"状态。其中，小麦等夏粮作物灌溉用水强度占 41.74％～52.69％，玉米等秋粮作物灌溉用水强度占 20.25％～34.33％，蔬菜作物或耗水型果林灌溉用水强度分别占 10.28％～16.19％和 4.31％～4.52％。

2. 津青沧漏斗群超采区

区内分布天津深层水漏斗、青城（青县-大城）深层水漏斗和沧州深层水漏斗，是华北平原出现较早的深层地下水超采区，漏斗区面积 3127km²。在该超采区的青城和沧州地区农林灌溉用水以开采地下水为主，天津地区地表水占较大比例。该超采区农林灌溉用水强度处于"极严重不适应"状态，农林灌溉用水强度介于 6.85 万～11.21 万 m³/(a·km²)，远超过当地水资源承载能力 [0.91 万～6.78 万 m³/(a·km²)]。其中，小麦等夏粮作物灌溉用水强度占 48.13％～54.04％，玉米等秋粮作物灌溉用水强度占 20.59％～24.12％，蔬菜作物或耗水型果林灌溉用水强度分别占 3.70～13.17％和 2.42％～14.65％。

综上所述，基于水文地质学的"模数"理念和单元剖分方法，以 70％的总水资源可利用量和 70％的地下水可采资源量作为基数，依据农林灌溉用水强度适应性分级与评价标准，通过 MapGIS 平台的剖分单元灌溉用水强度与当地水资源承载力之间关系均衡分析，结果表明：华北平原中部的大部分地区农林灌溉用水强度处于"极严重不适应"状态，在华北平原西北部的山前平原、西南部的临近黄河一带，农林灌溉用水强度处于"均衡"或"一般不适应"状态。

河北平原农业主产区分布的"极严重不适应"地区较多，大部分地下水超采区农林灌溉用水强度处于"极严重不适应"或"严重不适应"状态。在各超采区农林灌溉用水强度与水资源承载力之间"严重不适应"状态中，小麦等夏粮作物灌溉用水强度占 50％以上，玉米等秋粮作物占 10％～30％，蔬菜作物或耗水型果林灌溉用水强度所占比例呈显著增加趋势，许多地区蔬菜作物灌溉用水强度已超过 20％，应引起高度重视，避免蔬菜作物灌溉用水量非理性持续大幅增加。

第三节　区域地下水超采与灌溉作物布局关系

粮食生产规模不断扩大，必然导致农业开采量不断增加 [图 11-17（a）、（b）]，以至地下水超采疏干加剧 [图 11-17（c）、（d）]。近 50 年以来，河北地区粮食总产量多年平均每五年递增 46.2 万 t，其中 1978～2005 年期间，仅滹沱河流域平原区粮果蔬增产所需增加的耗水量达 450 亿 m³/a 以上。这期间，降水量不断减少，无疑加剧了农作物生产需水对灌溉的依赖程度，而灌溉用水量远超过了当地水资源承载力（张光辉等，2009b；刘中培等，2010）。

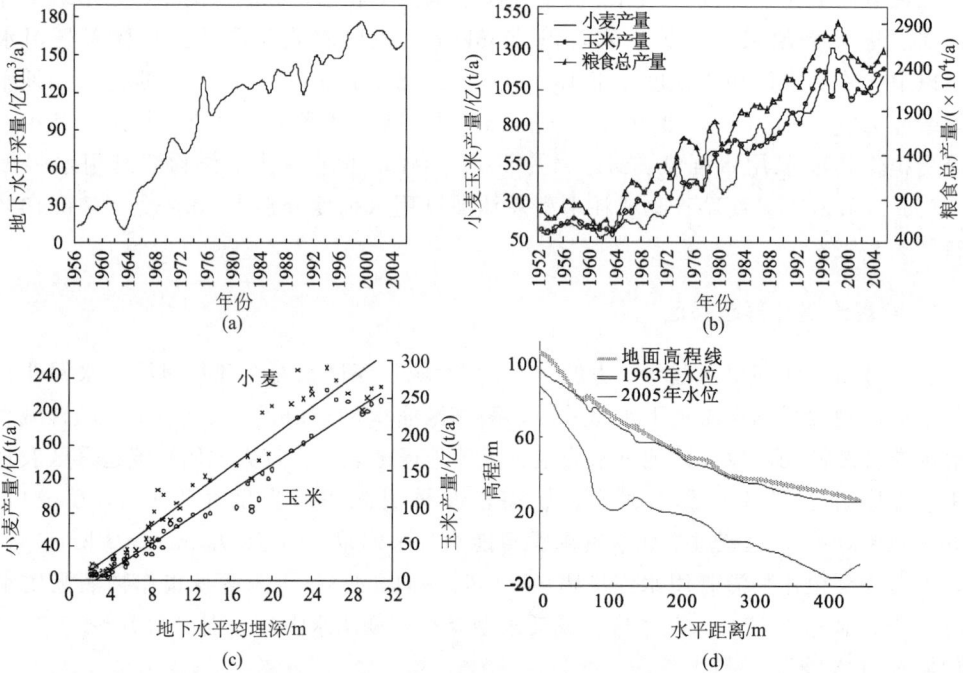

图 11-17　50 年以来河北平原地下水开采量、粮食产量及地下水水位变化状况
（a）地下水开采量动态变化过程；（b）粮食总产量和小麦、玉米产量动态变化过程；
（c）地下水水位埋深与粮食增产之间关系；（d）1963 年来石家庄-献县地下水水位变化剖面

一、农业区降水入渗补给与开采强度呈互逆耦合影响地下水位变化

随降水量减增变化，同期地下水补给量与灌溉开采强度呈互逆变化（图 11-18）。降水量减少，补给量变小，开采强度增大，加剧地下水水位下降；降水量增多，补给量较大，开采强度减小，减缓地下水水位下降或上升。从地下水系统水量均衡角度考虑，有（张光辉等，2006b）：

$$\Delta Q = Q_{补给} - Q_{开采} - E_{蒸发} - \pm W_{侧向流入/流出} = \pm \mu \Delta H F$$

$$\Delta H = \pm \frac{Q_{补给} - Q_{开采} - E_{蒸发} \pm W_{侧向流入/流出}}{\mu F} \tag{11-2}$$

式中，ΔQ 为地下水储存变量，mm/a；$Q_{补给}$ 为主要受降水量变化影响的总补给量，mm/a；$Q_{开采}$ 为农业开采量，mm/a；$E_{蒸发}$ 为地下水蒸发量，mm/a；$\pm W$ 为侧向流入与流出变化量及其他源汇变化量之和，$\pm$ 为增减方向，负号表示水量减少或水位下降，正号表示水量增加或水位上升；ΔH 为地下水水位变幅，cm/a；μ 为当年地下水水位

变动带的综合给水度；F 为均衡区面积，本书取值为单位面积，mm^2。

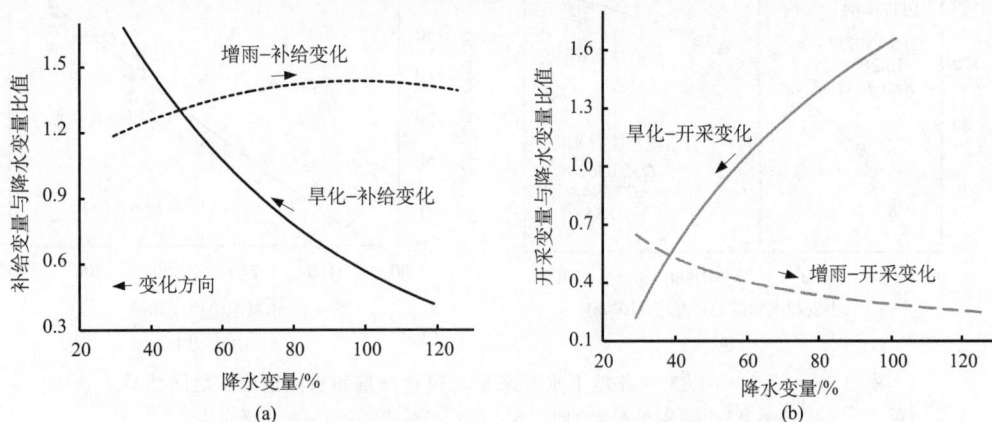

图 11-18　华北平原地下水补给、农业开采与降水变量之间关系

（a）补给变量与降水变量比值；（b）开采变量与降水变量比值

区内地下水长期超采导致水位埋深较大，$E_{蒸发}$ 较小，同时出山地表径流长期被大规模拦蓄，导致河道干涸，加之众多地下水位降落漏斗存在的影响，所以，该区 $\pm W$ 变化有限，以至 $\pm W$ 项影响可忽略。于是，式（11-1）中 $Q_{补给}$ 和 $Q_{开采}$ 成为影响 ΔQ 或 ΔH 的主要因子。在一般情况下，$Q_{补给}$ 和 $Q_{开采}$ 逆向（即增减或减增）变化，二者呈累加状态对 ΔQ 或 ΔH 产生影响。在连续枯水年份，降水减少 10%，则地下水储存量减少 7.98%；反之，降水量增加 10%，则地下水储存量增加 7.67%。由此可见，气候旱化对地下水的影响强度大于相同降水增量的影响强度，二者之差占储存变量的 3.96%。

二、灌溉节水水平的不断提高，有效地减缓了农业开采量增速

1977 年前，每增产 $10^4 t$ 小麦和玉米，多年平均地下水开采增量约 0.14 亿 m^3；1978 年以来，每增产 $10^4 t$ 小麦和玉米，多年平均地下水开采增量约 0.04 亿 m^3。1990 年之后，由于农业用水量中地下水开采量比例增大，以至每增产 $10^4 t$ 小麦和玉米的多年平均地下水开采增量为 0.05 亿 m^3（图 11-19）。以 2001～2005 年平均耗用地下水的开采强度（0.53m^3/kg）计算，粮食增产促使地下水开采量平均每五年递增 2.45 亿 m^3，实际平均每五年少增加 9.45 亿 m^3。以 1952～1970 年平均耗水强度（3.11m^3/kg）推算，仅滹滏平原现状粮食生产规模的灌溉开采量应为 142.3 亿 m^3/a，平均每五年递增 11.74 亿 m^3。

三、农田节水增产对地下水开采量影响

（一）近 50 年来地下水开采量及农作物产量变化特征

在 20 世纪 60 年代以前，河北平原地下水开采量仅 20 亿～30 亿 m^3/a，粮食总产量平均为 772.2 万 t/a，其中小麦 115.5 万 t/a、玉米 134.7 万 t/a；油料和园林水果总产

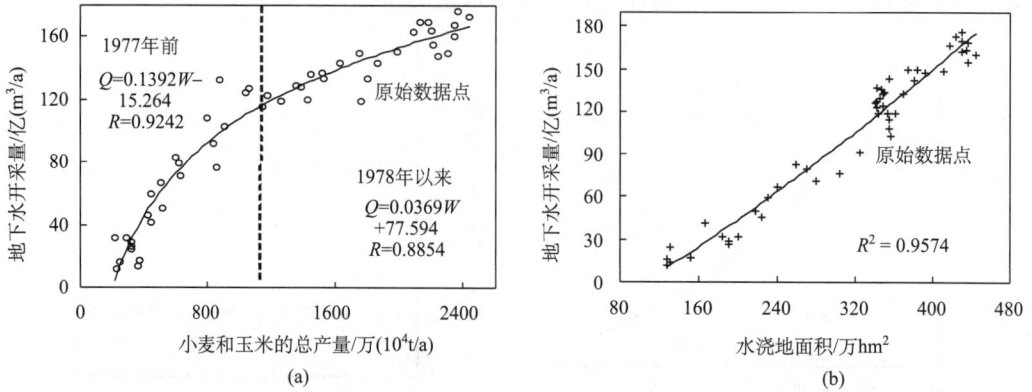

图 11-19　近 50 年以来河北地下水开采量与粮食产量和水浇地面积之间关系

(a) 开采量与小麦玉米产量之间关系；(b) 开采量与水浇地面积之间关系

量分别为 31.0 万 t/a 和 35.1 万 t/a。从表 11-4 可以看出，1952～1965 年期间不仅主要粮食农作物——小麦和玉米总产量处于低产状态，而且油料作物、蔬菜和水果总产量也都处于低产状态。

1966～1977 年期间，虽然粮食产量明显提高，但仍处于中低产水平，粮食总产量徘徊在 1000 万～1500 万 t/a，小麦和玉米产量都介于 200 万～450 万 t/a。随着粮食产量的提高，区内地下水开采量明显增大，20 世纪 70 年代多年平均开采量达 88.4 亿 m³/a，较 60 年代平均开采量增加 105.6%。其中 1975 年之后地下水开采量持续超过 100 亿 m³/a，1977 年达 108.3 亿 m³/a。这与 1972 年区域性大旱（年降水量 242～271mm）、农业大规模打井抗旱有密切关系。

1978 年以来，科技进步促使粮食产量大幅增产。由 1977 年粮食总产量 1312 万 t/a，经过 1978 年的 1688 万 t/a 和 1985 年的 1967 万 t/a，至 1990 年粮食总产量达到 2277 万 t/a。小麦总产量由 1977 年的 403 万 t/a，经过 1978 年的 631 万 t/a 和 1985 年的 744 万 t/a，至 1990 年达到 928 万 t/a；玉米总产量从 1977 年的 397 万 t/a，经过 1978 年的 517 万 t/a 和 1985 年的 679 万 t/a，至 1990 年达到 829 万 t/a。相对 1977 年，1990 年粮食总产量、小麦和玉米总产量分别增加 73.6%、130.3% 和 108.8%。同期，地下水开采量也明显增大，从 1977 年的 108.3 亿 m³/a，至 1980 年地下水开采量超过 120 亿 m³/a，80 年代多年平均实际开采量达到 129.3 亿 m³/a，年均增加 21 亿 m³，许多地区出现地下水严重超采状况。

1991～2005 年期间，各类作物产量进一步大幅增产，至 1998 年粮食总产量达 2918 万 t/a，其中小麦和玉米总产量分别达到 1253.6 万 t/a 和 1187.2 万 t/a（表 11-4）。相对 1990 年，粮食总产量又增产 28.2%，小麦和玉米总产量分别增产 35.1% 和 43.2%。在这期间，油料、蔬菜、瓜类和园林水果总产量分别由 1978 年的 24.5 万、550.7 万、29.7 万 t/a 和 79.5 万 t/a，增加至 2005 年的 152.7、6467.6 万、479.4 万 t/a 和 918.5 万 t/a。苹果、梨、桃和葡萄等耗水性水果产量也分别增产 11.8 倍、7.7 倍、33.7 倍和 71.1 倍，分别达到 220.2 万 t/a（苹果）、324.6 万 t/a（梨）、124.9 万 t/a（桃）和

表 11-4　近 50 年来河北主要农作物产量动态变化*

年代或年份	50	60	70	80	90	2001-05	1952	1978	1998	2000	2005	1978年之前 变量**	1978年之前 比例%	1978年以来 变量**	1978年以来 比例%
年均粮食总产量/(10⁴t/a)	754.2	903.3	1473.7	1931.7	2584.8	2478.8	772.2	1687.9	2917.5	2551.1	2598.6	915.7	54.3	1229.6	72.8
年均小麦产量/(10⁴t/a)	147.1	159.1	415.9	714.8	1091.5	1088.8	115.5	631.4	1253.6	1208.0	1150.3	515.9	81.7	622.2	98.5
年均玉米产量/(10⁴t/a)	155.2	232.6	483.0	711.6	1040.1	1104.0	134.7	516.6	1187.2	994.5	1193.8	381.9	73.9	670.6	129.8
年均油料总产量/(10⁴t/a)	30.7	18.5	24.7	62.2	109.0	155.0	31.0	24.5	138.8	147.0	152.7	-6.5	-26.5	128.2	523.3
年均蔬菜总产量/(10⁴t/a)	/	/	535.7	1039.0	2541.5	5795.4	/	550.7	3587.8	4454.0	6467.6	/	/	5916.9	1074.4
年均园林水果总产量/(10⁴t/a)	28.4	40.1	66.7	154.6	448.6	802.1	35.1	79.5	629.7	677.3	918.5	56.9	71.6	839	1055.3

* 资料引自河北省人民政府办公厅、河北省统计局、河北农村统计年鉴（1991～2005 年）；

** 变量=1978 年指标与各时段对应指标的极大值或极小值之差；正值表示增加，负值表示减少；比例=变量×100/该时段初始值。

86.4 万 t/a（葡萄）。进入 20 世纪 90 年代以来，地下水开采量持续超过 140 亿 m³/a，90 年代多年平均实际开采量 155.1 亿 m³/a，其中 1998 年达到 172.9 亿 m³/a，1991～2000 年超采量 36.9 亿～43.8 亿 m³/a。相对 80 年代多年平均开采量，90 年代地下水开采量增加 25.8 亿 m³/a。

进入 21 世纪，粮食产量增幅减缓，甚至出现减产情势，同时农业节水的力度进一步加大，地下水开采量呈递减趋势，其中 2000 年和 2005 年地下水开采量分别为 163.9 亿 m³/a和160.1 亿 m³/a，相对 1998 年分别减少 9.0 亿 m³/a 和 12.8 亿 m³/a。剔除工业和生活用水量，农业区 1996～2005 年多年平均地下水开采量为 124.4 亿 m³/a。自 2006 年以来粮食和蔬菜产量再度大幅增加，其中 2006 年粮食和蔬菜产量总产量分别达到 2702.8 万 t和6646.8 万 t；2007 年粮食和蔬菜产量总产量分别达到 2762.0 万 t 和 6623.9 万 t。2006 年地下水开采量 164.7 亿 m³/a，其中农业开采量 125.6 亿 m³/a，占总开采量的 76.3%，分别比 2000 年和 2005 年农业开采量增加 1.94 亿 m³/a 和 1.55 亿 m³/a。

（二）关联特征

从图 11-19（a）可见，近 50 年以来河北小麦和玉米产量（W）增加与地下水开采量（Q）不断增大之间具有密切相关性。在 1977 年之前，二者直线相关式为 $Q = 0.1392W - 15.264$，表明每增产 10000t 小麦和玉米，多年平均开采量增加 0.14 亿 m³/a；1978 年以来，二者直线相关式为 $Q = 0.0369W + 77.594$，表明每增产 10000t 小麦和玉米，多年平均开采量增加 0.04 亿 m³/a。若以 1977 年的粮食产量和地下水开采量为基数，1978 年以来粮食增产致使地下水开采量累计增加 987.2 亿～1018.3 亿 m³，多年平均增加开采量 35.3 亿～36.4 亿 m³/a。

从图 11-19（b）也可以看出，区内地下水开采量不断增加与农田灌溉（水浇地面积）之间存在密切关系。在 20 世纪 50 年代，水浇地面积不足 200 万 hm²，地下水开采量不足 30 亿 m³/a。到 60 年代，水浇地面积增加至 258.5 万 hm²，地下水开采量也仅 40 多亿 m³/a。进入 70 年代中后期，水浇地面积达到 356.1 万 hm²，相对 60 年代水浇地增加近 100 万 hm²，地下水开采量超过 100 亿 m³/a，增加 50 亿 m³/a 多。1996 年以来水浇地面积持续超过 400 万 hm²，其中 2000 年之后达到 430 万 hm² 以上。这期间，地下水开采量稳定在 150 亿 m³/a 以上，相对 60 年代多年平均开采量，增加 100 亿 m³/a 多。根据图 11-20（b）的关系式计算结果，平均每增加 10^4 hm² 水浇地，地下水开采量增加 0.57 亿 m³/a。

由于研究区地下水是主要供给水源，年开采量占总用水量的 80% 以上，所以农业区地下水开采量与粮食产量之间呈正相关关系（图 11-20），随着粮食产量逐年增加，地下水开采量不断增大，同时每千克粮食生产所耗用地下水开采量（耗用强度）不断减少（表 11-5）。例如，1953～1970 年多年平均粮食产量 33.4 万 t/a，地下水开采量 10.4 亿 m³/a，每千克粮食生产耗用地下水开采量平均 3.11m³。20 世纪 70 年代初期，多年平均粮食产量增至 94.8 万 t/a，地下水实际开采量平均达到 22.2 亿 m³/a，每千克粮食生产耗用地下水开采量减少为 2.34m³；70 年代后期，多年平均粮食产量 144.1 万 t/a，地下水开采量 24.6 亿 m³/a，平均每千克粮食生产耗用地下水开采量 1.71m³。相对 1953～1970 年均值，20 世纪 70 年代的粮食单产和总产量增幅分别为 102%～168% 和 183%～331%，地下水开采量增幅为 113%～137%，而每千克粮食生产平均耗用地下水开采量则从 3.11m³ 下降至 1.71m³，下降幅度达到 45%。

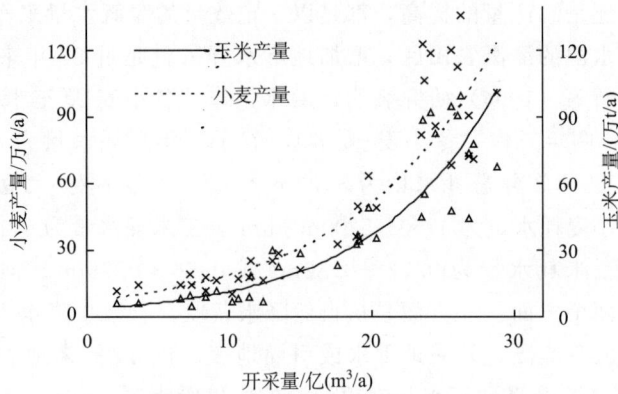

图 11-20　近 50 年来研究区地下水开采量与小麦及玉米产量的关系
注：图中远离趋势线的点，与降水量显著增减变化有关。

表 11-5　研究区不同时段平均粮食产量和地下水开采量及其耗用强度

研究时段			1953～1970	1971～1975	1976～1980	1981～1985	1986～1990	1991～1995	1996～2000	2001～2005
时段平均降水量/mm			558.5	442.7	541.5	453.4	489.1	451.5	420.3	471.5
粮食	总产量/万 (t/a)		33.4	94.8	144.1	192.1	243.1	354.4	467.6	457.5
	单产量/(kg/hm²)		1262	2554	3379	4128	4731	5662	6613	6531
地下水	耗用强度/(m³/kg)		3.11	2.34	1.71	1.31	1.02	0.76	0.58	0.53
	总开采量/亿(m³/a)	范围	2.1～17.6	17.9～25.7	19.8～26.2	23.6～27.2	21.5～26.8	24.7～29.1	25.1～30.7	21.4～28.9
		均值	10.4	22.2	24.6	25.1	24.7	26.9	27.2	24.4

　　进入 20 世纪 80 年代，相对 70 年代后期，粮食单产和总产量又进一步大幅提高，分别增加 22%～40% 和 33%～69%，每千克粮食生产耗用地下水开采量进一步减少，由 1.71m³/kg 降至 1.02～1.31m³/kg，降幅为 23%～40%，以至 80 年代年均地下水开采量增幅不足 3%，但是最小年开采量较前阶段多 1.7 亿 m³，占该阶段平均开采量的 6.83%。在 20 世纪 90 年代，粮食产量增幅加大，气候为近 50 年来较为干旱时期。相对 80 年代后期，粮食总产量平均增加每年 111 万～225 万 t，增幅达到 46%～93%；单产平均增加 931～1882kg/hm²，增幅为 20%～40%。在这一时期，每千克粮食生产耗用地下水开采量从 1.02m³ 降至 0.58m³，降幅为 43.1%；地下水开采量净增 2.2 万～2.5 亿 m³/a，增幅为 8.9%～10.1%，最大开采量到达历史最高值，为 30.7 亿 m³/a，最小开采量较前阶段多 3.2 亿 m³/a，占该阶段平均开采量的 11.83%。

　　2001～2005 年期间，粮食单产和总产量出现减产，分别从 467.6 万 t/a 降至 457.5 万 t/a 和从 6613 kg/hm² 降至 6531 kg/hm²。同时，每千克粮食生产耗用地下水开采量进一步下降，从 $0.58m^3/kg$ 降至 $0.53m^3/kg$。在粮食减产、农田灌溉节水和降水量增加多种因素影响下，地下水实际开采量从 27.2 亿 m^3/a 下降至 24.4 亿 m^3/a。

（三）农田节水增产对地下水开采量影响机制

无论粮食单产还是总产量的提高，都是以一定数量的灌溉水量来作保障的。作为以地下水为主要供给水源的灌溉农田区，增加地下水开采量是近 30 年来粮食增产不可缺少的条件。据程维新等（1994）研究表明，两年三作"冬小麦-夏玉米-谷子"年总耗水量为 $7350m^3/hm^2$，两年三作"冬小麦-夏大豆-谷子"年总耗水量为 $8350m^3/hm^2$，一年两作"冬小麦-夏玉米"年总耗水量为 $8400m^3/hm^2$，"冬小麦-大豆"年总耗水量为 $10500m^3/hm^2$。冬小麦耗水量为 $4750\sim5200m^3/hm^2$，玉米耗水量为 $3710\sim5140m^3/hm^2$，平均每千克小麦或玉米耗水量为 $0.72\sim0.82m^3$ 或 $0.56\sim0.76m^3$。河北平原作物耗水量的水源主要来自两个方面：一方面是从自然降水获取，它减少降水入渗对地下水补给量；另一方面是从人工灌溉，开采地下水或引灌地表。近 30 年来地表水灌溉量占总灌溉量的比例不足 25%，开采地下水是农田灌溉的主供给水源。

从表 11-5 可知，自 1953 年以来，粮食单产量从 $1262kg/hm^2$ 增加至 $6613kg/hm^2$，粮食总产量多年平均每五年递增 46.2 万 t。若以每千克作物产量耗水量 $0.52\sim0.79m^3$ 计算，则仅滹沱河流域平原区 1977 年粮食生产耗水量为 68.2 亿～103.7 亿 m^3/a，至 1998 年粮食生产耗水量达到 151.7 亿～230.5 亿 m^3/a，粮食增产导致耗水量净增 83.5 亿～126.8 亿 m^3/a。如果考虑油料作物、蔬菜、瓜类和水果等作物产量大幅增产的实际情况（表 11-5），1978～2005 年期间仅滹沱河流域平原区粮果蔬增产所需增加的耗水量达到 464.9 亿～706.2 亿 m^3/a。这期间，降水量不断减少，相对 1956～1977 年多年平均降水量（600.9mm），1978～2005 年多年平均降水量（486.8mm）减少 114.1mm/a，无疑加剧了农作物生产需水对灌溉的依赖程度。农业增产导致耗水增量（464.9 亿～706.2 亿 m^3/a）远超过了当地雨水资源承载力，缺水量达 109 亿 m^3/a（作物需耗水量-可利用的水雨资源量，其中包括农田区地表水资源量）。这 109 亿 m^3/a 的缺水量，只能通过开采地下水来解决。

图 11-21 表明，在粮食持续增产促使地下水开采量不断增加过程中，农田灌溉节水水平的不断提高，有效地缓解了灌溉农田区地下水开采量增加的速率。若以 1953～1970 年多年平均每千克粮食生产耗用地下水开采强度推算各时期粮食生产耗用地下水开采量，它们都远大于实际开采量（其差值为节水量），其中 2001～2005 年平均开采量达到 142.3 亿 m^3/a，各时期节水量随时间显著增大。相对 $3.11m^3/kg$ 开采强度下开采量，1978～1981 年、1986～1995 年和 1996～2005 年分别少用地下水开采量 20.2 亿～34.6 亿 m^3/a、50.9 亿～83.3 亿 m^3/a 和 117.9 亿～118.2 亿 m^3/a。若以各时期实际耗用地下水开采强度作为分析基础，则现状粮食总量下地下水开采量及其与实际开采量比较的节水量见表 11-6，现状粮食生产规模下 1978～1981 年、1986～1995 年和 1996～2005 年期间年均地下水开采量分别为 78.2 亿～107.1 亿 m^3/a、46.7 亿～59.9 亿 m^3/a 和 27.2 亿～34.8 亿 m^3/a，节水量分别为 53.8 亿～82.7 亿 m^3/a、22.3 亿～35.5 亿 m^3/a 和 2.8 亿～10.4 亿 m^3/a。若以 2001～2005 年期间单位粮食产量平均耗用地下水开采量

（0.53m³/kg）计算，则粮食增产促使地下水开采量平均每五年递增 2.45 亿 m³；若基于
1953～1970 年期间平均单位粮食产量生产耗用地下水量（3.11m³/kg）计算，则近 30 年
以来地下水开采量平均每五年递增 11.74 亿 m³。二者比较，平均每五年地下水开采量
少递增 9.29 亿 m³。

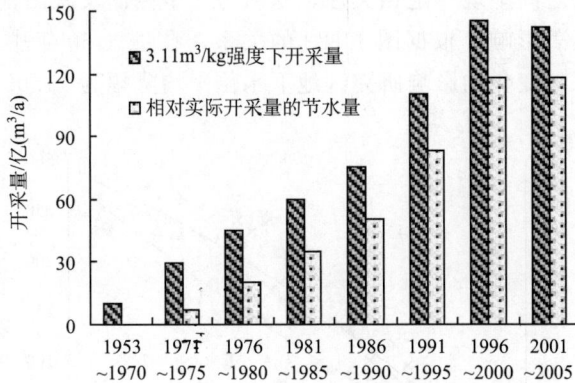

图 11-21　在 3.11m³/kg 开采强度下不同时期农业开采量
及其与实际开采量之差（节水量）动态变化

　　分别以 70 年代、80 年代、90 年代平均耗用地下水开采强度推算，现状粮食生产规模
下地下水开采量分别为 78.2 亿～107.1 亿 m³/a、46.7 亿～59.9 亿 m³/a 和 27.2 亿～34.8
亿 m³/a，与现状实际开采量比较，应多用地下水开采量（节水量）分别为 53.8 亿～82.7
亿 m³/a、22.3 亿～35.5 亿 m³/a 和 2.8 亿～10.4 亿 m³/a（表 11-5、表 11-6）。

表 11-6　现状粮食生产规模在不同耗水强度下地下水开采量和节水量

耗用地下水强度 /（m³/kg）	3.11	2.34	1.71	1.31	1.02	0.76	0.58	0.53
单产耗水量 /（m³/hm²）	20311	15283	11168	8556	6662	4964	3788	3461
总耗水量 /亿（m³/a）	142.3	107.1	78.2	59.9	46.7	34.8	27.2	24.4
节水量 /亿（m³/a）	117.9	82.7	53.8	35.5	22.3	10.4	2.8	0

　　注：现状实际开采量 24.4 亿 m³/a；耗用地下水强度＝单位面积灌溉农田区地下水开采量/该区粮食总产量；
　　　　单产耗水量＝每公顷每年地下水开采量；总耗水量＝粮食总产量下每年地下水开采量；节水量＝总产耗水
　　　　量－实际开采量。

　　上述研究这表明，粮食增产和节水都对灌溉农田区地下水开采量变化产生显著影
响。节水缓解粮食增产驱动地下水开采量增加的速率，并为在有限的可利用地下水资源
条件下粮食增产开拓了发展空间。粮食总产量持续增加促使了灌溉农田区地下水开采量
不断增大。降水量丰枯变化对粮食增产促使地下水开采量增大过程趋势产生波动影响，

但是不改变粮食增产促使地下水开采量增加趋势方向。

长期大量超采地下水的直接结果是地下水水位下降。由于自 20 世纪 70 年代后期以来研究区地下水就处于持续超采状态，随着地下水开采量增大，其累计超采量必然不断增大，进而导致区内地下水水位不断下降。从图 11-22 可见，研究区地下水水位平均埋深与小麦和玉米产量之间呈现一定相关性，这从另一个侧面反映出粮食产量增加对地下水开采量增大具有显著影响。根据图 11-22 的关系，在过去 50 年中平均每增产一万吨小麦或玉米，受开采量变化的影响研究区地下水位平均降幅为 11.09～11.37cm。

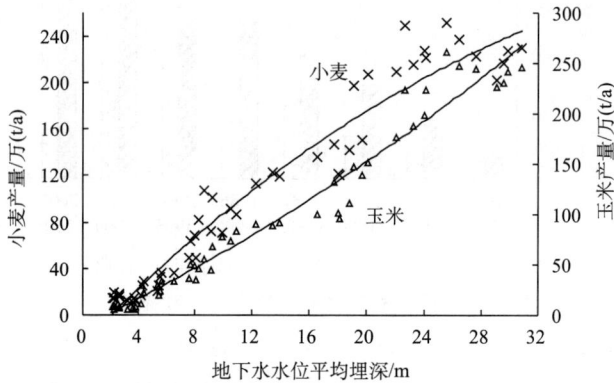

图 11-22　强烈开采条件下农业区地下水水位平均埋深与小麦玉米总产量之间互动关系

第四节　河北粮食持续增产与地下水关系

一、河北粮食生产对地下水依赖性

没有地下水供给保障，河北经济社会发展是很困难的。2000～2005 年河北多年平均总用水量为 204.9 亿 m^3/a，各年地下水开采量占当年总用水量的 80.9%～82.8%。另外，在河北平原的中东部衡水、沧州一带，浅层地下水多是咸水，深层地下水是主要开采水源，分别占当地总开采量的 69.2% 和 65.4%。

农业灌溉是河北用水量的主体。多年平均灌溉用水量 146.8 亿 m^3/a，占总用水量的 72.9%。农田灌溉地下水开采量占总灌溉量的 79.9%。从图 11-23 可见，河北地下水开采量在总供水量中所占比例是全国各省市最高的地区，大于华北平均水平的 56%，远高于全国平均水平的 19%。河北平原是中国粮食和蔬菜的主要产区之一，粮食作物以一年两熟制的冬小麦和夏玉米为主，冬小麦和夏玉米均属于高耗水性作物，总耗水量为 850～900mm/a，而 539mm 的多年平均降水量难以满足农作物生长耗水需求，74.5%～76.6% 的灌溉量需要抽取地下水供给。

在河北平原的 73129km² 范围内，地下水天然资源为 109.2 亿 m^3/a，其中矿化度小于 3g/L 的天然资源为 97.6 亿 m^3/a。2000～2005 年平均地下水开采量为 165.7 亿 m^3/a，超采量为 68.1 亿 m^3/a。近 50 年以来，河北地下水开采量呈现持续增加趋势。20 世纪

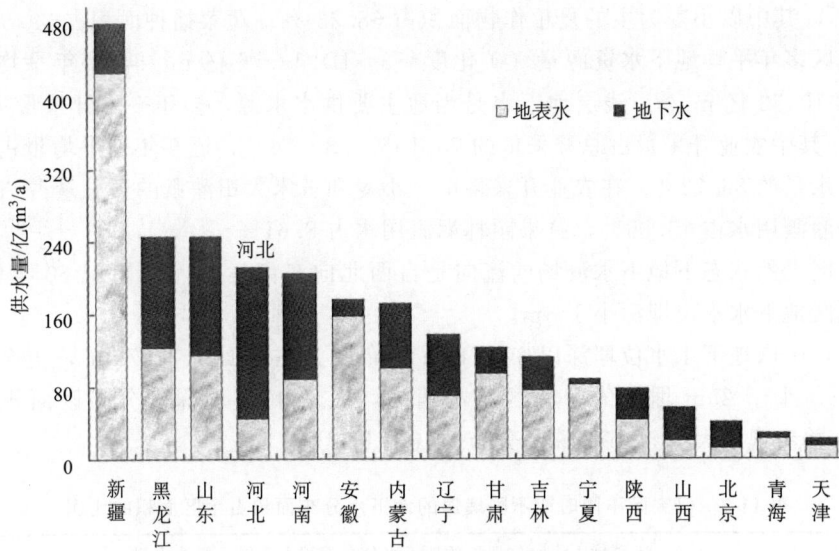

图 11-23　不同地区地下水开采量在总供水量中的比例

50 年代，河北井灌面积仅 1000 多万亩，地下水开采量不足 30 亿 m^3/a，京津以南河北平原地下水开采量在 20 亿 m^3/a 左右，地下水系统处于补给大于开采状态。1958~1964年，农业开始快速发展，井灌面积近 2000 万亩，地下水开采量为 40 亿~50 亿 m^3/a。1965~1979 年，河北井灌面积达 3500 万亩，农业区机井近 50 万眼，仅浅层地下水开采量超过 100 亿 m^3/a。这期间，地下水水位迅速下降，局部出现地下水水位下降漏斗和地面沉降等环境地质问题。

从 1980 年开始，气候持续干旱，降水量不断减少，纯井灌面积达 3098 万亩，地下水开采量急速增大，农业用水占总开采量的 80% 以上，达 135.4 亿 m^3/a，远超过了该地区地下水可利用资源量，平均超采量 36.9 亿 m^3/a。进入 20 世纪 90 年代，严重的地质环境问题引起人们的反思，节水型可持续发展理念逐步深入经济发展中。相对 20 世纪 80 年代，20 世纪 90 年代开采量增幅减小到 7.4%，但总量仍是增加的。2007 年河北平原地下水资源量 63.1 亿 m^3，开采量 161.9 亿 m^3，超采量 98.8 亿 m^3。农牧业开采量 124.2 亿 m^3/a，占总开采量的 76.6%。

二、典型农业区地下水位下降与灌溉农业关系

（一）研究区概况

滹滏平原是华北平原的一个水资源分区，地处滹沱河和滏阳新河冲洪积扇带，面积 8205 km^2，多年平均降水量为 536.9mm，最小年降水量为 232mm。1980 年以来区内枯水年份占 52.9%，几乎所有河流长期干涸，地表水资源十分匮乏。研究区降水高度集中，在主要耗水作物小麦的生育期内降水量不足全年的 20%，灌溉成为农作物正常生长的必需。区内粮食作物播种面积占农作物总播种面积的 81.27%，占耕地面积的

128.33 ％，其中以小麦为主的夏粮作物面积占 68.23 ％；蔬菜播种面积占 29.58 ％。

研究区多年平均地下水资源量（矿化度＜3g/L）13.76 亿 m^3/a，多年平均可开采资源量达 10.32 亿 m^3/a。浅层地下水是当地主要供水水源，多年平均开采量为 21.72 亿 m^3/a，其中农业开采量占总开采量的 75.10％～80.56％，近 5 年来平均量占当地农业灌溉总水量的 86.72％。在农业开采量中，小麦和玉米大田灌溉的开采量占 75.54％、蔬菜作物灌溉用水占 15.85％，鲜果园林灌溉用水占 8.61％。

研究区天然状态下地下水流场的流向是自西北向东南运动，20 世纪 60 年代之前，大部分地区地下水水位埋深小于 5m。

目前，区内地下水水位埋深以 30～40m 分布区为主，面积 3767km²，占全区面积的 45.9％，小于 25m 埋深的分布区基本消失，大于 40m 埋深的分布区面积已超过 400km²，并出现了大于 50m 埋深的分布区（表 11-7）。

表 11-7　研究区不同时期不同埋深的地下水分布面积占全区面积的比例

年份	不同地下水水位埋深的地下水分布面积占全区面积的比例/％									
	＜5m	5～10m	10～15m	15～20m	20～25m	25～30m	30～35m	35～40m	40～45m	＞45m
1963	96.8	3.2	0	0	0	0	0	0	0	0
1975	9.6	67.3	22.3	0.8	0	0	0	0	0	0
1985	2.9	23.5	46.2	23.2	3.1	1.1	0	0	0	0
1995	0.7	3.6	24.5	14.7	34.8	16.9	3.9	0.9	0.03	0
2005	0.2	3.2	9.2	15.6	10.9	11.0	24.7	21.2	3.6	0.9

（二）粮蔬播种强度和有效灌溉面积变化特征

粮蔬作物是滹滏平原区灌溉农业的主要用水对象，二者灌溉用水量占当地总灌溉量的 90％以上。播种强度是指单位耕地面积上农作物播种面积的数量，书中以农作物播种面积与当地耕地面积之比来表达，包括复种面积。该比值越大，表明农作物播种的强度越大；比值越小，表明农作物播种的强度越小。有效灌溉面积率是指农田有效灌溉面积与耕地面积之比。农业开采量是指农田区地下水开采量。

近 60 年以来，滹滏平原耕地面积不断减少，夏粮和蔬菜作物播种强度［图 11-24（a）］和农田有效灌溉面积率［图 11-24（b）］不断增大。1980 年之前，耕地面积减少与粮食作物播种面积不断扩大，共同驱动农田有效灌溉面积率不断提高；1980 年以来，耕地面积不断减少，小麦等夏粮作物和蔬菜作物播种面积不断扩大，使农田有效灌溉面积率在高位上仍不断提高［图 11-24（b）］。

20 世纪六七十年代滹滏平原的耕地面积相对各自前期值分别减少 1.92％和 2.88％，农田有效灌溉面积率分别增大 13.20％和 26.75％。这期间，以小麦为主的夏粮作物播种面积分别扩大 3.31％和 11.20％。进入 20 世纪 80 年代，耕地面积相对 70 年代减少 3.16％，农田有效灌溉面积率增大 26.75％，蔬菜播种面积增加 35.69％，夏粮蔬菜作物播种强度增大 7.81％，浅层地下水位下降 6.36m（表 11-8），这是研究区地下水水位加剧下降时期之一。

表11-8　近50年来研究区灌溉农田要素和地下水位变化特征

年代		耕地面积		粮蔬总播面积		粮食播种面积		夏粮播种面积		蔬菜播种面积		夏粮蔬菜播种强度		有效灌溉面积率		农业开采量 /亿m³	平均地下水位	
		数量 /万hm²	变化率 /%	数量 /万hm²	变化率 /%	数量 /万hm²	变化率 /%	数量 /万hm²	变化率 /%	数量 /万hm²	变化率 /%	数量（无量纲）	变化率 /%	数量 /%	变化量 /%		埋深 /m	降幅 /m
20世纪	50年代	65.52	0	87.59	0	85.86	0	31.73	0	1.74	0	0.51	0	17.81	0	0.61	2.51	0
	60年代	64.26	−1.92	87.56	−0.03	84.81	−1.22	32.78	3.31	2.76	58.62	0.55	7.84	31.01	13.20	1.63	4.32	1.81
	70年代	62.41	−2.88	91.66	4.68	88.02	3.78	36.45	11.20	3.67	32.97	0.64	16.36	57.76	26.75	9.63	7.91	3.59
	80年代	60.44	−3.16	83.64	−8.75	78.67	−10.62	36.67	0.60	4.98	35.69	0.69	7.81	63.92	6.16	15.25	14.27	6.36
	90年代	59.49	−1.57	85.03	1.66	76.88	−2.28	40.51	10.47	8.16	63.86	0.82	18.84	75.06	11.14	16.37	21.81	7.54
	21世纪以来	56.84	−4.45	89.75	5.55	72.94	−5.12	38.78	−4.27	16.81	105.99	0.99	20.73	81.34	6.28	16.59	31.47	9.66

注：播种强度=播种面积/耕地面积；有效灌溉面积率=农田有效灌溉面积×100/耕地面积；变化率=（现状值-前期值）×100/前期值。

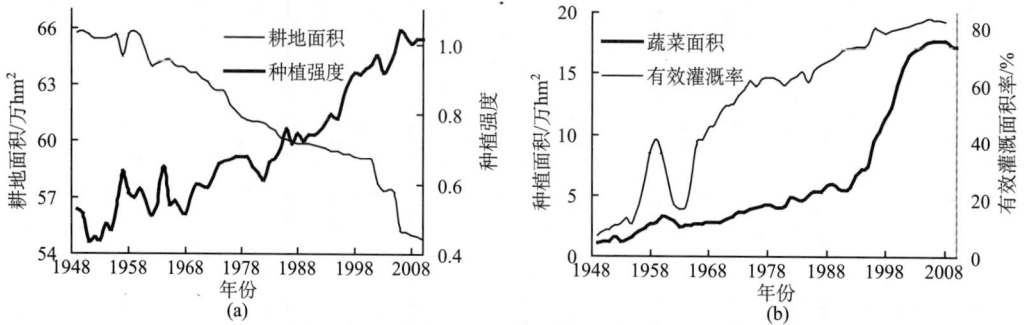

图 11-24　近 50 年来研究区耕地面积、粮蔬播种强度和有效灌溉面积率演变特征
（a）耕地面积、夏粮与蔬菜作物播种强度变化；（b）蔬菜播种面积和有效灌溉面积率变化

在 20 世纪 80 年代基础上，90 年代和 21 世纪以来，耕地面积分别减少 1.57％和 4.45％，农田有效灌溉面积率分别增大 11.14％和 6.28％，蔬菜播种面积分别增加 63.86％和 105.99％，夏粮蔬菜作物播种强度分别增大 18.84％和 20.73％，浅层地下水水位分别下降 7.54m 和 9.66m，呈现加剧下降趋势。

（三）地下水水位下降与粮蔬播种强度关系

1980 年之前，漳滏平原农田灌溉用水以地表水为主，因此，随粮蔬播种面积占耕地面积的比例增大，地下水水位下降的幅度较小 ［图 11-25（a）］。粮蔬播种面积占耕地面积的比例每增加 1％，研究区浅层地下水水位全区平均下降 0.36m。自 1980 年以来，区内所有河流全部干涸，地下水成为农田灌溉的主要水源，由此地下水水位下降的幅度随粮蔬播种强度增大而明显增大 ［图 11-25（a）］，粮蔬播种面积占耕地面积的比率每增加 1.0％，地下水位降幅 0.69m，相对 1980 年之前地下水水位降幅增大 91.67％，而同期夏粮蔬菜作物播种强度增大 15.79％，其中 20 世纪 90 年代和 21 世纪以来分别增大 18.84％和 20.73％，蔬菜播种面积分别扩大 63.86％和 105.99％（表 11-8）。

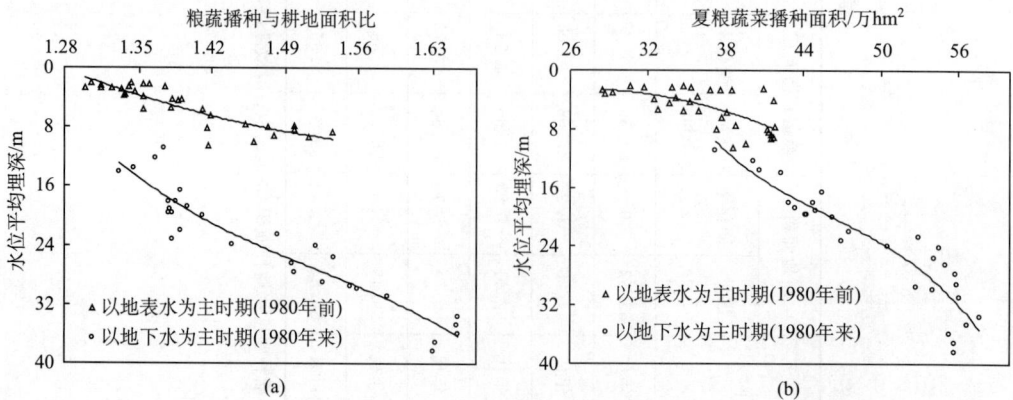

图 11-25　地下水水位平均埋深与粮蔬播种强度（播种面积与耕地面积比例）和粮蔬播种面积之间关系
（a）地下水水位平均埋深与粮蔬播种强度关系；（b）地下水水位平均埋深与夏粮蔬菜播种面积关系

由于小麦等粮食作物和蔬菜作物灌溉用水量占总灌溉用水量的 90％以上，所以，滹滏平原地下水水位下降幅度与以小麦为主的夏粮作物和蔬菜播种面积的扩大规模密切相关，其中 1980 年之前夏粮和蔬菜播种面积每增加 1.0 万 hm²，滹滏平原地下水水位平均降幅达 0.43m［图 11-25（b）］；1980 年以来，夏粮和蔬菜播种面积每增加 1.0 万 hm²，滹滏平原地下水位平均降幅达 1.15m。

（四）影响机制

农业区地下水水位不断下降是由于地下水开采量大于当年补给量，原因有二：一是开采量不断增大，远超过当地地下水资源承载力能力；二是当开采量达到一定数量且相对稳定，但地下水补给量因气候旱化而减少，也会导致地下水水位下降（图 11-26）。滹滏平原农业区地下水开采量是以农业灌溉用水为主，近 5 年来平均农业开采量占总开采量的 80.56％。农业开采量和浅层地下水补给量的大小都与降水量密切相关，当降水量显著减少时，不仅农业开采量明显增大，而且地下水补给量也随之减少，二者同时影响地下水水位下降。气温升高，作物蒸腾量增大，农业开采量相应增加。

1986 年以来的滹滏平原农业开采量与降水量相关结果表明，在降水量 483.2mm/a 条件下，农业开采量为 357.6mm/a，降水量增加（或减少）100mm，对应农业开采量减少（或增加）35.7mm。在枯水年份，农业开采量占农作物需耗水量的 67.9％～84.8％；在丰水年份，农业开采量占 19.8％～37.4％。枯水年的农业开采量明显大于丰水年，换言之枯水年地下水水位下降幅度明显增大。

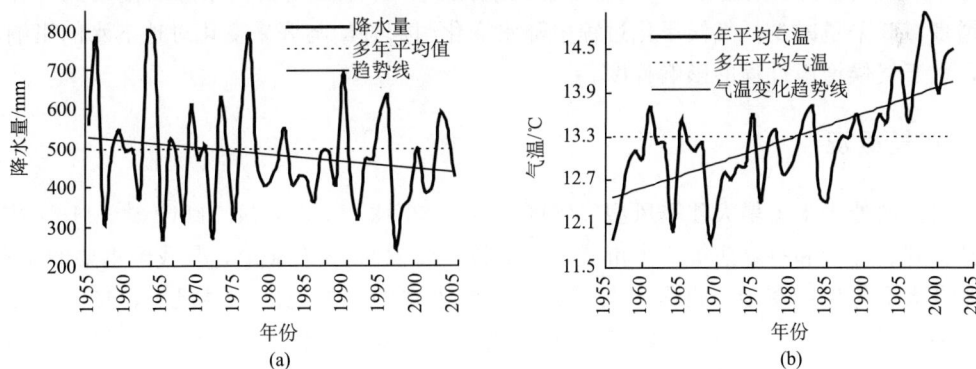

图 11-26　近 50 年来研究区年降水量和年均气温变化特征
（a）降水量年际变化过程；（b）气温年际变化过程

从图 11-26 可见，1980 年以来滹滏平原年降水量呈明显减少和年均气温呈明显升高趋势。其中，相对 1953～2010 年多年平均降水量（536.9mm），1981～1985 年年均降水量减少 10.75％，1991～1995 年减少 7.11％，2001～2005 年减少 13.65％。与此同时，相对 1953～2010 年多年平均气温（13.3℃），1991～1995 年、1996～2000 年、2001～2005 年和 2006～2010 年平均年气温分别上升 3.15％、7.51％、4.05％和 4.50％。1953～1985 年，滹滏平原地下水水位下降（或上升）与降水量减少（或增加）呈脉动一致性特征；1980～

1988 年为连续枯水 [图 11-26（a）]，相对 20 世纪 70 年代平均农业开采量，期间农业开采量增加 58.36％，地下水开采程度达 147.76％（实际开采量与可开采资源量之比），已严重超采。1991 年以来，降水量减少和气温升高，加之，夏粮作物和蔬菜播种强度进一步加大 [图 11-24（a）]，特别是蔬菜播种面积急剧扩大 [图 11-24（b）]，导致农业灌溉用水超采地下水的程度明显加剧，1991～2000 年和 2001～2010 年平均开采程度分别达 158.62％和 160.76％，该区平均地下水位分别下降 7.54m 和 9.66m。

从农业开采井数和地下水开采量来研究，以佐证上述研究结果。在 20 世纪 70 年代初，滹滏平原农业区开采井数仅 6.38 万眼，至 20 世纪 90 年代开采井数增加至 17.26 万眼，21 世纪以来达 19.31 万眼，分别增加了 1.71 倍和 2.03 倍。农业开采量从 20 世纪 70 年代初的 9.63 亿 m^3/a，增大为 90 年代的 16.37 亿 m^3/a 和 21 世纪以来的 16.59 亿 m^3/a（表 11-8），分别增加 69.98％和 72.27％。在枯水年份，农业开采量曾达 17.48 亿 m^3/a。近 30 年以来，累积超采地下水 172.49 亿 m^3（对应多年平均可开采资源量 10.32 亿 m^3/a）。该超采量除以 0.09（该区含水层给出度介于 0.065～0.12），对应地下水位的降幅为 23.36m，与近 30 年来该区地下水位的累计降幅基本一致。

第五节　农业开采与降水互动耦合对地下水影响特征

在以地下水作为农业灌溉的主要供水源区，降水量变化通过改变补给量和农业开采量对地下水影响，具有"方向互逆"、"效果耦合"加剧地下水位变化程度的特征（张光辉等，2004）。即降水量减小，地下水补给量减少，开采量增大；年降水量增大，补给量增多，开采量减少。气候旱化过程中降水变化引起补给与开采变化对地下水的影响程度，大于气候增雨过程的影响程度。

一、背景概况

研究区处于半干旱大陆季风型气候区，位于 36°18′～39°30′N、114°23′～116°42′E，包括邯郸、邢台和石家庄等 7 个市及 101 个县，面积 6.08 万 km^2，是我国重要的小麦、玉米及大豆等生产基地，也是华北平原水资源紧缺的主要地区（吴凯等，1997；贾金生、刘昌明，2002；刘昌明，2003）。该区地下水开采量占总供水量的 85％以上，其中农业开采量占总开采量的 77.6％。为了降低人口数量和社会经济规模较大变化对本项研究本底的严重干扰，选用 1986～2000 年其相应的年降水量、地下水天然补给量及浅层地下水位动态资料系列，这期间研究区农业灌溉面积变化有限（表 11-9）。

表 11-9　1986～2000 年研究区农田灌溉面积状况　　（单位：亿 m^2/a）

地区 ＼ 年份	1986	1988	1990	1992	1994	1996	1998	2000
淀西清北平原	11.6	11.6	12.1	12.6	12.8	12.9	13.1	13.2
淀东清北平原	11.2	11.3	11.6	12.2	12.3	12.4	12.6	12.7

年份 地区	1986	1988	1990	1992	1994	1996	1998	2000
淀西清南平原	43.5	43.5	44.9	47.2	47.7	47.9	49.1	49.2
漳滏平原	40.5	40.5	41.7	43.8	44.3	44.5	45.6	45.8
滏西平原	30.0	30.1	30.9	32.5	32.8	33.0	33.8	33.9
黑龙港平原	61.1	61.2	63.0	66.2	67.0	67.3	68.9	69.1
研究区水田	21.4	20.7	22.6	24.7	20.4	21.4	21.7	20.6

（一）年降水量及开采量演变特征

1. 区域年降水量演变特征

20 世纪 50 年代，研究区平均降水量 560mm/a，60 年代为 557.7mm/a。相对 50 年代，80 年代、90 年代平均年降水量分别减少 73.1mm 和 61.3mm［图 11-27（a）］。

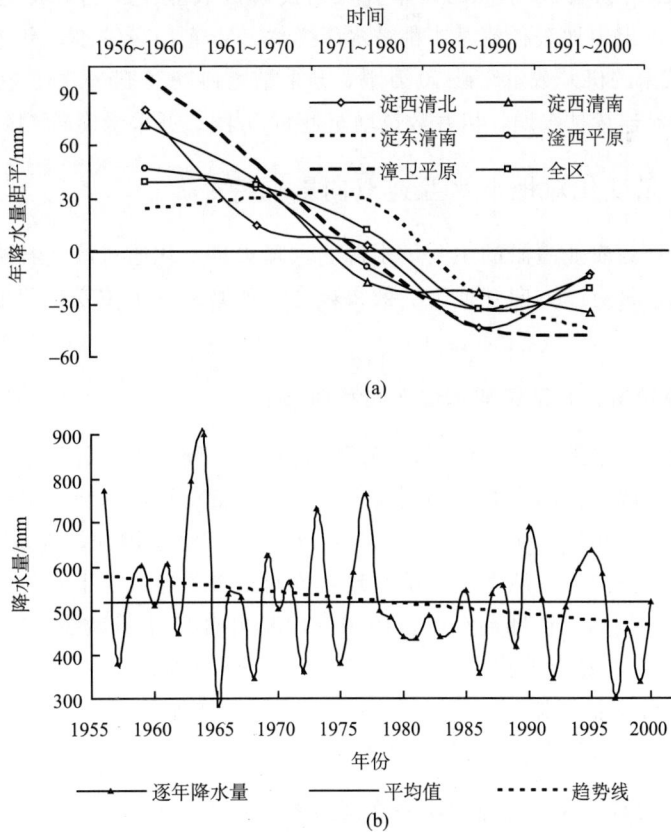

图 11-27　研究期区域及区内年降水量变化特征

（a）研究期区域年降水量变化特征；（b）区内年降水量距平变化特征

各水资源分区的年降水量也都呈减少趋势 [图 11-27（b）]。气温则呈升高趋势。50 年代年均气温 10.0℃，80 年代、90 年代分别为 10.6℃和 11.2℃。降水量减少和气温升高的综合效应是"年降水量-年陆面蒸发量"的差值，由 50 年的＋16.7mm 衰减为 70 年代、80 年代的－66.6mm 和－113.1mm，这无疑加剧了地下水补给量减少和农业开采量增大的驱动力。

从图 11-27（a）可见，近 50 年以来研究区出现连续 3 年以上的枯水期分别为 1965～1968 年、1970～1972 年、1979～1984 年和 1997～2000 年，平均年降水量介于 403～476mm，而连续 3 年以上的丰水期平均年降水量为 572～687mm。这种降水丰枯变化，导致研究区雨水资源量存在 103.1 亿～173.2 亿 m³/a 变值（计算面积 6.08 万 km²）。

2. 地下水开采量演变特征

在 20 世纪 50 年代，研究区人口数量和经济规模都有限，同时出山地表径流尚未被水库大规模拦蓄，所以那时的地下水开采量仅 20 多亿 m³/a。进入 70 年代，在人口数量和经济规模不断扩大影响下，同时受 1965～1968 年和 1970～1972 年两个连续多年枯水期影响，农业抗旱使得机井数量由 50 年代的 2 万眼增至 70 年代的 38.5 万眼，地下水开采量近 70 亿 m³/a。80 年代的改革开放再度解放农业生产力，加之经过六七十年代大兴水利，区内出山地表径流基本都被水库拦蓄，又逢 1979～1984 年连续多年的枯水期，以至 80 年代末的机井数量突破 50 万眼，开采量达到 98.6 亿 m³/a。在 90 年代，又逢 1997～2000 年多年连续枯水期，机井数量增至近 60 万眼，开采量突破 110 亿 m³/a。

（二）降水量变化对地下水互逆双向影响特征

在以地下水作为农业灌溉的主要供水源区，降水量变化通过改变补给量和农业开采量对地下水影响，具有"方向互逆"、"效果耦合"加剧地下水位变化程度的特征，如图 11-28 所示。

1. 地下水补给量、开采量与水位之间互动特征

在区域性大量开采地下水条件下，年降水量减少，则地下水补给量降低，而农业开采量增大，二者从源、汇两个方向加剧地下水系统水量负均衡态势，导致地下水水位下降或下降幅度增大；相反，年降水量增大，则地下水补给量增加，而农业开采量减少，二者从源、汇两个方向加大地下水系统水量正均衡态势，导致地下水位上升或下降幅度减缓（图 11-28）。例如，在邢台平原，1990～1992 年年降水量减少 56.1%，则地下水补给量减少 67.2%，而农业开采量增加 54.2%，同期的地下水位累计下降 2.69m；1994～1996 年年降水量增加 35.2%，则地下水补给量增加 52.4%，而农业开采量减少 20.5%，同期的地下水位上升 4.81m [图 11-28（c）]。

2. 地下水补给量、开采量与降水量之间关系

从图 11-29 可见，区域地下水年补给量（$Q_{补}$）、年农业开采量（$Q_{开}$）随着年降水量（P）增减而呈互逆变化：年降水量增大，补给量以 $Q_{补} = 0.068P^{1.23}$ 模式增加，农

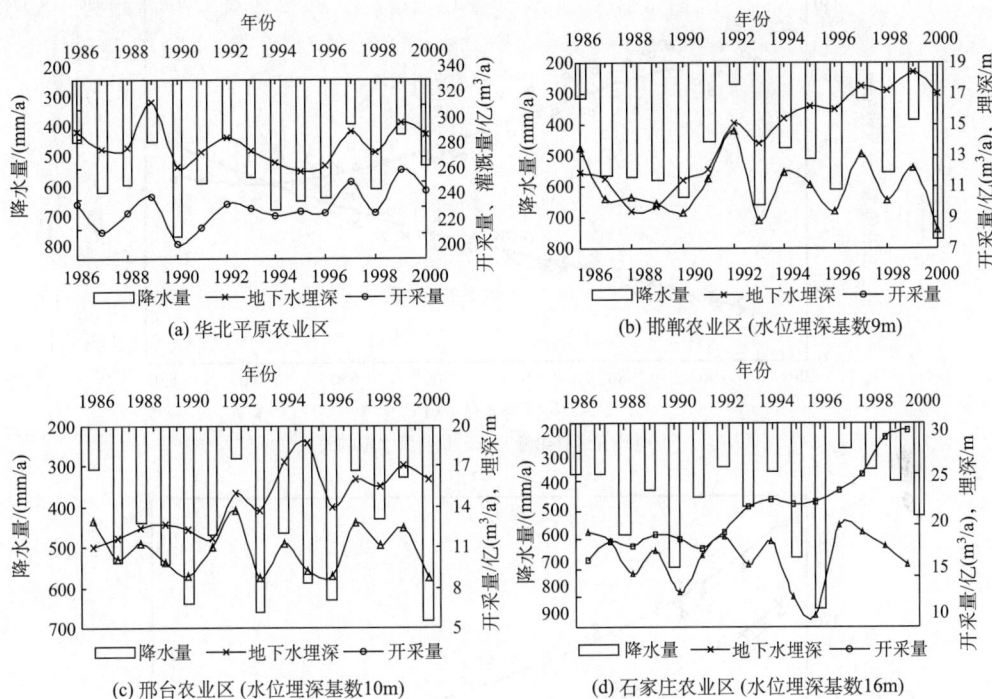

图 11-28 农业井灌区降水量、农业开采量、地下水补给量及水位之间互动变化特征

业开采量则以 $Q_{开} = 547.29\mathrm{e}^{-0.0012P}$ 模式减少［图 11-29（a）］，地下水补给量与农业开采量呈 $Q_{开} = b\mathrm{e}_{补}^{-aQ}$ 模式随着降水量增减而负相关变化［图 11-29（b）］。

分别将图 11-28 中降水量增减量与地下水补给量或开采变量-对应降水变量的比值，进行相关关系编图，结果如图 11-18 所示，由此可见：在气候由湿向干（年降水量减少）过程中，地下水补给量减少的幅度或开采量增加的幅度大于气候由干向湿（年降水量增加）过程中相应变化量。换言之，在相同降水变化量条件下，气候旱化过程对地下水补给或开采影响的强度大于气候湿润过程的强度。

3. 降水量变化对区域地下水系统水量均衡状态影响机制与程度

在区域性大量开采地下水或出山地表径流被大规模拦蓄条件下，从地下水系统水量均衡角度考虑，有式（11-2）的关系。研究区地下水长期被超采导致其水位埋深远大于潜水蒸发极限深度，以至 $E_{蒸发}$ 较小或趋于零。同时，出山地表径流已长期被大规模拦蓄和受众多地下水位降落漏斗存在的影响，因而 $\pm W$ 量值较小。因此，式（11-2）中的 ΔQ 或 ΔH，主要受 $Q_{补给}$ 和 $Q_{开采}$ 影响。

在式（11-2）中，如果 $Q_{补给}$ 和 $Q_{开采}$ 随降水量增减而同向（即同增或同减）变化，二者对 ΔQ 或 ΔH 的影响将相互抵消。但是，降水量增大（减少），补给量和开采量都增大（减少），这种情况在农业灌溉区出现的可能性小。多数情况下，$Q_{补给}$ 和 $Q_{开采}$ 逆向（即增减或减增）变化，二者对 ΔQ 或 ΔH 的影响是表现为强度累加，如图 11-30 所示。

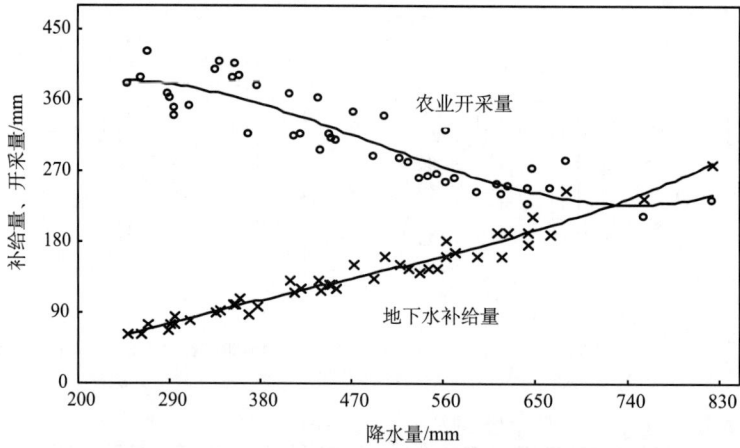

(a) 研究区补给量、开采量与降水量的关系

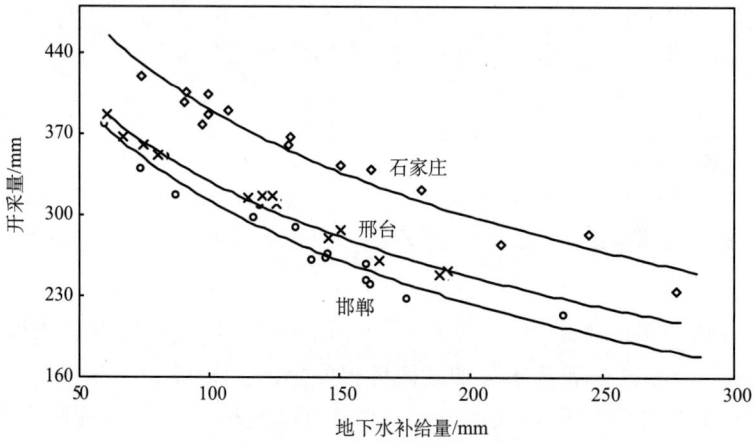

(b) 不同分区开采量与补给量的关系

图 11-29　1986 年以来地下水年补给量、年开采量与年降水量之间关系

　　图 11-30 表明，相对多年平均值（本书为 1986 年以来数据系列），年降水量增幅越大，地下水补给量增幅越大，当地农业开采量减幅也越大，地下水系统水量及水位相应增大；年降水量减幅越大，地下水补给量减幅越大，当地农业开采量增幅也越大，地下水系统水量及水位相应减小。

　　在邯郸、邢台和石家庄平原区，年降水量变化对地下水系统水量及水位影响程度如式（11-3）和式（11-4）所示，具体结果见表 11-10。

$$\Delta Q(\Delta Q_{补给}，\Delta Q_{开采}) = \pm \left[(0.068\Delta P^{1.23})_{补给} + |(547.29/\mathrm{e}^{0.0012\Delta P})_{开采}| \right]$$

$$(11\text{-}3)$$

$$\Delta H(\Delta Q_{补给}，\Delta Q_{开采}) = \pm \frac{\left[(0.068 \times \Delta P^{1.23})_{补给} + |(547.29/\mathrm{e}^{0.0012\Delta P})_{开采}| \right]}{\mu F}$$

$$(11\text{-}4)$$

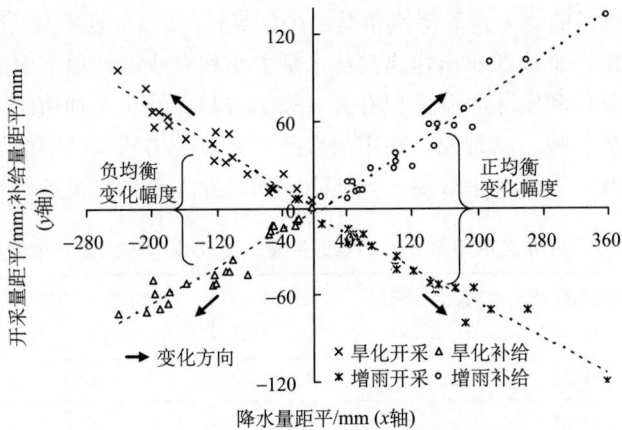

图 11-30　农业区地下水补给量和开采量的距平与当地降水量距平之间的关系

注：图中数据源自太行山前平原农业区 1986 年以来监测数据；"---"为趋势线

式中，ΔP 为年降水量相对多年平均值的变化量，mm；$\Delta Q_{补给}$ 为因年降水量变化造成的年补给量相对多年平均值的变化量，mm/a；$\Delta Q_{开采}$ 为因年降水量变化造成的农业年开采量相对多年平均值的变化量，mm/a；其他同前。

表 11-10　年降水量变化对地下水系统水量及水位影响程度

降水±变化量/mm		±10	±30	±50	±70	±90
水量变化 /(mm/a)	增大	7.06	21.09	35.01	48.83	62.56
	减少	7.08	21.32	35.67	50.14	64.72
水位变化* /(cm/a)	上升	5.2～8.7	15.5～26.1	25.7～43.2	35.9～60.3	46.0～77.2
	下降	5.2～8.7	15.7～26.3	26.2～44.1	36.9～61.9	47.6～79.9
降水±变化量/mm		±120	±150	±210	±260	±320
水量变化 /(mm/a)	增大	82.96	103.15	142.92	175.48	213.91
	减少	86.81	109.17	154.72	193.53	241.12
水位变化* /(cm/a)	上升	60.9～102.4	75.8～127.3	105.1～176.3	129.0～216.4	157.3～263.7
	下降	63.8～103.2	80.3～134.8	113.8～191.1	142.3～239.0	177.3～297.8

*μ 值：0.082～0.136。

　　基于 1986 年以来的多年平均降水量，当年降水量增减 10mm 时，区域地下水系统的水量增加 7.06mm/a 或减少 7.08mm/a，区域地下水的平均水位上升或下降 5.2～8.7cm/a；当年降水量增减 10% 时，地下水系统水量增加 7.67%，或减少 7.98%。

　　在 ±（10～320）mm 变幅内的降水量增大过程中，地下水补给变化量占补给和开采累计变化量的 48.59% ～55.81%，地下水开采变化量占补给和开采累计变化量的 44.18%～51.41%。在年降水量减少过程中，地下水补给变化量占 40.96%～49.49%，地下水开采变化量占 50.51%～59.04%。这表明，旱化过程的开采变化幅度大于补给变化幅度，增雨过程的开采变化幅度小于补给变化幅度。

图 11-30 中均衡点的开采量和降水量是一个区域性的、15 年（中尺度）期间作物需耗水阈值，基本反映出一个地区农田作物需耗水量大小和农业消耗地下水的水平，其量值的大小与各分区气候条件和实际灌溉面积有关（表 11-11），钝化了种植结构或用水水平等方面的局部随机性变化影响。就是说，在用水水平和种植结构基本稳定前提下，包括引水工程，一个地区农业开采的大小取决于当地降水和蒸发等水热气候条件及灌溉面积。

表 11-11　研究区不同单元均衡点开采量、变化率与降水量及灌溉面积

研究单元	均衡点降水量 /(mm/a)	均衡点开采量 /(mm/a)	变化率 /(mm/mm)	均衡农业开采模数 /万〔m³/hm²·a〕	1986～2000 年农业 大田面积/万 hm²
邯郸平原农业区	511.2	281.7	0.331	0.28	38.7
邢台平原农业区	487.3	302.3	0.336	0.30	35.4
石家庄平原农业区	479.2	354.4	0.354	0.35	47.4
华北平原农业区	518.2	391.4	0.191	0.27	608.0

研究表明，由于各研究分区的气候条件不同，所以它们的作物需耗水量也各不相同（表 11-12），随降水量增大而减小（图 11-31），以至各分区的均衡点开采量和及其对应降水量也因作物需耗水量不同而变化。图 11-31 是华北平原各三级区的单位面积农田经济灌溉定额和 1998 年农业大田（水浇地）实际灌溉量与 1986 年以来系列分区区域平均年降水量之间关系，反映出无论是研究区的农田作物极限需耗水量（指经济灌溉定额），还是单位面积灌溉量，都与当地年降水量呈密切负相关关系。从邯郸、邢台和石家庄分区来看，均衡点降水量由 511.2mm 降至 479.2mm，则单位面积实际均衡农业开采量（开采模数）从 0.28 万 m³/(a·hm²) 增至 0.35 万 m³/(a·hm²)（图 11-31 中△点），介于农田作物极限需耗水量与 1998 年单位面积实际灌溉量之间（详见表 11-11、表 11-12 和图 11-31）。

表 11-12　华北平原各三级区经济灌溉定额、农业大田实际用水量与年降水量关系

研究分区	1986 年以来 均衡降水量/mm	作物需耗水量/万(m³/hm²)	
		大田经济灌溉定额	农业大田实际灌溉量
滦河及冀东沿海平原	597.2	0.185	0.294
北四河平原	598.6	0.195	0.294
淀西清北平原	566.4	0.206	0.332
淀东清北平原	552.5	0.186	0.312
淀西清南平原	519.8	0.222	0.371
淀东清南平原	528.9	0.188	0.354
漳滏平原	453.6	0.288	0.446
滏西平原	475.8	0.273	0.428
漳卫平原	512.5	0.285	0.411
徒骇马颊河西部平原	543.6	0.240	0.341

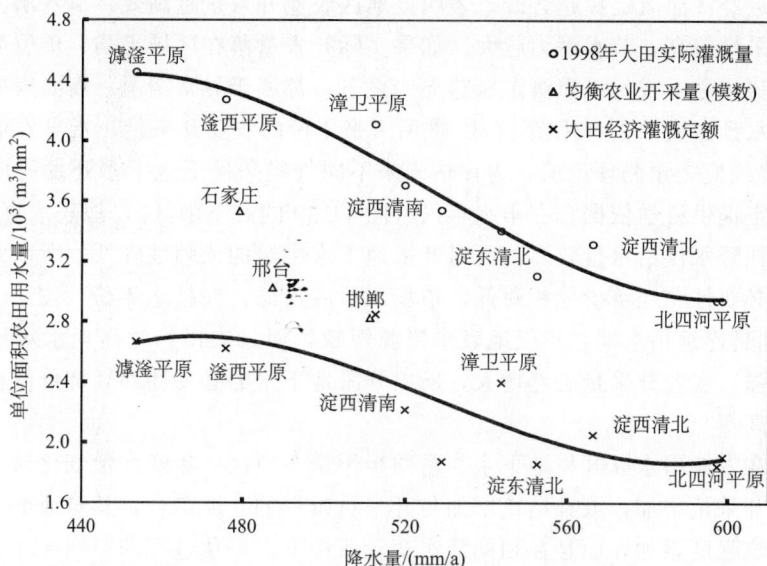

图 11-31 华北平原各分区单位面积农田经济灌溉定额、实际灌溉量与年降水量关系

当然，不同作物的需耗水量各不相同。由懋正（1998）研究表明，在石家庄山前平原，冬小麦的需耗水量为 351.9～491.5mm，夏玉米为 386.6～521.0mm。吴凯等（1997）在 1986～1995 年期间的山东禹城实验研究结果表明，冬小麦生育期作物需耗水量平均为 485.5mm，夏大豆生育期作物需耗水量平均为 362.5mm，春玉米生育期作物需耗水量平均为 413.8mm，夏玉米生育期作物需耗水量平均为 397.9mm。本书研究结果，在邯郸、邢台和石家庄平原，以种植小麦、玉米、棉花和豆类为主，所以若以冬小麦和夏玉米的作物需耗水量值作为基数，则邯郸、邢台和石家庄农业区开采地下水供给水量占相应作物的需耗水量的 58.2%～88.9%。随着降水量的增大，作物消耗降水供给水量增多，其中偏丰水年份占 62.6%～80.2%，而偏枯水年份降水供给作物需耗水量仅占 15.2%～32.1%，因此农业开采量随降水量增大而减小。1986～1995 年农田实验研究结果，冬小麦农田需耗水量为 413.8mm，夏玉米为 397.9mm，以至在相同降水量条件下，种植夏玉米所消耗的降水供给量小于冬小麦。

图 11-30 和图 11-31 的表达方式，还可应用于研判和率定农业开采量的利用水平、合理性和节水潜力，以及检核相关统计资料的可靠性。如果数据点进入图 11-30 中右上限区或左下限区，为异常点，需要查明原因；若在左上限区或右下限区，属于正常值，其中左上限区是偏枯水年份农业开采量状况，右下限区表示偏丰水年份农业开采量状况。若数据点落在趋势线上方，表明农业开采量尚有节水潜力；数据点在趋势线下方，表明该农业区高效用水。

在上述分析基础上，通过图 11-31 检核实际农业开采量的节水潜力大小，评价实际农业开采量的合理性和现状利用水平。如果实际开采量落在区域平均、单位面积地下水可开采量趋势线与经济灌溉定额趋势线之间，表明该区农业开采量处于合理状态。实际开采量越接近经济灌溉定额趋势线，表明该地区农业开采量越高效，节水潜力越小；相反，农业开采量偏高，节水潜力越大。如果实际开采量落在区域平均、单位面积地下水可开采量趋势线之上或经济灌溉定额趋势线之下，都属于异常情况，需要查明原因。

根据降水预测成果，利用图 11-30 推测未来年份的农业开采量，指导农业生产。图 11-30 中趋势线应是预测理论值，为评估未来不同气候条件下地下水开发利用的经济价值和水价确定提供科学依据。在丰水年份（图 11-30 的右下限区），地表水资源较充裕，农田作物消耗降水供给水量较多，而对开采地下水供给的依赖性降低，所以开采地下水供给农业的必要性和经济价值相对低，市场水价应走低；在枯水年份（图 11-30 的左上限区），特别是连续枯水期，不仅地表水资源短缺，而且农田作物需耗水对地下水供给的依赖性增强，农业开采量必然增大，所以开采地下水的必要性和经济价值相对高，市场水价应走高。

总之，在农业用水以开采地下水为主的半干旱平原区，年降水量变化通过地下水补给量减少与开采量增加，或补给量增加与开采减少的互逆耦合，其对地下水水量和水位变化的影响强度累加，而且在相同降水变量条件下，旱化过程的影响强度大于雨量增加过程的影响，由此，连续枯水年份情势下这种影响更具有难恢复性。

第六节　区域地下水质变与化肥农药施用影响

农用化肥和农药在农田施用量不断提高，加之，河北平原地下水补给量不断减少、开采量不断增大，已导致区域地下水天然化学组分发生变化。地下水中化学组分及其分布特征是经长期的溶滤、离子交替-吸附和混合作用等漫长地质历史过程而形成的，土壤环境和含水层中易溶组分大部分已流失，所以在自然条件下地下水的矿化度越来越小，HCO_3^-、Ca^{2+}、Mg^{2+} 组分所占比例越来越大，SO_4^{2-}、Cl^- 组分所占比例越来越小。在大量施用农药和化肥的地区，特别是有毒有害化学组分伴随补给水分进入地下含水层中，地下水水质必然发生变化（简称"质变"，下同）。

一、天然条件下地下水化学组分特征

地下水矿化度（M）是反映其化学组分含量多少的重要指标。矿化度越大，表明化学组分含量越多，越不利于地下水安全利用。在河北平原，从山前平原至滨海带，地下水矿化度总的变化趋势是由低变高。其中，在山前冲积-洪积平原，地下水矿化度一般小于 1.0g/L，重碳酸根（HCO_3^-）和钙（Ca^{2+}）、镁（Mg^{2+}）离子相对百分含量较高；在中部冲积-湖积平原，地下水的化学组分与类型复杂，主要为重碳酸-硫酸盐（HCO_3·SO_4）型和硫酸-重碳酸盐（SO_4·HCO_3）型地下水。在冀东平原，硫酸根（SO_4）离子百分含量低，氯（Cl）离子逐渐增高，缺少硫酸盐为主的地下水。在滨海冲积-海积平原，以氯化钠（Cl-Na）型地下水为主，矿化度普遍较高，微咸（1～3g/L）、半咸水（3～5g/L）和咸水（>5g/L）埋藏较多，但是分布面积有限。

二、地下水质变状况

近30年来，河北平原地下水水质总体上呈现劣变态势，地下水的矿化度、硬度和主要离子含量均发生较大变化，尤其是地下水开采程度高、地表环境及土壤污染较重的地区。

从浅层地下水的水化学类型来看，已发生较大变化（图11-32）。重碳的酸盐-氯化物（$HCO_3 \cdot Cl$）型地下水分布面积由1985年的1250km^2，增至2005年的6980km^2；重碳酸盐-硫酸盐（$HCO_3 \cdot SO_4$）型地下水面积由4210km^2增大为16450km^2；硫酸盐型-重碳酸盐（$SO_4 \cdot HCO_3$）型地下水面积由498km^2增大为1330km^2；氯化物-重碳酸盐-硫酸盐（$Cl \cdot HCO_3 \cdot SO_4$）型地下水由96$km^2$增大1170$km^2$。地下水的矿化度也发生了较大变化。与1975年相比，2005年地下淡水面积减少1097km^2，地下水矿化度小于3 g/L的分布面积减少6420km^2，矿化度介于3～5g/L的分布面积明显增加。

河北平原重碳酸（HCO_3）型深层地下水分布面积也在减少，由20世纪70年代的50979km^2减少700km^2多，硫酸盐（SO_4）型地下水分布面积增加200km^2多，氯化物（Cl）型地下水由9470km^2增

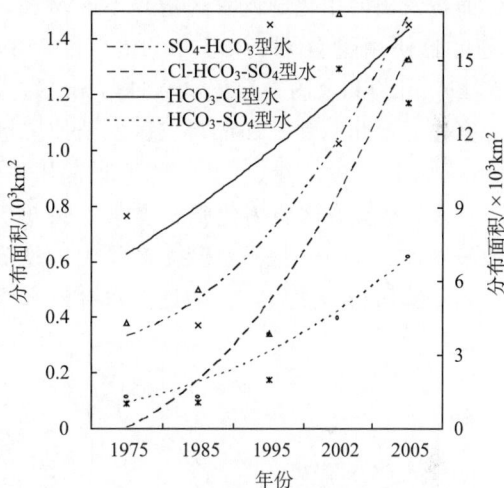

图11-32　河北平原地下水化学类型变异特征

加500km^2多。吴爱民等（2010）指出，1975～1980年，北京平原地下水硝酸盐氮的超标面积从35.98km^2扩展到63.93km^2；至1990年，地下水硝酸盐氮的超标面积达150.34km^2，2000年为167.70km^2。李晓欣等（2011）指出，北京菜田氮肥年施用量高达1732kg/hm^2，河北定州菜田氮肥投入量为1694kg/hm^2，山东惠民蔬菜产区氮年均投入量为4670kg/hm^2，华北平原小麦-玉米农业区氮肥年施用量为450～600kg/hm^2。

张兆吉等（2012）调查和研究表明，华北平原地下水"三氮"污染普遍，呈片状分布，浅层地下水遭受"三氮"污染达16.08%；有毒有害有机污染物的检出率达29.39%，超过25种。地下水调查采样测试结果，88个Ⅲ级水样中，49个水样检出有机污染物，其中三氯甲烷的检出率为43%，检出的还有二氯甲烷、甲苯、苯、溴二氯甲烷、三氯乙烯、四氯乙烯、苯并（α）芘、挥发性酚类、邻二氯苯、对二氯苯、氯苯、对二氯苯、滴滴涕（总量）等。84个Ⅳ级水样中，13个水样超标，主要有苯并（α）芘、四氯化碳、挥发酚类和滴滴涕（总量）。文冬光等（2012）指出，我国东部主要平原地下水质量总体堪忧，可直接饮用（Ⅰ～Ⅲ类）浅层地下水仅占16.79%，不能直接饮用（Ⅴ类）地下水占53.17%。华北平原可直接饮用的浅层地下水占22.20%，不能直接饮用的地下水占56.55%。

从区域地下水水质监测资料来看，山前平原区地下水中 NO_3^- 含量不断增加。在 20 世纪 70 年代以前，该区 NO_3^- 含量介于 $0.47\sim10.0mg/L$，接近背景值。80 年代上升为 $4\sim70mg/L$，90 年代超国家饮用水标准的井数不断增加。在中东部及滨海平原区，浅层地下水中 NH_4^+ 含量较高，$NH_4^+>0.5mg/L$ 的分布面积不断增大，NH_4^+ 含量最高值已达 $20mg/L$。

三、农田施用农药化肥量变化及对地下水影响

从图 11-33 可见，近 50 年以来河北平原农田化肥和农药使用量和施用强度（每年单位面积农田使用化肥或农药量）不断增加。按播种面积计算，2005 年、2006 年河北平均化肥使用量分别为 $507kg/hm^2$ 和 $518kg/hm^2$，远远超过发达国家的安全上限（$225\ kg/hm^2$）和全国平均值（$411kg/hm^2$）。河北平原年均农药使用量达 8.12 万 t，其中石家庄、沧州、保定和邢台农区农药使用量分别为 13200t/a、11800t/a、11000t/a 和 9990t/a 以上，2005 年、2006 年河北常用耕地的农药使用量分别为 $13.48kg/hm^2$ 和 $13.81kg/hm^2$。农区施用化肥、农药，除 $30\%\sim40\%$ 被农作物吸收外，其余大部分进入地表水体、土壤、地下水及农产品中。过量、不合理施用化肥、农药，首先造成地表水体和土壤污染，然后，影响地下水补给水源，导致地下水质变。

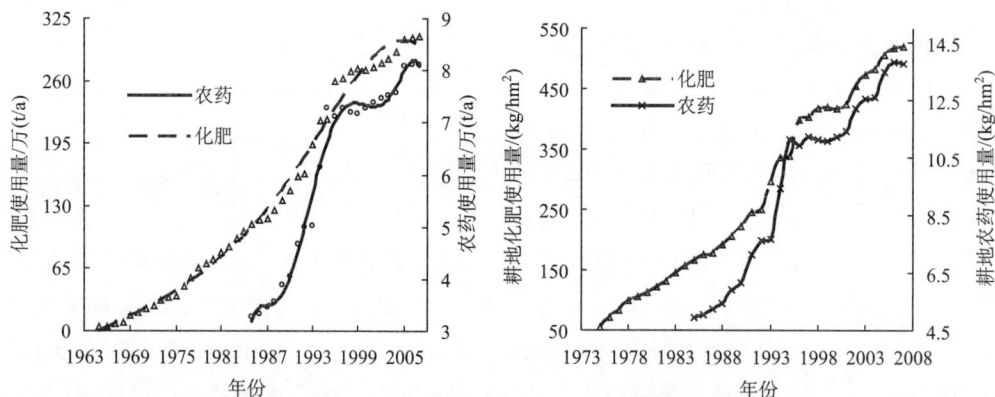

图 11-33　近 50 年来河北平原化肥农药使用量及强度演变特征

自 20 世纪 70 年代以来，河北平原农田化肥（折纯，下同）使用量持续大幅增加。1970 年该区化肥使用量仅为 18.5 万 t，平均每公顷耕地施肥量 27.04kg。进入 80 年代，化肥使用量增加数倍，1985 年达到 110.4 万 t/a，平均每公顷耕地施肥量达 167.14kg，净增 4.18 倍；农药使用量 3.26 万 t/a，平均每公顷耕地施药量 4.94kg。2005 年该区化肥使用量达 303.4 万 t，平均每公顷耕地施肥量 506.58kg，相对 1995 年分别增加 37.5% 和 49.6%；农药使用量 8.08 万 t/a，平均每公顷耕地施药量 13.49kg，相对 1995 年分别增加 11.2% 和 20.9%。

近 50 年以来，河北平原化肥、农药施用量和强度的不断增加（图 11-33），无疑地加剧了土壤和地下水中 NO_3^- 含量升高的速率，同时，超量开采地下水进一步恶化了环

境条件。张宗祜等（2006）试验结果表明，浅层地下水水位不断下降，地下水中 NO_3^- 含量也随之增加（图 11-34）。由于包气带厚度增大，氧化条件增强，而还原条件相对变弱，地下水中 NO_3^- 含量出现明显增大趋势。在中东部及滨海平原区，浅层地下水水位埋深相对较浅，加之沉积物颗粒较细，还原作用相对较强，主要表现为水中 NH_4^+ 含量增高。

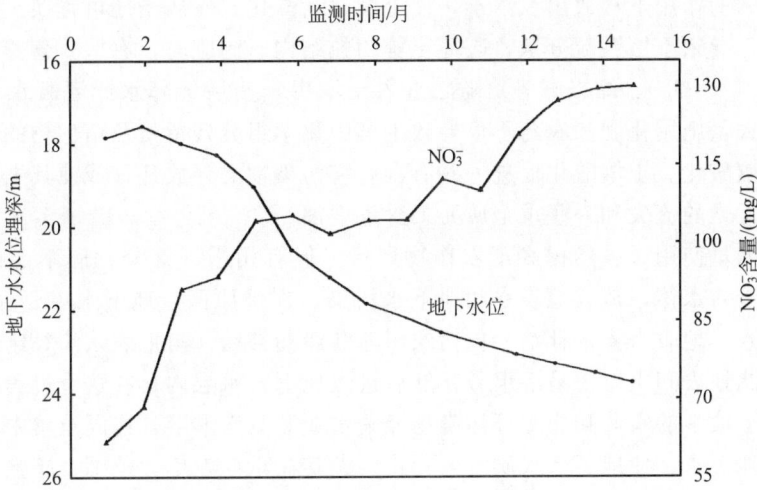

图 11-34　NO_3^- 浓度随浅层地下水水位埋深变化特征（据张宗祜等，2006）

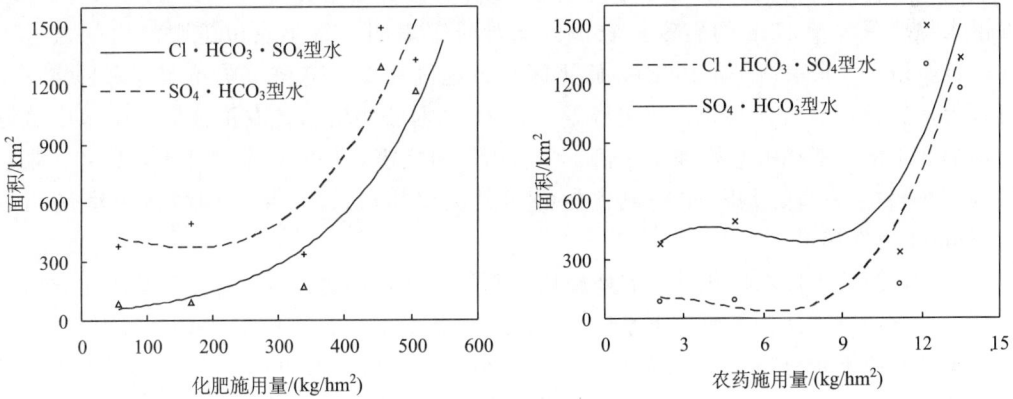

图 11-35　1975～2005 年期间河北平原富含 Cl^-、SO_4^{2-} 组分
地下水分布面积与耕地化肥和农药施用量之间关系

图 11-35 表明，1975～2005 年，河北平原 $Cl-HCO_3-SO_4$ 型和 SO_4-HCO_3 型地下水分布面积增大，与常用耕地化肥和农药施用量不断增加有一定的关系。1975～2005 年期间，富含 Cl^- 和 SO_4^{2-} 组分的地下水分布面积显著增大，而且，在地下水水位普遍下降条件下，矿化度小于 3.0g/L 的分布面积明显缩小，3.0～5.0g/L 地下水分布面积增加，这无不说明研究区地下水遭受富含化学组分水的强烈影响。

《2007 年河北省环境状况公报》表明，154 眼地下水质监测结果：石家庄、唐山、秦皇岛、保定和沧州等地区浅层地下水水质较差，总硬度、硝酸盐氮等超标。《2012 年河北省环境状况公报》指出，河北全省农药、化肥的使用量呈上升趋势，大量及不合理地使用农药、化肥等，造成土壤肥力下降、质量退化。目前，农田施用化肥以氮肥、磷肥、钾肥和复合肥为主，其中氮肥使用量最大。氮肥中的铵离子进入土壤后，有一部分会在硝化细菌的作用下释放出氢离子，使土壤逐渐酸化。铵离子还可置换土壤胶体微粒上的钙离子，导致土壤颗粒分散，破坏土壤团粒结构。施肥时，有些非营养成分或有毒物质（如 SO_4^{2-}、Cl^-、缩二脲等）随之进入土壤中，然后经降水或灌溉水入渗，影响地下水质。大量施用化肥和农药不仅导致土壤中化学组分残留量及衍生物的增加，而且会还造成土壤酸化。土壤酸化促进一些有毒有害污染物的释放迁移或使其毒性增强，造成某些营养元素的流失和一些重金属元素含量增加。

化肥的大量使用，虽然提高了农作物产量，但有相当一部分化肥不能被农作物吸收，随水流进入水体，造成地表水和地下水污染。在平原区，地下水主要由降雨入渗、山前侧向流入、地表水渗入补给，包括农田灌溉渗漏补给。自地表入渗补给地下水过程中，首先溶滤地表和土壤中易溶组分，然后进入地下含水层内。在这个过程中，残留于农田表面和土壤中的农药和化肥等污染物经雨水或灌溉水淋溶，连同土壤中易溶物一起随雨水补给地下水，使地下水水质发生变化。尤其在汛期发生大范围、高强度的暴雨之后，这种情况会更加明显。土壤中氮及施入土壤的肥料氮，在降雨和灌溉水的作用下部分直接以化合物形式淋移到土壤下层，大部分以可溶解的硝酸盐氮、亚硝酸盐氮、氨氮形式向下运移，随水流渗入地下水中，导致地下水中氮组分增加（图 11-34）。例如，在潜水位埋深大于 15m 的石家庄农田区试验研究表明，每年农田施肥淋失的氮量为 104.7kg/hm² （张宗祜等，2006），施肥区比不施区高 3～10 倍（陈子明等，1995；张维理等，1995；聂云，2000；孙文涛等，2000）。据监测资料，农田区地表雨水中氨氮已增加 211 倍，亚硝酸盐增加 114 倍（张喜山、姜文志，1995；张维理等，1995；张宗祜等，2006）。由此，地下水中氮含量必然迅速增加，近 20 年来硝酸盐浓度平均以 1～3mg/L 速率递增。

总之，河北平原农田化肥和农药施用量不断提高，加之，该区降水和地下水补给量不断减少，加剧了河北平原地下水质变程度，导致 $SO_4 \cdot HCO_3$ 型和 $Cl \cdot HCO_3 \cdot SO_4$ 型等类型的地下水分布面积大幅增加。若按 2000～2006 年期间多年平均地下水资源量均衡考虑，则每立方米地下水资源量中化肥、农药含量分别为 292.6g/m³ 和 7792.3mg/m³，地下水中 NO_3^- 含量、矿化度和硬度都显著增大。因此，重视化肥、农药最佳施用量与地下水安全问题研究，是今后重要研究课题。

小　结

（1）华北平原地下水超采与农林灌溉用水密切相关。该平原地下水开采量占总用水量的 69.81%，农业开采量占地下水总开采量的 78.82%。其中，占华北平原 52.52% 面积的河北平原，地下水开采量占当地总用水量的 83.72%。

（2）应用地学模数理念、水均衡理论和 MapGIS 技术，以 0.49km² 精度，研究结果表明，华北平原中部的大部分地区农林灌溉用水强度处于"严重不适应"状态，河北平原的大部分地下水超采区农林灌溉用水强度处于"极严重不适应"状态，小麦等夏粮作物灌溉用水影响占主导，蔬菜作物和耗水型果林灌溉用水影响呈显著增加趋势，避免非理性持续大幅增加地下水开采已成迫切的现实问题。

（3）近 50 年以来，河北地区粮食总产量多年平均每五年递增 46.2 万 t，若以每千克作物产量耗水量 0.52～0.79m³ 计算，仅滹沱河流域平原区粮食增产导致耗水量净增 83.5 亿～126.8 亿 m³/a。在过去 50 年中，平均每增产万 t 小麦或玉米，受开采量变化的影响，研究区地下水水位平均降幅为 11.09～11.37cm。

（4）在以地下水作为农业灌溉的主要供水源区，降水量变化通过改变补给量和农业开采量对地下水影响，具有"方向互逆"、"效果耦合"加剧地下水水位变化程度的特征，因此，在连续枯水年份情势下这种影响更具有难恢复性。在 10～320mm 变幅内，当年降水量减少（增加）10% 时，则地下水资源量减少 7.98%（增加 7.67%）。气候旱化过程中降水变化引起补给与开采变化对地下水影响程度，大于气候增雨过程的影响程度。

（5）农用化肥和农药在农田施用量不断提高，加之，该区降水和地下水补给量不断减少，加剧了河北平原地下水质变程度，导致 $SO_4 \cdot HCO_3$ 型和 $Cl \cdot HCO_3 \cdot SO_4$ 型等类型的地下水分布面积大幅增加，地下水中 NO_3^- 含量、矿化度和硬度都显著增大。因此，重视化肥、农药最佳施用量与地下水安全问题研究，是今后重要研究课题。

参 考 文 献

陈皓锐，黄介生，伍靖伟，等．2011．灌溉用水效率尺度效应研究评述．水科学进展，22（6）：872～875

陈社明，卢文喜，罗建男，等．2012．内蒙古德岭山地区灌溉农业发展对浅层地下水系统演化的影响．农业工程学报，（3）：1～7

陈子明，袁锋明，姚造华．1995．氮肥施用对土体中氮素移动利用及其对产量的影响．土壤肥料，（4）：36～38

陈子明，袁锋明，姚造华．1995．氮肥施用对土体中氮素移动利用及其对产量的影响．土壤肥料，（4）：36～38

程维新，胡朝炳，张兴权．1994．农田蒸发与作物耗水量研究．北京：气象出版社

范建勇．2010-12-28．农业灌溉是华北地下水超采主因．地质勘查导报，第 2 版

费宇红，张兆吉，张凤娥，等．2007．气候变化和人类活动对华北平原水资源影响分析．地球学报，28（6）：567～571

高艳卫．2007．农药残留及其环境污染分析研究与对策．安徽农学通报，（4）：130～131

贾金生，刘昌明．2002．华北平原地下水动态及其对不同农业开采量响应的计算．地理学报，57（2）：201～209

贾树龙，孟春香，杨云马，等．2010．华北平原区农田优化施肥技术防治立体污染效果研究．中国土壤与肥料，（2）：1～6

李平．2007．不同潜水埋深污水灌溉氮素运移试验研究．中国农业科学院：26～68

李婉珠，许广明，王林英．2008．石家庄市污水灌溉对浅层地下水的影响．华北水利水电学院学报，

（3）：15～17

李晓欣，张菲菲，马洪斌，等．2011．华北平原地区农田硝态盐淋失研究进展．华北农学报，（S2）：131～139

刘昌明．2003．发挥南水北调的生态效益修复华北平原地下水．南水北调与水利科技，24（1）：17～19

刘中培，于福荣，焦建伟．2012．农业种植规模与降水量变化对农用地下水开采量影响识别．地球科学进展，（2）：240～245

刘中培，张光辉，严明疆，等．2010．石家庄平原区灌溉粮田增产对地下水影响研究．资源科学，32（3）：535～539

马闯，杨军，雷梅，等．2012．北京市再生水灌溉对地下水的重金属污染风险．地理研究，（12）：2250～2258

聂云．2000．过量施用氮肥和磷肥对环境的危害．耕作与栽培，（4）：43～45

邱小燕．2008．农药污染与生态环境保护．现代农业科学，（8）：53～54

孙文涛，肖千明，朱洪国．2000．试论氮肥施用对环境的影响．杂粮作物，（1）：38～41

王春晓，齐继祥，费宇红，等．2012．地下水有机污染调查采样精密度评估方法探讨．环境监测管理与技术，（1）：62～65

王昭，张兆吉，费宇红．2009．华北平原地下水中有机物淋溶迁移性及其污染风险评价．水利学报，（7）：830～837

文冬光，林良俊，孙继朝，等．2012．中国东部主要平原地下水质量与污染评价．地球科学（中国地质大学学报），（2）：220～228

吴爱民，李长青，徐彦泽，等．2010．华北平原地下水可持续利用的主要问题及对策建议．南水北调与水利科技，（6）：110～113，128

吴凯，陈建耀，刘士平，等．1997．华北平原禹城地区作物耗水特性与农业水利用水率研究．北京：气象出版社

肖军，秦志伟，赵景波．2005．农田土壤化肥污染及对策．环境保护科学，（5）：32～34

严明疆，王金哲，李德龙，等．2010．年降水量变化条件下农灌引水与开采对地下水位影响．水文地质工程地质，（3）：27～30

叶灵，巨晓棠，刘楠，等．2010．华北平原不同农田类型土壤硝态氮累积及其对地下水的影响．水土保持学报，（2）：165～168，178

由懋正．1998．农业资源评价管理与利用．北京：气象出版社

张光辉，费宇红，刘春华，等．2013．华北平原灌溉用水强度与地下水承载力适应性状况．农业工程学报，（1）：1～10

张光辉，费宇红，刘克岩．2006a．华北平原农田区地下水开采量对降水变化响应．水科学进展，17（1）：43～48

张光辉，费宇红，王惠军，等．2009b．河北省平原区农田粮食增产与灌溉节水对地下水开采量的影响．地质通报，（5）：645～650

张光辉，费宇红，王金哲，等．2012．华北灌溉农业与地下水适应性．北京：科学出版社

张光辉，费宇红，严明疆，等．2009a．灌溉农田节水增产对地下水开采量影响研究．水科学进展，20（3）：350～355

张光辉，费宇红，杨丽芝，等．2006b．地下水补给与开采量对降水变化响应特征．地球科学，31（6）：879～884

张维理，田哲旭，张宁，等．1995．农用氮肥造成地下水硝酸盐污染的调查．植物营养与肥料学报，

1（2）：80～87

张喜山，姜文志 . 1995. 地下水中硝酸盐的污染原因及防治对策 . 地下水，（2）：82～84

张兆吉，费宇红，郭春艳，等 . 2012. 华北平原区域地下水污染评价 . 吉林大学学报（地球科学版），
　　（5）：1456～1461

张宗祜，张光辉，任福弘，等 . 2006. 区域地下水演化过程及其与相邻层圈的相互作用 . 北京：地质
　　出版社：111～118

章光新，邓伟，何岩 . 2004. 我国北方地下水危机与可持续农业的发展 . 干旱区地理，（3）：437～441

赵君怡，张克强，王凤，等 . 2011. 猪场废水灌溉对地下水中钾、钙、钠、镁含量的影响 . 水土保持
　　学报，（5）：135～139

周万亩，齐全，徐敏，付晓刚 . 2007. 地下水超采对农业灌溉影响及对策研究 . 地下水，（4）：17～19

第十二章 区域地下水功能及可持续利用性评价理论方法

地下水除具有供给人类社会生活和生产发展用水的"资源功能"之外，还兼有维系生态环境良性发展的"生态功能"和维持地质环境稳定（如避免出现严重地面沉降等）的"地质环境功能"。区域地下水的这些功能彼此关联，任一功能的过度占用，必然是以牺牲其他功能作为代价的。我国北方地区地下水经历30多年严重超采及其环境地质问题，尤其是华北平原地下水超采日趋严峻的现实，唤起人们的反思：地下水如此超采下去，其资源功能还能持续利用多久，地下水的生态功能或环境地质功能的代价如何。由此，地下水可持续开采量和地下水功能理念及其评价方法逐步形成。本章基于前期研究成果，精练要点，重点深化。

第一节　地下水可持续开采量与地下水功能关系

本节立足于流域尺度地下水循环系统及其自然属性，从协调发挥地下水的资源功能、生态功能和地质环境功能综合效应最佳的角度，剖析地下水可持续开采量与地下水功能之间内在关联性。研究结果表明，地下水功能和地下水可持续开采量都是以和谐发展理念为基础，流域尺度地下水循环系统是它们的共同主体，彼此促进和相互支撑。地下水功能评价是确定地下水可持续开采量的充分条件，地下水可持续开采量的确定是实现地下水功能评价目标的必要条件。

一、问题提出

1915年，Lee提出地下水可开采量，又称允许开采量（safe yield）概念，经过Meinzer（1923）、Conkling（1946）、Banks（1953）、Suter等（1959）和Zeizel等（1962）等学者不断完善，明确"在经济、技术合理，不破坏原来水质、不产生不良环境后果前提下可以从地下含水层系统中抽取的水量"为地下水可开采量，在20世纪70～90年代被广泛应用（张光辉等，2008a）。但是，近30年来，随着区域地下水位降落漏斗范围不断向纵深拓展，许多地区生态环境退化、地面沉降和海咸水入侵地下淡水系统等问题日趋严重的众多现实，Frans等提出即使实际开采量远低于允许开采量，也会发生同样的生态或地质环境问题。张光辉等于2006年在《水文地质工程地质》期刊第4期上提出"区域地下水功能及可持续利用性评价理论方法"，在《地质通报》期刊2008年第6期上阐述了"地下水可持续开采量与地下水功能评价的关系"，并于2009年出版《区域地下水功能可持续性评价理论与方法研究》专著，系统阐述了什么是地下水功能，为什么要进行地下水功能评价，如何进行地下水功能评价，包括基本理念、方法以及相关数学原理和应用技术。书中还阐述了在 MapGIS 环境下如何快捷、准确地处理那些杂乱无章的海量基础数据的技术方法，包括分区、剖分和数据自动提取，以及"有规律性数据"、"非规律性数据"和"定性资料"各类信息的量化与标准化技术。张光辉等还分别在《资源科学》期刊 2009 年第 3 期和《水文地质工程地质》期刊 2009 年第 5 期上发表了"华北平原地下水功能特征与功能评价"和"地下水功能评价体系属性层组成与意义"，进一步阐述区域地下水评价理论方法的要点和关键技术。

二、理念基础的关联

地下水"可持续开采量"（sustainable yield）是指具有一定补给来源和储存能力的地下水系统在遵循自然水循环规律和地下水流动原理（如水量均衡）基础上，不超过多年平均补给量、且保证地下水系统能够及时达到新的平衡条件下的可开采量，它不挤占生态和地质环境稳定所需水量。它的实质是在生态与环境承载力允许条件下可以永续开采的地下水量，其在可开采量的经济、技术合理理念下进一步突出了生态和环境保护目标，强调在生态及地质环境良好模式下地下水可利用量（张光辉等，2008a；周仰效、李文鹏，2010）。

"地下水功能"（groundwater function）是指地下水的质和量及其在空间和时间上的变化对人类社会和环境所产生的作用或效应，主要包括地下水的资源供给功能（简称"资源功能"）、生态环境维持功能（简称"生态功能"）和地质环境稳定功能（简称"地质环境功能"），它们共存于由水量、水质、水动力流场和含水介质体（地层）耦合构成的地下水系统中，彼此依存，相互制约，任一功能被过度强化（利用）都会引起其他功能的响应变化。地下水的资源功能、生态功能和地质环境功能是统一的有机整体，不仅它们各自的承载力有限和具有区位特征，而且它们的综合可利用性也是有限的，与地下水系统的埋藏条件和补给、径流及排泄条件密切相关，还与当地的降水、蒸发、地形地貌和地质构造控水状况有紧密关系（张光辉等，2006，2009a）。

地下水的资源功能（groundwater resource-function，记作 B_1）是指具备一定的补给、储存和更新条件的地下水资源供给保障作用或效应，具有相对独立、稳定的补给源和水的供给保障能力。地下水的生态功能（groundwater ecological function，记作 B_2）是指地下水系统对陆表植被或湖泊、湿地或土地质量良性维持的作用或效应，如果地下水系统发生变化，则生态环境出现响应的改变。地下水的地质环境功能（groundwater geologic environment function，记作 B_3）是指地下水系统对其所赋存的地质环境稳定性所具有支撑和保护的作用或效应，如果地下水系统发生变化，则地质环境出现响应的改变（张光辉等，2006，2009a）。

无论是地下水可持续开采量还是地下水功能评价，都是针对区域地下水位不断下降引发生态和地质环境问题，试图寻求一种规范人们开发利用地下水行为的科学依据，以使人类活动进一步符合遵循自然规律，达到提高生产、生活用水过程中保障生态和地质环境安全的能力，基础点完全一致（张光辉等，2008a）。从图 12-1 可以看出，地下水可持续开采量和地下水功能评价的主体是相同的，都处于气候变化和生产、生活及生态耗水影响圈层之下，面对如何实现地下水的资源功能、生态功能和地质环境功能彼此和谐条件下可持续利用，同时它们都力求人类活动与地下水功能状态之间和谐友好。在这一系统中，气候变化是不可调控变量，它不仅影响一个地区地下水补给量，而且还影响人类用水强度和规模。用于生产和生活的开采量是影响地下水功能状态的人为驱动主导影响因素，是地下水可持续开采量评价的主要要素和地下水功能评价的核心因子之一，是和谐理念下人为可调控的主要变量。

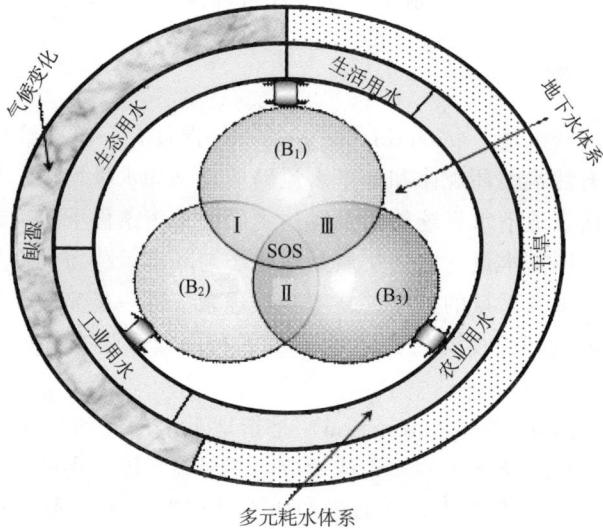

图 12-1　地下水各功能间及其与外部影响因素关系

在图 12-1 中，B_1、B_2 和 B_3 区是地下水各功能的可持续开发利用限域，Ⅰ、Ⅱ和Ⅲ区是两功能彼此制约区，不宜长期规模开发利用，需要根据气候变化情况适宜调控利用，特别是在连年枯水时更需要谨慎对待，应确保后期具有足够的修复能力或条件。图12-1 中 SOS 区是三个功能相互制约、最为脆弱区，在理论上是不适宜开采、不可持续开发利用的限域，必须严格禁止大规模开发利用。在这三类区中，客观上都存在理论的地下水可持续开采量，其中 B 类区是地下水资源功能的主导利用区，而在两功能彼此制约（Ⅰ、Ⅱ、Ⅲ类）区中则需要关注开采地下水与生态功能和地质环境功能的关联程度。对于那些对开采地下水响应极为敏感、变化强烈的生态主导功能区或地质环境主导功能区，则必须优先考虑生态或地质环境安全的目标，确定地下水可持续开采量。这其中，必须明确生态或地质环境安全需水的阈值及其可调控性和可自恢复能力，不宜简单地通过水量均衡方法确定开采量阈值。在 SOS 区，必须严格限制规模开采地下水和明确开采强度控制的时空阈值（张光辉，2009b）。

由此可见，地下水可持续开采量合理确定是实现地下水功能评价目标的必要条件，地下水功能评价是合理确定地下水可持续开采量的充分条件。没有符合实际的地下水可持续开采量指标指导地下水开发利用，难以实现地下水功能评价的宗旨目标；没有地下水功能评价成果作为基础，难以取得符合客观状况的地下水可持续开采量的阈值。

　　如果仅从地下水系统的水量均衡角度考虑，以往地下水资源评价结果应该是可持续的，但是事实上却出现了许多与开采地下水有关的生态或地质环境问题。即使严格按可开采量约束，也会如此。问题出现在理念上，在确定可开采量中没有从流域尺度充分考虑地下水的生态功能和地质环境功能对水的占有，缺少充分考虑河道长期干涸和地下水位持续下降对地下水补给影响状况的量化计入，所以难免出现以消耗地下水储存资源、牺牲环境为代价的开发利用情况。因此，地下水评价的指导思想、理念和方法诸方面都需要进一步完善，切实融入人与自然和谐思想的精髓。这样，才有可能充分发挥地下水的资源功能、生态功能和地质环境功能的整体最佳效益，真实地实现地下水可持续开采量的宗旨。

三、评价原则的关联

　　地下水可持续开采量的评价，需要遵循以下原则：①以流域或区域水循环规律以及地下水系统水量均衡原理为基础，评价对象是区域地下水；②确保地下水系统能够在均衡期内及时达到新的水量平衡，均衡期一般为中尺度（10～15 年），在枯水年份适度超采地下水，在丰水年份显著减少地下水开采量，使得枯水年份被超采的地下水储存资源量得到完全恢复；③合理确定生态与环境用水约束，作为地下水可持续开采量评价的重要前提，避免笼统地简单套用某一数值，应根据地下水功能区划情况分别确定；④在与经济、社会、水利工程等诸多影响因素之间平衡和优化中，重视生态、环境和地下水资源更新能力对地下水可持续开采量的必然约束，规范经济和社会用水行为，使其进一步遵循自然规律，达到人与自然和谐状态（黄鹏飞等，2012；郭学茹等，2013）。

　　地下水功能评价，遵循下列原则：①立足于地下水自然属性，兼顾长期人为因素影响下的社会属性，重视前期资料及成果的利用；②以人与自然和谐、可持续发展为根本目标；③以水循环规律作为基础，以流域尺度地下水系统为评价主体，重点评价地下水的各功能区位特征及主要属性状况；④尽可能地多目标保护、多功能互补和综合发挥作用（张光辉等，2006，2009b）。

　　从上述评价原则不难看出，地下水可持续开采量及其功能评价都是以遵循流域水循环规律为基础的，以完整的地下水系统作为评价对象，皆突出人与自然和谐、可持续性、多目标保护和综合效益最佳，主要变量都是地下水位及补给、径流、储存和排泄涉及的各源汇项状态变量，其中开采量、蓄变量与地下水水位埋深之间关系及其生态、地质环境效应是核心内容（张光辉等，2008a）。

四、评价机制的关联

　　这里的评价机制是指地下水可持续开采量或功能评价的原理、过程和技术方法的集合，包括如何确定评价对象和评价尺度，如何进行评价分区、遴选评价因子和处理各个指标，如何分析和评判各因子或评价对象（指标）状况及其变化趋势的研究过程。

　　进行地下水可持续开采量评价，首先是查明评价区地下水循环系统的完整性，将流域地下水系统进行区分。其次，以当地中长时间尺度气候变化周期作为主要论据，同时充分考虑人类活动对地下水补给条件影响强度变化状况，确定地下水均衡期的时限。再次，确定地下水系统及各分区水量均衡所有源汇项，建立相应数据库，求取地下水系统及其各分区的净补给量（即自然条件下储存资源的增量，它不包括均衡期内流出、越流和蒸发蒸腾所消耗的水量），并将该净补给量及相关数据作为确定流域及其各分区地下水可持续开采量的基础数据（图 12-2 中实线）。最后，根据查明的生态与环境约束条件，确定各分区及流域地下水可持续开采量（图 12-2 中实线之下区域），评价地下水开采量状况及趋势（图 12-2 中虚线）。

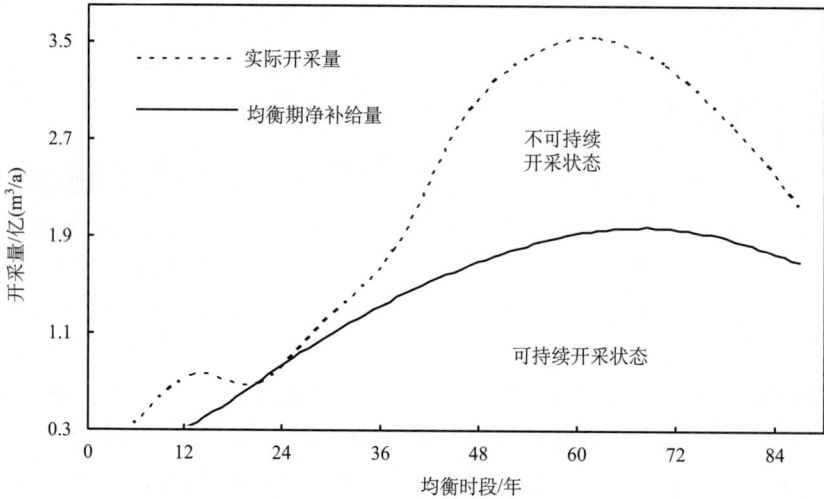

图 12-2　华北典型流域地下水可持续开采量与开采量之间关系演变特征（据张光辉等，2008a）

　　进行地下水功能评价，首先是查明流域尺度地下水循环系统的完整性及其分区特征，以及各分区地下水位变化与植被、湖泊湿地、土地荒漠化及盐渍化、地面沉降等之间关联性。其次，根据地下水循环规律、埋藏与补径排条件及其与生态和地质环境之间关联性，进行评价分区和单元剖分，构建评价指标体系（图 12-3）。再次，应用"地下水功能综合分析系统"（groundwater function synthetic-evaluatic system，GFS），分析计算各剖分单元的各属性和各功能状况和综合可持续性评价指数，再应用 MapGIS 或其他软件，绘制 GFS 计算结果的等值线分布图或分区图。最后，野外效验后，通过地下水功能区划，阐明各分区优势功能和脆弱功能，确定各分区地下水主导功能，求算各分区生态、地质环境所需最低水量，提出地下水合理开发利用和生态与环境保护方案（张光辉等，2006）。

　　通过上述分析表明，地下水功能与可持续开采量的评价机制之间存在紧密相关性。缺少地下水功能评价作为基础的地下水可持续开采量评价，难以获取有针对性保护生态或地质环境的地下水可持续开采量评价阈值。因为从流域地下水系统来看，上、中、下游不同分区的地下水主导功能是各不相同的。

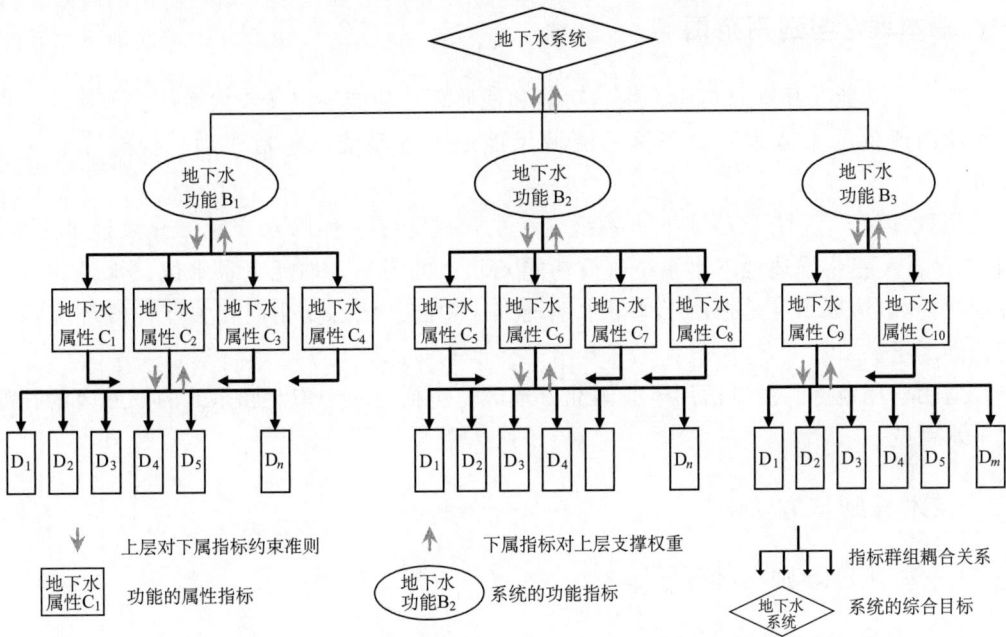

图 12-3 地下水功能评价机制的逻辑结构示意图

第二节 地下水功能可持续利用性评价理论方法

中国较早出现的是"地下水功能区划"和"地下水生态功能区划",它们主要是从社会属性和规划管理角度考虑,尚无确切的概念或内涵,更无系统的基础理论和评价方法(许志荣,1998;林学钰、廖资生,2004;唐克旺、杜强,2004;唐克旺等,2012)。2002 年张光辉负责的项目组根据中国地质调查局下达的任务,在专家们咨询意见的基础上,首次科学定义了"地下水功能",指出:"地下水功能是指地下水的质和量及其在空间和时间上的变化对人类社会和环境所产生的作用或效应,本次研究主要包括地下水的资源供给功能、生态环境维持功能和地质环境稳定功能,它们分别简称为'资源功能'、'生态功能'和'地质环境功能'";同时提出,地下水的资源功能仅是地下水功能的一部分,生态功能和地质环境功能也是其重要组成部分,它们彼此制约和相互作用,无论地下水的哪一功能过度强化,都必然引起地下水的其他功能响应变化(张光辉等,2006)。2003 年该项目组创建了以地下水自然属性为主导并兼顾长期人类活动影响下社会属性的地下水功能评价原则、标准、四维结构评价模型与指标体系、技术要求与规范、评价与区划方法(张光辉等,2006;聂振龙等,2007;王金哲等,2008;张光辉等,2009a)。经过两年完善和示范应用研究,2004 年中国地质调查局根据本项目组提交的成果,向各省地质调查院下达了有关地下水功能评价任务书和技术要求与规范,并于 2005 年在中国北方的松嫩平原、西辽河流域、华北平原、山西六大盆地、银川平原以及青海、甘肃和新疆等工作区推广应用。

一、基本理念与适用范围

地下水功能及其资源功能、生态功能和地质环境功能的定义或内涵如前节所述。地下水功能评价的主体是一个完整的流域尺度地下水系统，包括驱动、状态和响应三类群。

"驱动因子"是指驱动地下水系统变化的影响因子，如降水变化、开采地下水等。"状态因子"是指描述地下水系统（或功能）状态的因子，如地下水水位、水量和水质等性状。"响应因子"是指由于地下水系统（或功能）状态变化而相关能力或环境响应变化的因子。

适用应用范围：主要适用于我国北方地区，包括西北、华北和东北的平原区的孔隙地下水系统。

二、技术导则与方法

（一）评价导则与体系

区域地下水功能评价遵循如下原则：立足于地下水自然属性，兼顾长期人为因素影响下的社会属性，重视前期资料及成果的利用；以人与自然协调、可持续发展为根本目标；以水循环规律作为基础，以流域尺度地下水系统为评价主体，重点评价地下水的各功能区位特征及主要自然属性状况；尽可能地多目标保护、多功能互补和综合发挥作用。

1. 评价体系及其层次结构

地下水功能评价体系由系统目标层（A）、准则功能层（B）、属性指标层（C）和要素指标层（D）4 级层次结构组成（图 12-4）。

A 层是系统的总目标，即地下水可持续利用性。B 层是描述总目标的功能准则，由资源功能 B_1、生态功能 B_2 和地质环境功能 B_3 构成。C 层是描述各功能层（B_i）的属性指标，由 m 个指标 C_1，C_2，C_3，C_4，C_5，C_6，C_7，C_8，C_9，C_{10}，…，C_m 构成，是各功能状况的评价基础。D 层是描述各属性指标（C_i）的最基础要素，它们分别从不同侧面反映地下水系统某一属性状况，是具体评价的基本指标，由 n 个 D_1，D_2，D_3，D_4，D_5，D_6，D_7，D_8，D_9，D_{10}，…，D_n 构成。

2. 指标体系与标准

地下水功能评价的指标体系，包括属性评价标准、功能评价标准和系统综合评价标准，每组标准分为 5 级（表 12-1）。其中，地下水可持续利用性状况分为"可持续性弱"、"可持续性较弱"、"可持续性一般"、"可持续性较强"和"可持续性强"；地下水功能状况分为"强"、"较强"、"一般"、"较弱"和"弱"；地下水属性状况分为"差"、"较差"、"一般"、"较好"和"好"。

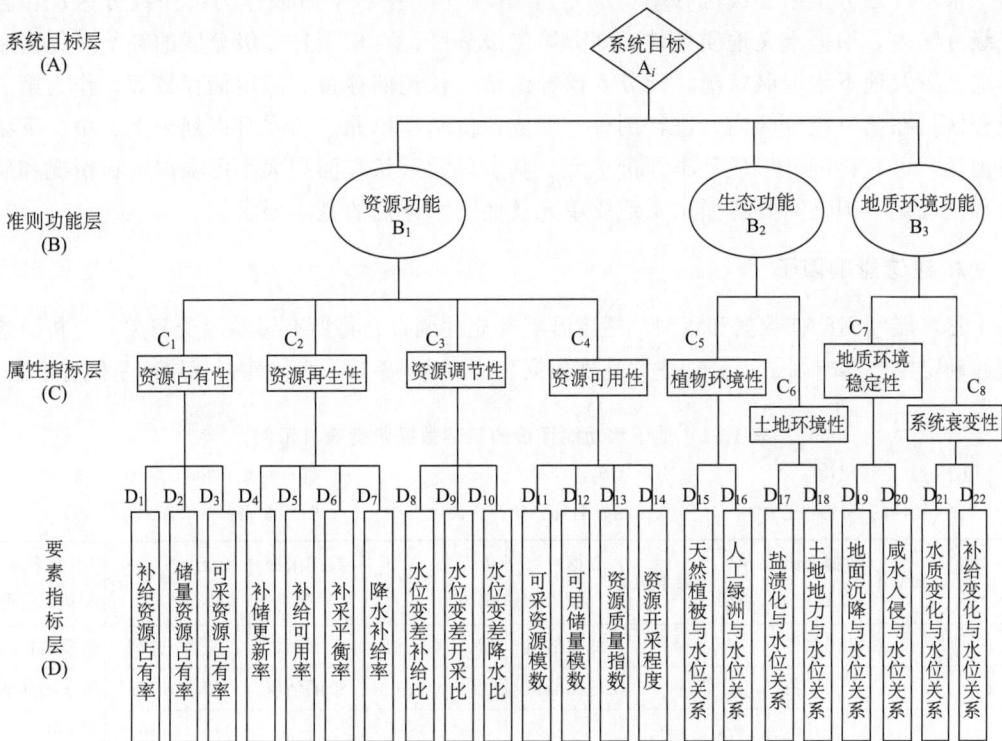

图 12-4　地下水功能评价体系的层次结构模型示意图

表 12-1　地下水功能评价的分级与标准

地下水可持续利用性状况的分级与标准				
综评指数值	0～0.2	0.2～0.4	0.4～0.6	0.6～0.8	0.8～1.0
状况分级	可持续性弱	可持续性较弱	可持续性一般	可持续性较强	可持续性强
功能指数值	1.0～0.84	0.84～0.67	0.67～0.34	0.34～0.17	0.17～0
状况分级	强	较强	一般	较弱	弱
级别代码	Ⅰ	Ⅱ	Ⅲ	Ⅳ	Ⅴ
地下水属性状况的分级与标准				
属性指数值	0～0.2	0.2～0.4	0.4～0.6	0.6～0.8	0.8～1.0
状况分级	差	较差	一般	较好	好

（二）评价步骤与方法

1. 确定评价目标及划分基本单元

首先确定评价范围，使地下水系统具有完整性。然后，按流域尺度划分评价分区和剖分基本单元。剖分基本单元的方法有二：①在资料较齐全的地区，将完整的流域尺度地下水系统划分至第 4 级区（基本单元），其中上、中、下游段作为第一级分区；在各一级分区内，根据水文地质条件，划分第二级分区；再根据各二级分区的补给、径流和排泄，以及地下水埋藏状况，划分入渗补给带、径流储存带、滞留储存带等，作为第三级分区；在第三级分区内，进行剖分，形成评价基本单元。②在难以划分上、中、下游段地区，可直接剖分形成基本评价单元。基本单元形状和面积大小可根据资料情况和研究程度确定，但是需要遵循水文地质单元及地下水评价的基本要求。

2. 遴选影响因子

尽可能利用已有数据和资料，适度开展补充性调查；将所有影响因子归类、分析、遴选和确定主要影响因子；分别建立基础数据表格（表 12-2），为构建指标层体系做好准备。

表 12-2　地下水功能评价的基础数据归类表（示例）

服务对象：资源功能　　　　分区编号：12　　　　　资料时段：2000.3～2005.6
属性层名称：资源占有性　　要素指标名称：储存资源占有率　　归档编码：2005A1-12

单元编码	要素值	数据来源与状况说明	单元编码	要素值	数据来源与状况说明	单元编码	要素值	数据来源与状况说明	单元编码	要素值	数据来源与状况说明
1	0.89	纸图估值	11	0.83	纸图估值	21	0.81	专家赋值	31	0.43	纸质图估值
2	0.78	电图插值	12	0.72	电图插值	22	0.71	纸图估值	32	0.74	电子图插值
...	...	...	...	...	...	...	...	...	...	...	...

3. 构建指标体系

结合项目要求，并考虑工作区的实际情况和数据获取难易程度，确定基本的评价指标，构建评价的基础层——要素指标层。然后，根据层次关系和群组关系，组成属性指标层和准则功能层。在此基础上，构成地下水功能的评价指标体系。

要求：在同一地区，尽可能建立归一、规范和实用的评价指标体系；可通过由粗至细逐步完善的过程，建立较完善的地下水功能评价指标体系。

4. 评价方法

首先根据可持续利用原则，确定地下水资源功能（B_1）、生态功能（B_2）和地质环境功能（B_3）的组合群拟实现的总目标及其权值关系。为了实现 B 层对总目标的描述，以 A 层的要求为准则，对 B 层指标进行相对重要性的两两比较，将得到系统（A）层的判断矩阵，即

$$A = \{b_{ij} \mid i, j = 1 \sim n\}_{n \times m} \tag{12-1}$$

对 A 层各要素的重要性如下：$b_{1,1}$ 表示资源功能对资源功能的相对重要性，为 $B_1/B_1 = 1$；$b_{1,2}$ 表示资源功能对生态功能的相对重要性，为 B_1/B_2；$b_{1,3}$ 表示资源功能对地质环境功能的相对重要性，为 B_1/B_3；$b_{2,1}$ 表示生态功能对资源功能的相对重要性，为 B_2/B_1；$b_{2,2}$ 表示生态功能对生态功能的相对重要性，为 $B_2/B_2 = 1$；$b_{2,3}$ 表示生态功

能对地质环境功能的相对重要性，为 B_2/B_3；$b_{3,1}$ 表示地质环境功能对资源功能的相对
重要性，为 B_3/B_1；$b_{3,2}$ 表示地质环境功能对生态功能的相对重要性，为 B_3/B_2；$b_{3,3}$ 表
示地质环境功能对地质环境功能的相对重要性，为 $B_3/B_3=1$。

在上述工作基础上，构建的地下水功能权重的综合判断矩阵，见表 12-3。

表 12-3　地下水功能权重综合判断矩阵

A	B_1	B_2	B_3
B_1	$b_{1,1}$	$b_{1,2}$	$b_{1,3}$
B_2	$b_{2,1}$	$b_{2,2}$	$b_{2,3}$
B_3	$b_{3,1}$	$b_{3,2}$	$b_{3,3}$

注：其中，$b_{i,j}>0$，$b_{i,j} \cdot b_{j,i}=1$；当 $i=j$ 时，$b_{i,j}=1$。

其次，与上述方法相同，分别根据各功能（B_1、B_2 和 B_3）的准则要求和各属性
（C_1、C_2 和 C_3，…）的要求，构建 B 层和 C 层判断矩阵。然后，进行层次排序及求解权
向量，即确定上述各判断矩阵的同一层次各因子对于上一层次某指标相对重要性的排序权
值，并检验和修正各判断矩阵的一致性。对于一个正向量 $\boldsymbol{W}=(W_1,W_2,\cdots,W_n)^T$，其
标准化向量 $\boldsymbol{W}$ 为

$$W_s=\left|\frac{W_1}{\sum\limits_{i=1}^{n}W_i},\frac{W_2}{\sum\limits_{i=1}^{n}W_i},\cdots,\frac{W_n}{\sum\limits_{i=1}^{n}W_i}\right|^T \tag{12-2}$$

式中，$\boldsymbol{W}_s(W_{s1},W_{s2},\cdots,W_{sn})^T$ 为同一层次相应因子对于上一层次某个指标相对重要
性的排序权值。对判断矩阵需要进行一致性检验，直到判断矩阵具有满意的一致性为止。

再次是确定层次总排序权值。若上一层次 A 包含 m 个因子 B_1、B_2、…，B_m，其层
次总排序权值分别为 a_1、a_2、…，a_m；下一层次 B 包含 n 个因子 C_1、C_2、…，C_k，
…，C_n，它们对于因子 B_j 的层次单排序权值分别为 b_{1j}、b_{2j}、…，b_{nj}（当 C_k 与 B_j 无
关系时，$b_{kj}=0$）。于是，得到 B 层次总排序权值。

（三）综合评价方法

根据各因子总排序权值（a_i），进行综合评价。综合评价指数的计算公式为

$$R=\sum_{i=1}^{n}a_iX_i \tag{12-3}$$

式中，R 为综合评价指数；a_i 为评价参数的权值；X_i 为评价参数，等于 $\sum (d_i/d_{max})$
或 $(d_i/d_{阈})$；n 为评价参数的个数。

根据计算出的一系列 R 值，绘制相关指标等值线图，圈定地下水功能状况分区；
然后，对照相应层次的评价分级标准，判别评价对象的状况，并作出评价，评价结果的
组合特征见表 12-4。

表 12-4　地下水功能综合评价结果的组合特征、分级与意义

状态组合及代码			意义	利用前景
优势功能	辅助功能	弱势功能		
R 值：1.00~0.67	0.67~0.34	0.34~0.00		
B_1	B_2	B_3	资源功能强，生态功能次之，地质环境功能弱势	可规模开采，生态功能需要保护，地质环境功能可弱化
	B_3	B_2	资源功能强，地质环境功能次之，生态功能弱势	可规模开采，地质环境功能需要保护，生态功能可弱化
B_2	B_1	B_3	生态功能强，资源功能次之，地质环境功能弱势	可适度开采，需要加强生态功能保护，地质环境功能可弱化
	B_3	B_1	生态功能强，地质环境功能次之，资源功能弱势	不宜开采，生态功能保护优先，重视地质环境功能涵养
B_3	B_1	B_2	地质环境功能强，资源功能次之，生态功能弱势	可调节开采，重视与地质环境功能协调，生态功能可弱化
	B_2	B_1	地质环境功能强，生态功能次之，资源功能弱势	不宜开采，重视地质环境功能保护，生态功能需要涵养
B_1	B_2, B_3	—	资源功能强，生态功能和地质环境功能次之	可规模开采，生态功能和地质环境功能需要保护
	—	B_2, B_3	资源功能强，地质环境功能次之，生态功能弱势	可规模开采，地质环境功能和生态功能可弱化
B_2, B_3	B_1	—	生态功能和地质环境功能强，资源功能次之	限制开采，生态功能和地质环境功能需要保护
	—	B_1	生态功能和地质环境功能强，资源功能弱势	不宜开采，生态功能和地质环境功能需要保护
—	B_1, B_2	B_3	资源功能和生态功能次之，地质环境功能弱势	可适量开采，需要加强生态功能保护，地质环境功能可弱化
	B_3	B_1, B_2	地质环境功能次之，资源功能和生态功能弱势	不宜开采，重视地质环境功能涵养，生态功能可弱化
—	B_2, B_3	B_1	生态功能和地质环境功能次之，资源功能弱势	不宜开采，重视生态功能及地质环境功能涵养
	B_1	B_2, B_3	地质环境功能强，生态功能次之，资源功能弱势	可适量开采，地质环境功能和生态功能都可弱化
—	B_1, B_2, B_3	—	资源功能、生态功能和地质环境功能都次之	可调节开采，重视与生态功能和地质环境功能协调
	—	B_1, B_2, B_3	资源功能、生态功能和地质环境功能弱势	可根据其他自然条件，规划与开发

注：B_1 表示资源功能；B_2 表示生态功能；B_3 表示地质环境功能；B_1，B_2 表示同级；"—"表示出现概率极小。

第三节　地下水功能评价体系属性层组成与意义

　　属性指标是地下水功能评价体系中的核心指标，具有承上启下作用，对其内涵及组成缺乏正确理解和合理选用，将会导致地下水功能评价结果的较大偏误（张光辉等，2009a）。本书根据该理论方法创建时的宗旨和指导思想，详尽阐述地下水功能评价体系中属性指标的组成、特性、内涵及选用需要关注的要点，有助于我国北方地下水功能评价与区划深入开展。

一、地下水功能评价体系属性层作用

　　属性指标（C_i）是地下水功能评价体系的核心指标，具有承上启下作用。它对上，是地下水功能层（B_j）评价的基础，具有支撑作用，没有属性指标层，就无法开展地下水的资源功能、生态功能和地质环境功能评价；它对下，承接、归纳、整合和调控诸多的要素指标（D_n），来反映地下水功能各个方面的状况（图 12-4）。

　　地下水的资源功能、生态功能和地质环境功能共存于由水量、水质、水动力流场和含水介质体（地层）构成的同一地下水系统中，由不同层次指标（C_i）组成（表 12-5），相互制约、相互作用，它们是统一的有机整体，不仅各自的承载力有限和具有区位特征，而且它们的综合可利用性也是有限的，与地下水系统的埋藏条件和补给、径流及排泄条件密切相关，还与当地的降水、蒸发、地形地貌和地质构造控水状况有紧密关系。由此，区域地下水功能评价的主体须是一个完整的流域尺度地下水系统，它是由驱动因子群、状态因子群和响应因子群组成的。

二、地下水功能评价体系属性层组成与内涵

　　图 12-4 中 10 个属性层的具体组成见表 12-5。从理论上讲，在区域地下水功能评价中，该属性层的具体组成由 n 个 D_1，D_2，D_3，…，D_n 构成。但是，在不同研究区实际工作中，结合当地实际情况和资料具备情况，应合理遴选，适度增减，个别指标也可以另选，只要求所选指标的内涵与被替换指标基本相同。D_n 指标的数量过多或过简，都不利于地下水功能评价。当 D_n 指标过多时，将带来诸多不必要的数据处理、转换计算和结果校核等实物工作量；当 D_n 指标数组过简时，评价结果难以较全面地反映实际情况。

　　在 D_n 遴选中，还需要注意如下两个方面问题：一是数据的时间尺度，二是数据组的数量。表达地下水系统状态方面的 D_n 指标，应采用能够反映适宜时间尺度的、具有完整水文周期均值特征的数据，如 5～12 年均值，不宜采用某一年的数据，尤其是丰水年份或枯水年份的数据，这是地下水均衡自然属性所决定的；同时，周期的时间尺度不宜过大，那样难以及时反映或警示现实状况，可能会因时间尺度过于长久而弱化现状的特征。表达地下水的生态功能或地质环境功能方面的 D_n 指标，应采用统一基准年的数据，不宜多年均化。选择基准年份，应与上述周期时间的终止年份一致

表 12-5　区域地下水功能评价指标体系及各指标意义（据张光辉等，2009a）

准则功能层（B）	属性指标层（C）	要素指标层（D）指标与意义	
资源功能（B₁）	资源占有性（C₁）	区外补给资源占有率（C₁D₁）	是指被评价分区从域外调入补给模数与该系统全区平均补给资源模数的比例
		区内补给资源占有率（C₁D₂）	是指被评价分区当地获取补给资源模数与该系统全区平均补给资源模数的比例
		储存资源占有率（C₁D₃）	是指被评价分区储存资源模数与该系统全区平均储存资源模数的比例
		可利用资源占有率（C₁D₄）	是指被评价分区可利用资源模数与该系统全区平均可利用资源模数的比例
	资源再生性（C₂）	补储更新率（C₂D₁）	是指被评价分区补给资源模数与储存资源模数的比例
		补给可用率（C₂D₂）	是指被评价分区可利用资源模数与补给资源模数的比例
		补采平衡率（C₂D₃）	是指被评价分区的近5～12年平均补给量与对应年均开采量的比例
		降水补给率（C₂D₄）	是指被评价分区的近5～12年平均补给量与对应年均降水量的比例
	资源调节性（C₃）	水位变差补给比（C₃D₁）	是指被评价分区的近5～12年平均补给量与对应年均水位变差的比例
		水位变差开采比（C₃D₂）	是指被评价分区的近5～12年平均开采量与对应年均水位变差的比例
		水位变差降水比（C₃D₃）	是指被评价分区的近5～12年平均降水量与对应年均水位变差的比例
	资源可用性（C₄）	可采资源模数（C₄D₁）	是指被评价分区的单位面积上地下水可开采资源量
		可用储量模数（C₄D₂）	是指被评价分区的单位面积上可动用地下水储存资源量
		资源质量指数（C₄D₃）	是指被评价分区地下水质量等级，分为Ⅰ、Ⅱ、Ⅲ、Ⅳ和Ⅴ级水
		资源开采程度（C₄D₄）	是指被评价分区的近5～12年平均可利用量与对应实际开采量的比例

准则功能层（B）	属性指标层（C）	要素指标层（D）指标与意义	
生态功能（B_2）	景观环境环维持性（C_5）	湖沼环境与地下水的关联度（C_5D_1）	是指被评价分区湖沼环境（水深或面积）状况与同期地下水位变化之间关联度
		景变指数与地下水的关联度（C_5D_2）	是指被独特水文地质景观变化指标（面积或泉流量）与同期地下水位变化的关联度
	水环境关联性（C_6）	水环境矿化与地下水的关联度（C_6D_1）	是指被评价分区陆表湖泊或湿地含盐量与同期地下水位变化之间关联度
		氮磷指变与地下水的关联度（C_6D_2）	是指被评价分区陆表湖泊或湿地含氮磷量与同期地下水位变化之间关联度
	植被环境维持性（C_7）	草场变化与地下水的关联度（C_7D_1）	是指被评价分区草场（覆盖率等指标）状况与同期地下水位变化之间关联度
		天然植被变化与地下水的关联度（C_7D_2）	是指被评价分区天然植被（覆盖率等指标）状况与同期地下水位变化之间关联度
		人工绿洲变化与地下水的关联度（C_7D_3）	是指被评价分区人工绿洲（覆盖率等指标）状况与同期地下水位变化之间关联度
	土地环境关联性（C_8）	土地沙化与地下水的关联度（C_8D_1）	是指被评价分区土地沙化状况与同期地下水位变化之间关联度
		土地盐渍化与地下水的关联度（C_8D_2）	是指被评价分区土地盐渍化（程度）状况与同期地下水位变化之间关联度
		土地质量与地下水的关联度（C_8D_3）	是指被评价分区土地质量（综合指标）状况与同期地下水位变化之间关联度
	地质环境稳定性（C_9）	地面沉降与地下水的关联度（C_9D_1）	是被评价分区地面沉降状况与同期地下水位变化之间关联度
		累计开采量/弹性释水系数（C_9D_2）	是指被分区承压水研究期累计开采量与开采层弹性释水系数之比
		水位埋深/弹性释水系数（$B_3C_9D_3$）	是指被评价分区承压水头埋深与开采层弹性释水系数之比
		年均沉降量/年均开采量（C_9D_4）	是指被评价分区承压水研究期平均年沉降量与年均开采量
		累计沉降量/同期水位降幅（C_9D_5）	是指被评价分区承压水研究期累计沉降量与累计水位降幅之比
	地下水系统衰变性（C_{10}）	地下水质量与水位埋深的关联度（$C_{10}D_1$）	是指被评价分区地下水质量（矿化度等指标）状况与同期地下水位变化间关联度
		泉变化与地下水位埋深的关联度（$C_{10}D_2$）	是指被评价分区的泉流量状况与同期地下水位变化之间关联度
		海咸侵与地下水位埋深的关联度（$B_3C_{10}D_3$）	是指被评价分区地下淡水遭海咸水侵入状况与同期地下水位变化之间关联度
		地下水补给变率与水位变差比（$B_3C_{10}D_4$）	是指被评价分区补给变化率与同期地下水位变差之比

第四节 地下水功能评价中数据提取与处理技术

在地下水功能评价与区划中，涉及气象、水文、地质、地理、土地、生态环境和地下水等诸多方面的海量基础数据，而且，还需要进行剖分节点或单元之间多次数据转换，无疑，这些繁杂的数据处理和计算过程是手工难以承担的。首先，需要借助MapGIS技术获取和处理杂乱数据，实现标准化。然后，应用本项目组开发研制的"GFS"软件系统（地下水功能评价处理计算系统）实现全部预算过程。本节重点介绍在MapGIS环境下如何快捷、准确地处理这些杂乱的海量基础数据。

MapGIS是一种GIS平台，它采用分布式跨平台的多层多级体系结构，具有面向地理实体的空间数据模型，可描述任意复杂度的空间特征和非空间特征，完全表达空间、非空间、实体的空间共生性、多重性等关系；提供DTM建模、高程剖面分析功能，对不规则线条和字符的处理和表达；具备海量空间数据存储与管理能力，矢量、栅格、影像、三维四位一体的海量数据存储，高效的空间索引，适应的空间元数据管理系统，实现元数据的采集、存储、建库、查询和共享发布，适用于水文、地下水、生态、环境保护和地理及土地管理等领域。

一、不同类型数据提取方法

在区域地下水功能评价中，将会遇到三类数据，分别为连续渐变型数字数据（规律性）、非规律性数字数据和非数字性的定性数据。不同类型的数据，都需要通过MapGIS提取为可量化评价的数据，但方法各不相同。

（一）具有规律性数据提取方法

该类数据的特点是在自然状态下的分布规律具有连续渐变性，如地下水位数据、地下水位变差和部分资源量数据等。对于该类数据，在前面资料处理时已经存储为空间数据库里的面文件形式，可利用MapGIS软件，通过插值法获得。

1. 数据插值原理与方法

将分区间值较大的同一属性，通过插值法变换为区间值较小的工作，是在上、下限等值线中间进行适当插值。基本方法有两种：一种方法是在进行数字化前或后，直接在成果图件上等分插值，此种方法融入人为因素；另一种是在原始图件和数据数字化以后，计算机自动插值，消除了人为误差，也去掉了经验因素，但是易忽略水文地质条件作用，具体应用需视情况而定。

MapGIS插值方法：原始文件是以10m等间隔划分的分布图，通过空间分析中的文件菜单同时装入剖分网格单元的面文件和水位埋深的原始文件。然后，操作空间分析菜单下"区空间分析"连接的"区对区相交分析"，如图12-5所示。

经过系统内部自动剪短线、属性并归、区间处理等过程后，形成带有属性的剖分单元

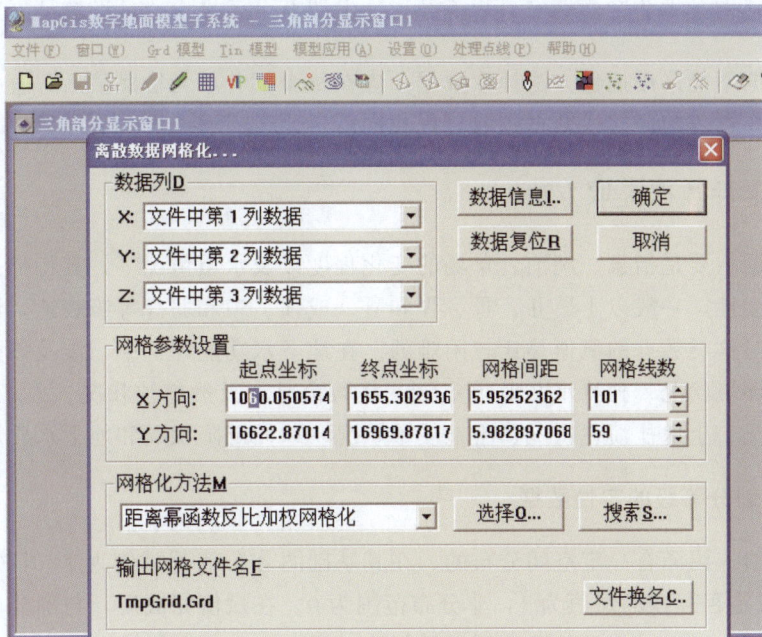

图 12-5　在 MapGIS 环境下离散数据网格化设置

面文件。剖分单元坐标的导出，如同前所述，属性的导出在"库管理"的属性库中。在 Excel 中把点坐标与属性值对应排列，取名"地下水位埋深数据"，保存为 xxx.txt 格式。

2. 数据提取

在经过以上步骤后，整个工作区的地下水埋深变化已经划定为相同或不同变化区间，不同区间也以同一系列不同颜色区分。此时，对插值后的数据文件并赋属性后，与剖分网格面元素文件进行空间相交分析，提取相交产生文件的属性库，转换出相关属性。

上述操作的具体过程：在【空间分析子系统】中选择〖空间分析〗的〖区对区相交分析〗功能，对要提取数据的区文件与剖分单元区文件进行相交分析，形成新的区文件。然后，利用【属性管理子系统】的〖属性〗中〖输出属性〗功能，转换出每个剖分单元的编号及其对应的属性数据，同时转换出各单元的面积数据。

（二）非规律性数据提取方法

非规律性数字数据，如地下水开采量，在时间或空间上没有序列规律可循，因行政分区（乡或县域）而呈斑状分布特征，各分区之间的这些数据为非渐变关系，彼此没有内在关联，不能通过插值法求得。因此，这类数据在统计空间范围只能赋一个相同的值。首先，矢量化生成一幅县级或乡级行政底图的面文件，然后，以乡、县的行政边界为分区边界线，将不同属性数据作为属性值分别赋予各行政区，并将赋有属性的县或乡级的区文件与剖分单元区文件进行相交分析，从而县或乡级区文件的属性被赋给每个剖分单元。

该类数据不能采用插值方法提取数据，应在每个剖分单元被赋值后，直接转换出其属性，其操作过程与规律性数据提取过程相同。

（三）定性数据提取方法

该类数据主要是指泉、湖泊、草场的变化程度以及水质情况等，其特征是空间上一般不具有连续性，一般以 Ⅰ、Ⅱ、Ⅲ、Ⅳ 和 Ⅵ，或强、中和弱等等级表达，没有具体数值。因此，对这类数据的赋值是比较困难的。在地下水功能评价中，涉及该类数据的指标有：湖沼环境状况、独特水文地质变化、草场状况、天然植被状况、人工绿洲状况、土地沙化状况、土地盐渍化状况、土地质量状况、地面沉降状况和地下水质量状况等。

1. 不可划分等级的定性数据

对于湖泊、沼泽有一定空间分布的，在其基础图分布范围赋值为 1，非分布范围为 0；对于泉域是否存在的赋值为 1，非分布范围为 0。在赋值完成后，与剖分单元区文件进行相交分析。然后，将基础图数据赋予剖分单元。

2. 可划分等级的定性数据

这类处理，分 4 种情况：①成果图件可以直接利用时，直接裁取所需区域。在滹沱河流域地下水功能示范效验研究时，地下水质量指标变量数据就来源于华北平原地下水资源评价的地下水矿化度分带成果图件，没有进行任何处理。②工作区范围内资料比较充足，且可以利用公式计算的，利用计算结果赋值。③在资料不充分，无法用公式计算，利用咨询系统赋值。④以上 3 种情况均不具备，求助于专家评判赋值。对于比较特殊的，如地下水质量状况等，在遵循水文地球化学分布、水循环规律和地下水流场方向前提下，对每个剖分单元赋值。

二、数据前期处理方法

通过上述方法提取地下水功能评价所需所有基础数据之后，与剖分单元的坐标对应放置，建立存储文件保存，进而完成地下水功能评价的数据库初建。但是，由于分区边界线对剖分单元的影响，部分剖分单元并不都是恰好完整的位于某一个分区，对于这些数据还需要进行进一步的调整，所以这些数据尚不能进入 GFS 运算，需要进行必要的数据校正。

（一）数据校正方法

1. 规律性数据校正

数据校正主要是指在等值线处的剖分网格内具有相同属性的不同数值，将其值校正为等值线数值，如等值线穿过 11 号单元。在 11 号单元中，有两个数据值，分别为 X_1、X_2，等值线的值为 X。一般情况下，$X = (X_1 + X_2)/2$。

2. 非规律性数据校正

该类数据校正是指在行政边界线穿过剖分网格，将剖分网格分为两部分，这两部分的数值不同。将各个部分数值与其面积的乘积之和，除以该网格总面积作为该网格的值，如行政边界线穿过 11 号剖分单元。在 11 号单元中，地下水开采强度分别为 X_1、X_2，面积分别为 M_1、M_2，该单元的平均开采强度为 $(X_1 \times M_1 + X_2 \times M_2)/(M_1 + M_2)$。

（二）单元数据处理

在进入 GFS 软件系统计算之前，需要对地下水功能评价指标体系中第四层（D 层）的各指标数据进行计算和标准化处理。在将这些基础数据转换为 xls 格式文件之后，假设评价区总面积为 m，分区（带）面积为 n，分别按照表 12-5 定义（公式）计算各指标。然后，利用极值标准化方法进行标准化（归一化）处理。

现以"资源占有率"为例，在 Excel 中打开已生成的剖分单元资源模数数据库文件（资源模数 . DBF）。然后，在 Excel 中计算资源占有率，即单元资源占有率＝单元资源模数/全区平均资源模数，全区平均资源模数＝全区总资源量/全区总面积。利用 Excel 中的"Max"函数和"Min"函数，分别统计所有剖分单元格资源占有率的最大值和最小值。然后，利用式（12-4），计算归一化比例因子，有

$$a = \frac{98\mathrm{Min}(x_i)}{99\mathrm{Min}(x_i) - \mathrm{Max}(x_i)}$$

$$b = \frac{[\mathrm{Max}(x_i)]^2 - [\mathrm{Min}(x_i)]^2}{99\mathrm{Min}(x_i) - \mathrm{Max}(x_i)} \tag{12-4}$$

式中，a、b 为归一化公式中的比例因子；$\mathrm{Max}(x_i)$ 为数据系列的最大值；$\mathrm{Min}(x_i)$ 为数据系列的最小值。

数据标准化归一化方法：利用 Excel 中的公式计算功能，计算各单元格的资源占有率归一化数据（计算结果保留小数点后两位），计算公式采用修正极值法，保存该计算结果备用。无法采用公式处理的数据，由咨询系统或专家评判给每个剖分单元赋值。这些转换出的数据可直接作为用于"GFS"运算的各剖分单元基础数据。

第五节　地下水功能评价 GFS 系统及功能

一、GFS 系统适用范围

GFS 系统（groundwater function system in calculation and management for the evaluation），即地下水功能评价处理计算系统，是由本科研组根据已创建的地下水功能评价理论和方法，基于个人计算机（PC）和 Windows 系统的、在 Visul Basic6.0 环境下开发研制的程序软件（国家版权局登记证书编号：软著登字 0180896），它主要是服

务于地下水功能评价过程中数据处理、权重和评价指数计算，通过可视化的操作界面和人机交互对话完成各项功能。

GFS 系统是针对我国北方平原区地下水功能评价而研发的，主要适用于我国西北地区、华北地区和东北地区的区域地下水功能评价与区划，也可用于具有区域性资源或环境功能特点的工作。

二、GFS 系统结构与功能

GFS 系统具有数据的输入和输出功能、数学计算功能、逻辑分析功能和屏幕显示功能。在 GFS 系统目录中，"GFS.EXE"为系统运行程序，"用户操作手册.DOC"为使用说明书，INPUT 为系统输入文件储存子目录（首次运行软件前，该目录下没有文件。系统计算所需的输入文件，需要用户按要求建立，并储存在该目录下），OUTPUT 为系统输出文件的储存子目录（系统所有计算结果的文件均储存在该目录下，首次运行软件前，该目录下没有文件），SAMPLE 为系统提供的计算示例文件目录。在 SAMPLE 子目录下，有 2 个次级子目录：IN 子目录下，存放计算示例的所有输入文件；OUT 子目录下，存放计算示例的所有结果输出文件。

GFS 系统不需安装，直接将光盘中 GFS 系统及其目录下的所有文件和子目录拷贝到用户的目标硬盘中根目录下（建议 D 盘根目录）。拷贝完成后，运行 GFS 目录下的 GFS.EXE 文件，即可进入 GFS 系统操作平台和运行状态。用户在运行 GFS 系统之前，先将计算机的显示器分辨率设定为 1024×768，否则 GFS 系统的有些功能可能无法正

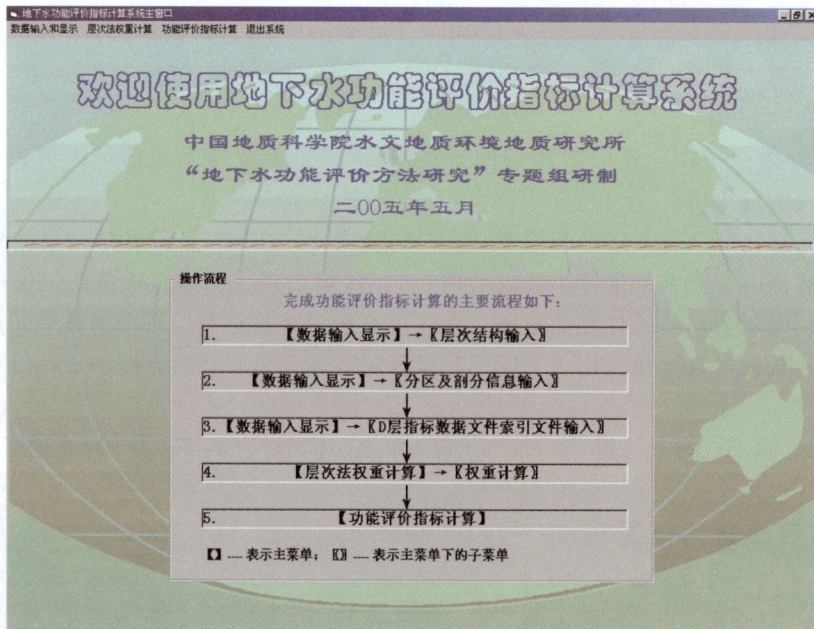

图 12-6　区域地下水功能评价 GFS 系统的主窗口界面（据聂振龙等，2007）

常显示。在可视化的窗口系统（图 12-6）下，可运行 GFS 系统的各项功能。在运行 GFS 系统过程中，将出现 7 类提示窗口，分别为系统主窗口、警告信息窗口、打开文件窗口、保存文件窗口、询问信息窗口、信息提示窗口和结果显示窗口。

系统主窗口：运行 GFS. EXE，进入 GFS 系统主窗口后，可见主窗口由三部分组成（图 12-6）：第一部分，为窗口标题区，位于窗口的最顶层，在该区左端显示"地下水功能评价指标计算系统主窗口"的字样，右端为窗口操作按钮（包括最小化、最大化和关闭窗口）。第二部分，为 GFS 系统菜单区，位于第一部分之下，是操作本系统的主要功能区。第三部分，为 GFS 系统信息显示区，位于菜单区之下。刚进入 GFS 系统时，在显示区上部显示系统名称、系统开发单位和时间等信息；在下部显示地下水功能指标计算的主要流程，在系统运行的过程中，随着各步骤功能的完成，相应的下陷框背景将显示为亮白色（聂振龙等，2007）。

菜单区构成及功能：由于 GFS 系统是以事件驱动为主进行流程控制的程序，所以进入 GFS 系统界面（主窗口）后，GFS 系统将进入等待状态，用户可通过点击相关菜单来驱动相应功能，实现目标功能的运行。在菜单区，包括【数据输入和显示】、【层次法权重计算】、【功能评价指标计算】和【退出系统】四个主菜单。

（1）【数据输入和显示】主要完成地下水功能评价中计算所需要的各类数据的输入和显示，包括 4 个子菜单（图 12-7）。〖层次结构输入〗：通过打开文件对话框，输入层次结构的数据信息。〖分区及剖分信息输入〗：通过打开文件对话框，输入计算区的分区和剖分信息。〖第四层（D 层）指标数据文件索引文件输入〗：通过打开文件对话框，输入 D 层指标数据文件的索引文件。〖层次结构显示〗：在屏幕上以图形方式显示用户输入的层次结构模型。

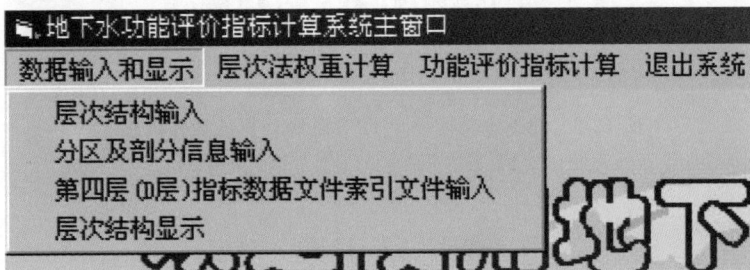

图 12-7　地下水功能评价 GFS 系统【数据输入和显示】主功能的子菜单组成

（2）【层次法权重计算】：应用层次法数学公式计算层次结构模型中各元素的权重值，包括两个子菜单。〖平均随机一致性指标计算〗：进行平均随机一致性指标的计算，为判断矩阵一致性提供标准。普通用户无必要运行该功能，因此，显示为自行运行、不可人工操作状态。〖权重计算〗：通过输入判断矩阵，计算相应组群之间隶属权值，并存盘。

（3）【功能评价指标计算】：计算地下水的资源功能、生态功能和地质环境功能的评价指数（R 值），并存盘。

（4）【退出系统】：退出功能评价指标计算系统。

　　警告信息窗口是在 GFS 系统运行过程中，由于用户操作不当而导致 GFS 系统无法继续运行时弹出的警示性信息窗口。例如，当用户进入 GFS 系统后，还没有完成数据输入就操作功能评价指标计算过程时，系统将根据计算所缺乏的数据类型弹出相应的警告信息窗口，提醒用户先输入相应的数据。警告信息窗口上只有"确定"一个按钮，单击后返回本系统主窗口。

三、GFS 系统操作方法及文件格式

（一）GFS 系统计算操作方法

　　GFS 系统是一个事件驱动系统，用户运行 GFS.EXE 进入系统主窗口后，系统处于等待状态，用户通过主窗口菜单区的各级菜单来控制系统运行过程。要成功地完成一次地下水功能评价，必须按层次法的逻辑顺序依次操作相应的菜单。

　　进入 GFS 系统后，在系统主窗口的下部显示如图 12-8 所示的操作流程框图，在用户没有进行任何操作前，流程框图中的各下陷框背景颜色为灰色，随着用户的操作，每完成一个步骤，相应步骤的下陷框背景颜色将变为亮白色。

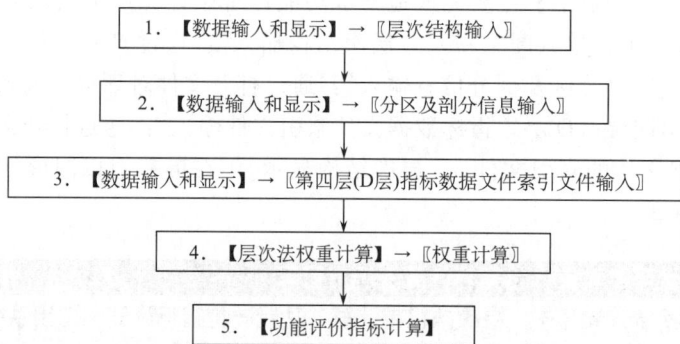

图 12-8　地下水功能评价 GFS 系统计算的操作流程

（图中：【 】表示主菜单项，〖 〗表示子菜单项）

1. 层次结构输入

　　鼠标点击【数据输入和显示】弹出下拉式菜单，然后选择〖层次结构输入〗进入层次模型结构数据输入过程，屏幕弹出文件打开窗口，窗口顶端标题栏提示用户"请选择层次结构数据输入文件"。打开文件窗口的操作与其他 WINDOS 应用程序的打开文件操作相同，用户可以在"搜寻"一栏打开目标目录，然后在文件列表中选择要打开的文件，也可以直接在"文件名"一栏的输入框中直接输入文件路径和名称。然后用户可以点击"打开"按钮打开文件，也可以点击"取消"按钮取消本次操作。

　　如果用户点击了"打开"按钮，则系统将打开刚输入的文件读入相关数据，并根据读入的数据进行逻辑分析，判断层次模型的结构，分析完成后，系统将根据逻辑分析结果弹出一个"模型结构显示窗口"和一个"询问信息窗口"。模型结构显示窗口以图形

的方式显示用户所建的层次模型结构；询问信息窗口提示用户仔细检查窗口显示的层次结构是否与用户所设计的层次结构一致（聂振龙等，2007）。

如果显示的层次模型结构与用户的设计不一致，则点击窗口中的"否"按钮，系统将弹出信息提示窗口，提示用户"您需要修改输入数据文件，然后重新装入系统"，确定后，系统关闭显示窗口并返回主窗口。此时，用户需要按输入文件格式要求修改输入文件，然后重新运行本功能块。如果显示的层次模型结构与用户的设计一致，则点击窗口中的"是"按钮，系统将弹出信息提示窗口，提示用户"您已成功输入了层次模型结构数据，可以进行下一步操作"，确定后，系统关闭显示窗口并返回主窗口，系统将输入的数据信息装入内存待用。

2. 分区及剖分信息输入

鼠标点击【数据输入和显示】弹出下拉式菜单，然后选择〖分区及剖分信息输入〗进入分区及剖分信息输入过程，屏幕弹出文件打开窗口，窗口顶端标题栏提示用户"请选择剖分数据输入文件"。打开文件窗口的操作如前所述。

如果用户点击"打开"按钮，则系统将打开刚输入的文件读入相关数据，并根据读入的数据弹出一个"询问信息窗口"。询问信息窗口显示研究区的分区数、剖分单元数以及各分区中的单元数和单元编号。用户判断显示的信息是否与设计一致，然后选择相应的操作。

如果显示的信息与用户的设计不一致，则点击窗口中的"否"按钮，系统将弹出信息提示窗口，提示用户"您需要修改输入数据文件，然后重新装入系统"，确定后，系统关闭显示窗口并返回主窗口。此时，用户需要按输入文件格式要求修改输入文件，然后重新运行本功能块。如果显示的分区和剖分信息与用户的设计一致，则点击窗口中的"是"按钮，系统将弹出信息提示窗口，提示用户"您已成功输入了剖分信息，可以进行下一步操作"，确定后，系统将输入的数据信息装入内存待用，并返回主窗口。

3. 第四层（D层）指标数据文件索引文件输入

鼠标点击【数据输入和显示】弹出下拉式菜单，然后选择〖第四层（D层）指标数据文件索引文件输入〗。由于读取索引文件时，系统要用到层次结构信息，因此，进入本功能块后，系统首先判断是否已经读入层次结构信息，如果用户还没有输入层次结构数据信息（即用户没有完成1的操作），则系统弹出警告信息窗口，提醒用户先输入层次结构数据。如果系统已经读入层次结构信息，则进入索引文件输入过程，系统弹出文件打开窗口，窗口顶端标题栏提示用户"请选择D层数据文件的索引文件"。打开文件窗口的操作如前所述。

如果用户点击"打开"按钮，则系统将打开刚输入的文件读入相关数据，并根据读入的数据弹出一个"D层数据文件的索引信息显示窗口"。提示用户检查窗口所显示的信息是否正确，然后选择相应的操作。如果显示的信息不正确，则点击窗口中的"否"按钮，系统将弹出信息提示窗口，提示用户"您输入的文件数据有误，请修改文件重新输入"，确定后系统关闭显示窗口并返回主窗口，此时，用户需要按输入文件格式要求修改输入文件，然后重新运行本功能块；如果显示的信息正确，点击"是"按钮，系统将弹出信息提示窗口，提示用户"您已成功输入了 D 层数据文件的索引信息，可以进行下一步操作"，确定后，系统关闭显示窗口并返回主窗口，系统将输入的数据信息装入内存待用。

4. 权重计算

鼠标点击【层次法权重计算】弹出下拉式菜单，然后选择〖权重计算〗。由于进行权重计算时，系统首先需要知道用户的层次模型结构信息和研究区的分区和剖分信息，因此，运行〖权重计算〗时，系统首先判断是否已经读入该两类信息，如果系统内存没有该两类信息或缺少其中一种信息，则系统会根据所缺数据类型弹出相应的警告信息窗口，提醒用户先输入相应的数据，然后系统返回主窗口等待输入需要的数据；如果两类信息已经输入系统，则系统将继续向下运行。

如果系统内存中已经存在层次结构数据和分区及剖分信息，则系统进入权重计算过程，弹出文件打开窗口，窗口顶端标题栏提示用户"请输入判断矩阵的文件名"。打开文件窗口的操作如前所述。

如果用户点击"打开"按钮，则系统将打开刚输入的文件，读入相关数据，并逐个检查各判断矩阵的一致性。如果某个判断矩阵不满足一致性条件，则系统弹出警告信息窗口，提醒用户哪一个判断矩阵不满足一致性条件，系统返回主窗口。此时，用户需要根据系统的提示修改相应的判断矩阵，然后重新运行〖权重计算〗功能。

如果输入的所有判断矩阵都满足一致性条件，则系统弹出保存文件窗口，窗口顶端标题栏提示用户"请输入权重计算结果存盘文件名"。保存文件窗口的操作与其他WINDOS 应用程序的保存文件操作相同，用户可以在"搜寻"一栏打开目标目录，然后在"文件名"一栏的输入框中输入文件名称，也可以在"文件名"一栏的输入框中直接输入存盘路径和文件名。然后用户可以点击"保存"按钮保存文件，也可以点击"取消"按钮取消本次操作。

如果用户只想在屏幕上查看计算结果，而不保存文件，则按"取消"按钮，系统弹出提示信息窗口，提醒用户，由于没有输入存盘文件名，系统将仅在屏幕显示计算结果，不保存本次计算结果。如果用户需要保存计算结果，则选择"保存"按钮，系统判断用户输入的文件名是否存在，如果存在则弹出信息窗口，警告用户该文件已经存在，并询问是否替换。如果选择"是"，则系统将替换原文件，如果选择"否"，则系统将返回保存窗口，用户重新输入文件名。

（二）功能评价指标计算

鼠标点击系统主窗口菜单栏的【功能评价指标计算】菜单，系统即进入指标计算过程。系统首先判断用户是否输入了所有必要的基础数据，包括层次结构信息数据、分区及剖分信息数据、D 层数据文件的索引信息和权重计算结果信息。缺少其中的任何一类信息，系统将不能完成计算。如果系统缺少层次结构信息数据、分区及剖分信息数据或D 层数据文件的索引信息，系统将根据缺少信息类型弹出警告信息窗口，提示用户先输入相应的信息数据，确定后系统返回主窗口。

如果系统缺少权重信息，则说明用户进入系统后没有运行〖权重计算〗过程或运行过程中没有存盘，系统处理该问题的方法与缺少其他数据的方法不同，用户有两种选择：一是退出功能评价指标计算过程，先运行〖权重计算〗过程，并将结果存盘，完成后，系统将自动记录权重计算结果的存盘路径和文件名，此时，再运行【功能评价指标计算过程】，系统将直接按系统自动记录的存盘路径和文件名打开文件读取数据；第二种选择是用户直接将以前权重计算结果存盘路径和文件名通过文件打开窗口提供给系统，这样，如果用户以前的权重计算结果不需要改动，则不必每次进入系统都要运行〖权重计算〗过程，省时省力。因此，当系统判断缺少权重信息时，将弹出询问窗口，如果用户采用第一种选择，则点击"否"按钮，系统将返回主窗口，用户需要先完成〖权重计算〗过程并保存计算结果；如果采用第二种选择，则单击"是"按钮，系统将弹出打开文件，用户输入上次权重计算结果文件确定即可。

所有信息都具备后，系统开始计算各剖分单元中的各功能评价指标，并自动生成一系列计算结果文件（结果输出文件将在"输出文件格式"部分详细介绍），存放在GFS＼OUTPUT＼目录下备用，同时，系统将在窗口显示计算结果，并弹出信息框，通知用户存盘的路径。

第六节　华北平原地下水功能分布与区划特征

一、地下水系统组成

在华北平原，地下水的资源功能、地质环境功能和生态功能共处于统一的地下水循环系统中，受气候变化和人类活动影响。气候变化不仅影响地下水系统输入（补给）水量，制约地下水更新能力，而且，对该系统的输出（消耗）水量也产生重要影响，同时还通过影响人类用水强度和规模，间接影响地下水（开采）输出强度。人类活动主要通过开采影响地下水功能系统状态。

华北平原地下水系统中，包括滦河流域地下水系统、海河流域地下水系统和古黄河流域地下水系统以及它们的5个二级子系统或7个三级子系统。在各地下水系统中，包括山前冲洪积扇平原、中部冲湖积平原和滨海冲积海积平原的不同水文地质单元，上中下游具有鲜明的分带性。这些条件奠定地下水功能状况的难以根本改变性，并决定着地下水的资源功能、生态功能和地质环境功能及其10个属性的固有特征。

二、关键问题与评价指标

华北平原地下水功能评价采用表12-1所示的标准。在华北平原地下水功能评价指标体系遴选中，强调各指标能从各自的角度客观表达地下水对应自然属性，同时兼顾必要的社会属性。

在华北平原全区，统一评价标准和指标体系，不继承性地采用各省市区域地下水功能评价结果，而是在统一的剖分单元系统平台上进行评价。如果采用各省市的各自评价结果，存在如下问题：①无法集成华北平原的区域性成果；②无法进行跨省市的地下水功能状况对比；③不同省市的相同级别评价结果，内涵可能差异较大。例如，北京地区的地下水资源功能Ⅰ级区，表明该区地下水可持续利用性"强"，而天津地区的地下水资源功能Ⅰ级区却代表地下水可持续利用性"较强"或"一般"。因为在天津地区不存在类似北京地区的Ⅰ级区域。即使华北平原的各省市采用统一的评价指标体系，但是，在资料处理时没有采用统一的归一化极值，也同样存在上述问题。因此，对于华北平原而言，必须采用统一的地下水功能评价指标体系和标准，即 D 层所有指标在 [0，1] 区间的基值和物理意义完全相同，这样，才能获得具有跨省市区可对比性和较大实用性的地下水功能评价成果。

参照表 12-5 中评价指标体系，结合华北平原地下水埋藏和水文地质条件的实际状况，本次华北平原地下水功能评价中遴选 18 项（D 层）指标，包括：地下水补给资源占有率、地下水可利用资源占有率、地下水补给资源可利用率、地下水补给与开采平衡率、降水入渗补给率、地下水水位变差与开采量之比、地下水水位变差与降水量之比、地下水可开采资源模数、地下水质量指数、地下水资源开采程度、湖沼环境与地下水之间的关联度、水环境矿化与地下水之间的关联度、绿地变化与地下水之间的关联度、土地沙化与地下水之间的关联度、土地盐渍化与地下水之间的关联度、地面沉降与地下水之间的关联度、地下水质量与地下水位之间的关联度、地下水补给变化率与地下水位变差之比等。

三、地下水功能分布特征

（一）地下水资源功能特征

在华北平原的山前平原、沿黄地区，地下水资源占有性普遍较好，为"强"及"较强"级。在华北平原的中部沿滏阳河一带及东部滨海平原，地下水资源占有性较差，为"弱"级。在华北中部平原及滏阳河、漳卫河冲洪积扇一带，地下水资源占有性为"一般"或"较弱"。

华北平原地下水的资源再生性，与资源占有性的区域分布特征相近，在山前平原除滏阳河、漳卫河冲洪积扇，以及沿黄地区，地下水资源再生性为"强"或"较强"。在华北山前平原及滏阳河与漳卫河冲洪积扇、中部平原以及古黄河古河道带，地下水资源再生性为"一般"或"较弱"。在华北中部平原及滏阳河古河道带、东部滨海平原，地下水资源再生性为"弱"。

在华北平原的太行山前平原冲洪积扇上部、燕山山前平原大部、沿黄河一带，地下水资源调节性为"较强"，尤其在黄河冲积海积平原的西南部，地下水资源调节性普遍为"强"级。在太行山前平原的中下部、中部平原以及黄河冲积海积平原北部，地下水资源调节性为"一般"。在古黄河古河道带以及潮白河-蓟运河冲积海积平原、子牙河冲积海积平原、漳卫河冲积海积平原等区域，地下水资源调节性为"较弱"。

华北平原地下水资源可用性"强"的区域分布范围有限，仅分布在蓟运河冲洪积扇、温榆河冲洪积扇和现代黄河影响带的上部区域。地下水资源可用性"较强"的区域，主要分布在临城水库以北的太行山山前平原和现代黄河影响带的中上游地区。地下水资源可用性"一般"的区域，主要分布在燕山山前及中部平原、滏阳河、漳卫河冲洪积扇以及古黄河古河道带。地下水资源可用性"较弱"的区域，主要分布在华北平原中部的滏阳河古河道带及其以东滨海平原地区。

综合考虑上述 4 方面的属性状况，华北平原的地下水资源功能分布特征如图 12-9 所示。地下水资源功能"强"的区域，主要分布于太行山、燕山山前地带和沿黄河地带。地下水资源功能"较强"的区域，主要分布在冀东平原的山前冲洪积扇群，玉田县、蓟县以南—定坻以北，顺义以西以及平谷如平谷—顺义—丰台—房山—定兴山前地带，定州—安国—无极—新乐一带，获嘉—原阳县—黄河、长垣—台前—东阿的沿黄地带。

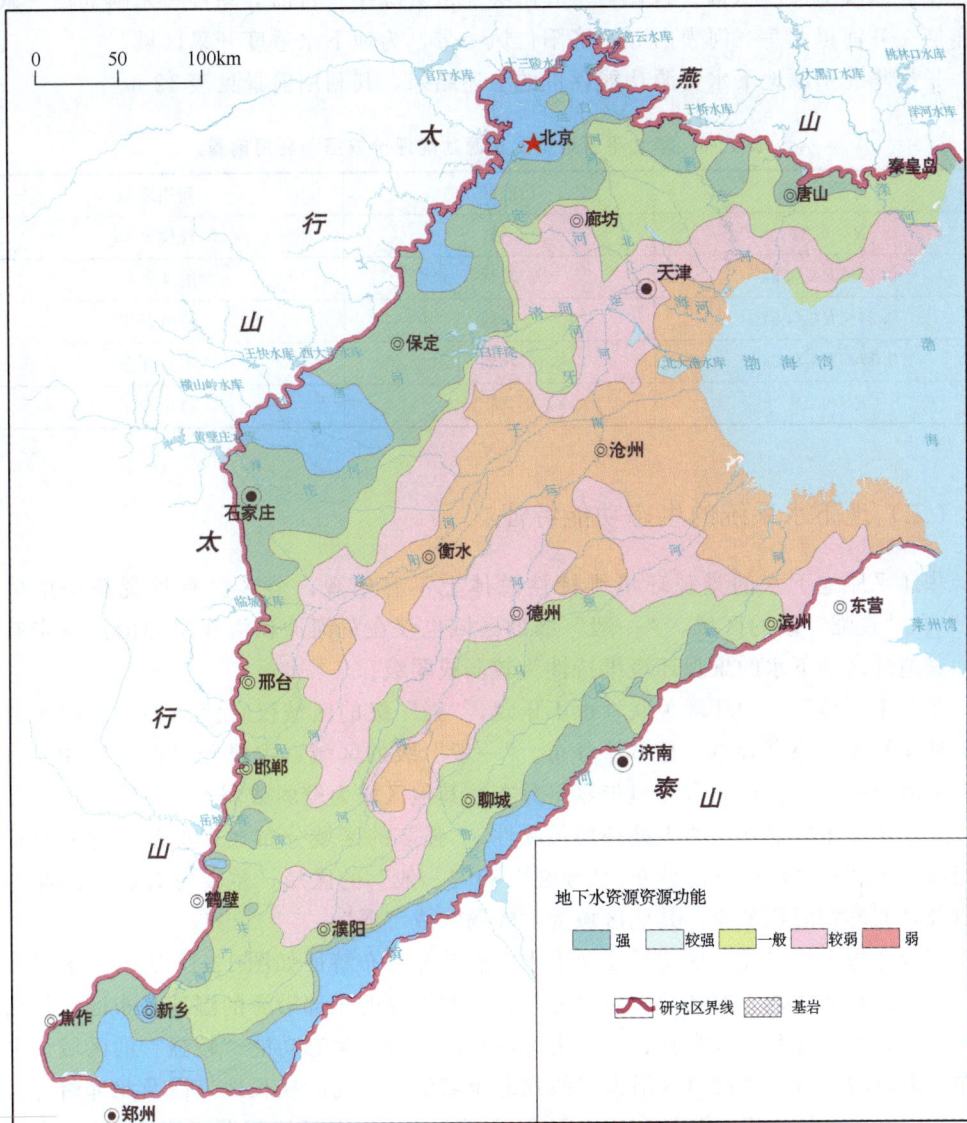

图 12-9　华北平原地下水资源功能分布特征（据张兆吉等，2009）

地下水资源功能“一般”的区域，主要分布在华北平原的北部、西南和南部大部分地区，包括三河—香河—宝坻—武清区—丰南—滦南—昌黎一带，邢台—邯郸—大名—浚县—卫辉—濮阳—阳谷—聊城—惠民—滨州一带，为地下水调节开采区。地下水资源功能性“较弱”的区域，主要分布在华北平原的中东部，包括乐亭—唐海—宁河—天津—任丘—肃宁及其以南地区，为地下水不宜开采区，应该充分利用大气降水，涵养水源，增强地下水的资源功能。地下水资源功能性“弱”的区域，主要分布在华北平原东部滨海带的咸水区，自北至南，沿汉沽—塘沽—大港—黄骅—河口区一带，特别在海兴—海口一带，为地下水禁止开采区，应该充分利用大气降水，涵养水源，保护湿地景观。南通—大兴—涿州—雄县—高阳—深泽—石家庄一带、武陟—辉县的山前冲洪扇带、淇县东淇河冲洪积带、封丘县—濮阳县—范县陈庄—台前县马楼—东阿刘集—东阿牛角店—齐河以北—齐河表白寺—济阳仁风一带，为地下水适度开采区域。

根据华北平原地下水资源功能评价的上述结果，其利用前景见表 12-6。

表 12-6　华北平原地下水资源功能评价依据和利用前景

评价依据	功能状况	利用前景
$R>0.84$	强	规模开采
$0.67<R\leqslant 0.84$	较强	适度开采
$0.34<R\leqslant 0.67$	一般	调节开采
$0.17<R\leqslant 0.34$	较弱	不宜开采
$R\leqslant 0.17$	弱	禁止开采

（二）地下水系统的生态功能特征

华北平原地下水的景观环境维持性总体上不容乐观，全区没有景观环境维持性“强”和“较强”级的区域，“一般”级的区域也仅在黄河冲积海积平原沿海一带有分布，其他地区地下水的景观环境维持性为较弱或弱级。

华北平原地下水的环境关联性也不乐观，“强”级的区域仅在滦河冲积海积平原和黄河冲积海积平原有分布，且零星分布。“一般”级的区域，主要分布在黄河冲积海积平原的沿海一带，古黄河古河道带零星分布，其他区域为较弱或弱。

关于华北平原地下水的土地环境关联性，“强”的区域分布在东部滨海冲积海积平原沿海一带和沿漳河中下游分布。“较强”和“一般”的区域，主要分布在黄河冲洪积扇以及黄河冲积海积平原，其他区域为“较弱”或“弱”。

综合考虑上述状况，华北平原地下水生态功能分布特征如图 12-10 所示。华北平原地下水生态功能“强”的区域，主要分布在华北平原的东部沿海的湿地分布区，包括沿海咸水区，如沿海北部唐海县、沿海南部海口区一带。生态功能“较强”的区域，主要分布于渤海湾一带，自河口区沿海岸线往北至塘沽区以南的狭长地带以及北部唐海县以北地带，这些区域地下水开发利用可能会引起严重的生态环境问题（表 12-7），应控制地下水位埋深。

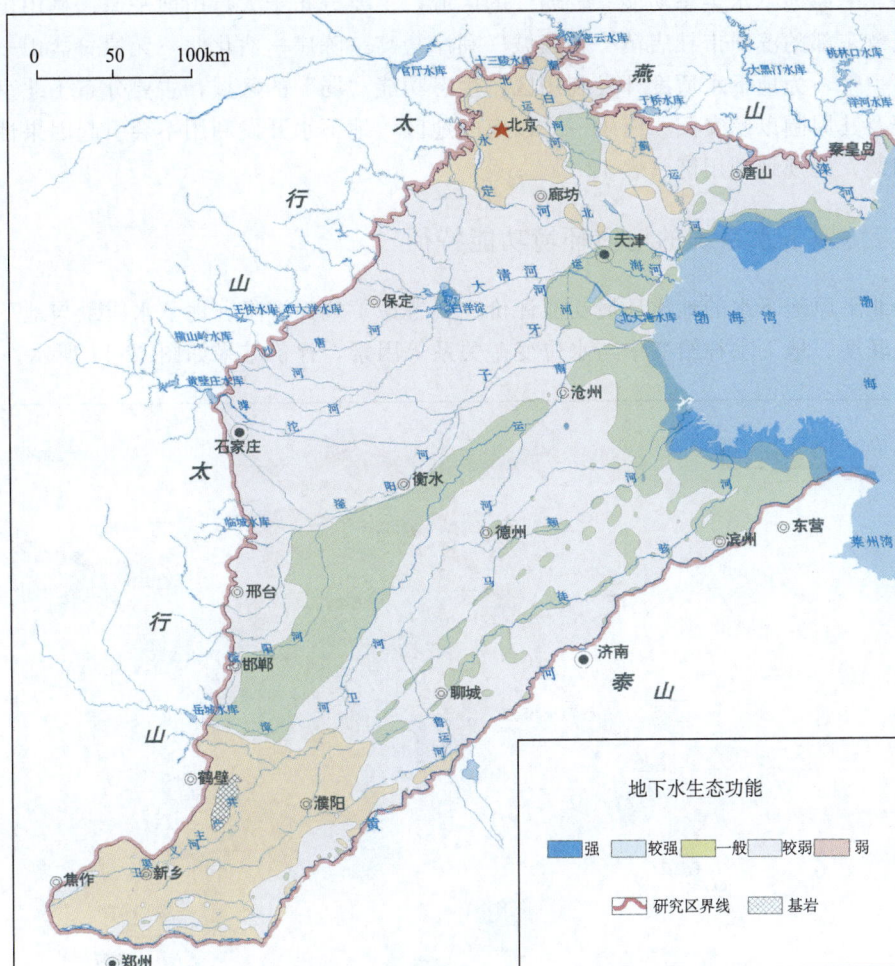

图 12-10　华北平原地下水生态功能分布特征（据张兆吉等，2009）

表 12-7　华北平原地下水生态功能评价依据及应对对策

评价依据	功能状况	应对对策
$R > 0.84$	强	无法利用
$0.67 < R \leqslant 0.84$	较强	不宜利用
$0.34 < R \leqslant 0.67$	一般	涵养利用
$0.17 < R \leqslant 0.34$	较弱	适度利用
$R \leqslant 0.17$	弱	规划利用

　　华北平原地下水生态功能"一般"的区域，主要分布于廊坊以北、太行山山前平原的东南部，以及华北东部平原，包括三河—香河、在泊头—冀州—巨鹿—广平—临漳一带，在渤海湾一带的河口区西南—沾化县东北—无棣县水湾镇—海兴县—黄骅市—塘沽区—汉沽区的条状地带，为地下水涵养利用区（表 12-7）。

　　华北平原地下水生态功能"较弱"的区域，主要分布于太行山前平原、燕山山前平原，以及东部的滨州市杜店镇—新滨城—利津盐窝—陈庄—沽化北—无棣—盐山—沧州—宁河一带，为地下水适度开发利用区。生态功能"弱"的区域，主要分布于北京和天津市区及其周围以及安阳—南乐一线以南的地区，地下水开发利用不会引起因果性生态环境问题，为规划利用区（表 12-7）。

（三）地下水系统的地质环境功能特征

　　华北平原地下水的地质环境功能评价主要考虑了地面沉降、地下水质量与地下水水位的关联度、地下水补给变率与水位变差关系等因素，评价结果如图 12-11 所示。

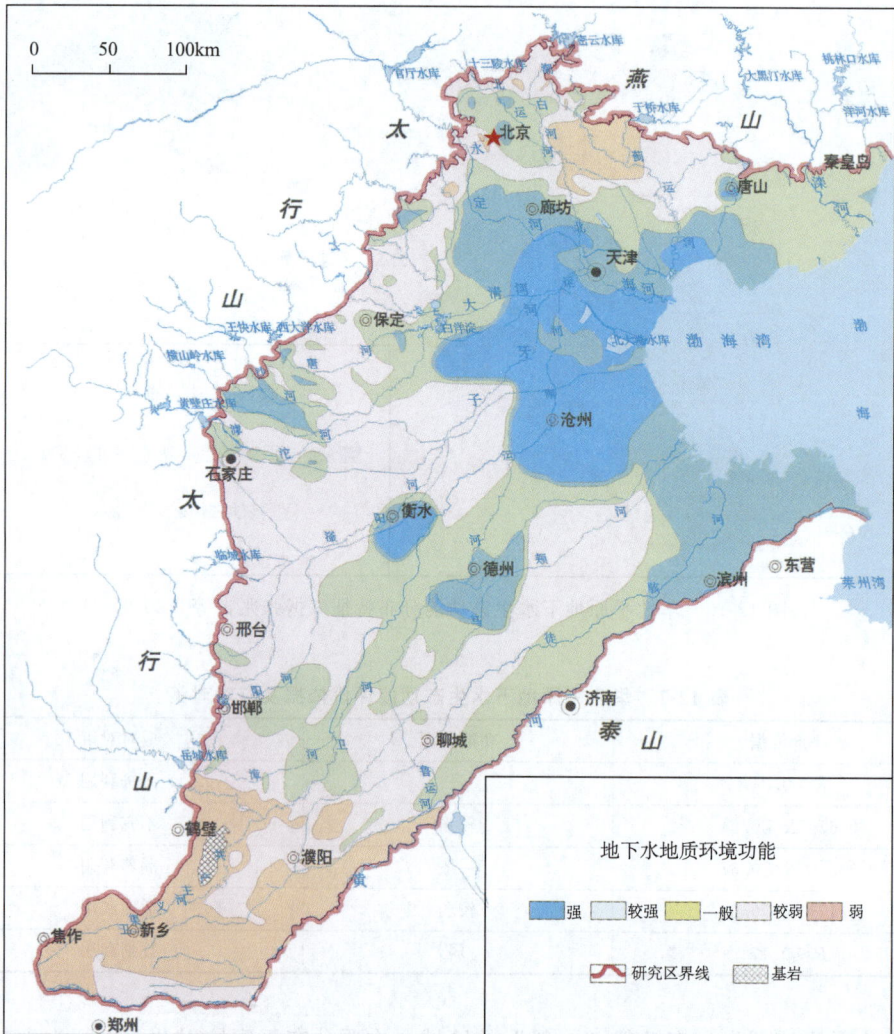

图 12-11　华北平原地下水的地质环境功能分布特征（据张兆吉等，2009）

华北平原地下水的地质环境功能"强"的区域，主要分布在华北平原的中东部，包括天津的武清区—西青区—津南区—塘沽区以南，至任丘东—大城—青县—沧州—黄骅一带以及宁河—汉沽区一带和衡水以南的冀州—枣强—武邑一带，地下水开发利用可能会引起严重的环境地质问题，应禁止深层地下水开采，保护地质环境（表 12-8）。地下水的地质环境功能"较强"的区域，主要分布在华北平原的北部，包括唐海—天津市北辰区—廊坊—固安—霸州，以及渤海湾南部的海兴—河口—滨州地区，属于地下水不宜开采，须涵养地质环境的区域。地下水的地质环境功能"一般"的区域，主要分布在冀东平原的乐亭—滦南一带，北京市东部的顺义—通县以及平谷一带和华北平原中部的白洋淀周围，以及华北平原南部的东光—吴桥—固城—南宫—大名和沿黄河的东阿—齐河—济阳一带，为地下水调节开采区（表 12-8）。

华北平原地下水的地质环境功能"较弱"的区域主要分布于华北平原西部的太行山前平原、东北部平原区和南部的滑县—濮阳—阳谷—聊城—茌平—禹城—临邑—惠民—阳信—庆云—宁津一带，为地下水适度利用区。地下水的地质环境功能"弱"的区域，主要分布在华北平原北部的天津地区和南部除濮阳以外的豫北平原区，为规划利用区（表 12-8）。

表 12-8　华北平原地下水生态功能评价依据及应对对策

评价依据	功能状况	应对对策
$R > 0.84$	强	禁止开采，保护地质环境
$0.67 < R \leq 0.84$	较强	不宜开采，涵养地质环境
$0.34 < R \leq 0.67$	一般	调节开采，利用地质环境
$0.17 < R \leq 0.34$	较弱	适度开采，淡化地质环境
$R \leq 0.17$	弱	规模开采，弱化地质环境

（四）地下水功能综合特征

基于地下水的资源功能、生态功能和地质环境功能评价结果，华北平原地下水功能综合特征（即华北平原地下水可持续性）如图 12-12 所示。

华北平原地下水可持续性"强"的区域，主要分布在靠近山前的潮白河冲洪积扇孔隙水区；太行山前的沙河、磁河冲洪积扇孔隙淡水区和沿黄的黄河补给影响带与引黄灌区，地下水综合功能强，为良好可利用状态。华北平原地下水可持续性"较强"的区域，主要分布在靠近太行山前的拒马河、瀑河漕河、唐界河、滏阳河、漳卫河冲洪积扇孔隙淡水区，蓟运河冲洪积扇孔隙淡水区以及华北平原南部的邯郸—临漳—滑县—卫辉—封丘—濮阳—南乐和沿黄河的东阿—齐河一带，地下水综合功能较强，为地下水可利用状态（表 12-9）。

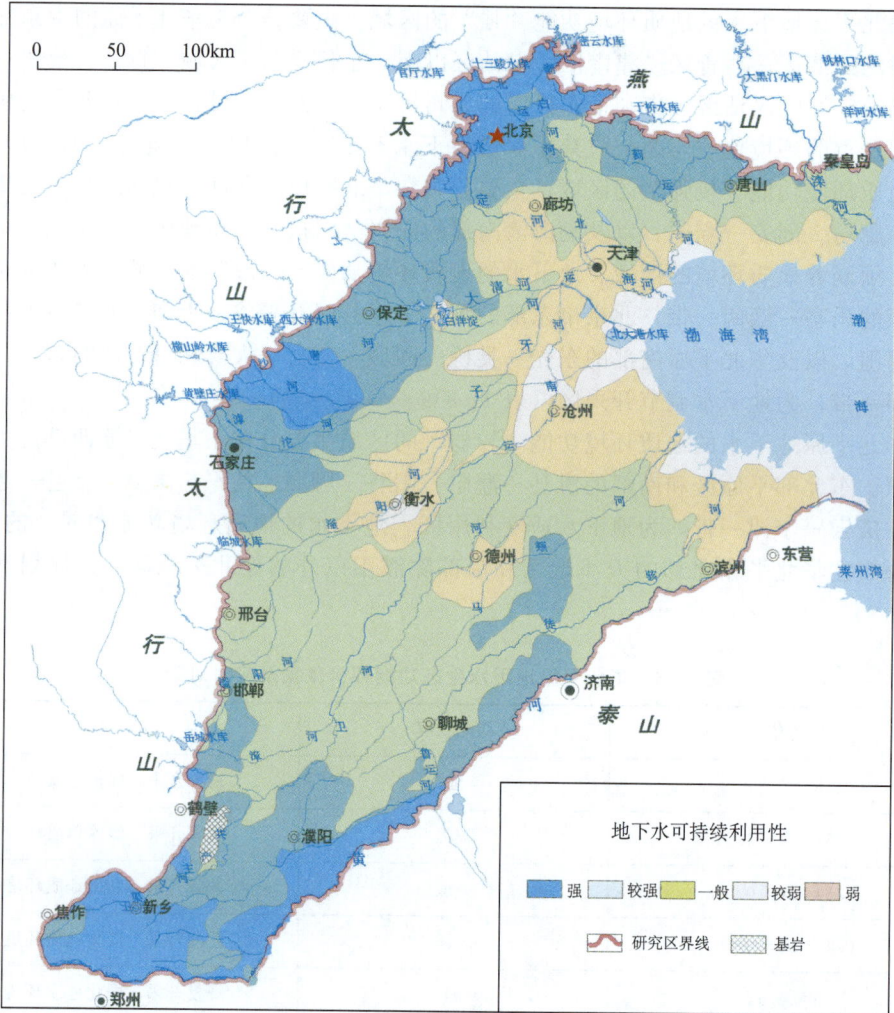

图 12-12　华北平原地下水可持续利用性分布特征（据张兆吉等，2009）

表 12-9　华北平原地下水功能综合评价依据及利用前景

评价依据	地下水可持续利用性	利用前景
$R > 0.8$	强	良好利用状况
$0.6 < R \leqslant 0.8$	较强	可利用状况
$0.4 < R \leqslant 0.6$	一般	一般利用状况
$0.2 < R \leqslant 0.4$	较弱	不宜大规模利用
$R \leqslant 0.2$	弱	不宜利用状况

　　华北平原地下水可持续性"一般"的区域，主要分布在华北平原北部的廊坊以东、三河—天津的武清区—丰南—滦南—昌黎一带以及中部平原的武城—德州一带和东部沿海带，地下水综合功能一般，为地下水一般利用状态。地下水可持续性"较弱"的区

域，主要分布在唐海南部的滦河冲积海积孔隙水咸水区、丰南南部的潮白河蓟运河冲积海积孔隙水咸水区以及廊坊—永清—天津的北辰区—宁河—静海—大城和黄骅—沧州—南皮—海兴、沾化—河口区一带，地下水综合功能较弱，为地下水不宜大规模利用状态。地下水可持续性"弱"的区域，主要分布在渤海湾沿岸的天津汉沽区、塘沽区—大港区，以及大城—青县西部的子牙河古河道带孔隙水有咸水区和海兴以东—河口以北一带，地下水综合功能弱，为地下水不宜开发利用状态（表 12-9）。

四、地下水功能区划

本次地下水功能区划以华北平原浅层地下水为对象。根据地下水可持续利用的原则，综合表征华北平原地下水系统中各区、带的优势功能和脆弱功能，强化合理利用地下水优势功能和保护地下水脆弱功能，尽可能地实现多目标保护、多种功能互补和综合发挥作用，提高区划的实际应用性。

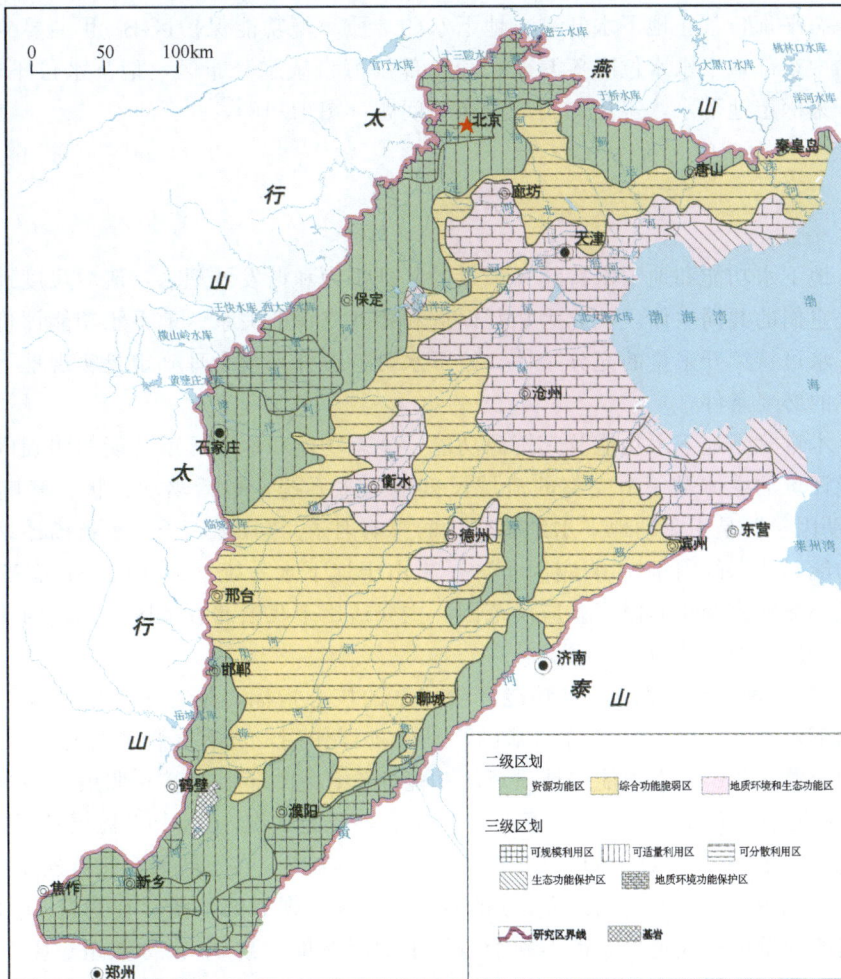

图 12-13　华北平原地下水功能区划特征（据张兆吉等，2009）

华北平原地下水的资源优势功能区（B_1），主要分布在华北平原的燕山和太行山前地带，以及南部的沿黄地带，可区划为地下水"可规模利用区"（B_1-Ⅰ）和"可适量利用区"（B_1-Ⅱ）。其中，地下水可规模利用区主要分布于潮白河、北运河、唐河、沙河等主要河流形成的冲洪积扇区和南部的沿黄地带，包括华北平原北部的昌平—怀柔—密云—顺义—平谷一带、中部的定州—安国—无极—新乐—行唐一带和南部的武陟—新乡—延津—原阳—长垣—台前一带。地下水可适量利用区主要分布于燕山、太行山前平原和华北平原南部的沿黄地带，包括玉田—丰润—唐山—宝坻、通县—大兴—高碑店—雄县—保定—博野—深泽—辛集—高邑—石家庄一带，以及石家庄以南的太行山东麓地区（图12-13）。华北平原地下水的综合功能脆弱区（B_2），主要分布于华北平原北部和中部，地下水具有一定的开采潜力，是区域地下水的主要供水区。

华北平原地下水的地质环境和生态功能区（B_3），区划为生态功能保护区（B_3-Ⅰ）和地质环境功能保护区（B_3-Ⅱ）。其中，地下水的生态功能保护区主要分布在渤海湾北部的唐海县一带和山东河口区以北，地下水位埋深浅，为半咸水和咸水，生态功能强，需维持生态平衡，禁止地下水开采。地下水的地质环境功能保护区 B_3-Ⅱ 主要分布在华北平原的中东部地下水水位降落漏斗区和东部滨海带咸水分布区，地下水位不断下降，应禁止开采深层地下水，避免加剧地质环境问题（图12-13）。

小　结

（1）地下水功能和地下水持续开采量的基础都为和谐发展理念，流域尺度地下水循环系统是它们的共同主体，彼此为相互促进和相互支撑的关系。地下水功能评价是合理确定地下水可持续开采量的充分条件，地下水可持续开采量合理确定是实现地下水功能评价目标的必要条件。

（2）本章赋予地下水功能及其资源功能、生态功能和地质环境功能的明确内涵。地下水功能评价的主体是一个完整的流域尺度地下水系统，包括驱动、状态和响应三类群。"驱动因子"是指驱动地下水系统变化的影响因子。"状态因子"是指描述地下水系统（或功能）状态的因子。"响应因子"是指由于地下水系统（或功能）状态变化而相关能力或环境响应变化的因子。应用范围：主要适用于我国北方地区，包括西北、华北和东北的平原区的孔隙地下水系统。

（3）10个属性指标是地下水功能评价体系的核心指标，具有承上启下作用。它对上，是地下水功能层（B_i）评价的基础，具有支撑作用，没有属性指标层就无法开展地下水的资源功能、生态功能和地质环境功能评价；它对下，承接、归纳、整合和调控诸多的要素指标（D_n），来反映地下水功能各个方面的状况。10个属性层的具体组成，理论上由 n 个 D_1，D_2，D_3，D_4，D_5，D_6，…，D_n 构成，在不同研究区有所不同。

对于 D_n 指标遴选，需要注意数据的时间尺度和数据组的数量。在遴选 D_n 指标时，指标数组的数量过多或过简，都不利于地下水功能评价。当 D_n 指标数组过多时，将带来诸多不必要的数据处理、转换计算和结果校核分析等实物工作量；当 D_n 指标数组过简时，评价结果难以较全面地反映实际情况。

（4）地下水功能评价中数据提取与处理，因数据的类型和属性不同而处理方法不同。支撑技术平台为 MapGIS 和 Excel 软件。地下水功能评价 GFS 系统（即地下水功能评价处理计算系统）是根据本项目组创建的地下水功能评价理论和方法，基于个人计算机（PC）和 Windows 系统的、在 Visul Basic 6.0 环境下开发研制的程序软件，它主要是服务于地下水功能评价过程中数据处理、权重和评价指数计算，通过可视化的操作界面和人机交互对话完成各项功能。

（5）基于地下水的资源功能、生态功能和地质环境功能综合评价的结果表明，华北平原地下水的资源优势功能区主要分布在华北平原的燕山和太行山前地带，以及南部的沿黄地带；华北平原地下水的综合功能脆弱区主要分布于华北平原北部和中部。华北平原地下水的生态功能保护区主要分布在渤海湾北部的唐海县一带和山东河口区以北。地下水的地质环境功能保护区主要分布在华北平原的中东部地下水水位降落漏斗区和东部滨海带咸水分布区。

参 考 文 献

安乐生，赵全升，叶思源，等. 2011. 黄河三角洲地下水关键水盐因子及其植被效应. 水科学进展，（5）：689～695

曹阳，滕彦国，王金生，等. 2011. 泉州市地下水功能区划分. 地球学报，（4）：469～476

陈梦熊，马凤山. 2002. 中国地下水资源与环境. 北京：地震出版社

杜金龙，靳孟贵，罗育池，等. 2007. 浅层地下水功能评价指标体系——以河南省平原岗区为例. 水资源保护，（6）：89～92

范伟. 2007. 吉林省平原区地下水功能评价. 吉林大学硕士学位论文：25～87

费宇红，陈树娥，刘克岩. 2001. 滹沱河断流区水环境劣变特征与地下调蓄潜力. 水利学报，（11）：41～44

费宇红，张兆吉，陈京生. 2004. 人类活动与海河平原水资源关系研究. 地球科学进展，19（增刊）：101～107

郭学茹，左锐，王金生，等. 2013. 傍河水源地地下水可持续开采量确定与开采方案分析. 北京师范大学学报，（Z1）：250～255

黄鹏飞，马栋和，王子佳，等. 2006. 层次分析法在民勤绿洲地下水功能评价中的应用. 中国环境管理，（2）：2～5

黄鹏飞，刘昀竺，王忠静. 2012. 从概念演进重新审视地下水可持续开采量. 清华大学学报（自科版），（6）：771～777

林学钰，廖资生. 2004. 地下水资源的本质属性、功能及开展水文地质学研究的意义. 天津大学学报，6（3）：193～195

吕红，杜占德，王健. 2007. 山东省地下水功能区划初探. 水文，27（3）：75～77

罗小勇，雷少平，王红鹰. 2008. 云南省地下水功能区划分的方法与实践. 人民长江，（23）：49～51

罗育池，靳孟贵. 2010. 地表水—地下水联合水功能区划分方法研究. 安徽农业科学，（19）：10075～10077

罗育池；魏秀琴；靳孟贵，等. 2007. 基于 MapGIS 的河南省浅层地下水功能评价与区划. 中国农村水利水电，（9）：36～42

聂振龙，陈江，王金哲，等. 2011. 地下水在京津唐区域社会经济发展中的作用. 干旱区资源与环境，（10）：75～79

聂振龙，张光辉，申建梅，等. 2007. 地下水功能评价可视化平台的开发及应用. 地球学报，28（6）：579～584

聂振龙，张光辉，申建梅，等. 2012. 西北内陆盆地地下水功能特征及地下水可持续利用. 干旱区资源与环境，（1）：63～66

乔光建. 2009. 地下水功能区划分研究. 水文，（4）：90～93

乔晓英，王文科，姜桂华，等. 2005. 西北干旱内陆盆地地下水生态功能的探讨. 水资源保护，21（5）：6～10

孙才志，李秀明. 2013. 基于 ArcGIS 的下辽河平原地下水功能评价. 地理科学，（2）：174～180.

唐克旺，杜强. 2004. 地下水功能区划分浅谈. 水资源保护，20（5）：16～19

唐克旺，唐蕴，李原园，等. 2012. 地下水功能区划体系及其应用. 水利学报，43（11）：1349～1356

王长申，王金生，滕彦国. 2007. 地下水可持续开采量评价的前言问题. 水文地质工程地质，34（4）：525～527

王金哲，张光辉，申建梅，等. 2008. 地下水功能评价指标选取依据与原则讨论. 水文地质工程地质，35（3）：76～81

王金哲，张光辉，严明疆，等. 2009. 间歇性过水条件下滹沱河近岸浅层地下水变化特征. 现代地质，（1）：38～42

王振龙，鲁程鹏，刘猛. 2010. 地下水安全开采量的概念与评价方法研究. 水文，（2）：14～19

邢立亭，武强，徐军祥，等. 2009. 地下水环境容量初探——以济南泉域为例. 地质通报，（1）：124～129

许志荣. 1998. 地下水功能区划初探. 水文地质工程地质，（5）：

闫成云，聂振龙，张光辉，等. 2007. 疏勒河流域中下游盆地地下水功能评价. 水文地质工程地质，34（3）：41～45

闫成云，聂振龙，张光辉，等. 2007. 疏勒河流域中下游盆地地下水功能区划. 水文地质工程地质，（4）：79～83

杨丽芝，曲万龙，刘春华. 2013a. 华北平原地下水资源功能衰退与恢复途径研究. 干旱区资源与环境，（7）：8～16

杨丽芝，张勇，刘春华. 2013b. 华北平原地下水资源功能衰退与可持续利用研究. 工程勘察，（6）：48～55

杨永刚，肖洪浪，赵良菊，等. 2011. 流域生态水文过程与功能研究进展. 中国沙漠，（5）：1242～1246

张光辉，聂振龙，申建梅，等. 2008b. 区域地下水功能可持续性评价理论与方法研究. 地质出版社

张光辉，聂振龙，申建梅，等. 2009a. 地下水功能评价体系属性层组成与意义. 水文地质工程地质，（5）：61～65.

张光辉，申建梅，聂振龙，等. 2006. 区域地下水功能及可持续利用性评价理论与方法. 水文地质工程地质，（4）：62～66

张光辉，严明疆，杨丽芝，等. 2008a. 地下水可持续开采量与地下水功能评价的关系. 地质通报，27（6）：875～881

张光辉，杨丽芝，聂振龙，等. 2009b. 华北平原地下水的功能特征与功能评价. 资源科学，（3）：368～374

张礼中，林学钰，张永波，等. 2008. 基于 GIS 的区域地下水功能评价模型系统. 工程勘察，（4）：38～42

张兆吉，费宇红，陈宗宇，等. 2009. 华北平原地下水可持续利用调查评价. 北京：地质出版社

张宗祜，沈照理，薛禹群. 2000. 华北平原底地下水环境演化. 北京：地质出版社

周仰效，李文鹏. 2010. 地下水可持续开发：概念、原理与方法. 水文地质工程地质，(1)：1～8

Alley M，Leake S A. 2004. The journey from safe yield to sustainability . Ground Water，42（1）：12 ～16

Banks H O. 1953. Utilization of underground storage reservoirs. Trans Am Soc Civil Eng，118：220 ～234

Conkling H. 1946. Utilization of Groundwater storage in Stream System Development. Transactions of the American Society of Civil Engineers

Lee C H. 1915. The determination of safe yield of underground reservoirs of the closed-basin type. Transactions，American Society of Civil Engineers，LXXVIII：148～ 218

Meinzer O E. 1923. Outline of Groundwater in Hydrology with Definitions. US Geological Survey Water Supply Paper 494，Reston，Virgina

Suter M，Bergstrom R E，Smith H F，*et al*. 1959. Emrich，Preliminary Report on Groundwater Resources of the Chicago Region，Illinois. Cooperative Report 1，Illinois State Water Survey and Illinois State Geological Survey . Champaign：11～59

Zeizel A J，Walton R E，Sasman R T，*et al*. 1962. Ground-water resources of DuPage County，Illinois. Illinois State Water Survey and Illinois State Geological Survey Cooperative Report 2：19～96

第四篇 21世纪中国水问题与方略

一、前人战略研究成果

有关中国水问题的战略思考，起始于 20 世纪 80 年代后期，因华北平原地下水超采，地下水位不断急剧下降导致地面沉降等环境地质问题日趋严重而起，与当时年降水量显著减少密切相关。《华北地区水资源评价》[①] 指出：华北地区地下水开采率居全国首位，年开采量已超 200 亿 m³。由于过量开采，地下水位持续下降，形成大面积漏斗区，造成地面沉降、海水倒灌、机井吊泵、民井无水等不良后果。《华北地区地下水资源评价》[②] 提出：由于长期超采地下水，带来一系列环境问题；地下水强烈开采，使水质迅速恶化，矿化度、硬度和氯离子浓度逐渐增高，为此，危及地下水的供水保障程度。同时，指出：地下水资源研究和评价，必须置于整个区域水循环系统中，将降水、地表水、地下水和土壤水统一考虑，并且，着重研究开采条件下它们之间相互水力联系与变化。

《华北及胶东地区水资源综合评价》[③] 认为：水资源过量利用，生态环境趋于恶化。由于地表水过量利用，中下游河道经常断流，洼淀干涸，1980～1987 年被誉为"华北明珠"的白洋淀连续干涸，渔苇业生产受到毁灭性破坏。《京津唐地区水资源供需发展趋势和战略措施研究》[④] 提出：水资源问题是当今世界人口急剧增加和经济迅速发展中日益突出的问题，京津唐地区人口密集、经济较为发达，在今后社会经济发展中，水资源问题始终是一个重要制约因素。

《山西能源基地水资源供需发展趋势和战略研究》[⑤] 认为：大规模采煤与水资源密集型开发利用已造成严重的水环境问题，水环境污染是加重山西潜在水危机的又一个重要原因，加剧了水资源供需矛盾。《水资源研究的主要动向》（费宇红，1991）指出：从总体上看，水资源研究已经从 20 世纪六七十年代的注重水资源量评价，到 20 世纪八九十年代开始转向水资源合理开发利用及保护问题研究。水资源学的形成与发展带来了众多的先进理论在此领域广泛应用，如随机过程论、系统论和决策论等。与此同时，水资源学中渗透了许多社会内涵，如人口学、经济学和环境学等。随着当代科学技术发展，

---

① 38-4-5 课题组，1987，华北地区水资源评价"六五"国家科技攻关成果报告，水利部水利水电科学研究院。

② 75-57-01-05 专题组，1990. 华北地区地下水资源评价"七五"国家科技攻关成果报告，地矿部水文地质工程地质研究院。

③ 75-57-01-04 专题组，1990，华北及胶东地区水资源综合评价"七五"国家科技攻关成果报告，水利部水利电科学研究院。

④ 75-57-02-01 专题组，1990，京津唐地区水资源供需发展趋势和战略措施研究"七五"国家科技攻关成果报告，水利部天津勘测设计院。

⑤ 75-57-02-02 专题组，1990，山西能源基地水资源供需现状、发展趋势和战略研究"七五"国家科技攻关成果报告，山西省水资源管理委员会。

水资源研究的进一步发展趋势，必然是以水资源综合利用及多目标开发与保护为目标的宏观决策型综合学科。

1999 年万本太发表"中国水资源的问题与对策"，认为解决 21 世纪中国水问题，必须从战略的高度重新认识水资源的有限性和不可替代性，确定全面节流，适度开发，依法保护，科学管理，建立节水型的新社会和节水型的国民生产体系，改变农业粗放式的漫灌方式，大力推广节水农业。对城镇生活用水量实行限额，不能无节制。有计划地兴建蓄水工程，拦蓄洪水，抗旱防洪。退耕还湖，发展生态农业。利用市场机制，适当提高水价，减少人为浪费水资源。

1996 年刘昌明院士出版《中国 21 世纪水问题方略》，针对我国水问题，讨论了我国工农业用水的供需矛盾、趋势与对策，分析了我国水资源的质、量及节水潜力和我国旱涝灾害规律，阐述了我国水资源调配方案与调水工程，从水资源管理角度提出我国水资源开发利用的政策、体制与管理等方略。1999 年朱晓原在《中国水利》上发表"世界水资源问题研究趋向"，指出，缓解水危机的战略性措施，包括：①保证粮食生产供水，由于土地资源数量和质量的制约，未来粮食需求增量的绝大部分必将通过提高现有农田的生产率的方式来完成；②大幅度增加饮用水供应和卫生设施，从长远看，先采取预防措施的费用比先污染后清污所需的费用少；③加强跨界水问题的合作，因为流域每一部分的任何活动将影响到其他的部分，尤其是下游地区；④将水视为商品，引入水市场和定价机制，同时制定水利规划和经济规划，以确保人类对水的基本需求。

2001 年任燕撰文"走向 21 世纪中国水问题方略之探讨"中提出：全面规划，合理布局水土资源；坚持综合治理，重视我国生态环境建设；强化科学管理，开展干旱成因和规律性研究；发展节水型农业，加强井灌区管理，合理开发利用地下水资源；完善城市化水资源管理，有计划地建立各种类型和不同级别的水资源保护区；开展以小流域为单位的综合治理，改善水生态环境；提高惜水意识，有效控制人口，以减少人口对水土资源的压力。

2001 年牛银栓在"中国水资源可持续利用战略对策"中提出，随着人类社会的进步与发展，对水的需求量不断增加，水资源问题和人口、环境、能源问题一起成为人类社会发展的四大危机问题。目前我国面临的水问题大致归纳为：水资源供需问题、洪涝旱灾和水质污染。若不采取强有力的对策，水资源问题势必成为国民经济可持续发展的制约因素。合理利用水资源不仅是环境科学问题，也是经济问题、管理问题和社会问题，必须从战略的高度重新认识水资源的有限性和不可替代性，从认识上、法律上、体制上和投入上采取全方位的措施，使我国的水资源得到充分合理的利用。

《中国可持续发展水资源战略研究》（钱玉英、张光斗，2001）指出：21 世纪中国水资源形势十分严峻，努力实现农业用水要从传统的粗放型灌溉农业和旱地雨养农业，转变为节水高效的现代灌溉农业和现代旱地农业；防污减灾要从末端治理为主转变为源头治理为主，北方水资源问题要从超采地下水和利用未经处理的污水维持经济增长，转变为大力节水、治污和合理利用当地水资源。《中国北方地区水资源合理配置和南水北调问题》（潘家铮、张择桢，2001）在"主要结论和建议"中提出：海河流域目前的发展是以牺牲环境为代价的，是不可持续的，应尽快改变形势。解决北方地区缺水的问题，首先应立足于节约用水和本流域水资源的合理开发、配置和利用，做到节流与开源并举、开发与保护并重。节水是缺水的北方地区缓解水资源供需矛盾的基本出发点，也是向外流域寻求调水的基础和前提。节水工作应作为长期的战略措施，坚持不懈地进行下去。随着南水北调工程的逐步实施，应及时调整水资源的配置和水量分配，尽可能置换黄河下游的淮河、海河两流域片的引黄水量，改善生态环境。

二、1998 年作者的初始认识

1998 年 9 月 16 日，《中国改革报》刊登特约文章"21 世纪中国水的问题与方略"——长江洪灾带来的思考（作者：张光辉），主要论点是长江"暴怒"、黄河"绝食"是气候变化与人类活动影响叠加后果。

"**编者按**"指出：长江泛滥卷走了我们的同胞，带走了我们美好的家园。我们该怎样去沉思这场灾难，是怨恨苍天加害人间的无道呢，还是去客观、科学地追溯一下水到底与我们人类是什么关系，我们该怎么与它和睦相处呢？本文作者明确地告诉我们：关键问题是人们对大陆水循环系统演化自然规律认识不足，没有科学地按照水循环系统演化规律开发利用水资源，人为干扰和破坏了自然条件下大陆水循环系统演化机制和过程，进而激化了水资源的数量和质量及其分布的急剧变化。从长江和黄河一万年以来演变的历史看，今天长江大洪水及近年来的黄河断流，虽然是中国大陆水循环系统演化的必然结果，但是，这在中国大陆水循环演化历史中既不是特大丰水期，也不是特大枯水期的气候变化结果，而是人类没能科学管水和合理用水的行为导致了今天严峻水问题。

以下内容是《中国改革报》刊发的全文。

最近，举国上下各族人民，甚至全世界都在关注中国长江大洪水。洪水将过去，人们开始反思：为什么今年的洪水远小于 1954 年（该年 7～8 月洪水总量为 2448 亿 m³）的，但竟带来如此严重局面；黄河断流又提示了我们什么；我们如何面对 21 世纪水资源、水环境问题，如何确保下一世纪中国社会经济可持续发展。

（一）现代文明更需要与自然和谐

中国水问题主要表现为一方面是水资源短缺，另一方面是无序、分散和低效率用水，而且还人为污染水环境，造成水资源的巨大浪费。同时，旱涝灾害造成的经济损失有逐年增大趋势。因水问题造成的直接经济损失，近年来平均达 5000 亿元。追究其根源，除了 40 多年我国气候趋于干旱（全国降水量平均以 12.7mm/10 年的速度递减）、人口剧增、城市和经济生产规模迅速发展等原因之外，关键问题是人们对大陆水循环系统演化自然规律认识不足，缺乏客观性、系统性、整体性和预见性的认识，没有科学地按照水循环系统演化规律开发利用水资源，人为干扰和破坏了自然条件下大陆水循环系统演化机制和过程，进而，造成了大陆区域性水资源的数量和质量及其分布的急剧变化，而我们对这些变化又缺乏预见性和正确的决策能力。

"水是取之不尽，用之不竭的"观念长期影响着人们用水的行为，并渗透到各类工程设计、工业布局的方案制定中，经济建设布局没有高度重视水资源承载能力的有限性和可变性，往往凭主观认识来定。进入 20 世纪 90 年代之后，"水圈"、"水系统"、"区域水资源"等概念被引入水问题研究之中，并开始关注层圈间的相互作用问题。

目前，人们仍然没有普遍意识到水问题的严重性和潜在危机，尚未从中国大陆尺度上深入系统地研究中国大陆水循环系统演化及其资源、环境效应问题，特别是对水资源、水环境变化时间效应问题的认识不足，更没有意识到这些问题研究对21世纪中国可持续发展作用的重要性和必要性。现在人们仍然把水资源作为廉价的生产资料不加审慎地、缺乏科学性地提出超过限度的需要规划、计划，加剧了水资源和水环境的困难形势。

众所周知，水环境是在不断变化的，如已经发生或正在发生着的各种时空尺度的水资源丰枯、水环境旱涝周期性或突发性变化，并与大气圈有着极为密切的水量和能量交换关系。岩石圈和生物圈加剧了水循环系统演变的复杂性。大气圈与水圈之间的能量循环和变化，决定着水圈系统内水量在时间上和空间上的再分配特征。水循环与能量循环之间紧密相连，又互相制约，它们的净效率一方面决定了气候系统的增温或降温，另一方面决定了一定区域的水资源量的多寡。这种水量和能量循环，对于一定区域，从长期观点来看是处于动态平衡的，这种平衡是地球表面上自然环境的基础。一旦这种平衡受到干扰和破坏，有关水圈系统的作用就有可能发生一系列预想不到的变化。根据全球变化对淡水的影响，包括总量和季节分布变化影响，有关学者研究表明，若地球气温增高3～4℃，必将影响大气和水的循环，也必然影响淡水的数量和分配。

有些研究已经把1990年撒哈拉沙漠的持续干旱，与1991年中国淮河、长江大水，1993年美国密西西比河的大洪水，以及莱茵河和西欧的大洪水，1994年埃及和索马里的特大洪水，1995年泰国的大洪水相联系，归结于全球气候变化所引起的大气环流变化。今年的长江大洪水和黄河多年的断流，是气候变化和人类活动影响叠加的结果。从一万年来长江和黄河演变历史来看，今天长江大洪水及多年来黄河断流，虽然是中国大陆水循环演变的必然结果，但是，在中国大陆水循环演化历史中，这既不是发生在特大丰水期，也不是发生在特大枯水期的气候变化结果，而是人类没能科学管水和合理用水的行为导致了今天的严峻水问题。洪水或江河断流是受控于气候变化的客观存在，人类若能遵循自然规律而因势利导，可为我们的发展服务，否则，我们违背大陆水循环的自然规律，片面强调人的作用和力量，带给我们的难免不是大自然无情的报复和灾害。

今天的长江发怒，除上述内在因素外，外部因素也直接地影响着它。上游流域的森林砍伐、植被破坏，含水蓄水能力显著减弱，大量泥沙被席卷入江水中；中、下游河滩违章建筑、环境污染江水，污泥不断增加，滋生水内浮生物，以及流域内填湖造地，湖面面积不断缩小，湖底淤积不断抬升，蓄拦水能力不断下降；下游河床淤泥堆积，排涝不畅。这些因素铸成洪水量小于1954年的长江洪水，却造成较大的洪水灾害。

人类活动对地球环境最基本的影响作用，表现为对地表上某一区域能量与水分条件的改变上，这种改变可以表现在对能量输入的数量上，也可以表现在对能量传输的路径、速度和交换强度上，还可以表现在对物质和能量储存能力上。任何试图重大地改变或变更系统中的任何一部分，在没有周密的全面考虑情况下，都可能产生严重的、无可怀疑的不良后果。

（二）中国之水该流向何方

要解决中国水问题，必须清楚中国大陆水循环演变规律及人类活动对其演化机制的影响作用。通过认识和了解过去不同时间、空间尺度上，尤其是近千年和百年来，在全球变化和人类活动影响背景下，中国大陆水循环系统（水圈）经历了和正在发生着什么样的重大变化，不断提高我们对未来 20～50 年时间尺度上适应全球变化的预测和决策能力，才能真正地实现国家统一，科学地管水和高效用水，实现区域水资源优化配置和生存环境有效保护。

除了综合考虑水资源短缺、水环境污染和旱涝灾害频繁等问题之外，更重要的是着眼于现实（国情）前提下，要放眼于未来，从产生水问题的根源入手，加强大陆尺度水循环演化的基础性研究，提高对"水"行为和作用的正确认识，进而增强我们适应客观变化的预测和决策能力。

不能仅就水而论水，或局限在已出现严重问题的地区论水。因为问题的因源已经超出了流域或水文地质单元的地域范畴，需要站在能纵观大陆水圈和各水系（包括大气降水、地表水、土壤水和地下水系统）全域的高度，综合考虑水圈与相邻圈层——大气圈、岩石圈和生物圈之间相互作用及各子系统之间耦合特征与机制。

（三）解决中国水问题的方略

加强中国大陆空间尺度、不同时间尺度的水循环演化过程和趋势研究，这是一项重大基础性研究课题，包括理论、方法和技术诸方面。这是确立正确的科学管水和合理用水方略的基础。人类活动已成为现在和未来大陆水循环演化的第三作用力，改变着大陆水循环中各种水文过程和水动力学场、水化学场等条件，进而，改变着中国大陆区域水资源的数量、质量变化和分布规律。

确立可持续发展的用水和管水观念。区域水资源的可持续开发利用，不仅取决于科学技术的进步、政策的引导和管理制度的完善，而且，还与经济社会的水文明、水文化和理念密切相关。在世界发达国家的水管理中，通过水文明教育、水文化建设和法律控制污染与惩治水浪费，强化节水高效用水和保护水环境理念，推动了规划、设计和环境影响评价对水资源开发利用与环境保护相协调的促进，取得显著效果。开发利用水资源应是在确保水资源本身得到有效保护与稳定前提下有序和优化配置进行，并不对其他资源和环境产生明显的不良影响。

（1）加强基础建设和能力建设。这是实现水资源与水环境科学管理、水资源优化配置和节水高效利用的重要条件。从科学意义上讲，基础建设和能力建设是自然科学研究、社会科学研究和实践的结合，是更高层次的复杂性多维科学综合研究。在水管理和水资源开发利用中，从宏观到微观大量应用现代新技术和新方法应用，如卫星通讯技术和高速信息传输技术、生物工程技术，高精度遥感、遥测和测试分析技术等，不仅是现代水管理的需求，也是水管理发展的必然。

（2）强化水的统一管理科学、优化配置系统工程。水问题的解决，涉及自然界和人类社会的各个方面，是一个庞大的系统工程。高效与节约用水、实现水资源的统一科学管理和优化配置是这个系统工程的核心，是缓解水资源供需矛盾的唯一出路。实现淡水资源需水量的零增长，促进负增长，将是我国今后 30～50 年内的奋斗目标。

建立统一的水管理机能，运用市场经济手段，调控水资源的开发利用，已经成为必然趋势。水的科学管理是一个跨领域、跨部门和跨区域的协调过程，需要采用综合的方法。海洋水、大气水、地表水和生物圈与岩石圈中的水，都处于一个自然系统中，所以，强化流域水资源管理是 21 世纪的重要特征，建立统一的水管理机构是实现科学管水、用水的重要保证。而统一的水管理体制是科学管水、用水的组成部分。以市场为向导，以水价为杠杆，实现人与自然的协调发展，并采用先进技术强化科学管理，将是 21 世纪水管理的必然趋势。

三、2013 年作者的进一步认识

如今，在人类修正不合理用水行为的若干年之后，黄河已多年没断流。但是，近几年来不仅河北、河南、山东、山西、江苏、安徽、陕西和甘肃等地区频繁春旱，而且，在长江中上游流域，云南、贵州、广西、四川及重庆等地区频发大旱，大陆水循环演变呈现新的特征。

（一）水危机与挑战现实

华北地区水资源紧缺仍然是国内外关注的热点，中国工程院华北地区院士行考察报告和马特·库瑞（2012）的"华北的地下水危机"专论以及"人民网"刊发的"世界上最大地下水漏斗——华北危机怎解？"（2009 年 12 月）、"腾讯网"给出的"华北地下水危机影响中国粮食安全，警钟已敲响"（2009 年 12 月），"中华网"载发"地下水危机——华北恐变全球最大漏斗"（2010 年 8 月），都在关注华北平原地下水危机问题。2010 年国际知名期刊《自然》第 466 期在"china faces up to groundwater crisis"中指出，在中国，超过 40% 的农田灌溉用水来自于地下水，华北及西北干旱地区近 70% 的饮用水来自地下水。随着地下水开采量的增加，华北平原地下水位以每年 1.0m 的速度下降，迫使人们凿井数百米才能获取地下淡水。

《2011 年中国水资源公报》指出，2011 年地下水资源量（矿化度小于等于 2g/L）比 1980～2000 年期间平均值少 10.6%。北方地区水资源总量比常年值偏少 6.5%，北方平原区地下水储存资源量比年初减少 23.0 亿 m³，其中松花江区、辽河区、海河区和西北诸河区，分别减少 16.6 亿 m³、11.3 亿 m³、10.5 亿 m³ 和 9.3 亿 m³。与 1980 年比较，河北、北京、吉林、陕西和山东的平原区浅层地下水储存资源量，分别减少 721 亿 m³、91 亿 m³、38 亿 m³、33 亿 m³ 和 29 亿 m³。

《2011 年海河流域水资源公报》表明，2011 年海河流域平原区地下水资源量为 156.6 亿 m³，流域地下水供水量为 234.8 亿 m³，占流域总供水量的 63.5%。在地下水供水量中，深层承压水占 23.5%；北京、天津、河北的地下水供水量分别为 20.90 亿 m³、5.82 亿 m³ 和 152.47 亿 m³。地下水位下降区（水位降幅大于 0.50m）和相对稳定区（水位变幅小于 0.50m）储存资源量减少 17.82 亿 m³，平原区地下水降落漏斗面积为 2.95 万 km²，其中天津漏斗面积扩大 210km² 以上，南宫漏斗中心水位下降增幅达 4.79m。2011 年海河流域废污水排放量为 52.62 亿 m³，Ⅳ类至劣Ⅴ类水河段占评价河长的 63.8%；水资源质量相对 2010 年呈下降特征，劣Ⅴ类水所占比例由 48.2% 上升为 51.0%，其中徒骇马颊河流域劣Ⅴ类水所占比例由 62.7% 上升为71.8%，氨氮和高锰酸盐指数等超标严重。

吴爱民等在《南水北调与水利科技》（2010 年第 6 期）"华北平原地下水可持续利用的主要问题及对策建议"中指出：地下水位持续下降，改变了地下水循环条件，在太行山前平原形成串珠状浅层地下水位下降漏斗；在华北平原的中东部地区，形成跨北京、天津、河北、山东 4 省（直辖市）的深层地下水位下降漏斗群，最大水位埋深超过100m。随着深层地下水开采规模的不断扩大，在华北平原范围内，地面沉降量大于1000mm 的分布面积已达 3.02 万 km^2，大于 200mm 的分布面积达 6.43 万 km^2。地下水污染增加了地下水利用风险，以北京平原硝酸盐氮污染为例，1975 年超标面积仅35.98km^2，1990 年达到 150.34km^2，2000 年为 169.69km^2。

文冬光等在《地球科学——中国地质大学学报》（2012 年第 2 期）"中国东部主要平原地下水质量与污染评价"中指出，我国东部主要平原地下水质量总体堪忧，可直接饮用的（I～Ⅲ类）水仅占 18.4%，不能直接饮用的（Ⅴ类）水占 52.1%。其中，浅层地下水的可直接饮用的（I～Ⅲ类）水占 16.8%，不能直接饮用的（Ⅴ类）水占 53.2%。张兆吉等在《吉林大学学报》（地学版）（2012 年第 5 期）"华北平原区域地下水污染评价"中指出，华北平原 35.47% 采样点的地下水受到不同程度的污染，浅层地下水较严重污染以上的采样点占 17.33%，在浅层地下水中已检出 26 种有毒有害有机物。

《华北平原地下水可持续利用调查评价》（张兆京等，2009）表明，至 2020 年华北平原需水量将达到 462.48 亿 m^3，不考虑南水北调的 70.28 亿 m^3/a 的水量，年缺水率达19.73%。即使考虑南水北调水量，华北平原每年仍缺水 20.96 亿 m^3，其中河北沧州、衡水，天津，河南安阳、鹤壁、濮阳，以及山东的聊城、德州、滨州等地区缺水比较明显。

2010 年 7 月《自然》第 466 期刊发"中国直面地下水危机"中指出：在中国干渴的城市和乡村，一场地下水危机迫在眉睫，但没有人知道这场危机真正的严重程度。中国拥有世界人口总数的 20%，但其淡水资源只占世界总量的 5%～7%，为此大量超采地下水，引起地下水危机。一些地区地下水储存资源量正以惊人的速度减少，同时，许多地区地下水正遭严重污染。应对地下水危机必须解决：科学知识的欠缺和管理法规的缺失。目前，亟须进一步建立全国范围的地下水位监测网络系统，促进数据共享，减少水资源浪费，同时提高农业用水效率等工作。另外，水污染也加剧了中国的水危机。在经济飞速增长的西南、华南地区，由重金属和其他污染物所引起的地下水污染严重。

2009 年 12 月 16 日《科学时报》刊发"华北地下水危机影响中国粮食安全，警钟已敲响"中指出：中国粮食安全问题关系到世界的粮食生产和粮食价格，如果华北粮食减产，中国的粮食安全可能受其影响。地下水已成为华北粮食蔬菜作物灌溉用水的主要供水水源，农业开采量占华北平原总开采量的 70% 以上，其中黑龙港及运东平原、大清河水系淀西平原的农业开采量占当地地下水总开采量的 80% 以上，京津以南的海河平原农业开采量占当地总开采量的 77.91%；在天津平原、黑龙港及运东平原和大清河水系淀东平原的深层水开采量占当地农业总开采量的 55% 以上，相对 1985～1998 年期间均值，华北平原农业区深层水开采量增加 39.18%。

水是生命延续和现代城镇生活中不可缺少的基础条件。工业革命兴起以来，尤其是1978 年改革开放以来，水的利用量日趋增大，区域水资源供需之间矛盾日趋尖锐，经济社会发展对水的依赖程度越来越高。据有关方面统计，我国平均每年缺水约 360 亿 m^3，今后我国年总需水量将以 1.5％左右的速度增加，2050 年将增至 8000 亿 m^3，将超过我国水资源可利用量的 20％（国际经验阈值），水危机的风险将更加严峻。澳大利亚皇家墨尔本理工大学的马特·库瑞（2012）提出，要解决华北的水危机，首先对至关重要的地下水开采面临的威胁有正确的认识。在华北水危机驱动下，南水北调中线工程正在全面推进，表明这个世界上人口最稠密、经济和农业最发达的地区，水资源短缺已达到相当严重程度。本书的作者曾多次强调，在华北平原，尤其是河北地区，过去没有地下水的保障，该区难有经济社会的快速发展；未来该区经济社会可持续发展，必然离不开地下水的保障；当前建设小康社会，必须解决好地下水问题。

人与自然和谐发展，即人及其活动与自然资源和环境之间保持互不损害、协调共处的状态，是当今世界和未来发展中追求的目标。在中国，以科学发展观深刻地表达了上述意愿。人与自然和谐发展，重在发展；同时，在发展中，需要努力实现人与自然和谐。

（二）人与自然和谐发展是可持续发展的要求

人与自然和谐发展，要求保持人口、资源、环境与社会经济发展相协调。在一定的地域范围内，其人口的数量、需求和结构与经济发展要相适应，与水资源利用和环境保护要相协调；经济发展与资源承载力、环境容量须相协调；确保自然资源和生态环境的利用，既满足当代人的发展要求，又不对后代人满足其发展需要的能力构成危害（张光辉等，2004）。

自改革开放以来，我国在加快物质文明的同时，也付出了巨大的资源和环境代价。当然，若停止经济发展，倾力解决这些资源与环境问题，或不顾资源与环境现实问题继续强化高速经济发展，都不符合科学发展观，潜在危害将会巨大。唯一的选择，既要较快发展经济，又要兼顾资源与环境问题解决，有规划、有目标地逐步实现经济发展与水资源和环境协调发展。

以人为本，全面、协调、可持续的发展观，目的是要促进经济社会和人的全面发展。在科学发展观中，发展是第一位的。尽管在发展中会出现一些问题，但这些问题必须在发展中解决，决不能把发展放在次要的地位，而去解决问题。当然，也决不能继续以牺牲资源和环境作为代价，强化高速的经济发展。一个地区、一个国家，要长久实现经济社会可持续发展，必须及时地解决好发展中出现的"人与自然不和谐"问题。

（三）发展中不断认识人与自然和谐的真谛

根据我国的人口、资源、环境和经济之间关系现状，未来需要加大力度处理好如下 4 方面关系。①经济发展与自然资源之间的关系：包括水资源、土地资源、矿产资源、能源（石油、天然气、煤炭、页岩气、地热等）资源和海洋资源等，经济发展不能无节制地索取自然资源，需明确资源可利用的底线、环境成本与代价风险。②经济发展与生态环境之间的关系：在经济发展中不能过度地排放污染物和废弃物，使生态环境退化，应深入掌握经济发展与环境污染之间的演变规律。生态环境是人类生存和发展必不可少的物质条件，是经济发展必要的前提条件，所以，经济发展过程中应确定环境的适宜指数，制定环境与经济发展速度之间明确的标准，使经济的发展速度与环境相适应。③人口与资源和环境之间的关系：人口的数量不能超过资源和环境的承载力，人的需求和结构有利于优化经济发展与资源环境之间和谐关系。人口增长不能超过经济增长，同时经济发展必须为提高人力资本进行投资。

区域水资源及其环境问题已经成为 21 世纪我国经济社会可持续发展的制约因素。以华北平原为例，平原区大部分河流长期断流，区域地下水超采和污染日趋严峻，地下水位不断下降，地面沉降不断加剧，废污水排放量和固废产生量逐年增加，工业"三废"污染物组分越来越复杂，劣 V 类地表水所占比例不断扩大，水源污染事件时有发生，点源污染与面源污染彼此叠加，且陆域累计性污染、复合性污染和重复性污染并存。如此发展模式，无疑加剧了实现"人与自然之间和谐"的难度，而且，区域性水问题已影响到国家粮食安全、民众饮用水安全与社会稳定。

面对如此严峻的水资源及其环境问题的现实，"人定胜天"是逆自然规律的，所谓的战胜自然、改造自然的非理性行为已经给人类带来沉痛的苦果。人类的生存发展，依赖于自然，包括从自然界索取资源与空间，享受生态系统提供的服务功能，向环境排放废弃物，而自然资源和环境以自然灾害、环境污染与生态退化等形式对人类不理性行为给予惩戒（张光辉等，2013）。每当人类行为违背自然规律、过度消耗自然资源、超过环境容量地排放污染物，自然界的报复就不期而至。人类社会是在认识、利用、干扰和适应自然的过程中不断发展的，每次自然界的报复之后都会唤醒人类再次觉悟，循环往复，教训—认识—再教训—再认识，不断加深领悟"人与自然"之间的真谛，从和谐，到失衡，再到新的和谐，如此螺旋式上升过程，是人类社会发展过程中所经历的必然。

目前，人类所面临的人与自然不和谐问题，比历史上任何时期都要复杂和严峻。2002 年"联合国可持续发展大会"通过的《可持续发展执行计划》和《约翰内斯堡政治宣言》，确定"发展"仍是人类共同的主题，提出经济、社会和环境是可持续发展中不可或缺的三大支柱，水、能源、健康、农业和生物多样性是实现可持续发展的五大优先领域。随着经济、社会、科技和文化的发展，只有及时调整人与自然的关系，才能够实现经济社会的全面协调可持续发展。

随着人类社会的科技发展和文明进步，人与自然之间关系必然不断改善。社会生产力的不断提高，必然促进人类对自然规律的认识不断深入和保护自然环境的自觉性不断提高，同时，人与自然之间关系也不断面临新的挑战（张光辉，1999；张光辉等，2003，2010，2013）。在人类社会发展的不同历史时期，人与自然之间所面临问题的难度或复杂性不同，人与自然之间和谐的内涵也存在一定差异。如何实现和谐，取决于人类当时的认知程度和生产力水平。违背自然规律，非理性索取自然资源和损害自然环境是犯罪的法理和观念，在不久的将来会成为经济社会中常识性和道德性普遍观念。

（四）应正确理解和准确把握人与自然之间关系

1. 人与自然之间的和谐关系不是永恒的

人与自然的关系，是人类生存发展中要认识和处理的诸多关系中最重要、最基本的关系。人类对自然的影响与作用，包括从自然界索取水资源、矿产资源、石油与天然气资源等和天空、地表及地下空间，享受生态系统提供的服务功能，以及人类向环境排放废弃物。人类在索取、利用自然界的同时，也在干扰自然，使自然界的局域呈现人化自然，伴随引发非正常的自然灾害、环境劣变等对人类的影响和反作用，包括资源和环境对人类生存发展的制约，甚至导致经济社会无法可持续发展，如20世纪50～70年代世界各地的原核爆地区至今仍不适宜人类正常生存和生活。自然环境的变迁，包括各种自然灾害、环境污染和生态退化，都会直接危及人类社会生存和发展。

人与自然之间的矛盾是永恒存在的，只是不同时期的矛盾性状或特征不断演变（张光辉等，2000，2009b，2013）。在人类出现之初，完全或基本依赖于大自然的恩赐而生存，被动地适应自然，处于原始和谐状态。从原始社会末期开始，以耕种和驯养技术为主的农业生产方式，特别是铁器的应用，出现了过度开垦与砍伐，以及为争夺水土资源而频繁发动的战争，使得人与自然的关系出现局部性和阶段性紧张，但总体上尚处于基本和谐状态。工业化以来，随着人类社会生产力不断发展，利用开发自然的能力不断提高，加上急剧膨胀的人口和先污染后治理的发展模式，资源消耗超过自然界承载能力，污染排放超过环境容量，导致区域性人与自然关系的失衡，人与自然之间矛盾日益突出。

2. 人与自然和谐发展需要前瞻科学统筹

树立人与自然和谐发展的自然观，需要处理好人口、经济与资源和环境的宏观布局，具有前瞻性，不仅有利于提高生态效率，而且，有利于实现人口数量和规模（自然增长率）的"零增长"，物质、能量消耗速率的"零增长"，生态和环境恶化速率的"零增长"（张光辉，1998，1999；张光辉等，2008b）。

发挥科学技术在资源、环境建设中的作用，是完善人与自然和谐关系的重要方面。这需要建立完善的国土与生态系统监测网络、基于数字地球理念的资源与环境信息技术平台，有利于系统地认识自然过程和人类活动对生态环境及人类自身发展的影响规律，指导前瞻性宏观布局制定以及在全民中形成珍爱环境、保护生态、节约资源和造福后代的共识，进而不断提高全民保护自然和生态环境的自觉性。

在解决人与自然之间问题上，坚持可持续发展为中心地位。只有人与自然之间关系和谐，才能真正地实现经济社会可持续发展（张光辉等，2006b，2008b）。切记可持续发展的核心是人类的经济、社会发展不能超越资源与环境的承载能力，可持续发展既是一个合规律性的过程，又是一个合目的性的过程，必须善于将客观规律与主体的需要和目的统一起来，这是可持续发展的理论基础。

和谐社会是一个以人为本的社会，人类一切活动的根本目的都是为了自身的生存、享受和发展，但是，需要人与自然和谐相处。人类赖以生存的大气、水、土和生态系统之间彼此依存、相互制约。水是其中最活跃、最重要的要素，同时，水又以其自身的丰枯规律、动力特性影响自然环境演进和变化（张光辉等，2006a，2010，2013）。人类社会依水而存，对水的数量、质量及其分布变化十分敏感，且水资源已成为人类经济社会发展的重要基础资料。因此，坚持人与自然和谐，需要从传统的"以需定供"，转为

"以供定需"，充分利用水权市场的价格杠杆，反映水资源与环境真实成本，切实让水资源使用者和环境污染排放者承担相应费用，并以法制为保障，为早日实现水资源消耗速率的"零增长"、水环境恶化速率的"零增长"不断创造有利的条件。

（五）重视地下水可持续利用性风险，把握科学度量方法

1. 正确理解区域地下水可持续利用内涵

区域地下水可持续利用是一个动态理念，是一个动态过程，随着经济和环境因素的变化而不停地调整。它是一个既强调目前需要，又考虑长期需要的概念。在定义和度量区域地下水可持续利用性过程中，首先必须认识到地下水可持续利用性是一个相对概念。这一概念是发生在不同时空尺度、多重变化的四维环境之中的，包括社会文明进步和科技发展，它面对流域内土地和生态环境保障的需求压力，面对日益增大的不同需求供水压力，不能指望已严重超采的区域地下水系统能够在短时期内恢复它们的原始状态。在对未来地下水系统演化趋势没有确定性的认识之前，是难能确保区域地下水持续利用的，甚至无法确定现在的决策和规划对将来的影响情景，以及不知道后代需要什么和珍视什么。尽管如此，仍然需要在制定地下水开发利用规划和政策时，尽可能地去考虑后代将处于一个什么样的状况。如此，这些规划和政策才可能具备可持续性，既能够满足现在的需要，又不损害后代需要的基础。

对不同地区而言，地下水可持续利用性的含义是不同的，但是，都包含对未来的考虑。可持续性关心的是今天开发利用地下水行动会对将来产生何种影响，怎样影响"地下水满足后代需求的能力"，不仅是地下水资源的数量，而且，还包括地下水的质量、地质环境与生态环境功能的可持续利用性。通过对目前区域地下水环境及其循环条件的修复、保护和涵养，无疑能够提高区域地下水的可持续利用能力。但是，应该在何种时间尺度和空间尺度上进行涵养和调控，如何在时空上分配有限的地下水资源，特别是如何对待"非再生"的松散地层孔隙中深层承压地下水，仍是重要深入研究课题。

从区域地下水可持续利用的目标出发，将宝贵的深层地下水作为支撑国家或区域社会经济发展、保障国家安全的基础资源或战略性经济资源以及作为国家综合国力的有机组成部分，从中长期战略的视野加以涵养、保护和有限利用，必将增强区域地下水可持续利用性。全面禁采、保守地永久性保护，或者无序、无度地过量开采，都是不正确的。

"可持续性"将是今后一段时期内继续争论不休的问题，但是，为了对可更新的浅层地下水资源能够实现更高水平的高效合理利用，对其保护或诊视它们的更新能力非常必要，包括加强人工调蓄和补给源保护区的圈定。保护和强化地下水更新能力的涵养与调蓄，是实现区域地下水可持续利用的重要举措，世界上经济发达国家无不长期重视和投入。

2. 区域地下水可持续利用性风险

风险就是开发利用地下水过程中的消极、人类不希望出现的后果发生潜在可能性。

由于区域地下水可利用资源有限，而且，经济社会发展过程中对地下水资源供给的依赖程度不断增大，加之，目前我国北方许多地区无论浅层地下水储存资源，还是深层地下水储存资源都已被严重超采所消耗，同时，规划中的未来众多工业产业园（区）和粮食、蔬菜进一步增产，都需要地下水资源供给保障，而且，地质环境和生态环境保护和修复也迫切需求地下水维持。由此可见，我国北方地区地下水可持续利用性确实面临不小的风险，包括观念和认识上的不确定性，它们与未知的未来各种风险程度和不确定性密切相关。

对于上述这些风险和不确定性，我们所能做的事情是尽可能地正确认识地下水形成与循环演化规律以及人与自然的和谐关系，正确认识和把握地下水的价值、成本和风险的时代性。无风险和无代价的资源利用和环境修复是不存在的，我们只能通过对自然界有限的正确认识，规范人类行为，把风险力争降到最小程度。

对未来的风险认识需要一个过程，需要随着经济和环境因素的变化，遵循区域水循环和流域地下水循环演化规律而进行不停地调整，需要进行周期性的修正。认识到可持续利用的目标将随着时间而变化，今天的规划或决策，需要突出适应性，适应在地下水的数量、质量和环境等方面不可避免的变化。因为区域地下水可持续利用性是各种经济、环境、生态以及自然等各种目标的函数，在地下水可持续利用管理中，势必包含多学科和多共享者参与的多目标平衡决策过程，需要具备智慧平衡决策机制。在区域上，各分区对地下水资源的需求状况各不相同，那些超过可接受的经济、环境和社会代价所能获得的持续数量，是有代价的。评估这些代价，变得越来越困难。如何维持和加强地下水可更新能力，使地下水系统避免退化，应该成为今后的实际行动。

流域或区域尺度的地下水循环系统随时间而不断演化，有自然变化的因素，也存在人类活动的影响。区域地下水系统变化的结果，目前仍然处于不确定状态。但是，无论结果是什么，这些变化都会改变地下水的资源、环境和生态属性功能的能力。因此，地下水可持续利用的规划和决策需要科学基础支撑，预测和了解未来的变化。地下水可持续利用的规划和决策，对未来各种变化应具有更好的适应性和调控能力。

3. 区域地下水可持续利用性度量尺度

国际上提出过许多度量水资源可持续利用状态的指标，如缺水指标（D_s），是一个地区以实际用水量占该地区可利用水资源量比值的百分比表示。当 D_s 值小于 10% 时，通常该地区不会感受到水资源紧张压力。当 D_s 值介于 10%～20% 范围时，该地区水资源对社会经济发展起到制约的影响，这时需要降低用水需求或增加供水的水平。当 D_s 值介于 20%～40%，该地区地下水可持续利用将面临问题，生态系统需水可能出现被挤占的现象，这时需要谨慎地调控，以保证用水的可持续性。当 D_s 值大于 40% 时，表示该地区出现水危机，地下水可持续利用性面临挑战。这种情况下的理性对策，是寻找其他开源途径，如外域调水、海水淡化等，同时，高度重视对水资源和用水需求的严格管理（张光辉等，2004）。

在供水不能满足需求时，出现水短缺，地下水严重超采，这是不可持续利用的征兆。人口压力是其中影响因素之一，但是，气候变化是不可忽视的重要影响因素。在进行地下水资源评价和规划时，往往认为过去的变异性记录是将来可能出现事件的反映。一般容易习惯性对待气温升高、降水变化、变异性增加、海水位上升等问题对地下水系统的直接影响，忽略对社会耗水能力的影响。事实上，气候变化不仅增加了已经短缺的水资源压力，影响地下水补给能力，还改变了社会消耗水能力。越是干旱，耗水能力越大，地下水开采增量越大。

地下水可持续利用性需要一个度量尺度。若度量尺度过宽，则很难实现地下水可持续利用的目标。这个尺度，既要考虑全区（例如华北平原）范围内地下水可持续利用性，也不宜忽略其子系统、小流域地下水可持续利用性，它们与当地有关经济、环境、生态和资源等因素密切相关，还与人类经济社会发展水平有关。只有所有的子流域或分区地下水都达到可持续利用状态，才能够实现区域地下水可持续利用。因此，当运用可持续性标准度量具体工作区时，谨慎处理标准与度量尺度之间的关系。一般地讲，地下水可持续利用的度量尺度，包括战略评价、政策评价、资源价值评价、市场需求演化动态评价、环境关系评价和利用风险评价等。度量或评价系统，包括评价主体、评价客体、评价目的、评价标准和评价方法。评价类型有三种：预测性评价、监控性评价和反思性评价。

在评价地下水可持续利用性过程中，还需要考虑时间尺度。不仅把区域地下水循环与大气圈-水圈-生物圈相互联系，考虑全球变化和人类活动对地下水更新能力的影响，而且，还应反思将长序列水文均值看作恒定量，陆地水循环过程中丰、枯现象被视为围绕均值而发生的周期性变化，以及在水资源规划或工程设计中将水文计算以几十年至几百年时间尺度水文过程视为稳定不变作为前提，未来被看成是过去的重复或外延作法的局限性。地下水可持续利用需要建立全新理念：一个地区的气候或水循环过程，不是处在统计的平衡状态，而是以不同尺度变化，包括年际、十年际、百年际至千/万年际的变化，不同尺度周期性变化规律彼此嵌套与耦合，决定区域地下水更新状况。影响区域地下水更新能力的因素，不仅是大气的水环流过程，还有大气的上边界（太阳行星系统）和下边界（陆地水文-生态、海洋系统）的各种物理、化学和生物过程。陆面生态系统通过对大尺度水文循环的影响而间接影响地下水循环，包括生态系统蒸腾作用。

度量需要标准可以是气候变化方面的、经济方面的、环境方面的、生态方面的和社会方面的（张光辉等，2006b，2008b）。首先，应确定需要总体的标准集，然后，对标准集中的每一条标准进行适宜性率定，确定不同等级适宜范围和不适宜范围。通常基于区域经济社会发展不同时期的时代需求，完善标准或目标，逐步形成具有科学理论性的评价方法，确保对大多数的标准来说，具有被公认性或共享性。实现更高水平的地下水可持续利用性，不是指将来任何时间段内都必须保证地下水系统绝对满足所有需求，客观存在区域性的水文循环丰与枯更替、旱涝事件频发，因此，规划和实施地下水可持续利用计划永保成功是非唯物的观点，至少代价是很高的。在地下水可持续利用性失调时间段内，必须通过节制人类活动实现和谐调整。

4. 理性抉择

认识气候变化和人类活动影响下区域地下水的数量、质量和分布的区域性变化特点和机制，是解决区域水问题的关键，这需要了解：区域水循环演化规律及人类活动对其机制的影响作用；在人类活动影响下区域水循环系统经历和正在发生着什么样的重大变化；大气圈、岩石圈、生物圈和陆地各水子系统之间水转化动力学机制，以及区域水资源形成及其开发利用与生态环境之间的关联阈。

（1）以系统、动态观念，认识水资源和区域地下水形成、演化及其可开发利用的承载能力，提供具有预见性的研究成果，服务区域经济社会发展规划。

（2）从不同时空尺度上，认识水循环过程、水通量变化机制和演变规律，深入了解地质历史进程中区域地下水循环的主要补给期与非补给期及其时效特征，提高对未来10~30年时间尺度上适应未来变化的预测和决策能力。

（3）建立联系地球系统中各个圈层的综合性学科体系。在解决水问题中，需要突破人为观念上的、部门的和学科之间的界限，跨学科，发挥环境地学及其他科学的多学科联合整体优势，着眼于大系统、多层次的、经济社会发展中所面临的重大水与环境问题。

（4）确立发展节约、高效用水的经济社会发展战略和观念，建立国家统一的水管理机能，包括管理机构、相应法律法规和水经济市场，逐步形成法制节水型经济社会。

（5）解决水问题，需要站在能纵观区域水循环系统全局的高度，综合考虑水问题的形成原因、机制和解决方法，勇于剖析主观的非理性根源。人类只有客观地面对和深入认识水问题中社会属性根源，才能最终根本性地解决区域水问题；每逢重大问题，一味回避人类的责任，不能正视人类自身，总是最大限度地将问题的根源推卸给自然，区域水问题将永续难解。

（6）在水资源开发利用过程中，应确立把人类活动对水循环系统及其环境的干扰程度限制在自然条件承载能力范围内，水资源消耗率须保持在其再生速度的限度之内。水资源、环境利用及其保护的费用和收益，应由市场经济平衡，鼓励发展节约水资源、减少污染环境的技术，促进尊重自然、保护环境和对后代负责的文化意识建设。

参 考 文 献

曹雅，汲奕君，朱坦，等．2013．环渤海地区非常规水资源利用现状及保障对策．生态经济，（4）：174~177

陈坤．2004．解决华北水危机可选方案成本探讨．社会科学，12：5~12

丁文喜．2011．中国水资源可持续发展的对策与建议．中国农学通报，14：221~226

费宇红．1991．水资源研究的主要动向．见：2000年中国水文展望．南京：河海大学出版社

费宇红，苗晋祥，张兆吉，等．2009．华北平原地下水降落漏斗演变及主导因素分析．引资源科学，（3）：394~399

胡四一．2011．中国水资源可持续利用的科技支撑．中国水利，（9）：1~5

蒋旭光，周潮洪．2010．天津市水资源管理与保护的对策措施．水利水电技术，10：6~9

李国正，贾新台，苏晓虹．2010．河北省地下水资源超采对策研究．中国水利，（5）：36~37，44

李思悦，张全发．2005．对南水北调工程解决中国北方用水问题的分析．人民黄河，（8）：28~29

刘昌明．1996．中国21世纪水问题方略，北京：科学出版社

刘继平．2008．关于我国水危机的成因分析与对策建议．环境工程，（4）：97~996

刘世庆，许英明．2012．中国快速城市化进程中的城市水问题及应对战略探讨．经济体制改革，（5）：57~61

陆燕，何江涛，王俊杰，等．2012．北京市平原区地下水污染防控区划不确定性分析．环境科学，
　　（9）：3117～3123

马超德．2008．中国流域综合管理的战略思考．科技导报，18：100

马特·库瑞．2012．华北的地下水危机．中国三峡，（8）：62～65

孟素花，费宇红，张兆吉，等．2011．华北平原地下水脆弱性评价．中国地质，（6）：1607～1613

牛银栓．2001．中国水资源可持续利用战略对策．洛阳农业高等专科学校学报，21（2）：117～120

潘家铮，张择桢．2001．中国北方地区水资源合理配置和南水北调问题．北京：中国水利水电出版社

潘灶新，陈晓宏，刘德地．2008．区域水危机评价的指标体系与方法．灌溉排水学报，（4）：85～88，95

钱正英，张光斗．2001．中国可持续发展水资源战略研究．北京：中国水利水电出版社

任燕．2001．走向21世纪中国水问题方略之探讨．广西经济管理干部学院学报，13（2）：39～41

邵景林，刘振谦，李宝珍．1998．廊坊市城市深层地下水降落漏斗动态分析．工程勘察，5：46
　　～47

石建省，王昭，张兆吉，等．2011．华北平原地下水有机污染特征初步分析．生态环境学报，11：
　　1695～1699

宋国梁．2000．中国水问题八大战略性转变．生态农业研究，（4）：28

万本太．1999．中国水资源的问题与对策．环境保护，（7）：30～32

汪恕诚．2005．解决好水问题保障中国的粮食安全．中国水利，（6）：5～7

王道波，周晓果，张广录，等．2004．华北地区农业用水危机及其出路．节水灌溉，（4）：29～31

王昭，石建省，张兆吉，等．2009．华北平原地下水中有机物淋溶迁移性及其污染风险评价．水利学
　　报，（7）：830～837

王政友．2011．山西省地下水超采问题及其治理对策．中国水利，11：28～30

文冬光，林良俊，孙继朝，等．2012．中国东部主要平原地下水质量与污染评价．地球科学（中国地
　　质大学学报），（2）：220～228

吴爱民，李长青，徐彦泽，等．2010．华北平原地下水可持续利用的主要问题及对策建议．南水北调与
　　水利科技，8（6）：110～113

吴景社，李英能．1998．我国21世纪农业用水危机与节水农业．农业工程学报，（3）：100～106

吴守信，王文中．1987．要正确认识水资源在我区国民经济中的战略地位．内蒙古水利科技，（3）：48
　　～50

伍新木．2011．21世纪中国水问题．当代财经，（2）：13

肖雯，刘言．2010．经济增长与我国水危机．财政监督，22：67～68

谢振华，张兆吉，邢国章，等．2009．华北平原典型城市地下水供水安全保障分析．资源科学，31
　　（3）：400～405

阎战友．2013．对海河流域水资源管理"三条红线"的思考．地下水，（1）：87～89

杨建锋，万书勤，陈兴华．2007．中国地下水资源对区域经济社会发展的支撑作用评价．资源科学，
　　（5）：97～104

杨丽芝，曲万龙，刘春华．2013．华北平原地下水资源功能衰退与恢复途径研究．干旱区资源与环
　　境，（7）：8～16

袁志梅，吴霞芬．2000．中国21世纪水资源的前景及对策．地质论评，（4）：424

张光辉．1998．21世纪中国水的问题与方略．中国改革报，9月16日：版7（科技与社会）．

张光辉，1999．中国水与环境问题及其对策探讨，地质科技管理，79（1）：23～34

张光辉，陈树娥，费宇红，等．2003．海河流域水资源紧缺属性与对策．水利学报，（10）：113～118

张光辉，陈宗宇，费宇红．2000．华北平原地下水形成与区域水文循环演化的关系．水科学进展，

（4）：415～420

张光辉，费宇红，刘春华，等．2013．华北平原灌溉用水强度与地下水承载力适应性状况．农业工程学报，（1）：1～10

张光辉，费宇红，刘克岩，等．2004．海河平原地下水演变与对策．北京：科学出版社

张光辉，费宇红，刘克岩，等．2006a．华北平原农田区地下水开采量对降水变化响应．水科学进展，（1）：43～48

张光辉，费宇红，杨丽芝，等．2010．深层水漏斗区开采量组成变化特征与机制．水科学进展，（3）：370～376

张光辉，刘中培，连英立，等．2009b．华北平原地下水演化地史特征与时空差异性研究．地球学报，（6）：848～854

张光辉，聂振龙，申建梅，等．2008b．区域地下水功能可持续性评价理论与方法研究．北京：地质出版社

张光辉，申建梅，聂振龙，等．2006b．区域地下水功能及可持续利用性评价理论与方法水文地质工程地质，（4）：62～66

张光辉，严明疆，杨丽芝，等．2008a．地下水可持续开采量与地下水功能评价的关系．地质通报，27（6）：875～881

张敏，蔡五田，刘雪松，等．2012．某污灌区污水-土壤-地下水污染物分布特征．地球与环境，（1）：30～36

张新钰，辛宝东，王晓红，等．2011．我国地下水污染研究进展．地球与环境，（3）：415～422

张兆吉，费宇红，陈宗宇，等．2009．华北平原地下水可持续利用调查评价．北京：地质出版社

张兆吉，费宇红，郭春艳，等．2012．华北平原区域地下水污染评价．吉林大学学报（地学版），（5）：1456～1461

郑春苗，齐永强．2012．地下水污染防治的国际经验——以美国为例．环境保护，（4）：30～32

朱晓原．1999．世界水资源问题研究趋向．中国水利，（7）：12

朱永新．2012．要从战略高度认识饮用水安全问题．中国人大，15：32

宗焕平，刘浦泉．2004．北京"水危机"警报．瞭望新闻周刊，14：17～19

左其亭，马军霞，陶洁．2011．现代水资源管理新思想及和谐论理念．资源科学，34（12）：2214～2220